제4판

기 구 학

Mechanism Design *Analysis and Synthesis*

Arthur G. Erdman • George N. Sandor • Sridhar Kota 지음

임홍재 • 김성수 • 이춘열 • 탁태오 • 정재일 공역

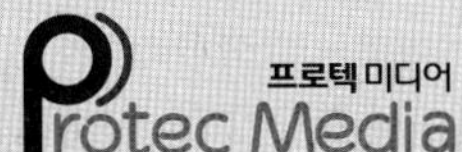

옮긴이

임홍재_국민대학교 자동차융합대학 자동차공학과 교수

김성수_충남대학교 메카트로닉스공학전공 교수

이춘열_영남대학교 기계공학부 교수

탁태오_강원대학교 기계융합공학부 기계의용공학전공 교수

정재일_국민대학교 기계시스템공학부 교수

기구학 제4판

Mechanism Design: *Analysis and Synthesis* 4th edition

발행일 2017년 08월 26일

지은이 | Arthur G. Erdman • George N. Sandor • Sridhar Kota
옮긴이 | 임홍재 • 김성수 • 이춘열 • 탁태오 • 정재일
발행인 | 강태용
발행처 | 프로텍미디어
등 록 | 제2014-000024호

전 화 | (02)6166-8235(주문 및 고객지원)
팩 스 | (02)6020-8235
이메일 | proteckang@gmail.com

ISBN 979-11-87985-01-3 93550

정가 35,000원

Authorized translation from the English language edition, entitled MECHANISM DESIGN: ANALYSIS AND SYNTHESIS, 4th Edition, ISBN: 0130408727 by ERDMAN, ARTHUR G.; SANDOR, GEORGE N.; KOTA, SRIDHAR, published by Pearson Education, Inc, Copyright © 2001

역자 머리말

기구학은 기계 및 기구장치의 설계에 기초가 되는 중요한 학문분야로 기계공학, 기계설계학, 자동차공학을 전공하는 학생들이 반드시 공부해야 하는 과목 중의 하나이다. 기구학은 기구의 각 구성요소간의 상대 구속운동에 대한 운동해석 분야와 원하는 운동을 만들어 내기 위한 기구설계 분야를 포함한다. 기구학에서 다루는 기구는 공작기계, 자동차의 엔진 및 새시뿐만 아니라, 전자전기 기계, 컴퓨터의 하드디스크 드라이브, 산업용 로봇, 반도체 공장의 각종 기계설비 등 이루 헤아릴 수 없을 정도로 광범위하다. 이와 같은 다양한 기구를 개발하고 설계하기 위해서는 기구학에 대한 기본 지식뿐만 아니라 기구의 운동특성을 평가하고 설계에 적용할 수 있는 능력을 갖추고 있어야 한다. 다행히 최근 기구학 분야의 연구가 괄목할 만한 발전을 이루면서 컴퓨터를 이용한 기구해석 및 설계 프로그램들이 많이 개발되고 있어서 기구설계 엔지니어들에게 많은 도움을 주고 있다.

역자들은 기계공학, 기계설계학, 자동차공학을 전공하는 대학생과 기구설계를 담당하는 실무 엔지니어들에게 도움이 될 만한 기구학 책 중에서 Erdman, Sandor, Kota 교수님의 공저인 Mechanism Design이란 책을 번역하기로 하였다. 이 책은 그 동안 4판을 거듭하면서 저자들의 오랜 현장 경험에 바탕을 둔 기구설계 문제들과 최신 기구학 이론들이 체계적으로 잘 설명되어 있어 미국의 많은 대학에서 기구학 교재로 사용되고 있는 훌륭한 책이다. 특히 이번에 번역하게 된 4판은 기구학을 공부하는 데 혁신적인 방법을 채택하고 있는데, 이 책에 나오는 수많은 기구장치들을 ADAMS라는 프로그램으로 만든 컴퓨터 모델링 및 동영상 화면을 통해 인터넷 웹상에서 볼 수 있도록 하였다. 따라서 독자들은 기구의 복잡한 3차원 운동을 머리 속에서만 상상할 필요 없이 현실감 있게 볼 수 있게 되었다. 이 번역서가 기구학을 공부하는 학생과 기구를 개발하는 실무 엔지니어들에게 많은 도움이 되기를 바란다.

본 서의 번역시 기본 용어들은 가능한 한 기계공학 용어집을 참고하였으며, 아직 정립되지 않은 용어에 대해서는 역자가 사용한 용어를 영문과 함께 병기하였다. 번역함에 있어 원서의 의미를 충실히 옮기기 위해 많은 노력을 하였으나 짧은 시간에 집필하다 보니 부족한 점이 많으리라 생각된다. 독자들의 끊임없는 지적과 지도 편달을 바라는 바이다. 이 책의 출판을 맡아주신 관계자 여러분께 감사를 드린다.

역자 일동

저자 머리말

1권 기구설계, 2권 고급 기구설계로 구성된 초판은 저자들이 15년 이상의 기간 동안 강의, 연구, 자문을 통해 쌓은 경험을 기초로 하여 만들어졌다. 본서는 G. N. Sandor 박사가 콜롬비아 대학교에서 Freudenstein 박사의 지도하에 논문을 쓰기 시작하면서, 기구학, 동역학 및 합성에 관한 일반적인 방법을 개발하기 위하여 계속 수행된 연구가 축적된 결과이다.

저자들은 초판에 많은 도움을 준 John Gustafson, Lee Hunt, Tom Carlson, Ray Giese, Bill Dahlof, Sern Hong Wang, Dr. Tom Chase, Dr. Sanjay G. Dhandi, Dr. Patric Starr, Dr. William Carson, Charles F. Reinholtz, Manuel Hernandez, Martin Di Girolamo, Xirong Zhuang 이외 여러 분들께 감사하는 바이다.

1권의 2판은 저자의 대학을 포함한 미국 및 여러 나라의 수백 여 기관들로부터 받은 피드백을 반영하였다. 몇 개의 장을 새로 구성하였으며 50개가 넘는 문제와 예제를 추가하였다. 또한 2판에서는 3, 4, 6, 8장을 보충하기 위해 컴퓨터프로그램 디스크를 첨가하였다. 독자들은 4절 링크장치를 설계해 볼 수 있으며, 설계된 기구를 해석해 볼 수 있다. 또한 캠 설계 모듈은 6장에서 설명된 개념을 예시하였다.

2판에 도움을 준 Dr. Sridhar Kota, Dr. Tom Chase, Dr. Donale Riely, Dr. Albert C. Esterline, Dr. Suren Dwivdei, Dr. Harole Johnson 그리고 Chris Huber, Ralph Peterson, Mike Lucas, Jon Thoreson, Elizabeth Logan, Greg Vetter와 사진작업을 해준 Gray Bistram에게 감사를 드린다.

1권의 3판은 좀더 보완하여, 회사나 특허, 현장에서의 해결방안으로부터 얻은 60개가 넘는 문제와 예제를 새로 추가하였다.

몇몇 장은 내용을 보다 쉽게 가르치기 위해 수정 보완하였다. 예를 들어, 2장에서는 Sridhar Kota 박사의 건의를 받아들여 빌딩블록법(Building Block Approach)이 추가되었다. 7장에서는 Frank Kelso 박사의 도움으로 위성기어에 대한 절이 보완되었다. 3판에서 가장 큰 변화는 90개 이상의, 컴퓨터로 재현된 기구의 동영상을 담은 CD-ROM이다.

3판에 도움을 준 Dr. Tom Chase, Dr. Jenny Holte, 위스콘신 대학교의 Daryl Logan 교수, Dr. Raed Rizq, David Wulfman, Tim Berg, Jim Warren, Dr, Boyang Hong, James Holroyd, Nick Gamble, Phil Schlanger, Stephanie Clark 이외 여러 분들께 감사를 드린다.

혁신적인 기구설계 교수법의 맥을 잇는 4판에서는 3판의 CD-ROM을 대신하여, 200개 이상의 기구 시뮬레이션을 웹사이트를 통해 이용할 수 있도록 하였다. 이들 대부분이

ADAMS(Automated Dynamic Analysis of Dynamic Systems)라는 프로그램으로 만들어진 3차원 모델이다. 이 책의 전판에 상당한 기여를 했던 Sridhar Kota 박사가 공동 저자로 참여하게 되었다. 그와 미시간 대학교의 Zhe Li 박사가 http://www.prenhall.com/erdman의 웹페이지 material을 제작하였다.

본서에 나오는 수많은 기구들을 완벽히 모델링하였으며 동영상화하였다. 따라서 학생들은 기구의 기구학 및 동역학적 운동을 머리 속으로만 상상할 필요 없이 실제로 볼 수 있게 되었다. 연습문제에 나오는 기구의 일부도 웹에서 볼 수 있다. 기구설계 강의시 리포트를 비롯한 많은 강의자료를 웹에서 구할 수 있도록 하였다.

5장과 6장은 웹기능이 강화된 4판에 맞도록 개편하였다. 웹사이트의 학생 설계 프로젝트들은 계속 업데이트될 예정이다. 형식 합성에 관련된 새로운 설계예제, 대칭형 커플러 곡선의 응용 예, 평행운동 기구들도 웹에 올려 놓았다. 새로운 범용프로그램인 CAM 설계 모듈이 추가되었으며, 형식합성, 경로곡선, 로봇 그리퍼 등에 관한 새로운 자료들이 웹에 올라와 있다.

UTSA의 Yesh Singh 박사와 Design Excellence사의 John Lenox 박사께도 이 책에 도움을 주신 데 대하여 감사드린다. 원고를 작성하는 데 도움을 준 Alyssa Buger 양에게도 감사를 표한다. 저자가 재직중인 학교의 학생들뿐만 아니라 여러 학교의 수많은 동료들에게도 이 책이 나오기까지 많은 의견과 격려 그리고 도움을 주신 데 대하여 감사를 드린다.

Arthur G. Erdman
George N. Sandor
Sridhar Kota

차례

1 기구학과 기구

2 기구 설계과정

3 변위와 속도 해석

4 가속도 해석

5 기구동역학의 소개

6 캠설계

7 기어 및 기어트레인

8 기구학적 설계-도해법 및 선형 해석법

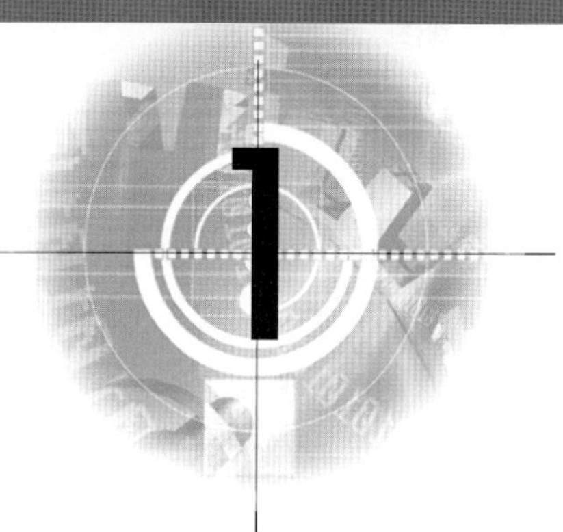

1 기구학과 기구

1.1 서론

공학은 수학, 물리학, 화학과 같은 기초 과학을 바탕으로 한다. 공학은 대부분 이런 기초 과학의 기본 원리들을 이용하여, 어떤 동력원으로부터 한 개 또는 그 이상의 출력으로 에너지가 어떻게 변환되는지를 해석하는 내용을 담고 있다. **고체역학**(solid mechanics)은 물리학의 한 분야로서 다음과 같은 세 가지 분야를 주로 다루고 있다. 즉, 물체의 상대 운동을 다루는 **기구학**(kinematics), 운동하지 않는 물체에 작용하는 힘과 모멘트를 다루는 **정역학**(statics) 그리고 물체에 작용하는 힘을 다루는 **운동학**(kinetics) 등이다. 또한 기구학과 운동학을 합쳐서 **동역학**(dynamics)이라 부른다. 이 책은 기구 설계에 필요한 수학, 기구학, 동역학에 대해서 기술한다.

기구(mechanism)란 동력원으로부터 운동이나 힘을 전달시킬 목적으로 고안된 기계장치이다. **링크장치**(linkage)란 일반적으로 강체링크(표 1.1 참조)로 구성되어 있으며, 핀조인트(pin joint) 또는 회전조인트(revolute joint)나 미끄럼조인트(prismatic joint)와 같은 조인트(표 1.2 참조)들로 연결되어 열린 또는 닫힌 연쇄(open or closed chains or loops)를 형성한다. 적어도 한 개의 링크가 고정되어 있는 **기구학적 연쇄**(kinematic chain)의 경우, (1) 두 개 이상의 링크가 움직일 수 있다면 이것은 **기구**가 될 것이고, (2) 전혀 움직일 수 없다면 **구조물**(structure)이 될 것이다. 다시 말해, 기구는 '강체(rigid body)' 링크들 사이의 상대 운동을 허용하지만 구조물은 상대 운동을 허용하지 않는다. 링크장치는 간단한 기구로써 비선형 운동 또는 힘 전달 등의 복잡한 작업을 수행할 수 있기 때문에, 본 서에서는 링크장치에 대하여 많이 다룰 것이다. 여기서 설명할 링크장치 설계기법들은 컴퓨터를 이용한 전산기구학 이론 발달의 결과이다. 이미 1960년대 이전에 여러 설계기법들이 개발되었지만, 길고 복잡한 계산 과정으로 인해 그 당시에는 크게 발전할 수 없었다.

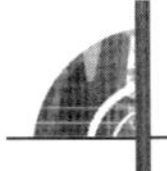

1.2 운동

대부분의 기구는 모든 링크들이 평면상에서 움직인다. 여기서는 이와 같은 2차원 평면운동에 중점을 두어 기술하기로 한다. 평면 강체운동은 회전축이 운동면에 수직한 회전운동(rotation)과 병진운동(translation)으로 구성된다. 여기서 병진운동이란 강체 내의 모든 점이 직선 또는 곡선경로를 따라 평행하게 움직이며, 강체상의 모든 선의 방향이 원래의 방향과 평행하게 움직이는 운동을 말한다. 제2권 6장에 소개되어 있는 공간 기구(spatial mechanism)는 3차원 공간상에서의 운동을 가능하게 해준다. 이 경우 서로 평행이 아닌 3축 방향으로의 회전과 병진이 가능한데, 이는 링크 사이의 조인트에 의해서 부과된 구속조건에 따라 제약을 받는다(제2권 표 6.1 참조).

제2권 5장에서 링크에 변형이 일어나는 경우도 다룰 수 있지만, 본 서(제1권)에서는 모든 링크를 강체라고 가정한다.

1.3 4절 링크장치

기구는 다양한 종류의 기계장치에 사용되고 있다. 가장 간단한 닫힌 연쇄 링크장치는 3개의 움직이는 링크(1개는 고정된 링크)와 4개의 '회전', '피봇' 또는 '핀' 조인트로 구성된 4절 링크장치(그림 1.1a 참조)이다. 동력원에 연결된(또는 주 운동을 하는) 링크를 입력링크(input link: A_0A)라 한다. 출력링크(output link)는 움직이는 피봇 B와 고정피봇 B_0를 연결하고 있다. 두 개의 움직이는 피봇 A와 B에 연결된 링크를 커플러(coupler) 혹은 부유링크(floating link)라고 하며 입력링크와 출력링크를 서로 '연결'해 준다. 커플러링크상의 한 점(경로 추적점이라 부름, path tracer point)은 일반적으로 6차 곡선식(커플러곡선)을 이룬다. 그림 1.1b(참고문헌 [89] 참조)는 커플러상에서 서로 다른 경로 추적점을 선택함으로써 그 형태가 매우 다른 커플러의 경로를 얻을 수 있음을 보여준다.

4절 링크장치는 핀조인트로 연결된 링크장치 중에서 링크들간의 상대 운동을 허용하는 가장 간단한 연쇄장치이다(핀조인트로 연결된 3절 링크는 구조물임). 4절 링크장치는 매우 간단하지만 또한 매우 다양하며 수없이 많이 응용되고 있다. 그림 1.2에서 1.6까지의 예는 4절 링크장치가 매우 다양한 분야에 사용되고 있음을 보여준다. 적용 분야는 서로 다르지만, 기구들이 수행하는 일에 따라 크게 3종류로 분류할 수 있다(함수생성, 경로생성, 운동생성). 함수생성기(function generator: 그림 1.2b, 1.4a 및 1.5)는 지면(고정링크 또는 프레임)과 연결되어 있는 링크들(입력링크와 출력링크) 사이의 상대 운동(혹은 힘)이 중요하다. 함수생성(function generation)의 경우 커플러링크상의 경로 추적점이 필요 없다. 경

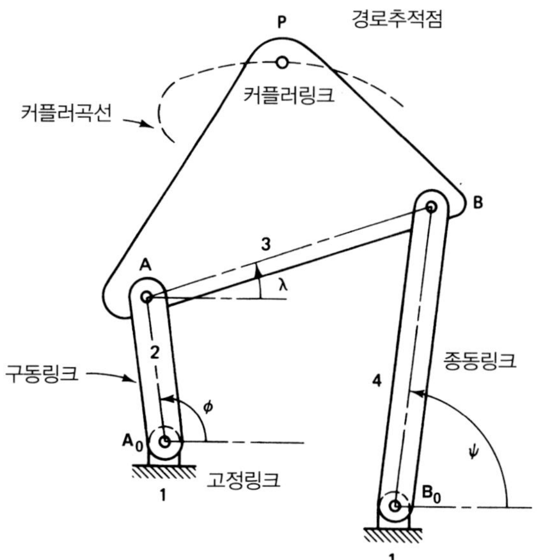

그림 1.1a 4절 링크장치의 명칭.

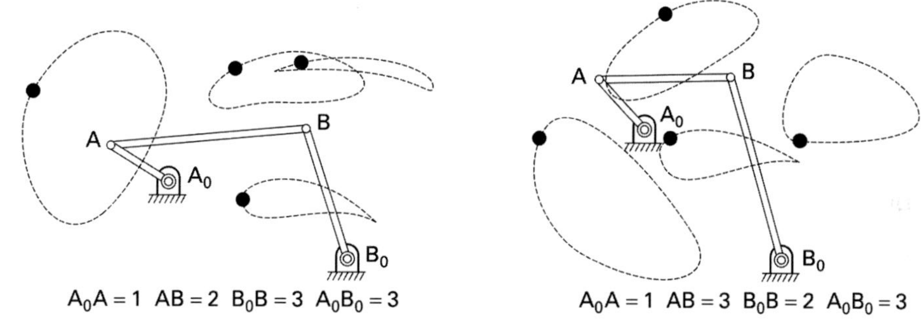

그림 1.1b Hrones와 Nelson[89]의 커플러곡선 도해집에서 발췌한 예. 점선은 크랭크가 10씩 회전하면서 그린 경로의 궤적선이고 검정색 원은 서로 다른 경로 추적점들을 나타낸다.

로생성(path generation: 그림 1.2a, 그림 1.3의 4절 기구)에서는 커플러의 회전 등에는 관심이 없고 오직 추적점의 경로에만 관심이 있다. **운동생성**(motion generation: 그림 1.2c 및 1.6)에서는 커플러링크 전체의 운동이 관심의 대상이다. 즉, 커플러상의 경로 추적점의 위치를 나타내는 x, y 좌표와 커플러링크의 회전각이 그것이다. 여기에 대해서는 2장과 8장에서 다시 다루도록 한다.

그림 1.2는 서로 다른 목적에 사용되는 4절 링크장치의 적용 예를 보여준다. 그림 1.2a의 **수평인양 크레인**(level luffing crane)은 **경로 추적점**(점 P)이 거의 직선운동을 하는 특수한 4절 링크장치이다. 이 크레인은 50톤의 무게를 들어 올릴 수 있고, 커플러 추적점은 약 9 m 정도의 직선 이동을 할 수 있다. 경로 추적점에 밧줄(항상 수직방향으로 매달리는)을 거는

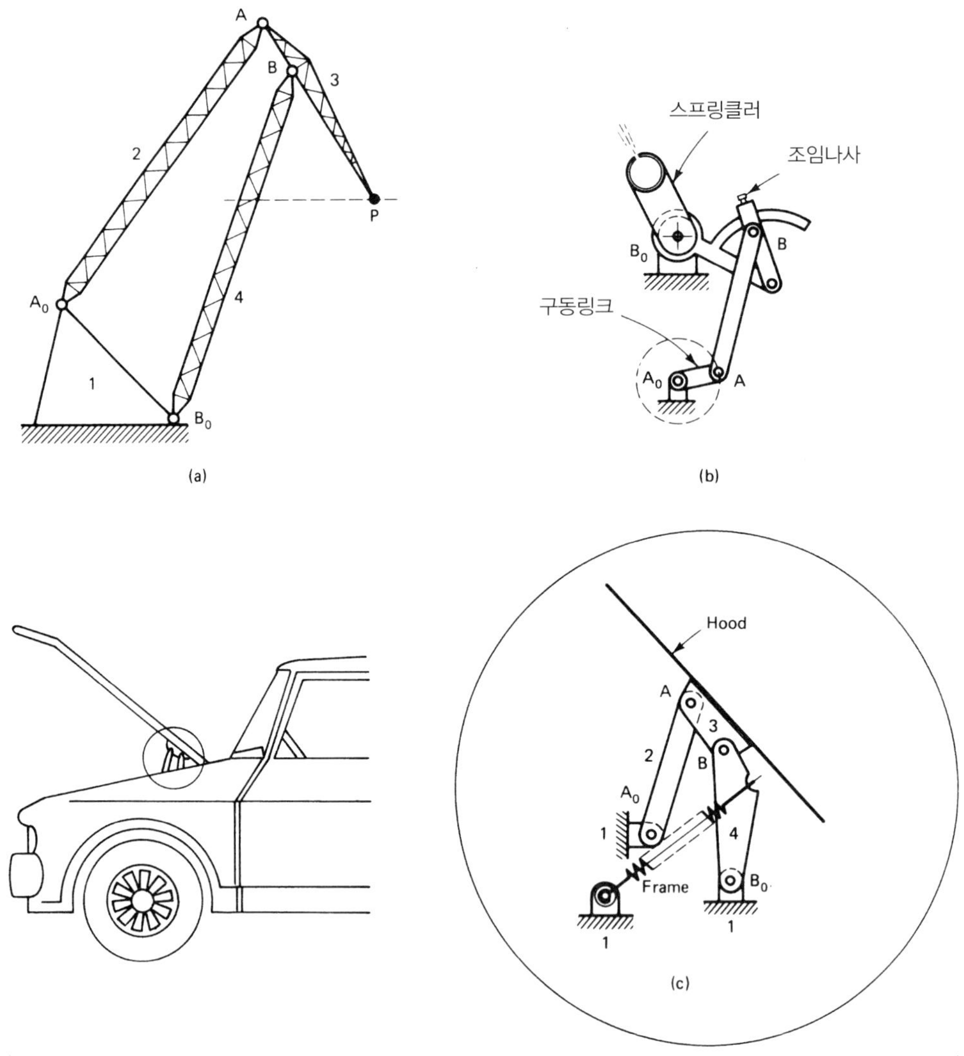

그림 1.2 4절 기구로 수행될 수 있는 작업들의 예.

훅크가 있으므로 커플러링크의 방향은 그리 중요하지 않다. 따라서 이것은 확실한 경로생성 작업이다.

그림 1.2b는 잔디 물뿌리개 꼭지의 회전범위를 조절할 수 있는 구동링크장치이다. 이런 링크장치는 커플러와 출력링크와의 연결점을 변화시키는 조임 나사를 조절함으로써 물뿌리개 꼭지의 회전각을 조절하는 데 사용된다. 이 기구의 입력링크와 출력링크 사이의 상대 회전운동은 원하는 함수를 발생시키는 작업을 한다.

그림 1.2c는 자동차 후드에 사용된 4절 링크장치를 보여준다. 이 링크장치는 후드와 자동차 프레임 사이의 상대 회전운동을 제어한다. 후드가 닫히고 열릴 때 자동차 프레임과 간섭이 일어나서는 안 되며, 닫힌 상태일 때는 차체의 빈 공간에 정확히 끼워져야 한다. 후

드 끝단의 경로 추적점 위치 x, y와 후드의 각도가 매우 중요하다. 따라서 이것은 운동생성 작업의 한 예이다.

그림 1.3은 직선 경로를 생성하는 4절 기구장치의 또 다른 예를 보여준다. 여기서의 목적은 그림 1.4에 보이는 표준 '말머리' 형태의 석유 펌프 기구를 캠(말머리)이 필요 없는 기구로 설계 변경하는 것이다. 이 두 그림에서 보여주는 4절 기구들은 비슷한 목적을 가지고 있지만 서로 다른 종류의 작업을 한다. 그림 1.4a의 미국석유공사(API)의 표준 기구는 함

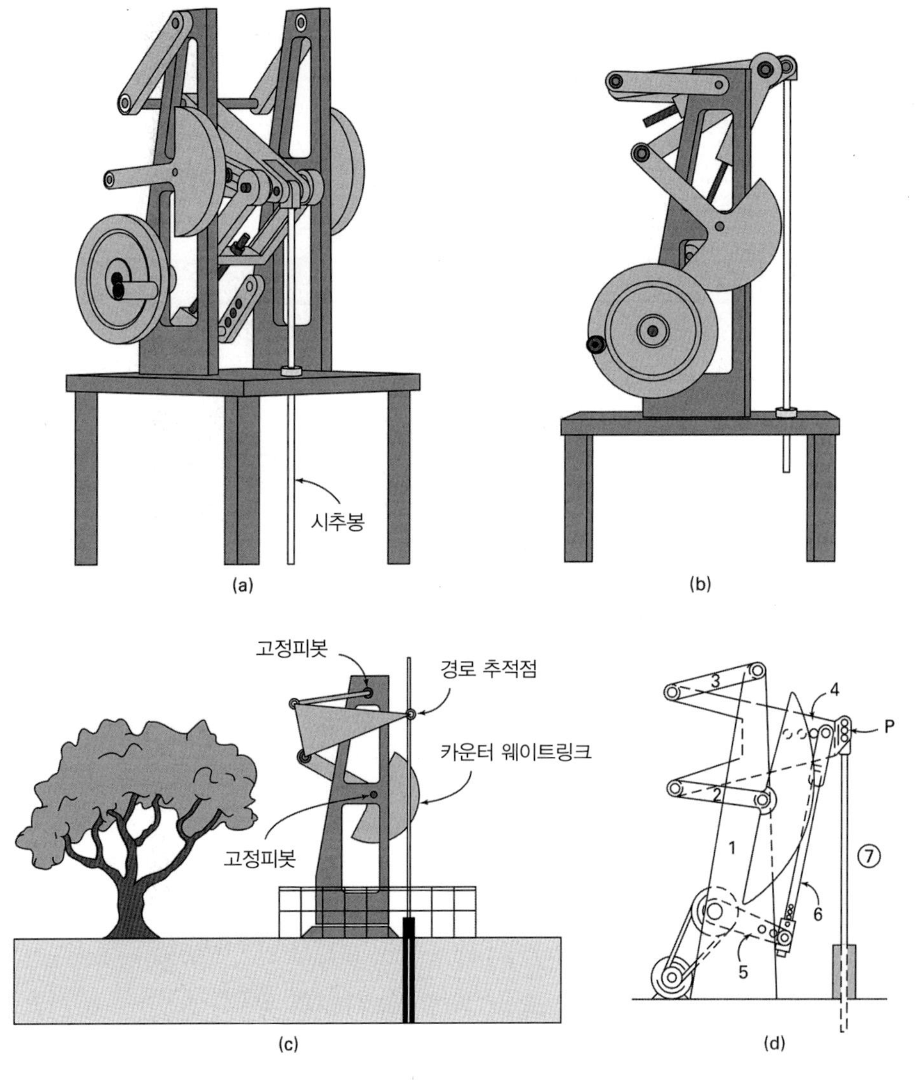

그림 1.3 (a,b) 'Minnesota' 오일 펌프의 축소 모델. 이 그림은 직선 구간 중 경로 추적점의 극한(최상, 최하)에서의 기구 모양을 보여주고 있다. (c) 중간 위치에 있을 때의 4절 기구 부분. (d) 한 쌍의 링크(다이애드, 링크 5와 6)로 구동되는 4절 기구. 다이애드(dyad)를 커플러링크 4에 부착시킬 때, 연결부가 여러 개 있어서 어디에 연결하느냐에 따라 스트로크의 범위(커플러경로의 직선 구간의 길이)를 조절할 수 있다.

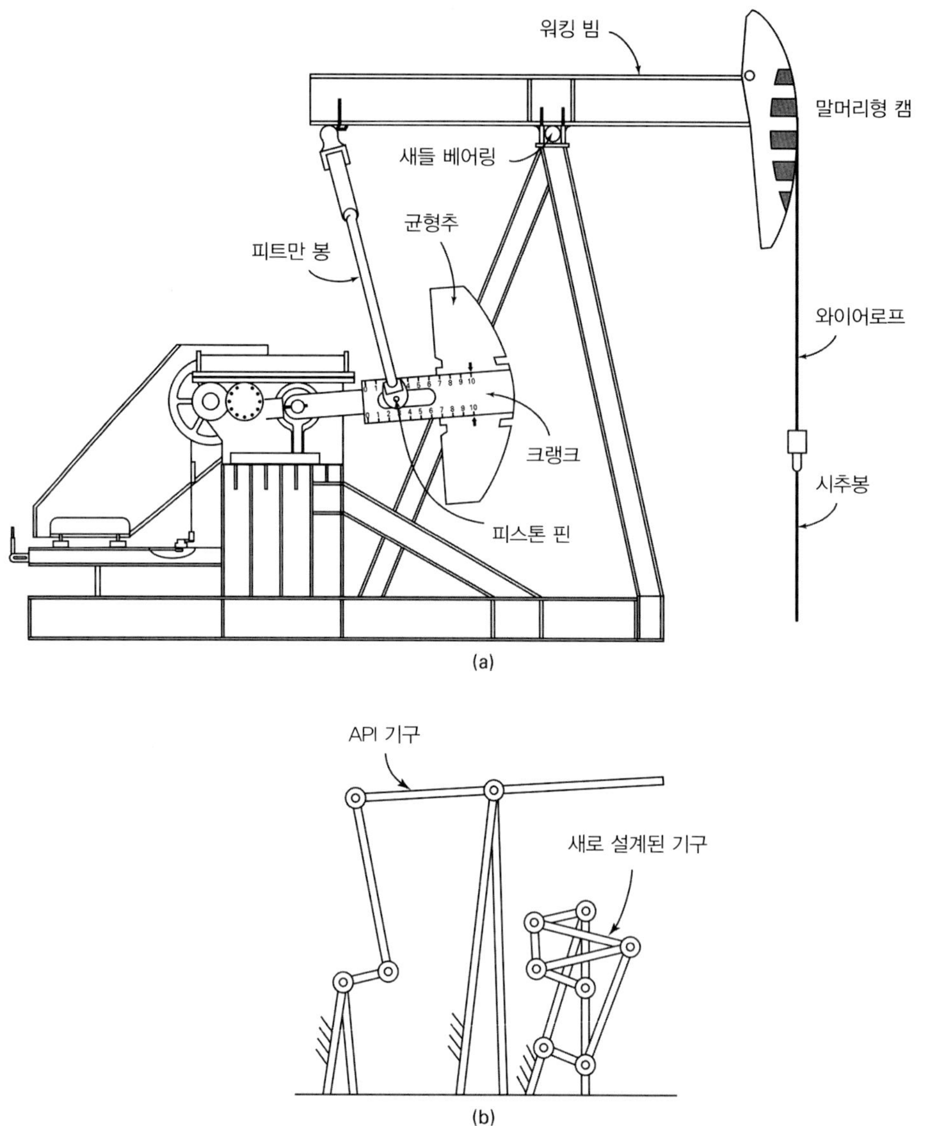

그림 1.4 (a) 땅속 2000 feet 깊이의 오일까지도 퍼올릴 수 있도록 고안된 기구. 미국석유공사에서 오랫동안 사용하였던 전통적 기구이다. (b) 두 기구의 크기를 근사적으로 비교한 것.

수생성기이다. 즉, 크랭크가 360° 회전하는 동안 워킹빔(walking beam)은 정해진 왕복운동을 하게 된다. 여기서 크랭크와 빔(beam) 모두 지면과 핀조인트로 연결되어 있다. 그림 1.3에서는 무게의 균형을 잡기 위한 링크의 회전운동이 시추봉(sucker rod: 원유가 있는 땅속까지 연결된 파이프)의 순수병진운동으로 변환된다. 이 직선운동을 생성하는 4절 기구(그림 1.3c 및 그림 1.3d의 링크 1부터 4까지)는 경로생성기로 분류된다. 이 4절 기구는 다른 2 링크 연쇄(그림 1.3d의 링크 5와 6)로 구동된다. 결국 주 구동링크의 360° 회전운동이 직선운동으로 변환되는 것이다. 이 기구는 크기에 비해 상대적으로 긴 직선운동을 생성할 수 있도록 설계되었다. 그림 1.4b는 새로 설계된 기구의 크기를 표준형 API 기구와 비교한 그림이다.

그림 1.5는 수동식 휠체어의 브레이크 기구의 중립상태 및 브레이크가 걸린 상태를 보여주고 있다. 입력핸들로 미는 힘을 바퀴에 수직방향으로 작용하는 브레이크 패드의 힘으로 변환시키는 데에는 4절 링크장치가 이상적이다. 스프링(그림에서는 보이지 않음)은 기구를 그림 1.5a와 같은 중립 위치로 되돌려 줄 것이다. 필요하다면 고정된 브레이크처럼 작동되게 하기 위하여 브레이크가 걸릴 때 토글 위치(3장 참조)가 되도록 설계할 수도 있다. 이 기구는 함수생성 작업을 한다. 이 작업은 종동(follower)링크의 회전과 직접적으로 관련되며, 이와 같은 응용에서 커플러 추적점은 전혀 필요하지 않다.

그림 1.6은 4절 링크장치가 또 다른 제동장치(롤러브레이드 ABT 브레이크 시스템)에 어떻게 응용되는가를 보여준다. 발목에 밀착된 고정장치(boot cuff)는 입력 링크의 역할을

그림 1.5 (a) 휠체어 브레이크가 작동하지 않는 상태, (b) 휠체어 브레이크가 작동하는 상태.

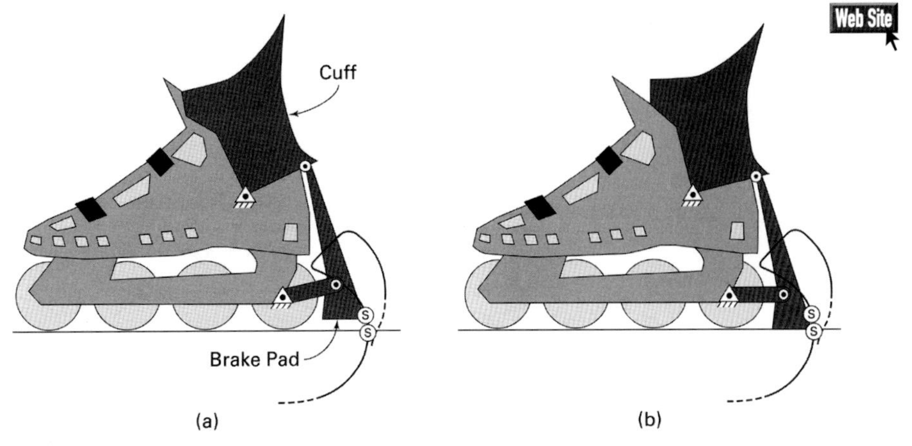

그림 1.6 새롭게 고안된 브레이크 시스템의 두 위치에서의 모습. (a) 브레이크가 걸리지 않은 상태, (b) 브레이크가 걸린 상태. 이 그림은 'Lincage'라는 소프트웨어를 이용한 애니메이션이다.

한다. 제동이 필요할 때 롤러를 타고 있는 사람이 발끝을 앞으로 들면, 이것은 발목 관절을 중심으로 아래쪽 다리의 회전을 유발시킨다. 그 결과 발목 고정장치와 신발 사이의 상대 회전운동(입력 회전운동)은 브레이크 패드를 아래로 밀어(출력운동) 지면과 접촉에 의해서 속도를 줄이게 된다. 이 기구는 커플러링크의 길이를 조정할 수 있어서 브레이크 패드의 마모 정도에 따라 기구의 응답을 조정할 수 있다. 이 기구의 출력은 브레이크 패드(4절 기구의 커플러의 일부)의 병진 및 회전운동이다. 따라서 패드 밑바닥의 방향뿐만 아니라 패드의 오른쪽 아래 끝의 경로 추적점의 위치 역시 주된 관심사이다. 이것은 운동생성의 정의이기도 하다.

4절 링크장치 중에는 링크의 길이가 무한대가 되는 특수한 형태도 있다. 그림 1.7의 슬라이더-크랭크(또는 크랭크와 슬라이더) 기구는 무한한 길이의 출력링크를 슬라이더로 대체한 4절 연쇄이다. 무한한 길이를 갖는 링크와 그 피봇점은 슬라이더링크와 슬라이더 조인트로 대체될 수 있다. 4절 기구와 슬라이더-크랭크는 4개의 링크와 4개의 조인트를 가지고 있으므로 4절 연쇄이다.

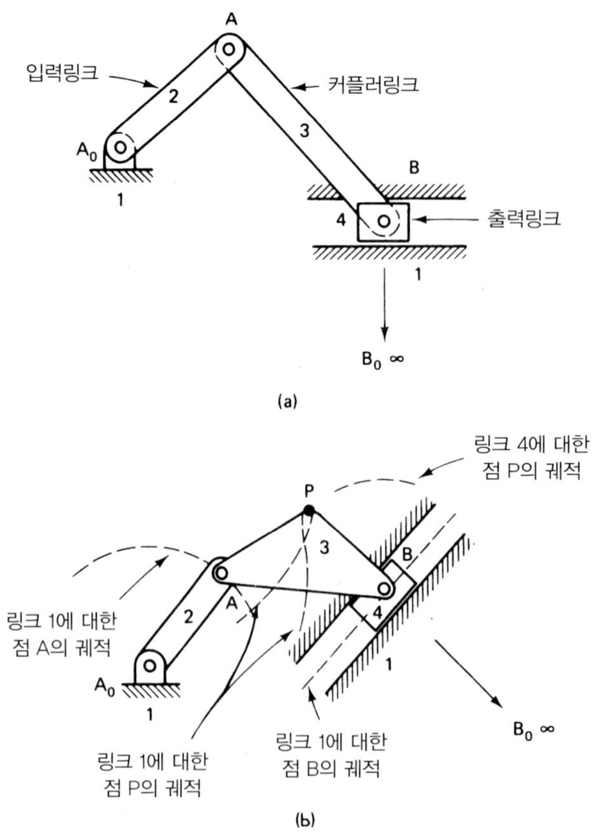

그림 1.7 각각 다른 링크에 대한 점 A, P 및 B의 경로를 보여주는 슬라이더-크랭크 4절 기구.

내연 기관은 슬라이더-크랭크 기구로 이루어져 있다. 크랭크가 링크 2이고, 커넥팅로드가 커플러(링크 3)가 되며, 피스톤이 슬라이더(링크 4)가 된다.

슬라이더가 고정링크가 아닌 움직이는 링크 위에서 정해진 경로를 따라 움직이는 또 다른 형태의 4절 링크장치도 있다. 이와 같은 기구를 슬라이더-크랭크의 역(inversion)이라 하며, 다른 링크(크랭크, 커플러 혹은 슬라이더)가 고정되는 경우를 말한다. 3.1절에서 슬라이더-크랭크의 전환에 대한 몇 가지 예를 살펴볼 것이다.

1.4 상대 운동

자연계에서 관찰되는 모든 운동은 상대 운동이다. 즉, 관찰되는 물체의 운동은 관찰자에 대하여 상대적이다. 예를 들어, 버스의 좌석에 앉아 있는 승객을 정류장에서 버스를 기다리고 있는 관찰자가 보면 상대적으로 움직이고 있으나, 좌석에 앉아 있는 다른 승객이 보면 상대적으로 정지되어 있다. 또한 버스 안의 좌석 사이의 통로를 따라서 움직이고 있는 승객은 정류장에서 기다리고 있는 승객이나 좌석에 앉아 있는 승객 모두에게 상대적으로 움직이는 것처럼 보인다.

운동을 다루는 **기구학**은 **상대 운동**에 관한 **학문**이다. 기계 및 기구장치의 설계와 해석은 기계요소들의 상대 운동을 가시화할 수 있는 설계자의 능력에 달려 있다.

1장의 주요 학습 목표 중 하나는 다양한 종류의 링크장치가 만들어 내는 운동을 숙지하고 기본적인 이해를 바탕으로 기구 해석과 합성에 관한 주제들을 다룰 준비를 하는 것이다. 그림 1.7b는 삼각형 커플러링크 ABP를 갖고 있는 슬라이더-크랭크를 보여준다. 커플러링크의 각 점은 지면(링크 1)에 대해서 **커플러곡선**(coupler curve, 그림 1.1b 참조)이라는 경로들을 그린다. 점 A는 중심점 A_0인 원호를 그리고, 점 B는 직선운동을 하며 그리고 점 P는 좀 더 복잡한 곡선 형태를 따라간다.

이와 같은 모든 커플러곡선들은 링크 3의 **절대 운동**(absolute motion)*의 한 부분이다. 링크 1 대신에 링크 4에 대한 점 P의 경로를 생각해 보자. 이 경우의 상대운동은 링크 4에 앉아서 링크 3의 운동을 관찰하는 경우를 생각하면 된다. 다시 말하면 링크 1 대신에 링크 4(슬라이더)를 고정시키고 기구의 나머지 링크들(앞에서의 고정링크를 포함한)이 링크 4에 대하여 움직이도록 바꾼 경우가 된다. 이 경우 링크 4에 대한 점 P의 상대적 경로는 점 B를 중심으로 하는 원호가 된다. 따라서 절대 운동이란 상대 운동의 특별한 경우가 되는 것이다.

* 기구 해석에서 한 개의 링크를 기준좌표계가 부착된 고정된 프레임으로 정의하는 것이 좋다. 이때 이 고정링크에서 본 모든 운동을 절대 운동이라 한다.

1.5 기구 선도

4절 기구나 슬라이더-크랭크는 매우 유용한 링크장치이고 여러 분야에 응용되고 있지만, 이 링크장치들은 매우 제한된 성능을 가지고 있음을 알게 될 것이다. 더 복잡한 요구 조건을 만족시키기 위해 4절 기구보다 더 많은 링크를 갖는 링크장치들이 종종 사용된다.

그림 1.8은 기계적 링크장치가 있는 다중 루프(multi-loop) 기구의 대표적인 적용 예를 보여 준다. 여닫이창은 창턱으로부터 바깥방향으로 90° 정도 열려야 하고, 비상출구에 관한 규정에 따라 한쪽 측면과 충분한 거리를 두어야 하며, 유리 바깥면을 청소할 수 있도록 다른 측면과도 적당한 거리를 두어야 한다. 또한 링크장치는 손으로 움직일 수 있도록 작은 힘으로도 작동이 가능해야 한다. 그림 1.8a와 b는 대표적인 여닫이창의 작동 기구가 각각 90°와 30° 열린 상태를 보여준다.

다중 루프 링크장치의 움직임을 그림 1.8처럼 가시화하는 것은, 특히 다른 요소들을 함께 나타내야 하는 경우 매우 어려운 일이다. 따라서 복잡한 기구의 운동을 해석해야 하는 경우, 먼저 **기구 선도**(kinematic diagram) 또는 **골격 선도**(skeleton diagram)를 그린다. 이것은 그림 1.9에서 볼 수 있듯이 매우 간략화된 **막대 선도**(stick diagram)이다. 골격 선도는 전기의 구성도 혹은 회로도처럼 사용되는데, 기구의 운동에 영향을 미치는 기본적인 기구 골격과 중요한 치수만을 선도에 표기한다. 기구 선도는 스케치(정확한 축척은 아니지만 비례하여 그림) 혹은 축척으로 그린 기구 선도(일반적으로 더 많은 해석에 사용된다: 위치, 거리, 속도, 가속도, 힘, 토크 전달 등) 중의 한 형태를 갖는다. 편의상 각 링크에 번호를 붙이며(고정링크를 1번으로 한다), 조인트에는 문자를 붙인다. 그리고 입력과 출력링크들에도 표시를 한다. 표 1.1은 대표적인 평면링크의 기구 선도를 보여준다. 기구 선도의 주목적 중 하나는 기구의 상대적 운동에 대한 기구학적 개요를 보여주는 것이다. 한 예로 핀조인트는 상대적 회전운동을 나타내고, 슬라이더는 상대적 직선 병진운동을 나타낸다. 그림 1.3과 1.4에서 원유시추 기구의 이해를 돕기 위해 기구 선도를 사용한 바 있다. 그림 1.3a부터 1.3d까지 그리고 그림 1.4a에서 보여준 두 설계도도 도움이 되지만, 그림 1.4b의 기구 선도가 두 기구를 비교하는 데 더 도움이 된다는 것을 알 수 있다.

그림 1.9는 여닫이창 링크장치의 기구 선도를 보여준다. 6개의 링크, 5개의 핀조인트, 1개의 슬라이더 조인트 그리고 1개의 롤러가 있음을 알 수 있다. 이 기구 중 한 개의 루프는 슬라이더-크랭크 링크장치 (1, 5, 4, 6)이다. 막대(bar)와 롤러 (2, 3)가 슬라이더-크랭크에 연결되어 있으며, 이것들은 창문을 여닫을 수 있는 입력을 제공한다. 기구 선도는 기구를 가시적으로 볼 수 있도록 기구를 간략화시킬 뿐만 아니라, 축척하여 그릴 경우 더 많은 해석을 위한 수단으로 이용될 수 있다.

다중 루프의 또 다른 적용 예로는 다음과 같은 가변 스트로크 엔진(variable stroke

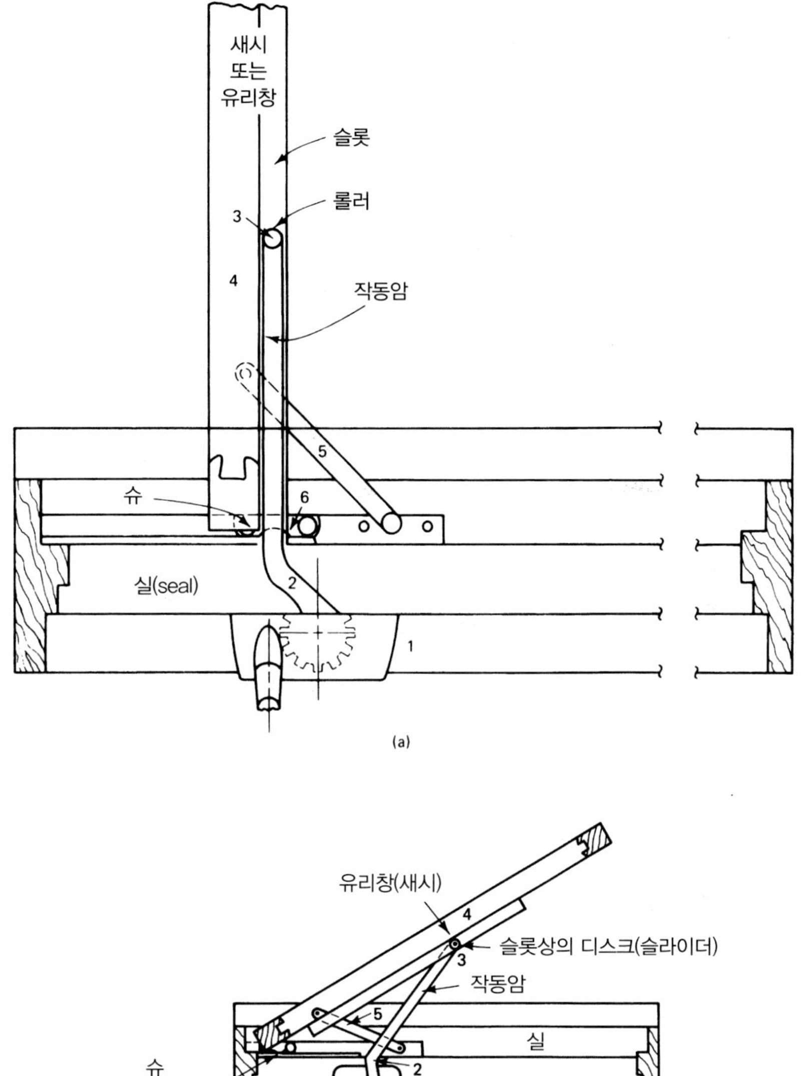

그림 1.8 여닫이창의 작동 기구.

engine)[126](그림 1.10)이 있다. 이 링크장치는 요구되는 동력에 따라 피스톤의 스트로크를 변화시킨다. 이 스트로크 링크장치의 작동은 그림 1.11과 같다.

각각의 위치에서 조정링크의 밑쪽 끝부분이 조정요크(control yoke)에 의하여 만들어지는 원호를 따라 조절된다. 조정링크의 윗부분은 주링크(main link)에 연결되어 있으며, 이 주링크는 일반적인 커넥팅로드의 역할을 하는 요소에 연결된다. 결과적으로 이것이 엔

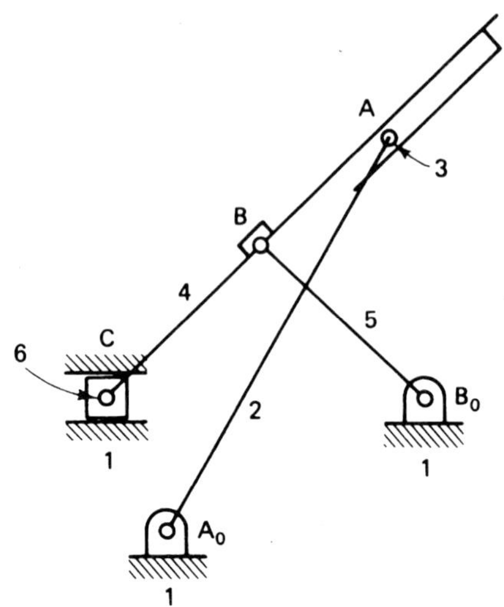

그림 1.9 그림 1.4의 등가 기구 선도. 여기에서는 링크 3이 링크 2의 *A*에 부착된 롤러이다.

진으로 하여금 가변 크랭크행정(variable crank throw)을 갖도록 한다.

조정요크가 거의 수직으로 서 있는 경우(그림 1.11a), 주링크는 운동에 제한을 받게 되어 결과적으로 피스톤의 스트로크가 작아진다. 스크류의 조정너트가 나사선 안쪽으로 움

표 1.1 ● 평면링크의 종류.

링크 종류	기본형	골격 선도
2중		
3중	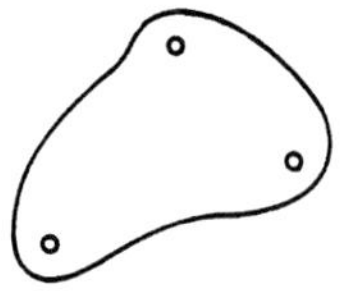	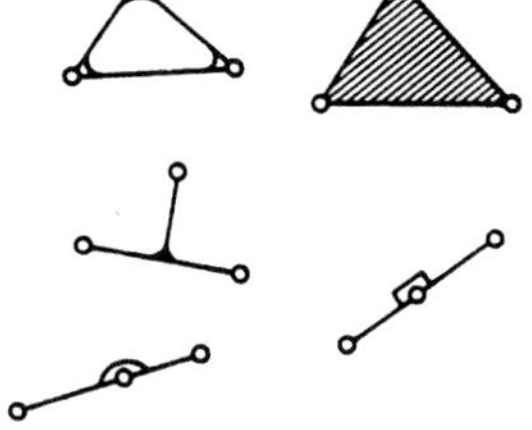
4중	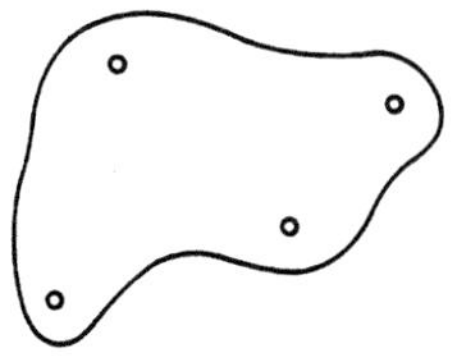	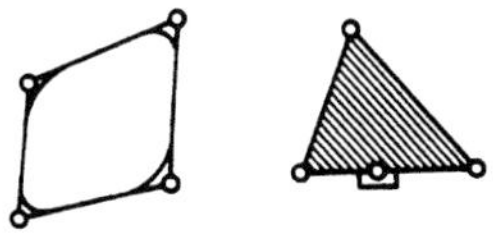

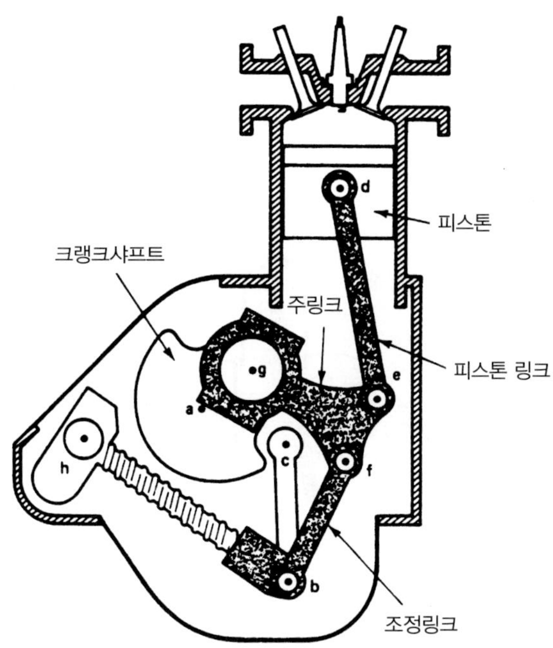

그림 1.10 가변 변위 엔진의 단면도. 크랭크샤프트(crankshaft), 주링크(main link), 피스톤 링크(piston link) 및 스트로크 조정링크(stroke control link) 등을 보여준다. 조정링크의 아래쪽 끝부분을 움직여서 스트로크를 변화시킬 수 있다.

직이면 조정요크와 조정나사축 사이의 각도는 증가하게 된다. 이것은 주링크가 더 큰 원호 위를 움직이도록 하여, 더 긴 스트로크가 생기도록 한다. 조정요크와 조정나사축 사이의 각도는 0°에서 70°까지 변화시킬 수 있는데, 이에 따라 스트로크는 1 인치에서 4.25 인치까지 변화한다. 이 링크장치는 피스톤 스트로크에 관계 없이 압축비가 거의 일정하도록 설계되었다.

이 기구에 해당하는 선도는 그림 1.12와 같으며, 9개의 링크, 9개의 핀 그리고 2개의 슬라이더가 있다. 여기에서 슬라이더 8은 너트를 나타내고, 실린더 9는 조정나사를 나타낸다.

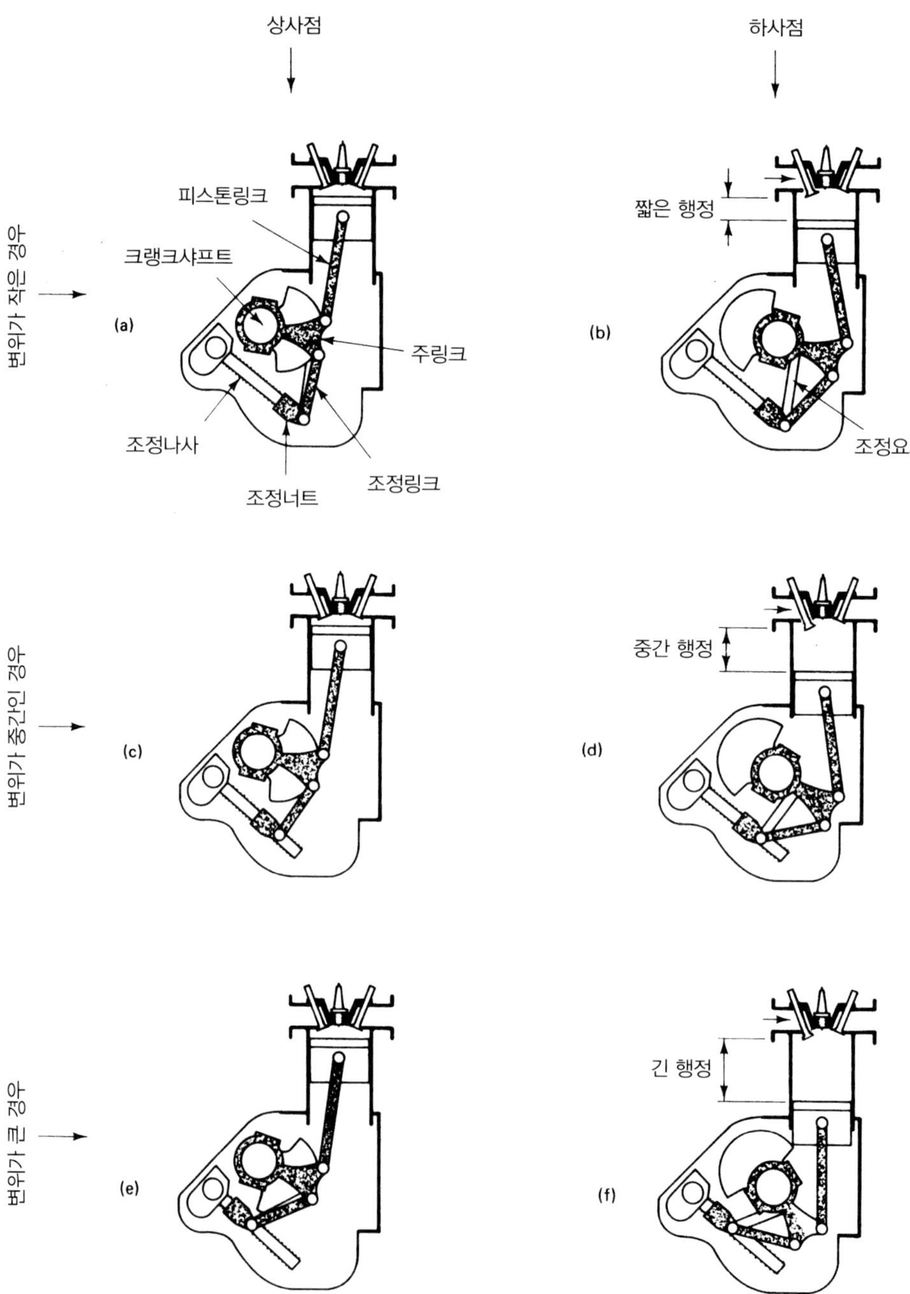

그림 1.11 가변 변위 기구. 조정링크(control link)의 아래쪽 끝부분을 움직여서 스트로크를 변화시킬 수 있다.

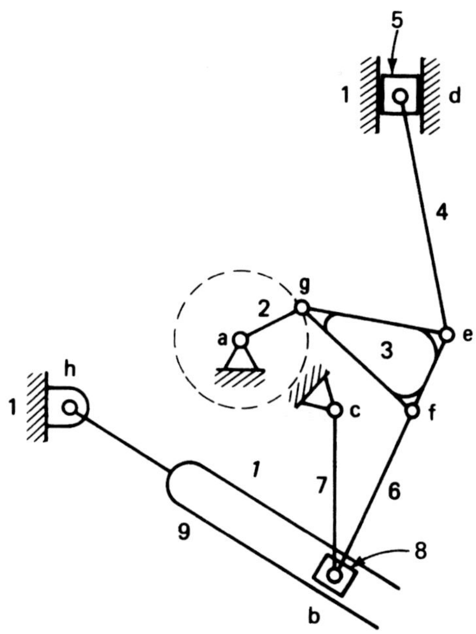

그림 1.12 조정나사 9를 조절하면 슬라이더(링크 8)가 고정된다.

1.6 6절 연쇄

4절 링크로는 원하는 성능을 만족시키지 못하는 경우 6절 링크장치를 고려하게 된다. 6절 링크장치는 7개의 회전조인트를 가지며 1자유도를 갖는데, 이것은 Watt 연쇄 또는 Stephenson 연쇄(1.7절 그림 1.13a에서 1.13e까지 참조)의 두 가지 종류로 구분된다. 이것은 3원* 링크(ternary link: 3개의 회전조인트를 갖는 링크, 표 1.1 참조)의 위치에 따라 구별

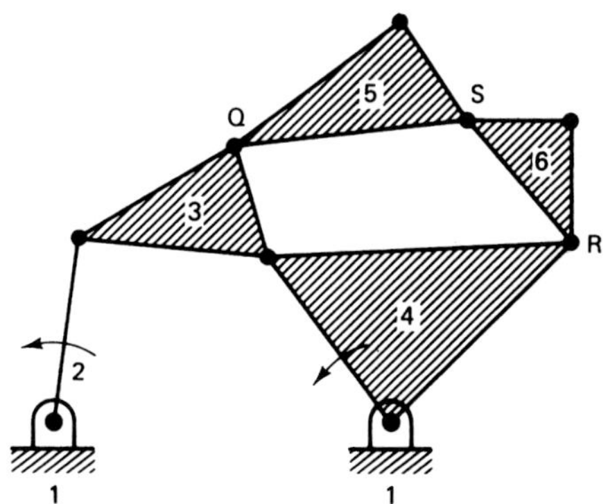

그림 1.13a Watt I 6절 기구.

* 그림 1.13a~1.13e의 삼각형 형상을 갖는 링크 중 어떤 것은 진정한 3원 링크이지만, 일부는 부유 링크의 경로 추적점을 나타내기 위하여 삼각형으로 그린 것이다.

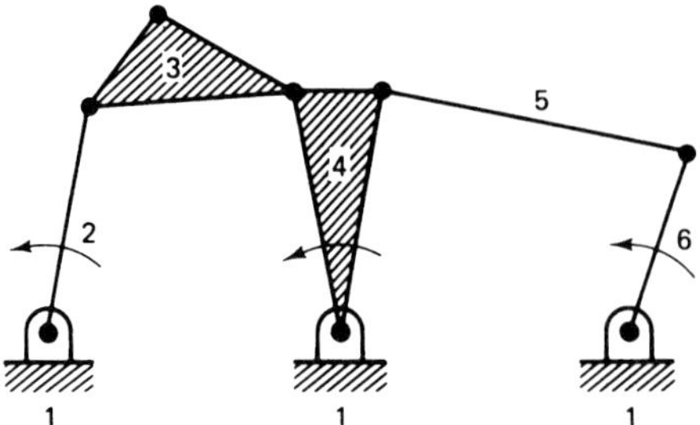

그림 1.13b Watt II 6절 기구

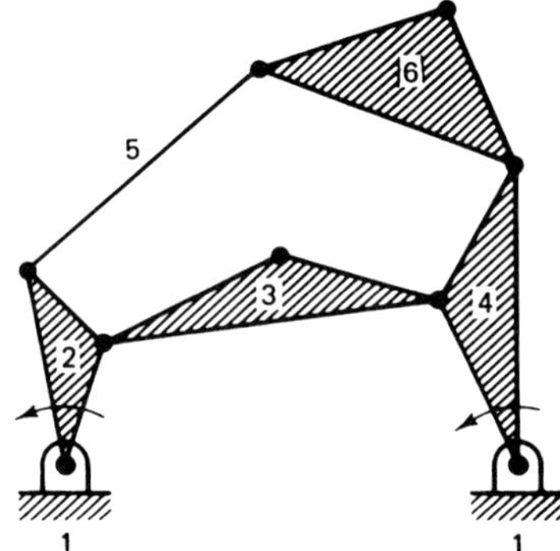

그림 1.13c Stephenson I 6절 기구

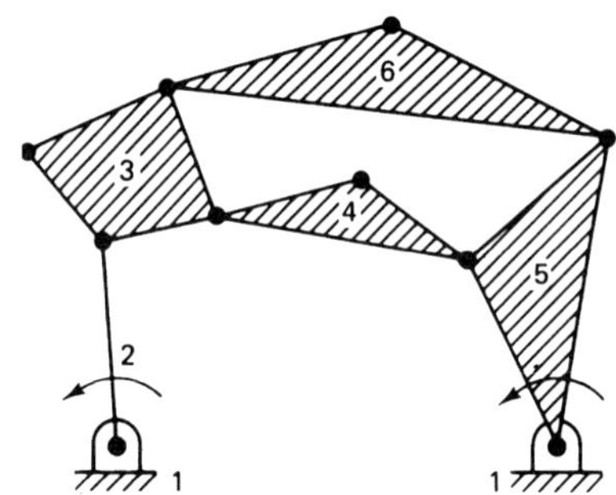

그림 1.13d Stephenson II 6절 기구

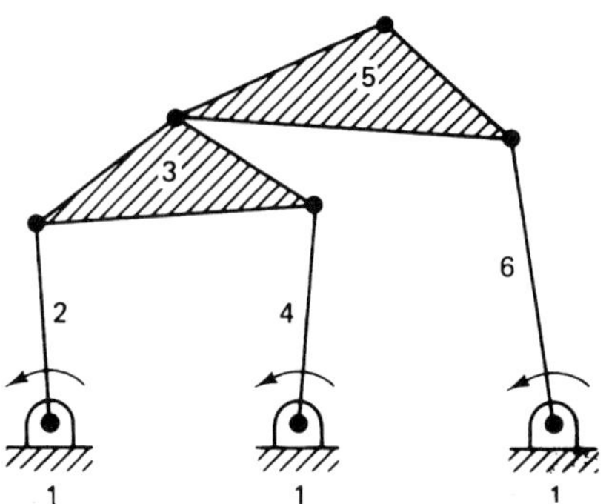

그림 1.13e Stephenson III 6절 기구

된다. Watt 연쇄에서는 3원 링크들이 서로 인접해 있으며, Stephenson 연쇄에서는 3원 링크들이 2원 링크(binary link: 2개의 회전조인트를 갖는 링크)에 의하여 서로 떨어져 있다. 이제 6절 연쇄에 대한 여러 가지 적용 예를 통해 이런 링크장치에 대해 좀더 살펴보자.

예제 1.1

카세트 테이프 카트리지의 제작시에는, 조립된 카세트 안에 들어 있는 리더 테이프(leader tape)를 어떤 장치(빈 자기 테이프를 카세트 안으로 감아 넣는 장치)에 끼워넣어야 한다. 이와 같이 리더 테이프를 끼워 넣는 기계적 안내 링크장치를 개발하고자 한다.

그림 1.14는 안내 링크장치가 작동하기 시작할 때 테이프가 끼워져야 하는 장치들의 위치를 보여준다. 그림에서 점선은 다 끼워진 리더 테이프의 최종 배치 형태를 나타낸다.

테이프는 카세트의 양쪽에서 풀리며, 빼냈을 때 루프를 형성한다. 1부터 5까지의 숫자는 테이프가 연속적으로 지나야 할 위치를 나타낸다. 위치 2, 3, 5(그림 1.14)는 테이프 데크(deck) 아래에 위치하다가 테이프 루프가 각 위치를 지나갈 때, 하나씩 올라와서 테이

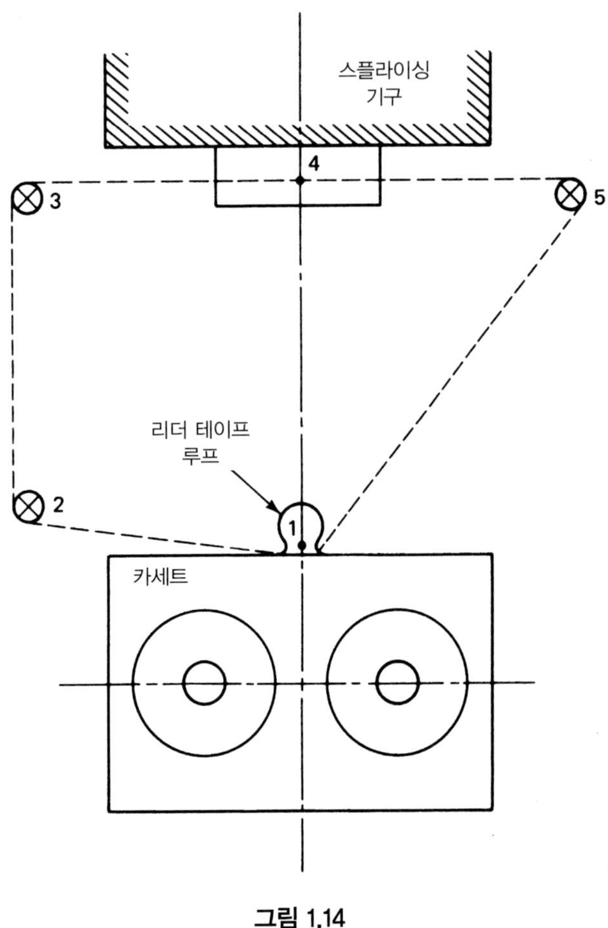

그림 1.14

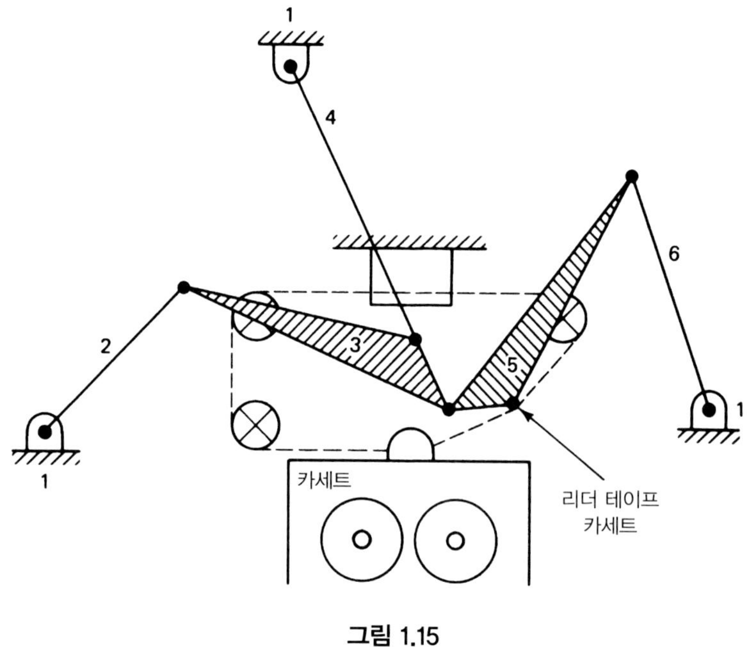

그림 1.15

프를 지지해 준다. 테이프는 적절한 진행방향으로 2, 3, 5의 위치를 지나도록 안내되어야 한다.

다음은 이 링크장치에 요구되는 조건들이다.

1. 입력크랭크는 360° 회전해야 한다.
2. 크랭크가 회전하는 속도에 따라 기둥 2, 3, 5가 정확한 시간에 올라올 수 있도록 주요 경로를 통과하는 시간이 잘 맞추어져야 한다.
3. 경로점을 포함하는 커플러링크의 회전각은 각 위치에서 정확하게 지정되어 있어야 한다.
4. 이 예제의 경우 Stephenson III 연쇄가 채택되었으며, 제2권의 3장에서 설명한 컴퓨터를 이용한 방법으로 그림 1.15와 같은 최종 설계에 도달했다.

예제 1.2

생체역학 장치(biomechanical device)를 설계하는 데에도 기구를 이용하면 매우 유용하다. 한 예로 무릎이 절단된 사람을 위한 의족(external prosthesis)을 설계하는 경우, 걸을 때 안정성을 유지하기 위해 넓적다리(대퇴골: femur)와 다리뼈(경골: tibula) 사이의 상대 회전중심(relative center of rotation, 3장 참조)의 움직임을 재현할 필요가 있다. 그림 1.16과 1.17은 이와 같은 목적을 위하여 설계된 Stephenson I 6절 운동생성기를 보여준다. 그림 1.16a

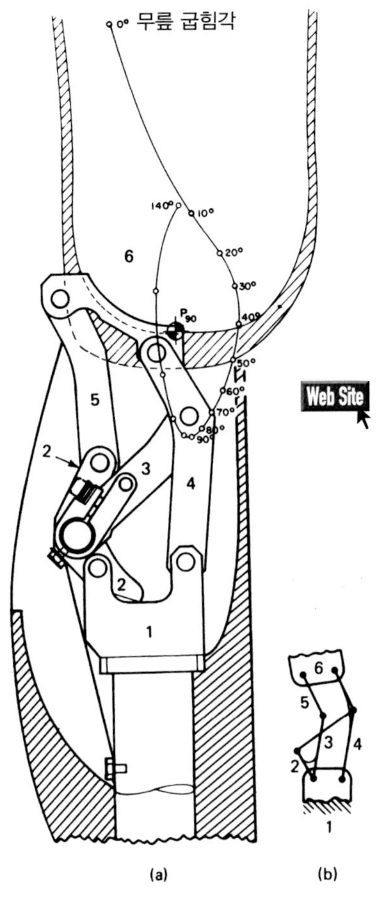

그림 1.16 펴진 상태의 6절 인공 무릎 관절 기구(Biomechanics Laboratory, University of California, Berkely).

마찰 조정기

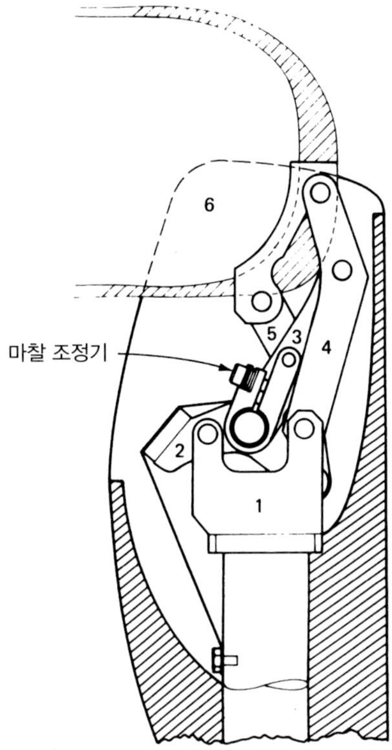

그림 1.17 굽힌 상태의 6절 인공 무릎 관절 기구(Biomechanics Laboratory, University of California, Berkely).

는 굽힘각도가 0°인 상태(완전히 펴진 상태)와 대퇴골(링크 6)에 대한 링크 1(인공다리)의 순간중심점의 궤적들을 보여준다.

굽힘각도 90°인 상태(무릎이 굽혀진 상태)가 그림 1.17에 나타나 있으며, 이 링크장치의 기구 선도는 그림 1.16b에 있다.

예제 1.3

원통형 부품의 연속적인 기계 가공을 위하여 호퍼(hopper)로부터 슈트(chute)로 부품을 하나씩 옮기는 공급장치(그림 1.18 참조. 축척하여 그린 것이 아님)가 필요하다. 이를 위하여 Watt II 기구가 선택되었다. 타이밍링크(timing link, 링크 6)는 호퍼로부터 1개의 부품을 옮겨주는 컵 형태의 플랫폼이 회전하도록 한다(회전각은 입력링크 회전각의 함수로 표시된

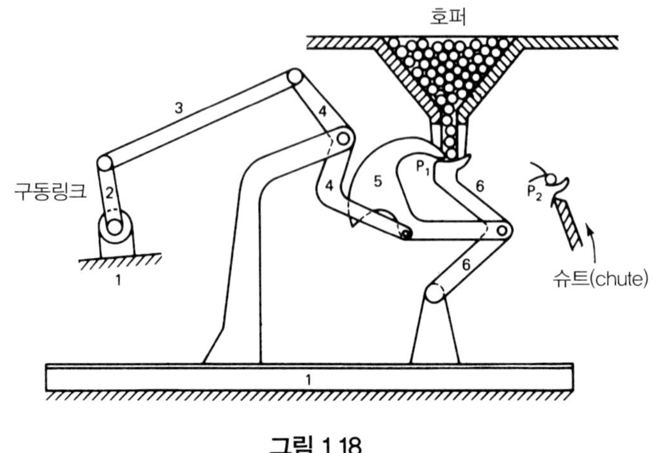

그림 1.18

다). 반면에 출력커플러(점 *P*)의 경로는 플랫폼 위에 부품의 위치를 잡아주고 부품을 슈트로 밀어낸다.

예제 1.4

그림 1.19와 1.20은 동일한 작업 조건을 만족하는 링크장치의 두 가지 예를 보여준다. TAH Industries란 회사에서는 에폭시가 담겨 있는 두 개의 용기를 조립하는 수동식 기구장치를 개발하고자 한다. 이 작업은 먼저 용기(cartridge)에 피스톤을 삽입시키고, 용기를 들어내거나 새 용기를 올려놓을 때 간섭이 일어나지 않도록 피스톤을 잡고 있는 판(piston holding plate)을 회전시키는 일이다.

먼저, 용기는 그림 1.19a에서와 같이 접수블록(receiving block)에 놓여진다. 그 다음, 피스톤을 피스톤 판(piston plate) 위쪽으로부터 삽입한다. 이 기구의 목적은 피스톤을 용기 안으로 안정적으로 삽입한 다음, 용기와 피스톤을 각각 접수블록과 피스톤 판에 놓을 수 있도록 그림 1.19a와 같이 원래 위치로 되돌아오는 것이다.

이 목적을 수행하기 위한 2가지 설계안을 제시한다. 첫 번째는 한 개의 링크를 슬라이더로 하는 것이다(그림 1.19a부터 1.19c). 두 번째 안은 그림 1.20에서 보여 주고 있다. 어떤 종류의 6절 링크장치를 사용하였고, 이 기구들은 어떤 일을 수행하는지 알아 보자.

풀이

그림 1.19c는 첫 번째 기구의 기구 선도이다. 여기서 슬라이더를 그림 1.19d에서와 같이 일정한 길이를 갖는 링크로 대체하고, 그림 1.13a에서 1.13e까지의 표준 6절 기구와 비교해 보자. 이것은 Watt II 6절 기구이며 이중 함수생성기(double function generator)임을 알 수 있다. 링크 4는 입력링크이고 플런저(링크 2)와 피스톤 판(piston plate, 링크 6)이 출력링크이다. 이 모든 링크들(링크 2, 4, 6)은 고정프레임에 연결되어 있고, 이들 링크들의 회전과

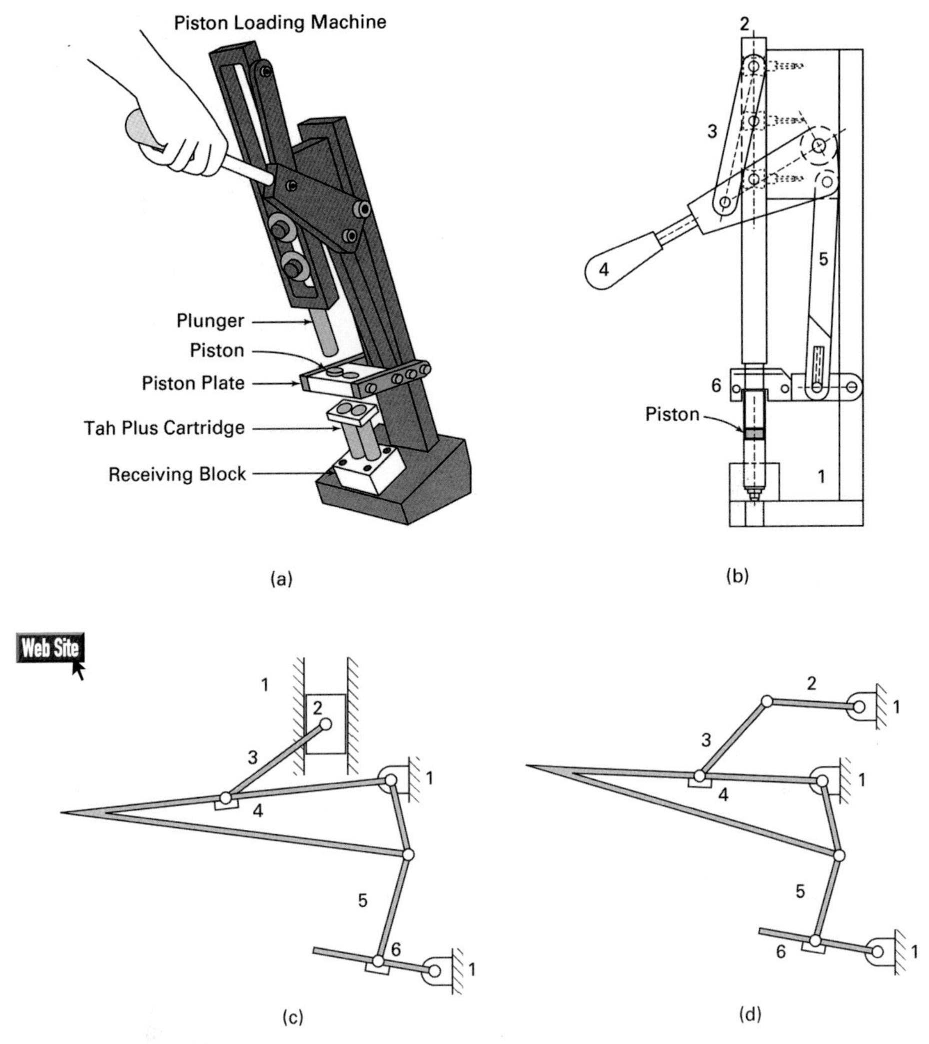

그림 1.19 (a) 피스톤 장착 기계, (b) 피스톤이 플런저에 의해 카트리지 안으로 삽입된 상태를 보여주는 기구, (c) 및 (d) 기구 선도.

병진운동 사이에는 비선형적 관계가 있다.

두 번째 기구는 커플러링크(그림 1.20b의 링크 3) 상에 플런저가 있으며, 이로 인해 이 링크의 x, y 위치와 회전각이 매우 중요하다. 왜냐하면 플런저가 밑으로 내려오는 동안 링크 3이 링크 6에 대해 상대적 회전운동을 할 수 없기 때문이다. 피스톤 판은 고정프레임과 핀조인트로 연결되어 있다. 따라서 이 기구는 운동생성과 함수생성의 두 가지 작업을 동시에 수행한다. 그림 1.20c는 이 기구가 Watt II 형태의 6절 기구임을 보여준다. 위의 두 가지 예에서 모두 Watt II 연쇄가 이용되었지만 이 기구들은 서로 다르다.

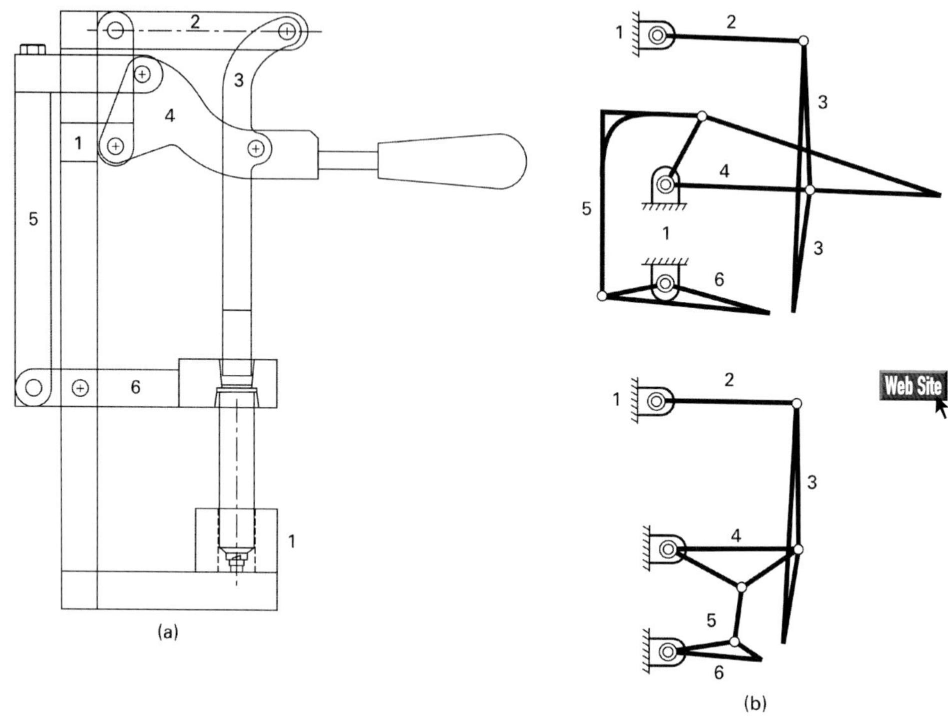

그림 1.20 (a) 두 번째 피스톤 장착 기계, (b) (a)의 기구 선도.

그림 1.19a부터 1.19c까지의 기구장치에서 한 개의 링크(링크 2)는 슬라이더이다. 이 기구는 Watt II 6절 기구(그림 1.19d 참조)라고 간주된다. 그림 1.13a부터 1.13e까지의 6절 기구에서 하나 이상의 링크를 슬라이더로 치환하면, 다른 종류의 6절 기구를 얻을 수 있다. 그러나 기구학적 분류로는 모두 동일하다. 링크, 핀 그리고 슬라이더들을 조합하여 수많은 형태의 6절 기구를 만들어 낼 수 있다(사례 연구에 대해서는 8장 부록 참조).

1.7 자유도

기구의 기구학적 해석에서 기구 선도를 그렸으면, 그 다음 단계는 기구의 자유도를 결정하는 것이다. 자유도(degrees of freedom)란 고정프레임을 기준으로 모든 링크의 위치를 결정하는 데 필요한 입력의 개수(독립변수의 개수)를 말한다. 수많은 종류의 링크장치들이 개발될 수 있다. 표 1.1과 표 1.2를 보면 2원(binary), 3원(ternary), 4원(quaternary) 링크들, 핀조인트, 슬라이더 조인트, 캠과 종동절(follower), 기어와 체인, 스프로킷, 벨트, 풀리 등과 같은 링크장치에 필요한 수많은 요소들이 있다(3차원 상대 운동을 할 수 있는 구형과

표 1.2 ● 평면대우−조인트.

조인트 명칭	선도	등가 순간속도를 가는 저차대우
핀(회전)	 $n = 2$ $f_1 = 1$ $F = +1$ F = degrees of freedom	
슬라이더(미끄럼)	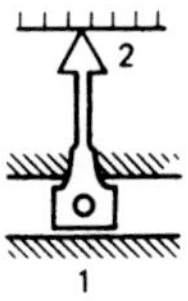 $n = 2$ $f_1 = 1$ $F = +1$	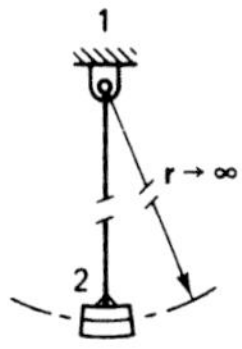 $r \to \infty$ $n = 2$ $f_1 = 1$ $F = +1$
(미끄럼이 없는) 구름접촉	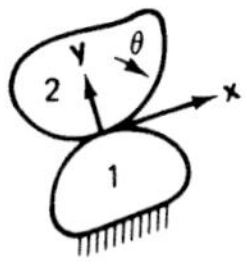 $n = 2$ $F = +1$	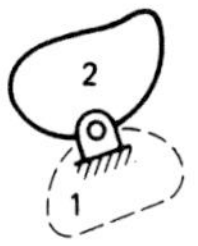 $n = 2$ $f_1 = 1$ $F = +1$
구름-미끄럼접촉	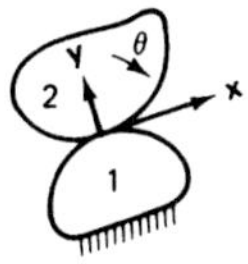 $n = 2$ $f_1 = 0$ $f_2 = 1$ $F = +2$	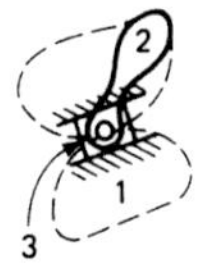 or  $n = 3$ $f_1 = 2$ $f_2 = 0$ $F = +2$
기어접촉 (기어 이빨 사이는 구름-미끄럼접촉, 피치원 사이는 구름접촉)*	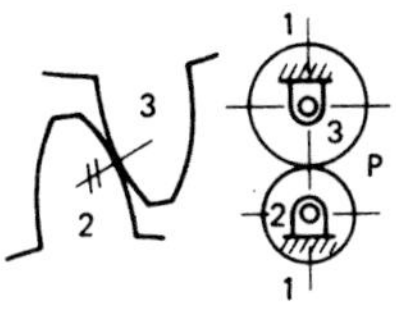 $n = 3$ $f_1 = 2$ $f_2 = 1$ $F = 1$	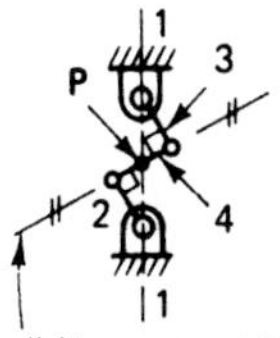 $n = 4$ $f_1 = 4$ $f_2 = 0$ $F = +1$ Parallel to common normal of contacting tooth flanks; P, pitch point
스프링	 $n = 2$ $f_1 = 0$ $f_2 = 0$ $F = +3$	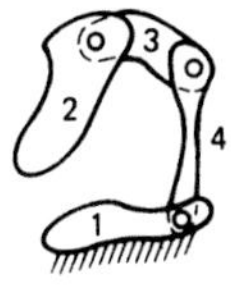 $n = 4$ $f_1 = 3$ $f_2 = 0$ $F = +3$
(미끄럼이 없는) 벨트와 풀리 또는 체인과 스프로킷	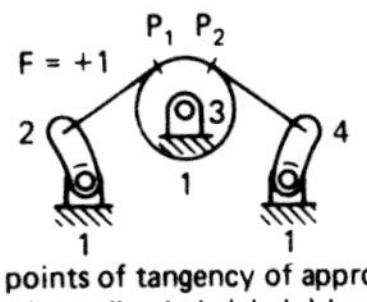 $F = +1$ P_1, P_2: points of tangency of approaching and receding belt (chain) leads	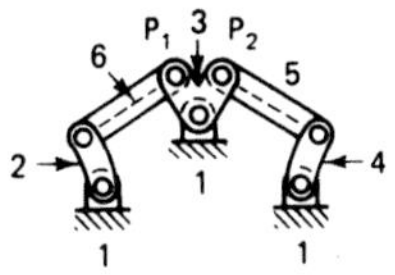 $n = 6$ $f_1 = 7$ $f_2 = 0$ $F = +1$

* 그림 1.27 참고

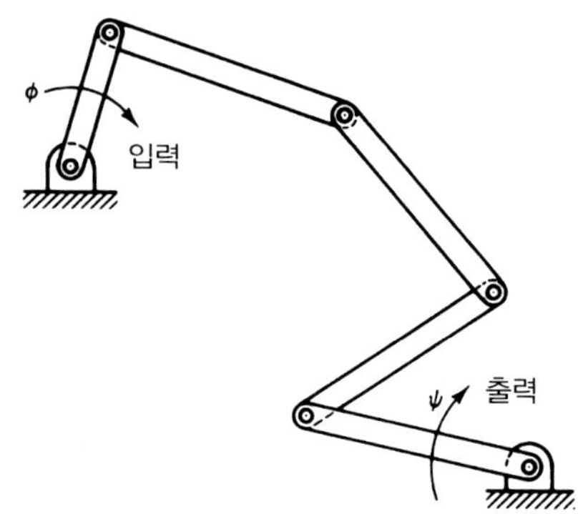

그림 1.21 서로 연결되어 하나의 기구를 형성하는 링크들의 연쇄.

나선형 및 기타 연결방법은 여기서 언급하지 않는다. 여기서는 평면운동만을 논하기로 한다. 3차원 운동은 고급 기구학에서 다룬다). 더 나아가 이 요소들을 가지고 얼마나 많은 종류의 링크장치를 만들 수 있는지 생각해 보자. 한 예로 여러 개의 2원 링크가 핀조인트로 연결된 경우, 이런 기구를 만들 수 있는가를 판단할 수 있는 어떤 기준이 있는지 살펴본다. 예를 들어, 독립변수와 종속변수 사이의 관계식을 규정하기 위해 그림 1.21과 같은 링크장치를 함수생성기(function generator)로 사용할 수 있는가?

그림 1.21과 같은 링크장치가 갖는 명백한 문제점은 입력링크의 축을 모터로 구동할 경우 출력링크가 제대로 작동하지 않을 수 있다는 것이다. 중간에 간섭이 일어날 수 있는 링크들이 너무 많다. 링크장치들을 구성하는 데 있어서 운동성(mobility)에 대한 계산식을 만들 필요가 있다. 하나의 링크를 가지고 이와 같은 계산식을 만들어 보자.

강체링크 K 의 정확한 위치를 그림 1.22의 좌표계 시스템 XY 를 사용해서 찾아보자. 이 링크의 위치를 완벽히 정의하는 데 몇 개의 독립변수가 필요한가? 점 A의 위치는 원점으로부터 X축 방향으로 x_A만큼, Y축 방향으로 y_A만큼 움직임으로 써 도달할 수 있다. 따라서 이 두 좌표값으로 점 A의 위치를 결정할 수 있다. 그러나 링크 K 의 위치를 좀더 정확히 결정하기 위해서는 더 많은 정보가 필요하다.

만약 점 A와 B의 연결선과 X축과의 각도를 안다면, XY 평면상에 링크 K의 위치를 완전하게 정의할 수 있다. 따라서 XY 평면상에 링크의 위치를 완전하게 정의하기 위해서는 3개의 독립변수 x_A, y_A 및 (2개의 병진운동과 1개의 회전운동, 또는 3개의 독립된 좌표)가 필요하다. 다시 말해, 구속 없이 평면운동을 하는 강체링크는 3자유도를 갖는다.

n개의 링크로 조합된 기구가 있다고 하자. 이것은 서로 연결되어 링크장치가 되기 전에는 총 $3n$개의 자유도를 갖는다. 그러나 링크들을 서로 연결하면 전체 시스템은 얼마간의 자유도를 잃는다. 핀조인트는 저차대우(lower pair) 연결 장치라 하는데, 핀과 부시(bush) 같이 요소간에 면 접촉(surface contact)을 하는 연결을 말한다. 앞에서 언급한 구속되지 않은 링크를 핀조인트로 연결한다면 자유도가 얼마나 감소할까? 그림 1.22에서 링크

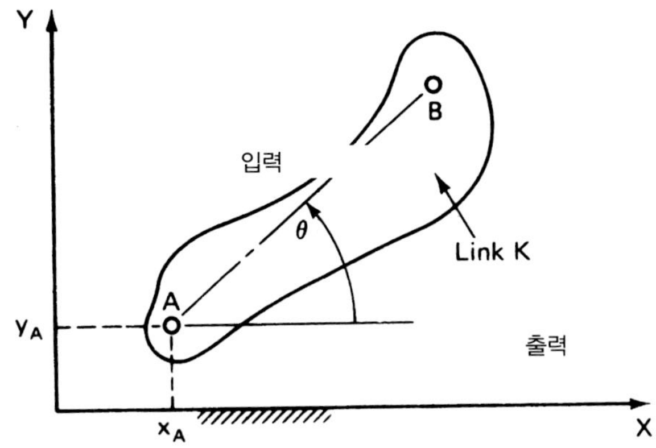

그림 1.22 *X*-*Y* 평면에 놓여 있는 하나의 링크.

*K*상의 점 *A*를 핀조인트로 고정프레임에 연결시킨다면 두 개의 독립변수 x_A와 y_A는 고정되고 θ만이 링크 *K*의 자유도로 남게 될 것이다.

그림 1.21과 같이 링크들을 조립하면, 각 핀 연결 부위는 링크들로부터 2개의 상대 운동 자유도를 잃게 된다. 따라서 f_1개의 핀조인트로 연결된 n링크 연쇄의 자유도를 구하는 방정식을 세울 수 있다(이때 1개의 링크는 지면에 고정되었다고 하자).

$$\text{자유도} = F = 3(n-1) - 2f_1 \qquad (1.1)$$

식 (1.1)을 Gruebler의 방정식이라 부른다. 움직일 수 있는 링크의 개수는 $(n-1)$이다. 핀조인트는 두 링크 사이에 1자유도의 상대 운동만을 허용한다. 이와 같이 1개의 상대 자유도만을 허용하는 조인트의 수를 f_1이라 표기한다. 이 방정식은 실제 가장 많이 사용되는 자유도 방정식 중의 하나이다. 다른 형태의 방정식은 참고문헌 76과 이 책의 8장을 참조하라.

대부분의 기구장치는 1개의 입력이 1개의 출력으로 전달되도록 한다. 따라서 1자유도를 갖도록 구속된 운동을 하는 기구가 가장 많이 사용되고 있다. 한 예로 그림 1.1a의 4절기구는 1자유도를 갖는 링크장치임을 한눈에 알 수 있다. 직관적인 자유도 해석방법은 다음과 같다. 일단 독립변수가 결정되면, 점 *A*의 위치는 A_0와 B_0로부터 구할 수 있다. 커플러 길이 *AB*와 출력링크 B_0B의 길이는 이미 알고 있기 때문에 B_0AB는 더 이상 움직일 수 없는 (0 자유도) 삼각형이며 다른 링크들의 위치도 정해진다.

Gruebler의 방정식으로 그림 1.1a의 링크장치의 자유도를 구하면 다음과 같다.

$$n = 4, \qquad f_1 = 4$$
$$F = 3(4-1) - 2(4) = +1$$

여기서 +1은 링크장치가 1자유도를 갖는다는 것을 의미한다. Gruebler의 방정식을 적용한 또 다른 예로 그림 1.13a에 있는 Watt I 6절 링크장치를 보자. 자유도는 다음과 같다.

$$n = 6, \qquad f_1 = 7$$
$$F = 3(6 - 1) - 2(7) = +1$$

이 링크장치는 식에서 볼 수 있듯이 직관적으로 1자유도를 갖고 있음을 알 수 있다. 링크 1에서 4까지는 1자유도를 갖는 4절 링크장치를 형성한다. 링크 4, 3, 5, 6은 이미 위치가 정해진 링크 3과 4에 의해서 제2의 4절 링크장치를 형성한다. *Q*와 *R*의 위치가 정해졌기 때문에, *QSR*은 '강체' 삼각형을 이루며, 따라서 전체 기구의 위치가 정해진다.

그림 1.23의 굴삭기가 갖는 자유도를 구해 보자. 이 링크장치는 지금까지 자유도 문제에서 언급되지 않은 요소인 슬라이더를 포함하고 있다. 주변에 연결된 링크에서 이 미끄럼 연결(sliding connection)만을 떼어내어 이에 대한 상대 운동의 자유도를 구해 보자. 다시 말해, 이 슬라이더가 상대 운동의 자유도를 몇 개 구속하는가를 살펴보자. 그림 1.7a에서 슬라이더(링크 4)는 지면(링크 1)에 대하여 수직 방향으로의 운동뿐만 아니라 평면에서의 회전도 구속되어 있다. 따라서 슬라이더 조인트는 슬라이더 방향으로만 움직이도록 되어 있으므로 상대 운동의 자유도 중 2자유도(즉, 하나의 병진운동과 하나의 회전운동)를 빼야 한다. 이제 식 (1.1)의 f_1은 핀조인트 수에 슬라이더조인트 수도 합해서 계산되어야 한다. 핀조인트나 슬라이더조인트 모두 1자유도의 상대 운동만을 허용하기 때문이다.

굴삭기는 모두 12개의 링크(운전실을 고정링크라 생각한다)와 12개의 핀조인트 그리

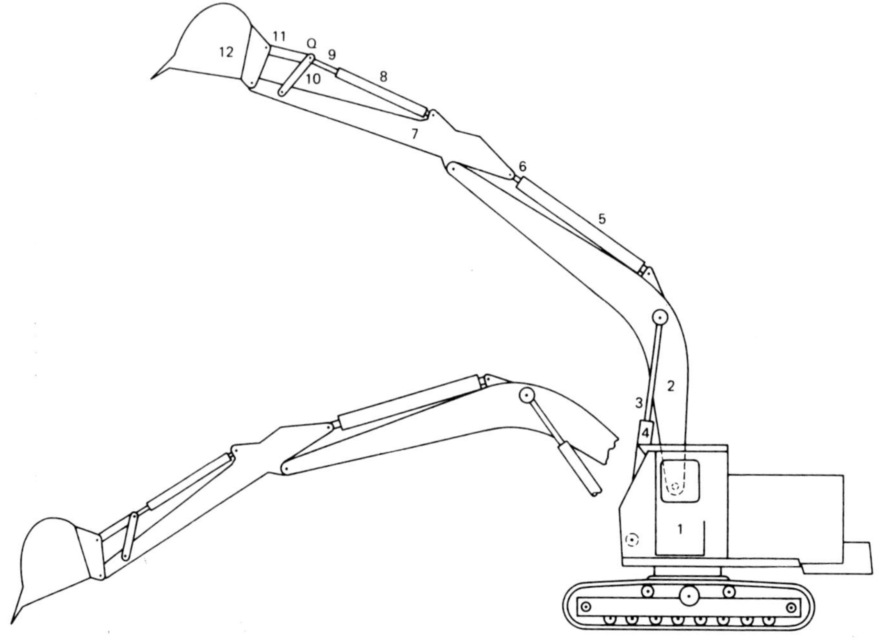

그림 1.23 굴삭기 기구.

고 3개의 슬라이더조인트(피스톤과 실린더의 합체)로 구성되어 있다. 핀조인트가 11개라고 생각했다면, 그림에서 점 Q를 주의 깊게 살펴보아라. 3개의 링크가 같은 핀에 의해 연결되어 있음을 알 수 있다. 링크 9와 링크 10, 링크 10과 링크 11을 연결하는 2개의 핀조인트가 있다. 일반적으로 여러 개의 링크가 한 개의 핀조인트를 공유할 때 핀조인트의 개수는 다음과 같다.

$$f_1 = m - 1 \tag{1.2}$$

여기서 m은 1개의 회전조인트에 연결된 링크의 개수를 의미한다.

따라서 굴삭기의 자유도는 다음과 같이 계산된다.

$$F = 3(12 - 1) - 2(15) = +3$$

그러므로 굴삭기의 운전실에서 모든 링크들의 위치를 정하기 위해서는 3개의 입력좌표값이 필요하다. 이 입력좌표들은 붐(boom)을 따라서 설치된 3개의 유압 실린더를 움직이는 데 사용된다.

평면운동을 하는 기구장치에 핀과 슬라이더가 아닌 다른 종류의 조인트들도 사용될 수 있는지, 또한 핀과 슬라이드가 아닌 조인트로 자유도를 계산할 때 2자유도씩 빼야 하는지에 대해서 생각해 보자. 5개의 다른 종류의 평면조인트를 표 1.2에서 보여주고 있다. 핀과 슬라이더조인트(저차대우)는 오직 1자유도의 상대 운동만을 허용하는 반면, 점 또는 선 접촉만을 갖는 **고차대우**는 더 많은(2 또는 3) 자유도를 허용한다. 고차대우 조인트는 그것이 허용하는 상대 운동의 자유도 수와 같은 개수의 저차대우들로 대체할 수 있다.

미끄럼이 없는 구름접촉(rolling contact)은 상대 회전만을 허용한다. 즉, 1자유도의 상대운동을 허용한다(표 1.2 참조). 따라서 순수구름조인트(rolling joint)는 f_1 형태의 조인트로 취급된다. 순간속도가 일치하는 등가의 저차대우는 상대 순간중심에 위치한 핀조인트이다(3장 참조). 미끄럼이 없는 구름접촉의 경우, 두 링크 사이의 접촉점이 순간중심이 된다. 따라서 이 고차대우 조인트는 미끄럼에 대한 구속 때문에 1자유도만 허용한다.

구름-미끄럼접촉(roll-slide contact)은 1자유도만 구속한다(표 1.2에서와 같이 y방향으로의 상대 운동). 먼저 순간속도가 일치하면서, 슬라이더와 핀조인트로 이루어진 저차대우 조합을 생각해 보자. 이것은 2자유도($n = 3, f_1 = 2$)의 상대 운동을 허용한다. 구름-미끄럼조인트의 자유도는 **구름-미끄럼조인트도 고려할 수 있도록 수정된 Gruebler의 식**으로 확인할 수 있다.

$$\boxed{F = 3(n - 1) - 2f_1 - 1f_2} \tag{1.3}$$

여기서 f_2는 구름-미끄럼조인트(2자유도의 상대 운동을 허용하는 모든 조인트)의 수를 의미한다.

위에서 설명한 고차대우 모델은 식 (1.3)을 이용하면 자유도가 다음과 같이 된다.

$$F = 3(2 - 1) - 1 = +2$$

표 1.2에서 링크 1이 고정되어 있는 기어 장치인 경우, 기어베어링이 핀조인트가 되고 기어 이빨들의 접촉은 구름-미끄럼조인트가 될 것이다. 따라서 $f_1 = 2$이고 $f_2 = 1$이 되므로,

$$F = 3(3 - 1) - 2(2) - 1 = +1$$

순간속도가 일치하는 등가의 저차대우 링크장치는 기어의 중심이 고정피봇점이고 이빨 접촉면의 곡률중심이 이동피봇점(moving pivot)이 되는 4절 기구이다. 커플러(coupler)는 기어의 작용선(line of action)을 따라 피치점 P를 지나며, 이는 치형 곡면들의 접촉점에서의 공통 접선에 수직이고 지면에 연결된 두 링크에도 역시 수직이다. 따라서 기어 장치의 저차대우 모델도 다음과 같이 똑같은 자유도를 갖는다.

$$F = 3(4 - 1) - 2(4) = +1$$

스프링(표 1.2)은 서로 연결되어 있는 두 링크 사이에 상호 힘을 유발시킨다. 그러나 이 힘은 두 링크 사이의 상대 운동에 기하학적인 구속을 가하지는 않는다(스프링은 인장과 압축의 한계 내에 있다고 가정하자). 2개의 2원 링크, 3개의 핀조인트로 상기 스프링 연결 장치와 동일한 순간속도를 갖는 저차대우 모델을 만들 수 있다.

그리고 이는 스프링으로 연결된 링크와 같은 자유도를 허용한다. 따라서 등가 저차대우 기구의 자유도는 다음과 같다.

$$F = 3(4 - 1) - 2(3) = +3$$

벨트 또는 체인이 팽팽히 당겨진 경우 벨트와 풀리(belt and pulley) 또는 체인과 스프로킷(chain and sprocket)(표 1.2 참조)도 평면운동 기구 연결요소가 될 수 있다.

Watt II 링크장치는 벨트와 풀리(미끄럼이 일어나지 않는 경우)로 구성된 고차대우와 동일한 순간속도를 갖는 저차대우 장치이다. 식 (1.3)을 이용하면, 상기 등가 6절 링크장치의 자유도는 다음과 같다.

$$F = 3(6 - 1) - 2(7) = +1$$

예제 1.5

그림 1.24에 있는 기구의 자유도를 구하라.

풀이

모두 7개의 링크와 7개의 저차대우, 하나의 구름-미끄럼접촉, 그리고 하나의 스프링으로

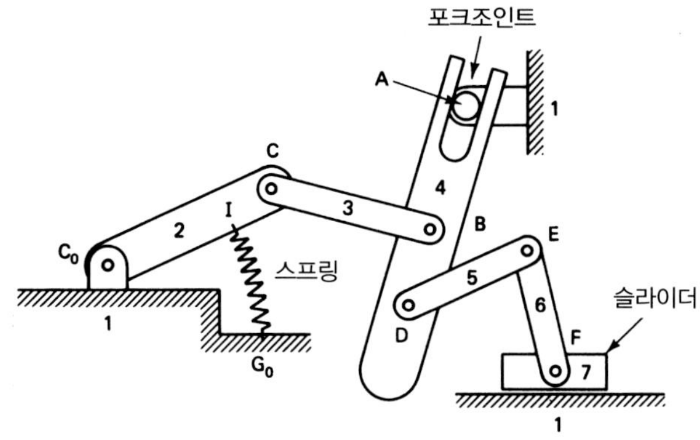

그림 1.24

연결되어 있다. 식 (1.3)으로부터

$$F = 3(7 - 1) - 2(7) - 1(1) = +3$$

이것을 그림 1.25에서와 같이 저차대우만으로 등가의 속도를 갖는 기구로 만들 수 있는지 검토해 보자. 스프링은 2개의 2원 링크로, 포크조인트(fork joint, 또는 미끄럼이 있는 구름 접촉: pin-in slot joint)는 핀과 슬라이더로 바꿀 수 있다.

따라서

$$F = 3(10 - 1) - 2(12) = +3$$

이와 같은 해는 직관적으로 증명할 수 있다. 만약 핀과 슬라이더조인트가 점 A에 고정되었다면(2자유도를 뺀다), 링크 4는 평면상에 고정될 것이다. 그러나 슬라이더-크랭크(DEF)는 움직일 수 있으며 1자유도를 갖는다. 따라서 전체 기구는 모두 3자유도를 갖는다.

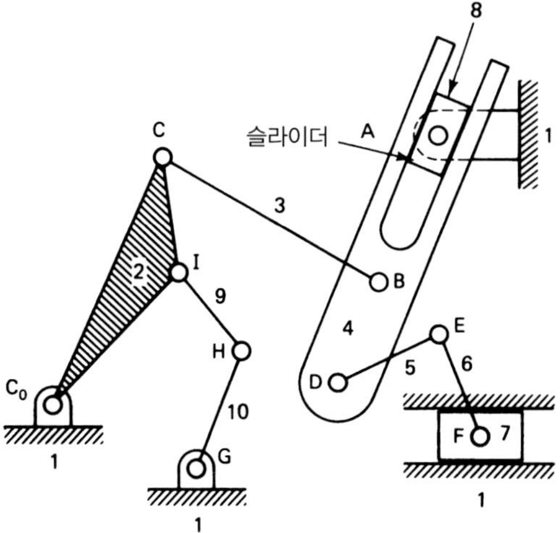

그림 1.25 저차대우로 구성된 속도 등가 기구(그림 1.24와 비교하여).

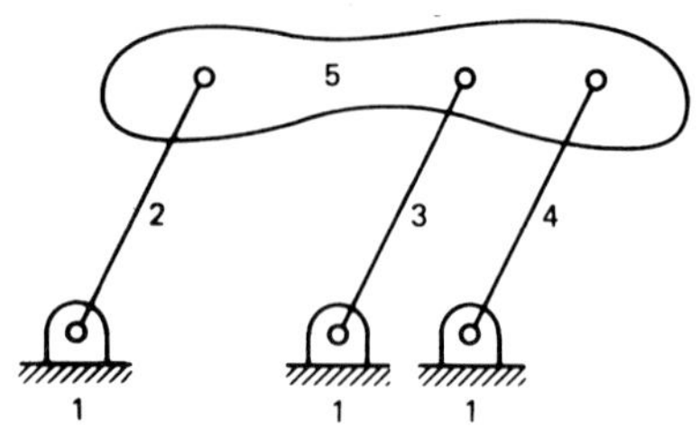

그림 1.26 과구속 기구.

자유도에 대한 설명을 마치기 전에, 자유도가 0(구조물을 의미)이거나 음수(부정정 구조물을 의미)인 링크장치도 있음을 지적하고 싶다. 이러한 경우에도 링크장치가 특수한 구조로 되어 있으면 움직일 수 있다. 한 예로 그림 1.26과 같이 평행사변형 구조를 갖고 있기 때문에, 움직일 수 있는 5절 기구를 보자. 이 경우의 자유도는

$$F = 3(5 - 1) - 2(6) = 0$$

이와 같은 기구를 **과구속 링크장치**(over constrained linkage)라 하는데, 지면과 연결된 3번째 링크는 없어도 되는 링크이다. 만약 제조과정에서 링크 길이나 피봇의 위치에 약간의 오차라도 있다면, 이 링크장치는 전혀 움직일 수 없게 된다. 그림 1.27은 과다한 구속이 있는 경우의 또다른 예를 보여준다. 여기서 우리는 순수 구름접촉만이 있는 두 개의 닙롤러(nip roller)를 볼 수 있다. Gruebler의 식에 의하여 $F = 3(3 - 1) - 2(3) = 0$이 된다. 이 간단한 기구는 두 롤러 반경의 합이 두 고정피봇점 사이의 거리와 같기 때문에 움직일 수 있다.

또 다른 과구속이 있는 기구가 그림 1.3d에 있다. 이 기구는 직선 경로를 생성하는 추적점 P를 포함하는 4절 기구(링크 1에서 링크 4까지)로 구성되어 있다. 이 4절 기구는 2절 기구(링크 5 및 6)로 구동되는 6절 링크장치이다(1자유도를 갖는다). 이 6절 링크장치는 링크 7에 의해 지면에 고정된 슬라이더와 연결되어 있다.

따라서 자유도는 다음과 같다.

$$F = 3(7 - 1) - 2(9) = 0$$

만일 점 P가 지면에 고정된 슬라이더를 관통하는 직선을 생성하지 않는다면, 이 기구장치

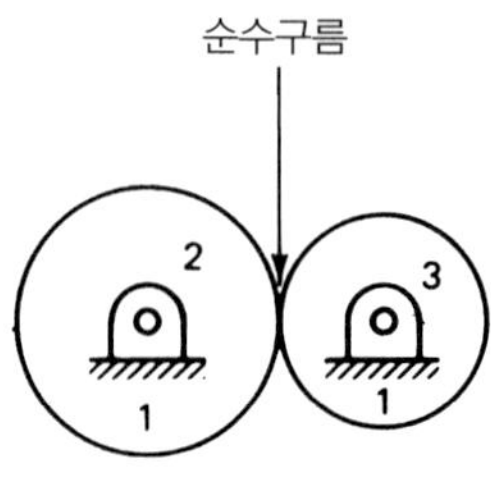

그림 1.27

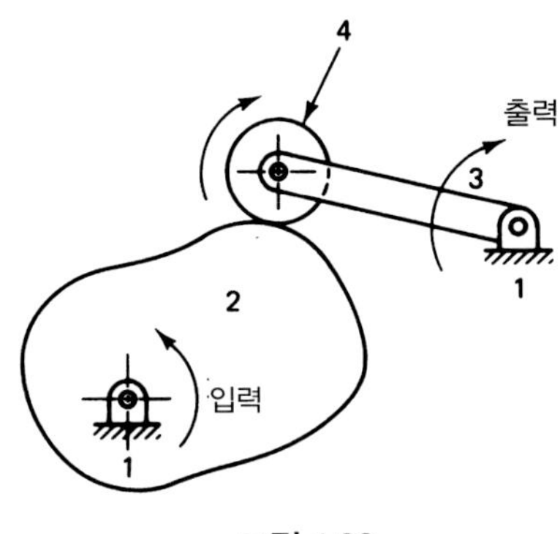

그림 1.28

는 구조물이 될 것이다.

또한 Gruebler의 식이 실제보다 더 많은 자유도를 주는 경우도 있다. 이것은 **수동 자유도** 또는 **여유 자유도**(passive or redundant degree of freedom) (제2권의 예제 6.1 참조)를 의미하며, 이러한 여유 자유도 때문에 기구의 입력운동과 출력운동 사이의 구속 관계가 달라지지는 않는다. 예를 들어, 그림 1.28과 같은 캠과 종동절을 보자. 여기서 종동절 롤러 4의 회전은 종동절 암(follower arm) 3의 출력의 요동운동(oscillation)에 영향을 미치지 않는다. 롤러 4가 암 3에 용접되어 있다고 해도 암 3의 운동은 변하지 않는다. 캠과 롤러 접촉을 구름-미끄럼접촉으로 생각하여 Gruebler의 식을 적용해 보면

$$F = 3(4 - 1) - 2(3) - 1(1) = +2$$

만약 롤러 4가 암 3에 용접된 상태라면

$$F = 3(3 - 1) - 2(2) - 1(1) = +1$$

만약 미끄럼(캠과 롤러 사이의 여유 자유도)이 마찰에 의하여 방지되어 오직 구름 접촉만 허용된다면

$$F = 3(4 - 1) - 2(4) = +1$$

그림 1.4와 1.5의 여닫이창 기구도 이와 유사한 여유 자유도가 있음을 확인해 볼 수 있을 것이다.

1.8 해석과 합성

기구 선도를 그리고 자유도를 구하는 일은 기구학적인 해석과 합성 과정에서 제일 먼저 해야 할 일이다. **기구학적 해석**(kinematic analysis)이란 주어진 특성들(입력각속도, 각

가속도 등)에 기초하여 기구장치를 해석하는 것이다. 기구학적 합성(kinematic synthesis) 이란 한마디로 표현하면 원하는 작업을 얻기 위하여 기구를 설계하는 과정이라 할 수 있다. 새로운 기구의 치수(치수합성: dimensional synthesis)와 아울러 형식(형식합성: type synthesis)은 기구학적 합성의 한 부분이 될 수 있다(본 서의 2장과 8장 그리고 제2권의 3장 참조).

이 장에서 설명되는 기본 개념들은 해석과 합성을 시작하는 데 있어 매우 중요하다. 상대 운동을 가시화할 수 있는 능력, 기구가 왜 그렇게 설계되어야 하는지를 설명할 수 있는 능력, 특정한 설계를 개선시킬 수 있는 능력 등은 훌륭한 기구학자의 척도가 된다. 이 중 어떤 능력은 타고날 수도 있지만 대부분은 실제 경험에 의하여 터득되고 향상될 수 있는 것이다. 2장은 기구 설계를 이해하는 데 도움이 될 것이다. 2장에서는 기구학적 해석과 합성이 어디에 필요한지에 대한 설명을 포함하여 설계의 구성과 방법론에 대하여 설명할 것이다. 2장에 들어가기 전에 몇 가지 기구 설계의 사례를 살펴보자.

1.9 기구 설계의 예: 변속장치[27]

1장은 기구 설계에 접근할 수 있는 몇 가지 방법을 제공하고 있다. 본 서에서 고찰한 방법을 이용하여 실제의 문제들이 어떻게 해결되어 왔는가를 살펴보기로 하자. 여기에 있는 사례연구를 통하여 기구 설계에 대한 동기를 유발하고, 기구 설계과정에 대한 경험을 얻을 수 있을 것이다(2장에서 보다 상세히 다룰 것이다).

여기서 예로 택한 것은 그림 1.29와 유사한 V-벨트 변속장치(variable speed transmission)의 제어 기구(control mechanism)를 재설계하는 것이다. 이전의 설계(그림 1.30)에서는 회전하는 시브(sheave)의 원심력과 캠 형태의 플라이웨이트(flyweight)의 관성을 이용하여 변속장치의 구동 V-벨트 시브 두 개 중 하나를 움직여서 위치를 변화시켰다.

관성력은 한 개의 시브를 축방향을 따라 움직이게 함으로써 시브의 중심선으로부터 벨트까지의 거리를 변화시킨다. 더욱 향상된 설계를 위하여 슬라이더-크랭크 기구(그림 1.31~1.36)를 사용하는 새로운 설계 개념을 도입해 보자.

V-벨트로 연결된 입력축과 출력축 사이의 상대 각속도는 구동축과 출력축의 중심선에서부터 벨트까지의 반경에 반비례한다. 그림 1.31~1.36에서와 같이 반경이 변함에 따라 속도도 변한다. 그림 1.31(특허 신청서에서 발췌한 그림)을 보면 기계의 도면을 이해하는 것부터 쉽지 않다는 것을 알 수 있다. 기계 도면에 비하여, 기구 선도는 구조물의 구성요소들로부터 링크들을 식별해 내는 데 매우 유용하다. 요소 84는 입력링크 76에 연결되어 있고 이 둘은 무게추 84와 함께 무거운 벨크랭크(weighted bell crank)를 형성하고 있으며, 82

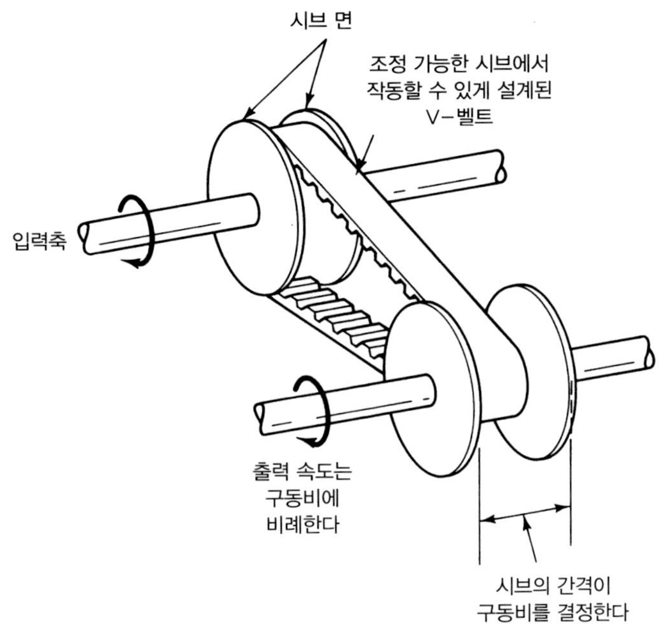

그림 1.29 변속 V-벨트 구동장치(variable speed V-belt drive).

는 커플러 78에 있는 무게추이다. 기구학적 연쇄에 대한 지식이 없으면 이 그림들을 이해하기 어려울 것이다.

고정된 시브에 대하여 축방향으로 움직이는 시브의 자유도를 Grubler의 식으로 계산해 보면 1이 된다. 모든 움직임은 샤프트의 중심축을 따라서 일어난다.

이 회전 평면상에서 축방향으로 고정된 링크는 스파이더(spider) 66, 축 42, 그리고 축

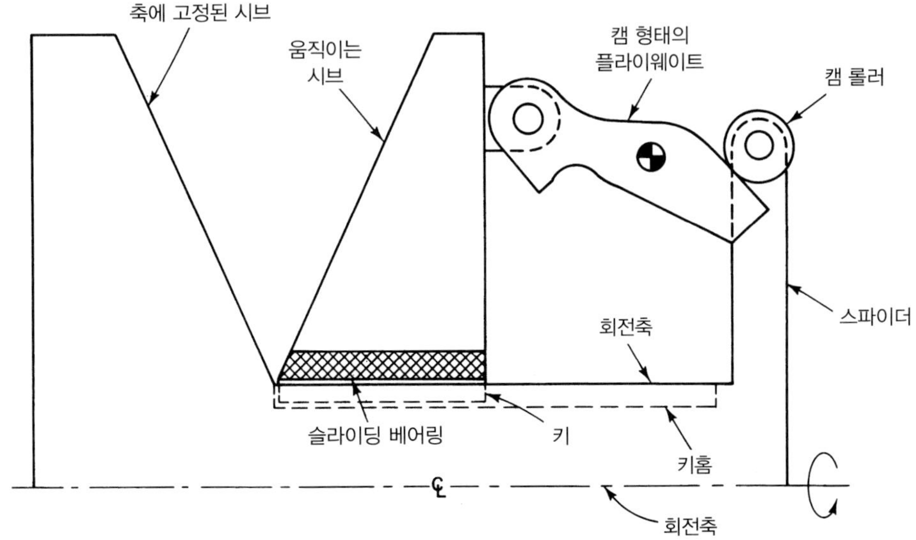

그림 1.30 캠 플라이웨이트 시스템의 개략도.

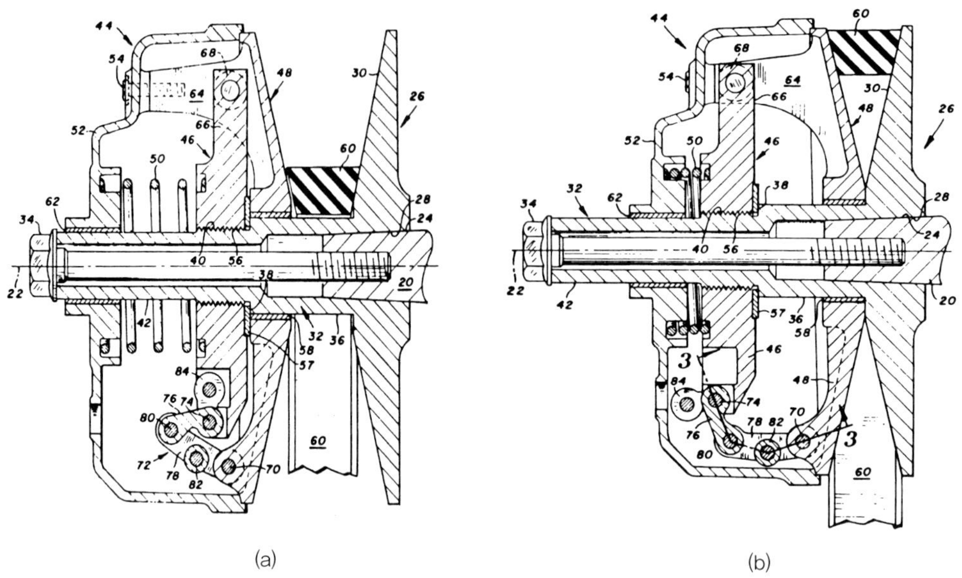

그림 1.31 특허 신청서에서 발췌한 변속 V-벨트 링크장치. 중심선 22, 축방향으로 고정된 회전판(혹은 스파이더) 66, 축방향으로 고정된 반쪽 시브 26, 플라이웨이트 84 및 82, 벨트 60, 링크 76 및 78, 축방향으로 움직이는 반쪽 시브 48 등이 주요 요소임.

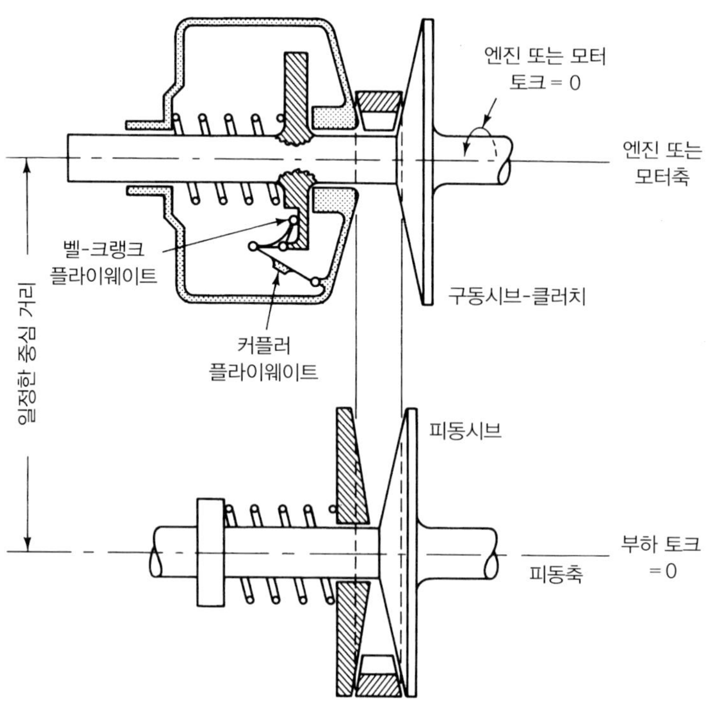

그림 1.32 공회전상태에서의 엔진. 구동시브는 벌어져 있고 V-벨트를 조이고 있지 않음, 차량은 정지된 상태(최종 설계에서는 구동부에서 스프링을 빼버렸음).

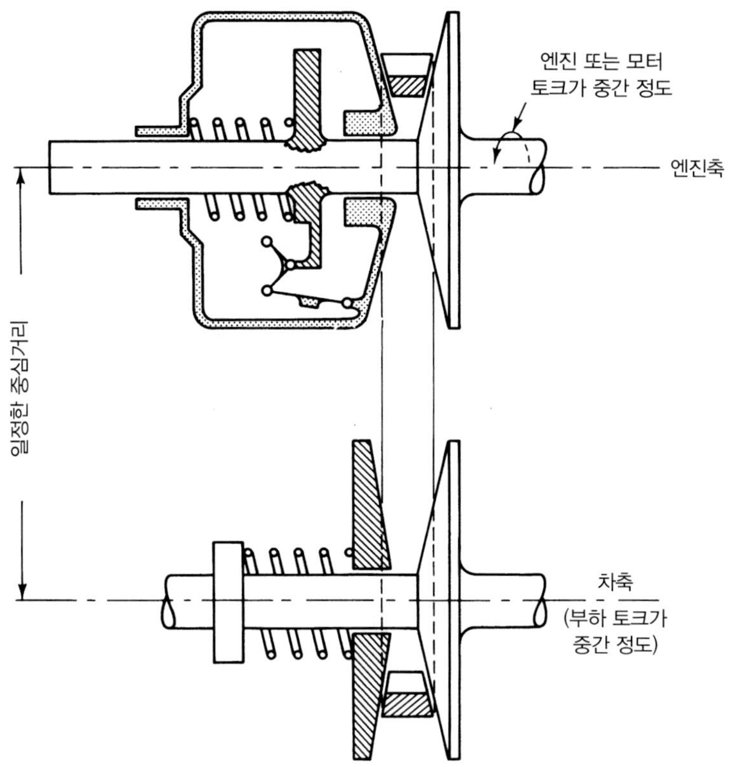

그림 1.33 엔진속도가 증가되면서, 구동시브는 벨크랭크와 커플 플라이웨이트(couple flyweight)의 원심력에 의해 붙게 되고, V-벨트를 조이게 된다. 차량 속도는 중속의 상태이며, 중간 정도의 전달비를 갖는다.

방향으로 고정된 시브 30(그림 1.31 참조)으로 이루어진다. 축방향으로 움직이는 링크들은 벨크랭크(bell crank) 76, 커플러 78, 그리고 축방향으로 움직이는 시브 48이다. 조인트로는 회전조인트 70, 74, 80, 그리고 축방향으로 움직이는 시브 부싱 58과 고정된 축 32 사이의 슬라이더조인트가 있다. 따라서 $F = 3(4-1) - 2(4) = +1$이다. 이제 기구장치의 설계 과정에 대하여 검토해 보자.

고무벨트 형태의 가변 피치 구동장치(rubber-belt type variable-pitch drive)는 저가이면서 부드럽게 작동되기 때문에 무단 변속장치(continuously variable transmission)에 많이 이용된다. 여기서 언급되는 자동 무단 변속 기구(automatic stepless shift mechanism)와 고무벨트 구동장치를 결합시킴으로써 경제적이고 신뢰할 만한 동력 전달장치를 만들 수 있다. V-벨트 무단 변속장치에서 구동시브의 플라이웨이트(flyweight) 기구의 역할은, 시브가 일정한 각속도로 회전할 때, 요구되는 벨트의 힘을 시브의 축방향 위치에 대한 함수로서 생성하는 것이다. 그림 1.37은 벨트의 힘과 축방향 위치의 관계를 나타내는 전형적인 그림이다.

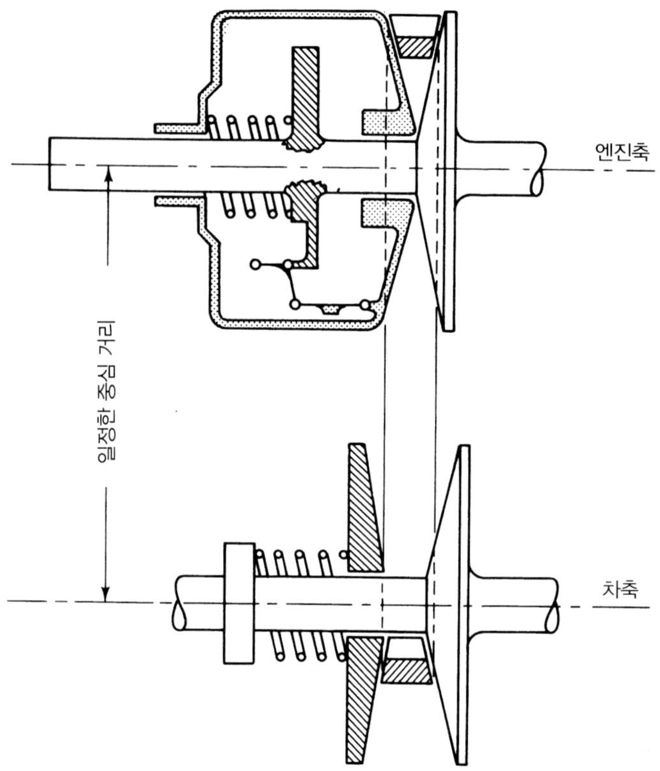

그림 1.34 엔진은 최대속도이며, 플라이웨이트는 구동시브를 완전히 붙게 하고, V-벨트는 가장 큰 반경으로 구동된다. V-벨트의 길이는 일정하므로, 피구동시브는 간격이 떨어지게 된다. 최대의 전달비를 갖는다.

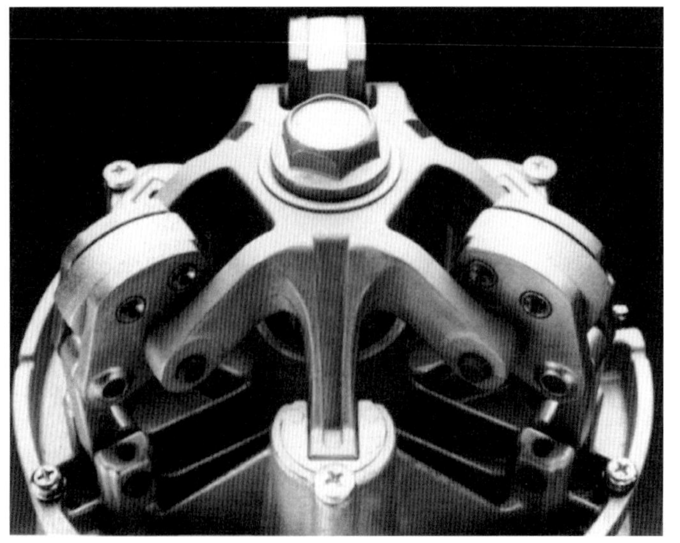

Web Site

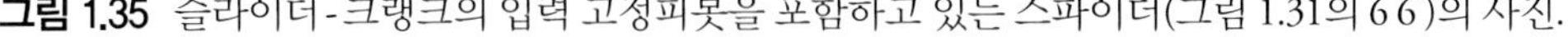
그림 1.35 슬라이더-크랭크의 입력 고정피봇을 포함하고 있는 스파이더(그림 1.31의 6 6)의 사진.

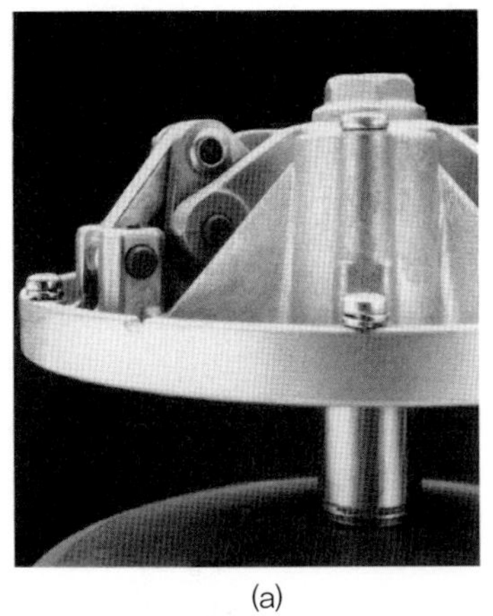

(a)

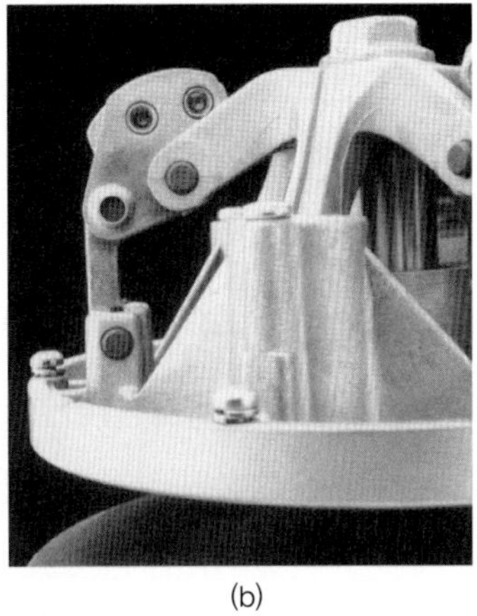

(b)

그림 1.36 이동시브가 (a) 완전히 열린 상태, (b) 완전히 닫힌 상태.

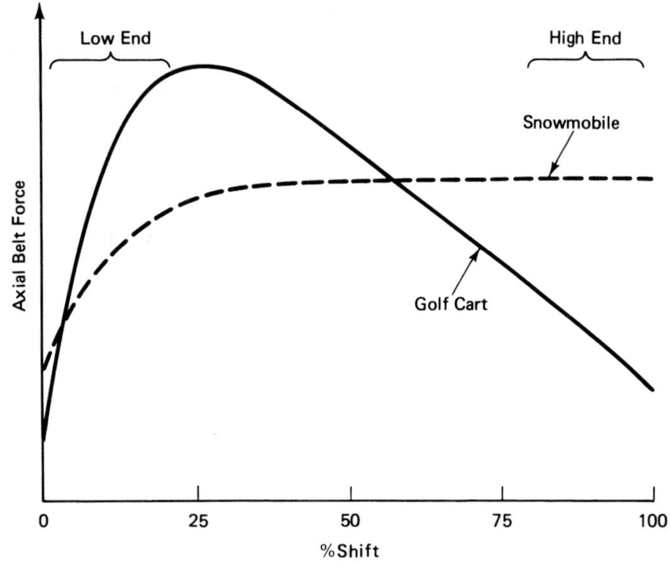

그림 1.37 축방향 벨트 힘과 시브의 변속 위치와의 관계(courtesy of Yamaha Corporation, U.S.A.).

그림 1.30은 원래의 캠 플라이웨이트 시스템을 간략화시킨 구성도를 보여준다. 여기에는 축, 스파이더, 그리고 움직일 수 있는 시브가 포함되어 있다. 캠 자체는 평면 캠으로 되어 있는데, 이것은 움직일 수 있는 시브의 한쪽에 핀으로 연결되어 있다. 캠 롤러(cam roller)는 스파이더에 핀으로 연결되어 있다. 벨트를 누르는 축방향의 힘은 플라이웨이트의 원심력에 의하여 발생된다. 종동시브(driven sheave)는 벨트 장력을 제대로 유지하고 부하토크를 감지하도록 스프링 힘을 받고 있다. 그 힘은 움직이는 시브의 위치에 따라 변하며, 시브의 위치는 캠의 무게 중심점과 압력각(6장 참조)의 변화에 따라 바뀌게 된다.

최초 설계에 사용되었던 캠 시스템은 캠 표면의 마모 때문에 수명이 길지 않았다. 시브를 엔진에 직접 연결함으로써 발생되는 진동과 플라이웨이트의 소형화로 인한 압력각의 증가 때문에 마모가 더욱 심해졌다.

개선된 가변 시브 구동장치의 형식합성

형식합성 및 해석, 그리고 컴퓨터를 이용한 치수합성(dimensional synthesis)을 응용함으로써 좀더 개선된 설계를 얻을 수 있다. 설계과정의 여러 단계에서 적용되었던 설계기법들에 대하여 간략히 알아 보자.

개선된 시브 구동장치의 설계는 몇몇 가능한 설계대안들, 즉 개선된 구동시브 클러치를 위한 형식합성들을 항목별로 분석하는 것부터 시작한다. 특히 개선된 캠 시스템, 4절 링크장치, 6절 링크장치, 그리고 혼합 기구(hybrid mechanism) 등에 대해서 검토하였다. 각 기구들의 장점과 단점이 표 1.3에 요약되어 있다.

기존의 캠 시스템은 구동시브 클러치의 모든 무단 변속 구간에 대하여 벨트에 걸리는 축방향 힘을 정확하게 제어할 수 있다는 것이 장점이었다. 따라서 움직이는 시브로 더 많은 힘을 전달할 수 있도록 하기 위해서 캠 시스템의 압력각을 향상시키는 것을 새로운 설계대안으로 고려해 볼 수 있다. 그러나 압력각을 증가시키려면 캠의 크기를 크게 해야 하고, 캠의 표면을 정밀히 가공해야 하는 등 비용이 많이 든다. 게다가 캠 접촉 방식은 엔진 때문에 발생하는 진동이 매우 심각하여 바람직하지 않다고 판단되었다.

두 가지의 4절 연쇄, 슬라이더-크랭크(그림 1.38)와 더블 슬라이더(double slider, 표 1.3)가 설계 대안으로 고려되었다. 두 경우 모두 한 개의 시브가 미끄럼운동을 할 수 있으려면 적어도 한 개의 슬라이더를 갖고 있어야 한다. 핀으로 연결된 크랭크 구조가 더블 슬라이더보다 내구성이 더 좋기 때문에, 슬라이더-크랭크가 더블 슬라이더보다는 더 나은 설계대안으로 여겨진다. 또한 위치에 따른 축방향 벨트 힘(axial belt force)을 정하는 데 있어 크랭크 설계는 좀더 융통성이 있다. 그러나 축방향 벨트 힘이 원하는 대로 나오도록 크랭크의 치수를 정하는 일은 어려운 일이다.

축방향 벨트 힘 선도가 복잡할 경우에는, 가능성이 있는 다섯 가지의 6절 기구 연쇄(이중 한 가지는 표 1.3에 나타나 있음) 중 하나를 이용하는 것이 효과적이다.

이는 원하는 하중 입력 선도를 얻을 가능성이 크기 때문이다. 게다가 시브를 움직이기 위한 슬라이드는 6절 기구에 필요한 7개의 조인트 중의 하나로 사용할 수 있다는 장점이 있다. 그러나 2개의 링크를 3개의 위치 설정 기구에 각각 더 부착시킴으로써 비용과 무게가 추가되고 신뢰성이 떨어진다는 것이 큰 단점으로 지적되었다. 더 복잡한 링크장치, 예를 들어 8절 또는 10절 링크 연쇄의 경우 이같은 문제가 더욱 심각해질 것이다.

마지막으로, 스파이더의 정지 한계(limit stop)와 접해 있고 스프링 힘을 받는 크랭크로

표 1.3 ● V-벨트 구동에 쓰이는 가변 시브 클러치의 발전된 형태들.

설계안	장점	단점
(캠) 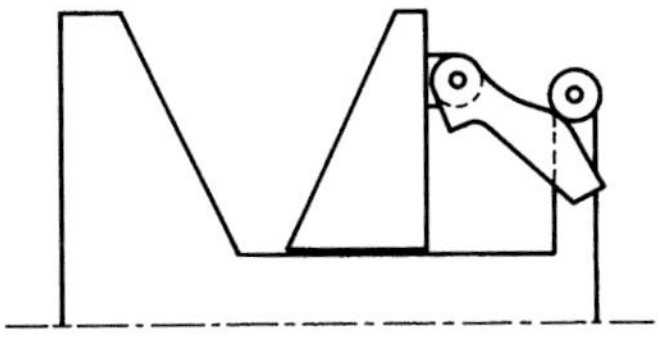	– 축방향 벨트하중 제어 용이 – 기존 기술	– 압력각 증대로 크기가 커짐 – 제작 비용 비싸짐 – 진동이 심한 곳에 부적합
(4절 링크 슬라이더-크랭크) 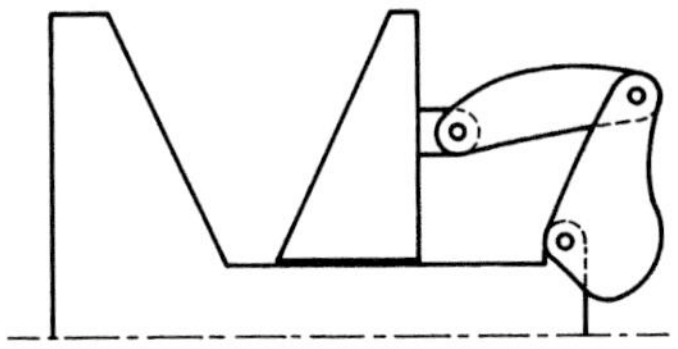	– 구조가 간단 – 제작 비용 저렴 – 진동이 심한 곳에도 적합 – 핀조인트 신뢰성 높음	– 축방향 벨트하중에 맞추기가 어려움
(4절 더블 슬라이더) 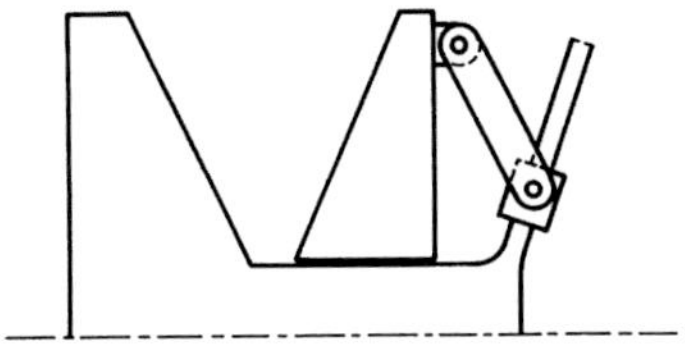	– 구조가 간단 – 저차대우 신뢰성 높음 – 제작 비용 저렴	– 축방향 벨트하중에 맞추기가 매우 어려움 – 두 번째 슬라이더는 마찰문제를 일으킬 가능성 있음
(6절 연쇄) 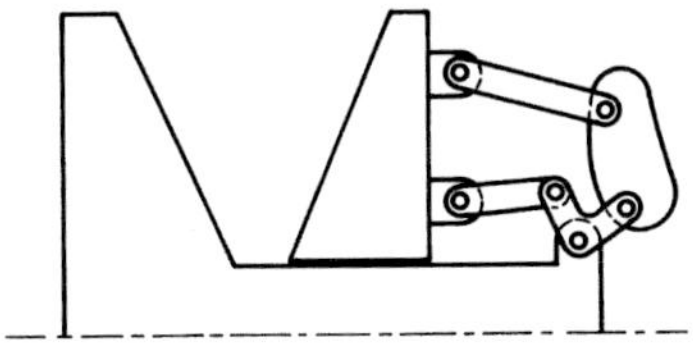	– 축방향 벨트하중 제어 용이 – 핀조인트 신뢰성 높음	– 링크 추가에 따른 고비용, 중량 증가, 신뢰성 감소
(복합 링크장치) 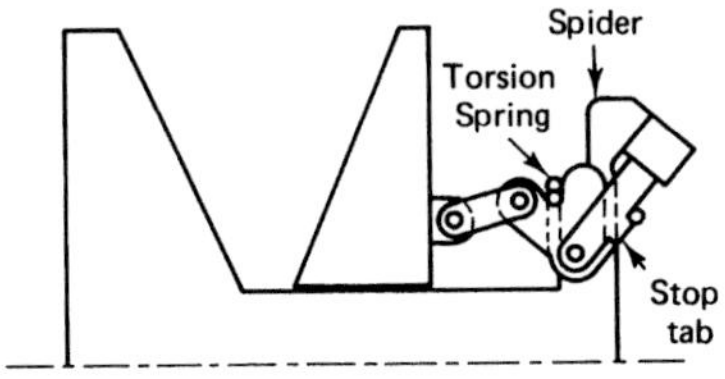 Spider Torsion Spring Stop tab	– 축방향 벨트하중 제어 용이	– 진동문제를 일으킬 가능성 있음 – 고비용

구성된 복합 링크장치(hybrid linkage)는 축방향 벨트 힘 선도를 좀더 잘 조절하면서 슬라이더-크랭크의 단순성을 이용할 수 있는 방안으로 고려되었다. 이 경우 스프링 힘을 받는 링크를 부착함으로써 발생할 수 있는 진동 문제와 제작 가격의 상승 등이 큰 단점으로 지적되었다.

이와 같이 슬라이더-크랭크는 부품 수를 줄일 수 있고, 단순한 핀조인트를 사용하여 내구성도 우수하므로 좋은 설계 대안이라 할 수 있다. 그러나 이 설계는 그림 1.37에서와

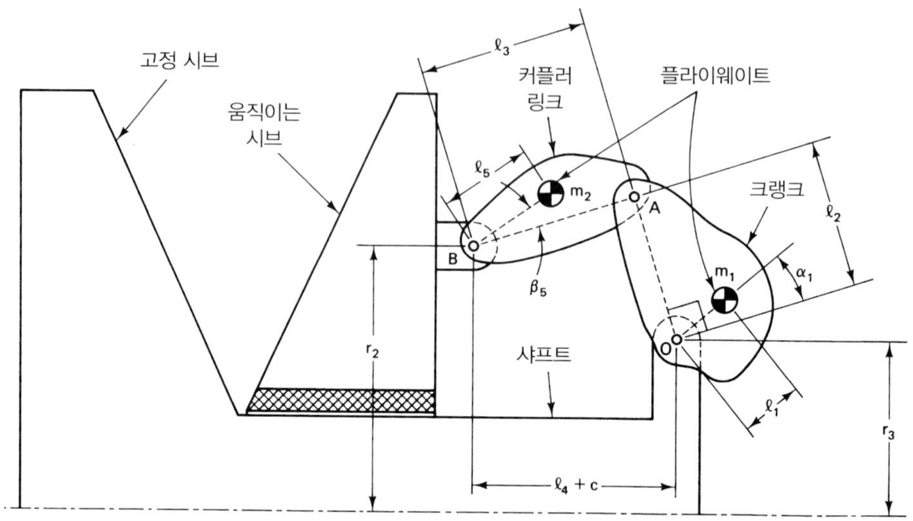

그림 1.38 슬라이더-크랭크 시스템의 개략도(설계변수들을 보여줌).

같은 축방향 벨트 힘 선도를 만들어 낼 수 있는 경우에만 설계 대안으로서 가능할 것이다. 다음에서 설명할 설계과정을 통해서 적합한 기구장치를 결정하자.

슬라이더-크랭크와 캠플라이웨이트 시스템의 비교

슬라이더-크랭크 시스템은 캠 시스템에 비하여 성능이나 제작상 여러 가지 장점을 가지고 있다. 구체적으로 말하면, 슬라이더-크랭크는 마모가 적으며, 크기와 무게를 줄일 수 있고, 제작시 가격이 적게 들며, 변속이 부드럽고, 조정성이 우수하다.

슬라이더-크랭크는 시브의 미끄럼운동만을 위해 1자유도를 사용하고 있다. 핀조인트는 매우 튼튼하므로 슬라이더-크랭크의 수명은 거의 무한대가 된다. 슬라이더-크랭크 시스템은 캠 시스템에 비해 전체 무게가 가벼울 뿐만 아니라 차지하는 공간도 작다. 무게를 줄일 수 있다는 것은 슬라이더-크랭크 시스템의 전달각 특성(transmission angle characteristics, 3장 참조)을 향상시키는 데 크게 기여할 수 있다. 이것은 기구의 운동 공간의 크기를 줄일 수 있으며, 특히 회전 반경의 공간을 크게 줄일 수 있다. 또한 향상된 전달각 특성 때문에 핀조인트에 걸리는 베어링하중도 줄일 수 있다.

슬라이더-크랭크는 평면 캠 제작시 요구되는 정밀한 캠 표면 가공이 필요 없기 때문에 제작 비용이 훨씬 줄어든다. 캠은 충분한 표면 강도를 얻기 위하여 특수한 열처리가 필요한 데 반해서, 슬라이더-크랭크의 커플러와 크랭크는 다이캐스팅한 알루미늄을 가지고 경제적으로 제작할 수 있다. 표준 다우엘 핀(dowelpin)은 매우 효과적이고 경제적인 회전조인트(revolute joint)이다. 게다가 캠 시스템에서는 반드시 필요한 스프링도 슬라이더-크랭크 시스템에서는 전혀 필요하지 않다.

슬라이더-크랭크 시스템은 캠 시스템에 비하여 더 부드럽게 시동시킬 수 있을 뿐만 아니라 변속도 부드러우며, 캠 접촉이 없기 때문에 소음도 훨씬 줄어든다. 슬라이더-크랭크를 사용하면 구동장치(drive train)도 더 조용해진다. 이외에도 많은 장점들이 참고 문헌 [27]에 자세히 설명되어 있다.

기구 설계자들은 원하는 운동과 힘을 얻기 위하여 캠과 링크장치 중 어떤 것을 선택할 것인가 하는 문제에 항상 부딪히게 된다. 링크장치는 내구성과 제작의 편이성에 장점이 있는 반면 캠 장치는 출력변수(output parameter)에 대한 연속적인 제어가 가능하다. 앞에서 설명한 가변 시브 클러치 V-벨트 구동장치(variable-sheave-clutch V-belt drive)의 캠 시스템을 간단한 슬라이더-크랭크 시스템으로 바꿈으로써 상당히 향상된 결과를 얻은 바 있다. 특히, 거의 무한대의 수명, 소형화, 경량화, 원가 절감, 크고 작은 전달비에 상관없이 축방향 벨트 힘을 독립적으로 제어하는 능력, 좀더 부드러운 무단 변속 작용 등의 효과를 얻을 수 있었다. 또한 슬라이더 변위에 대한 축방향 힘 선도는 플라이웨이트의 적절한 위치, 즉 그림 1.38에서 $\alpha_1, \beta_5, l_1, l_5$를 어떻게 정하는가에 따라 제어할 수 있다(5.3절 및 5.4절 참조).

그러나 캠 기능을 대신할 수 있는 간단한 슬라이더-크랭크 시스템을 개발하는 것은 쉬운 일이 아니다. 다양한 속도에서의 구동 특성에 관한 광범위한 정보를 제공해 줄 수 있는

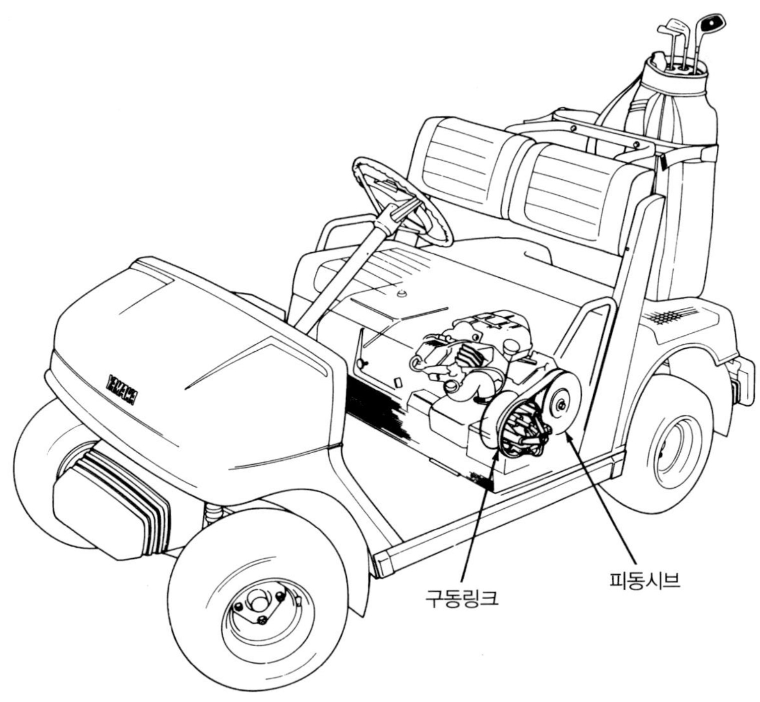

그림 1.39 개선된 가변 시브 V-벨트 구동장치의 실제 적용 예.

컴퓨터 원용 설계 프로그램을 작성함으로써 최종 기구 설계를 얻을 수 있었다(5장에 있는 방법을 사용). 또한 컴퓨터와의 직접 대화 방식, 즉 묻고 대답하는 방식을 이용한 반복적인 해석기법이 사용되었다. 프로그램을 이용하여 수백 가지의 링크장치 설계안들을 검토함으로써 단기간에 성공적인 재설계가 이루어질 수 있었다. 이렇게 나온 설계는 골프 카트의 변속장치에 적용되어 성공적으로 상업화되었다(그림 1.39).

연습문제

1.1. As described in this chapter, all mechanisms fall into the categories of motion generation (rigid-body guidance), path generation, or function generation (including input–output force specification). Find and sketch an example of each task type (different from those presented in this book). Identify the type of linkage (four-bar, slider-crank, etc.), its task, and why this type of linkage was used for this task.

1.2. A linkage used for a drum foot pedal is shown in Fig. P1.1. Identify the linkage type. Why is this linkage used for this task? Can you design another simple mechanism for this task?

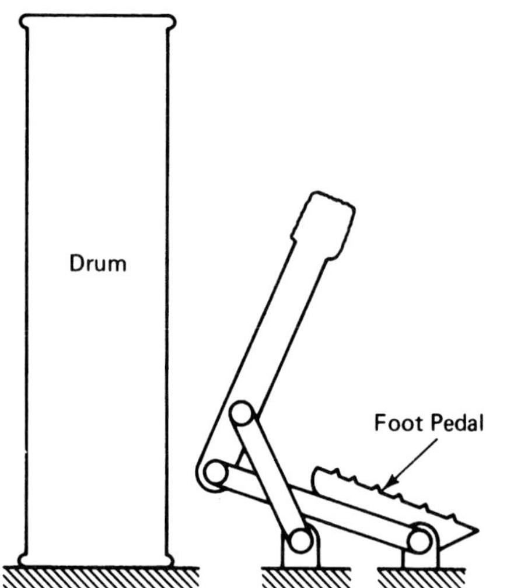

Figure P1.1

1.3. Figure P1.2 shows a surgical tool used for shearing. A spring (two spring steel leafs) between the two handles keeps the cutting surfaces apart and allows the shears to be used easily in one hand. Disregarding the spring connection and considering the straight handle on the right as the grounded link,

(a) What task does this mechanism perform?

(b) Sketch the kinematic diagram of this mechanism.

(c) What mechanism is this?

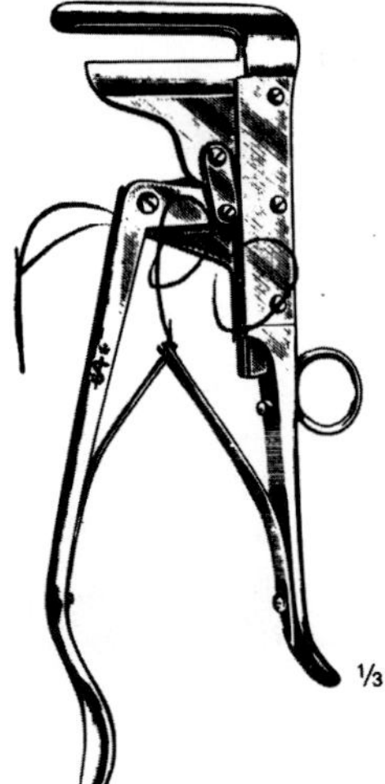

Figure P1.2 (Courtesy of AESCULAP).

1.4. A dump truck mechanism is depicted in Fig. P1.3.

(a) What type of a six-bar mechanism is this?

(b) What task does it satisfy?

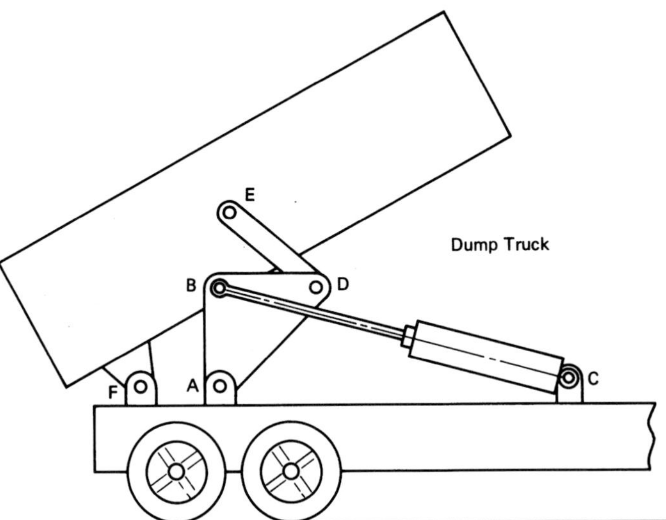

Figure P1.3

1.5. A mechanism for controlling the opening of an awning window is shown in Fig. P1.4. The vertical member is fixed to the frame of the house. The link with the label on it carries the window. The mechanism causes the window to move straight out from the building (clearing the metal lip around the window) before rotating the window out in a counterclockwise direction.

(a) What task does this mechanism satisfy?

(b) Calculate the degrees of freedom of this mechanism.

(c) Which type of six-bar is used here?

Figure P1.4 (Courtesy of Truth Division, SPX Corp.).

1.6. Figure P1.5 shows a pair of locking toggle pliers. Identify the type of linkage (four-bar, slider-crank, etc.), its task, and why this type of linkage was used for this task. Notice that there is an adjusting screw on the mechanism. What is its function? Why is it located where it is?

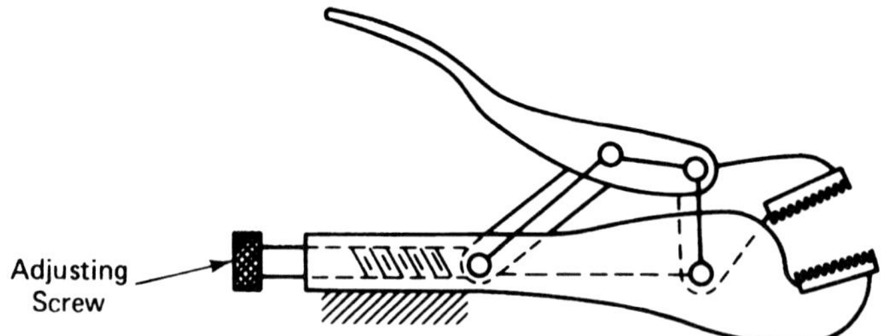

Figure P1.5

1.7. A desolventizer (see Fig. P1.6) receives a fluid, pulpy food material (e.g., "spent" soybean flakes) and passes it on to the successive trays by gravity. These trays are heated by passing steam through them. The flakes are completely dried up by the time they come out of the last tray. The material is forced through an opening on the bottom of each plate to the next tray. The task of helping the material through the opening is accomplished by a "sweeping arm" attached to a central rotating shaft that runs vertically through the desolventizer. A control is needed for the gate opening to correspond with the rise in the level of the food material; that is, the gate opening should increase as the level of the material rises. A linkage* is used to perform this task. To sense any increase in the level of the material, a paddle is rigidly connected to the input link of the linkage while the gate on the bottom of the plate is attached to the output link.

What is the task of this linkage (motion, path, or functional generation)? Why was this linkage chosen for this task?

* Suggested by P. Auw, S. Royle, and F. Kwong [49].

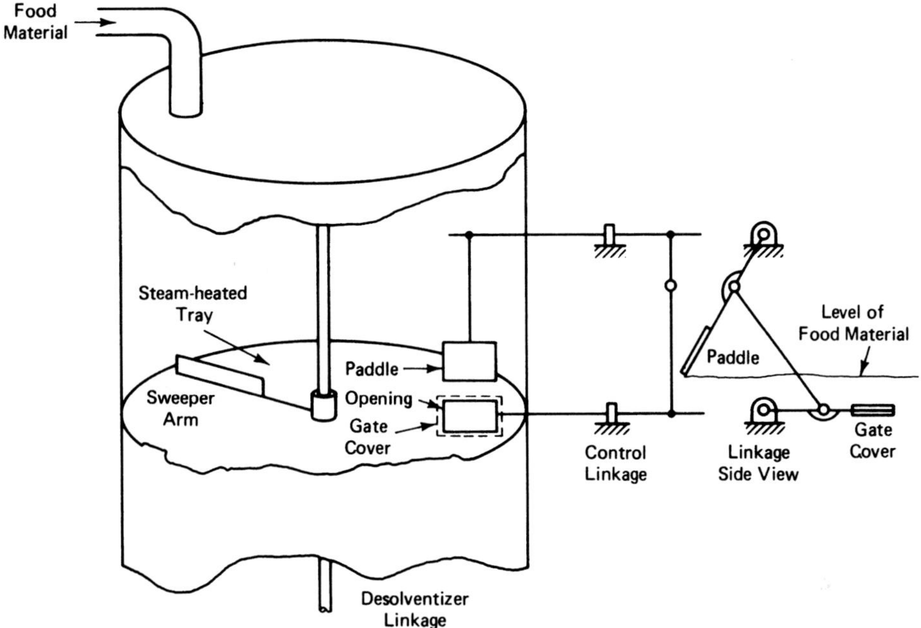

Figure P1.6

1.8. Figure P1.7 shows a proposed speed-control device* that could be mounted on an automobile engine and would serve a twofold purpose:

(a) To function as a constant-speed governor for cold mornings so that the engine will race until the choke is reset. This speed control would enable the engine speed to be regulated, thus maintaining a preset idle speed. The idle speed would be selected on the dash-mounted speed-control lever.

(b) To function as an automatic cruise control for highway driving. The desired cruising speed could be selected by moving the indicator lever on the dashboard to the desired speed.

(1) Sketch the kinematic diagram (unscaled) of the portion of this linkage that moves in planar motion.

(2) Sketch the lower-pair equivalent linkage.

1.9. Those who are participating in the two-wheel revolution are aware that a derailer mechanism helps to change speeds on a 10-speed bicycle. A 10-speed, as the name implies, has 10 gear ratios that may be altered while the bike is in operation. The rear wheel has a five-sprocket cluster and the crank has two sprockets. The gear ratio is altered by applying a side thrust on the drive chain, the thrust causing the chain to "derail" onto the adjacent sprocket. The operation of the rear derailer is adequate. However, the front derailer is less efficient due to the larger step necessary in transferring from one sprocket to the other.

This calls for a design that would enhance the life of the chain–sprocket system by reducing the side thrust on it and by enabling more teeth to be in contact with the chain during the initial stages of the transfer. These objectives were accomplished† by lifting the chain

* Suggested by G. Anderson, R. Beer, and W. Gullifer [49].

† By G. L. Fichtinger and R. Westby [56, 66].

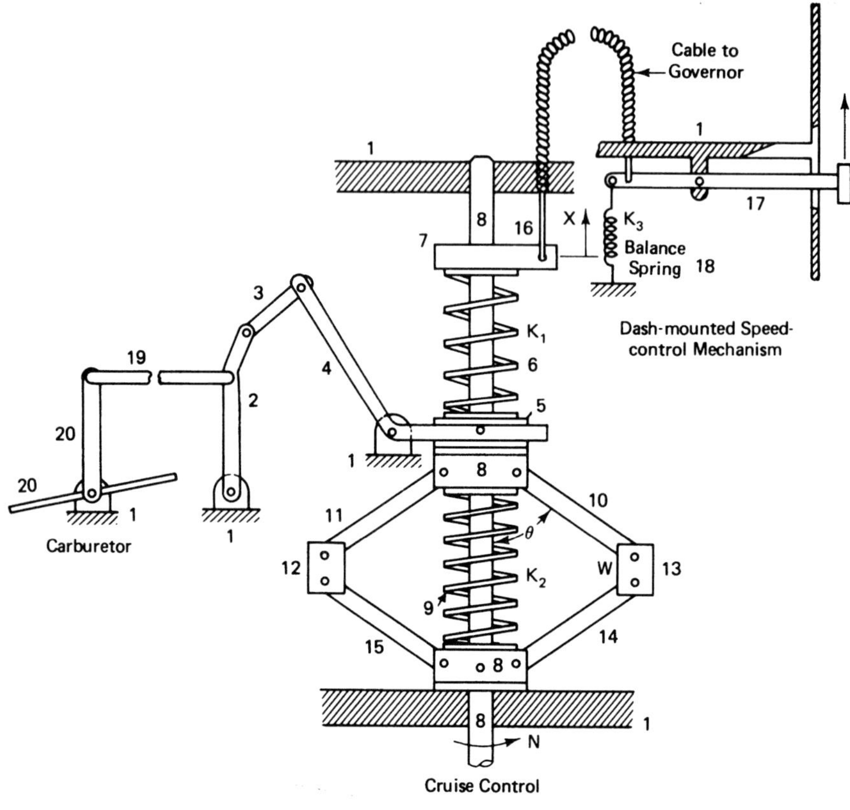

Figure P1.7

off one sprocket, moving it along the path as shown in Fig. P1.8, and then setting it down onto the adjacent sprocket.

(a) Draw the scaled kinematic diagram of this mechanism.
(b) Is this a motion-, path-, or function-generator linkage?

1.10. As steam enters into a steam trap, it is condensed and allowed to flow out of the trap in liquid form. The linkage in Fig. P1.9 has been suggested* to be a feedback control valve for the steam trap. The float senses the level of the condensate while the linkage adjusts the exit valve.

(a) Draw the unscaled kinematic diagram for this linkage.
(b) Is this a function, path, or motion generator?
(c) Can you design another simple linkage for this task?

1.11. A typical automotive suspension system is shown in Fig. P1.10. A cross-sectional schematic is shown in Fig. P1.11.

(a) What type of linkage is this (motion, path, or function generator)?
(b) Why is a linkage used in this application?
(c) If the dimensions of the linkage were changed, what would be the effect on the vehicle?

* By M. L. Pierce, student, University of Minnesota.

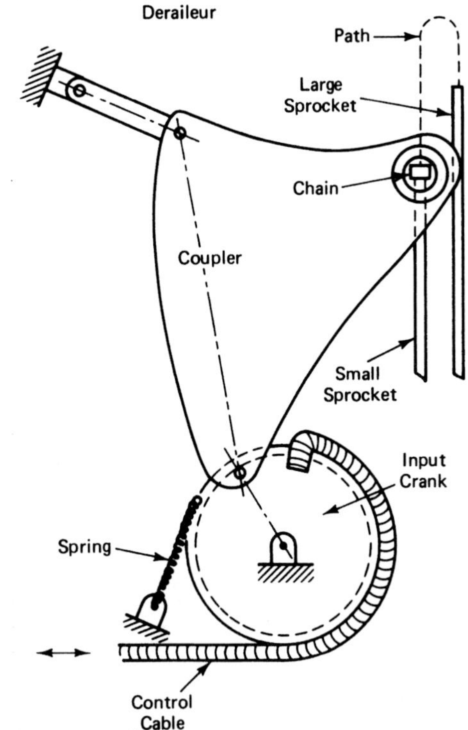

Figure P1.8

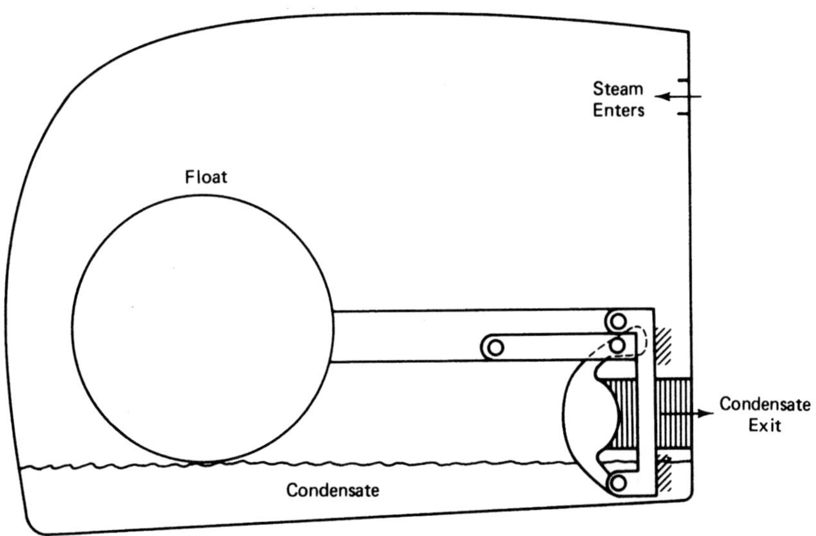

Figure P1.9

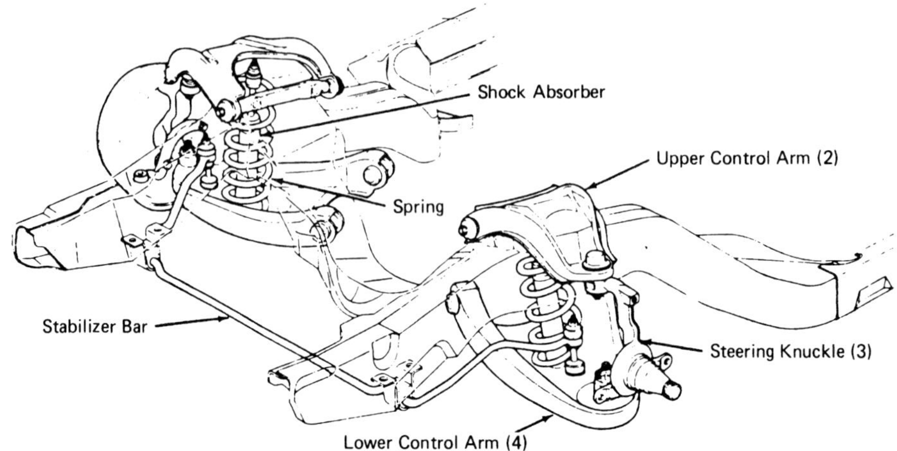

Figure P1.10

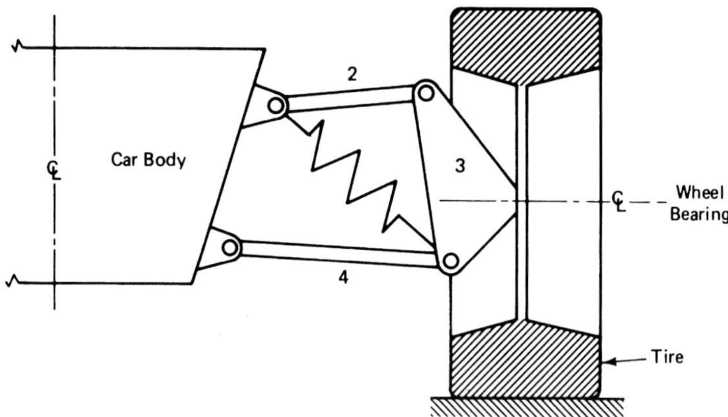

Figure P1.11

1.12. Frequently in the control of fluid flow, a valve is needed that will regulate flow proportional to its mechanical input. Unfortunately, very few valves possess this characteristic. Gate valves, needle valves, ball valves, and butterfly valves, to name a few, all have nonlinear flow versus mechanical input characteristics. A valve with linear characteristics would do much to simplify the proportional control of fluid flow.

The linkage* in Fig. P1.12 appears to be one means of providing a simple, durable, and inexpensive device to transform a linear mechanical control signal into the nonlinear valve positions which will produce a flow proportional to the control signal. The butterfly valve is connected to the short link on the right. The input link is on the left.

(a) What type of linkage is this?

(b) Which task does this linkage perform (function, path, or motion generation)?

* Designed by B. Loeber, B. Scherer, J. Runyon, and M. Zafarullah using the technique described in Sec. 8.16 (see Ref. 49).

Figure P1.12

1.13. In converting x-ray film from the raw material to a finished product, a multiloop mechanism was designed to transport the film from the sheeting operation, to the stenciling operation, to a conveyor belt.

The linkage shown in Fig. P1.13 must pick up the film from beneath the stenciling and sheeting devices with a vertical or nearly vertical motion to prevent sliding between the film and mechanism. The mechanism follows a horizontal path (with no appreciable rotation) slightly above the stenciling and sheeting devices while transporting the film from pickup to delivery.

Although the double-parallelogram-based linkage in Fig. P1.13 accomplished the task adequately, a simpler linkage* (shown in Fig. P1.14) was synthesized using the techniques of Chap. 3 of Vol. 2.

(a) Draw the unscaled kinematic diagrams of both linkages.
(b) Verify the degrees of freedom of both mechanisms.
(c) What type of six-bar is shown in Fig. P1.14?

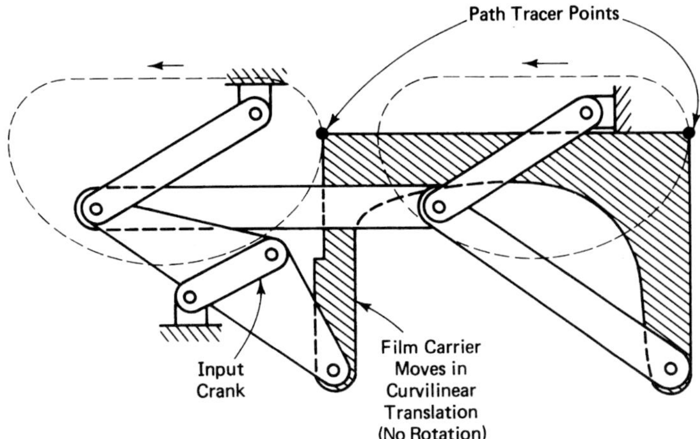

Figure P1.13 Eight-bar transport mechanism.

* Designed by D. Bruzek, J. Love, and J. Riggs [49].

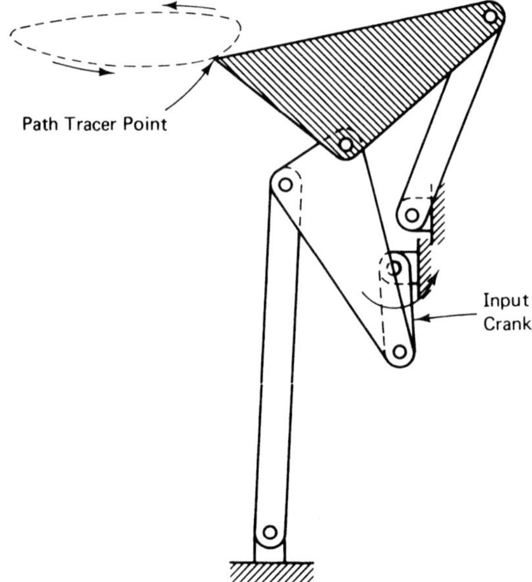

Figure P1.14 Six-bar transport mechanism.

1.14. Figures P1.15 and P1.16 show to gripper mechanisms suggested for use in industrial robots [29]. For each gripper,

(a) Determine the task performed.

(b) Find the number of degrees of freedom.

(c) Can you find any four-bar or six-bar chains?

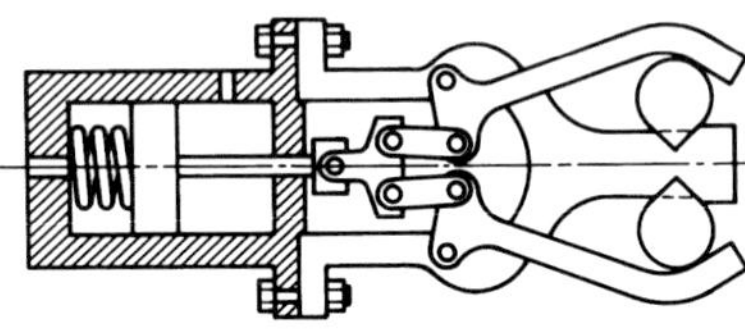

Figure P1.15 Spring-loaded gripper of linkage type with double fingers.

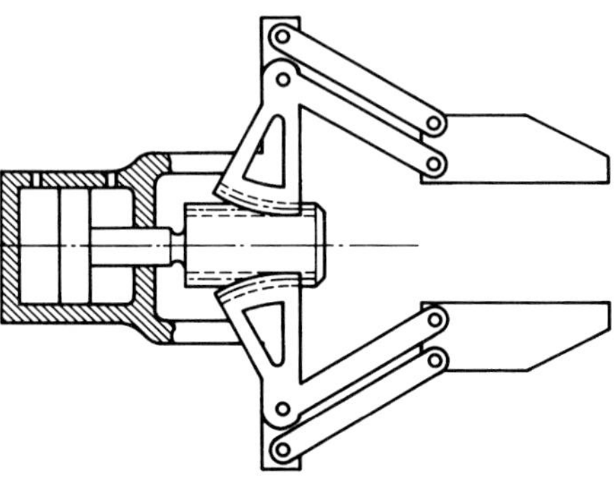

Figure P1.16 Gripper of dual gear-and-rack type actuated by pneumatic source.

1.15. To emboss characters onto credit or other data cards, a multiloop linkage has been designed [10] which exhibits high mechanical advantage (force out/force in; see Chap. 3). Separately timed punch and die surfaces are required so that the card is not displaced during the embossing process. (The desired motions are shown in Fig. P1.17.) The embossing linkage (see Figs. P.18 to P1.20) makes use of an interposer arrangement wherein two oscillating bail shafts drive respective punches and dies, provided that the interposers are inserted in the keyways on top of the shafts.

(a) Draw the scaled kinematic diagram of this linkage.

(b) Determine the degrees of freedom of this linkage by both intuition and Gruebler's equation.

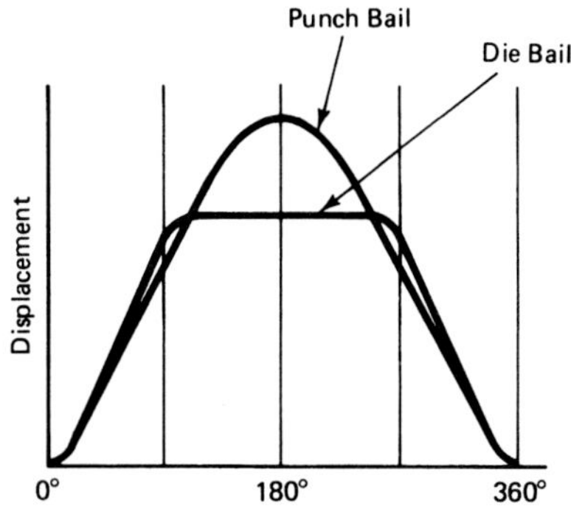

Figure P1.17

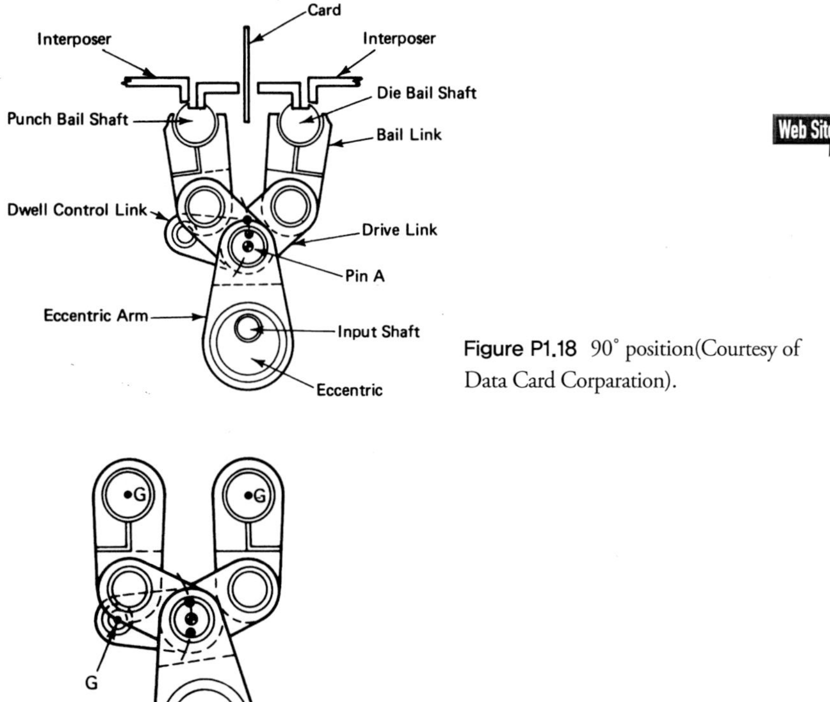

Figure P1.18 90° position(Courtesy of Data Card Corparation).

Figure P1.19 180° position(G. grounded pivot).

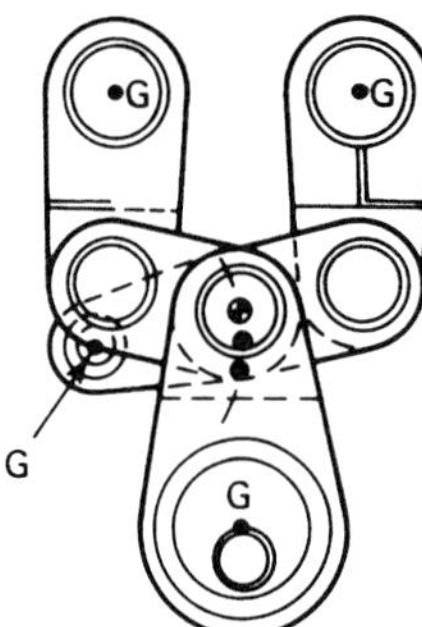

Figure P1.20 270° position(G. grounded pivot).

1.16. An idea came to mind to design and build a mechanism inside a box that, once turned on, would send a finger out of the box, turn itself off, and return back into the box [10, 13]. Two different types of linkages were designed for this task. The linkage shown in Figs. P1.21 to P1.23 was created by D. Harvey, while the mechanism in Figs. P1.24 to P1.26 was invented by T. Bjorklund. (Note that the external switch and the internal limit switch are in parallel, so that the latter keeps the motor running until the finger has been withdrawn into the box.)

(a) Draw the kinematic diagrams of these linkages.

(b) Show (by intuition and Gruebler's equation) that both these mechanisms have a single degree of freedom. (Disregard the lid in Fig. P1.21.)

(c) In Fig. P1.21, what type of six-bar linkage is this? What is its task?

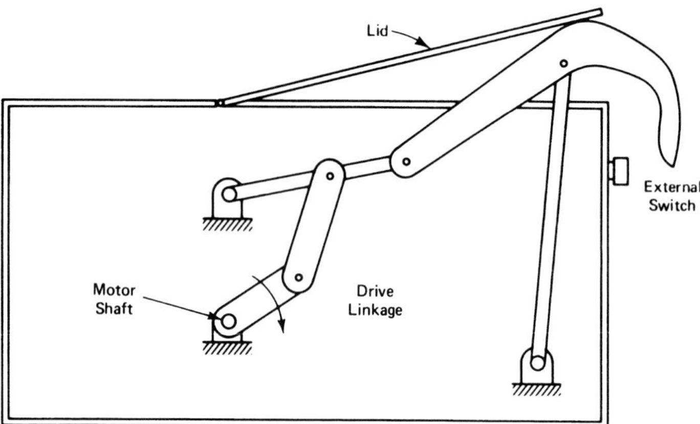

Figure P1.21

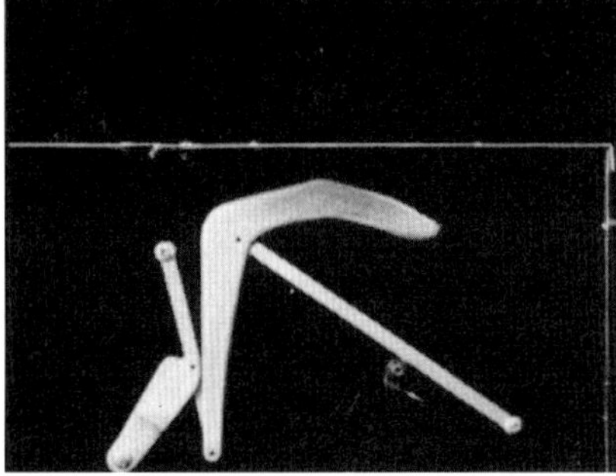

Figure P1.22

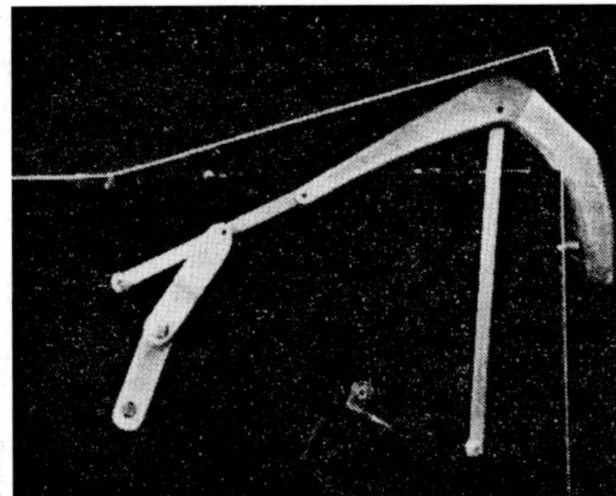

Figure P1.23

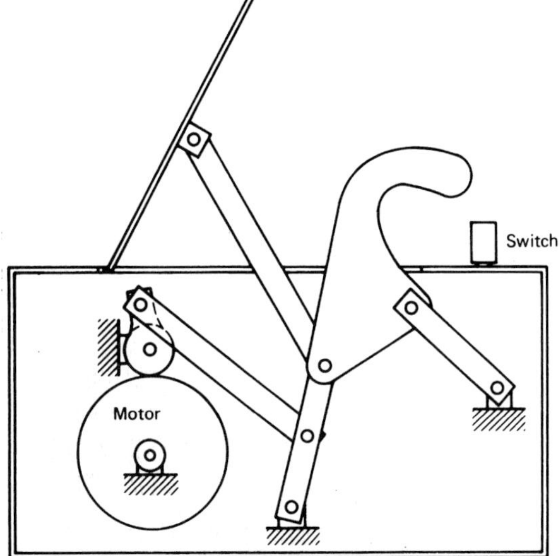

Figure P1.24

Figure P1.25

Figure P1.26

1.17. A six-bar lift mechanism for a tractor is shown in two positions (solid and dashed lines) in Fig. P1.27. What type of six-bar is this? What task does it satisfy?

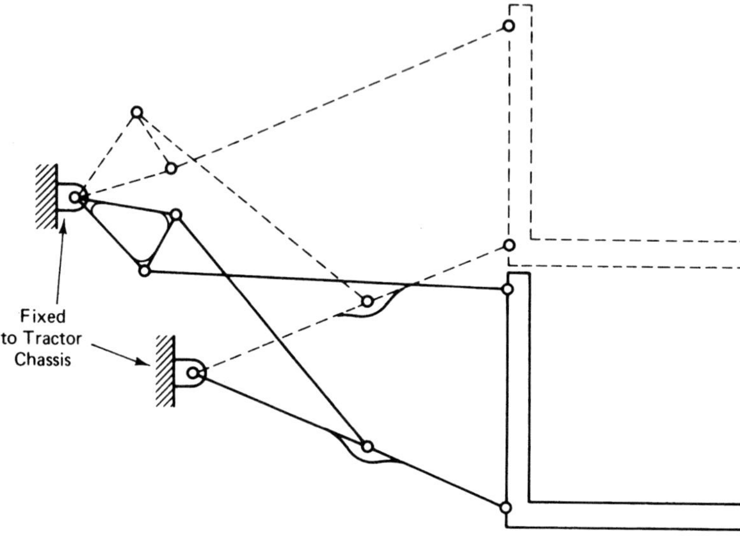

Figure P1.27

1.18. An agitator linkage for a washing machine is shown in Fig. P1.28 (ground pivots are identified by the letter G).

(a) What type of six-bar is this?

(b) What task does this linkage fulfill (motion, path, or function generation)?

(c) Why use a six-bar linkage in this application?

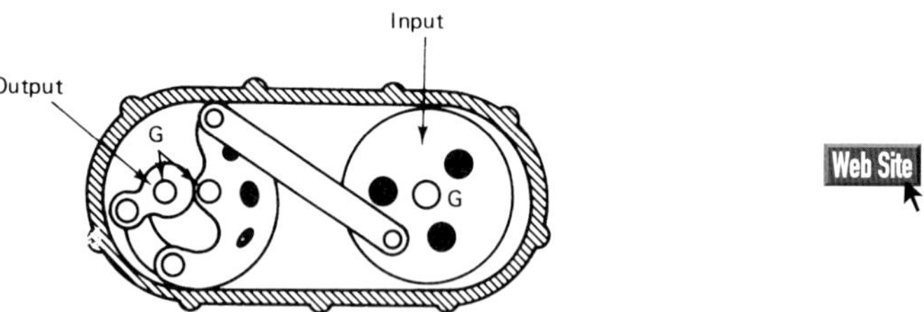

Figure P1.28 G signifies a ground pivot.

1.19. An automobile hood linkage is shown in Fig. P1.29. Notice the difference from the linkage in Fig. 1.2c.

(a) Neglecting the spring, what type of six-bar is this linkage?

(b) Draw the instantaneous-velocity-equivalent lower-pair diagram of this linkage (including the spring).

1.20. Figure P1.30 shows a surgical tool called a thoracic retractor, which is used to pull and hold soft tissues out of the way during surgery. Disregard the end links that contact the tissue.

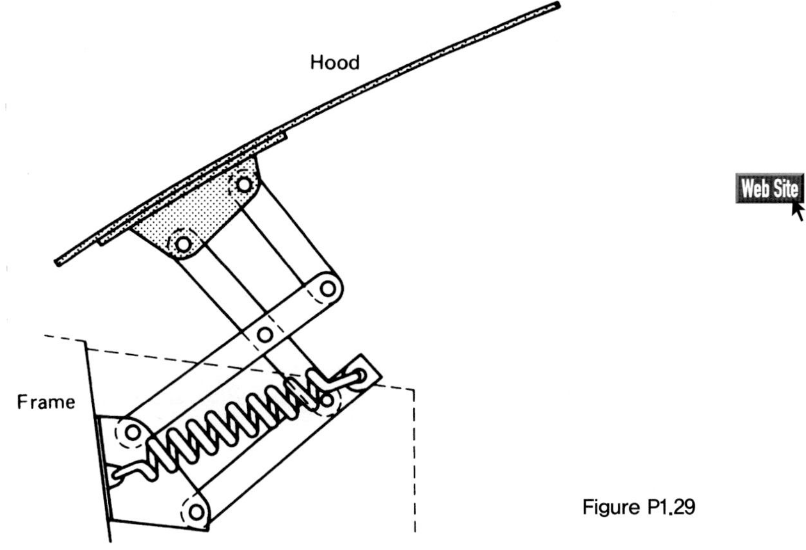

Figure P1.29

Web Site

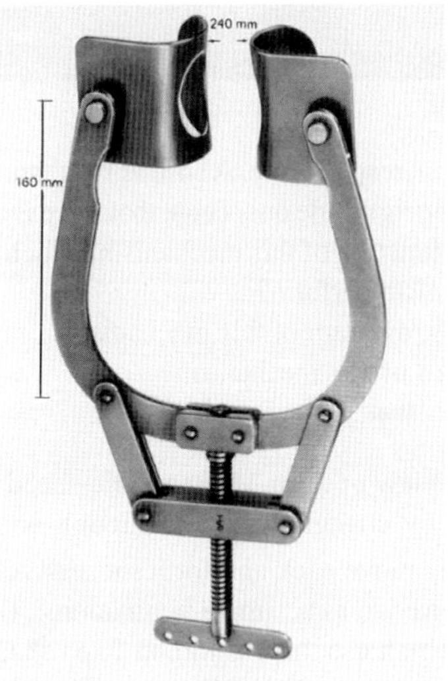

Figure P1.30 (Courtesy of AESCULAP).

(a) What are the total degrees of freedom of this mechanism if the left curved member is considered as a ground link?

(b) If we consider the curved link on the left side to be a ground link and the screw plus the short link as one link, which six-bar mechanism results?

(c) If we consider the screw and the short link (which makes a T with the screw) the ground link, which six-bar results?

1.21. A mechanism was desired to fold automatically, in thirds, letters exiting from a laser printer so that they are ready to be placed in envelopes. Figure P1.31 shows part of the final mechanism,* which is driven from a cam shaft. Figures P1.31a through P1.31c show positions where the sheet of paper has just been fed onto the top of the mechanism, the right third halfway through

* Designed by Ann Guttisberg, Chris Anton, and Chris Lentsch [3].

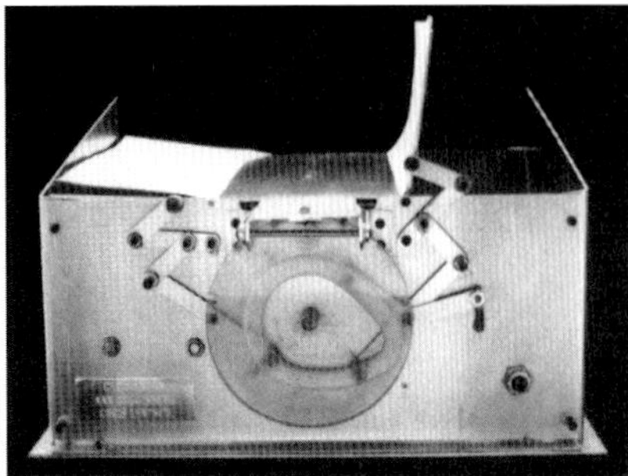

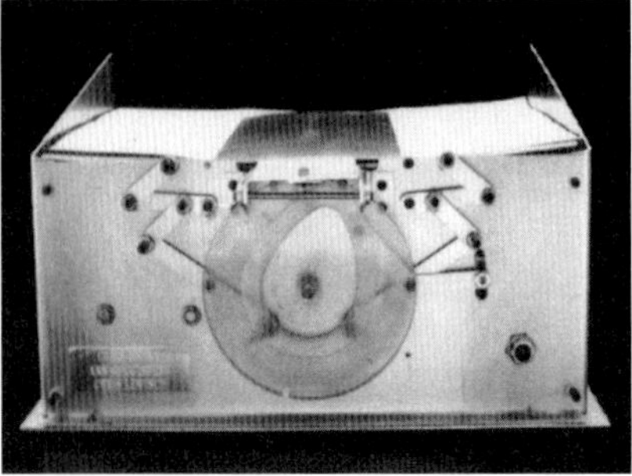

Figure P1.31

the fold, and the full-fold position, respectively. A similar mechanism folds the left side driven by the same cam. Considering the right side only (note that there is also another follower on the right side which drives another function of this mechanism, which can be disregarded here),

(a) What task does this mechanism perform?

(b) Draw an unscaled kinematic diagram of this mechanism.

(c) Which type of six-bar is part of this mechanism?

(d) Why is a six-bar used rather than just a four-bar?

1.22. Figure P1.32 shows a cutaway view of Zero-Max variable-speed drive [41, 103]. This drive yields stepless variable speed by changing the arc through which four one-way clutches drive the output shaft when they move back and forth successively. Figure P1.33 shows one of these linkages, which is referred to as a "single lamination." The drive has sets of equally spaced out-of-phase linkages which use three common fixed shafts, A_0, C_0, and D_0. The rotation of the input A_0A causes the output link DD_0 to oscillate, thus rotating the output shaft D_0 in one direction (due to the one-way clutch assembly). The position of pivot B_0 is adjusted by rotating the speed-control arm about C_0 to change the output speed of the drive. As B_0 approaches the line BD, the output speed decreases since B_0, the center of curvature of the trajectory of B, will approach point D, causing link 6 to become nearly stationary.

(a) What type of six-bar is this (with B_0 considered fixed)? What is its task?

(b) If link C_0B_0 is considered mobile, how many degrees of freedom does the linkage have? (Use Gruebler's equation.)

1.23. Based on the concept that mechanisms can be things of beauty besides having functional value, a mechanism clock was conceived.* Mechanisms would manipulate small cubes with numbers on them in such a way as to indicate the time. It was determined that three sets of cubes would be used to read minutes and hours (two for minutes). The cubes would be turned over 90° to use four sides of each for numbers—thus five cubes for the 0–9 set and

* By Jim Turner [16].

Figure P1.32 (Courtesy of Zero-Max®, a unit of Barry Wright).

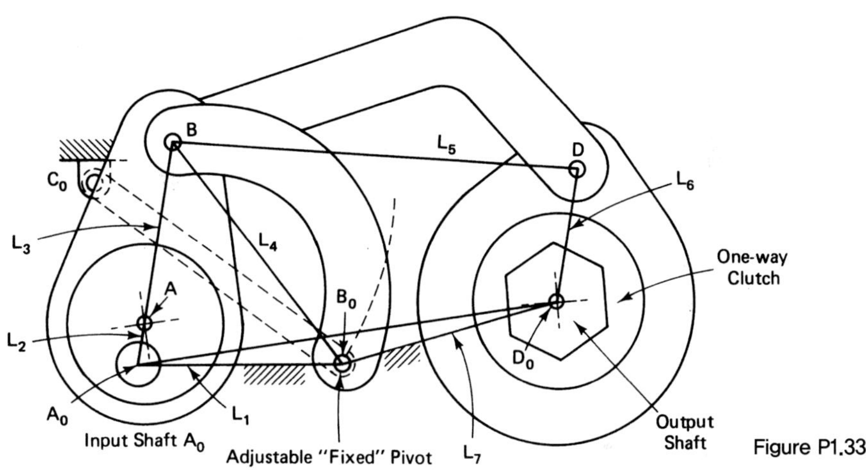

Figure P1.33

numbers on them in such a way as to indicate the time. It was determined that three sets of cubes would be used to read minutes and hours (two for minutes). The cubes would be turned over 90° to use four sides of each for numbers—thus five cubes for the 0–9 set and three cubes each for the 0–5 and 1–12 set. Rather than work against nature, it was decided to remove the bottom cube and allow gravity to settle other cubes into their place, while the cube was placed on top of the stack. The devices had to be reasonable in size, be reliable, and be manufacturable. The motion was separated into three steps, as shown in Fig. P1.34. The problem is (1) how to remove the bottom cube from the stack, (2) how to rotate the

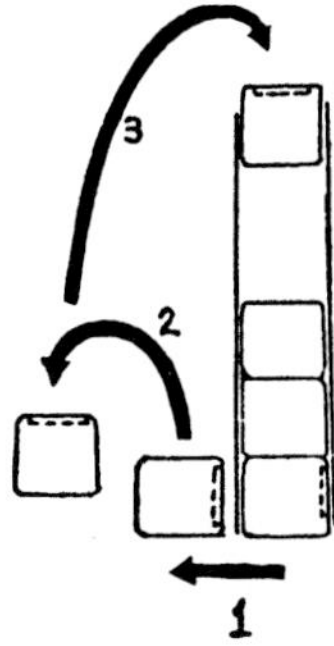

Figure P1.34

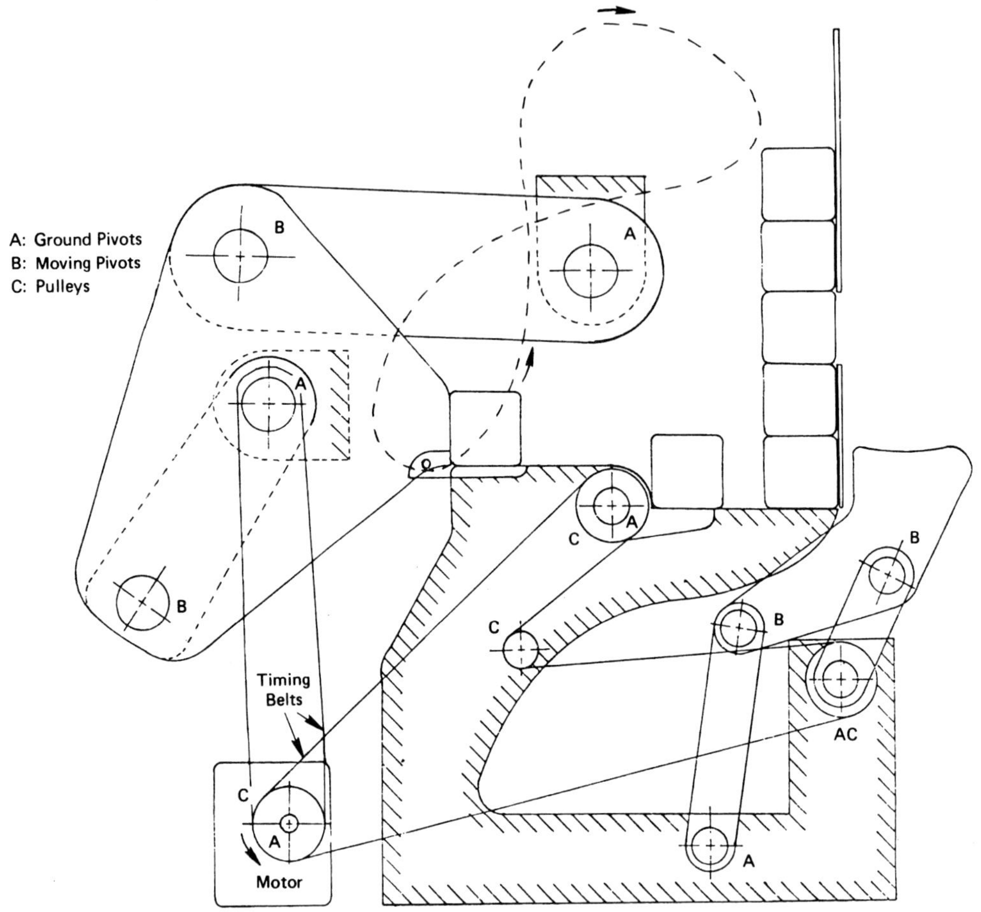

Figure P1.35

cube, and (3) how to transport the cube to the top of the stack. Figures P1.35 and P1.36 show the final design for the mechanism clock.

(a) Draw the unscaled kinematic diagram for (1) each of three steps separately; (2) the entire mechanism.

Figure P1.36

(b) Determine which task (motion, path, or function generation) is accomplished in each step.
(c) Determine the degrees of freedom of the entire linkage.
(d) Design your own mechanism clock and show it in a conceptual diagram.

1.24. Multiloop mechanisms have numerous applications in assembly line operations. For example, in a soap-wrapping process, where a piece of thin cardboard must be fed between rollers which initiates the wrapping operation, a seven-link mechanism* is employed such as that shown schematically in Fig. P1.37.

The motion of the suction cups is prescribed to pick up one card from a gravitation feeder (the suction cups mounted on the coupler approach and depart from the card in the vertical direction) and insert the card between the rollers (the card is fed in a horizontal direction). The input timing is prescribed in such a fashion that the cups pick up the card during a dwell period (a pause in the motion) and also in a way that the card is fed into the rollers at approximately the same speed as the tangential velocity of the rollers.

(a) Sketch the instantaneous-velocity-equivalent lower-pair diagram of this mechanism.
(b) Determine the degrees of freedom of this linkage, as shown in Fig. P1.37, and verify your answer by determining the degrees of freedom of the lower-pair equivalent linkage.

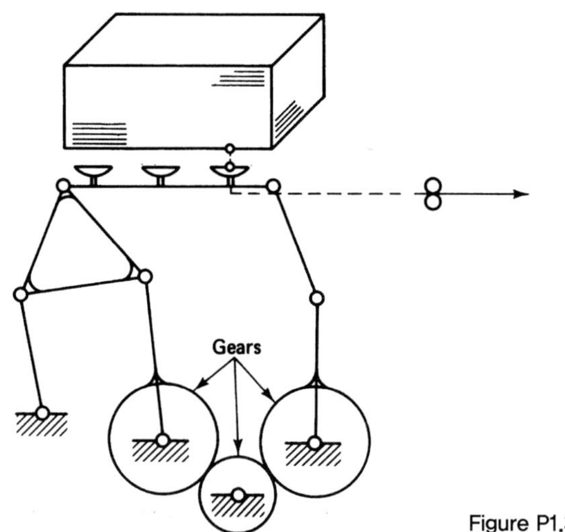

Figure P1.37

1.25. The linkage in Fig. P1.38 has been suggested† for stamping packages automatically at the end of an assembly line. The ink pad is located at the initial linkage position, while the packages will travel along an assembly line and stop at the final position to be stamped. It is desirable that the linkage have straight-line motion toward the box so that the stamp imprint will not be smudged. A solenoid will drive the input link through its range of motion.

(a) What type of six-bar linkage is this?
(b) Draw this linkage in at least four other positions to (1) determine the range of rotation of the input link; (2) check if the linkage indeed does hit the ink pad in a straight-line motion approaching and receding from the box.
(c) Is this type of linkage a good choice for this task? Why?

---

* This application was brought to the authors' attention by D. Tesar of the University of Texas, Austin.

† By J. Sylind (synthesized by the techniques presented on Chap. 3 of Vol. 2).

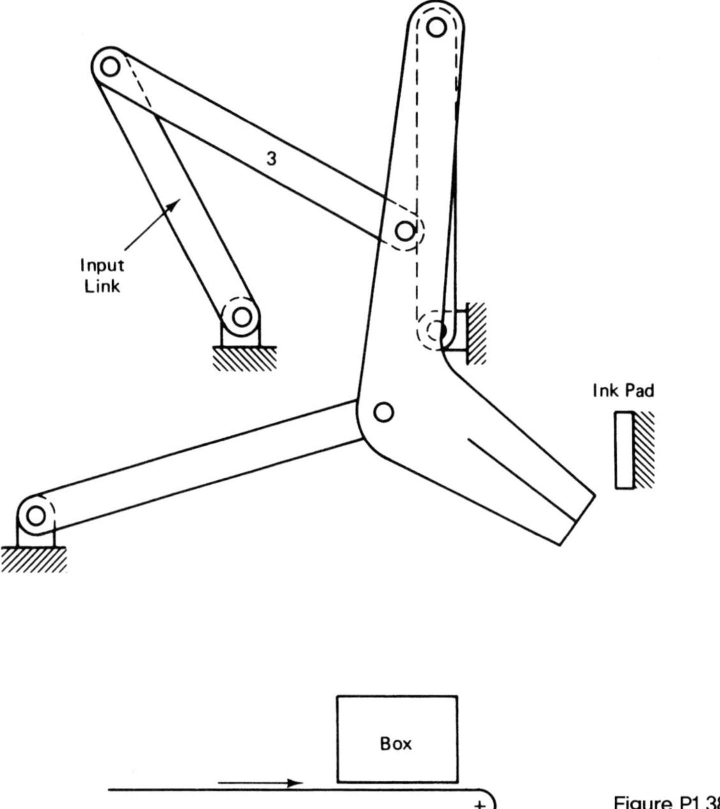

Figure P1.38

(d) If the input link and link 3 are changed in length and orientation and the input pivot location is moved, what are the consequences on the performance of the entire linkage?

1.26. Figure P1.39 shows a schematic diagram of a card feeder mechanism in its initial configuration. Cards are placed in the mailing list "file feed" by the machine operator. The file feed then intermittently feeds cards into the lower hopper. The cards must be joggled to align them against the hopper back plate so that they will feed out of the hopper properly when they reach the hopper feedroll. A cam causes the joggler movement.

If there should be a jam or misfeed in the hopper, the operator must pull on the joggler handle to pivot it open so that he or she can remove the cards from the hopper. To get at the joggler handle, the operator must first open an outer cover. (The purpose of this outer cover is to reduce noise levels from the machine.)

The linkage in Fig. P1.40 has been suggested* to avoid the inconvenience of the operator having to open the outer cover as well as having to open the joggler.

(a) Draw the kinematic diagram of the linkage in Fig. P1.39.

(b) Add the change suggested in Fig. P1.40 to Fig. P1.39 and draw the new kinematic diagram.

(c) Determine the degrees of freedom of both mechanisms [parts (a) and (b)].

(d) Determine by graphical construction the total rotation of the joggler if the cover is rotated 90° counterclockwise.

* By R. E. Baker of IBM, Rochester, MN..

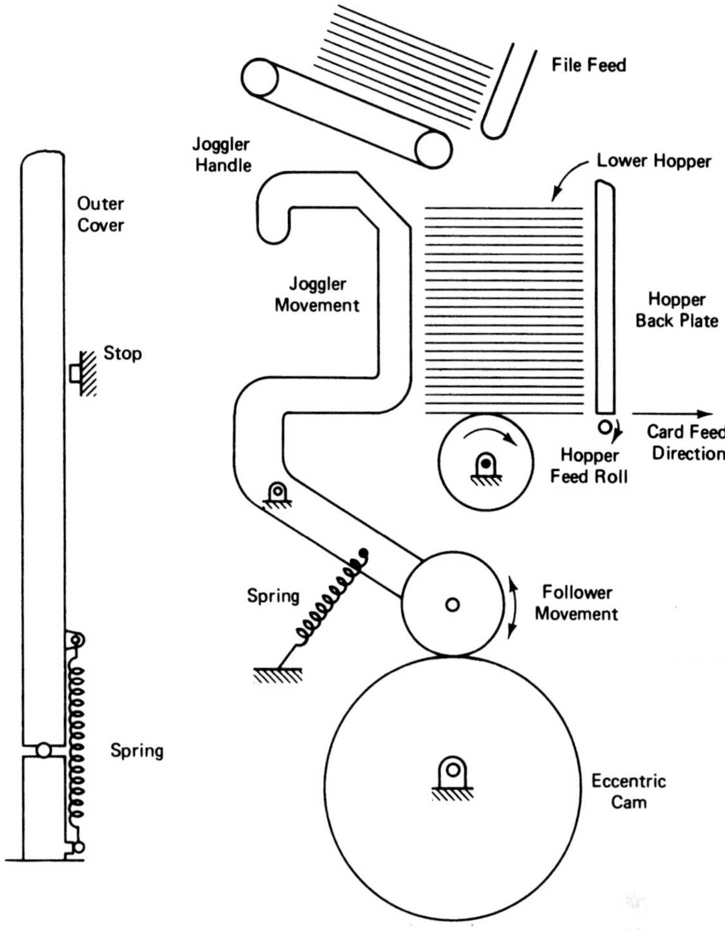

Figure P1.39

1.27. Double-boom cranes and excavation devices are commonly used in the building construction industry. Their popularity is due primarily to their versatility, mobility, and high load-lifting capacity. This type of equipment is typically actuated by means of hydraulic cylinders. Figure P1.41 shows a typical knuckle boom crane [149].

(a) Draw the unscaled kinematic diagram for this mechanism.

(b) Determine the degrees of freedom for this linkage.

1.28. **(a)** Draw the unscaled kinematic diagram of linkage in Fig. P1.42.

(b) Determine the degrees of freedom of both the original linkage and a lower-pair-equivalent kinematic diagram.

1.29. **(a)** Draw the unscaled lower-pair-equivalent kinematic diagram of the linkage in Fig. P1.43.

(b) Determine the degrees of freedom of both the original linkage and the lower-pair equivalent.*

* As will be shown later, equivalence of higher-and lower-pair mechanisms prevails for degrees of freedom, displacements, and velocities, but not for accelerations or higher-order motion derivatives.

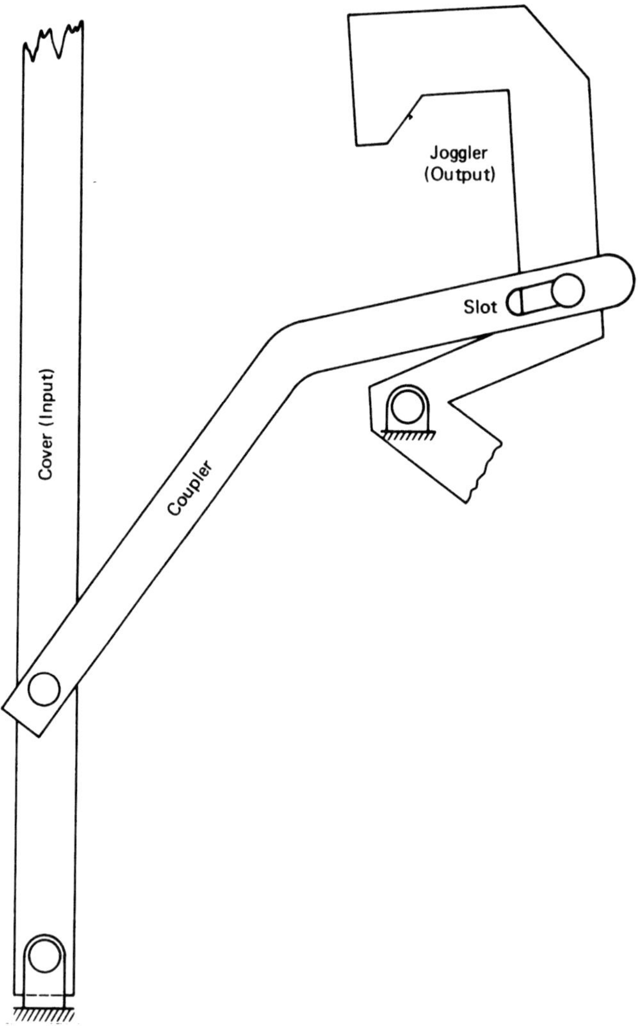

Figure P1.40

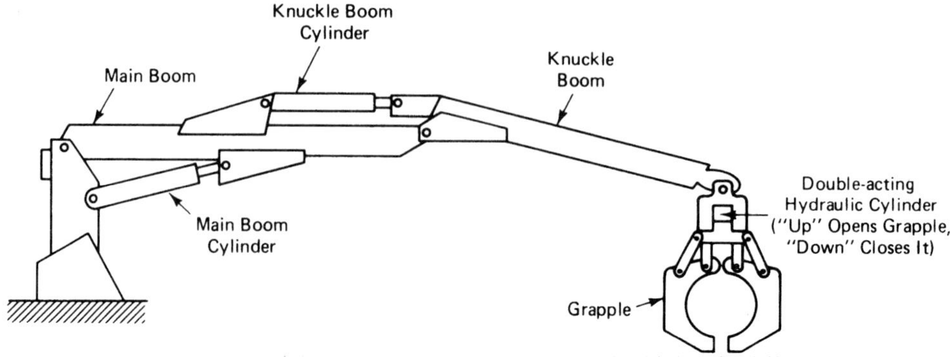

Figure P1.41

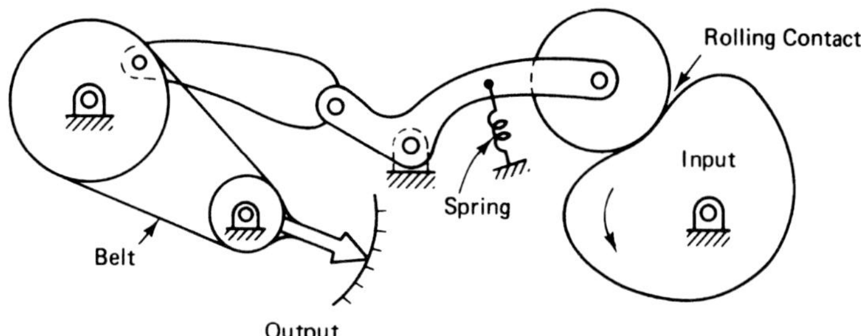

Figure P1.42

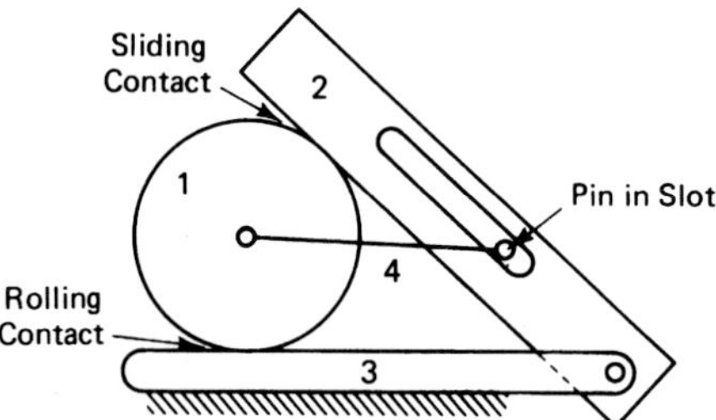

Figure P1.43

1.30. Figure P1.44 shows a surgical tool used for dilating (enlarging) valves. The surgeon squeezes the handle against the spring return, causing a tube running down the center of the long, slender cylinder to extend, thereby opening the mechanism at the end of the cylinder. Disregarding the spring return,

(a) Draw an unscaled kinematic diagram of the entire tool.

(b) Determine the degrees of freedom of this device.

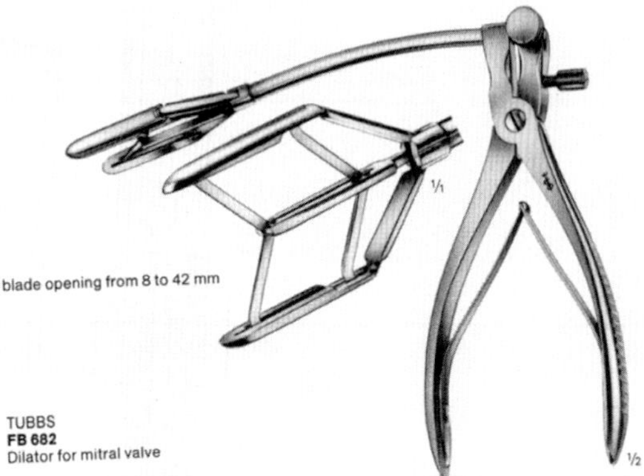

Figure P1.44 (Courtesy of AESCULAP)

* Courtesy of Graco Inc., Minneapolis, MN.

1.31. Figure P1.45 shows a linkage-driven pump (U.S. Patent 3927605)* which "is described for pumping fluids at an elevated pressure, wherein the fluid is monitored and activates a transducer member, which in turn adjusts a linkage means for converting reciprocating pumping motion to a transverse oscillatory motion, whereby the pumping stroke is controlled to regulate fluid pressure."

In layperson's language, the input shaft (13), driven at constant speed, drives through the mechanism to deliver required fluid pressure at orifice 36. The stroke (displacement) of piston 26 must be able to change from maximum displacement to zero depending on the pressure at orifice 36. This pressure causes piston 32 to rotate link 24 (which pivots at pin 28) to find a new position against balancing spring 30.

(a) Draw an unscaled kinematic diagram of the entire mechanism.

(b) What type of joint is there between link 25 and 26?

(c) Determine the degrees of freedom of this mechanism by both intuition and Gruebler's equation.

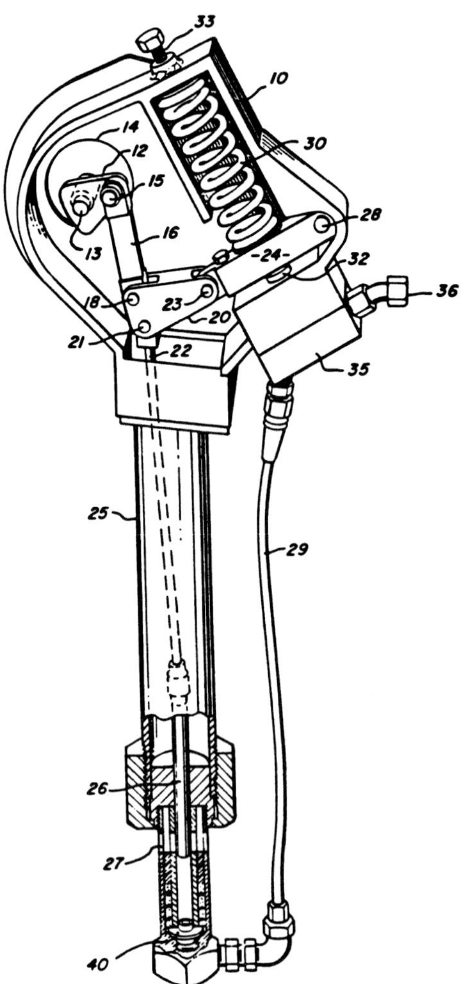

Figure P1.45

1.32. **(a)** Draw the unscaled kinematic diagram of the linkage in Fig. P1.46.
(b) Determine the degrees of freedom of this linkage.*

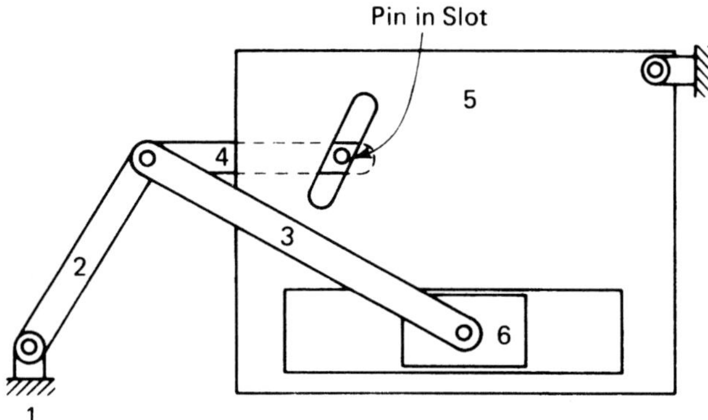

Figure P1.46

1.33. An end loader is to be designed for attachment onto crawler-type tractors.† The linkage must have two degrees of freedom: one allowing the system to lift the bucket and the other to allow the bucket to be tipped while the first is held fixed. Assume that all joints will be those allowing only one relative degree of freedom.

(a) What is the minimum number of binary links that your design must contain?

(b) What is the minimum number of links that would produce a linkage with $F = 2$? [*Hint:* Consider part (a).]

(c) Assuming that a linkage with the fewest number of links in part (b) will not work, what is the fewest number of links in the next more complicated linkage that will work?

1.34. Could one build a 10-link linkage in Prob. 1.33 with the desired degrees of freedom? If the chosen linkage has nine links ($n = 9$),

(a) How many pairs (joints) will have to be purchased or designed?

(b) What is the maximum number of joint elements that can occur on one link?

(c) How many links can have the maximum number of joint elements?

1.35. The linkage in Fig. P1.47 was designed as a function generator ($y = -x + 2$, for $1 \leq x \leq 4$) using the methods described in Chap. 8. Verify that this geared mechanism has a single degree of freedom. Note that link 2 is connected to gear 2.

1.36. For the linkages in Figs. P1.48 to P1.57, determine the number of degrees of freedom of the mechanisms by intuition and Gruebler's equation.

---

* As will be shown later, equivalence of higher-and lower-pair mechanisms prevails for degrees of freedom, displacements, and velocities, but not for accelerations or higher-order motion derivatives.

† This question is used by courtesy of Wm. Carson, University of Missouri, Columbia.

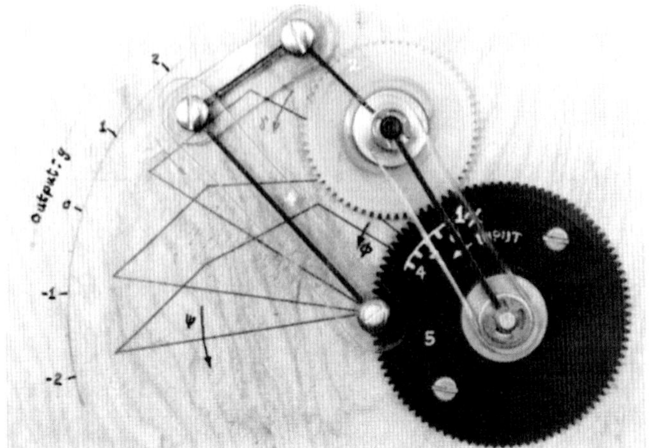

Figure P1.47

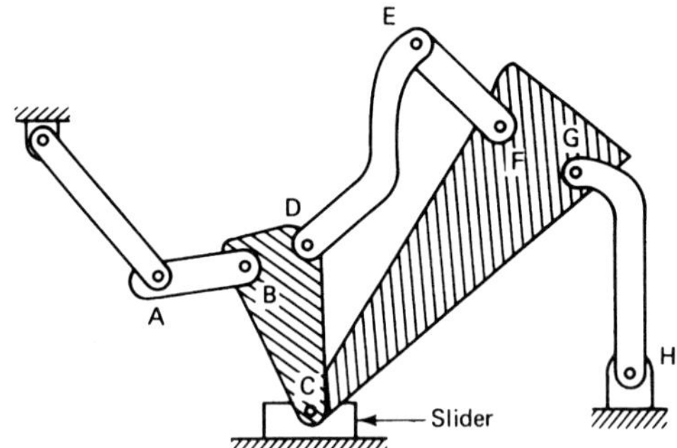

Figure P1.48

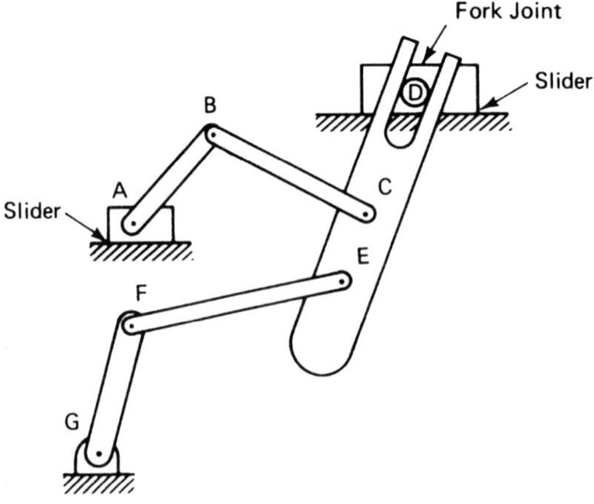

Figure P1.49

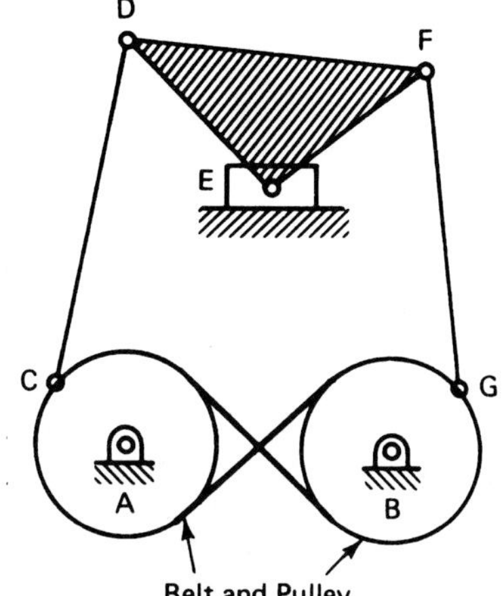

Figure P1.50

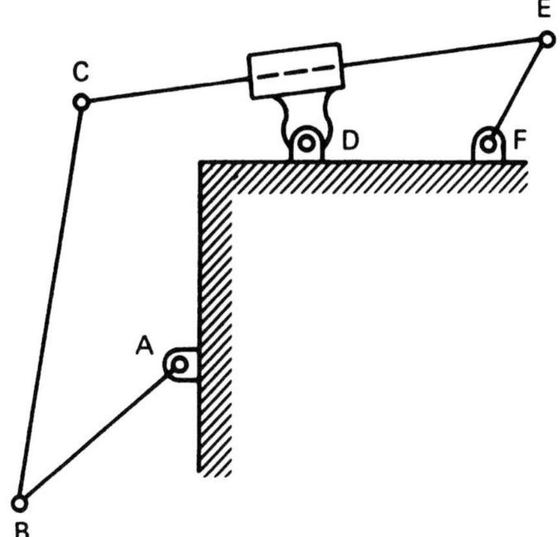

Figure P1.51

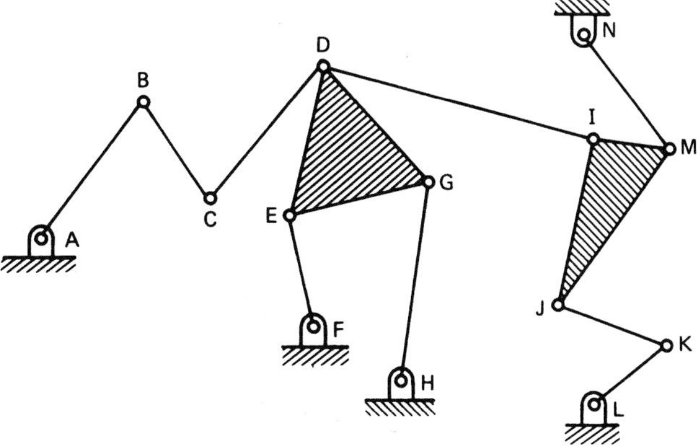

Figure P1.52

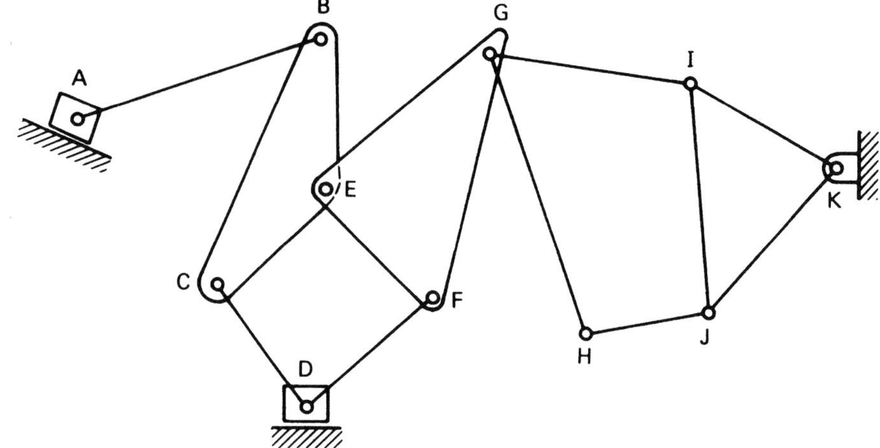

Figure P1.53

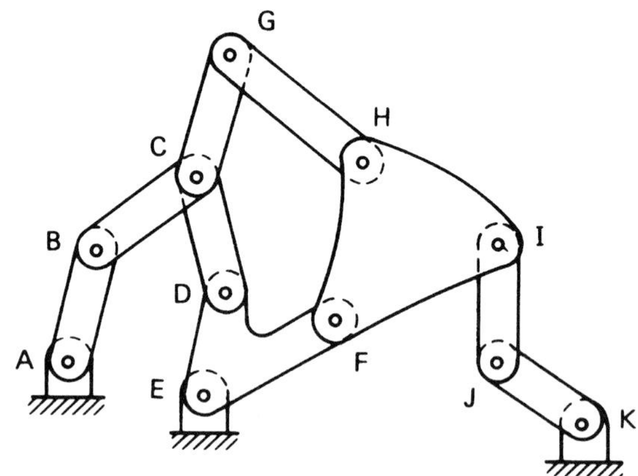

Figure P1.54

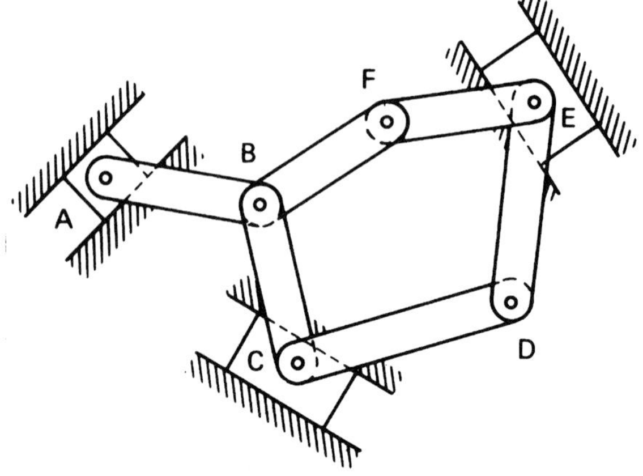

Figure P1.55

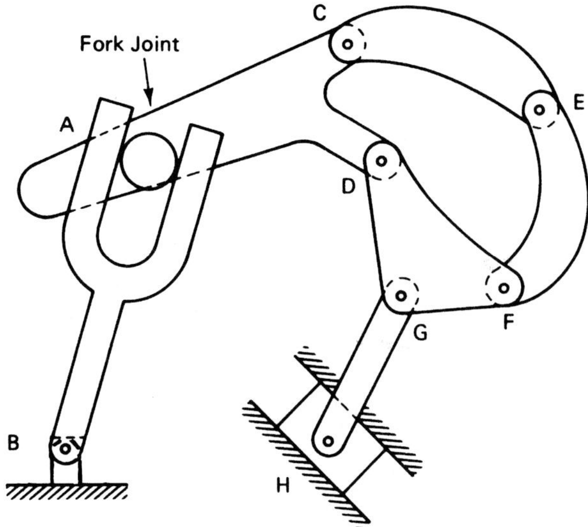

Figure P1.56

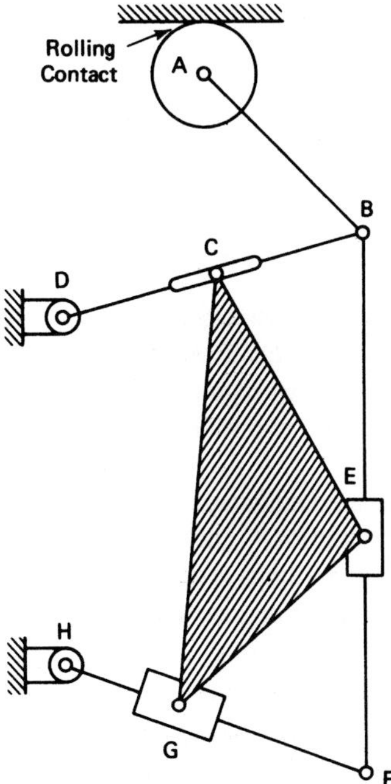

Figure P1.57

1.37. A metering pump [84] was designed such that a movable pivot controls the stroke of the slider (see Fig. P1.58). The pivot is adjustable to any position through a 90° arc about the center of the crank. When the crankshaft-to-movable-pivot line is perpendicular to the crosshead motion, the stroke is maximum. When it is in line with the crosshead motion, the stroke is minimum. Draw the unscaled kinematic diagram of this linkage. Determine the degrees of freedom of the linkage.

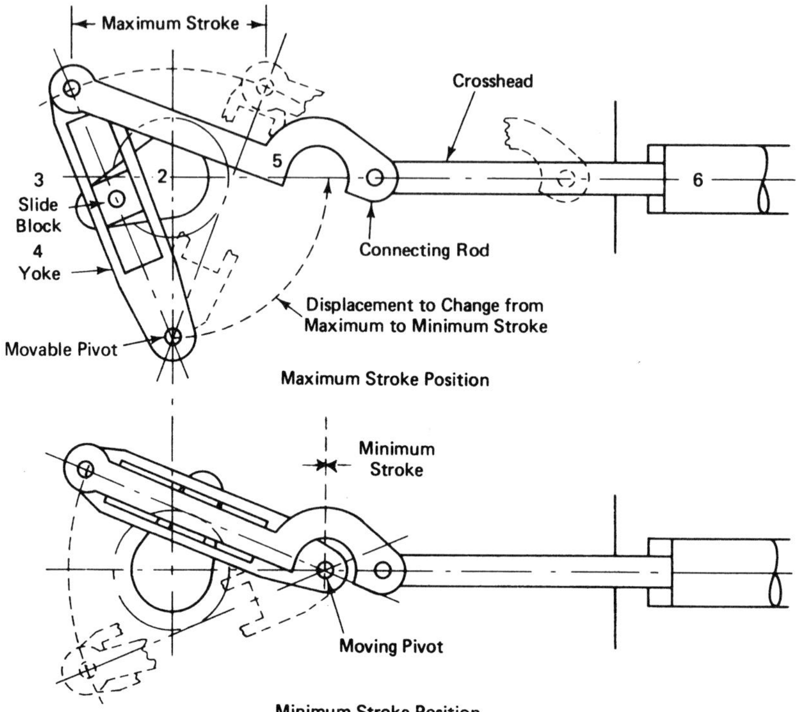

Figure P1.58

1.38. What type of six-bar is shown in Fig. P1.51?

1.39. Figures P1.59a and P1.59b are taken from U.S. Patent 3853289, "Trailing Edge Flap and Actuating Mechanism Therefore."* Both the extended and retracted positions are shown. (Note that the trailing flap segment 52 is movably connected to the main segment 34 through track 54, which guides two rollers connected to the trailing segments, the details of which are not shown.)

(a) Draw an unscaled kinematic diagram of this mechanism.

(b) Point out familiar four- and six-bar chains.

(c) How many ternary links are there?

(d) Find the number of degrees of freedom of this mechanism by both intuition and Gruebler's equation.

1.40. Figures P1.60a through P1.60c show the cruise, take-off, and landing positions of a short take-off and landing wing design of U.S. Patent 3874617.† The spoiler, *S*, and the forward and aft flaps, *FF* and *AF*, are deployed by the linkage system.

(a) Draw an unscaled kinematic diagram of this mechanism.

(b) Point out familiar four- and six-bar chains.

(c) How many ternary links are there?

(d) Find the number of degrees of freedom of this mechanism by both intuition and Gruebler's equation.

---

* Inventors, C. H. Nevermann and Ellis J. Roscow; Assignee, The Boeing Company, December 10, 1974.

† Inventor, Robert E. Johnson; Assignee, McDonnell Douglas Corporation, April 1, 1975.

Web Site

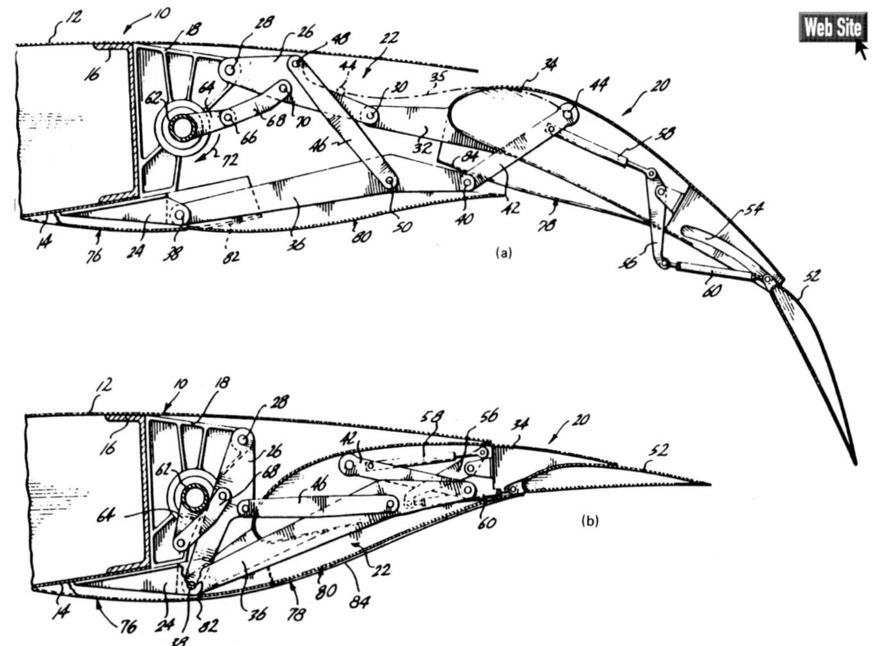

Figure P1.59

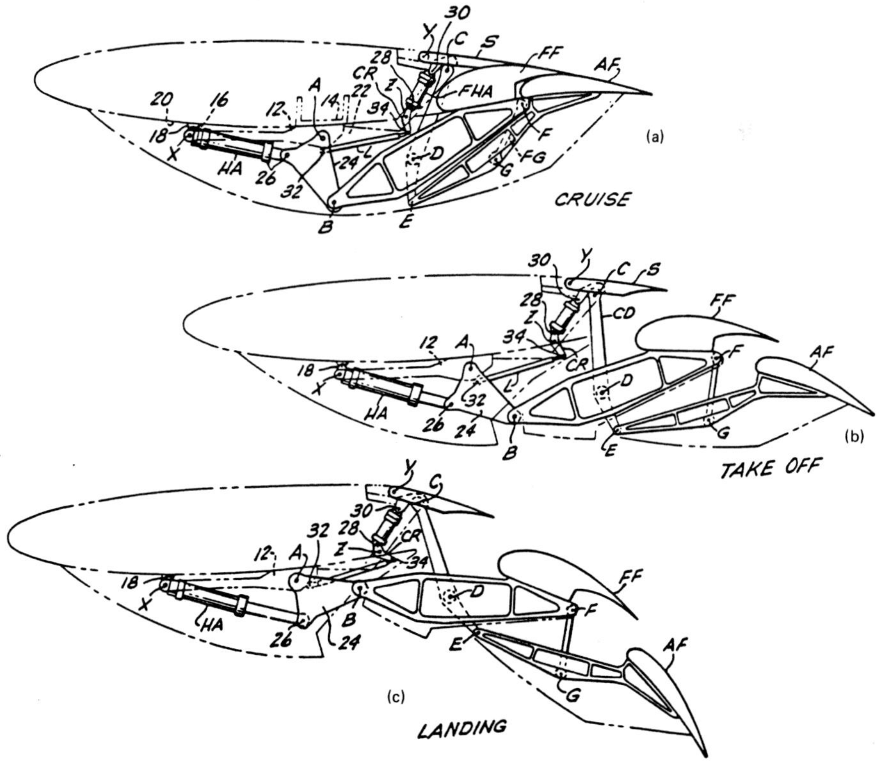

Figure P1.60

1.41. Figures P1.61 and P1.62 show schematics of the Douglas Aircraft MD80 main landing gear.* The second drawing is a planar projection of the multiloop mechanism in the two extreme positions. [*Hint:* In the landing position, two sets of links are in a toggle position to form a stiff structure. A double-action hydraulic cylinder is used to pull these links from the toggle in the extended position to the retracted position, where one set is again in toggle. Also look for two four-bar chains in this mechanism.]

(a) Draw an unscaled kinematic diagram of the mechanism.

(b) Determine the number of degrees of freedom of the mechanism.

(c) Can you find any embedded six-bars? If so, where are they and what types are they?

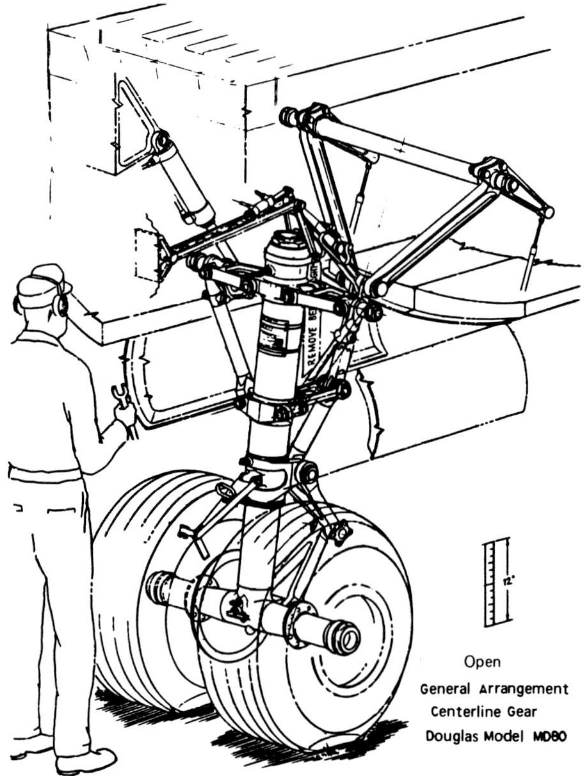

Figure P1.61

1.42. As shown in Figures P1.63 and P1.64, a new mechanism was designed† to turn the pages of music books automatically. To the upper right corner of each right-hand page a magnetic strip is attached. The linkage (possibly actuated by a foot switch) will generate a path, such that the path tracer point (also magnetized) will turn the page.

(a) What task does this mechanism satisfy?

(b) Prepare an unscaled kinematic diagram of this mechanism.

(c) Verify the degrees of freedom by both Gruebler's equation and by intuition.

(d) What type of six-bar linkage is this?

(e) Can you suggest a different six-bar or a four-bar mechanism for this task?

* Courtesy of Douglas Aircraft Company, Long Beach, California.

* By Brad Wilke and Steve Toperzer.

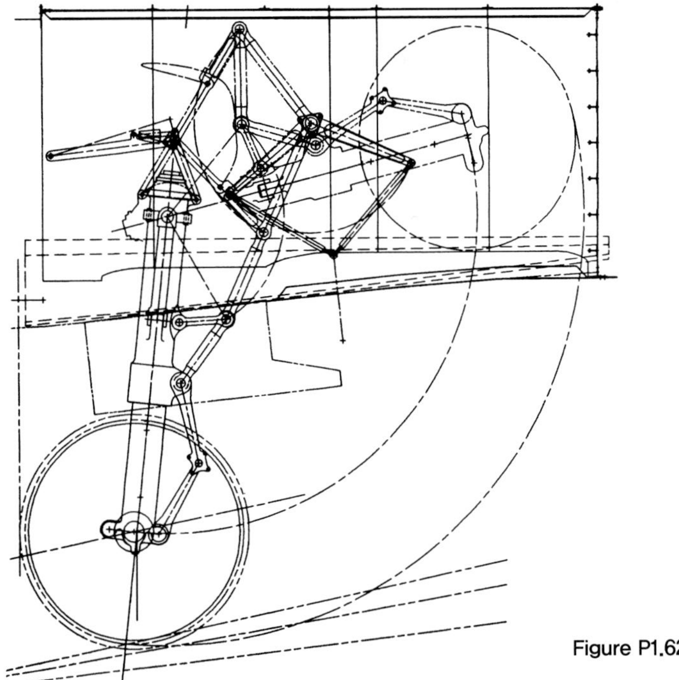

Figure P1.62

Figure P1.63

Figure P1.64

1.43. For the mechanisms in Figures P1.65–P1.71, answer the following questions:

(a) What task does this mechanism satisfy?

(b) Verify the degrees of freedom by both Gruebler's equation and by intuition.

(c) Can you find any four-link or six-link chains? (For the latter, what type of six-bar did you find?)

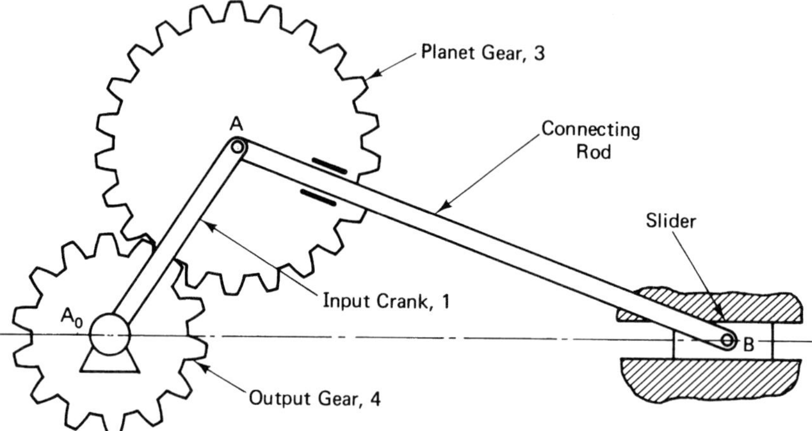

Figure P1.65 Gear-slider mechanism.

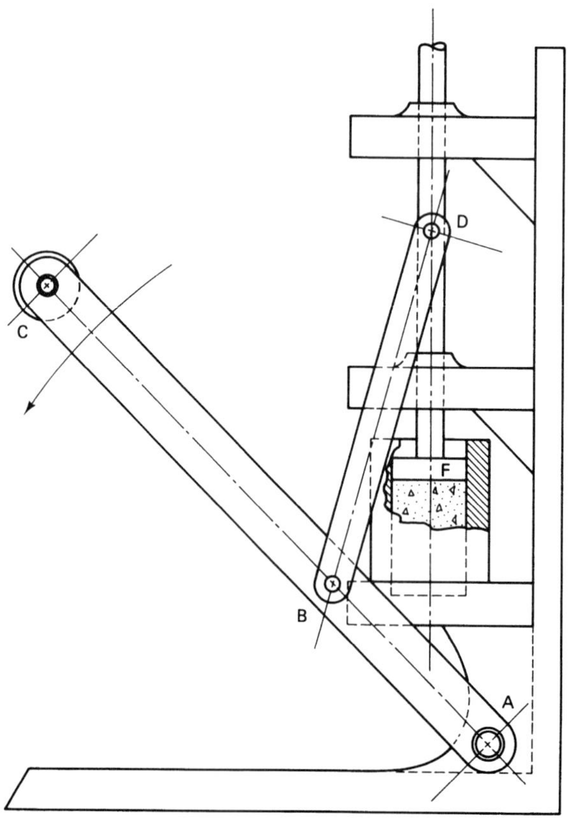

Figure P1.66 Mechanical press mechanism.

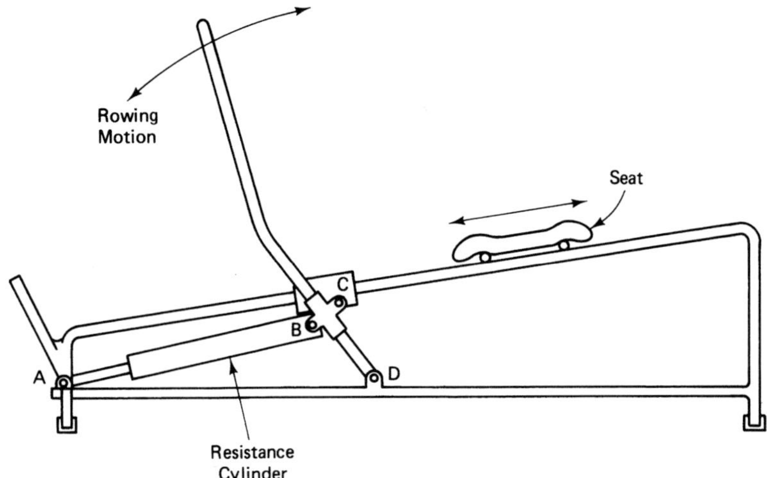

Figure P1.67 Rowing - type exercise trainer.

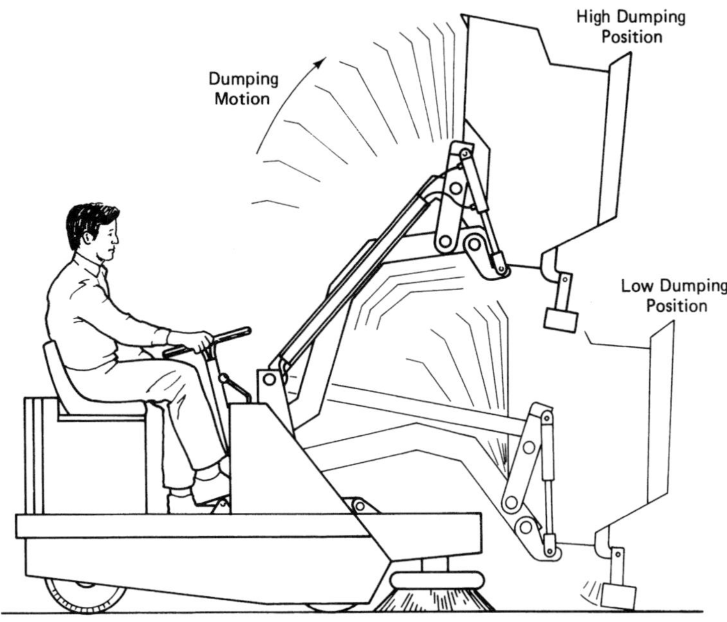

Figure P1.68 Dumping mechanism for floor sweeper(Courtesy of Tennant Inc.).

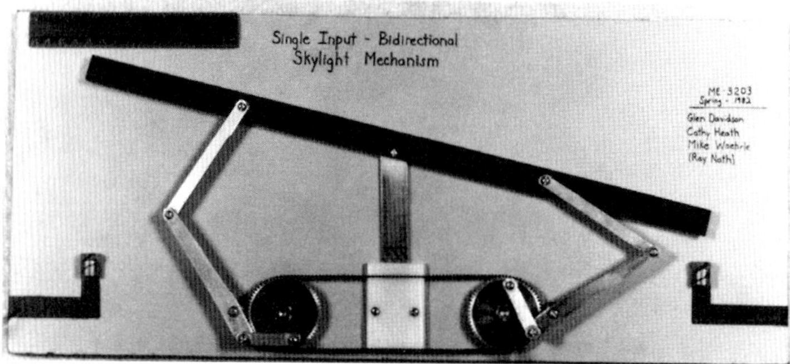

Figure P1.69 Bidirectional skylight. Rotating the gears clockwise will open the skylight straight up and then tilt it as shown. Counterclockwise rotation of the gears will tilt the skylight in the opposite direction.

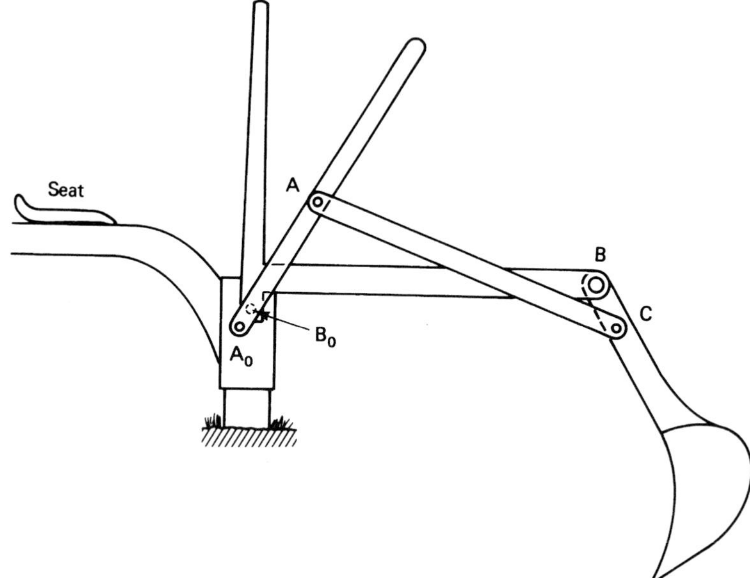

Figure P1.70 Polyground shovel mechanism.

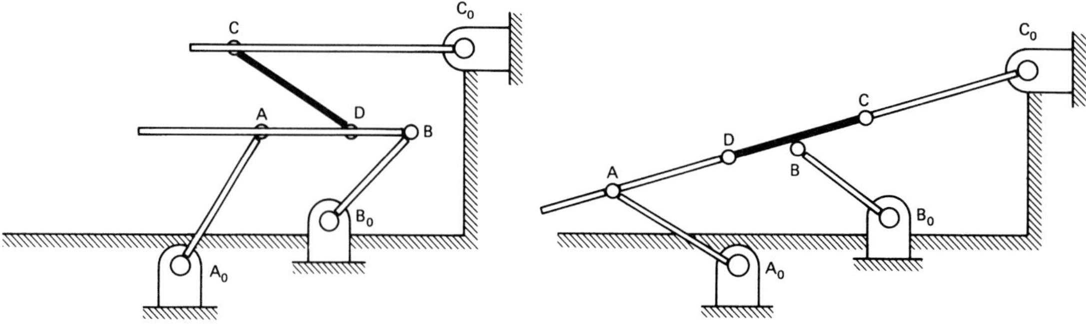

Figure P1.71 The step to ramp mechanism, for the handicapped, was designed by James Wandzel, Jeffrey Kivi, and Beky Feist.

1.44. What task does the hidden hinge mechanism of Fig. P1.72 satisfy? If the lower-pair equivalent of the spring from Table 1.2 is substituted, which six-bar mechanism is obtained?

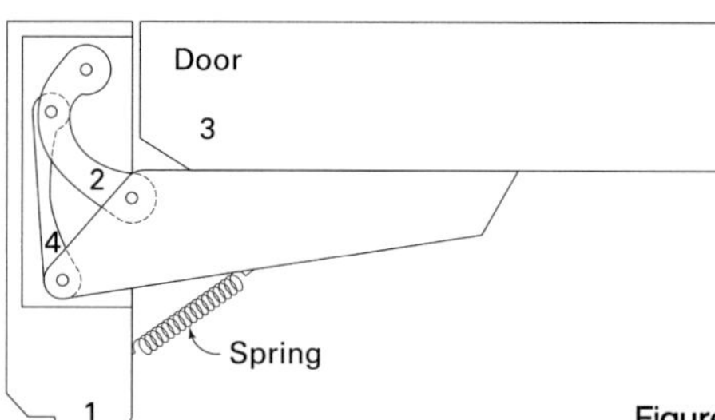

Figure P1.72 Hidden hinge mechanism.

1.45. Many high-performance race cars are equipped with a spoiler system that is located on the trunk of the car.* Spoilers are necessary to improve the traction of the car in high-speed situations by providing an additional down force to minimize the lift coefficients. Figures P1.73 and P1.74 show two retractable spoiler systems that would elevate at approximately 50 miles per hour (mph) and retract at 10 mph.

(a) What task do these two designs satisfy and why?

(b) Draw an unscaled kinematic diagram of the mechanism in Fig. P1.73.

(c) Calculate the degrees of freedom of both these mechanisms.

(d) Which type of six-bars are used in these figures? (For Fig. P1.73, answer for the part of the mechanism that does not include links 5 and 6.)

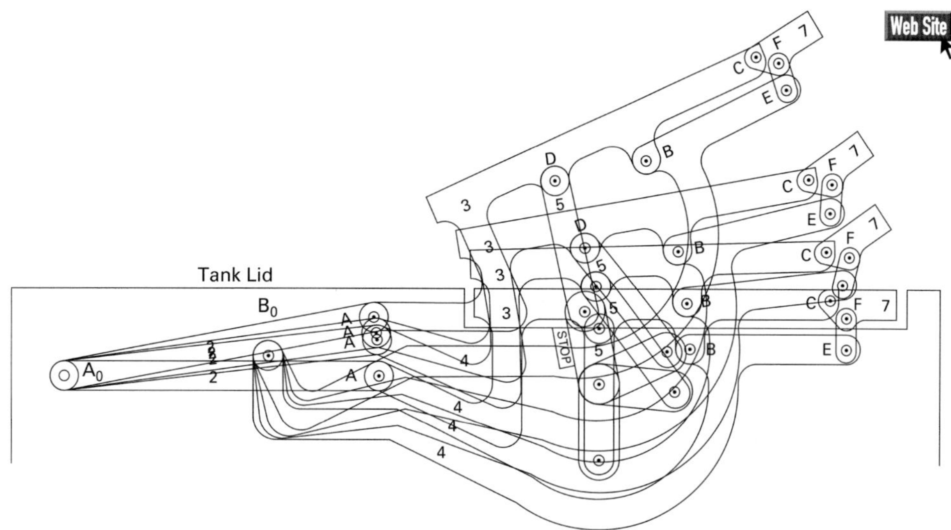

Figure P1.73

* Contributed by M. Peterson, M. Rossini, R. Fleischmann, and T. Westphal, all undergraduate students at the University of Minnesota, 1989; and Proceedings of the First Applied Mechanisms and Robotics Conference, Cincinnati, OH, November 1989.

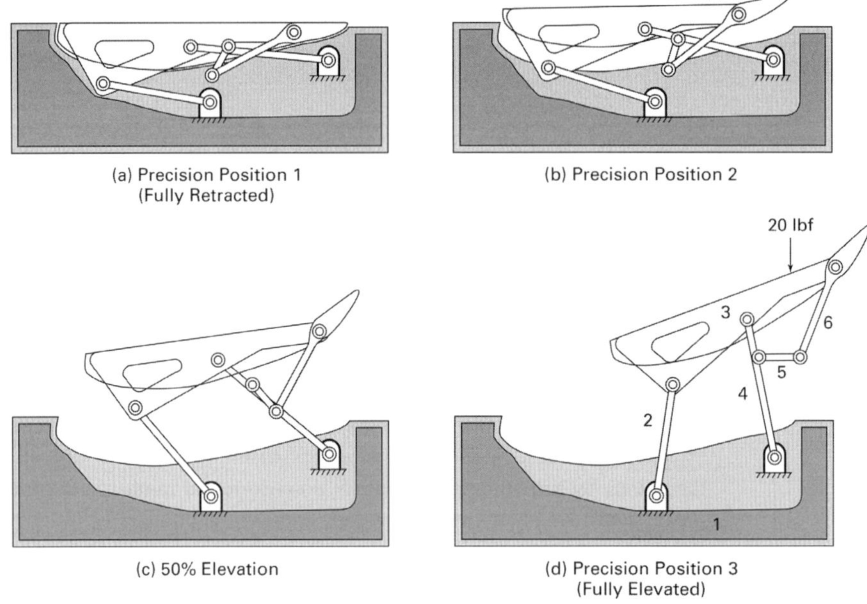

Figure P1.74

1.46. Figures P1.75 through P1.78 are mechanical designs that are derived from undergraduate projects at the University of Minnesota. The LINCAGES-4 program was used to design four-bars for the following tasks: lifting a boat out of the water; rotating a computer monitor from a storage position inside a desk to a viewing position; moving a storage bin from an accessible position (suspended over a bed) to a stored position at the ceiling; and moving a trash pan from the floor up over a trash bin and into a dump position. Each mechanism is shown in three positions. What is the task for each of these mechanisms and why?

1.47. Bicycle chains should be frequently cleaned so they run smoothly and quietly.* The tool in Fig. P1.79 facilitates cleaning by assisting in the removal of a pin of one of the chain links. Disadvantages of this design include that it requires two hands for operation and multiple turns to push the pin past the inner pin link. Figures P1.80 to P1.83 are concepts that may be considered as linkage-based alternatives to the standard tool.

(a) What task does each design satisfy?

(b) Calculate the degrees of freedom of each design. (Explain any assumptions that you made in interpreting any drawing.)

(c) If you observe any six-bar mechanisms, which type are they?

* Contibuted by P. Tuma, M. Urick, and J. Kim, all undergraduate students at the University of Minnesota, 1992.

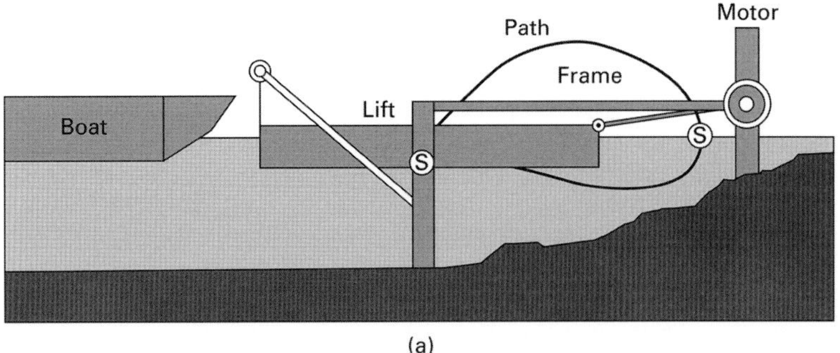

(a)

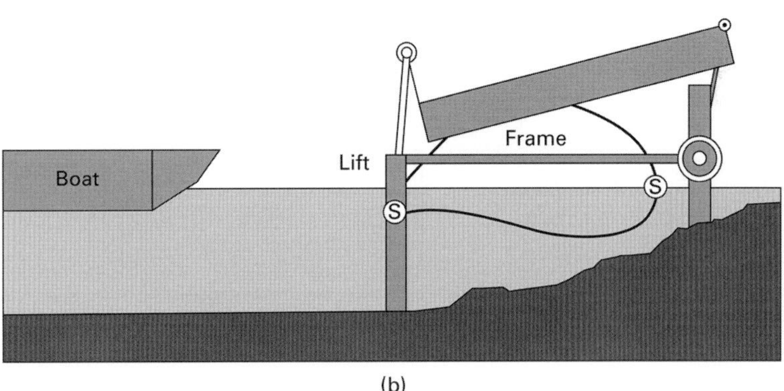

(b)

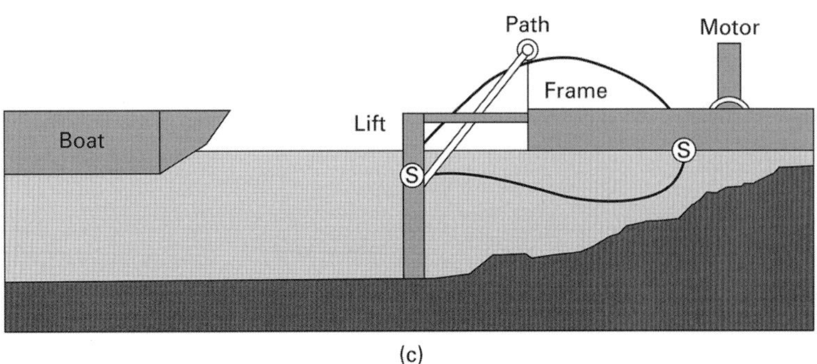

(c)

Figure P1.75

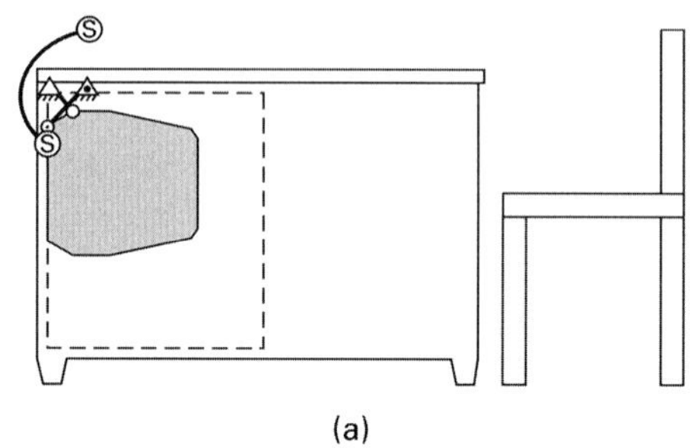

(a)

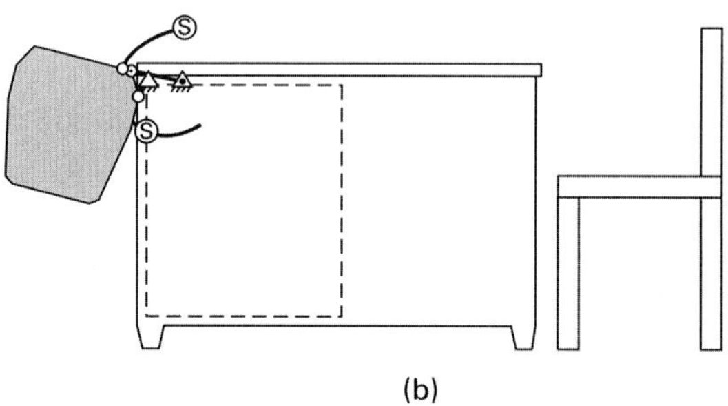

(b)

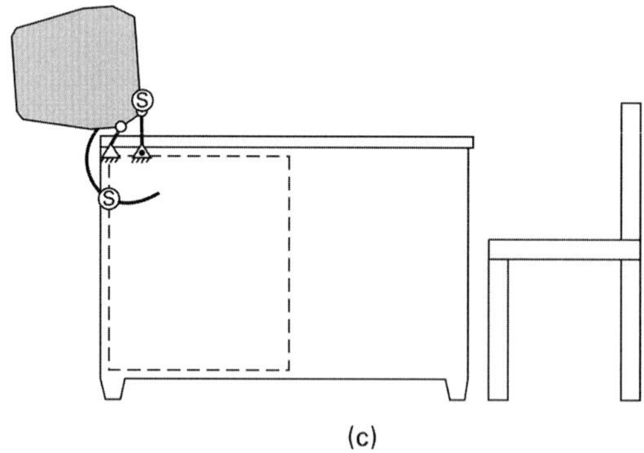

(c)

Figure P1.76

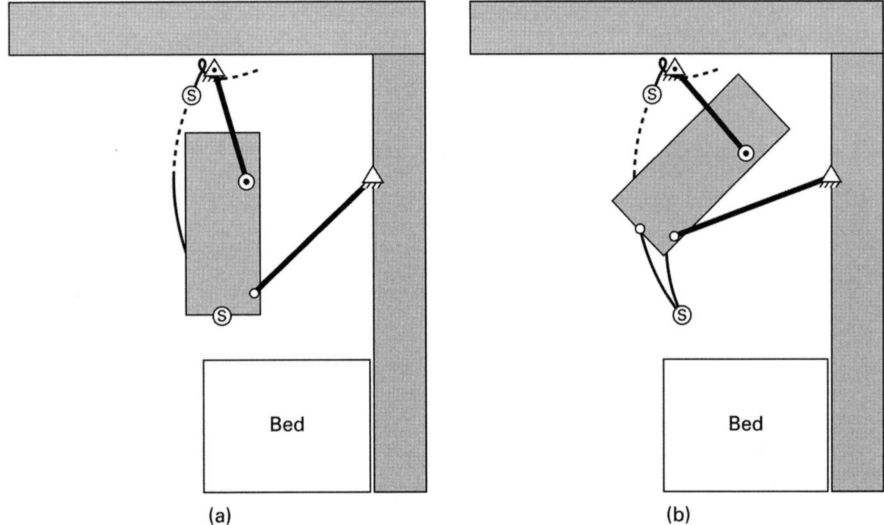

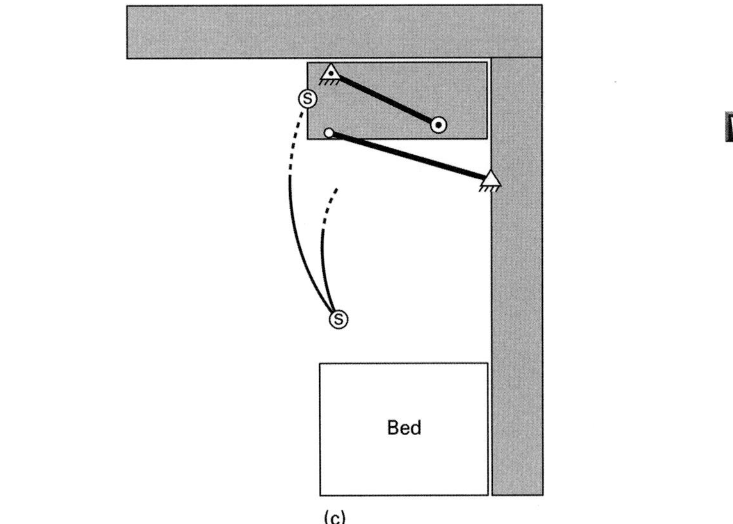

Web Site

Figure P1.77

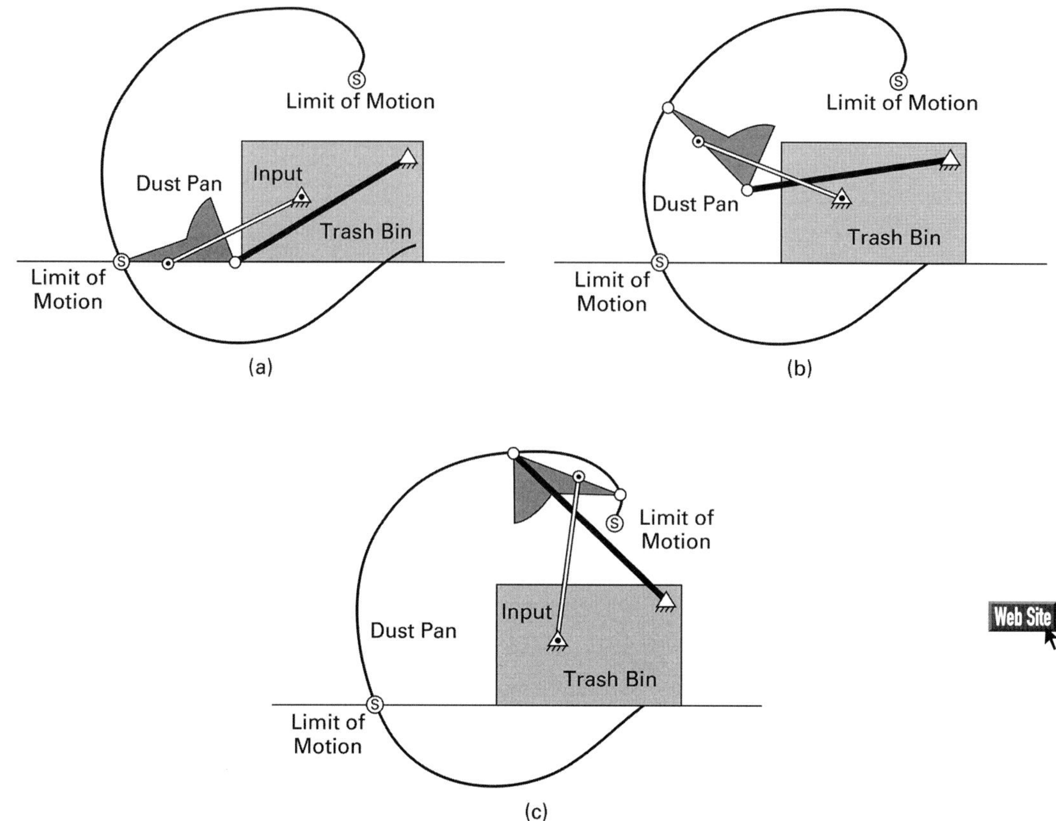

Figure P1.78

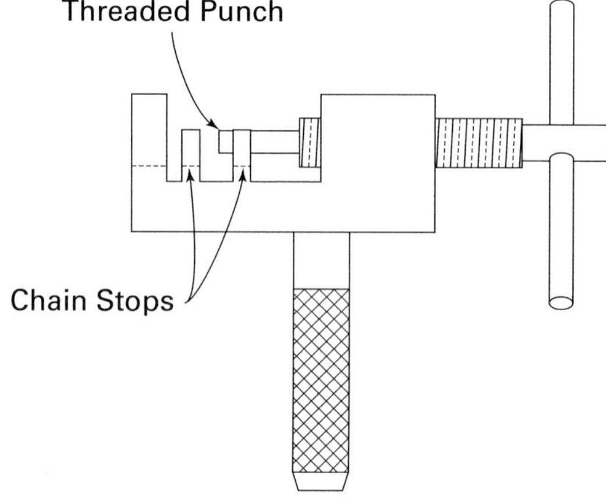

Figure P1.79

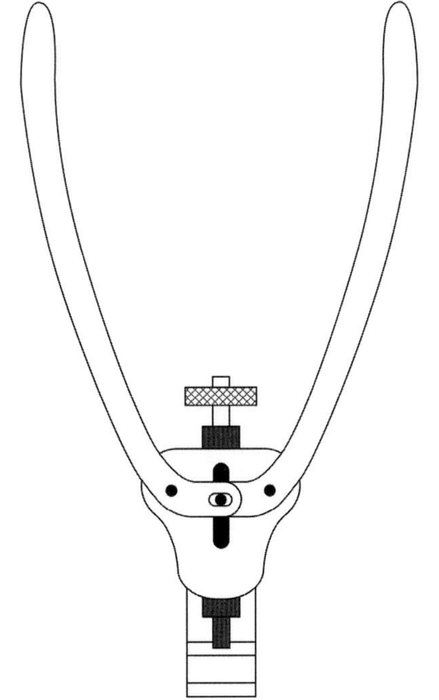

Figure P1.80

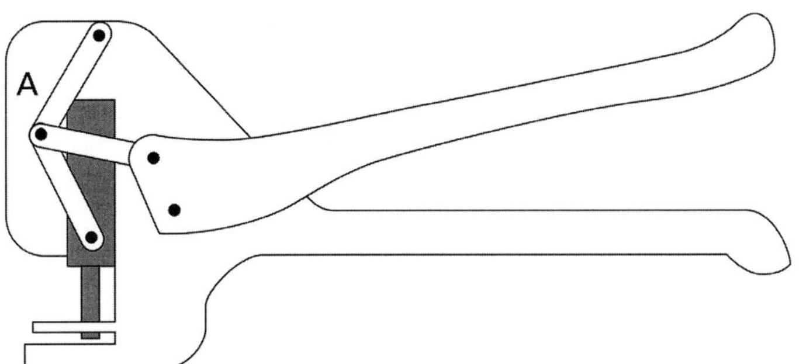

Figure P1.81

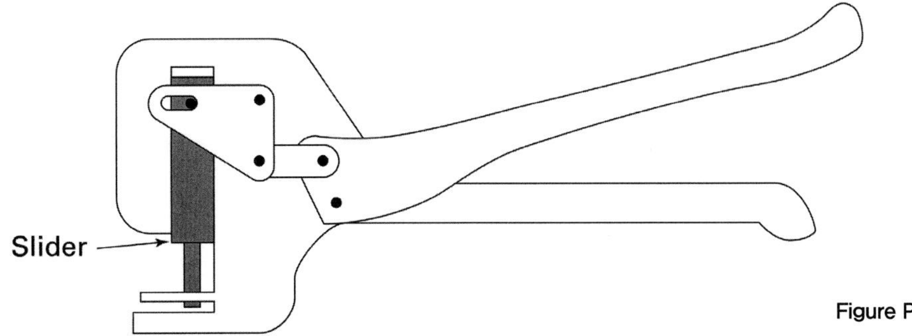

Figure P1.82

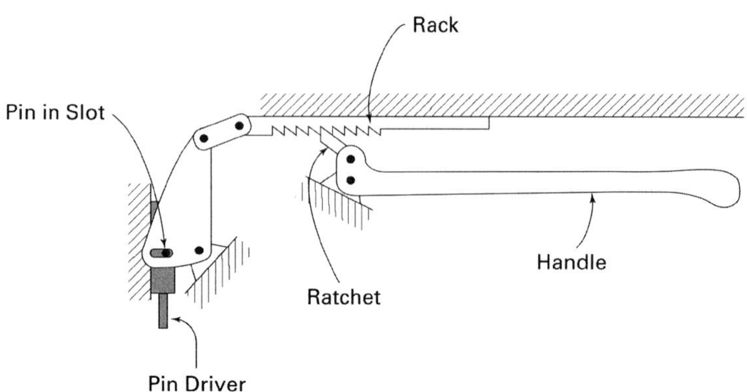

Figure P1.83

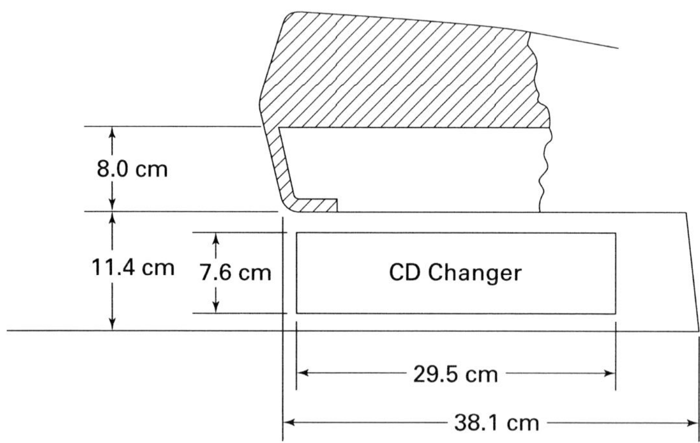

Figure P1.84

1.48. A need for a mechanism guiding system was based on both safety and convenience.* A six-disc CD changer was usually located under the front seat of a Ford Ranger pickup truck (Fig. P1.84). Not only did movement of the truck cause unwanted shift of the changer, but access to controls while driving was dangerous. A mechanism was designed to hold the changer in a fixed position (out of sight) and to move it into a position more easily accessible to the driver (Fig. P1.85).

(a) Calculate the degrees of freedom of this mechanism.

(b) What type of six-bar is this?

(c) The embedded four-bar shown in Fig. P1.85b was synthesized using LINCAGES-4. What task does this four-bar satisfy?

* Contibuted by J. Frank, N. Ngo, and K. S. Woo, all undergraduate students at the University of Minnesota, 1992.

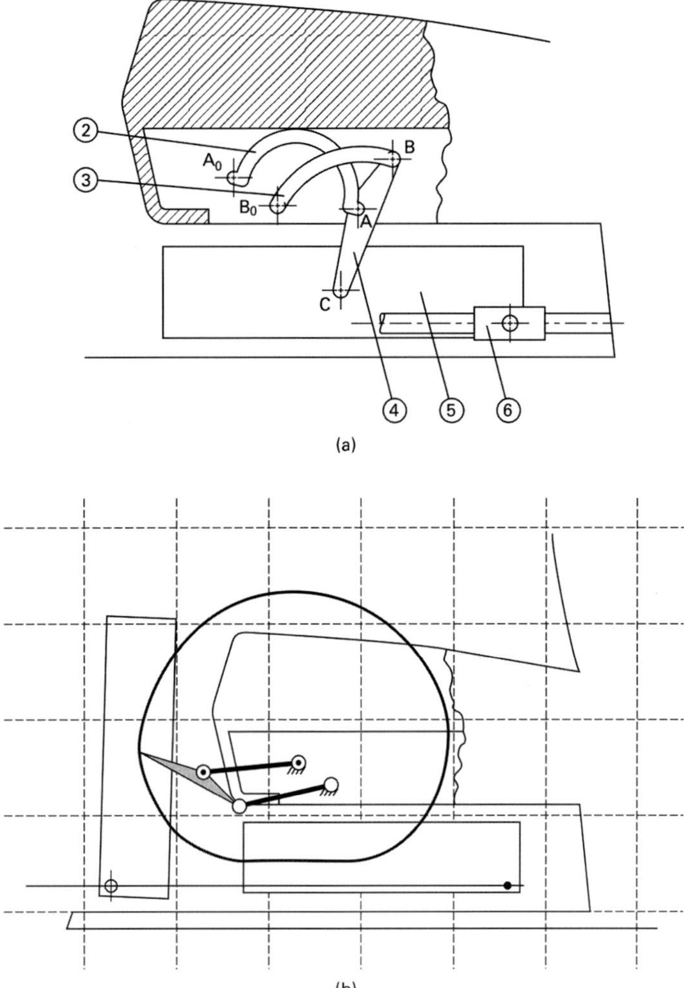

Figure P1.85

1.49. Based on a design objective of designing a stair-climbing mechanism, a concept shown in Figs. P1.86 and P1.87 was developed.*

(a) Calculate the degrees of freedom of this mechanism.

(b) The embedded four-bars shown in Fig. P1.87 were synthesized using LINCAGES-4. What task do these four-bars satisfy?

1.50. During the winter it is desirable to store a picnic table out of the harsh weather.† Unfortunately, this table with attached bench support structure takes up a lot of room. Figures P1.88 through P1.91 show a novel mechanical solution to this dilemma—making the table collapsible. The last three figures show the table up-side-down and one side in the process of collapsing.

* Contributed by C. Eberhardt, J. Holroyd, and J. Stewart, all undergraduate students at the University of Minnesota, 1992.

† Contributed by R. Monson and A. Dzubak, both undergraduate students at the University of Minnesota, 1985; they were awarded U.S. Patent 5,018,785 for this mechanism.

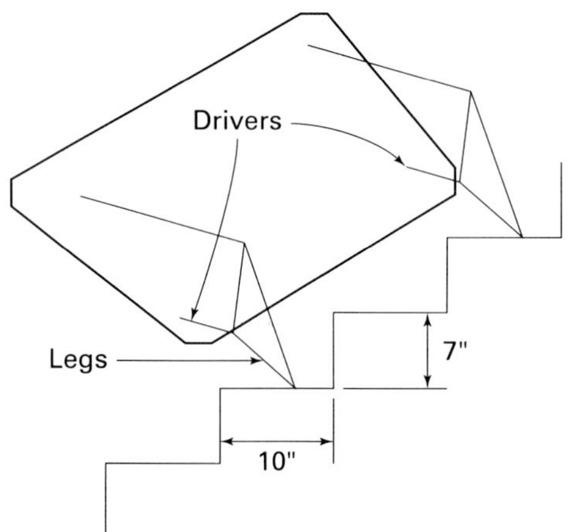

Figure P1.86

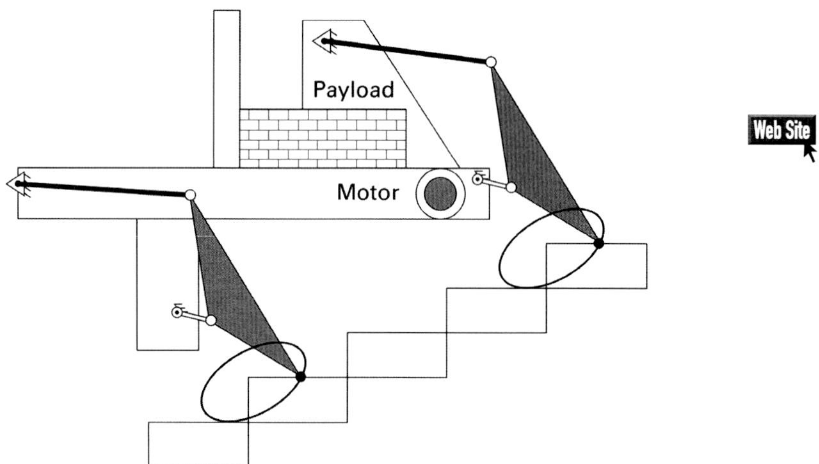

Web Site

Note: Drawing shows two of four legs on opposite sides of chassis. The other two legs would be in contact with the stairs just before these.

Figure P1.87

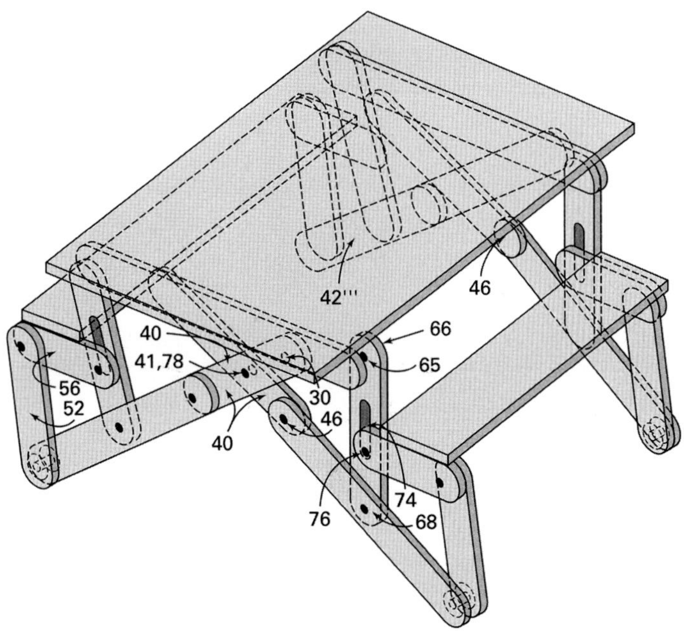

Figure P1.88

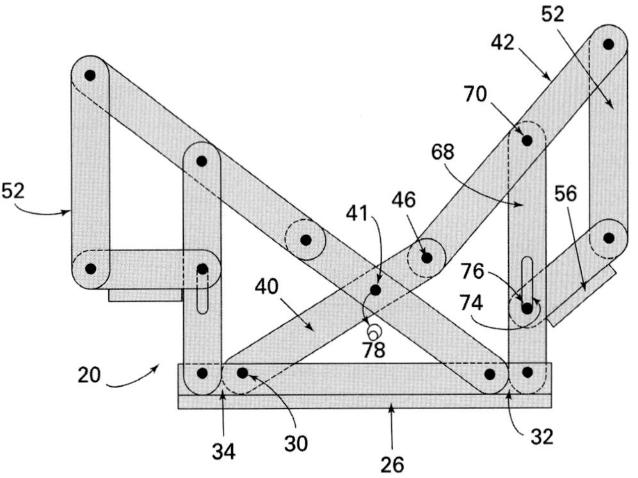

Figure P1.89

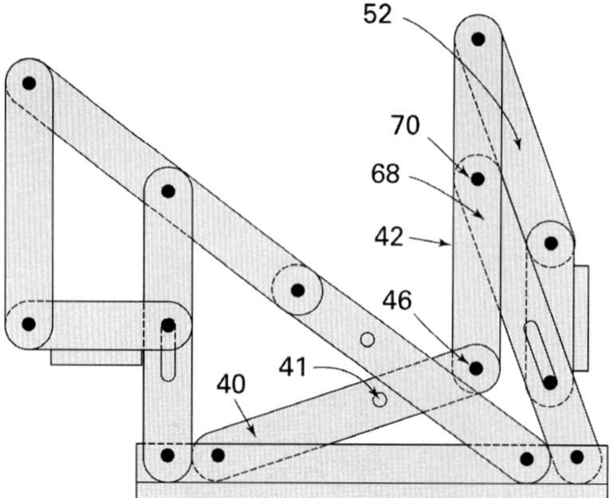

Figure P1.90

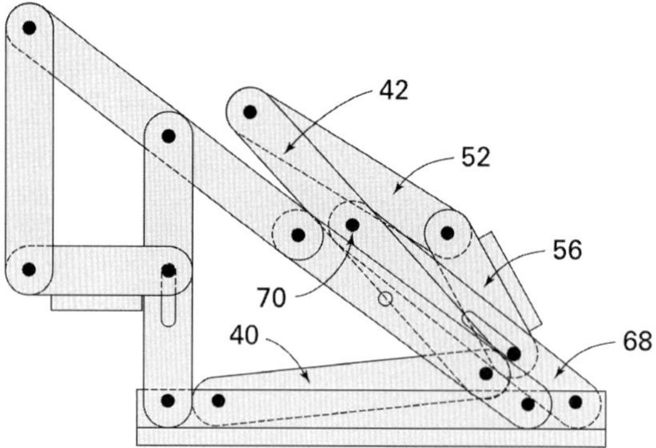

Figure P1.91

1.51. In a manufacturing process, a casting is to be removed from a mold and placed on a conveyor belt in a known orientation.* Often this is done manually, but this harsh environment is a safety risk for workers—both due to heat and fumes. The mechanism shown in Figs. P1.92 through P1.94 has a linkage solution that was synthesized by repeated use of LINCAGES-4. The input is provided by a motor that drives the shortest link. Input link motion is timed with conveyor or belt displacement.

(a) Calculate the degrees of freedom of this mechanism.

(b) What type of six-bar is this?

* Contributed by R. Sinha, graduate student at the University of Minnesota, a Ph.D. thesis, 1995.

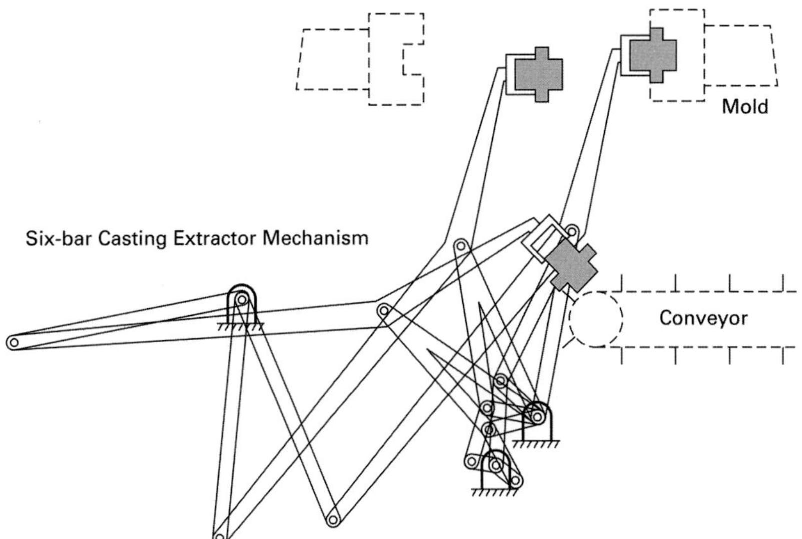

Figure P1.92

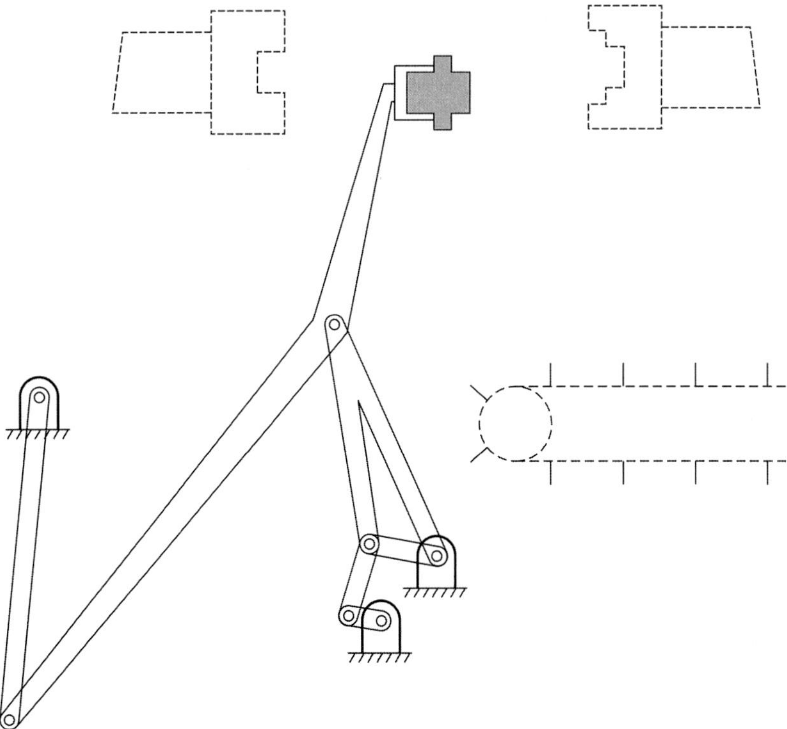

Figure P1.93

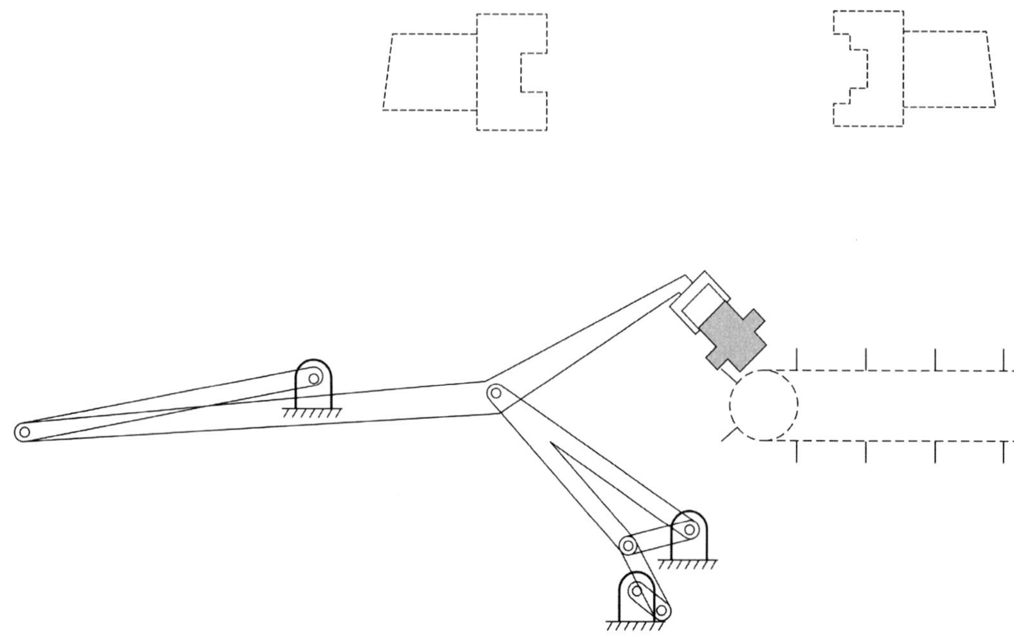

Figure P1.94

1.52. Motorcycles are often ridden on rough terrain, requiring good suspension systems.* Several of the popular systems are shown in Figs. P1.95 through P1.97.

(a) What task do these mechanisms satisfy (path, motion, or function generation)?

(b) Disregarding the spring and the wheel, draw an unscaled kinematic diagram of each mechanism.

(c) Calculate the degrees of freedom of each mechanism.

(d) What type of six-bar is represented by each design?

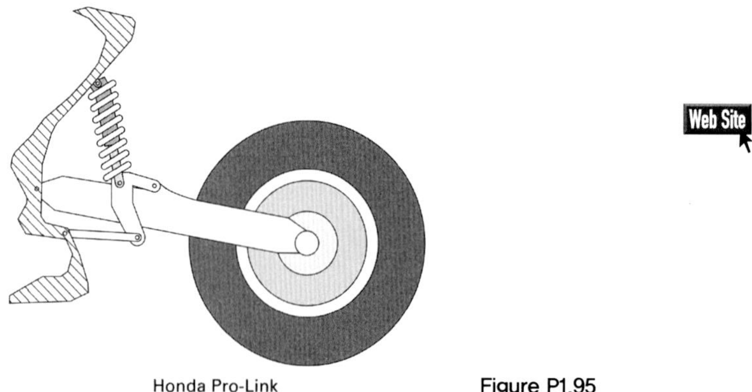

Honda Pro-Link

Figure P1.95

* Adopted from H. S. Yan, "A Methodology for Creative Mechanism Design," *Mechanism and Machine Theory Journal*, Vol. 27, No. 3-B, with the help of R, Rizq.

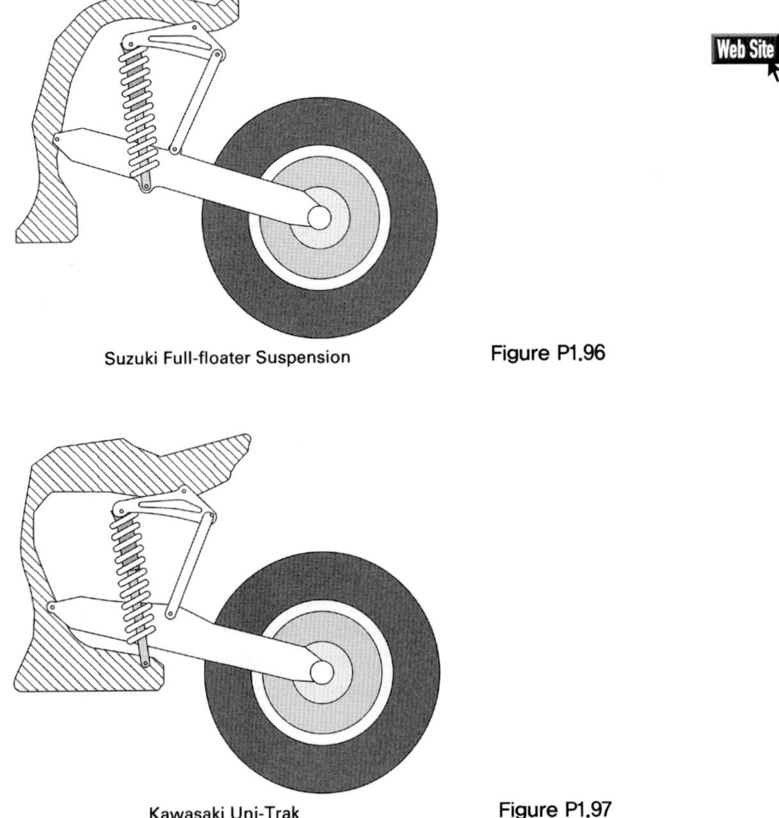

Suzuki Full-floater Suspension

Figure P1.96

Kawasaki Uni-Trak

Figure P1.97

1.53. Figure P1.98 shows an end effector to be used with a mechanical manipulator. It is powered by cylinder motion.

(a) Calculate the degrees of freedom of this mechanism using Grueber's equation.

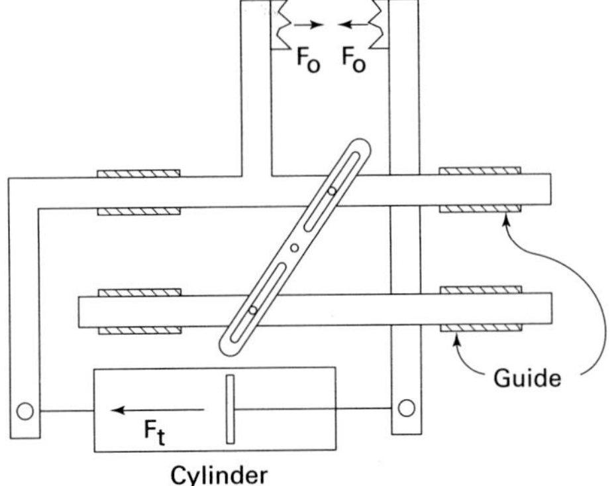

Figure P1.98

1.54. Figure P1.99 shows a grasping device for a mechanical manipulator designed by Fanuc (Japanese Patent 1974-32352). It is powered by a motor.

(a) Draw an unscaled kinematic diagram of this mechanism.

(b) Calculate the degrees of freedom of this mechanism using Gruebler's equation.

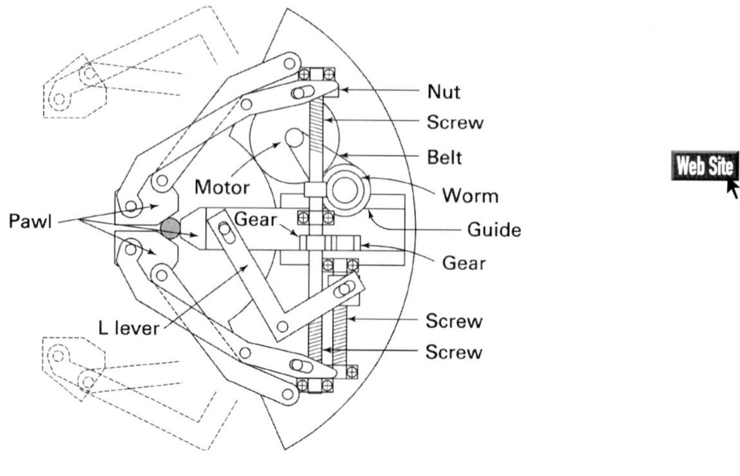

Figure P1.99

Web Site

1.55. Figure P1.100 shows a mechanical hand for a robot designed by Meidensha (Japanese Patent 1972-28656). It is powered by cylinder displacement driving a rack.

(a) Draw an unscaled kinematic diagram of this mechanism.

(b) Calculate the degrees of freedom of this mechanism using Gruebler's equation.

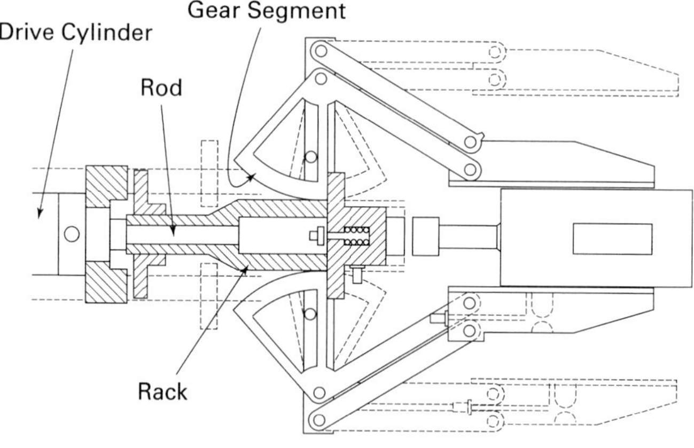

Figure P1.100

1.56. Figure P1.101 shows a mechanical hand for a robot designed by The Agency of Industrial Science and Technology (Japanese Patent 1974-22705). It is powered by a horizontal cylinder.

(a) Draw an unscaled kinematic diagram of this mechanism.

(b) Calculate the degrees of freedom of this mechanism using Gruebler's equation.

Web Site

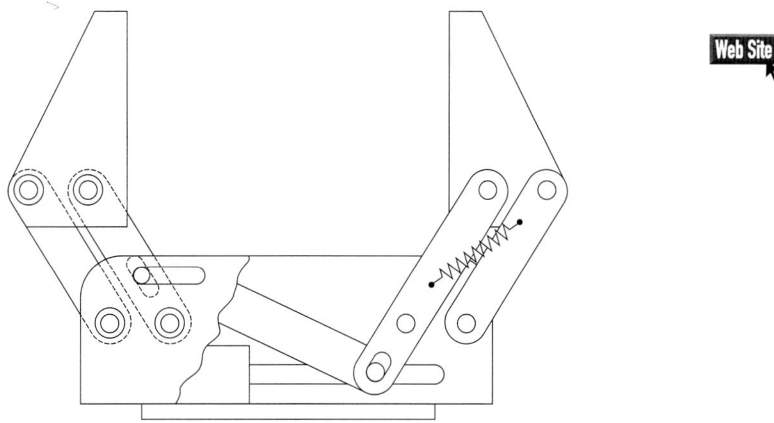

Figure P1.101

1.57. The popularity of outdoor concerts has motivated the development of portable performing stages that fold up to become the structure of a trailer. A truck cab can then transport the stage to a new location for a concert or some other activity. Figures P1.102 and P1.104 are examples of different mechanical designs that have been proposed. Figures P1.102 and P1.103 (from U.S. Patent 5,078,442, Rau et al.) show a deployed and stored position for this design. Figures P1.104 through P1.107 (from U.S. Patent 4,232,488, Hanley et al.) show a partially deployed position as well as three positions of the hinge between sections B and C.

(a) Calculate the degrees of freedom of both mechanisms using Gruebler's equation.

(b) Discuss the differences between the two mechanism design strategies.

(c) What is the task (path, motion, or function generation) of the second design?

(d) Are there any six-bar chains? If so, determine the type of six-bar found.

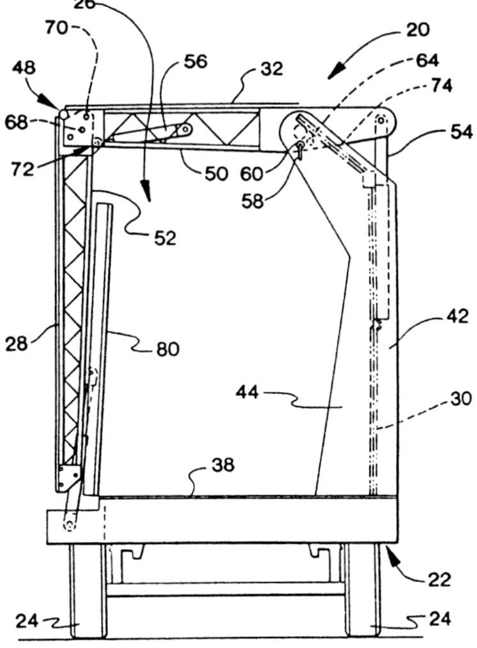

Figure P1.102

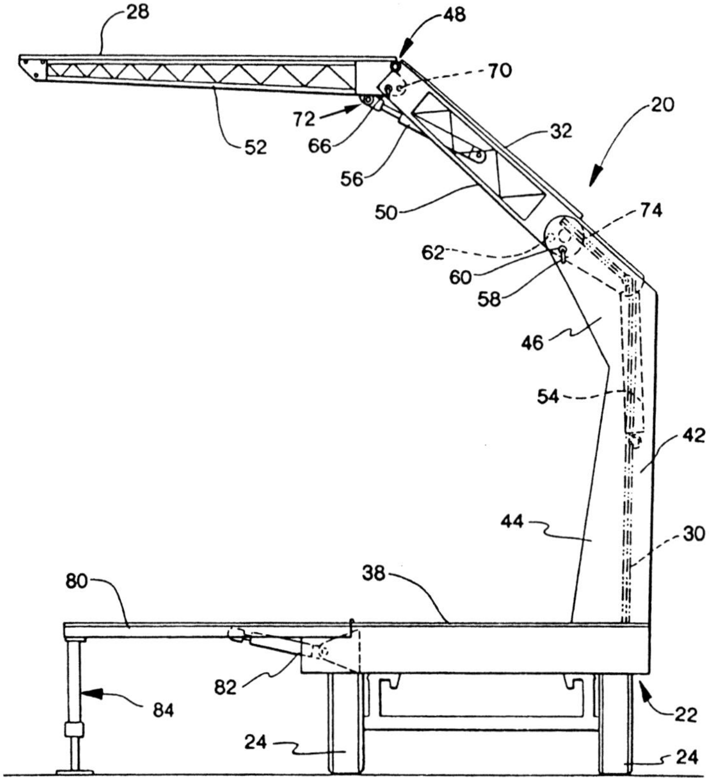

Figure P1.103

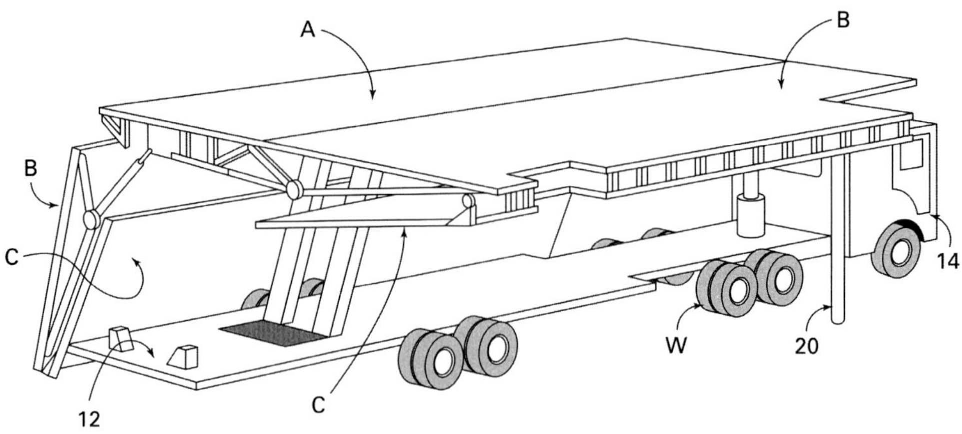

Figure P1.104

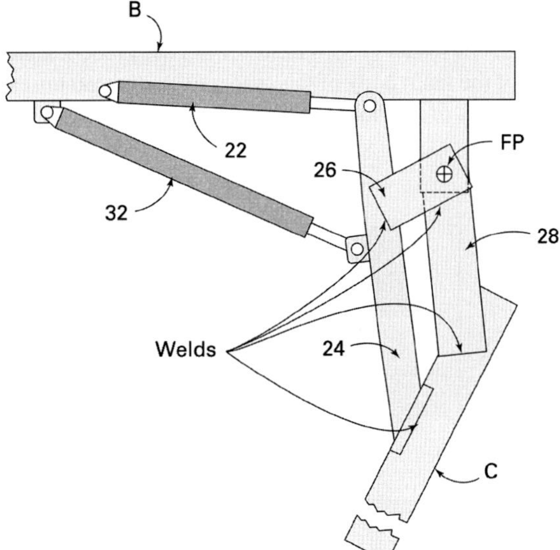

Figure P1.105

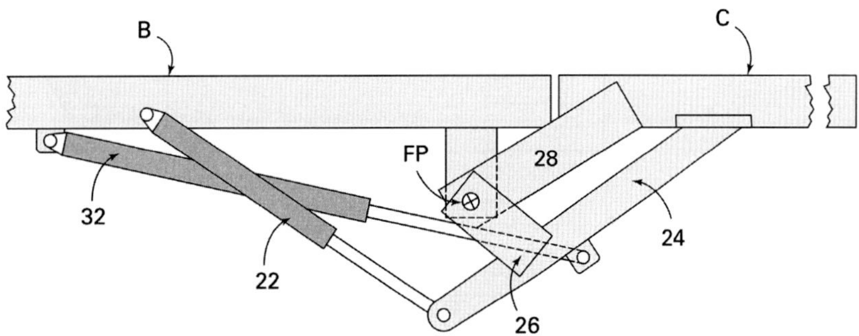

Figure P1.106

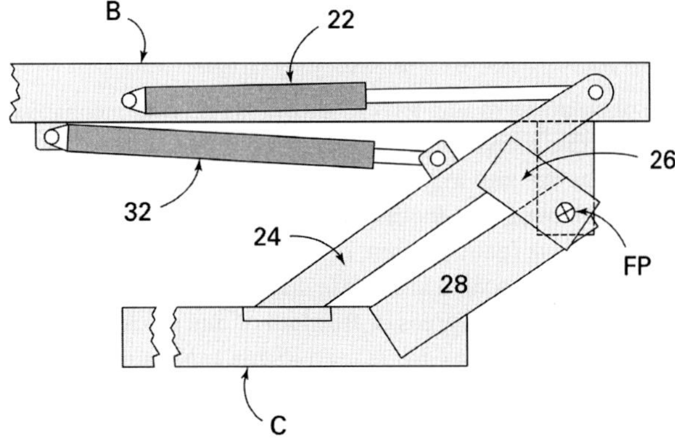

Figure P1.107

1.58. In construction of homes and buildings, it is desirable to lift heavy loads such as bricks and roofing materials high above and forward of a mechanical loader. Figure P1.108 shows one version of a high-lift loader (U.S. Patent 4,147,263, Frederick and Dahlquist). Disregarding the movement of the main body of this loader (32), draw an unscaled kinematic diagram and calculate the degrees of freedom of this mechanical system.

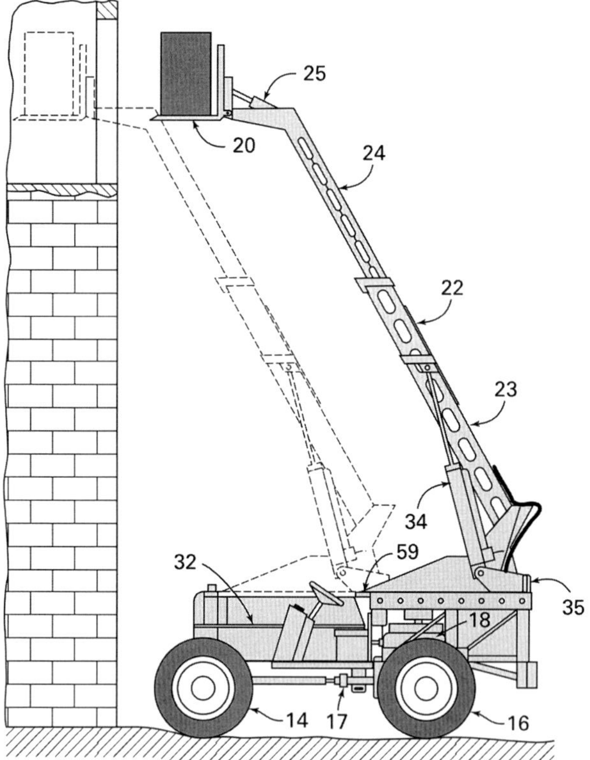

Figure P1.108

1.59. Figure P1.109 shows a casement window mechanism (U.S. Patent 4,241,541). The links have been numbered. Letter all the joints. Identify any f_2 joints by letter. Then use Gruebler's equation to determine the degree(s) of freedom. Using the lower-pair equivalents in Table 1.2, draw an unscaled kinematic diagram of this mechanism. Again use Gruebler's equation to check the degree(s) of freedom.

1.60. The photograph in Fig. P1.110 shows the driving mechanism for a New Holland sickle-type grass cutting mower.* The lower point of the coupler link traces an approximate straight line and drives the moving cutting bar. This bar is in scissors-like contact with a fixed cutting bar, both having saw-tooth cutting surfaces.

(a) What task (path, motion, or function generation) does this design satisfy and why?

(b) Draw an unscaled kinematic diagram of this mechanism.

(c) Calculate the degrees of freedom of this mechanism.

(d) Which type of six-bar is used in this application?

* Contributed by John Mlinar of 3M Corporation and graduate student at the University of Minnesota, 1995.

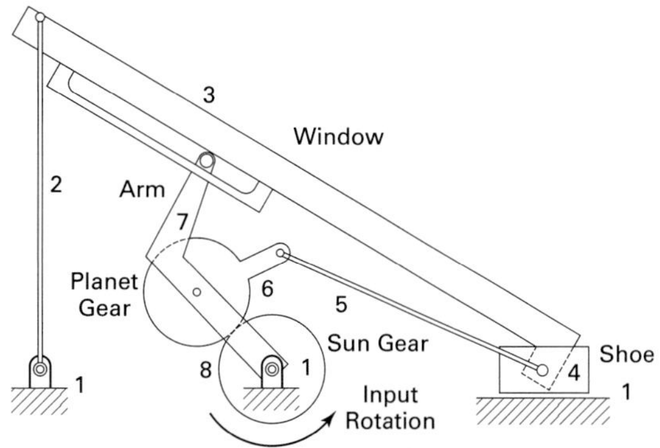

Proposed casement window operator uses a planetary gear drive.

Figure P1.109

Figure P1.110

1.61. Figures P1.111 and P1.112 show the open and closed positions of a mechanism used in industry to assemble radial ply tires.* The inside opening of the tire rests snugly against the outer diameter of this mechanism. After the radial plys are affixed, the tire must be removed. This multilink mechanism contracts, thereby separating the mandrel and collapsing it to a much smaller radius. The tire is then easily removed.

(a) How many links are in this mechanism?

(b) How many joints are in this mechanism?

(c) How many driving links must there be (i.e., what are the degrees of freedom?).

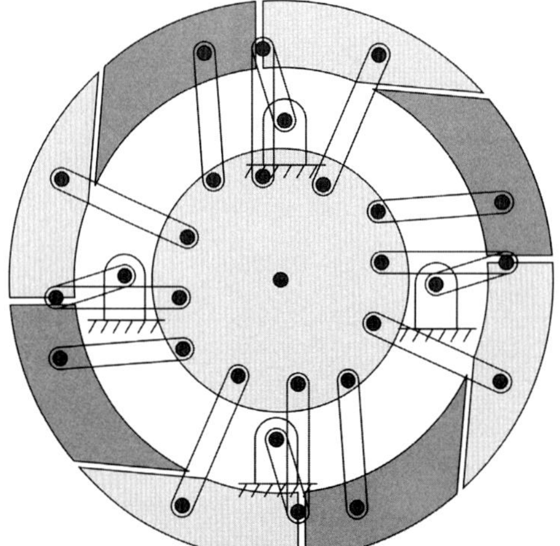

Figure P1.111 The open configuration of a tire contractor mechanism.

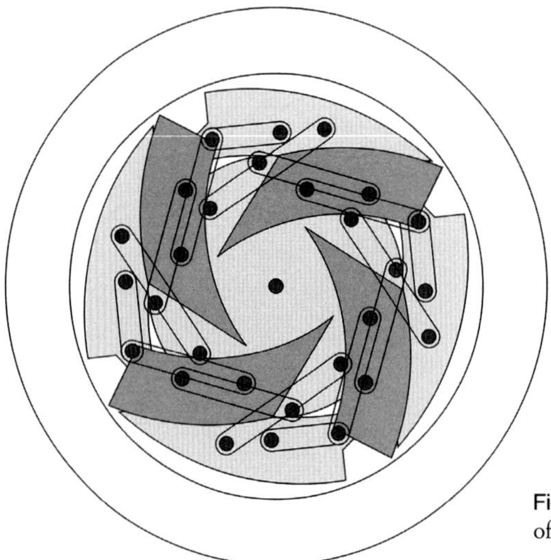

Figure P1.112 The closed configuration of a tire contractor mechanism.

* Graphics created by Charlie Ho, graduate student, University of Minnesota, 1995.

1.62. Figure P1.113 shows a conceptual design for an exercise machine.*

(a) Draw an unscaled kinematic diagram for this mechanism.
(b) How many links are in this mechanism?
(c) How many joints are in this mechanism?
(d) How many driving links must there be (i.e., what are the degrees of freedom?).
(e) How does the user get exercise on this device? (Where does the resistance/load come from?)
(f) What do you suggest should be done if additional resistance/load is required?

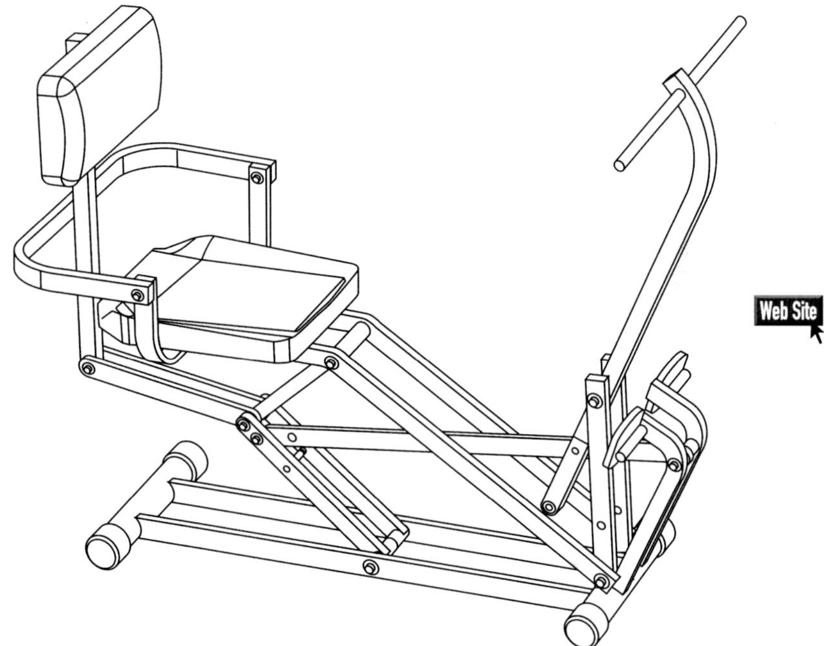

Figure P1.113

Web Site

* Designed by Tim Berg, University of Minnesota, 1995.

기구 설계과정

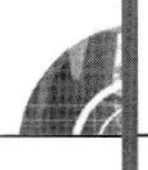

2.1 서론

기구 설계는 여러 가지 관점에서 볼 수 있다. 그 중 하나는 앞 장에서 소개한 것으로, 모든 기구들은 운동, 경로 및 함수생성 등의 작업을 수행한다고 보는 것이다. 이 장에서는 이러한 관점을 포함한 체계적인 설계방법들에 대하여 알아볼 것이다. 서로 다른 여러 가지 방법들을 공부함으로써, 설계자들은 설계과정에서 해석과 합성을 수행하는 기술들을 습득하게 될 것이다. 이런 여러 가지 방법들을 이해함으로써 복잡한 기구 시스템을 어떤 형식으로 구성할 것인지를 결정하는 형식 합성(type synthesis)에도 독창적인 기법들을 적용할 수 있다.

먼저 설계문제를 해결하기 위해 엔지니어들이 사용할 수 있는 7단계 과정을 살펴볼 것이다. 그리고 단계별 기본 기법들을 이용한 기계 시스템 설계기법을 제시할 것이다. 2.5절에서는 기계 설계 작업을 기구학 분야와 동역학 분야로 나누어 보고, 2.6절에서는 기구 설계의 다른 관점, 즉 생산 및 제조현장에서 일하는 엔지니어들의 요구사항들을 설계에 어떻게 반영할 것인가를 살펴볼 것이다. 기구 설계에 있어서 컴퓨터의 역할이 매우 중요하기 때문에, 마지막 절에서는 컴퓨터를 이용한 기구 설계 분야에서 이룩한 괄목할 만한 성과에 대하여 살펴볼 것이다.

2.2 컴퓨터 원용 공학 설계의 7단계

설계란 무엇인가? 창의성은 배울 수 있는 것인가? 설계과정을 어떻게 시작할 것인가? 기구학적 해석(analysis)과 합성(synthesis)은 엔지니어링 설계의 어느 분야에 속하는가? 엔지니어링 설계를 이론적으로 설명하고 체계화할 수 있을까? 컴퓨터는 설계과정 중 어느 곳에서 사용되는가? 설계 방법론이나 설계 철학을 공식화해서 실제 설계문제에 적용할 수 있으며, 또한 학생들에게 교육시킬 수 있는가? 창의적인 엔지니어링 능력을 키우기 위한 설계교육을 받으면 과학적 바탕과 선천적인 직관이 향상될 수 있는가?

이들 의문에 대한 대답은 긍정적이다[18, 34, 79, 122, 141]. CAD 과목은 현재 어느 정도 성숙단계에 도달했으며, 기구학 교재에서 CAD에 관한 이야기가 당연시될 정도로 중요해졌다.

창의적인 엔지니어링 설계의 복잡한 과정은 끊임없이 변한다[16, 33, 91, 92, 131, 137, 165]. 이 장의 목적은 설계자나 학생들 모두에게 쉽게 기억되고, 현장이나 학교에서 광범위하게 응용되는 일반적인 지침을 간단한 순서도로 제시하는 것이다. 또 다른 목적은 설계과정의 각각의 단계에서 어떤 소프트웨어가 필요한지를 보여주는 것이다.

엔지니어링 설계의 7단계[142](그림 2.1)는 일부는 문헌을 기초로, 일부는 설계 현장과 엔지니어링 설계교육에서 쌓은 경험을 기초로 하여 수년 전부터 발전시켜 온 것이다. 전문 분야에 따라 사용하는 용어나 순서가 약간 다를 수 있지만, 기본적으로 이 7단계를 따른다. 설계 실무자는 이 순서에 금방 익숙해질 것이며, 설계문제와 씨름할 때 실무지침으로 사용할 수 있다. 또한 부품 설계와 같은 가장 단순한 작업뿐만 아니라 복잡한 시스템의 설계에도 이 순서를 적용할 수 있으며, 창의적인 설계과정에 필요한 중요한 모든 것들을 빠짐 없이 검토할 수 있다.

그림 2.1의 순서도는 Y형 구조로 되어 있다.

1. Y형의 상부 왼편은 설계과제(design task)의 내용을 정리한 것이고, 오른편은 각종 설계자료 및 정보, 공학적 기초자료를 정리한 것이다.
2. Y형의 합류부는 상부의 두 분야를 합치는 것을 의미한다. 즉, 설계 개념을 정립한다.
3. Y형의 하부는 채택된 개념을 기초로 하여 설계를 완성해 나가기 위한 지침을 나타낸다.

순서도에는 창의적인 설계과정에 반드시 필요하며 아주 중요한 피드백과 반복되는 재설계의 의미가 포함되어 있다. 이와 같은 순서도는 하나의 설계과정을 나타낸 것이며, 교육 및 전문적인 실무 분야에서 적용되어 왔다. 이제 이 순서도에서 당분간 각 블록의 내용은 신경 쓰지 말고 제목에만 주목하여 다음 단계를 살펴보자.

단계 1A: 과제 도출. 과제 도출은 단순히 문제를 서술하는 것이 아니라, 설계자가 취해야 할 조치를 실질적으로 이해하는 것이다. 이 단계에서는 충분한 정보를 가질 수 없으므로 설계자가 갖고 있는 정보보다는 기초 지식과 경험이 더 많이 요구된다. 더구나 뜻하지 않은 어떤 상황에 처음 부딪히게 되면 진짜 필요한 것이 무엇인지 명확하지 않을 수도 있다.

단계 1B: 정보 수집. 설계자에게 필요한 정보는 인간의 모든 지식을 총 망라한다. 최상

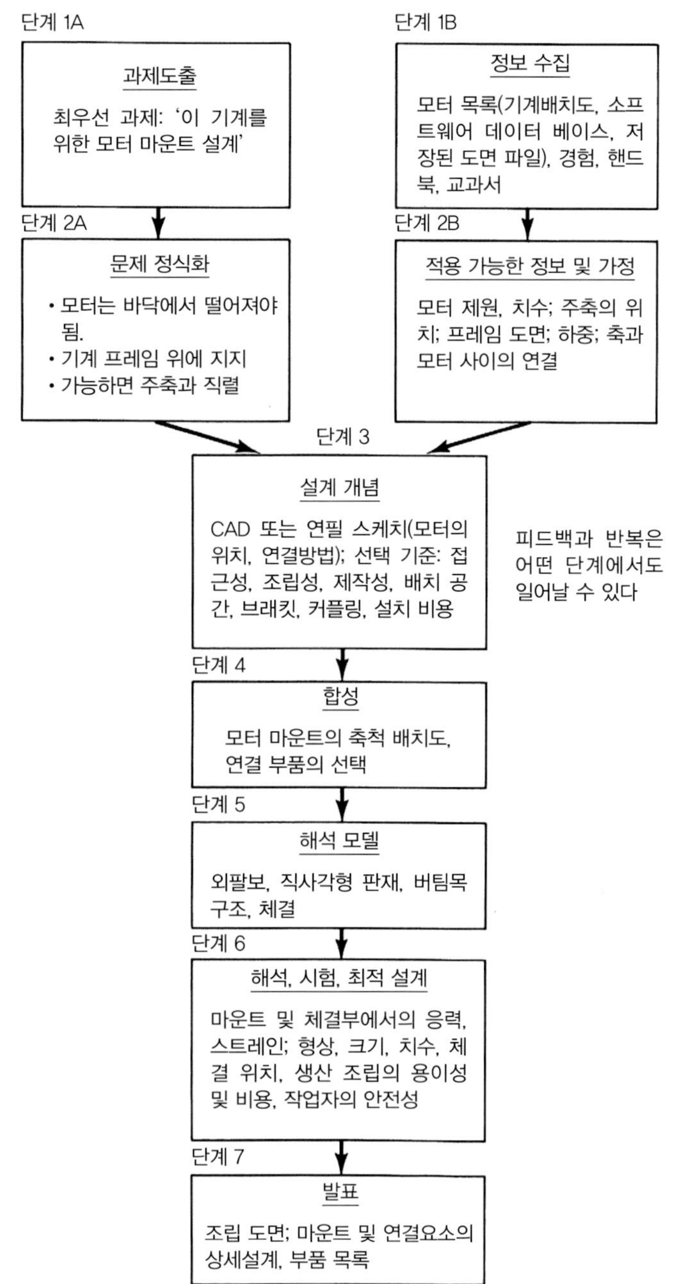

그림 2.1 요소 설계에 적용한 공학 설계의 7단계 관련부품; 구동모터를 기계에 부착하는 데 사용되는 브래킷(bracket). 이 예제에서 '과제 도출(confrontation)'은 상사의 지시에 의해 정해지며, 명확한 '정보(source of information)'를 확보하고 있고, '적용 가능한 정보(applicable information)'는 쉽게 찾을 수 있다고 본다.

문제의 정식화(formulation of problem) 및 설계 개념(design concepts)을 결정하기 위해서 상사의 반복적인 확인이 요구된다. 이 문제에서 합성(synthesis)은 정해진 과정대로 하면 된다. 해석 모델(analyzable model)은 이런 단순한 부품설계에서도 심사숙고가 필요하다. 여기서 해석(analysis)은 일상적인 과정이며, 실험(experiment)은 거의 불필요하다. 최적화(optimization)는 직관적으로 수행하면 되고 대량생산이 요구되는 경우에만 필요하다. 발표(presentation)는 솔리드 모델링 및 최대 응력을 컬러로 표현하는 CAD 시스템의 그래픽 기능을 이용하면 된다.

의 정보 출처는 관련 분야의 사람들이 될 것이다. 이 단계에서 정보 데이터 베이스는 전산 설계에 도움이 될 것이다. 부품 목록과 설계정보들은 전문가시스템의 일부분으로서 컴퓨터상에서 쉽게 얻을 수 있을 것이다.

단계 2A: 문제의 정식화. 도출된 과제는 불명확한 경우가 많으므로 설계자는 해결해야 할 문제를 명확히 해야 한다. 즉, 진짜 필요한 것이 무엇인지를 찾아내어 그것을 엔지니어링 업무에 맞게 구체적이고 정량적인 용어로 정의하는 것이 필요하다.

단계 2B: 정보의 준비 및 가정. 이론, 경험 그리고 지식을 포함하는 광범위하고도 다양한 정보들로부터 사용 가능한 부분을 선정해야 한다. 여기서 정보가 부족하면 적절한 공학적 가정으로 공백을 메워야 한다. 컴퓨터 데이터 베이스나 CD-ROM에서 정보를 찾는 것도 도움이 될 것이다.

단계 3: 설계 개념의 생성 및 선정. 여기서는 준비된 기초자료들을 모두 모으고, 또한 생각할 수 있는 모든 설계 개념들을 관련 분야의 도식도나 도면들을 참조하여 준비한다. 그래프 형태나 관련 데이터 베이스에 저장되어 있는 설계목록 및 표준요소들이 도움이 된다. 컴퓨터 그래픽은 설계 개념들 중에서 어떤 것을 선택할 것인지를 미리 시험해 볼 수 있는 가장 유용한 도구이다.

창조성이란 주로 성실성이라는 것을 명심하라. 만약 설계자가 생각해 낼 수 있는 모든 아이디어의 목록을 만든다면, 개발 가능한 설계의 선택 범위가 넓어지므로 요구조건이나 제약조건을 만족하는 가장 적절한 것을 선택할 수 있다.

단계 4: 합성. 선정된 설계 개념은 골격일 뿐이므로 여기에 실체를 첨가해야 한다. 즉, 직관에 의한 체계적인 방법을 사용하여 구체적인 설계 파라미터들로 빈칸을 채운다. 인터페이싱 시스템과의 호환성은 필수적인 것이다. 기구학적 합성과 같은 몇몇 분야에서는 해석적, 도해적 방법 및 이 둘을 결합한 컴퓨터 원용 첨단기법을 사용하고 있다[6, 23, 25, 26, 46, 50, 57~62, 93, 97~99, 152, 166]. 합성 알고리즘, 링크합성을 위한 프로그램 라이브러리, 스프링 및 댐퍼(dash-pot) 설계, 전기 및 전자회로 합성, 아날로그 및 디지털 제어 시스템 합성 등은 모두 소프트웨어 문헌에서 손쉽게 얻을 수 있다. 그러나 경험에 의한 직관을 사용하는 것이 전통적인 접근방법이다.

단계 5: 해석 가능 모델. 실제 시스템이나 부품이 아무리 단순하더라도 그것을 그대로 해석하기에는 너무 복잡한 경우가 많다. 이들을 해석적 또는 실험적 평가에 적합한 모델로 수정해야 한다. 엔지니어는 그러한 모델을 만드는 데 있어서, 실제 시스템의 중요한 특성을 가능한 한 많이 나타내야 하며, 주어진 시간과 해석방법 및 실험기법 등에 부합되도록 노력해야 한다. 대표적인 모델로는 단순화한 실물, 기계 전기적인 상사, 무차원 등가 모델, 수학적 모델, 자유물체도 및 기구학적 골격도 등이 있다. 그래픽 터미널상의 2차원 또는 3차원 솔리드 또는 와이어 프레임 모델과 같은 컴퓨터 모델, 기구의 수학적 모델[20~22, 59, 60, 90, 147, 169~171], 퍼텐셜 유체 유동과 전도에 의한 열전달을 위한 유동 패턴 및 대응되는 매핑(mapping) 등은 해석에 있어서 컴퓨터를 유용하게 사용하는 예이다.

단계 6: 실험, 해석, 최적화. 여기에서의 목적은 제안된 설계의 예상되는 성능을 결정하고 향상시키는 것이다.

1. 실제 모델이나 그 상사 모델에 대한 실험은 해석을 수행하기 어려운 경우에만 실시한다. 실험에 있어서 직접적인 데이터의 획득, 실시간 테이터 처리, 실험 결과의 도해적 표현 및 해석 등은 컴퓨터를 이용한다.
2. 표본 모델을 해석하거나 시험하는 것은 작업조건의 전 범위에 걸쳐서 실제 시스템의 타당성과 응답성을 확인하는 것이 목적이다. 기구 및 구조물의 기구학 및 동역학적 해석, 제어계의 선형 및 비선형 해석, 복잡한 형상에 대한 응력 및 변형률의 유한요소 해석 및 실제 시스템의 동적 응답 등을 수행할 수 있는 소프트웨어들이 있다.
3. 시스템이나 부품을 최적화하기 위해서, 설계자는 아래의 세 가지 질문을 해보아야 한다. (a) 설계의 최적화 기준은 무엇인가? (b) 어떤 시스템 파라미터들이 설계변수로 사용될 수 있는가? (c) 이 파라미터들의 한계값은 얼마인가? 그리고 그 시스템에 부가되는 구속조건들은 무엇인가? 이러한 결정이 이루어지면, 실제적인 수치계산을 위해서 다양한 소프트웨어들을 선택해 사용할 수 있다. 이런 소프트웨어로는 선형 및 비선형 프로그램, 커브피팅(curve fitting), 최댓값 혹은 최솟값을 찾기 위한 1차, 2차 및 고차의 전통적인 수치해석 기법 등이 있다.

이미 최적화 기법들(예를 들면, 선형, 비선형 및 동적 프로그래밍: 기구학적 합성에서의 수치적 계산 방법 등에 관한 최적화 기법)이 이용되고 있지만[65, 67~70, 168], 이 단계에서는 설계자의 직관 및 판단이 큰 역할을 한다. 최적화를 위한 노력도 기능이나 시스템 요소의 중요성 및 생산량에 따라서 적절히 조화를 이루어야 한다.

설계과정에서 실험, 해석 및 최적화 과정은 서로 순환한다. 순환과정은 반복적일 수 있으며, 그 결과는 모든 전 단계 혹은 그 일부로 피드백되어 다시 반복되거나, 다른 설계 개념이 도입되기도 한다.

단계 7: 발표. 설계는 다음과 같은 두 부류의 사람들에게 발표하고 승인을 받아야 비로소 완성되었다고 볼 수 있다.

1. 사용자
2. 제작자

그러므로 설계자의 발표는 장래의 사용자가 이해할 수 있어야 하며, 또한 제작자가 제조 및 조립시에 필요한 상세한 내용을 포함해야 한다. 도면, 원근법 형태의 표현, 실제 시스템의 컴퓨터 모델이나 애니메이션 등과 같은 문서화 작업에서 컴퓨터가 유용하게 쓰인다.

반복. 창조적인 설계는 일방통행적인 한쪽 방향의 노력만으로는 이루어질 수 없다. 각 단계들로 되돌아와서 반복해 볼 필요성이 있다. 즉, 피드백과 반복은 어느 단계에서나 일어날 수 있다. 만약 해석단계에서 바람직한 결과가 나오지 않고, 재합성으로도 이를 개선할 수 없다면, 아마 새로운 개념이 필요할 것이다. 만약 적절한 개념이 도출되지 않는다면 문제를 다시 정의하여야 한다. 설계자는 이러한 좌절 때문에 괴로워하지 않아야 하며 오히려 더 좋은 정보를 이용한 보다 우수한 설계를 할 수 있는 기회라고 생각해야 한다. 잘 계획된 데이터 구조를 이용하면, 앞으로 사용할지도 모르는 수많은 설계들을 컴퓨터 메모리에 저장하고 나중에 다시 불러서 쓸 수 있다.

안전도 해석 결과 때문에 반복(부분적 또는 완전한 재설계)을 해야 할 경우도 있다. 상품을 제대로 사용할 때뿐만 아니라 실수로 잘못 사용하거나 함부로 사용할 때 발생할 수 있는 문제에 대해서도 고려하는 것이 설계자의 의무이다. 이러한 의무를 이행하기 위하여 설계자는 반드시 다음 사항을 고려해야 한다.

1. 발생 가능한 위험을 찾아낸다.
2. 그 위험들이 제거되도록 설계를 변경한다.
3. 2번 사항을 실행할 수 없다면 위험에 대한 안전 장치를 고려한다.
4. 사용설명서나 카드에 안전성에 대한 주의사항을 알린다.

설계의 안전도를 충족시키기 위하여 설계자는 설계에 적용되는 각종 국가표준규격, 산업표준규격 및 지침 등을 잘 알아야 한다.

2.3 설계 7단계와 본 서와의 연관성

이 책 및 이 책의 제2권은 강의 교재나 기구 설계자를 위한 참고서로 사용될 수 있도록 서술되었다. 공학 설계의 7단계 내용들이 이 책에서는 다음과 같이 포함되었다.

1. 과제 도출 및 정보 수집. 제1권 1장의 기구 용어 및 예제들이 이 단계에 적용될 수 있다.
2. 문제의 정식화. 제1권 1, 2 및 8장의 합성문제와 표 2.4의 문제해결 지침을 보라.
3. 설계 개념 정립. 제1권 1장 및 8장의 형식합성뿐만 아니라 이 책의 전반에 걸쳐 있는

많은 예제가 이 단계에 도움을 준다.

4. 합성. 기구학적 합성에 대해서는 제1권 8장 및 제2권 3장에, 캠에 대해서는 제1권 6장에, 기어열에 대해서는 제1권 7장에 자료가 제시되어 있다. 추가적인 합성 자료로는 제2권 4장의 경로 곡률과 제2권 6장의 공간 기구를 참고하라.
5. 해석 모델. 제1권 3장에서 7장까지 그리고 제2권 4장, 5장, 6장에 이 주제에 대한 귀중한 정보들이 제공된다.
6. 해석, 실험, 최적화
   a. 해석에 대해서는 제1권 3장에서 7장까지, 제2권 4, 5, 6장을 보라.
   b. 실험에 대해서는 제1권 5장과 제2권 5장을 보라.
   c. 최적화에 대해서는 제2권 3장을 보라.
7. 발표. 제1권 1장의 단순화된 기구학 선도와 컴퓨터 그래픽을 사용한 모의실험(제1권 8장 및 제2권 3장에 제시된)이 제안된 기구의 장점을 설명하는 데 도움이 될 것이다.

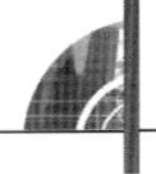

2.4 기구장치의 필요성

기구장치는 대부분 한 개의 모터를 구동해서, 고정축에 대한 왕복운동이나 회전운동과 같은 단순한 운동에서부터 3차원 공간상의 매우 복잡한 운동에 이르기까지 다양한 운동을 만들어 낸다. 항공기의 착륙 기어장치(landing gear mechanism:그림 P8.11), 자동차의 지붕접이 기구(convertible top mechanism: 그림 P3.12), 치과용 의자의 다리 및 머리받침 기구(그림 8.69) 등은 입력이 하나인 기구의 예이다. 표 2.1은 일반적인 구동원, 기구 형태 및 그 응용들의 개요를 보여준다. 치과용 의자의 경우, 수동으로 크랭크를 돌리면 기구는 원하는 자세로 다리와 머리받침을 움직인다. 마찬가지로, 지붕접이 기구도 한 개의 액추에이터 구동장치(actuator driven mechanism)로 일련의 운동이 일어난다.

주어진 특정 기구가 어떻게 작동할 것인가를 이해하는 것은 어렵지 않지만, 그것이 어떻게 고안되었으며, 어떻게 지금과 같은 형태로 설계되었는지를 알아내는 것은 그렇게 쉽지 않다. 기구를 초기 개념화시키는 일은 예술과 과학의 합작이다. 새로운 기구를 발명하는 데 도움이 되는 체계적 방법들이 많이 있다. 원하는 기구의 운동은 서로 다른 여러 가지 방법으로 만들어 낼 수 있다. 핵심은 **가장 적절한** 기구, 즉 비용이 적게 들고, 공간을 적게 차지하며, 신뢰성이 있고, 제작오차에 둔감하고, 기계적 유용성이 좋은 기구를 설계하는 것이다. 이런 **적절한** 기구를 설계하기 위해서는 아래와 같은 일들을 해야 한다.

- 기구의 적절한 형식을 결정하는 일(Type Synthesis: 형식합성): 링크장치의 형식(캠

표 2.1

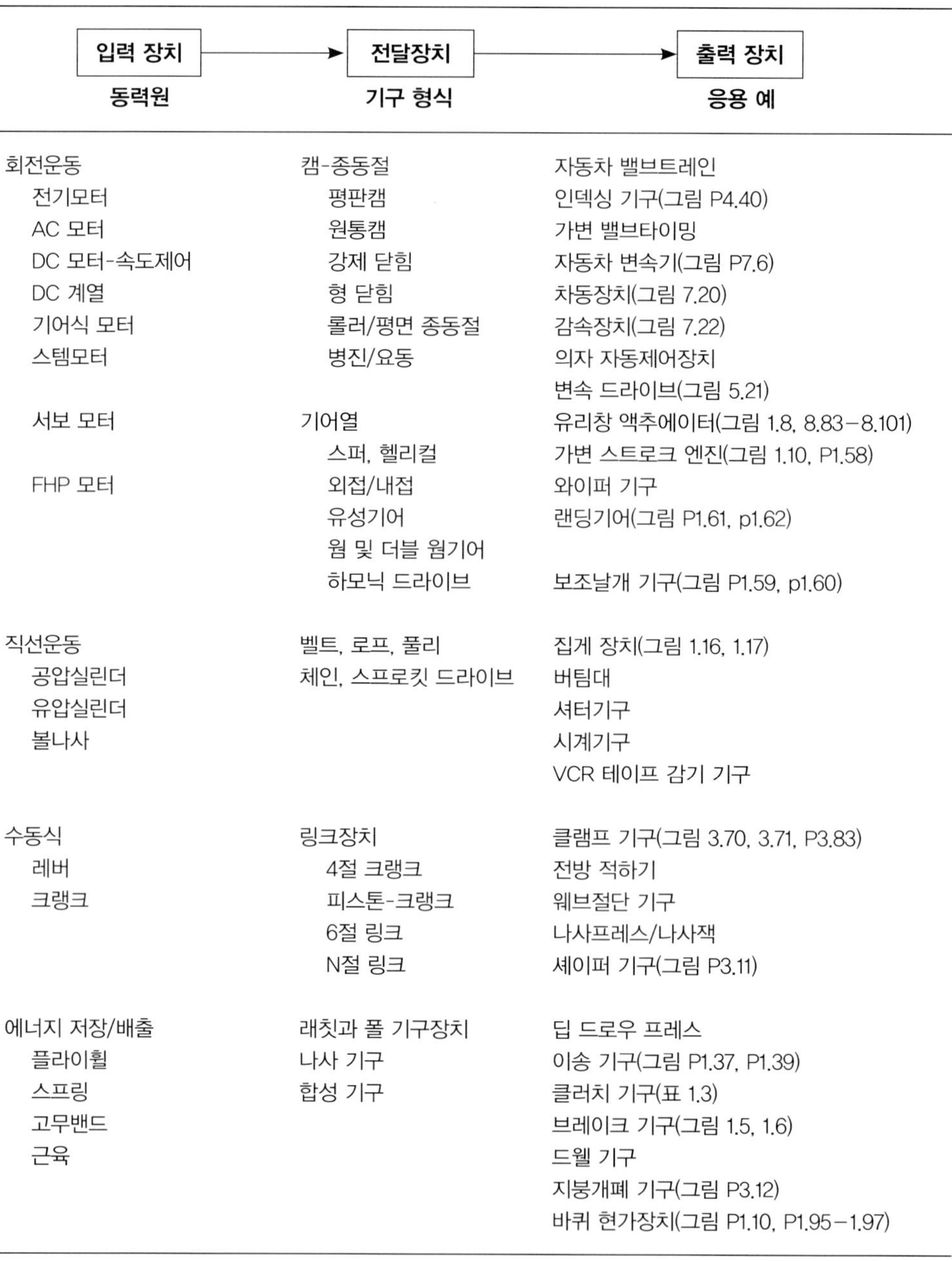

입력 장치 동력원	전달장치 기구 형식	출력 장치 응용 예
회전운동	캠-종동절	자동차 밸브트레인
전기모터	평판캠	인덱싱 기구(그림 P4.40)
AC 모터	원통캠	가변 밸브타이밍
DC 모터-속도제어	강제 닫힘	자동차 변속기(그림 P7.6)
DC 계열	형 닫힘	차동장치(그림 7.20)
기어식 모터	롤러/평면 종동절	감속장치(그림 7.22)
스텝모터	병진/요동	의자 자동제어장치
		변속 드라이브(그림 5.21)
서보 모터	기어열	유리창 액추에이터(그림 1.8, 8.83–8.101)
	스퍼, 헬리컬	가변 스트로크 엔진(그림 1.10, P1.58)
FHP 모터	외접/내접	와이퍼 기구
	유성기어	랜딩기어(그림 P1.61, p1.62)
	웜 및 더블 웜기어	
	하모닉 드라이브	보조날개 기구(그림 P1.59, p1.60)
직선운동	벨트, 로프, 풀리	집게 장치(그림 1.16, 1.17)
공압실린더	체인, 스프로킷 드라이브	버팀대
유압실린더		셔터기구
볼나사		시계기구
		VCR 테이프 감기 기구
수동식	링크장치	클램프 기구(그림 3.70, 3.71, P3.83)
레버	4절 크랭크	전방 적하기
크랭크	피스톤-크랭크	웨브절단 기구
	6절 링크	나사프레스/나사잭
	N절 링크	셰이퍼 기구(그림 P3.11)
에너지 저장/배출	래칫과 폴 기구장치	딥 드로우 프레스
플라이휠	나사 기구	이송 기구(그림 P1.37, P1.39)
스프링	합성 기구	클러치 기구(표 1.3)
고무밴드		브레이크 기구(그림 1.5, 1.6)
근육		드웰 기구
		지붕개폐 기구(그림 P3.12)
		바퀴 현가장치(그림 P1.10, P1.95–1.97)

기구, 기어열, 래칫(ratchet) 같은 단속운동(internrittent motion) 기구, 또는 이들의 조합)을 결정.

- 선택된 기구의 각 부품들의 치수를 결정하는 일(Dimensional Synthesis: 치수합성).

형식합성과 치수합성의 과정을 거치지 않고도, 여러 개의 모터를 잘 제어함으로써 원하는 운동을 얻을 수 있다. 이런 경우 제어모터들은 구하기가 쉽기 때문에 설계과정이 좀

더 단순화될 수 있다. 그러나 이것은 비효율적으로 작동하고 가격도 비싸다. 출력운동이 작동 환경에 따라 계속 조절되어야 하는 경우가 아니라면, 구동 입력을 여러 개 사용하는 것은 바람직하지 않다. 예를 들어, 자동차의 접히는 지붕이 일련의 연속된 위치들을 지나가게 하기 위하여, 현재 사용되고 있는 링크장치 대신 회전모터와 직선실린더 같은 여러 개의 구동원을 사용한다면, 그 시스템은 가격, 무게, 신뢰도 및 크기면에서 비실용적일 것이다.

작업의 개념에 대해서 1장에서 언급한 바 있다. 즉, 기구장치는 다음과 같이 분류할 수 있다.

a. 강체 유도(Rigid-body Guidance) 또는 운동생성(Motion Generation)

여기서의 작업은 한 강체(rigid body)가 일련의 원하는 위치 및 방향을 따라가도록 운동을 유도하는 것이다. 앞의 예에서 항공기 바퀴나 차량 지붕판은 강체이며, 이들은 간단한 회전 입력을 원하는 출력운동으로 변환시켜 주는 기구에 의해 작동된다. 구동원에 의해 구동되는 이러한 기구와는 달리, 자동차 바퀴가 직선운동을 하도록 안내하는 서스펜션 장치나 무릎 죔쇠 기구와 같이 구동원이 없이 피동적으로 작동하는 예도 있다.

b. 고정축에 대한 입력운동과 출력운동(회전 혹은 병진) 사이에 어떤 상관관계가 있는 운동(Function Generation: 함수생성)

간단한 예는 잔디 물뿌리개(sprinkler) 기구이며, 여기서 수압에 의해 구동되는 크랭크의 회전운동이 물뿌리개 꼭지의 요동운동(oscillation)으로 변환된다. 또, 이 기구는 링크장치에 있는 여러 개의 조인트 중 한 개의 위치를 바꿔줌으로써 요동각의 범위를 조절할 수 있다. 두 부품간에 상호 관련이 있는 운동을 한다면 이 기구장치는 함수생성기라고 할 수 있다. 폴라로이드 카메라의 개폐 기구가 그 한 예이다. 이런 종류의 기구는 한 개의 입력으로 여러 개의 출력을 제어하는 데에도 유용하게 사용된다. 자동차 온도조절 장치에서는 공기를 환기하고, 서리를 제거하고, 바닥으로 보내는 등의 여러 조절판이 한 개의 구동원에 의해 제어된다(제2권 그림 3.34).

c. 간단한 회전 입력운동으로 원하는 경로를 생성(Path Generation: 경로생성)

응용 예로는 용접, 실링 작업(sealant application), 직물재단 등이 있으며, 용접기, 실링기, 재단기 등은 그 기구의 출력링크에 부착되어 있다.

빌딩블록(Building Block)

겉으로 보기에 복잡해 보이는 많은 기구장치들이 실제로는 기본적인 빌딩블록들로 만들어진다. 훌륭한 기구장치를 창조하기 위한 한 방법은 이런 빌딩블록들의 구체적 용도를 식별해 내고 이해하는 것이다. 레오나르도 다빈치는 기구과학(Science of mechanisms)의 필요성과 기계를 만드는 데 있어서 수학적 방법이 널리 사용되어야 함을 주장한 최초의 사람이었다. 그는 어떠한 기계장치도 기구들의 집합으로 만들 수 있다는 생각을 가지고 있었다. 1841년 Robert Willis와 1876년 Franz Reuleaux[133]는 체계적 합성 방법을 생각하며 기구를 분류하려고 시도했던 사람들이다. 그 이후 많은 사람들이 기구를 분류하고 연구하는 다양한 방법들을 발표하였다. 기본적 빌딩블록을 분류하고 정의하는 데 '가장 좋은 방법'이란 아마 없을 것이다. 이 절에서 기본적인 빌딩블록을 정의하기 위한 한 가지 방법을 제시하고자 한다.

오늘날 가장 쉽게 얻을 수 있는 구동원은 전기모터나 수동크랭크와 같은 순수 회전운동 형태나 공압 혹은 유압실린더와 같은 순수 병진운동 형태이다. 여기서는 기구들을 입력-출력운동 형태에 따라 R(회전), T(병진), H(헬리컬: R과 T가 서로 관련)로 분류해 보자. 표 2.2에서와 같이, 이 세 가지 운동 형태들의 조합으로 기능적 빌딩블록(Functional Building Block)의 기초를 만들 수 있다. 기능적 빌딩블록은 그 내용에 따라 무슨 운동이 일어나는지를 보여주지만, 그 운동이 어떻게 얻어지는지는 알 수가 없다. 예를 들어, R→T 빌딩블록은 표 2.2에서와 같이 랙과 피니언, 슬라이더 크랭크 혹은 나사 기구처럼 회전운동을 병진운동으로 또는 그 반대로 변환시켜 주는 것들이다. 각각의 기능적 빌딩블록에 대하여, 여러 개의 실체적 빌딩블록(physical building block)들의 기본 집합들을 정의하였다. 문헌[Artobolevsky 1986, Chironis 1978, 참고문헌 30]에 있는 수백 개의 정교한 기구장치들을 체계적으로 분석하여, 43개의 실체적 빌딩블록을 모아 보았다(표 2.2). 그림 2.2는 몇 개의 요소들로 구성된 복잡한 재봉틀을 보여준다. 그림 2.2에서 보듯이, 이 재봉틀에는 기본적으로 4개의 기계적 빌딩블록이 있다. 이들은 주어진 작업을 수행하기 위하여 모터에서 제공되는 에너지(또는 회전운동)를 복잡한 운동으로 변환시킨다. 설계자들이 표 2.2에 있는 빌딩블록을 잘 숙지하고 있으면 원하는 응답이나 출력기능을 만족할 수 있는 새로운 형태의 기구를 발명하는 데(형식합성: type synthesis) 큰 도움이 된다.

2.5 설계 분야 및 기구의 설계 파라미터

이 절의 목적은 특정 문제 해결에 필요한 가능한 모든 설계 파라미터 또는 설계변수를 논의하는 것이다. 평면 4절 링크장치에 대하여 그림 2.3에 구체적으로 명시해야 할 설계변수들이 표시되어 있는데, 이러한 논의는 일반적으로 모든 기구에 적용 가능하다. 이 그림의 4절 링크장치는 설계 분야를 설명하기 위하여 이 절에서 계속 사용될 것이다.

기구 해석 및 합성은 표 2.3에 나타난 바와 같이 기구학 및 동역학의 두 분야로 크게 분

표 2.2 ● 회전↔회전, 회전↔병진, 병진↔병진, 헬리컬↔회전, 헬리컬↔병진 등의 기능별로 분류된 빌딩블록들.

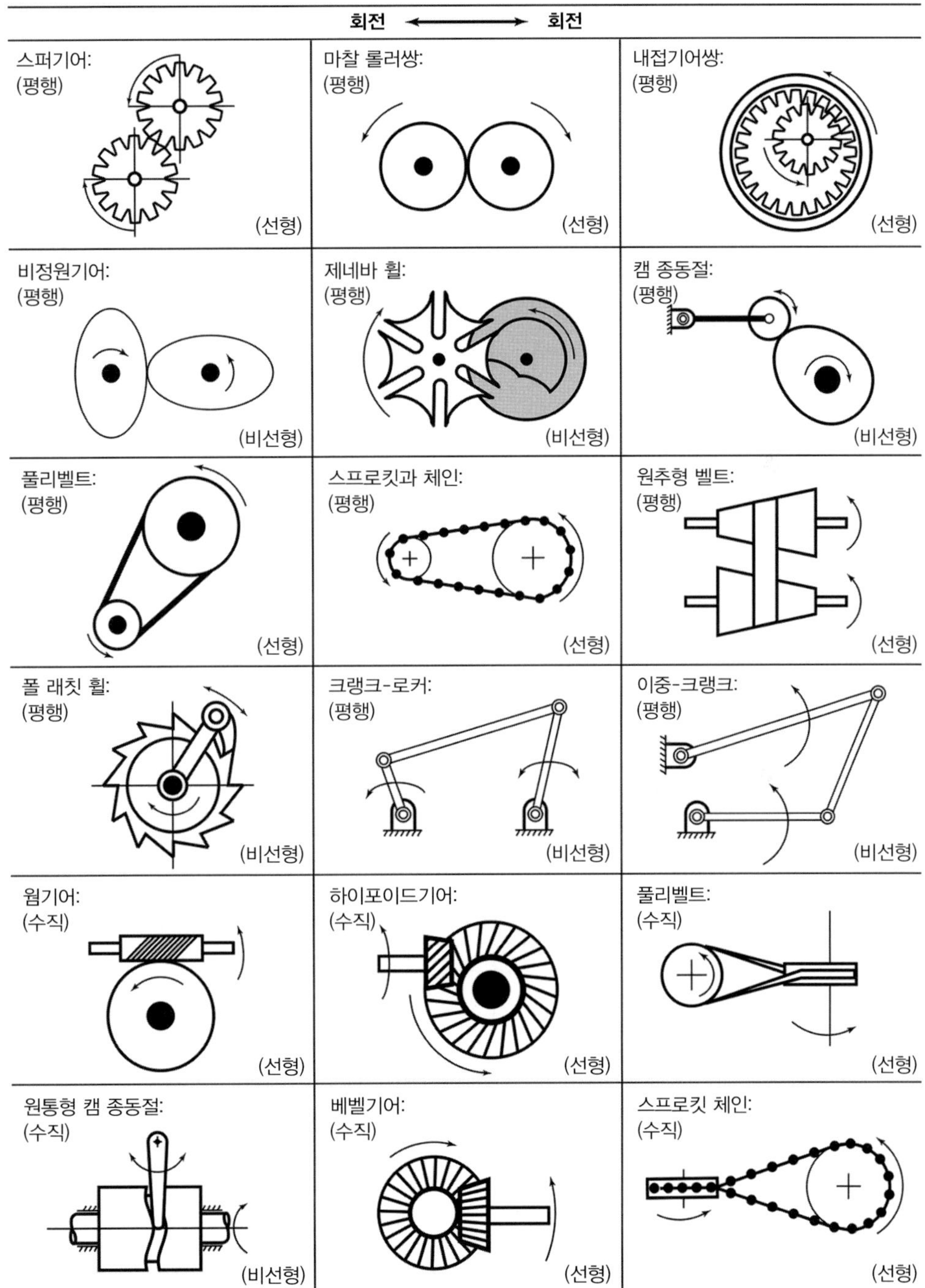

표 2.2 ● 계속.

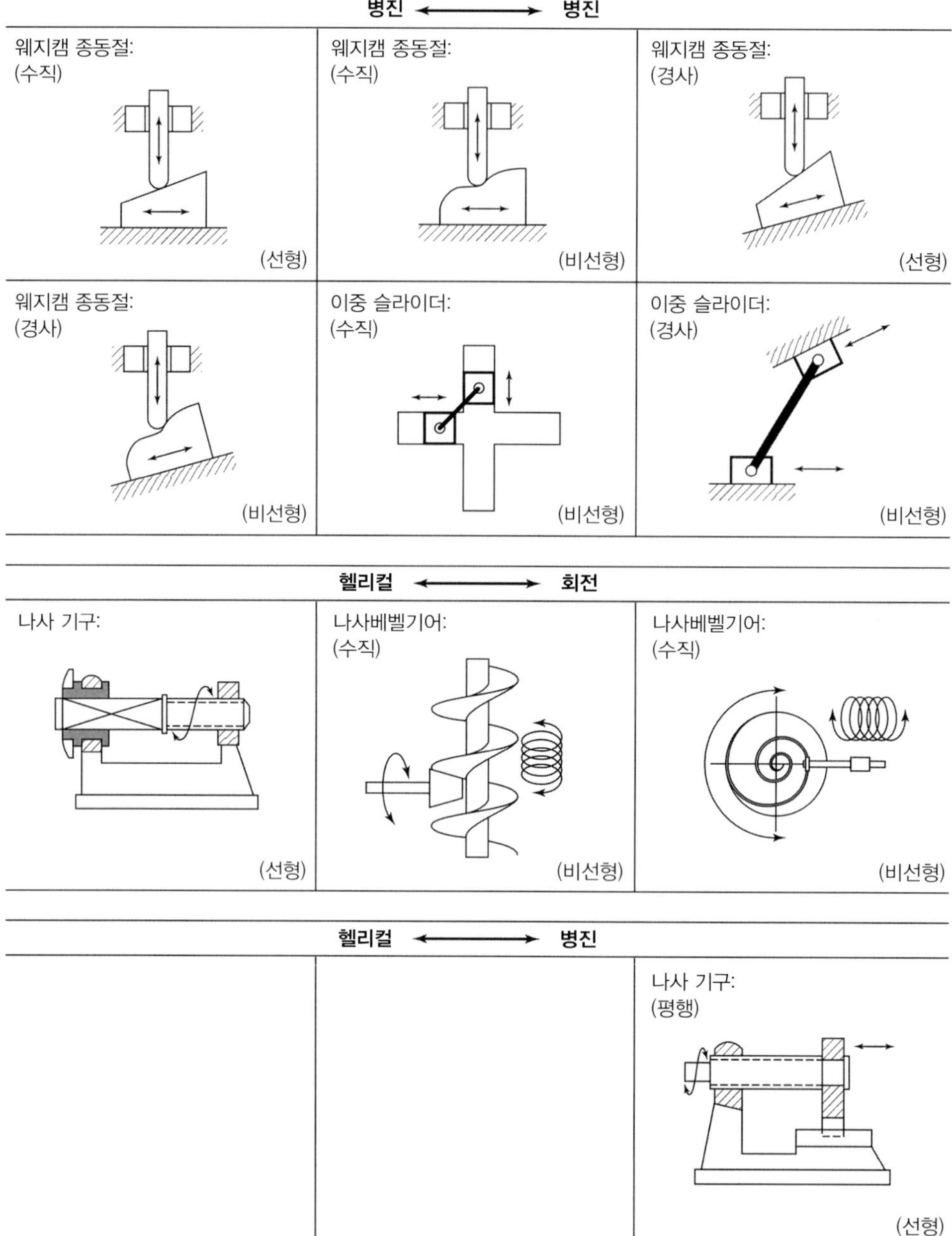

병진 ⟷ 병진
웨지캠 종동절:
(수직)
(선형)
웨지캠 종동절:
(수직)
(비선형)
웨지캠 종동절:
(경사)
(선형)
웨지캠 종동절:
(경사)
(비선형)
이중 슬라이더:
(수직)
(비선형)
이중 슬라이더:
(경사)
(비선형)
헬리컬 ⟷ 회전
나사 기구:
(선형)
나사베벨기어:
(수직)
(비선형)
나사베벨기어:
(수직)
(비선형)
헬리컬 ⟷ 병진
나사 기구:
(평행)
(선형)

표 2.2 ● 계속.

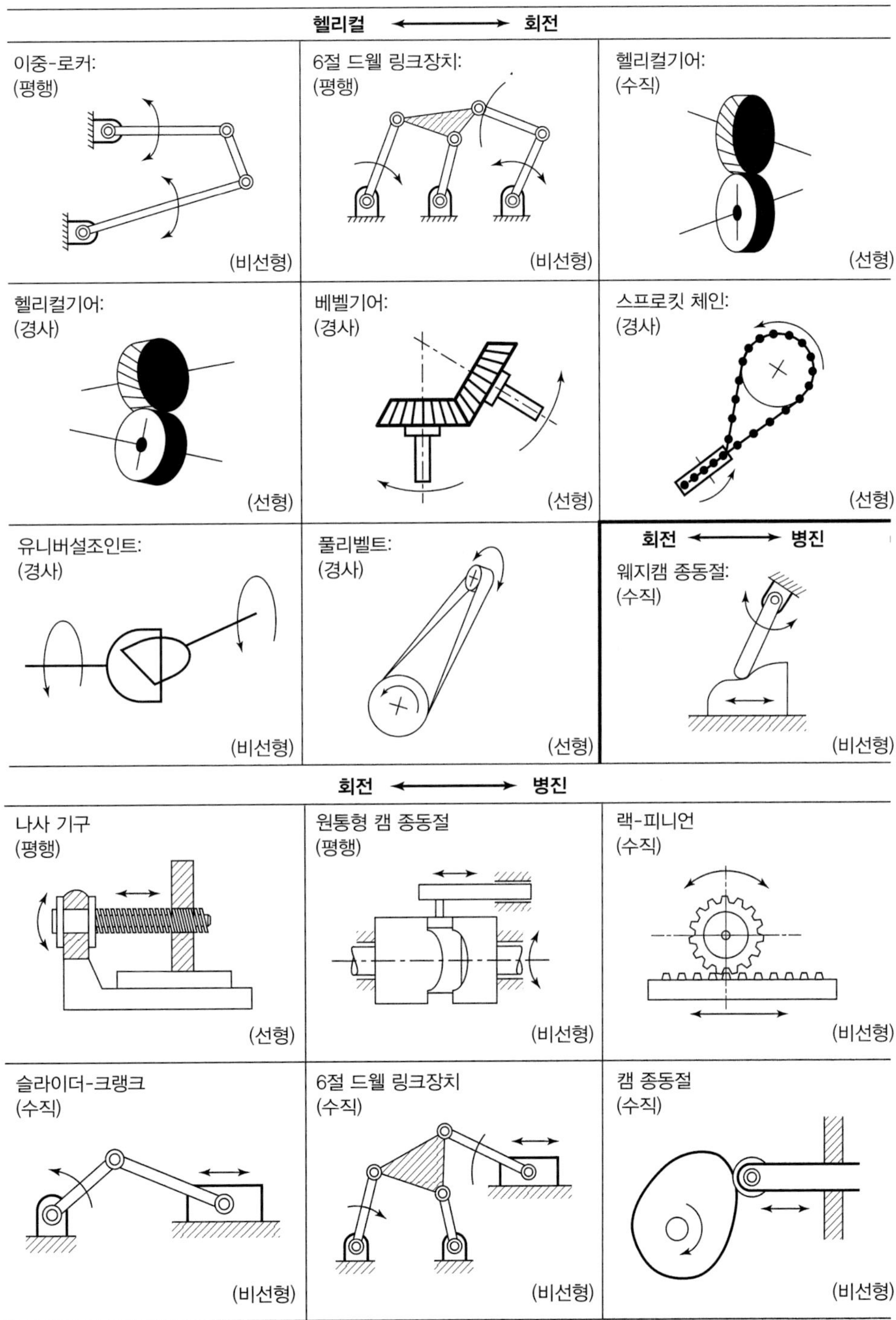

평행, 수직, 경사는 입력축과 출력축의 교차방향을 나타내며, 선형, 비선형이란 입력과 출력 사이의 관계가 선형, 비선형이란 것을 나타낸다.

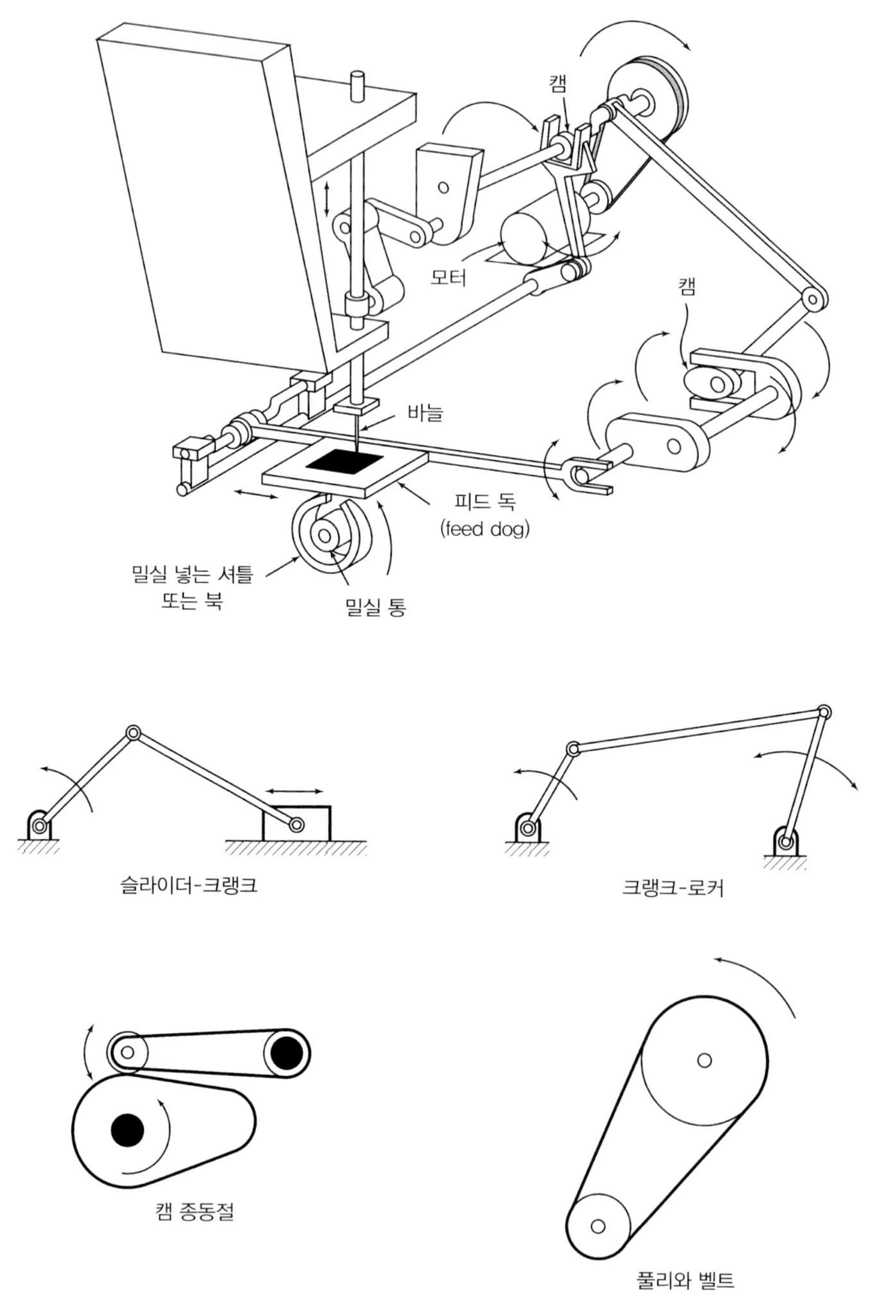

그림 2.2

류된다. 분야 K1부터 K4까지는 기구학이고 D1부터 D5까지는 동역학이다. K1부터 D4까지에서 링크는 강체로 취급되며, D5에서는 탄성체로 취급된다. D4를 제외한 모든 분야에서 합성은 틈새를 무시하고 수행되지만, D4에서는 조인트에서의 틈새를 무시하지 않는다. 표 2.3에서 보듯이 특정한 설계변수들이 각 단계에서 얻어지며, 일반적으로 각 단계로 진전됨에 따라 지금까지 사용되지 않았거나 전 단계에서는 영향을 주지 않았던 추가적인 변수들을 얻게 된다.

특정 기구 문제에 대해 모든 분야가 다 잘 들어맞는 것은 아니다. 만약 하나가 불필요하면 건너뛰면 된다. 자동차의 스로틀(throttle) 링크장치와 같은 저속 기구를 설계하는 경우에는 기구학적 목적만을 고려해도 충분하다. 기구학 분야는 기구의 기하학적 형상이 아래와 같은 두 가지 사항에 어떤 영향을 미치는지를 다룬다. (1) 입력운동과 출력운동(위치, 속도, 가속도)과의 관계. 이때, 입력운동($\phi_2 = f(t)$)을 야기시키는 힘은 고려하지 않는다. (2) 입출력 및 조인트에서의 내력(intemal force)들 사이의 관계. 이때, 링크의 관성과 질량에 의해서 야기된 힘은 무시될 수 있다고 가정한다.

동역학 분야는 (1) 토크 T_{ij} 및 힘 F_{ij}(그림 2.3)와 조인트에서의 마찰력에 의하여 생성된 입력운동-시간 응답 $\phi_2 = f(t)$, (2) 가진력(shaking force) 및 조인트에서의 힘과 입출력 힘 전달과 같은 기구의 기하학적 효과 및 관성 질량 특성을 다룬다. 기구의 형상이 동역학적 특성에 영향을 주기 때문에, 기구학적 문제는 동역학적 합성문제를 다룰 때 항상 첫 번째로 고려해야 하는 중요한 부분이다.

D5를 제외한 모든 분야에서, 링크, 캠과 같은 기구요소들은 강체, 즉 변형되지 않는 부재로서 취급된다. 하중이 많이 걸리거나 고속운동하는 기구에 대해서는 요소들의 변형이 매우 중요하여 기구학 및 동역학적 목적의 달성에 좋지 않은 영향을 준다. 따라서 이 경우에는 요소들을 탄성체로 간주해야 한다.

표 2.3에 나타난 바와 같이, 일반적으로 각각의 연속적인 분야는 부수적인 설계변수를 결정하는 데 도움이 된다. 따라서 기구합성 문제를 보다 작은 단계로 분해하는 접근방법이 좋다. 즉, 함수생성, 강체 유도(운동생성), 또는 경로생성 등과 같은 제한적인 설계목적을 위한 기구학적 합성으로부터 시작하여, 그런 목적들을 만족시키는 기하학적 변수를 결정한다. 그 다음에는 동역학적 합성으로 나아갈 수 있을 것이다. 이 때는 힘을 고려하며 동적하중의 허용치 등과 같은 부가적 설계목적을 만족시키도록 추가로 변수들을 결정한다. 그러나 전 단계에서 설정된 설계변수로 후속단계의 설계목적을 만족시키는 것이 불가능할 수도 있다. 이러한 일이 생기거나 새로운 목적이 나타나면, 설계과정에서 반복이 요구되며, 그 결과 '제도판으로 되돌아오는데' 익숙해진다. 바로 전 단계로 되돌아가서 현 단계와 후속단계의 설계목적을 만족시키는 변수들을 다시 선택할 수도 있으며, 또는 아예 처음부터 새로운 형태의 기구를 선택하거나 설계목적을 변경해야 할 수도 있다. 이러한 반복을 통해 좋은 설계를 일궈 낼 가능성이 커지게 마련이다.

표 2.3*은 각 설계목적 달성에 어떤 변수가 영향을 주는지를 보여줌으로써 반복적인 설계과정에서 매우 유용한 기능을 제공한다. 예를 들어, 동적평형(balancing)이 문제가 된

* 이 표를 이용한 설계 사례연구를 5.5절에서 보라.

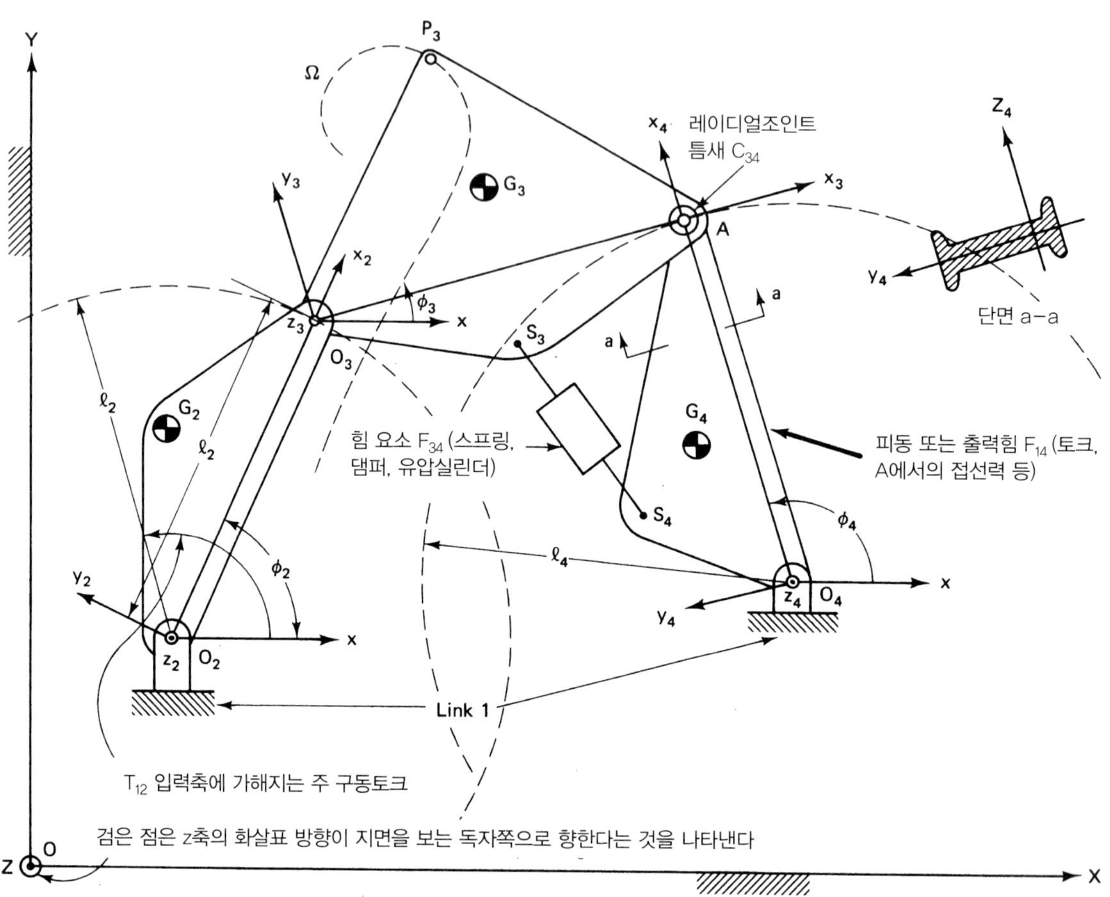

✚ 평면 기구의 일반적 기호

i :	링크 번호(링크 1은 고정프레임)
X, Y, Z :	지면에 고정된 좌표계 축.
x_i, y_i, z_i :	링크 i에 부착된 좌표계 축.
ϕ_i :	X축에서 측정된 링크 i의 기울기 각.
Ω :	점 P_i의 경로.

✚ 설계변수

A_i :	단면 a−a에서의 링크 i의 단면 특성(면적, 단면 모멘트 등).
C_{ij} :	링크 i와 링크 j 사이의 조인트 틈새(clearance).
E_i :	링크 i의 재료 특성(탄성계수, 푸아송비, 전단 탄성계수 등).
F_{ij} :	힘 생성 요소를 나타내는 변수 또는 링크 i에서 링크 j로 향하는 힘.
G_i :	링크 i의 무게중심 좌표$(x, y, z)_i$
J_i :	링크 i의 관성 모멘트(mass moment of inertia)와 관성 상승 모멘트.
L_i :	링크 i의 기하학적 변수(링크 길이, 슬라이더조인트의 기울기, 기어비, 캠 곡면 등).
M_i :	링크 i의 질량.
O_i :	링크 i가 지면에 고정된 위치(좌표계 X, Y, Z에 대하여).
P_i :	링크 i의 한 점의 위치(좌표계 x, y, z에 대하여).
S_i :	링크 i에 힘 생성 요소가 붙는 위치(좌표계 x, y, z에 대하여).
T_{ij} :	F_{ij}와 비슷하지만, 주 구동토크를 의미한다.
ϕ_{uh} :	ϕ_i의 초기값.

그림 2.3

표 2.3 ● 합성과 해석을 통해 결정하여야 할 설계 변수들.

Design Category		치수 L_i	초기 위치 ϕ_{io}	조인트 위치 O_i	추적점의 위치 P_i	질량중심의 위치 G_i	링크 질량 M_i	링크 질량 관성 모멘트 J_i	힘 요소의 위치 S_i	힘 요소의 종류 및 크기 F_{ij}	소요 구동토크 T_{ij}	조인트 틈새 C_{ij}	단면 계수 A_i	재료의 특성 E_i
K1	함수 생성	X	X											
K2	강체 유도	X	X	X	X									
K3	경로 생성	X	X	X	X									
K4	정하중 해석	X	X	X		X*	X*		X	X				
D1	평형	X				X	X							
D2	동하중 해석	X		X		X	X	X	X	X				
D3	운동-시간 응답 해석	X		X	X	X	X	X	X	X	X			
D4	틈새 효과	X		X	X	X	X	X	X	X	X	X		
D5	탄성체 동역학	X		X	X	X	X	X	X	X	X		X	X

* 부품의 무게만 중요하지 관성 데이터는 중요치 않다

다면, 기구학적으로는 영향을 주지 않으면서 질량 G_i의 중심을 재배치할 수 있다(K4는 예외). 그러나 링크의 형상 L_i를 변경하면 동적평형뿐만 아니라 기구학적 목적을 달성하는 데도 영향을 준다.

그림 2.3의 설계분야 및 변수

그림 2.3의 4절 링크장치에서 기구학은 'K', 동역학은 'D'로 각각의 분야를 나타낸다. 설계 분야와 관련하여 대체될 수 있는 제목이나 단어는 괄호 속에 주어진다.

K1 함수생성(입력과 출력 위치, 속도, 가속도 사이의 조정)

- 목적: 출력각 ϕ_4는 입력 위치 ϕ_2에 대하여 미리 정해진 방식대로 변화한다. 즉, 함수 $\phi_4 = f(\phi_2)$가 생성된다.
- 예: (a) 자동차의 스로틀 링크장치, (b) 자동차 밸브의 상승 기구는 캠축의 회전을 원하는 밸브 위치로 변환시킨다.

K2 강체운동 유도(운동생성)

- 목적: 지면에 연결되지 않는 링크 3은 정해진 위치와 방향을 통과해야 한다.
- 예: (a) 전방 적하기(front loader)의 버킷(bucket), (b) 권상기 플랫폼으로 사용되는 트럭의 동력 구동 뒷문, (c) 일체형 상승 차고문.

K3 경로생성(커플러 곡선 생성; 경로상의 점들의 위치, 속도, 가속도)

- 목적: 링크상의 한 점 P_3가 경로 Ω를 지나야 한다(고정링크 기준).
- 예: (a) 영화 필름이송 기구의 D형 곡선, (b) 증기기관 피스톤의 직진운동을 만드는 Watt 링크장치, 이는 나중에 증기기관에서 피스톤 로드 가이드(piston rod guide)로 대체된다.

K4 정하중(static forces)(전달각, 기계적 유용성)

- 목적: (1) 특정 입력 위치 ϕ_2에서 종동 출력 힘 F_{14}의 요구사양 만족. 구동토크 T_{12}는 정해진 값이다. (2) 조인트를 통하여 전달되는 힘은 베어링하중 용량보다 작아야 한다.
- 예: (a) 가위형 잭, (b) 충분한 인양력을 갖는 전방 적하기의 유압실린더 설계.

D1 동적평형(관성가진력과 모멘트)

- 목적: 운동하는 링크의 관성에 기인한 순수 진동 힘과 모멘트는 고정프레임에 전달되어 진동을 발생시키므로 감소되어야 한다.
- 예: 왕복형 엔진 또는 압축기용 평형추의 위치 및 크기.

D2 동하중(dynamic forces)(관성력, 기계의 동역학, 기구-정역학(kinetostatic) 해석)

- 목적: K4에서와 같이 정하중을 찾고, 추가로 (1) 관성력이 중요하게 고려되며, (2) 입력링크의 각속도 $d\phi_2/dt$와 각가속도 $d^2\phi_2/dt^2$는 알고 있거나 정해져 있다고 가정한다.
- 예 : 펀치프레스의 구동토크, 동력 및 이로 인한 조인트 하중의 결정.

D3 운동-시간 응답(입력토크 평형, 하중 시스템 합성)

- 목적: 원하는 입력운동-시간 관계 $\phi_2 = f(t)$가 나오도록 하기 위해, 또는 출력 F_{14}을 얻기 위해서, 링크에 작용하는 토크 및 하중 T_{ij}와 F_{ij} 등 기구에 작용하는 하중 시스템을 결정한다.
- 예: (a) 펀치프레스 구동축 속도가 일정하게 나오도록 플라이휠 또는 스프링 설계, (b) 차단 시간과 반동이 최소가 되도록, 또한 원하는 접촉력이 얻어지도록 전기회로 차단기용 스프링 완충기 설계.

D4 틈새효과(공차)

- 목적: 기구학적 목표를 달성하기 위해 (1) 부정확성, (2) 충격으로 인한 조인트 하중 증가, (3) 조인트에서의 틈새에 기인한 진동 및 소음 등의 허용한계를 정한다.
- 예: 기어의 백래시와 베어링 틈새에 기인한 오프셋 인쇄프레스의 불량 인쇄

D5 탄성체 동역학(유연 링크, 기구 탄성 동역학(kinetoelastodynamics))

- 목적: 요소 내의 응력과 탄성 변형량을 허용수준 내로 제한함으로써 링크의 변형, 좌굴 등의 문제를 감소시키고, 기구학적 목표를 달성할 수 있도록 한다.
- 예: 고속 기구의 설계시, 부품을 과도하게 경량화하면 관성력은 줄일 수 있지만 변형이 커지기 때문에 운동경로도 정확하지 않을 수 있다. 예를 들면, 고속 자동화 모듈의 '핸드' 또는 그리퍼가 정확한 목표 지점을 놓칠 수도 있다.

2.6 문제해결 지침: 증상, 원인 및 참고자료

설계실무자는 어떤 문제를 앞 절에 열거된 전문용어로 설명할 수 없을지 모른다. 불행히도 표 2.3의 동역학적 오작동 대부분은 시제품인 경우든 현장에서 사용되는 경우든, 문제가 발생한 후에야 알게 된다. 기술자는 실패의 증상에 근거하여 기구적 문제를 해결해야 할 것이다. 표 2.4는 '누락', '파괴', '굽힘', '진동', '전달', '소음' 등의 증상을 원인, 설계 분야 및 참고자료 등으로 연관시켜 주는 방법을 제공한다. 5.5절에는 표 2.4가 산업현장에서 이용된 설계사례연구가 제시되어 있다.

2.7 컴퓨터 원용 기구 설계의 역사

이 책 및 제2권에 제시된 기구 해석 및 합성에 관한 대부분의 기본사항은 약 100년 전부터 알려져 온 것이다. 이 중 많은 기법들은 원래 작도법을 기초로 한 것이었는데, 컴퓨터를 사용하면 수작업으로 하는 것보다 더 정확하게 반복적인 작업을 수행할 수 있어 기구 설계자들에게 보다 유용한 도움을 줄 수 있게 되었다. 설계과정의 4, 5, 6단계에서 수행해야 할 합성, 해석 모델의 구체화, 반복적인 설계 및 시험 평가 등을 컴퓨터상에서 직접 수행함으로써 설계자는 좀 더 창조적인 면에 집중할 수 있다. 따라서 단순노동은 컴퓨터가 하고, 설계자는 설계 루프를 따라 창조적인 작업을 수행한다.

기구 문제에 컴퓨터를 적용한 역사는 비교적 짧다. 대형 컴퓨터에서 실행되던 해석 프로그램이 데스크탑이나 랩탑 컴퓨터에서 실행되는 사용자 편의 위주의 설계기법으로 발전되었다. 컴퓨터가 처음으로 기구 설계에 적용되기 시작한 이후 30년 동안 이룩한 역사적 발전사항을 표 2.5에 나타내었고[59], 다음에 10년 단위로 주요사항들을 요약하였다.

1950년대. 1950년대에 산업계에서는 디지털 컴퓨터가 처음으로 도입되어 사용되기

그림 2.4 문제해결 지침.

문제 증상	고장 원인	설계 분야	본 서의 관련부분
원하는 위치에 가지 못함	1. (a) 설계오차	K1, K2, K3, K4	1, 6, 7, 8(제1권) 그리고 3, 4, 6(제2권)
	(b) 가공오차 등으로 인한 기하학적 파라미터들의 부정확성	D3	5(제2권)
	2. 잘못된 운동-시간 응답	D4	
	3. 과도한 틈새	D5	5(제2권)
	4. 과도한 부품변형		
전달력(부적합한 힘 변환기: 물체를 들어올릴 수 없음)	1. 불량한 전달각 및 기계적 유용성	K4	3(제1권)
	2. 과도한 마찰	K4, D2	5(제1권)와 5(제2권)
	3. 과도한 관성력	D2	5(제1권)와 5(제2권)
	4. 잘못 부착된 힘 요소	D3	5(제1권)와 5(제2권)
지지대의 진동	1. 균형을 잃은 기구장치	D1	5(제2권)
	2. 구동속도 및 토크가 일정하지 않고 변함	D3	5(제1권)와 5(제2권)
	3. 과도한 가속/감속, 정지시 링크 충격을 가함	D3	5(제2권)
	4. 과도한 틈새	D4	5(제2권)
	5. 부품의 변형이 너무 큼	D5	

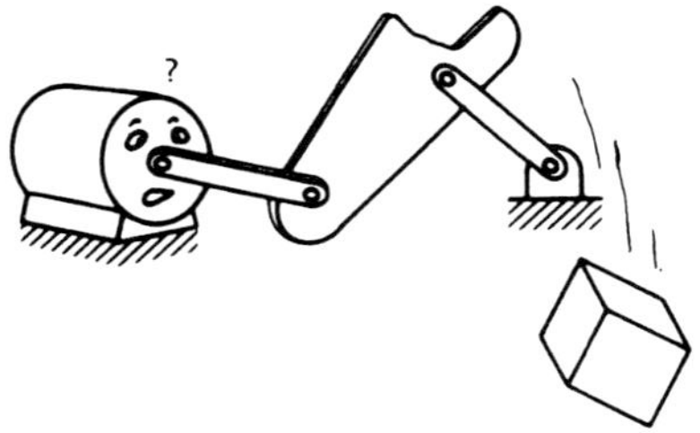

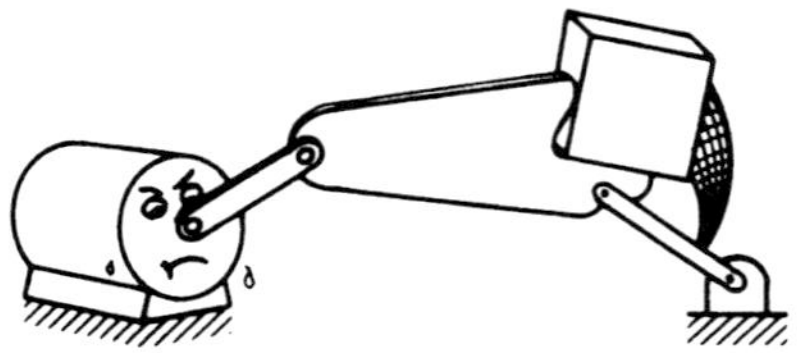

그림 2.4 계속.

문제 증상	고장 원인	설계 분야	본 서의 관련부분
연결부의 파손 	1. 기구장치가 정해진 운동을 못함 2. 과도한 정하중 3. 과도한 동하중 4. 과도한 틈새 및 충격력	Phase 1: K1, K2, K3 K4 D2 D4	1,3,6,7,8(제1권) 그리고 3,4,6(제2권) 3,5(제1권) 5(제1권)와 5(제2권) 5(제1권)와 5(제2권)
링크가 휨 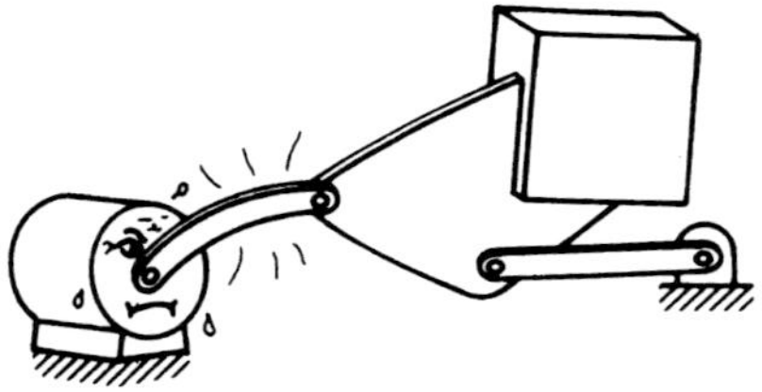	1. 앞의 '파손'을 보라. 2. 부품의 과도한 진동 및 변형	 D5	 5(제2권)
소음 	1. 급격한 정지로 인한 충격 2. 과도한 틈새 3. 공진	D3 D5 D5	5(제2권) – 5(제2권)

그림 2.5 컴퓨터 원용 기구 설계의 역사.

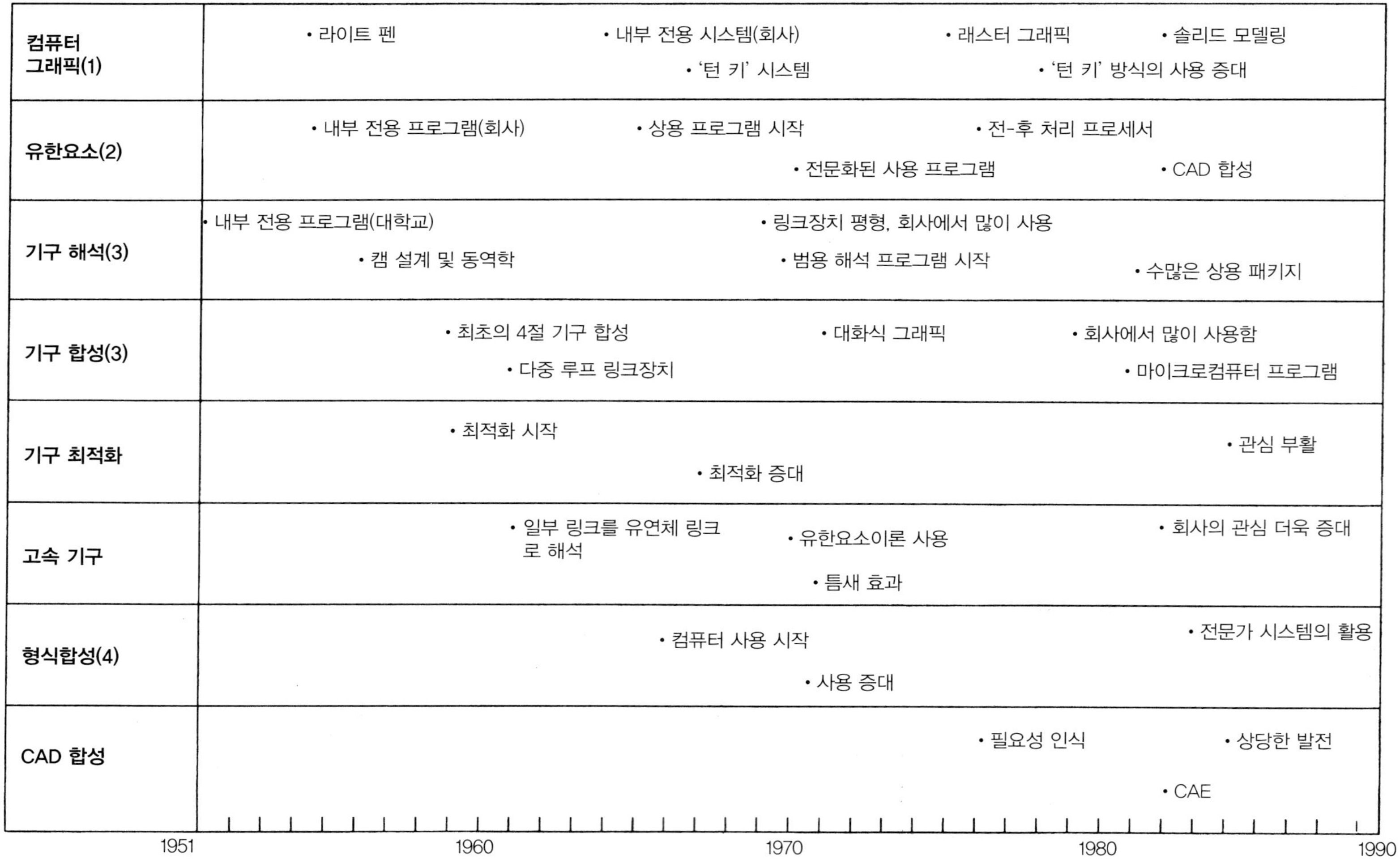

분야	1951–1960	1960–1970	1970–1980	1980–1990
컴퓨터 그래픽(1)	• 라이트 펜	• 내부 전용 시스템(회사) • '턴 키' 시스템	• 래스터 그래픽 • '턴 키' 방식의 사용 증대	• 솔리드 모델링
유한요소(2)	• 내부 전용 프로그램(회사)	• 상용 프로그램 시작	• 전-후 처리 프로세서 • 전문화된 사용 프로그램	• CAD 합성
기구 해석(3)	• 내부 전용 프로그램(대학교) • 캠 설계 및 동역학	• 링크장치 평형, 회사에서 많이 사용 • 범용 해석 프로그램 시작		• 수많은 상용 패키지
기구 합성(3)	• 최초의 4절 기구 합성	• 다중 루프 링크장치	• 대화식 그래픽 • 회사에서 많이 사용함	• 마이크로컴퓨터 프로그램
기구 최적화	• 최적화 시작	• 최적화 증대		• 관심 부활
고속 기구		• 일부 링크를 유연체 링크로 해석	• 유한요소이론 사용 • 틈새 효과	• 회사의 관심 더욱 증대
형식합성(4)		• 컴퓨터 사용 시작	• 사용 증대	• 전문가 시스템의 활용
CAD 합성			• 필요성 인식	• 상당한 발전 • CAE

시작했고, 대학에서는 공학용 프로그램들이 선을 보이기 시작했다. 약 36개의 프로그램들이 문헌에서 발견되는데[75] 대부분은 대학에서 개발되었다. 몇 개의 프로그램은 Purdue 대학의 Al Hall, Ohio 주립대학의 C. W. McLarnan 그룹, Michigan 대학의 J. E. Shigley, Columbia 대학의 F. Freudenstein 그룹, Northwestern 대학의 J. Denavit과 R. Hartenberg 등에 의하여 개발되었다. Freudenstein은 1961년 이전에 기구 설계용으로 개발된 컴퓨터 프로그램들을 검토한 바 있다[75]. 1951년에 Kemler와 Howe가 "급속귀환 기구의 변위, 속도, 가속도의 계산을 제시한 것이 기구 설계에 컴퓨터를 적용한 최초의 문헌일 것이다"[94].

링크장치의 합성을 위해 컴퓨터를 사용한 초기의 논문 중 하나가 Freudenstein과 Sandor의 것인데[78], 이들은 1876년 Burmester에 의해 제안된 도해적 방법들을 컴퓨터로 구현시키기 위해 그 과정을 수식화하였다. 복잡한 합성 방정식을 IBM 650상에서 배치방식(batch mode)으로 풀었다. 이 작업은 1970년대에 개발된 KINSYN 코드와 LINCAGES 코드의 기술적 토대가 되었다.

1960년대. 1960년대 초반에서 중반까지 대학의 연구원들에게 더 많은 컴퓨터가 보급되었다. 많은 연구원들이 작도를 하거나, 계산척, 전기기계적 탁상계산기 등으로 매우 지루하게 풀었던 방정식의 풀이에 컴퓨터를 이용하기 시작했다. 1960년대 중반 이후 60년대 말까지 부동소숫점이나 최적화 기법을 이용하여 컴퓨터상에서 배치방식으로 합성문제를 풀게 되었다. 디지털 컴퓨터의 위력에 힘입어 강체 기구동역학 해석과 링크장치의 동적평형을 위한 프로그램들이 출현하기 시작했다. 운동 미분방정식 해법, Runge-Kutta와 같은 수치적분 방법들이 아날로그와 하이브리드 컴퓨터를 이용하여 성공적으로 풀리기는 했지만, 아날로그 컴퓨터는 점차 사라졌다.

1970년대. 1970년대 초기에 컴퓨터의 응용이 급속도로 발전하기 시작했다. Wisconsin 대학의 P. Sheth와 J. Uicker에 의해 개발된 IMP와 같은 코드와 Michigan 대학의 D. Smith, N. Orlandea, M. Chace에 의해 개발된 DRAM과 ADAMS 등이 이 기간에 출현하였다. 계산은 배치방식(batch mode)에서 대화방식(interactive mode)으로 서서히 전환되었으며, 이는 설계자에게 보다 유용한 기법을 만드는 중요한 계기가 되었다. 또한 기구 설계에 이용되는 컴퓨터 그래픽은 1970년대 초반 Kaufman에 의해 공식 명칭을 갖게 되었다. M.I.T에서 개발된 주문자 생산 프로그램이었던 KINSYN I은 기구학적 설계의 이정표로 간주된다. 디지털 컴퓨터 자체만으로도 훌륭한 컴퓨터 원용 기구 설계에 한 발짝 다가가게 만들었다. 설계과정에서의 대화방식 기법이 첫번째 중요한 발전 계기였다면, 입출력을 위한 컴퓨터 그래픽스는 그 다음으로 중대한 발전이었다. 1970년대 중반에서 후반까지 몇몇 새로운 합성 및 해석용 소프트웨어가 개발되었다.

1980년대. 1980년대에는 여러 가지 이유로 기구 분야에서 비약적인 진보가 있었다. 마이크로 컴퓨터의 사용이 일반화되었으며 여러 다른 그룹들이 LINCAGES, IMP, KADAM 2(Williams)와 MCADA(Orlandea)와 같은 마이컴용 소프트웨어를 개발하고 상품화하기 시작했다. 1980년대의 데스크탑 및 랩탑 컴퓨터는 과거의 대형 컴퓨터를 대신하였다. 또한 로봇공학 분야는 기구학의 중요성에 대한 관련 분야 종사자들의 관심을 일으키는 데 중요한 역할을 하였다. 많은 연구자들이 3차원 애니매이션, 작업영역 예측, 간섭 계산, 동적응답 등의 로봇공학의 여러 분야를 연구하기 위하여 기구학 이론을 사용하였다.

1990년대에서 지금까지. 기구 설계에서 컴퓨터의 통합은 매우 흥미롭게 보인다. 기구 설계자들은 기구의 최적 해석 및 설계를 위하여 여러 도구들을 마음대로 사용할 수 있게 되었다. 여러 특정 분야에서 컴퓨터의 역할은 증대될 것이다. 이러한 분야에는 (1) 2차원 및 3차원 기구를 디스플레이하고 해석하기 위한 솔리드 모델러의 사용, (2) 컴퓨터 원용 설계 및 생산을 위한 기구 해석 및 합성 소프트웨어의 통합, (3) 산업계의 특수한 요구에 대한 보다 나은 상업적 응용, (4) 기어, 캠, 인덱스 등과 같은 기계요소에 대한 보다 많은 컴퓨터 원용 해석 및 설계, (5) 틈새, 링크의 변형, 마찰, 감쇠 등과 같은 복잡한 문제의 해석과 모의실험을 위한 보다 우수한 기법, (6) 그림 2.1의 단계 3과 4에서 유용한, 설계자를 위한 컴퓨터 원용 형식합성 기법의 개발(이에는 전문가 시스템과 인공지능 기법이 포함된다), (7) 사용자에게 더욱 편리한 소프트웨어 개발을 위한 세련된 그래픽 인터페이스의 사용, (8) 랩탑 컴퓨터상에서 작동되는 기구 설계 소프트웨어의 개발 증대, (9) 대규모의 설계 최적화, 병렬처리, 모의실험이 가능한 슈퍼컴퓨터의 사용 등이 있다.

변위와 속도 해석

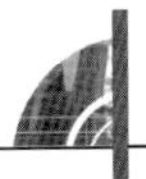

3.1 변위 해석: 링크장치의 위치 해석을 위한 유용한 지침

4절 기구는 가장 간단하고 유용한 기구 중 하나이다. 이 장과 다음 장은 4절 기구에 관한 내용을 주로 다루고 있으며, 이 내용은 복잡한 링크장치에도 적용될 수 있다.

1장에서 기구(특히 4절 기구)의 3가지 역할(경로, 운동 및 함수생성)을 분류한 바 있다. 또한 Gruebler의 식을 통해 4절 기구는 1자유도를 갖는다는 것도 알았다. 4절 기구를 이해하는데 좀 더 유용한 특성들이 없을까? 이러한 특성들은 그래쇼프 기준(Grashof criteria), 기구의 역(inversion), 사점조건*(死點條件: dead center condition), 전달각(transmission angle) 등이 있다.

4절 기구는 고정링크에 연결된 두 개의 링크의 운동범위에 따라 크랭크-로커, 이중-로커 또는 이중-크랭크(드래그-링크) 기구의 형태가 된다. 그림 3.1부터 3.4에는 이러한 기구의 4가지 예가 도시되어 있다. **크랭크-로커**(crank-rocker) 기구(그림 3.1)의 입력크랭크는 연속적으로 360°를 회전할 수 있으며, 이때 출력링크는 요동 운동만을 한다. **이중-크랭크**(double-crank) 혹은 **드래그-링크**(drag-link)(그림 3.2)의 입력과 출력링크는 완전히 360° 회전운동을 할 수 있다. 반면에 **이중-로커**(double-rocker, 그림 3.3)는 입력과 출력링크가 제한된 회전운동을 한다. 입력링크의 길이가 출력링크의 길이와 같고 커플러와 고정링크의 길이가 같은 **평행사변형 링크장치**(parallelogram linkage, 그림 3.4)는 입력과 출력링크 모두 완전히 360° 회전운동을 하거나, 교차 형태의 **반평행사변형 링크장치**(antiparallelogram linkage)로 변환될 수 있다. 4절 기구는 링크 길이의 조합에 따라 앞서 기술한 4절 기구 중 하나로 미루어 생각할 수 있다. 바로 이러한 길이의 관계를 말해 주는 것이 **그래쇼프 기준**이다. 이 그래쇼프 법칙은 다음과 같다. **두 링크 사이에 연속적인 상대 회전이 가능하기 위해**

* 그림 3.12 참조

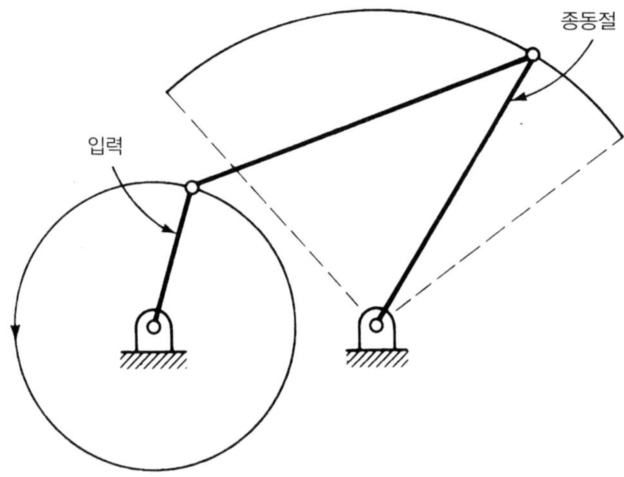

그림 3.1 크랭크-로커 기구.

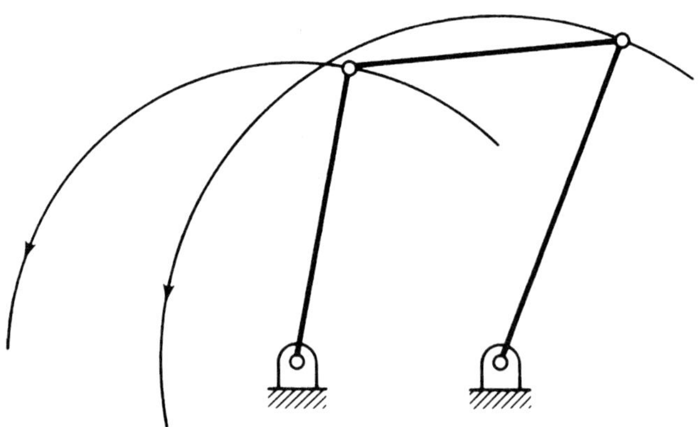

그림 3.2 드래그-링크(이중-크랭크 기구).

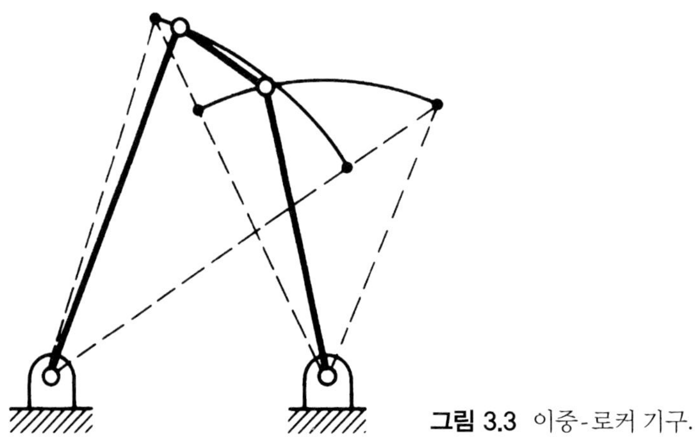

그림 3.3 이중-로커 기구.

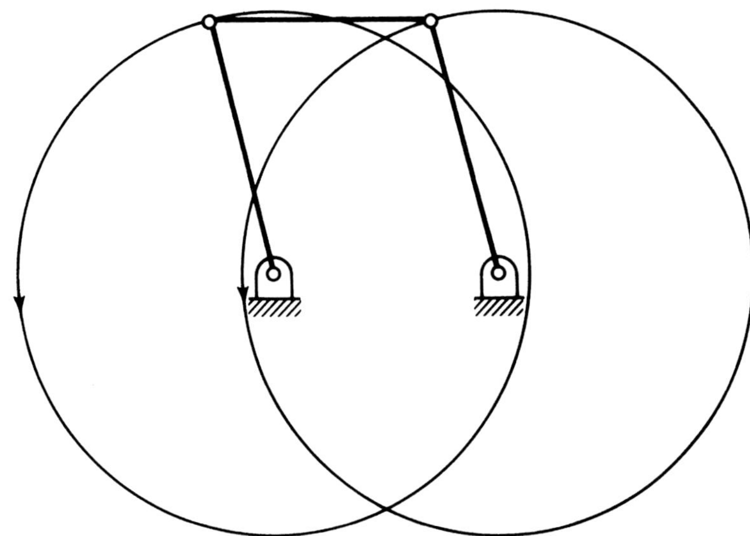

그림 3.4 평행사변형 링크장치.

서는, 평면 4절 기구에서 최단링크와 최장링크의 길이의 합은 남은 두 개의 링크길이의 합보다 더 클 수 없다. 최장링크의 길이를 l, 최단링크의 길이를 s, 나머지 두 개를 p와 q로 나타내면 다음과 같은 관계[86]가 성립한다(그림 3.5).

1. $l + s < p + q$이면, 다음 4가지 형태의 그래쇼프 기구가 존재한다.
   a. 크랭크-로커 기구(그림 3.6a): 최단링크가 크랭크이고, 그 인접링크가 고정된 경우
   b. 이중-크랭크(드래그-링크) 기구(그림 3.6b): 최단링크를 고정한 경우
   c. 로커-크랭크 기구(그림 3.6c): 최단링크가 종동절이고 그 인접링크가 고정된 경우
   d. 이중-로커 기구(그림 3.6d): 최단링크의 맞은편 링크를 고정한 경우

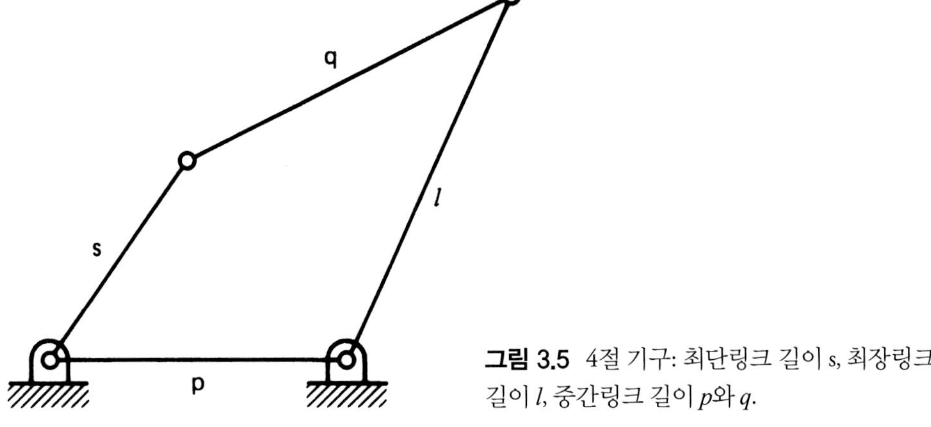

그림 3.5 4절 기구: 최단링크 길이 s, 최장링크 길이 l, 중간링크 길이 p와 q.

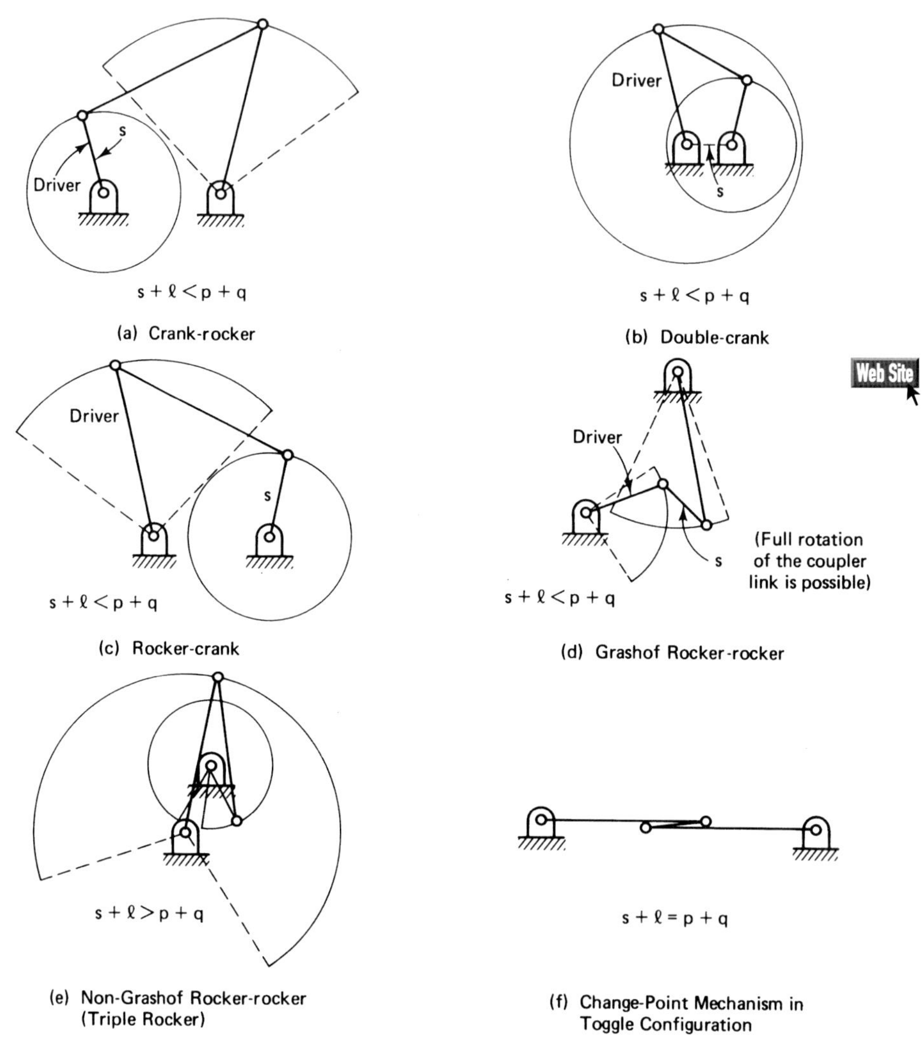

그림 3.6 그래쇼프 및 비그래쇼프 형태의 4절 기구[24].

2. $l+s > p+q$이면, 어느 링크를 고정하느냐에 따라 그래쇼프를 만족하지 않는 4개의 삼중 로커(triple-rocker) 기구가 생긴다(그림 3.6e). 이 경우에는 연속적인 상대 운동이 불가능하다.
3. $l+s = p+q$이면, 경우 1에서와 같이 4개의 다른 기구가 생긴다. 그러나 이러한 기구 모두 **변경점**(change point) 문제가 발생하게 된다. 즉, 모든 링크의 중심선들이 일직선상에 놓이게 되어, 순간적으로 2자유도 시스템이 된다. 또한 토글(toggle) 조건(입력링크와 커플러가 일직선상에 있는)이 생기게 된다. 평행사변형 링크장치와 델토이드(deltoid) 링크장치는 변경점을 갖고 있는 기구 중 $l=q$ 및 $s=p$가 되는 특별한 경우이다. 평행사변형 링크장치에서, 짧은 링크들은 긴 링크들에 의해 서로 떨어

져 있다(그림 3.4). 링크들이 변경점 위치들을 잘 통과할 수 있도록 한다면, 모든 평행사변형 링크장치는 이중-크랭크 기구가 된다. 이 기구는 커플러가 평행운동을 하는 유일한 4절 기구이다. 또한 이 커플러에 의해서 생성되는 모든 경로는 원호이다.

델토이드 링크장치는 두 개의 길이가 같은 짧은 링크들이 서로 인접하고, 두 개의 길이가 같은 긴 링크들이 서로 인접하여 이들이 서로 연결된 경우이다. 긴 링크를 고정시키면 크랭크-로커 기구가 되며, 짧은 링크를 고정시키면 짧은 링크가 2회전할 때 긴 링크는 1회전 하는 이중-크랭크 기구가 된다[갤로웨이(Galloway) 기구]. 이 링크장치 또한 변경점의 문제가 있다.

그림 3.7a에서 3.7d는 $l+s < p+q$를 만족하는, 경우 1의 그래쇼프 4절 기구이다. 같은 4개 링크를 갖는 그래쇼프 형태의 기구는 어느 링크가 고정되느냐에 따라 경우 1의 4가지 중 하나가 될 수 있다. **기구학적 역(kinematic inversion)**이란 다른 형태의 기구를 만들기 위해 고정되지 않았던 다른 링크를 고정시키는 과정이다. 주목할 것은 기구의 링크 사이의 상대 운동은 기구학적 역의 과정이 발생한 후에도 변하지 않는다는 것이다. 본 서에서는 이러한 특성이 장점으로 계속 언급될 것이다. 4절 링크장치 외의 다른 링크장치들도 기구학적 역(kinematic inversion)을 가진다. 예를 들어, 슬라이더-크랭크 기구는 다른 용도의 기능을 얻기 위하여 기구학적 역이 이용된다(그림 3.8~3.11). 그림 3.8에서는 링크 1이 고

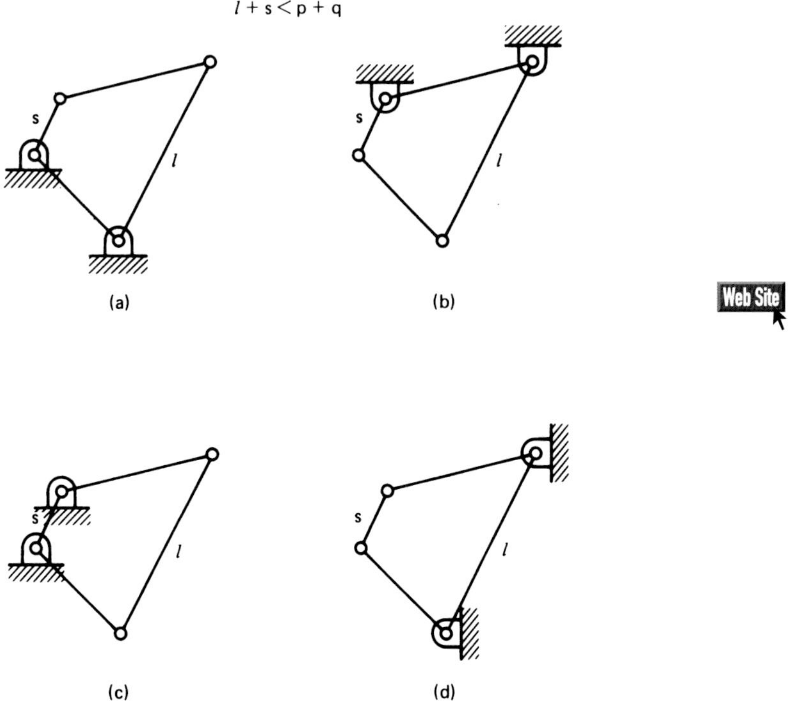

그림 3.7 그림 3.5의 4절 기구의 기구학적인 역에 의해 형성된 다른 형태의 기구들.

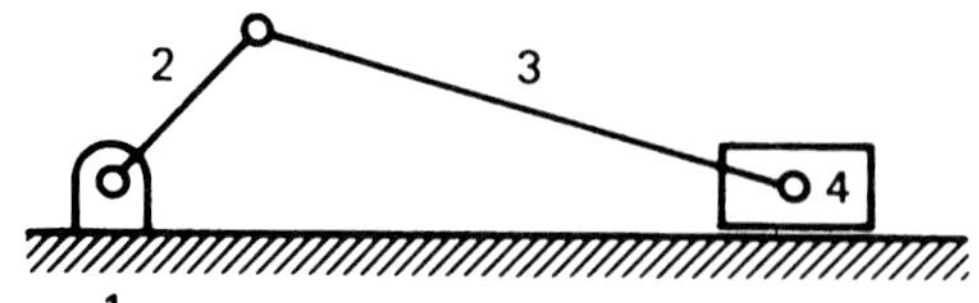

그림 3.8 슬라이더-크랭크 기구.

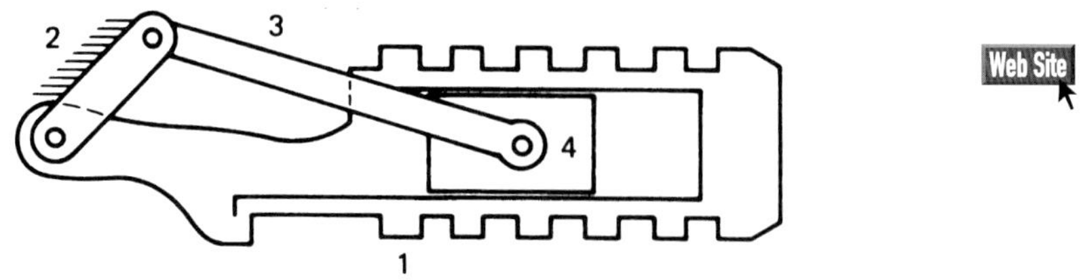

그림 3.9 슬라이더-크랭크 기구의 기구학적 역: 회전 슬라이드.

정되었다. 이러한 링크장치를 본 적이 있을 것이다. 이 장치는 내연기관에서 사용되며, 링크 4의 피스톤에 작용하는 가스 압력이 입력힘이 된다. 그러나 슬라이더-크랭크의 링크 2가 고정되면(그림 3.9), 이 장치는 노움(Gnome) 항공기 엔진에 사용되는 것과 같은 링크 형태가 된다. 여기서 크랭크축은 비행기 프레임에 고정되어 있으며, 커넥팅로드, 크랭크 케이스(실린더와 통합되어 있음)와 실린더(링크 1)는 회전한다. 프로펠러는 크랭크 케이스에 장착되어 있다. 또한 기구학적 역은 공작 기계에서 사용되는 급속 귀환 기구에도 적용되었다.

그림 3.10은 슬라이더-크랭크 기구의 링크 3인 커넥팅로드가 고정되고, 피스톤과 실린더가 교환된 기구학적 역에 의한 기구이며, 이것은 선박용 엔진이나 완구용 증기 엔진에 사용된다. 슬라이더-크랭크 기구의 네 번째 기구학적 역에 의한 기구는 수동 펌프(그림 3.11)이다.

그림 3.12a, 3.12b에서는 4절 기구가 입력링크(구동절)의 주어진 위치에 대해 두 가지의 모양새(configuration)를 갖는다. 이를 기하학적 역(geometric inversion)이라 부른다. 모든 4절 기구는 기하학적 역을 가진다. 분해 없이 또는 사점(死點: dead center position)을 통

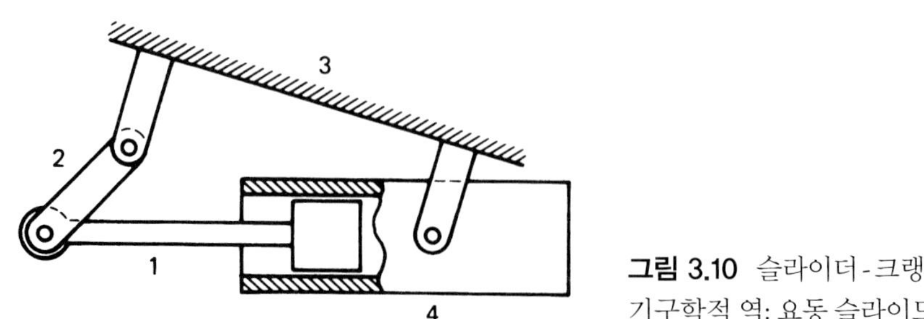

그림 3.10 슬라이더-크랭크 기구의 기구학적 역: 요동 슬라이드.

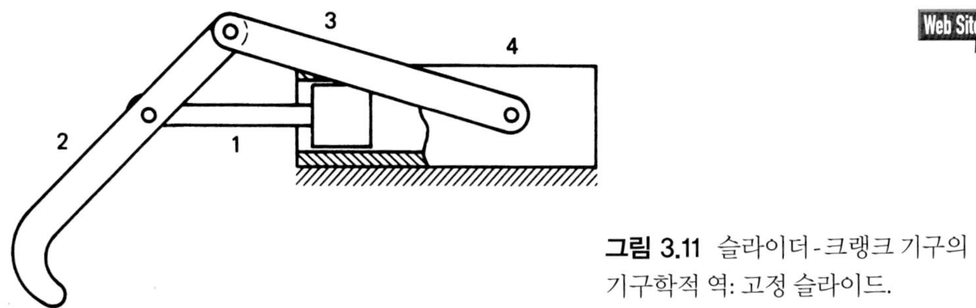

그림 3.11 슬라이더-크랭크 기구의 기구학적 역: 고정 슬라이드.

과하지 않고서는 첫 번째 기하학적 역에서 두 번째 기하학적 역으로 움직일 수 없다(그림 3.12c). 그러나 사점을 잘 통과할 수 있다면, 그림 3.12의 a에서 b로의 운동은 4개의 링크를 분해하지 않고도 가능하다. 뒷좌석 링크장치(그림 3.13)는 사점을 이용한다. 이 그림은 1986년형 포드 무스탕의 뒷좌석 등받이와 커버 플레이트 팬의 운동을 안내하는 4절 링크장치의 구성도를 나타내고 있다. 좌석 등받이를 내리려면, 사람이 좌석 등받이(입력링크)를 잡고, 반시계방향으로 회전시켜야 한다. 좌석 등받이가 좌석의 앉는 부분과 평행이 될 때 커플러와 출력링크(커버 플레이트)는 일직선이 된다. 그런 다음에 커버 플레이트를 밑으로 눌러서(반시계방향) 사점을 지나 확실하게 걸린 위치가 되게 한다.

모든 그래쇼프 4절 기구는 커플러와 종동절 사이의 조인트를 물리적으로 분해하여 재조립함으로써 2가지 범위의 운동을 얻을 수 있다. 이러한 2가지 범위의 운동을 분리된 회로(그림 3.14에 나타난 바와 같이)라 부른다. 그러나 그래쇼프 기준을 만족하지 않는 기구는 기하학적 역을 적용하더라도 한 개의 회로만을 갖는다(그림 3.15).

크랭크-로커와 이중-크랭크 기구는 사점에 도달하지 않는다. 그러므로 두 개의 기하학적 역은 항상 두 개의 다른 회로를 각각 갖는다(그림 3.16). 바꿔 말하면, 각 가능한 운동 범위를 나타내고 있는 회로는 같은 기하학적 역으로 구성되어 있다.

로커-크랭크나 이중-로커 기구(그림 3.17)는 두 가지 회로에서 각각 두 개의 사점을 갖

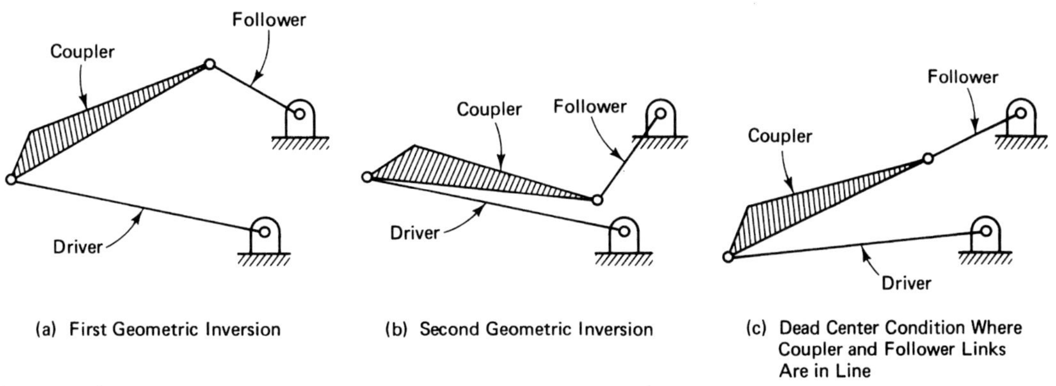

그림 3.12 4절 기구의 두 가지 기하학적 역.

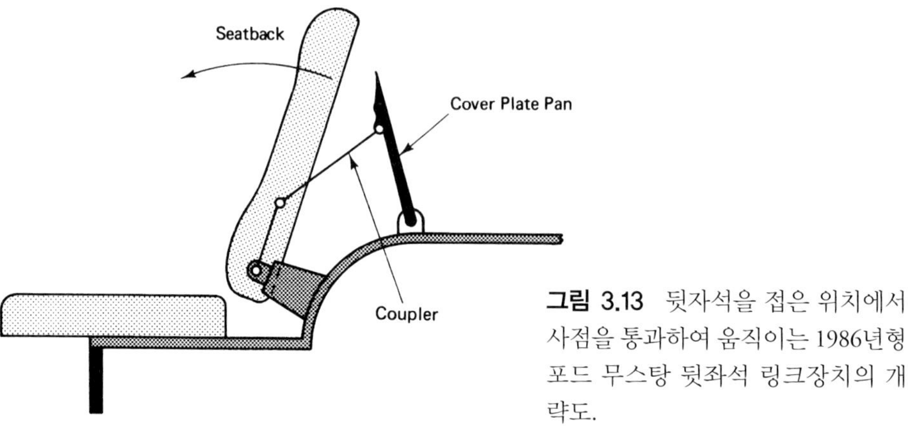

그림 3.13 뒷자석을 접은 위치에서 사점을 통과하여 움직이는 1986년형 포드 무스탕 뒷좌석 링크장치의 개략도.

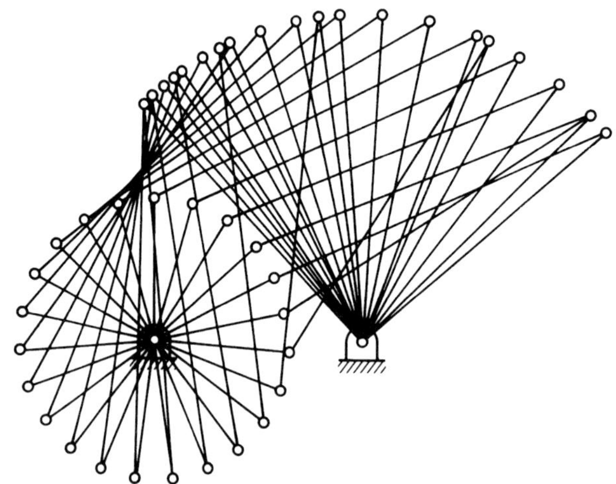

(a) First Circuit

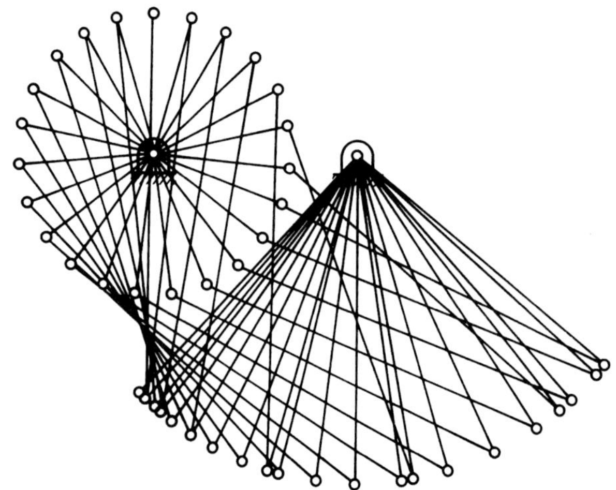

(b) Second Circuit

그림 3.14 크랭크-로커의 두 가지 회로.

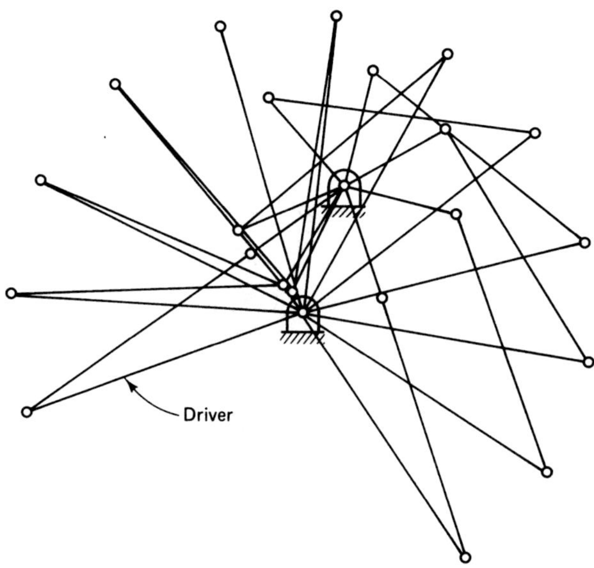

(a) Geometric Inversion 1

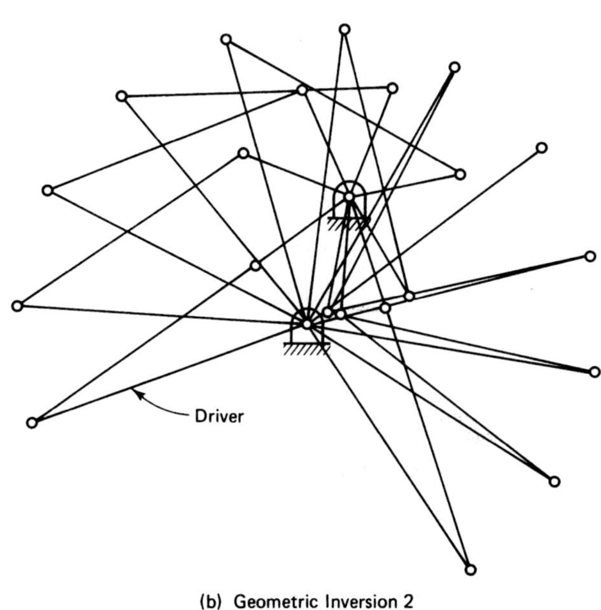

(b) Geometric Inversion 2

그림 3.15 그래쇼프 기준을 만족하지 않는 삼중 로커는 사점에 도달할 수 있다. 두 가지 기하학적인 역과정으로 가능한 회로를 나타내었다. 이 두 가지 기하학적 역은 링크 부재를 분해하지 않고도 서로 전환될 수 있다. 즉, 기하학적 역 (a)는 종동절을 아래로 내림으로써, 기하학적 역 (b)는 종동절을 위로 올림으로써 얻을 수 있다.

는다(4개의 서로 다른 모양새). 그리고 각각의 회로에서 구동절은 정해진 운동 범위 내에서 움직인다.

입력과 출력링크의 회전범위를 아는 것 외에도, 실제로 기구를 만들기 전에 그 기구가 얼마나 잘 작동될 것인가를 지표로 나타내는 것도 도움이 될 것이다. Hartenberg와 Denavit[86]에 의하면 "잘 작동됨이란 보다 학술적으로 말하면 운동이 출력링크로 전달되는 실효성(effectiveness)을 의미한다. 즉, 원활한 작동을 하려면, 최대힘의 성분이 어떠한

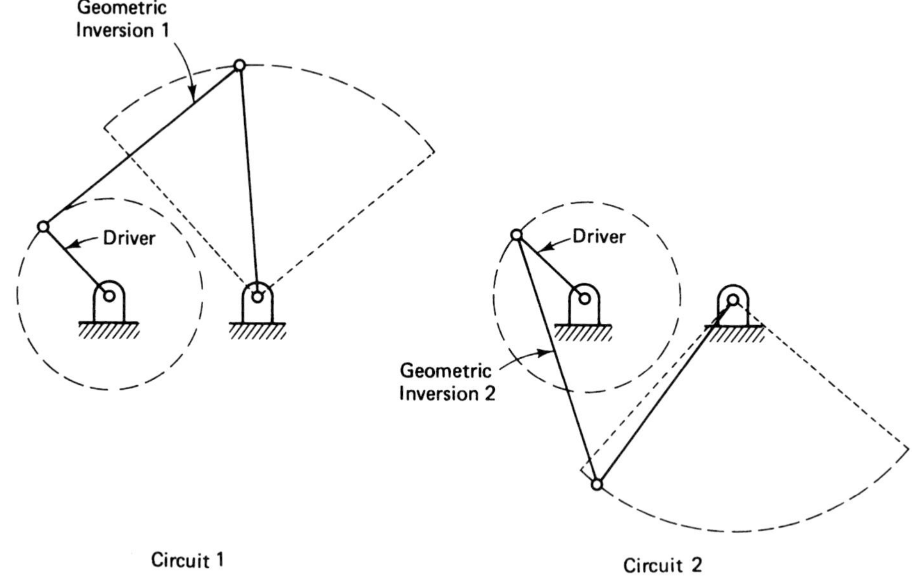

그림 3.16 4절 기구가 사점에 도달할 수 없으면, 각각의 기하학적 역은 구별되는 회로를 갖는다.

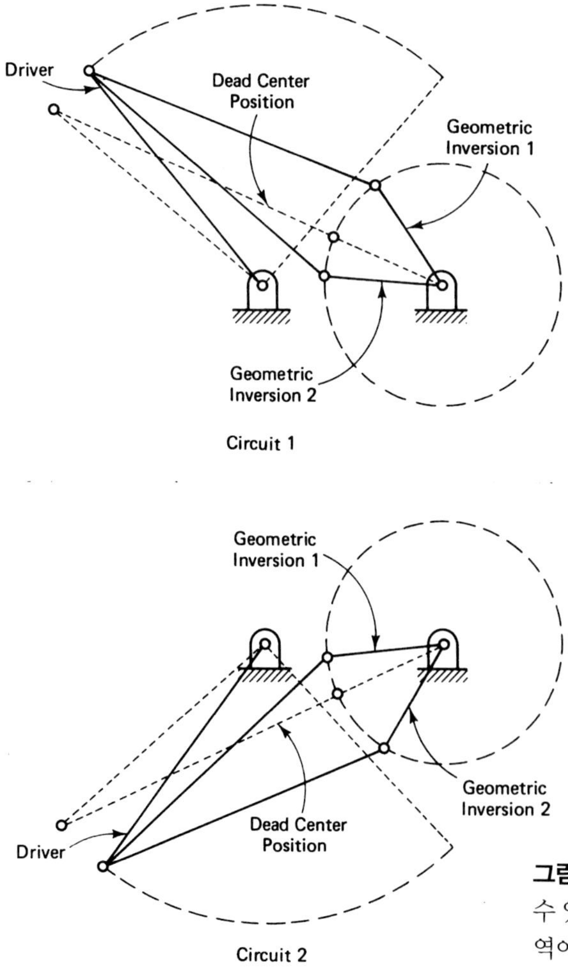

그림 3.17 4절 기구가 사점의 위치에 도달할 수 있다면, 각각의 회로에서 두 가지 기하학적 역이 일어난다.

경우에도 출력 부재에 이용 가능한 토크나 힘의 형태로 나타나야 한다." 그리고 기구의 출력힘이나 토크는 링크장치의 형상뿐 아니라 일반적으로 동적인 힘이나 관성력에 따라서도 다르게 나타난다(5장 참조). 이 동적 힘은 때때로 정적인 힘보다 몇 배나 더 크고, 다른 방향으로 작용한다. 저속으로 운행하는 기구의 해석이나 중간 속도에서 기구가 어떻게 작동될 것인가를 알기 위해서, 전달각(transmission angle)은 매우 유용한 개념이다.

Alt[1]는 전달각을 유동링크가 출력링크와 연결되는 점에서의, 유동링크의 상대 속도 벡터(3.5절 참조)와 출력링크의 절대 속도 벡터 사이의 사잇각(예각)으로 정의하였다. 그는 전달각을 유동링크(기구의 입력링크가 아님)로부터 출력링크까지의 적합한 운동 전달의 측정지표로 기술했으나, 나중 문헌[2]에서는 기구학적으로 결정된 전달각은 중력 작용이나 동적인 힘의 작용을 반영하지 못한다고 설명하였다. 전달각 γ는 그림 3.18과 3.19의 4절 링크장치에 나타나 있다. 이 그림에서 V_{BA}(점 A에 대한 점 B의 상대 속도)로 표기되는 상대 속도 벡터는 유동링크(링크 3)에 수직하고, 출력링크의 절대 속도 벡터는 링크 4에 수직하다.

전달각과는 다른, 편차각을 이용하는 방법이 Bloch[14]에 의해 제시되었다. 편차각(deviation angle) δ는 유동링크로부터 전달되는 정적인 힘 F_{34}의 방향과 연결점에서의 출력링크의 절대 속도 V_B의 사잇각으로 정의된다. 그림 3.18과 3.19에 편차각이 나타나 있다. 유동링크로부터 전달되는 정적인 힘의 방향은 두 핀조인트를 잇는 선과 같은 방향이다. 왜냐하면, 링크는 2힘 부재(two-force member)이기 때문이다(링크 위에 다른 힘은 없으며, 그 끝의 두 핀조인트에는 마찰력이 없다는 가정 때문). 캠과 캠 종동절 시스템(6장)에서 사용되는 압력각은 이 편차각에 해당된다. 절대 속도와 정적인 힘을 더 쉽게 알 수 있으므로 여기서는 전달각 γ보다 편차각 δ를 더 사용할 것이다.

편차각과 전달각이 $\gamma + \delta = 90°$의 관계를 갖는 경우를 살펴보자. 이 관계는 커플러링크에 축방향으로 서로 반대방향의 조인트 힘이 작용할 때는 항상 성립하지만, 3힘 부재(three-force member) 링크일 때는 성립하지 않는다. 최적의 전달각은 90°인 반면, 최적의 편차각은 0°이다. 기구가 운동하는 동안 이 각들의 값은 변한다. 출력링크와 커플러가 일

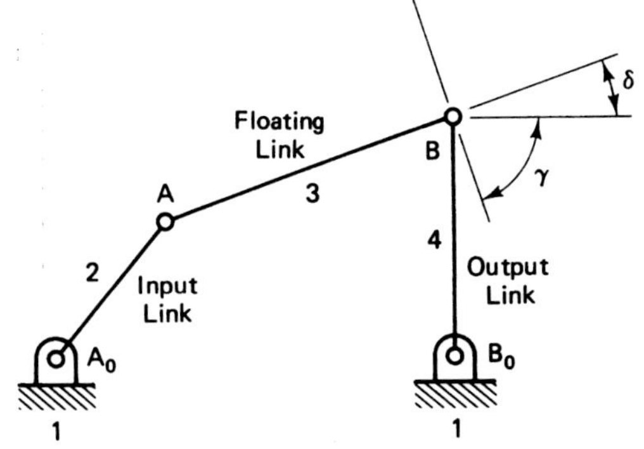

그림 3.18 4절 기구의 전달각 γ와 편차각 δ.

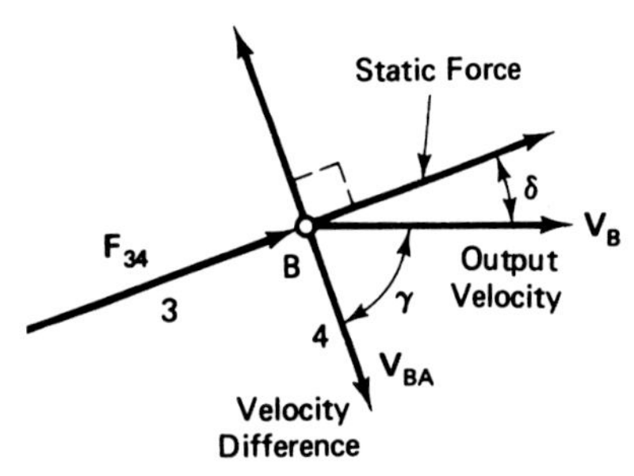

그림 3.19 전달각과 편차각.

직선이 되는 위치가 사점의 위치이며, 이때 전달각은 0°이다. 이 위치에서는 입력링크에 아무리 큰 힘을 가하여도 움직이지 않는다. 실제로 핀조인트에는 마찰이 존재하기 때문에, 전달각이 30° 이하인 기구는 사용하지 않는 것이 일반적이다. 물론 이 한계값은 특정 응용에 따라 달라진다.

예제 3.1

그림 3.20과 3.22에서 기구의 전달각과 편차각을 구하라.

풀이

슬라이더-크랭크 기구에서, 출력속도는 미끄럼면 상에 있고 정적인 힘 F_{34}는 2힘 부재인 링크 3선상에 있다. 그림 3.21에 슬라이더-크랭크 링크장치의 전달각과 편차각이 나타나 있다.

링크 2를 입력, 링크 6을 출력으로 하는 6절 링크장치(그림 3.22)는 두 개의 전달각과 편차각을 갖고 있다. 점 D(링크 5와 6에 작용하는 힘은 없다고 가정)의 상태가 좋고 나쁨에 상관없이 A_0AB가 일직선이 되는 사점을 형성한다면, A_0ABB_0의 4절 기구는 움직일 수 없다. 점 D에서도 같은 논리가 성립한다. 즉, 점 B에서 90°의 전달각을 갖고, CDD_0가 일직선이 되면 기구는 움직이지 않는다. 그림 3.23에 전달각과 편차각을 도시하였다.

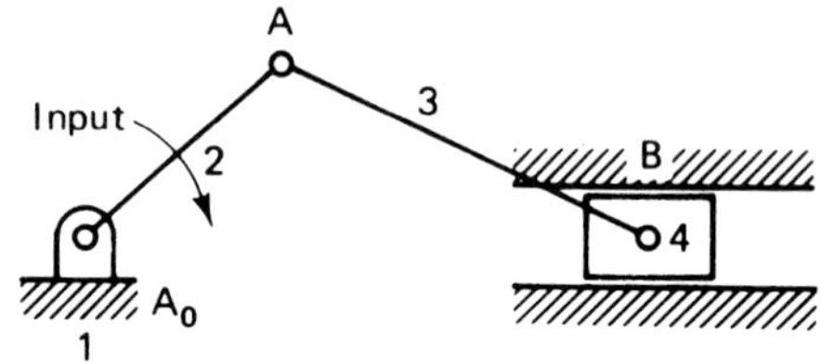

그림 3.20 슬라이더-크랭크 기구.

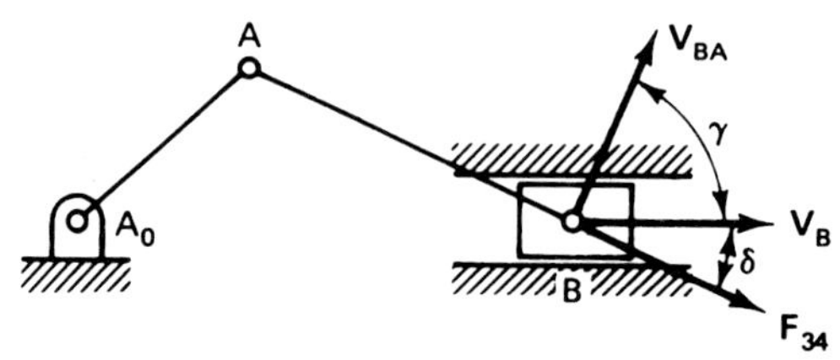

그림 3.21 그림 3.20의 슬라이더-크랭크 기구의 전달각과 편차각.

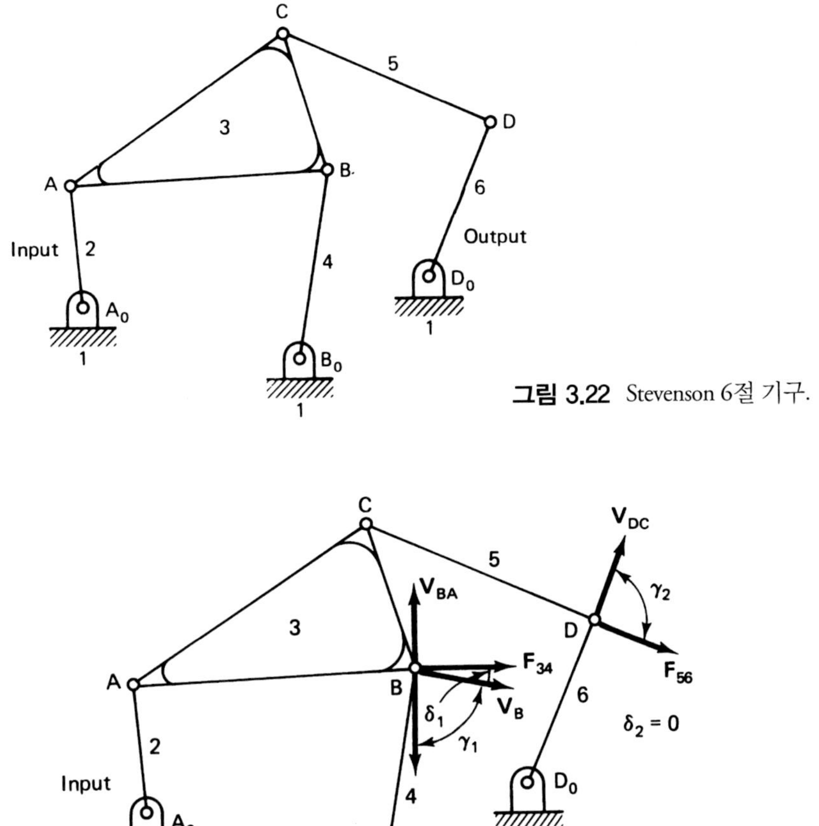

그림 3.22 Stevenson 6절 기구.

그림 3.23 링크 2가 입력인 6절 기구에서의 전달각과 편차각. 이 위치에서 점 D에서의 편차각은 0이다. 점 B에서 전달각과 편차각을 결정할 때, 링크 5와 6의 영향은 무시된다.

만약 그림 3.22에서 6절 기구의 입력과 출력을 바꾸면 해석은 더 어려워진다. 왜냐하면 링크 3은 더 이상 2힘 부재가 아니기 때문이다. 이런 경우의 6절 기구 해석을 위해 가상 등가 링크장치(virtual equivalent linkage)를 이용하는 방법이 제시되었다[167]. 먼저 4절 기구 A_0ACBB_0를 위치와 속도가 동일한 가상 링크 C_0C로 교체시킨다. 이 장의 뒷부분에서 순간중심에 대해 논할 것이지만, 링크 3의 확장된 평면상의 한 점이 지면에 대해 순간적으로 속도가 0이 되는 유일한 점은 C_0(링크 1과 3의 순간중심)라는 것을 알게 될 것이다. 나중에 배우게 되겠지만 C_0는 링크 2와 4를 연장할 때 만나는 교점으로 구할 수 있다. 점 C의 순간속도는 원래의 6절 기구에서와 그 크기와 방향이 같다. 물론 가상 4절 등가 링크장치 D_0DCC_0에서도 같다. 그러므로 그림 3.24에 보이는 바와 같이 전달각과 편차각을 구할 수

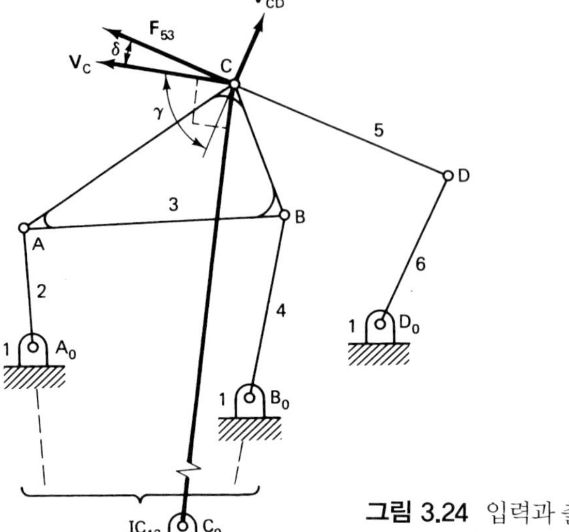

그림 3.24 입력과 출력링크가 바뀐 경우 그림 3.22의 Stevenson 6절 기구의 전달각과 편차각.

있다. 앞의 설명은 다중 루프 기구의 전달각과 편차각의 해석이 얼마나 복잡한가를 보여 주는 한 예이다. 순간중심을 공부한 후에 이 절을 다시 읽어 보기 바란다. 참고문헌 [167]은 다중 루프 기구에 대한 전달각과 편차각의 해석방법을 제시하고 있다. 이 방법의 핵심은 다중 루프 기구에서 사점의 위치를 찾는 것이다. 또한 가능한 가상 등가 링크장치를 발견하는 것이다.

링크장치의 운동 전달 능력을 측정하기 위해 행렬 형태로 정의되는 지표도 사용되어 왔다. 주어진 링크장치의 형상에 대하여, 입력변수에 대한 운동변수의 미분값들이 포함되어 있는 쟈코비안(Jacobian) 행렬의 행렬식(determinant) 값은 특정 위치에서 링크장치의 운동성(movability)의 척도를 나타낸다.

3.2 변위 해석: 도해적 방법

4절 기구와 같은 1자유도 기구는 도해적으로 상대 변위를 쉽게 해석할 수 있다. 비록 해석의 정확도는 도면의 작성과 축척에 따라 좌우되지만 일반적으로 수용할 수 있을 정도의 정밀한 해를 얻을 수 있다. 기구의 여러 위치를 산출하는 빠른 방법이 그림 3.25에 예시되어 있다. 여기서 반드시 필요한 제도 도구는 자, 컴퍼스, 복사판(overlay: 제도용 투명지)이다.

그림 3.25a에서 크랭크-로커 4절 기구의 입력크랭크가 A_0A일 때, 경로 추적점 P의 변위(그리고 입력크랭크에 대한 커플러링크 AB와 출력링크 B_0B의 상대각)를 해석해 보자.

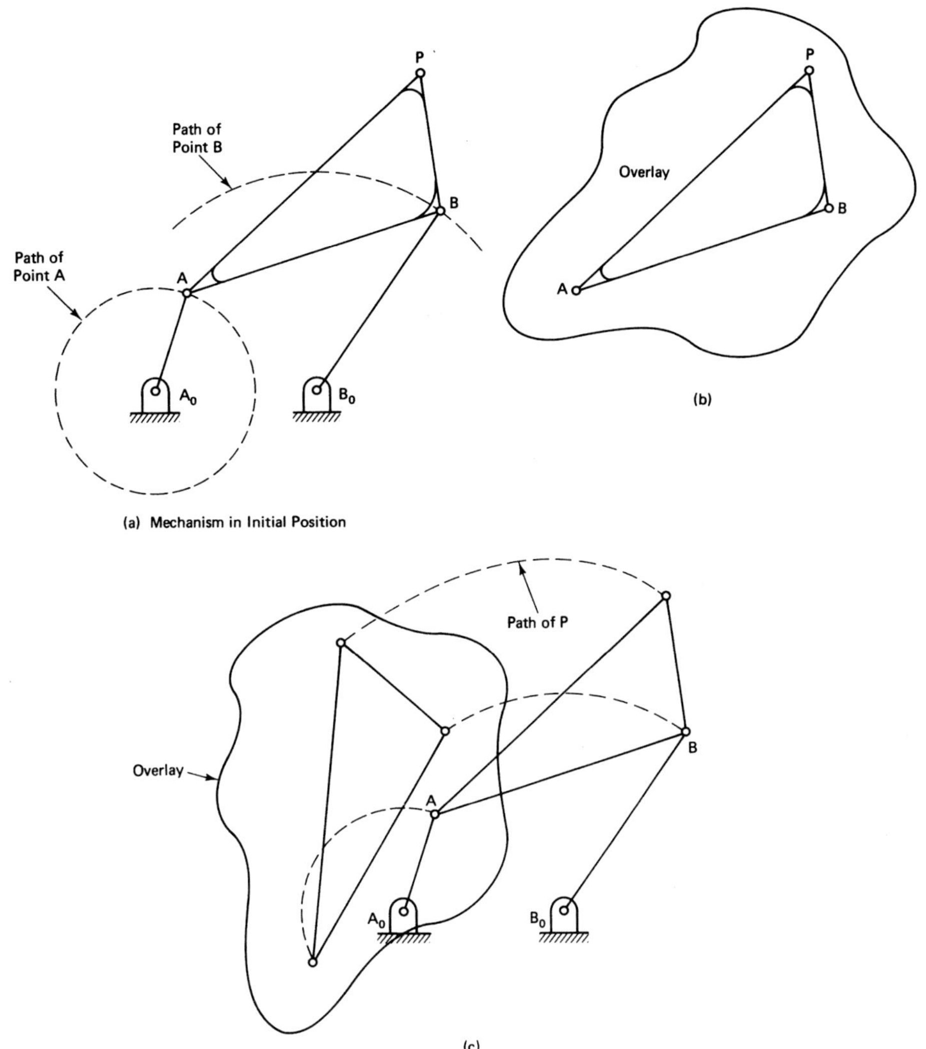

그림 3.25 그림 3.1의 4절 기구에서 점 P의 경로를 구하기 위해, 점 A와 B의 원호 경로에 복사판 (b)를 위치시켜 도해적으로 해석한다.

커플러링크를 그림 3.25b와 같이 복사판에 다시 그린다. 커플러링크 위의 점 A와 B는 A_0를 중심으로 A를 지나는 원호와 B_0를 중심으로 B를 지나는 원호를 각각 따라가야 한다. 이때, 점 A, B의 위치가 해당되는 원호상에 정확히 위치하도록 주의하여 4절 기구 a 위를 복사판 b가 움직일 수 있도록 하며, 각 위치에서 점 A, B 및 P(컴퍼스 끝을 눌러서 a에 점을 찍던가, a 아래에 복사판을 놓고 a에 점을 표기한다)의 위치를 표시해 놓는다. 그림 3.25c는 이렇게 해서 형성된 운동주기의 한 부분을 보여준다.

이 방법을 이용하면 매우 빠르게 결과를 얻을 수 있지만, 많은 양의 해석을 하기에는 어려움이 따르고 정확도도 떨어진다. 그러나 더 복잡한 기구에서 조인트(joint)들을 각각의 경로를 따라 움직이도록 하면, 이러한 방법으로도 해석이 가능하다.

이러한 도해적인 방법에서 복사판을 사용하는 대신에 컴퍼스와 만능 제도기를 사용하면, 좀 더 정밀한 결과를 얻을 수 있다. 그림 3.26, 3.27, 3.28에 이 방법이 설명되어 있다. 그러나 작도가 부정확하거나, 원호와 직선이 불확실하게 만나는 경우, 교점이 너무 멀리 떨어진 경우에는 여전히 해의 정밀도가 떨어진다. 이와 같은 어려움과 컴퓨터의 등장은 더욱 해석적 방법을 이용하는 계기가 되었고, 특히 컴퓨터-그래픽 기법은 해석적인 소프트웨어 개발을 촉진시켰다.

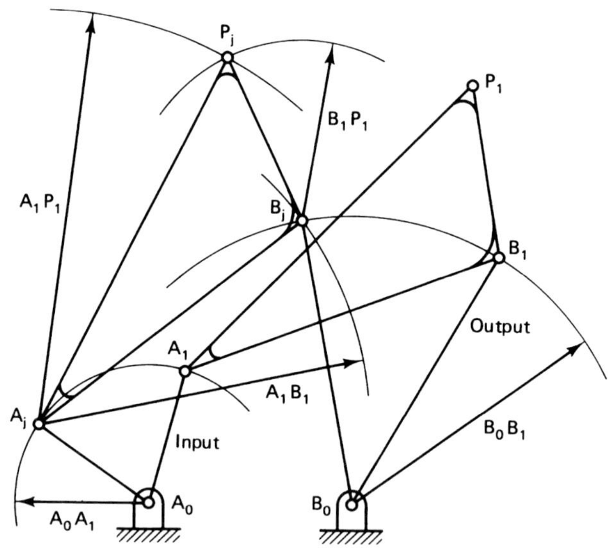

그림 3.26 4절 기구의 도해적인 변위 해석.

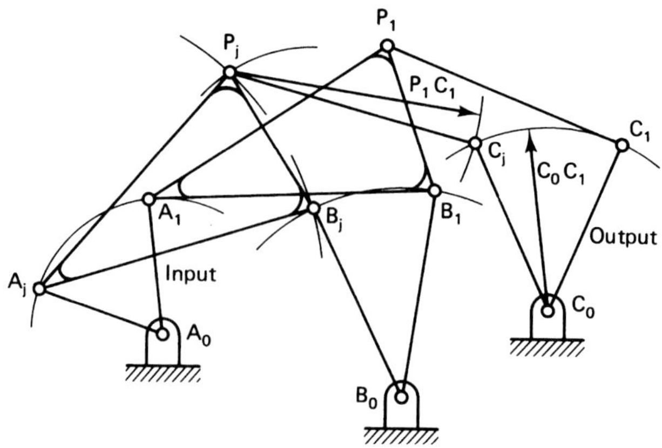

그림 3.27 A_0A를 입력으로, C_0C를 출력으로 하는 Stevenson III 6절 기구의 도해적인 변위 해석.

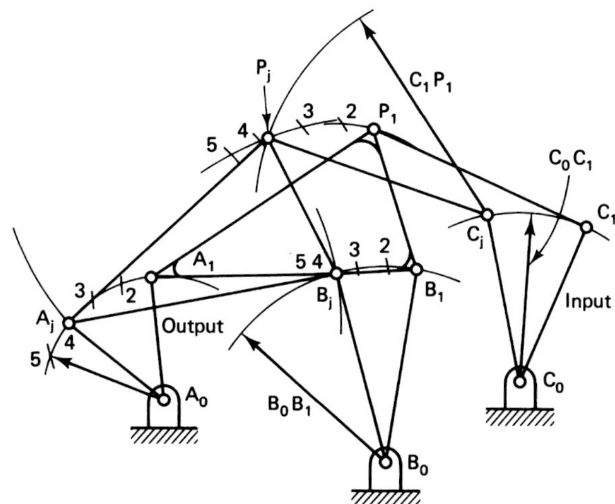

그림 3.28 C_0C를 입력으로, A_0A 또는 B_0B를 출력으로 하는 Stevenson III 6절 기구의 도해적인 변위 해석.

4절 기구의 도해적인 변위 해석

그림 3.26에 도시한 것처럼, 4절 경로생성 기구(four-bar path-generator mechanism) A_0AB_0BP의 j번째 위치를 생성해 보고자 한다. 맨 처음 또는 시작 위치는 첨자 1로 표시한다. j번째 위치를 구하기 위해서는 다음과 같이 한다.

1. A_0를 중심으로 반지름이 A_0A_1인 원호를 그리고, B_0를 중심으로 반지름이 B_0B_1인 원호를 그린다. 이 원호들은 각각 조인트 A와 B의 경로이다.
2. 입력링크의 j번째 위치, 즉 A_0A_j를 그린다.
3. A_j를 중심으로 하여 반지름이 A_1B_1인 원호를 그리고, B의 경로와의 교점을 구한다. 이 점이 B_j이다.*
4. 중심이 B_j이며 반지름이 B_1P_1인 원호와 중심이 A_j이고 반지름이 A_1P_1인 원호의 교점 P_j를 구한다.

이렇게 하여 모든 위치를 구했다. 만약 4절 링크장치가 커플러의 점 P를 이용하지 않는 함수생성기(function-generator)라면, 위의 단계 3까지로 위치 해석을 모두 끝낼 수 있다.

* 두 개의 원이 두 점에서 만나므로 두 개의 해가 존재한다. 그림 3.26에서는 보이지 않는 두 번째 해가 4절 기구의 '기하학적 역'이 된다.

Stevenson Ⅲ 6절 기구의 도해적인 변위 해석

그림 3.27은 회전조인트로 구성된 $A_0AB_0BPCC_0$의 기구를 보여준다. 모든 움직이는 조인트의 시작점은 첨자 1로 표기하였다. A_0A가 입력이고 C_0C가 출력일 때 j번째 위치를 구하기 위해서는 다음과 같은 과정을 따른다.

1. 앞에서와 같은 방법으로 $A_0A_jB_0B_jP_j$ 4절 링크장치의 j번째의 위치를 구한다.
2. 반지름이 C_0C_1이고 중심이 C_0인 원호와 반지름 P_1C_1이고 중심이 P_j인 원호와의 교점을 그려서 출력다이애드(dyad: 2개의 링크)의 j번째 위치를 구하면 조인트 C의 j번째 위치 C_j가 된다.

그림 3.28은 C_0C가 입력이고 A_0A 혹은 B_0B가 출력일 때의 결과를 보여준다. 그 과정은 다음과 같다.

1. 입력링크의 j번째 위치를 그리고, 반지름이 C_1P_1이고 중심이 C_j인 원호를 그린다.
2. 이제 그림 3.26의 방법을 사용하여, 위에서 구한 원호 C_1P_1의 근방에 점 P에 해당될 4, 5개 정도의 연속적인 점을 그려서 점 P의 경로 일부를 만들어 낸다. P_j는 원호 C_1P_1과 점 P의 경로와의 교점이다.

이렇게 하여 도해적인 방법으로 변위를 구할 수 있다.

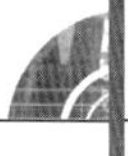

3.3 변위 해석: 해석적 방법

앞으로 다룰 변위와 속도 해석은 여러분이 복소수를 잘 안다는 가정 아래 설명될 것이다. 3장의 부록에 복소수에 대한 기본 사항이 수록되어 있으니 참고하기 바란다.

1장에서는 기구의 자유도를 결정하는 방법을 논의하였다. 4절 기구와 같은 1자유도의 기구에서는 한 개의 위치변수(예를 들면, 입력링크의 각도)가 정해지면, 기구의 나머지 위치들이 모두 결정된다(이때 2종류의 기하학적 역 중 어떤 역을 이용하는지도 주어져야 한다). 4절 링크장치에서 링크들의 절대각 위치(absolute angle position)에 대한 관계를 해석적으로 표현해 보자. 이 방법은 여러 가지 다른 종류의 기구해석이나 다수의 위치를 해석할 때 도해적 방법보다 훨씬 유용하다. 그 이유는 해석적 관계식은 뒤의 예제 A, B에서와 같이 쉽게 자동 계산이 가능하도록 프로그램될 수 있기 때문이다.

루프 방정식(loop equation)을 이용한 변위 해석에서는 비선형 방정식들을 수치 해석적으로 풀어야 하는 경우가 많다. 여기서는 변위 해석을 위한 다른 해석적 방법을 설명하고자 한다. 이 방법에서는 해가 수식으로(closed form solution)로 표현된다.

그림 3.29의 4절 기구는 입력링크 $\mathbf{r}_2$가 고정된 상태에서 2개의 서로 다른 모양새(configuration)로 조립될 수 있다. 이런 모양새를 기하학적 역(geometric inversion)이라 부른다. 그림 3.30은 그림 3.29에 대한 다른 하나의 기하학적 역을 보여준다. 이 2개의 기하학적 역에서 벡터 $\mathbf{r}_7$에 대하여 벡터 $\mathbf{r}_3$와 $\mathbf{r}_4$가 서로 거울에 비친 것처럼 대칭을 이루고 있는 것을 알 수 있다.

이 기하학적 역을 구별하기 위해 변수 μ를 사용하겠다. 변수 μ는 오직 $+1$ 혹은 -1의 값만을 가지며, $+1$은 그림 3.29의 기하학적 역을, -1은 또 다른 (그림 3.30) 기하학적 역을 의미한다. 절대값 ψ는 $\mathbf{r}_7$과 $\mathbf{r}_4$의 사잇각이고 $0 \leq \psi < \pi$라 하자. 따라서 $\mathbf{r}_7$과 $\mathbf{r}_4$의 사잇각은 부호를 고려하면, $\mu\psi$로 쓸 수 있다. 이때, $\mathbf{r}_7$에서 $\mathbf{r}_4$로 시계방향으로 회전한 경우(그림 3.29) $\mu = -1$이고, $\mathbf{r}_7$에서 $\mathbf{r}_4$로 반시계방향으로 회전한 경우(그림 3.30) $\mu = +1$이다.

기구의 초기 위치가 주어지면, μ값은 눈으로 보아서도 곧바로 결정될 수 있다. 이제 입력링크와 종동링크들의 초기 위치가 주어진 4절 기구의 기하학적 역을 결정하는 해석적 방법을 아래 예를 통해 설명하겠다.

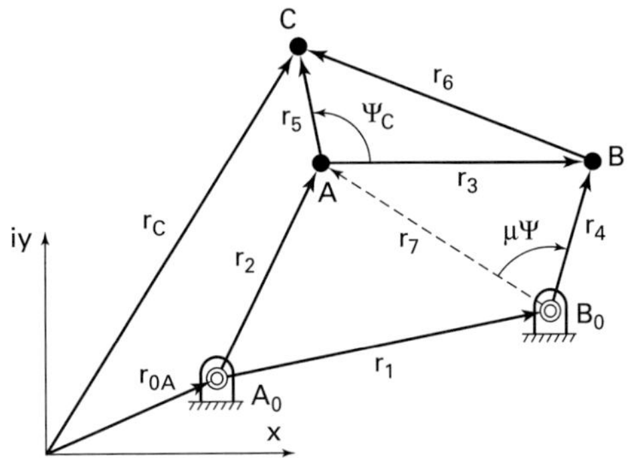

그림 3.29 4절 기구.

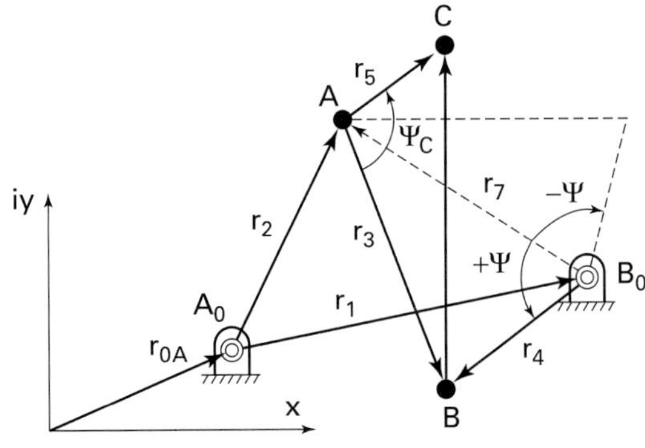

그림 3.30 그림 3.20에 대한 두 번째 기하학적 역(점선은 첫 번째 역을 나타냄).

예제 A (그림 3.29 참조)

링크의 길이 및 각도 $\mathbf{r}_{oA}$, $\mathbf{r}_1$; 링크 길이 r_2, r_3, r_4, r_5; 각도 ψ_c; 초기 위치 및 각도 $\mathbf{r}_2$, $\mathbf{r}_4$가 주어졌을 때 μ를 구하라.

1. 벡터 $\mathbf{r}_7$을 구한다: $$\mathbf{r}_7 = \mathbf{r}_2 - \mathbf{r}_1 \tag{3.1}$$
2. $\mathbf{r}_7$과 $\mathbf{r}_4$의 사잇각*을 구한다: $$\mu\psi = \arg(\mathbf{r}_4) - \arg(\mathbf{r}_7) \tag{3.2}$$
3. $-\pi < \mu\psi \leq \pi$가 되도록 $\mu\psi$를 바꾼다.
4. $\mu\psi > 0$이면, $\mu = +1$ (3.3a)

   $\mu\psi < 0$이면, $\mu = -1$ (3.3b)

4절 기구가 한 기하학적 역의 위치에서 다른 역의 위치로 이동하기 위해서는 다음 둘 중 하나가 반드시 일어나야 한다. (1) 사점(움직일 수 없는) 위치를 거쳐서 지나가거나, (2) 기구를 분해해서 다른 기하학적 역의 위치가 되도록 재조립한다. 따라서, 기구가 운동할 때 한 기하학적 역의 위치에서 다른 역의 위치로 가지 않도록 하는 것이 일반적이다(예외도 있음). 4절 기구의 운동이 한 개의 기하학적 역으로 제한되어 있다면, 기구의 모든 위치는 주어진 입력값에 따라 결정된다. 두 번째 예에서는, 입력링크($\mathbf{r}_2$)의 각도가 주어졌을 때 추적점 C의 위치를 해석해 보도록 한다.

예제 B (그림 3.29 참조)

링크의 길이 및 각도 $\mathbf{r}_{oA}$, $\mathbf{r}_1$; 링크 길이 r_2, r_3, r_4, r_5; 각도 ψ_c; 기하학적 역 μ; 입력링크($\mathbf{r}_2$)의 초기 위치 정보가 주어졌을 때 $\mathbf{r}_C$를 구하라.

1. 벡터 $\mathbf{r}_7$을 구한다: $$\mathbf{r}_7 = \mathbf{r}_2 - \mathbf{r}_1 \tag{3.4}$$
2. $\mathbf{r}_7$과 $\mathbf{r}_4$의 사잇각을 구한다: $$\psi = \arccos\left(\frac{r_4^2 + r_7^2 - r_3^2}{2r_4 r_7}\right) \tag{3.5}$$
3. 링크 4의 기울기를 구한다: $$\theta_4 = \arg(\mathbf{r}_4) = \arg(\mathbf{r}_7) + \mu\psi \tag{3.6}$$
4. $\mathbf{r}_3$를 구한다: $$\mathbf{r}_3 = -\mathbf{r}_2 + \mathbf{r}_1 + \mathbf{r}_4 \tag{3.7}$$
5. $\mathbf{r}_5$의 기울기를 구한다: $$\theta_5 = \arg(\mathbf{r}_5) = \arg(\mathbf{r}_3) + \psi_C \tag{3.8}$$
6. $\mathbf{r}_C$를 구한다: $$\mathbf{r}_C = \mathbf{r}_{oA} + \mathbf{r}_2 + \mathbf{r}_5 \tag{3.9}$$

4절 기구 운동의 극한 위치(limit position)에 관한 해석은 3.10절을 참조하라.

* arg는 주어진 벡터의 각도를 나타낸다. 여기서 이 각도는 양의 방향 x축을 기준으로 반시계방향으로 측정된 각도를 의미한다.

회로와 분기

여기에서는 μ를 이용하여 4절 기구에서 회로(circuit)나 분기(branch)의 변화가 일어날 가능성이 있는지를 알아보자.

실제(fact): 양(+) μ 모양새에서 음(–) μ 모양새로 움직일 수 있는 방법은 다음 두 가지 밖에 없다.

1. 기구의 분해
2. 움직일 수 없는 모양새(사점)를 통과하는 것

이 사실로부터 아래와 같은 결론을 얻을 수 있다.

그래쇼프 기준을 만족하지 않는 기구(삼중 로커 링크장치 RRR): 오직 1개의 운동범위를 결정해 주는 회로밖에 없다. 따라서, 위치 1에서 위치 2로 갈 때 μ값이 변화하면, 위치 1과 위치 2는 서로 다른 분기(branch) 상에 있는 것이다(회로의 변경은 불가능). 또한 위치 1에서 위치 2로 갈 때 μ값이 변화하지 않으면, 위치 1과 위치 2는 같은 분기(또는 회로)상에 있는 것이다.

크랭크 입력을 갖는 그래쇼프 기구(이중-크랭크 CC 혹은 크랭크-로커 CR): 모든 그래쇼프 4절 기구는 2개의 회로를 갖는다. 이 크랭크 구동 기구는 움직일 수 없는 자세(사점)를 절대로 만나지 않는다. 따라서, 위치 1에서 위치 2로 갈 때 μ값이 변화하지 않으면, 위치 1과 위치 2는 같은 회로상에 있는 것이다(분기는 없음).

로커 입력을 갖는 그래쇼프 기구(로커-크랭크 RC 혹은 이중-로커 RR): 모든 그래쇼프 4절 기구는 2개의 회로를 갖는다. 이 로커 구동 기구들은 각 회로상에서 움직일 수 없는 자세(사점)를 만날 수 있다. 따라서, μ의 부호만 보고 분기나 회로선의 변경이 일어날지를 예측할 수 없다. 그러나 위치 1에서 위치 2로 갈 때 μ값이 변화하면, 위치 1과 위치 2는 서로 다른 회로선상에 있거나 서로 다른 분기에 있는 것이다. 또한 위치 1에서 위치 2로 갈 때 μ값이 변화하지 않는다 하더라도, 위치 1과 위치 2는 서로 다른 회로선상에 있을 수 있다(각 회로는 (+)와 (–) 자세를 모두 갖고 있으므로). 이 경우, μ값만 보고 이를 구별할 수 없다. 운동범위들을 살펴봄으로써 각 회로를 구별할 수 있을 것이다.

3.4 상대 운동의 개념

1.4절에서 절대 운동과 상대 운동의 개념들을 소개한 바 있다. 이 개념을 이해하면 위치, 속도, 가속도 문제들의 해를 구하는 데 많은 도움이 된다. 지금부터, 같은 링크상에 있는 서로 다른 점 사이의 상대 운동과 서로 다른 링크들 사이의 상대 운동에 관하여 설명하고

표 3.1 ● 링크장치에서 4종류의 운동

	같은 점	**다른 점**
같은 링크	경우 1 중요하지 않음	경우 2 차이운동
다른 링크	경우 3 상대 운동	경우 4 경우 2와 경우 3의 혼합운동

자 한다.

표 3.1은 기구에서 다양한 점들의 운동을 해석할 때 적용할 수 있는 4가지 경우를 보여준다. 이 표는 가로축 2가지, 세로축 2가지 경우에 따라 같은 혹은 다른 링크상에 놓여 있는 같은 혹은 다른 점의 조합을 나타낸다. 지금부터는 운동 해석의 복잡성과 관련하여 각 경우에 대한 설명을 하겠다(그림 3.31).

경우 1: 같은 점–같은 링크. 예를 들면, 링크 2 위의 점 Q에 대한 링크 2 위의 같은 점 Q의 운동은 필요 없는 해석이다. 왜냐하면 같은 점 Q에 대한 Q의 운동은 없기 때문이다.

경우 2: 다른 점–같은 링크. 경우 2는 '차이(difference)'[86] 운동이라고 칭하며, 링크 2 위의 점 Q와 P 사이의 운동이나 링크 3 위의 점 R과 S 사이의 운동을 말한다.

경우 3: 같은 점–다른 링크(순간적으로 일치하는 점). 예로서, 링크 3 위의 점 R에 대한 링크 2 위의 점 R의 운동이나, 링크 4 위의 점 U의 링크 5 위의 순간적으로 일치하는 점 U에 대한 운동을 들 수 있다. 경우 3의 운동을 '상대 운동'이라고 부른다. 링크 3 위의 점 R에 대한 링크 2 위의 점 R처럼, 어떤 점이 두 링크를 연결하는 회전조인트일 때 이 점의 상대 운동 해석은 상대 운동이 없으므로 의미가 없다. 또 다른 예로, 조인트상의 점이 아닌 점 U에 관한 해석은 꽤 복잡해진다. 왜냐하면 고정된 기준좌표계에 대한 각 링크상의 관심점(point of interest)의 순간경로(instantaneous path)를 알아야 하기 때문이다.

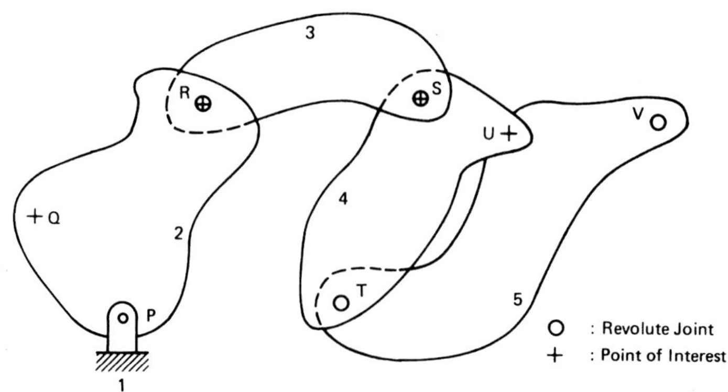

그림 3.31

링크장치의 운동 해석은 종종 경우 2와 3의 해석을 모두 포함하게 된다.

경우 4: 다른 점-다른 링크. 이 경우의 예로, 링크 5와는 다른 링크상의 점 P, Q, R 또는 S에 대한 링크 5 위의 점 V의 운동을 생각할 수 있다. 이런 경우 해석을 하기에는 정보가 충분하지 않기 때문에 경우 4의 해석을 위해서, 보통 경우 2나 3의 중간단계의 해석이 먼저 수행되어야 한다.

해석이 더욱 복잡해지거나(예, 가속도 운동), 상대 운동 성분들을 추적하기가 어려워질수록, 위에서 언급한 4가지 경우는 더욱 중요해진다. 어떤 특정 문제가 상기 4가지 중 어떤 경우와 관련이 되는지를 이해하는 것은 링크의 기구학에 있어서 기초가 된다. 기구의 기구학적 해석에 있어서 대부분의 실패는 상대 운동의 잘못된 해석으로부터 발생한다.

3.5 속도 해법: 도해법

속도의 개념은 고정링크(지면, 링크 1)와 A_0에서 핀으로 연결된 입력링크(링크 2)의 두 링크로 이루어진 링크장치를 살펴봄으로써 이해할 수 있다(그림 3.32와 3.33 참조). 링크 2의 임의의 점 A의 반지름 벡터 $\mathbf{R}_A$는 링크 1에 고정된 절대 기준좌표계의 x축에 대하여 순간적으로 각도 θ_A를 이루고 있다. 그림 3.33의 축들은 복소수 평면 x, iy를 나타내고 있음을 주의하라. 복소수*는 평면 기구의 해석 및 합성에 그 응용성이 크기 때문에, 이 책의 많은 부분에서 사용되고 있다.

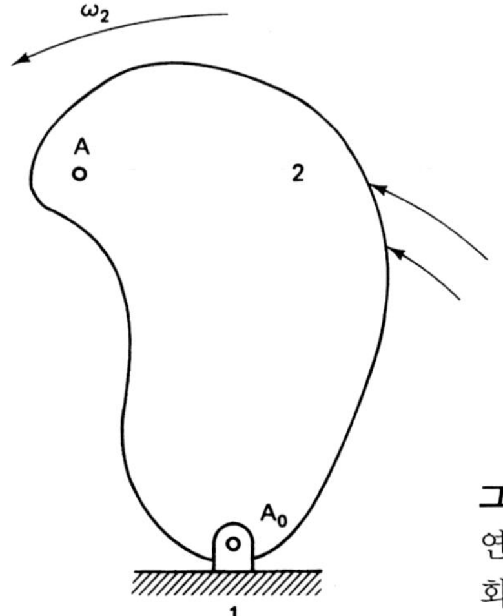

그림 3.32 링크 2는 고정링크 1의 점 A_0에서 연결되어 있고, 각속도 ω_2로 반시계방향으로 회전하고 있다.

* 복소수의 복습을 위해서 이 장의 부록을 참조하라.

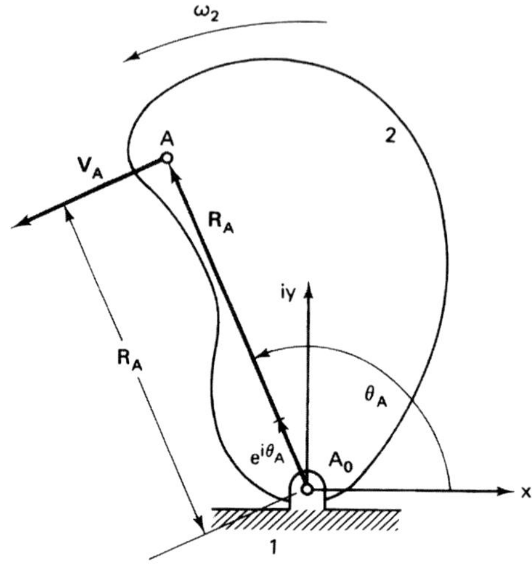

그림 3.33 회전하고 있는 링크 2의 점 A의 절대 속도 $\mathbf{V}_A$.

링크 2는 링크 1에 대하여 위치가 변하고 있다. 고정된 x축에 대하여 링크 2가 이루는 각도의 시간에 대한 변화량을 링크 2의 각속도(ω_2)라 하고, 반시계방향을 (+)으로 취급한다.

$$\omega_2 \equiv \frac{d\theta_A}{dt} \tag{3.10}$$

A_0에 대한 점 A의 위치(표 3.1의 경우 2 해석 참조)는 수학적으로 극좌표계 또는 직교좌표계로 표현될 수 있다. 따라서 점 A의 위치를 나타내는 벡터는 2개의 스칼라량, 즉 길이 R_A와 x축에 대한 각도 θ_A로 정의된다.

극좌표 형태:

$$\mathbf{R}_A = R_A e^{i\theta_A} \tag{3.11}$$

오일러 공식을 이용하여 직교좌표 형태의 식을 얻을 수 있다.

$$\mathbf{R}_A = R_A \cos\theta_A + iR_A \sin\theta_A \tag{3.12}$$

어떤 점의 절대 선속도(absolute linear velocity)는 고정된 기준좌표계에 대한 그 점의 위치 벡터의 시간에 대한 변화량이다.

$$\mathbf{V}_A = \frac{d\mathbf{R}_A}{dt} \tag{3.13}$$

극좌표형태로는

$$\mathbf{V}_A = iR_A\frac{d\theta_A}{dt}e^{i\theta_A} = R_A\omega_2 ie^{i\theta_A} = i\mathbf{R}_A\omega_2 \tag{3.13a}$$

직교좌표형태로는

$$\mathbf{V}_A = R_A(-\sin\theta_A)\frac{d\theta_A}{dt} + iR_A(\cos\theta_A)\frac{d\theta_A}{dt} = R_A\omega_2(-\sin\theta_A + i\cos\theta_A) \tag{3.13b}$$

극좌표 형태의 $\mathbf{V}_A$는 많은 정보를 지니고 있다. 이 벡터의 스칼라값은 반지름 R_A에 각속도 ω_2를 곱한 것과 같으며, 방향은 단위 위치 벡터 $e^{i\theta A}$로부터 90°만큼 회전된 방향이다. **복소수를 사용할 때에는 반시계방향의 회전이 (+)방향이다.** 따라서 ω_2는 여기서 (+)이고 절대 속도 $\mathbf{V}_A$는 그림 3.33에서 왼쪽을 향하고 있다.

선속도와 각속도의 크기는 다음과 같은 관계를 갖는다.

$$|\mathbf{V}_A| = V_A = R_A|\omega_2| \tag{3.14}$$

또한, 속도의 임의 성분이 위치 벡터(R_A)의 방향을 향하고 있다면, 링크는 변형이 생겼다고 볼 수 있고, 따라서 링크가 강체라는 가정에 위배된다. 따라서, 강체에 있어서 속도 벡터의 방향은 위치 벡터에 대해서 항상 수직이다.

링크 2 위의 또 하나의 점 B(그림 3.34 참조)를 가정해 보자. 점 B의 절대 속도는 아래와 같을 것이다.

극좌표형태: $$\mathbf{V}_B = R_B\omega_2 ie^{i\theta_B} = \mathbf{R}_B i\omega_2 \tag{3.15}$$

직교좌표형태: $$\mathbf{V}_B = R_B\omega_2(-\sin\theta_B + i\cos\theta_B) \tag{3.16}$$

지금까지 우리는 고정링크에 핀으로 연결된 링크상의 임의 점의 절대 속도에 대해서만 언급해 왔다. 점 A의 절대 속도와 점 B의 절대 속도의 차이는 무엇일까(경우 2의 운동)? 즉, 만일 여러분이 점 A에 앉아서 고정된 x축 방향을 계속 향해 있으면서 곁눈질하여 점 B를 본다면, 점 A에 있는 당신에 대하여 점 B의 속도는 어떻게 보일까? 여러분은 아마도 같은 링크상의 두 점의 절대 속도의 차를 표현하는 상대 속도를 느끼게 될 것이다. 이 경우의

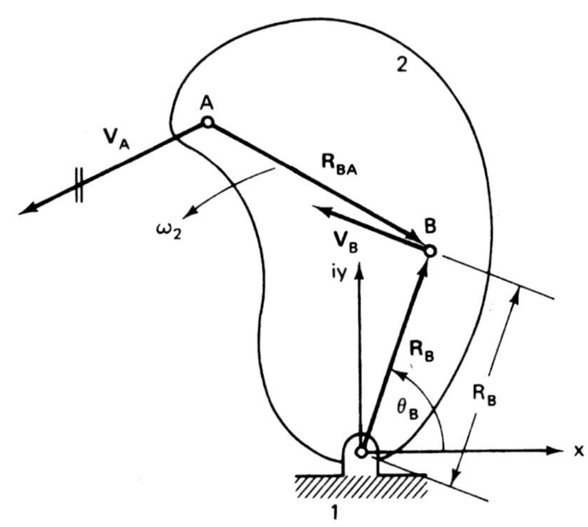

그림 3.34 회전하고 있는 링크 2의 점 A, B의 절대 속도 $\mathbf{V}_A$와 $\mathbf{V}_B$.

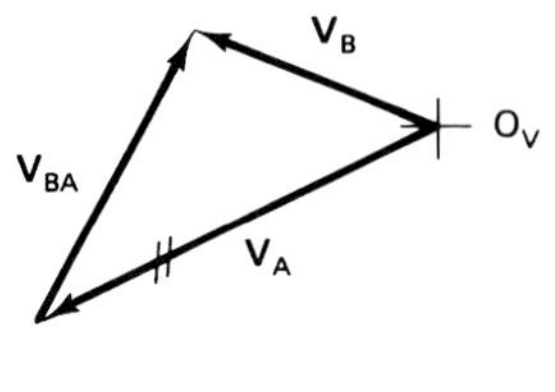

그림 3.35 벡터 삼각형을 이용하여 점 A에 대한 점 B의 상대 속도 $\mathbf{V}_{BA}$ 구하기. 점 A와 B는 그림 3.34의 회전하는 링크 2에 있다.

상대 속도는 $\mathbf{V}_{BA}$인데, 여기서 두 번째 첨자는 기준점(reference point)을, 첫 번째 첨자는 관심점을 나타낸다. 이를 식으로 나타내면

$$\mathbf{V}_{BA} = \mathbf{V}_B - \mathbf{V}_A = \mathbf{R}_B i\omega_2 - \mathbf{R}_A i\omega_2 = (\overrightarrow{AB})i\omega_2 = \mathbf{R}_{BA} i\omega_2$$

따라서,

$$\mathbf{V}_B = \mathbf{V}_A + \mathbf{V}_{BA} = \mathbf{R}_B i\omega_2 = \mathbf{R}_A i\omega_2 + (\overrightarrow{AB})i\omega_2 \tag{3.17}$$

이 방정식에 대한 벡터 해가 그림 3.35에 나타나 있다. 절대 속도는 한 개의 첨자로만 표시하고 있다. 생략된 두 번째 첨자는 지면으로 이해하면 된다. 그림 3.35에서 점 O_V는 속도 선도를 그리기 위한 임의의 시작점이다. 모든 절대 속도는 이 원점에서 시작하며, $\mathbf{V}_B$[식 (3.17)의 왼쪽 항]는 그림 3.34의 $\mathbf{V}_B$에 평행하도록 임의의 축척으로 그린다. 그리고 식의 오른쪽 항을 위하여 O_V를 시작점으로 하고 같은 축척으로 $\mathbf{V}_A$를 그린다. $\mathbf{V}_B$와 $\mathbf{V}_A$의 벡터 차이인 $\mathbf{V}_{BA}$는 벡터 다각형을 이룬다, $\mathbf{V}_{BA}$가 $\mathbf{R}_{BA}$에 수직임에 주의하라(링크 2가 강체이므로).

$$\mathbf{V}_{BA} = -\mathbf{V}_{AB} \quad \text{or} \quad \mathbf{R}_{BA} i\omega_2 = -\mathbf{R}_{AB} i\omega_2 \tag{3.18}$$

그리고

$$\mathbf{V}_{BA} = i\omega_2 \mathbf{R}_{BA} \tag{3.19}$$

식 (3.19)를 풀어서 ω_2을 구하면,

$$\omega_2 = \frac{\mathbf{V}_{BA}}{i\mathbf{R}_{BA}} \quad \text{or} \quad |\omega_2| = \frac{V_{BA}}{R_{BA}} \tag{3.20}$$

ω_2는 같은 직선상에 있으면서 서로 같은 방향일 수도 있고 반대방향일 수도 있는 두 벡터 $\mathbf{V}_{BA}$와 $i\mathbf{R}_{BA}$에 따라서 (+) 또는 (−)의 실수값을 가진다.

예제 3.2

그림 3.36의 링크 J가 지면에 대하여 움직이고 있다. 링크 J의 점 P, Q는 각각 절대 속도

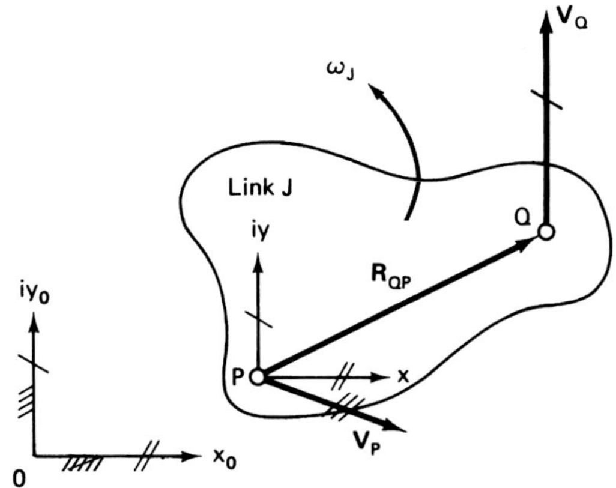

그림 3.36 점 P와 Q의 속도 $\mathbf{V}_P$와 $\mathbf{V}_Q$에 의한 링크 J의 운동.

$\mathbf{V}_P$, $\mathbf{V}_Q$를 가지고 있다. 지면에 대한 이 링크의 각속도 ω_J를 구하라. 또는 고정된 x_0Oiy_0 좌표계에 평행하고, 링크 J의 점 P에 고정되어 있으면서 링크 J와 같이 움직이는 $xPiy$ 좌표계에 대한 이 링크의 각속도 ω_J를 구하라.

풀이

식 (3.17)로부터

$$\mathbf{V}_Q = \mathbf{V}_P + \mathbf{V}_{QP}$$

그림 3.37은 이 식의 도해적 해법을 보여준다. 식 (3.20)으로부터

$$\omega_2 = \frac{\mathbf{V}_{QP}}{i\mathbf{R}_{QP}} \quad \text{or} \quad |\omega_2| = \frac{V_{QP}}{R_{QP}}$$

ω_J의 방향은 속도 선도의 상대 속도 $\mathbf{V}_{QP}$의 방향을 관찰함으로써 얻을 수 있다. P에 대한 점 Q의 속도의 방향 때문에 링크 J는 반시계방향으로 회전하여야 한다. ω_J의 크기는 $\mathbf{V}_{QP}$의 크기를 길이 $(QP) = \mathbf{R}_{QP}$로 나눔으로써 얻을 수 있다.

예를 들어,

$$\mathbf{V}_P = (20 \text{ mm/sec})e^{i(-18.89°)}$$

그리고

$$\mathbf{V}_Q = i(30 \text{ mm/sec})$$

그림 3.37의 벡터 삼각형에서, 도해법으로 구하면

$$\mathbf{V}_{QP} = (40 \text{ mm/sec})e^{i(117°)}$$

식 (3.17)에 대입하여 정리하면

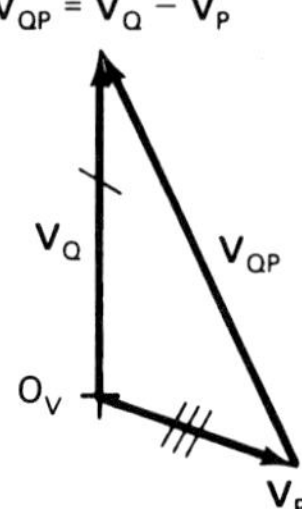

그림 3.37 미지의 각속도 ω_J를 구하기 위해, 그림 3.36의 링크 J의 점 P에 대한 점 Q의 상대 속도를 구하는 속도 선도.

$$\mathbf{V}_{QP} = \mathbf{V}_Q - \mathbf{V}_P = i30 - 18.92 + i6.48$$
$$\mathbf{V}_{QP} = -18.92 + i(36.48) = (41.10 \text{ mm/sec})e^{i(117°)}$$

만약 $\mathbf{R}_{QP} = (42 \text{ mm})e^{i(27°)}$이면, 식 (3.20)에서

$$\omega_J = \frac{(41.10)e^{i(117°)}}{e^{i(90°)}(42)e^{i(27°)}} = 0.98 \text{ rad/sec}$$

$\omega_J > 0$이므로 반시계방향이다.

위의 예제에서와 같이 복소수 개념을 사용하면, 도식적인 방법을 이용하여 가시적으로 확인을 하지 않고도, 각속도의 방향이 시계방향(cw)인지 반시계방향(ccw)인지를 대수적으로 정확히 알 수 있다. 그러므로, 이 방법은 가시적 확인이 필요 없는 디지털 컴퓨터 계산에 이용되고 있다.

이제 여러 개의 링크로 이루어진 링크장치의 속도 해석을 해보자. 가시적으로 의미를 전달해 주는 복소수 방정식의 도해적 해법(그림 3.35와 3.37)에 대해 먼저 소개한 다음, 동

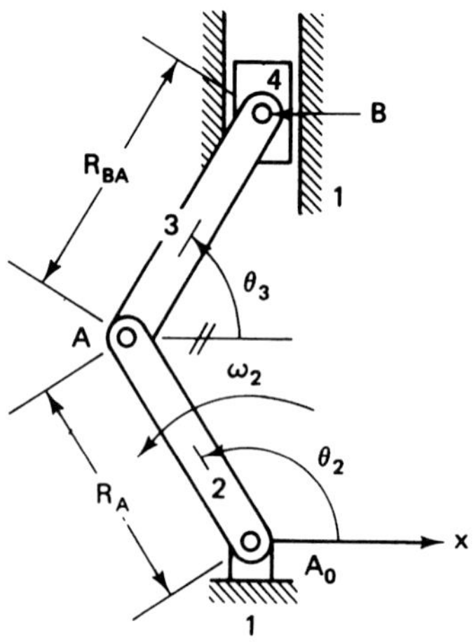

그림 3.38 이 슬라이더-크랭크 기구의 운동은 주어진 입력각속도 ω_2에 의해서 결정된다. 따라서 슬라이더 4의 속도를 구할 수 있다.

일한 예제에 대한 해석적 해법을 언급할 것이다. 그림 3.38의 슬라이더-크랭크 기구는 이런 설명을 위해서 아주 적합한 예제이다. 이 슬라이더-크랭크의 입력각속도 ω_2가 주어졌을 때 슬라이더(링크 4)상의 점 B의 속도를 구하는 것이 목적이다. 속도 해석을 해야 하므로 변위 정보들은 이미 알고 있다고 가정한다(즉, θ_2, θ_3 및 점 A, B의 위치들은 이미 주어졌다).

단계 1. 링크 2의 점 A의 절대 속도를 구한다(경우 2 해석).

$$\mathbf{V}_A = \mathbf{R}_A i\omega_2 \swarrow \qquad (\perp A_0A) \tag{3.21}$$

단계 2. 링크 3의 점 A의 절대 속도를 구한다(경우 3 해석). 링크 2와 링크 3이 A에서 핀으로 연결되었기 때문에 단순히 $\mathbf{V}_{A3} = \mathbf{V}_{A2}$가 된다. 이 단계의 해석은 무의미하다.

단계 3. 점 A_3와 식 (3.17)(경우 2 해석)을 이용하여 점 B_3의 속도를 구한다(A_3와 B_3 모두 링크 3상의 점들이다).

$$\mathbf{V}_B = \mathbf{V}_A + \mathbf{V}_{BA} \tag{3.22}$$

벡터 방정식 (3.22)는 두 개의 독립적인 스칼라 식, 즉 x 성분의 합 및 y 성분의 합에 각각 해당됨을 상기하라. 또한 (극좌표계를 사용하는 경우) 각각의 속도 벡터는 크기와 방향의 두 개의 스칼라 미지수를 갖고 있다. 벡터 방정식에서 알고 있는 값과 모르는 값을 확인하는 유용한 방법은, 방향(direction)을 알고 있으면 그 벡터 밑에 'D'를 표시하고(대략적인 방향의 화살표와 함께), 크기(magnitude)를 알고 있으면 'M'을 표시하는 것이다. 방정식에서 각각의 벡터에 대하여 이 작업을 끝마치면, 많아야 두 개의 스칼라량이 미지수로 남게 되는데, 이 미지수들은 도해적으로 또는 수식적으로 풀 수 있다. 따라서 식 (3.22)에 이를 표시하면

$$\begin{array}{ccccc} \mathbf{V}_B & = & \mathbf{V}_A & + & \mathbf{V}_{BA} \\ \updownarrow & & \swarrow & & \nwarrow\!\searrow \\ \mathrm{D} & & \mathrm{D} & & \mathrm{D} \\ & & \mathrm{M} & & \end{array} \tag{3.23}$$

$\mathbf{V}_A$의 두 성분, 크기와 방향은 주어져 있다(크기는 $V_A = R_A\omega_2$이다). 슬라이더가 수직방향

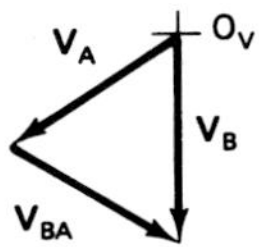

그림 3.39 그림 3.38의 슬라이더-크랭크 기구의 슬라이더 속도를 구하기 위한 속도 선도.

의 슬롯 사이를 운동하도록 되어 있으므로 $\mathbf{V}_B$의 방향은 같은 수직방향이다. 또한 $\mathbf{V}_{BA}$의 방향은 링크 AB에 수직하다는 것을 알고 있다. 식 (3.23)에서 남은 두 개의 미지수는 그림 3.39에서와 같이 $\mathbf{V}_A$를 적당한 축척으로 그린 그림을 통해서 도해적으로 풀 수 있다.

단계 4. 링크 4의 점 B의 속도를 구한다(경우 3 해석). 슬라이더의 속도는 그림 3.39에서 $\mathbf{V}_B$의 길이를 측정함으로써 구할 수 있다.

이 예제는 2개의 단순한 단계를 포함하는 4개의 단계로 이루어져 있다. 각 단계에 익숙해지면 이러한 단순한 단계는 고려할 필요가 없다. 도해법(또는 해석법)으로 해를 구하고자 할 때, 해석과 문제가 복잡해질수록, 표 3.1의 내용을 더욱 숙지하여야 한다(이 문제에 관한 해석적 해법은 3.6절을 참조하라).

예제 3.3

그림 3.40의 4절 링크장치는 링크 2에 연결된 모터에 의해 구동되며, 600 rpm으로 시계방향으로 회전하고 있다. 그림에 나타난 현재 위치에서, 점 A와 B의 선속도와 링크 3과 링크 4의 각속도를 구하라.

풀이

단계 1. 링크 2의 $\mathbf{V}_A$의 속도를 계산한다. ω_2를 radian/sec의 단위로 나타내기 위해 다음 식을 사용한다.

$$\omega_2\left(\frac{\text{rad}}{\text{sec}}\right) = \left[N\left(\frac{\text{rev}}{\text{min}}\right)\right]\left[2\pi\left(\frac{\text{rad}}{\text{rev}}\right)\right]\left[\frac{1}{60}\left(\frac{\text{min}}{\text{sec}}\right)\right]$$

그리고 반시계방향에 (+), 시계방향에 (−)의 부호를 붙인다. 따라서 각속도는

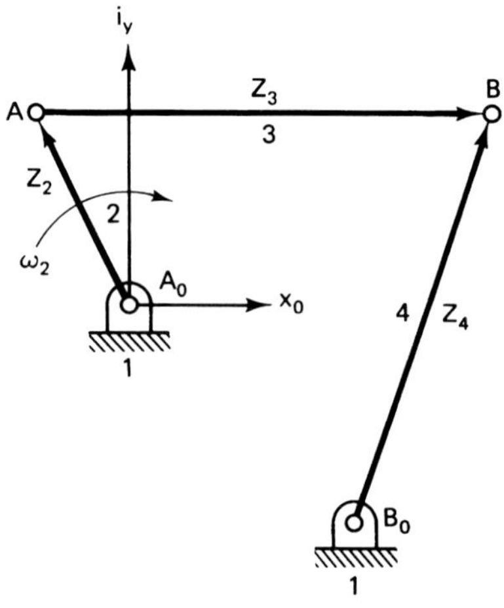

그림 3.40 입력각속도가 주어지고, 아래와 같은 링크 벡터들이 주어진 4절 기구.

$\mathbf{Z}_2 = \overrightarrow{A_0A} = 2.5\text{ cm } e^{i(118.72°)} = -1.20 + i2.19$

$\mathbf{Z}_3 = \overrightarrow{AB} = 5.5\text{cm } e^{i(2.01°)} = 5.50 + i0.20$

$\mathbf{Z}_4 = \overrightarrow{B_0B} = 5.0\text{ cm } e^{i(72.30°)} = 1.52 + i4.76$

$$\omega_2 = \frac{-(600)(2\pi)}{60} = -62.8 \text{ rad/sec}$$

$$\mathbf{V}_A = i(\overrightarrow{A_0A})(\omega_2) = i(2.5)e^{i(118.72°)}(-62.8) = (157)e^{i(28.72°)} \text{ cm/sec} \nearrow$$

단계 2. 식 (3.17)을 사용하여 $\mathbf{V}_B$를 구한다.

$$\begin{array}{ccccc} \mathbf{V}_B & = & \mathbf{V}_A & + & \mathbf{V}_{BA} \\ \nwarrow\!\!\searrow & & \nearrow & & \updownarrow \\ \text{D} & & \text{D} & & \text{D} \\ & & \text{M} & & \end{array}$$

그림 3.41의 속도 선도로부터 $\mathbf{V}_B$와 $\mathbf{V}_{BA}$를 측정하면,

$$\mathbf{V}_B = (147)e^{i(-17.7°)} \text{ cm/sec} \searrow, \quad \mathbf{V}_{BA} = (120)e^{i(-87.99°)} \text{ cm/sec} \downarrow$$

단계 3. ω_3와 ω_4를 계산한다. 그림 3.40과 3.41로부터 각속도의 크기(radian/sec)는 아래와 같은 도해법으로 구할 수 있다.

1. 속도 축척에 따라 선속도의 길이를 구할 수 있다.
2. 이 값들을 각자의 반지름 벡터로 나눈다.

예를 들면, 그림 3.41로부터 $\mathbf{V}_A$ = 157 cm/sec, $\mathbf{V}_B$ = 147 cm/sec, $\mathbf{V}_{BA}$ = 120 cm/sec이다. 그림 3.40으로부터 Z_2 = 2.5 cm, Z_3 = 5.5 cm, Z_4 = 5.0 cm이다. 따라서,

$$|\omega_2| = \frac{157 \text{ cm/sec}}{2.5 \text{ cm}} = 62.8 \text{ rad/sec}$$

$$|\omega_4| = \frac{147 \text{ cm/sec}}{5.0 \text{ cm}} = 29.4 \text{ rad/sec} \quad \text{and}$$

$$|\omega_3| = \frac{120 \text{ cm/sec}}{5.5 \text{ cm}} = 21.8 \text{ rad/sec}$$

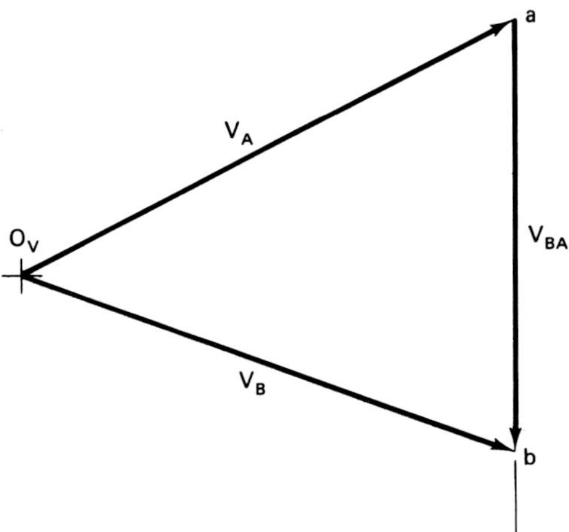

그림 3.41 그림 3.40의 기구의 조인트 A와 B에 대한 속도 벡터 삼각형. $\mathbf{V}_B$는 $\mathbf{Z}_4$에, $\mathbf{V}_A$는 $\mathbf{Z}_2$에, $\mathbf{V}_{BA}$는 $\mathbf{Z}_3$에 수직하다.

ω_3와 ω_4의 방향은 그림 3.41에서 링크 3의 점 B의 $\mathbf{V}_{BA}$와 링크 4의 점 B의 $\mathbf{V}_B$의 방향을 관찰함으로써 얻을 수 있다. 두 링크는 모두 시계방향으로 회전하고 있으므로 ω_3와 ω_4는 (−)이다. 식 (3.20)을 사용하여도 같은 해를 얻을 수 있다.

$$\omega_3 = \frac{\mathbf{V}_{BA}}{i\mathbf{Z}_3} = \frac{(120)e^{i(-87.99^\circ)}}{i(5.5)e^{i(2.01^\circ)}} = -21.8 \text{ rad/sec (cw)}$$

$$\omega_4 = \frac{\mathbf{V}_{B}}{i\mathbf{Z}_4} = \frac{(147)e^{i(-17.70^\circ)}}{i(5)e^{i(72.30^\circ)}} = -29.4 \text{ rad/sec (cw)}$$

예제 3.4

그림 3.42에서는 예제 3.3(그림 3.40)에 사용된 4절 기구의 커플러링크에 점 P가 표시되었다. 입력속도는 예제 3.3과 같다. $\mathbf{V}_P$를 구하라.

풀이

점 P와 A 사이의 상대 속도 방정식을 이용하여

$$\underset{}{\mathbf{V}_P} = \underset{\substack{\nearrow\\ \text{D}\\ \text{M}}}{\mathbf{V}_A} + \underset{\substack{\nwarrow\!\searrow\\ \text{D}}}{\mathbf{V}_{PA}}$$

이 식을 풀기에는 미지수가 3개이므로 적합하지 않다. 그러나, 점 P와 B 사이의 상대 속도 방정식을 이용하면

$$\mathbf{V}_P = \underset{\substack{\searrow\\ \text{D}\\ \text{M}}}{\mathbf{V}_B} + \underset{\substack{\swarrow\!\nearrow\\ \text{D}}}{\mathbf{V}_{PB}}$$

이 식도 미지수가 3개이므로 자체적으로 풀 수는 없지만, 상기 두 개의 식을 동시에 이용하면 해결할 수 있다.

$$\underset{\substack{\nearrow\\ \text{D}\\ \text{M}}}{\mathbf{V}_A} + \underset{\substack{\nwarrow\!\searrow\\ \text{D}}}{\mathbf{V}_{PA}} = \underset{\substack{\searrow\\ \text{D}\\ \text{M}}}{\mathbf{V}_B} + \underset{\substack{\swarrow\!\nearrow\\ \text{D}}}{\mathbf{V}_{PB}}$$

이제 두 개의 스칼라 방정식과 두 개의 미지 스칼라량($\mathbf{V}_{PB}$와 $\mathbf{V}_{PA}$의 크기)이 있는 형태가 되었다. 그림 3.43은 상대 속도 $\mathbf{V}_{PB}$와 $\mathbf{V}_{PA}$의 연장선의 교점으로 점 P를 구하는 것을 보여준다. 그러므로

$$\mathbf{V}_P = 210 \text{ cm/sec} \rightarrow$$

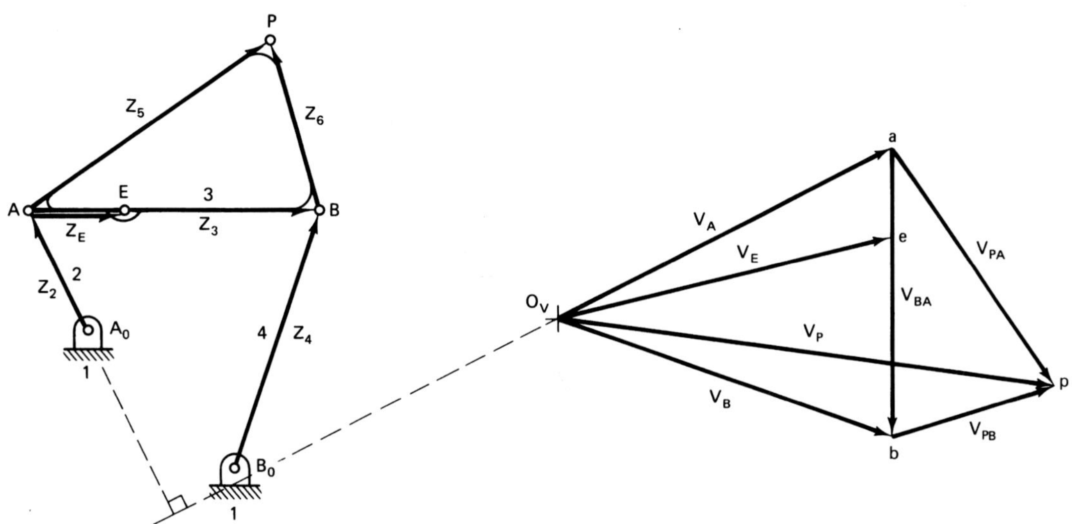

그림 3.42 커플러점 P를 추가한 그림 3.40의 4절 기구.

그림 3.43 그림 3.42의 기구에 대한 속도 선도.

그림 3.43의 벡터 선도에서, $ab \perp AB$, $bp \perp BP$, $ap \perp AP$이므로 삼각형 abp는 그림 3.42의 커플러 삼각형 ABP와 닮은꼴이다.

이 삼각형 abp를 속도상(velocity image)이라 한다. 또한 이 속도상(이 경우에는 삼각형)은 원래의 링크로부터 그 링크의 각속도 방향으로 90°만큼 회전되었다. 그 이유는 모든 상대 속도 성분들이 원래의 링크 벡터와 $\mathbf{V} = i\omega\mathbf{r}$의 관계가 있기 때문이다. 따라서 강체상의 여러 관심점과 그에 상응하는 속도 선도와의 관계를 알면 이 속도 선도로부터 해석을 신속히 수행할 수 있다. 즉, 한 링크상의 두 점의 속도를 구하면, 다른 점들의 상대 속도는 삼각형의 닮은꼴로부터 구할 수 있다.

예를 들면, 점 E의 절대 속도는 속도 선도로부터 직접 측정해서 구할 수 있다(그림 3.43).

$$V_E = 144 \text{ cm/sec} \nearrow$$

예제 3.5

그림 3.44는 전환된 슬라이더-크랭크 기구(그림 3.10 참조)에 4절 기구를 연결한 것이다. $\omega_2 = -186$ rpm(cw)일 때 $\mathbf{V}_D$, $\mathbf{V}_{(F5)}$(링크 5의 점 F의 속도), ω_5를 구하라.

풀이

그림 3.45는 이 문제에 대한 도해적 해법이며, 다음의 방정식들을 연속적으로 이용한 것이다.

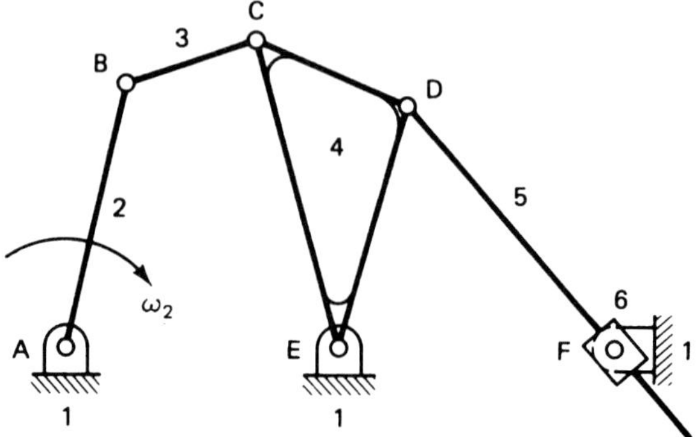

그림 3.44 6절 기구. 링크 2의 각속도 ω_2가 주어졌을 때, $\mathbf{V}_D$, $\mathbf{V}_{F5}$, ω_5를 구하는 문제.

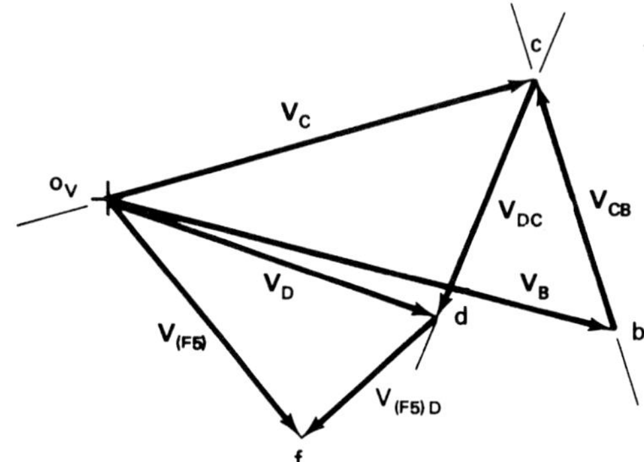

그림 3.45 그림 3.44의 6절 기구에 대한 속도 선도.

$$\underset{\text{D}}{\overset{\nearrow}{\mathbf{V}_C}} = \underset{\text{D M}}{\overset{\searrow}{\mathbf{V}_B}} + \underset{\text{D}}{\overset{\updownarrow}{\mathbf{V}_{CB}}}$$

$$\underset{\text{D}}{\overset{\searrow}{\mathbf{V}_D}} = \underset{\text{D M}}{\overset{\nearrow}{\mathbf{V}_C}} + \underset{\text{D}}{\overset{\updownarrow}{\mathbf{V}_{DC}}}$$

$$\underset{\text{D}}{\overset{\updownarrow}{\mathbf{V}_{(F5)}}} = \underset{\text{D M}}{\overset{\searrow}{\mathbf{V}_D}} + \underset{\text{D}}{\overset{\updownarrow}{\mathbf{V}_{(F5)D}}}$$

이 속도 다각형으로부터

$$\mathbf{V}_D = (52)e^{i(\arg \overrightarrow{ED} - 90°)} \text{ cm/sec}$$

$$\omega_5 = \mathbf{V}_{(F5)D}/i\overrightarrow{DF} = -6.0 \text{ rad/sec (cw)}$$

$$\mathbf{V}_{(F5)} = 45 \text{ cm/sec}$$

복소수를 이용한 해석법은 연습문제 3.2로 남겨 두었다.

3.6 속도 해법: 해석법

앞 절에서 설명한 속도 해법은 빠른 도해적인 해결 방법이었다. 보다 정확하고 반복적인 해석(서로 다른 다수의 기구 해석이나, 같은 기구에서 다수의 위치 해석)을 필요로 할 때는, 그 조건에 맞는 해석적 방법을 사용하거나 일반적 해석 프로그램을 사용하여야 할 것이다.

이러한 해석적인 방법을 설명하기 위해 그림 3.38의 슬라이더-크랭크 기구를 다시 살펴보기로 하자. 이 예제를 복소수 방법을 이용하여 해석적으로 풀기 위해서 식 (3.17)의 복소수 표시법을 사용하면,

$$V_B e^{i(\pi/2)} = i\omega_2 \mathbf{R}_A + i\omega_3 \mathbf{R}_{BA} \tag{3.24}$$

여기서 미지수는 두 개의 실수 V_B와 ω_3이다. 따라서 식 (3.24)의 실수부와 허수부를 분리한다.

$$V_{Bx} = 0 = -\omega_2 R_{Ay} - \omega_3 R_{BAy}$$
$$V_{By} = \omega_2 R_{Ax} + \omega_3 R_{BAx}$$

이로부터

$$\omega_3 = -\omega_2 \frac{R_{Ay}}{R_{BAy}}$$

$$V_{By} = \omega_2 \left(R_{Ax} - \frac{R_{BAx} R_{Ay}}{R_{BAy}} \right) \quad \text{and} \quad \mathbf{V}_{BA} = -i\omega_2 \frac{R_{Ay}}{R_{BAy}} \mathbf{R}_{BA}$$

이 계산에서 각속도, 벡터의 실수부, 허수부 등과 같이 알려진 모든 실수값들은 알맞은 부호로 사용해야 한다. 만약 미지의 V_{By} 값이 (−)으로 판명되면, 이 경우에서 V_B는 아래쪽을 향하게 될 것이다(연습문제 3.1 참조).

예제 3.6

예제 3.3을 복소수를 사용하여 풀어라.

풀이

$$\mathbf{V}_B = i\omega_2 \mathbf{Z}_2 + i\omega_3 \mathbf{Z}_3 = i\omega_4 \mathbf{Z}_4 \tag{3.25}$$

여기서, ω_2는 주어진 값이고 ω_3와 ω_4는 구해야 하는 값이다. 실수부와 허수부를 분리하면

$$V_{Bx} = -\omega_2 Z_{2y} - \omega_3 Z_{3y} = -\omega_4 Z_{4y} \tag{3.26}$$

$$V_{By} = \omega_2 Z_{2x} + \omega_3 Z_{3x} = \omega_4 Z_{4x} \tag{3.27}$$

또는

$$\begin{bmatrix} -Z_{3y} & Z_{4y} \\ Z_{3x} & -Z_{4x} \end{bmatrix} \begin{bmatrix} \omega_3 \\ \omega_4 \end{bmatrix} = \begin{bmatrix} Z_{2y}\omega_2 \\ -Z_{2x}\omega_2 \end{bmatrix} \tag{3.28}$$

따라서

$$\omega_3 = \frac{\begin{vmatrix} \omega_2 Z_{2y} & Z_{4y} \\ -\omega_2 Z_{2x} & -Z_{4x} \end{vmatrix}}{\begin{vmatrix} -Z_{3y} & Z_{4y} \\ Z_{3x} & -Z_{4x} \end{vmatrix}} = \frac{-\omega_2 Z_{2y} Z_{4x} + \omega_2 Z_{2x} Z_{4y}}{Z_{3y} Z_{4x} - Z_{3x} Z_{4y}}$$

$$= \frac{(62.8)(2.19)(1.52) - (62.8)(-1.2)(4.76)}{(0.19)(1.52) - (5.5)(4.76)} = -21.93 \text{ rad/sec}$$

$$\omega_4 = \frac{\begin{vmatrix} -Z_{3y} & Z_{2y}\omega_2 \\ Z_{3x} & -Z_{2x}\omega_2 \end{vmatrix}}{\begin{vmatrix} -Z_{3y} & Z_{4y} \\ Z_{3x} & -Z_{4x} \end{vmatrix}} = \frac{\omega_2 Z_{2x} Z_{3y} - \omega_2 Z_{2y} Z_{3x}}{Z_{3y} Z_{4x} - Z_{3x} Z_{4y}}$$

$$= \frac{(-62.8)(-1.2)(0.19) + (62.8)(2.19)(5.5)}{(0.19)(1.52) - (5.5)(4.76)} = -29.82 \text{ rad/sec}$$

$$\left. \begin{aligned} V_{Bx} &= (29.82)(4.76) = 141.94 \\ V_{By} &= (-29.82)(1.52) = -45.32 \end{aligned} \right\} \quad \mathbf{V}_B = (149.00)e^{i(-17.71°)}$$

$$\mathbf{V}_{BA} = i\omega_3 \mathbf{Z}_3 = i(-21.93)(5.5)e^{i(2.01°)} = (120.62)e^{i(-87.99°)}$$

두 방법에 의한 결과의 차이는 그림 3.41의 도해에서의 오차와 반올림에 따른 계산상의 오차 때문이다.

예제 3.7

예제 3.4를 해석적으로 풀어라.

풀이

$\mathbf{Z}_5$와 $\mathbf{Z}_6$의 인수를 β_5, β_6라 하면

$$Z_5 e^{i\beta 5} = Z_3 e^{i(2.01°)} + Z_6 e^{i\beta 6} \tag{3.29}$$

이 식의 공액 복소수는(이 장의 부록 참조)

$$Z_5 e^{-i\beta 5} = Z_3 e^{-i(2.01°)} + Z_6 e^{-i\beta 6} \tag{3.30}$$

식 (3.29)와 식 (3.30)을 곱하여 β_5를 제거하면

$$Z_5^2 = Z_3^2 + Z_3Z_6e^{i(2.01°)}e^{-i\beta_6} + Z_3Z_6e^{-i(2.01°)}e^{i\beta_6} + Z_6^2 \tag{3.31}$$

따라서

$$\begin{aligned} e^{i(\beta_6 - 2.01°)} + e^{i(2.01° - \beta_6)} &= \frac{Z_5^2 - Z_3^2 - Z_6^2}{Z_3Z_6} \\ &= 2\cos(\beta_6 - 2.01°) \end{aligned} \tag{3.32}$$

그러므로

$$\beta_6 - 2.01° = \cos^{-1}\left(\frac{Z_5^2 - Z_3^2 - Z_6^2}{2Z_3Z_6}\right) = \cos^{-1}\left[\frac{(5.6)^2 - (5.5)^2 - (3.3)^2}{2(5.5)(3.3)}\right] = \pm 105.63°$$

따라서, $\beta_6 = 2.01 \pm 105.63$이며, 부호는 기하학적 역을 의미한다. 그림 3.42로부터 (+)임이 명백하므로 $\beta_6 = 107.64°$이다.

같은 방법으로, 식 (3.29)와 (3.30)으로부터 β_6을 제거할 수 있다.

$$Z_5e^{i\beta 5} - Z_3e^{i(2.01°)} = Z_6e^{i\beta 6}$$
$$Z_5e^{-i\beta 5} - Z_3e^{-i(2.01°)} = Z_6e^{-i\beta 6}$$

위의 식들을 곱하면

$$Z_5^2 - Z_3Z_5e^{i(\beta 5 - 2.01°)} - Z_3Z_5e^{-i(\beta 5 - 2.01°)} + Z_3^2 = Z_6^2$$
$$e^{i(\beta_5 - 2.01°)} + e^{-i(\beta_5 - 2.01°)} = \frac{Z_6^2 - Z_5^2 - Z_3^2}{-Z_3Z_5} = 2\cos(\beta_5 - 2.01°)$$
$$\beta 5 - 2.01° = \cos^{-1}\left[\frac{(3.3)^2 - (5.6)^2 - (5.5)^2}{-2(5.5)(5.6)}\right] = \pm 34.58°$$

(+) 부호를 택하면 $B_5 = 36.59°$이다. 따라서 $\mathbf{Z}_5 = (5.6)e^{i(36.59°)}$, $\mathbf{Z}_6 = (3.3)e^{i(107.64°)}$

$$\mathbf{V}_p = \mathbf{V}_A + \mathbf{V}_{PA} = (157)e^{i(28.72°)} + i\omega_3\mathbf{Z}_5 = (157)e^{i(28.72°)} + i(-21.93)(5.6)e^{i(37.02°)}$$
$$\mathbf{V}_P = (157)e^{i(28.72°)} + (122.8)e^{i(-52.98°)}$$
$$V_{Px} = 137.69 + 73.97 = 211.66$$
$$V_{Py} = 75.44 - 98.09 = -22.65$$
$$\mathbf{V}_P = (212.87)e^{i(-6.11°)} \text{ cm/sec}$$

만약 E가 A로부터 B를 향하여 1/3 되는 지점이라면

$$\mathbf{Z}_E = \frac{5.5}{3}e^{i(2.01°)} \quad \text{and} \quad \mathbf{V}_E = \mathbf{V}_A + \mathbf{V}_{EA} = (157)e^{i(28.72°)} + i\omega_3\frac{5.5}{3}e^{i(2.01°)}$$
$$\mathbf{V}_E = (157)e^{i(28.72°)} + i(-21.19)\frac{5.5}{3}e^{i(2.01°)} = (157)e^{i(28.72°)} + (38.85)e^{i(-87.99°)}$$
$$\mathbf{V}_{Ex} = 137.69 + 1.36 = 139.05$$
$$\mathbf{V}_{Ey} = 75.44 - 38.83 = 36.61$$
$$\mathbf{V}_E = (143.79)e^{i(14.75°)} \text{ cm/sec}$$

3.7 순간중심

상대 속도(속도 다각형) 해석 방법은 기구의 속도를 해석하는 여러 가지 방법 중의 하나이다. 상대 속도 방법의 한 가지 결점은 그림 3.44와 같이 복잡한 기구의 해석을 수행하는 절차가 복잡하다는 것이다. 순간중심(instantaneous center) 방법은 복잡한 링크장치에서 좀 더 빠른 해석 방법이다.

순간중심이란 어떤 순간에 기구상의 두 링크 사이에 상대 속도가 0인 점을 말한다. 그림 3.46의 2절 기구는 링크 1(지면)과 링크 2로 구성되어 있고, 점 A_0에서 서로 핀조인트로 연결되어 있다. 점 A_0는 링크 1과 링크 2 사이에 상대 운동이 없는 점이다. 사실 움직이는 링크 2의 모든 점에 대한 순간중심 (1, 2)는 A_0이다.

만일 링크 2의 임의의 점, 예를 들면 A의 절대 속도를 알고 있다면, 지면에 대한 링크 2의 순간중심을 이용하여 B와 같은 링크 2의 다른 점의 절대 속도를 알 수 있다. 점 A_0로부터 $\mathbf{V}_A$의 벡터 끝점까지 게이지선(gauge line)을 그으면, 속도의 크기와 순간중심 (1, 2)로부터의 거리 사이에는 비례관계가 성립한다($V = |R\omega|$이므로). 중심이 A_0이고 B를 지나는 원과 선 A_0A와의 교점이 B'이다. $V_B{}'$은 게이지선까지 $\mathbf{V}_A$와 평행하게 그려서 구할 수 있다. A_0로부터 B까지의 거리와 B'까지의 거리가 같으므로, $\mathbf{V}_B'$은 점 B에서의 속도와 그 크기가 같다. 그리고 $\mathbf{V}_B \perp A_0B$이므로 점 B에서의 속도의 방향을 구할 수 있다.

그림 3.47의 4절 기구에서 몇 개의 순간중심들을 구할 수 있다. 순간중심 (1, 2)는 A_0에, 순간중심 (1, 4)는 B_0에, 순간중심 (2, 3)은 A에, 순간중심 (3, 4)는 B에 위치한다. 기구가 움직이면 A와 B, 2개의 핀조인트는 계속 순간중심이 되지만, 그 위치는 이동한다는 사실에 유념해야 한다.

링크 1과 3 사이에, 또 링크 2와 4 사이에 순간중심이 존재할까? 그림 3.47을 보면서 이

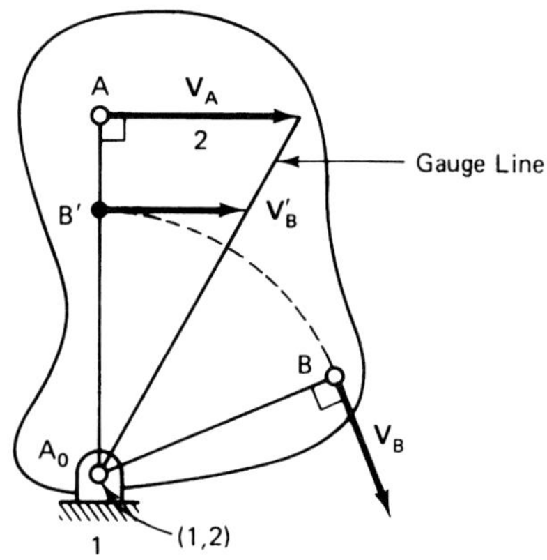

그림 3.46 피봇 A_0는 링크 1에 대해서 움직이는 링크 2의 모든 점에 대한 순간중심이다. 순간중심을 이용하여 링크 2의 점 B의 속도를 구하는 도해적 선도.

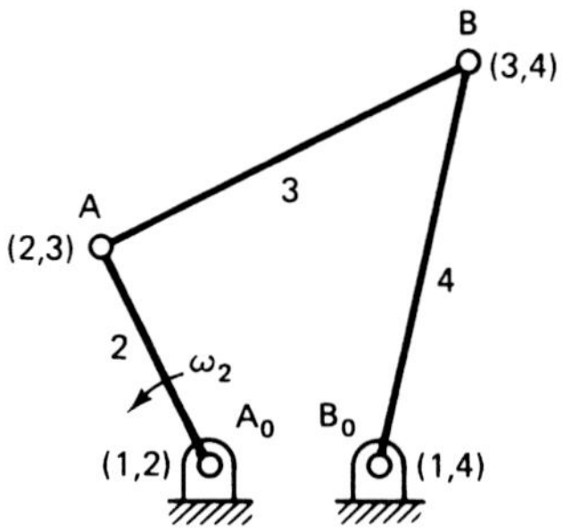

그림 3.47 링크 기구의 링크 사이에 위치한 핀조인트들은 모두 순간중심이다.

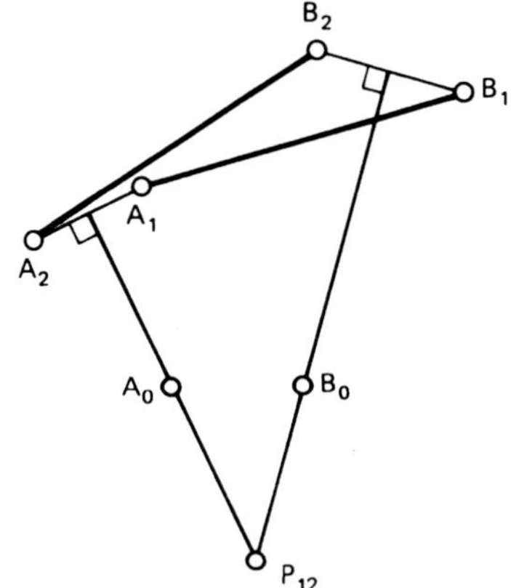

그림 3.48 커플러가 위치 1에서 위치 2로 회전할 수 있는 극점 12(P_{12}).

문제를 생각해 보자. 그림 3.48은 이 기구장치의 커플러링크(링크 3)의 서로 다른 두 위치를 보여준다. 핀 A, B의 두 위치는 A_1과 A_2, B_1과 B_2이다. 만일 B_1B_2의 수직이등분선을 그으면, 이 선상의 임의의 점은 지면상의 피봇점으로서의 역할을 할 것이다. 즉, 이 점이 점 B로 연결되었다면 B가 B_1에서 B_2로 움직일 때 회전중심점과 같은 역할을 할 것이다. 마찬가지로 A_1과 A_2의 중간점에서 수직선을 그으면 교점 P_{12}[극점(pole) 1, 2]를 구할 수 있다. 이 점이 링크 AB가 위치 1에서 위치 2로 회전할 수 있는 고정피봇으로서 작용할 수 있는 점이다. 두 위치 중간에서의 커플러운동은 똑같지 않지만, 양 끝단의 두 위치에서는 정확히 같다. 만약 두 위치들이 점점 더 가까워지면 선 A_1A_2는 $\mathbf{V}_A$ 방향과 같아지고, 선 B_1B_2는 $\mathbf{V}_B$ 방향과 같아지며, 그리고 P_{12}는 링크 1과 3의 순간중심 (1, 3)으로 접근한다. 또한 그 수직 이등분선들도 각각 링크 2와 4에 접근한다. 그러므로 순간중심 $I_{1,3}$는 링크 2와 4의 연장선상의 교점에 존재한다. 이러한 방법으로 순간중심을 찾는 것은 두 개의 링크(1, 3)가 두 쌍의 링크(2, 4)에 연결되어 있을 때에는 항상 유효하다. 그러나 순간중심을 찾기가 쉽지 않을 경우는 어떻게 찾아야 할까?

케네디의 정리(Kennedy theorem). 케네디의 정리는 강체로 구성된 시스템에서 3개의 링크 사이의 3개의 순간중심에 대한 것이다. 그림 3.49에는 3개의 링크, 즉 지면(링크 1)

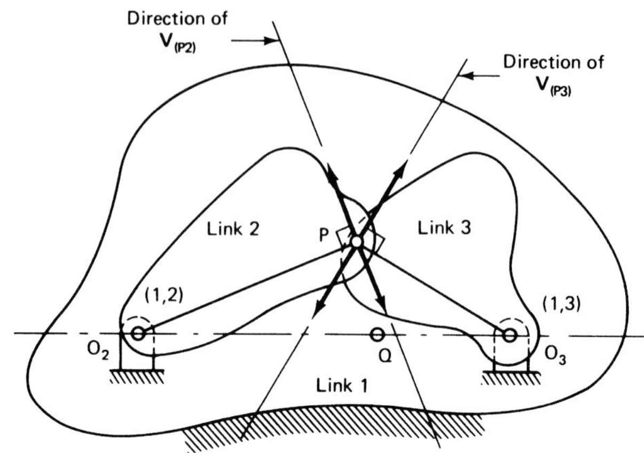

그림 3.49 서로 상대 운동을 하고 있는 3개의 링크(1, 2, 3)가 있을 때, 링크 2와 3의 순간중심은 어디에 있을까?

과 지면에 핀으로 연결된 2개의 링크(링크 2, 3)가 있다.* 순간중심 (1, 2)와 (1, 3)은 각각의 핀조인트에 위치하고 있지만, 순간중심 (2, 3)은 어디에 있을까? 점 P를 처음에는 링크 2의 점(P_2)이라고 가정하고, 다음에는 링크 3의 점 (P_3)이라고 가정해 보자. P_2는 $\overline{O_2P_2}$에 수직한 방향으로 절대 속도를 가지고 있고, P_3는 $\overline{O_3P_3}$에 수직한 방향으로 절대 속도를 가지고 있다. 만약 P_2가 순간중심 I_{23}이라면 $\mathbf{V}_{P2P3} = -\mathbf{V}_{P3P2} = 0$이 되어야 할 것이다. $\mathbf{V}_{(P2)}$의 방향과 $\mathbf{V}_{(P3)}$의 방향이 다르기 때문에 점 P는 순간중심 (2, 3)이 될 수 없다. 두 절대 속도의 방향이 같은 곳은 어디일까? 순간중심 (1, 2)와 (1, 3)을 잇는 선상의 임의의 점(점 Q)에서는 그 점이 링크 2의 점이든 링크 3의 점이든 간에, 그 절대 속도의 방향은 O_2O_3에 수직이다. 각속도 ω_2와 ω_3에 따라서, O_2O_3 사이 또는 그 연장선상 어떤 위치에서 절대 속도의 크기가 같아지는 위치가 있을 것이다. 이같은 사실이 3개의 순간중심에 관한 케네디의 정리를 이끌어 낸다. 즉, **서로 상대 운동을 하고 있는 세 물체의 3개의 순간중심은 일직선상에 존재한다** (그림 3.50 참조).

이 정리를 그림 3.47의 4절 기구에 적용시키기 전에, 이 정리를 확장시켜 보자. 그림 3.50에서 순간중심 (2, 3)이 점 Q에 있다고 가정해 보자. 그러면,

$$\mathbf{V}_{(Q2)} = i\omega_2(\overline{O_2Q}) = i\omega_2(\overrightarrow{1{,}2 - 2{,}3}) \tag{3.33}$$

$$\mathbf{V}_{(Q3)} = i\omega_3(\overline{O_3Q}) = i\omega_3(\overrightarrow{1{,}3 - 2{,}3}) \tag{3.34}$$

그러나

$$\mathbf{V}_{(Q2)} = \mathbf{V}_{(Q3)} \tag{3.35}$$

* 링크 3은 링크 2의 아래를 지난다.

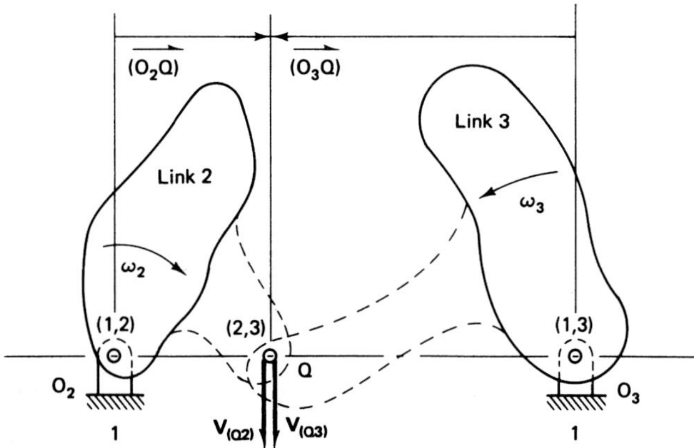

그림 3.50 서로 다른 상대 운동을 하고 있는 3개의 링크들의 3개의 순간중심은 일직선상에 있다는 케네디 정리의 증명.

따라서 각속도비는

$$\frac{\omega_2}{\omega_3} = \frac{(\overrightarrow{O_3Q})}{(\overrightarrow{O_2Q})} = \frac{(\overrightarrow{1,3 - 2,3})}{(\overrightarrow{1,2 - 2,3})} \tag{3.36}$$

이 값은 (+) 또는 (−)의 실수값이다. 식 (3.36)의 절대값은

$$\boxed{\left|\frac{\omega_2}{\omega_3}\right| = \frac{\overline{(1,3 - 2,3)}}{\overline{(1,2 - 2,3)}}} \tag{3.37}$$

만일 상대 순간중심 (2, 3)이 절대 순간중심 (1, 2와 1, 3)의 사이에 놓여 있다면 각속도비는 (−)의 값일 것이다(즉, 두 링크는 반대방향으로 회전한다). 만일 상대 순간중심 (2, 3)이 절대 순간중심 (1, 2와 1, 3)의 바깥쪽에 놓여 있다면 각속도비는 (+)의 값일 것이다(즉, 두 링크는 같은 방향으로 회전한다). 식 (3.36)은 각속도비와 순간중심 사이의 거리비의 관계를 나타내고 있다. 이 기본적인 개념은 다음절의 '회전비 공식'의 기본을 이루고 있다.

순간중심을 관찰하는 다른 방법은 링크장치를 순간적으로 한 쌍의 기어로 생각하는 것이다. 그림 3.51은 순간적으로 링크 2와 링크 3(그림 3.50)의 각속도비와 똑같은 각속도비를 가지는 기어쌍을 보여준다. 기어 2의 피치 반지름 벡터는 $(\overrightarrow{1, 2-2, 3})$이고, 기어 3의 피치 반지름 벡터는 $(\overrightarrow{1, 3-2, 3})$이다. (+)의 각속도비를 가지는 경우는 그림 3.52에 도시되어 있다.

다시 그림 3.47의 4절 기구로 돌아가 순간중심 (2, 4), (1, 3)의 위치를 구해 보자. 케네디의 정리에 따라, 순간중심 (1, 3)은 링크 1 및 3과 또 하나의 링크들 사이에 존재하는 순간중심들을 지나는 선상에 존재한다. 만일 또 하나의 링크가 링크 2라면 순간중심 (2, 3), (1,

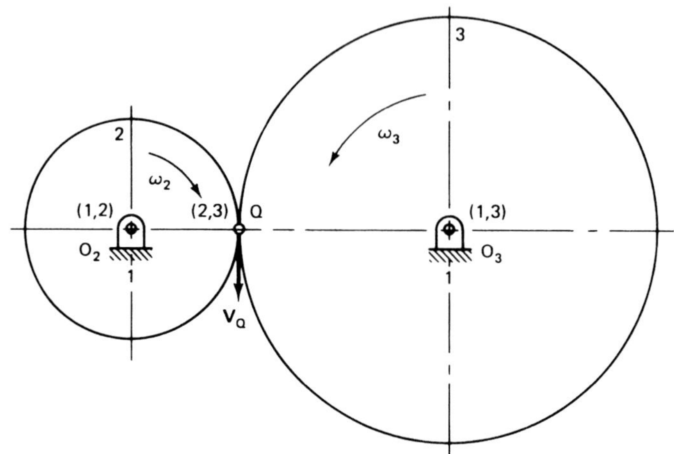

그림 3.51 음의 속도비를 갖는 기어쌍의 순간중심. 만약 순간중심이 같다면, 이 기어쌍은 그림 3.50의 링크 2와 3의 각속도비와 같은 각속도비를 갖는다.

2) 및 (1, 3)은 일직선상에 있어야 한다. 따라서 순간중심 (2, 3)과 (1, 2)를 지나는 선을 그을 수 있다(그림 3.53 참조). 만일 링크 1, 3 및 4가 사용된다면 순간중심 (3, 4), (1, 4)와 (1, 3)이 직선상에 놓이게 된다. (3, 4), (1, 4)를 지나는 직선과 방금 전에 구한 직선의 교점이 순간중심 (1, 3)이다. 순간중심 (2, 4)는 순간중심 (2, 3), (3, 4)를 지나는 직선과 순간중심 (1, 2), (1, 4)를 지나는 직선을 그려 봄으로써 얻을 수 있다. 이 방법을 그림 3.48의 미소 변위의 수렴값을 이용한 직관적 방법과 비교해 보라. 그림 3.48의 극(pole) P_{12}가 그림 3.53의 순간중심 (1, 3)에 근접함을 알 수 있다.

서로 직접 연결되지 않는 두 링크 사이의 순간중심은 그 두 링크 사이의 순간적인 핀조인트로 생각할 수 있다. 예를 들면, 순간중심 (1, 3)에서 링크 3을 지면(링크 1)에 피봇으로 연결시켜, 4절 기구에서와 같은 순간 상대 속도를 얻을 수 있다. 표 1.2에서 소개된 등가 저

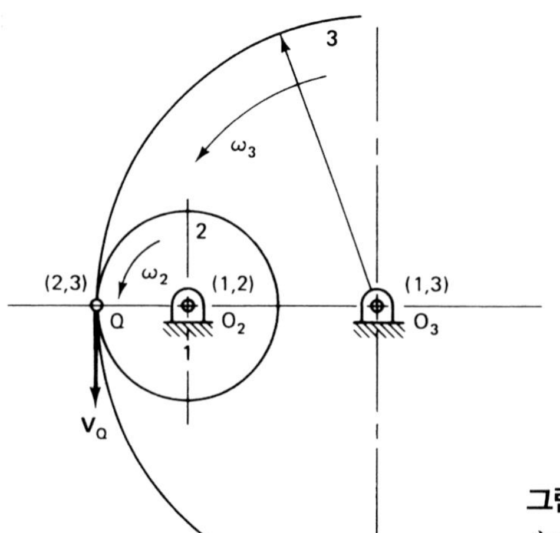

그림 3.52 양의 속도비를 갖는 기어쌍의 순간중심.

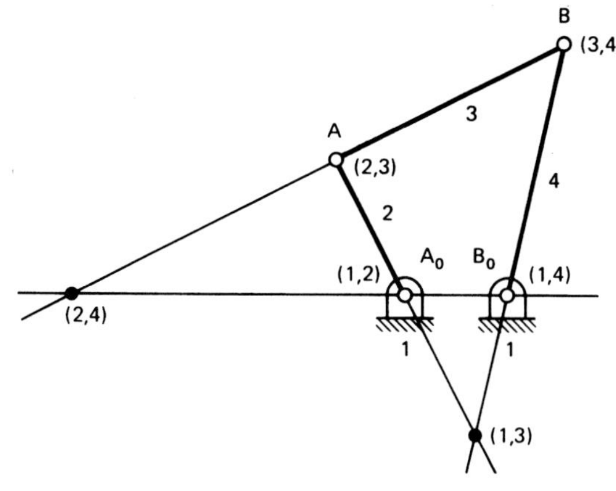

그림 3.53 4절 기구의 반대편 링크 사이에 있는 순간중심을 구하는 방법.

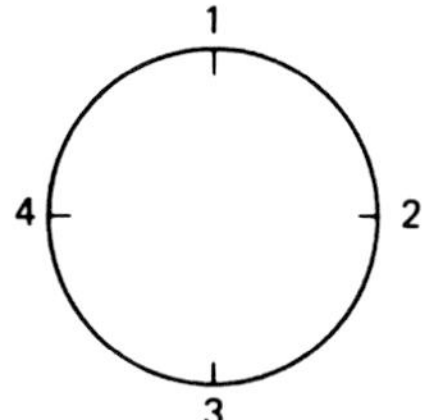

그림 3.54 그림 3.53의 순간중심을 구하기 위한 일련의 과정.

차대우(lower-pair equivalency)의 개념은 이 등가 속도 개념에 기초를 두고 있다.

그래프 이론의 이중성 규칙(principle of duality)에 기초를 둔 간단한 도해적 방법이 있는데, 이 방법은 이미 구한 순간중심들과 앞으로 구할 수 있는 순간중심들을 확인하고 찾아내는 데 도움이 된다. 이 방법은 4절 기구와 같은 간단한 기구에서는 별 효용이 없지만, 복잡한 기구에서는 대단히 유용하다. 먼저 원을 그리고 링크 수만큼의 점을 원주상에 등간격으로 표시한다. 그림 3.53의 4절 기구에 대해서 이 방법을 적용하면, 4개의 링크로 구성되어 있으므로, 원주상에 4개의 분할점을 표시한다(그림 3.54). 하나의 순간중심을 얻으면, 두 개의 분할점 사이에 선을 긋는다. 분할점은 링크를 나타내며 선은 두 링크 사이의 순간중심을 나타낸다.

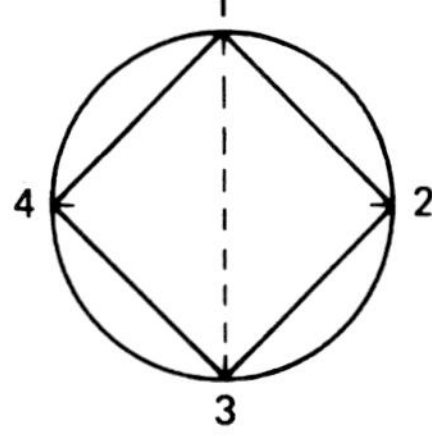

그림 3.55 그림 3.53의 순간중심을 구하기 위한 일련의 과정.

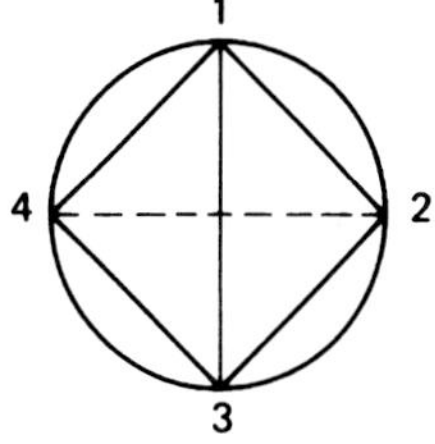

그림 3.56 그림 3.53의 순간중심을 구하기 위한 일련의 과정.

따라서 1개의 선은 1개의 순간중심을 나타낸다. 예를 들어, 그림 3.53에서 순간중심 (1, 2), (2, 3), (3, 4), (1, 4)를 얻으면, 그림 3.55에서와 같이 1, 2; 2, 3; 3, 4; 1, 4 사이를 실선으로 연결한다. 케네디 정리를 이용하여 남은 중심들을 구하려면 그림 3.53에서 적당한 순간중심들을 잇는 선들의 교점을 구해야 한다. 그림 3.54, 3.55, 3.56에 의한 도식적인 절차는 어떤 순간중심틀을 아직 구하지 않았는지 뿐만 아니라 어느 것이 지금 사용 가능하고 어느 두 점을 연결하는 것이 적당한지도 알려준다. 그림 3.53의 순간중심 (1, 3)을 구하려면, 점 1, 3 사이에 점선을 긋는다(그림 3.55 참조). 두 개의 직선으로 1과 3을 연결하는 방법에는 두 경우가 있으므로(1-4-3, 1-2-3) 순간중심 (1, 3)을 구할 수 있다. 이 그림(케네디 정리)으로부터 (1, 4)와 (4, 3)을 지나는 선과 (1, 2)와 (2, 3)을 지나는 선들이 (1, 3)에서 만난다는 것을 알 수 있다. 그림 3.53처럼 순간중심 (1, 3)을 구하면, 1과 3 사이의 점선을 직선으로 바꾼다(그림 3.56). 그림 3.56의 점선은 순간중심 (2, 4)를 그림 3.53에서 보는 바와 같이 (1, 4), (1, 2)를 지나는 선과 (3, 4), (2, 3)을 지나는 선으로부터 구할 수 있다는 사실을 나타낸다.

보다 복잡한 기구의 순간중심 해석을 설명하기 전에, n개의 링크로 이루어진 복잡한 기구의 순간중심의 개수 N은 다음과 같다.

$$N = \frac{n(n-1)}{2} \tag{3.38}$$

이것은 직관적으로 증명될 수 있다. n개의 링크는 자신을 제외한 나머지 $(n-1)$개의 링크에 대해 각각 순간중심을 하나씩 가지고 있고, 순간중심 (j, k)는 순간중심 (k, j)와 같으므로 2로 나누어야 한다.

예제 3.8

그림 3.57의 6절 기구의 속도 해석을 위하여, 이 기구의 모든 순간중심의 위치를 구하라.

풀이

식 (3.38)의 순간중심의 개수로부터

$$N = \frac{6(6-1)}{2} = 15$$

직관적으로 쉽게 얻을 수 있는 순간중심들이 원주 분할 선도상에 표시되어 있다(그림 3.57). 슬라이더(링크 6)와 슬라이드(링크 5) 사이의 순간중심은 슬라이드에 수직한 방향으로 무한대에 존재한다는 사실에 주의하라. 그림 3.58의 원주 분할 선도(circle diagram)는 여러 가지 순간중심을 바로 구할 수 있다는 것을 보여준다(이것이 일반적인 방법은 아니다. 더 복잡한 기구에서는, 보통 한 번에 하나의 순간중심을 구하고, 이것을 이용해 다

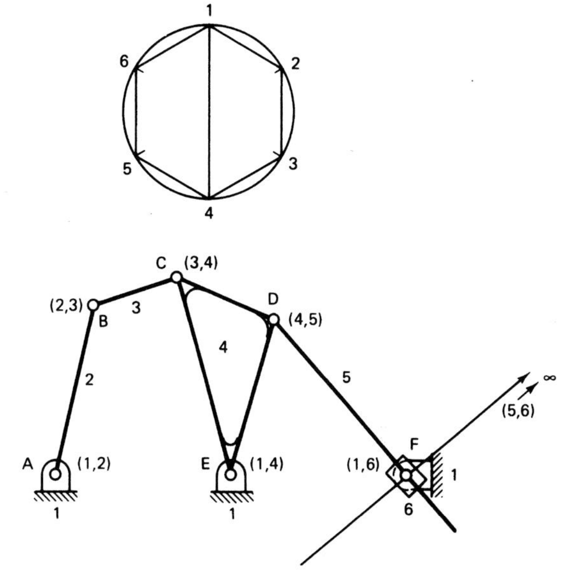

그림 3.57 6절 기구의 순간중심 위치.

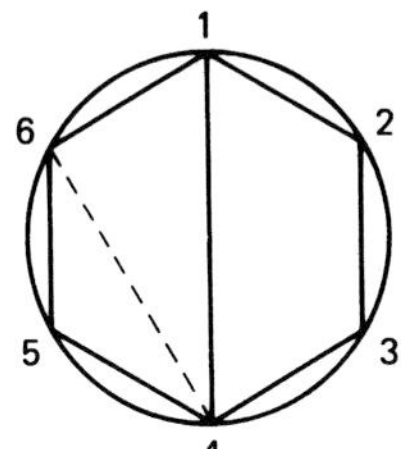

그림 3.58 그림 3.57의 6절 기구를 위한 순간중심 구하기 그림 3.58과 그림 3.60은 순간중심을 구하기 위한 도해적인 방법의 여러 단계를 나타내고 있다.

음 순간중심을 구한다). 순간중심 (1, 3), (1, 5), (2, 4), (4, 6)은 앞서 설명한 방법으로 구할 수 있다. 순간중심 (4, 6)을 구할 때는 주의해야 한다. 그림 3.58은 (4, 6)이 (1, 6), (1, 4)를 지나는 선과 (5, 6), (4, 5)를 지나는 선상에 놓여 있다는 것을 보여준다. 두 번째 선에서 (5, 6)은 링크 5에 수직한 방향으로 무한대의 위치에 놓여 있다. 어떻게 (5, 6)과 (4, 5)를 지나는 선을 그을 수 있을까? 그림 3.59와 같이 (4, 5)를 지나고 $\overline{(1, 6)-(5, 6)}$에 평행한 선을 그으면 된다. 여러분이 (4, 5)에 앉아서 $\overline{(1, 6)-(5, 6)}$ 방향으로 무한대의 위치에서 (5, 6)을 본다면 이것이 옳다는 것을 알 수 있다. 분명히 눈의 방향은 $\overline{(1, 6)-(5, 6)}$에 평행하다.

그림 3.60은 (4, 6), (1, 5), (2, 4), (1, 3)을 구한 후의 과정을 나타낸다. 순간중심 (2, 5)가 다음에 구할 수 있는 순간중심들 중 하나이다. (1, 2), (1, 5)를 지나는 선과 (2, 4), (4, 5)를 지나는 선의 교점이 순간중심이다. 이 순간중심은 예제 3.9에서 속도 해석을 위해 쓰여질 것이다.

나머지 순간중심 (3, 5), (2, 6), (3, 6)도 똑같은 순서에 따라 구한다(그림 3.59 참조). 이 3개의 순간중심은 그 위치를 구하는 교선이 2개 이상임을 알아야 한다. 이렇게 중복적으

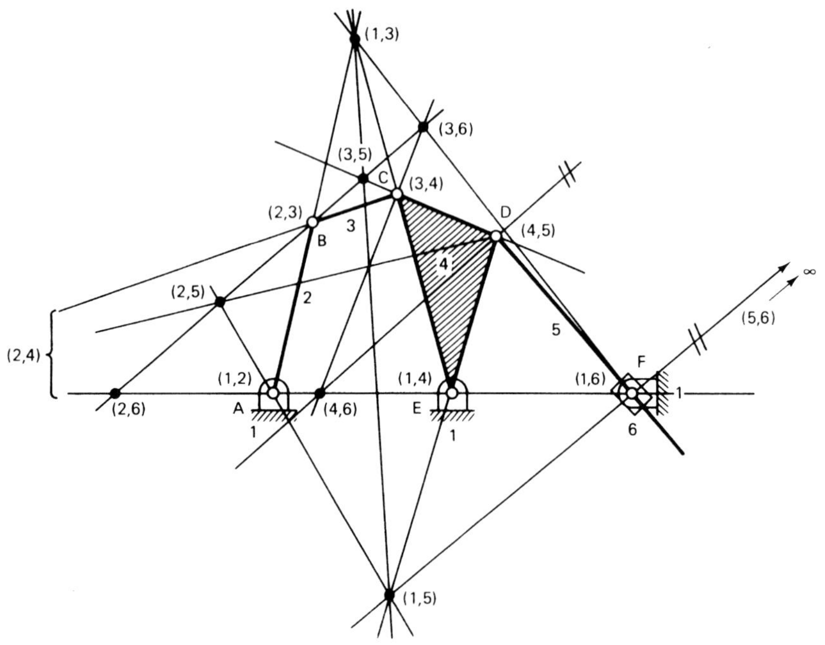

그림 3.59 그림 3.57의 6절 기구를 위한 순간중심 구하기. 그림 3.58과 그림 3.60은 순간중심을 구하기 위한 도해적인 방법의 여러 단계를 나타내고 있다.

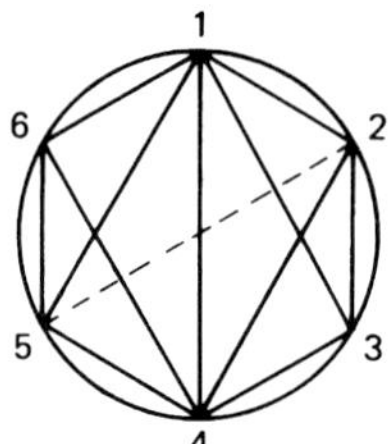

그림 3.60 그림 3.57의 6절 기구를 위한 순간중심 구하기. 그림 3.58과 그림 3.60은 순간중심을 구하기 위한 도해적인 방법의 여러 단계를 나타내고 있다.

로 구하면, 순간중심을 정확히 구했다는 사실을 더욱 확실히 증명할 수 있다. 같은 점에서 두 개 이상의 선이 교차하여도 순간중심을 구하는 데는 아무런 문제가 없다. 작도시의 오차로 인해 교점에서 약간의 불일치가 있을 수도 있다. 그러나 이 불일치하고 있는 교점이 크게 떨어져 있으면, 구하는 과정에서 실수가 있는 것이므로 이전의 과정을 세밀히 살펴보아야 할 것이다.

3.8 순간중심을 이용한 속도 해석*

어떻게 순간중심이 속도 해석에 사용될 수 있을까? 그 방법에는 두 가지가 있다. 즉, 순간중심에 의한 회전비 공식과 도해법이다.

우선 회전비 공식에 대해 살펴보자. 그림 3.40과 3.42의 4절 기구로 다시 돌아가 보자. 이 예제에서 $\omega_2 = -600$ rpm(시계방향)이었다. 이때, ω_4, ω_3, $\mathbf{V}_P$, $\mathbf{V}_B$를 구해 보자. 식 (3.36)은 각속도비와 순간중심 위치와의 관계를 나타내는 기본적인 공식이다. 해당 순서에 따라서 식 (3.36)† 첨자를 적절한 첨자로 바꿔 주면 된다. 여기서는

$$\frac{\omega_4}{\omega_2} = \frac{(\overrightarrow{1,2 - 2,4})}{(\overrightarrow{1,4 - 2,4})} = \frac{\ell_1}{\ell_2}$$

그림 3.61은 순간중심 (2, 4)가 (1, 2)와 (1, 4) 밖에 놓여 있기 때문에 각속도비 ω_4/ω_2는 (+)

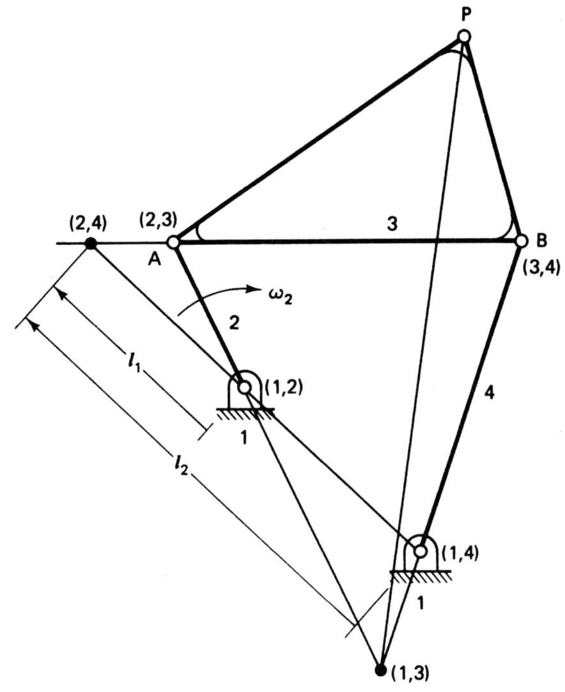

그림 3.61 각속도비 ω_1/ω_2는 일직선상에 있는 벡터의 비 l_1/l_2과 같다.

---

* 뒤에서 설명하겠지만, 순간중심 해석은 변위 및 속도 해석에 적용할 수 있으나 가속도와 같은 고차 운동 미분에는 적합하지 않다.

† 이 문제를 푸는 데 식 (3.36)과 식 (3.37) 중 어느 것을 사용해도 무방하다. 후자의 식을 사용할 경우에는 시계방향인지 반시계 방향인지를 판별할 수 있는 방법이 요구되지만, 프로그램을 짜는 경우가 아니라면, 후자가 더 선호된다.

이다. 이 사실은 l_1, l_2가 같은 직선상에 있으면서 같은 부호를 갖는 벡터라는 사실로부터도 알 수 있다. 이 사실을 직관적으로도 확인할 수 있다. 즉, 링크 2가 시계방향으로 회전할 때, 링크 4도 시계방향으로 회전할 것이다. 그림 3.61로부터

$$\frac{\omega_4}{\omega_2} = \frac{l_1}{l_2} = \frac{2.8\text{ cm}}{5.9\text{ cm}} = 0.47$$

그러므로 그림의 위치에서 링크 4의 순간 각속도는

$$\omega_4 = (0.47)(-600) = -282\text{ rpm}$$

또는

$$\omega_4 = \frac{2\pi}{60}(-282) = -29.5\text{ rad/sec (cw)}$$

또한 그림 3.61로부터

$$\frac{\omega_3}{\omega_2} = \frac{(\overrightarrow{1{,}2 - 2{,}3})}{(\overrightarrow{1{,}3 - 2{,}3})} = \frac{2.1\text{ cm}}{6.2\text{ cm}} = 0.34$$
$$\omega_3 = -21\text{ rad/sec (cw)}$$

순간중심 (2, 3)도 순간중심 (1, 2)와 (1, 3) 밖에 놓여 있기 때문에, 링크 2와 3 사이의 각속도비는 (+)이 된다.

속도 $\mathbf{V}_B$는 이제 다음과 같이 계산될 수 있다(점 B가 링크 4에 있다고 생각한다).

$$\mathbf{V}_B = i\omega_4(\overrightarrow{1{,}4 - 3{,}4}) = 147.5\text{ cm/sec}\searrow \quad ^{*}$$

또는 ω_4를 대입하면, 아래와 같이 속도 $\mathbf{V}_B$를 구할 수 있다.

$$\mathbf{V}_B = i\omega_2\frac{(\overrightarrow{1{,}2 - 2{,}4})}{(\overrightarrow{1{,}4 - 2{,}4})}(\overrightarrow{1{,}4 - 3{,}4})^{**}$$

또한 $\mathbf{V}_P$는 ω_3의 항으로 표현할 수 있다.

$$\mathbf{V}_P = i\omega_3(\overrightarrow{1{,}3 - P})^{\dagger} = (204\text{ cm/sec})e^{i(\arg(\overrightarrow{1{,}3 - P}) - 90°)}\searrow$$

[$(\overrightarrow{1, 3-P})$에 수직하고, $\omega_3 < 0$이기 때문에 오른쪽을 향한다] 이 식은 링크 3이 순간적으로 순간중심 (1, 3)을 중심으로 회전한다는 사실에 기초하고 있다.

ω_3을 대입하면, 다음과 같이 속도 $\mathbf{V}_P$를 구할 수 있다.

---

* 링크 길이는 그림 3.40을 참조하라.

** 링크 길이는 그림 3.40을 참조하라.

† 그림 3.40에서 링크 4의 길이가 5 cm라고 하면 $(1, 3-P)$의 길이는 비례로 계산한다.

$$\mathbf{V}_P = i\omega_2 \frac{\overrightarrow{(1,2 - 2,3)}}{\overrightarrow{(1,3 - 2,3)}} \overrightarrow{(1,2 - P)}^{\dagger}$$

이제 위의 문제를 순간중심에 기초한 도해적 방법과 속도 크기는 기준점에서 관심점까지의 길이에 비례한다는 사실을 이용하여 풀어 보도록 한다. 점 B의 속도는 아래와 같이 구할 수 있다(그림 3.62 참조). 먼저, 점 A의 속도를 적당한 축척으로 그린다. 그리고 (1, 2), (1, 4)를 잇는 직선과 (2, 3), (3, 4)를 잇는 직선의 교점인 순간중심 (2, 4)를 구한다. 순간중심 (2, 4)는 링크 2와 링크 4(점 B는 링크 4에도 있다)의 상대 속도가 0인 위치이다. 다시 말하면, 이 점은 링크 2와 4의 절대 속도가 같은 점이다. 따라서, 순간중심 (2, 4)는 링크 2의 알고 있는 절대 속도로부터 링크 4의 절대 속도를 구할 수 있는 유일한 점이다.

3개의 중요한 순간중심* (1, 2), (1, 4) 및 (2, 4)를 잇는 직선을 긋는다. A_0A를 반지름으로 하는 원호를 A로부터 이 직선까지 (A')까지 긋는다. V_A의 크기를 A_0A'에 수직하게 같은 크기로 그린 후에 A_0와 $V_A{}'$의 벡터 끝점을 지나는 게이지선을 긋는다. 순간중심 (2, 4)를 링크 2의 일부분이라 여기고, 순간중심 (2, 4)의 속도 $V_{2,4}$를 점 (2, 4)와 게이지선 사이에 그린다. 링크 2로부터 링크 4로의 절대 속도의 이동은 중심이 B_0[순간중심 (1, 4)]이고 반지름이 [B_0 – (2, 4)]인 원호를 (2, 4)로부터 (1, 4), (3, 4)를 지나는 직선과 만날 때까지 그

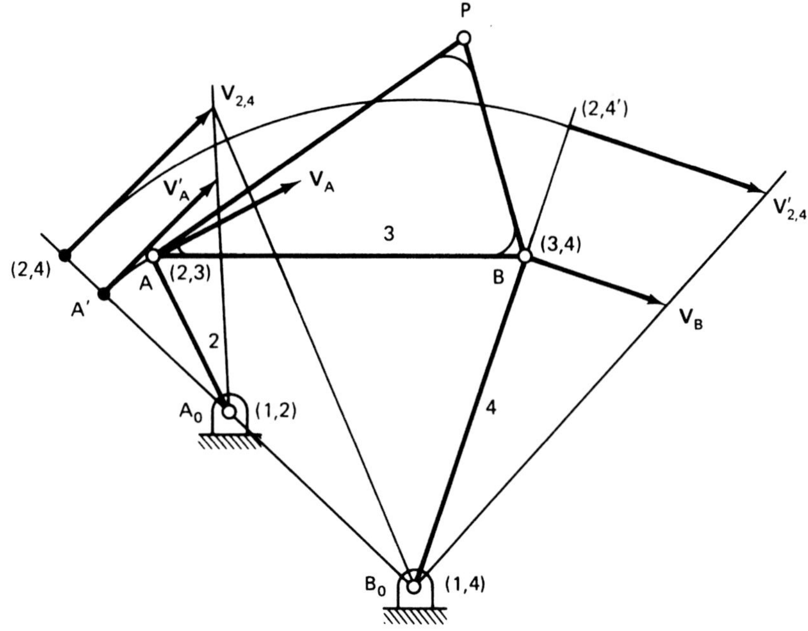

그림 3.62 절대 속도 $\mathbf{V}_A$를 알 때 순간중심과 게이지선을 이용하여 절대 속도 $\mathbf{V}_B$를 구하기.

* 점 B 또한 링크 3의 일부분이기 때문에 순간중심 (1, 2), (1, 3), (2, 3)은 다음 과정에서도 사용될 수 있다.

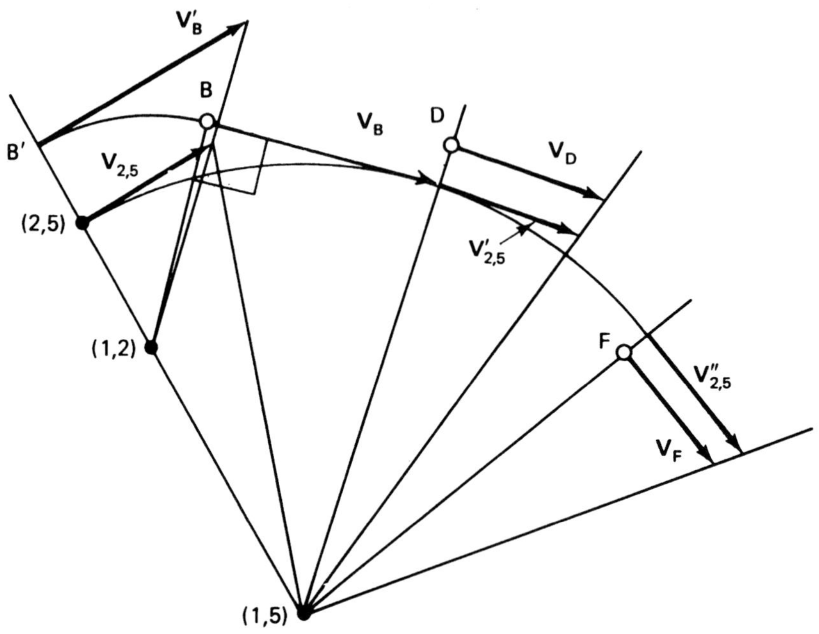

그림 3.63 순간중심을 이용한 커플러점의 속도의 게이지선 긋는 법.

림으로써 이루어진다(앞서 설명한 순간중심 (2, 4)의 특성을 이용). 이 교점 (2, 4)에서 $V_{2,4}$와 같은 크기의 $V_{2,4}{}'$를 그린다. (1, 4)로부터 게이지선을 그으면 점 B의 속도 V_B를 구할 수 있다($V_B = 149$ cm/sec).

점 P의 속도도 같은 방법으로 구할 수 있다. 단, 여기서는 순간중심 (1, 2), (1, 3), (2, 3)이 이용된다. 왜냐하면, 링크 2의 알고 있는 속도가 링크 3으로 이동되기 때문이다. 속도를 알고 있는 점 A에서 시작하면 점 A가 순간중심 (2, 3)이기 때문에 쉽게 구할 수 있다(그림 3.63 참조). (1, 3)으로부터 $\mathbf{V}_A$의 끝을 지나는 게이지선을 긋는다. 반지름이 [(1, 3)− P]인 원호를 그려서 P'의 위치를 구한다. 속도 $\mathbf{V}_P'$을 점 P로 이동시키면, $V_P = 210$ cm/sec↘가 된다. $\mathbf{V}_P$를 $\mathbf{V}_P''$으로 이동하고 B가 링크 3의 점이므로 $\mathbf{V}_B$를 구할 수 있다.

지금까지의 방법은 복소수를 이용한 디지털 계산을 위하여 프로그램되거나 휴대용 계산기를 사용하여 수행할 수 있다. 그러나, 순간중심 (1, 3), (2, 4)는 여전히 해석적으로 구해야 할 필요가 있다. 이 점에 관해 순간중심 (1, 3)의 경우에 대하여 아래에 예를 들었다.

그림 3.53을 상기하면 $[\overrightarrow{A_0(1, 3)}] = \mathbf{I}_{1,3} = \lambda_2\mathbf{Z}_2$($\lambda_2$는 미지수)임을 알 수 있다. 또한 $\mathbf{I}_{1,3} = \mathbf{Z}_2 + \mathbf{Z}_3 - \mathbf{Z}_4 + \lambda_4\mathbf{Z}_4$($\lambda_4$ 역시 미지수)이다. $\mathbf{I}_{1,3}$에 관한 두 방정식으로부터

$$\mathbf{Z}_2\lambda_2 - \mathbf{Z}_4\lambda_4 = \mathbf{Z}_2 + \mathbf{Z}_3 - \mathbf{Z}_4 \tag{3.39}$$

모든 $\mathbf{Z}_k$를 알고 있으므로, 식 (3.39)를 λ_2와 λ_4에 대해 풀 수 있다(연습문제 3.3 참조).

예제 3.9

그림 3.44의 6절 기구에서 ω_2가 주어졌을 때 점 D, 점 F(링크 5의 점)의 절대 속도를 구하라.

방법 1: 회전비 공식. 점 F, D는 모두 링크 5에 속하므로 순간중심 (1, 2), (1, 5) 및 (2, 5)를 사용한다.

$$\frac{\omega_5}{\omega_2} = \frac{\overrightarrow{(1{,}2 - 2{,}5)}}{\overrightarrow{(1{,}5 - 2{,}5)}}$$

여기서 $\omega_2 = -186$ rpm $= -19.5$ rad/sec. 그림 3.59로부터

$$\omega_5 = -19.5 \text{ rad/sec}\left(\frac{1.5 \text{ cm}}{5.0 \text{ cm}}\right) = -5.9 \text{ rad/sec}$$

그러므로

$$\mathbf{V}_D = \omega_5(\overrightarrow{(1{,}5) - D})^* = (51 \text{ cm/sec})e^{i(\arg(\overrightarrow{1{,}5 - D})^* - 90°)}$$

$$\mathbf{V}_{F5} = i\omega_5(\overrightarrow{(1{,}5) - \mathbf{F}})^* = (43 \text{ cm/sec})e^{i(\arg(\overrightarrow{1{,}5 - F})^* - 90°)^*}$$

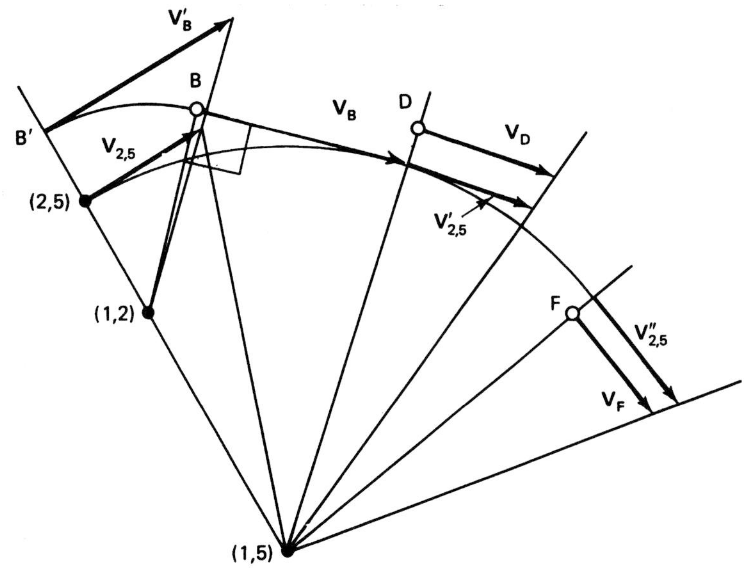

그림 3.64 순간중심을 이용한 그림 3.59의 6절 기구의 속도 해석을 위한 게이지선. 이 그림과 그림 3.59는 서로 다른 축척을 사용하였다.

* 그림 3.59로부터 직접 측정한다.

방법 2: 도해적 방법. 순간중심을 비롯하여 몇몇 관심점들을 안 후에는, 이 점들과 그 사이 길이들을 이용하기 때문에 링크 그림 자체는 불필요하다. 그림 3.64에 순간중심 (1, 2), (1, 5), (2, 5)인 점 B, D, F가 표시되어 있다. 링크 2의 알고 있는 속도 $\mathbf{V}_B = 77$ cm/sec는 (1, 2)가 중심인 원호를 통하여 점 B'으로 전달된다. 이때, 점 B'은 순간중심 (1, 5), (1, 2), (2, 5)를 지나는 직선상에 있다. (1, 2)와 $\mathbf{V}_B'$ 벡터의 끝점을 지나는 게이지선을 그려서 $\mathbf{V}_{2,5}$를 구할 수 있다. $\mathbf{V}_{2,5}$를 중심이 (1, 5)이고 반지름이 (1, 5) – (2, 5)인 원호를 따라 각각 직선 [(1, 5) – D] 및 [(1, 5) – F]와 만날 때까지 이동시키면 $\mathbf{V}'_{2,5}$ 및 $\mathbf{V}''_{2,5}$을 각각 구할 수 있다. 그러면 $\mathbf{V}_D$와 $\mathbf{V}_F$도 게이지선을 이용하여 구할 수 있다. 그 값은

$$\mathbf{V}_D = 51 \text{ cm/sec} \rightarrow$$

$$\mathbf{V}_F = 45 \text{ cm/sec} \searrow$$

3.9 기계적 유용성(Mechanical Advantage)

설계자가 알고 있어야 할 중요한 기준은 특정 기구가 토크나 힘을 얼마나 잘 전달하는가이다. 기어열과 같은 기구에서는 입력과 출력 사이에 일정한 속도비가 있기 때문에, 입력과 출력 사이에 일정한 토크비가 전달된다(7장 참조). 그러나 링크장치인 경우에는 다르다. 링크장치에 있어서 입력힘과 출력힘 사이의 관계를 어떻게 알 수 있을까? 2가지의 간단한 사실을 우선 살펴보자.

1. 위에서 언급한 기어열에서 힌트를 얻을 수 있는 것처럼, 토크비는 기구의 입력링크와 출력링크 사이의 속력(speed) 또는 각속도비의 함수이다.
2. 토크비는 기하학적 변수의 함수인데, 링크장치의 경우에는 기구가 운동하고 있는 동안 계속 변화하는 것이 일반적이다.

만일 기구가 보존계라고 가정하고(즉, 시스템에 의해 전달되는 총 에너지량에 비해 마찰, 열 등에 의해 소모되는 에너지는 무시할 만하다), 관성력이 작용하지 않는다고 가정하면, 입력동력(P_{in}: input power)은 출력동력(P_{out}: output power)과 같다(그림 3.65 참조). 따라서 입력토크와 입력각속도와의 곱은 출력토크와 출력각속도와의 곱과 같다.

$$P_{in} = T_{in}\omega_{in} = T_{out}\omega_{out} = P_{out} \tag{3.40}$$

or,

$$P_{in} = \mathbf{F}_{in} \cdot \mathbf{V}_{in} = \mathbf{F}_{out} \cdot \mathbf{V}_{out} = P_{out} \tag{3.41}$$

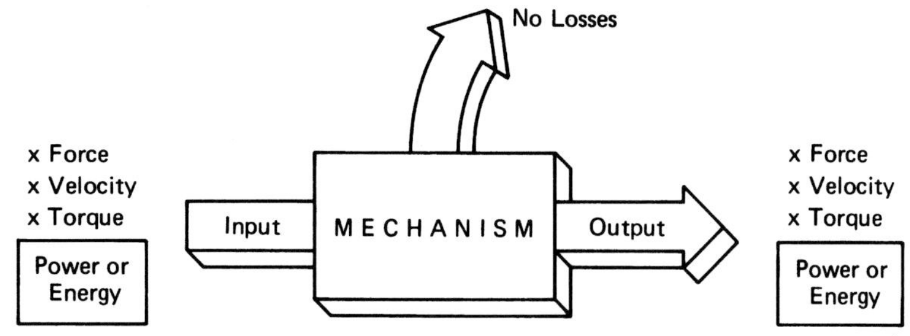

그림 3.65 일과 에너지는 보존된다. 그러나 힘, 속도 토크는 보존되지 않는다.

여기서 T_{in}과 F_{in}은 기구에 입력되는 토크와 힘이고, T_{out}과 F_{out}은 기구에 의해 출력되는 토크와 힘이다. 그리고 $\mathbf{V}_{in}$과 $\mathbf{V}_{out}$은 각각 $\mathbf{F}_{in}$과 $\mathbf{F}_{out}$이 작용하는 점의 속도이다. 벡터 형태로 하면

$$\mathbf{V} \cdot \mathbf{F} = VF\cos(\arg \mathbf{F} - \arg \mathbf{V}) \tag{3.41a}$$

또는

$$\mathbf{V} \cdot \mathbf{F} = V_x F_x + V_y F_y \tag{3.41b}$$

(증명을 위해 연습문제 3.4 참조)

그림 3.65에 나타난 바와 같이 한 링크장치의 힘, 속도 및 토크는 일정하지 않다. 현실적으로 불가능한 영구운동 장치들을 발명했다고 하는 설계자들은 이와 같은 사실을 무시하였기 때문이다.

토크와 각속도의 곱이나, 힘과 속도의 스칼라 곱은 그 단위가 모두 동력(power)이라는 사실에 주의하라. 식 (3.40)으로부터

$$\frac{T_{out}}{T_{in}} = \frac{\omega_{in}}{\omega_{out}} \tag{3.42}$$

기계적 유용성(M.A.)은 입력힘 대 출력힘의 크기의 비로 정의한다.

$$\text{M.A.} = \frac{F_{out}}{F_{in}} \tag{3.43}$$

여기서 $F = |\mathbf{F}|$.

토크는 힘과 반지름의 곱이라는 사실에 유념하여, 식 (3.43)과 (3.40)을 결합하면

$$\text{M.A.} = \left(\frac{T_{out}}{r_{out}}\right)\left(\frac{r_{in}}{T_{in}}\right) = \left(\frac{r_{in}}{r_{out}}\right)\left(\frac{T_{out}}{T_{in}}\right) \tag{3.44}$$

그리고

$$\text{M.A.} = \left(\frac{r_{\text{in}}}{r_{\text{out}}}\right)\left(\frac{\omega_{\text{in}}}{\omega_{\text{out}}}\right) \tag{3.45}$$

따라서 기계적 유용성은 두 인자의 곱이다. 즉, (1) 입력힘과 출력힘의 위치에 따른 거리비, (2) 각속도비: 첫 번째 인자는 기구가 움직이는 동안 변하지 않을 수 있지만, 두 번째 인자는 대부분의 링크장치에서 변화한다. 각속도비는 방향성이 있는 거리로 표현될 수 있기 때문에(순간중심을 이용해서), 기계적 유용성은 거리비를 이용해서 완전히 표현할 수 있다[3.8절 식 (3.37) 참조].

그림 3.66의 4절 기구를 살펴보자. 링크 2, 3, 4의 무게를 무시한다면, 링크 2에 10 lbf 무게가 나가는 추를 올려놓았을 때 저울의 값은 어떻게 될까? 식 (3.45)를 사용하면

$$\frac{F_{\text{out}}}{F_{\text{in}}} = \text{M.A.} = \left(\frac{\omega_{\text{in}}}{\omega_{\text{out}}}\right)\left(\frac{r_{\text{in}}}{r_{\text{out}}}\right) \tag{3.46}$$

이 경우 링크 2는 입력이고, 링크 4는 출력이다. 따라서

$$\text{M.A.} = \frac{F_{\text{out}}}{F_{\text{in}}} = \left(\frac{\omega_2}{\omega_4}\right)\left(\frac{r_{\text{in}}}{r_{\text{out}}}\right) = \frac{(1,4\ -\ 2,4)}{(1,2\ -\ 2,4)}\frac{(r_{\text{in}})}{(r_{\text{out}})} \tag{3.46a}$$

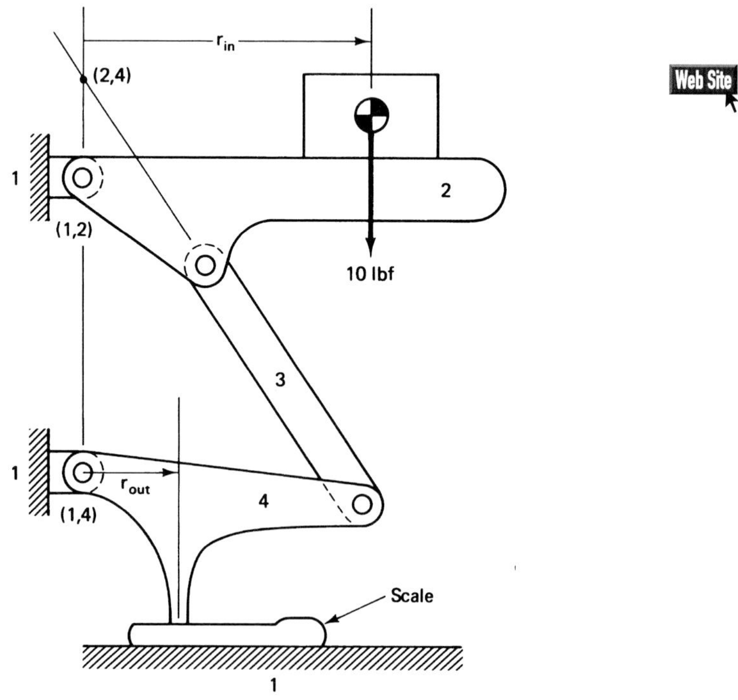

그림 3.66 10 lbf의 무게를 기준으로 한 저울 눈금의 결정.

공통 순간중심 (2, 4)가 다른 순간중심들 밖에 존재하므로 각속도비는 (+)의 값임에 주의하라. 그림 3.66*에서 거리를 측정하여 F_{out}을 계산하면

$$F_{out} = F_{in}(\text{M.A.}) = (10)\frac{(2)}{(.5)}\frac{(1.5)}{(.5)} = (10)(4)(3) = 120 \text{ lbf}$$

여기서 M.A.는 (4)(3) = 12였다. 기계적 유용성의 이득(gain)은 반지름비와 각속도비로부터 비롯된다. 이들 둘 다 선도로부터 측정되는 거리이다.

이 결과는 그림 3.67의 자유물체도를 사용하여 증명할 수 있다. 여기서도 역시 기계적 유용성은 거리로써 표현될 수 있음을 알 수 있다.

$$\text{M.A.} = \left(\frac{1.5}{0.3}\right)\left(\frac{1.2}{0.5}\right) = (5)(2.4) = 12$$

식 (3.46)은 매우 유용한 설계 도구이며, 점검을 통하여 검증될 수 있다. 여러 설계 상황에서, 기구의 기계적 유용성을 정량화하여 표시함으로써 기계적 유용성을 최적으로 향상시키기 위한 기구의 설계가 가능하다. 기구의 최대 허용 크기와 같은 실질적인 문제로 인해 원래의 설계로부터 크게 변화시키는 것은 불가능하다(8장의 부록 참조).

예를 들면, 그림 3.68의 4절 기구가 수동 펌프의 구동 기구로 사용된다고 가정하자. 그림의 위치에서 힘 F_{in}으로 핸들을 왼쪽으로 당기면 실린더에서는 F_{out}과 크기가 같고 방향

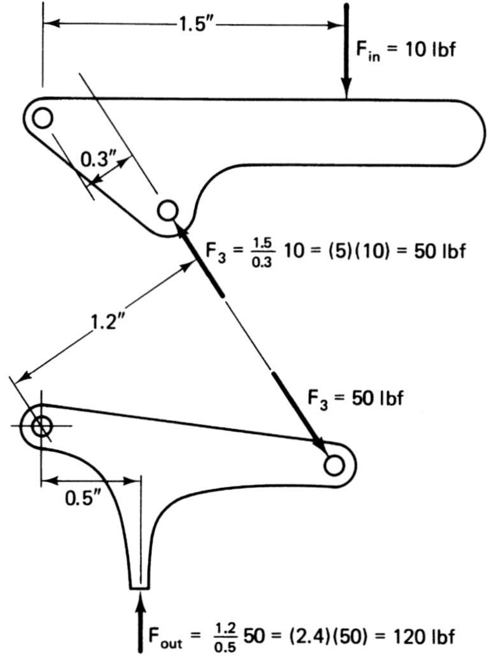

그림 3.67 자유물체도를 이용한 기계적 유용성 결정.

* 그림 3.66에서 51 mm = 2 in를 의미한다.

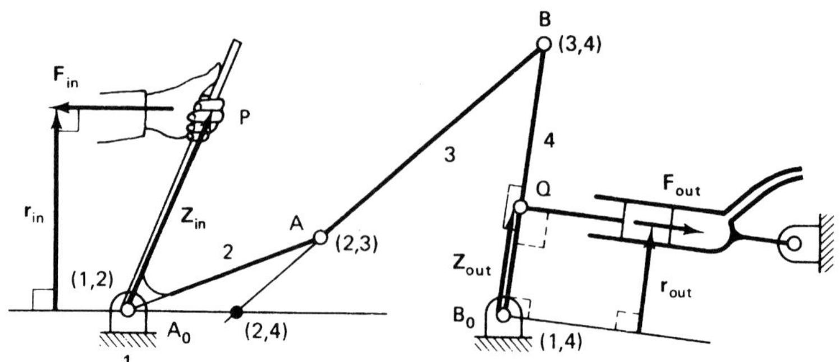

그림 3.68 4절 수동 펌프 기구의 기계적 유용성은 토글 위치(A_0, A, B가 일직선상에 있게 되는)에 접근할수록 증가한다.

이 반대인 피스톤의 압력차에 해당하는 힘이 생긴다. 그림의 위치에서 이 장치의 기계적 유용성은 얼마일까? (피스톤 로드는 순간적으로 링크 4에 수직이다)

입력링크가 링크 2이고 출력링크가 링크 4일 때, 식 (3.42)에 의해

$$\frac{T_4}{T_2} = \frac{\omega_2}{\omega_4}$$

순간중심 (2, 4)가 (1, 2)와 (1, 4) 사이에 있으므로

$$\frac{T_4}{T_2} = \frac{\omega_2}{\omega_4} = \frac{(\overrightarrow{1,4 - 2,4})}{(\overrightarrow{1,2 - 2,4})} \tag{3.47}$$

복소수를 사용하면, 식 (3.47)은

$$\frac{T_4}{T_2} = \frac{z_{out} F_{out} \sin(\arg \mathbf{F}_{out} - \arg \mathbf{z}_{out})}{z_{in} F_{in} \sin(\arg \mathbf{F}_{in} - \arg \mathbf{z}_{out})}$$

그리고

$$\text{M.A.} = \frac{F_{out}}{F_{in}} = \frac{z_{in}}{z_{out}} \left(\frac{(\overrightarrow{1,4 - 2,4})}{(\overrightarrow{1,2 - 2,4})} \right) \frac{\sin(\arg \mathbf{F}_{in} - \arg \mathbf{z}_{in})}{\sin(\arg \mathbf{F}_{out} - \arg \mathbf{z}_{out})} \tag{3.48}$$

순간중심 거리비의 부호를 무시하고 입력힘과 출력힘의 팔 길이의 표현에 z 대신 r을 사용하면, 식 (3.48)은

$$\text{M.A.} = \left(\frac{r_{in}}{r_{out}} \right) \frac{(1,4 - 2,4)}{(1,2 - 2,4)} \tag{3.49}$$

기계적 유용성을 구성하는 인자들을 관심 있게 보라. z_{in}/z_{out}이 증가함에 따라 기계적 유용성도 증가한다. 이러한 사실은 그림 3.68로부터 직관적으로 알 수 있다. 두 번째 항의 비 또한 직관적으로 알 수 있다. 점 P가 왼쪽으로(링크 2는 반시계방향으로 회전한다) 움직

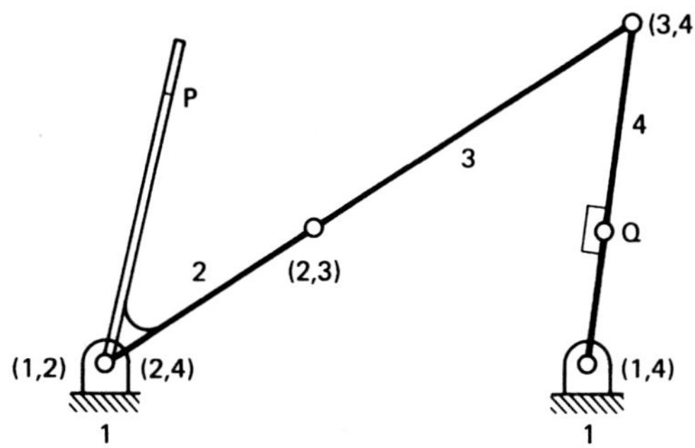

그림 3.69 그림 3.68의 수동 펌프 기구의 토글 위치. 기계적 유용성은 이론적으로 무한대이다. 점 P의 작은 힘으로 점 Q의 매우 큰 힘을 견딜 수 있다.

여서 그림 3.69의 위치까지 도달하면, 이 4절 기구는 '토글' 위치, 즉 순간중심 (1, 2)와 (2, 4)가 일치하는 위치에 있게 된다. 식 (3.48)에 따르면, 기계적 유용성은 이 위치에서 무한대에 도달한다. 링크 2와 링크 3이 일직선상에 있으면, (이론적으로) Q에 발생하는 무한대의 힘에 저항하기 위해 P에서 아무런 힘도 필요하지 않다. 물론, 무한대의 힘이 발생하기 전에 링크 4에서 굽힘이 일어날 것이다. 사인(sine)비는 각각의 힘이 각각의 팔 벡터에 얼마나 수직한지를 나타내는 기준이 된다. 이러한 사항들을 고려하면 식 (3.48)은 쉽게 증명된다.

그림 3.68의 위치에서 A_0P의 길이를 고정시켜 놓고 더 큰 기계적 유용성이 필요하다면, 식 (3.48)로부터 다음과 같은 방법을 생각할 수 있다.

1. z_{in}을 증가시킨다.
2. z_{out}을 감소시킨다.
3. B_0를 (2, 4)로부터 멀리 위치시킨다(링크장치의 나머지 부분은 그대로 둔다).
4. A_0를 (2, 4)에 근접시킨다(링크장치의 나머지 부분은 그대로 둔다).

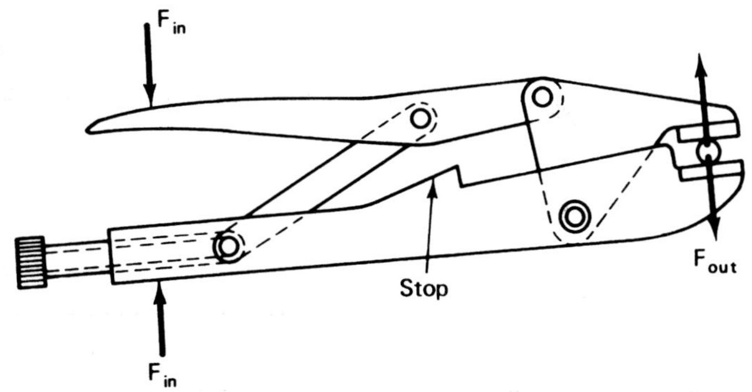

그림 3.70 멈춤 장치(stop)는 위쪽 핸들과 커플러링크 사이의 토글 위치를 넘어서는 과도한 운동을 방지한다.

5. 점 A를 링크 2와 3이 일직선이 되도록 이동시킨다.
6. $\mathbf{F}_{in}$을 $\mathbf{z}_{in}$과 수직이 되도록 만든다.

예제 3.10

그림 3.70의 토글 위치를 조정할 수 있는 플라이어의 기계적 유용성을 구하라. 이 기구는 왜 이런 모양으로 설계되었는가?

풀이

입력링크를 3, 출력링크를 4, 고정링크를 1(그림 3.71 참조)이라 하자. $\mathbf{F}_{out}$이 $\mathbf{r}_{out}$에 수직이므로 $T_3\omega_3 = T_4\omega_4$이다.

$$T_4 = [\mathbf{r}_{out} \times \mathbf{F}_{out}] = r_{out}F_{out}\sin(\arg \mathbf{F}_{out} - \arg \mathbf{r}_{out}) = r_{out}F_{out}\sin(-90°) = -1.9F_{out}$$

같은 방법으로, $T_3 = [\mathbf{r}_{in} \times \mathbf{F}_{in}] = (5.1)F_{in}$. 식 (3.42)로부터

$$\frac{T_4}{T_3} = \frac{\omega_3}{\omega_4} = \frac{(\overrightarrow{3,4 - 1,4})}{(\overrightarrow{3,4 - 1,3})} = \frac{-1.6}{0.7} = -2.29 \ *$$

따라서,

$$\text{M.A.} = \frac{F_{out}}{F_{in}} = \left|\frac{r_{in}}{r_{out}}\frac{\omega_3}{\omega_4}\right| = \left|\frac{5.1}{1.9}(-2.29)\right| = 6.15^{\dagger}$$

그림의 위치에서, 플라이어의 기계적 유용성은 6.15:1밖에 안 된다. 그러나, 플라이어를 조

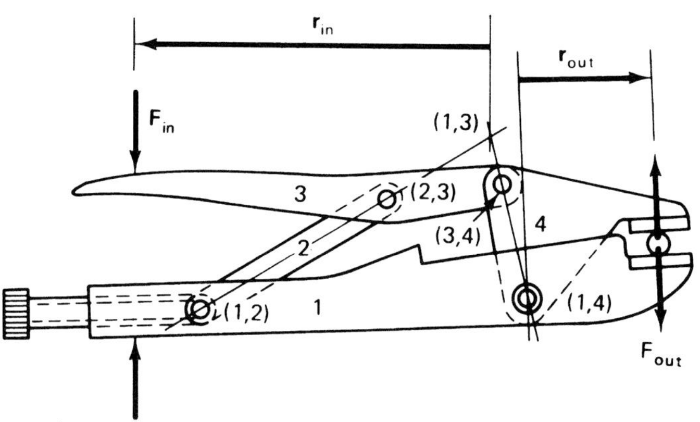

그림 3.71 순간중심 (3, 4), (2, 3), (1, 2)가 일직선이 될수록 기계적 유용성은 무한대로 된다.

* 그림 3.71에서 15 mm는 1.9 unit이다.

† 식 (3.45)에서 제안한 것처럼 이 단계를 곧장 수행할 수 있음을 유의하라.

임에 따라 순간중심 (2, 4)가 순간중심 (1, 2)에 접근하게 된다. 순간중심 (1, 2), (2, 3), (3, 4)가 일직선상에 접근할 때, (2, 4)는 거의 (1, 2)에 겹치고 (1, 3)은 (3, 4)에 접근하여 기계적 유용성은 무한대에 접근하게 된다.

플라이어 이빨 사이의 요구되는 거리에서 기계적 유용성이 최대가 되도록 나사를 조정할 수 있다. 사실 그림 3.70에서와 같이 고정점을 바로 지난 위치에 멈춤장치(stop)를 만들어 놓은 제품도 있다. 토글 위치를 지나서 원 위치로 돌아오게 하려면 이빨 사이에 이론적으로 무한대의 힘이 필요하기 때문에, 이 방법은 링크장치가 매우 높은 기계적 유용성과 안정한 '물림' 상태를 갖게 한다.

예제 3.11

그림 3.72의 슬라이더-크랭크 기구의 기계적 유용성을 구하라. 슬라이더 출력링크는 다른 방법이 필요하다.

풀이

만일 링크 2가 입력링크이고 링크 4가 출력링크라면 앞에서 설명한 절차는 변경되어야 한다(링크 4는 슬라이더이고 따라서 $\omega_4 = 0$이기 때문이다). $(\text{Power})_{\text{in}} = (\text{Power})_{\text{out}}$이다. 식 (3.40), (3.41)로부터

$$T_2\omega_2 = \mathbf{F}_{\text{out}} \cdot \mathbf{V}_B \tag{3.50}$$

여기서 $T_2 = [\mathbf{z}_{\text{in}} \times \mathbf{F}_{\text{in}}]$이다. 출력링크 4가 수평 슬롯에서 움직이도록 제한받고 있기 때문에, 링크 4의 어떤 점도 수평방향의 속도만을 가지고 있어야 한다. 또한, 순간적으로 순간중심 (2, 4)와 일치하는 링크 4의 연장된 평면상의 점을 포함하여, 링크 4의 모든 점은 속도가 같아야 한다. 이 점의 속도는 $i\omega_2(\overrightarrow{1, 2 - 2, 4})$이다. 따라서,

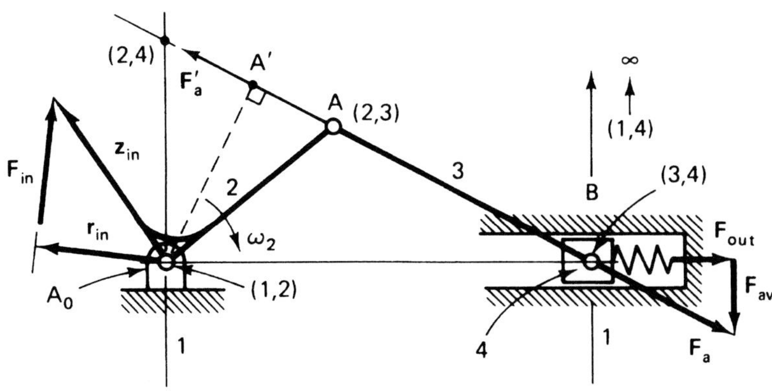

그림 3.72 슬라이더-크랭크 기구의 기계적 유용성을 구하기 위한 기하학적인 구성.

$$\mathbf{V}_B = i\omega_2\overrightarrow{(1,2-2,4)} \tag{3.51}$$

식 (3.50)과 (3.51)을 결합하고, $(\text{power})_{\text{in}} = (\text{power})_{\text{out}}$이므로,

$$[\mathbf{z}_{\text{in}} \times \mathbf{F}_{\text{in}}]\omega_2 = T_2\omega_2 = \mathbf{F}_a \cdot \mathbf{V}_B$$

$$\mathbf{F}_a \cdot (i\omega_2\overrightarrow{(1,2-2,4)}) = F_a|\omega_2\overrightarrow{(1,2-2,4)}|\cos(\arg \mathbf{F}_a - \arg \mathbf{V}_B)$$

$$\omega_2 z_{\text{in}} F_{\text{in}} \sin(\arg \mathbf{F}_{\text{in}} - \arg \mathbf{z}_{\text{in}}) = F_a|\omega_2\overrightarrow{(1,2-2,4)}|\cos(\arg \mathbf{F}_a - \arg \mathbf{V}_B)$$

또한,

$$F_a \cos(\arg \mathbf{F}_a - \arg \mathbf{V}_B) = F_{\text{out}} \quad \text{and} \quad \frac{\omega_2}{|\omega_2|} = -1$$

다음과 같은 식을 얻는다.

$$\text{M.A.} = \frac{F_{\text{out}}}{F_{\text{in}}} = -\frac{z_{\text{in}} \sin(\arg \mathbf{F}_{\text{in}} - \arg \mathbf{z}_{\text{in}})}{|\overrightarrow{(1,2-2,4)}|} = \frac{r_{\text{in}}}{|\overrightarrow{(1,2-2,4)}|} \tag{3.52}$$

여기서 $\sin(\arg \mathbf{F}_{\text{in}} - \arg \mathbf{z}_{\text{in}})$이 (−)이므로, 위의 값은 (+)이다.

위의 사실로부터, 입력링크의 팔 길이 $\mathbf{r}_{\text{in}}$(방향이 그대로라면)이 길어질수록 기계적 유용성은 증가한다. 입력링크가 시계방향으로 회전하면, 점 A는 토글 위치를 향하여 움직이고 순간중심 (2, 4)는 (1, 2)를 향하여 움직인다. 따라서 기계적 유용성을 증가시킨다.

식 (3.52)의 또 다른 증명은 다음과 같다. 입력토크는 $T_{\text{in}} = [\mathbf{z}_{\text{in}} \times \mathbf{F}_{\text{in}}]$(시계방향)이다. T_{in}은 조인트 A에서 핀의 힘 F_a'에 의한 모멘트에 의해 생긴다. 링크 3은 '2핀' 링크이므로, 링크 3을 따라 작용해야 한다. 이 저항 모멘트는 $[(\overrightarrow{(1,2)-A'}) \times \mathbf{F}_a']$ (반시계방향)이며, 이때 $\overrightarrow{(1,2)-A'}$는 링크 3에 수직이다. 힘 $\mathbf{F}_a'$가 걸리는 (3, 4)에서 링크 3은 슬라이더 4에 $\mathbf{F}_a'$의 힘을 전달한다. $\mathbf{F}_a$의 수직 성분 $\mathbf{F}_{av}$는 링크 4의 운동방향과 수직이므로 아무런 일을 하지 않는다. 따라서, 출력힘 $\mathbf{F}_{\text{out}}$은 $\mathbf{F}_a$의 수평성분(그림 3.72에서 오른쪽 방향)이다.

$$\frac{F_{\text{out}}}{F_a} = \frac{(1,2-\text{A}')}{(1,2-2,4)} \tag{3.53}$$

여기서

$$(1,2) - A' = |\overrightarrow{(1,2)-A'}|$$

또한,

$$\frac{F_a}{F_{\text{in}}} = \frac{r_{\text{in}}}{(1,2-A')} \tag{3.54}$$

상기 두 개의 비를 곱하면

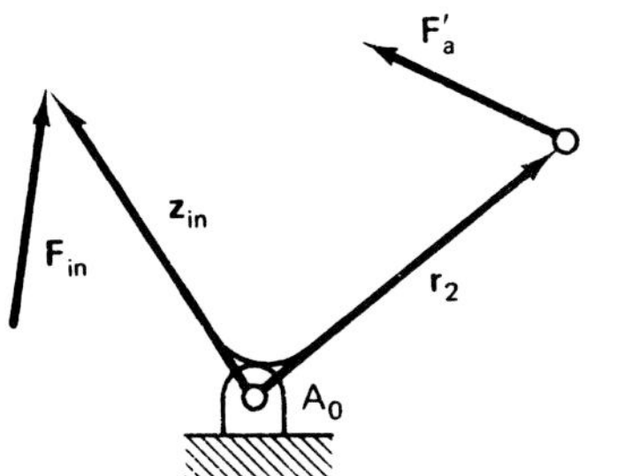

그림 3.73

$$\frac{F_{\text{out}}}{F_{\text{in}}} = \frac{r_{\text{in}}}{(1,2 - 2,4)}$$

이는 식 (3.52)와 일치한다.

점 B가 커넥팅로드의 점이기도 하기 때문에 링크 3이 출력링크가 될 수 있다. 이 경우에는 기계적 유용성을 구하기 위하여 순간중심 (1, 2), (2, 3), (1, 3)이 사용되며, 그 결과는 식 (3.52)와 수치적으로 똑같다(연습문제 3.5 참조)

기계적 유용성을 얻기 위한 도해적(기하학적) 방법 외에 또 하나의 방법은 다음과 같이 자유물체도를 사용하는 것이다. 링크 2의 자유물체도(그림 3.73 참조)에 대하여 점 A_0에 대한 모멘트를 모두 합한 식은 관련 벡터들의 편각(argument)들의 항으로 된 β_{in}과 β_A로 표시할 수 있다.

$$\mathbf{Z}_{\text{in}} \times \mathbf{F}_{\text{in}} + \mathbf{r}_2 \times \mathbf{F}'_a = 0$$

$$Z_{\text{in}} F_{\text{in}} \sin \beta_{\text{in}} + r_2 F'_a \sin \beta_A = 0$$

$$Z_{\text{in}} F_{\text{in}} \sin (\arg \mathbf{F}_{\text{in}} - \arg \mathbf{r}_{\text{in}}) + r_2 F'_a \sin (\arg \mathbf{F}'_a - \arg \mathbf{r}_2) = 0$$

β_{in}은 시계방향이므로 (−)의 값이고, 입력토크도 시계방향이다. 또한, $z_{\text{in}} \sin \beta_{\text{in}}$은 A_0에서 $\mathbf{F}_{\text{in}}$에 수직한 팔이고, 마찬가지로 $z_2 \sin \beta_{\text{in}}$는 A_0에서 $\mathbf{F}'_a$에 수직한 팔이다. $\mathbf{F}'_a$에 대해 풀면

$$\frac{\sin \beta_{\text{in}}}{\sin \beta_2} < 0 \text{ 이므로 } F'_\alpha = -\frac{z_{\text{in}} F_{\text{in}} \sin \beta_{\text{in}}}{r_2 \sin \beta_2} > 0$$

이 방식으로 계속하면, 식 (3.52)를 증명할 수 있다(연습문제 3.6 참조).

예제 3.12

그림 3.74에 6절 함수생성 기구가 있다. (a) 이 기구의 모든 순간중심의 위치를 구하라. (b) 점 P의 속도가 10 m/sec라면, 순간중심 방법을 사용하여 ω_3와 $\mathbf{V}_B$를 구하라. (c) 힘 F_{in}이 P에 작용한다면(그림 3.74 참조), 순간중심을 이용하여 F_{out}을 구하라.

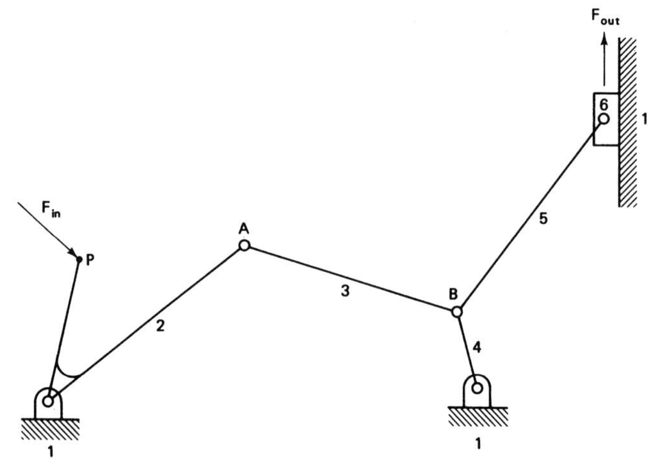

그림 3.74 6절 힘 전달 기구.

풀이

(a) 그림 3.75에 이 기구의 모든 순간중심의 위치를 그렸다.

(b) **방법 1**: 그림 3.76은 ω_3와 $\mathbf{V}_B$를 구하기 위하여 순간중심을 이용한 도해법이 어떻게 사용되는지를 보여준다. 이 그림으로부터

$$V_A = 17.2 \text{ m/sec}$$

$$\omega_3 = \frac{\mathbf{V}_A}{i(\overrightarrow{1,3 - 2,3})} = \frac{17.2}{0.054} = 318 \text{ rad/sec}$$

$$V_{2,4} = 44.7 \text{ m/sec}$$

$$\mathbf{V}_B = (17.1 \text{ m/sec})i(-e^{i[arg(\overrightarrow{B_0B})]})$$

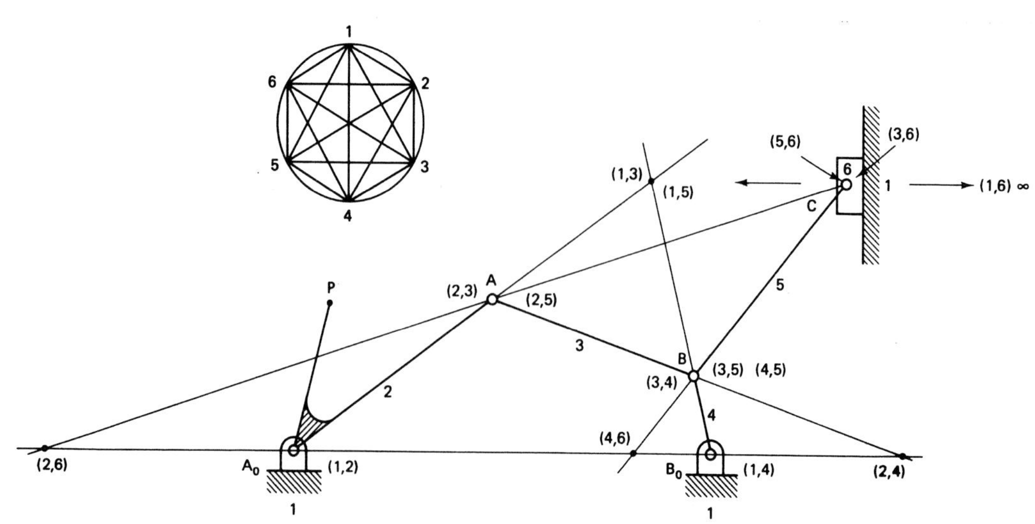

그림 3.75 6절 기구의 순간중심.

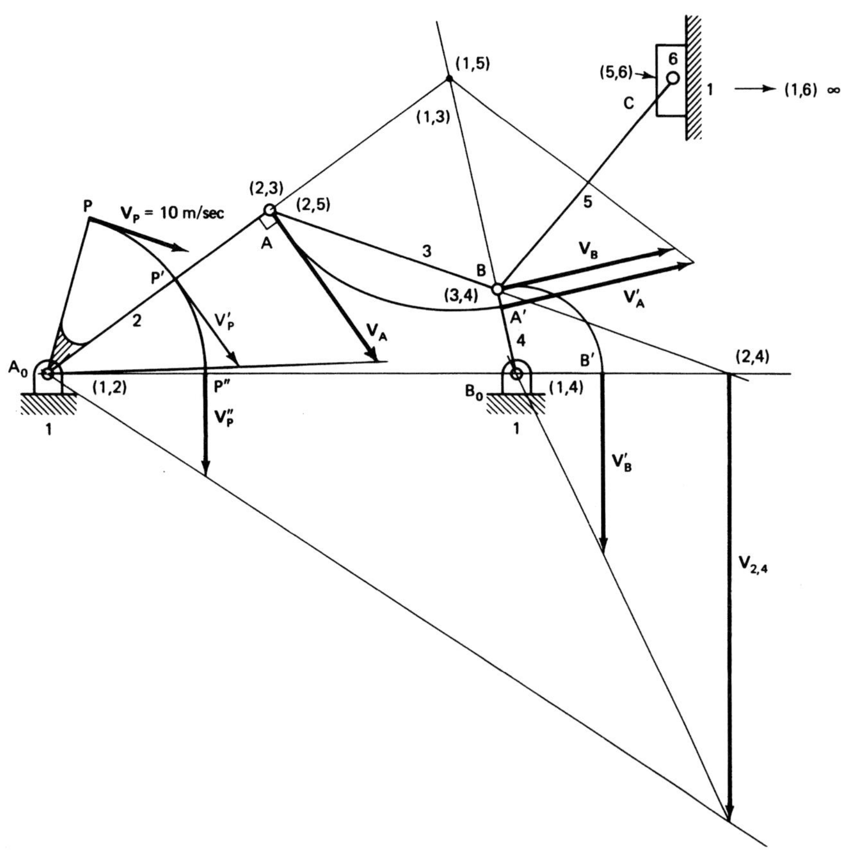

그림 3.76 6절 기구에서의 순간중심과 게이지선을 이용한 속도 해석. 그림 3.74의 1 mm는 예제 3.12에서 1.64 mm로 환산한다.

방법 2: 단지 순간중심식(그림 3.75)만을 이용하여

$$\frac{\omega_3}{\omega_2} = \frac{(\overrightarrow{1,2 - 2,3})}{(\overrightarrow{1,3 - 2,3})} = -1.22$$

$$\omega_2 = \frac{V_P}{i(\overrightarrow{A_0P})} = \frac{-V_P}{A_0P} = -260.8 \text{ rad/sec (cw)}$$

따라서

$$\omega_3 = \frac{-V_P}{A_0P}(-1.22) = 318.2 \text{ rad/sec (ccw)}$$

$$\omega_4 = \omega_2\frac{(\overrightarrow{1,2 - 2,4})}{(\overrightarrow{1,4 - 2,4})} = (-260.8)(3.10) = -808.0 \text{ rad/sec (cw)}$$

그러므로

$$\mathbf{V}_B = i\omega_4(\overrightarrow{B_0B}) = (17.3 \text{ m/sec})i(-e^{i \arg(\overrightarrow{B_0B})})$$

(c) **방법** 1: 순간중심 (1, 2), (1, 5) 및 (2, 5)를 이용하여(그림 3.76)

$$\frac{T_5}{T_2} = \frac{\omega_2}{\omega_5} = \frac{\overrightarrow{(1,5 - 2,5)}}{\overrightarrow{(1,2 - 2,5)}} = -\frac{0.054}{0.066} = -0.820$$

그리고 그림 3.74와 3.75로부터

$$T_5 = F_{out}(0.054); \qquad T_2 = -F_{in}(0.031)$$

따라서

$$F_{out} = \frac{-F_{in}}{(0.054)}(0.031)(-0.820) = 0.471F_{in}$$

방법 2: 순간중심 (1, 2), (1, 6) 및 (2, 6)을 사용하고, 식 (3.52)로부터

$$F_{out} = \left|\frac{T_2}{(1,2 - 6,2)}\right|$$

따라서

$$F_{out} = \left|\frac{-F_{in}(0.031)}{0.057}\right| = 0.54F_{in}$$

3.10 속도 및 기계적 유용성 결정을 위한 해석적 방법

앞서 살펴본 속도 및 기계적 유용성 분석은 기본적으로 도해적인 방법에 의한 것이었다. 이 절에서는 복소수를 사용한 해석적 방법이 소개될 것이다. 링크장치의 몇몇 위치만을 분석한다면 도해법은 확실히 무난한 방법일 것이다. 그러나 여러 위치와 여러 링크장치를 분석해야 한다면, 도해적인 방법은 너무 많은 시간이 소모된다. 마이크로, 랩탑, 데스크탑 컴퓨터 또는 프로그래밍 휴대용 계산기를 사용하여, 복소수 표현에 기초를 둔 해석적 방법을 이용하는 것은 매우 유용하다. 도해적인 방법에 익숙해진 후에는(이 방법에서 가시적인 벡터 해법을 명확히 이해한 후), 자신감을 가지고 해석적 방법을 사용할 수 있다. 비시각적인 해석적 방법에서 어떤 의문이 생기면, 간단한 도해적 방법을 통해 확인해 볼 수도 있을 것이다. 또한 해석적인 방법의 결과는 컴퓨터 그래픽을 이용하여 시각적으로 보일 수도 있다(3.11절과 이 책의 웹 예제 및 컬러 페이지 참조).

그림 3.77은 링크장치를 벡터로 보여주는데, 링크 3, 4의 각속도는 입력링크(링크 2)의 각속도와 변위 위치변수의 함수로 결정된다. 3.3절에서 이와 똑같은 링크장치의 변위 해

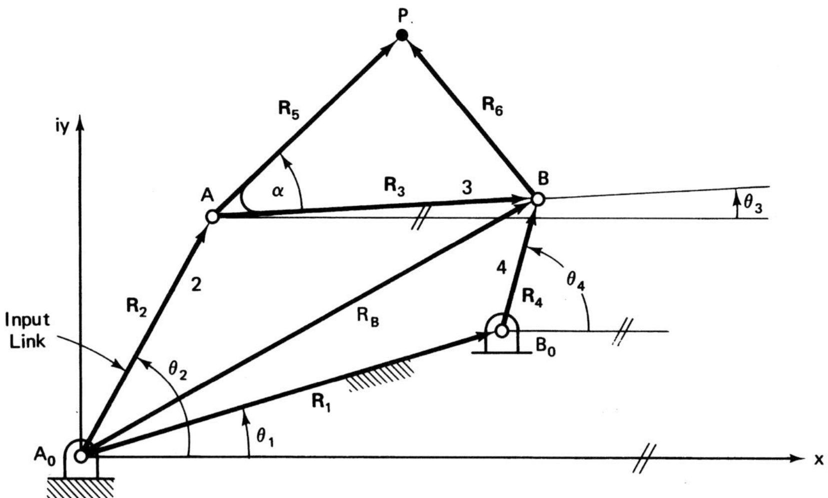

그림 3.77 4절 기구의 복소수에 의한 속도 해석을 위한 벡터 선도.

석을 살펴보았음을 상기하라.

입력링크의 기점 (A_0)으로부터 점 B까지의 위치 벡터는 두 개의 경로를 통한 벡터 방정식으로 표현된다.

$$\mathbf{R}_B = \mathbf{R}_2 + \mathbf{R}_3 \tag{3.55}$$

$$\mathbf{R}_B = \mathbf{R}_1 + \mathbf{R}_4 \tag{3.56}$$

이들의 미분값은 점 B의 속도를 나타낸다. 시간에 대한 미분을 얻기 위하여 극좌표 형태로 표현하면

$$\mathbf{R}_B = r_2 e^{i\theta_2} + r_3{}^{i\theta_3} = r_1 e^{i\theta_1} + r_4 e^{i\theta_4} \tag{3.57}$$

$$\mathbf{V}_B = r_2\omega_2 ie^{i\theta_2} + r_3\omega_3 ie^{i\theta_3} = r_4\omega_4 ie^{i\theta_4} \tag{3.58}$$

식 (3.58)을 직교좌표 형태로 바꾸어 실수부와 허수부로 나누면

$$\begin{aligned} r_2\omega_2 \sin\theta_2 + r_3\omega_3 \sin\theta_3 &= r_4\omega_4 \sin\theta_4 \\ r_2\omega_2 \cos\theta_2 + r_3\omega_3 \cos\theta_3 &= r_4\omega_4 \cos\theta_4 \end{aligned} \tag{3.59}$$

이 두 개의 스칼라식은 두 개의 미지 스칼라량 ω_3, ω_4만을 포함한다. 첫 번째 식에 $\cos\theta_4$를 곱하고, 두 번째 식에 $\sin\theta_4$를 곱하면

$$\begin{aligned} r_2\omega_2 \sin\theta_2 \cos\theta_4 + r_3\omega_3 \sin\theta_3 \cos\theta_4 &= r_4\omega_4\, \theta_4 \cos\theta_4 \sin\theta_4 \\ r_2\omega_2 \cos\theta_2 \sin\theta_4 + r_3\omega_3 \cos\theta_3 \sin\theta_4 &= r_4\omega_4\, \theta_4 \sin\theta_4 \cos\theta_4 \end{aligned} \tag{3.60}$$

두 번째 식에서 첫 번째 식을 빼서 ω_4를 제거하면

$$r_2\omega_2(\cos\theta_2\sin\theta_4 - \sin\theta_2\cos\theta_4) + r_3\omega_3(\cos\theta_3\sin\theta_4 - \sin\theta_3\cos\theta_4) = 0$$

또는

$$r_2\omega_2\sin(\theta_4 - \theta_2) + r_3\omega_3\sin(\theta_4 - \theta_3) = 0 \tag{3.61}$$

따라서

$$\boxed{\omega_3 = -\frac{r_2}{r_3}\omega_2\frac{\sin(\theta_4 - \theta_2)}{\sin(\theta_4 - \theta_3)}} \tag{3.62}$$

식 (3.59)에서 ω_4 대신 ω_3를 소거하면

$$\boxed{\omega_4 = \frac{r_2}{r_4}\omega_2\frac{\sin(\theta_3 - \theta_2)}{\sin(\theta_3 - \theta_4)}} \tag{3.63}$$

위의 두 식은 자동계산을 위하여 쉽게 프로그램될 수 있다. ω_3/ω_2가 M.A.를 구하는 데 사용되므로, 식 (3.62), (3.63) 역시 기계적 유용성 해석에 이용된다.

예제 3.13

그림 3.77에서 점 P의 속도를 해석적 방법으로 구하라.

풀이

점 P의 위치와 속도는 다음과 같은 벡터 형식으로 표현된다.

$$\mathbf{R}_P = r_2e^{i\theta_2} + r_5e^{i(\theta_3+\alpha)} \tag{3.64}$$

이 식의 도함수는

$$\mathbf{V}_P = r_2\omega_2ie^{i\theta_2} + r_5\omega_3ie^{i(\theta_3+\alpha)} \tag{3.65}$$

직교좌표 형태로 표현하면,

$$\begin{aligned}
&\text{설수부: } V_{Px} = -r_2\omega_2\sin\theta_2 - r_5\omega_3\sin(\theta_3+\alpha)\\
&\text{허수부 :} V_{Py} = r_2\omega_2\cos\theta_2 + r_5\omega_3\cos(\theta_3+\alpha)
\end{aligned} \tag{3.66}$$

여기서 ω_3는 식 (3.62)로부터 구할 수 있다.

기계적 유용성과 전달각과의 관계

3.1절에서 전달각이란 특정 기구에서 운동이 출력링크로 전달될 때의 효율성을 결정하는 수단이라고 정의한 바 있다. 또한, 기계적 유용성이란 특정 기구에서 입력힘 대 출력힘의 순간적인 크기의 비라고 정의하였다(3.9절). 유용성을 나타내는 두 지표는 서로 다른 링크장치 혹은 같은 링크장치에서의 서로 다른 위치들의 유용성을 비교해 볼 수 있는 정적 변수이다(관성 효과는 포함되지 않는다). 이 두 개의 지표는 링크장치의 기하학적 함수로 표현될 수 있다. 이 두 항목을 확실히 이해하기 위하여 비교하여 보자.

그림 3.78에서 기계적 유용성은 아래와 같다[식 (3.46a)].

$$\text{M.A.} = \frac{F_{\text{out}}}{F_{\text{in}}} = \left(\frac{r_{\text{in}}}{r_{\text{out}}}\right)\left|\frac{\omega_2}{\omega_4}\right|$$
$$= \frac{r_{\text{in}}}{r_{\text{out}}}\frac{(1,4-2,4)}{(1,2-2,4)}$$

(2, 4)와 A, B를 지나는 직선에 수직이 되도록 직선 A_0A'과 B_0B'을 만들면, 닮은꼴의 삼각형을 얻을 수 있다.

$$\frac{(2,4-1,4)}{(1,4-B')} = \frac{(2,4-1,2)}{(1,2-A')} \tag{3.67}$$

만약 γ와 ν가 각각 커플러(또는 연장선)가 출력 및 입력링크와 이루는 각 중에서 작은 쪽이라고 한다면 $(1, 4-B') = r_4 \sin\gamma$, $(1, 2-A') = r_2 \sin\nu$, 그리고 다음과 같은 관계를 얻을 수 있다.

$$\frac{(2,4-1,4)}{(2,4-1,2)} = \frac{r_4 \sin\gamma}{r_2 \sin\nu} \tag{3.68}$$

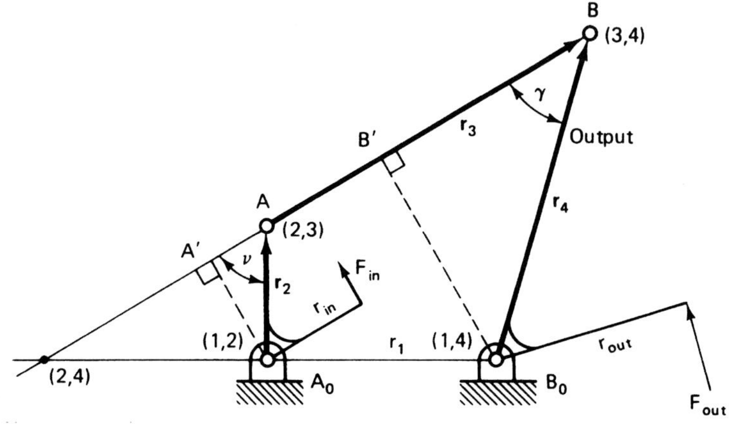

그림 3.78 4절 기구에서 전달각 γ 및 크랭크-커플러각 ν와 기계적 유용성과의 관계 식 (3.69) 참조.

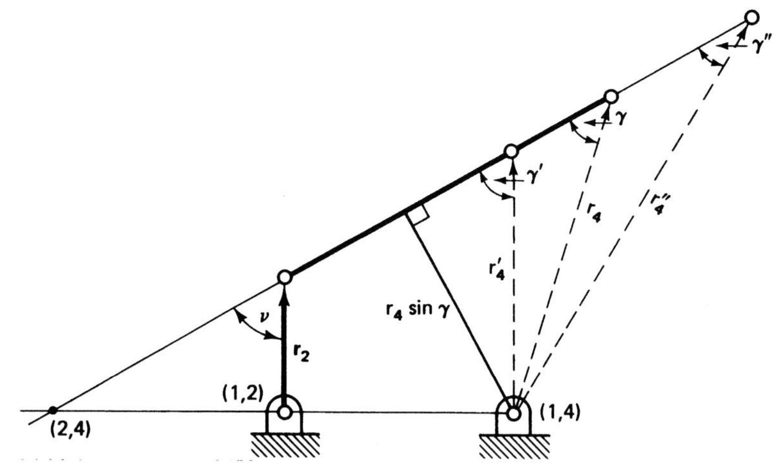

그림 3.79 순간중심 (2, 4), (1, 2), (1, 4), 그리고 r_2가 변하지 않는다면, 전달각이 변하더라도 기계적 유용성은 변하지 않는다.

따라서

$$\text{M.A.} = \frac{r_{in}}{r_{out}}\left(\frac{r_4 \sin \gamma}{r_2 \sin \nu}\right) \tag{3.69}$$

각 ν가 0° 또는 180°가 되면 기계적 유용성은 무한대가 되는 것을 알 수 있다. 어느 경우나 순간중심 (2, 4)가 (1, 2)와 겹치기 때문에 이 같은 사실은 3.9절의 해석과 일치한다. 또한 전달각 γ와 기계적 유용성 사이에는 다음과 같은 관계가 성립한다(r_{in}/r_{out}과 관계없이). 각 γ가 0° 또는 180°이면, 기계적 유용성은 0이다. 기계적 유용성이 달라지면 전달각도 변할 것이다. 그림 3.79에서 (2, 4 – 1, 4), (2, 4 – 1, 2), r_2 및 ν가 고정되었다고 가정하자. $r_4 \sin \gamma$를 항상 일정하게 하는 한, 주어진 M.A.에 대해서 전달각 γ와 출력링크 r_4의 길이는 다른 값을 가질 수 있다. 따라서, 그림 3.79의 각각의 경우에서는 똑같은 양의 토크가 출력링크에 전달될 것이다. 그러나 전달각이 작은 경우에는 커플러를 통하여 전달되는 정적 힘의 많은 부분이 출력 링크에 수직한 유용한 힘을 창출하는 것이 아니라 (1, 4)에서 큰 베어링 힘을 발생시킨다. 따라서 좋은 기계적 유용성을 가진 링크장치라 할지라도 불합리한 전달각을 가질 수 있으며, 특정한 위치에서 우수한 전달각을 가졌다 하더라도 꼭 충분한 기계적 유용성을 창출하는 것은 아니다. 전달각과 기계적 유용성 둘 다 링크장치의 위치에 따라 변하기 때문에 위치에 따라 변수의 중요도도 달라진다.

기계적 유용성의 최솟값

3.9절에서 입력링크와 커플러가 일직선이 되면, 기계적 유용성이 무한대로 된다고 하였

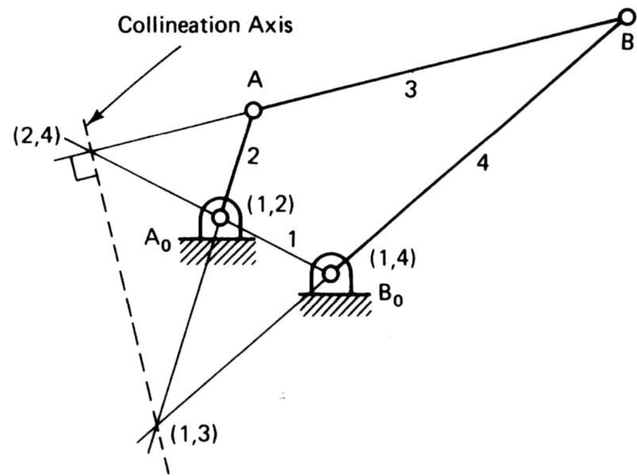

그림 3.80 프로덴스타인의 정리: ω_4/ω_2가 극한이 되는 위치에서 공통 직선축은 커플러 3에 수직이다.

다. 또 하나의 유용한 설계변수는 기계적 유용성이 최솟값이 되는 기구의 위치이다. 프로덴스타인(Freudenstein)의 정리[74]는 기계적 유용성 식[식 (4.35)]의 한 항의 역수인 각속도비 ω_{out}/ω_{in}의 극한치를 예측하기 위하여 링크의 기하학적 항으로 표현될 수 있는 방법을 제공한다. 이 정리는 그림 3.80의 두 개의 움직이는 순간중심 (2, 4), (1, 3)을 이용한다. 이 순간중심 사이의 직선을 공통 직선축(collineation axis)이라고 한다. 프로덴스타인의 정리에 의하면, 공통 직선축은 4절 링크장치의 속도비의 극한치를 갖는 위치에서 연결링크 AB에 수직하다. 그림 3.80에서

$$\left|\frac{\omega_4}{\omega_2}\right| = \frac{(2,4 - 1,2)}{(2,4 - 1,4)} = \frac{(2,4 - 1,2)}{(2,4 - 1,2) + (1,2 - 1,4)}$$

링크장치가 움직일 동안 (1, 2 – 1, 4)는 고정되어 있으므로, 각속도비의 극한치는 거리 (2, 4 – 1, 2)가 극한치에 도달할 때 발생한다. 이 위치는 순간중심 (2, 4)가 순간중심 (1, 2)의 어느 쪽에 있든지 발생할 수 있다. 한편, (2, 4 – 1, 2)가 최소일 때 기계적 유용성은 최대가 된다는 사실을 상기하자. 링크장치가 운동하고 있는 동안 순간중심 (2, 4)는 (1, 2), (1, 4)가 이루는 직선상을 움직인다. 기계적 유용성이 극한치에 도달하는 위치에서 순간중심 (2, 4)는 순간적으로 정지해야 할 것이다. 이 경우는 링크 3의 점인 (2, 4)의 속도가 AB 방향을 향할 때이다. 이는 링크 3[(2, 4)까지의 연장선]이 공통 직선축에 수직일 때만 일어난다. 왜냐하면 (1, 3)이 바로 링크 3의 순간중심이기 때문이다. 위 정리의 역이 Shigley에 의해 제시되었다[148]. 즉, 4절 링크장치의 속도비 ω_3/ω_2의 극한치는 공통 직선축이 종동링크(링크 4)에 수직할 때 발생한다.

4절 링크장치 운동의 극한 위치

4절 링크장치의 운동각의 극한 위치를 아는 것은 유용한 일이다. 다이애드(dyad: 2절 기구)를 4절 기구의 입력으로 붙여서, 그래쇼프 로커-로커 운동 기구 또는 경로생성 기구가 앞뒤로 왕복 각운동을 하도록 하는 경우가 있다. 이 '구동다이애드'는 (4절 입력링크와 함께) 크랭크-로커 기구를 형성하여 원래의 4절 기구가 운동의 양 극한 위치 사이를 왕복하도록 구동한다. 표 3.2는 그래쇼프 및 비그래쇼프 4절 기구(3.1절 참조)에 대해 입력링크의 각운동의 극한 위치를 나타내는 방정식을 보여준다.

3.11 4절 기구의 기구학적 해석을 위한 컴퓨터 프로그램

지금까지 유도된 4절 링크장치의 위치 및 속도 해석을 위한 공식들을 이용하여, 대화식(interactive) 프로그램을 쉽게 작성할 수 있다.

링크장치의 애니메이션(animation), 각 위치, 속도, 가속도의 그래프는 LINCAGES (Linkage INteractive Computer Analysis and Graphically Enhanced Synthesis) 패키지를 통해 출력할 수 있다[23, 46, 50, 57~62, 114, 124, 125, 152, 159]. 예제를 통해 이러한 그래픽 출력의 예를 소개하였다. 이 LINCAGES 패키지는 주(first) 저자(agerdman@me.umn.edu)를 통해 얻을 수 있다. 기구합성에 관해서는 제2권 3장의 부록에 소개되어 있다. 이 책의 웹사이트에서는 이 LINCAGES를 통한 예제들을 제공하고 있다. 5장에서 언급한 ADAMS 프로그램을 통해 기구 해석뿐만 아니라 더 복잡한 해석도 수행할 수 있다.

부록: 복소수의 복습[86, 45]

양수, 음수, 0을 실수라고 부르며, 직선상의 고정점 O로부터 측정할 수 있다(그림 3.81). 양수든 음수든지 간에 임의의 실수는 X축상의 좌표 한 점으로 표시될 수 있는 성질을 가지고 있다. 이 수들(각각은 1좌표를 나타냄)의 집합은 1차원 공간을 형성한다. 실수의 합을 표시하기 위해, 실수를 x축상에 방향을 가진 길이로 표시한다. 양수는 오른쪽을 가리키고 (그림 3.81의 화살표를 보라), 음수는 왼쪽을 가리킨다. 실수 a와 b의 합으로 구성된 1차원 수가 그림 3.81에 표시되어 있다. 기호로 표현하자면, $c = a + b$이다. 도해적인 절차를 따르면, 먼저 a를 표시하고 그 다음 (+) 작업을 수행한다. 이것은 b를 a의 끝단에 평행하게 위치시키는 것을 의미한다. 결과는 대수적 덧셈과 일치한다.

(a, b)로 표시되는 숫자쌍이 $c = (a, b)$와 같이 또다른 수를 정의할 때, c를 복소수라고 부른다. 복소수를 이해하기 위해서는 단위가 $\sqrt{-1}$인 '허수' 개념을 이해해야 한다.

표 3.2 4절 링크 운동의 극한 위치

Non-Grashof Linkages

(a) **U** or **G** is longest link

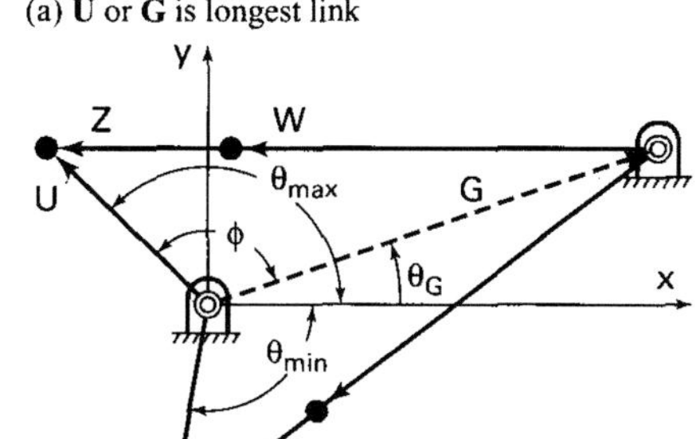

$$\phi = \text{acos}\frac{U^2 + G^2 - (Z + W)^2}{2UG}$$

If $-\theta_G < \phi$: $\theta_{min} = \theta_G - \phi$
$\theta_{max} = \theta_G + \phi$

else: $\theta_{min} = \theta_G - \phi + 360°$
$\theta_{max} = \theta_G + \phi + 360°$

(b) **W** or **Z** is longest link

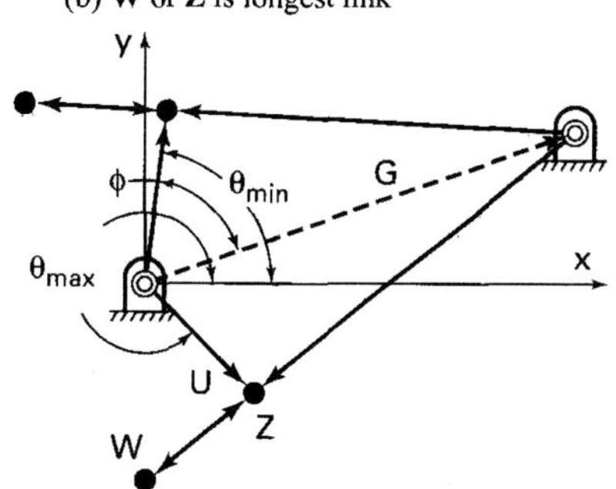

$$\phi = \text{acos}\frac{U^2 + G^2 - (Z - W)^2}{2UG}$$

If $\theta_G > \phi$: $\theta_{min} = \theta_G + \phi - 360°$
$\theta_{max} = \theta_G - \phi$

else: $\theta_{min} = \theta_G + \phi$
$\theta_{max} = \theta_G - \phi + 360°$

Grashof Linkages

(a) **U** or **G** is shortest link: rotation of *U* is unlimited

(b) **W** or **Z** is shortest link

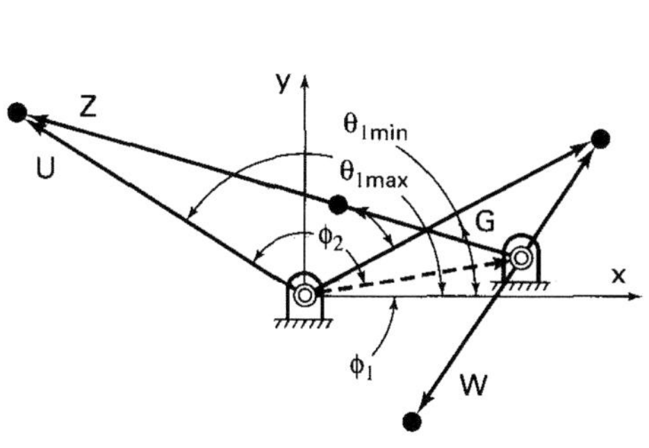

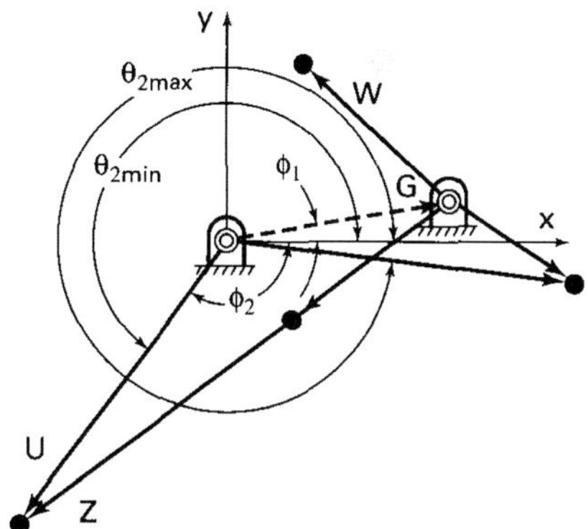

$$\phi_1 = \text{acos}\frac{U^2 + G^2 - (Z - W)^2}{2UG}$$

$$\phi_2 = \text{acos}\frac{U^2 + G^2 - (Z - W)^2}{2UG}$$

	first circuit	second circuit
If $\theta_G > \phi_1$ then:	$\theta_{1min} = \theta_G - \phi2$	$\theta_{2min} = \theta_G + \phi_1$
	$\theta_{1max} = \theta_G - \phi_1$	$\theta_{2max} = \theta_G + \phi_2$
else if $-\theta_G > \phi_2$ then:	$\theta_{1min} = \theta_G - \phi_2 + 360°$	$\theta_{2min} = \theta_G + \phi_1 + 360°$
	$\theta_{1max} = \theta_G - \phi_1 + 360°$	$\theta_{2max} = \theta_G + \phi_2 + 360°$
else:	$\theta_{1min} = \theta_G + \phi_1$	$\theta_{2min} = \theta_G - \phi_2 + 360°$
	$\theta_{1max} = \theta_G + \phi_2$	$\theta_{2max} = \theta_G - \phi_1 + 360°$

Note: Ensure $-180° < \theta_G \leq 180°$ for all cases.

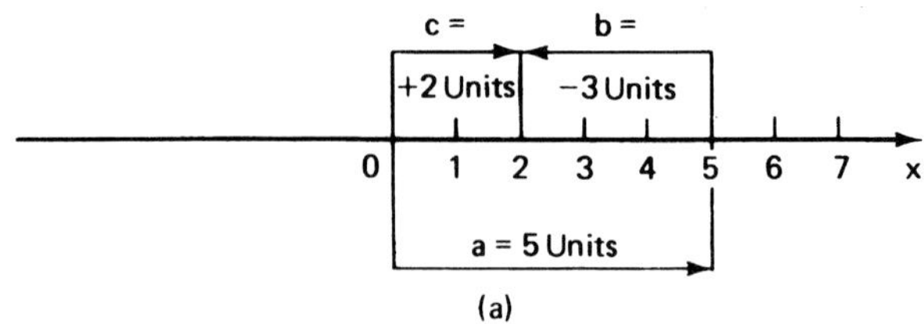

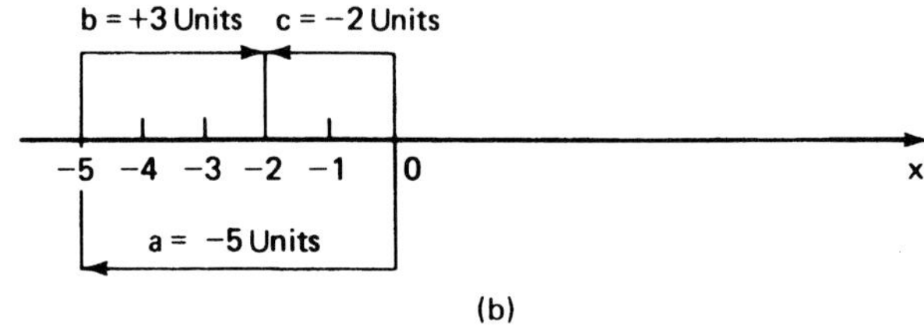

그림 3.81 1차원 수 $c = a+b$. 요소 a와 b는 실수이며 실수축 x에 놓여 있다. (a) $c = a+b$, 여기서 $a = +5$, $b = -3$, (b) $c = a+b$, 여기서 $a = -5$, $b = +3$.

180° 회전을 의미하는 (−)부호

그림 3.82에서 OA의 좌표는 3이고, OA'의 좌표는 −3이다. OA를 점 O를 중심으로 반시계방향으로 회전시키면, OA'과 겹쳐진다. 점 O를 중심으로 OA'을 반시계방향으로 180° 회전시키면 OA와 겹쳐지게 된다. 따라서 180° 회전은 방향을 반대로 하는 것, 즉 음의 부호 또는 (−1)로 곱하는 것을 의미하며, $(-1)OA = OA'$를 나타낸다.

$\sqrt{-x^2}$과 같은 음수의 제곱근은 $\sqrt{(-1)x^2} = \sqrt{(-1)}x$와 같이 쓸 수 있다. 여기서 $\sqrt{(-1)}$은 x에 가해지는 연산자이다. 만일 $i^2 = -1$의 개념이 도입된다면, $(i)(i) = i^2 = -1$, 또는 i에 관한 두 번의 연산은 −1을 곱한 것과 같다. 지금까지 −1은 방향을 반대로 바꾸는 것을 의미해왔기 때문에, i^2을 −1과 연관지어 생각할 수 있다. 즉, $i^2 = -1$은 반시계방향으로 180° 회전하는 연산자이다. 따라서 한 개의 i는 반시계방향으로 90°회전하는 것을 의미한다. 역으로, $(-i)^2 = -1$이므로 $-i$는 시계방향으로 90° 회전하는 것으로 해석할 수 있다. $\sqrt{(-1)x} = ix$라고 쓰면 x가 반시계방향으로 90° 회전하는 것을 의미한다. 기호 i는 1777년 오일러에 의해

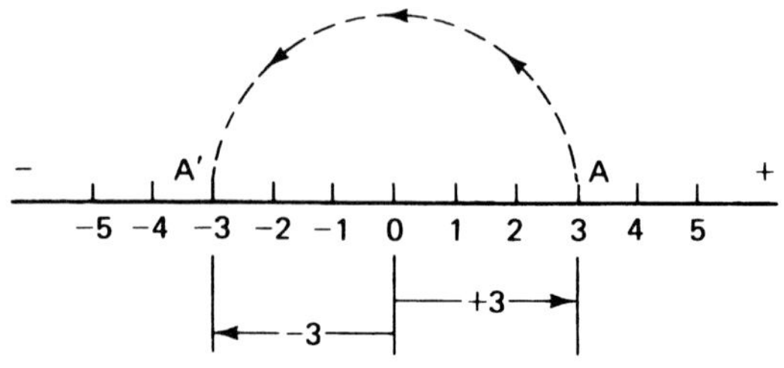

그림 3.82 음(−)의 부호는 방향이 반대인 것, 즉 180° 회전을 의미한다.

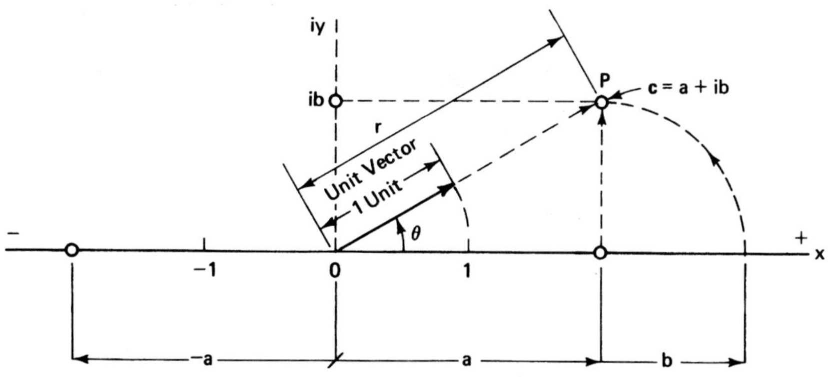

그림 3.83 복소수 $\mathbf{c} = a+ib$는 실수부 a와 허수부 ib로 이루어진 2차원이다.

처음 쓰였다.

허수량. $\mathbf{c} = a + ib$를 복소수라고 하며, a와 ib를 포함하기 때문에 2차원이라고도 부른다. $a+i0$ 형태의 복소수를 실수라고 하고, $0 + ib$ 형태의 복소수를 순허수(pure imaginary)라고 한다. 복소수에서도 대부분의 산술 및 대수적 이론은 유효하다. 복소수 식에서 각각의 대수 방정식은 적어도 하나의 해(가우스: Gauss)를 가지기 때문에 위의 사실은 매우 유효하다.

복소수. 그림 3.83처럼 $\mathbf{c}$가 O로부터 r만큼 떨어진 위치에 있다고 가정해 보자. 양방향 화살표는 $\mathbf{r}$이 방향을 표시하는 선분이 아니라, 항상 (+)인 '절대값'임을 의미한다. 기하학적으로 $\mathbf{c}$는 반지름 벡터이다. 즉, $\mathbf{r}$에 단위 벡터의 길이를 곱한 값이다. 반지름 벡터의 끝점 P의 위치를 숫자쌍을 이용하여 두 가지 방법으로 표현할 수 있다. 극좌표 형태는 반지름의 길이 r과 (+)의 수평축으로부터의 반지름 벡터가 이루는 각 θ로 표현한다. 직교(직각)좌표 형태는 반지름 벡터의 실수부 a와 허수부 ib로 구성된다. 극좌표와 직교좌표는 오일러 방정식을 이용하여 서로 관련시킬 수 있다.

$$\mathbf{c} = a + ib = r(\cos\theta + i\sin\theta) = re^{i\theta} \tag{3.70}$$

여기서

$$r = |\mathbf{c}| = |\sqrt{a^2 + b^2}|$$
$$\theta = \arg \mathbf{c} = \arg(a + ib)$$

그림 3.83은 가우스-아르겐드(Gauss-Argand) 혹은 복소수 평면에서의 복소수 $\mathbf{c}$의 그림이다. 이 평면에서의 임의의 점은 복소수를 나타낸다. 복소수의 절대값은 r 또는 계수(modulus)라고 한다. θ는 편각(argument) 또는 각이라 하며, (+)의 실수축으로부터 반시계방향으로 측정하고(그림 3.83) 이 반시계방향을 (+)의 방향으로 간주한다. 복소수 $a + ib$

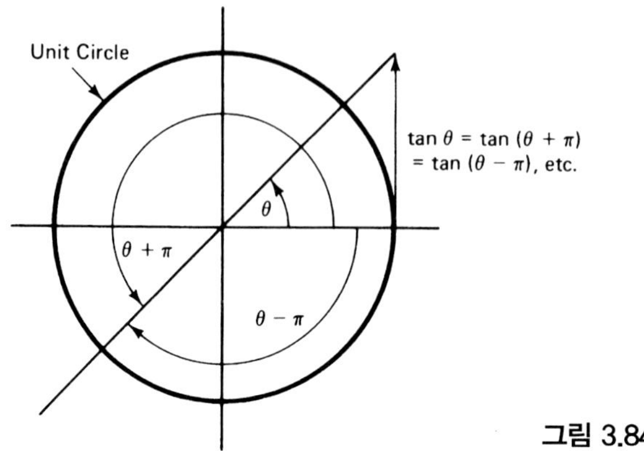

그림 3.84

의 편각을 측정할 때(즉, (+)의 실수축에서부터 측정된, 그 수의 반지름 벡터의 방향을 알고자 할 때), b/a의 아크탄젠트(arctangent)를 구하는 것만으로는 불충분하다. 아크탄젠트는 여러 개의 값을 갖기 때문이다(그림 3.84 참조).

$$\arctan\frac{b}{a} = \theta, \quad \theta + \pi, \quad \theta - \pi, \quad \theta - 2\pi, \text{ 등등} \tag{3.71}$$

식 (3.71)은 -2π와 2π 사이에 있는 $a+ib$의 방향과 대각선방향으로 반대방향을 포함하는 4개의 아크탄젠트값을 보여주고 있다.

사실 $b/a = -b/-a$이기 때문에, 반지름 벡터의 방향 차이가 π일지라도 $a+ib$의 허수부 대 실수부의 비의 아크탄젠트는 $-(a+ib) = -a+i(-b)$에서와 같다. 따라서, 여러 개의 아크탄젠트 중에서 어떤 값이 원하는 벡터의 올바른 방향각 또는 '편각'인지를 알기 위하여, 복소수로 표시된 반지름 벡터를 그려 보는 것이 중요하다.

아래의 범위에서 방향각 θ를 정의하는 것이 시각화를 위해 유용하다.

$$-\pi < \theta \le \pi \tag{3.72}$$

이를 이용하면, 복소수 평면의 4개의 사분면에 대하여 편각들을 그림 3.85에서와 같이 정의할 수 있을 것이다.

컴퓨터 프로그래머들은 이미 오래전에 이러한 아크탄젠트값의 모호함을 깨닫고, $x+iy$의 편각을 정확하게 표현할 수 있는 ATAN2 (y, x)(여기서 y와 x는 부호 있는 실수)라는 함수를 도입하였다. 어떤 휴대용 계산기는 '직교좌표값을 극좌표값으로' 변환시킬 때, 이와 똑같은 함수를 이용한다. ATAN2 (y, x)는 식 (3.72)의 범위에서 각을 구한다. 만일 이와 같은 루틴이 없는 휴대용 계산기를 사용한다면, 모호함을 해결하기 위해 아크탄젠트와 함께 반지름 벡터의 2차원 그림을 그려서 사용해야 한다.

$$\theta = \arg \mathbf{c} = \arg(a + ib)$$

복소수들간의 관계가 그림 3.86에 나타나 있다.

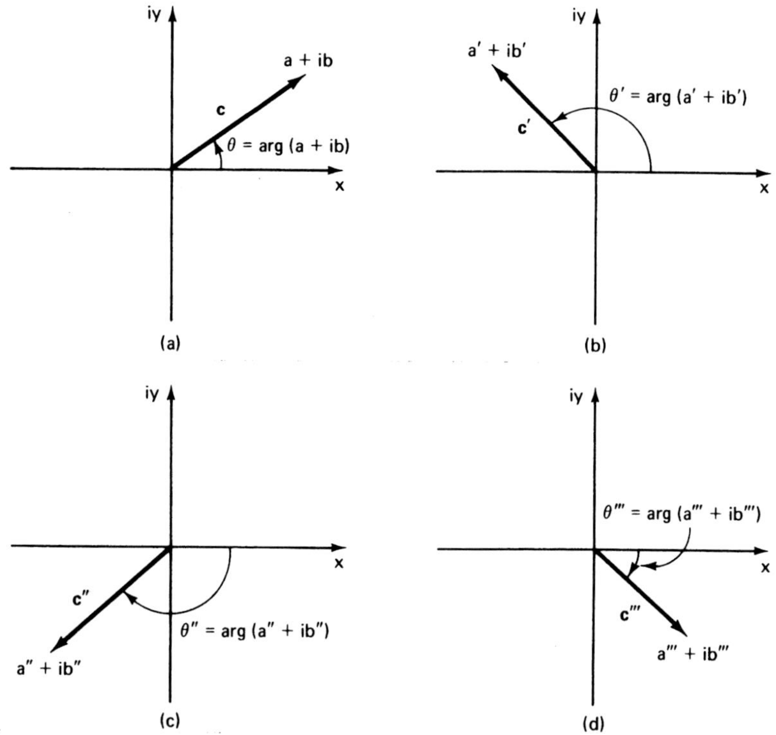

그림 3.85 복소수 평면의 4개의 사분면에서 복소수의 편각.

1. 실수부와 허수부가 각각 서로 같을 때, 두 복소수는 같다.
2. 복소수들은 벡터처럼 서로 더할 수 있다. 합을 구하기 위해서 실수부는 실수부끼리 허수부는 허수부끼리 더한다.
3. 두 복소수의 차는 실수부는 실수부끼리 허수부는 허수부끼리 차를 구하여 계산한다.

곱셈과 나눗셈은 $i^2 = -1$의 관계를 추가하여 보통의 대수식의 규칙에 따른다.

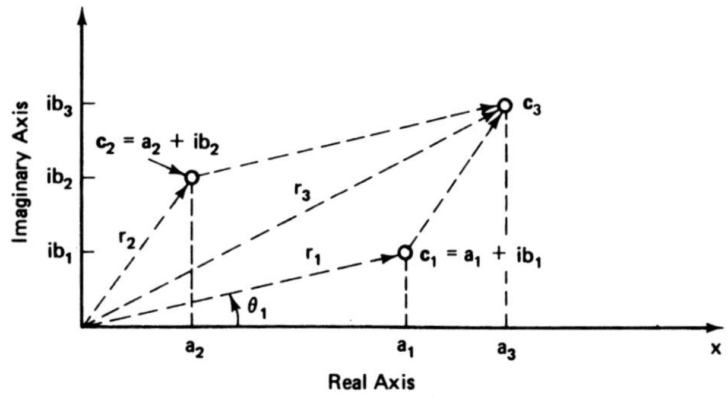

그림 3.86 복소수 덧셈 $\mathbf{c}_1 + \mathbf{c}_2 = \mathbf{c}_3$.

$$\begin{aligned}(a+ib)(c+id) &= ac+(ib)c+a(id)+(ib)(id) \\ &= ac+i(bc+ad)+i^2(bd) \\ &= ac+i(bc+ad)+(-1)(bd) \\ &= (ac-bd)+i(bc+ad)\end{aligned} \tag{3.73}$$

$$\begin{aligned}\frac{a+ib}{c+id} &= \frac{(a+ib)(c-id)}{(c+id)(c-id)} = \frac{ac+(ib)c-a(id)-(ib)(id)}{c^2-(id)^2} \\ &= \frac{ac+i(bc-ad)-(-1)bd}{c^2-i^2d^2} \\ &= \frac{ac+i(bc-ad)+bd}{c^2+d^2} \\ &= \frac{ac+bd}{c^2+d^2}+i\frac{bc-ad}{c^2+d^2}\end{aligned} \tag{3.74}$$

위에서 예로 든 곱셈과 나눗셈은 직교좌표 형태이고, 지수함수와 오일러 정리를 사용한 극좌표 형태는 다음과 같다.

$$\mathbf{c} = r(\cos\theta + i\sin\theta) = re^{i\theta} \tag{3.75}$$

그러므로

$$\mathbf{c}_1 = r_1e^{i\theta_1} \qquad \mathbf{c}_2 = r_2e^{i\theta_2}$$

그리고

$$\begin{aligned}\mathbf{c}_3 = \mathbf{c}_1\mathbf{c}_2 &= (r_1e^{i\theta_1})(r_2e^{i\theta_2}) = r_1r_2e^{i(\theta_1+\theta_2)} \\ &= r_1r_2[\cos(\theta_1+\theta_2)+i\sin(\theta_1+\theta_2)]\end{aligned} \tag{3.76}$$

그리고

$$\begin{aligned}\frac{\mathbf{c}_1}{\mathbf{c}_2} &= \frac{r_1e^{i\theta_1}}{r_2e^{i\theta_2}} = \frac{r_1}{r_2}e^{i(\theta_1-\theta_2)} \\ &= \frac{r_1}{r_2}[\cos(\theta_1-\theta_2)+i\sin(\theta_1-\theta_2)]\end{aligned} \tag{3.77}$$

복소수에 대한 가우스-아르젠드 표현에 따르면, 직교좌표 평면 xy를 이용하여 복소수를 **Z**, 즉 $\mathbf{Z} = x + iy$로 표시한다. 따라서 복소수는 좌표가 (x, y)인 점으로서 표현된다. **Z**는 복소수를 표시하는 기호일 뿐이다. 이것은 흔히 3차원 좌표계에서 사용되는 제3의 직교좌표와는 아무런 관계가 없다. 반지름 벡터의 길이는 r로 표시하고, 항상 (+)의 값이다. 그림 3.87은 복소수 평면 또는 **Z** 평면의 모든 사분면에서의 복소수 성질을 요약하여 나타내고 있다.

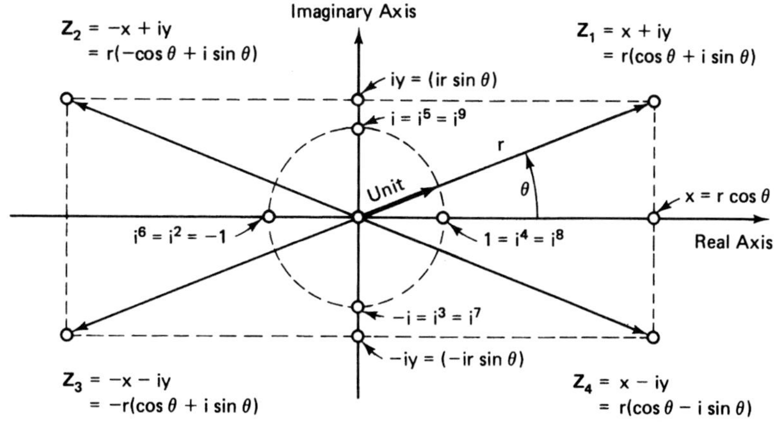

그림 3.87 복소수 평면(가우스-아르젠드 평면).

공액 복소수. 두 개의 복소수가 실수부는 같고, 허수부는 크기만 같고 부호가 반대이면, 서로 공액 복소수라 부른다. 예를 들면, $x+iy$의 공액 복소수는 $x-iy$이다. 일반적으로 복소수의 공액 복소수는 복소수 위에 바(bar)를 붙여 표시한다. 따라서 $\mathbf{Z}=x+iy$이면 $\bar{\mathbf{Z}}=x-iy$이다.

두 개의 공액 복소수를 나타내는 복소수 평면상의 점들은 실수축에 대하여 대칭이다(그림 3.88). 두 공액 복소수의 크기는 일정하고, 그 각은 서로 반대 부호임에 주의하라. $\mathbf{Z}$가 실수이면 $\bar{\mathbf{Z}}=\mathbf{Z}$이고, 순허수이면 $\bar{\mathbf{Z}}=-\mathbf{Z}$이다. 또한 $(\bar{\bar{\mathbf{Z}}})=\mathbf{Z}$이다. 공액 복소수는 크기의 계산을 포함하여 여러 곳에서 유용하게 사용된다.

$$|\mathbf{Z}|^2 = r^2 = x^2 + y^2 = (x+iy)(x-iy) = \mathbf{Z}\bar{\mathbf{Z}} \tag{3.78}$$

따라서, 복소수 크기의 제곱은 그 복소수와 공액 복소수의 곱과 같다. 또한 어떤 복소수의 실수부와 허수부는 그 공액 복소수를 사용하여 표현할 수 있다(그림 3.88).

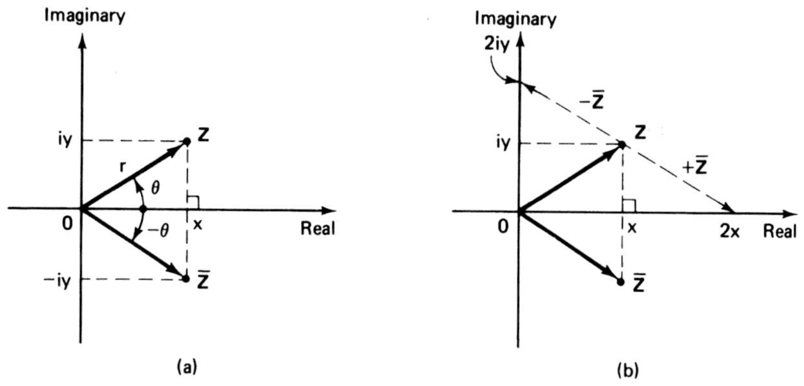

그림 3.88 공액 복소수 $\mathbf{Z}=x+iy$와 $\mathbf{Z}=x-iy$.

$$\text{Z의 실수부} = x = \frac{1}{2}[(x+iy)+(x-iy)] = \frac{\mathbf{Z}+\overline{\mathbf{Z}}}{2}$$
$$\text{Z의 허수부} = y = \frac{1}{2i}[(x+iy)-(x-iy)] = \frac{\mathbf{Z}-\overline{\mathbf{Z}}}{2i} \tag{3.79}$$

심지어 복소수가 다른 복소수들의 합, 곱, 비 및 지수 형태로 표현되었을지라도, 공액 복소수는 단순히 그 식에 나타난 각각의 복소수들의 공액을 취함으로써 얻을 수 있다. 예를 들면, 다음의 복소수를 살펴보자.

$$\mathbf{Z} = \frac{\mathbf{c}_1 e^{i\theta_1} + \mathbf{c}_2 e^{i\theta_2}}{\mathbf{d}_1 e^{i\alpha_1} + \mathbf{d}_2 e^{i\alpha_2}}$$

여기서 $\mathbf{c}_1, \mathbf{c}_2, \mathbf{d}_1, \mathbf{d}_2$는 그 자체로서 복소수이고, 각 $\theta_1, \theta_2, \alpha_1, \alpha_2$는 실수이다. $\mathbf{Z}$의 공액 복소수는

$$\overline{\mathbf{Z}} = \frac{\overline{\mathbf{c}_1} e^{-i\theta_1} + \overline{\mathbf{c}_2} e^{-i\theta_2}}{\overline{\mathbf{d}_1} e^{-i\alpha_1} + \overline{\mathbf{d}_2} e^{-i\alpha_2}}$$

회전각. 단위 벡터의 회전각은 연산자 $(\cos\theta + i\sin\theta)$로서 정의된다. 이 연산을 다시 한번 수행하면 또 한번 각 θ만큼 회전하게 된다.

$$(\cos\theta + i\sin\theta)(\cos\theta + i\sin\theta) = (\cos\theta + i\sin\theta)^2$$

그러나, 총 회전각은 2θ이기 때문에 아래와 같이 쓸 수 있다.

$$(\cos\theta + i\sin\theta)^2 = \cos 2\theta + i\sin 2\theta$$

n차까지 확장하면

$$(\cos\theta + i\sin\theta)^n = \cos n\theta + i\sin n\theta \tag{3.80}$$

이 마지막 식은 드모아브르(De Moivre)의 정리로 알려져 있으며, 복소수 개념으로 생각하면 금방 이해할 수 있다.

링크장치의 복소수 모델링. 모든 평면기구는 그림 3.89의 바(bar)-슬라이더 요소들이 연속적으로 연결되어 이루어진 하나 이상의 루프로 구성된 연쇄(chain)라 볼 수 있다. 예를 들면, 그림 3.90a의 오프셋이 있는 슬라이더-크랭크 기구는 일반적 연쇄(그림 3.90b)로부터 1과 4, 4와 3, 3과 2의 슬라이더와 바(bar) 사이를 고정시키고 바 1과 4를 지면에 고정시킴으로써 만들 수 있다.

복소수는 링크장치 요소들을 평면 연쇄의 한 부분으로 모델링하기 위한 이상적인 도구가 될 수 있다. 그림 3.89의 바-슬라이더 요소에서, 바(bar)의 피봇에 대한 슬라이더의 피봇 위치는 복소수로 표시될 수 있는 상대 위치 벡터 $\mathbf{Z}_k$(그림 3.91a)로 정의할 수 있다. k번째 바의 시작 위치는 다음과 같이 쓸 수 있다.

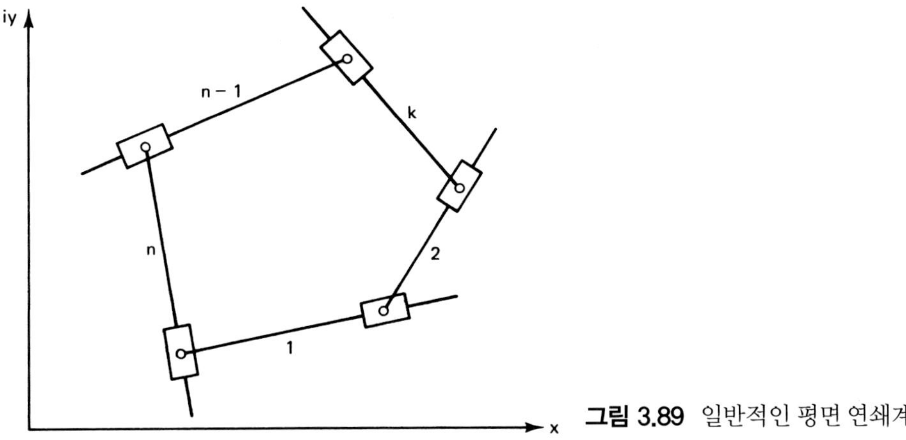

그림 3.89 일반적인 평면 연쇄계.

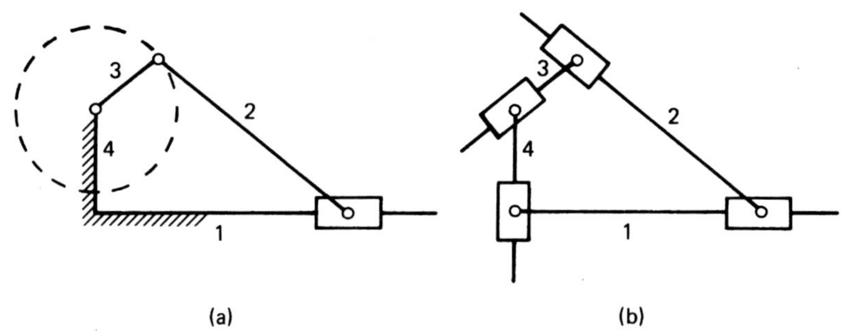

그림 3.90 (a) 오프셋이 있는 슬라이더-크랭크 기구, (b) 슬라이더-크랭크 기구의 등가 일반 연쇄.

$$\mathbf{Z}_k = Z_k e^{i\theta_1} = Z_k(\cos\theta_1 + i\sin\theta_1) \tag{3.81}$$

여기서

$i = \sqrt{-1}$

$k = k$번째 바

$Z_k = |\mathbf{Z}_k| =$ 첫 번째 위치에서 바의 피봇과 슬라이더의 피봇과의 거리

$\theta_1 = \arg \mathbf{Z}_k =$ 바의 피봇으로 이동된 고정 직교좌표계의 실수축에서부터 벡터 $\mathbf{Z}_k$까지의 각도(반시계방향이 (+)이다)

그림 3.91b에서와 같이, 첫 번째 위치에서 ′(primed)된 위치(j번째 위치)까지 k번째 바의 길이가 변화하지 않는다면 $\mathbf{Z}'_k$은 아래와 같다.

$$\mathbf{Z}'_k = Z_k e^{i(\theta_1 + \phi_j)} = Z_k e^{i\theta_1} e^{i\phi_j} \tag{3.82}$$

여기서

$$\phi_j = \theta_j - \theta_1 \tag{3.83}$$

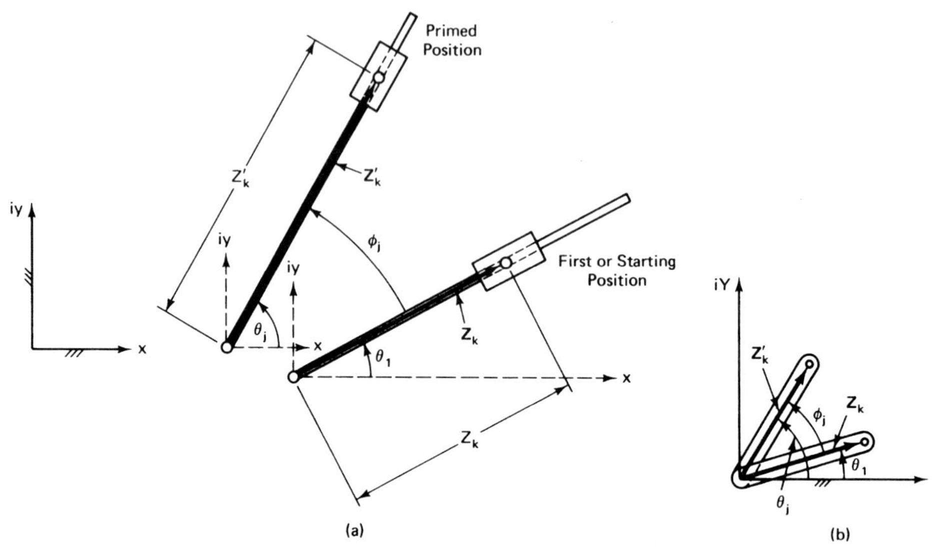

그림 3.91 바-슬라이더쌍의 복소수-벡터 표현: (a) 늘림회전. (b) 순수회전.

링크가 평면상을 움직일 때, 한 좌표계를 그 링크 기점에 핀으로 연결시킨다. 이 좌표계는 고정된 좌표계에 평행한 상태로 유지되며, θ_j와 θ_1은 각각 j번째와 첫 번째 위치에서 $\mathbf{Z}$의 편각들이다. 또한 ϕ_j는 위치 1에서 위치 j로의 회전각이다. 식 (3.81)을 이용하면

$$\mathbf{Z}'_k = \mathbf{Z}_k e^{i\phi_j} \tag{3.84}$$

k번째 바(bar)의 길이가 변화한다면, 이 변화는 아래와 같이 정의할 수 있다.

$$\rho_j \equiv \frac{Z'_k}{Z_k} \tag{3.85}$$

그러면

$$\mathbf{Z}'_k = \mathbf{Z}_k \rho_j e^{i\phi_j} \tag{3.86}$$

식 (3.84) 및 식 (3.86)에서의 $e^{i\phi_j}$ 항을 회전 연산자[138, 140]라 하며, 한 벡터를 초기 위치에서 크기는 변화시키지 않고 ϕ_j만큼 회전시킨다. 또한 ρ_j는 늘림비*라 하고 $\rho_j e^{i\phi_j}$를 늘림회전 연산자[138]라 한다. 이제 평면 기구의 바-슬라이더 요소를 하나의 벡터로 모델링할 수 있으며, 초기 위치로 표시되는 어떤 기준 위치에 대한 그 요소의 운동을 늘림 및 회전의 항으로 표현할 수 있다. 기구 모델링을 위한 이러한 새로운 연산자들은 8.13절의 기구합성에서도 사용될 것이다.

---

* 예를 들면 그림 8.82의 슬라이더-크랭크와 식 (8.83)을 보라.

연습문제

Note: When needed dimensions are not given in the problem statement, choose one link to be of unit length and scale the drawing.

3.1. A four-bar linkage has the following dimensions: $A_0B_0 = 2$ in., $A_0A = 2 + 1/2$ in., $AB = 1 + 1/2$ in., $B_0B = 2 + 3/4$ in. (see Fig. P3.1).

(a) Determine the type of four-bar by the Grashof criterion.

(b) Determine the range of motion of this linkage if link 2 is the input.

(c) Determine the range of motion of this linkage if link 4 is the input.

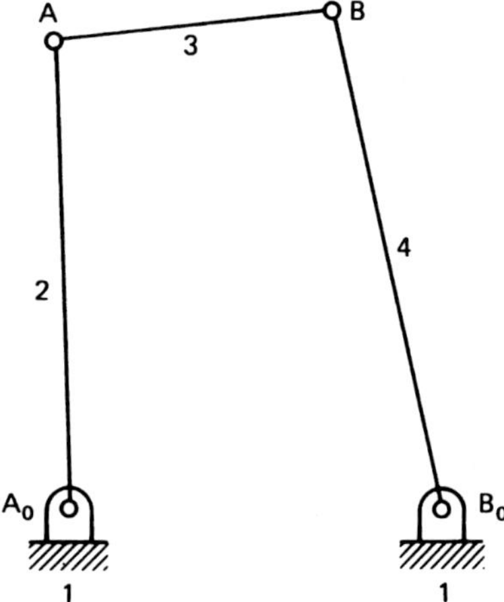

Figure P3.1

3.2. A four-bar linkage has the following dimensions: $A_0B_0 = 2$ in., $A_0A = 2.5$ in., $AB = 1.5$ in., $B_0B = 3.25$ in. (see Fig. P3.2).

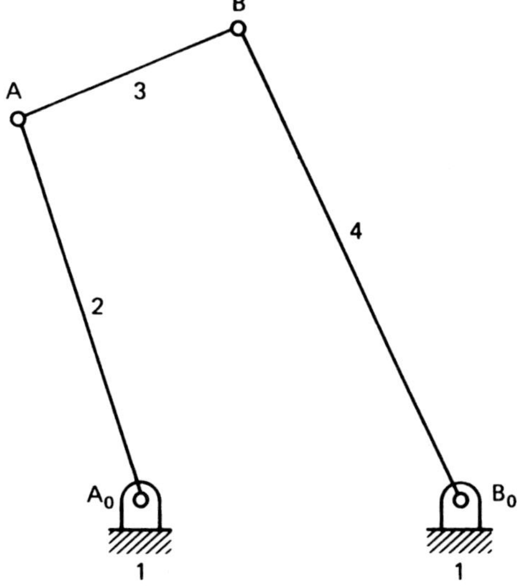

Figure P3.2

(a) Determine the type of four-bar by the Grashof criterion.
(b) Determine the range of motion of this linkage if link 2 is the input.
(c) Determine the range of motion of this linkage if link 4 is the input.

3.3. Determine the transmission and deviation angle(s) for the mechanisms in Figs. P3.3, P3.4, and P3.5 for the case where
(a) Link 2 is the input and link 4 is the output.
(b) Link 4 is the input and link 2 is the output.

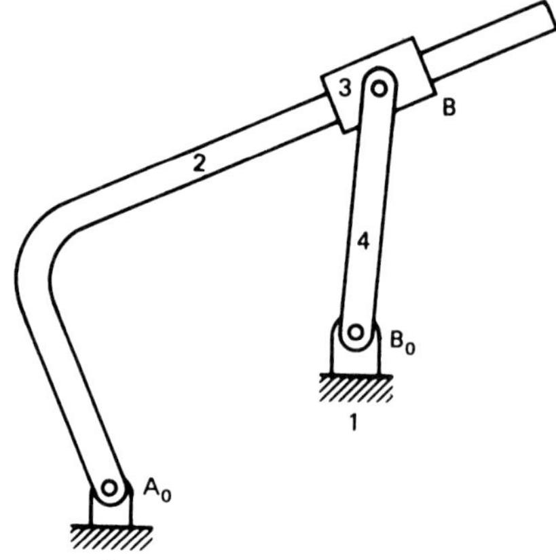

Figure P3.3

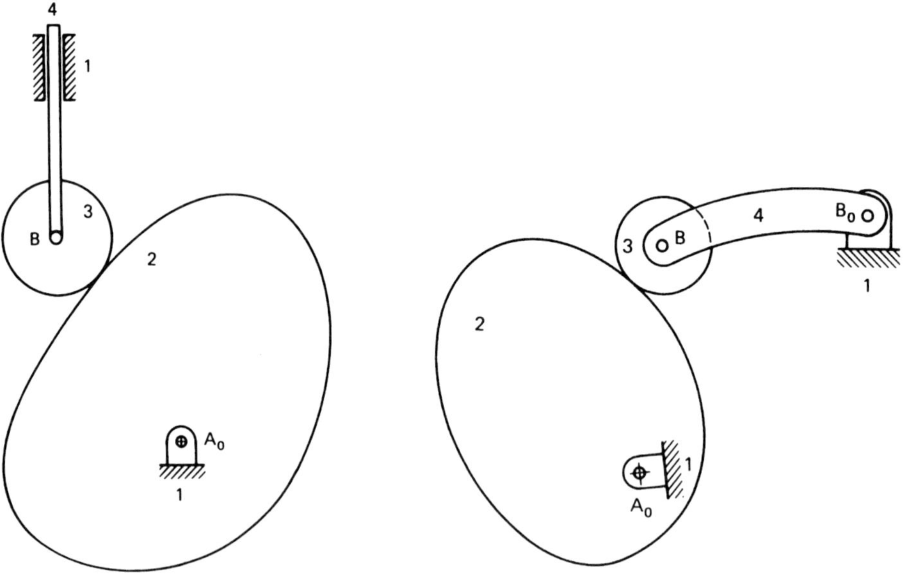

Figure P3.4

Figure P3.5

3.4. Determine the transmission and deviation angle(s) for the mechanisms in Fig. P3.6 for the case where
(a) Link 2 is the input and link 5 is the output.
(b) Link 5 is the input and link 2 is the output.

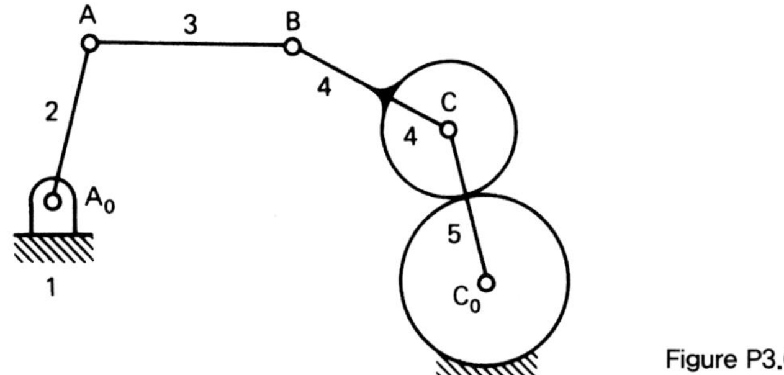

Figure P3.6

3.5. Determine the transmission and deviation angle(s) for the mechanisms in Figs. P3.7, P3.8, and P3.9 for the case where

(a) Link 2 is the input and link 6 is the output.

(b) Link 6 is the input and link 2 is the output.

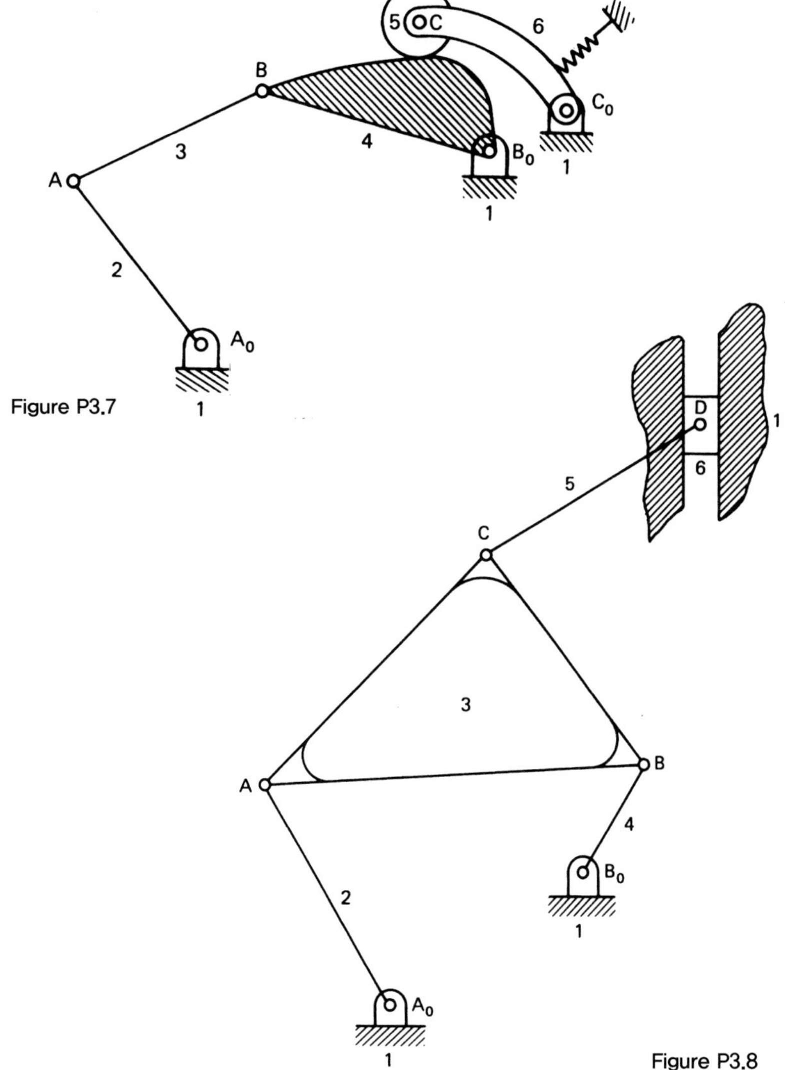

Figure P3.7

Figure P3.8

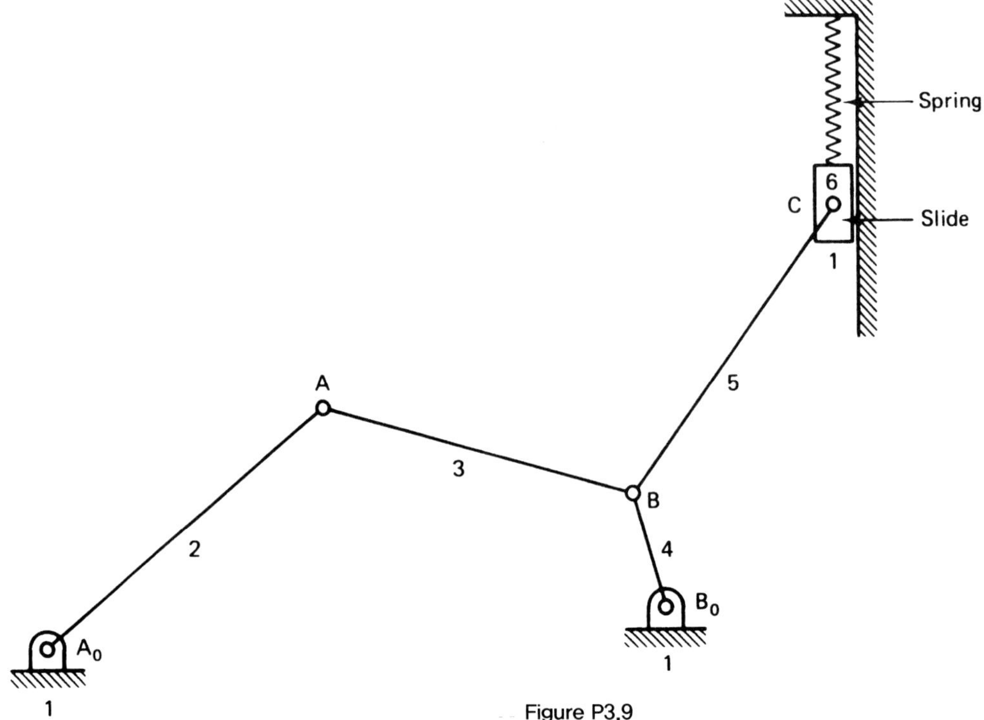

Figure P3.9

3.6. Determine the transmission and deviation angle(s) for the two quick-return shaper mechanisms of Figs. P3.10 and P3.11, where the input is link 2.

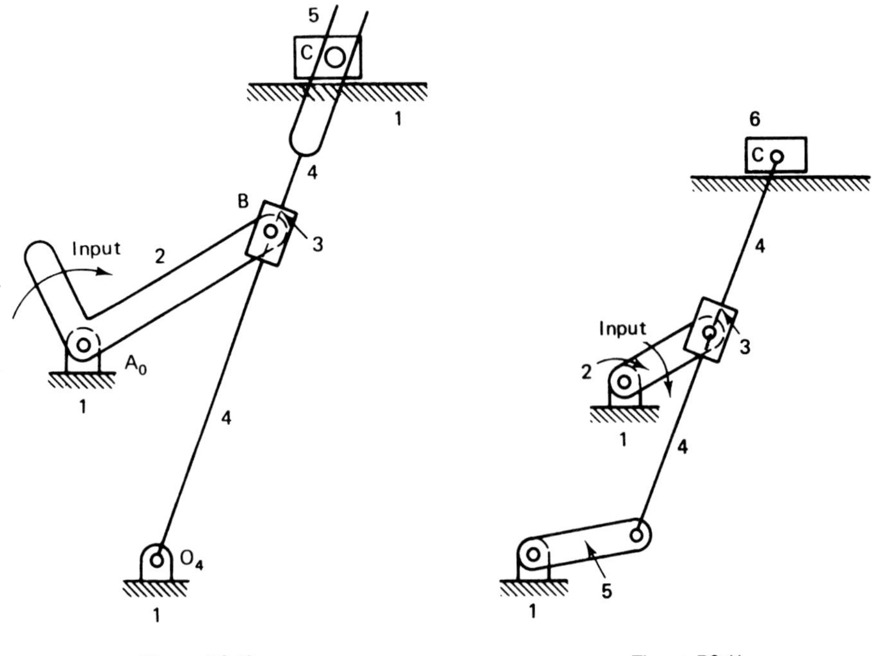

Figure P3.10

Figure P3.11

3.7. Find the transmission and deviation angle(s) for the convertible top linkage in the two positions shown in Fig. P3.12.

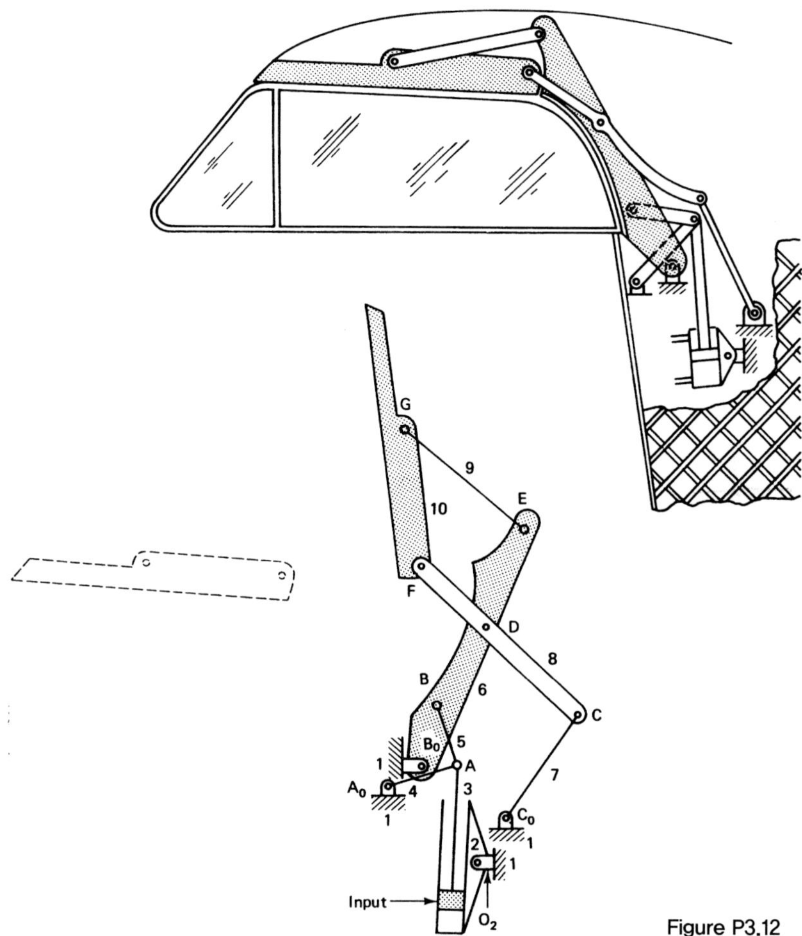

Figure P3.12

3.8. Determine the maximum and minimum transmission angles for the following linkage dimensions. The linkage topology is shown in Fig. P3.13. A_0B_0 are along the x axis.

(a) $A_0B_0 = 6''$, $A_0A = 1''$, $AB = 2''$, $BB_0 = 6''$

(b) $A_0B_0 = 6.93''$, $A_0A = 4''$, $AB = 4''$, $BB_0 = 4''$

(c) $A_0B_0 = 2''$, $A_0A = 4''$, $AB = 3''$, $BB_0 = 3''$

(d) $A_0B_0 = 3.5''$, $A_0A = 4.5''$, $AB = 2''$, $BB_0 = 5''$

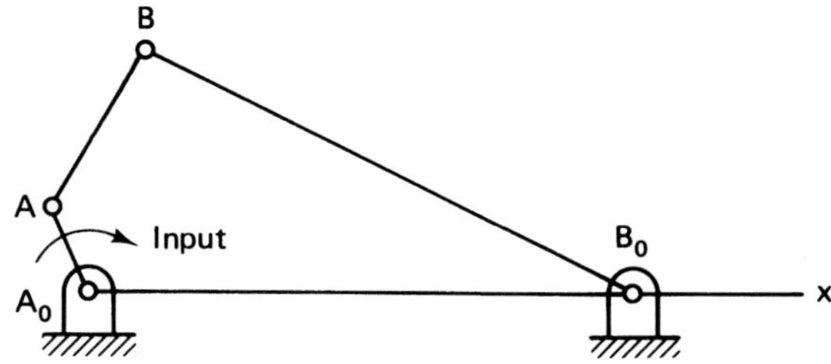

Figure P3.13

3.9. For the linkage shown in Fig. P3.14, find $\mathbf{V}_B$, ω_3, and ω_4 if ω_2 is 1 rad/sec cw, $A_0A = AB = BB_0 = 4$ in., the angle of A_0A is 60°, B_0B is parallel to A_0A, and AB is horizontal.

(a) Use the relative velocity method.

(b) Comment upon the use of the instant-center method for this linkage position.

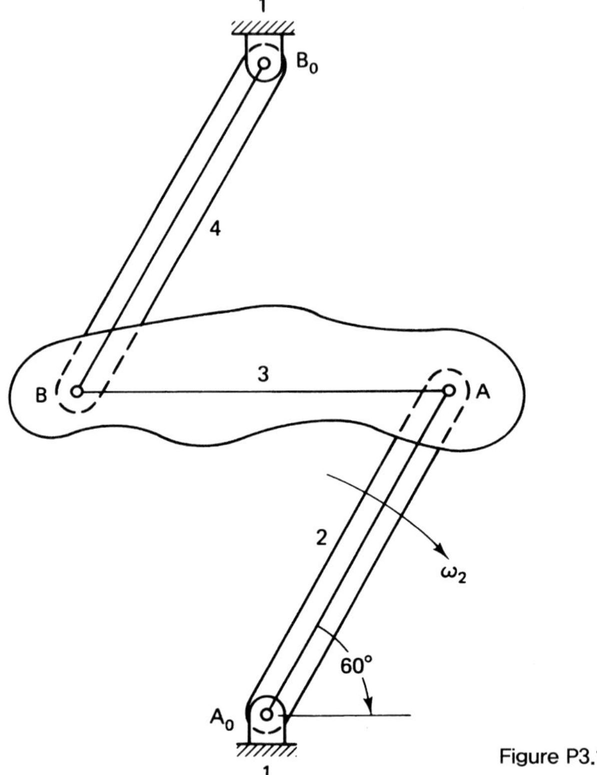

Figure P3.14

3.10. Determine the velocity of point E and the angular velocities ω_5 and ω_6 of the six-bar of Fig. P3.15 given $V_A = 40$ mm/sec.

(a) Use the relative velocity method.

(b) Scale the figure to obtain numerical values of link lengths and directions, and use complex-number arithmetic.

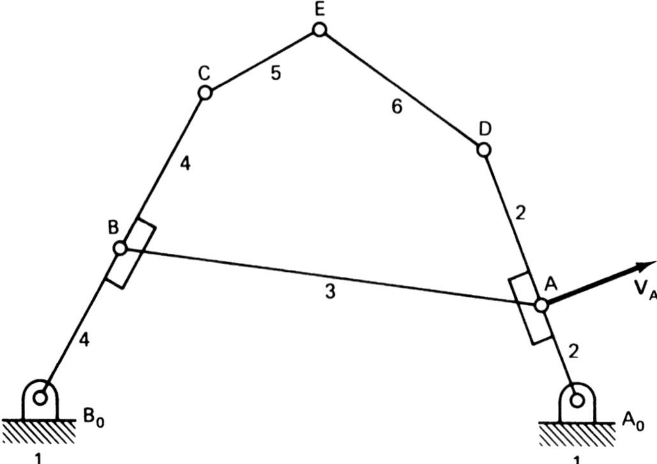

Figure P3.15

3.11. Use the relative velocity method to find $\mathbf{V}_A$, $\mathbf{V}_B$, $\mathbf{V}_c$, and ω_3, ω_4 for each of the mechanisms shown in Figs. P3.16, P3.17, and P3.18, respectively. Compare the resulting linear and angular velocities.

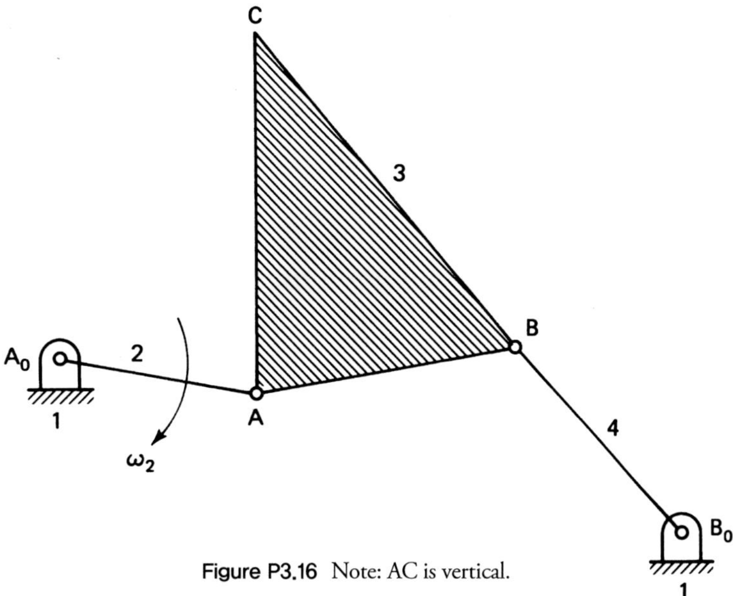

Figure P3.16 Note: AC is vertical.

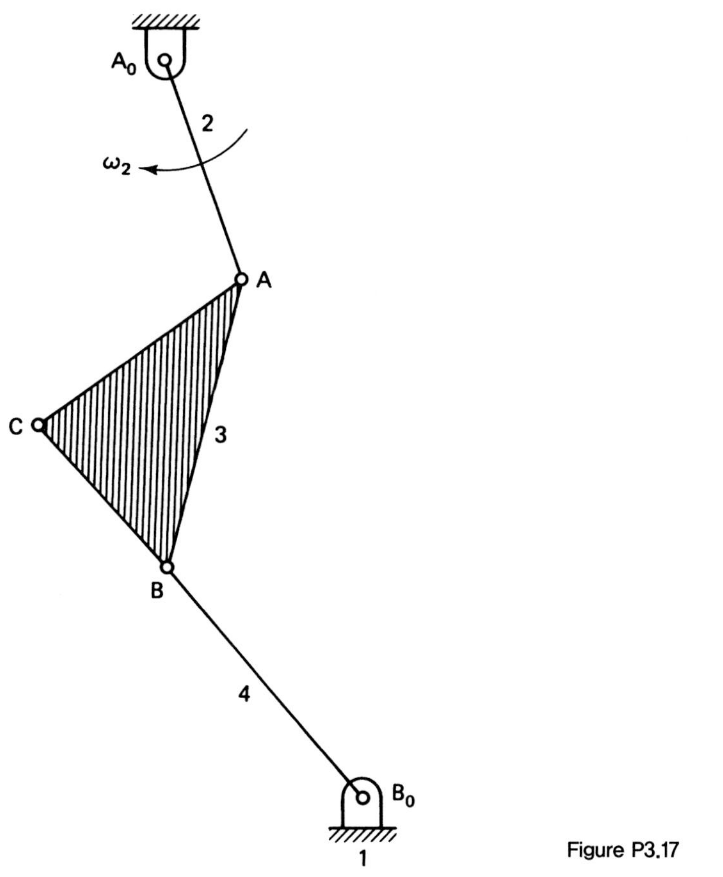

Figure P3.17

(a) Linkage dimensions for Fig. P3.16 are $A_0A = 2''$, $AB = 2.6''$, $AC = 3.503''$, $BC = 3.983''$, $BB_0 = 2.5''$, $A_0B_0 = 6.5''$; A_0A is at $-15°$; $\omega_2 = 1$ rad/sec cw.
(b) Linkage dimensions for Fig. P3.17 are $A_0A = 3.065''$, $AB = 3.830''$, $AC = 3.368''$, $BC = 2.5''$, $BB_0 = 3.983''$, $A_0B_0 = 9.959''$; BB_0 is at $-50°$; $\omega_2 = 2$ rad/sec cw.
(c) Linkage dimensions for Fig. P3.18 are $A_0A = 3.503''$, $AB = 2.695''$, $AC = 2''$, $BC = 3.064''$, $BB_0 = 3.368''$, $A_0B_0 = 8.757''$; A_0A is at $+90°$; $\omega_3 = 2$ rad/sec cw. Note that the coupler angular velocity is given for this linkage.

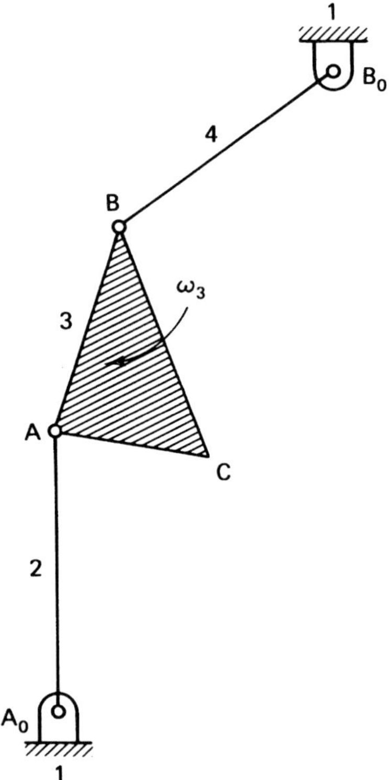

Figure P3.18

3.12. Use the relative velocity method to find $\mathbf{V}_E$ and ω_3, ω_4, ω_5, and ω_6 for the Stephenson I six-bar linkage of Fig. P3.19 if $\omega_2 = 2$ rad/sec cw. The link lengths are $A_0A = 2''$, $A_0D = 3.065''$, $AB = 2.6''$, $AC = 3.503''$, $BC = 3.983''$, $BB_0 = 2.5''$, $A_0B_0 = 6.5''$, $CE = 8.758''$, $DE = 3.368''$; A_0A is at $-10°$.

3.13. If point A of Fig. P3.20 has an instantaneous velocity of 9 m/sec, find $\mathbf{V}_E$, ω_4, and ω_7.
(a) Use the relative velocity method.
(b) Scale the figure to obtain numerical values of link lengths and directions, and use complex-number arithmetic.

3.14. Find ω_6 and $\mathbf{V}_c$ (on 3) of the linkage in Fig. P3.21 if $\omega_2 = 1$ rad/sec cw.
(a) Use the relative velocity method.
(b) Use the instant-center method.
(c) Scale the figure to obtain numerical values of link lengths and directions, and use complex-number arithmetic.

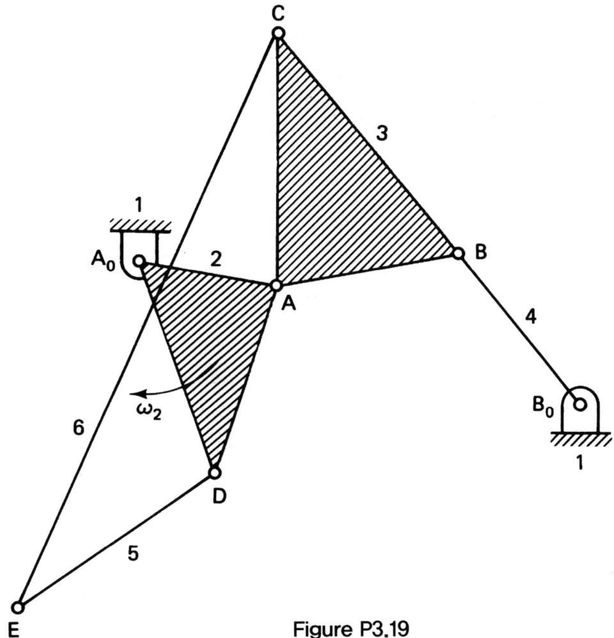

Figure P3.19

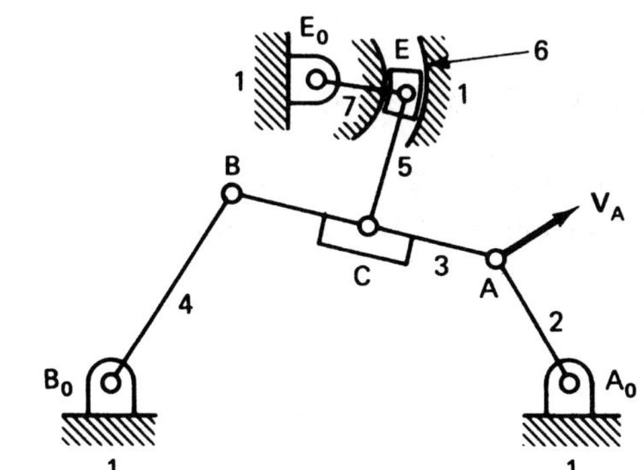

Figure P3.20

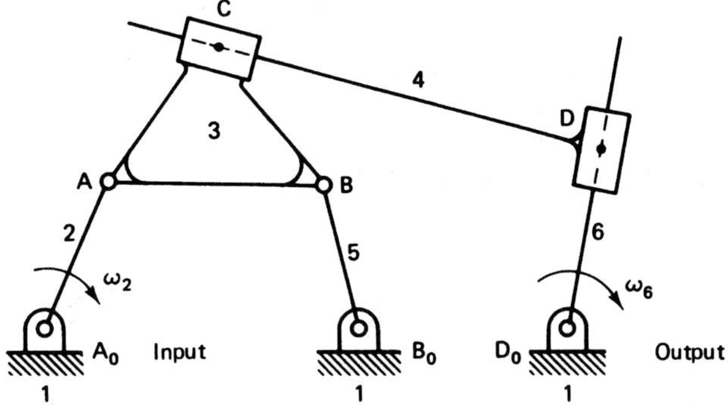

Figure P3.21

3.15. Determine the angular velocity ratio ω_4/ω_2 of the linkage in Fig. P3.22.

(a) Use the relative velocity method.

(b) Use the instant-center method.

(c) Use complex-number arithmetic.

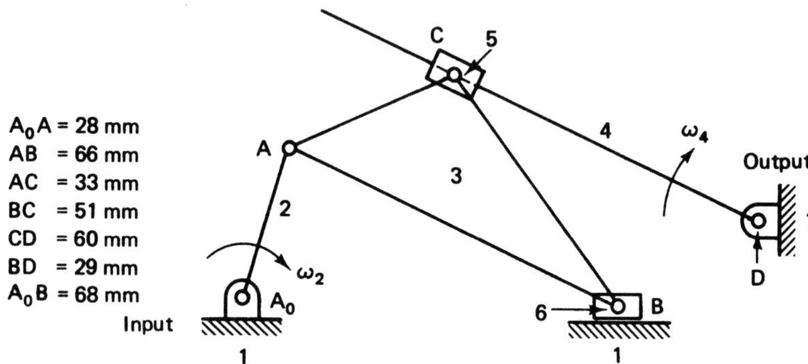

Figure P3.22

3.16. Use the relative velocity method to find $\mathbf{V}_{B4}$, $\mathbf{V}_{B5}$, ω_3, and ω_5 for the two five-bar linkages shown in Fig. P3.23 and Fig. P3.24. In both cases $\omega_2 = 4$ rad/sec cw.

(a) Linkage dimensions for Fig. P3.23 are $A_0A = 3''$, $AB = 2''$, $B_0B = 2.5''$ at this instant; A_0A and B_0B are at +60°; $\mathbf{V}_{(B4)(B5)} = 9$ in./sec.

(b) Linkage dimensions for Fig. P3.24 are $A_0A = 3''$, $AB = 2.5''$, $A_0B_0 = .5''$, $B_0B = 3.143''$ at this instant; A_0A is at +60°; $\mathbf{V}_{(B4)(B5)} = 4$ in./sec.

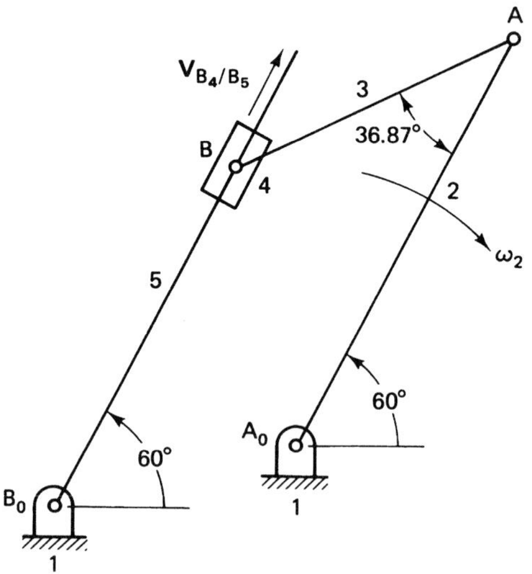

Figure P3.23

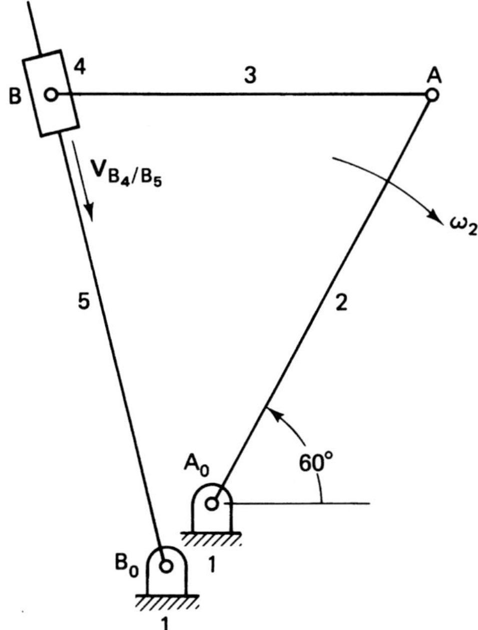

Figure P3.24 Note: link 3 is horizontal.

3.17. The scaled kinematic diagram of a match lighting mechanism is shown in Fig. P3.25. The match is placed at point C and lit by drawing across a striker when turning link 2. The link lengths and input angular velocity at this instant are $A_0A = 2.5''$, $A_0B = 4.33''$, $AB = 2.5''$; A_0A is at $-30°$; $\omega_2 = 4$ rad/sec ccw. Find the relative velocity between links 3 and the slider block (4) and ω_4.

(a) Use the relative velocity method.
(b) Use the instant-center method.
(c) Use the complex-number arithmetic method.

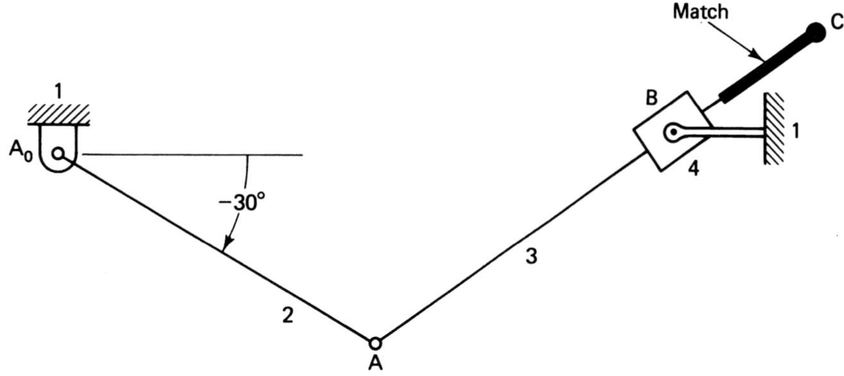

Figure P3.25

3.18. Find $\mathbf{V}_F$ and angular velocities ω_5 and ω_6 for the Watt I six-bar linkage shown in Fig. P3.26. The linkage dimensions are $A_0B_0 = 4''$, $A_0A = 5''$, $AB = 2''$, $B_0B = 5''$, $AC = 1''$, $CD = 2''$, $DE = 2.5''$, $DF = 1''$ at 45°; A_0A is at +126.87°; $\omega_2 = 5$ rad/sec cw.

(a) Use the relative velocity method.

(b) Use the instant-center method.

(c) Use the complex-number method.

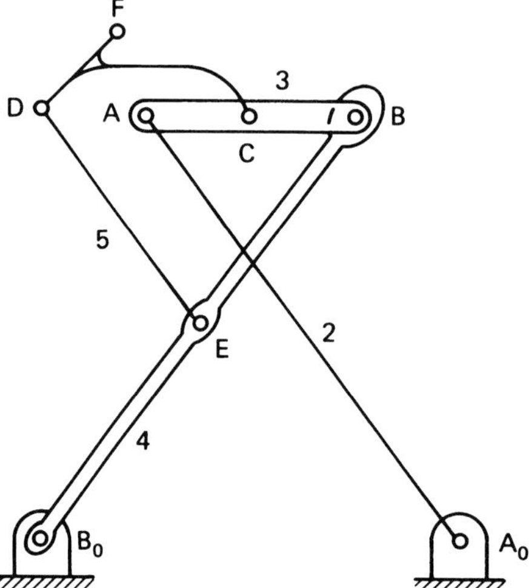

Figure P3.26

3.19. Find the velocity of point B on the follower of the cam mechanism in Fig. P3.27 given $\omega_2 = 10$ rad/sec ccw, using the relative velocity method. Assume slip-free rolling of link 3 on 2 and find the velocity of point B'.

(a) Use the relative velocity method.

(b) Use the instant-center method.

(c) Scale the figure to obtain numerical values of link lengths and directions, and use complex-number arithmetic.

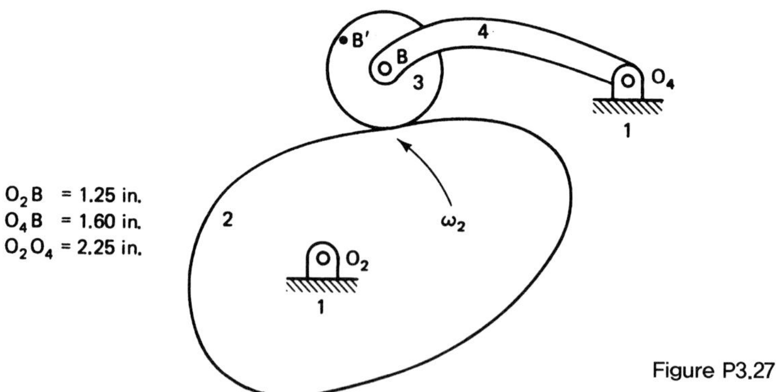

Figure P3.27

3.20. Given $\omega_2 = 10$ rad/sec cw in Fig. P3.28, find the relative velocity $\mathbf{V}_{(P3)(P2)}$.

(a) Use the relative velocity method.

(b) Use the instant-center method.

(c) Scale the figure to obtain numerical values of link lengths and directions, and use complex-number arithmetic.

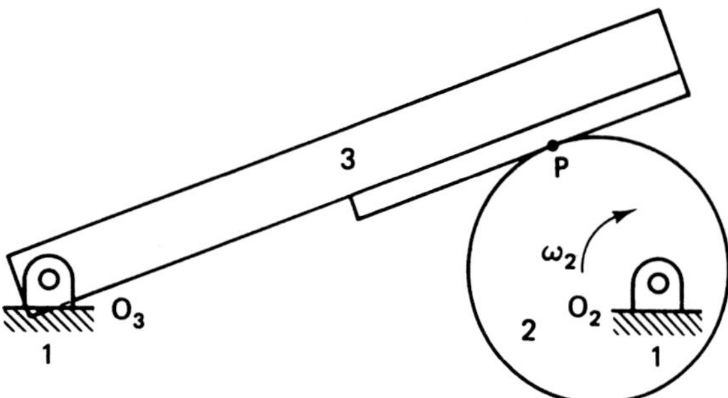

Figure P3.28

3.21. Find $\mathbf{V}_C$ given $\mathbf{V}_A$ of the linkage in Fig. P3.29. (Assume true rolling of 4 on 1.)

(a) Use the relative velocity method.

(b) Use the instant-center method.

(c) Scale the figure to obtain numerical values of link lengths and directions, and use complex-number arithmetic.

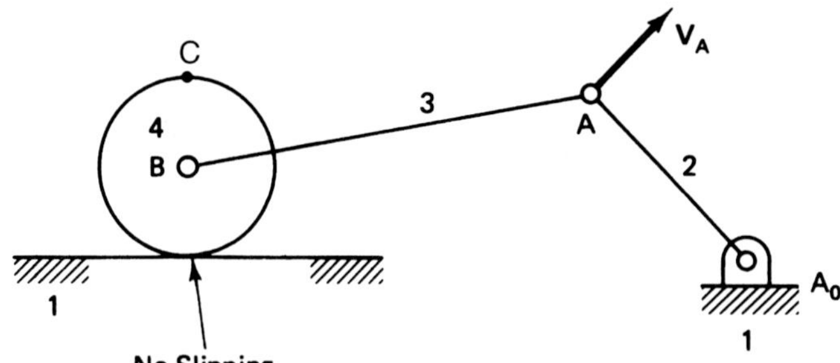

Figure P3.29

3.22. Given the angular velocity of the cam (ω_2 = 20 rad/sec ccw), find the instantaneous vertical velocity of the follower (Fig. P3.30).

(a) Use the relative velocity method.

(b) Use the instant-center method.

(c) Scale the figure to obtain numerical values of link lengths and directions, and use complex-number arithmetic.

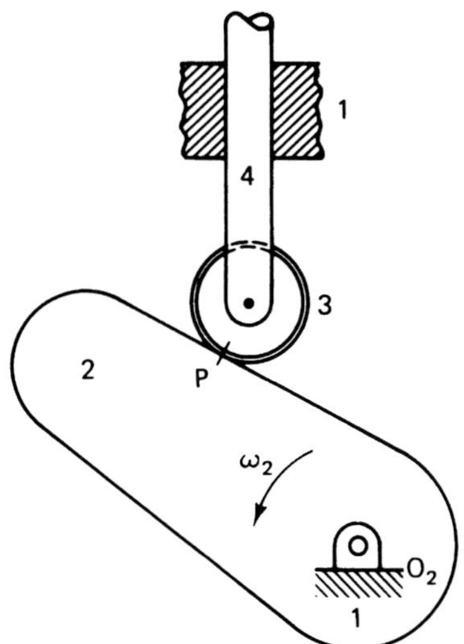

Figure P3.30

3.23. Find the angular velocity of link 7 and the linear velocity of point F on the slider of the eight-bar linkage in Fig. P3.31; $\omega_2 = 1$ rad/sec ccw.

(a) Use the relative velocity method.

(b) Use the instant-center method.

(c) Use complex-number arithmetic.

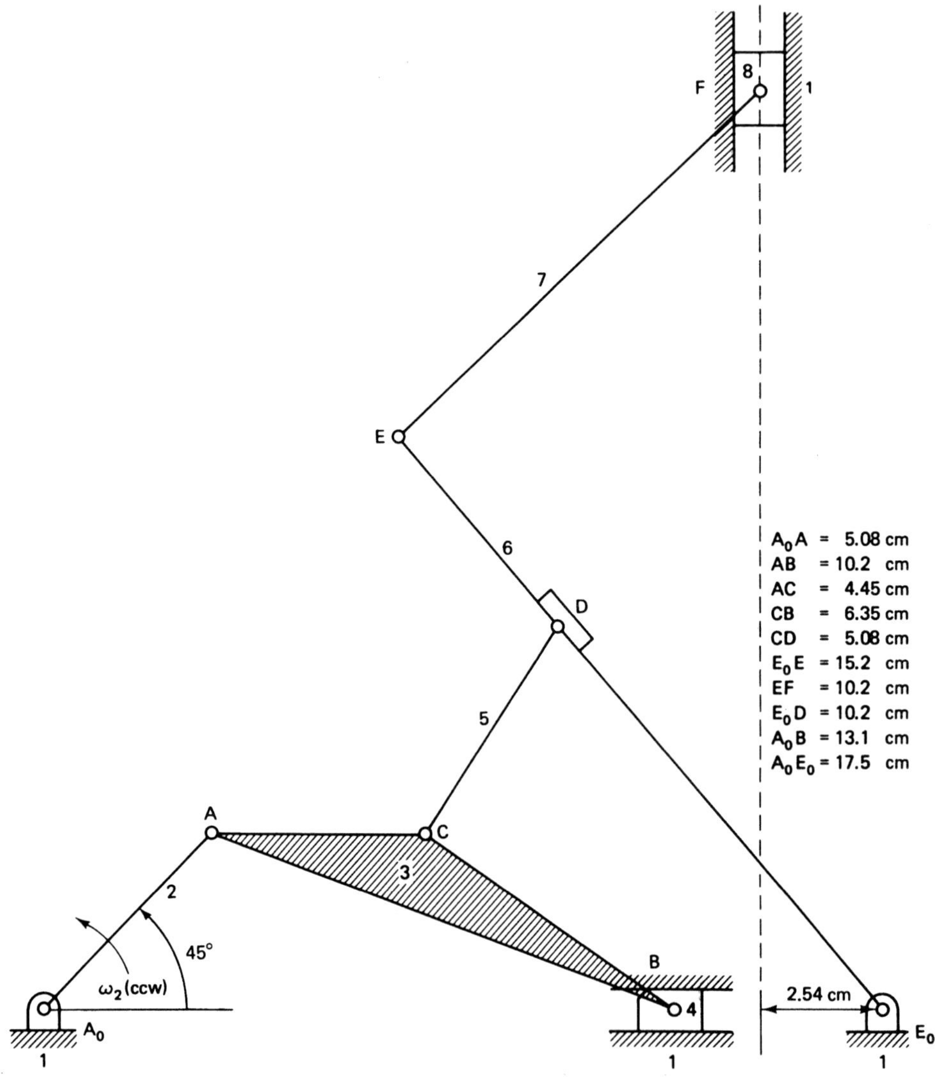

Figure P3.31

3.24. A *polycentric* door is one in which the door is the coupler of a four-bar linkage. As it swings from the closed to open position, instant center (1,3) varies continuously; hence the name *polycentric.* Note that the coupler is the input link. Find $\mathbf{V}_C$ and angular velocities ω_2 and ω_4 for the door in the position shown in Fig. P3.32. The linkage inputs and dimensions are A_0A = 24″, AB = 18″, AC = 12″, BB_0 = 18″, A_0B_0 = 12″; AB is at +60°, ω_3 = 3 rad/sec ccw (see Fig. P3.32).

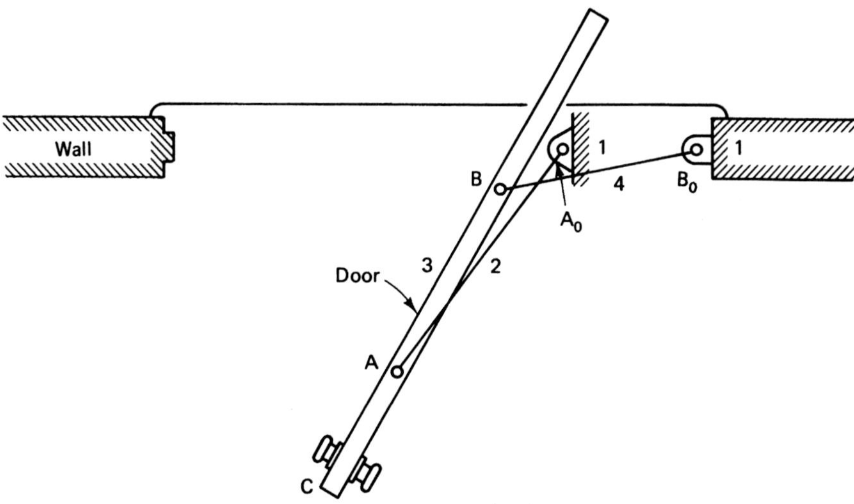

Figure P3.32

(a) Use the relative velocity method.
(b) Use the instant-center method.
(c) Use the complex-number method.

3.25. If the angular velocity of link 2 of Fig. P3.33 is 66.7 rad/sec cw, find the relative velocity of slider *D* with respect to slider *B*.
(a) Use the relative velocity method.
(b) Use the instant-center method.
(c) Use complex-number arithmetic.

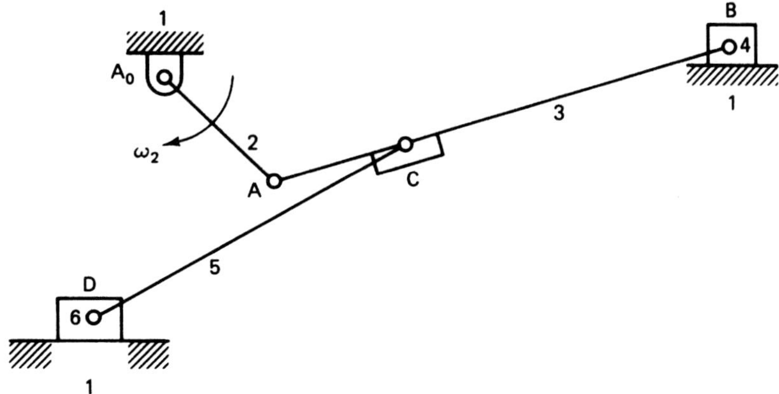

Figure P3.33

3.26. The angular velocity of crank 2 of Fig. P3.34 is $\omega_2 = 2000$ rpm ccw. Find ω_5.
(a) Use the relative velocity method.
(b) Use the instant-center method.
(c) Scale the figure to obtain numerical values of link lengths and directions, and use complex-number arithmetic.

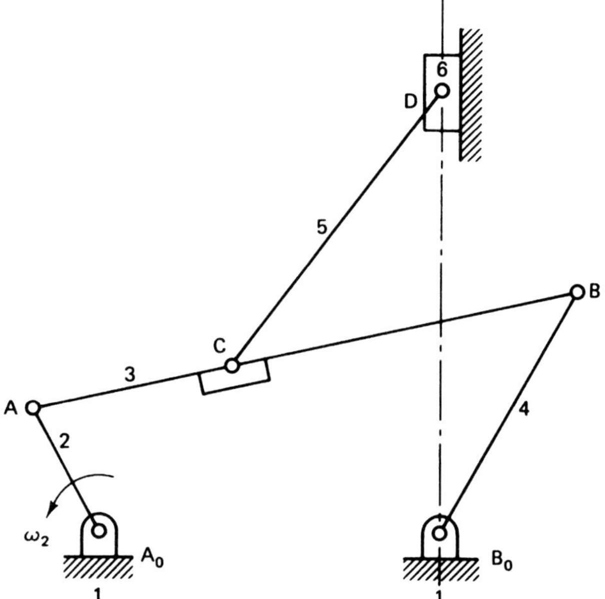

Figure P3.34

3.27. In the six-bar linkage shown in Fig. P3.35, find the velocity of points *E* and *C* and the angular velocity of link 6, given $\omega_2 = 10$ rad/sec cw.

(a) Use the relative velocity method.

(b) Use the instant-center method.

(c) Use complex-number arithmetic.

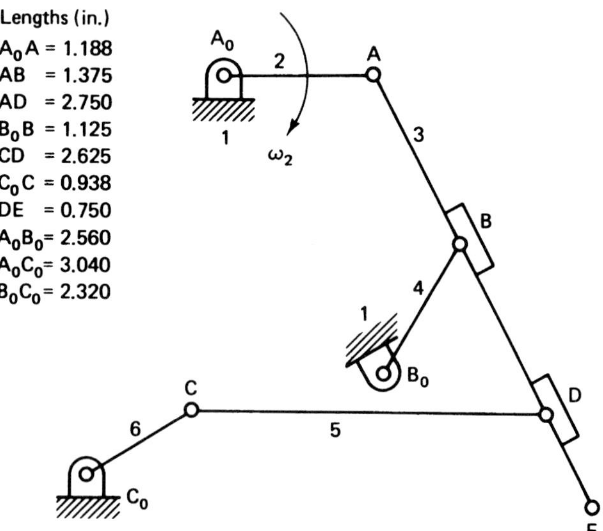

Figure P3.35

3.28. If the velocity of slider 6 is instantaneously 87.5 ft/sec upward (see Fig. P3.36), find the velocity of the center of mass of link 3 ($\mathbf{V}_{g3}$) and the angular velocity of link 4.

(a) Use the relative velocity method.

(b) Use the instant-center method.

(c) Scale the figure to obtain numerical values of link lengths and directions, and use complex-number arithmetic.

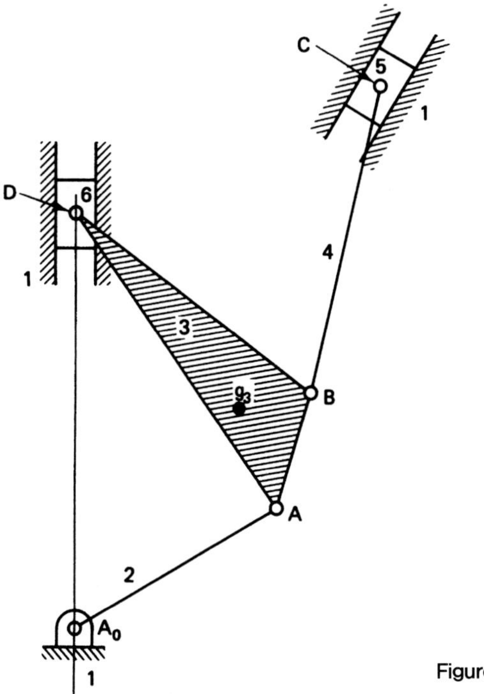

Figure P3.36

3.29. Given a slider velocity of $\mathbf{V}_A = 20$ in./sec to the left, find $\mathbf{V}_B$, $\mathbf{V}_C$, and ω_5 for the mechanism in Fig. P3.37.

(a) Use the relative velocity method.

(b) Use the instant-center method.

(c) Scale the figure to obtain numerical values of link lengths and directions, and use complex-number arithmetic.

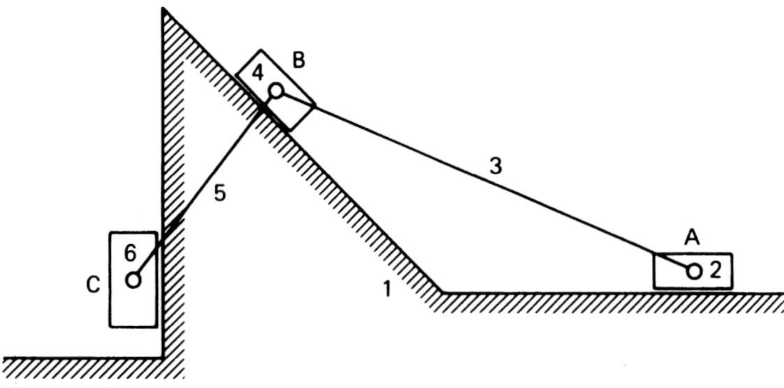

Figure P3.37

3.30. The inverted slider-crank mechanism of Fig. P3.38 has a given angular velocity of $\omega_2 = 10$ rad/sec ccw. Find ω_4.

(a) Use the relative velocity method.

(b) Use the instant-center method.

(c) Scale the figure to obtain numerical values of link lengths and directions, and use complex-number arithmetic.

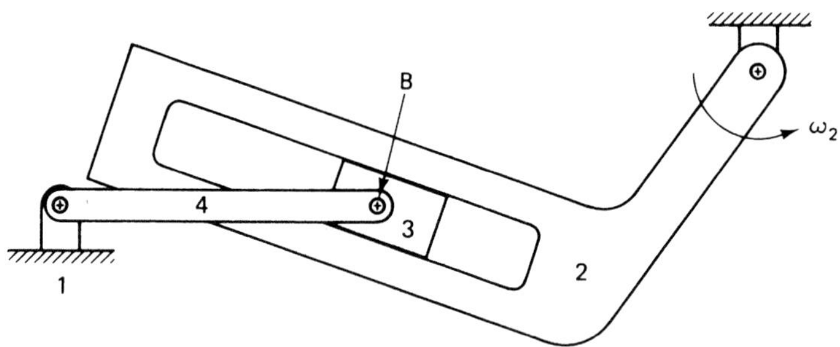

Figure P3.38

3.31. If the angular velocity of the crank of Fig. P3.39 is $\omega_2 = 100$ rpm cw, find ω_4.

(a) Use the relative velocity method.

(b) Use the instant-center method.

(c) Use complex-number arithmetic.

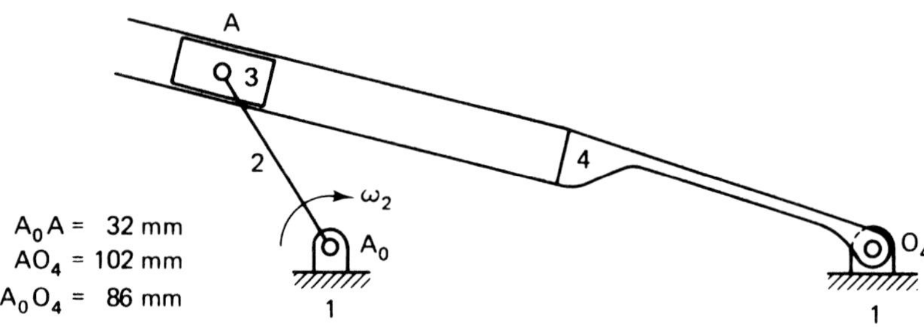

Figure P3.39

3.32. Determine the relative slider velocity $\mathbf{V}_{(C5)(C6)}$ and ω_6 of the Stephenson III six-bar linkage shown in Fig. P3.40. The linkage dimensions and inputs are $A_0A = 2''$, $AB = 1''$, $B_0B = 2.8''$, $A_0B_0 = 1.11''$, $AC = 3.5''$, $B_0C_0 = 6.9''$; A_0A is at $-30°$; $\omega_2 = 2$ rad/sec cw.

(a) Use the relative velocity method.

(b) Use the complex-number method.

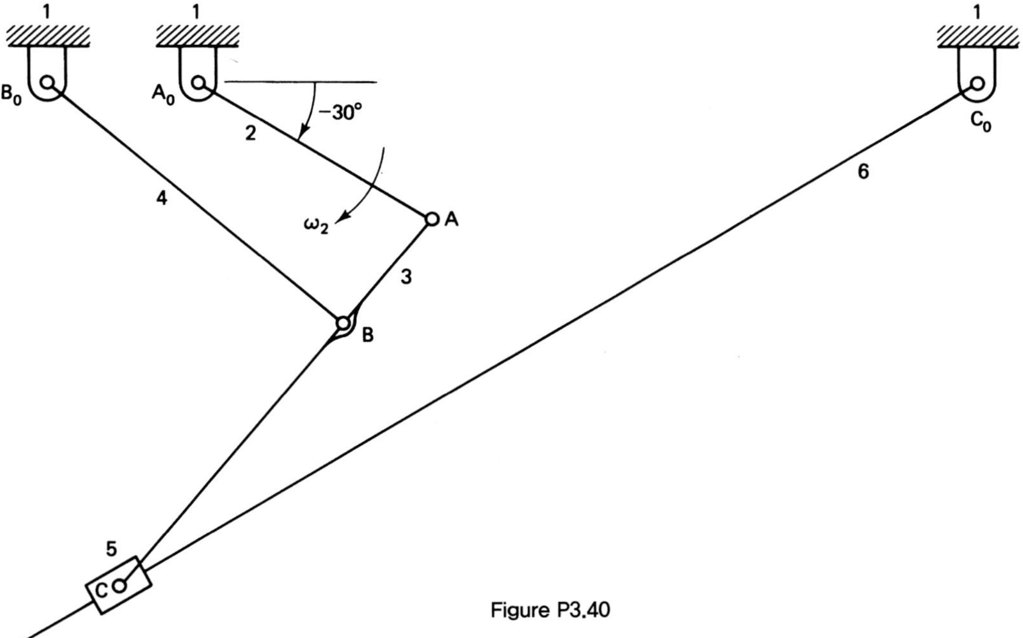

Figure P3.40

3.33. In the eight-link mechanism of Fig. P3.41, find $\mathbf{V}_C$, $\mathbf{V}_E$, ω_5, and ω_8 given $\omega_2 = 100$ rpm cw.

(a) Use the relative velocity method. [*Hint:* In some cases the relative velocity equations do not contain enough knowns to solve the problem directly. However, one can start at two ends of the mechanism (arbitrarily choosing one "test" velocity) and work toward the middle. If the middle velocities do not match, scale the "test" velocity up or down so that they do match.]

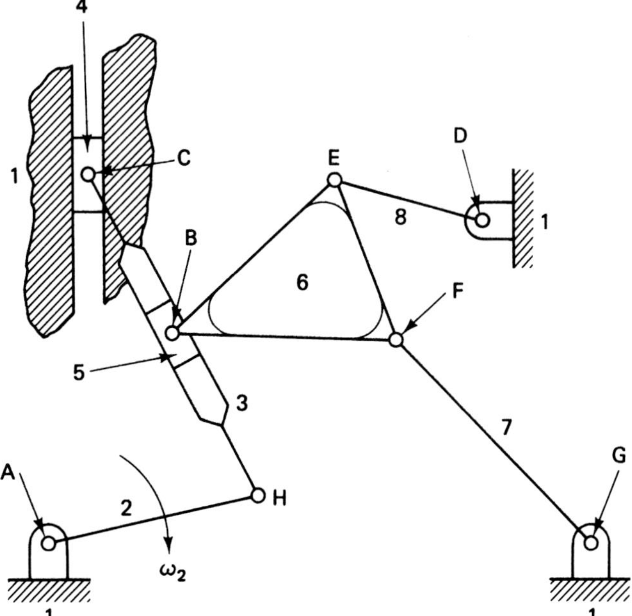

Figure P3.41

(b) Use the instant-center method.

(c) Scale the figure to obtain numerical values of link lengths and directions, and use complex-number arithmetic.

3.34. If the angular velocity of link 2 of Fig. P3.42 is 1 rad/sec cw,

(a) Find ω_6 and $\mathbf{V}_B$ by the relative velocity method.

(b) Determine the location of all the instant centers.

(c) Find ω_6 and $\mathbf{V}_B$ by the instant-center method and compare your results with part (a).

(d) Use complex-number arithmetic.

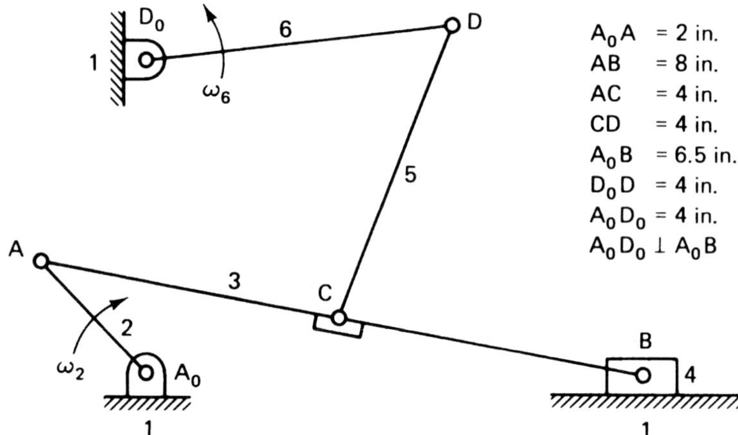

Figure P3.42

3.35. Two known velocities for link *N* are shown in Fig. P3.43. Find the center of rotation of the link. If you had set up this problem, could you have arbitrarily drawn two vectors $\mathbf{V}_A$ and $\mathbf{V}_B$? Why or why not?

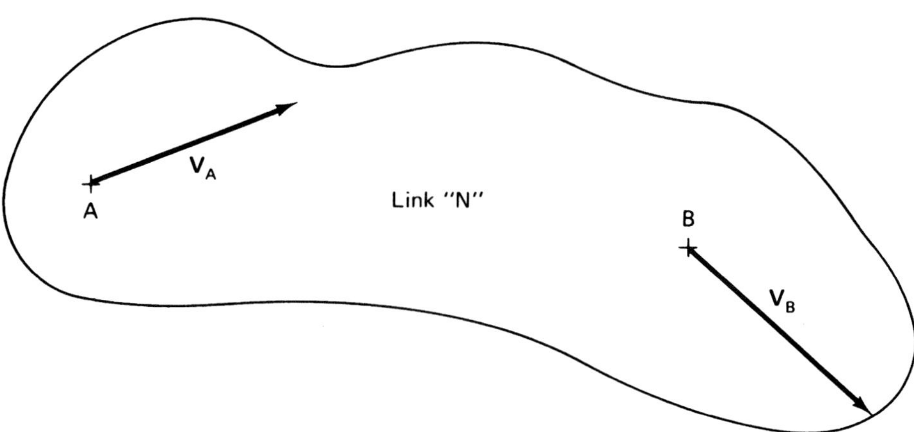

Figure P3.43

3.36. Given $\mathbf{V}_x$ in Fig. P3.44, find $\mathbf{V}_B$.

(a) Use instant-center construction.

(b) Use complex-number algebra. (Scale the drawing for needed data.)

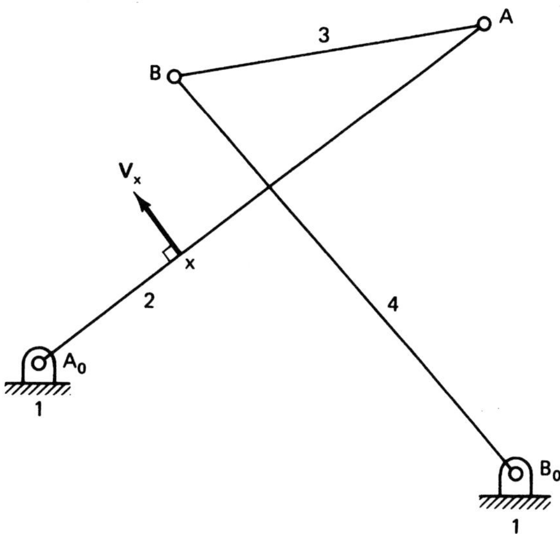

Figure P3.44

3.37. Given $\mathbf{V}_x$ in Fig. P3.45, find $\mathbf{V}_B$.

(a) Use instant-center construction.

(b) Check it by the complex-number method (scale the drawing for needed data).

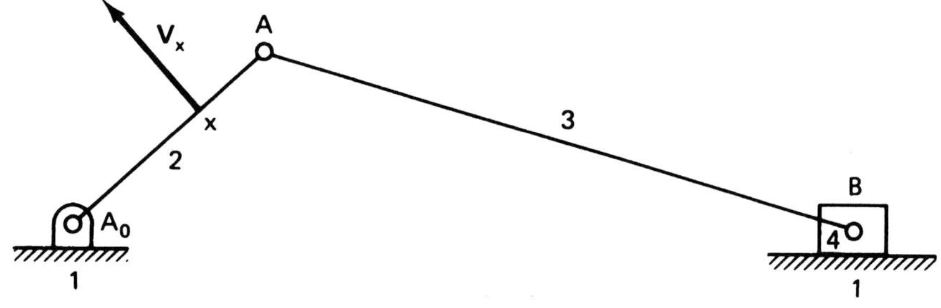

Figure P3.45

3.38. Figure P3.46 is the velocity image of the coupler link of an unknown four-bar linkage. Construct the position diagram of this linkage, find all instant-center locations, and ω_2, ω_3, and ω_4. The information known about this linkage is as follows:
Input crank (link 2) A_0A length is 2.5 in.
Coupler (link 3) AB length is 3 in., ω_3 known to be ccw.
Output link (link 4) BB_0 length is 5 in.
Ground link (link 1) A_0B_0 unknown length but smaller than 5 in.

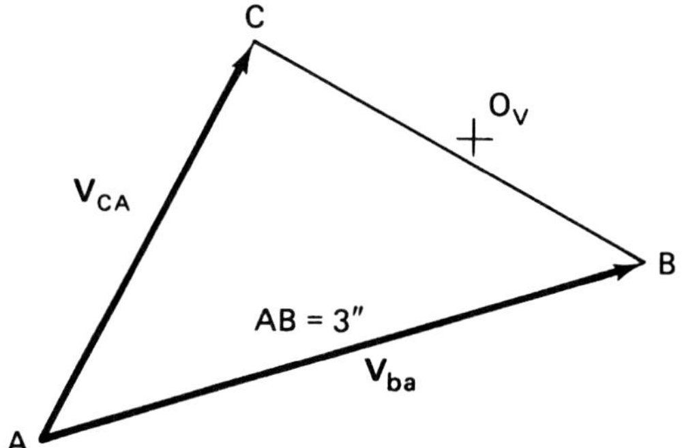

Figure P3.46

3.39. Given $\omega_2 = 1$ rad/sec as shown in Fig. P3.47, find $\mathbf{V}_B$ in each case (use instant centers).

(a) Assume rolling contact between link 1 and the carrier roller of point *B*.

(b) Check your results by the complex-number method. (Scale the drawing for needed data.)

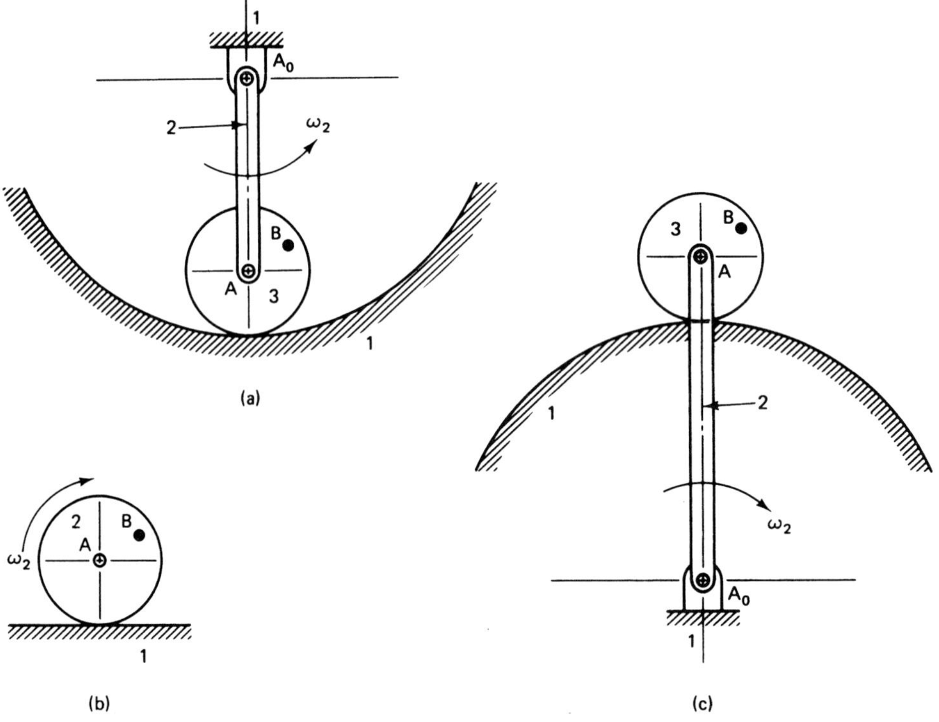

Figure P3.47

3.40. (a) Find the 10 instant centers of the five-link mechanism in Fig. P3.48.

(b) For the position shown, represent the instantaneous angular velocity relationships between links 2 and 4 by a pair of gears pivoted at points O_2 and O_4.

(c) For the position shown, represent the instantaneous angular velocity relationships between links 4 and 5 by a pair of gears pivoted at points O_4 and O_5.

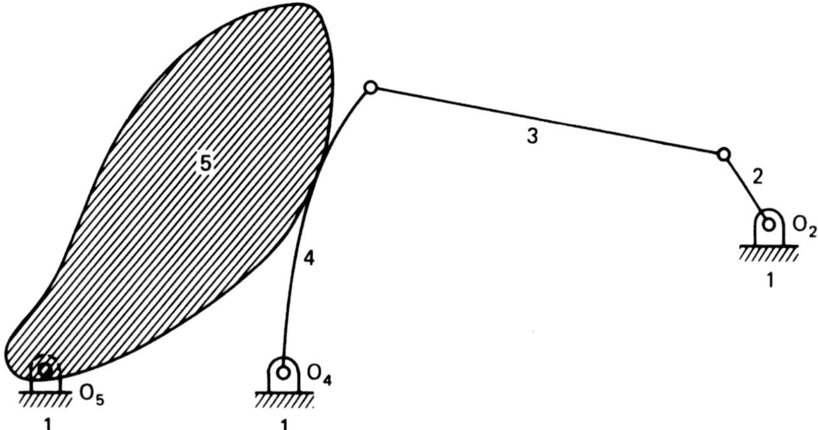

Figure P3.48

3.41. The fixed link (F), the input link (1), and the output link (N) of a mechanical system are shown in Fig. P3.49 with the revolute joints between 1 and F and N and F indicated.

(a) Pick an acceptable instant center for 1 and N.

(b) Write an equation relating the angular velocity ratio ω_N/ω_1 in terms of vectors connecting the instant centers.

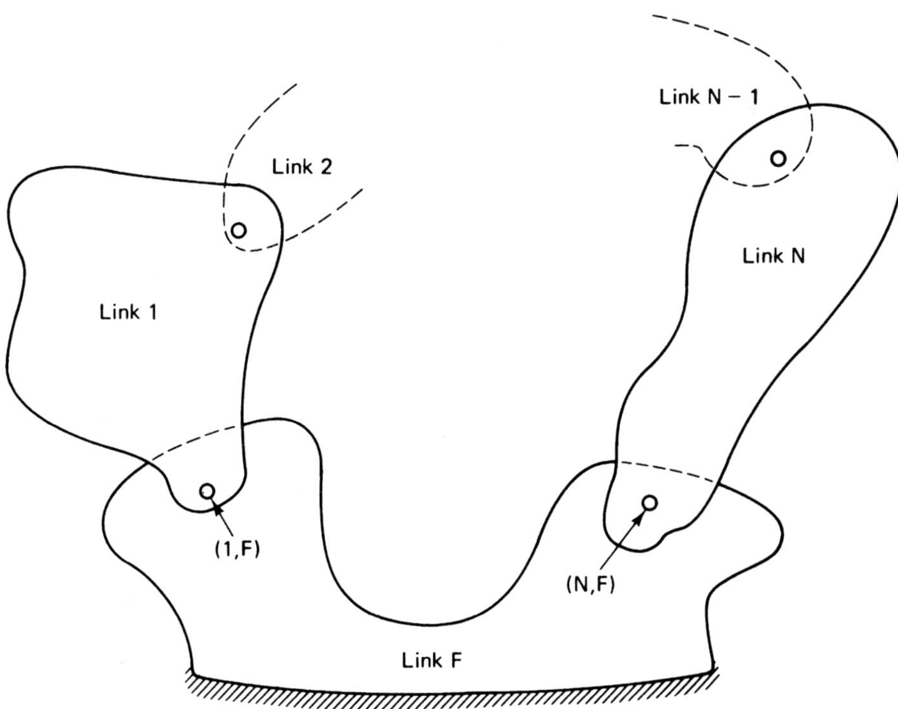

Figure P3.49

3.42. Find ω_5/ω_2 for the mechanism in Fig. P3.50.

(a) Use the instant-center method.

(b) Check your results by the complex-number method. (Scale the figure for needed data.)

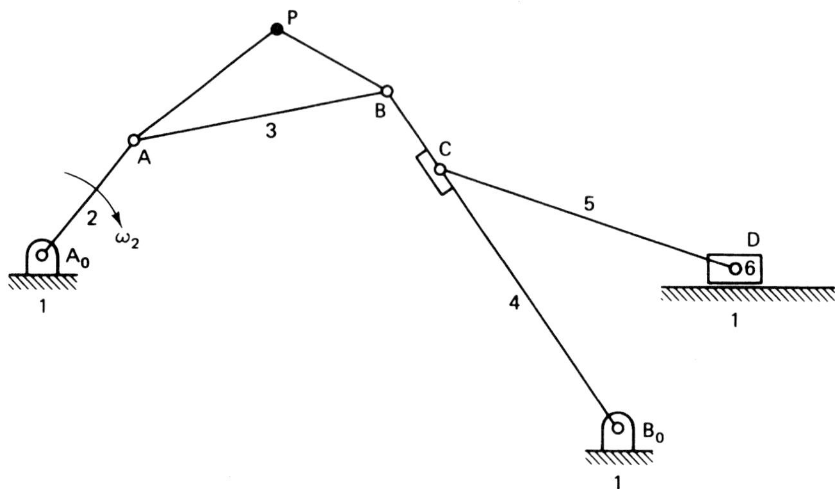

Figure P3.50

3.43. If link 3 of Fig. P3.51 slides to the left at the rate of 1 m/sec, determine the velocity of the slider of link 5.

(a) Use the instant-center method. Assume rolling contact between links 1 and 2.*

(b) Check your results by the complex-number method. (Scale the figure for needed data.)

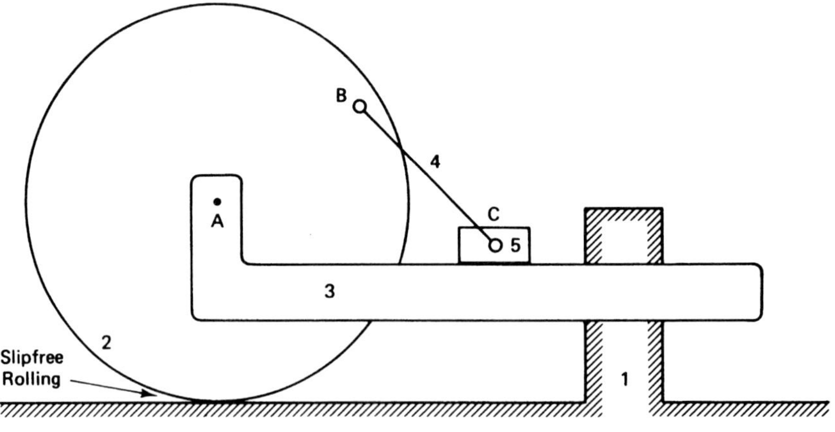

Figure P3.51

* Equivalence of higher- and lower-pair mechanisms prevails for degrees of freedom, displacements, and velocities, but not for accelerations or higher-order motion derivatives.

3.44. **(a)** In the geared seven-link mechanism of Fig. P3.52, find all the instant centers. (Scale the figure for needed data.)

(b) What is the angular velocity ratio ω_6/ω_2?

(c) Check part (b) by the relative velocity method.

(d) What is the relative angular velocity of link 5 with respect to link 3?

(e) Check parts (b) and (d) by the complex-number method.

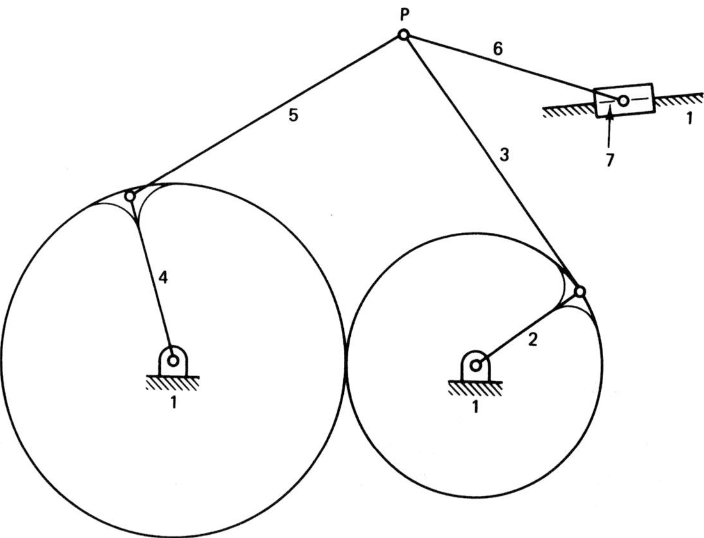

Figure P3.52

3.45. In the quick-return mechanism of Fig. P3.53,

(a) Determine the ratio V_C/ω_{in} by instant centers. (Scale the figure for needed data.)

(b) Find F_{out}/F_{in}.

(c) Check parts (a) and (b) by the complex-number method.

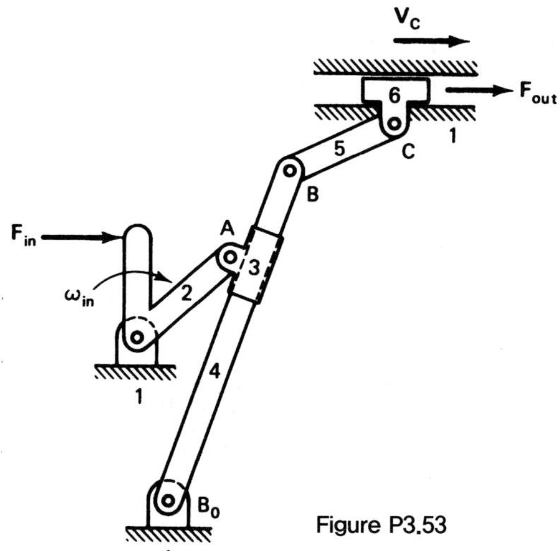

Figure P3.53

3.46. **(a)** Find the location of all the instant centers of the six-link mechanism in Fig. P3.54. (Scale the figure for needed data.)

(b) Determine the angular velocity ratio ω_4/ω_2.

(c) Determine the angular velocity ration ω_6/ω_2.

(d) Check the location of I_{13} by complex numbers.

(e) Check the results of parts (b) and (c) by complex numbers.

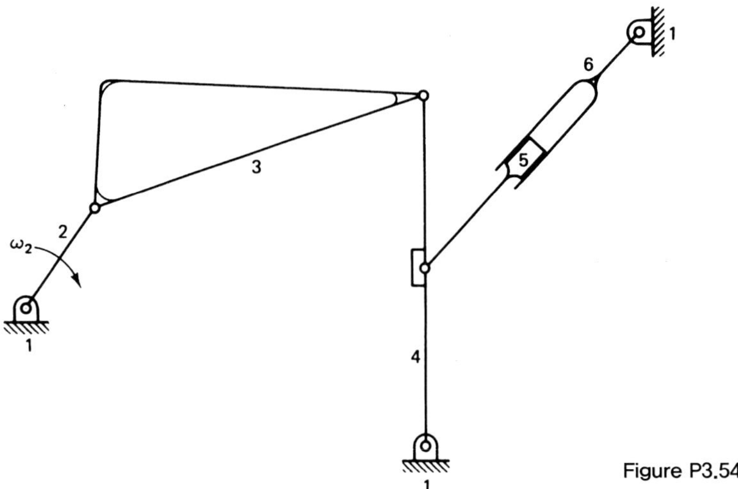

Figure P3.54

3.47. **(a)** Determine the location of all the instant centers of the six-link mechanism in Fig. P3.55.

(b) What is the angular velocity ration ω_4/ω_2?

(c) What is the angular velocity ration ω_5/ω_2?

(d) Find the velocity of point C given $\omega_2 = 1$ rad/sec cw by two methods: (1) by using instant center (2,5) and (2) instant center (2,6).

(e) Check the results of parts (b), (c), and (d) by the complex-number method. (Scale the figure for needed data.)

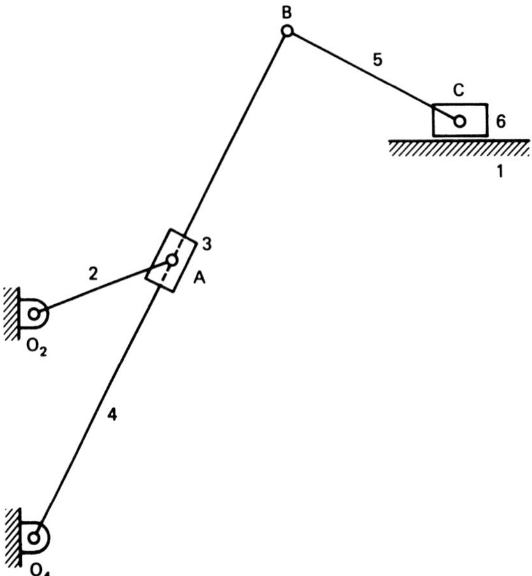

Figure P3.55

3.48. Determine the torque ratio T_6/T_2 of the mechanism in Fig. P3.56.
(a) Use the instant-center method.
(b) Check it by the complex-number method.

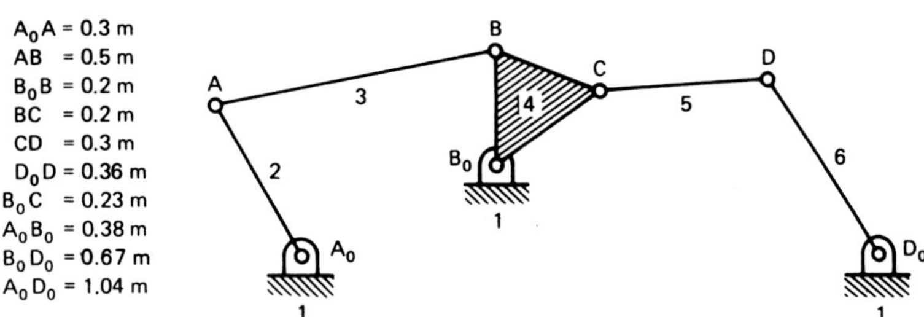

Figure P3.56

3.49. Find the ratio V_D/ω_2 for the mechanism in Fig. P3.57.
(a) Use the instant-center method.
(b) Check it by the complex-number method.

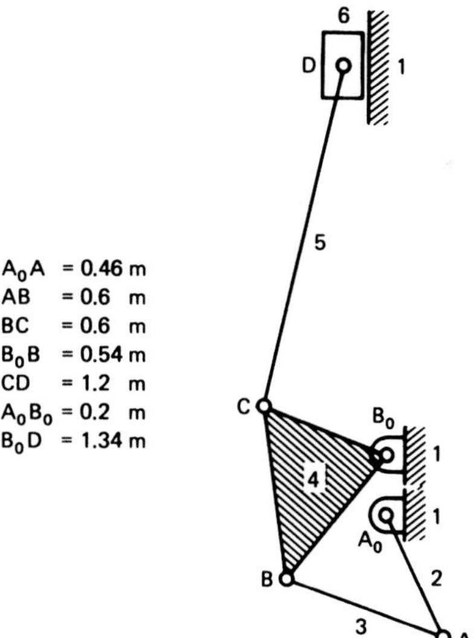

Figure P3.57

3.50. What force ($\mathbf{F}_{in}$) is required at the piston in the mechanism of Fig. P3.58 to balance the weight **W** on link 5?
(a) Use the instant-center method.
(b) Check your result by the complex-number method.

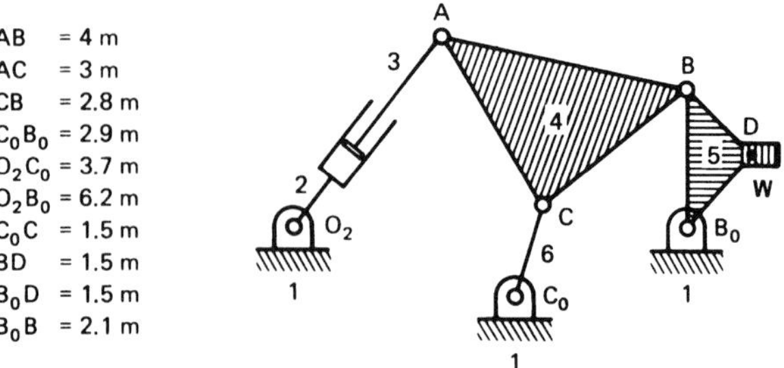

Figure P3.58

3.51. **(a)** What is the relationship between the input force $\mathbf{F}_{in}$ and the resisting force **R** in Fig. P3.59? Use instant centers.

(b) What is ω_5/ω_2?

(c) Check your results in parts (a) and (b) by the complex-number method.

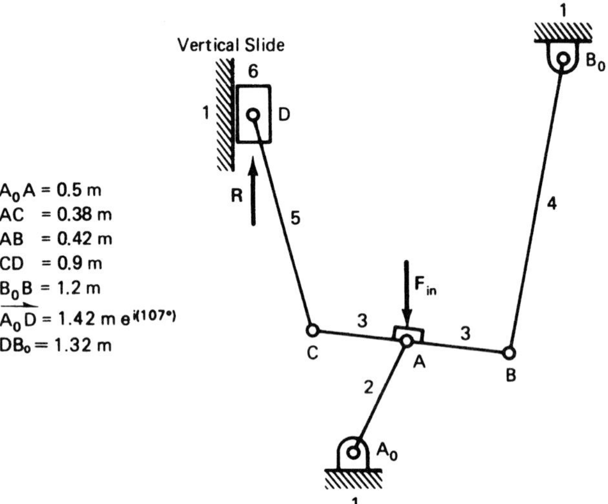

Figure P3.59

3.52. **(a)** What is the relationship between the input torque T_{in} and the resistance of the cutting tool **R** in the shaper mechanism of Fig. P3.60?

(b) What is ω_2/V_6?

(c) Check your results in parts (a) and (b) by the complex-number method.

3.53. Determine the mechanical advantage (F_{out}/F_{in}) in the position shown of the inverted slider-crank in Fig. P3.61.

(a) Use instant centers.

(b) If friction exists in the slider generating a resisting force $\mathbf{F}_r$, what is the mechanical advantage of the linkage?

(c) Check your results in parts (a) and (b) the the complex-number method. (Scale the figure for needed data.)

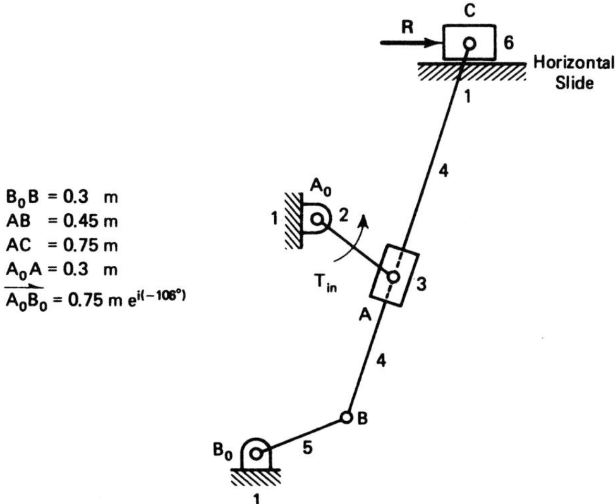

Figure P3.60

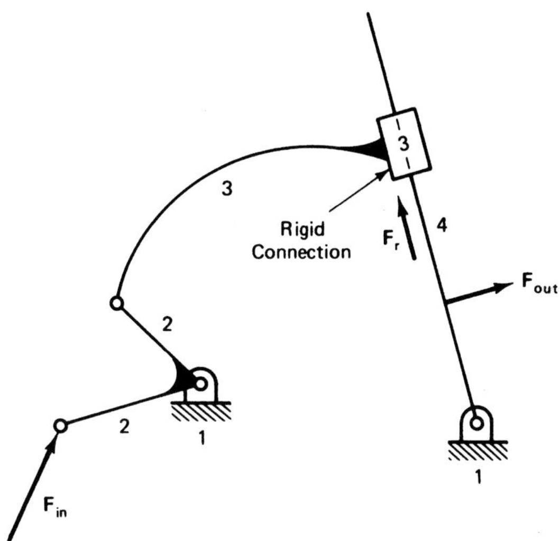

Figure P3.61

3.54. The linkage used in Prob. 3.9 is redrawn in Fig. P3.62; ω_2 is 2 rad/sec cw.

(a) Find all instant-center locations.

(b) Determine the mechanical advantage. (Scale the drawing for the location of $\mathbf{F}_{in}$ and $\mathbf{F}_{out}$. Note that $\mathbf{F}_{out}$ is a resistance force.)

3.55. **(a)** Find the angular velocity ration (ω_4/ω_6) in the position shown of the mobile lifting mechanism in Fig. P3.63.

(b) Find the mechanical advantage of this linkage.

(c) Check your results in parts (a) and (b) by the complex-number method. (Scale the figure for needed data.)

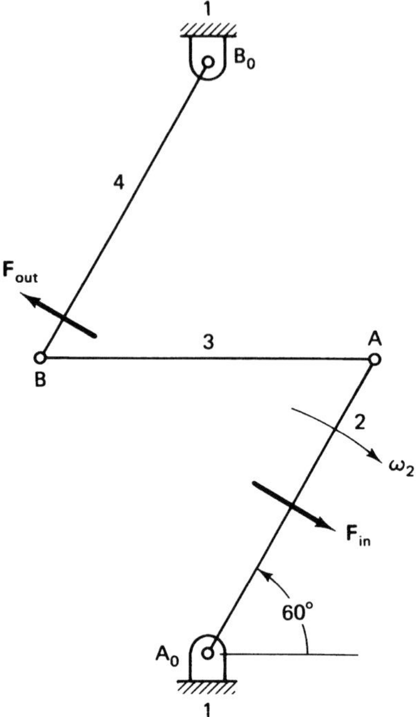

Figure P3.62

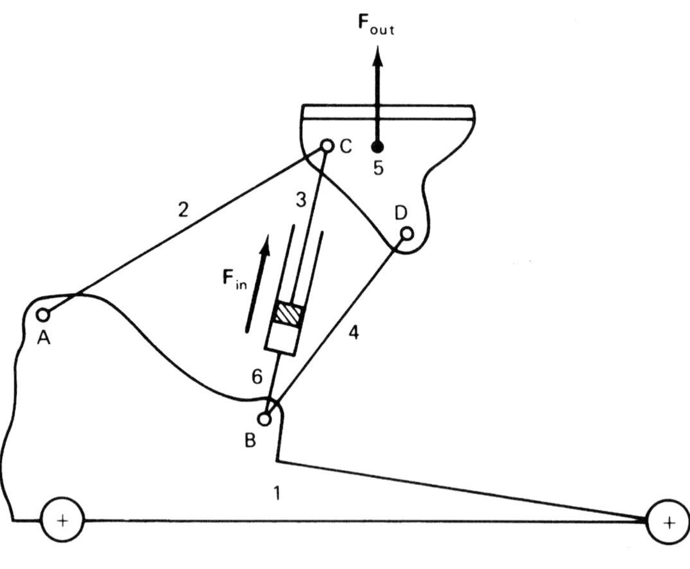

Figure P3.63

3.56. The input link of the Stephenson III six-bar shown in Fig. P3.64 has angular velocity $\omega_2 = 5$ rad/sec cw. Find the mechanical advantage if $\mathbf{F}_{in}$ acts on link 3 and $\mathbf{F}_{out}$ acts on link 6 as shown. Let A_0A be 3″ for scaling purposes; AB is at +30°.

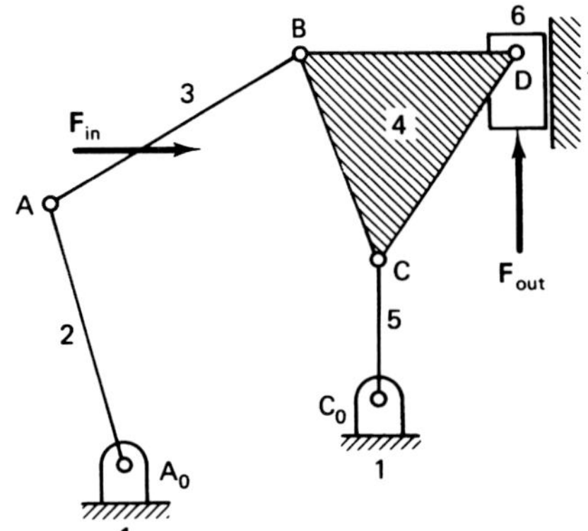

Figure P3.64

3.57. Determine the mechanical advantage of the dumping mechanism shown in Fig. P3.65. The hydraulic cylinder (2) provides the input force ($\mathbf{F}_{in}$). The payload is ($\mathbf{W}$).

(a) Use the method of your choice.

(b) Check your results with another method. (Scale the figure for needed data.)

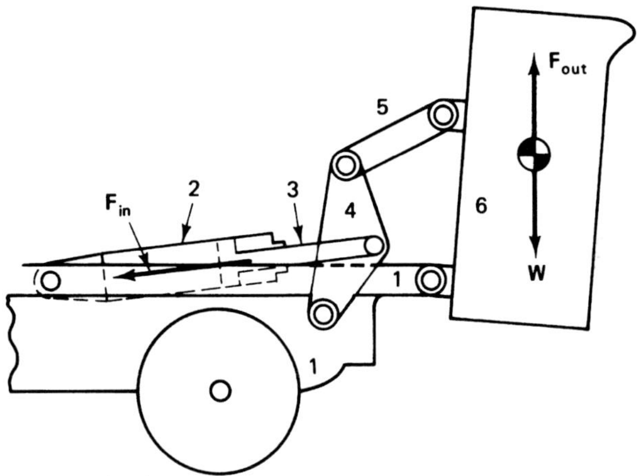

Figure P3.65

3.58. The velocity of slider 2 of the hydraulic actuator linkage is 10 in./sec to the right shown in Fig. P3.66. Link lengths are $AB_0 = 5''$, $BB_0 = 6''$.

(a) Find the angular velocity of link 4.

(b) Determine the mechanical advantage. (Scale the figure for needed data.)

3.59. A cam surface is driving a four-bar linkage whose movement is resisted by a spring at point D (Fig. P3.67).

(a) What is the mechanical advantage of this mechanism?

(b) What is ω_5/ω_2?

(c) What is ω_5/ω_3?

(d) Check your results in parts (a) and (b) by the complex-number method. (Scale the figure for needed data.)

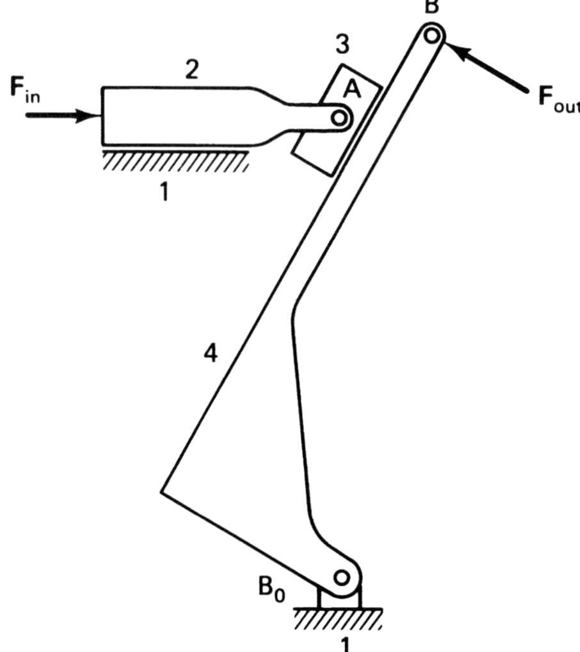

Figure P3.66

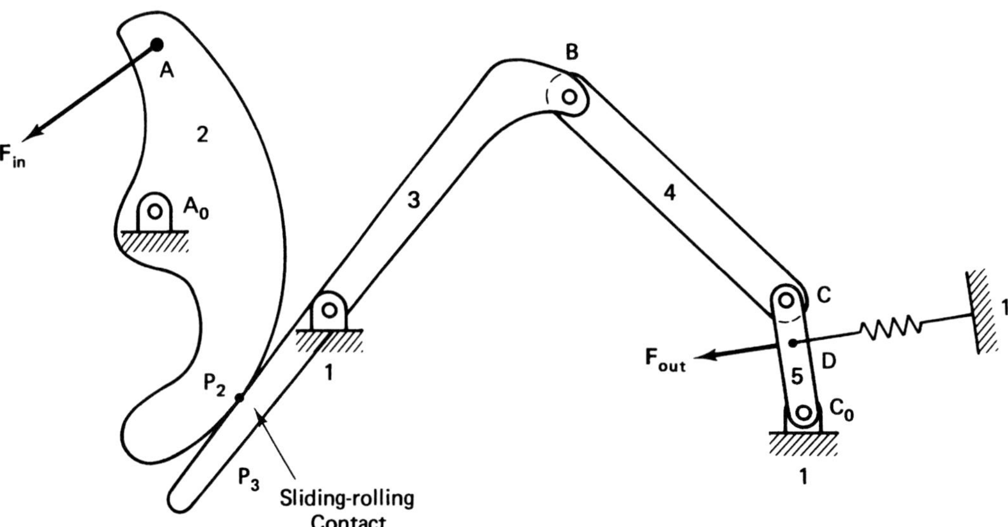

Figure P3.67

3.60. **(a)** Find the ratio of F_{out}/T_{in} for the riveting mechanisms in both positions shown in Fig. P3.68.

(b) Which position has the greater mechanical advantage?

(c) What is V_6/ω_2 in each case?

(d) Check your results in parts (a) and (b) by the complex-number method. (Scale the figure for needed data.)

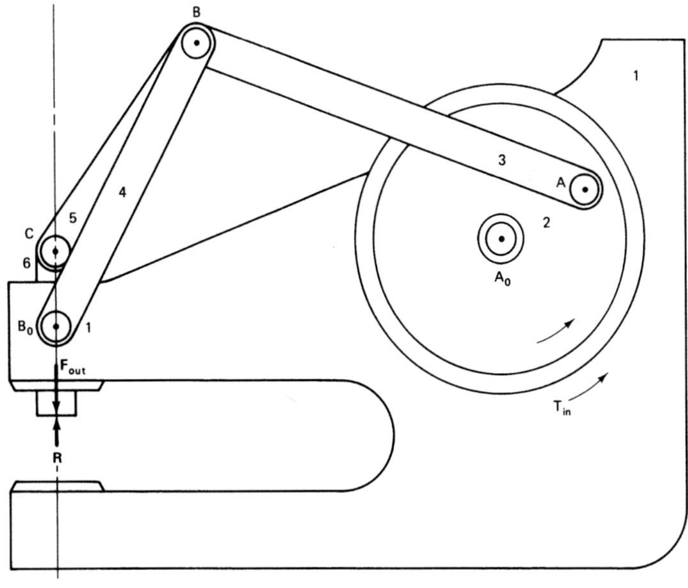

(a)

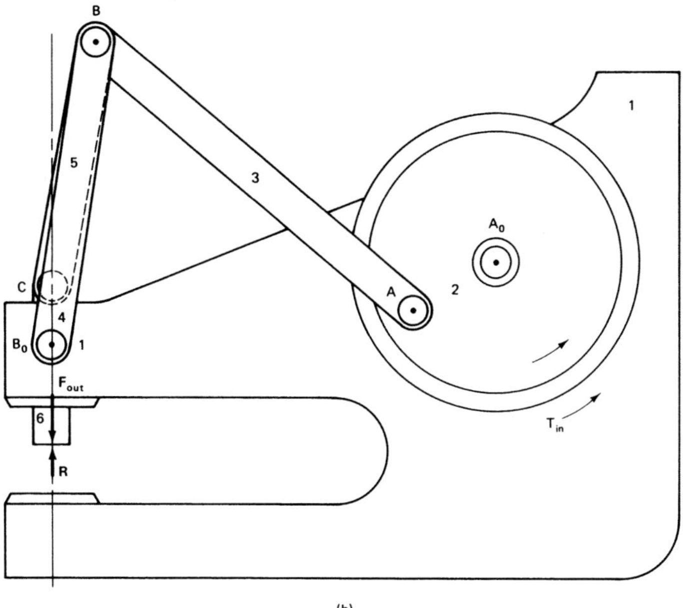

(b)

Figure P3.68

3.61. In the rock-crusher linkage of Fig. P3.69, determine the ratio of F_{out}/T_{in} by two methods:

(a) Use instant centers (1,2), (1,6), and (2,6).

(b) Use instant centers (1,2), (1,4), (2,4), (1,6), and (4,6) (using superposition).

(c) Check your results in parts (a) and (b) by the complex-number method. (Scale the figure for needed data.)

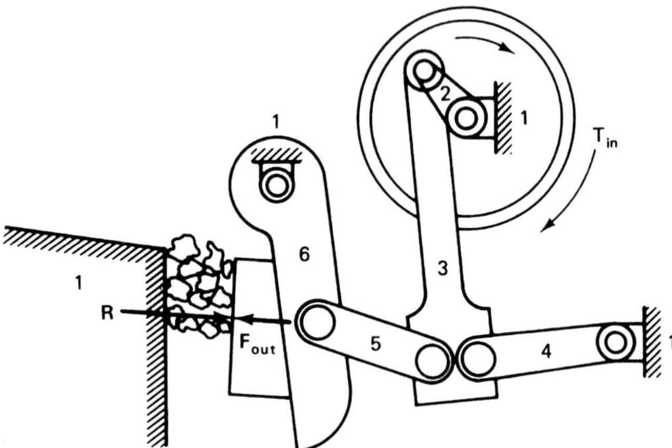

Figure P3.69

3.62. **(a)** Find the mechanical advantage of the straight-line clamp of Fig. P3.70.

(b) What is V_4/ω_2?

(c) Check your results in parts (a) and (b) by the complex-number method. (Scale the figure for needed data.)

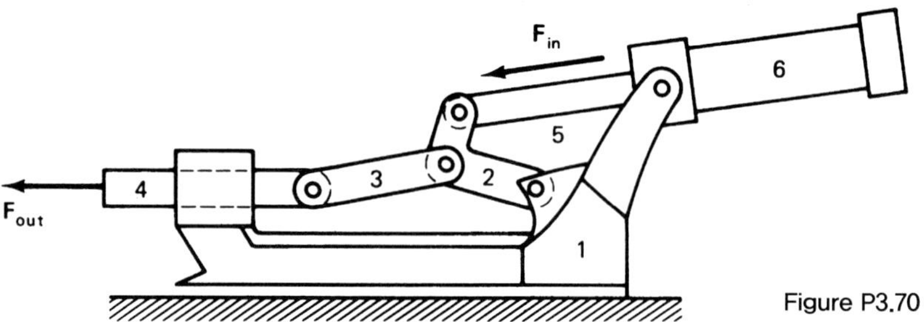

Figure P3.70

3.63. A hold-down clamp is shown in two positions in Fig. P3.71.

(a) Find the mechanical advantage in both the solid and dashed positions.

(b) Check your results by the complex-number method. (Scale the figure for needed data.)

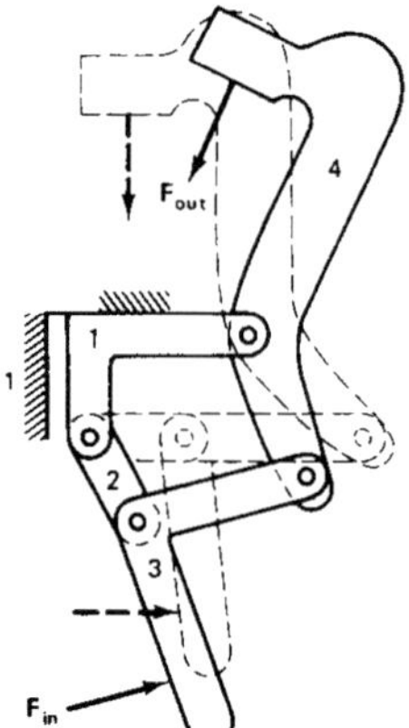

Figure P3.71

3.64. A four-bar linkage has been synthesized to remove the cap from a beverage bottle (see Fig. P3.72).

(a) What is the ratio of the torque applied to the bottle cap to the input force ($\mathbf{F}_{in}$) in the two positions shown?

(b) Determine ω_3/ω_2 in the positions shown.

(c) Check your results in parts (a) and (b) by the complex-number method. (Scale the figure for needed data.)

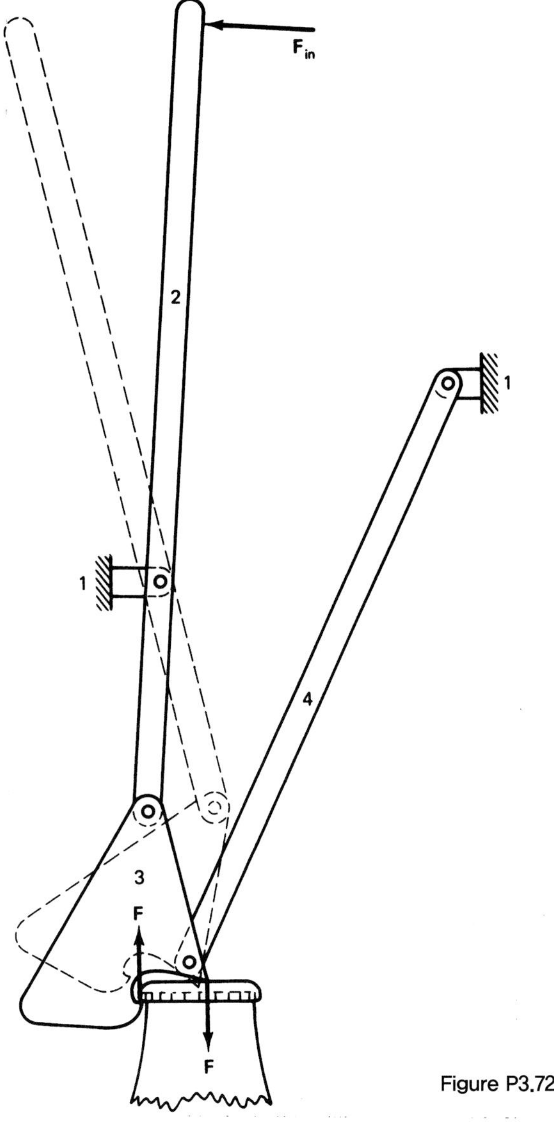

Figure P3.72

3.65. After several unsuccessful attempts to open a can of liquid refreshment, a linkage was designed to assist in the task (Fig. P3.73). Determine the mechanical advantage of this "thirst-while" mechanism.

(a) Use instant centers (2,5), (1,2), and (1,5).

(b) Use instant centers (2,6), (1,2), and (1,6).

(c) Use instant centers (1,2), (2,4), (1,4), and (4,6).

(d) Use all of the foregoing.

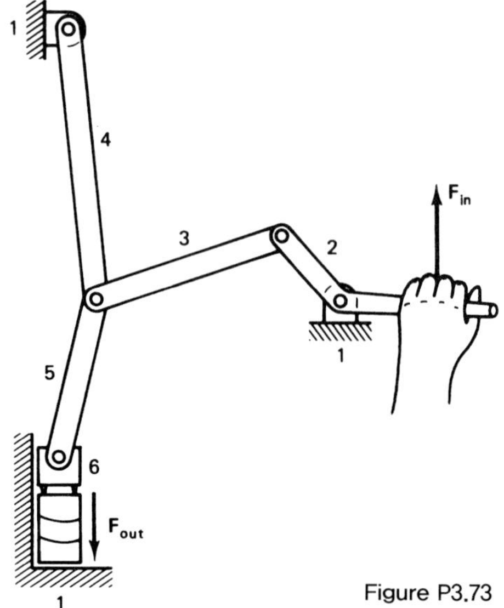

Figure P3.73

(e) Use a can opener.

(f) Check all the foregoing by the complex-number method [except part (e)]. (Scale the figure for needed data.)

3.66. The Watt I six-bar linkage shown in Fig. P3.74 is designed for use as a parallel motion supermarket-based hand-operated can crusher to spur recycling of materials. Such machines require as large a mechanical advantage as possible to amplify the crush force developed from a limited human input. Determine the mechanical advantage of this linkage in the position shown when the crush plate first contacts the can. The handle is being rotated at 1 rad/sec cw. Positional information is $A_0A = 4''$, $A_0D = 6.13''$, $AB = 5.2''$, $AC = 7''$, $BC = 7.97''$, $BB_0 = 5''$, $A_0B_0 = 13''$, $CE = 17.52''$, $DE = 6.74''$, $A_0\mathbf{F}_{in} = 12''$, $E\mathbf{F}_{out} = 24''$; A_0A is at +80°, CE is at −25°, the handle is at +40°.

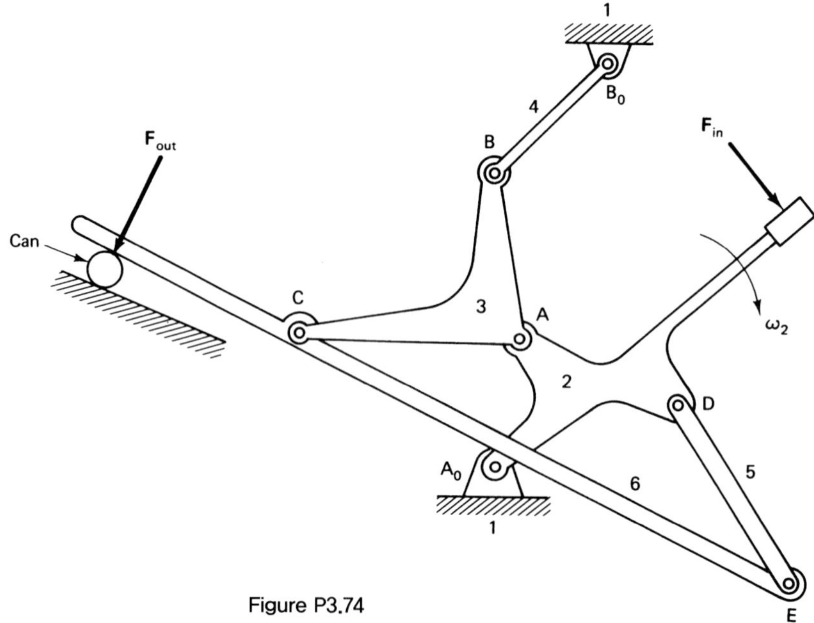

Figure P3.74

3.67. **(a)** What is the ratio of F_{out}/F_{in} of Fig. P3.75? Use instant centers.
(b) If the coefficient of friction in both sliders (not the fork joint) is $\mu = 0.2$, determine the new mechanical advantage.
(c) Check your results in parts (a) and (b) by the complex-number method. (Scale the figure for needed data.)

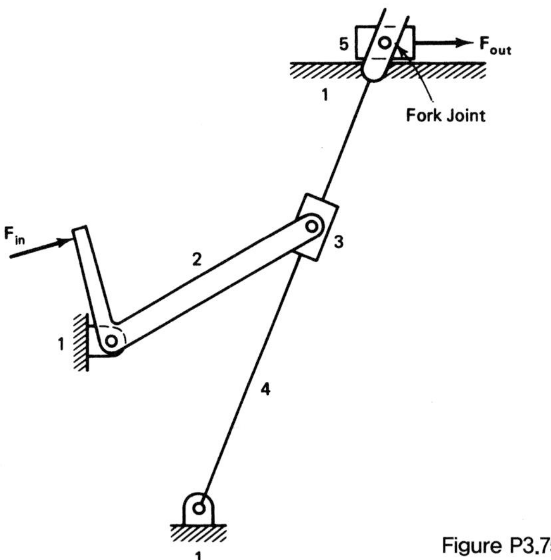

Figure P3.75

3.68. **(a)** Find the angular velocity ratio (ω_4/ω_6) of the mechanism in Fig. P3.76.
(b) Determine the mechanical advantage (F_{out}/F_{in}).
(c) Check your results in parts (a) and (b) by the complex-number method. (Scale the figure for needed data.)

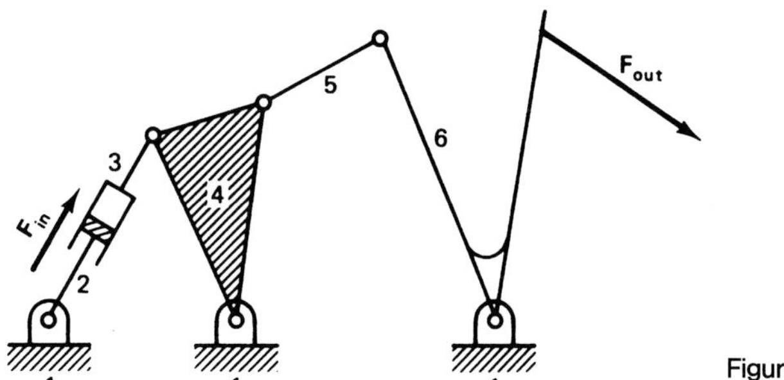

Figure P3.76

3.69. Links 1, 2, 3, and 4 have been designed for the Watt II six-bar shown in Fig. P3.77. It is desired to have link 6 perpendicular to the ground and $\mathbf{F}_{out}$ parallel and 20″ from the ground when the linkage is in the position shown. Link 5 is not yet designed and is shown in its conceptual coupler position only.* If the overall mechanical advantage of the linkage is to be 3, how long should link 6 be? Known linkage dimensions are $A_0B_0 = A_0A = 36.334''$, $AB_0 = BB_0 = 20.881''$, $AB = B_0C_0 = 12''$.

* It will connect link 4 in this current position to link 6 in its final position spanning points B and C.

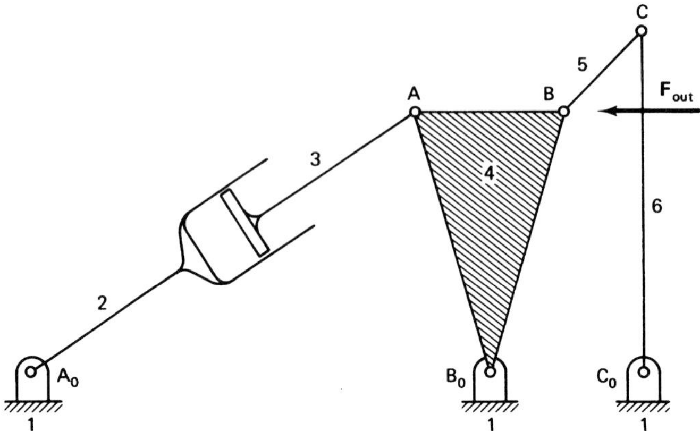

Figure P3.77

3.70. A typical automobile hood linkage is shown in Fig. P3.78. Notice the placement of the counterbalancing spring.

(a) Determine (in terms of **W**) the force exerted by the spring (if other links are assumed to have negligible weight as compared with the hood) to balance **W.**

(b) Does the effectiveness of the spring improve if its attachment point (*P*) is moved up vertically? Why or why not?

(c) Does the placement of the spring make sense keeping in mind the entire range of motion of the mechanism? Why or why not?

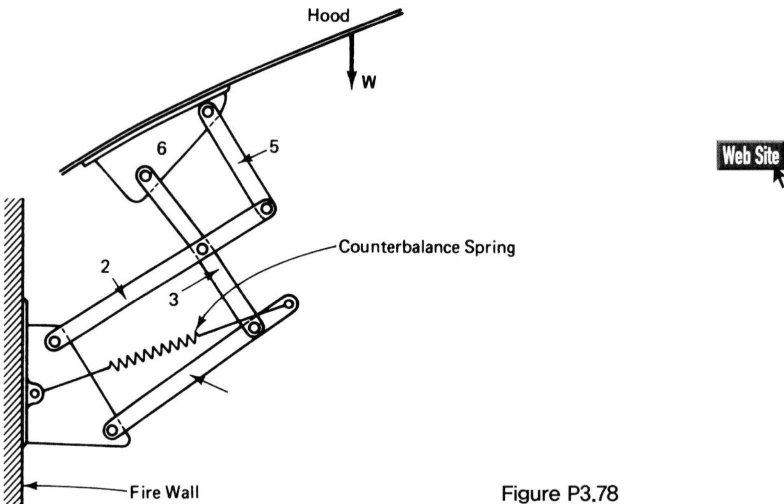

Figure P3.78

3.71. A standard toggle press is shown in Fig. P3.79. Determine its mechanical advantage (force of the plunger divided by the force of the cylinder). Scale the drawing.

3.72. Polycentric motion is said to occur when the center of rotation of a moving body appears to move in plane space. This type of motion behavior is desirable for design situations in which it is desired to have a continuously changing mechanical advantage or in which it is desired to have self-locking behavior. For example [150], the polycentric hinge shown in Fig. P3.80 has a shifting instant center.

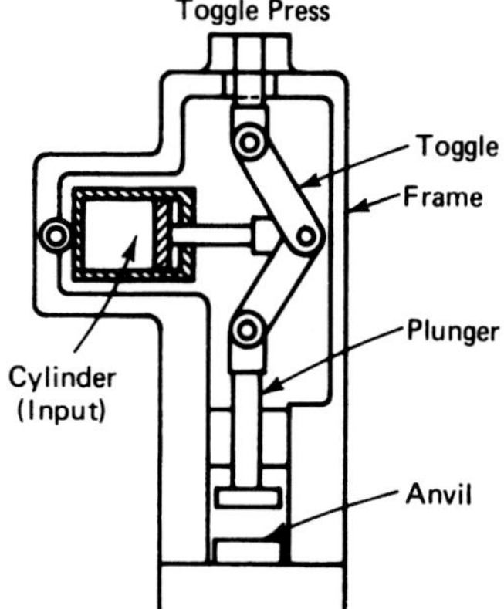

Figure P3.79

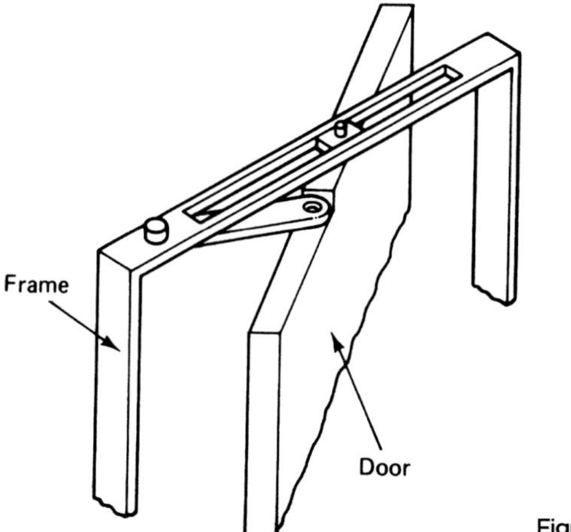

Figure P3.80

(a) Regarding the door as the input, which inversion of the slider-crank is this linkage—similar to Fig. 3.8, 3.9, 3.10, or 3.11?

(b) Plot the trajectory of the instant center of the door with respect to the frame as the door opens.

(c) Describe in practical terms the advantage of these moving instant centers.

(d) Spot-check your results for part (b) with complex numbers. (Scale the figure for needed data.)

3.73. Referring to the casement window linkage of Fig. 1.4a,

(a) Find the locations of the instant centers.

(b) If T_2 is applied to link 2, how much torque (T_4) results at the window?

(c) List the changes in linkage geometry that would improve part (b).

(d) If a frictional force exists at the shoe (due to the weight of the window and a nonzero friction coefficient), find the transmission angle considering the sash (link 4) as the output.

(e) List the changes in linkage geometry that would improve part (d).

(f) What trade-offs in linkage performance will have to be made to improve both parts (b) and (c)?

(g) Spot-check part (a) by complex numbers. (Scale the figure for needed data.)

3.74. Answer the same questions as in Prob. P3.73, but refer to Fig. 1.4b.

3.75. Figure P3.81 shows a Rongeur, which is used by orthopedic surgeons for cutting away bone. The leaf-type springs between the handles return the linkage to the open position so that the Rongeur can be operated by one hand.

(a) What type of linkage is this?

(b) Determine the mechanical advantage of this linkage in the position shown as well as the closed position (disregard the spring). (Scale the figure for needed data.)

(c) Why is this device designed this way?

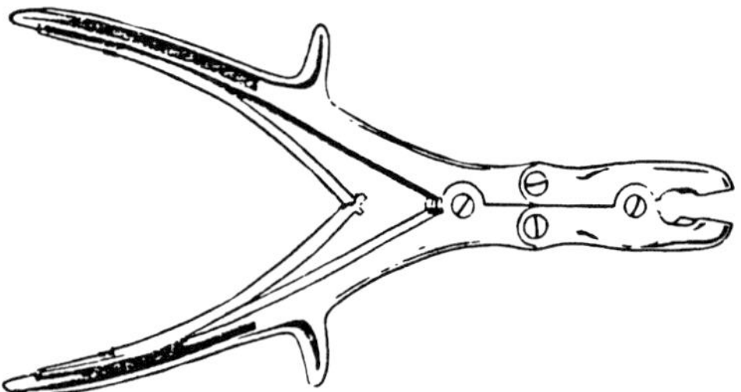

Figure P3.81

3.76. A pair of squeeze clamps are shown in Fig. P3.82.

(a) What type of linkage is this?

(b) Determine the mechanical advantage of this linkage in the position shown as well as in a position such that the handles have rotated toward each other 10° each. (Scale the figure for needed data.)

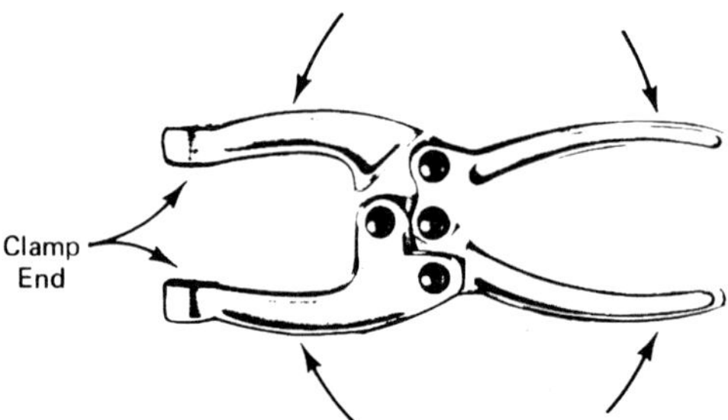

Figure P3.82

3.77. Figure P3.83 shows a mechanical clamp used on machine tools for work-holding fixtures. Determine the mechanical advantage of this linkage. Why is it designed this way? (Scale the figure for needed data.)

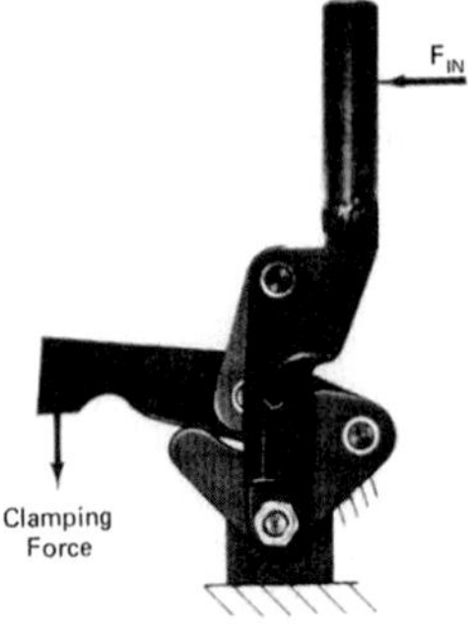

Figure P3.83

3.78. Figure P1.77 is a movable storage bin mechanism that was designed by undergraduate students at the University of Minnesota. Problem 1.46 describes the objectives of this design. The pivot icon with the dot in the middle is the input pivot.

(a) Determine the transmission and deviation angles for each position.
(b) Identify those positions in which the mechanism has poor transmission characteristics.
(c) Can you suggest any design changes to improve these poor characteristics?
(d) Find the location of the instant centers for each design.
(e) If the storage bin weigh 50 lbf and the mass of the mechanism links is considered very small compared to the bin, what is the required input torque at each position?

3.79. Figure P1.78 is a dust pan mechanism that was designed by undergraduate students at the University of Minnesota. Problem 1.46 describes the objectives of this design. The pivot icon with the dot in the middle is the input pivot.

(a) Determine the transmission and deviation angles for each position.
(b) Identify those positions in which the mechanism has poor transmission characteristics.
(c) Can you suggest any design changes to improve these poor characteristics?
(d) Find the location of the instant centers for each design.
(e) If the dust pan plus contents weighs 15 lbf and the mass of the mechanism links is considered very small compared to the pan, what is the required input torque at each position?

3.80. A potential design for bicycle chain removal tool is shown in Fig. P1.82.

(a) For this design, find the locations of all the instant centers.
(b) What is the ratio of input torque to output force (on the chain link pin) in the position shown?

3.81. Figure P1.76 is a monitor mover design that was designed by undergraduate students at the University of Minnesota. The objectives of this design include rotating a computer monitor from a storage position inside a desk to a viewing position. The pivot icon with the dot in the middle is the input pivot.

(a) Determine the transmission and deviation angles for each position.
(b) Identify those positions in which the mechanism has poor transmission characteristics.
(c) Can you suggest any design changes to improve these poor characteristics?
(d) Find the location of the instant centers for each design.
(e) If the monitor weighs 20 lbf and the mass of the mechanism links is considered very small compared to the monitor, what is the required input torque at each position in (b)?

3.82. A potential design for a bicycle chain removal tool is shown in Fig. P1.83.

(a) For the design shown, discuss how you might find the mechanical advantage of this device. How would you model the rachet and pin-in-slot? Draw a unscaled kinematic diagram of this model.
(b) How might you determine the mechanical advantage of this device if you knew the angular rotation of the handle corresponding to the linear displacement of the pin driver?

3.83. Figure P3.84 shows a grasping device for a mechanical manipulator designed by Komatsu (utility model 1974-68167). It is powered by cylinder motion.

(a) Calculate the degrees of freedom of this mechanism (disregard the spring).
(b) Calculate the mechanical advantage (force exerted on the work/rod force) in the position shown.

3.84. Figure P3.85 shows mechanical grasping fingers for thin plates designed by Tadashi Aizawa (Japanese Patent 1974-36304). It is powered by a cylinder.

(a) Calculate the degrees of freedom of this mechanism using Gruebler's equation.
(b) Calculate the mechanical advantage (force exerted/piston force) in the position shown.
(c) Calculate the mechanical advantage (force exerted/piston force) when grasping the plate.

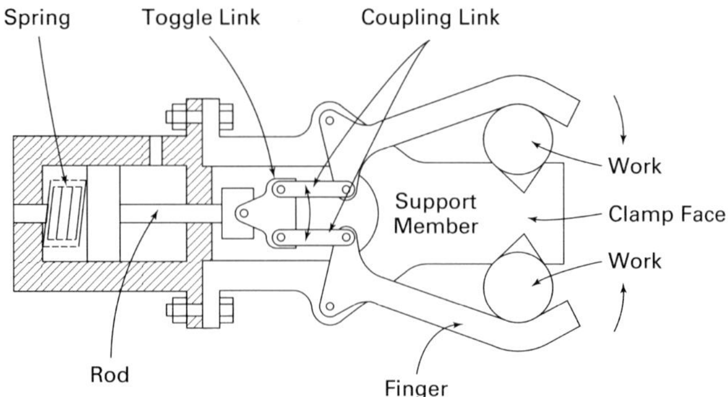

Figure P3.84

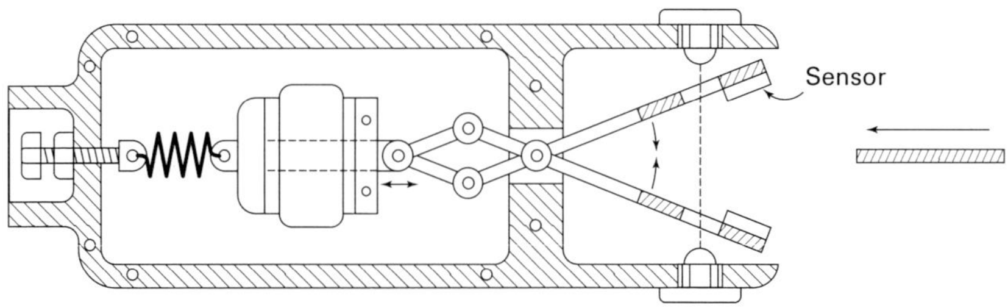

Figure P3.85

3.85. Figures P1.105 through P1.107 show three positions of two sections of a portable performing stage shown in Fig. P3.104. Cylinder 32 is considered to be the input to this mechanism and link B the ground. Find the location of all of the instant centers and the required force in cylinder 32 for the following:

(a) Figure P1.105 if the torque about pin FP is 600 ft. lb due to the weight of member C.
(b) Figure P1.106 if the torque about pin FP is 100 ft. lb due to the weight of member C.
(c) Figure P1.107 if the torque about pin FP is 600 ft. lb due to the weight of member C.

3.86. Problem 1.51 described a mechanism that was synthesized for removing a casting and placing it on a conveyor belt.

(a) In Fig. P1.93, determine the transmission and deviation angles.
(b) In Fig. P1.94, determine the transmission and deviation angles.
(c) Are these acceptable, or is a redesign of this mechanism required?

3.87. Problem 1.160 described a linkage used in a sickle-type lawn mower.

(a) Calculate the transmission and deviation angle(s) of this mechanism in the position shown.
(b) For the design shown in Fig. P1.110, find the locations of all the instant centers.
(c) What is the required input if the load on the sickle bar due to cutting forces and friction is 15 lbf ?

3.88. Figure P1.74d and Prob. 1.45 describe a spoiler system located on a trunk of a car.

(a) Locate all the instant centers for this mechanism.
(b) If $\omega_2 = 2$ rpm cw, what is ω_3? Give both the formula in terms of instant centers and the numerical answer.
(c) If someone placed a 20-lb box on the spoiler (link 3) as shown, what is the formula and the numerical value for the torque on link 2 that is required to balance this load? (Use instant centers and label R_{out} on the drawing.)

3.89. A home rowing machine is proposed as shown in Fig. P3.86. A linkage is used to simulate the motion of a scull (racing rowboat) oar while greatly reducing the width of the device shown in (b).

(a) Determine the apparent center of rotation of the oar linkage in the position shown.

(b) Determine the Grashof type and limits of motion of this linkage. Show the oar handle (of the four-bar linkage) at a few positions along its path. Do you notice any problems with this design?

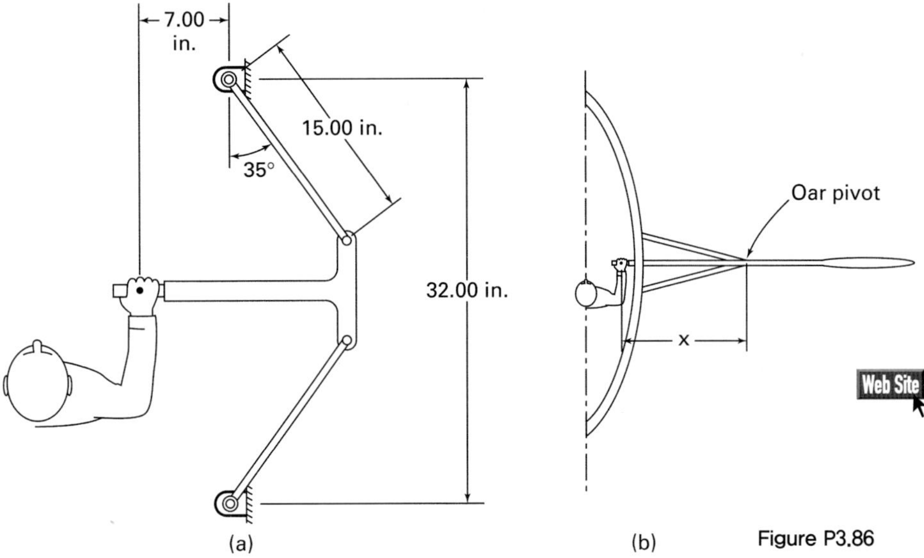

Figure P3.86

3.90. Refer to Fig. P3.87.

(a) Find the expression describing θ in terms of R, h, and γ.

(b) Find **F** as a function of $\mathbf{F}_i$, R, L_4, θ, and γ.

(c) Provide the expression describing the mechanical advantage of this system.

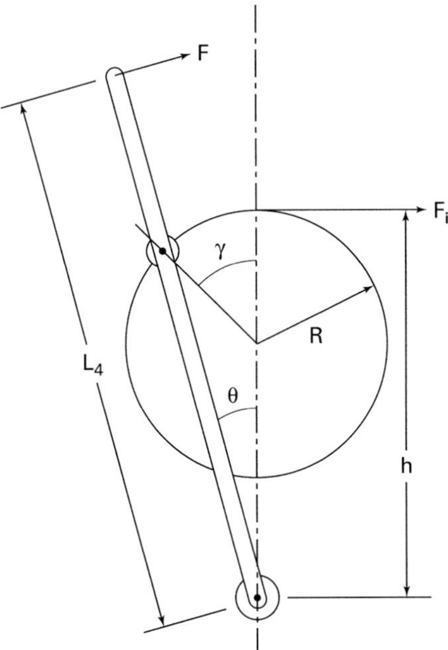

Figure P3.87

EXERCISES

3.1. In Fig. 3.38, let the following quantities be given: $R_{Ax} = -14.3$ mm $R_{Ay} = 2.10$ mm, $R_{BAx} =$ 14.3 mm, $R_{BAy} = 23.6$ mm, and $\omega_2 = 1.4$ rad/sec. Using the polar complex-number form of Eq. (3.23), calculate $\mathbf{V}_A$, $\mathbf{V}_{BA}$, and $\mathbf{V}_B$.

3.2. Establish the values of the link vectors of the six-link mechanism of Fig. 3.44 by scaling the drawing and solve Example 3.5 by complex-number analysis.

3.3. Using the link vectors determined in Exer. 3.2, separate Eq. (3.44) into real and imaginary parts and solve for λ_2 and λ_4. Then use $\mathbf{I}_{1,3} = \lambda_2 \mathbf{Z}_2$ to find the instant center (1,3). Check your result graphically.

3.4. Prove Eq. (3.41) by regarding **F** and **V** as space vectors confined to the *xy* plane of *xyz* space and forming their scalar [dot (•)] product.

3.5. Regard link 3 as the output of the slider-crank mechanism of Fig. 3.72 and derive the expression for the mechanical advantage, (F_{out}/F_{in}), using the instant-center method. Does your result verify Eq. (3.52)? It should!

3.6. Continuing as demonstrated in the text in connection with Fig. 3.73, draw and analyze free-body diagrams for links 3 and 4 of Fig. 3.72, leading up to Eq. (3.52), thus verifying both that education and the graphical (geometric) construction demonstrated in connection with Fig. 3.72 for finding the M.A.

4

가속도 해석

4.1 서론

3장에서는 기구의 속도 해석에 관하여 몇 가지 방법이 소개되었다. 본 장에서는 가속도 해석에 대하여 설명한다. 궁극적인 목표는 기구나 기계의 관성력-힘 해석(5장)에 있기 때문에, 모든 가속도 성분은 기구의 고정된 링크에 설정된 관성좌표계(inertial frame of reference)와 같은 하나의 동일한 좌표계에서 표현되어야 한다.

이 좌표계에서 관심점의 경로를 아는 것은 매우 중요하다. 이러한 경로가 명확하지 않다면, 가속도는 3장에서 소개된 것(표 3.1 참조)과 같이 몇 가지 단계로 구한다. 그리고 각 단계에서 '상대' 경로를 알고 있어야 한다. 대표적인 링크장치의 예를 보면 3장에서 나타난 속도식에서보다 가속도 식에서 항(term)의 수가 더 많음을 알 수 있다. 따라서 서로 다른 링크들 사이의 상대 운동과 동일 링크의 점들 사이의 상대 운동을 주의 깊게 연구하는 것이 가속도 문제를 푸는 데 있어 어려움을 피하는 첩경일 것이다.

표 3.1은 기구에서 다양한 점들의 운동을 검토할 때 적용할 수 있는 4가지 예를 보여준다. 이 표에 있는 2 × 2 행렬은 동일 링크 혹은 다른 링크에 있는 동일 혹은 다른 점과의 조합으로 생길 수 있는 4가지 경우를 나타낸다.

그림 4.1(그림 3.36과 동일함)은 표 3.1의 4가지 경우를 복습하는 데 도움이 될 것이다. 동일 링크(링크 3)의 일부분으로서 그 자신에 대한 어떤 점 (*R*)의 운동은 없으므로 무의미하다(경우 1). 링크 3의 한 점 *R*에 대한 동일한 링크 3의 점 *S*의 운동은 표 3.1에서 경우 2에 해당하는 운동이다. 서로 다른 부재상의 공통점의 운동에 관한 해석인 경우 3에서, 두 부재 사이가 회전조인트(revolute joint)로 연결되면 점들 사이의 상대 운동은 없다(링크 4와 5의 공통점 *T*). 회전조인트가 없다면 (링크 4와 5의 공통점 *U*) 경우 3의 해석은 상대 경로를 알고 있는 경우에만 적용할 수 있다* 서로 다른 부재의 서로 다른 점(즉 링크 5의 점

* 가속도 해석에서, 상대 경로의 곡률중심이 주어져야 한다.

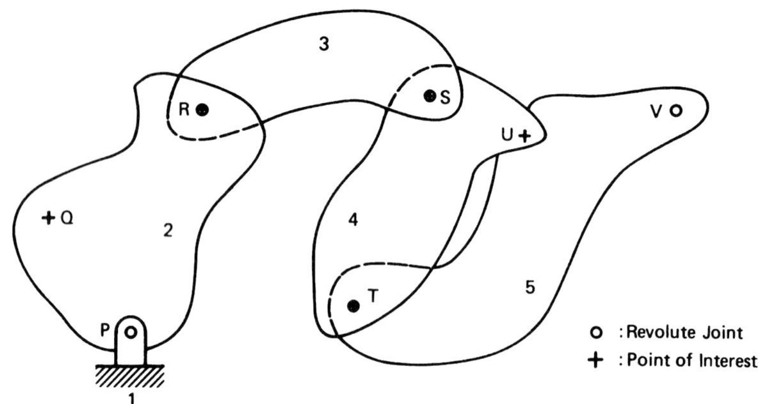

그림 4.1 가속도 차이는 같은 링크의 점들간에, 예를 들면 동일한 링크 2상의 점 R에 대한 점 Q에서 발생한다. 상대 가속도는 다른 링크상의 점들간에, 즉 링크 5상의 점 T와 링크 2상의 점 R 사이에서 발생한다.

T와 링크 3의 점 R)에 관한 해석인 경우 4에서는, 상대 경로를 알고 있는 경우에만 해석이 가능하다. 그러나 대부분의 경우는 조건이 충분하지 않기 때문에, 경우 2와 3의 해석을 이용한 기구 연쇄를 통한 단계적인 해석으로써 경우 4의 문제를 풀 수 있다.

4.2 가속도 차이(Acceleration Difference)*

먼저 3장에서와 마찬가지로, 지면에 핀으로 연결된 물체(그림 4.2)상의 한 점의 가속도를 나타내 보자. 링크 2 위의 점 A는 복소수 평면에서 반지름 R_A와 x축으로부터 반시계방향으로 측정된 각도 θ_A를 이용하여 극좌표 형태로 표현된 벡터 $\mathbf{R}_A$로 표시할 수 있다.

$$\mathbf{R}_A = R_A e^{i\theta_A} \tag{4.1}$$

3장에서 점 A의 속도는 시간에 대한 위치 벡터를 미분하여 구하였다. 링크 2가 강체 부재라면 오직 θ_A만이 시간에 따라 변하고 있다. 그러므로 링크 2상의 점 A의 절대 선속도는 다음과 같다.

$$\mathbf{V}_A = R_A \omega_{21} i e^{i\theta_A} = i\omega_{21}\mathbf{R}_A \tag{4.2}$$

여기서 속도 벡터의 크기는 $R_A\omega_{21}$이며 방향은 벡터 $\mathbf{R}_A$에 직각이다. 또한 이 방향은 각속도 ω_{21}의 부호에 의해 결정된다. 간단히 표현하기 위하여 ω_2를 ω_{21} 대신 쓴다(즉, 고정좌표

* 표 3.1의 경우 2

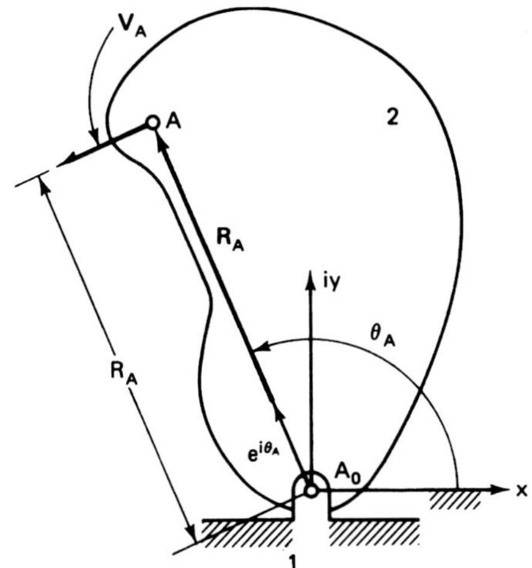

그림 4.2 A_0에 대한 A의 속도.

계에 대한 각속도). ω_{23}와 같은 각속도는 링크 3에 대한 링크 2의 각속도를 의미한다.

점 A의 가속도는 시간에 대하여 속도식[식 (4.2)]을 미분함으로써 구한다. 모든 링크를 강체로 가정하였으므로 시간에 대하여 변하는 요소는 θ_A와 ω_2이다. 만약 각가속도를 시간에 대한 각속도의 변화율($\alpha_2 \equiv d\omega_2/dt$)로 정의하면, 지면에 대한 링크 2의 점 A의 절대 가속도(absolute linear acceleration)는 다음과 같다.

$$
\begin{aligned}
\mathbf{A}_A &= R_A\alpha_2 ie^{i\theta_A} - R_A\omega_2^2\, e^{i\theta_A} \\
\mathbf{A}_A &= R_A(-\omega_2^2 + \alpha_2 i)e^{i\theta_A} \\
&= (-\omega_2^2 + i\alpha_2)\mathbf{R}_A
\end{aligned}
\tag{4.3}
$$

일반적으로 피봇점에 대하여 회전하는 강체의 한 점에는 그림 4.3과 같이 2개의 가속

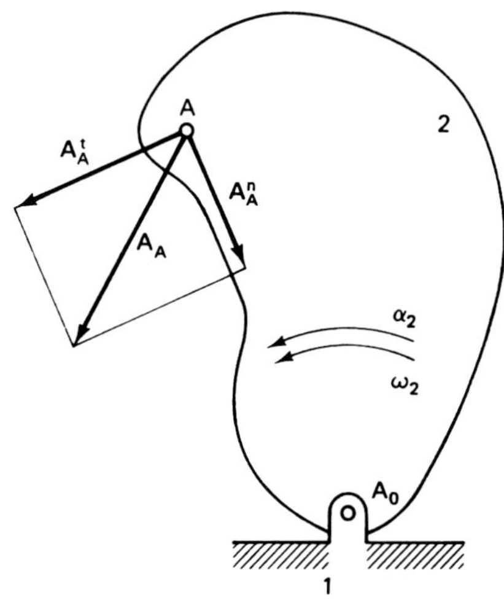

그림 4.3 A_0에 대한 A의 가속도.

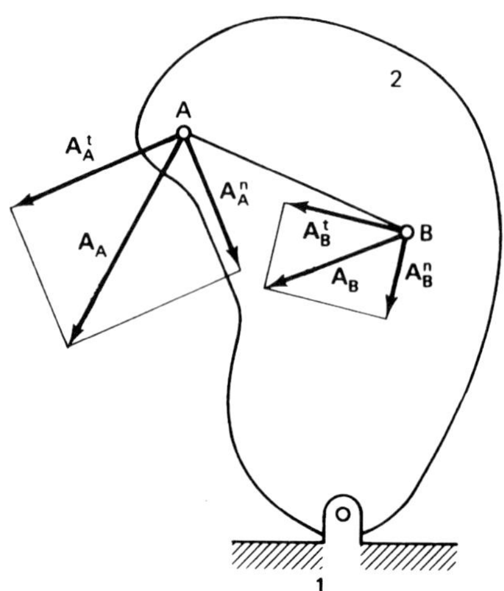

그림 4.4 한 강체 링크상의 서로 다른 두 점의 가속도.

도 성분이 있다. 한 성분의 크기는 $R_A\alpha_2$이고 방향은 점 A의 경로에 대하여 접선방향이다. 또 여기서 접선방향은 각속도의 부호에 따라서 결정된다. 이 성분을 **접선 가속도**라 부른다. 이 접선 가속도는 오직 각속도의 변화율 때문에 존재한다. 다른 가속도 성분은 $R_A\omega_2^2$의 크기를 가지고 있다. 음의 부호에 의해, 방향은 위치 벡터 $\mathbf{R}_A$의 방향과 반대이다. R_A와 ω_2^2이 항상 양수이기 때문에 회전중심을 향하는 이 성분을 **법선 가속도**라 부른다. 이 법선 가속도는 속도 벡터의 방향이 변하기 때문에 존재한다(점 A는 원호를 따라 이동하기 때문). 법선 가속도의 크기에 대한 다른 표현은 V_A^2/R_A이다. 점 A가 직선상에서 움직일 때는 특별한 경우로 취급한다. 즉, 점 A의 경로의 곡률 반경이 무한대가 되며($R_A = \infty$), 따라서 법선 가속도는 0이 된다.

같은 링크에 있는 점 B의 가속도를 구하여 보자(그림 4.4).

$$\mathbf{A}_B = R_B(-\omega_2^2 + i\alpha_2)e^{i\theta_B} = (-\omega_2^2 + i\alpha_2)\mathbf{R}_B \tag{4.4}$$

A에 대한 B의 가속도는 얼마인가(A_{BA})? 다르게 질문하면, x축과 일치되게 항상 동쪽을 바라보며 점 A에 위치한 회전 의자에 앉아 있다고 가정하자. 점 B를 바라본다면 점 A에 부착된 회전좌표계에 대한 점 B의 가속도는 얼마인가? 이것에 대한 답은 A에 대한 B의 **가속도 차이** $\mathbf{A}_{BA}$이다. 점 B의 절대 가속도는 다음과 같은 가속도 차이의 항으로 표현할 수 있다.

$$\mathbf{A}_B = \mathbf{A}_A + \mathbf{A}_{BA} \tag{4.5}$$

식 (4.5)의 각 항은 링크 2가 강체 부재이기 때문에 2개의 성분을 가지고 있다.

다시 정리하면

$$\mathbf{A}_B^n + \mathbf{A}_B^t = \mathbf{A}_A^n + \mathbf{A}_A^t + \mathbf{A}_{BA}^n + \mathbf{A}_{BA}^t$$

또는

$$\mathbf{A}_{BA}^{n} + \mathbf{A}_{BA}^{t} = \mathbf{A}_{B}^{n} + \mathbf{A}_{B}^{t} - \mathbf{A}_{A}^{n} - \mathbf{A}_{A}^{t} \tag{4.6}$$

여기서 윗첨자 n, t는 법선과 접선 성분을 의미한다. 우선 여기서 도해적인 방법으로 가속도 문제의 해를 구해 보자. 어떤 성분이 기지수이고 어떤 성분이 미지수인지를 구분하기 위해서, 크기를 알고 있으면 M, 방향을 알고 있으면 D를 항의 아래에 쓴다. 따라서 그림 4.4에서

$$\begin{array}{cccccccc} \mathbf{A}_{BA}^{n} + \mathbf{A}_{BA}^{t} = & \mathbf{A}_{B}^{n} & + & \mathbf{A}_{B}^{t} & - & \mathbf{A}_{A}^{n} & - & \mathbf{A}_{A}^{t} \\ & \mathrm{D}\swarrow & & \mathrm{D}\nwarrow & & \mathrm{D}\searrow & & \mathrm{D}\leftarrow \\ & \mathrm{M} & & \mathrm{M} & & \mathrm{M} & & \mathrm{M} \end{array} \tag{4.7}$$

방향은 화살표로 표시하는 것이 도움이 된다. 식 (4.7)의 오른쪽 항에 각각 표시된 크기는

$$(R_B\omega_2^2), \quad (R_B\alpha_2), \quad (R_A\omega_2^2), \quad (R_A\alpha_2)$$

복소수 방정식[식 (4.7)]은 4개의 실수 미지수를 가지고 있다(즉, 4개의 미지수는 A_{BA}^{n}과 A_{BA}^{t} 각각의 크기와 방향이다). 이 4개의 미지수 중에 2개를 다른 방법으로 구할 수 없다면, 식 (4.7)은 오직 2개의 스칼라 방정식이므로 4개의 미지수를 구할 수 없다.

그러나 A에 대한 B의 상대 가속도의 법선과 접선 성분의 방향은 알 수 있다. 즉, 법선 가속도 성분은 A를 향한다(A가 기준점이므로). 접선 가속도 성분은 각가속도 α_2의 방향으로 법선 가속도에 직각이다.

그림 4.5는 식 (4.7)의 도해적인 해로서 가속도 차이의 법선과 접선 성분을 보여 준다. 가속도 선도의 중심 (O_A)은 임의의 위치에 잡고, 모든 성분은 축척하여 그린다. A_A와 A_B 둘 다 절대 가속도이기 때문에 O_A로부터 그린다. 식 (4.7)은 가속도 B와 A 사이의 차이가 미지의 A_{BA}임을 보여준다. 법선 가속도 성분의 방향선과 접선 가속도 성분의 방향선의 교점으로 생성되는 다각형에 의해 A_{BA} 각각의 가속도 성분의 크기를 구할 수 있다. 이렇게 하여 식 (4.7)의 도해적인 해가 완전히 구해진다.

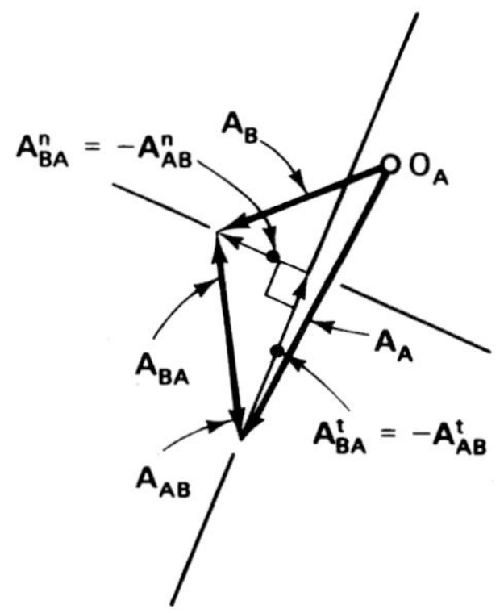

그림 4.5 그림 4.4 링크 2의 점 A, B 사이의 가속도 차이에 대한 기하학적 구성.

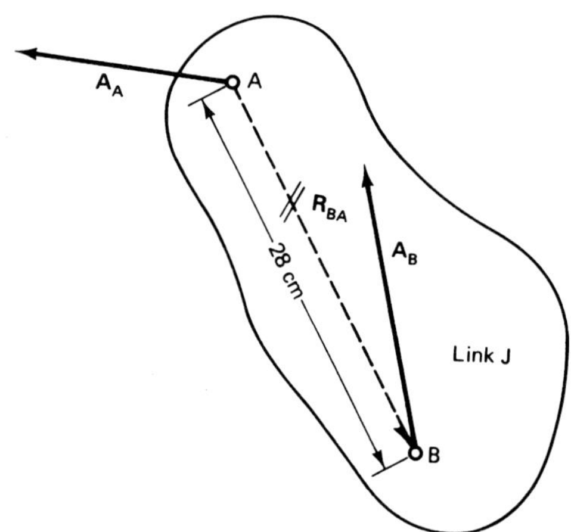

그림 4.6 일반적인 평면운동에서 링크 J의 점 A, B의 가속도.

식 (4.7)을 다음과 같이 표현하면

$$\mathbf{A}^n_{AB} + \mathbf{A}^t_{BA} = \mathbf{A}^n_A + \mathbf{A}^t_A - \mathbf{A}^n_B - \mathbf{A}^t_B \tag{4.8}$$

그림 4.5는 경우 2의 문제에서(표 3.1 참조) $A^t_{BA} = -A^t_{AB}$, $A^n_{BA} = -A^n_{AB}$이 되는 것을 나타내고 있다.

예제 4.1

그림 4.6에 있는 링크 J는 지면에 대하여 평면운동을 하고 있다. 점 A와 B에 있는 가속도계(accelerometer)는 그림에서 보는 바와 같이 벡터 A_A와 A_B로 표시되는 절대 가속도를 측정할 수 있다.

(a) 링크의 각가속도를 구하라.
(b) 링크의 각속도를 구하라.

풀이

식 (4.7)에 언급된 바와 같이 가속도 차이의 성분 A^n_{BA}과 A^t_{BA}는 그림 4.7에서와 같이 절대 가속도 A_A와 A_B로부터 구한다. 이 가속도 차이의 법선과 접선 성분의 크기로부터 (a)와 (b)의 답을 구할 수 있다.

$$|\alpha_j| = \frac{A^t_{BA}}{R_{BA}} = \frac{459}{28} = 16.40 \text{ rad/sec}^2 \text{ ccw} \tag{4.9}$$

$$|\omega_J| = \left|\sqrt{\frac{A^n_{BA}}{R_{BA}}}\right| = \left|\sqrt{\frac{234}{28}}\right| = 2.89 \text{ rad/sec} \tag{4.10}$$

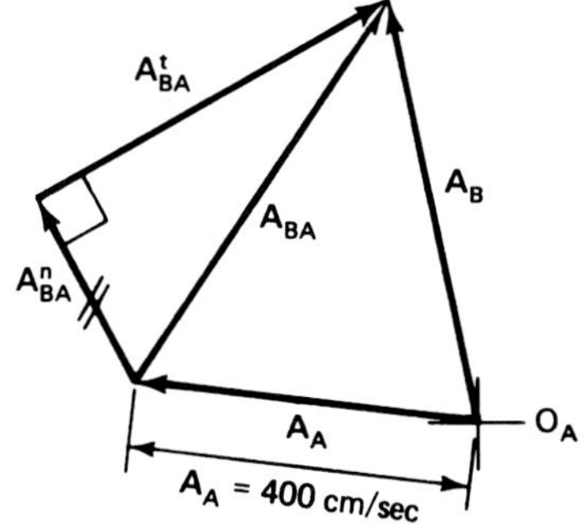

그림 4.7 그림 4.6 링크 J의 점 A에 대한 B의 가속도의 도해적인 구성.

ω_j의 방향은 주어진 자료에서 알 수 없다. α_j의 방향은 그림 4.7에서 A^t_{BA}의 방향을 관찰함으로써 알 수 있다. α_j의 대수적 부호는 A^t_{BA}와 R_{BA}를 다음과 같이 벡터 형태로 나타내어 계산하여 구할 수 있다.

$$\mathbf{A}^t_{BA} = i\alpha_j \mathbf{R}_{BA} \quad [\text{식 (4.3)에서}]$$

여기서 R_{BA}는 점 A에 대한 B의 위치 벡터이다. 그러므로

$$\alpha_j = \frac{\mathbf{A}^t_{BA}}{i\mathbf{R}_{BA}} \tag{4.10a}$$

그림 4.6과 4.7은 A^t_{BA}와 iR_{BA}가 동일 직선상에 있다는 것은 보여준다. 그림 4.6의 B에 놓인 그림 4.7에서 A^t_{BA}를 보면, 이 벡터가 링크 J를 반시계방향의 각가속도로 회전하게 만든다는 것을 알 수 있다. 식 (4.10a)는 이것을 나타내며, α_j는 양(+)의 수이다.

4.3 상대 가속도(Relative Acceleration)*

입력링크의 가속도 혹은 각가속도가 주어졌을 때, 출력링크의 가속도 혹은 각가속도를 구하기 위해서는, 보통 상대 가속도 해석이 필요하다. 그림 4.8에서 보는 바와 같이 링크 2가 반시계방향으로 각속도(ω_2) 그리고 시계방향으로 각가속도(α_2)를 갖는 슬라이더-크랭크 기구에서 슬라이더의 순간 가속도를 구해 보자(3.5절에서 이 기구의 속도 해석을 참조하라).

슬라이더를 링크 4라고 하고, 링크 2의 속도와 가속도는 알고 있다고 하자. 이는 분명히 3.4절에 소개된 경우 4의 해석에 해당된다. 링크 2의 점 A에 대한 링크 4의 점 B의 상대

* 표 3.1의 경우 3

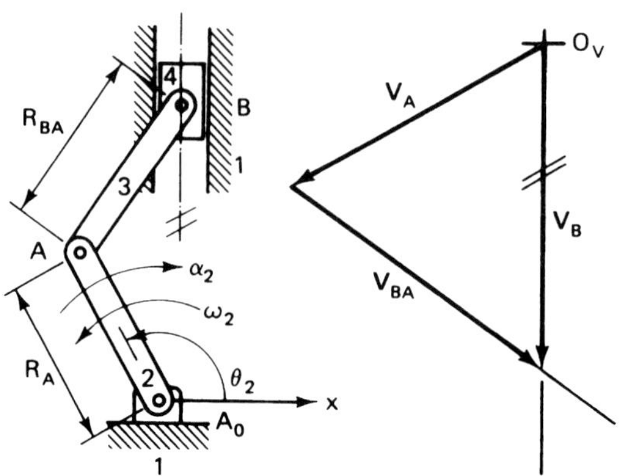

그림 4.8 슬라이더 속도의 기하학적인 구성. 속도 $\boldsymbol{V}_A$는 링크 2에 수직이고 속도 $\boldsymbol{V}_{BA}$는 링크 3에 수직이다.

적인 경로는 링크 3을 고려하지 않고는 쉽게 가시화할 수 없다. 이 예제는 경우 2와 경우 3의 해를 다음과 같이 중첩함으로써, 더 간단하게 풀 수 있다.

단계 1. 가속도 $\mathbf{A}_{(A2)}$를 구한다(경우 2 해석). 링크 2의 점 A의 가속도는 $(\mathbf{A}_{(A2)})$로 표시하며, 다음과 같이 구한다.

$$\mathbf{A}_{(A2)} = \mathbf{A}^n_{(A2)} + \mathbf{A}^t_{(A2)} = R_A(-\omega_2^2 + i\alpha_2)e^{i\theta_2} \tag{4.11}$$

단계 2. 가속도 $\mathbf{A}_{(A3)}$를 구한다. 이것은 경우 3에 속하나 점 A가 링크 2와 링크 3을 연결하는 회전조인트이므로

$$\mathbf{A}_{(A3)} = \mathbf{A}_{(A2)} \tag{4.12}$$

단계 3. 가속도 $\mathbf{A}_{(B3)}$를 구한다. 점 B는 링크 3상의 점인 동시에 슬라이더(링크 4)상의 점이므로, 링크 3상의 점 B의 가속도(경우 2 해석)는 다음 식을 이용하여 구할 수 있다.

$$\mathbf{A}_{(B3)} = \mathbf{A}_{(A3)} + \mathbf{A}_{BA}$$

또는

$$\begin{array}{cccccc} \mathbf{A}^n_{(B3)} + & \mathbf{A}^t_{(B3)} = & \mathbf{A}^n_{(A3)} + & \mathbf{A}^t_{(A3)} + & \mathbf{A}^n_{BA} + & \mathbf{A}^t_{BA} \\ 0 & \mathrm{D}\updownarrow & \mathrm{D}\searrow & \mathrm{D}\nearrow & \mathrm{D}\swarrow & \mathrm{D}\nwarrow\!\!\searrow \\ 0 & & \mathrm{M} & \mathrm{M} & \mathrm{M} & \end{array} \tag{4.13}$$

가속도 $\mathbf{A}_{(A3)}$의 법선 및 접선 성분은 단계 1과 2로부터 알 수 있다. 가속도 $\mathbf{A}^n_{BA}$의 크기는 3.5절의 속도 해석을 통해 결정되며($\mathbf{A}^n_{BA} = V^2_{BA}/R_{BA} = \omega_3^2 R_{BA}$) 그 방향은 점 A를 향해야 한

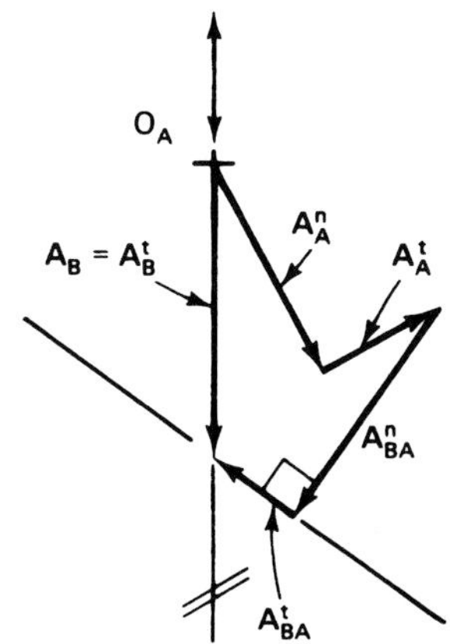

그림 4.9 그림 4.8 기구의 슬라이더 가속도의 기하학적인 구성.

다. 이를 벡터식으로 나타내면,

$$\mathbf{A}_{BA}^{n} = -\omega_3^2 \mathbf{R}_{BA} \tag{4.14}$$

접선방향 가속도 성분 $\mathbf{A}_{BA}^{t}$는, 법선방향 가속도 성분에 수직방향이라는 것을 알고 있다.

식 (4.13)의 좌변항 중 법선 가속도 성분은 점 B가 고정된 기준프레임에 대해서 직선상을 움직이도록 구속되어 있기 때문에, 0의 값을 갖는다(법선 가속도 성분은 속도가 방향을 바꿀 때만 값을 갖는다). 점 B의 절대 접선 가속도 성분은 (점 B의 지면에 대한 경로의 순간 접선방향) 그림 4.9에 나타나 있는 것 같이 양방향 수직 화살표로 표시되어 있다. 결과적으로, 식 (4.13)은 두 개의 미지수를 가지고 있으므로 그림 4.9에서처럼 ω_2와 α_2에 대해서 도해적으로 풀 수 있다.

단계 4. 가속도 $\mathbf{A}_{(B4)}$를 구한다. 이것은 경우 3의 해석에 해당한다. 그러나 점 B는 회전조인트이므로

$$\mathbf{A}_{(B4)} = \mathbf{A}_{(B3)} \tag{4.15}$$

이것으로 모든 해석이 완료된다.

상대 가속도를 구하는 방법은 3.5절에 소개된 상대 속도를 구하는 방법과 동일하나 좀 더 많은 항들이 포함되는 것을 알 수 있다. 앞에 소개된 슬라이더-크랭크 해석은 4개의 분리된 단계로 제시되었는데, 이는 표 3.1에 나타난 한 점의 다른 점에 대한 운동의 다른 경우들을 강조하기 위한 것이다. 다음에 나오는 예제들에서는 이러한 단계들을 구체적으로 하나하나 설명하지는 않을 것이다. 그러나 어떤 문제를 다루더라도 이러한 단계별 해석을 기본으로 해야 한다. 그렇게 함으로써 실수를 방지할 수 있다.

예제 4.2

그림 4.10에 보이는 4절 기구에서, 입력링크의 각속도는 시계방향으로 $\omega_2 = 600$ rpm 또는 62.8 rad/sec이고 각가속도 역시 시계방향으로 $\alpha_2 = 2000$ rad/sec^{2}일 때, 커플러와 출력링크의 순간 각가속도를 구하라. 또한 점 B와 C의 가속도를 구하라. 가속도 해석을 위해 필요한 속도 해석의 결과들은 그림 4.10의 속도 다각형에 나타나 있다.

풀이

링크 2에 속한 점 A의 가속도는

$$\mathbf{A}_A = \mathbf{A}_A^n + \mathbf{A}_A^t, \qquad \text{여기서 } |\mathbf{A}_A^n| = (A_0A)\omega_2^2, \qquad |\mathbf{A}_A^t| = (A_0A)\alpha_2$$

그리고 여기서 $\mathbf{A}_A^n$은 점 A에서 A_0를 향하며, $\mathbf{A}_A^t$는 각가속도 α_2의 방향으로 $\mathbf{A}_A^n$에 수직이다. 점 A는 링크 2와 3에 동시에 속하므로, 링크 3에 속한 점 B의 가속도는 다음 식으로 구한다.

$$\begin{array}{cccccc}
\mathbf{A}_B^n & +\ \mathbf{A}_B^t = & \mathbf{A}_A^n & +\ \mathbf{A}_A^t & +\ \mathbf{A}_{BA}^n & +\ \mathbf{A}_{BA}^t \\
\mathrm{D}\swarrow & \mathrm{D}\nwarrow\!\searrow & \mathrm{D}\searrow & \mathrm{D}\nearrow & \mathrm{D}\leftarrow & \mathrm{D}\updownarrow \\
\mathrm{M} & & \mathrm{M} & \mathrm{M} & \mathrm{M} & \\
[(B_0B)\omega_4^2] & & [(A_0A)\omega_2^2] & [(A_0A)\alpha_2)] & [(BA)\omega_3^2)] &
\end{array} \tag{4.16}$$

그림 4.11은 가속도 다각형을 보여주는데, 이는 식 (4.16)의 도해적 해를 나타낸다. 두 가속도 성분 $\mathbf{A}_B^t$와 $\mathbf{A}_{BA}^t$의 작용선의 교차점은 이 벡터들의 교차점을 표시하며 그들의 크기를 결정한다. 또한

$$\mathbf{A}_B = \mathbf{A}_B^n + \mathbf{A}_B^t = 9600 \text{ cm/sec}^2$$

$$\alpha_3 = \frac{\mathrm{A}_{BA}^t}{\overrightarrow{i(AB)}} = -\frac{500 \text{ cm/sec}^2}{5.7 \text{ cm}} = -87.7 \text{ rad/sec}^2 \text{ (시계방향)}$$

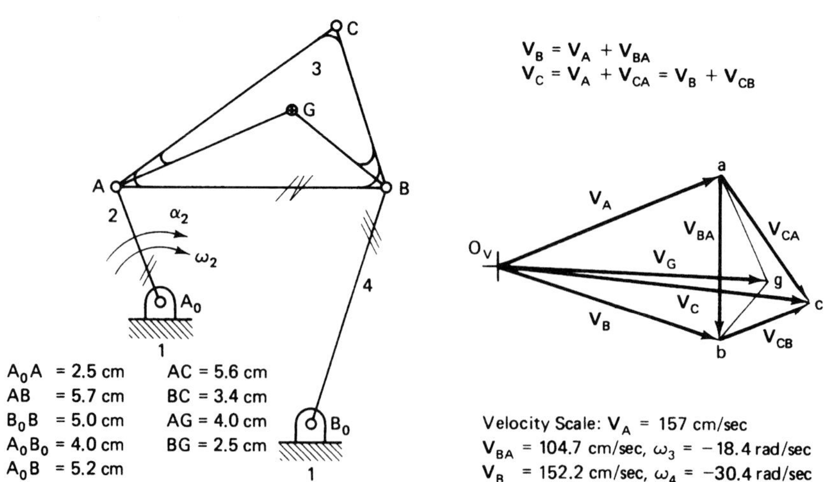

그림 4.10 4절 기구의 기하학적 속도 해석.

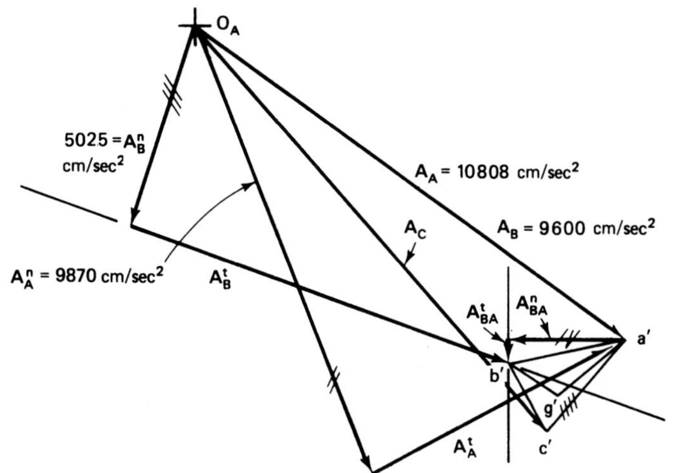

그림 4.11 그림 4.10 4절 기구의 가속도에 대한 기하학적 구성.

$$\alpha_4 = \frac{\mathrm{A}^t_B}{i(\overrightarrow{B_0 B})} = -\frac{8381\ \mathrm{cm/sec^2}}{5\ \mathrm{cm}} = -1676\ \mathrm{rad/sec^2}\ (\text{시계방향})$$

점 C의 가속도는 다음의 두 식 중 하나로부터 구할 수 있다.

$$\begin{array}{lllll} \mathbf{A}_c = \mathbf{A}^n_A & + \mathbf{A}^t_A & + \mathbf{A}^n_{CA} & + \mathbf{A}^t_{CA} \\ \quad\ \ \mathrm{D}\searrow & \ \ \mathrm{D}\nearrow & \ \ \mathrm{D}\swarrow & \ \ \mathrm{D}\nwarrow\!\searrow \\ \quad\ \ \mathrm{M} & \ \ \mathrm{M} & \ \ \mathrm{M} & \ \ \mathrm{M} \\ & & (CA)\omega_3^2 & (AC)i\alpha_3 \end{array} \tag{4.17}$$

혹은

$$\begin{array}{lllll} \mathbf{A}_C = \mathbf{A}^n_B & + \mathbf{A}^t_B & + \mathbf{A}^n_{CB} & + \mathbf{A}^t_{CB} \\ \quad\ \ \mathrm{D}\swarrow & \ \ \mathrm{D}\searrow & \ \ \mathrm{D}\rightarrow & \ \ \mathrm{D}\swarrow\!\nearrow \\ \quad\ \ \mathrm{M} & \ \ \mathrm{M} & \ \ \mathrm{M} & \ \ \mathrm{M} \\ & & (CB)\omega_3^2 & (BC)i\alpha_3 \end{array} \tag{4.18}$$

따라서 $\mathbf{A}_C = 11{,}100\ \mathrm{cm/sec^2}(\searrow)$. 그림 4.12는 위 식들에 의해 주어지는 해를 설명하기 위

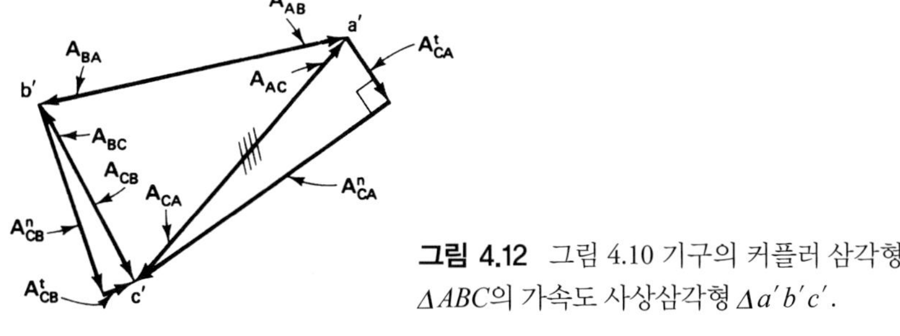

그림 4.12 그림 4.10 기구의 커플러 삼각형 ΔABC의 가속도 사상삼각형 $\Delta a'b'c'$.

해서 커플러의 가속도 사상삼각형(acceleration image triangle)의 확대된 도형을 보여준다(그림 4.11에 나타난 $\Delta a'b'c'$은 다음 문단에서 설명).

그림 4.11의 삼각형 $a'b'c'$은 커플러링크의 삼각형 ABC와 닮은꼴이며, 그림 4.10의 속도 다각형에 나타난 삼각형 abc와도 닮은꼴이다. 그러므로 적어도 2개의 다른 점의 가속도를 알고 있을 때 링크상의 한 점의 가속도를 구하는 보다 빠른 방법은 가속도 사상삼각형을 이용하는 방법이다. 예를 들어, 커플러의 질량중심점(그림 4.10의 점 G)의 가속도를 구해야 한다면, 식 (4.16)을 풀어서 가속도 다각형을 얻고, 삼각형 ABG를 닮은 사상삼각형 $a'b'g'$을 그린다. 이때, 삼각형이 변 $a'b'$에 대해 잘못된 위치에 놓이지 않도록 주의해야 한다. 이러한 문제는 만일 속도 사상삼각형과 가속도 사상삼각형이 커플러 삼각형의 동일한 순환방식을 유지한다면 배제할 수 있다. 여기서는 삼각형 ABG, abg 그리고 $a'b'g'$의 꼭짓점들이 모두 반시계방향으로 놓여 있다.

커플러 삼각형과 가속도 사상삼각형이 닮은꼴임은 식 (4.3)에 의해 증명된다. 즉,

$$\begin{aligned} A_{GA} &= (GA)\left|\sqrt{w_3^4 + \rightarrow_3^2}\right| \\ A_{GB} &= (GB)\left|\sqrt{\omega_3^4 + \alpha_3^2}\right| \\ A_{AB} &= (AB)\left|\sqrt{\omega_3^4 + \alpha_3^2}\right| \end{aligned} \tag{4.19}$$

따라서 커플러상의 서로 다른 점들의 가속도 차이의 크기는 그 점들 사이의 거리에 비례한다. 그러므로 커플러 삼각형과 닮은꼴의 삼각형을 형성한다.

또한 속도 사상삼각형은 커플러 삼각형을 시계방향으로 90° 회전한 것이며, 가속도 사상삼각형은 커플러 삼각형에 대해 $(\pi-\beta)$의 각도만큼 회전한 것이다.

여기서

$$\beta = \arg(-\omega_3^2 + i\alpha_3) \tag{4.20}$$

식 (4.20)의 증명문제는 연습문제 4.1에 있다.

4절 기구의 각가속도 해석 공식

3.10절에서 4절 기구(그림 3.77)의 각속도 해석 공식은 식 (3.62)와 식 (3.63)으로 주어진다. 이들은 위치 벡터를 미분하여 대수적으로 유도된 것이다.

동일한 4절 기구(그림 3.82)의 커플러링크(α_3)와 출력링크(α_4)를 위한 각가속도 공식은 마찬가지 방법으로 유도할 수 있다(연습문제 4.47을 보라).

$$\alpha_3 = \frac{-r_2\alpha_2\sin(\theta_4-\theta_2)+r_2\omega_2^2\cos(\theta_4-\theta_2)+r_3\omega_3^2\cos(\theta_4-\theta_3)-r_4\omega_4^2}{r_3\sin(\theta_4-\theta_3)} \quad (4.21)$$

$$\alpha_4 = \frac{r_2\alpha_2\sin(\theta_3-\theta_2)-r_2\omega_2^2\cos(\theta_3-\theta_2)+r_4\omega_4^2\cos(\theta_3-\theta_4)-r_3\omega_3^2}{r_4\sin(\theta_3-\theta_4)} \quad (4.22)$$

이 식들이 입력링크의 각가속도(α_2)와 각속도 그리고 위치 데이터로 기술되어 있음을 주의해 보라. 식 (4.21)과 (4.22)는 자동계산을 위해 쉽게 프로그램화될 수 있으며, 회전운동 시 어느 위치에서든지 4절 기구의 모든 각가속도 정보를 제공할 수 있다.

4.4 코리올리 가속도(Coriolis Acceleration)

이제까지 가속도 해석은 그 사이의 거리가 고정된 두 점 사이의 가속도 차이와 상대 가속도가 나타나는 예제들에 국한되어 이루어져 왔다. 그러나 여러 기구에서 링크 자체는 강체이지만 서로 다른 링크상의 점들간의 거리는 일정하게 유지되지 않는다. 그림 4.13a는 한 기준좌표계 (x, iy)에 대하여 움직이는 점 P의 경로를 보여준다. 점 P의 가속도를 유도하기 위하여 이 경로를 알아야 한다(표 3.1의 경우 4 해석에 해당). 만일 P의 경로*가 그림 4.13b에 보이는 4절 기구의 커플러점의 궤적이라면 경우 2와 경우 3의 해석 방법으로 점 P의 가속도를 알 수 있다(예제 4.2에서 이루어진 것과 같이). 이번에는 링크 2가 구동링크인 그림 4.14의 역 슬라이더-크랭크 기구상의 점 P의 경로가 형성되는 경우를 생각해 보자. 그림 4.15는 링크 4를 제외한 기구의 모습을 보여준다. 슬라이더상의 점 P의 절대 가속도를 구해 보자. 점 P의 위치는 벡터 $\mathbf{z}$에 의해 결정된다.

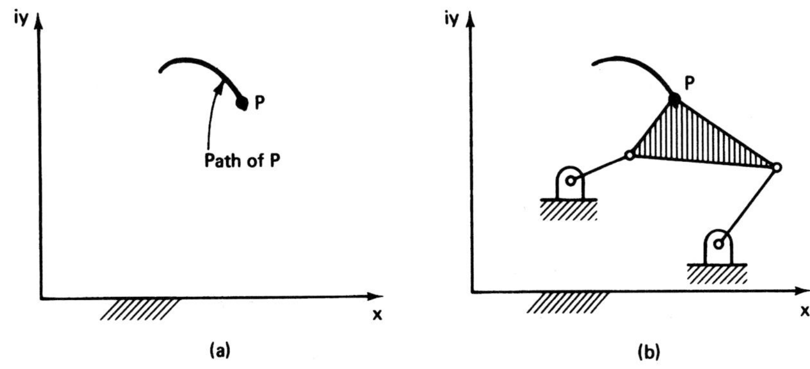

그림 4.13 고정좌표계 x, iy에 대해 움직이는 점 P: (a) 자유점, (b) 4절 기구의 커플러점.

* 각 점에서의 경사도, 곡률 반경

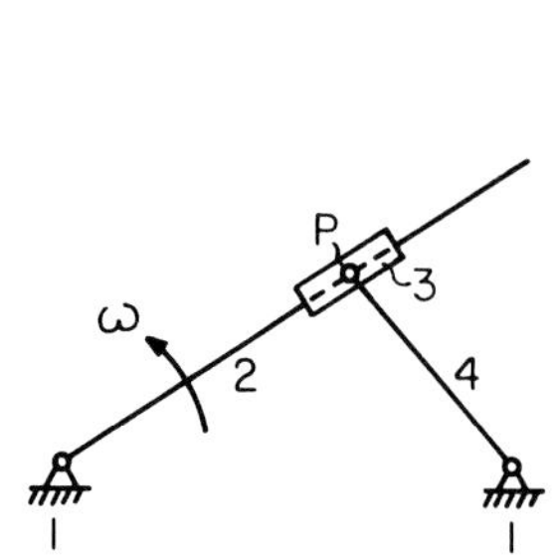

그림 4.14 역 슬라이더-크랭크 기구.

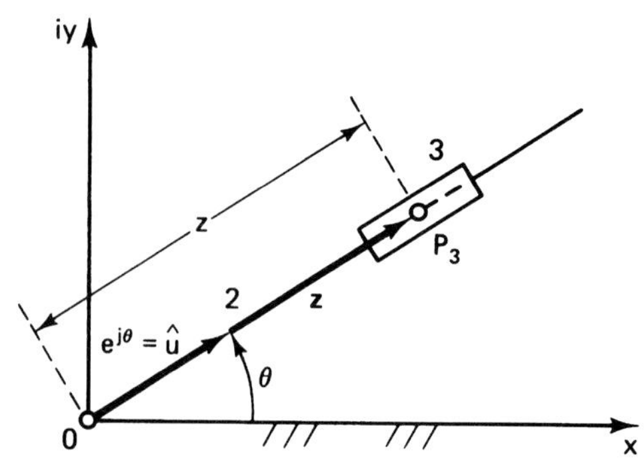

그림 4.15 그림 4.14 슬라이더상의 점 P의 위치에 대한 벡터 표현.

$$\mathbf{z} = ze^{i\theta} \tag{4.23}$$

절대 속도, 가속도, 그리고 점 P의 변화하는 위치 벡터의 미분값들은 식 (4.23)의 연속적인 시간 미분에 의해 구할 수 있다. 이 예제에서 슬라이더 3이 링크 2상에서 움직이면 각도 θ와 길이 z도 변한다. 만일 다음과 같은 항들이 정의되면,

$$v = \frac{dz}{dt}, \qquad \omega = \frac{d\theta}{dt}$$

$$a = \frac{dv}{dt}, \qquad \alpha = \frac{d\omega}{dt}$$

$$\dot{a} = \frac{da}{dt}, \qquad \dot{\alpha} = \frac{d\alpha}{dt}$$

그림 4.16에 나타나는 항들을 유도할 수 있다[144].

속도에는 두 가지 성분이 있다(그림 4.17a): (1) 크기 $z\omega$와 방향 $\pm ie^{i\theta}$를 갖는 **접선방향** 속도. 여기서 ±는 ω의 부호에 의해 결정되는데, 반시계방향이 (+)이다. (2) 크기 v와 링크 2를 따라 움직이는 **미끄럼 혹은 반경방향 속도**. v의 방향은 바깥쪽 방향이 (+)(z가 증가), 안쪽 방향이 (−)(z가 감소)이다. 속도의 미분은 여러 가지 가속도 항들을 만든다(그림 4.16과 4.17b 참조). 우리가 잘 알고 있는 두 가지 항으로 **법선 가속도**(혹은 구심 가속도) (크기 $z\omega^2$, 방향 $-e^{i\theta}$)와 **접선 가속도**(크기 $z\alpha^2$, α의 방향으로 $e^{i\theta}$에 수직인 방향)가 있다. **미끄럼 혹은 반경방향 가속도**는 새로운 항으로서 크기가 a이고 링크와 같은 방향을 갖는데, v가 증가하면 바깥방향을 향하고 양(+)의 가속도를 가지며 감소하면 반대가 된다. 나머지 두 성분은 합해져서 **코리올리 가속도** $2v\omega ie^{i\theta}$를 형성한다. 이 성분의 크기는 $2v\omega$이며 방향은 $e^{i\theta}$에 수직으로 v와 ω의 방향에 의해 결정된다.

그림 4.18을 이용하여 코리올리 성분의 방향을 결정할 수 있다. 예를 들어, 속도 벡터가

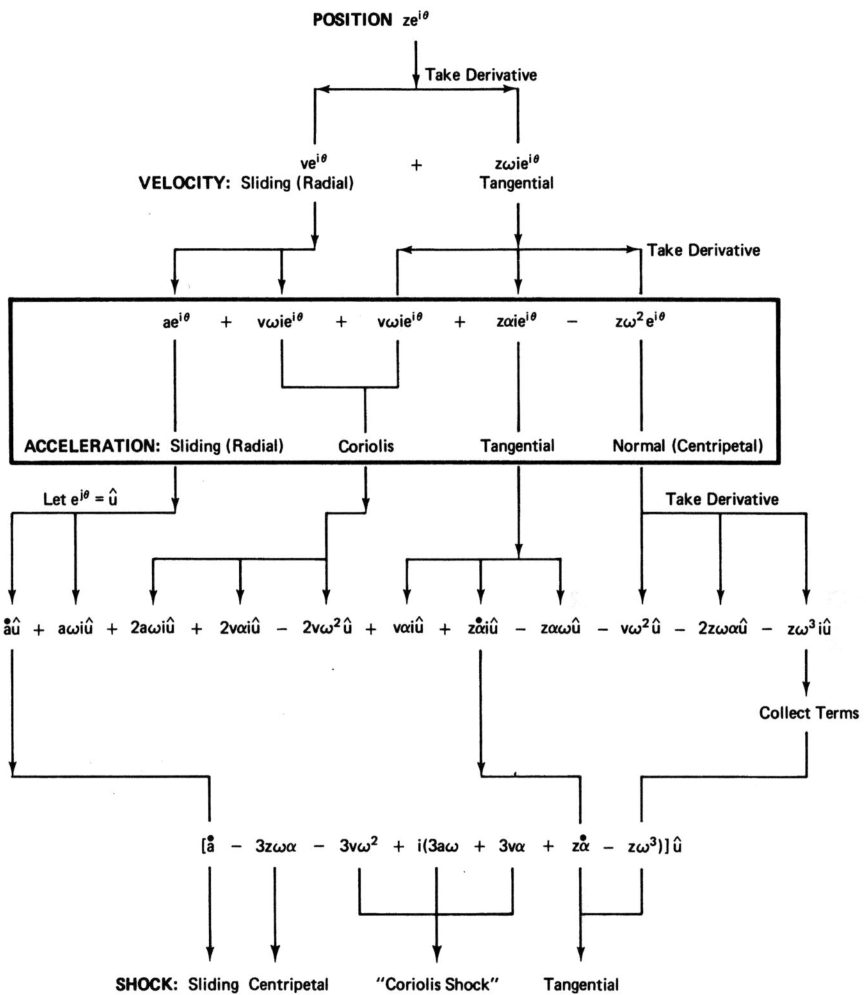

$$\dot{a}\hat{u} + a\omega i\hat{u} + 2a\omega i\hat{u} + 2v\alpha i\hat{u} - 2v\omega^2\hat{u} + v\alpha i\hat{u} + z\dot{\alpha} i\hat{u} - z\alpha\omega\hat{u} - v\omega^2\hat{u} - 2z\omega\alpha\hat{u} - z\omega^3 i\hat{u}$$

$$[\dot{a} - 3z\omega\alpha - 3v\omega^2 + i(3a\omega + 3v\alpha + z\dot{\alpha} - z\omega^3)]\hat{u}$$

그림 4.16 그림 4.15의 점 P의 위치 벡터에 대한 시간 미분.

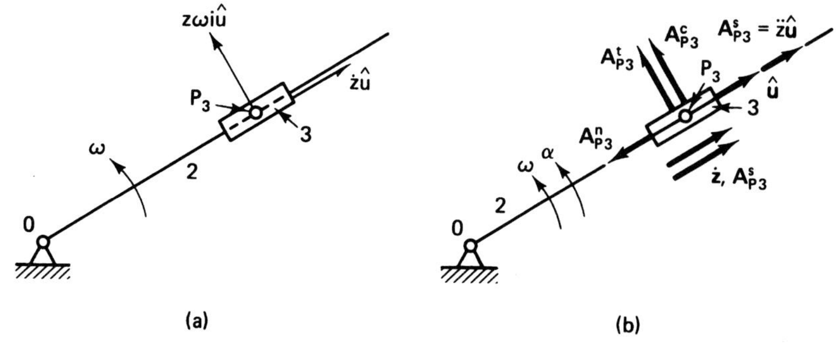

그림 4.17 그림 4.14, 4.15의 점 P의 벡터 표현: (a) 속도 성분, (b) 가속도 성분.

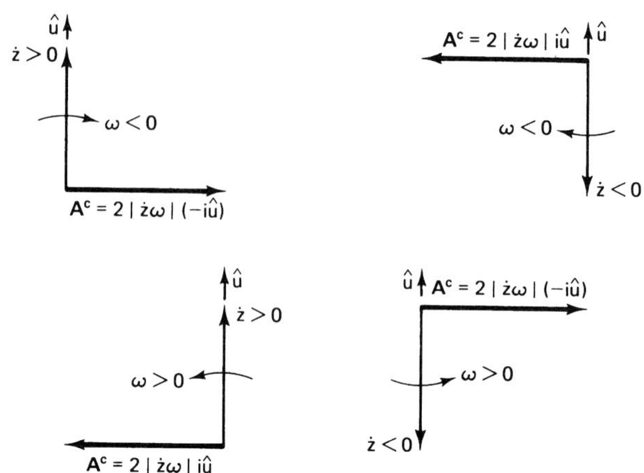

그림 4.18 코리올리 가속도의 방향 및 부호 결정. 모든 경우에 대해, $\mathbf{A}^C = 2v\omega\, i_u$. 여기서 v는 회전 중심에서 바깥을 향하면 양의 값이고, ω는 반시계방향일 때 양의 값이다.

회전중심에 대해 바깥쪽을 향하고 있고(양의 방향을 의미), 각속도는 반시계방향이라면(이것 역시 양의 방향이다), 코리올리 성분은 단위 벡터 **iû**를 가지므로(여기서 $\hat{\mathbf{u}} \equiv e^{i\theta}$) 그림 4.18에서처럼 왼쪽을 향한다. 널리 사용되는 또다른 방법은 속도 v를 ω의 방향으로 90° 회전시키는 것으로, 그 결과가 코리올리 가속도의 방향이 된다.

코리올리 가속도*는 개념적으로는 이해하기 어려우나 경험적 법칙을 사용하면 이해에 도움이 된다. 한 점의 위치를 나타내는 벡터가 고정된 관성 기준좌표계에 대해서 회전과 동시에 길이가 변화한다면 코리올리 가속도 성분을 갖게 된다. 이것은 그림 4.14와 4.15의 경우를 보면 사실임을 알 수 있는데, 벡터 **z**는 기구가 움직임에 따라 회전하며 길이가 변하기 때문이다.

코리올리 법칙은 그림 4.16을 통해 검증될 수 있다. 코리올리 가속도를 갖기 위해서는 $v = dz/dt$와 $\omega = d\theta/dt$가 모두 존재해야 한다. 만일 $dz/dt = 0$이면, 오직 강체링크의 접선과 법선 가속도 성분만 2차 미분에서 살아남을 수 있을 것이다. $d\theta/dt = 0$일 경우에는 오직 미끄럼방향 가속도 성분만이 남게 된다.

그림 4.16은 '충격' 미분 전개(shock derivative development)를 포함한다. 다음과 같은 항들을 '코리올리 충격' 혹은 '코리올리 저크'라고 부를 것을 제안하는데, 그 이유는 그들이 코리올리 가속도와 같이 회전운동과 반경방향 운동의 미분값(0이 아닌)들에 의해 결정되기 때문이다.

* 코리올리 가속도는 우리의 일상생활에 기후나 해류를 통해 영향을 미친다. 예를 들어, 공기가 고기압 지역에서 저기압 지역으로 움직이려 하면 코리올리 가속도의 영향을 받게 되어 원호의 경로로 움직이게 되는데, 지구의 북반구에서는 반시계방향으로 남반구에서는 시계방향으로 움직인다.

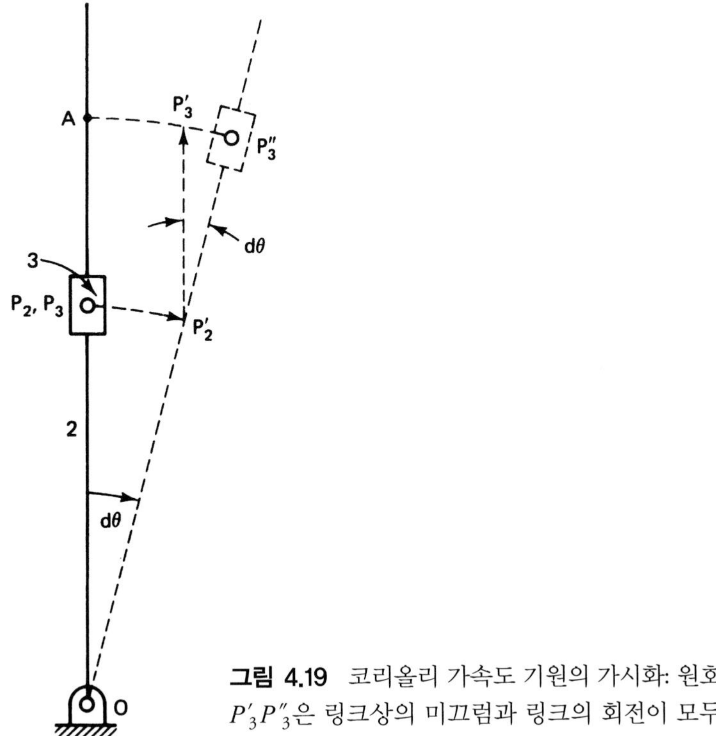

그림 4.19 코리올리 가속도 기원의 가시화: 원호 $P'_3P''_3$은 링크상의 미끄럼과 링크의 회전이 모두 있을 때만 존재한다.

$$[(-3v\omega^2) + i(3a\omega + 3v\alpha)]\hat{u}$$

6장에서 캠 예제를 다룰 때 가속도의 미분값의 중요성을 논의하게 될 것이다.

코리올리 가속도의 존재에 대한 또 다른 증명은 다음과 같다. 그림 4.15의 슬라이더가 그림 4.19의 두 위치에 나타나 있다. 점 P의 움직임은 여러 개의 부분적인 움직임으로 나눌 수 있다. 슬라이드 바(링크 2)의 점 P는 P_2에서 P'_2으로 움직인다. 이 움직임과 연관된 가속도는 강체링크의 법선과 접선 가속도들이다. 그리고 슬라이더(링크 3)에 속한 점 P는 P_3에서 A로 움직인다(그것은 작은 각도 $d\theta$에 대해서 P'_2에서 P'_3까지 움직인 거리와 동일하다).

미끄럼 가속도는 이 움직임과 관련이 있다. 이 세 개의 가속도 성분만으로는 최종 목적지 P''_3에 도달하지 못한다.

$$\begin{aligned} \text{arc } P'_3P''_3 &= \text{arc } AP''_3 - \text{arc } AP'_3 = \text{arc } AP''_3 - \text{arc } P_2P'_2 \\ &= (OA)d\theta - (OP_2)d\theta \\ &= (P'_2\,P'_3)d\theta \end{aligned} \tag{4.24}$$

그러나 $P'_2P'_3 \simeq P_2A = vdt$이고 $d\theta = \omega_2 dt$이므로

$$\text{arc } P_3'P_3'' = v\omega_2(dt)^2 \tag{4.25}$$

식 (4.25)의 우변은 가속도에 $(dt)^2$을 곱한 단위를 갖는다. 일반적으로 경로를 따라 움직인 점의 미소변위는

$$ds = \frac{1}{2}\ddot{s}(dt)^2 \tag{4.26}$$

여기서 $\ddot{s}$는 경로운동의 가속도이다. 따라서

$$\text{arc } P_3'P_3'' = \frac{1}{2}\ddot{s}(dt)^2 \tag{4.27}$$

식 (4.25)와 (4.27)을 조합하면, 가속도는 다음과 같은 스칼라값을 갖는다.

$$\ddot{s} = 2v\omega_2 = \text{코리올리 효과} \tag{4.28}$$

그 방향은 그림 4.18에 기초하여 결정되어야 한다.

그 코리올리 항 중, 속도차이 인자는 그 벡터의 길이 변화를 대표하는 점 P의 원래 위치 벡터를 따른 속도임을 주의하라. 그리고 각속도는 고정된 관성 기준좌표계에 대한 위치 벡터의 각속도이다.

가속도 해석시 코리올리 성분을 잘못 생략함으로써 부정확한 관성력을 예측하여 기구 설계가 실패하는 경우가 있다. 다음 예제들은 코리올리 성분이 존재하는 해석을 다룬다. 복소수 방법은 그 방향과 존재 여부를 결정하는 법칙에 의존하지 않고서도 코리올리 항의 크기와 방향을 '자동적으로' 결정해 주는 것에 주목하자.

그림 4.16에 나타난 것처럼 도해법은 방향을 결정해야 한다.

예제 4.3

일정 각속도로 회전하는 크랭크핀의 속도가 $V_{P2} = 40$ cm/sec일 때, 그림 4.20a의 역슬라이더-크랭크 기구의 링크 4의 각가속도를 구해 보자.

풀이

이 예제를 풀기 위해서 세 가지 방법*을 적용하고자 한다. 처음 두 가지는 도해적 방법이고 세 번째는 해석적 방법이다. 표 3.1과 그림 4.16 모두가 정확한 식을 세우는 데 유용하게 사용될 것이다. 그림 4.21은 이 예제에서 상대 가속도와 가속도 차이의 운동을 어떻게 가시화할 수 있는지를 보여준다.

* 학습의 초기 단계에서는 혼동을 피하기 위하여 코리올리 가속도 관련 예제에서 오직 한 방법에만 집중하는 것이 좋을 것이다.

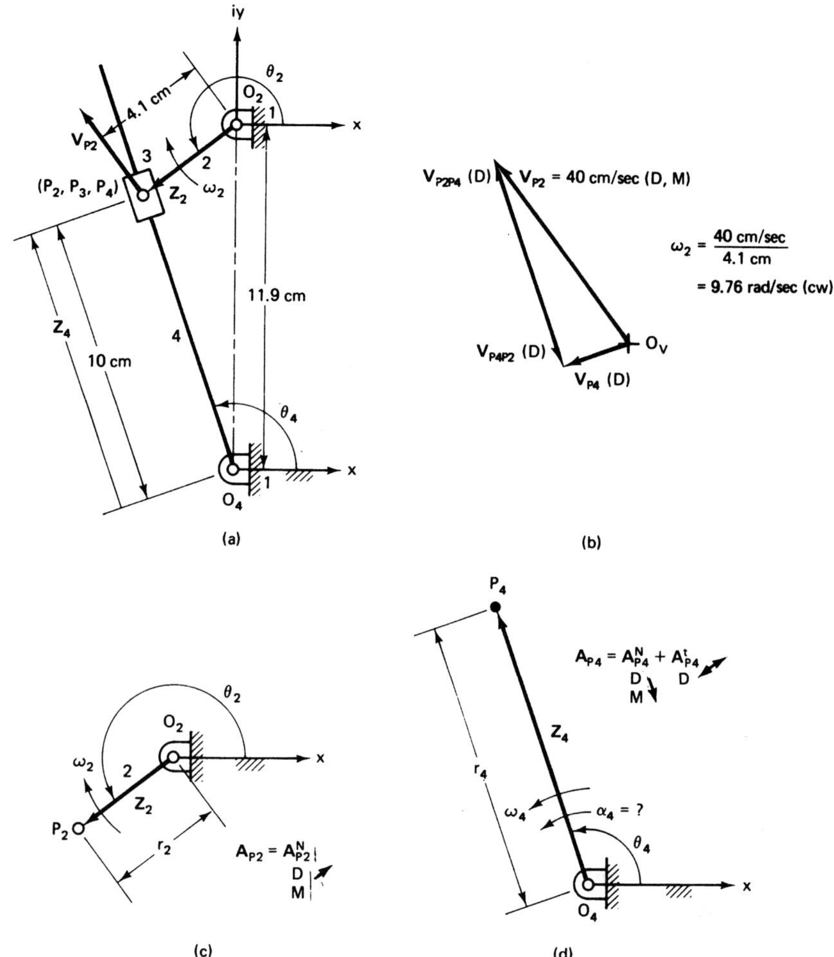

그림 4.20 (b)와 다음의 속도 및 가속도 선도와 식에서 크기와 방향을 모두 아는 벡터에 대해서는 (D, M), 방향만 아는 경우에는 (D)라고 표시한다.

그림 4.20에 보이는 위치에서 크랭크핀 중앙의 점 P를 살펴보자. 그 순간에 세 점이 P에 일치한다: 링크 2의 P_2, 링크 3의 P_3, 링크 4의 P_4(그림 4.21). 이 기구가 움직임에 따라, P_2와 P_3는 일치한 채로 남으나 P_4는 이들로부터 상대 속도 V_{P4P2} 그리고 상대 가속도 A_{P4P2}를 가지고 떨어지게 된다. 속도와 가속도 식은 다음 두 가지 방법으로 기술된다.

$$\mathbf{V}_{P2} = \mathbf{V}_{P4} + \mathbf{V}_{P2P4} \tag{4.29}$$

$$\mathbf{A}_{P2} = \mathbf{A}_{P4} + \mathbf{A}_{P2P4} \tag{4.30}$$

$$\mathbf{V}_{P4} = \mathbf{V}_{P2} + \mathbf{V}_{P4P2} \tag{4.31}$$

$$\mathbf{A}_{P4} = \mathbf{A}_{P2} + \mathbf{A}_{P4P2} \tag{4.32}$$

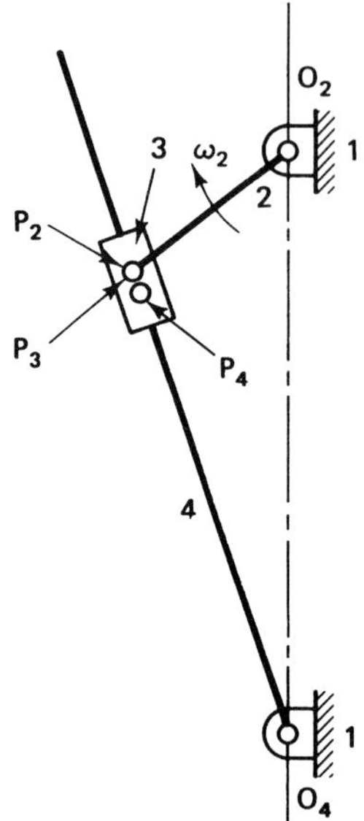

그림 4.21 링크 4의 점 P는 링크 2와 3의 P와 운동중에 떨어지게 된다.

점 P_3는 여기서 P_2 대신에 사용될 수 있는데, 슬라이더, 즉 링크 3이 링크 2에 그 점에서 핀으로 연결되어 있기 때문이다. 그러나, 이 방법은 P_2를 사용한 방법과 차이가 없다.

방법 1(도해적): 식 (4.29)와 (4.30)을 사용하면, O_2에 대한 P_2의 운동은 O_4에 대한 P_4의 운동에 P_4에 대한 P_2의 운동을 더한 것과 같다. 첫 번째와 두 번째 운동은 차이 운동이며(표 3.1의 경우 2), O_2와 O_4가 고정되어 있으므로, 그들은 절대 운동이다. 세 번째 P_4에 대한 P_2의 운동은 상대 운동이다(경우 3). 차이 운동에 의해 발생하는 경로는 원호이나 상대 운동은 훨씬 복잡하다.

그림 4.20b는 식 (4.29)의 해를 보여주는데, 여기서 다음을 관찰할 수 있다.

$$\mathbf{V}_{P4} = Z_4\omega_4 ie^{i\theta_4} = (12\ \text{cm/sec})ie^{i\theta_4}$$

$$\mathbf{V}_{P4P2} = (38\ \text{cm/sec})\,(-e^{i\theta_4})$$

그리고

$$\omega_4 = \frac{\mathbf{V}_{P4}}{i\mathbf{Z}_4} = \frac{12\ \text{cm/sec}}{10\ \text{cm}} = 1.2\ \text{rad/sec ccw}$$

식 (4.30)의 해를 위해서는 좀 더 생각이 필요하다. 식 (4.30)에 있는 전체 가속도 항들을 전개하면 그림 4.16에서 유도된 4개의 항이 나타난다. 이들은 각각 법선 가속도, 접선 가속도, 미끄럼 가속도, 그리고 코리올리 가속도이다. 식 (4.30)은 경우 1, 2, 3의 운동과 관련된 항만으로 구성되므로 그들 중 어떤 항도 4종류의 가속도 성분을 모두 포함하지 않을 것이다(그림 4.16의 식들을 발생시키는 복소수 해석 방법은 경우 4의 운동을 포함한다).

링크 2의 점 P의 운동은 고정된 반경을 따른 일정한 원주 속도를 가지므로 법선 성분만이 A_{P2}에 존재한다(그림 4.20c). A_{P4}의 경우 (O_4P_4)가 일정하므로, 미끄럼 방향과 코리올리 성분이 0이 된다(그림 4.20d). 접선방향 성분은 방향은 알려져 있으나 α_4를 모르기 때문에 크기는 알 수 없다. 법선방향 성분은 알려져 있다.

A_{P_2P4}를 구하는 것은 더 복잡하다. 그림 4.22에서, P_4와 P_2는 처음에는 일치한다. P_4에 대한 P_2의 운동을 가시화하기 위해 회전량 $\Delta\theta_4$에 의해 발생하는 작은 '가상' 변위를 적용하면 P'_4과 P'_2은 $\mathbf{z}_{P'2P'4}$만큼 떨어지게 된다. $\theta_4+\Delta\theta_4$의 위치에서는

$$\mathbf{z}_{P_2'P_4'} = r_{P_2'P_4'}e^{i(\theta_4+\Delta\theta_4)}$$
$$\dot{\mathbf{z}}_{P_2'P_4'} = \dot{r}_{P_2'P_4'}e^{i(\theta_4+\Delta\theta_4)} + r_{P_2'P_4'}\omega_4' i e^{i(\theta_4+\Delta\theta_4)}$$
$$\ddot{\mathbf{z}}_{P_2'P_4'} = \ddot{r}_{P_2'P_4'}e^{i(\theta_4+\Delta\theta_4)} + 2\dot{r}_{P_2'P_4'}\omega_4' i e^{i(\theta_4+\Delta\theta_4)} + r_{P_2'P_4'}\alpha_4' i e^{i(\theta_4+\Delta\theta_4)} - r_{P_2'P_4'}\omega_4'^2 e^{i(\theta_4+\Delta\theta_4)}$$

이제 이 결과들을 P_4와 P_2의 위치에 적용하고 가상 변위 $\Delta\theta_4$를 0으로 놓으면

$$\ddot{\mathbf{z}}_{P2P4} = \ddot{r}_{P2P4}e^{i\theta_4} + 2\dot{r}_{P2P4}\omega_4 i e^{i\theta_4} + \underbrace{r_{P2P4}}_{0}\alpha_4 i e^{i\theta_4} - \underbrace{r_{P2P4}}_{0}\omega_4^2 e^{i\theta_4}$$

또는

$$\begin{array}{ccccccc} \mathbf{A}_{P2P4} = & \mathbf{A}^s_{P2P4} & + & \mathbf{A}^c_{P2P4} & + & \mathbf{A}^t_{P2P4} & + \mathbf{A}^n_{P2P4} \\ & \text{D}\nwarrow\searrow & & \text{D}\swarrow & & 0 & 0 \\ & & & \text{M} & & 0 & 0 \end{array} \tag{4.33}$$

$\Delta\theta_4 \rightarrow 0$이면 마지막 두 항은 0이 되는데, 이는 $r_{P2P4} \rightarrow 0$이기 때문이다(즉, 가상변위가 0이 되면 P_2와 P_4 사이의 거리는 0이 된다). 이제까지의 해석 결과를 대입하면 식 (4.30)은 다음

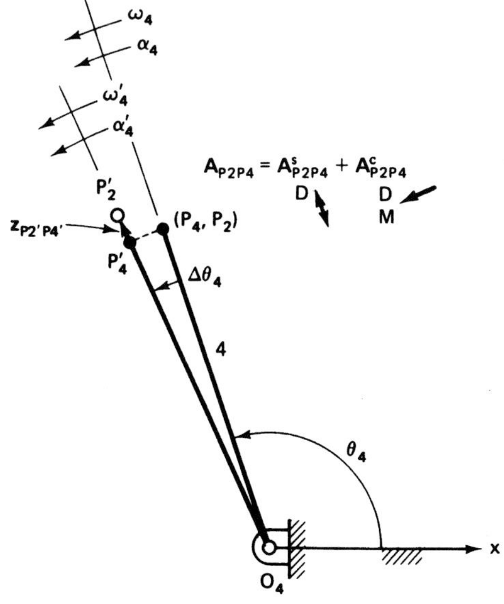

그림 4.22 그림 4.21에서 링크 4의 점 P에 대한 링크 2의 점 P의 운동으로부터 코리올리 가속도가 발생하는 모습.

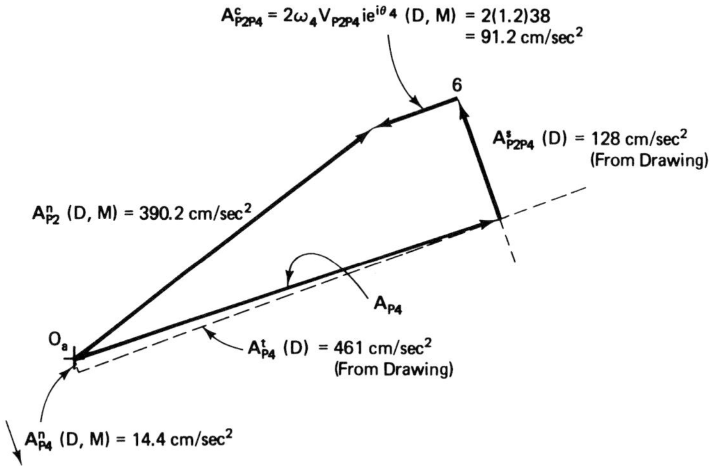

그림 4.23 식 (4.33a)의 벡터 선도 해(그림 4.20-4.22 참조).

과 같이 전개된다.

$$\begin{matrix} \mathbf{A}^n_{P2} & + & \mathbf{A}^t_{P2} & = & \mathbf{A}^n_{P4} & + & \mathbf{A}^t_{P4} & + & \mathbf{A}^s_{P2P4} & + & \mathbf{A}^c_{P2P4} \\ \text{D}\nearrow & & 0 & & \text{D}\searrow & & \text{D}\swarrow\!\nearrow & & \text{D}\nwarrow\!\searrow & & \text{D}\swarrow \\ \text{M} & & 0^* & & \text{M} & & & & & & \text{M} \end{matrix} \tag{4.33a}$$

식 (4.33a)는 식 (4.30)의 전개 형태인데, 여기에는 오직 두 개의 미지수만이 있다: A^t_{P4}와 A^S_{P2P4}의 크기(이들 벡터의 방향은 안다), 즉 A^t_{P4}와 A^S_{P2P4}는 양 또는 음의 값을 갖는다.

그림 4.23은 식 (4.33a)의 벡터 해를 보여준다. 이 그림에서 링크 4의 각가속도는 $A^t_{P4} = (461 \text{ cm/sec}^2)(-ie^{i\theta 4} = i\alpha_4 Z_4$이므로

$$\alpha_4 = \frac{A^t_{P4}}{iZ_4} = \frac{-461 \text{ cm/sec}^2}{10 \text{ cm}} = -46.1 \text{ rad/sec}^2 \text{ (시계방향)} \tag{4.33b}$$

해석적 해는 연습문제 4.44(a)를 보라.

방법 2(도해적): 각가속도 α_4는 식 (4.31)과 (4.32)를 이용하여 유도할 수 있다. 속도 해석은 $\mathbf{V}_{P4P2} = -\mathbf{V}_{P2P4}$를 제외하고 전과 동일한 결과를 도출할 것이다(그림 4.20b).

식 (4.32)의 상대 가속도 성분들은 첫 번째 방법에서 기술된 사고과정을 이용하여 전개될 수 있을 것이다. 절대 가속도 성분 $\mathbf{A}_{P2}$와 $\mathbf{A}_{P4}$는 식 (4.33a)의 그것들과 동일하다.

상대 가속도 $\mathbf{A}_{P4P2}$를 구하기 위해서는, 그림 4.22의 상대 위치 벡터의 부호만 반대로 하면 되므로 $\mathbf{z}_{P'4P'2}$를 얻을 수 있다. 그런 후에 $\mathbf{A}_{P2P4}$를 구할 때와 유사한 유도과정을 통해 다음 식들을 얻는다.

$$\ddot{\mathbf{z}}_{P4P2} = \ddot{r}_{P4P2}e^{i(\theta_4+\pi)} + 2\dot{r}_{P4P2}\omega_4 ie^{i(\theta_4+\pi)} + \underbrace{r_{P4P2}\alpha_4}_{0} ie^{i(\theta_4+\pi)} - \underbrace{r_{P4P2}\omega_4^2}_{0} e^{i(\theta_4+\pi)}$$

* $\alpha_2 = 0$이므로

혹은

$$\begin{array}{ccccccccc} \mathbf{A}_{P4P2} & = & \mathbf{A}^{s}_{P4P2} & + & \mathbf{A}^{c}_{P4P2} & + & \mathbf{A}^{t}_{P4P2} & + & \mathbf{A}^{n}_{P4P2} \\ & & \mathrm{D}\updownarrow & & \mathrm{D}\nearrow & & 0 & & 0 \\ & & & & \mathrm{M} & & 0 & & 0 \end{array}$$

그림 4.22의 A_{P2P4}에 대해서와 마찬가지로 점 P_2에 대한 점 P_4의 상대 가속도를 찾기 위하여 기구의 원래의 형태를 이용했다는 점을 기억하라.* 기구의 역을 이용하는 것은 잘못된 결과를 낼 수 있다. 가속도는 기구에서 동적인 (관성)힘을 구하는 데 이용되며, 따라서 고정된 관성 기준좌표계에 부착된 고정좌표계로 나타내야 한다. 여기에서는 링크 1이 고정된 관성 기준좌표계이다. 예를 들면 링크 2에 고정된 좌표계로 $\mathbf{A}_{P4P2}$를 표현하는 것은 잘못될 수도 있다는 것을 의미한다. 이는 비록 상대 변위 벡터 $\mathbf{Z}_{P4P2}$의 크기는 역전환시 변하지 않더라도 이 벡터의 회전량은 변하기 때문이다. 미끄럼 가속도를 제외한 가속도 항들이 이 벡터의 회전과 관련한 각속도 및 각가속도에 의존하므로, 그 결과치를 그 기구의 원래 형상(링크 1이 고정링크인 상태)에 적용하지 못할 수 있다.

방법 2로 돌아가서, $\mathbf{A}_{P4P2}$에 대해 앞서 구한 결과를 이용하면, 식 (4.32)를 다음과 같이 전개할 수 있다.

$$\begin{array}{cccccccccccccc} \mathbf{A}^{n}_{P4} & + & \mathbf{A}^{t}_{P4} & = & \mathbf{A}^{n}_{P2} & + & \mathbf{A}^{t}_{P2} & + & \mathbf{A}^{n}_{P4P2} & + & \mathbf{A}^{t}_{P4P2} & + & \mathbf{A}^{c}_{P4P2} & + & \mathbf{A}^{s}_{P4P2} \\ \mathrm{D}\searrow & & \mathrm{D}\swarrow\!\!\nearrow & & \mathrm{D}\nearrow & & 0 & & 0 & & 0 & & \mathrm{D}\nearrow & & \mathrm{D}\searrow \\ \mathrm{M} & & & & \mathrm{M} & & 0^{*} & & 0 & & 0 & & \mathrm{M} & & \end{array} \tag{4.34}$$

방법 2에 대한 해석적 해는 연습문제 4.44(b)를 보라.

방법 1과 2의 동등성에 대한 증명

식 (4.33a)와 (4.34)를 비교함으로써 이 두 방법간의 동등성을 증명하고자 한다. A_{P2}와 A_{P4} 항들의 법선방향 및 접선방향 성분들이 양쪽의 식에 모두 나타나므로, 그들은 식 (4.33a)와 (4.34)를 더함으로써 소거될 수 있다. 0의 항들을 생략하면 다음 결과가 나온다.

$$\mathbf{A}^{s}_{P2P4} + \mathbf{A}^{c}_{P2P4} + \mathbf{A}^{s}_{P4P2} + \mathbf{A}^{c}_{P4P2} = 0 \tag{4.35}$$

혹은

$$\ddot{r}_{P2P4}e^{i\theta_4} + 2\dot{r}_{P2P4}\omega_4 ie^{i\theta_4} + \ddot{r}_{P4P2}e^{i(\theta_4+\pi)} + 2\dot{r}_{P4P2}\omega_4 ie^{i(\theta_4+\pi)} = 0 \tag{4.36}$$

* 처음 읽는 학생은 이 부분을 생략해도 좋다.

식 (4.36)이 참이라는 사실을 다음과 같이 증명할 수 있다. $\dot{r}_{P2P4}$는 P_4에 대한 P_2의 상대 속력이다. P_2가 P_4로부터 떨어지므로, 그 거리는 증가하며 따라서 $\ddot{r}_{P2P4}$는 (+)의 값을 갖는다. 동일한 이유로 해서 $\ddot{r}_{P4P2}$도 역시 (+)의 값을 갖는다. 유사한 방법으로 $\dot{r}_{P2P4}$와 $\dot{r}_{P4P2}$는 모두 (+)의 값을 갖거나 모두 (−)의 값을 갖는다. 더구나 $\dot{r}_{P2P4}$와 $\dot{r}_{P4P2}$는 크기가 같은데, 이것은 $\ddot{r}_{P2P4}$와 $\ddot{r}_{P4P2}$도 마찬가지이다. 따라서

$$\dot{r}_{P2P4} = \dot{r}_{P4P2} \quad \text{그리고} \quad \ddot{r}_{P2P4} = \ddot{r}_{P4P2}$$

그러나 $e^{i(\theta 4+\pi)} = -e^{i\theta 4}$이다.

이로써 식 (4.36)이 참이라는 증명이 완결되며 따라서 방법 1과 2가 동등함이 증명된다. 앞의 예제는 기구 가속도 문제를 올바르게 다루기 위하여 따라야 할 사고과정에 대한 추가적 통찰력을 제공한다. 그 단계는 다음과 같이 요약될 수 있다.

1. 처음에 속도나 가속도 식들을 적을 때 오직 경우 2와 경우 3과 관련된 해석이 수행될 수 있도록 표 3.1을 염두에 두어야 한다. 식들은 상대 가속도들이 기구의 물리적인 구속을 이용하도록, 즉 다른 점의 기준좌표계에 대한 한 점의 경로를 직관적으로 알 수 없는 상황을 피할 수 있도록 기술되어야 한다.
2. 각각의 전체 가속도 항을 가지고, 어떤 성분(법선, 접선, 미끄럼, 코리올리 가속도)이 그 해석에 포함되어야 하는지를 확인해야 한다. 일반적으로, 이러한 성분들의 존재는 다음 법칙들에 귀착된다: 법선방향 가속도는 경로의 곡률 반경이 무한대이면 사라진다; 접선방향 가속도는 각가속도가 0이면 0이 된다; 미끄럼 가속도 성분은 직선운동과 관련되며 코리올리 성분은(고정된 관성 좌표계에 대해 경로를 기술하는) 반경 벡터의 길이 변화와 역시 고정된 관성 좌표계에 대한 그 벡터의 회전에 의존한다. 저차대우로 연결된 문제를 해석할 때는 4개의 가속도 성분 중 적어도 2개의 성분이 0이다.

방법 3(해석적): 컴퓨터에 익숙한 엔지니어를 위해 예제 4.3은 벡터 루프 방정식과 그 1차 및 2차 미분식들을 통해 풀 수 있다는 점을 지적해야 하겠다. 이 방법은 디지털 연산을 위한 즉각적인 프로그램화 작업에 적합하며, 특히 가속도 항들과 관련하여 앞에 나온 도해적 방법들보다 더 정확하다(비록 도해적 방법이 복잡한 문제들을 잘 이해하는 데 매우 유용하기는 하지만).

그순서는 다음과 같다.

단계 1. 기구의 벡터 모델을 세운다(그림 4.24).

단계 2. 루프 방정식을 기술한다.

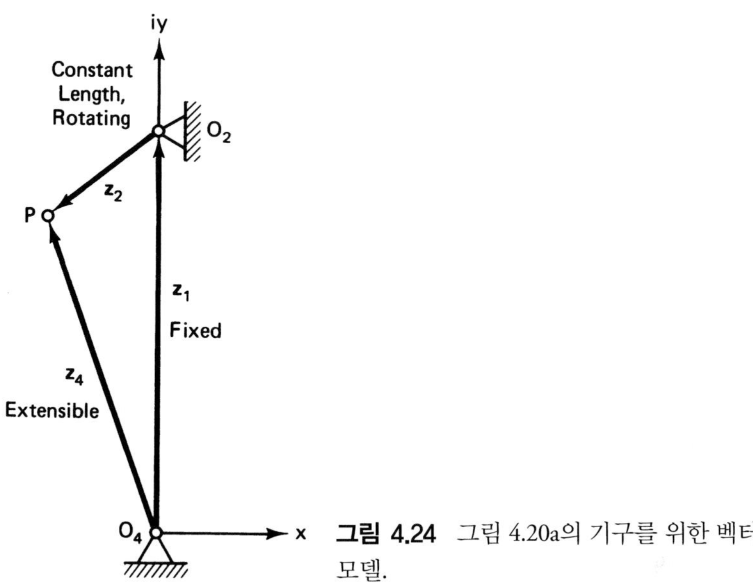

그림 4.24 그림 4.20a의 기구를 위한 벡터 모델.

$$\mathbf{z}_4 = \mathbf{z}_1 + \mathbf{z}_2 \tag{4.37}$$

또는 지수적 형태로

$$z_4 e^{i\theta_4} = iz_1 + z_2 e^{i\theta_2} \tag{4.38}$$

단계 3. θ_2와 θ_4를 코사인 법칙을 이용하여 계산한다. 그 결과는

$$\theta_2 = 216.78°$$

$$\theta_4 = 109.17°$$

단계 4. 식 (4.38)의 시간 미분을 취한다.

$$\dot{z}_4 e^{i\theta_4} + z_4 i\omega_4 e^{i\theta_4} = z_2 i\omega_2 e^{i\theta_2} \tag{4.39}$$

여기서 첫 번째 항이 슬라이더의 미끄럼 속도, 두 번째 항이 슬라이더의 접선방향속도, 그리고 세 번째 항이 크랭크핀의 접선방향 속도인 것을 알 수 있을 것이다.

단계 5. 식 (4.39)의 실수부와 허수부를 분리하라.

$$\mathcal{R}[\text{Eq. (4.39)}]: \dot{z}_4 \cos\theta_4 - z_4\omega_4 \sin\theta_4 = -z_2\omega_2 \sin\theta_2$$

$$\mathcal{I}[\text{Eq. (4.39)}]: \dot{z}_4 \cancel{i} \sin\theta_4 + z_4 \cancel{i}\, \omega_4 \cos\theta_4 = \cancel{i}\, z_2\omega_2 \cos\theta_2$$

단계 6. 식 (4.39)의 허수부에서 i를 소거하라. 이제 두 개의 실수항 $\dot{z}_4$와 ω_4를 미지수로 하는 두 개의 선형 비제차 방정식으로 구성된 시스템을 갖게 된다. $\dot{z}_4$와 ω_4에 대해 해를

구하면 그 결과는

$$\dot{z}_4 = 38.13 \text{ cm/sec},$$

$$\omega_4 = 1.21 \text{ rad/sec}, \quad \text{양의 방향, 즉 반시계방향}$$

이 결과는 방법 1에 의한 결과와 일치한다.

단계 7. 다음에는 단순히 식 (4.39)의 시간 미분을 취한다.

$$\ddot{z}_4 e^{i\theta_4} + \dot{z}_4 i\omega_4 e^{i\theta_4} + \dot{z}_4 i\omega_4 e^{i\theta_4} + z_4 i\alpha_4 e^{i\theta_4} - z_4\omega_4^2 e^{i\theta_4} = -z_2\omega_2^2 e^{i\theta_2} \tag{4.40}$$

첫 번째 항이 슬라이드 바(링크 4)에 대한 슬라이더(링크 3)의 미끄럼 가속도, 두 번째와 세 번째 항들은 모두 슬라이드 바에 대한 슬라이더의 코리올리 가속도, 네 번째 항은 슬라이드 바의 접선방향 가속도, 다섯 번째 항은 슬라이드 바의 구심가속도, 그리고 여섯 번째 항은 식의 우변 항인데, 링크 2의 크랭크핀의 구심 가속도인 것을 알 수 있다.

단계 8. 식 (4.40)의 실수부와 허수부를 분리하라.

$$\mathscr{R}[\text{Eq. (4.40)}]: \ddot{z}_4 \cos\theta_4 - 2\dot{z}_4\omega_4 \sin\theta_4 - z_4\alpha_4 \sin\theta_4 - z_4\omega_4^2 \cos\theta_4 = -z_2\omega_2^2 \cos\theta_2$$

$$\frac{1}{i}\mathscr{I}[\text{Eq. (4.40)}]: \ddot{z}_4 \sin\theta_4 + 2\dot{z}_4\omega_4 \cos\theta_4 + z_4\alpha_4 \cos\theta_4 - z_4\omega_4^2 \sin\theta_4 = -z_2\omega_2^2 \sin\theta_2$$

이것은 두 개의 실수 $\ddot{z}_4$와 α_4를 미지수로 하는 두 개의 선형 비제차 방정식의 시스템이다. 이 식을 풀면

$$\ddot{z}_4 = 132.66 \text{ cm/sec}^2$$

그리고

$$\alpha_4 = 46.42 \text{ rad/sec}^2 \text{ (시계방향)}$$

이와 같이 문제는 풀이된다.

여기서 α_4의 값이 방법 1의 결과와 약간 다른 것에 주의하라. 이는 이전의 도해적 방법과 비교하여, 특히 가속도 항들의 계산에 있어서 컴퓨터를 이용한 루프 방정식에 의한 풀이절차가 더 정확하기 때문이다. 코리올리 항의 계산시 잘못된 각속도나 속도를 사용하는 실수를 피하기 위해서는 루프 방정식의 정확성에 확신을 갖고, 이 순서대로 계산을 수행하기 바란다.

만일 ω_4가 상수로 주어지고 링크 2의 각가속도를 찾는 것이라면, 그림 4.20a가 제네바-바퀴* 문제가 될 수 있다는 것은 흥미로운 일이다. 이러한 경우 식 (4.37), (4.38), (4.39)의

---

* 제네바 인덱스 기구를 나타내는 그림 P4.40을 보라.

형태는 변하지 않고 남아 있지만, 식 (4.39)의 미지수들은 $\dot{z}_4$와 ω_2가 된다. 그러나 식 (4.40)은 두 개의 서로 다른 미지수 $\ddot{z}_4$와 α_2를 포함하는 다음과 같은 식이 된다.

$$\ddot{z}_4 e^{i\theta_4} + 2\dot{z}_4 i\omega_4 e^{i\theta_4} - z_4\omega_4^2 e^{i\theta_4} = z_2 i\alpha_2 e^{i\theta_2} - z_2\omega_2^2 e^{i\theta_2}, \tag{4.41}$$

예제 4.4

그림 4.25의 기구는 랍슨의 미끄럼 장치(Raphson's slide)라고 불리는 선박용 조향기구로 사용된다. O_2B는 조향레버를 나타내며, AC는 구동막대를 나타낸다. 구동막대의 절대 속도가 왼쪽으로 30 cm/sec(일정값)일 때, 현재 보이는 위치에서 조향레버의 각가속도를 구하라.

도해적 해*

A_4와 A_2의 경로를 알고 있으므로, 이 점들을 연결짓는 상대 속도 및 가속도 식을 적는다. 속도식에 A_2(조향레버상의 점)에 대한 A_4의 상대 속도가 나타나도록 기술한다.

$$\mathbf{V}_{A4} = \mathbf{V}_{A2} + \mathbf{V}_{A4A2} \tag{4.42}$$

식 (4.42)는 그림 4.25에서 도해적으로 풀이된다. 전체 가속도 식은

$$\mathbf{A}_{A4} = \mathbf{A}_{A2} + \mathbf{A}_{A4A2} \tag{4.43}$$

적절한 성분들을 포함하도록 각각의 전체 가속도를 전개하면 다음 식이 나타난다(그림 4.26과 4.27 참조).

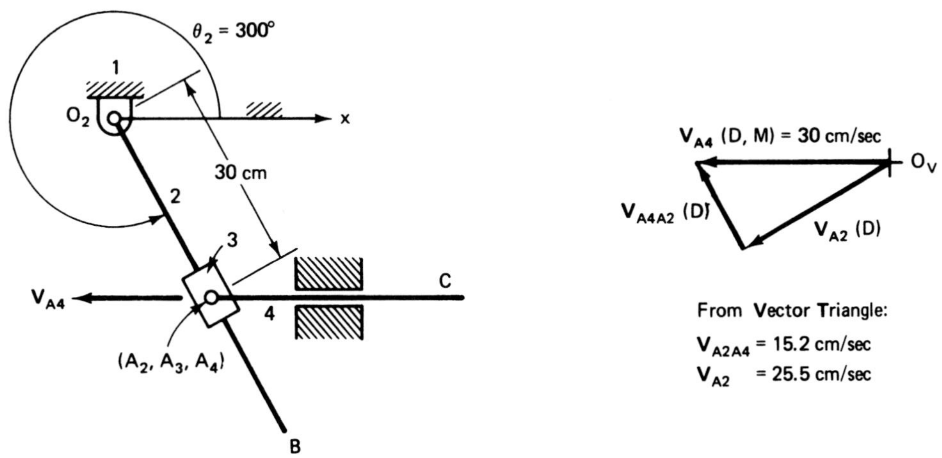

그림 4.25 랍슨의 미끄럼 장치라 불리는 선박용 조향 기구의 도해적 속도 해석.

* 해석적 해를 위한 예제 4.4a를 보라.

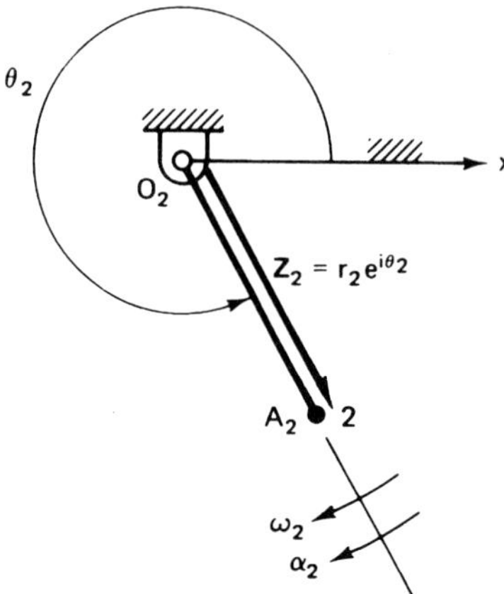

그림 4.26 그림 4.25 기구의 링크 2의 점 A와 관련된 벡터 표시.

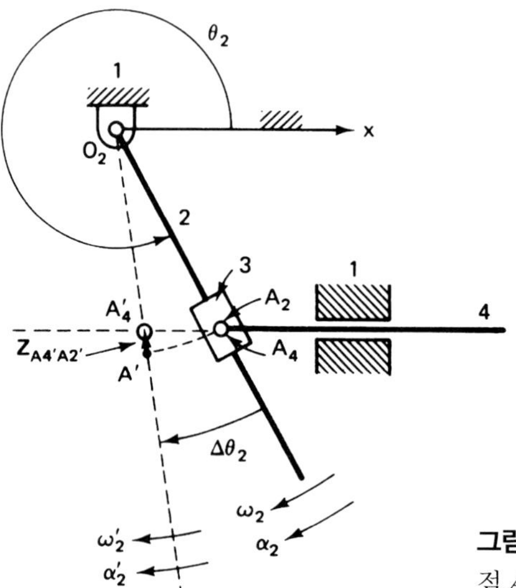

그림 4.27 선박용 조향 기구에서 점 A_2에 대한 A_4의 상대 운동.

$$\underbrace{\underset{0}{\mathbf{A}_{A4}^{n}} + \underset{0}{\mathbf{A}_{A4}^{t}}}_{\substack{R=\infty\ \alpha_4=0\\ \text{(a)}}} = \underbrace{\underset{\substack{D\nwarrow\\ M\\ \frac{V_{A2}^2}{O_2A}}}{\mathbf{A}_{A2}^{n}} + \underset{D\swarrow\!\nearrow}{\mathbf{A}_{A2}^{t}}}_{\text{(b)}} + \underbrace{\underset{\substack{0\\ r_{A4A2}=0}}{\mathbf{A}_{A4A2}^{n}} + \underset{D\nwarrow\!\searrow}{\mathbf{A}_{A4A2}^{s}} + \underset{\substack{D\nearrow\\ M\\ 2V_{A4A2}\omega_2}}{\mathbf{A}_{A4A2}^{c}}}_{\text{(c)}} \tag{4.44}$$

(a) 또한 $\mathbf{V}_{A4}$가 크기와 방향이 일정하므로 $\mathbf{A}_{A4}=0$

(b) 그림 4.25를 참조하면, 다음 식을 얻는다.

$$\ddot{\mathbf{z}}_2 = \underset{0}{\ddot{r}_2 e^{i\theta_2}} + \underset{0}{2\dot{r}_2}\omega_2 i e^{i\theta_2} + r_2\alpha_2 i e^{i\theta_2} - r_2\omega_2^2 e^{i\theta_2} \tag{4.44a}$$

여기서 $\omega_2 = \mathbf{V}_{A2}/i\mathbf{Z}_2$

$$\begin{array}{ccccc} \mathbf{A}_{A2} = \mathbf{A}^s_{A2} & + \mathbf{A}^c_{A2} & + \mathbf{A}^t_{A2} & + \mathbf{A}^n_{A2} \\ 0 & 0 & \mathrm{D}\swarrow\!\!\nearrow & \mathrm{D}\nwarrow \\ 0 & 0 & & \mathrm{M} \end{array}$$

$$\omega_2 = -\frac{25.5}{30} = -0.85 \text{ rad/sec}, \qquad \omega_2^2 = 0.72 \text{ rad/sec}^2 \tag{4.44b}$$

$$\mathbf{A}^n_{A2} = -(30)\,(0.72)e^{i\theta_2} = (-21.68 \text{ cm/sec}^2)e^{i\theta_2}\nwarrow$$

(c) 그림 4.26을 참조하면, 다음 식을 얻는다.

$$\ddot{\mathbf{Z}}_{A'_4A'_2} = \ddot{r}_{A'_4A'_2}(-e^{i(\theta_2+\Delta\theta_2)}) + 2\dot{r}_{A'_4A'_2}\omega'_2(-ie^{i(\theta_2+\Delta\theta_2)}) - r_{A'_4A'_2}\alpha'_2 ie^{i(\theta_2+\Delta\theta_2)} + r_{A'_4A'_2}\omega'^2_2 e^{i(\theta_2+\Delta\theta_2)} \tag{4.44c}$$

$\Delta\theta_2 \rightarrow 0$으로 놓고, $r_{A'4A2'} \rightarrow r_{A4A2} = 0$이면, 다음을 얻는다.

$$\ddot{\mathbf{z}}_{A4A2} = -\ddot{r}_{A4A2}e^{i\theta_2} = 2\dot{r}_{A4A2}\omega_2 ie^{i\theta_2} \tag{4.44d}$$

$$\begin{array}{ccc} \mathbf{A}_{A4A2} = \mathbf{A}^s_{A4A2} & + \mathbf{A}^c_{A4A2} \\ \mathrm{D}\nwarrow\!\!\searrow & \mathrm{D}\nearrow \\ & \mathrm{M} \end{array} \tag{4.44e}$$

$$\mathbf{A}^c_{A4A2} = -2(+15.2)\,(-0.85)ie^{i\theta_2} = (25.84 \text{ cm/sec}^2)ie^{i\theta_2}$$

식 (4.44)의 가속도 표현에는 여러 개의 0항이 있다. 특히 링크 4의 점 A, 링크 2의 점 A_4, A_4에 대한 점 A_2의 법선방향 가속도가 0으로 나타나며, 링크 4에 속한 점 A의 접선방향 가속도는 구동막대가 일정한 속도를 가지므로 0이 된다.

코리올리 성분은 벡터 $\mathbf{Z}_{A4A2}$의 길이 변화율인 속도차($\mathbf{V}_{A4A2}$)와 벡터 $\mathbf{Z}_{A4A2}$의 각도 변화율을 나타내는 ω_2로 구성된다. 식 (4.44)의 해는 그림 4.28에 나타난다. $\mathbf{A}^t_{A2} = r_2\alpha_2 ie^{i\theta 2}$이므로 $\alpha_2 = (25.84 \text{ cm/sec}^2)/-30 \text{ cm} = -0.86 \text{ rad/sec}^2$(시계방향).

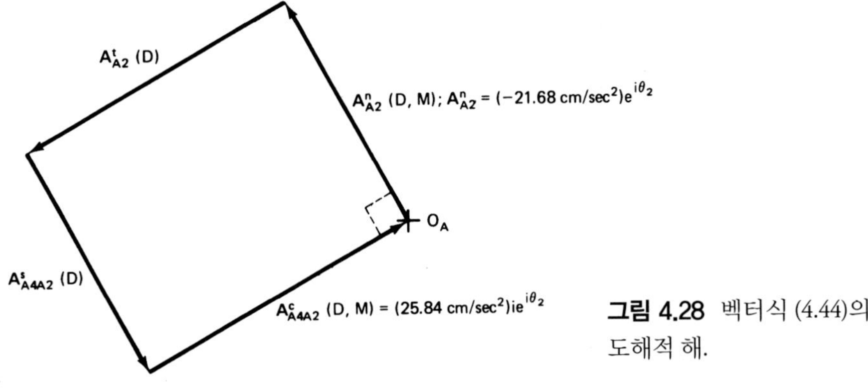

그림 4.28 벡터식 (4.44)의 도해적 해.

예제 4.3과 4.4에서 다룬 기본적인 고려사항들 중 어떤 것들은 가시화하는 데 어려움이 따를 수도 있다. 그러나 이는 그 기구의 운동경로에서 점과 점을 연결하는 위치 벡터들과 그들의 변화율을 주의 깊게 분석함으로써 이해될 수 있다. 이러한 과정은 그림 4.20c, 4.20d, 4.22, 4.26, 4.27과 이들에 수반된 복소수식을 통하여 설명된다.

또한, 가속도 성분의 부호를 직관적으로 가시화하는 것은 어렵지만, 복소수 방법을 통해 이를 쉽고 확실하게 할 수 있다. 예를 들면, 식 (4.44)를 복소수 벡터 형태로 적어 보면 모든 항들의 방향이 분명해진다.

$$\mathbf{A}_4 = 0 = \mathbf{A}^n_{A2} \quad + \mathbf{A}^t_{A2} \quad + \mathbf{A}^s_{A4A2} \quad + \mathbf{A}^c_{A4A2}$$

$$\mathbf{A}_4 = 0 = r_2\omega_2^2(-e^{i\theta_2}) + r_2\alpha_2(ie^{i\theta_2}) + \ddot{r}_{A4A2}(e^{i\theta_2}) + 2\dot{r}_{A4A2}\omega_2(-ie^{i\theta_2}) \tag{4.45}$$

r_2가 절대값이므로, $r_2\omega_2^2 > 0$이고 $(-e^{i\theta 2})$는 A_2에서 O_2를 향한다. 그림 4.26과 4.28을 참조하라[그림 4.28은 식 (4.44)와 (4.45)의 도해적 해이다].	방향은 미지수인 α_2의 부호에 달려 있고, 링크 2(슬라이드)에 수직이다. 그림 4.28에서 방향은 $(-ie^{i\theta 2})$, 따라서 $\alpha_2 < 0$(즉, 시계방향)	방향은 미지수 $\ddot{r}_{A4A2}$의 부호에 달려 있다. 방향은 링크 2의 방향이다. 그림 4.28에서 방향은 $e^{i\theta 2}$이다.	$\omega_2 < 0$이므로 방향은 $i^{ei\theta 2}$(즉, 시계방향) 그리고 $\ddot{r}_{A4A2} > 0$이다.

이 예제에 대한 완전한 해석적 증명을 위해서는 다음에 나오는 예제 4.4a를 보라.

그림 4.28에서 점과 점을 연결하는 위치 벡터의 화살표 방향을 반대로 바꾸고 $\mathbf{A}_{A2A4}$의 성분들을 분석하면(문제 4.2 참조) 다음을 알 수 있다.

$$\mathbf{A}_{A2A4} = -\mathbf{A}_{A4A2} \tag{4.46}$$

이 결과는 이 방법이 식 (4.43)의 그것과 동등하다는 것을 보여준다.

예제 4.4a

예제 4.4의 해석적 해

단계 1. 그림 4.25 기구의 벡터 모델을 그리기 위하여, O_2와 고정된 슬라이드를 연결하는 기준프레임 벡터, 즉 $\mathbf{z}_1 = r_1e^{i\theta 1}$을 설정한다. 여기서 θ_1은 $-45°$이다(그림 4.29 참조).

단계 2. 폐루프 방정식은

$$\mathbf{z}_2 = \mathbf{z}_1 + \mathbf{z}_4$$

또는, 지수 형태로

$$r_2 e^{i\theta_2} = r_1 e^{i\theta_1} + r_4 e^{i\theta_4} \tag{4.47}$$

단계 3. 식 (4.47)의 시간 미분은

$$\dot{r}_2 e^{i\theta_2} + r_2 i\omega_2 e^{i\theta_2} = 0 + \dot{r}_4 e^{i\pi} + 0 = -\dot{r}_4 \tag{4.47a}$$

$\dot{r}_4$가 좌측으로 30 cm/sec의 일정한 값으로 주어졌으므로, 식 (4.47a)는 두 개의 실수 미지수인 $\dot{r}_2$와 ω_2에 대해 풀이될 수 있다.

단계 4. 끝으로, 실수부와 허수부를 분리한다.

$$\mathscr{R}[\text{Eq. (4.476a)}]: \dot{r}_2 \cos\theta_2 - r_2\omega_2 \sin\theta_2 = -\dot{r}_4$$
$$\frac{1}{i}\mathscr{I}[\text{Eq. (4.47a)}]: \dot{r}_2 \sin\theta_2 + r_2\omega_2 \cos\theta_2 = 0$$

알고 있는 값들을 대입하면, 이 시스템이 $\dot{r}_2$와 ω_2에 대한 선형 비제차 방정식임을 알 수 있다. 연립하여 풀이하면

$$\dot{r}_2 = -15 \text{ cm/sec} \quad \text{그리고} \quad \omega_2 = -0.866 \text{ rad/sec}$$

단계 5. 식 (4.47a)를 미분하면

$$\ddot{r}_2 e^{i\theta_2} + \dot{r}_2 i\omega_2 e^{i\theta_2} + \dot{r}_2 i\omega_2 e^{i\theta_2} + r_2 i\alpha_2 e^{i\theta_2} - r_2\omega_2^2 e^{i\theta_2} = 0 \tag{4.47b}$$

이제 두 개의 실수 미지수인 $\ddot{r}_2$와 α_2가 있다.

단계 6. 실수부와 허수부를 분리하면

$$\mathscr{R}[\text{Eq. (4.47b)}]: \ddot{r}_2 \cos\theta_2 - 2\dot{r}_2\omega_2 \sin\theta_2 - r_2\alpha_2 \sin\theta_2 - r_2\omega_2^2 \cos\theta_2 = 0$$
$$\frac{1}{i}\mathscr{I}[\text{Eq. (4.47b)}]: \ddot{r}_2 \sin\theta_2 + 2\dot{r}_2\omega_2 \cos\theta_2 + r_2\alpha_2 \cos\theta_2 - r_2\omega_2^2 \sin\theta_2 = 0$$

이것은 앞에 나온 두 개의 미지수들에 대한 두 개의 선형 비제차 방정식으로 구성된 시스

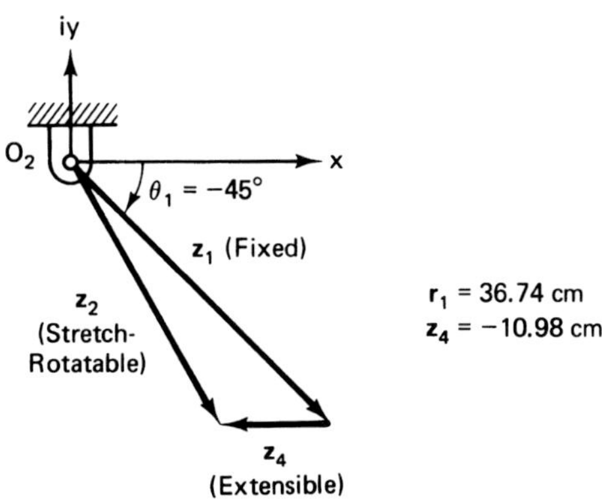

그림 4.29 그림 4.25 기구의 벡터 모델.

템이다. 연립하여 풀이하면 다음 결과를 얻을 수 있다.

$$\ddot{r}_2 = -33.75 \text{ cm/sec}^2$$
$$\alpha_2 = -0.866 \text{ rad/sec}^2$$

예제 4.5

그림 4.30은 셰이퍼에 사용되는 위트워스의 급속귀환 기구를 보여준다. 공구 고정장치(링크 6)는 절삭행정시 거의 일정한 속도를 유지해야 하지만 유휴시간을 줄이기 위해 귀환행정은 가속되어야 한다.

링크 형상의 변화는 물론 이 기구의 타이밍과 성능에 영향을 준다. 그림 4.30에 보이는 형상과 주어진 속도 다각형(입력으로 $V_{A2} = 6$ m/sec, $\alpha_2 = 0$을 사용함)에 대해, 공구 고정 장치의 가속도를 구하라. A_C의 크기 변화는 이 기구의 일정 속도 요건과 관련한 측정치이다. 도해적 그리고 해석적 해는 다음과 같다.

도해적 해

속도 및 가속도 식을 필요로 하는 두 쌍의 6절 기구에는 두 개의 기구학적 루프가 있다.

그림 4.30에 주어진 속도 다각형으로부터 다음의 속도 크기들이 관찰된다.

$$V_B = 2.40 \text{ m/sec}, \qquad V_{A2A4} = 2.0 \text{ m/sec}$$
$$V_C = 2.0 \text{ m/sec}, \qquad V_{CB} = 1.7 \text{ m/sec}$$

링크 1, 2, 3, 4로 구성된 첫 번째 루프를 위한 가속도 식은

$$\mathbf{A}_{A2} = \mathbf{A}_{A4} + \mathbf{A}_{A2A4} \tag{4.48}$$

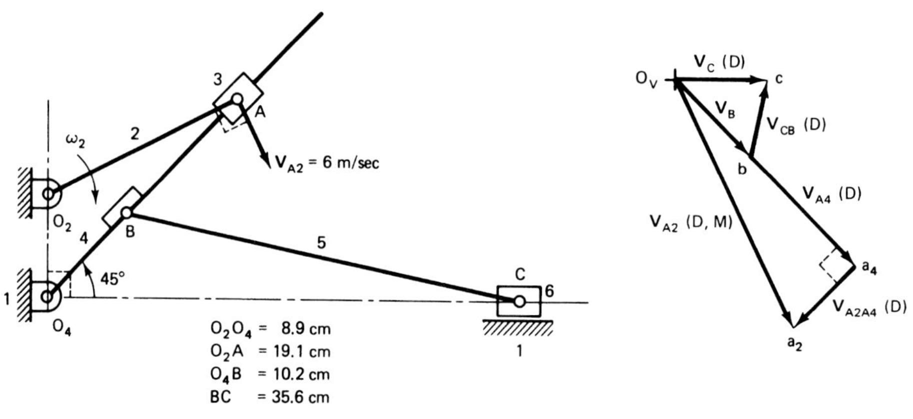

그림 4.30 6절 기구 급속귀환 장치와 그 속도 다각형.

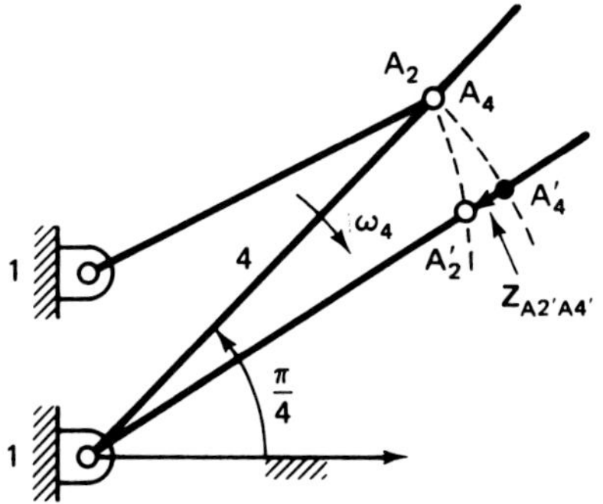

그림 4.31 A_4에 대한 A_2의 상대 운동.

$\mathbf{A}^c_{A2A4}$의 방향은 복소수에 의해 다음과 같이 결정된다(그림 4.31 참조).

$$\ddot{\mathbf{Z}}_{A2A4} = \ddot{r}_{A2A4} e^{i(5\pi/4)} + 2\, \overset{(+)}{\dot{r}}_{A2A4} \overset{(-)}{\omega}_4 i e^{i(5\pi/4)}$$

또는

$$\underset{}{\mathbf{A}_{A2A4}} = \underset{\text{D}\nearrow\!\!\swarrow}{\mathbf{A}^s_{A2A4}} + \underset{\substack{\text{D}\nwarrow \\ \text{M}}}{\mathbf{A}^c_{A2A4}}$$

위 결과를 가지고 식 (4.48)을 전개하면

$$\underset{\substack{\text{D}\swarrow \\ \text{M}}}{\mathbf{A}^n_{A2}} + \underset{\substack{0 \\ \alpha_2 = 0}}{\mathbf{A}^t_{A2}} = \underset{\substack{\text{D}\swarrow \\ \text{M}}}{\mathbf{A}^n_{A4}} + \underset{\text{D}\nwarrow\!\!\searrow}{\mathbf{A}^t_{A4}} + \underset{\text{D}\nearrow\!\!\swarrow}{\mathbf{A}^s_{A2A4}} + \underset{\substack{\text{D}\nwarrow \\ \text{M}}}{\mathbf{A}^c_{A2A4}} \tag{4.49}$$

$$2V_{A2A4}\omega_4 i e^{i225^\circ} = 2(2.0)\,(-23.53) i e^{i225^\circ}$$

$\mathbf{A}^n_{A2} = V^2_{A2}/O_2A_2 = 188$ m/sec^2, $\mathbf{V}^n_{A4}/O_4A_4 = 134$ m/sec^4, 그리고 $\mathbf{A}^c_{A2A4} = 94.12$ m/sec^{2}을 이용하면, 그림 4.32의 가속도 다각형에서

$$A_B = 56.8 \text{ m/sec}^2$$

두 번째 루프의 가속도 식은

$$\mathbf{A}_C = \mathbf{A}_B + \mathbf{A}_{CB} \tag{4.50}$$

혹은

$$\underset{\text{D}\leftrightarrow}{\mathbf{A}^s_C} = \underset{\substack{\text{D}\swarrow \\ \text{M}}}{\mathbf{A}_B} + \underset{\substack{\text{D}\nwarrow \\ \text{M}}}{\mathbf{A}^n_{CB}} + \underset{\text{D}\nearrow\!\!\swarrow}{\mathbf{A}^t_{CB}} \tag{4.51}$$

여기서 $\mathbf{A}^n_{CB} = \mathbf{V}^2_{CB}/CB = (1.7)^2/0.356 = 8.1$ m/sec^{2}이다. 이 결과를 가지고 그림 4.32로부터

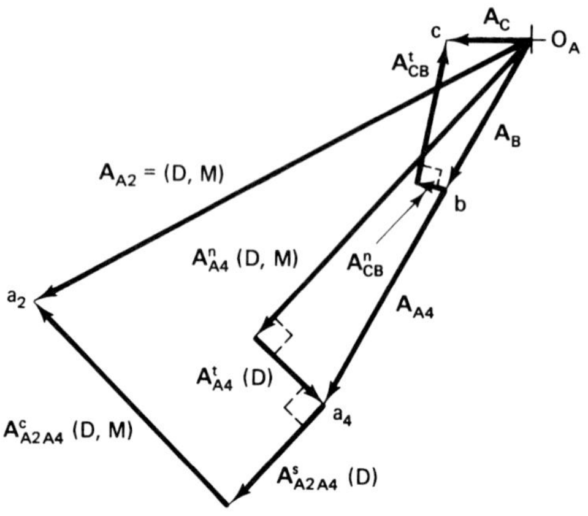

$$A_{A2} = V_{A2}^2/O_2A = 36/0.191 = 188 \text{ m/sec}^2$$
$$A^n_{A4} = V_{A4}^2/O_4A = (5.7)^2/0.243 = 134 \text{ m/sec}^2$$
$$A^c_{A2A4} = 2V_{A2A4}\omega_4 = 2(2.0)(23.53) = 94.12 \text{ m/sec}^2$$

그림 4.32 그림 4.29 기구의 가속도 다각형.

$$\mathbf{A}_C = 28.5 \text{ m/sec}^2 \leftarrow$$

해석적 해

먼저 그림 4.33에 나타난 그림 4.30의 기구의 벡터 모델을 그려보자.

단계 1. z_2가 입력크랭크이므로 루프 1을 풀이하는 것으로 시작하자. 루프 1의 방정식은

$$r_2e^{i\theta_2} = r_4e^{i\theta_4} - r_1e^{i\theta_1} \tag{4.52}$$

실수부와 허수부를 분리하면

$$\mathcal{R}: r_2 \cos \theta_2 = r_4 \cos \theta_4 - r_1 \cos \theta_1$$
$$(1/i)\mathcal{I} : r_2 \sin \theta_2 = r_4 \sin \theta_4 - r_1 \sin \theta_1$$

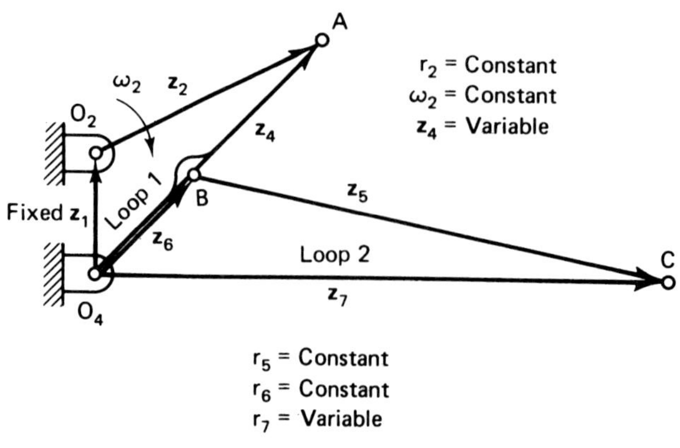

그림 4.33 그림 4.30 기구의 벡터 선도.

위의 두 방정식을 제곱하면

$$r_2^2 \cos^2\theta_2 = r_4^2 \cos^2\theta_4 - 2r_4r_1 \cos\theta_4 \cos\theta_1 + r_1^2 \cos^2\theta_1$$
$$r_2^2 \sin^2\theta_2 = r_4^2 \sin^2\theta_4 - 2r_4r_1 \sin\theta_4 \sin\theta_1 + r_1^2 \sin^2\theta_1$$

위 두 방정식을 더하면 θ_2가 소거된다.

$$r_2^2 = r_4^2 - 2r_4r_1(\cos\theta_4 \cos\theta_1 + \sin\theta_4 \sin\theta_1) + r_1^2$$

다시 정리하면, r_4에 관한 2차 방정식을 얻게 되는데, 이는 두 개의 근 $r_4 = 24.327$과 -11.740 cm를 준다. 음의 근은 링크 4가 180° 회전했을 때의 값이므로 양의 근을 이용한다. 이 값을 다시 식 (4.52)의 실수부에 대입하고 $\cos\theta_2$에 대해 풀이하면, $\cos\theta_2 = 0.90061$이고 따라서 $\theta_2 = 25.765°$이다.

단계 2. 이제 식 (4.52)를 시간 미분한다.

$$r_2 i\omega_2 e^{i\theta_2} = \dot{r}_4 e^{i\theta_4} + r_4 i\omega_4 e^{i\theta_4} \tag{4.52a}$$

이 방정식에는 두 개의 미지 실수 $\dot{r}_4$와 ω_4가 있다. 식 (4.52a)의 실수부와 허수부는 $\dot{r}_4$와 ω_4의 두 미지 실수를 갖는 선형 비제차 시스템이다. 연립하여 풀이하면

$$\dot{r}_4 = -197.69 \text{ cm/sec} \quad \text{그리고} \quad \omega_4 = -23.287 \text{ rad/sec}$$

단계 3. 다음에는 루프 1 방정식의 2차 시간 미분을 취한다.

$$e^{i\theta_4}\ddot{r}_4 + ir_4 e^{i\theta_4}\alpha_4 = -r_2\omega_2^2 e^{i\theta_2} - 2\dot{r}_4 i\omega_4 e^{i\theta_4} + r_4\omega_4^2 e^{i\theta_4} \tag{4.52b}$$

이 방정식은 두 개의 새로운 미지수 $\ddot{r}$와 α_4를 포함한다. 실수부와 허수부를 연립하여 풀이하면

$$\ddot{r}_4 = 2{,}995.48 \text{ cm/sec}^2 \quad \text{그리고} \quad \alpha_4 = -123.20 \text{ rad/sec}^2$$

단계 4. 루프 2의 방정식을 살펴보면

$$r_7 e^{i\theta_7} - r_6 e^{i\theta_6} = r_5 e^{i\theta_5} \tag{4.52c}$$

이 방정식은 미지 실수 r_7에 대해 선형이며 θ_5에 대해서는 초월함수이다. 풀이를 위해 단계 1에서 보였던 것처럼 방정식의 실수부와 허수부를 분리한 후, 그들을 제곱하고 더하면 θ_5를 소거할 수 있다. 이를 통해 양의 근 $r_7 = 41.51$ cm를 갖는 r_7에 대한 2차 방정식을 얻는다. 이 양의 근은 그림에 나타난 기구의 위치에 적용된다. 이 값을 식 (4.52c)의 허수부에 대입하면 $\sin\theta_5 = -0.202598$과 $\theta_5 = -11.69°$를 얻는다.

단계 5. 식 (4.52c)의 1차 시간 미분은

$$\dot{r}_7 e^{i\theta_7} - r_5 i\omega_5 e^{i\theta_5} = r_6 i\omega e^{i\theta_6} \tag{4.52d}$$

이 방정식의 실수부와 허수부를 분리하면 미지 실수 $\dot{r}_7$과 ω_5를 갖는 선형 비제차 시스템을 얻는다. 연립하여 풀이하면 $\dot{r}_7 = 202.71$ cm/sec와 $\omega_5 = 4.818$ rad/sec를 얻을 수 있다.

단계 6. 최종적으로 식 (4.52c)의 2차 시간 미분을 취한다.

$$\ddot{r}_7 e^{i\theta_7} - r_5 i\alpha_5 e^{i\theta_5} + r_5\omega_5^2 e^{i\theta_5} = r_6 i\alpha_6 e^{i\theta_6} - r_6\omega_6^2 e^{i\theta_6} \tag{4.52e}$$

이 방정식의 실수부와 허수부를 분리하면 미지 실수 $\ddot{r}_7$과 α_5를 갖는 선형 비제차 시스템을 얻는다. 연립하여 풀이하면 $\alpha_5 = 132.88$ rad/sec^2 그리고 $\ddot{r}_7 = -2{,}873$ m/sec^2 혹은 28.73 m/sec^2(왼쪽으로)을 얻을 수 있는데, 이는 도해적 해를 통해 얻은 결과와 근사하게 일치한다.

4.5 곡선 슬롯과 고차대우를 갖는 기구들

앞에 나온 예제들은 핀이나 직선 슬라이드로 연결된 기구의 가속도를 구하는 복소수 방법을 일부 설명한다. 예를 통해 다루지 않은 것은 곡선 슬롯을 갖는 경우이다(예를 들어 그림 P4.32, P4.33, P4.37 참조). 이 어려워 보이는 문제는 알려진 일정 곡률을 가진 곡선 슬롯을 이에 상당하는 핀조인트로 연결된 링크로 대체함으로써 쉽게 만들 수가 있는데, 이는 코리올리 가속도와 무관한 문제이다. 그러한 링크장치의 속도뿐 아니라 가속도의 동등함은 경로곡률이론(제2권 4장)을 이용하여 입증할 수 있다(예제 4.6, 연습문제 4.39와 4.41 그리고 참고문헌 144 참조).

예제 4.6

그림 4.34의 기구에서 $O_AO_B = 6.4$ cm, $O_BB = 5.3$ cm, $O_AB = 2.3$ cm 그리고 $\rho = 4.8$ cm라 하자. $\omega_2 = 1$ rad/ sec로 일정하게 주어질 때, 지면에 대한 점 B의 총 가속도뿐만 아니라 링크 2의 곡선경로를 따른 슬라이더의 선형 가속도와 α_4를 구하라.

단계 1. ρ가 일정하므로 슬라이더 3은 링크 2의 점 A에 피봇된 길이 ρ의 막대로 대치할 수 있다. 따라서 이 문제는 (그림 4.35의) 4절 기구 문제로 귀착된다. 이 기구의 벡터 모델은 그림 4.36에 나타나 있다.

폐루프 방정식은 $\sum_{j=0}^{4} z_j = 0$이며, 여기서 z_1은 고정되어 있고 z_2는 입력이다. 지수 형태로

$$-r_1 e^{i\theta_1} + r_2 e^{i\theta_2} + r_3 e^{i\theta_3} + r_4 e^{i\theta_4} = 0 \tag{4.53}$$

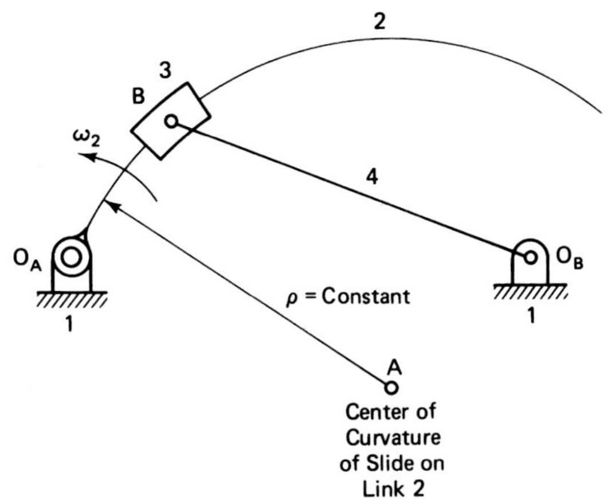

그림 4.34 곡선 슬라이드를 갖는 링크로 구성된 4절 기구.

여기서 θ_2가 입력이다. 모든 링크의 길이가 주어져 있으므로, θ_3와 θ_4는 다음과 같이 구한다.

단계 2. $-r_1 \cos\theta_1 + r_2 \cos\theta_2 = D_x$ 그리고 $r_1 \sin\theta_1 + r_2 \sin\theta_2 = D_y$라 하자. 그러면, $O_BA = D = |\sqrt{D_x^2 + D_y^2}|$ 그리고 $\theta_d = \tan^{-1}(D_y/D_x)$이다. θ_d가 속한 사분면은 그림 4.36의 벡터 선도 또는 대부분의 계산기나 컴퓨터 언어를 이용한 직교좌표와 극좌표의 변환과정을 통해 결정될 수 있다. 따라서, $D = De^{i\theta d}$이다. 이를 가지고 루프 방정식은 다음과 같이 축소된다.

$$De^{i\theta_d} + r_3 e^{i\theta_3} = -r_4 e^{i\theta_4} \tag{4.53a}$$

실수부와 허수부를 분리하면

$$\Re\text{: } D\cos\theta_d + r_3\cos\theta_3 = -r_4\cos\theta_4$$

$$(1/i)\Im\text{: } D\sin\theta_d + r_3\sin\theta_3 = -r_4\sin\theta_4$$

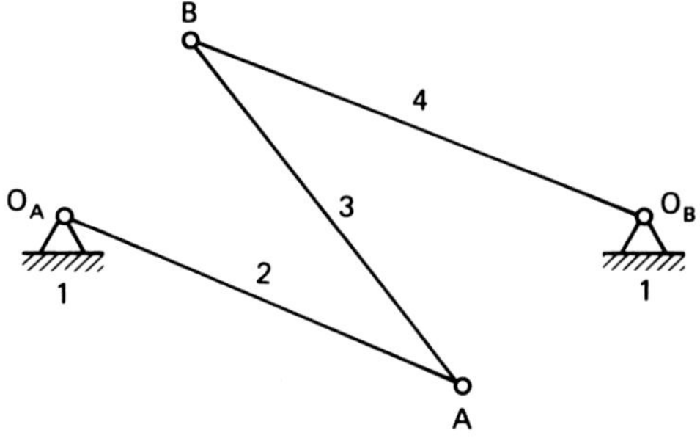

그림 4.35 곡률 반경이 일정하다면 모든 운동 및 운동의 미분값(위치, 속도, 가속도)이 곡선 슬라이드 기구와 같아지는 4절 기구. 가변 곡률 슬롯 기구는 예제 4.7을 참조하라.

위 두 식을 제곱하면

$$D_2 \cos^2\theta_d + 2Dr_3 \cos\theta_d \cos\theta_3 + r_3^2 \cos^2\theta_3 = r_4^2 \cos^2\theta_4$$
$$D_2 \sin^2\theta_d + 2Dr_3 \sin\theta_d \sin\theta_3 + r_3^2 \sin^2\theta_3 = r_4^2 \sin^2\theta_4$$

위의 두 식을 더하면

$$D^2 + 2Dr_3(\cos\theta_d \cos\theta_3 + \sin\theta_d \sin\theta_3) + r_3^2 = r_4^2$$

삼각함수 관계를 이용하여 정리하면

$$\cos(\theta_d - \theta_3) = (r_4^2 - r_3^2 - D^2)/2Dr_3$$

그리고

$$\theta_3 = \theta_d - \cos^{-1}[(r_4^2 - r_3^2 - D^2)/2Dr_3]$$

이는 θ_3에 대한 두 개의 값을 준다. 어느 값을 이용할지 그림 4.36을 통해 경험적으로 결정한다. 이 값을 식 (4.53a)의 실수부에 대입한다. 이는 θ_4에 2개의 값을 준다. 다시 경험적으로 어느 것을 이용할지를 결정한다.

단계 3. 식 (4.53)의 1차 시간 미분은

$$r_2 i\omega_2 e^{i\theta_2} + r_3 i\omega_3 e^{i\theta_3} + r_4 i\omega_4 e^{i\theta_4} = 0 \tag{4.53b}$$

위 식에서 허수 i를 소거한 후, 실수부와 허수부를 분리하고 두 개의 미지수 ω_3와 ω_4를 갖는 두 개의 선형 비제차 방정식을 푼다.

단계 4. 식 (4.53)의 2차 미분을 취한다.

$$-r_2\omega_2^2 e^{i\theta_2} + r_3 i\alpha_3 e^{i\theta_3} - r_3\omega_3^2 e^{i\theta_3} + r_4 i\alpha_4 e^{i\theta_4} - r_4\omega_4^2 e^{i\theta_4} = 0$$

이를 다시 정리하면

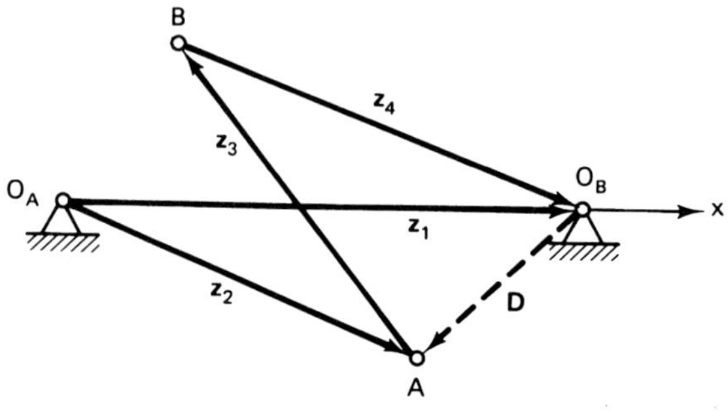

그림 4.36 그림 4.35 기구의 벡터 모델.

$$(r_3 i e^{i\theta_3})\alpha_3 + (r_4 i e^{i\theta_4})\alpha_4 = r_2\omega_2^2 e^{i\theta_2} + r_3\omega_3^2 e^{i\theta_3} + r_4\omega_4^2 e^{i\theta_4}$$

두 각가속도 α_3과 α_4를 구하려면 실수부와 허수부를 분리하고 2개의 미지수를 갖는 2개의 선형 비제차 방정식을 푼다.

단계 5. 링크 2의 곡선경로를 따른 슬라이더의 선형 가속도는

$$\mathbf{A}_{BA}^t = \rho\alpha_3 i e^{i\theta_3} \text{ cm/sec}^2 \quad (\text{주의: } \rho = r_3)$$

지면에 대한 슬라이더 3의 점 B의 전체 가속도는

$$\begin{aligned}\mathbf{A}_B &= \mathbf{A}_A + \mathbf{A}_{BA} = \mathbf{A}_A^t + \mathbf{A}_A^N + \mathbf{A}_{BA}^t + \mathbf{A}_{BA}^n \\ &= 0 - r_2\omega_2^2 e^{i\theta_2} + \rho\alpha_3 i e^{i\theta_3} - \rho(\omega_3 - \omega_2)^2 e^{i\theta_3}\end{aligned}$$

이에 대한 실전적인 계산은 연습으로 남겨둔다.

예제 4.7

그림 4.37의 기구에서 $\omega_2 = 1$ rad/sec로 일정할 때 α_3를 구하라. 이 예제는 슬롯의 곡률로 인해 예제 4.6보다 더 어렵다.

주어진 데이터는 $\mathbf{z}_1 = 5.2$ cm, $O_AA = 4.5$ cm, $O_BB = 1.1$ cm, $O_BC = 0.9$ cm, $BC = 1.1$ cm, $\mathbf{z}_4 = r_4e^{i\theta_4}$, 여기서 $\theta_4 = \theta_3 - \delta + \psi$, $r_4 = a_0 + a_1\psi$이고 $a_0 = 1.1$ cm, $a_1 = 0.4$ cm/rad이다 $\mathbf{z}_3 = \overrightarrow{O_BB}$이고 $\delta = -\frac{3}{4}\pi$ rad이다.

풀이

그림 4.38에 보이는 기구의 벡터 모델로부터 시작해 보자. 폐루프 방정식은

$$\mathbf{z}_2 = \mathbf{z}_1 + \mathbf{z}_3 + \mathbf{z}_4, \quad \text{또는}$$

$$r_2e^{i\theta_2} = r_1e^{iO} + r^3e^{i\theta_3} + r_4e^{i\theta_4}$$

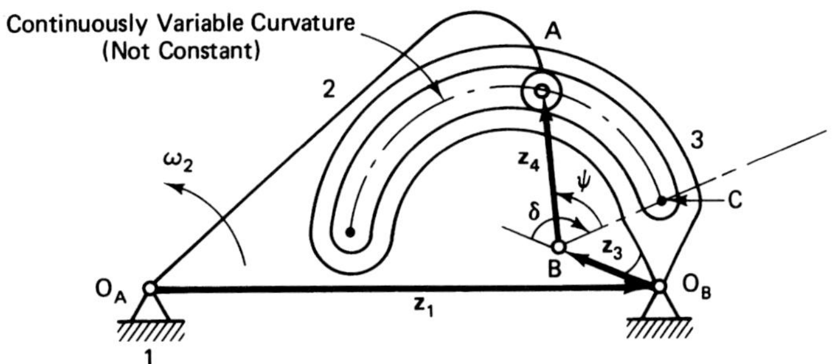

그림 4.37 연속적으로 변화하는 곡률의 곡선 슬롯을 가진 3링크 고차대우 기구.

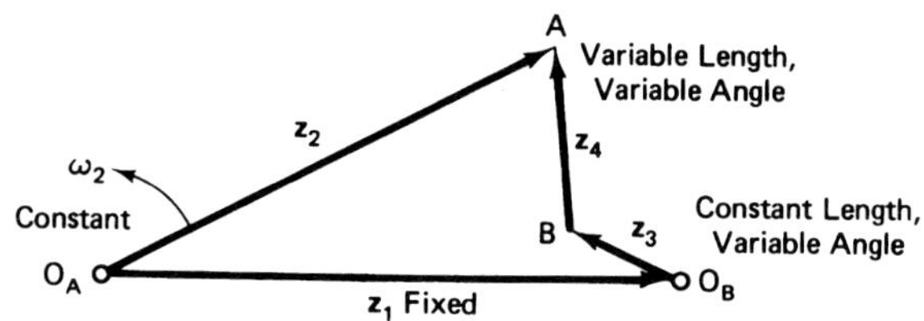

그림 4.38 그림 4.37 기구의 벡터 모델. $\mathbf{z}_1$은 고정, $\mathbf{z}_2$는 주어짐, θ_2는 입력 회전, $\mathbf{z}_3$는 주어짐, $\mathbf{z}_3$, $\mathbf{z}_4$, θ_4는 변수.

여기서 r_1, r_2, r_3는 주어진 상수이고 r_4는 미지수로 ψ의 함수이다(앞의 데이터 참조). θ_2는 입력이고 θ_3는 미지수이며 θ_4도 그러하지만 $\theta_4 = \theta_3 - \delta + \psi$이며, ψ 또한 미지수이다. 따라서 이 폐루프 방정식은 미지수가 너무 많다. 해를 구하는 순서는 다음과 같다.

단계 1. 그림 4.39에서 보여주듯이 벡터 선도를 두 개의 루프로 분리한다. 폐루프 1의 방정식은 $\mathbf{z}_2 = \mathbf{z}_1 + \mathbf{D}$이고 여기서 $\mathbf{D}$는 미지수이다. 지수 형태로 나타내면

$$r_2 e^{i\theta_2} = r_1 e^{iO} + De^{i\theta_d} \tag{4.54}$$

D와 θ_d에 대해서 이 방정식을 푼다(예제 4.5의 해석적 해에서 4단계를 보라).

단계 2. 폐루프 2의 방정식은 $\mathbf{z}_3 + \mathbf{z}_4 = \mathbf{D}$ 혹은 지수 형태로 나타내면

$$r_3 e^{i\theta_3} + r_4 e^{i(\theta_3 - \delta + \psi)} - De^{i\theta_d} = 0 \tag{4.54a}$$

$\theta_4 = \theta_3 - \delta + \psi$이고 $r_4 = a_0 + a_1\psi$임에 주의하라. 따라서 미지수는 θ_4와 ψ인데, 이들은 모두 초월함수 형태로 식에 나타난다. 이 두 개의 미지 실수를 수치적으로 구하려면 2차원 최적화 알고리즘을 이용하여야 한다(예를 들어 T. Shoup과 F. Mistree 공저 Optimization Methods with Applications for Personal Computers, Englewood Cliffs, Prentice Hall, 1987, pp.110-118을 참조하라).

단계 3. 폐루프 1의 방정식에 대한 1차 시간 미분은

$$\dot{\mathbf{z}}_2 = \dot{\mathbf{z}}_1 + \dot{\mathbf{D}}$$

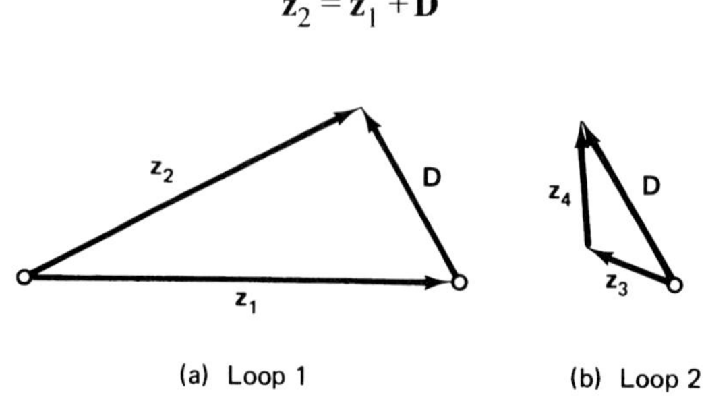

그림 4.39 두 개 루프로 분리된 벡터 모델.

혹은

$$r_2 i\omega_2 e^{i\theta_2} = Di\omega_d e^{i\theta_d} + \dot{D}e^{i\theta_d} \tag{4.54b}$$

이 식에서 ω_d와 $\dot{D}$가 두 개의 미지 실수이며, 실수부와 허수부를 나누어 연립하여 푼다.

단계 4. 페루프 2의 방정식을 1차 미분하면

$$r_3 i\omega_3 e^{i\theta_3} + \dot{r}_4 e^{i\theta_4} + r_4 i\omega_4 e^{i\theta_4} = Di\omega_d e^{i\theta_d} + \dot{D}e^{i\theta_d} \tag{4.54c}$$

여기서

$$\dot{\theta}_4 = \omega_4 = \frac{d}{dt}(\theta_3 - \delta + \psi) = \omega_3 + \dot{\psi}$$

그리고

$$\dot{r} = \frac{d}{dt}(a_0 + a_1\psi) = a_1\dot{\psi}$$

이들을 이용하면 식 (5.54c)는

$$r_3 i\omega_3 e^{i\theta_3} + a_1\dot{\psi}e^{i\theta_4} + r_4 i(\omega_3 + \dot{\psi})e^{i\theta_4} - \dot{D}e^{i\theta_d} + Di\omega_d e^{i\theta_d} = 0$$

실수부와 허수부를 분리하고 ω_3와 $\dot{\psi}$항들에 대해 정리한 후 연립하여 푼다.

단계 5. 페루프 1의 방정식을 2차 시간 미분하면($\alpha_2 = 0$인 것에 주의하라)

$$-r_2\omega_2^2 e^{i\theta_2} = \dot{D}i\omega_d e^{i\theta_d} + Di\alpha_d e^{i\theta_d} - D\omega_d^2 e^{i\theta_d} + \ddot{D}e^{i\theta_d} + \dot{D}i\omega_d e^{i\theta_d} \tag{4.54d}$$

실수부와 허수부를 분리하고 $\ddot{D}$와 α_d에 대해 풀면

단계 6. 페루프 2 방정식을 2차 시간 미분하면

$$\begin{aligned} r_3 i\alpha_3 e^{i\theta_3} = r_3\omega_3^2 e^{i\theta_3} + \dot{r}_4 i\omega_4 e^{i\theta_4} + \ddot{r}_4 e^{i\theta_4} + \dot{r}_4 i\omega_4 e^{i\theta_4} + r_4 i\alpha_4 e^{i\theta_4} - r_4\omega_4^2 e^{i\theta_4} = \ddot{D}e^{i\theta_d} \\ + \dot{D}i\omega_d e^{i\theta_d} + \dot{D}i\omega_d e^{i\theta_d} + Di\alpha_d e^{i\theta_d} - D\omega_d^2 e^{i\theta_d} \end{aligned} \tag{4.54e}$$

여기서

$$\alpha_4 = \dot{\omega}_4 = \frac{d}{dt}(\dot{\theta}_3 + \dot{\psi}) = \alpha_3 + \ddot{\psi}$$

그리고

$$\ddot{r}_4 = \frac{d^2}{dt^2}(a_0 + a_1\subset) = a_1\ddot{\subset}$$

이 결과를 식 (4.54e)에 대입하고 실수부와 허수부를 분리하여 α_3와 $\ddot{\psi}$에 대해 선형 연립하여 풀어라. 그러면 해를 얻을 수 있다. 계산과정은 연습으로 남겨둔다.

연습문제

4.1. Prove Eq. (4.20). [*Hint:* Let link AB be represented by the vector $\mathbf{R}_{BA} = (AB)e^{i\theta}$. Then derive the components of $\mathbf{A}_{BA}$ in the $e^{i\theta}$ and the $ie^{i\theta}$ directions and find the angle of rotation form $\mathbf{R}_{BA}$ to $\mathbf{A}_{BA}$.]

4.2. Starting with Eq. (4.43) and using the results of the velocity triangle in Fig. 4.25, perform all steps of the derivations and find the solutions to Example 4.4. [*Hint:* Your results should be the same as those based on Eq. (4.44).]

4.3. For the four-bar mechanism shown in Fig. P4.1, knowing that O_2A = 10 in., AB = 12 in., O_4B = 12 in., O_2O_4 = 22.5 in., $\omega_2 = -20$ rad/sec, and $\alpha_2 = -160$ rad/sec^2, and also knowing the velocity polygon, draw the acceleration polygon, and find the acceleration of point B.

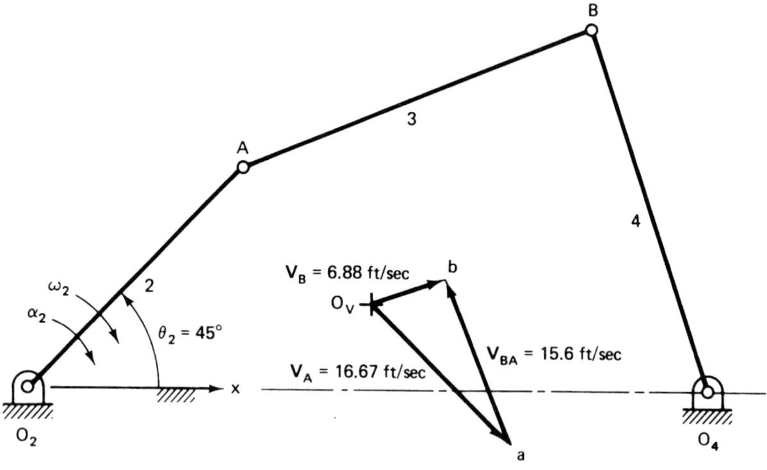

Figure P4.1

4.4. Draw the velocity and acceleration polygons for the four-bar mechanism shown in Fig. P4.2. Given that length of O_2A = 2 in, O_2O_4 = 4.5 in., O_4B = 2.5 in., AB = 3.6 in., $\omega_2 = -60$ rad/sec, and $\alpha_2 = -900$ rad/sec^2, find the velocity and acceleration of point B.

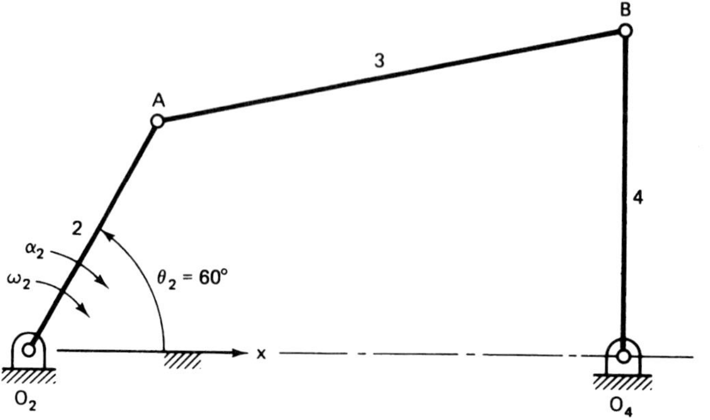

Figure P4.2

4.5. Knowing that the angular velocity of link 2 is a constant in the mechanism of Fig. P4.3, determine $\mathbf{A}_B$, $\mathbf{A}_D$, and α_4.

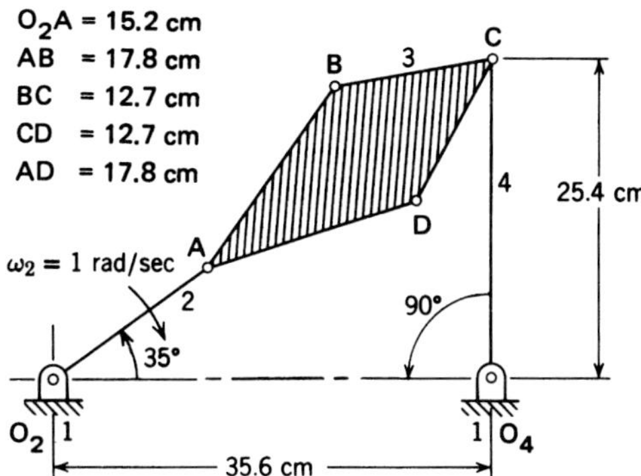

Figure P4.3

4.6. Find $\mathbf{A}_C$ of the mechanism in Fig. P4.4 knowing that $O_2O_4 = 15$ in, $\omega_2 = -25$ rad/sec, and $\alpha_2 = -180$ rad/sec^2.

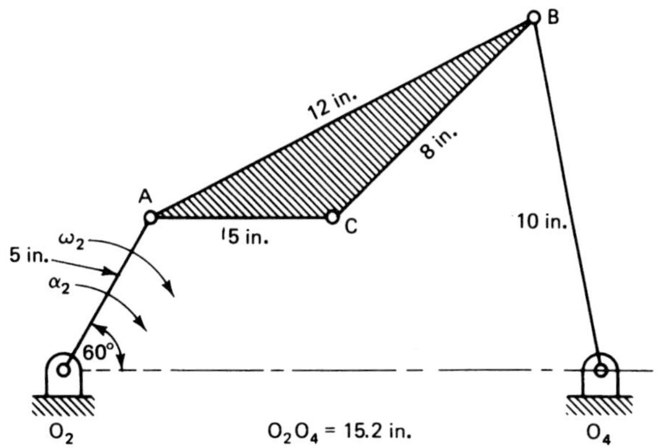

Figure P4.4

4.7. Using the velocity polygon given and the following information, find $\mathbf{A}_C$ and α_4 for the mechanism shown in Fig. P4.5. $O_4B = 1.125$ in., $O_2A = 1.25$ in., $AB = 2.5$ in., $O_2O_4 = 2$ in., $BC = 1.25$ in., $CA = 1.667$ in., $\omega_2 = -40$ rad/sec, and $\alpha_2 = 20$ rad/sec^2.

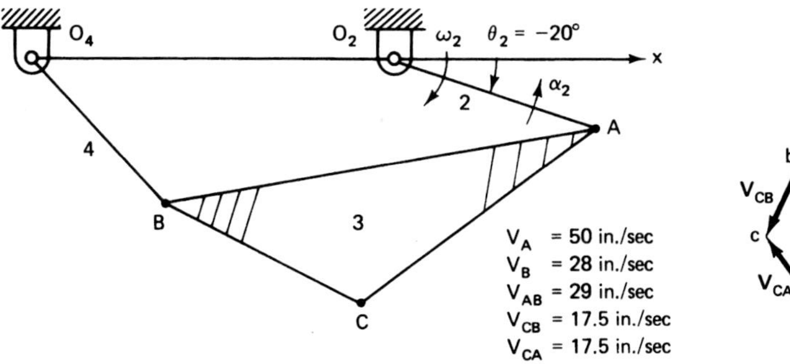

Figure P4.5

4.8. Referring to Fig. P4.6,

(a) Determine the velocity of point *P* by the method of instant centers.

(b) Determine the angular velocity of the connecting rod (*CP*).

(c) Find the acceleration of point *P* with respect to the ground when *OC* is rotating at a constant speed of 120 rpm ccw.

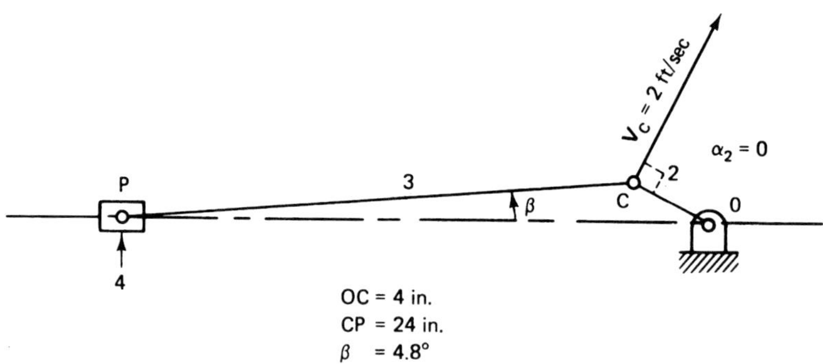

Figure P4.6

4.9. Given the velocity polygon for the mechanism in Fig. P4.7 and knowing that $V_A = 14$ m/sec, find $\mathbf{A}_B$ $(\alpha_2 = 0)$.

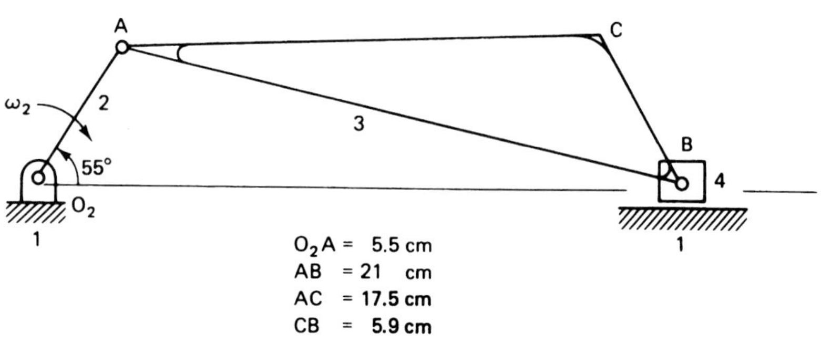

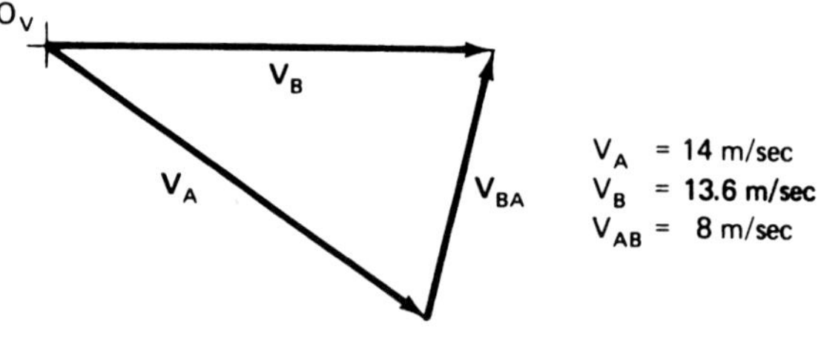

Figure P4.7

4.10. Knowing that α_2 = 100 rad/sec^2 and ω_2 = 15 rad/sec, find $\mathbf{A}_C$ in the mechanism of Fig P4.8.

▲ A dump-truck mechanism shown in three positions. A four-bar linkage was designed by graphical and analytical methods (see companion web site for details) to guide the bucket through the three prescribed positions. A hydraulic cylinder (slider dyad) drives the mechanism.*

*All color renderings of mechanisms shown here and on the following pages are modeled in ADAMS.

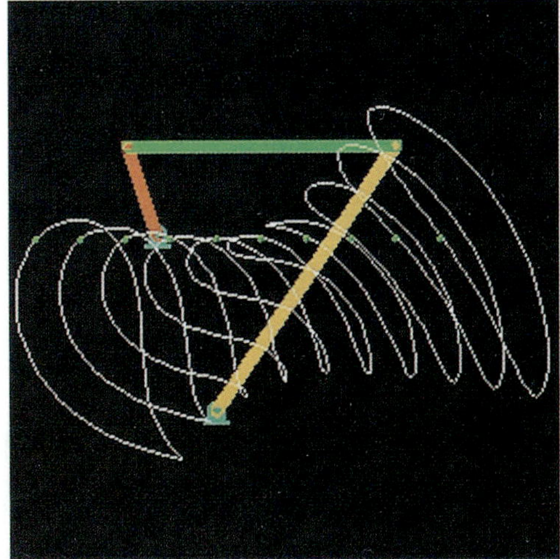

▲ Coupler curves of a four bar mechanism (simulation on companion web site). Each curve shown here corresponds to the path traced by the coupler point (green dot) associated with the coupler link (in the same color). One of the options in the LINCAGES software allows the user to interactively choose different point on a coupler link and/or change the lengths of any and all links and visualize the resulting coupler curve and the mechanism in motion.

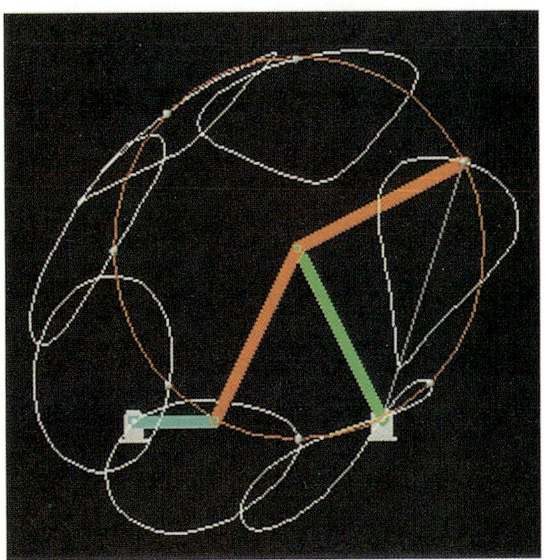

◀ Symmetrical coupler curves generated by a four-bar mechanism which meets the symmetry criteria. The criteria is that (i) the length of the coupler link, (ii) the distance from the moving pivot connecting the coupler and the follower link to the path tracer point, and (iii) the length of the follower link be equal (common length). A circle of symmetry (shown here) describes the locus of all path tracer points that meet the condition of symmetry. The circle of symmetry is drawn with the said moving point as the center and the said common length as radius. See companion web site for simulations and coupler curve design charts.

Dwell Mechanisms: (a) A four-bar linkage is designed such that a portion of the coupler curve has circular arc segment. An output dyad is then attached to the coupler point such that the length of the link that is directly pin-connected to the coupler point is equal to the radius of the circular arc segment of the coupler curve. During a motion cycle, the output link of the dyad dwells as the coupler point traces the circular arc segment. The same concept is applied to an opposed piston Stirling Engine mechanism (b). The ideal thermodynamic cycle calls for the piston to dwell for a finite period of time at the top and bottom end of the stroke. Shown here is a geared five bar mechanism design such that the knee joint (the top most joint in the figure) traces a path with two different circular-arc segments of same radii (Designed by S. Kota and E. Slimko, University of Michigan). The output dyad is in turn connected to the connecting rod of the engine. This allowed the piston to have two dwells as called for by the ideal thermodynamic cycle and there by improved the measured mechanical output of the engine by 8 percent. Other applications for dwell mechanisms are in automation.

(a)

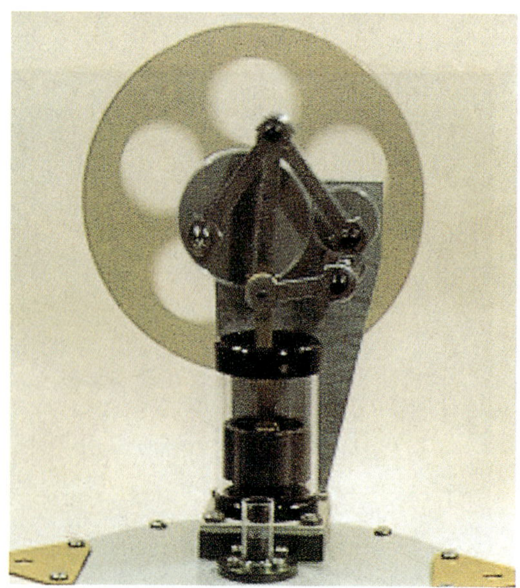

(b)

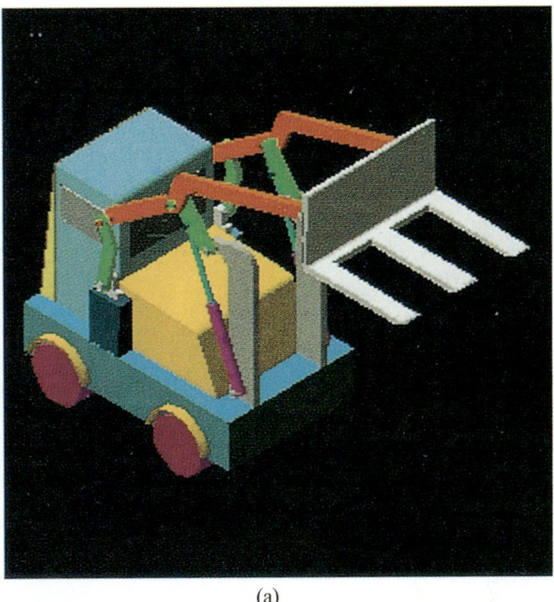

(a)

(b)

▲
Two fundamentally different ways to accomplish the gross vertical motion of a Utility Loader employing (a) a closed kinematic chain and (b) an open kinematic chain. The open chain requires actuators at every joint or for every link. On the other hand, the 4-bar closed chain is designed to trace a straight line path and requires a single actuator attached to the frame. The open chain provides the path and control flexibility but suffers from speed limitations due to greater inertia. The closed chain offers no such flexibility but provides high speed capability and increased reliability. For additional details and simulations visit the companion web site.

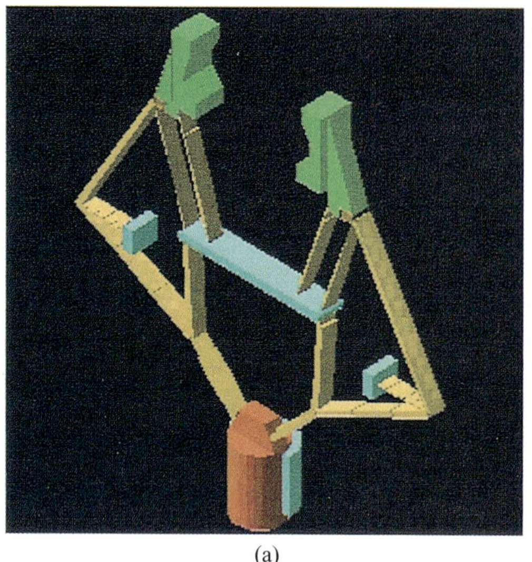

(a)

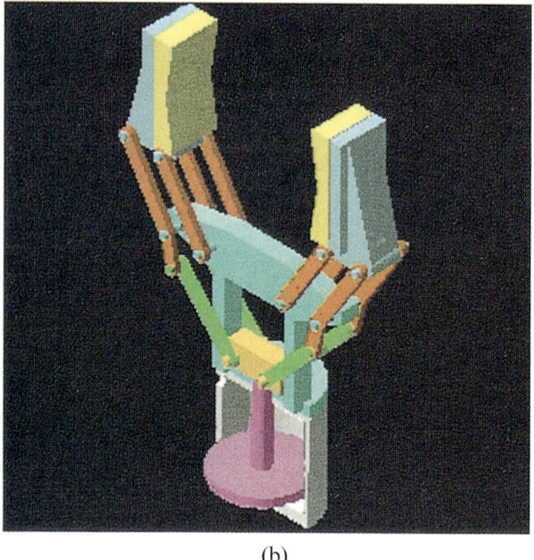

(b)

▲ Comparison of the number of parts in (a) a compliant gripper mechanism with (b) a conventional rigidlink gripper mechanism. A compliant mechanism is a single-piece jointless mechanism that undergoes elastic deformation to satisfy motion and force requirements. Compliant mechanisms offer several benefits including, fewer parts, elimination of joints and therefore less friction, wear, clearance and the need for lubrication. For additional details and simulations visit the companion web site.

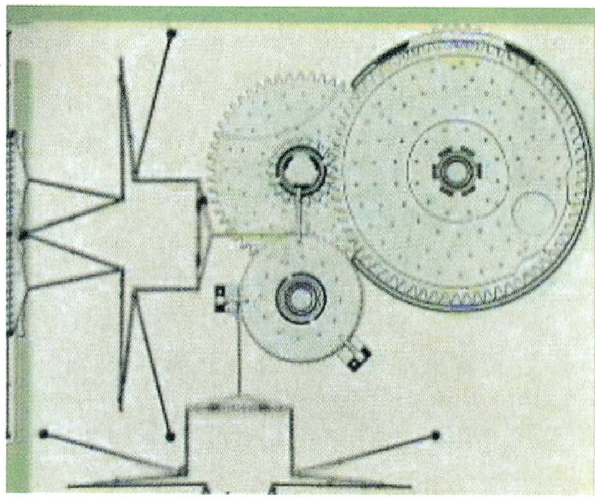

◀ Photograph of a Micro engine driven by two electrostatic actuators, each connected to a compliant transmission. The outputs of the compliant transmissions are then connected through a system of ratchet-pawl mechanisms to a series of compound gears. The entire assembly occupies approximately one-half square millimeter. For the same drive voltage, the compliant transmissions generate 50 times more torque than the actuators alone (patents pending). The compliant mechanism was designed by S. Kota and his graduate students at the University of Michigan in collaboration with Mr. Steven Rodgers, Sandia National Laboratories. The device was fabricated at the Sandia National Laboratories using their SUMMIT-V process.

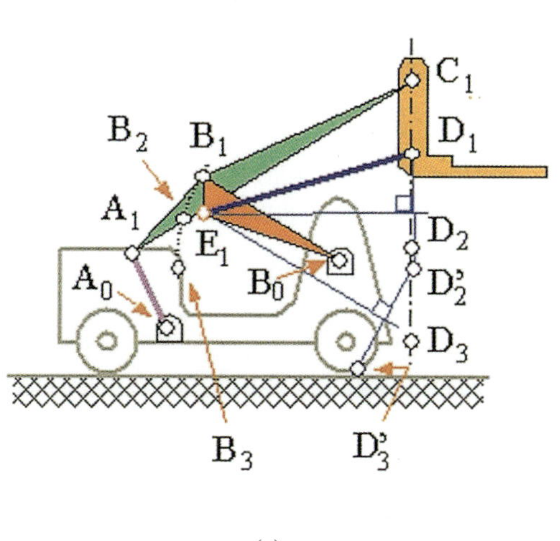

(a)

(b)

▲

Six-bar mechanism design. (a) The objective is to design a mechanism that can move the L-shaped fork vertically and parallel to itself. The design specifications include preferred locations of the ground pivots and three prescribed positions, C_1, C_2, and C_3 on the vertical line. A four-bar straight-line mechanism $A_0A_1B_1B_0$ is first designed. A cognate dyad $B_0E_1D_1$ is then appended to the four-bar mechanism to form a six-bar parallel motion generator. (b) Dynamic simulation model of the six-bar parallel motion mechanism for guiding the L-shaped fork of a fork lift truck.

A casement window and operating mechanism. (See Figures 1.4, 1.5, and the Appendix of Chapter 8.) ▶

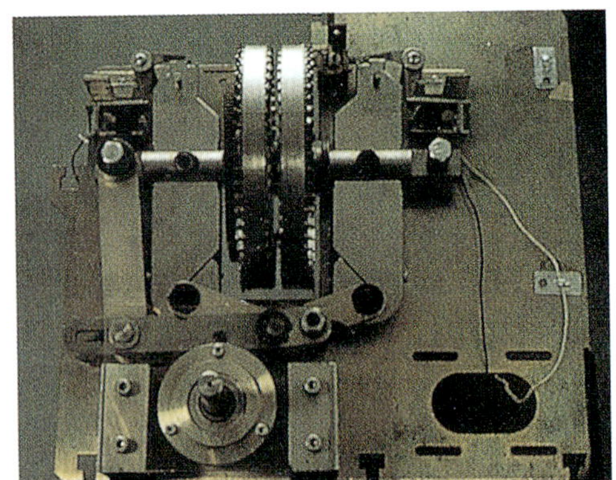

A credit card embossing mechanism similar to the mechanism in Problem 1.15. (courtesy of Data Card Corporation.)

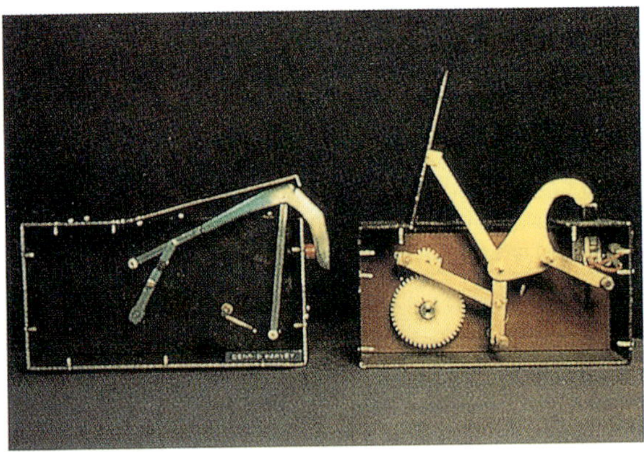

Two different types of mechanisms that turn themselves off. (See problem 1.16, courtesy of Dennis Harvey, MTS Corporation, and Tom Bjorklund, 3M Corporation.)

An agitator mechanism for a washing machine. (See Problem 1.18.)

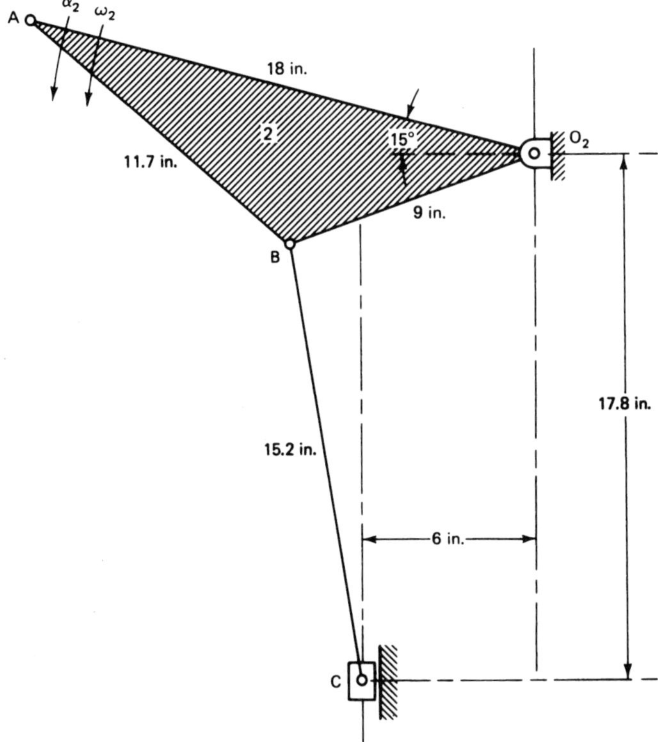

Figure P4.8

4.11. Find $\mathbf{A}_B$ for the mechanism shown in Fig. P4.9 ($\alpha_2 = 0$).

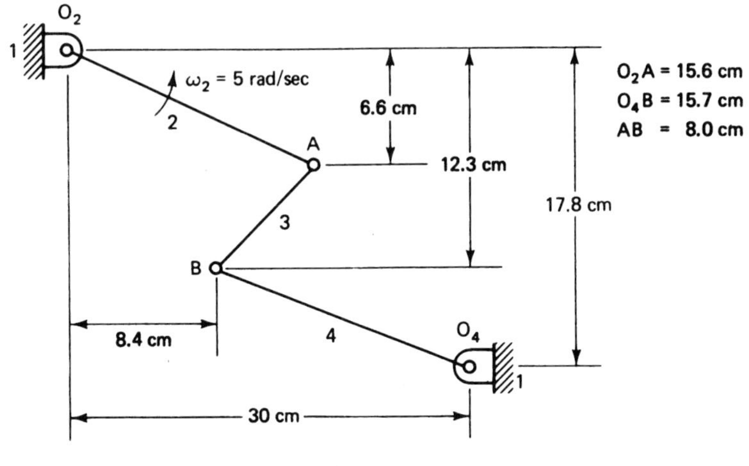

Figure P4.9

4.12. Link 2 rotates at a constant angular velocity in Fig. P4.10. Determine the velocity and acceleration of point *D*.

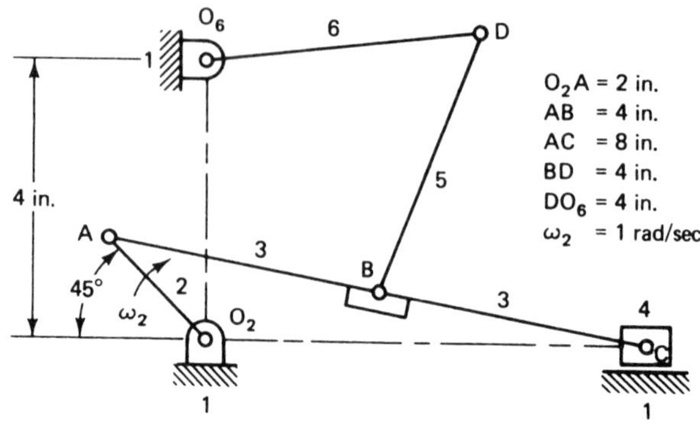

Figure P4.10

4.13. In Fig. P4.11 slide 2 moves to the left at a constant velocity of 1 cm/sec. Find α_3 and α_6 in the position shown.

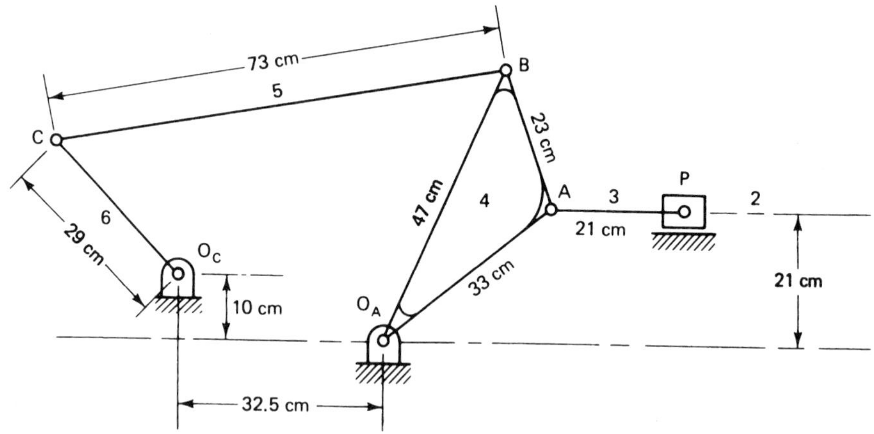

Figure P4.11

4.14. For the mechanism shown in Fig. P4.12, find the acceleration of point D with respect to point B.

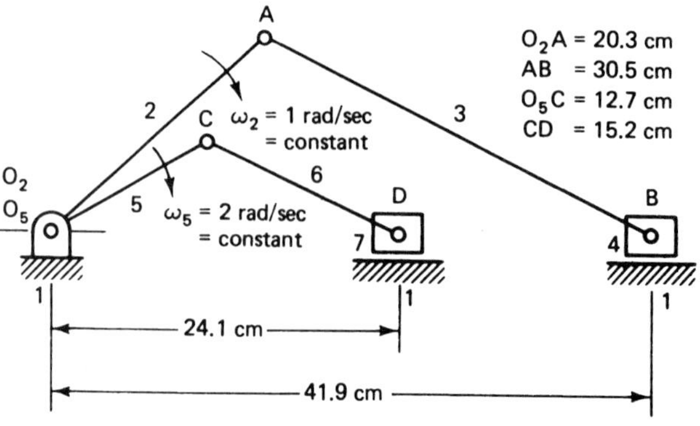

Figure P4.12

4.15. Find the location of a point C on link 3 of the linkage shown in Fig. P4.13 which at this instant has zero relative acceleration with respect to ground. The link lengths are $A_0A = 5$ in. at 135°, $AB = 6$ in. at 0°, $B_0B = 3.064$ in at 80°, $A_0B_0 = 2$ in. at 15°. The angular velocity of link 2 is constant with $\omega_2 = 2$ rad/sec ccw.

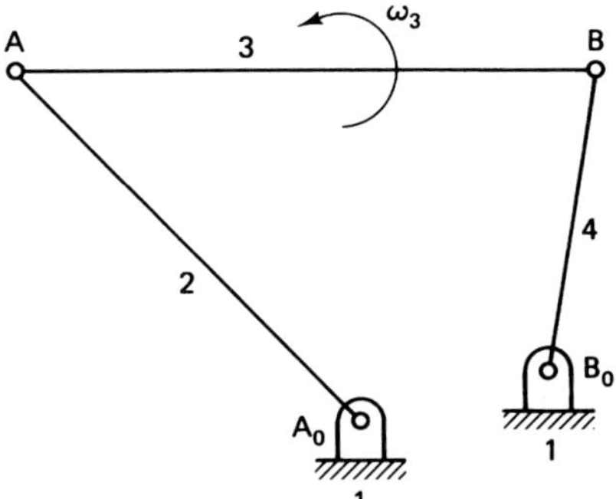

Figure P4.13

4.16. The partial acceleration polygon of an unknown four-bar linkage is shown in Fig. P4.14. The linkage has constant-length links. Complete the acceleration polygon, determine α_3 and α_4, and sketch the linkage clearly showing the directions of all angular velocities and accelerations. The only other information known of this linkage is that $A_0B_0 = 2.534$ in. at −75° and is the ground link, $\omega_2 = 5$ rad/sec ccw, $\omega_4 = 2.887$ rad/sec ccw.

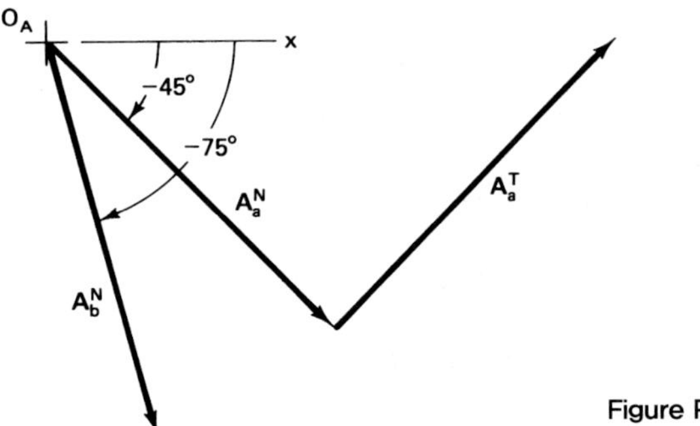

Figure P4.14

4.17. Referring to Fig. P4.15, given $\alpha_2 = 1$ rad/sec^2, determine A_{D6}, α_4, and α_5 given the velocity polygon.

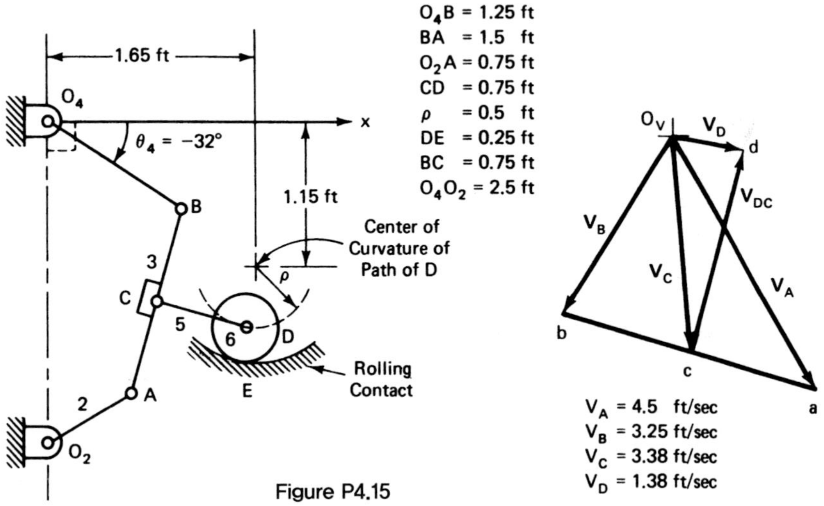

Figure P4.15

4.18. Find the absolute acceleration of point A on the slider ($\mathbf{A}_{A3}$) of the 3 link system of Fig. P4.16. The known information is as follows: $A_0A = 2''$, $\omega_2 = 3$ rad/sec ccw, $\alpha_2 = 3$ rad/sec^2 cw, $\mathbf{V}_{A3/A2} = 1$ in./sec, $\mathbf{A}^S{}_{A3/A2} = 18$ in./sec^2.

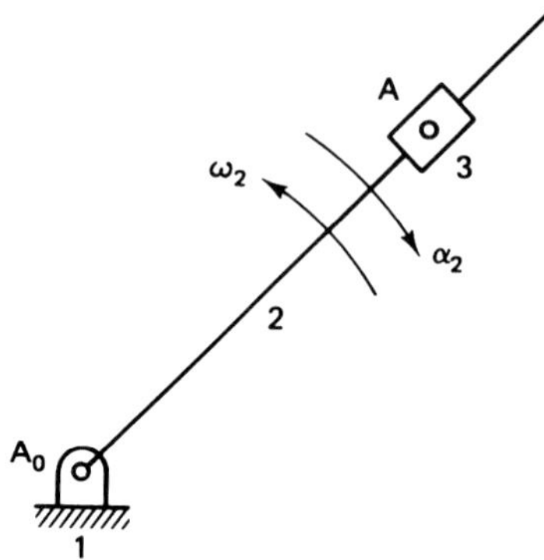

Figure P4.16

4.19. For the mechanism shown in Fig. P4.17, determine

(a) The angular velocity ω_3.

(b) The magnitude of the sliding velocity of the pin in the slot.

(c) The angular acceleration α_3.

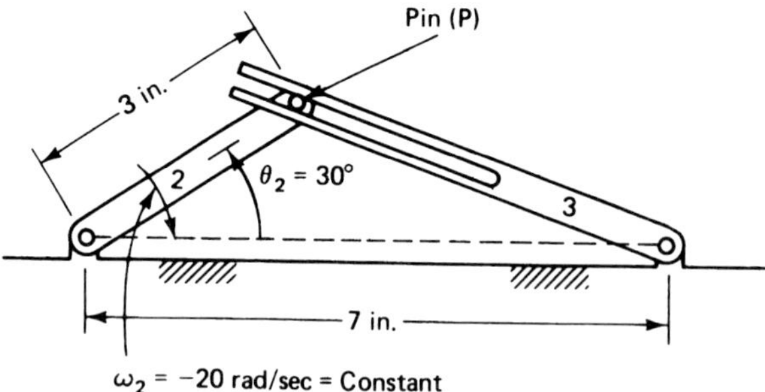

Figure P4.17

4.20. Do an acceleration analysis of the mechanism shown in Fig. P4.18 given the velocity polygon.

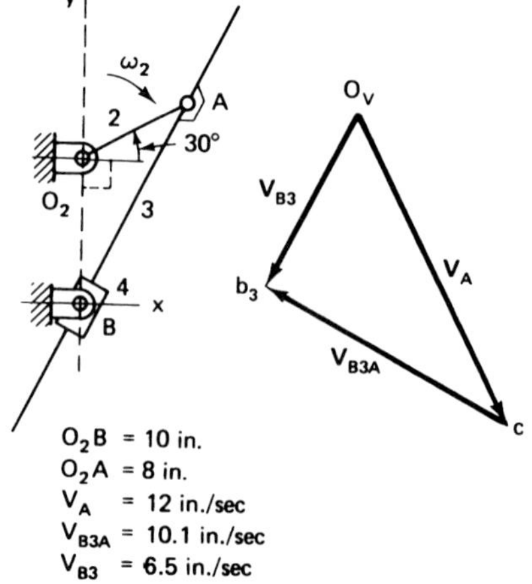

Figure P4.18

4.21. Refer to Prob. 3.17 and Fig. P3.25 for the velocity analysis of the match-lighting mechanism redrawn as Fig. P4.19. Determine α_3 and α_4 and whether link 3 is angularly and linearly speeding up or slowing down. The angular velocity $\omega_2 = 4$ rad/sec ccw and constant. The link lengths are $A_0A = 2.5$ in. at $-30°$, $A_0B = 4.33$ in., $AB = 2.5$ in.

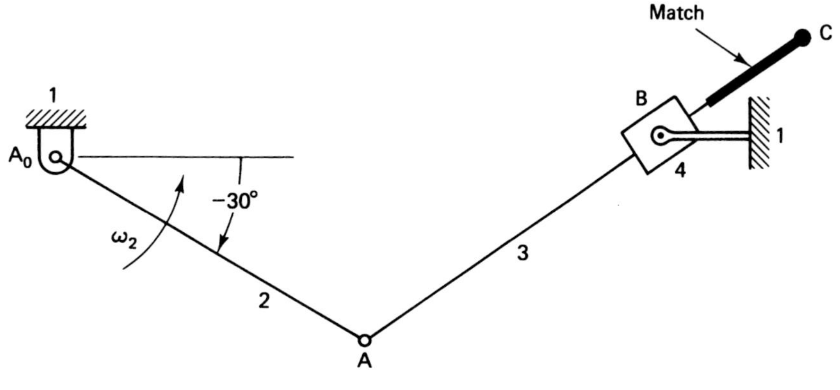

Figure P4.19

4.22. Complete the acceleration polygon for the mechanism of Fig. P4.20.

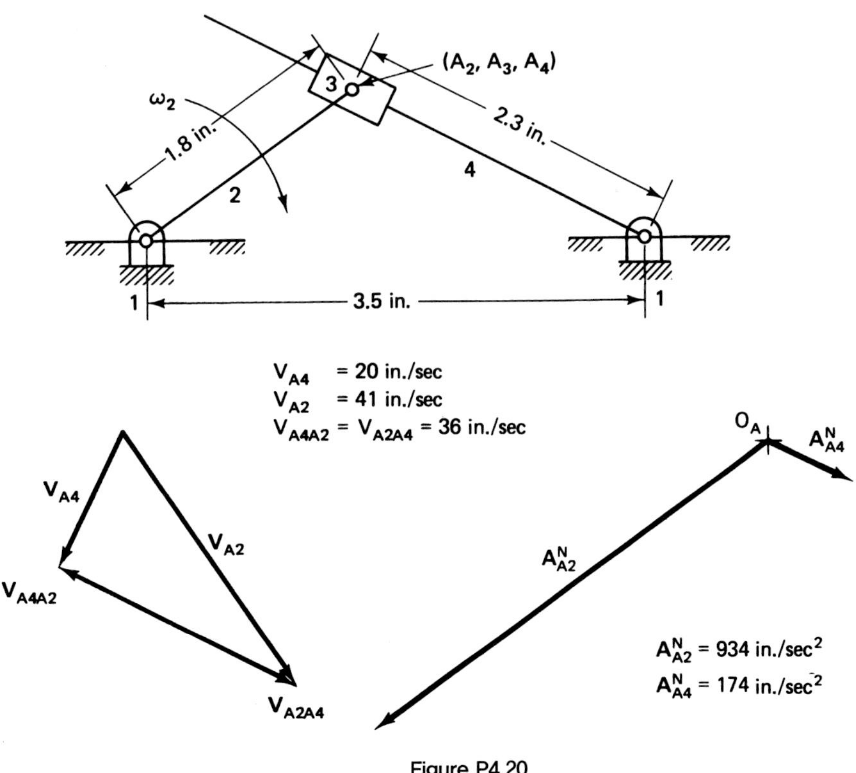

Figure P4.20

4.23. Determine the angular acceleration of link 2 in Fig. P4.21. Also find $\mathbf{A}_B$.

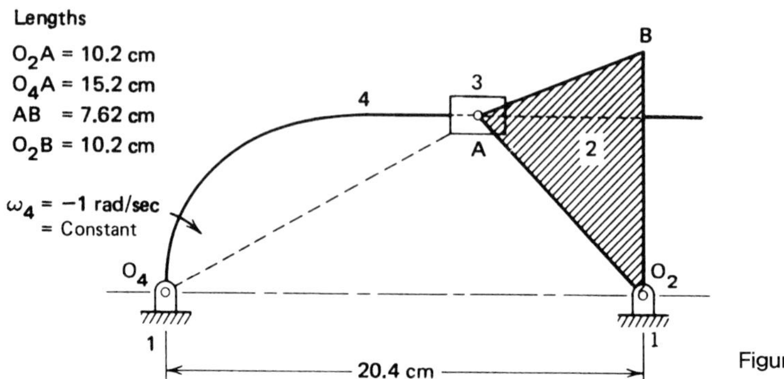

Figure P4.21

4.24. Link 2 in Fig. P4.22 rotates at a constant $\omega_2 = 1$ rad/sec ($\theta_2 = 60°$). Find $\mathbf{V}_{A4}$ and $\mathbf{A}_{A4}$ if $O_2A = 2.4$ cm.

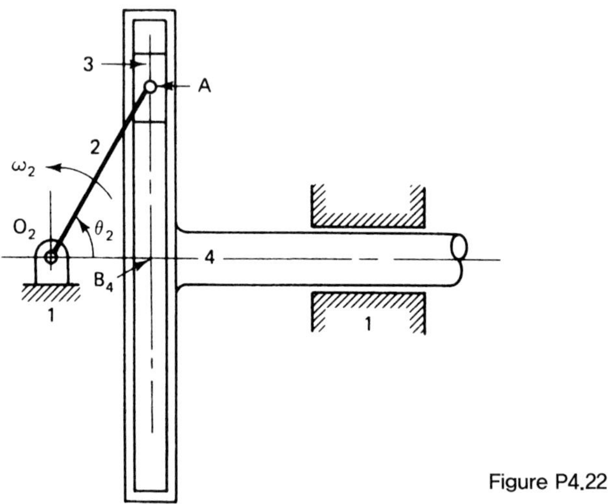

Figure P4.22

4.25. Determine the linear acceleration of $\mathbf{A}_{P4}$ in Fig. P4.23 if $\alpha_2 = 0$.

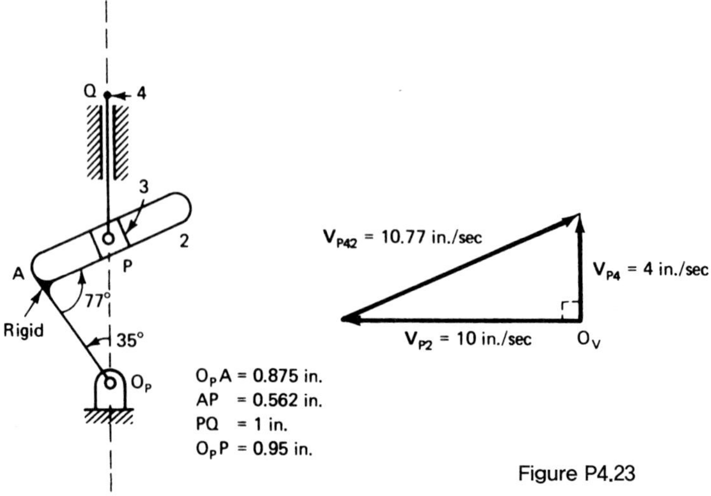

Figure P4.23

4.26. Determine α_4 and the Coriolis ($\mathbf{A}^C_{B4/B2}$) and sliding ($\mathbf{A}^S_{B4/B2}$) accelerations of the slider in the linkage shown in Fig. P4.24. The link lengths are $A_0A = 1.061$ in. at 135°, $AB = 1.061$ in. at 45°, $BB_O = 1.5$ in. The input conditions are

(a) $\omega_2 = 2$ rad/sec cw, constant
(b) $\omega_2 = 2$ rad/sec cw, $\alpha_2 = 4$ rad/sec^2 cw
(c) $\omega_2 = 2$ rad/sec cw, $\alpha_2 = 8$ rad/sec^2 cw

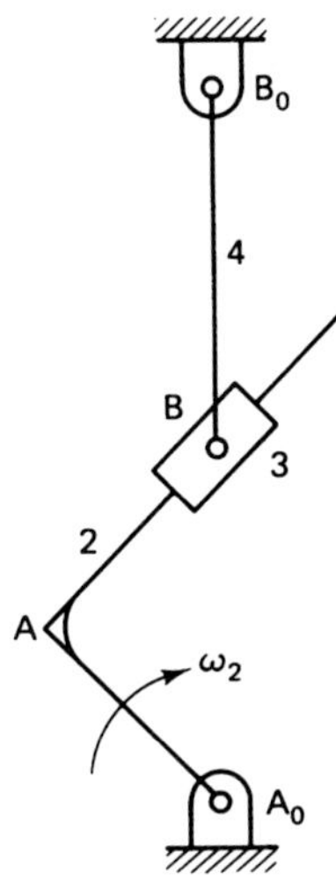

Figure P4.24

4.27. The dimensions of the mechanism drawn in Fig. P4.25 are $A_0A = 2$ in. at 0°, $B_0A = 3$ in. at 195°.

(a) Find the sliding acceleration of link 3 ($\mathbf{A}^S_{A4/A2}$) and α_4 if $\omega_2 = 3$ rad/sec ccw and constant.
(b) Find α_2 and α_4 if the sliding acceleration of link 3 is zero and $\omega_2 = 3$ rad/sec ccw but not necessarily constant.

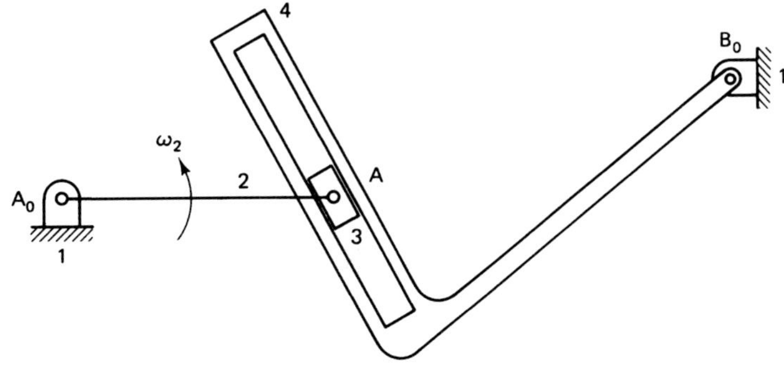

Figure P4.25

4.28. Find the sliding acceleration and the angular acceleration of link 4 in the mechanism shown in Fig. P4.26. The linkage dimensions are $A_0A = 1$ ft, $B_0B = 2$ ft, $AB = 2$ ft; ω_2 is constant at 15 rad/sec.

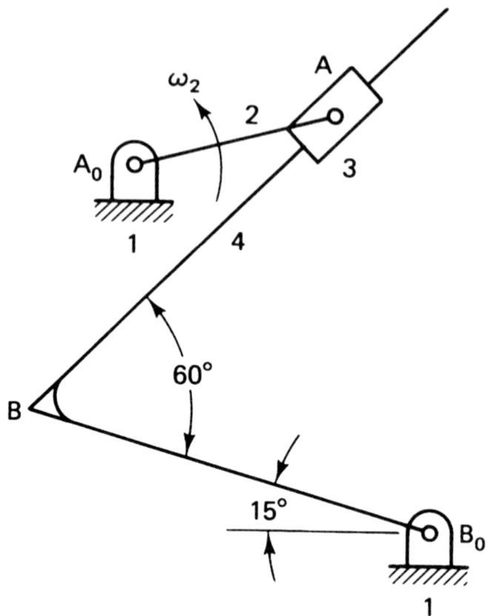

Figure P4.26

4.29. Find the acceleration of link 4 ($\mathbf{A}_{P4}$) of the Scotch yoke in Fig. P4.27. Write the acceleration equation, indicating known magnitudes and directions.

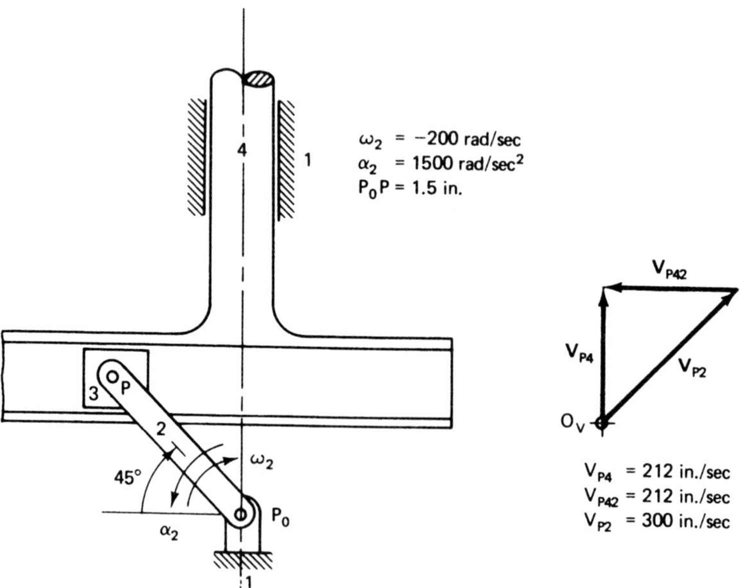

Figure P4.27

4.30. In the device of Fig. P4.28, the actuator (link 3) moves to the right with a constant acceleration (A_{B3} = 500 m/sec^2). Given the velocity polygon, solve for $\mathbf{A}_{B2}$, $\mathbf{A}_C$, α_2, and α_{23}. Write the vector equations that must be used to solve for these values.

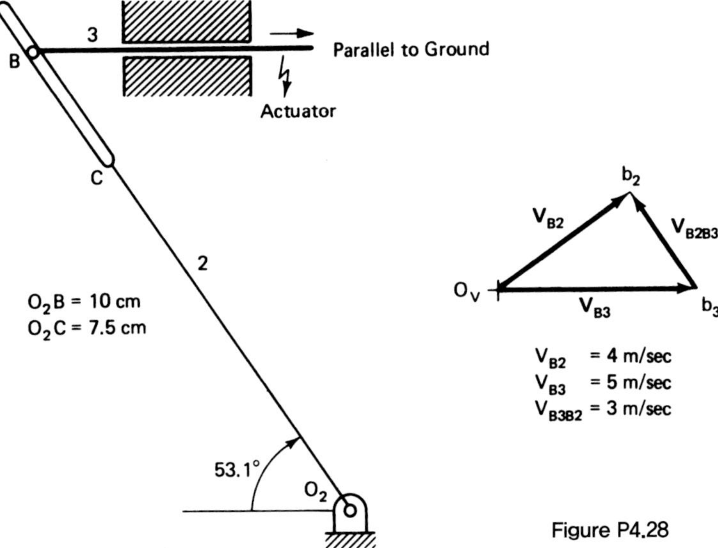

Figure P4.28

4.31. The linkage shown in Fig. P4.29, drawn when link 2 is in a general position $\theta°$, is a Rapson slide rudder mechanism used to steer large ships. Links 3 and 4 are sliders. Link 4 slides horizontally on ground link 1 and link 3 slides along link 2. There is a turning pair joining links 3 and 4. The general acceleration equation describing this mechanism is

$$\mathbf{A}_4^N + \mathbf{A}_4^T + \mathbf{A}_4^C + \mathbf{A}_4^S = \mathbf{A}_2^N + \mathbf{A}_2^T + \mathbf{A}_2^C + \mathbf{A}_2^S + \mathbf{A}_{42}^N + \mathbf{A}_{42}^T + \mathbf{A}_{42}^C + \mathbf{A}_{42}^S$$

(a) Show that the relative acceleration equation describing this mechanism can at most consist of the following terms:

$$\mathbf{A}_4^S = \mathbf{A}_2^N + \mathbf{A}_2^T + \mathbf{A}_{42}^C + \mathbf{A}_{42}^S$$

(b) At what value of θ° does $\mathbf{A}_{42}^C = 0$, and what are the relationships between the remaining terms?

(c) Show that $\theta \neq 0°$ and $\mathbf{A}_4^S = 0$, then both $\mathbf{A}_{42}^S$ and $\mathbf{A}_2^S$ must exit.

(d) Suppose $\theta = 30°$ and $\mathbf{A}_{42}^S = 0$. If $\mathbf{V}_4^S = V$ is directed to the left, show that $A_4^S = \sqrt{3}V\omega_2$ in./sec^2 and $\alpha_2 = (3V\omega_2)/(2r_2)$ rad/sec^2 clockwise.

(e) Suppose $\theta = 30°$ and $\alpha_2 = 0$. If $\mathbf{V}_4^S = V$ is directed to the right, show that $\mathbf{A}_4^S = (2\sqrt{3}V\omega_2)/3$ and $\mathbf{A}_{42}^S = (5\sqrt{3}V\omega_2)6$.

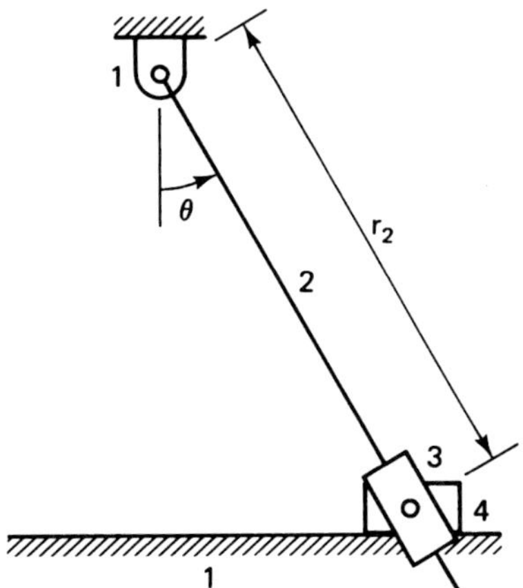

Figure P4.29

4.32. In the double-slider mechanism of Fig. P4.30, find the acceleration of point P on 4 ($\mathbf{A}_{P4}$), when $\alpha_2 = 0$.

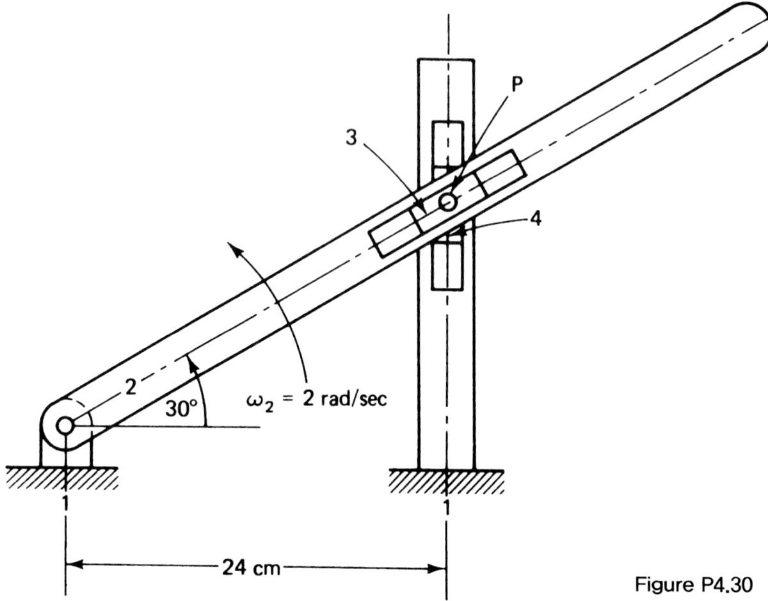

Figure P4.30

4.33. Figure P4.31 redepicts the slider linkage of Prob. 3.58 and Fig. P3.66.* The velocity of the slider link 2 is 10 in./sec to the right. Find the sliding acceleration of link 3 and the angular acceleration of link 4 if the magnitude of the link 2 sliding acceleration equals the magnitude of the tangential acceleration of point A on link 4, $|\mathbf{A}^S_{A2}| = |\mathbf{A}^T_{A4}|$.

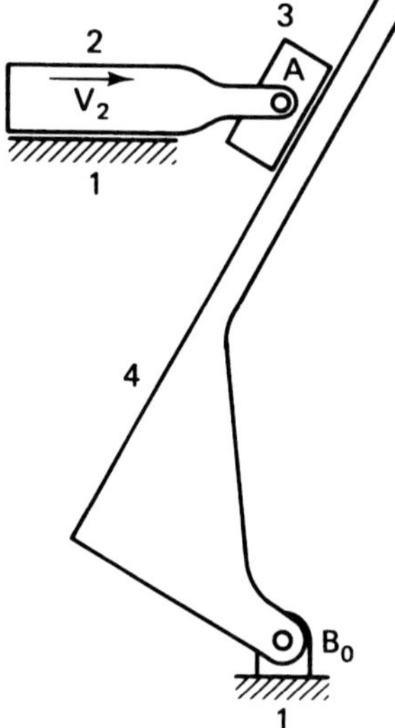

Figure P4.31

4.34. If slider (2) of Fig. P4.32 accelerates at 1 in./sec^2 in the direction shown, find α_4. [*Hint:* With a known center of curvature, an equivalent pin-jointed dyad can replace the slider 3 and curved slider 4.]

* Scale the figure for needed data.

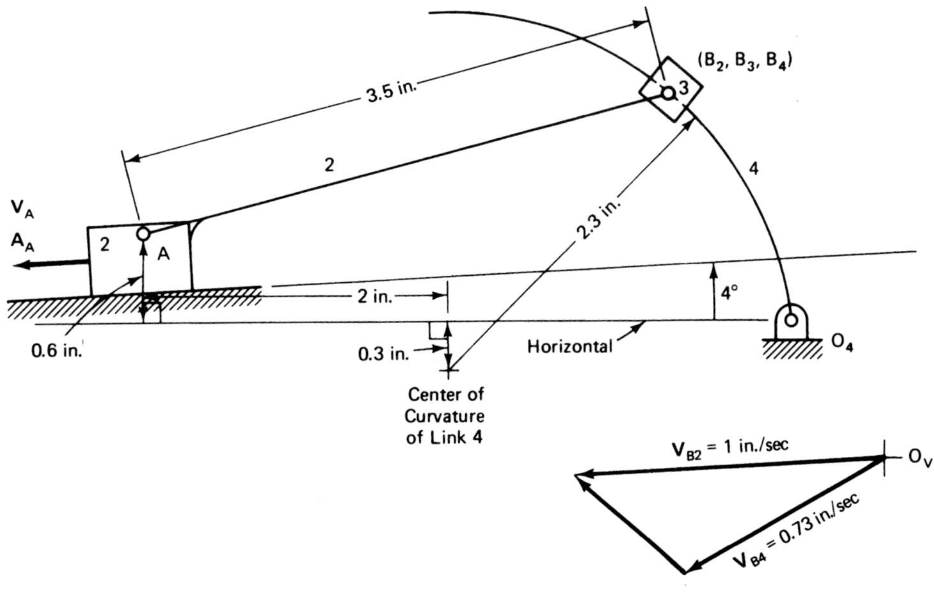

Figure P4.32

4.35. Find the acceleration of point B on the inverted slider-crank bucket mechanism drawn in Fig. P4.33. The input angular velocity is constant at 2 rad/sec cw. The linkage dimensions are $A_0A = (4\sqrt{3})/3$ ft (or 2.31 ft) at $-150°$, $AB = .75$ ft, and curved link 4 has a 2-ft radius.

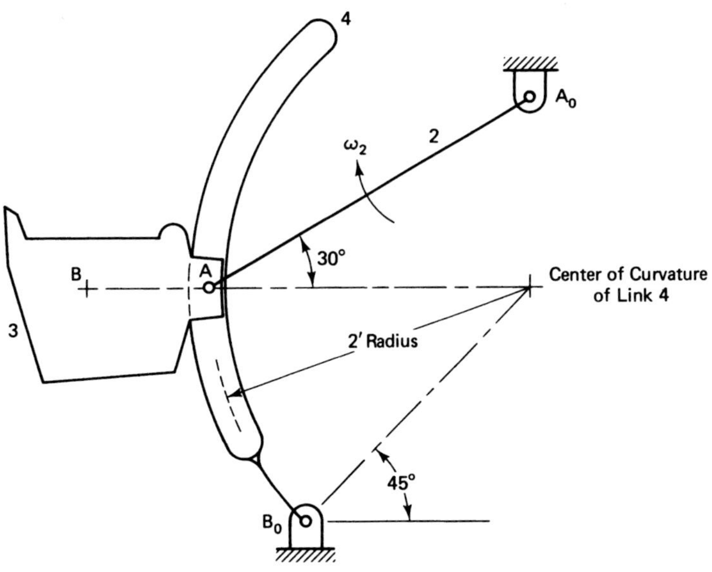

Figure P4.33

4.36. The Stephenson III linkage of Prob. 3.32 and Fig. P3.40 is shown in Fig. P4.34. Determine the relative sliding acceleration of slider link 5 and α_6 if ω_2 is constant at 2 rad/sec cw.

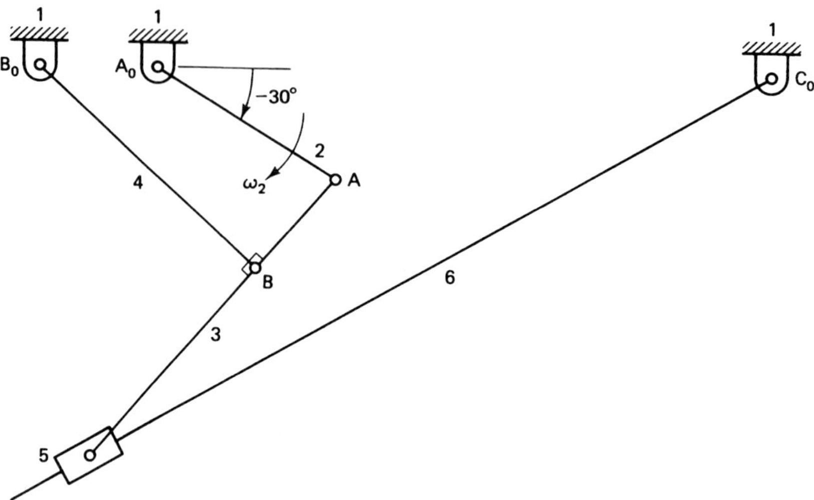

Figure P4.34

4.37. Determine the acceleration of the link-5 slider block in the metal-stamping mechanism shown in Fig. P4.35. At this instant, ω_2 is constant at 2 rad/sec cw. The link lengths are A_0A = 5 in. at 150°, A_0B_0 = 6.83 in. B_0A = 3.53 in. at 45°, and B_0B = 7.07 in.

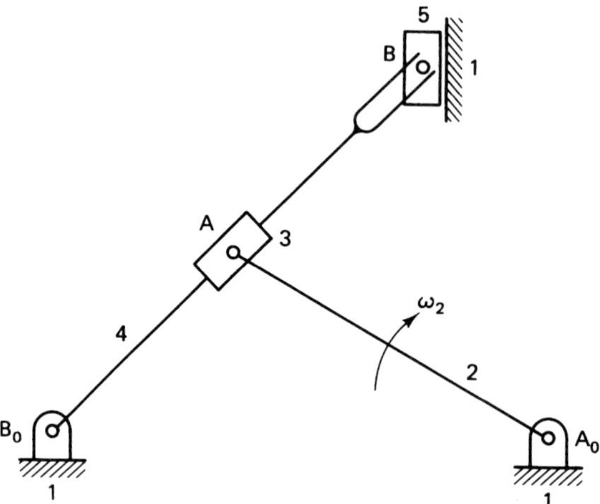

Figure P4.35

4.38. Find α_3, α_4, and α_5, and linear accelerations $\mathbf{A}_{B4}$ and $\mathbf{A}_D$ for the Stephenson III turning block mechanism sketched in Fig. P4.36. The input angular velocity is constant with ω_2 = −5 rad/sec cw. The link lengths are A_0A = 2 in. at 135°, AB = 4.83 in. at −30°, AC = 7.07 in., B_0B = 4 in. at 60°, CD and = 3.796 in. at 90°. Slider 6 operates against a plane inclined at 60°.

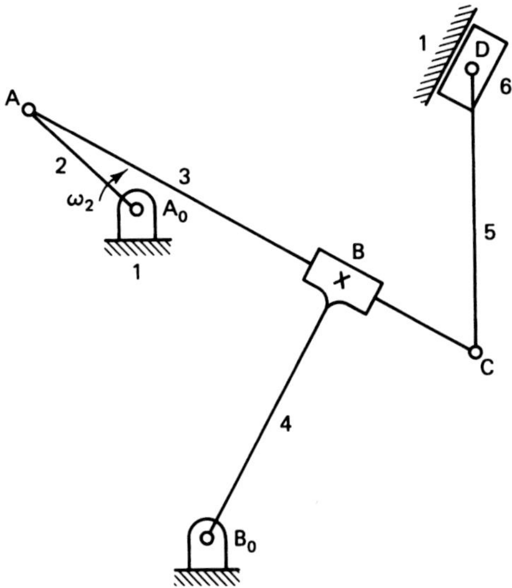

Figure P4.36

4.39. For the flat-face follower and for the curved-face follower of Fig. P4.37 determine $\mathbf{V}_Q$, $\mathbf{A}_Q$, ω_2, and α_2 if point P is the point of contact on body 3 and point Q is the point of contact on body 2 (see the hint for Prob. 4.34).

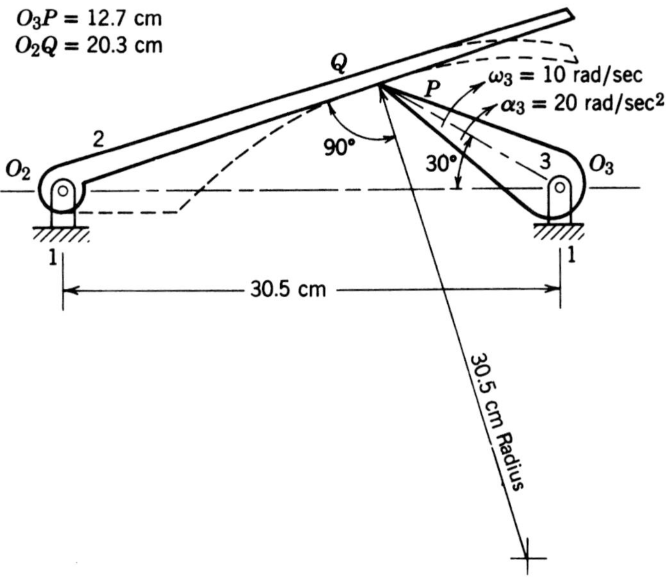

Figure P4.37

4.40. Determine α_4 of the 2-degree-of-freedom five-bar linkage shown in Fig. P4.38 if $\omega_2 = -5$ rad/sec cw, $\alpha_2 = -25$ rad/sec^2 cw, and the sliding velocity of link 5 is constant at $\mathbf{V}^S_{B5} = 2.5$ in./sec upward. The link lengths are $A_0A = 2$ in. at 135° and $BA = 3.38$ in. at 105°.

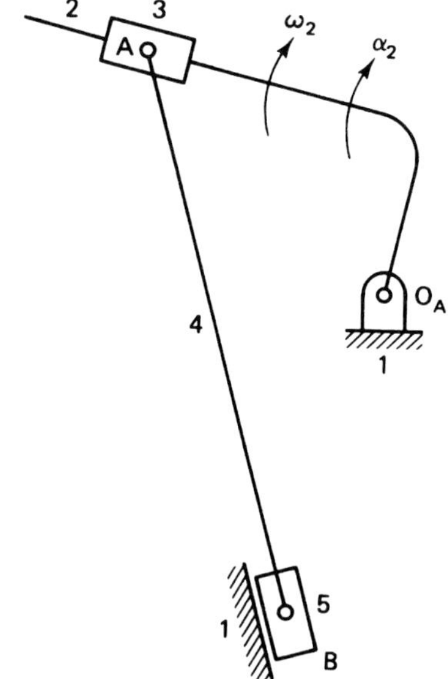

Figure P4.38

4.41. Write the equation of the acceleration of P on 4, indicating all the known quantities (magnitudes and directions), and find α_4 for the mechanism of Fig. P4.39. Note that the relative center of curvature of link 3 (slider) with respect to link 4 is at C and that the curved link 4 pivots at O_4 (see the hint for Prob. 4.34).

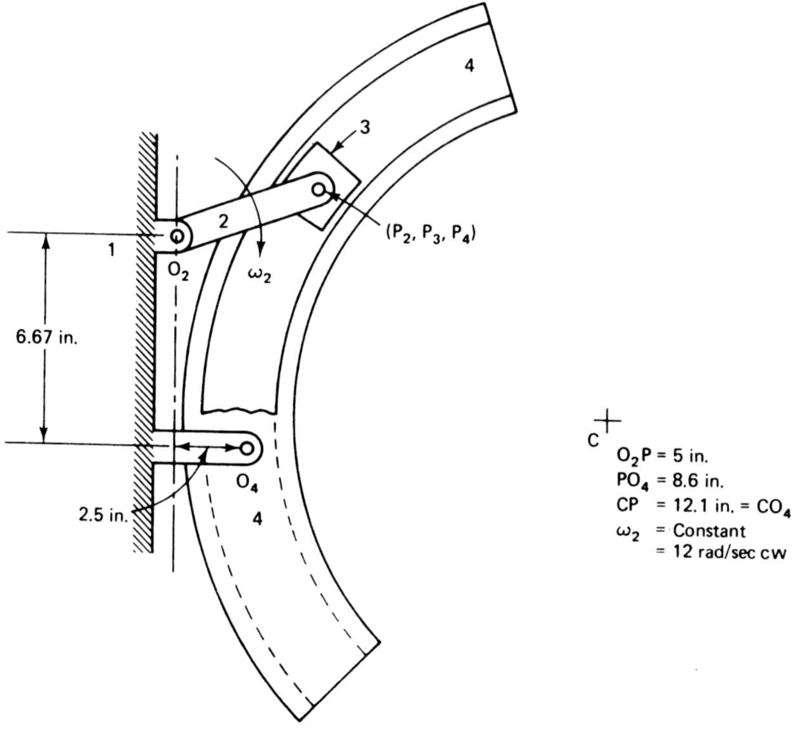

Figure P4.39

4.42. Determine and plot ω_3 and α_3 for a one-quarter revolution of link 2 for the Geneva mechanism (an intermittent motion mechanism) shown in Fig. P4.40. Let θ_2 be taken in increments of 5° starting in the position shown. Link 2 rotates at a constant angular velocity in the direction shown.

Web Site

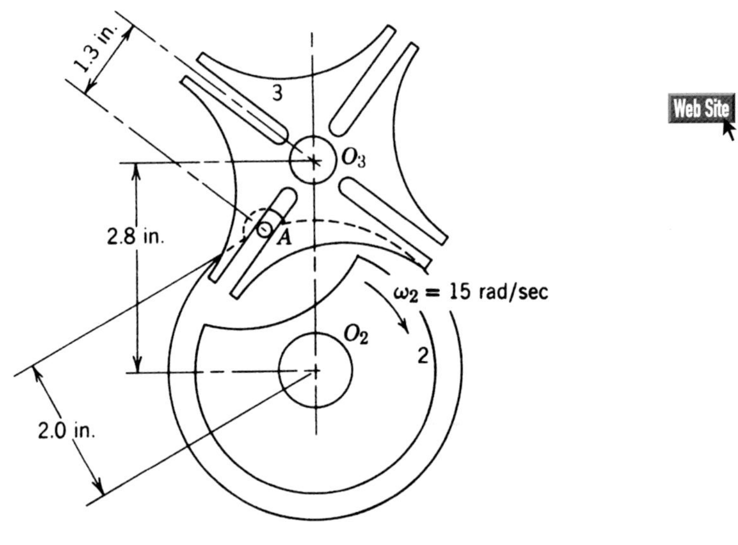

Figure P4.40

4.43. Referring to the mechanism of Fig. P4.41, determine $\mathbf{A}_p$.

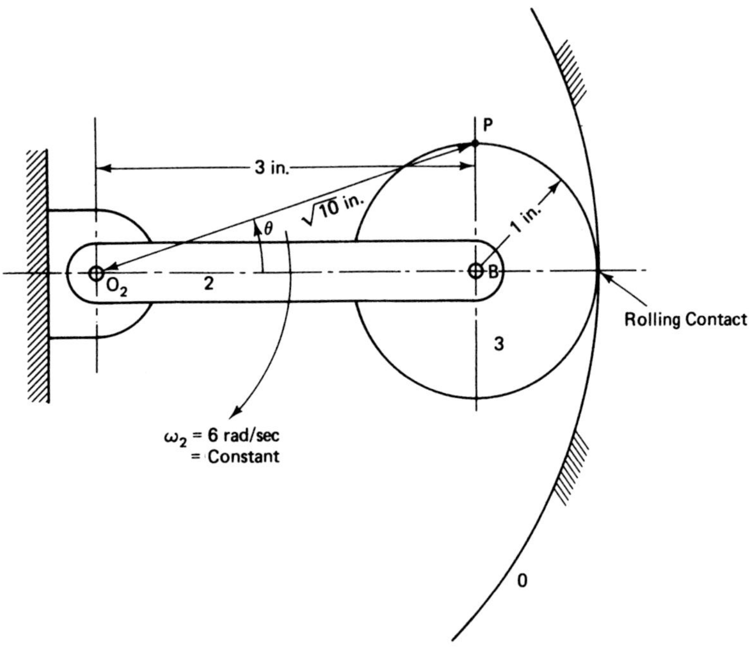

Figure P4.41

4.44. **(a)** Assume a convenient coordinate system for the mechanism shown in Fig. 4.20a, say in which $\overrightarrow{O_4O_2} = 0 + i11.9$ cm. Let $\overrightarrow{O_2P_2} = \mathbf{z}_{P2}$, $\overrightarrow{O_4P_4} = \mathbf{z}_{P4}$ and solve the triangle $\Delta O_4O_2(P_2 \equiv P_4)$ to obtain the arguments $\theta_2 = \arg \mathbf{z}_{P2}$ and $\theta_4 = \mathbf{z}_{P4}$. Write Eq. (4.29) in exponential form, convert to Cartesian form, separate real and imaginary parts, and solve the two resulting real equations simultaneously for the direction (signed) magnitudes $V_{P2P4} = \dot{z}_{P2P4}$ and $V_{P4} = \dot{z}_{P4}$. Similarly, write Eq. (4.33) in exponential form, convert to Cartesian form, separate real and imaginary parts, and solve the resulting two real equations simultaneously for the directed (signed) magnitudes A^t_{P4} and A^S_{P2P4}. Then calculate α_4 as in Eq. (4.33b).

(b) Do as in part (a), except use Eqs. (4.31) and (4.34).

4.45. Following a complex-number analytical method outlined in Prob. 4.44, solve Eq. (4.45) analytically for $(r_2\alpha_2)$ and $\ddot{r}_{A4A2}$ and thus verify the statements in the list that follows Eq. (4.45).

4.46. Write the complex-number expression for the linear acceleration of point P of the four-bar mechanism of Fig. 3.82 using Eqs. (4.21) and (4.22).

4.47. Derive Eqs. (4.21) and (4.22) from Fig. 3.82.

4.48. Find $\mathbf{A}_C$ of Fig. P4.4 using the results of Prob. 4.46. Compare this answer to the graphical solution of Prob. 4.6.

4.49. Use the results of Prob. 4.46 to solve Prob. 4.5.

4.50. Use the results of Prob. 4.46 to solve Prob. 4.7.

4.51. Write the complex-number expression for the linear acceleration of point P of the linkage in Fig. 3.82 if point B is on a slider moving horizontally—in other words, if link 4 is vertical of infinite length.

4.52. For the mechanism and the partially completed velocity and acceleration polygons shown in Fig. P4.42:

(a) Outline the solution procedure to find the acceleration of point P on link 6. Write the vector equations necessary, indicating known magnitudes and directions; indicate known directions by appropriate arrows.

(b) Find $\mathbf{A}_{p3}$, $\mathbf{A}_{p6}$, α_6 and α_{54}.

4.53. In Fig. P4.43, a block (link 5) slides outward on a branch of link 3 at a uniform relative velocity of 10 cm/sec, while link 2 of the four-bar mechanism A_0ABB_0 rotates counterclockwise at the constant angular velocity of ω_2 = 10 rad/sec. The linkage dimensions are A_0A = 1.5 cm, AB = 4 cm, AC = 1 cm, CP = 1 cm, A_0B_0 = 2 cm, θ_2 = 120°, θ_3= 9°, and $\measuredangle BCP$ = 51°. Determine

(a) The absolute velocity of point P on link 3 (point P_3).

(b) The absolute velocity of point P on link 5 (point P_5).

(c) The absolute acceleration of point P on link 3.

(d) The absolute acceleration of point P on link 5.

4.54. An additional link 6 of length 2 cm, oriented at 30° from the positive x axis ccw, measured at P, is connected to the slider (link 5) of Fig. P4.43 at P and is pivoted to ground at P_O, as shown in Fig. P4.44. The rest of the mechanism is the same as that of Fig. P4.43. Determine

(a) The relative velocity of point P_5, with respect to point P_3, $\mathbf{V}_{P5P3}$.

(b) The absolute velocity of point P on link 5, $\mathbf{V}_{P5}$.

(c) The angular velocity of link 6, ω_6.

(d) The relative acceleration of point P_5 on link 5, with respect to point P_3, $\mathbf{A}_{P5P3}$.

(e) The absolute acceleration of point P on link 5, $\mathbf{A}_{P5}$.

(f) The angular acceleration of link 6, α_6.

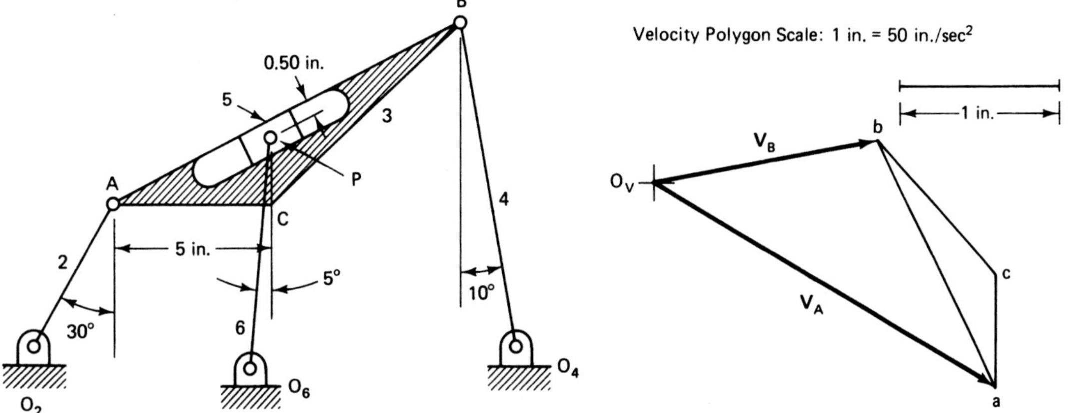

Acceleration Polygon Scale: 1 in. = 1000 in./sec²

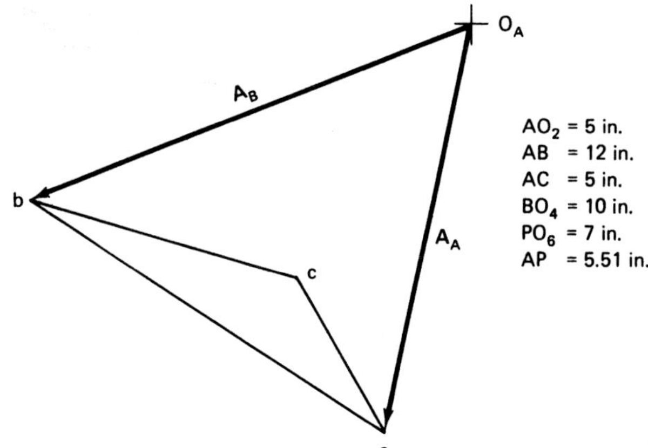

AO_2 = 5 in.
AB = 12 in.
AC = 5 in.
BO_4 = 10 in.
PO_6 = 7 in.
AP = 5.51 in.

Figure P4.42

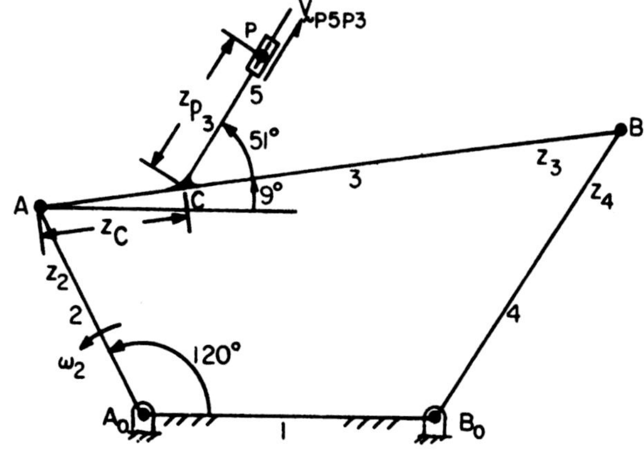

Figure P4.43

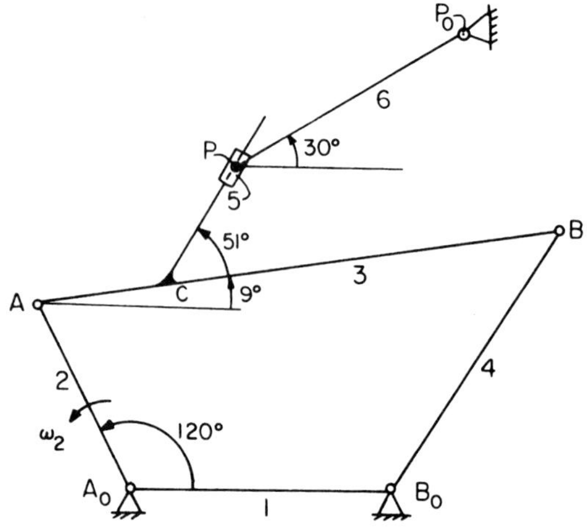

Figure P4.44

4.55. Derive Eqs. (4.21) and (4.22). Start by taking the time derivative of Eq. (3.58), use Euler's equation, separate real and imaginary parts to obtain two real equations, and then eliminate first α_3 to solve for α_4 and vice versa. Finally, use trigonometric identities to obtain the sines and cosines of $(\theta_3 - \theta_2)$, and so on.

4.56. A four-link mechanism is shown in Fig. P4.45. The input is the angular velocity of link 2, $\omega_2 = 20$ rad/sec constant ccw. The output of the function generator is the vertical displacement of link 4. Slider 3 instantaneously slides in a slot in link 2. The velocity diagram for this mechanism is provided.

(a) Write the relative acceleration equation relating the acceleration of point P on link 4 to point P on link 2.

(b) Show the known directions and magnitudes of the components of the acceleration equation in part (a).

(c) Solve the relative acceleration equation graphically using a scale of 1 in. = 2000 in./sec^2.

(d) What is $\mathbf{A}_{P4}$?

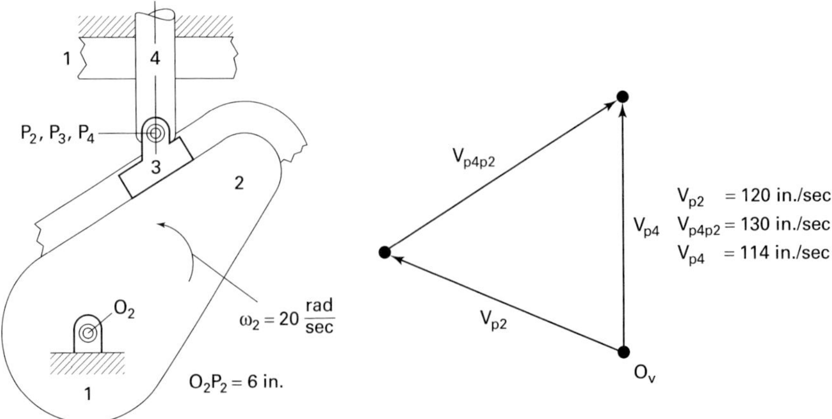

Figure P4.45

4.57. The mechanism shown in Fig. P4.46 is driven by link 2.* In the position shown, link 2 is rotating with an angular velocity and acceleration of 1 rad/sec ccw and 1 rad/sec^2 ccw, respectively. The velocity analysis has been completed, and the results are shown to the right of the mechanism. Find the acceleration of link 4. Use a scale of 1 in. = 1 in./sec^2 for your acceleration diagram.

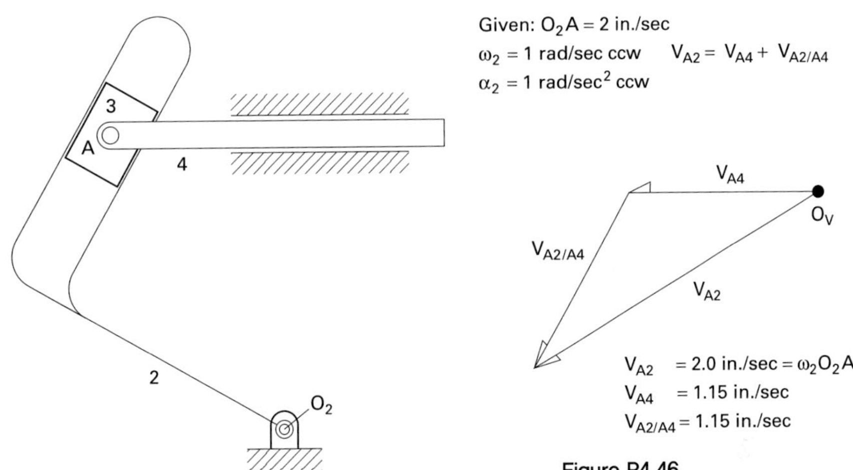

Figure P4.46

4.58. In the mechanism represented in Fig. P4.47, the angular velocity of link 2 is 2 rad/sec (ccw). Find

(a) The angular velocity of link 4.
(b) The angular acceleration of link 4.
(c) The sliding velocity of slider link 3.
(d) The Coriolis acceleration of the system.

Note: All the dimensions shown in the figure are in centimeters.

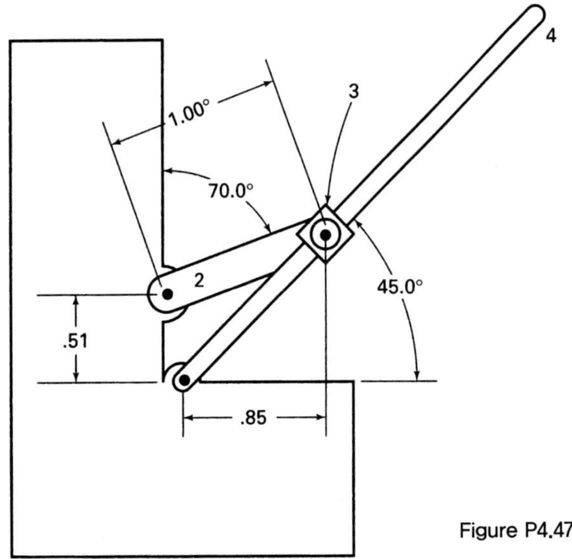

Figure P4.47

* Contributed by Jenny Holte, Adjunct Professor, University of Minnesota.

4.59. Gear **A** drives gear 2 at a constant angular velocity of 20 rad/sec (cw) (Fig. P4.48).* Find

(a) The angular velocity of link 4.

(b) The angular acceleration of link 4.

(c) The sliding velocity of slider link 3.

(d) The Coriolis acceleration of the system.

Note: All the dimensions shown in the figure are in centimeters.

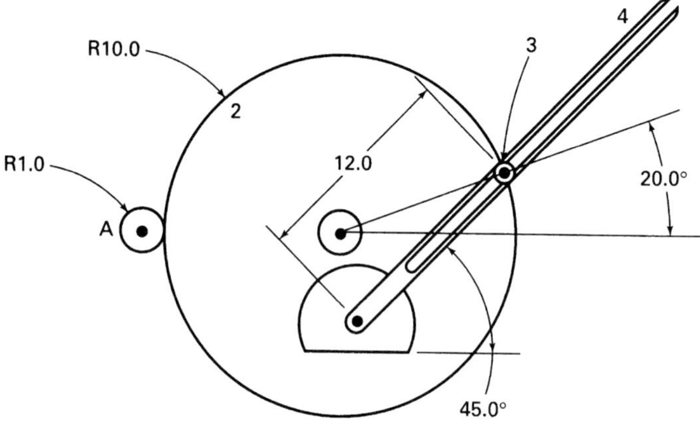

Figure P4.48

* This and previous problem contributed by David Wultman, graduate student, University of Minnesota.

5 기구동역학의 소개

5.1 서론

'동역학' '기계동역학' '기구동역학'이라는 어휘는 여러 교재에서 서로 다른 의미로 사용되고 있다. 다음 절부터 기구동역학의 여러 가지 범주들을 자세히 설명하도록 하겠다(표 5.1 참조).

기계 시스템의 동역학에서 주요 요소는 힘과 운동이다. 동적 해석의 난이도는 문제에서 무엇이 알려져 있고 무엇이 미지수인지와 그 미지수에 대한 가정에 달려 있다. 이 장에서는 기구동역학의 여러 단계에 대해 기술한다. 기구동역학에 대한 보다 고차원적인 문제들은 제 2권의 5장에서 다룬다.

뉴턴 역학

뉴턴의 법칙으로부터 시작하도록 하자. 그러나 여기서는 질점 물리역학이나 기본적인 역학문제의 접근방식을 취하지 않는데, 이는 기구동역학의 전형적인 문제들은 전형적인 물리문제와는 반대의 형태를 취하기 때문이다. 기초 역학에서는 경사면을 따라 벽돌이 미끄러져 내리도록 하는 중력과 같이 힘 혹은 토크가 알려진 양이고 그 결과로 나타나는 운동(변위, 속도, 가속도)을 결정해야 한다. 그러나 기구 해석에서 운동은 통상 실험이나 기구운동학 해석을 통한 해석적 예측을 통해 알려져 있거나 또는 안다고 가정한다. 기구의 조인트에서의 물리적인 구속은 운동을 예측할 수 있게 하는데, 이러한 운동을 일으키는 힘 혹은 토크가 결정되어야 한다. 뉴턴의 법칙은 여전히 적용되지만 다른 방법으로 사용된다. 뉴턴의 운동법칙은 다음과 같이 기술될 수 있다.

1. 질점은 힘이 가해지지 않는다면 정지해 있거나 일정 속력으로 직선운동을 한다.
2. 질점의 운동량의 시간에 따른 변화율은 가해진 힘과 크기가 동일하며 동일한 방향

표 5.1 ● 기구에서의 힘과 토크 해석 방법.*

	방법		
	정역학 (기계적 유용성)	**기구정역학**	**동역학(시간 응답)**
입력정보, 가정, (주어진) 질량	0†	주어짐	주어짐
하중	주어지거나 입력 대 출력 비로 주어짐	각 위치에서 주어짐	위치, 속도, 그리고/또는 시간의 함수로 주어짐
운동	위치가 정해짐	위치, 속도, 가속도가 주어짐	미지수임
(구하는) 출력 정보	하중과 평형을 이루기 위해 필요한 입력힘 각 위치에서의 기계적 유용성 핀에서의 반력	가정된 운동을 유지하기 위한 입력힘 핀에서의 반력	시간의 함수로서 각 부재의 위치, 속도 및 가속도, 즉 실제 운동
필요한 해석 기법	정역학, 선형 대수	달랑베르 원리 정역학, 선형 대수	미분 운동방정식 유도, 컴퓨터를 이용한 풀이

* 좌측에서 우측으로 복잡도가 증가하는 방향으로 정리됨.
† 링크의 무게는 해석에 영향을 주나 관성은 그렇지 않다.

을 갖는다.

정적 힘. 정역학의 법칙은 또한 기구 해석의 기본을 이룬다.

1. 강체에 두 힘이 작용하여 평형을 이루는 경우는 두 힘의 크기가 같고 방향이 반대인 경우뿐이다(그림 5.1).
2. 강체가 세 힘에 의해 평형을 이루는 경우는 세 힘의 작용선이 동일한 한 점을 지나고 세 힘이 삼각형을 이루는 경우뿐이다(그림 5.2).
3. 짝힘이 작용하는 강체가 평형을 이루는 경우는 크기가 같고 방향이 반대인 짝힘이 작용하는 경우뿐이다(그림 5.3).

3개 이상의 힘이 정적평형을 이루는 물체에 작용하거나 힘들과 짝힘의 조합이 작용한다면, 3개의 정역학 법칙과 함께 중첩의 원리가 사용될 수 있다. 즉, 각각의 힘 혹은 모멘트의 효과는 개별적으로 해석될 수 있고 모든 힘과 모멘트의 종합된 효과는 각 해석 결과의 벡터 합이 된다. 중첩의 원리는 어떤 선형 시스템에 대해서도 성립하며 시스템을 구성하는 각 요소들의 효과는 서로 영향을 주지 않는다. 강체링크로 구성된 기구의 정역학 해석은 자유물체도에 정역학 법칙을 적용하면 된다.

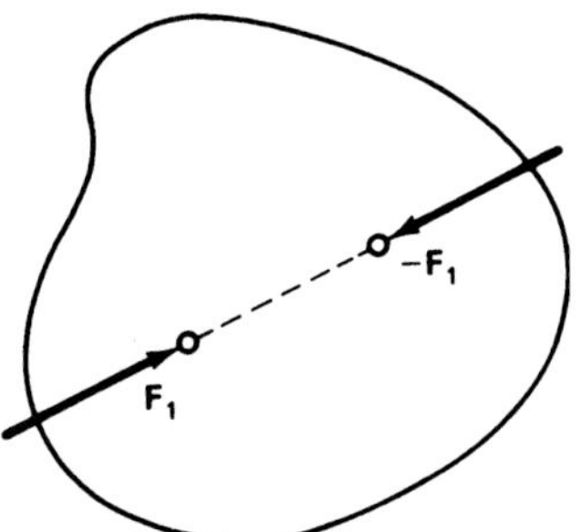

그림 5.1 정적평형 상태에 있는 강체.

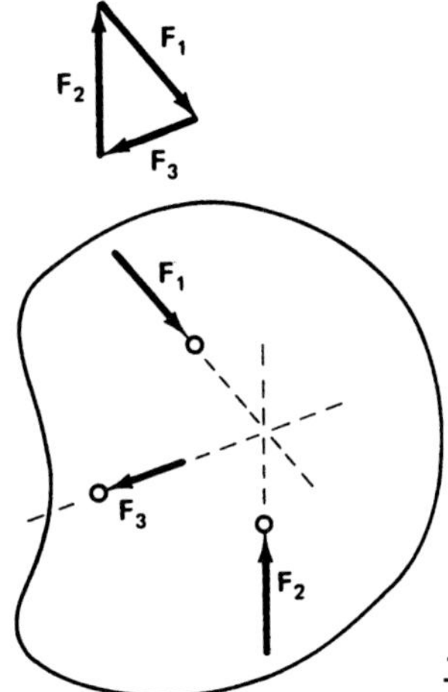

그림 5.2 세 힘이 작용하여 평형을 이루는 강체.

대부분의 엔지니어는 정역학에 익숙하다. 사실 3.9절에서 기계적 유용성을 결정하기 위해 순간중심 방법을 이용하여 여러 링크장치의 해석을 수행하였다. 이는 각 링크 부재에 정역학 법칙을 적용하는 것과 동일한 결과를 주는 간단한 방법이다. 동역학 문제를 이와 같이 단순하고 편하게 풀 수 있다면 좋을 것이다. 뉴턴의 법칙은 정역학과 동역학의 관계를 좀더 탐구하는 데 도움이 될 것이다.

동적 힘. 뉴턴의 법칙은 운동과 질점에 작용하는 힘들간의 관계를 기술한다. 기구는 수많은 질점들로 구성된 강체로 이루어져 있다. 뉴턴의 법칙을 발전시켜 강체의 운동에

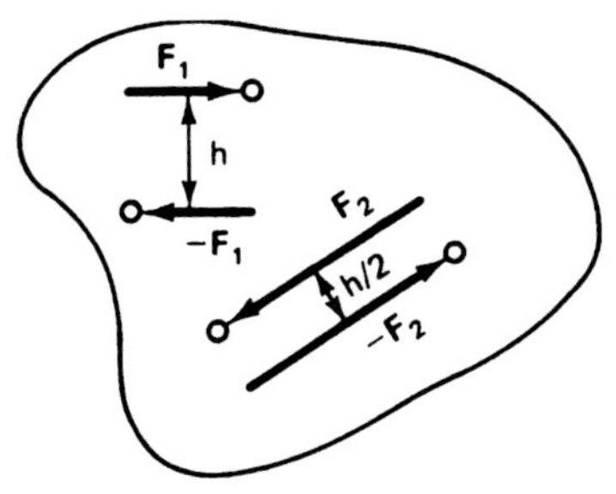

그림 5.3 크기가 같고 방향이 반대인 두 짝힘의 작용하에 정적평형을 이루는 강체($F_2 = 2F_1$).

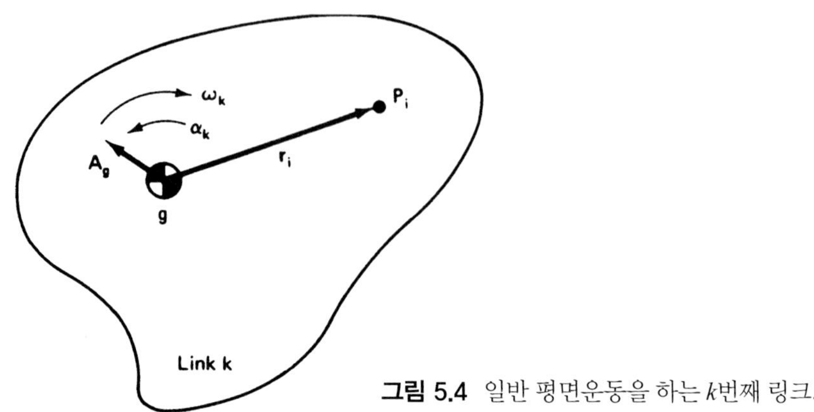

그림 5.4 일반 평면운동을 하는 *k*번째 링크.

적용할 수 있는 법칙을 만드는 것이 바람직하다. 여기서는 대부분 평면운동과 관련하여 살펴보므로, *k*번째 링크의 강체 평면운동을 살펴보기로 하자(그림 5.4 참조). 그리고 벡터량들을 복소수로 표현하자. 어떤 특정 순간에 *k*번째 링크의 각속도를 ω_k라고 하고 각가속도를 a_k라고 하자. 질량중심은 점 g에 위치하고 $\mathbf{A}_g$의 가속도로 가속된다. 이 링크에 속한 모든 질점(P_i)은 뉴턴의 법칙을 따른다. P_i의 가속도는 가속도 차이 공식으로 구한다(4.2절).

$$\mathbf{A}_{Pl} = \mathbf{A}_g + \mathbf{A}_{(Pl)g} \tag{5.1}$$

또는 $\mathbf{A}_{Pi}$와 $\mathbf{A}_{(Pi)g}$를 그들의 두 가속도 성분으로 나타낼 수 있다(여기서는 벡터 $\mathbf{r}_i$의 길이 변화가 없으므로 코리올리 가속도 성분이 없다).

$$\mathbf{A}_{Pi}^n + \mathbf{A}_{Pi}^t = \mathbf{A}_g + \mathbf{A}_{(Pi)g}^n + \mathbf{A}_{(Pi)g}^t \tag{5.2}$$

여기서 $\mathbf{A}_{(Pi)g}^n = -\mathbf{r}_i\omega_k^2$이고 방향은 P_i에서 g를 향한다. 또한 $\mathbf{A}_{(pi)g}^t = \mathbf{r}_i\alpha_k e^{i\pi/2}$이고 α_k의 방향으로 법선방향 성분과 수직을 이룬다. 뉴턴의 두 번째 법칙은 평면링크에 있는 질점 P_i에 작용하는 힘을 결정하기 위하여 그 질점에 적용할 수 있다.

$$\frac{d\mathbf{M}_{P_i}}{dt} = m_i\frac{d\mathbf{V}_{P_i}}{dt} = m_i\mathbf{A}_{P_i} = m_i\mathbf{A}_g - m_i\mathbf{r}_i\omega_k^2 + m_i\mathbf{r}_i\alpha_k e^{i\pi/2} = \mathbf{F}_i \tag{5.3}$$

여기서 m_i는 질점의 질량이고 M은 복소수 벡터 형태로 표시된 운동량이며, **V**, **A**, **r**도 복소수 벡터들이다.

전체 링크에 작용하는 합력은 모든 질점들에 작용하는 힘들을 더하여 구한다.

$$\mathbf{F} = \sum_i \mathbf{F}_i = \sum_i m_i\mathbf{A}_g - \sum_i m_i\mathbf{r}_i\omega_k^2 + \sum_i m_i\mathbf{r}_i\alpha_k e^{i\pi/2} \tag{5.4}$$

또는

$$\mathbf{F} = \sum_i \mathbf{F}_i = \mathbf{A}_g \sum_i m_i - \omega_k^2 \sum_i m_i \mathbf{r}_i + \alpha_k e^{i\pi/2} \sum_i m_i \mathbf{r}_i \tag{5.5}$$

식 (5.5)는 식 (5.4)로부터 다음의 관찰에 근거하여 유도되었다: (1) 첫 번째 항에서, 무게중심의 가속도는 합 기호 전체에 걸쳐서 일정하다. (2) 두 번째와 세 번째 항에서, ω_k^2과 α_k는 합 기호 바깥으로 옮길 수 있는데, 이는 그들이 k번째 링크 전체에 대해서 일정한 값을 갖기 때문이다. (3) ω_k^2의 앞에 붙는 (−)부호는 힘이 각 질점에서 질량중심을 향하고 있기 때문인데, 반면에 $\mathbf{r}_i$는 g로부터 P_i를 향한다.

식 (5.5)는 다음 사항들을 고려하면 더 간단하게 정리될 수 있다.

$$\sum_i m_i = M \text{ 링크 } k\text{의 질량} \tag{5.6}$$

그리고

$$\sum_i m_i \mathbf{r}_i = 0 \tag{5.7}$$

이는 g가 무게중심이기 때문이다. 결과적으로 식 (5.5)는 다음과 같이 정리된다.

$$\boxed{\mathbf{F} = M\mathbf{A}_g} \tag{5.8}$$

모든 P_i 점들의 무게중심(CG)에 대한 모멘트를 더한다면, 법선 성분에 의한 항들은 사라진다(왜냐하면 그들은 CG에 대해 모멘트를 갖지 않기 때문이다). 그리고 토크의 합은 다음과 같이 된다.

$$T = \sum_i m_i r_i \alpha_k r_i = \alpha_k \sum_i m_i r_i^2 \tag{5.9}$$

정의에 의해서 위 식 우변 항의 합 기호의 값은 **무게중심에 대한 관성모멘트**(I_g)이다. 따라서 식 (5.9)는 다음과 같이 기술할 수 있다.

$$\boxed{T = I_g \alpha_k} \tag{5.10}$$

따라서 그림 5.4의 k번째 링크를 질점들의 집합으로 보면 결과적으로 식 (5.5)를 얻게 되고 이는 다시 가속도방향으로 중심에 작용하는 힘 $\mathbf{F} = M\mathbf{A}_g$로 간략화되며 토크는 각가속도 방향으로 $T = I_g \alpha_k$로 주어진다. 따라서 링크가 $\mathbf{A}_g$, ω_k, α_k로 움직인다면 힘 $\mathbf{F}$와 토크 T가 그 링크에 작용하는 것이다. 식 (5.8)은 평면운동의 경우 두 개의 성분을 가지므로, 결과적으로 k번째 링크에 대해서 3개의 독립된 동적평형 방정식을 가지게 된다.

$$\sum F_x = MA_{gx} \tag{5.11}$$

$$\sum F_y = MA_{gy} \tag{5.12}$$

$$\sum T = I_g \alpha_k \tag{5.13}$$

여기서 식 (5.11)의 x방향 힘의 합, 식 (5.12)의 y방향 힘의 합은 임의로 선정된 (x, iy) 좌표계의 축에 평행하다.

식 (5.11)~(5.13)은 평면상을 움직이는 강체의 동역학 법칙을 대변한다. 그들은 정역학 법칙의 연장선에서 정리될 수 있다. 가장 선호되는 형태는 달랑베르 원리에 의한 것인데 이는 다음과 같이 기술된다: 관성력과 외력에 의한 합력과 그들에 의한 토크의 합은 평형을 이룬다. 즉,

$$\sum F_x + (-MA_{gx}) = 0 \tag{5.14}$$

$$\sum F_y + (-MA_{gy}) = 0 \tag{5.15}$$

$$\sum T + (-I_g \alpha_k) = 0 \tag{5.16}$$

위 식은 식 (5.11)에서 (5.13)까지를 동적평형을 나타내기 위하여 다시 적은 형태인데, 여기서 $(-MA_{gx})$와 $(-MA_{gy})$는 각각 x와 y방향 관성력 또는 복소수 벡터의 실수부와 허수부를 의미하고 $(-I_g\alpha_k)$는 **관성토크**, **관성커플** 또는 **관성모멘트**로 불린다. 관성력과 관성토크의 개념은 평형 방정식 문제에서 동적인 문제를 정적인 문제와 유사하게 다룰 수 있게 하기 위하여 고안된 것이다.

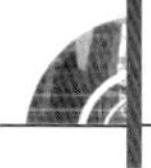

5.2 링크장치의 관성력

중력이 아무 영향을 미치지 않도록 기구가 수평면상에서만 움직인다고 가정하자. 또한 모든 조인트는 마찰이 없고 k번째 링크에는 어떠한 힘이나 모멘트도 직접 가해지지 않는다고 하자. 이제 가속도를 안다고 가정하고 핀에 작용하는 힘을 구해 보자.

앞에서 토의된 그림 5.5a 기구의 k번째 링크를 참조하면, 선형 가속도 $\mathbf{A}_g$와 각가속도 α_k는 기구운동학 해석으로 구할 수 있다. 핀조인트 A와 B에는 미지의 힘 $\mathbf{F}_A$와 $\mathbf{F}_B$가 k번째 링크에 작용하고 있다. 이 두 힘은 벡터적으로 더해져서 합력 R을 형성한다. 편의상 가속도 $\mathbf{A}_g$의 방향으로 y축을 잡는다면, 식 (5.14)와 (5.15)는 각각 다음과 같이 된다.

$$R_y - mA_{gy} = 0 \tag{5.17}$$

그리고

$$R_x = 0 \tag{5.18}$$

여기서 m은 링크의 질량이다. 그러므로 합력 **R**은 A_g와 평행하고 같은 방향을 향해야 한다. 관성력 $\mathbf{F}_0$는 k번째 링크의 관성의 크기이며 (이것은 선형 가속도에 대한 저항을 나타내는 데) 다음과 같이 정의된다.

$$\mathbf{F}_0 = -m\mathbf{A}_g \tag{5.19}$$

그러므로

$$\mathbf{R} + \mathbf{F}_0 = 0 \tag{5.20}$$

이렇게 하여 k번째 링크에 작용하는 힘들은 동적평형을 이루게 된다.

식 (5.16) 또한 만족되어야 한다. 회전 관성력이 존재할 때 동적평형을 가정하는 두 가지 일반적인 방법이 있다. 첫 번째는 $\mathbf{A}_g$와 α_k의 효과를, 무게중심에서 ε_k 만큼 편심되어 떨어진 힘 $\mathbf{F}_0$[식 (5.19)에 의해 정의됨]로 대체하는 방법이다. 편심량 ε_k는 무게중심에 대해서 작용력들에 의한 모멘트를 모두 더함으로써 구할 수 있다.

여기서 힘에 의한 모멘트를 복소수 표기법으로 나타내 보자. 3차원 좌표계에서 $M_R = \mathbf{r} \times \mathbf{F}$, 여기서 **F**는 힘이고 **r**은 지점으로부터 **F**의 작용선상에 있는 임의의 점까지의 벡터이다. 이것을 행렬식으로 나타내면

$$M_R = \begin{vmatrix} \mathbf{i} & \mathbf{j} & \mathbf{k} \\ r_x & r_y & r_z \\ F_x & F_y & F_z \end{vmatrix}$$

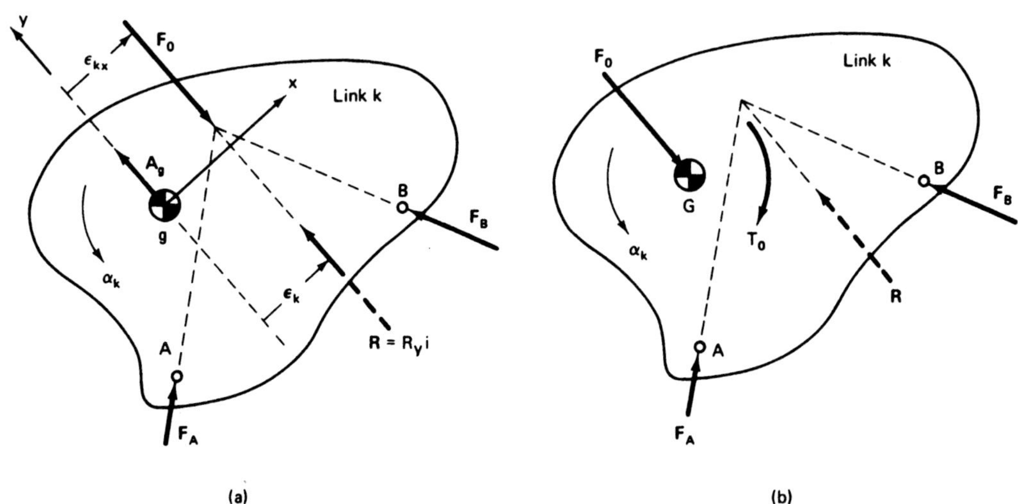

그림 5.5 (a) k번째 링크의 동적평형-편심관성력 방법, (b) k번째 링크의 동적평형-관성력과 관성토크 방법.

우리가 다루고 있는 경우에 대해서는

$$\mathbf{M}_R = \begin{vmatrix} \mathbf{i} & \mathbf{j} & \mathbf{k} \\ \varepsilon_{kx} & \varepsilon_{ky} & 0 \\ 0 & R_y & 0 \end{vmatrix} = (\varepsilon_{kx} R_y)\mathbf{k}$$

그림 5.5a의 좌표계에서 $\varepsilon_{ky} = 0$이므로 ε_k는 실수이며 또한 **R**의 방향에서 시계방향으로 90° 회전하여 **R**과 수직을 이룬다.

이를 그림 5.5a의 k번째 링크의 동적평형을 나타내는 데 적용해 보면

$$R_y \varepsilon_{kx} - I_g \alpha_k = 0 \tag{5.21}$$

여기서 R_y와 ε_{kx}는 부호를 갖는 실수들로서 g에 대한 **R**에 의한 모멘트의 정확한 부호를 제공한다. I_g, α_k 그리고 $\mathbf{R} = R_y i$는 알려진 값이므로 관성력의 편심 벡터는

$$\boxed{\varepsilon_k = \varepsilon_{kx} = \frac{I_g \alpha_k}{R_y} = \frac{I_g \alpha_k}{m A_{gy}}} \tag{5.22}$$

(y축은 $\mathbf{A}_g$의 방향임)

이 식은 x축을 따른 정확한 부호를 갖는 편심량 ε_{kx}의 값을 준다. 식 (5.22)로부터 관성력의 편심량은 가속도와 각가속도 그리고 질량과 관성의 함수임을 주의해 보라. y축을 꼭 $\mathbf{A}_g$의 방향으로 잡을 필요는 없다. 좌표계의 선택과는 무관하게 벡터로 나타낸 다음 관계식은 항상 성립한다.

$$\varepsilon_k \times \mathbf{R} - I_g \alpha_k = 0$$

또는 우리가 다루고 있는 2차원 경우에 3차원 표기법을 적용하면

$$\begin{vmatrix} \mathbf{i} & \mathbf{j} & \mathbf{k} \\ \varepsilon_{kx} & \varepsilon_{ky} & 0 \\ R_x & R_y & 0 \end{vmatrix} = (\varepsilon_{kx} R_y - \varepsilon_{ky} R_x)\mathbf{k} = I_g \alpha_k \mathbf{k} \tag{5.23}$$

k를 양변에서 소거하고 ε_k(g에서 **R**의 작용선상 임의 점까지의 벡터)의 방향은 임의로 잡을 수 있으므로, ε_k를 **R**에 수직하게 잡으면 다음과 같다(연습문제 5.1b와 그림 5.6 참조).

$$\frac{\varepsilon_{kx}}{\varepsilon_{ky}} = -\frac{R_y}{R_x} \tag{5.24}$$

식 (5.23)과 (5.24)를 ε_{kx}와 ε_{ky}를 구하기 위해 연립하여 풀면 다음을 얻는다.

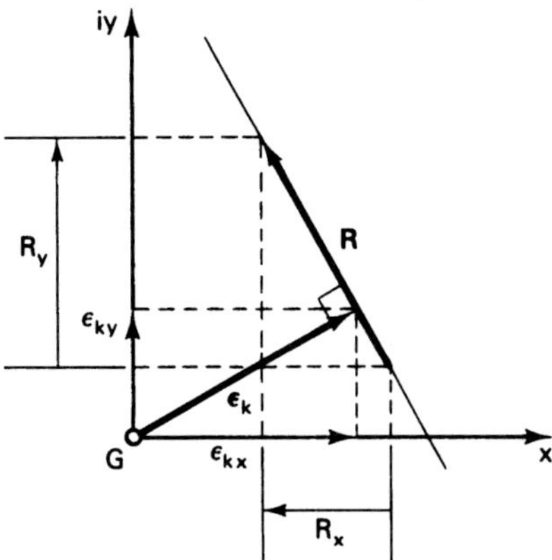

그림 5.6 닮은꼴 삼각형의 90° 회전을 통한 식 (5.24)의 도해적인 증명.

$$\begin{aligned} \varepsilon_{kx}R_y - \varepsilon_{ky}R_x &= I_g\alpha_k \\ \varepsilon_{kx}R_x + \varepsilon_{ky}R_y &= 0 \end{aligned} \tag{5.25}$$

$$\varepsilon_{kx} = \frac{\begin{vmatrix} I_g\alpha_k & -R_x \\ 0 & R_y \end{vmatrix}}{\begin{vmatrix} R_y & -R_x \\ R_x & R_y \end{vmatrix}} = \frac{R_y I_g \alpha_k}{R^2} \tag{5.26}$$

그리고

$$\varepsilon_{ky} = \frac{\begin{vmatrix} R_y & I_g\alpha_k \\ R_x & 0 \end{vmatrix}}{R^2} = \frac{-R_x I_g \alpha_k}{R^2} \tag{5.27}$$

식 (5.26)과 (5.27)은 정확한 부호를 갖는 ε_i의 실수 및 허수부를 제공하므로 링크나 그에 작용하는 힘의 기하학적 형상을 시각적으로 확인할 필요가 없다. 그러므로 컴퓨터를 이용한 계산에 적당하다.

동적평형 상태를 확인하는 두 번째 방법(그림 5.5b)은 질량중심에 작용하는 관성력 $\mathbf{F}_0$와 각가속도의 반대 방향으로 작용하는 관성토크 $\mathbf{T}_0$를 사용하는 방법인데, 여기서

$$T_0 = -I_g\alpha_k \tag{5.28}$$

관성력과 관성토크를 이용하는 이 방법은 다음 예제의 기구 해석을 위해 사용될 것이다.

예제 5.1

그림 5.7a는 $m_3 = 18$ kg이고 $I_{g3} = 4.5$ kg-m^{2}을 갖는 4절 기구의 커플러링크 3을 보여준다. 커플러에 작용하는 입력 및 출력링크의 힘($\mathbf{F}_{23}$와 $\mathbf{F}_{43}$)은 커플러에 작용하는 다른 힘들이

없으므로 관성력 $\mathbf{F}_{03}$에 의해 평형을 이룬다. $\mathbf{A}_{g3} = 10e^{i60^\circ}$m/sec^{2}이고 $\alpha_3 = 4$ rad/sec^2(반시계방향)일 때, 전술한 두 가지 방법에 의해서 ε_3, $\mathbf{F}_{23}$, $\mathbf{F}_{43}$를 구하라. 링크 4에 의해서 링크 3에 가해지는 힘(F_{43})의 작용선이 알려져 있음에 주의하라.

식 (5.22)로부터 y축을 $\mathbf{A}_{g3}$와 일치하게 변경하면

$$\varepsilon_{3x} = \frac{(4.5)(4)}{(18)(10)} = 0.1 \text{ m}$$

식 (5.19)와 (5.28)로부터

$$F_{03y} = -180 \text{ N} \quad (\text{N} \equiv \text{newton})$$

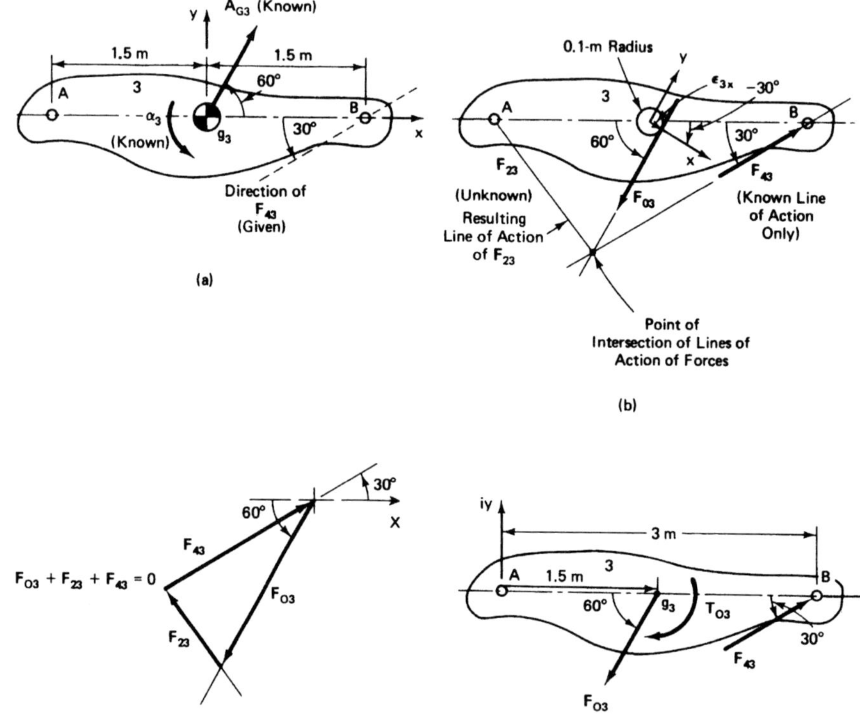

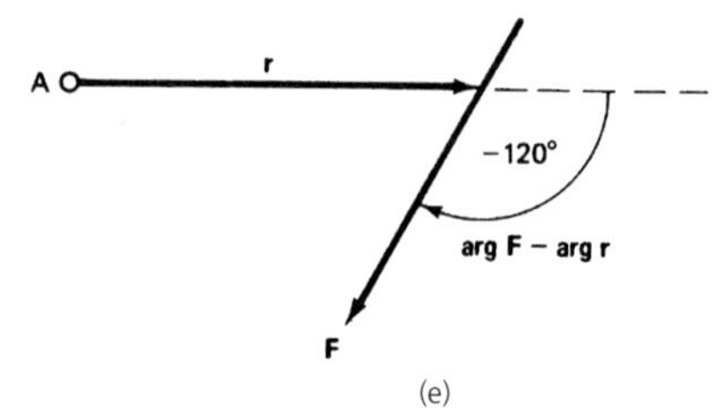

그림 5.7 4절 기구에서 커플러링크 3의 동적평형.

그리고

$$T_{03} = -18 \text{ N·m cw}$$

방법 1: 그림 5.7b와 5.7c는 세 힘($\mathbf{F}_{23}$, $\mathbf{F}_{43}$, $\mathbf{F}_{03}$)의 평형과 관련한 도해적인 해를 보여준다. $\mathbf{F}_{03}$에 의한 모멘트가 각가속도의 반대 방향이고 그 힘의 작용선이 g_3로부터 ε_3만큼 편심되어 있는 것에 주의하라(그림 5.7a와 5.7b). 그림 5.7b로부터 $\mathbf{F}_{23}$의 작용선을 구한다. 그림 5.7c는 $\mathbf{F}_{23}$와 $\mathbf{F}_{43}$의 크기와 방향을 나타내는 도해적인 해를 보여준다. 이로부터

$$\mathbf{F}_{23} = 93e^{i126°} \text{ N}$$
$$\mathbf{F}_{43} = 167.8e^{i30°} \text{ N}$$

방법 2: 그림 5.7d는 관성력 $\mathbf{F}_{03}$와 관성토크 $\mathbf{T}_{03}$를 보여준다. 이제 힘 $\mathbf{F}$의 점 A에 대한 모멘트를 복소수 형태로 표시한 것을 보여주려 한다. 그림 5.7e에서 $\mathbf{r}$은 A로부터 $\mathbf{F}$의 작용선상 임의의 점까지의 벡터를 나타낸다. 그러면 A에 대한 힘 $\mathbf{F}$의 모멘트는

$$M_A = rF \sin(\arg \mathbf{F} - \arg \mathbf{r}) \tag{5.29}$$

식 (5.29)는 부호가 주어지는 스칼라량으로(반시계방향은 양 그리고 시계방향은 음) 표시되는 모멘트로 주어지는 것에 주의하라. 그림 5.7d를 참조하고 식 (5.29)를 이용하면, A에 대한 모멘트의 합은

$$T_{03} - 1.5F_{03} \sin 60° + 3F_{43} \sin 30° = -18 - (1.5)(180)(0.87) + 3F_{43}(0.5) = 0$$

이로부터

$$F_{43} = 167.8 \text{ N}$$

x와 y방향 힘들의 합으로부터, 선 AB를 따라서 x축을 정하면 다음 결과를 얻을 수 있다.

$$\mathbf{F}_{23} = 93e^{i126°} \text{ N}$$

5.3 기구의 기구정역학 해석

표 5.1은 기구의 기구정역학 해석에서 대수방정식 형태로 관성력이 고려될 수 있음을 보여준다. 기구정역학 방법은 5.3절부터 5.7절까지 토의될 것이다. 그림 5.8은 운동주기 중 특정 순간의 4절 기구의 전형적인 모습을 보여준다. 다음 해석에서 링크장치들은 연속적으로 접촉하는(조인트에 간극이 없이) 마찰이 없는 조인트들로 연결된 강체링크로 구성

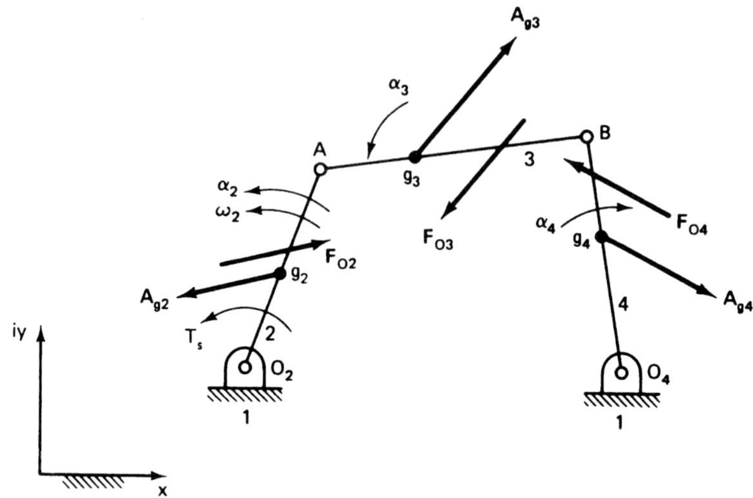

그림 5.8 링크의 순간가속도로 인해 4절 기구에서 발생하는 관성력 $F_{0k}(k = 2, 3, 4)$.

된다. 질량중심점들의 선형 가속도와 움직이는 링크들의 각가속도는 4장의 방법들에 의해서 결정되었다고 가정하자. 3개의 관성력 F_{02}, F_{03}, F_{04}는 링크장치의 기구정역학적 하중들을 나타낸다(표 5.1 참조). 이들의 크기와 작용점들은 식 (5.19)와 (5.22)에 의해서 결정되었다고 가정하자. 기구정역학 해석의 목적은 관성력과 모멘트가 적용되는 동적평형 개념을 이용하여 그림 5.8에서 보여주는 위치의 특정 순간에서의 베어링하중과 소요되는 입력축 토크를 결정하는 것이다. 일단 한 위치에서 해석적 표현을 구하면, 다른 위치에서의 베어링하중과 입력토크는 쉽게 구할 수 있다. 이러한 힘 해석의 목적을 달성하기 위해서 일반적으로 이용되는 3가지 방법이 있는데, 도해적 중첩법, 해석적 중첩법 그리고 행렬 방법이다. 이 방법들을 모두 살펴볼 것이다. 이 방법들이 처음에는 어렵게 느껴질 수도 있으므로, 문제와 예제연구를 통해 아주 자세히 다룰 것이다.

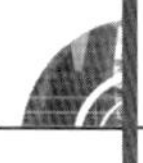

5.4 중첩법(도해적 및 해석적)[110]

링크장치의 특정 위치에서, 속도와 가속도를 안다면 유도될 식들은 관성력 F_{02}, F_{03}, F_{04}에 대하여 선형적이며 대수적이다. 그러므로 중첩의 원리가 적용될 수 있다. 즉, 각각의 관성력의 효과를 분리해서 다룬 뒤, 이를 중첩하여 합쳐진 효과를 구할 수 있다. 운동방정식은 각각의 자유물체도, 즉 각각의 움직이는 링크에 근거한다. 해는 간단하게 도해적 혹은 해석적으로, 즉 계산기나 PC를 이용해서 쉽게 구할 수 있다.

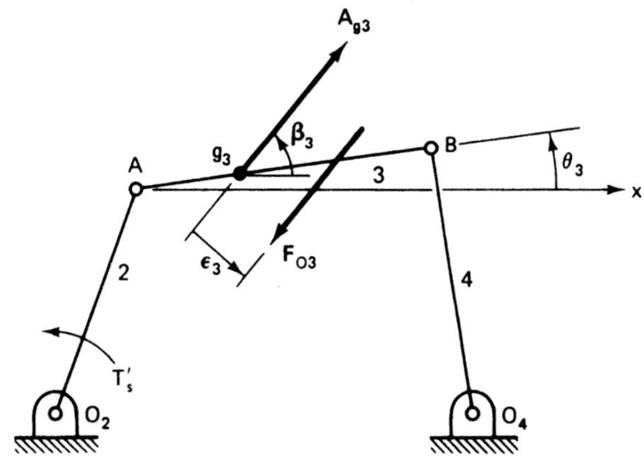

그림 5.9 선형 중첩에서는 관성력의 효과를 하나씩 다룬다.

해석 방법은 다음과 같다. 그림 5.9는 관성력 F_{03}만 유일하게 작용하는 경우를 보여준다. 따라서 구해야 하는 베어링하중과 축에 작용하는 토크는 F_{03}에만 관련된다. 마찬가지로 F_0나 F_{04}만 작용하는 경우에 대한 독립적인 힘 해석을 수행하고 이상의 세 결과를 중첩하여 최종적인 베어링하중과 축에 작용하는 토크를 구하게 될 것이다.

단계 1: F_{03}의 효과

$\mathbf{F}_{03}$만 홀로 작용하는 경우, 먼저 고려되어야 할 자유물체는 링크 3(그림 5.10b)이다. 가속도 $\mathbf{A}_{g3} = (\mathbf{A}_{g3}e^{i\beta3})$과 각가속도 α_3는 아는 값이므로 관성력 벡터 $\mathbf{F}_{03}$는 다음 식에 의해 결정된다.

$$\mathbf{F}_{03} = (m_3 A_{g3})e^{i(\beta3 + \pi)} \tag{5.30}$$

여기서 $(\beta_3+\pi)$는 $\mathbf{F}_{03}$의 방향이 β_3에 의해 주어지는 $\mathbf{A}_{g3}$의 방향과 반대임을 보여 준다. 각가속도 α_3의 존재로 인하여 $\mathbf{F}_{03}$의 작용선은 $\mathbf{A}_{g3}$의 작용선으로부터 $\varepsilon_3 = I_3\alpha_3/F_{03}$[식 (5.22)]만큼 편심되어 있다. 복소수 벡터 형태로는

$$\varepsilon_3 = -\frac{\alpha_3}{|\alpha_3|}\varepsilon_3 i e^{i\beta_3}$$

여기서 $ie^{i\beta3}$는 $\mathbf{A}_{g3}$에 수직한 ε_3의 방향이고 $-\alpha_3/|\alpha_3|$는 $ie^{i\beta3}$의 방향을 따른 ε_3의 부호를 결정한다. ε_3를 대입하면

$$\varepsilon_3 = -\frac{\alpha_3}{|\alpha_3|}\left|\frac{I_3\alpha_3}{F_{03}}\right| i e^{i\beta_3} = \frac{-I_3\alpha_3}{F_{03}} i e^{i\beta_3}$$

계산의 편의를 위해 $\mathbf{F}_{03}$의 작용선의 위치는 움직이는 피봇점 A로부터의 벡터 l_3로 주어지며 그림 5.10b에서 볼 수 있는데, 여기서

$$\ell_3 = \mathbf{r}_{g3} + \ell_{g3}$$

그림 5.10d로부터

$$\varepsilon_3 = \ell_{g3} \cos\left(\theta_3 + \frac{\pi}{2} - \beta_3\right) e^{-i[\theta_3 + (\pi/2) - \beta_3]}$$

$$\varepsilon_3 = -\ \ell_{g3} \sin(\theta_3 - \beta_3) e^{-i[\theta_3 + (\pi/2) - \beta_3]}$$

$$\ell_{g3} = \frac{-\ \varepsilon_3}{\sin(\theta_3 - \beta_3)} e^{i[\theta_3 + (\pi/2) - \beta_3]} = +\ \frac{I_3 \alpha_3 i e^{i\beta_3} e^{i[\theta_3 + (\pi/2) - \beta_3]}}{F_{03} \sin(\theta_3 - \beta_3)}$$

$$\ell_{g3} = \frac{-\ I_3 \alpha_3 e^{i\theta_3}}{F_{03} \sin(\theta_3 - \beta_3)}$$

또는

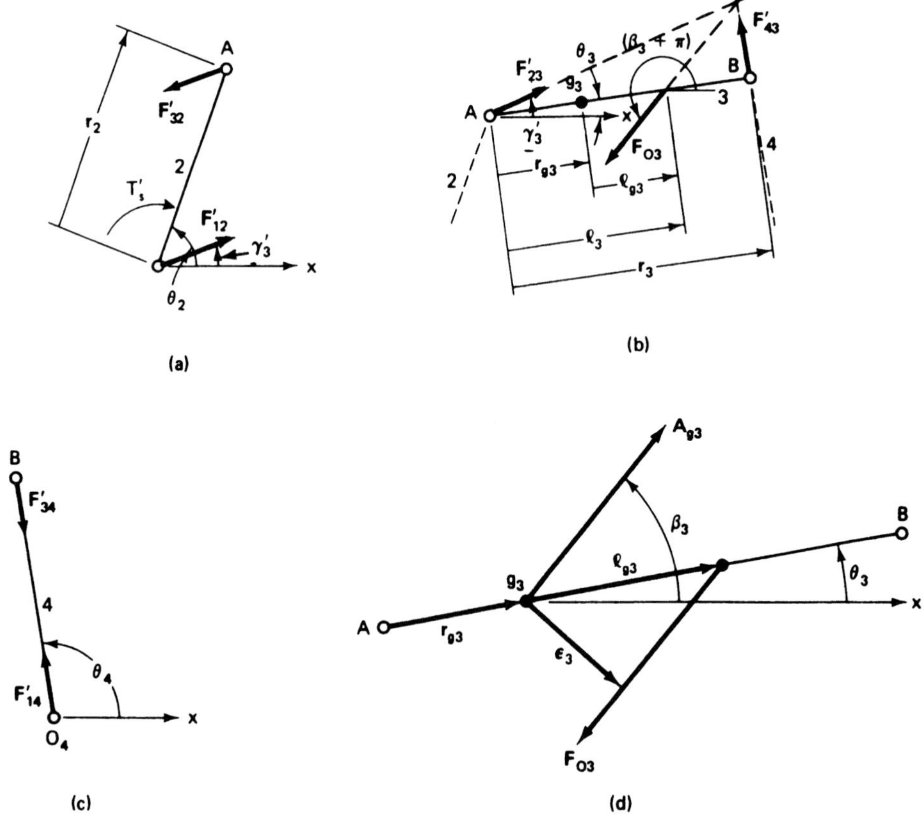

그림 5.10 관성력 F_{03}에 의해 핀에 작용하는 힘의 효과. (b)에서 γ_3'은 축척하여 그린 것이 아니며, 미지수로서 도해적 해 혹은 해석적 방법을 통해 구해야 한다.

$$\ell_3 = \left[r_{g3} - \frac{I_3\alpha_3/F_{03}}{\sin(\theta_3 - \beta_3)} \right] e^{i\theta_3} \tag{5.31}$$

여기서 I_3와 $\mathbf{F}_{03}$는 절대값이며 α_3의 부호가 벡터 l_{g3}의 부호를 결정한다.

링크 3에 작용하는 3개의 힘 중에서, $\mathbf{F}_{03}$는 알려진 동적하중이고 $\mathbf{F}'_{23}$과 $\mathbf{F}'_{43}$은 미지의 조인트하중이다. 링크 4는 현재 질량이 없다고 가정되는데, 그림 5.10c에 보이는 2개의 힘만이 가해진다. 그러므로 링크 4는 2개의 힘이 작용하는 부재이며, $\mathbf{F}'_{43}$의 작용선의 방향은 θ_4이다. 그러므로 커플러에 작용하는 힘들은 예제 5.1에 제시되었던 상황에서의 힘들과 동일하다. 링크 3에 가해지는 힘들을 더하면 기구정역학적 평형을 나타낸다.

$$\mathbf{F}'_{23} + \mathbf{F}'_{43} + \mathbf{F}_{03} = 0 \tag{5.32}$$

이는 그림 5.11과 5.12에서 보여주듯이 도해적으로 풀 수 있다.

식 (5.32)를 해석적으로 풀기 위해서, 그 식을 지수 형태로 다시 쓴다.

$$F'_{23}(e^{i\gamma'_3}) + F'_{43}(e^{i\theta_4}) + F_{03}[e^{i(\beta_3 + \pi)}] = 0 \tag{5.33}$$

식 (5.33)의 실수부와 허수부를 분리하면

$$F'_{23} \cos \gamma'_3 + F'_{43} \cos \theta_4 + F_{03} \cos (\beta_3 + \pi) = 0 \tag{5.34}$$

$$F'_{23} \sin \gamma'_3 + F'_{43} \sin \theta_4 + F_{03} \sin (\beta_3 + \pi) = 0 \tag{5.35}$$

3개의 미지수를 모두 구하기 위해서는 식 (5.34)와 (5.35) 외에 다른 식이 추가로 필요하다. 그 추가되는 식은 커플러의 어떤 점에 대한 모멘트 평형식이다.

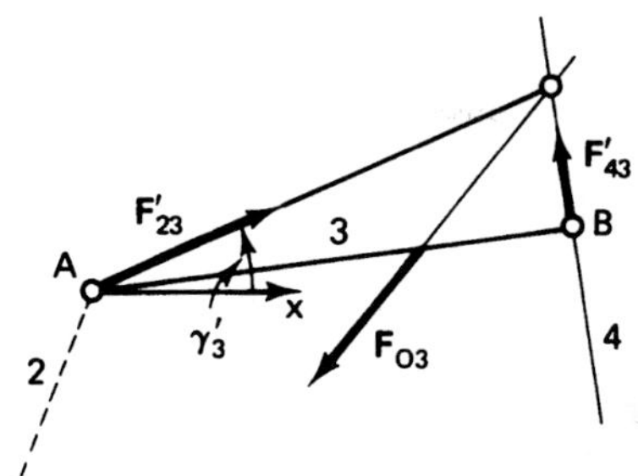

그림 5.11 $\mathbf{F}'_{23}$의 작용선의 도해적 결정.

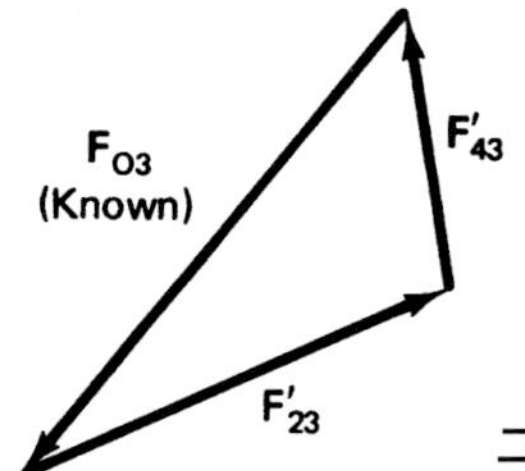

그림 5.12 힘 $\mathbf{F}'_{23}$과 $\mathbf{F}'_{43}$의 크기 및 부호의 도해적 결정.

$$F'_{43}r_3 \sin(\theta_4 - \theta_3) + F_{03}l_3 \sin(\beta_3 + \pi - \theta_3) = 0 \tag{5.36}$$

또는

$$F'_{43} = -F_{03}\frac{l_3 \sin(\beta_3 + \pi - \theta_3)}{r_3 \sin(\theta_4 - \theta_3)}$$

$\mathbf{F}'_{23}$의 실수부와 허수부(F'_{23x}와 F'_{23y})는 이제 식 (5.34)와 (5.35)로부터 구할 수 있다.

$$F'_{23x} = F'_{23} \cos\gamma'_3 = -F'_{43} \cos\theta_4 - F_{03} \cos(\beta_3 + \pi) \tag{5.37}$$

$$F'_{23y} = F'_{23} \sin\gamma'_3 = -F'_{43} \sin\theta_4 - F_{03} \sin(\beta_3 \sin(\beta_3 + \pi) \tag{5.37a}$$

F'_{23x}와 F'_{23y}는 각각 양의 값과 음의 값을 가지는 것에 주의하라. $\mathbf{F}'_{23}$의 크기와 방향은 다음과 같이 계산된다.

$$F'_{23} = \left|\sqrt{(F'_{23x})^2 + (F'_{23y})^2}\right| \tag{5.38}$$

$$\gamma'_3 = \arg(F'_{23x} + iF'_{23y}) \tag{5.39}$$

링크 4의 자유물체도(그림 5.10c)는 θ_4에 작용하는 베어링하중이 힘 $\mathbf{F}'_{43}$과 동일함을 보여주는데, 이는 링크 4에는 오직 2개의 힘만 작용하기 때문이다. 유사하게 그림 5.10a에서 보여주듯이 링크 2에도 오직 2개의 힘만이 작용하는데, 그 이유는 지금으로서는 외부하중도 없고 질량도 없다고 가정되기 때문이다. 따라서 θ_2에 작용하는 베어링하중 $\mathbf{F}'_{12}$은 $\mathbf{F}'_{23}$과 동일하다. 가정된 링크 3의 운동상태를 유지하는 데 필요한 축에 작용하는 토크, T_s'을 결정하기 위한 마지막 단계는 링크 2에 작용하는 모멘트 평형으로부터 유도될 수 있다.

도해적으로 T_s'을 구하기 위하여 그림 5.10a를 축척하여 다시 그리고 평행한 두 힘간 거리, 즉 d를 측정한다. 그러면 $|T'_s| = |F'_{32}|d$이고 부호는 F'_{12}과 F'_{32}의 효과와 반작용을 이루어야 하므로 시계방향이 된다.

T_s'를 해석적으로 알아내기 위해서, 식 (5.29)를 이용하면 다음 식을 구할 수 있다.

$$\begin{aligned} T'_s &= -F'_{12}r_2 \sin(\gamma'_3 - \theta_2 + \pi) \\ &= -F'_{23}r_2 \sin(\theta_2 - \gamma'_3) \end{aligned} \tag{5.40}$$

이상에서 하중 $\mathbf{F}_{03}$에 의한 베어링하중과 축토크를 결정하였다. 이제 $\mathbf{F}_{04}$만이 작용할 때의 해석과 F_{02}의 영향에 의한 3번째 해석을 다룰 것이다.

단계 2: F_{04}의 효과

단계 1에서와 동일한 절차를 따라서, 링크 4의 관성력은 복소수 표기법으로 나타낼 수 있

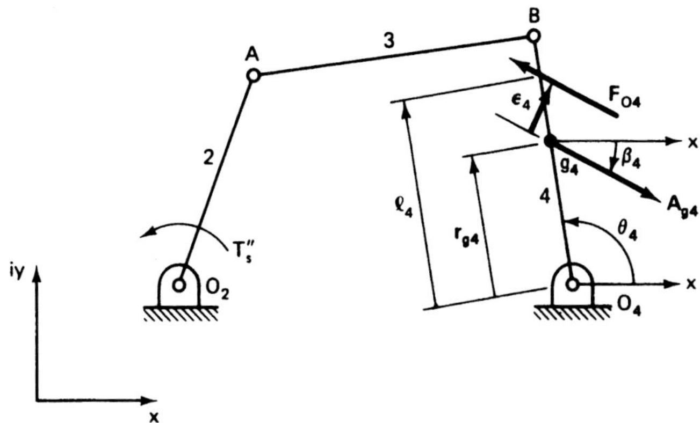

그림 5.13 링크 4의 관성효과가 요구되는 입력토크에 미치는 영향을 평가하기 위하여 다른 모든 링크는 질량이 없고 외력이 가해지지 않는다고 가정한다.

다(그림 5.13 참조).

$$\mathbf{F}_{04} = (m_4 A_{g4})e^{i(\beta_4 + \pi)} \tag{5.41}$$

$\mathbf{F}_{04}$는 질량중심으로부터 다음 식에 나타나는 만큼 편심되어 있다.

$$\varepsilon_4 = -\frac{I_4\alpha_4}{F_{04}} ie^{i\beta_4} \tag{5.42}$$

그리고 작용 위치는 다음 식으로 주어진다.

$$\ell_4 = \mathbf{r}_{g4} + \frac{\varepsilon_4(\alpha_4/|\alpha_4|)e^{i\theta_4}}{\sin(\beta_4 - \theta_4)} = \mathbf{r}_{g4} + \frac{l_4\alpha_4/F_{04}}{\sin(\beta_4 - \theta_4)}e^{i\theta_4} \tag{5.43}$$

링크 4에 작용하는 힘들을 합하면

$$\mathbf{F}''_{34} + \mathbf{F}''_{14} + \mathbf{F}_{04} = 0 \tag{5.44}$$

식 (5.44)를 도해적으로 풀기 위하여 그림 5.14에 나타난 것처럼 진행한다.

식 (5.44)의 해석적 해는 그 식을 지수 형태로 기술함으로써 구할 수 있다.

$$F''_{34}e^{i\theta_3} + F''_{14}e^{i\gamma''_4} + F_{04}e^{i(\beta_4 + \pi)} = 0 \tag{5.45}$$

그 다음 실수부와 허수부를 분리하면

$$F''_{34}\cos\theta_3 + F''_{14}\cos\gamma''_4 + F_{04}\cos(\beta_4 + \pi) = 0 \tag{5.46}$$

$$F''_{34}\sin\theta_3 + F''_{14}\sin\gamma''_4 + F_{04}\sin(\beta_4 + \pi) = 0 \tag{5.47}$$

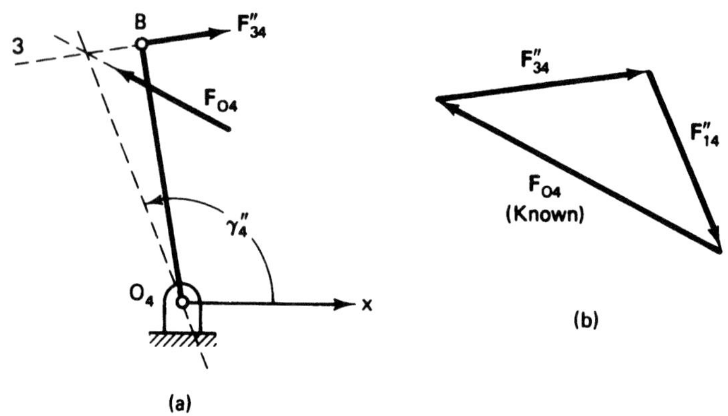

그림 5.14 (a) $\mathbf{F}''_{14}$의 작용선 결정, (b) $\mathbf{F}''_{34}$과 $\mathbf{F}''_{14}$의 크기 및 방향 결정(도해적 방법).

여기서 미지수는 F''_{34}, F''_{14}, γ''_4이다. θ_4에 대한 모멘트를 합하여 추가로 요구되는 식을 구한다.

$$F''_{34} r_4 \sin(\theta_3 - \theta_4) + F_{04} l_4 \sin(\theta_4 - \beta_4) = 0 \tag{5.48}$$

따라서

$$F''_{34} = -F_{04} \frac{l_4 \sin(\theta_4 - \beta_4)}{r_4 \sin(\theta_3 - \theta_4)} \tag{5.49}$$

F''_{34}의 이 값을 사용하면, 식 (5.46)과 (5.47)을 이용하여 F''_{14}을 구할 수 있다.

$$\begin{aligned} F''_{14x} &= F''_{14} \cos \gamma''_4 = -F_{04} \cos(\beta_4 + \pi) - F''_{34} \cos \theta_3 \\ F''_{14y} &= F''_{14} \sin \gamma''_4 = -F_{04} \sin(\beta_4 + \pi) - F''_{34} \sin \theta_3 \end{aligned} \tag{5.50}$$

그러므로

$$F''_{14} = \left| \sqrt{(F''_{14x})^2 + (F''_{14y})^2} \right| \tag{5.51}$$

그리고

$$\gamma''_4 = \arg(F''_{14x} + iF''_{14y}) \tag{5.52}$$

그림 5.15b에서

$$\begin{aligned} \mathbf{F}''_{43} &= -\mathbf{F}''_{34} \\ \mathbf{F}''_{32} &= -\mathbf{F}''_{23} = -\mathbf{F}''_{34} \end{aligned} \tag{5.53}$$

링크 2의 O_2에 대한 모멘트를 더하면 다음 식을 구할 수 있다.

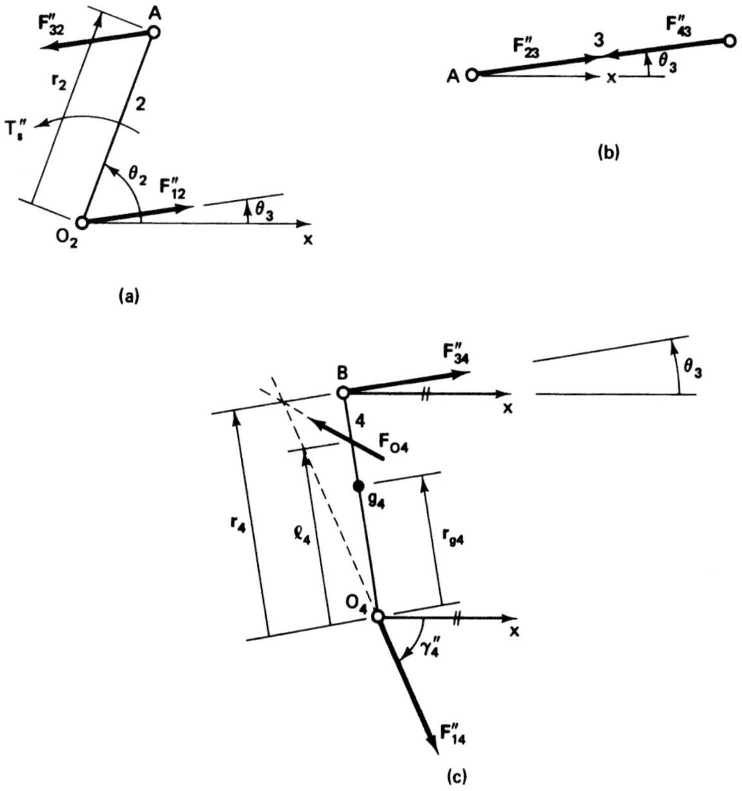

그림 5.15 링크 4의 관성이 핀에 걸리는 하중과 입력토크에 미치는 효과.

$$T_s'' = F_{32}'' r_2 \sin(\theta_3 - \theta_2) \tag{5.54}$$

T_s''을 구하기 위한 도해적 해는 그림 5.15a의 작도에 근거하며, T_s'을 위해 전에 주어진 것과 유사하다. 그러므로 베어링하중과 축토크는 링크 4의 관성에 의해 결정된다.

단계 3: F_{02}의 효과

링크 2의 관성력은(그림 5.16 및 5.17 참조)

$$\mathbf{F}_{02} = (m_2 A_{g2}) e^{i(\beta_2 + \pi)} \tag{5.55}$$

그리고

$$\ell_2 = \mathbf{r}_{g2} + \frac{\varepsilon_2(\alpha_2/|\alpha_2|)e^{i\theta_2}}{\sin(\beta_2 - \theta_2)} = \mathbf{r}_{g2} + \frac{I_2\alpha_2/F_{02}}{\sin(\beta_2 - \theta_2)} e^{i\theta_2} \tag{5.56}$$

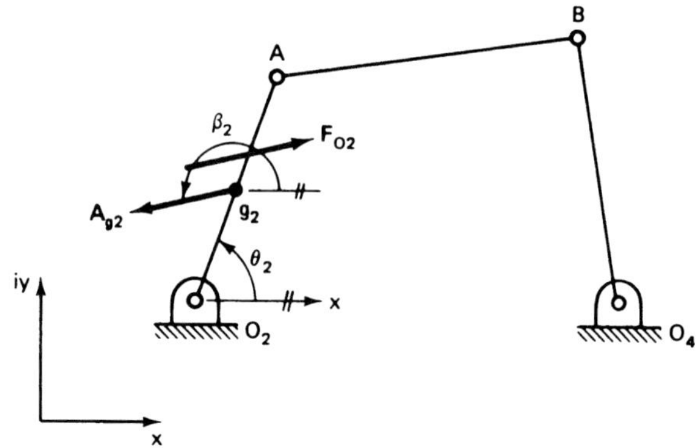

그림 5.16 링크 2의 관성력만 고려됨.

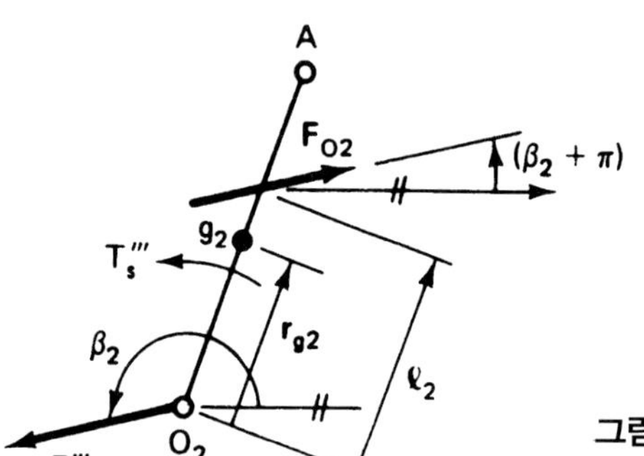

그림 5.17 링크 2의 관성만으로 링크 2에 작용하는 힘과 토크의 평형.

이 해석은 링크 3과 링크 4가 모두 질량이 없고 외부하중이 없다고 간주하므로, $\mathbf{F}_{12}''$을 제외한 모든 베어링하중이 0이 되어 훨씬 간단하다.

$$\mathbf{F}_{12}''' = -\mathbf{F}_{02} \tag{5.57}$$

링크 2의 관성을 극복하기 위해서 필요한 축토크는

$$T_s''' = F_{02} l_2 \sin(\beta_2 - \theta_2) \tag{5.58}$$

T_s'''의 도해적인 결정은 그림 5.17의 작도에 근거한다.

단계 4: 모든 관성력의 효과

조인트하중 및 요구되는 입력토크에 미치는 움직이는 세 링크의 관성력에 의한 총 효과는 (그림 5.18 참조)

$$\mathbf{F}_{14} = \mathbf{F}_{14}' + \mathbf{F}_{14}'' \tag{5.59}$$

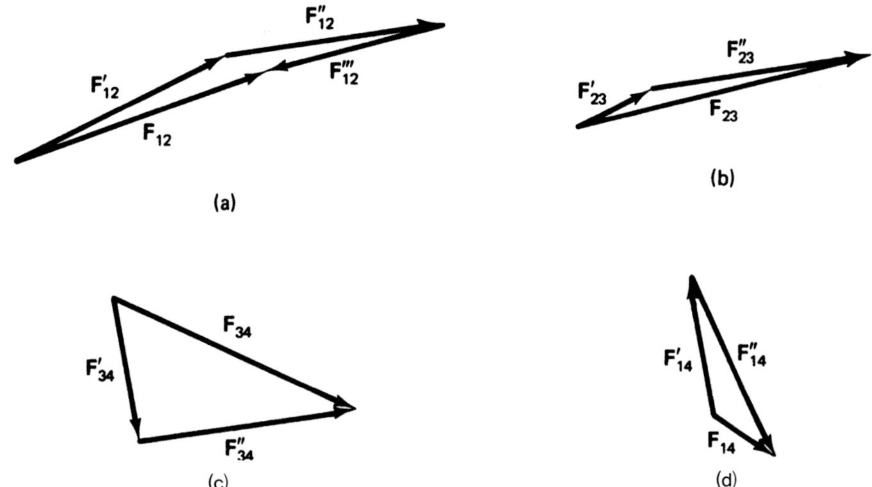

그림 5.18 식의 도해적 해: (a) 식 (5.62), (b) 식 (5.61), (c) 식 (5.60), (d) 식 (5.59). 평면운동의 경우 토크가 실수로서 부호를 갖는 스칼라량이기 때문에 식 (5.63)을 위한 도해적 해는 필요치 않다.

$$\mathbf{F}_{34} = -\mathbf{F}'_{43} + \mathbf{F}''_{34} \tag{5.60}$$

$$\mathbf{F}_{23} = \mathbf{F}'_{23} + \mathbf{F}''_{23} \tag{5.61}$$

$$\mathbf{F}_{12} = \mathbf{F}'_{12} + \mathbf{F}''_{12} + \mathbf{F}'''_{12} \tag{5.62}$$

$$T_s = T'_s + T''_s + T'''_s \tag{5.63}$$

식 (5.59)부터 식 (5.63)까지는 링크장치의 한 위치에서의 베어링하중과 요구되는 입력토크를 준다. 단계 4까지의 식들을 이용하면 링크장치의 어떤 위치에서도 베어링에 걸리는 하중이나 필요한 구동토크를 컴퓨터나 계산기로 프로그램화하여 쉽게 구할 수 있다.

5.5 설계 예제: 변속 구동장치 해석[41, 103]

Zero-Max 변속 장치는 순수한 기계적인 구동장치이다(그림 P1.32, P1.33 참조). 이 변속 구동장치의 일반적인 작동원리는 출력축(그림 5.19, 5.20 참조)을 성공적으로 구동시키는 4개 이상의 일방 클러치의 요동범위를 변화시킴으로써 무단의 연속적인 속력을 주는 것이다. 구동장치는 3개의 공통의 축 A_0, B_0, D_0을 이용하는 4세트의 위상이 어긋난 링크장치들(90° 위상차가 있는 입력크랭크)을 가지고 있다. 그림 5.20은 이 링크장치들 중의 하나를 보여주는데, 이것은 단층(single lamination)이라 불린다.

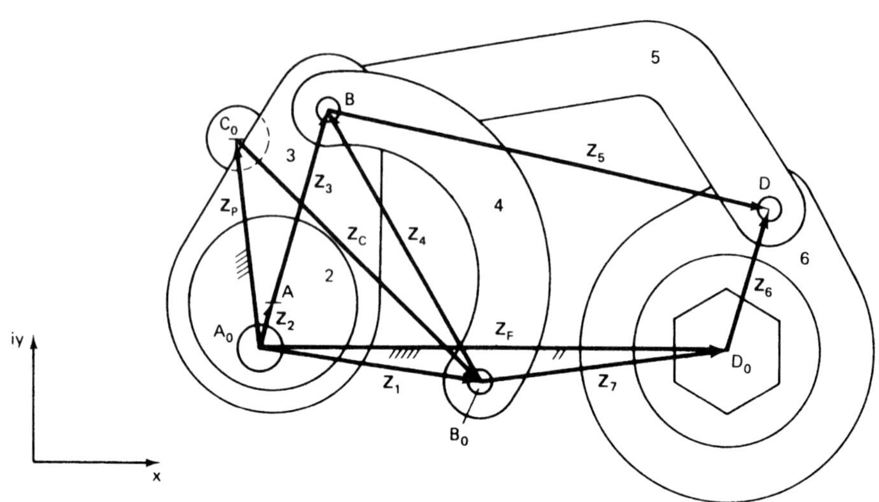

그림 5.19 변속 구동장치의 개략도(그림상의 벡터는 링크들을 나타낸다).

그림 5.20은 그림 5.19의 링크장치에 대한 비축척 개략도로, 입력링크 A_0A의 회전은 출력링크 D_0D를 요동시키며 따라서 (링크 6의 허브에 장착된 일방 클러치로 인한) 출력축 D_0의 일방향 회전을 초래한다. 피봇 B_0의 위치는 구동장치의 출력속력을 변화시키기 위하여 C_0에 대하여 속도제어암 C를 회전시킴으로써 조정될 수 있다. B_0가 움직이는 피봇 D에 다가감에 따라서 B의 궤적의 곡률중심이 D에 다가가기 때문에 변위가 줄어들고 출력속력이 줄어든다.

이 설계 예제의 목적은 부분 동력장치를 위해 설계된 링크장치와 동일한 종류를 사용하는 더 크고 종합적인 동력장치의 설계와 관련된 해석 결과를 제공하는 것이다. 고출력비를 달성하기 위하여 원래의 소형장치를 단순 확대한 초기 시작 모델은 속력을 유지하거나 변화시키기 위하여 높고 변화하는 토크가 요구되었다(속력제어암 C_0B_0에 걸리는 토크는 과도하였다). 구동장치가 적절한 성능을 달성하는 동시에 소요되는 제어토크를 최소화

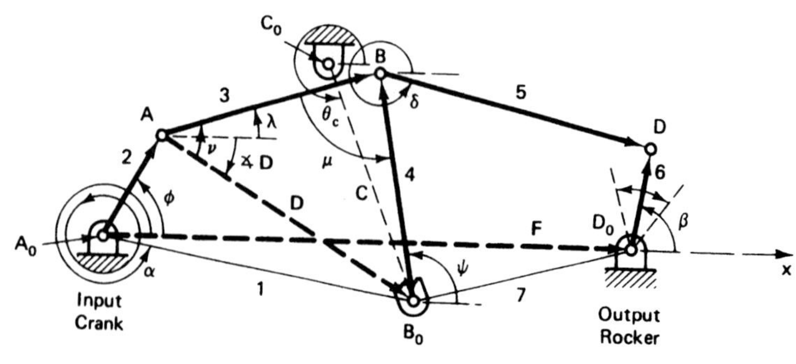

그림 5.20

하기 위한 최적의 링크 형상을 모색하게 되었다.

동역학적 문제가 여기서는 링크 부재에 가해지는 바람직하지 못한 토크로 인식되는 점에 주의해야 한다. 기계 혹은 기구에서 문제가 될 수 있는 증상들이 2장(표 2.3)에 개략적으로 설명되어 있으니 참조하기 바란다. 그 증상들을 완화시키기 위한 해결책을 제시하는 것은 경우에 따라서는 어려운 일이다. 이 경우는 전달도 면적(transmissibility area)에 문제가 있었다(전달도의 부족이 문제였던 표 2.3의 그림과 상반되게, 여기서는 속도제어링크에 너무 큰 토크가 발생한다). 표 2.3의 '가능한 요인들' 중에는 '과도한 관성력'도 포함되어 있음에 주의해야 한다. 여기에 기록된 4개의 가능한 요인들이 해석에서 고려되었다.

공학 설계의 7단계(그림 2.1)도 이 설계 예제를 위해 각 설계 범주에서 주어진 가정뿐만 아니라 설계 절차의 단계들을 고려해야 한다는 것을 상기시켜 준다. 형태가 주어진 기구의 재설계가 주 목적이므로 단계 5와 6, 그리고 모델링과 해석이 강조되었다. 다음의 설계 단계들은 변속 구동장치의 재설계를 달성하기 위해서 수행되었다(표 2.2 참조).

1. 기구의 모델링. 상당하는 링크장치를 결정하라. 그 다음 링크를 나타내는 복소수를 이용하여 기구를 모델링하라.
2. 기구학 해석
   a. 위치 해석. 독립변수인 입력크랭크각 ϕ에 대해 종속변수를 위한 표현을 결정하라(각 및 선형 위치).
   b. 속도 및 가속도 해석. 알려진 매개변수에 대해 기구의 모든 링크의 속도, 가속도, 각속도, 각가속도를 위한 표현을 결정하라.
3. 관성력 해석. 기구의 여러 부재들의 관성이 속력제어암에 미치는 효과를 위한 표현을 결정하라.
4. 동적합성. 요망되는 동적 성능을 제공할 수 있는 새로운 기구(동일한 종류인)의 합성법을 결정하라. 이 방법들은 실험과 직관에 기반하며 직관적인 변경의 효과를 빨리 살펴보기 위해서는 컴퓨터를 이용한다.
5. 실험적 입증. 여기서 제시된 절차를 따라서 기구의 시제품을 구축하여 테스트를 하라. 모든 가정과 직관적인 선택의 타당성이 이 단계에서 결정될 것이다.

해석을 간명하게 하고, 적절한 시간 배분을 통한 계산에 적합하도록 여러 가지 가정들(표 2.2)이 주어졌다. 구동장치의 링크들은 운동과정 동안 모두 강체라고 가정되었고, 입력각속도는 사이클 전체를 통해서 (특정한 속력과 출력하중에 대해) 일정한 것으로 간주되었다. 여러 장치들이 테스트되고 입력각속도의 변화가 감지되지 않으므로, 이 가정은 타당하게 보였다. 조인트들은 마찰이 없는 것으로 가정되며, 윤활유의 점성 감쇠는 무시할 만한 것으로 가정된다. 또한, 클러치의 작동 및 작동 해제는 부드럽게 이루어진다고 가정되며, 따라서 이 클러치들의 동역학은 구동장치의 성능에 영향을 미치지 않는 것으로 간주된다.

단계 1: 기구의 모델링

어떤 정해진 속력에 대해서 B_0가 정지되어 있으면, 구동장치의 각 단층(그림 5.19와 5.20)은 조절 가능한 Watt의 6절 기구와 동일하다. 여기서 1차 4절 기구(A_0, A_1, B, B_0)는 크랭크-로커 형태이고 2차 4절 기구(B_0, B, D, D_0)는 이중 로커이다. 7번째 링크인 속도제어암 C는 C_0에 피봇되어 있다. 그림 5.19는 조절 가능한 6절 기구의 벡터 선도인데, 여기서 7번째 조정링크를 포함한 모든 링크들은 복소수 ($Z_1 \rightarrow Z_7$)로 표시된다.

단계 2: 기구학 해석

위치 해석. 그림 5.20(구동장치의 기구학적 비축척 선도)을 참조하면, ϕ를 입력이라 할 때, 주요 4절 기구의 종속 위치변수들은 λ와 ψ이다. Z_1, Z_2, Z_3, Z_4와 α에 대해 표시된 λ와 ψ의 표현은 3.3절에 유도되었다. 그들을 여기서 다시 전개해 보면

$$
\begin{aligned}
\mathbf{D} &= Z_1 e^{i\alpha} - Z_2 e^{i\phi} \\
\cos \nu &= \frac{D^2 + Z_3^2 - Z_4^2}{2DZ_3}, \qquad \sin \nu = \left|\sqrt{1 - \cos^2 \nu}\right| \\
\nu &= \arg(\cos \nu + i \sin \nu) \\
\lambda &= \nu + \measuredangle \mathbf{D} \\
Z_4 e^{i\psi} &= Z_2 e^{i\phi} + Z_3 e^{i\lambda} - Z_1 e^{i\alpha}
\end{aligned}
\tag{5.64}
$$

그러므로

$$\psi = \arg(Z_2 e^{i\phi} + Z_3 e^{i\lambda} - Z_1 e^{i\alpha}) \tag{5.65}$$

$$\mu = \psi - \lambda \tag{5.66}$$

변속 구동장치의 이 층은 연속되는 두 개의 4절 기구로 구성되므로, ψ에 대한 δ와 β의 표현은 2차 4절 기구의 변수들을 식 (5.64), (5.65), (5.66)에 대입하여 구할 수 있다.

속도 및 가속도 해석. 1차 4절 기구를 다시 살펴보면, Z_3와 Z_4의 각속도와 각가속도를 입력각속도와 각가속도 그리고 링크장치의 위치에 대해 표현해야 함을 알 수 있다. 식 (3.72), (3.73), (4.21), (4.22)로부터

$$\dot{\lambda} = -\frac{Z_2}{Z_3}\dot{\phi}\frac{\sin(\psi - \phi)}{\sin(\psi - \lambda)} \tag{5.67}$$

$$\dot{\psi} = \frac{Z_2}{Z_4}\dot{\phi}\frac{\sin(\lambda - \phi)}{\sin(\lambda - \psi)} \tag{5.68}$$

$$\ddot{\lambda} = \frac{-Z_2\ddot{\phi}\sin(\psi - \phi) + Z_2\dot{\phi}^2\cos(\psi - \phi) + Z_3\dot{\lambda}^2\cos(\psi - \lambda) - Z_4\dot{\psi}^2}{Z_3\sin(\psi - \lambda)} \tag{5.69}$$

$$\ddot{\psi} = \frac{Z_2\ddot{\phi}\sin(\lambda - \phi) + Z_2\dot{\phi}^2\cos(\lambda - \phi) + Z_4\dot{\psi}^2\cos(\lambda - \psi) - Z_3\dot{\lambda}^2}{Z_4\sin(\lambda - \psi)} \tag{5.70}$$

$\dot{\psi}$와 $\ddot{\psi}$에 대한 $\dot{\delta}, \dot{\beta}, \ddot{\delta}, \ddot{\beta}$의 표현은 2차 4절 기구의 변수들을 식 (5.67)~(5.70)에 대입하여 구할 수 있다.

단계 3: 관성력 해석

관성력 해석의 목적은 관성력 $\mathbf{F}_{02}$, $\mathbf{F}_{03}$, $\mathbf{F}_{04}$, $\mathbf{F}_{05}$, $\mathbf{F}_{06}$이 (각각 링크 2, 3, 4, 5, 6의) 속도제어암 C에 미치는 효과를 결정하는 것이다. 관성력의 크기와 방향을 결정하는 방법을 제시하기 위해서 먼저 2차 4절 기구를 살펴보기로 하자. 그림 5.21은 질량중심 g_4, g_5, g_6를 갖는 2차 4절 기구를 보여준다. 단계 2에서 각속도와 각가속도를 알면, 기구의 일정한 형태에 대해 가속도 $\mathbf{A}_{g4}$, $\mathbf{A}_{g5}$, $\mathbf{A}_{g6}$를 계산할 수 있다. 예를 들면

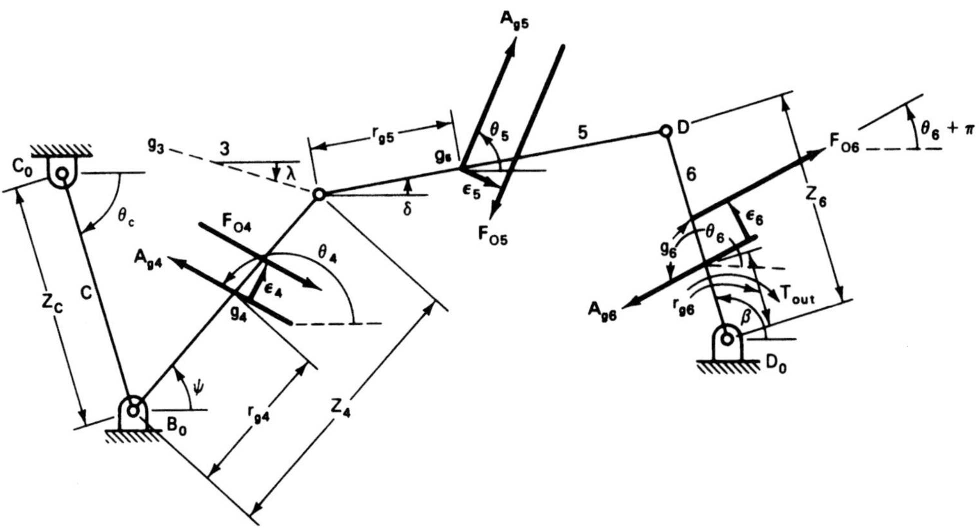

그림 5.21 그림 5.20의 2차 4절 기구의 기구학적 비축척 선도. 질량중심의 위치, 질량중심의 가속도 벡터, 관성력 벡터, 그리고 그들의 질량중심으로부터의 편심량을 보여주는 변속 구동장치의 한 단층이다.

$$\mathbf{A}_{g5} = Z_4(i\ddot{\psi} - \dot{\psi}^2)e^{i\psi} + r_{g5}(i\ddot{\delta} - \dot{\delta}^2)e^{i\delta} \tag{5.71}$$

관성력 $\mathbf{F}_{04}$, $\mathbf{F}_{05}$, $\mathbf{F}_{06}$은 이 4절 기구의 '동적하중'을 나타낸다. 식 (5.19)와 (5.22)를 이용하면, 이 힘들의 편심량을 구할 수 있다. 예를 들면

$$\varepsilon_5 = -\frac{I_5\ddot{\delta}}{F_{05}}\, ie^{i(\arg \mathrm{A}_{g5})} \tag{5.72}$$

여기서 I_5는 링크 5 자신의 무게중심에 대한 질량관성모멘트이다.

전술된 바와 같이, 중첩의 원리는 각 관성력의 효과를 독립적으로 계산할 수 있게 하며, 이 효과들을 더해서 각 위치에서의 전체 토크를 구할 수 있다. 다음 표현을 얻기 위하여 정역학의 법칙이 사용된다.

F_{06}의 효과. 암 C에 작용하는 $\mathbf{F}_{06}$에 의한 토크 T_{C6}는

$$T_{c6} = -\left\{\frac{F_{06}\sin(\beta - \theta_6)\,[r_{g6} + \varepsilon_6/\sin(\theta_6 - \beta)]}{Z_6\sin(\beta - \delta)}\right\}\frac{\sin(\lambda - \delta)}{\sin(\lambda - \psi)}[Z_c\sin(\psi - \theta_C)] \tag{5.73}$$

우변의 첫 번째 표현은 링크 5를 따라서 $\mathbf{F}_{06}$를 $\mathbf{F}'_{06}$으로 전달하고, 두 번째 표현은 링크 4를 따라서 $\mathbf{F}'_{06}$을 $\mathbf{F}''_{06}$으로 전달하며, 앞의 표현들과 곱한 마지막 표현은 $\mathbf{C}_0$에 대한 $\mathbf{F}''_{06}$의 토크 값을 준다. T_{c6}의 양의 값은 제어암 C가 풀리면 속도가 증가함을 나타낸다.

구동장치에 대한 출력하중(T_{out})의 효과. 하중토크 T_{out}에 의하여 암 C에 작용하는 토크 T_{cL}은 T_{c6}와 유사하다.

$$T_{cL} = \left[\frac{T_{\text{out}}}{Z_6\sin(\beta - \delta)}\frac{\sin(\lambda - \delta)}{\sin(\lambda - \psi)}\right][Z_c\sin(\psi - \theta_c)] \tag{5.74}$$

식 (5.74)는 특정 층의 클러치가 작동할 때만 타당함에 주의하라.

F_{05}의 효과. $\mathbf{F}_{05}$로 인해 암 C에 작용하는 토크 T_{c5}는

$$T_{c5} = -F_{05}\left[\frac{\left(r_{g5} + \dfrac{\varepsilon_5}{\cos(\theta_5 - \delta)}\right)\sin(\theta_5 - \delta)}{Z_5\sin(\beta - \delta)}\left(\frac{\sin\beta - \cos\beta\tan\lambda - \sin\theta_5 + \cos\theta_5\tan\lambda}{\sin(\lambda - \psi)}\right)\right][Z_c\sin(\psi - \theta_c)] \tag{5.75}$$

F_{04}의 효과. $\mathbf{F}_{04}$로 인해 암 C에 작용하는 토크 T_{c4}는

$$T_{c4} = -F_{c4}\sin(\Sigma - \theta_c)Z_c \tag{5.76}$$

여기서

$$\Sigma = \arg(B + iA) \quad \text{그리고} \quad F_{c4} = \sqrt{A^2 + B^2}$$

여기서

$$A = F_{04} \sin \theta_4 - F_{34} \sin \lambda$$

$$B = F_{04} \cos \theta_4 - F_{34} \cos \lambda$$

$$F_{34} = F_{04} \frac{r_{g4} \sin(\theta_4 - \psi) + \varepsilon_4}{r_4 \sin(\psi - \lambda)}$$

F_{03}의 효과. $\mathbf{F}_{03}$로 인해 암 C에 작용하는 토크 T_{c3}는

$$T_{c3} = -F_{03}\left[\frac{r_{g3} \sin(\theta_3 - \lambda) + \varepsilon_3}{r_3 \sin(\psi - \lambda)}\right][Z_c \sin(\psi - \theta_c)] \tag{5.77}$$

F_{02}의 효과. 입력각속도는 일정하다고 가정되므로 링크 2에는 오직 구심가속도만이 있으며 따라서 제어암에는 전달되는 힘이 없다.

단계 4: 동적합성

동적합성의 목적은 어떤 동적인 설계조건을 가장 잘 만족시키는 하나 이상의 기구를 도출하기 위한 방법이나 전략을 개발하는 것이다. 이 구동장치의 재설계에서 주요 관심사는 구동이 보다 제어 가능하도록 제어암에 걸리는 토크를 최소화하는 것이다. 그러나 각가속도가 더 파악하기 쉬우므로 기구의 움직이는 링크들의 각가속도를 최소화하는 것이 가장 좋은 설계전략으로 판명되었다. 각가속도의 크기는 직접적으로 기구의 관성력과 토크의 크기에 영향을 준다. 또한, 각가속도의 최소화는 베어링하중을 감소시키는 경향이 있으며 마모를 감소시키고 수명을 연장시켜 준다. 기구의 링크들의 위치, 속도, 가속도를 컴퓨터로 계산할 수 있도록 설계절차의 단계 2와 단계 3이 프로그램되었다. 예를 들어, 그림 5.22는 장치 A의 각 링크의 각가속도의 그래프를 보여주는데, 이는 그림 5.23에 보이는 부분동력장치의 확대 형태로서 입력링크를 완전히 한바퀴 회전시킨 결과이다.

구동장치의 1차 4절 기구의 기능은 2차 4절 기구에 조절 가능한 입력을 전달하는 것이다. 이 입력은 링크 4의 점 B가 중심점 B_0에 대해서 진동하는 형태이다.

실험에 의하면 장치 A의 링크 3은 심하게 진동하며 회전한다. 그림 5.22는 이 사실을 보여준다-링크 3의 각가속도 $\ddot{\lambda}$의 크기 변화를 주의해 보라. 링크 3은 높은 각가속도가 필요 없기 때문에, 1차 4절 기구를 구속하지 않는 방법-즉, 링크 3(다른 링크들뿐만 아니라)의 각가속도를 줄이기 위해 A_0를 B_0로부터 떨어뜨려 놓는 방법(그림 5.19)-이 추구되었

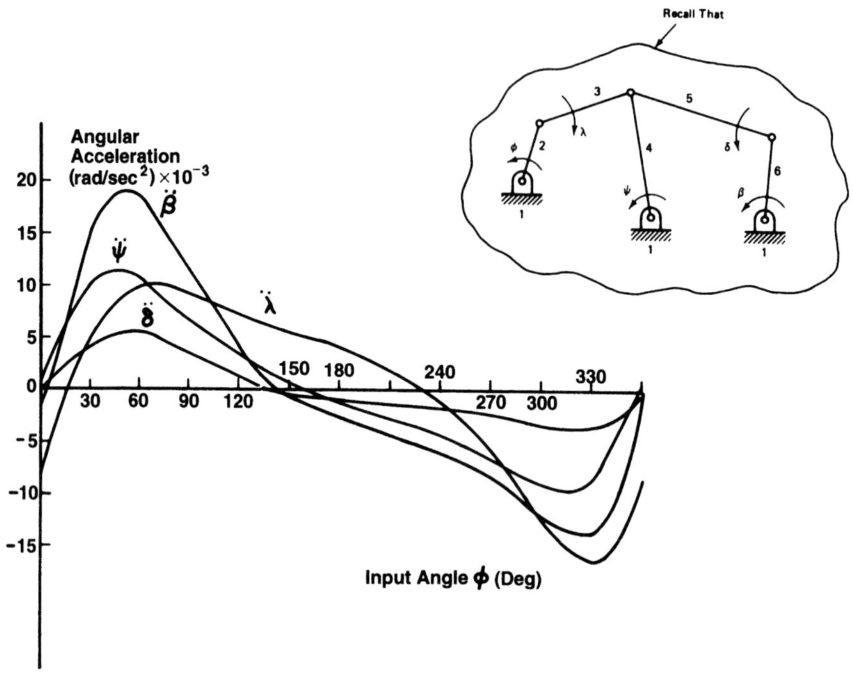

그림 5.22 설계 예제 : 변속 구동장치의 해석.

다. 이 방법이 최적화를 위한 주요 방법으로 채택되었다.

먼저 그림 5.23에 보이는 장치 A에서, 1차 4절 기구의 구속을 서서히 풀어 보자. 단계별 절차를 이용한 변속 구동장치의 기하학적 제원을 최적화하기 위해 컴퓨터를 이용하였다. 각각의 기구 형상에 대해서 기구학 및 관성력 해석이 수행되었다. 인쇄 출력 시간은 새로운 설계를 평가하기 위해서 최고의 엔지니어, 즉 '인간 컴퓨터'가 (새 기구의 제원을 선택하는) 다음 단계의 방향을 결정하기에 충분한 시간이었다. 기구의 완전한 회전운동을 통해서 각속도, 각가속도 그리고 제어토크[식 (5.73)~식 (5.77)]가 인쇄 출력되었다. 다른 기구 특성들(예를 들어, 두 개의 전달각, 하우징의 정해진 내부공간 한도에서의 링크 크기와 간격, 최대 및 최소 출력속도)도 각각의 '새로운 시작품'들의 실효성을 검토하기 위해서 측정되었다. 각 설계변수의 변화로 인한 효과를 느낄 수 있어서 설계자가 채택 가능한 해를 찾는 데 도움이 된다.

통상적으로 하나의 설계변수를 최적화하면 다른 설계변수들의 채택 가능성이 더 나빠지거나, 받아들일 수 있는 구속조건의 범위를 벗어나는 결과를 초래하는 경향이 있으므로 적절한 타협을 통한 설계가 필요하다. 체계적인 최적화 기술이 여기서 매우 유용할 수도 있으나 더 이상의 해석을 하기에는 시간이 허용되지 않았다. 다음으로 최적화 기술은 구동장치 설계에서 시도되었다[103].

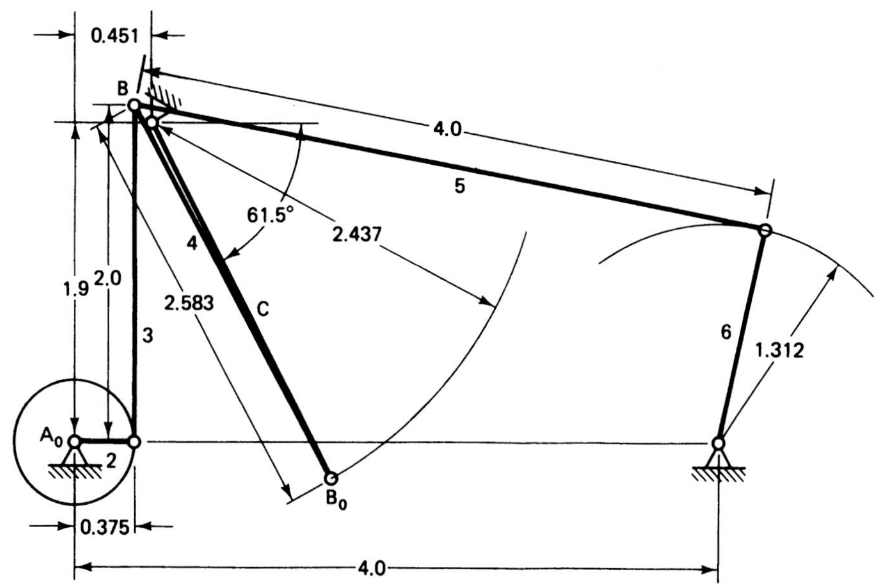

그림 5.23 장치 A를 축척하여 그린 기구학적 선도. 간단히 하기 위하여, 각 링크의 무게중심은 기하학적 형상의 중심에 위치한다고 가정하였다. 각 링크의 무게는 다음과 같다 - 링크 3 : 2.1 온스, 링크 4 : 2.1 온스, 링크 5 : 1.25 온스, 링크 6 : 3.0 온스. 길이의 단위는 인치이다.

1차 4절 기구가 조절된 다음에는 2차 4절 기구가 최적화되었다. 그림 5.24는 장치 A에 비해 훨씬 더 향상된 링크들 중 하나를 보여준다. 이 장치(장치 B)는 컴퓨터를 이용하여 약 150회 반복계산한 결과이다. 예로써, 중요한 설계변수들 중 하나가 그림 5.25에 제시되었다. 그림 5.25를 그림 5.22와 비교해 보면 최대 각가속도의 크기가 향상되었음을 알 수 있다.

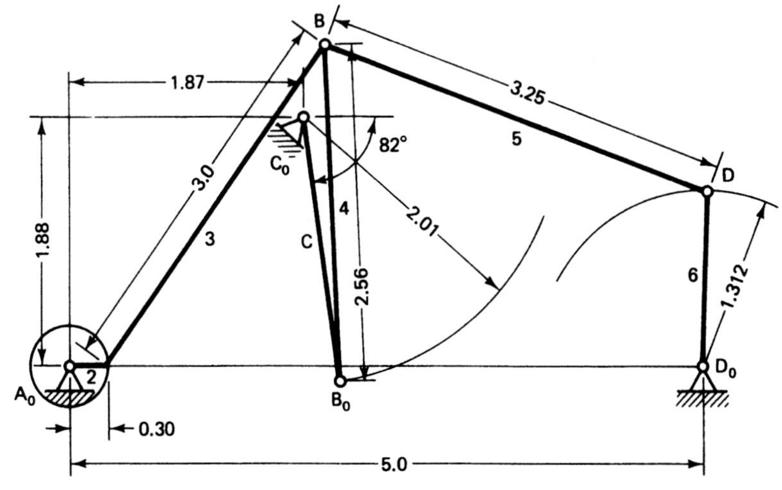

그림 5.24 최적화된 장치(장치 B)를 축척하여 그린 기구학적 선도.

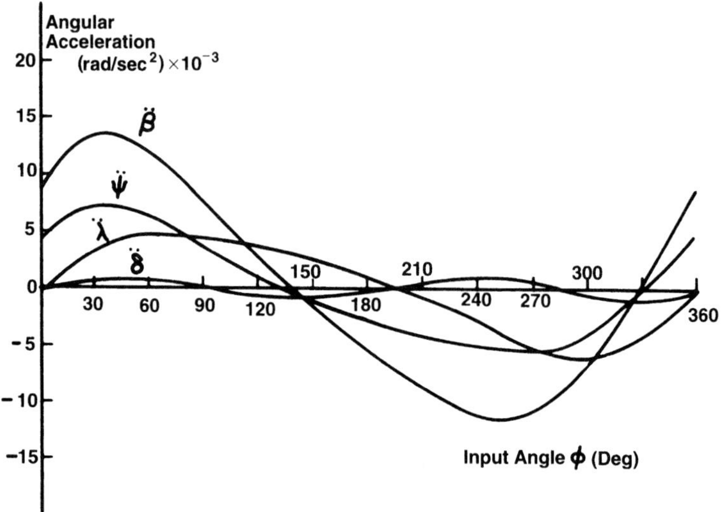

그림 5.25 장치 B의 링크들의 각가속도(비교를 위해 그림 5.22를 보라).

단계 5: 실험적 검증

그림 5.26은 한 단층이 출력하중을 발생시킬 때, 그 단층에 속한 각 링크들의 관성 공헌도 [식 (5.73)~식 (5.77)]를 측정한 제어토크의 그래프이다. 단층이 사용되는 동안에는 (입력 크랭크 90° 회전) 실험적으로 측정된 제어토크가 각 층 각 링크들의 공헌도의 기계적 감쇠

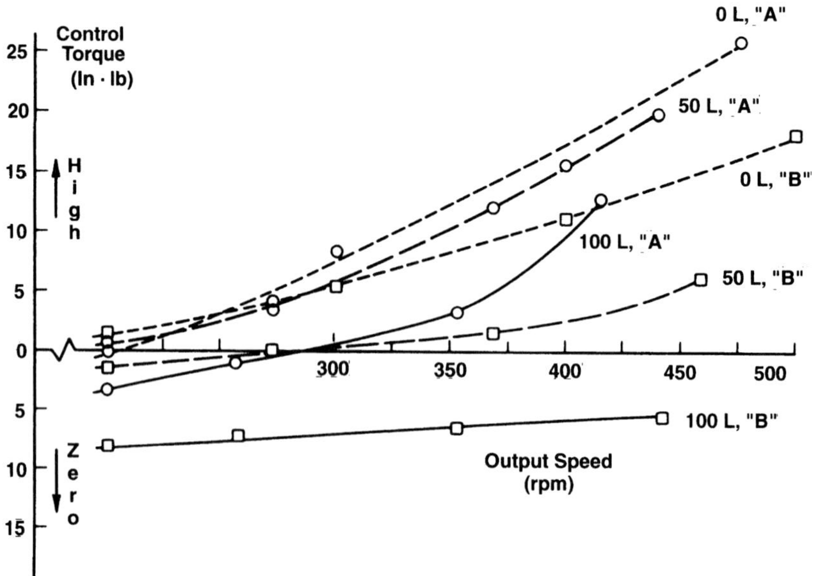

그림 5.26 출력속도에 따른 장치 A, B 사이의 제어토크 비교. 3개의 출력하중에 의한 결과를 비교하였다. 100 in · lb(실선), 50 in · lb(긴 점선), 그리고 0 in · lb(짧은 점선).

평균이 되도록, 관성력의 크기와 방향이 변화된다. 제어토크가 장치 B에서 감소되었을 뿐 아니라 그래프의 0쪽 방향으로 이동되었음을 알 수 있다(만일 제어암을 놓아둔다면, 이 장치는 스스로 0의 속도를 향하여 변화될 것이다). 높은 출력속도 범위를 위해서 제어토크는 상당히 감소되었다. 장치 B는 100 in·lb 하중에서 거의 선형적인 제어토크와 출력속도의 관계를 보인다. 실험결과는 해석결과와 10% 이내에서 서로 일치한다. 보다 높은 정확도가 요구된다면 탄성효과(제2권 5.19절 참조) 틈새와 일방 클러치의 동역학이 고려되어야 하며, 링크를 모델링할 때 링크들의 무게중심 편심량도 고려되어야 할 것이다.

5.6 행렬 방법

링크장치의 힘 해석(이 절에서는 기구정역학 해석)에 사용되는 또 다른 방법은 행렬 방법이다. 그림 5.8의 4절 기구를 참조하여 이 방법을 설명하고자 한다. 이 방법은 중첩의 원리를 사용하기보다 모든 관성력을 함께 고려한다. 이 방법의 장점은 운동방정식이 신속히 유도된다는 점이다. 단점은 그 방정식을 풀기 위해 행렬 방법을 다뤄야 한다는 점이다. 이전 방법과의 또 다른 차이점은 (비록 이 차이가 행렬 방법을 이용하는 데 꼭 요구되는 점은 아니지만) 관성토크가 표현되는 방식이다. 링크의 각 자유물체도에서 관성력은 질량중심에 가해진다고 가정되고 관성토크가 추가된다(그림 5.5b에 제시된 대로). 그림 5.27의 3개의 자유물체도를 참조하면, 각 링크에 대해 3개의 정적평형 방정식이 나온다($\Sigma F_x = 0$, $\Sigma F_y = 0$, $\Sigma T_g = 0$).

링크 2(그림 5.27a)

$$F_{12x} + F_{32x} + F_{02x} = 0 \tag{5.78}$$

$$F_{12y} + F_{32y} + F_{02y} = 0 \tag{5.79}$$

각 모멘트의 방향을 시각적으로 결정할 필요 없이, 일관성 있게 프로그램되도록 모멘트 평형 방정식을 기술하기 위해서는, 지지점에 대해 다음과 같은 모멘트 표현을 사용한다.

$$M_F = r_x F_y - r_y F_x \tag{5.80}$$

이것은 벡터 외적 $\mathbf{M}_F = \mathbf{r} \times \mathbf{F}$의 행렬식값(determinant)으로부터 얻어지는데, 여기서 $\mathbf{r}$은 지지점에서 힘의 작용점까지의 벡터이다(그림 5.27d). 이를 이용하면 (예를 들어, 그림 5.27a에서) g_2에 대한 힘 $\mathbf{F}_{12}$의 모멘트는

$$\begin{aligned} M_{F12/g} &= (-\mathbf{r}_{g2}) \times \mathbf{F}_{12} = (-r_{g2x})F_{12y} - (-r_{g2y})F_{12x} \\ &= F_{12x} r_{g2} \sin\theta_2 - F_{12y} r_{g2} \cos\theta_2 \end{aligned}$$

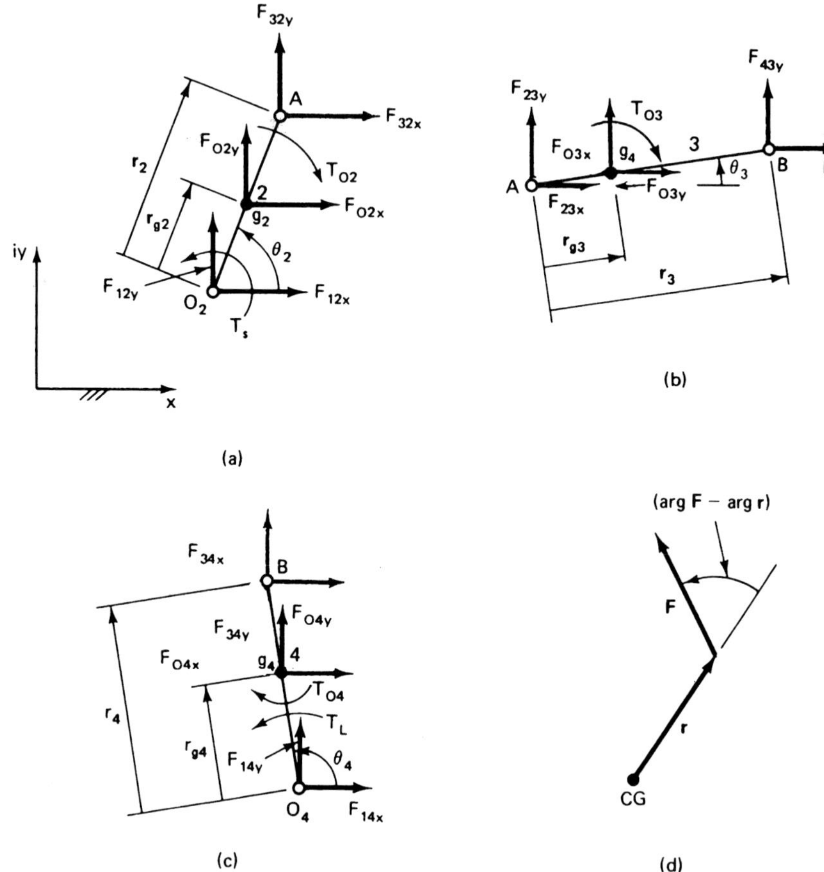

그림 5.27 (a), (b), (c)는 기구정역학적 평형 행렬식을 유도하는 데 사용되는 각 링크의 자유물체도를 보여주며, (d)는 벡터 외적인 **r** × **F**를 복소수로 표현한 것이다.

이에 따라서 링크 2의 모멘트 방정식은 다음과 같다.

$$T_{02} + T_s + F_{12x} r_{g2} \sin \theta_2 - F_{12y} r_{g2} \cos \theta_2 - F_{32x}(r_2 - r_{g2}) \sin \theta_2 + F_{32y}(r_2 - r_{g2}) \cos \theta_2 = 0 \qquad (5.81)$$

여기서 T_s는 구동토크이다.

링크 3(그림 5.27b)

$$F_{23x} + F_{43x} + F_{03x} = 0 \qquad (5.82)$$

$$F_{23y} + F_{43y} + F_{03y} = 0 \qquad (5.83)$$

$$T_{03} + F_{23x} r_{g3} \sin \theta_3 - F_{23y} r_{g3} \cos \theta_3 - F_{43x}(r_3 - r_{g3}) \sin \theta_3 + F_{43y}(r_3 - r_{g3}) \cos \theta_3 = 0 \qquad (5.84)$$

여기서 링크 3에 작용하는 조인트하중 F_{23}와 F_{43}를 이용한다.

링크 4(그림 5.27c)

$$F_{34x} + F_{14x} + F_{04x} = 0 \tag{5.85}$$

$$F_{34y} + F_{14y} + F_{04y} = 0 \tag{5.86}$$

$$T_{04} - F_{34x}(r_4 - \mathrm{r}_{g4})\sin\theta_4 + F_{34y}(r_4 - r_{g4})\cos\theta_4 + T_L + F_{14x}r_{g4}\sin\theta_4 - F_{14y}r_{g4}\cos\theta_4 = 0 \tag{5.87}$$

여기서 T_L은 장치에 작용하는 외부하중에 의한 토크를 나타낸다. 식 (5.78), (5.79), 그리고 (5.81)부터 (5.87)까지는 9개의 미지수를 갖는 9개의 방정식으로 이루어진 선형 시스템인데, 이것은 그림 5.8의 4절 기구의 각 운동하는 링크의 동적 힘 및 토크 평형을 나타낸다. 9개의 미지수는 F_{12x}, F_{12y}, F_{23x}, F_{23y}, F_{34x}, F_{34y}, F_{14x}, F_{14y} 그리고 T_s이다. $F_{jkx} = -F_{kjk}$임에 주의하라. 또한 관성력 $\mathbf{F}_{02}$, $\mathbf{F}_{03}$, $\mathbf{F}_{04}$의 실수 및 허수 성분은 식 (5.30), (5.41), (5.55)에서 구함을 주의해 보라. 이제 미지수들이 모두 우변으로 이동하도록 9개의 방정식을 다시 적는다.

$$\begin{aligned}
F_{02x} &= -F_{12x} + F_{23x} \\
F_{02y} &= -F_{12y} + F_{23y} \\
T_{02} &= -F_{12x}r_{g2}\sin\theta_2 + F_{12y}(r_{g2}\cos\theta_2) - T_s - F_{23x}(r_2 - r_{g2})\sin\theta_2 \\
&\quad + F_{23y}(r_2 - r_{g2})\cos\theta_2 \\
F_{03x} &= -F_{23x} + F_{34x} \\
F_{03x} &= -F_{23x} + F_{34x} \\
F_{03y} &= -F_{23y} + F_{34y} \\
T_{03} &= -F_{23x}r_{g3}\sin\theta_3 + F_{23y}r_{g3}\cos\theta_3 - F_{34x}(r_3 - r_{g3})\sin\theta_3 + F_{34y}(r_3 - r_{g3})\cos\theta_3 \\
F_{04x} &= -F_{34x} - F_{14x} \\
F_{04y} &= -F_{34y} - F_{14y} \\
T_{04} &= F_{34x}(r_4 - r_{g4})\sin\theta_4 - F_{34y}(r_4 - r_{g4})\cos\theta_4 - F_{14x}r_{g4}\sin\theta_4 + F_{14y}r_{g4}\cos\theta_4 - T_L
\end{aligned} \tag{5.88}$$

링크장치의 각 위치에 대한 사인값과 코사인값이 모두 알려졌으므로 이 시스템의 방정식은 미지수에 대해서 선형이다. 정의하면 다음과 같다.

$$\begin{aligned}
R_2 &\equiv r_2 - r_{g2} \\
R_3 &\equiv r_3 - r_{g3} \\
R_4 &\equiv r_4 - r_{g4}
\end{aligned}$$

식 (5.88)의 시스템은 식 (5.89)의 행렬 형태나 혹은 다음 식으로 표현된다.

$$
\begin{bmatrix} F_{02x} \\ F_{02y} \\ T_{02} \\ F_{03x} \\ F_{03y} \\ T_{03} \\ F_{04x} \\ F_{04y} \\ T_{04}+T_L \end{bmatrix}
=
\begin{bmatrix}
-1 & 0 & 0 & 1 & 0 & 0 & 0 & 0 & 0 \\
0 & -1 & 0 & 0 & 1 & 0 & 0 & 0 & 0 \\
-r_{g2}\sin\theta_2 & r_{g2}\cos\theta_2 & -1 & -R_2\sin\theta_2 & R_2\cos\theta_2 & 0 & 0 & 0 & 0 \\
0 & 0 & 0 & -1 & 0 & 1 & 0 & 0 & 0 \\
0 & 0 & 0 & 0 & -1 & 0 & 1 & 0 & 0 \\
0 & 0 & 0 & -r_{g3}\sin\theta_3 & r_{g3}\cos\theta_3 & -R_3\sin\theta_3 & R_3\cos\theta_3 & 0 & 0 \\
0 & 0 & 0 & 0 & 0 & -1 & 0 & -1 & 0 \\
0 & 0 & 0 & 0 & 0 & 0 & -1 & 0 & -1 \\
0 & 0 & 0 & 0 & 0 & R_4\sin\theta_4 & -R_4\cos\theta_4 & -r_{g4}\sin\theta_4 & r_{g4}\cos\theta_4
\end{bmatrix}
\begin{bmatrix} F_{12x} \\ F_{12y} \\ T_s \\ F_{23x} \\ F_{23y} \\ F_{34x} \\ F_{34y} \\ F_{14x} \\ F_{14y} \end{bmatrix}
\tag{5.89}
$$

$$[F_I] = [L]\,[F_B] \tag{5.90}$$

여기서

$[F_I]$ = 알려진 외부하중, 관성력 및 토크에 의한 기둥행렬
$[L]$ = 알려진 링크장치 매개변수들과 각 변위에 의한 정방행렬
$[F_B]$ = 미지의 베어링하중과 입력토크에 의한 기둥행렬

행렬계산법을 이용해 시스템의 미지수를 구할 수 있을 것이다. 식 (5.90)의 좌변과 우변을 $[L]^{-1}$($[L]$의 역행렬)로 곱하면

$$[L]^{-1}[F_I] = [L]^{-1}[L][F_B] \tag{5.91}$$

$[L]^{-1}[L] = [I]$, 즉 단위 행렬이 되므로

$$[F_B] = [L]^{-1}[F_I] \tag{5.92}$$

식 (5.92)의 해는 링크장치 설계변수 행렬의 역을 계산해야 하며, 식 (5.92)의 우변에 나오는 두 행렬의 곱을 구해야 한다. 대개의 경우, 이러한 행렬계산은 컴퓨터 시스템에 표준기능으로 주어져 있다. 그러므로 어떤 4절 기구의 기구정역학 해석을 수행하기 위해서는 컴퓨터 프로그램(그림 5.40의 흐름도를 보라)을 작성해야 한다. 나중에 살펴볼 카드공급 기구의 예는 행렬 방법을 사용한다. 식 (5.92)에서와 같이 역행렬을 계산하는 것은 컴퓨터에서 매우 시간이 걸리는 일이다. 컴퓨터 계산시간을 최소화하는 것이 중요하다면, 가우스-조단 방법(Gauss Jordan reduction)을 사용하여 식 (5.89)의 행렬계수들을 우상 삼각형 형태로 만든 후 후방대업으로 직접 해를 구하면 계산 횟수를 줄일 수 있다[82]. 이러한 계산절차는 통상 $[(3m)^3/3+(3m)^2/2]$의 곱셈을 요하는데($m = 3$은 운동하는 링크의 개수이다), 결과적으로 역행렬 계산보다 계산량을 3분의 2 정도 줄일 수 있다. 이 과정에서 국부적 피봇팅 방법이 아주 작은 계수로 나누는 계산을 피하게 함으로써 계산의 정확도를 유지하게 한다.

예제 5.2

그림 5.28에 보이는 4절 기구에서 크랭크는 $\theta_2 = 150°$의 위치에 있고 운동은 반시계방향으로 $\omega_2 = 5$rad/sec, 시계방향으로 $\alpha_2 = 5$ rad/sec^{2}으로 이루어진다. 링크들의 길이, 무게, 관성모멘트는 다음 표에 나타나 있다.

link	Length (in.)	Weight (lbf)	I_g (lbf in sec^2)
1	12	—	—
2	4	.8	.012
3	12	2.4	.119
4	7	1.4	.038

Scale 1 = 4.5

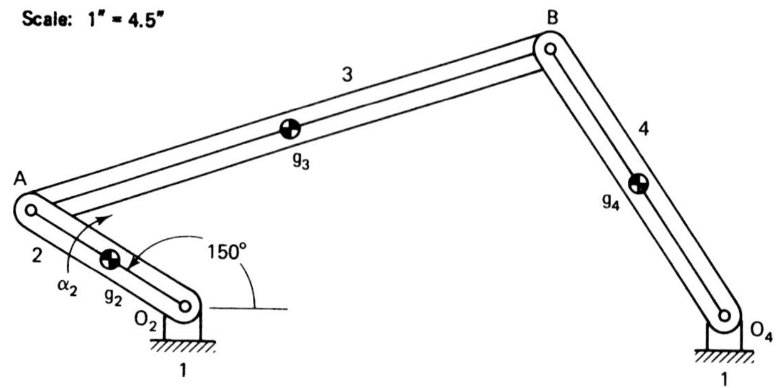

그림 5.28 원하는 위치의 4절 기구의 선도.

질량중심은 각 링크의 중앙에 위치한다. 핀에 작용하는 반력과 이 운동에 소요되는 입력축토크를 구하라.

풀이

이 예제를 행렬 방법과 중첩법을 이용하여 풀려고 한다. 두 방법 모두 각 링크의 관성력과 관성토크가 필요하다. 그러므로 첫 번째 단계는 4장의 방법을 따라서 가속도 다각형을 그리는 것이다. 그런 다음 질량중심의 가속도를 가속도 가상을 이용하여 구한다. 결과는 여기에 기술되어 있고 그림 5.29에 도해적으로 제시되었다.

$\alpha_2 = 5$ rad/sec^2 cw $\qquad \alpha_{g2} = 51$ in./sec^2 at 341°

$\alpha_3 = 4.01$ rad/sec^2 ccw $\qquad \alpha_{g3} = 86.98$ in./sec^2 at 353°

$\alpha_4 = 9.76$ rad/sec^2 cw $\qquad \alpha_{g4} = 38.34$ in./sec^2 at 8°

관성력과 관성토크를 다음에 계산한다.

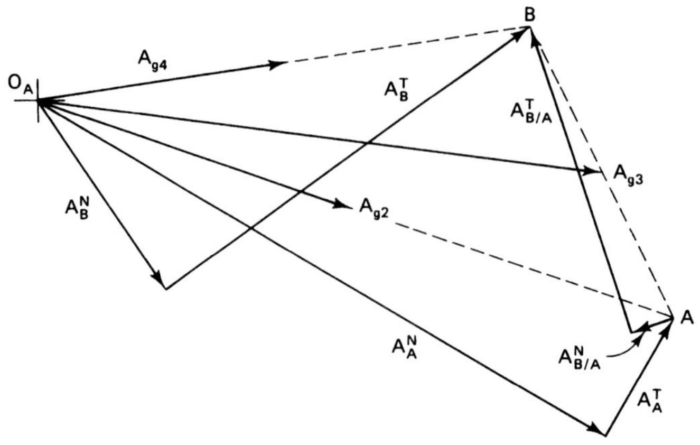

그림 5.29 질량중심의 가속도를 보여주는 4절 기구의 가속도 다각형.

$\mathbf{F}_{02} = .106$ lbf at 161° $\quad T_{02} = .06$ in.·lbf ccw

$\mathbf{F}_{03} = .54$ lbf at 173° $\quad T_{03} = .477$ in.·lbf cw

$\mathbf{F}_{04} = .14$ lbf at 180° $\quad T_{04} = .371$ in.·lbf ccw

여기서부터 두 방법은 갈라지게 된다. 5.6절에 제시된 행렬 방법을 먼저 다루고 다음으로 5.4절에서 검토된 중첩법을 다룰 것이다.

행렬 방법 식 (5.88)에 상응하는 식을 곧바로 적을 수 있다.

$$
\begin{aligned}
-.1002 &= -F_{12x} + F_{23x} \\
.0345 &= -F_{12y} + F_{23y} \\
.06 &= -F_{12x} - 1.732F_{12y} - T_s - F_{23x} - 1.732F_{23y} \\
-.536 &= -F_{23x} + F_{34x} \\
.066 &= -F_{23y} + F_{34y} \\
-.477 &= -1.854F_{23x} + 5.706F_{23y} - 1.854F_{34x} + 5.706F_{34y} \\
-.139 &= -F_{34x} - F_{14x} \\
-.019 &= -F_{34y} - F_{14y} \\
.371 &= 2.856F_{34x} + 2.027F_{34y} - 2.856F_{14x} - 2.027F_{14y}
\end{aligned}
$$

이제 식 (5.90)의 행렬을 구성할 수 있다.

$$
[L] = \begin{bmatrix}
-1.0 & 0 & 0 & 1.0 & 0 & 0 & 0 & 0 & 0 \\
0 & -1.0 & 0 & 0 & 1.0 & 0 & 0 & 0 & 0 \\
-1.0 & -1.732 & -1.0 & -1.0 & -1.732 & 0 & 0 & 0 & 0 \\
0 & 0 & 0 & -1.0 & 0 & 1.0 & 0 & 0 & 0 \\
0 & 0 & 0 & 0 & -1.0 & 0 & 1.0 & 0 & 0 \\
0 & 0 & 0 & -1.854 & 5.760 & -1.854 & 5.706 & 0 & 0 \\
0 & 0 & 0 & 0 & 0 & -1.0 & 0 & -1.0 & 0 \\
0 & 0 & 0 & 0 & 0 & 0 & -1.0 & 0 & -1.0 \\
0 & 0 & 0 & 0 & 0 & 2.856 & 2.027 & -2.856 & -2.027
\end{bmatrix}
$$

$$
[F_l] = \begin{bmatrix}
-.1002 \\ .0345 \\ .06 \\ -.536 \\ .066 \\ -.477 \\ -.139 \\ -.019 \\ .371
\end{bmatrix}
$$

링크장치 설계변수 행렬의 역을 계산하고 알고 있는 하중 기둥행렬에 곱해서 베어링하중과 입력토크로 구성되는 기둥행렬을 구한다[식 (5.92) 참조]. 이 시점에서 컴퓨터 프로그램을 이용하여 최종 해를 구하면

$$
\begin{aligned}
F_{14x} &= .069 \text{ lbf} \\
F_{14y} &= -.081 \text{ lbf} \\
F_{34x} &= .070 \text{ lbf} \\
F_{34y} &= .101 \text{ lbf} \\
F_{32x} &= -.605 \text{ lbf} \\
F_{32y} &= -.035 \text{ lbf} \\
F_{12x} &= .706 \text{ lbf} \\
F_{12y} &= .001 \text{ lbf} \\
T_s &= -1.432 \text{ in.} \cdot \text{lbf}
\end{aligned}
$$

중첩법 여기서는 이 방법 중 도해적 방법을 살펴볼 것이다. 이러한 이유로 각 링크의 관성효과는 힘-커플 시스템으로 분해되어야 한다. 이는 하나의 편심된 힘을 초래한다. 편심거리는 5.2절에 소개된 편심벡터 ε으로 나타낸다. 이 예제에서 편심벡터들은

$$
\begin{aligned}
\boldsymbol{\varepsilon}_2 &= .566 \text{ in. at } 71^\circ \\
\boldsymbol{\varepsilon}_3 &= .883 \text{ in. at } 263^\circ \\
\boldsymbol{\varepsilon}_4 &= 2.65 \text{ in. at } 98^\circ
\end{aligned}
$$

이 링크장치의 운동으로 인한 편심된 관성력의 선도는 그림 5.30에 나타나 있다. 이것은 이 링크장치에 가해지는 총 관성하중으로, 이 상태로는 도해적으로 풀이할 수 없다.

그림 5.31에 보이는 세 관성력의 입력효과들이 중첩되어 그림 5.30에 보이는 총 하중효과를 얻게 될 것이다. 각 하중별로 3개의 세부문제로 나누어 푸는 것이 상대적으로 풀기가 쉽다.

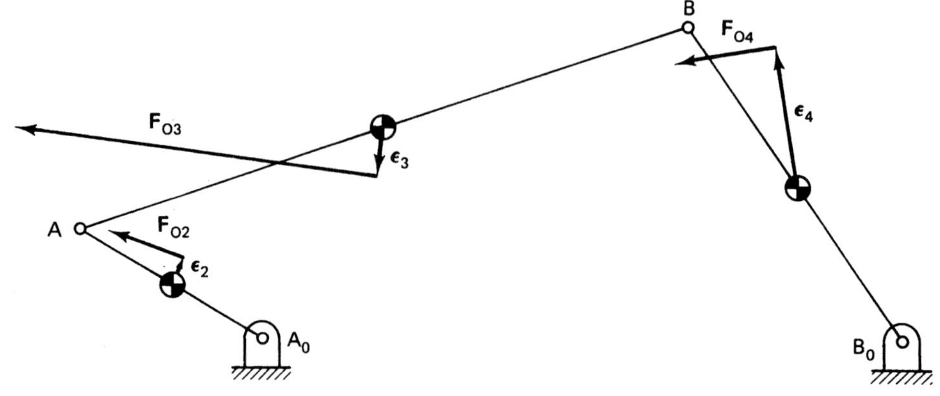

그림 5.30 링크장치의 관성하중.

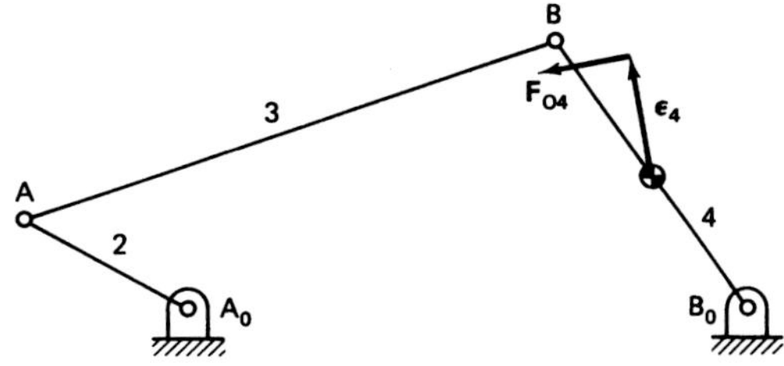

그림 5.31a 세부문제 1: 링크 4만 질량이 있고 링크 2와 3은 없다고 가정한다.

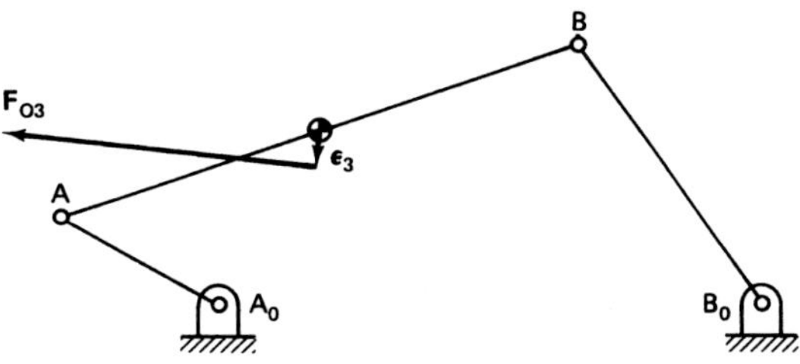

그림 5.31b 세부문제 2: 링크 3만 질량이 있고 링크 2와 4는 없다고 가정한다.

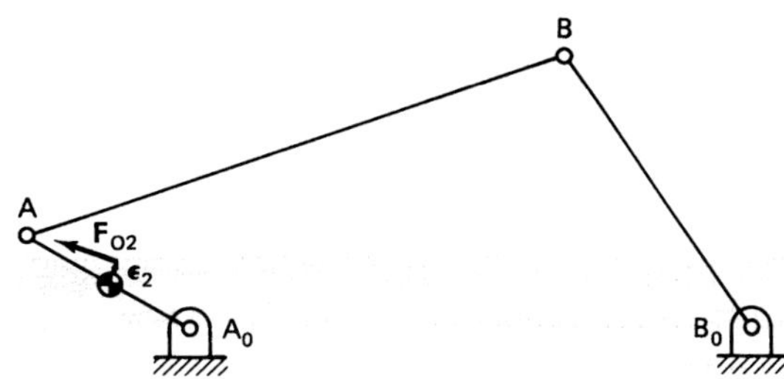

그림 5.31c 세부문제 3: 링크 2만 질량이 있고 링크 3과 4는 없다고 가정한다.

[세부문제 1의 해]

링크 4에는 3개의 힘이 작용하고 있다. 그러므로, 세 힘의 작용선이 만나는 교점이 있다. 이 교점을 알아내기 위해 2개의 작용선이 필요하다. $\mathbf{F}_{04}$의 작용선은 가속도 해석으로부터 알 수 있다. 링크 3은 2개의 힘이 작용하는 부재이다. 이를 통해 $\mathbf{F}'_{34}$의 작용선을 알 수 있으며 이로써 교점의 위치($\mathbf{F}'_{14}$의 작용선)가 고정된다. 이 링크의 자유물체도는 그림 5.32에 나타나 있다. 이 링크의 기구정역학 식은

$$\mathbf{F}'_{34} + \mathbf{F}_{04} + \mathbf{F}'_{14} = 0 \tag{5.93}$$

속도 및 가속도 다각형에 대해 수행된 것과 동일한 방식으로 힘 다각형을 형성함으로써

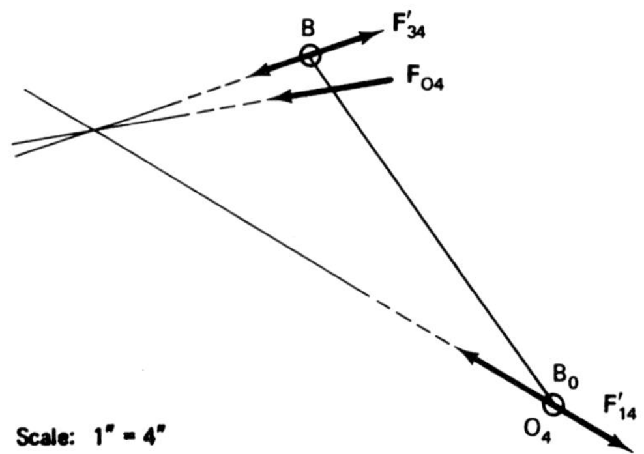

그림 5.32 상교점을 보여주는 그림 5.31a의 링크 4의 자유물체도.

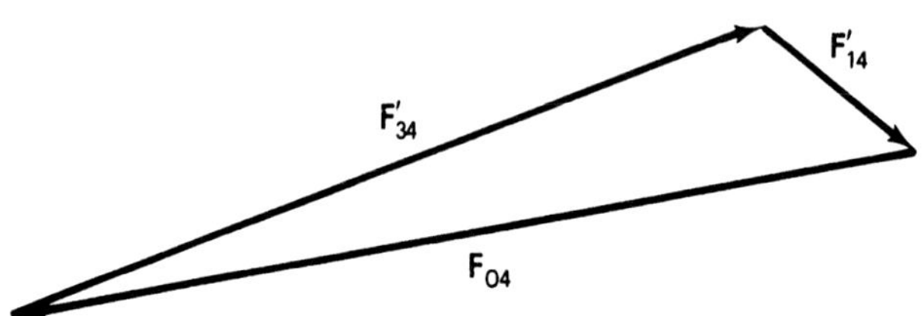

그림 5.33 그림 5.31a의 링크 4의 힘 다각형.

이 식을 도해적으로 풀이할 수 있다. 이 경우의 다각형은 그림 5.33에 나타나 있다. 벡터를 측정하면

$$\mathbf{F}'_{34} = .13 \text{ lbf at } 18°$$
$$\mathbf{F}'_{14} = .03 \text{ lbf at } 313°$$

뉴턴의 3법칙에 의해 $\mathbf{F}'_{34} = -\mathbf{F}'_{32}$이다. 링크 3의 자유물체도는 너무 단순하므로 생략하고 그림 5.34의 링크 2의 자유물체도를 살펴보도록 하자. 기구정역학 식은

$$\begin{aligned} \mathbf{F}'_{32} + \mathbf{F}'_{12} &= 0 \\ \mathbf{T}'_s + \mathbf{d}' \times \mathbf{F}'_{32} &= 0 \end{aligned} \tag{5.94}$$

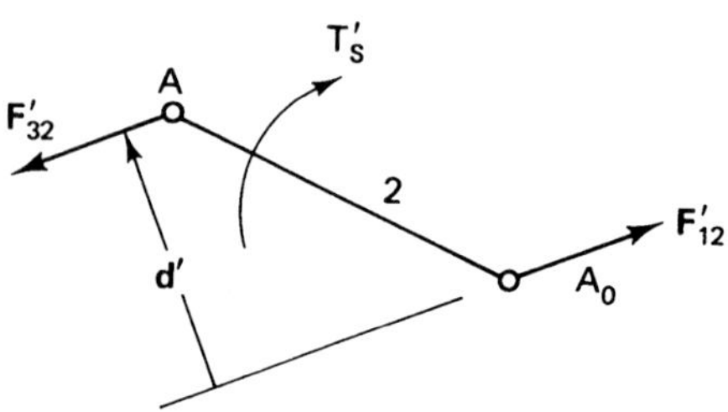

그림 5.34 그림 5.31a의 링크 2의 자유물체도.

여기서 $\mathbf{d}'$은 모멘트 암의 벡터이고 3인치 길이를 갖는다. 첫 번째 세부문제의 결과는 다음과 같다.

$$\mathbf{F}'_{14} = .03 \text{ lbf at } 313°$$
$$\mathbf{F}'_{34} = .13 \text{ lbf at } 18°$$
$$\mathbf{F}'_{32} = .13 \text{ lbf at } 198°$$
$$\mathbf{F}'_{12} = .13 \text{ lbf at } 18°$$
$$T'_s = .39 \text{ in.·lbf cw}$$

[세부문제 2의 해]

이 경우에는 링크 3이 질량을 갖는 유일한 링크이며, 이 링크의 자유물체도가 먼저 고려되어야 한다. 링크 4는 이제 $\mathbf{F}''_{43}$의 작용선을 결정하는 두 힘을 받는 부재임을 유의하라. $\mathbf{F}_{03}$과 $\mathbf{F}''_{43}$의 작용선이 이제 교점을 결정하게 된다. 이 사실에 근거하여 그림 5.35에 보이는 것처럼 $\mathbf{F}''_{23}$의 작용선을 결정할 수 있다. 이 자유물체도의 동적평형식은

$$\mathbf{F}''_{43} + \mathbf{F}''_{23} + \mathbf{F}_{03} = 0 \tag{5.95}$$

힘 다각형은 그림 5.36에 나타나 있다. 이 해석의 결과는 다음과 같다.

$$\mathbf{F}''_{43} = .08 \text{ lbf at } 305°$$
$$\mathbf{F}''_{23} = .49 \text{ lbf at } 0°$$

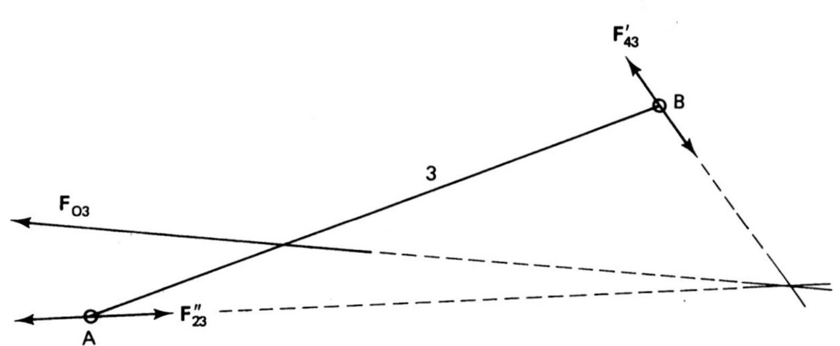

그림 5.35 교점을 보여주는 그림 5.31b의 링크 3의 자유물체도.

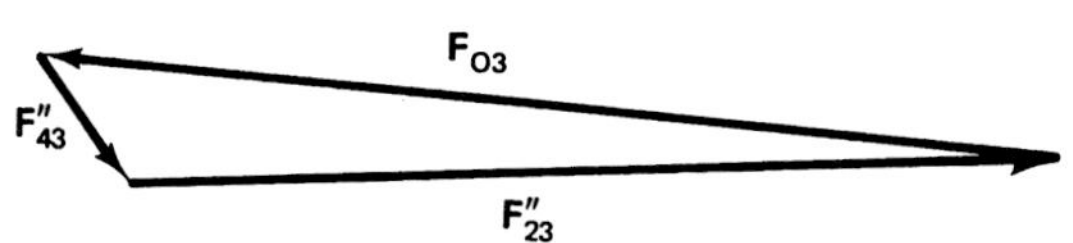

Scale: 1" = 0.2 lb

그림 5.36 그림 5.31b의 링크 3을 위한 힘 다각형.

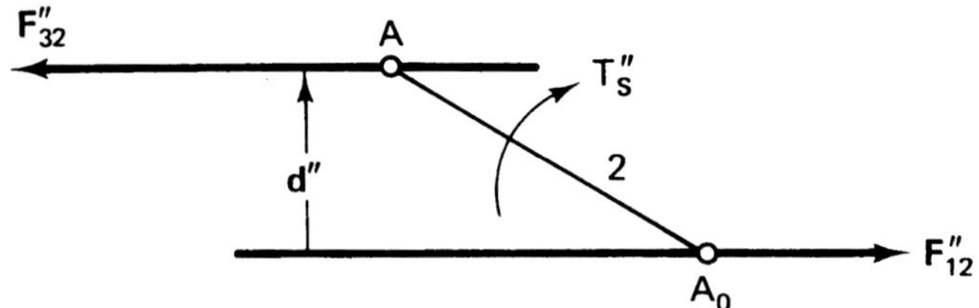

그림 5.37 그림 5.31b의 링크 2의 자유물체도.

링크 4의 자유물체도는 2개의 힘만 작용하므로 $\mathbf{F}''_{41} = -\mathbf{F}''_{43}$임을 보여준다.

링크 2의 자유물체도는 그림 5.37에 나타나 있다. 또 다시 뉴턴의 3법칙과 식 (5.95)를 적용해서 $\mathbf{F}''_{32}$을 구할 수 있다. $\mathbf{F}''_{12}$과 $\mathbf{T}_s''$을 구하기 위한 기구정역학 식은 식 (5.94)에 나타난 것과 유사하다. 이 세부문제의 최종 결과는 세부문제 2의 형태와 동일하게 주어진다.

$$\mathbf{F}''_{14} = .08 \text{ lbf at } 305°$$
$$\mathbf{F}''_{34} = .08 \text{ lbf at } 125°$$
$$\mathbf{F}''_{32} = .49 \text{ lbf at } 180°$$
$$\mathbf{F}''_{12} = .49 \text{ lbf at } 0°$$
$$T''_s = .97 \text{ in.·lbf cw}$$

[세부문제 3의 해]

마지막 세부문제가 사실은 가장 쉽다. 링크 3과 4를 위한 자유물체도들이 그림 5.38에 나타나 있다. 이 세부문제의 경우에는 두 링크가 모두 조인트 A, B, B_0에 힘의 작용점을 갖는, 2개의 힘만 갖는 부재들이다. 그러므로 힘 $\mathbf{F}'''_{23}$과 $\mathbf{F}'''_{43}$의 작용선은 링크 3을 따라서 있어야 한다. 또한 $\mathbf{F}'''_{34}$과 $\mathbf{F}'''_{14}$의 작용선은 링크 4를 따라 있어야 한다. 이제 조인트 B를 살펴보도록 하자.

뉴턴의 3법칙에 의해 $\mathbf{F}'''_{43} = -\mathbf{F}'''_{34}$이다. 이것은 조인트 A, B, B_0가 일직선 상에 놓이는 경

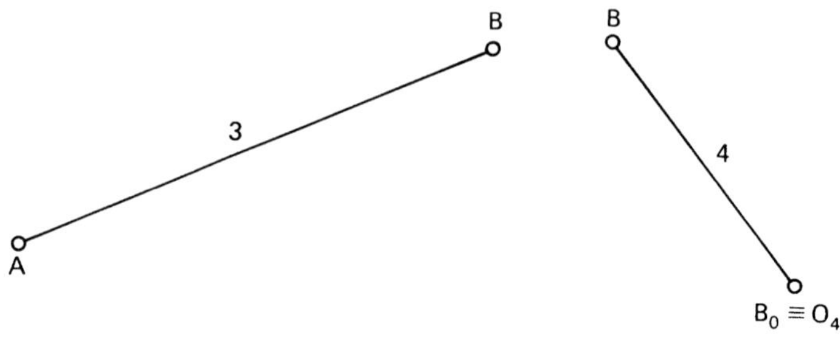

그림 5.38 그림 5.31c의 링크 3과 4를 위한 자유물체도.

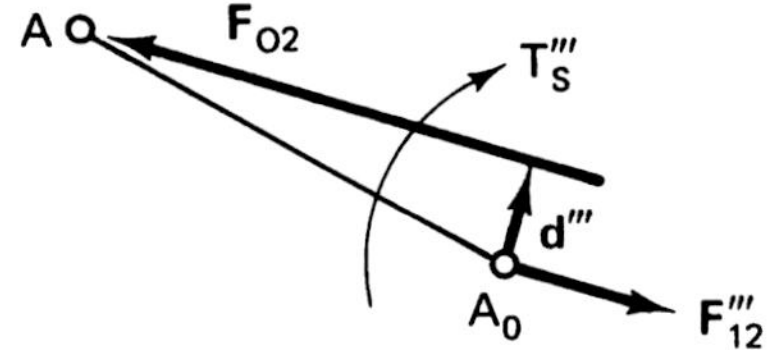

그림 5.39 그림 5.31c의 링크 2를 위한 자유물체도.

우를 제외하고는 불가능하다. 그러나 위의 관계는 링크의 위치에 상관없이 성립해야 한다. 따라서 이 딜레마를 해결할 수 있는 유일한 해는 링크 3과 4가 모두 힘을 받지 않는 경우이다. 이 결과는 링크 2의 자유물체도를 매우 쉽게 그릴 수 있도록 한다. 그 자유물체도는 5.39에 나타나 있다. 이 시스템의 기구정역학 식은 다음과 같다.

$$\begin{aligned}\mathbf{F}_{02} + \mathbf{F}_{12}''' &= 0 \\ \mathbf{T}_s''' + \mathbf{d}''' \times \mathbf{F}_{02} &= 0\end{aligned} \tag{5.96}$$

이 세부문제의 결과는 다음과 같다.

$$\begin{aligned}\mathbf{F}_{14}''' &= 0 \text{ lb} \\ \mathbf{F}_{34}''' &= 0 \text{ lb} \\ \mathbf{F}_{32}''' &= 0 \text{ lb} \\ \mathbf{F}_{12}''' &= .106 \text{ lb at } 341^\circ \\ T_s''' &= .102 \text{ in.}\cdot\text{lb cw}\end{aligned}$$

각 세부문제의 결과와 관련한 몇 가지 내용을 정리한다. 중첩법은 각 링크의 질량이 소요되는 총 입력토크에 미치는 효과를 명확히 구분한다. 각 세부문제에서 계산된 입력축 토크는 정해진 운동하에서 질량을 가진 해당 링크를 움직이는 데 필요한 토크이다. 각 링크의 질량에 의해 초래되는 비용을 고려할 수도 있다. 한 링크의 질량을 변화시키면 그 링크를 움직이는 데 필요한 입력토크가 변화한다. 핀에 작용하는 반력에 대해서도 동일한 확인이 가능하다. 링크의 질량이 클수록 더 큰 핀 반력을 야기시키며 그 운동을 유지하기 위해서는 더 큰 입력토크를 필요로 하게 된다. 행렬 방법으로는 이러한 개념을 제대로 나타내기 힘들며, 단지 주어진 운동에 대해 소요되는 힘과 토크의 총계를 줄 뿐이다.

한 가지 더 주의해 볼 사항은 소요되는 힘과 토크값들이 링크장치의 위치에 밀접히 연관되어 있다는 점이다. 각 위치들은 운동을 유지하기 위해서 필요한 서로 다른 입력토크의 값들을 제공한다. 기구정역학 해석은 설계자에게 링크 장치의 시간에 따라 변화하는 토크 요구조건을 제공한다.

이 문제에 대한 최종적인 답은 세부문제에서 얻은 해들을 벡터적으로 더하여 구한다. 그 결과는 다음과 같다.

$\mathbf{F}_{14} = .11$ lbf at 307°
$\mathbf{F}_{34} = .13$ lbf at 54°
$\mathbf{F}_{32} = .61$ lbf at 184°
$\mathbf{F}_{12} = .71$ lbf at .5°
$T_s = 1{,}462$ in.·lbf cw

5.7 기구정역학 해석에서 중첩 및 행렬 방법에 대한 논의

앞에 기술된 세 가지 기구정역학 해석방법은 물론 동일한 결과를 줄 것이다. 그 방법들은 모두 9개의 미지수–8개의 핀 반력 성분과 소요되는 입력토크–에 대한 답을 준다. 모든 경우에 대해 그 방법들은 링크장치의 운동을 적절히 기술하기 위해 필요한 횟수만큼 반복되어야 한다(예를 들어, 크랭크-로커 기구에서 매 2°씩의 입력회전각에 대해 해석이 요구된다면 해석은 모두 180회 반복되어야 한다). 그림 5.40의 흐름도는 두 가지 방법으로 4절기구의 기구정역학 해석을 수행하는 컴퓨터 프로그램을 개괄적으로 보여준다.

이 세 가지 기구정역학 해석방법들은 모두 어떠한 평면 기구에도 적용될 수 있다. 그림 5.40에 개괄된 동일한 절차가, 이 세 가지 방법들을 더 복합적인 링크장치에 적용하는 데 이용될 수 있다. 모든 해석에서 질량중심들이 링크의 중심선 위에 있도록 제한된 것과 외력이 주어지지 않았던 점에 주의해야 한다. 식을 더 일반화하여 가변적인 링크의 기하학적 형상과 많은 외부하중을 포함하도록 하는 것은 간단한 일이다(제2권 5.10절의 밸런싱에 대한 내용을 보라).

제2권의 5장은 기구동역학을 계속 전개하고 있다. 시간응답, 진동, 밸런싱, 그리고 고속의 유연체 기구가 여기서 논의될 것이다.

평면 기구의 동역학 해석을 위한 여러 가지 소프트웨어가 존재한다. 이 프로그램들은 저차 및 고차대우 조인트를 갖는 다루프 평면 기구들의 정역학 해석, 기구정역학 해석, 그리고 대부분의 경우 시간응답 해석을 할 수 있다[20~22, 85, 93, 121, 147, 159, 169~171].

5.8 기구의 시간응답

앞의 절들에서 제시된 기구의 기구정역학 힘 해석은 뉴턴의 법칙과 달랑베르 원리에 기초한다. 입력속도 및 가속도를 안다고 가정하며, 입력으로 주어지는 운동은 기구의 기구학적 자유도와 동일하다. 이러한 가정을 가지고 기구학 해석을 통해 위치, 속도, 가속도를 구할 수 있다. 더불어서, 조인트하중과 입력토크는 5.6절에 기술된 기구정역학 해석을 위한

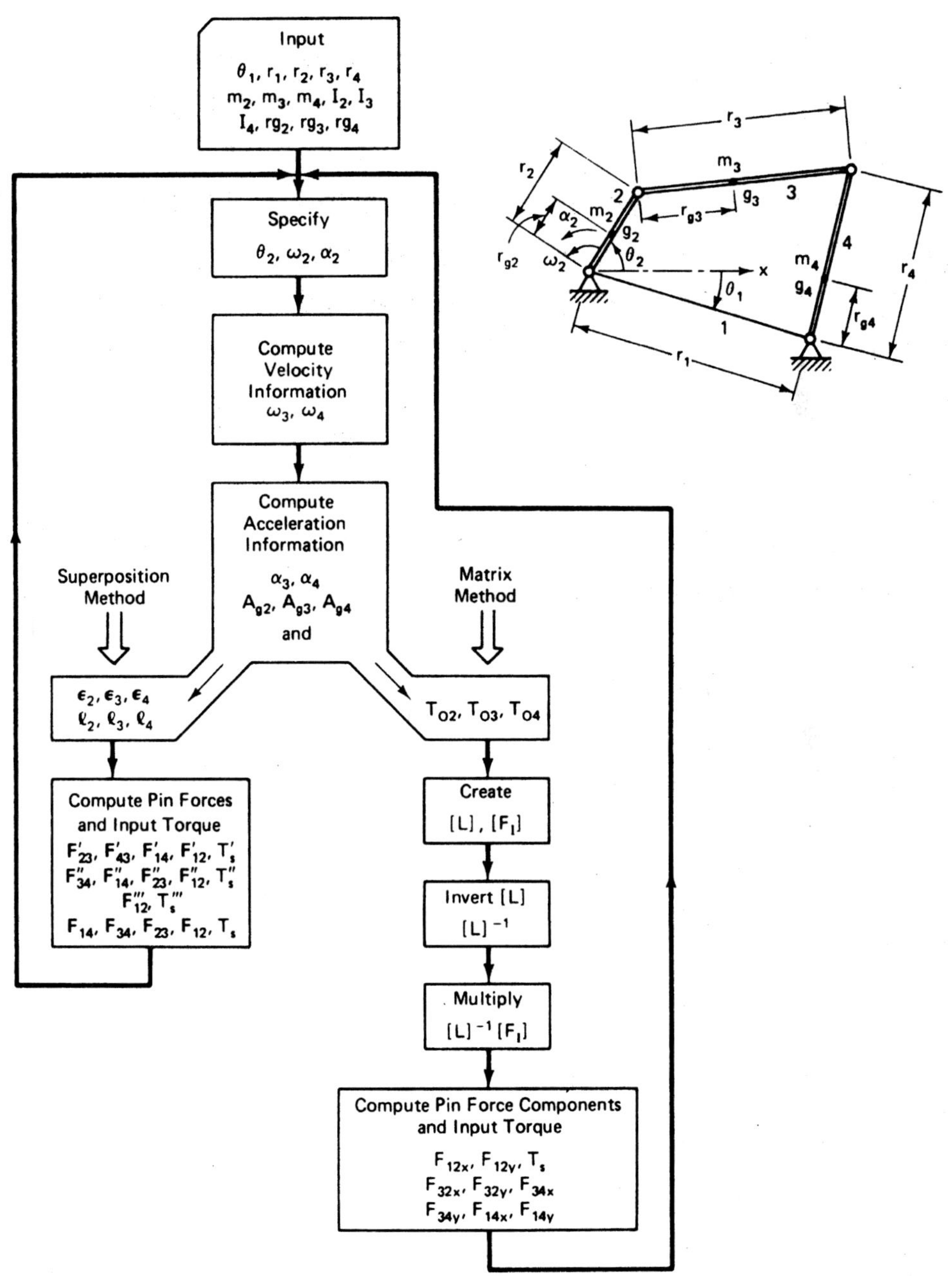

그림 5.40 4절 기구의 기구정역학 해석을 위한 컴퓨터 프로그램 흐름도. 상단 우측의 그림은 입력을 표시하였다. 중첩 방법(흐름도의 좌측 가지)은 도해적 방법으로도 수행될 수 있다.

행렬 방법을 이용하여 계산할 수 있다. 일반적으로 기구정역학 해석에서 입력크랭크 운동은 일정하다고 가정한다. 그러나 실제의 경우 이는 사실이 아니다. 기구의 정확한 입력속도는 미지수이며 운동주기 동안 하중, 관성력, 마찰력 등에 의해서 변화한다. 그러므로 명목상의 '일정 속도 입력'의 가정은 단지 근사적인 해를 줄 뿐이다. 기구의 실제 시간응답을 이해하기 위해서는 표 5.1에 제시된 미분 운동방정식을 세우고 풀어야 한다. 그러한 시간응답 해석에서는, 기구의 기하학적 제원, 질량 특성, 구동력 또는 토크(구동모터의 토크-속도 관계), 그리고 외부하중(예를 들어, 그림 2.3과 표 2.3 참조)에 대한 정보를 가정한다. 그런 다음 먼저 입력부재의 실제 운동응답, 즉 기구의 동적 미분방정식을 풀어서 입력부재의 위치, 속도, 가속도를 구함으로써 기구의 운동을 풀이한다. 이것이 완료되면, 나머지 링크들의 위치, 속도, 가속도는 기구정역학 해석을 통해서 풀 수 있고, 베어링하중, 소요입력토크는 기구정역학 힘 해석을 통해서 구할 수 있다.

미분 운동방정식

라그랑지 방정식은 기구의 운동방정식을 유도하는 데 매우 효율적인 방법이다. 라그랑지 방정식을 요약한 형태는

$$\frac{d}{dt}\left(\frac{\partial T}{\partial \dot{q}_j}\right) - \frac{\partial T}{\partial q_j} = Q_j \qquad (j = 1,2, \cdots, k) \tag{5.97}$$

여기서 T는 기구의 총 운동에너지, q_j와 $\dot{q}_j$는 일반좌표와 속도, Q_j는 좌표 q_j에 해당하는 일반력, 그리고 k는 시스템의 독립 일반좌표의 수를 나타낸다. 이 방정식의 유도는 여러 역학 교재에 나와 있다(예를 들어, Donald T. Greenwood의 Principles of Dynamics, 2nd ed., Englewood Cliffs, NJ: Prentice Hall, 1988을 참조하라). 아무리 시스템이 복잡하더라도 이 일정한 라그랑지 방정식의 형태가 성립한다. 시스템의 자유도 수만큼 운동방정식이 존재한다. 경험이 많은 사람은 주어진 동적 문제의 미지수를 구하기 위해 일반좌표를 적절하게 선정한다. 간단한 1자유도 4절 기구의 경우, 구동링크의 회전을 일반좌표로 선정할 수 있다.

n개의 강체로 구성된 일반적인 기계 시스템에 대해서는 라그랑지 방정식을 보다 명시적인 형태로 기술할 수 있다. 강체로 구성된 기구의 운동에너지는

$$T = \sum_{i=1}^{n} \frac{1}{2} m_i(\dot{x}_{gi}^2 + \dot{y}_{gi}^2) + \sum_{i=1}^{n} \frac{1}{2} I_{gi}\dot{\theta}_i^2 \tag{5.98}$$

여기서 (x_{gi}, y_{gi})는 기구의 링크 i의 질량중심 좌표이다. 그리고 n은 운동하는 링크의 수이다. 식 (5.98)을 식 (5.97)에 대입하면

$$\begin{aligned}&\frac{d}{dt}\left(\frac{\partial T}{\partial \dot{q}_j}\right)-\frac{\partial T}{\partial q_j}\\&=\frac{d}{dt}\sum_{i=1}^{n}\left\{m_i\left(\dot{x}_{gi}\frac{\partial \dot{x}_{gi}}{\partial \dot{q}_j}+\dot{y}_{gi}\frac{\partial \dot{y}_{gi}}{\partial \dot{q}_j}\right)+I_{gi}\dot{\theta}_i\frac{\partial \dot{\theta}_i}{\partial \dot{q}_j}\right\}\\&-\sum_{i=1}^{n}\left\{m_i\left(\dot{x}_{gi}\frac{\partial \dot{x}_{gi}}{\partial q_j}+\dot{y}_{gi}\frac{\partial \dot{y}_{gi}}{\partial q_j}\right)+I_{gi}\dot{\theta}_i\frac{\partial \dot{\theta}_i}{\partial q_j}\right\}\\&=Q_j(j=1,2,\cdots,k)\end{aligned}\tag{5.99}$$

라그랑지 역학의 두 기본적인 관계를 이용하면

$$\left.\begin{aligned}&\frac{\partial \dot{r}_i}{\partial \dot{q}_j}=\frac{\partial r_i}{\partial q_j}\\&\frac{d}{dt}\left(\frac{\partial \dot{r}_i}{\partial \dot{q}_j}\right)=\frac{d}{dt}\left(\frac{\partial r_i}{\partial q_j}\right)=\frac{\partial \dot{r}_i}{\partial q_j}\end{aligned}\right\}\tag{5.100}$$

여기서 r_i는 일반좌표의 임의의 함수이고 $(d)/(dt)\,((\partial T)/(\partial \dot{q}_j))$ 항을 다음과 같이 전개한다.

$$\begin{aligned}\frac{d}{dt}\left(\frac{\partial T}{\partial \dot{q}_j}\right)&=\sum_{i=1}^{n}\left\{m_i\left(\ddot{x}_{gi}\frac{\partial \dot{x}_{gi}}{\partial \dot{q}_j}+\ddot{y}_{gi}\frac{\partial \dot{y}_{gi}}{\partial \dot{q}_j}\right)+I_{gi}\ddot{\theta}_i\frac{\partial \dot{\theta}_i}{\partial \dot{q}_j}\right\}\\&+\sum_{i=1}^{n}\left\{m_i\left(\dot{x}_{gi}\frac{d}{dt}\left(\frac{\partial \dot{x}_{gi}}{\partial \dot{q}_j}\right)+\dot{y}_{gi}\frac{d}{dt}\left(\frac{\partial \dot{y}_{gi}}{\partial \dot{q}_j}\right)\right)+I_{gi}\dot{\theta}_i\frac{d}{dt}\left(\frac{\partial \dot{\theta}_i}{\partial \dot{q}_j}\right)\right\}\\&=\sum_{i=1}^{n}\left\{m_i\left(\ddot{x}_{gi}\frac{\partial \dot{x}_{gi}}{\partial \dot{q}_j}+\ddot{y}_{gi}\frac{\partial \dot{y}_{gi}}{\partial \dot{q}_j}\right)+I_{gi}\ddot{\theta}\frac{\partial \dot{\theta}_i}{\partial \dot{q}_j}\right\}\\&+\sum_{i=1}^{n}\left\{m_i\left(\dot{x}_{gi}\frac{\partial \dot{x}_{gi}}{\partial q_j}+\dot{y}_{gi}\frac{\partial \dot{y}_{gi}}{\partial q_j}\right)+I_{gi}\dot{\theta}_i\frac{\partial \dot{\theta}_i}{\partial q_j}\right\}\end{aligned}\tag{5.101}$$

식 (5.101)을 (5.99)에 대입하면, 다음과 같은 라그랑지 방정식의 간략화된 형태를 얻는다.

$$\sum_{i=1}^{n}\left\{m_i\left(\ddot{x}_{gi}\frac{\partial \dot{x}_{gi}}{\partial \dot{q}_j}+\ddot{y}_{gi}\frac{\partial \dot{y}_{gi}}{\partial \dot{q}_i}\right)+I_{gi}\ddot{\theta}_i\frac{\partial \ddot{\theta}_i}{\partial \dot{q}_j}\right\}=Q_j(j=1,2,\cdots,k)\tag{5.102}$$

일반력 Q_j는 다음과 같이 결정된다.

$$Q_j=\sum_{i=1}^{n}\mathbf{F}_i\frac{\partial \mathbf{r}_i}{\partial q_j}\tag{5.103}$$

여기서 $\mathbf{F}_i$는 링크 i에 작용하는 외부하중이고 $\mathbf{r}_i$는 전역좌표계의 원점으로부터 측정된 $\mathbf{F}_i$의 반경 벡터이다. 외부 일반력 Q_j는 보존력과 비보존력으로 구성된다. 그러므로 이를 더 자세히 나타내면

$$Q_j = -\frac{\partial V}{\partial q_j} + \sum_{i=1}^{n} \mathbf{F}'_i \frac{\partial \mathbf{r}_i}{\partial q_j} \tag{5.104}$$

여기서 V는 보존에너지이고, $\mathbf{F}_i{}'$은 비보존력이다. V의 예로서 중력 및 스프링에 의한 보존에너지가 있다. $\mathbf{F}_i{}'$의 예는 구동력(또는 구동토크), 외부하중 그리고 마찰력이 있다.

라그랑지 방정식의 적용 기구의 동적 성능을 예측하기 위해 라그랑지 방정식을 적용하는 것을 평면 4절 기구 예제를 통해 설명하고자 한다. 그림 5.41은 일반적 평면 4절 기구를 보여주는데, 여기서 T_S는 구동토크, T_L은 외력이다. 이 기구는 1자유도를 가지며 θ_2가 독립된 일반좌표로 선정되었다.

식 (5.102)를 이용하여 링크장치의 미분 운동방정식을 유도하기 위하여 링크 3과 4의 각도, 각속도, 각가속도를 독립값 $\dot{\theta}$와 $\ddot{\theta}_2$로 나타내야 한다. 유사한 표현이 모든 움직이는 링크들의 질량중심의 가속도에 대해 필요하다. 3.3절에 제시된 기구학 해석 방정식은 여기서 요구되는 위치, 속도, 가속도를 계산하기 위하여 사용된다.

링크 3과 4의 각도는 다음과 같이 주어진다.

$$\begin{Bmatrix} \theta_3 \\ \theta_4 \end{Bmatrix} = \begin{Bmatrix} \sin^{-1}[(r_4 \sin\theta_4 - B)/r_3] \\ \cos^{-1}(C/\sqrt{A^2 + B^2}) - \tan^{-1}(B/A) \end{Bmatrix} \tag{5.105}$$

여기서

$$A = r_1 - r_2\cos\theta_2, \quad B = r_2\sin\theta_2, \quad C = \frac{A^2 + B^2 + r_4 - r_3}{-2r_4}$$

링크 3과 4의 각속도[식 (3.62)와 (3.63) 참조]는 다음과 같이 주어진다.

$$\begin{Bmatrix} \dot{\theta}_3 \\ \dot{\theta}_4 \end{Bmatrix} = r_2\dot{\theta}_2 \begin{Bmatrix} -\sin(\theta_4 - \theta_2)/r_3\sin(\theta_4 - \theta_3) \\ \sin(\theta_3 - \theta_2)/r_4\sin(\theta_3 - \theta_4) \end{Bmatrix} \tag{5.106}$$

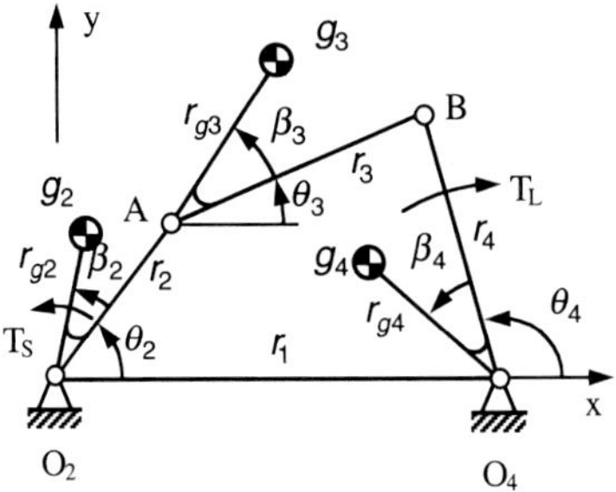

그림 5.41 평면 4절 기구.

링크 3과 4의 각가속도는 다음과 같이 주어진다.

$$\begin{Bmatrix} \ddot{\theta}_3 \\ \ddot{\theta}_4 \end{Bmatrix} = \begin{Bmatrix} \dfrac{-r_2\ddot{\theta}_2 \sin(\theta_4 - \theta_2) + r_2\dot{\theta}_2^2 \cos(\theta_4 - \theta_2) + r_3\dot{\theta}_3^2 \cos(\theta_4 - \theta_3) - r_4\dot{\theta}_4^2}{r_3 \sin(\theta_4 - \theta_3)} \\ \dfrac{r_2\ddot{\theta}_2 \sin(\theta_3 - \theta_2) - r_2\dot{\theta}_2^2 \cos(\theta_3 - \theta_2) + r_4\dot{\theta}_4^2 \cos(\theta_3 - \theta_4) - r_3\dot{\theta}_3^2}{r_4 \sin(\theta_3 - \theta_4)} \end{Bmatrix} \tag{5.107}$$

질량중심점의 가속도[식 (4.21)과 (4.22) 참조]는 다음과 같이 주어진다.

$$\begin{Bmatrix} \ddot{x}_{g2} \\ \ddot{y}_{g2} \end{Bmatrix} = r_{g2}\begin{Bmatrix} -\ddot{\theta}_2 \sin(\theta_2 + \beta_2) - \dot{\theta}_2^2 \cos(\theta_2 + \beta_2) \\ \ddot{\theta}_2 \cos(\theta_2 + \beta_2) - \dot{\theta}_2^2 \sin(\theta_2 + \beta_2) \end{Bmatrix} \tag{5.108}$$

$$\begin{Bmatrix} \ddot{x}_{g3} \\ \ddot{y}_{g3} \end{Bmatrix} = r_2\begin{Bmatrix} -\ddot{\theta}_2 \sin\theta_2 - \dot{\theta}_2^2 \cos\theta_2 \\ \ddot{\theta}_2 \cos\theta_2 - \dot{\theta}_2^2 \sin\theta_2 \end{Bmatrix} + r_{g3}\begin{Bmatrix} -\ddot{\theta}_3 \sin(\theta_3 + \beta_3) - \dot{\theta}_3^2 \cos(\theta_3 + \beta_3) \\ \ddot{\theta}_3 \cos(\theta_3 + \beta_3) - \dot{\theta}_3^2 \sin(\theta_3 + \beta_3) \end{Bmatrix} \tag{5.109}$$

$$\begin{Bmatrix} \ddot{x}_{g4} \\ \ddot{y}_{g4} \end{Bmatrix} = r_{g4}\begin{Bmatrix} -\ddot{\theta}_4 \sin(\theta_4 + \beta_4) - \dot{\theta}_4^2 \cos(\theta_4 + \beta_4) \\ \ddot{\theta}_4 \cos(\theta_4 + \beta_4) - \dot{\theta}_4^2 \sin(\theta_4 + \beta_4) \end{Bmatrix} \tag{5.110}$$

편미분 항들의 값은 다음과 같다.

$$\begin{Bmatrix} \dfrac{\partial\dot{\theta}_3}{\partial\dot{\theta}_2} \\ \dfrac{\partial\dot{\theta}_4}{\partial\dot{\theta}_2} \end{Bmatrix} = r_2\begin{Bmatrix} -\sin(\theta_4 - \theta_2)/r_3 \sin(\theta_4 - \theta_3) \\ \sin(\theta_3 - \theta_2)/r_4 \sin(\theta_3 - \theta_4) \end{Bmatrix} \tag{5.111}$$

$$\begin{Bmatrix} \dfrac{\partial\dot{x}_{g2}}{\partial\dot{\theta}_2} \\ \dfrac{\partial\dot{y}_{g2}}{\partial\dot{\theta}_2} \end{Bmatrix} = r_{g2}\begin{Bmatrix} -\sin(\theta_2 + \beta_2) \\ \cos(\theta_2 + \beta_2) \end{Bmatrix} \tag{5.112}$$

$$\begin{Bmatrix} \dfrac{\partial\dot{x}_{g3}}{\partial\dot{\theta}_2} \\ \dfrac{\partial\dot{y}_{g3}}{\partial\dot{\theta}_2} \end{Bmatrix} = r_2\begin{Bmatrix} -\sin\theta_2 \\ \cos\theta_2 \end{Bmatrix} + r_{g3}\frac{\partial\dot{\theta}_3}{\partial\dot{\theta}_2}\begin{Bmatrix} -\sin(\theta_3 + \beta_3) \\ \cos(\theta_3 + \beta_3) \end{Bmatrix} \tag{5.113}$$

$$\begin{Bmatrix} \dfrac{\partial\dot{x}_{g4}}{\partial\dot{\theta}_2} \\ \dfrac{\partial\dot{y}_{g4}}{\partial\dot{\theta}_2} \end{Bmatrix} = r_{g4}\frac{\partial\dot{\theta}_4}{\partial\dot{\theta}_2}\begin{Bmatrix} -\sin(\theta_4 1 \beta_4) \\ \cos(\theta_4 + \beta_4) \end{Bmatrix} \tag{5.114}$$

식 (5.102)에 근거하여 θ_2를 일반좌표로 선정했을 때, 4절 기구의 라그랑지 운동방정식은 다음과 같다.

$$\sum_{i=2}^{4}\left\{m_i\left(\ddot{x}_{gi}\frac{\partial \dot{x}_{gi}}{\partial \dot{\theta}_2}+\ddot{y}_{gi}\frac{\partial \dot{y}_{gi}}{\partial \dot{\theta}_2}\right)+I_{gi}\ddot{\theta}_i\frac{\partial \dot{\theta}_i}{\partial \dot{\theta}_2}\right\}=Q_2 \tag{5.115}$$

여기서 θ에 상응하는 일반력 Q_2는 다음과 같다.

$$Q_2=-g\sum_{i=2}^{4} m_i\frac{\partial \dot{y}_{gi}}{\partial \dot{\theta}_2}+T_S-T_L\frac{\partial \dot{\theta}_4}{\partial \dot{\theta}_2} \tag{5.116}$$

여기서 g는 중력 가속도이다. 중력 관련항들은 링크장치가 평면운동을 한다면 모두 제거되어야 한다.

식 (5.105)~(5.114)와 식 (5.116)을 식 (5.115)에 대입하면, 4절 기구의 동적 운동방정식이 형성된다. 수치적분 방법을 적용하기 위해서 미분방정식을 일반좌표와 일반 속력의 명시적 함수로 표현하기 위한 대수적인 조작이 필요하다. 즉, 미분방정식을 다음과 같은 형태로 나타내어야 한다.

$$\ddot{\theta}_2=f(\theta_2,\dot{\theta}_2) \tag{5.117}$$

식 (5.117)은 2차 비선형 상미분방정식이다. 이 방정식은 해석적 엄밀해가 일반적으로 존재하지 않으므로 랑지-쿠타 방법(Rauge-Kutta method)과 같은 수치적 기법이 해를 구하기 위하여 사용된다. 일단 $\theta_2, \dot{\theta}_2, \ddot{\theta}_2$를 구하면 기구운동학 해석과 기구정역학 해석식들이 링크장치의 실시간 운동 및 힘의 시간응답을 구하는 데 사용된다.

입력토크 T_S는 보통 입력속력의 함수이다. 예를 들어, 링크장치가 전기모터에 의해 구동된다면, 입력토크는 근사적으로 다음과 같이 표현된다.

$$T_S=a-b\dot{\theta}_2 \tag{5.118}$$

여기서 a와 b는 모터의 특성에 의해 결정되는 계수들이다. 그림 5.42는 가상적 모터의 토크-속력 특성을 나타내는 그림인데, 여기서 n_H는 모터의 명목 속력이고 n_K는 임계 속력이다. 외부(작동)하중이 증가할수록, 동작범위 BD 내에서 모터의 속력은 감소한다. 만일 작

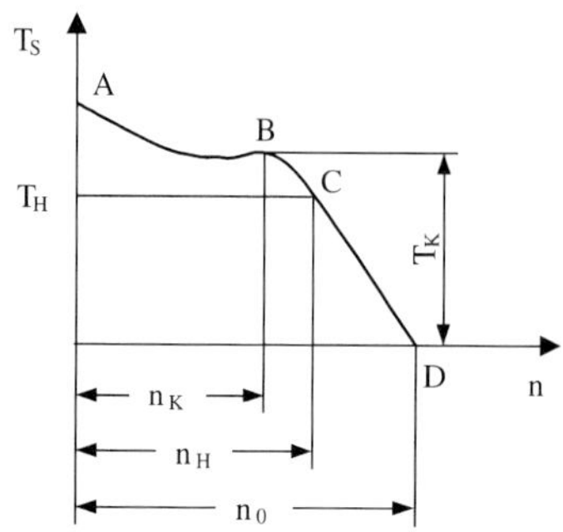

그림 5.42 전기모터의 토크-속력 특성.

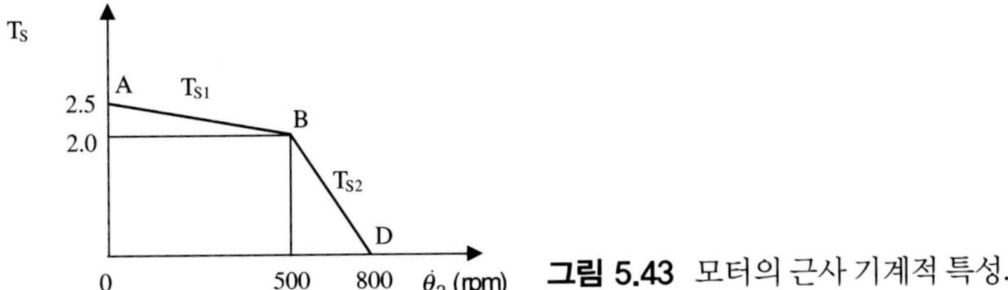

그림 5.43 모터의 근사 기계적 특성.

용하중(저항토크)이 더 증가하면, 모터는 *BA*의 영역에 있게 되며 불안정해진다. 하중을 더 증가시키면(T_S보다 크게) 모터는 정지한다. 그러므로, 모터의 안정적인 작동범위는 점 *B*, *D* 사이이다. 식 (5.118)은 직선 토크-속력함수 *CD*(또는 *BD*)에 대한 근사식이다.

4절 기구의 시간응답: 예제

링크장치의 동적 거동을 설명하기 위한 간단한 예제로서, 예제 5.2의 4절 기구를 고려해 보자. 작동토크 T_L은 3 Nm가 링크 4에 작용하고 있다고 가정하자. T_L의 방향은 언제나 링크 4의 운동방향($\dot{\theta}_4$의 방향)과 반대이다. 링크장치에는 마찰력이 없으며, 링크 2는 토크-속력 특성이 그림 5.43에 나타나고 아래 식으로 주어지는 모터에 의해 구동된다고 가정하자.

$$T_{S1} = 2.5 - 0.001\dot{\theta}_2\,(N \cdot m),\ T_{S2} = 5.33 - 0.0637\dot{\theta}_2\,(N \cdot m) \qquad (5.119)$$

$\dot{\theta}_2$는 식 (5.119)에 분당 회전속도로 표현됨을 주의하라. 이 4절 기구의 운동방정식은 MATLAB* 언어를 통해서 프로그램되고 4차 랑지-쿠타 방법으로 해를 구하였다. $t = 0$일 때, θ_2와 $\dot{\theta}_2$의 초기값은 0으로 지정되었다. [0, 2] 시간 구간에서 크랭크 속력 $\dot{\theta}_2$의 시간응답이 그림 5.44에 나타나 있다. 그림에 명확히 나타난 것처럼 링크장치가 정상 상태에 도달하는 데는 약 1.2초(또는 그림 5.44b에서 대략 9번의 운동주기)가 소요된다. 그림에서 볼 수 있듯이, 기구의 속력은 일정한 것과는 거리가 멀다. 속력 불균일 계수는 대략 다음과 같다.

$$\delta = \frac{\omega_{max} - \omega_{min}}{\omega_m} = \frac{850 - 450}{650} = 0.615$$

여기서 ω_m은 산술평균을 나타낸다. 이러한 속력 불균일은 통상 기계의 동적 성능을 저하시킨다. 속력 불균일을 감소시키기 위해서 가속되는 동안 운동에너지를 흡수했다가 다른

* MATLAB은 Math Works사에서 개발한 공학용 소프트웨어이다.

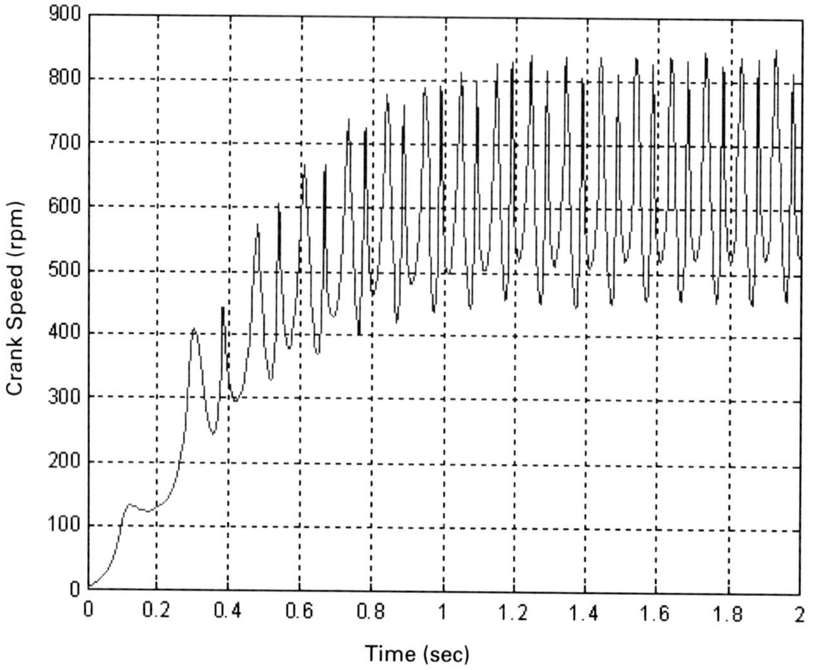

그림 5.44(a) 시간에 대한 입력속력의 시간응답.

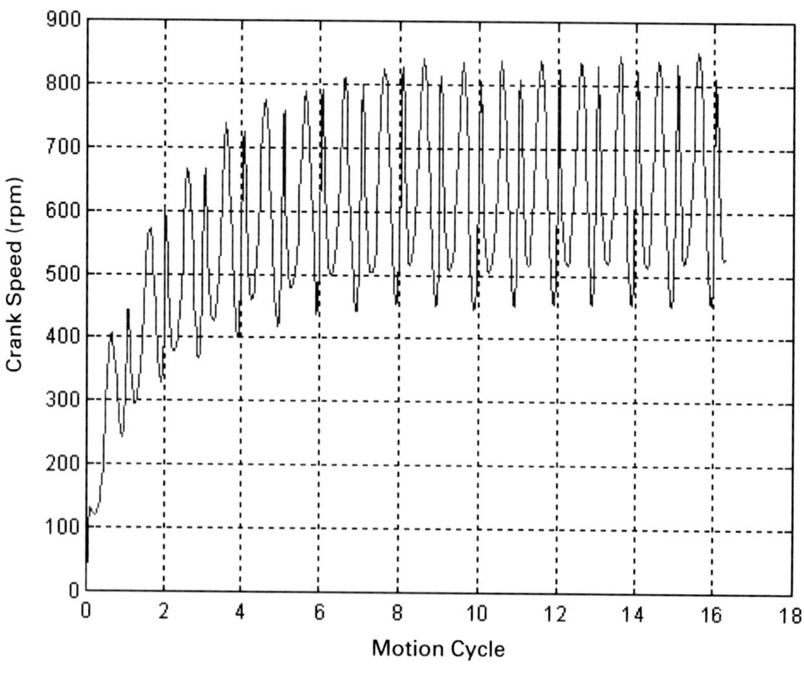

그림 5.44(b) 운동주기에 대한 입력속력의 시간응답.

때에 흡수된 에너지를 돌려주는 에너지 저장 장치로서 플라이휠이 사용된다. 플라이휠은 원통형 디스크 형태의 간단한 형상으로부터 허브와 림을 갖는 구조까지 존재한다. 예를 들면, 2.5 kg의 무게와 0.2 m의 반경을 갖는 디스크를 4절 기구의 크랭크축에 설치하면, 입력속력의 시간응답은 그림 5.45에 보이는 형태로 변화한다. 속력 불균일 계수 δ는 0.615에서 0.114로 감소한다. 당연히 과도 응답시간은 플라이휠의 부가된 관성모멘트로 인하여 더 걸어지고 그림에서처럼 링크장치가 정상 상태에 도달하기까지는 5초 이상이 소요된다.

그림 5.46은 시스템이 다음에 기술된 단계를 거치는 동안 링크장치의 입력속력의 전체 응답 과정을 보여준다.

1. 링크 4에 3 Nm의 외부하중이 가해지며 모터가 0초에 가동을 시작한다. 초기 토크 2.5 Nm가 링크 2에 모터가 공급할 수 있는 최댓값임에 주의하라.
2. 외부하중은 6초 후에 제거된다. 그림 5.46에 보이는 시스템 속력의 결과적인 증가를 살펴보라.
3. 외부하중 4 Nm가 12초 후에 부가된다. 그림 5.46에서 모터 속력의 감소를 살펴보라

입력전력은 차단되고 18초 후에 브레이크가 작동한다. 브레이크에는 $T_r = -0.1\,\dot{\theta}_2$ Nm의 모멘트가 주어진다(여기서 $\dot{\theta}_2$는 rad/sec의 단위를 갖는다). 그림 5.43과 5.46으로부터 외

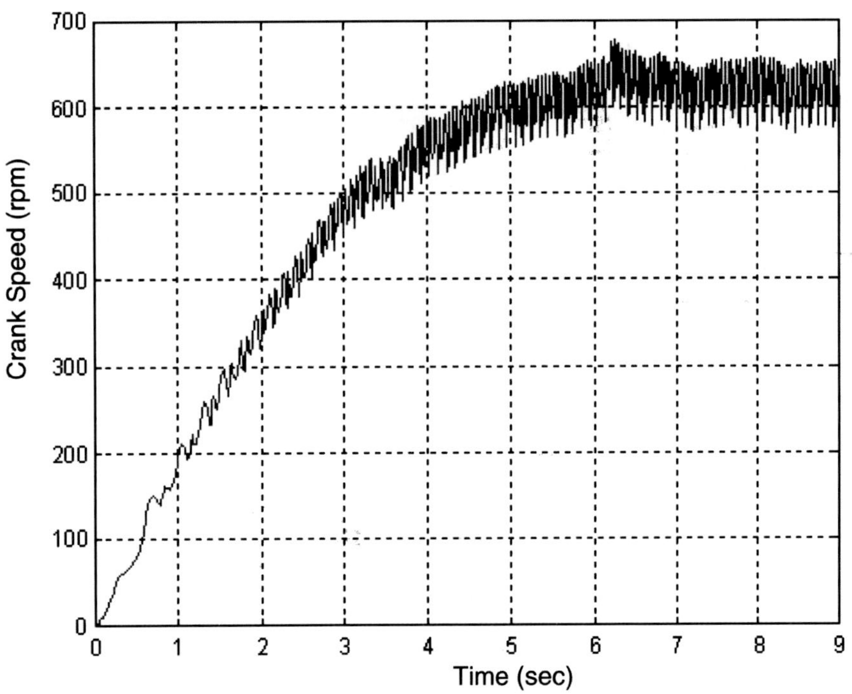

그림 5.45 플라이휠이 부가된 후 입력속력의 시간응답.

부하중이 없는 평균 크랭크 속력은 800 rpm 정도인 것으로 결론지을 수 있다. 하중이 6초 경에 3 Nm에서 6 Nm로 증가함에 따라 동적응답의 변화는 그림 5.46과 5.47에서 보는 바와 같이 뚜렷이 나타난다. 부가된 하중은 모터에 너무 과중하여 시스템은 급격하게 0의 속력으로 줄어든다.

4장에서, 그리고 이 장의 기구정역학 힘 해석에서 입력속력은 일정하다고 가정되었다. 그러나, 미분방정식을 풀어서 θ와 $\dot{\theta}_2$를 계산하면, 그 값들이 변화하는 것을 분명히 알 수 있다(그림 5.48 참조). 입력링크의 평균속력을 '일정한' 구동속력으로 가정하는 것은 부정확한 결과를 초래하며 링크장치의 실제 동적 거동을 보여 주지 못한다. 여기서 다루고 있는 4절 기구가 하중 없이 작동한다면 정상상태에서의 평균속력은 800 rpm 가량이 된다. 링크장치가 플라이휠 없이 일정 속력 800 rpm으로 작동된다고 가정하자. 이러한 조건하에서 고정링크와 종동링크(링크 1과 링크 4) 사이에 작용하는 결과적인 '명목' 베어링하중이 그림 5.49에 나타나 있다. 동적 해석에서 계산된 베어링하중의 실제의 정상 상태 시간응답이 그림 5.50에 나타나 있다. 실제 베어링하중의 최댓값은 명목 베어링하중보다 훨씬 높다.

정확도와 동적 효과가 주요 관심사라면 이 절에서 제시된 동적 시뮬레이션은 동적 해석 수행의 필요성과 중요성을 잘 보여준다. 널리 확산되고 있는 컴퓨터와 소프트웨어의 발전을 배경으로, 해석적 시제품과 CAE를 통해 제품의 질을 높이고 개발시간과 비용을

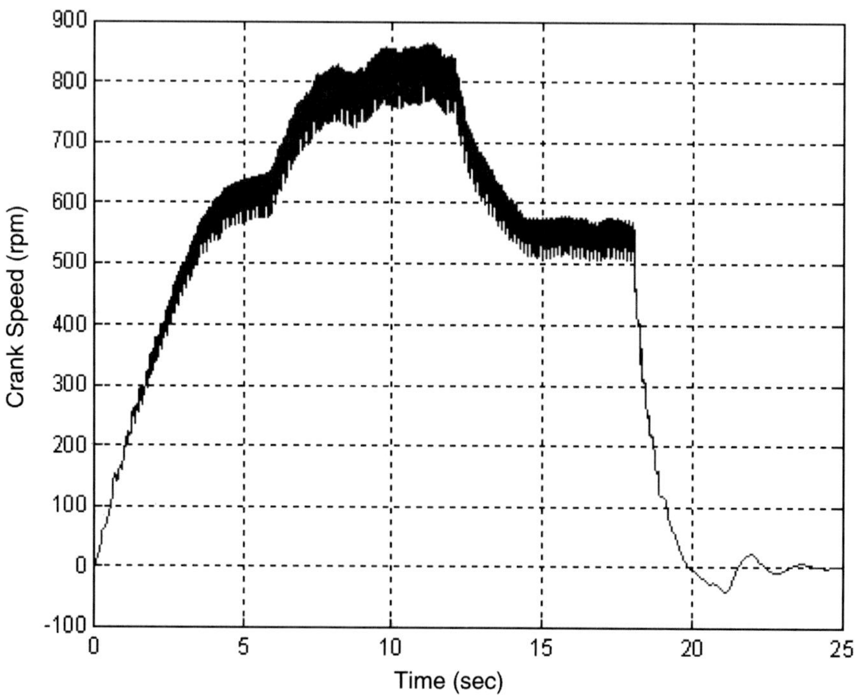

그림 5.46 링크장치의 입력속력의 전체 시간응답 과정.

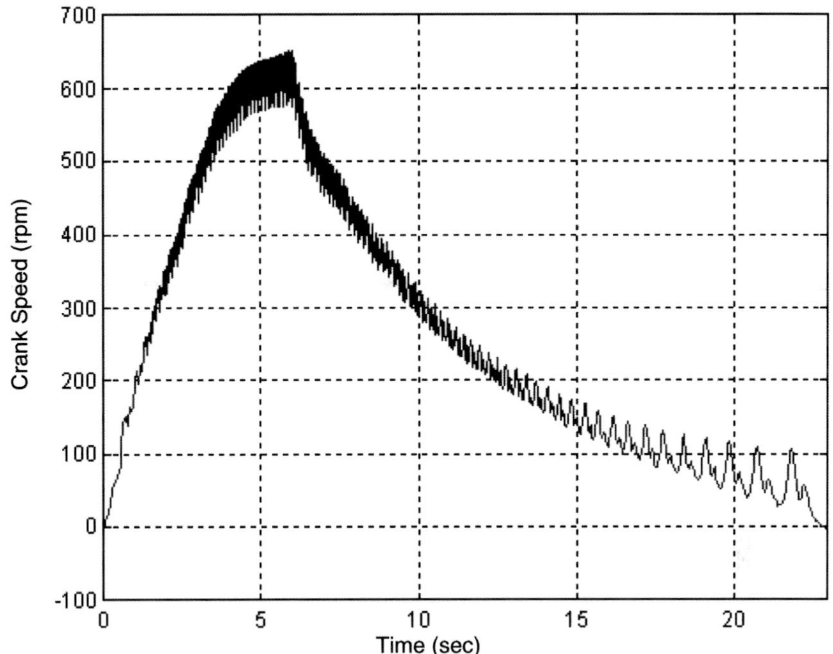

그림 5.47 초과하중 하에서의 크랭크 속력의 시간응답.

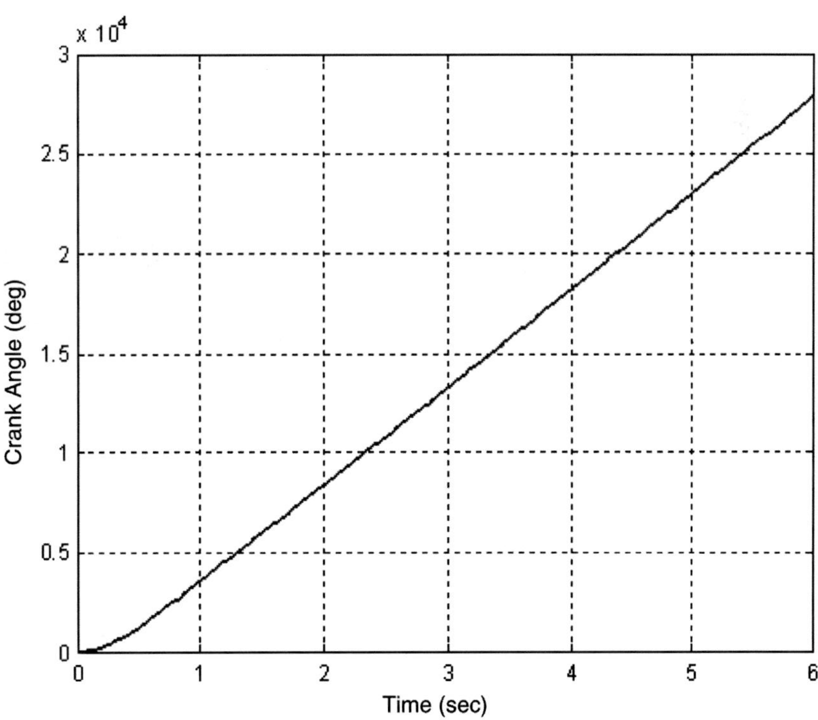

그림 5.48(a) 크랭크 회전각의 시간응답.

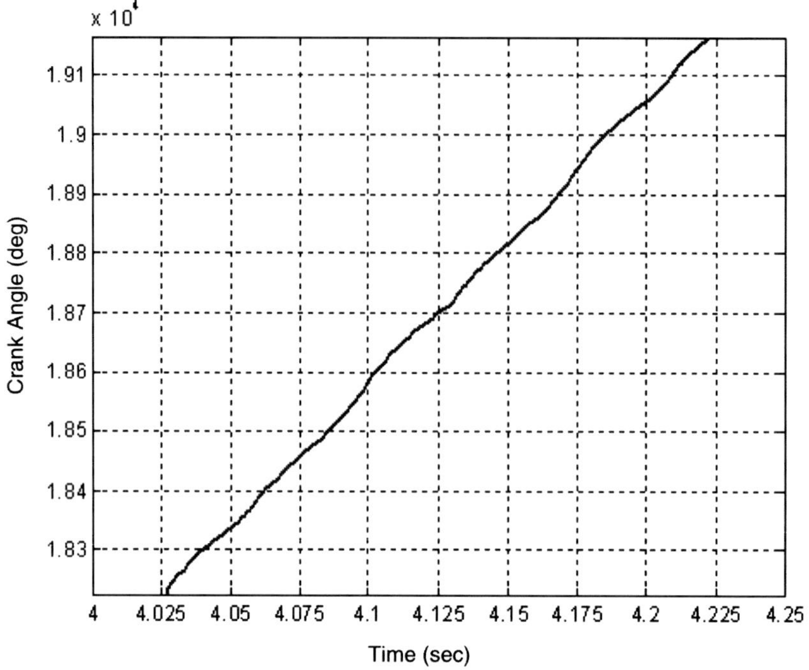

그림 5.48(b) 숨겨진 운동 불균일성을 잘 보여주는 크랭크 회전각의 시간응답 확대도.

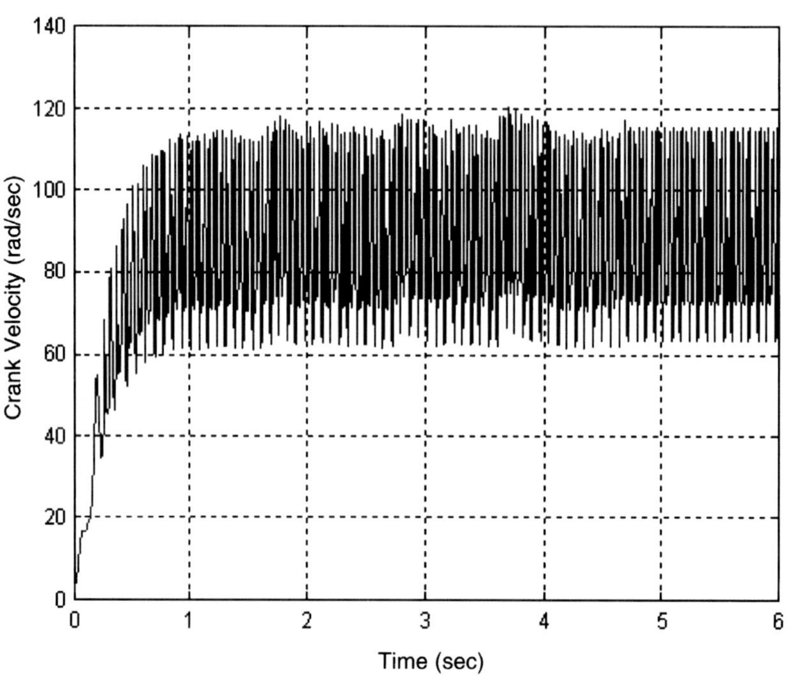

그림 5.48(c) 크랭크 속도의 시간응답.

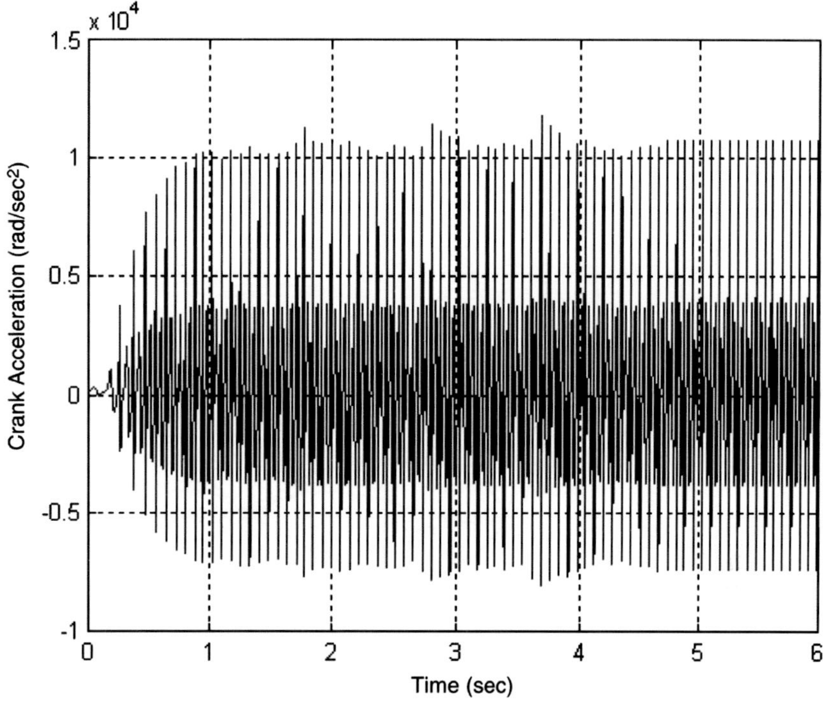

그림 5.48(d) 크랭크 가속도의 시간응답.

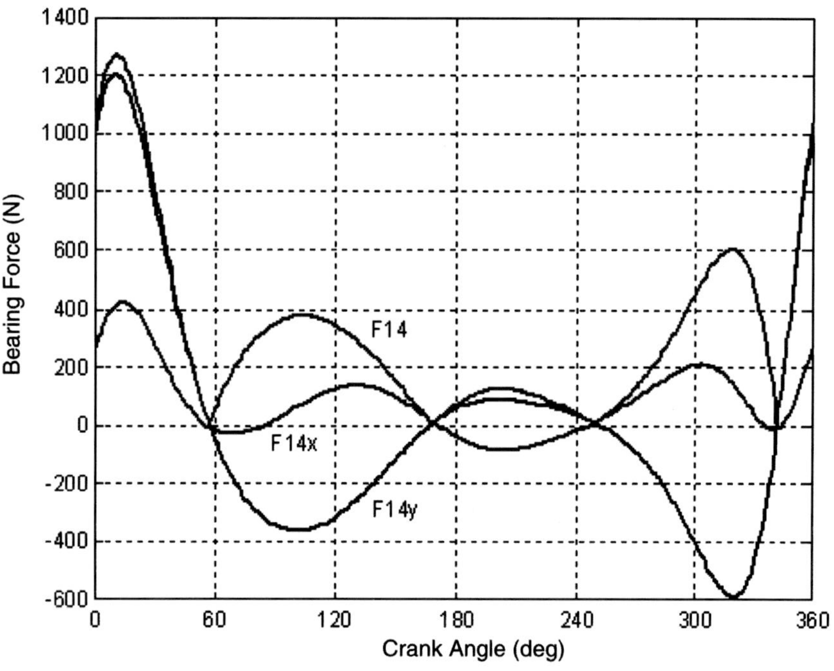

그림 5.49 4절 기구의 명목 베어링하중(일정 입력속력).

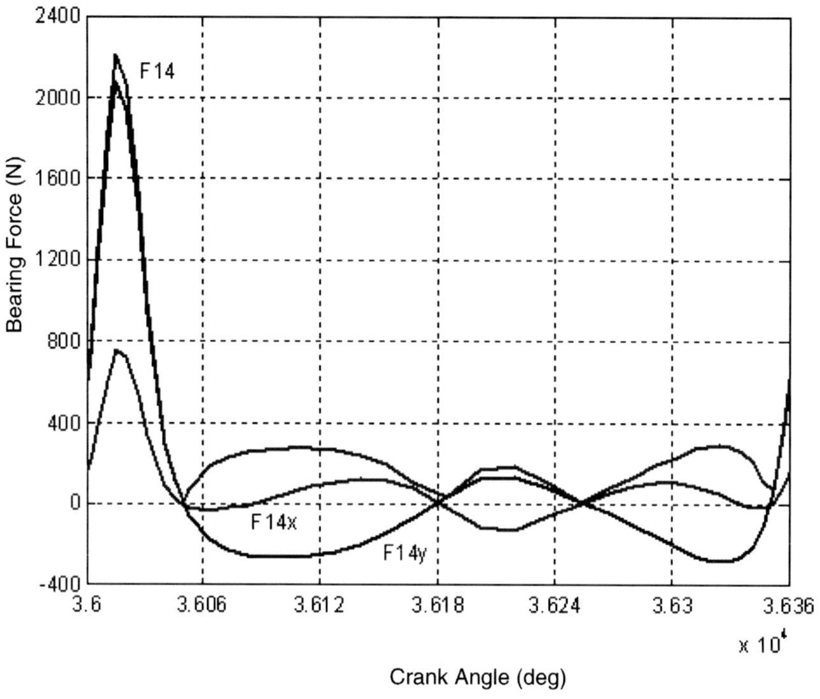

그림 5.50 종동링크의 기저베어링의 정상 상태 시간응답.

단축하는 데 동적해석과 합성 방법이 사용된다.

링크장치의 시간응답의 보정

지금까지 일정치 않은 관성력과 작용하중으로 인하여 링크장치의 입력속력은 일정치 않음을 살펴보았다. 링크장치가 기구학적으로 합성되었으나 시간에 대해 적절하게 동작하지 못하는 경우, 링크장치의 시간응답을 최적화하기 위하여 동적 합성이 시도되었다. 가장 일반적으로 사용되는 방법은 기구의 고속축에 플라이휠을 연결하는 것이다. 그림 5.45는 입력속력의 불균일을 줄여주는 플라이휠의 효과를 보여주고 있다. 플라이휠은 운동에너지 교환 장치와 같이 작용한다. 플라이휠의 관성에 의한 모멘트는 축의 회전속도가 줄어들려고 하는 운동주기 동안 필요한 구동토크를 공급해 준다. 이 경우 플라이휠의 관성에 의한 모멘트의 방향은 회전방향과 동일하다. 축이 가속되려 하는 운동주기에서는 플라이휠의 관성에 의한 모멘트는 저항토크와 같이 작용한다. 플라이휠의 관성에 의한 모멘트의 방향은 이 경우에 회전방향과 반대가 된다. 그러므로 플라이휠은 축 속력의 불균일성을 저감시키는 제어 장치로서 기능한다. 플라이휠의 관성모멘트가 크면 클수록 속력의 불균일성은 줄어들게 된다. 그러나, 큰 플라이휠은 무게를 증가시키고, 공간을 차지하며, 작

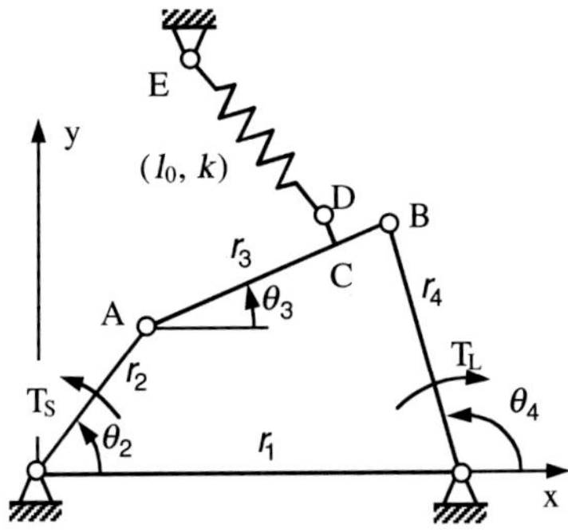

그림 5.51 운동-시간응답을 보정하기 위해 스프링 요소가 부가된 4절 기구.

동 초기의 과도기간을 연장시키고, 모터에 손상을 초래할 수 있다. 그러므로, 플라이휠의 크기는 허용 가능한 속력의 불균일성, 무게증가, 크기증가 등을 절충하여 결정해야 한다. 플라이휠의 구조 또한 플라이휠 설계의 주요 요소이다. 예를 들어, 허브-림 구조의 관성모멘트는 같은 질량 크기의 속이 꽉 찬 원통형 디스크보다 훨씬 크다.

스프링 요소 또한 에너지 저장 장치로서 사용될 수 있으므로 링크장치의 응답시간을 보정할 수 있다. 스프링은 플라이휠에 비해서 경량이며 크기가 작다는 장점을 가진다. 설계변수는 스프링의 부착위치, 초기길이, 강성을 포함한다. 이 설계 변수들의 값은 입력속력 불균일성, 입력토크 불균일성과 같은 적절한 설계목적 함수를 최소화함으로써 결정될 수 있다. 최적화 과정 자체는 이 장에서 다루는 범위를 벗어난다. 이 과정에 흥미가 있는 독자들은 제2권의 참고문헌들을 참조하라. 다음으로 링크장치의 응답에 미치는 스프링의 효과를 살펴보자. 예를 들어, 그림 5.51에 보이는 4절 기구의 커플러와 기저부 사이에 스프링을 부착한다면, 스프링의 보존에너지는 다음과 같다.

$$V = \frac{1}{2}k(l - l_0)^2 \tag{5.120}$$

여기서 k는 강성이며, l_0와 l은 각각 스프링의 초기길이와 현재길이를 나타낸다. 이제 식 (5.104)에 표현된 일반력은 다음과 같이 나타낼 수 있다.

$$Q_2 = -k(l - l_0)\frac{\partial l}{\partial \theta_2} - g\sum_{i=2}^{4} m_i \frac{\partial \dot{y}_{gi}}{\partial \dot{\theta}_2} + T_S - T_L \frac{\partial \dot{\theta}_4}{\partial \dot{\theta}_2} \tag{5.121}$$

여기서

$$l = \sqrt{(x_D - x_E)^2 + (y_D - y_E)^2} \tag{5.122}$$

$$\begin{Bmatrix} x_D \\ y_D \end{Bmatrix} = \begin{Bmatrix} r_2\cos\theta_2 + r_{AC}\cos\theta_3 - r_{CD}\sin\theta_3 \\ r_2\sin\theta_2 + r_{AC}\sin\theta_3 + r_{CD}\cos\theta_3 \end{Bmatrix} \tag{5.123}$$

여기서 r_{AC}와 r_{CD}는 점 A, C와 점 C, D점을 연결하는 길이이다.

$$\frac{\partial l}{\partial \theta_2} = \frac{(x_D - x_E)\dfrac{\partial x_D}{\partial \theta_2} + (y_D - y_E)\dfrac{\partial y_D}{\partial \theta_2}}{\sqrt{(x_D - x_E)^2 + (y_D - y_E)^2}} \tag{5.124}$$

$$\begin{Bmatrix} \dfrac{\partial x_D}{\partial \theta_2} \\ \dfrac{\partial y_D}{\partial \theta_2} \end{Bmatrix} = \begin{Bmatrix} -r_2 \sin\theta_2 - r_{AC}\dfrac{\partial \theta_3}{\partial \theta_2}\sin\theta_3 - r_{CD}\dfrac{\partial \theta_3}{\partial \theta_2}\cos\theta_3 \\ r_2\cos\theta_2 + r_{AC}\dfrac{\partial \theta_3}{\partial \theta_2}\cos\theta_3 - r_{CD}\dfrac{\partial \theta_3}{\partial \theta_2}\sin\theta_3 \end{Bmatrix} \tag{5.125}$$

전에 기술되었던 4절 기구에 대해, 하중 3 Nm에 대한 동적응답이 그림 5.44에 주어졌다. 만일 우리가 그림 5.51에 설명된 것처럼 $k = 810$ N/m, $l_0 = 0.38$ m, $r_{AC} = 0.2$ m, $r_{CD} = 0.03$ m, $x_E = 0.2$ m, $y_E = 0.5$ m의 값으로 스프링을 부착하면 링크장치의 시간응답은 그림 5.52에 나타난 응답으로 변하게 된다. 이 예제의 스프링 설계가 특별한 목적함수에 대해서 최적화된 것이 아니고 단지 보여주기 위해서 임의로 선정된 것임을 염두에 두고 그림 5.44와 그림 5.52의 차이를 살펴보기 바란다. 그림 5.53은 스프링이 있을 때와 없을 때의 또 다른 시간응답을 보여준다.

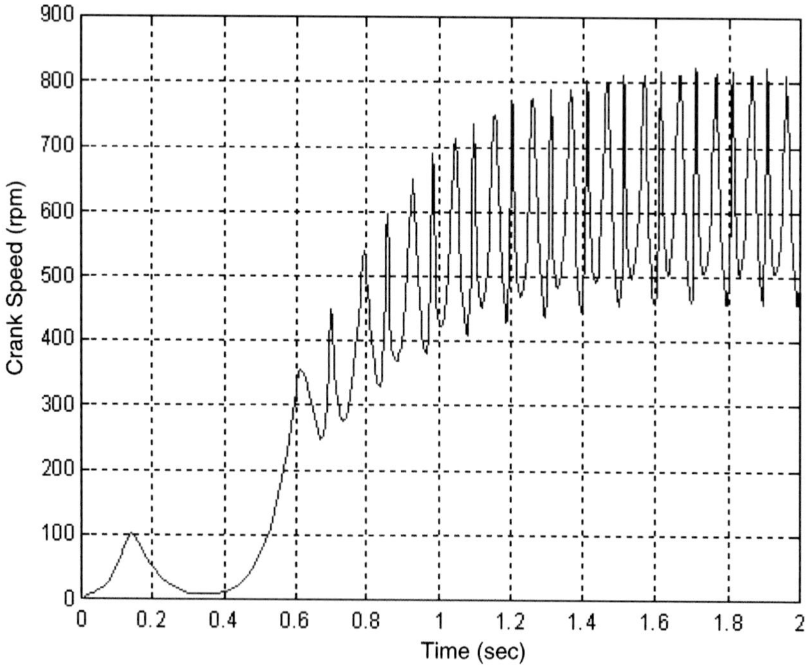

그림 5.52 커플러링크에 부착된 스프링을 갖는 링크장치의 시간응답.

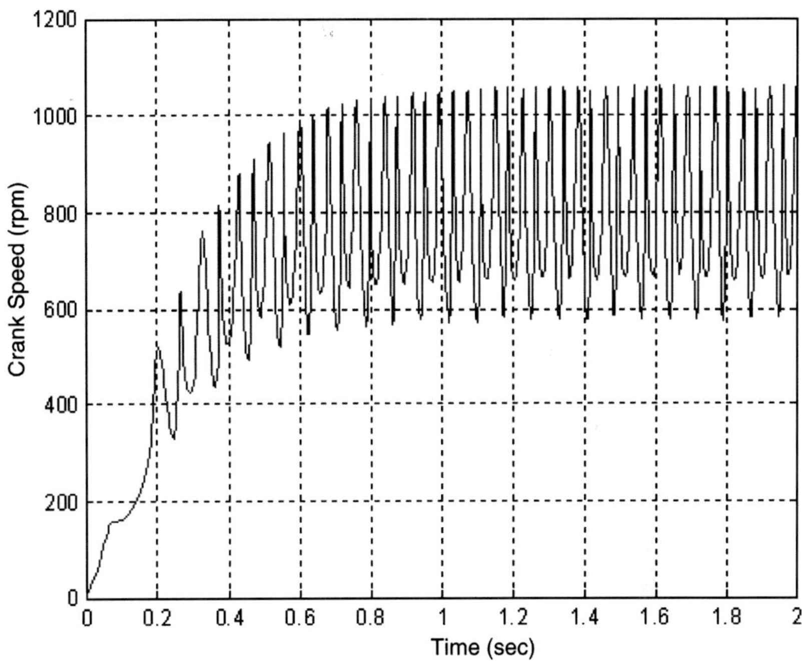

그림 5.53(a) 외부하중 및 스프링이 없는 링크장치의 시간응답.

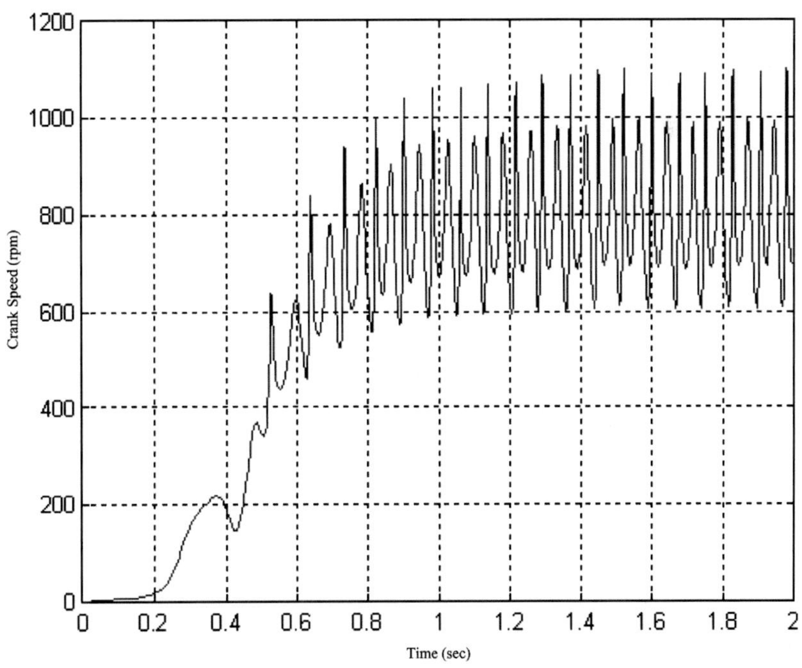

그림 5.53(b) 외부하중은 없으나 스프링은 커플러에 부착된 링크장치의 시간응답. 계산은 k = 1650 N/m, I_0 = 0.4 m, r_{AC} = 0.3 m, r_{CD} = 0.0 m, x_E = 0.3 m, y_E = 0.6 m의 조건하에서 수행되었음.

5.9 기구장치의 동적 시뮬레이션

기구장치의 동적 시뮬레이션을 수행하기 위한 상용 소프트웨어로서 ADAMS(Automatic Dynamic Analysis of Mechanical Systems), DADS(Dynamic Analysis and Design Systems), IMP(Integrated Mechanisms Program), MECHANICA와 Working Model 등이 널리 쓰인다. 이러한 범용 소프트웨어는 가상 시작품(virtual prototype)을 만들기 위한 도구로서 산업체에서 널리 쓰이는데, 사용자가 기구장치를 수월하게 모델링할 수 있도록 다양한 그래픽 인터페이스 기능을 제공한다. 5장의 부록에 ADAMS의 개요를 설명하였다.

기구장치를 설계하는 과정에 ADAMS를 이용한 가상 시작품 기법을 적용한 몇 가지 예를 살펴보기로 하자. 이러한 예를 통해서 상용 소프트웨어를 이용해서 어떤 결과를 얻을 수 있으며, 설계변수의 변화가 기구의 동역학적 성능에 어떤 영향을 미치는가를 파악하는 과정을 이해할 수 있다.

지게차 기구장치

그림 5.54a는 지게차 앞쪽의 화물적재부에 대한 ADAMS 모델을 보여주고 있다. 화물적재부는 화물을 수직으로 들어올리기 위해 유압실린더에 의해 구동되는 동일한 형상을 가진 2개의 4절 기구로 구성되어 있다. 4절 기구는 적재부가 별도의 지지 장치 없이도 수직방향의 직선경로를 따라서 움직이도록 설계되었다. 그림 5.54b는 유압실린더가 균일한 속도로 일정한 무게의 화물을 들어올리는 데 필요한 구동력을 보여준다. 이 경우 화물의 무게는 일정하지만 링크장치가 움직임에 따라서 기계적 유용성이 변화하므로 실린더에 걸리는 구동력의 크기는 바뀌게 된다. 유압실린더의 적정용량을 효과적으로 결정하기 위해서 그림 5.54b와 같은 해석과정을 통해서 유압실린더가 최대적재량을 들어올릴 수 있는지를 검

Web Site

그림 5.54(a) 직선운동 4절 기구를 이용한 지게차 화물적재 기구.

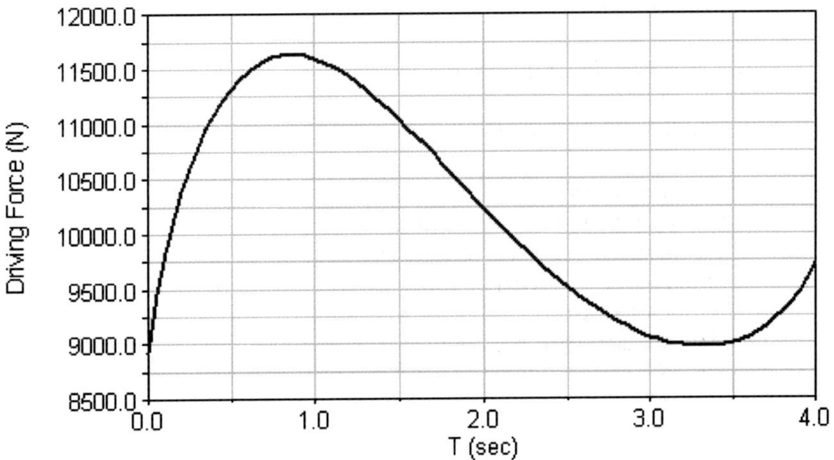

그림 5.54(b) 지게차가 화물을 들어올릴 때 유압실린더에 걸리는 구동력을 ADAMS 시뮬레이션을 이용하여 구한 결과 화물의 무게는 2000 N이고 유압실린더는 20 mm/sec의 일정한 속도로 구동된다.

토해야 한다. 유압실린더를 원하는 속도로 구동하려면 작동유체의 속도를 제어할 수 있어야 한다.

자동차 후드 링크장치 감쇠

그림 5.55a는 후드를 열고 닫기 위한 6절 기구이다. 스프링은 후드를 닫는 데 필요한 힘의 최댓값을 줄일 수 있도록 설계되어야 한다. 일반적으로 조인트의 마찰은 감쇠력의 기능을 한다. 그림 5.55b의 ADAMS 모델은 조인트의 마찰력은 없고 작은 크기의 감쇠값(C = 1 N-sec/mm)을 가진다고 가정한 것이다. 결과적으로 후드는 완전히 열린 상태에서 상하로 몇 차례 진동을 하는데 이는 바람직하지 않은 설계이다. 이를 통해서 ADAMS를 이용한 모델이 실제 현상을 잘 반영하는 정교한 모델임을 알 수 있다. 그림 5.55c는 동일한 모델에 대해서 감쇠를 C = 10 N-sec/mm로 증가시킨 경우의 해석 결과이다. 이 때 후드가 완전히 열리기 위해서는 스프링 강성을 약간 증가시켜야 한다.

급속귀환 기구장치

그림 5.56a는 ADAMS로 모델링한 급속귀환 기구장치를 보여준다. 작은 기어가 구동기어이며 슬라이더는 전진운동(그림에서 왼쪽방향)을 하는 동안은 천천히 움직이나 귀환하는 동안에는 빠르게 움직인다. 이러한 급속귀환 기구장치가 적용되는 대표적인 경우가 세이

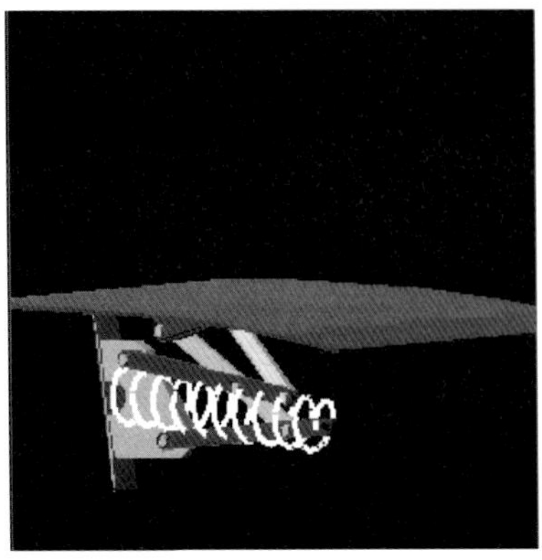

그림 5.55(a) 자동차 후드 링크장치의 ADAMS 모델.

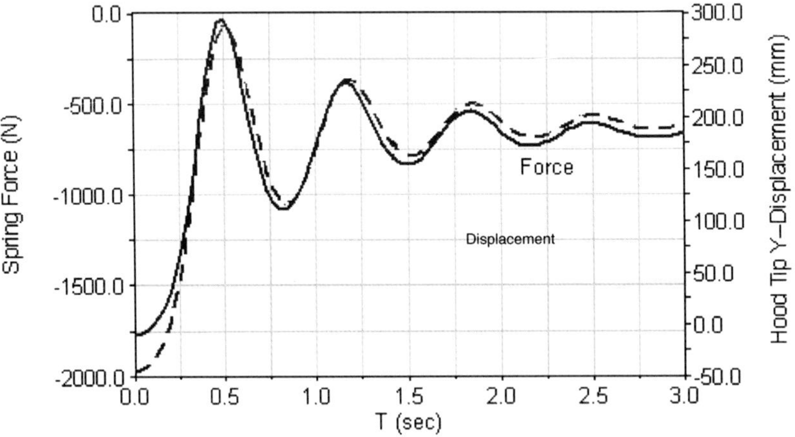

그림 5.55(b) K = 50 N/mm, C = 1 N-sec/mm이고 마찰력이 없다고 가정했을 때 스프링에 걸리는 힘과 후드의 변위.

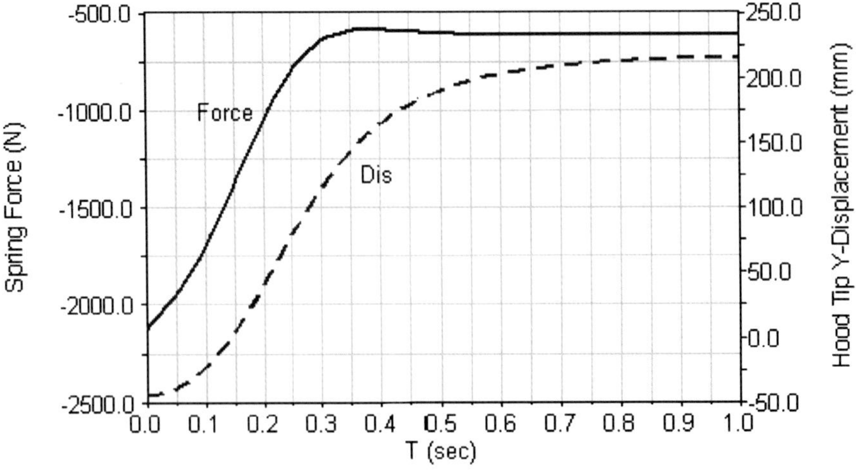

그림 5.55(c) K = 60 N/mm, C = 10 N-sec/mm인 경우 스프링에 걸리는 힘과 후드의 변위.

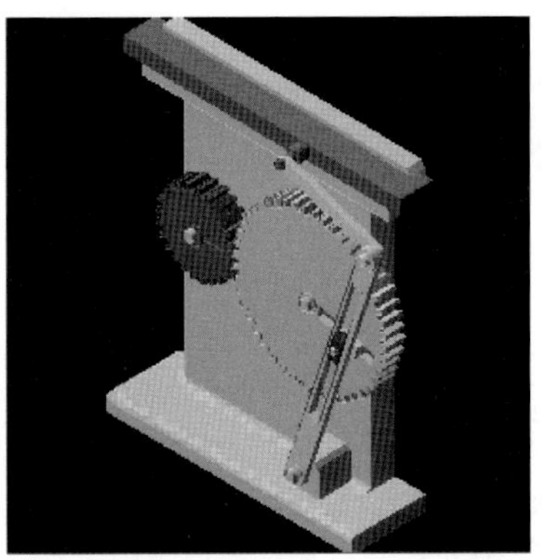

그림 5.56(a) 급속귀환 기구장치의 ADAMS 모델. 작은 기어가 구동절이고 슬라이더가 종동절이다.

퍼(shaper)인데, 절삭공구가 부착된 슬라이더는 절삭하는 동안 정해진 속도로 천천히 움직이며 다시 원래의 위치로 돌아올 때 작업능률을 향상시키기 위해서 빠르게 움직인다. 작업행정의 길이는 크랭크의 길이에 따라서 변한다. 아래쪽 피봇의 위치를 변화시켜서(크랭크의 길이가 바뀜) 작업행정과 귀환행정의 비율을 결정할 수 있다.

크랭크의 길이가 변함에 따라 어떤 변화가 발생하는가를 살펴보기로 하자. 그림 5.56b는 구동기어가 일정한 속도로 회전하는 동안 슬라이더의 변위, 속도, 가속도를 ADAMS를 이용하여 구한 것이다. 한 사이클 동안 작업행정이 차지하는 비율은 약 60%임을 알 수 있다. 크랭크의 길이가 88 mm인 경우 귀환속도의 최댓값과 작업속도의 최댓값의 비는 약 1.97가 된다. 만약 크랭크의 길이가 108 mm로 바뀌면 그림 5.56c에서 볼 수 있는 바와 같이 속도비는 2.02로 증가한다. 크랭크의 길이가 20 mm 증가함에 따라서 전체 행정의 길이

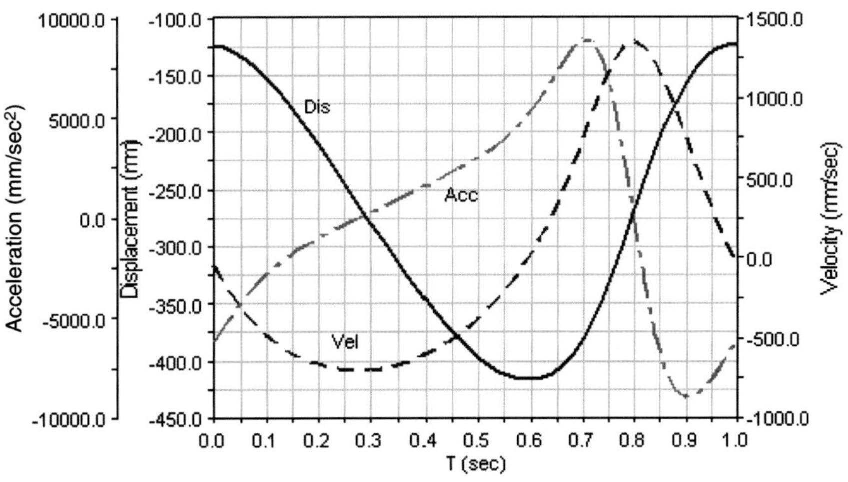

그림 5.56(b) 치수 변경이 가능한 셰이퍼 절삭부의 운동. 크랭크의 회전속도가 60 rpm, 길이가 88 mm인 경우 최대 작업속도는 700 mm/sec, 최대 귀환속도는 1348 mm/sec, 그리고 행정의 길이는 292.6 mm이다.

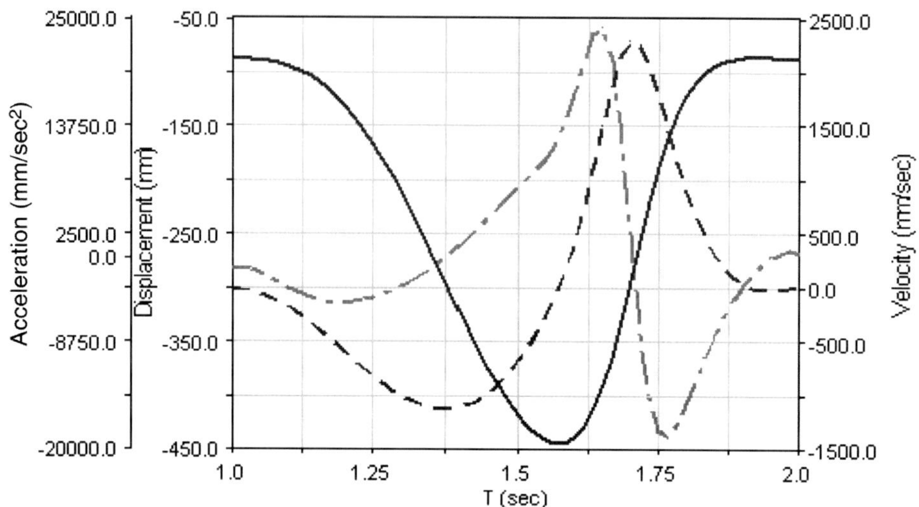

그림 5.56(c) 치수 변경이 가능한 셰이퍼 절삭부의 운동. 크랭크의 회전속도가 60 rpm, 길이가 108 mm인 경우 최대 작업속도는 1128 mm/sec, 최대 귀환속도는 2286 mm/sec, 그리고 행정의 길이는 358.7 mm이다.

는 약 66 mm 증가하게 된다.

스템핑 프레스 기구장치

그림 5.57a는 딥드로잉(deep-drawing) 프레스 공정에 사용되는 기구이다. 기어로 구성된 5절 기구는 무릎조인트(knee joint)가 근사적으로 직선운동을 하도록 설계되었으며, 펀치는 연결봉을 통해서 무릎조인트와 연결되어 있다. 일반적인 프레스 가공에서는 긴 길이의 직선운동이 필요하지 않지만, 판재의 프레스 가공에는 이러한 긴 직선운동을 하는 기구를

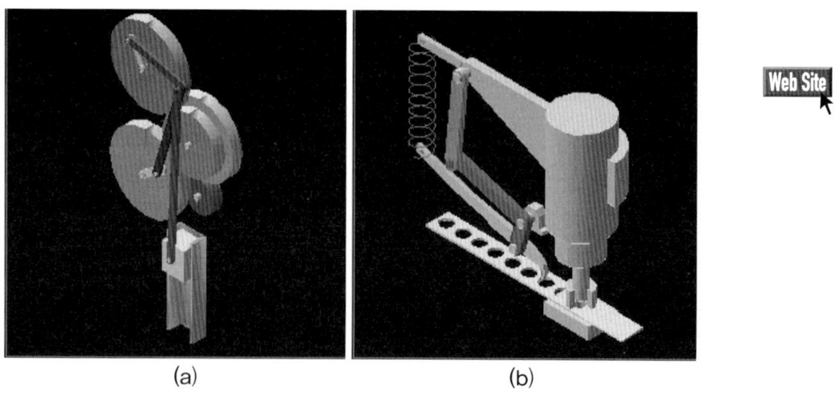

그림 5.57 (a) 프레스 가공에 적용되는 기어로 구성된 5절 기구, (b) 프레스 공정에서 펀치와 판재공급 장치는 기계적으로 연동되어 작동한다.

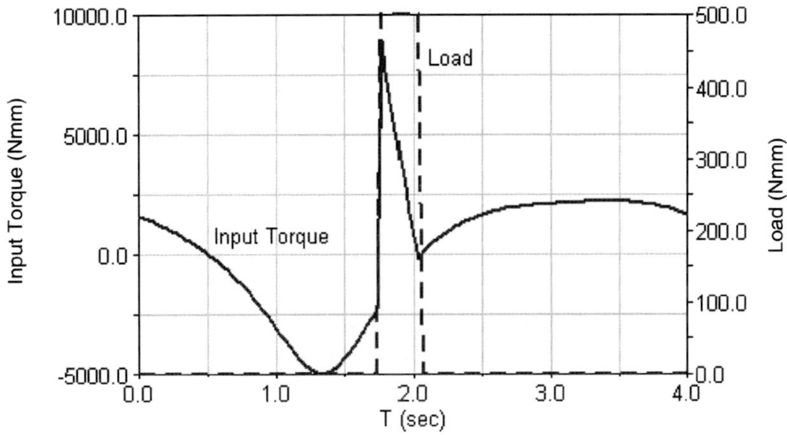

그림 5.57(c) 한 사이클 동안 프레스의 구동토크와 스템핑하는 데 필요한 힘. 점선은 판재를 스템핑하는 데 필요한 힘으로서 계단함수로 모델링하였다. 실선은 구동토크로서 -2.5 Nmm(음의 값은 관성력에 의해서 구동됨을 의미함)에서 10 Nmm까지 약 2.5초 동안 급격히 증가한다.

사용할 수 있다. 그림 5.57b는 프레스 가공의 판재 공급장치를 보여주고 있다. 펀치와 판재 공급장치는 슬라이더-크랭크 기구를 통해서 서로 연동되어 움직이는데, 펀치가 슬라이더의 기능을 하고 판재를 공급하기 위한 갈고리가 부착된 벨크랭크가 크랭크의 기능을 한다. 프레스와 판재 공급장치를 ADAMS로 모델링하였는데, 이 기구에서는 판재를 프레스하는 데 필요한 힘을 고려해야 한다. 그림 5.57c에는 프레스를 구동하기 위한 구동력을 ADAMS를 이용해서 구한 결과를 보여주고 있는데, 스템핑하는 동안 구동력이 급격하게 증가하는 것을 알 수 있다. 이와 같이 구동력의 변화가 클 경우 플라이휠을 사용하여 원동기의 용량을 줄일 수 있다. 플라이휠도 ADAMS를 이용하여 모델링할 수 있으며 이 모델을 이용하여 플라이휠이 전체 시스템에 미치는 영향을 파악하거나 전체 시스템의 성능을 최적화시킬 수 있다.

스와시 평판(swash plate) 기구

스와시 평판 기구는 4개의 링크가 회전조인트, 평면조인트, 구면조인트, 그리고 미끄럼조인트로 연결되어 있으며, 3차원 ADAMS 모델이 그림 5.58a에 나타나 있다. 이 기구가 원동기로 사용될 경우 동력을 발생시키는 행정(예를 들어 폭발행정)에 의해서 피스톤(슬라이더)으로 전달된 힘이 디스크를 구동시키고 나머지 사이클 동안 디스크의 관성에 의해서 계속적으로 회전하게 된다. 압축기로 사용되는 경우에는 입력축이 균일한 속도로 구동되면 피스톤이 왕복운동을 하게 된다. 스와시 평판 기구의 응용으로서 유체를 압축하기 위해서 구동축의 회전운동을 피스톤의 왕복운동으로 바꾸는 압축기로 사용되는 예를 살펴

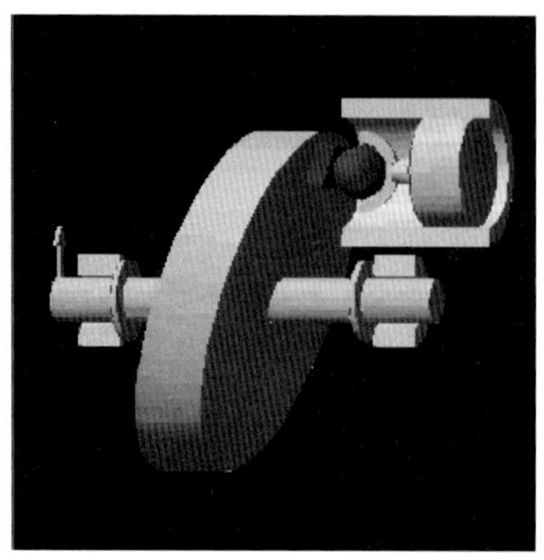

그림 5.58(a) ADAMS를 이용한 스와시 평판 기구의 3차원 모델. 피스톤운동의 방향이 x축, x축에 수직한 위쪽방향이 y축이고, z축은 디스크 평면을 지나고 x와 y축에 수직한 방향이다.

보자. 그림 5.58b에는 한 사이클 동안 피스톤에 작용하는 외력을 시간의 함수로 나타내고 있다. 복귀하는 동안의 마찰력을 무시하면 피스톤에 작용하는 외력은 0이다. 그림 5.58b에는 ADAMS로 계산한 구동토크를 시간의 함수로 나타내었는데, 음의 구동토크는 피스톤이 복귀하는 동안 기구의 관성력에 의해서 발생한다. 그림 5.58c와 5.58d는 구면조인트와 미끄럼조인트에서 반력을 시간의 함수로 보여준다.

이 예를 통해 제품을 개발하는 데 있어서 ADAMS와 같은 소프트웨어가 가지고 있는 가상 시작품(virtual prototype) 기능을 이용함으로써, 시간과 비용이 많이 소요되는 시작품의 제작 및 시험 과정을 최소화시킬 수 있음을 알 수 있다. 이 책의 웹사이트에는 스와시 평판 기구뿐 아니라 다른 기구들의 ADAMS모델도 학습과 실험용으로 제공되어 있다. 가상 시작품을 통해서 설계자는 여러 가지 설계변수들을 변화시킴으로써 기구의 성능이 어떻게 변화하는가를 이해할 수 있다. 실험계획법(Design of Experiments)과 가상 시작품

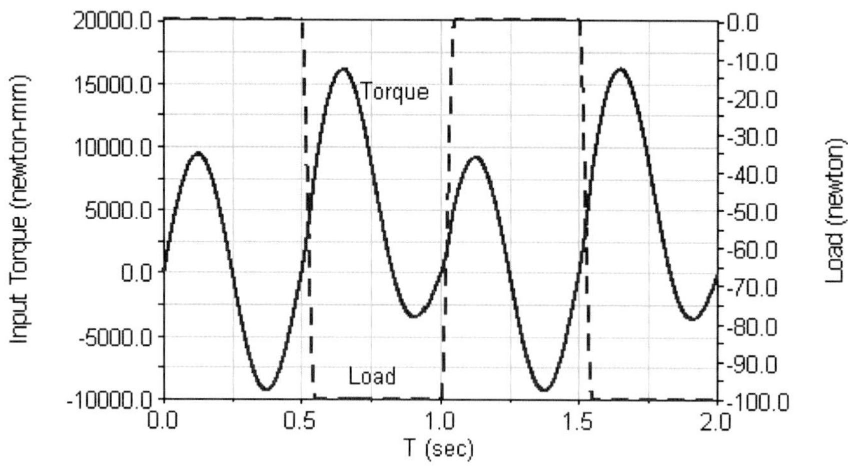

그림 5.58(b) 두 사이클 동안 스와시 평판 기구에 작용하는 외력과 구동토크. 점선은 피스톤에 가해지는 외력으로서 압축작용을 하는 동안 100 N. 복귀하는 동안 0의 힘이 작용한다고 가정하였다. 구동토크는 피스톤에 가해지는 외력과 관성력 때문에 크기가 변한다.

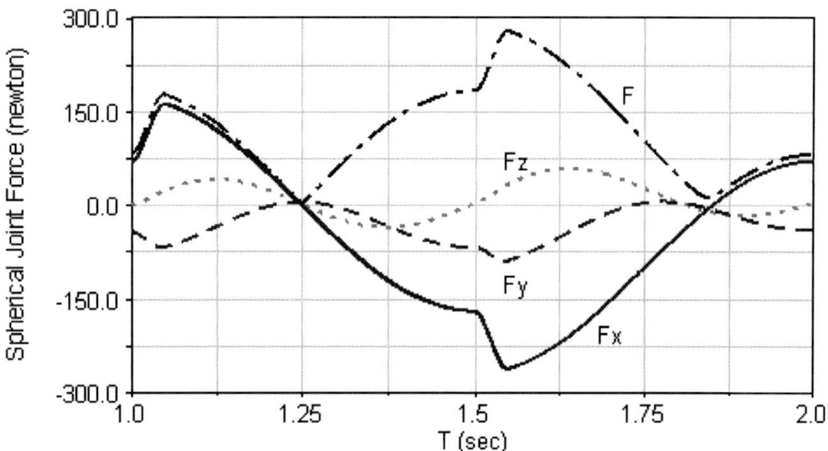

그림 5.58(c) 한 사이클 동안 구면조인트의 반력. x, y, z축은 그림 5.58a에 정의된 방향과 동일함.

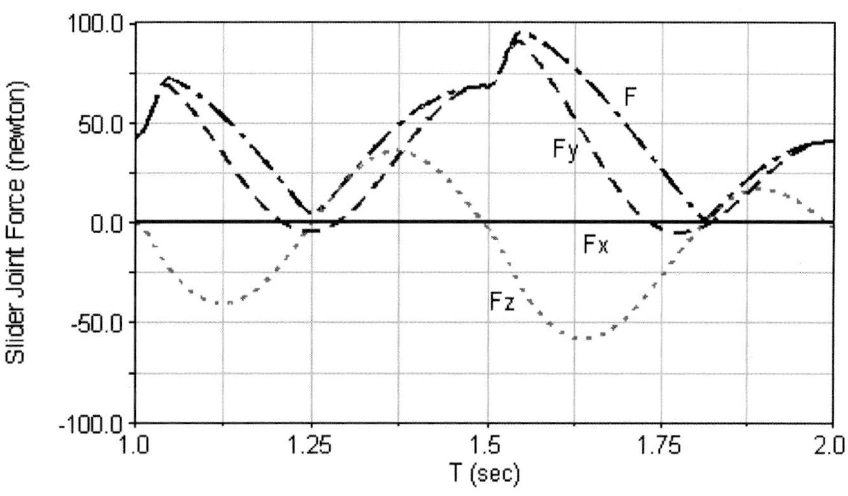

그림 5.58(d) 한 사이클 동안 미끄럼조인트의 반력. x, y, z축의 방향은 그림 5.58a에 정의된 방향과 동일함. Fx는 마찰력이 없으므로 0이고, Fy는 디스크의 관성모멘트로 인해서 주기적으로 변하며, Fz는 중력과 관성력에 의해서 영향을 받는다.

기법을 병행해서 사용한다면 제품개발에 소요되는 비용과 기간을 획기적으로 단축할 수 있다.

부록: 상용 소프트웨어 프로그램

유사한 기능을 가진 여러 가지 상용 프로그램이 있지만, ADAMS라는 소프트웨어를 통해서 기구장치의 가상 시작품을 만들기 위해서 어떤 기능이 있는지를 개괄적으로 살펴보기로 하자. ADAMS는 3차원 동역학 해석 및 시뮬레이션 프로그램으로서 사용자가 자동차나 기차, 카메라 셔터, 인공관절, 굴삭기(backhoe) 등과 같이 움직이는 부품을 가진 기계 시스템의 가상 시작품을 만들고 시뮬레이션을 수행하며, 더 나아가 모델을 수정하고 개량할 수 있는 기능을 제공한다. 그림 5.59는 모델을 만들기 위한 창과 도구상자이다.

ADAMS에서는 질량과 관성을 가진 3차원 강체 또는 이산화된 유연체의 형상을 직접 만들거나, IGES나 STEP과 같은 표준화된 파일형식을 지원하는 CAD 프로그램으로부터 만들어진 형상을 가져올 수 있다. 이렇게 정의된 파트(part: 강체 또는 유연체와 같은 물체)는 여러 가지 구속조건을 이용하여 서로 연결시킬 수 있는데, 그림 5.61에 구속조건의 종류가 열거되어 있다.

(a) 실제로 기구장치에 쓰이는 조인트를 이상화시킨 조인트. 회전조인트, 미끄럼조인트 실린더조인트, 구면조인트, 등속조인트, 스크류조인트, 평면조인트, 유니버설조인트, 고정조인트 등이 있다. 복합조인트는 단순조인트를 결합시켜서 파트를 간접적으로 연결하는데, 기어, 벨트와 풀리 혹은 체인과 스프로킷 등에 적용할 수 있다. 회전조인트나 미끄럼조인트에 정지마찰 혹은 동마찰력을 적용할 수 있다.

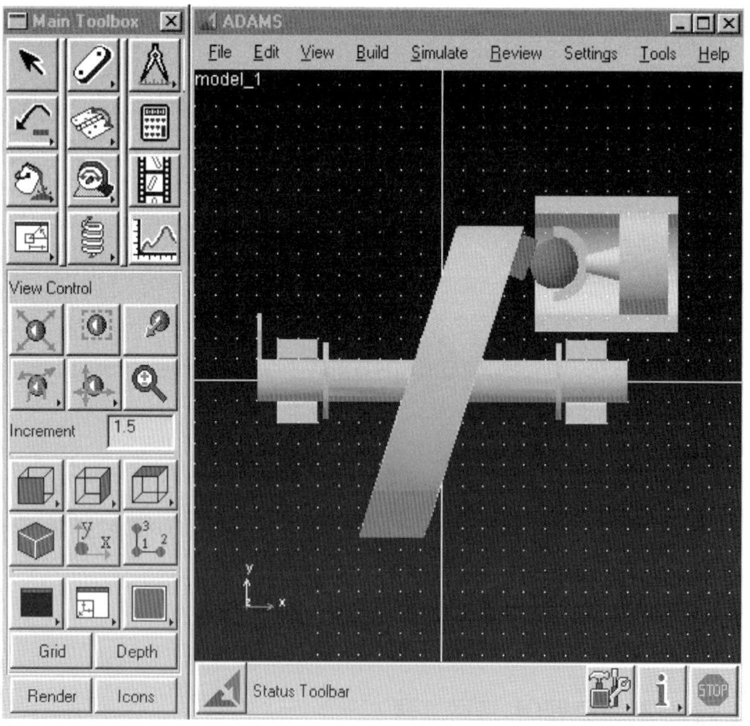

그림 5.59 ADAMS의 View 창과 도구상자.

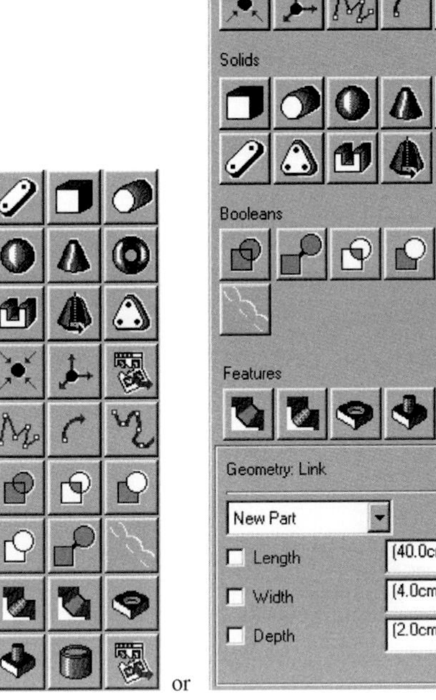

그림 5.60 형상을 만들기 위한 팔레트.

(b) 두 파트 사이의 상대 운동을 규정하는 기본조인트(primitive joint). 예를 들어 한 파트는 항상 다른 파트와 평행하게 움직인다는 구속조건.

(c) 모델을 구동시키는 운동생성기(motion generator). 운동생성기는 원하는 운동을 하는 데 필요한 힘을 제공한다. 운동은 시간의 함수로 정의된 변위, 속도 혹은 가속도로 주어질 수 있는데 두 가지 범주로 나눌 수 있다.

(i) 조인트운동: 미끄럼조인트, 회전조인트 혹은 실린더조인트에서 병진운동 혹은 회전운동을 정의한다. 표준화된 수학적 함수를 이용해서 시간의 함수로 정의된 운동을 조인트에 부과할 수 있다. 복잡한 형태의 운동은 사용자가 정의한 서브루틴(subroutine)을 이용하여 정의할 수 있다.

(ii) 점운동: 두 파트 사이의 운동을 정의한다. 점운동은 가상의 조인트나 파트를 정의하지 않고도 복잡한 운동을 가능하게 한다. 예를 들어 바다 위의 배나 로봇팔이 원호를 따라서 움직이는 운동을 정의할 수 있다.

(d) 운동 중 서로 접촉이 일어나는 경우 물체가 어떻게 반응하는가를 정의하는 접촉모델. 예를 들어 물체의 한 점이 곡선을 따라 움직이거나(pin-in-slot), 한 물체의 곡선이 다른 물체의 곡선을 따라 움직이거나(캠) 또는 구면체가 서로 접촉하는 경우 등을 모델링할 수 있다. 두 물체가 충돌할 때의 접촉력은 물체의 강성과 감쇠 특성을 이용해서 정의된다.

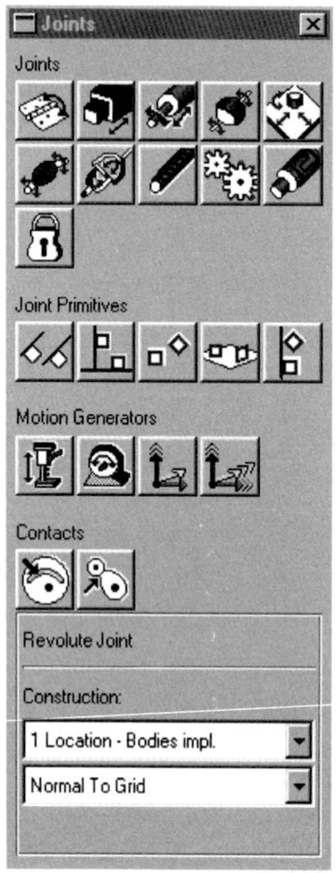

그림 5.61 조인트와 운동을 정의하는 팔레트.

두 물체 사이의 탄성요소 및 감쇠요소에 의한 힘, 구동력 및 제어력 그리고 그 이외의 여러 형태의 힘은 ADAMS에서 힘을 나타내는 다양한 함수를 이용해서 정의할 수 있다. 힘은 물체에 작용하는 하중이나 물체의 변형을 정의한다. 힘은 스프링이나 감쇠기의 경우와 같이 운동을 방해하기도 하고, 반대로 구동력과 같이 운동을 촉진시키기도 한다. ADAMS는 다음과 같은 힘을 제공한다.

(a) 작용력: 작용력은 물체에 작용하는 하중을 정의하며 물체가 정해진 방향으로 움직이도록 한다. 작용력은 일정한 크기의 힘으로 정의하거나, 내재된 함수들을 이용하여 정의할 수 있으며, 더 복잡한 형태의 힘은 사용자가 직접 작성한 서브루틴을 이용해서 정의할 수 있다. 내재된 함수의 종류는 다음과 같다.

(i) 물체의 변위, 속도, 가속도의 함수로 정의되는 힘. 예를 들어 스프링력이나 감쇠력.

(ii) 다른 힘에 의해서 결정되는 힘. 예를 들어 두 물체 사이의 건마찰력(Coulomb friction)은 접촉면의 수직력에 비례한다.

(iii) sine, cosine, 급수, 다항식, 계단함수 등과 같은 수학적 함수로 정의된 힘.

(iv) 전기모터의 토크-속도 특성이나, 비선형 부싱력(bushing force)을 나타내기 위한 스플라인함수

(v) 압축만 가능한 스프링 등을 나타내기 위한 충격함수

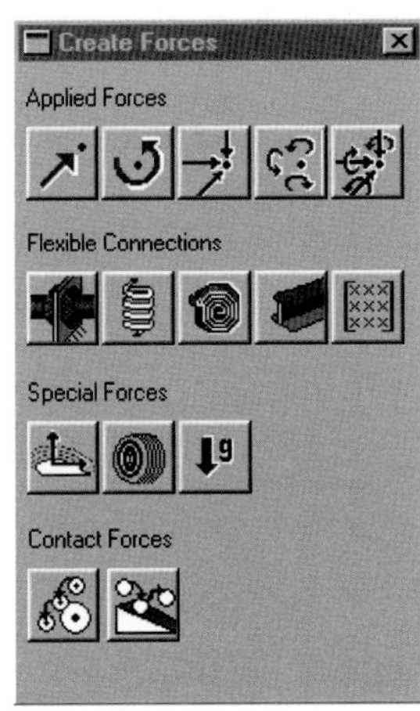

그림 5.62 힘을 정의하는 팔레트.

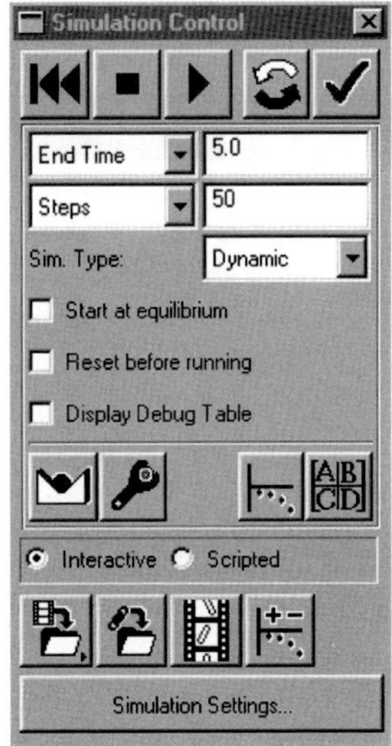

그림 5.63 시뮬레이션을 규정하고 제어하는 팔레트.

(b) 유연체 연결: 빔(beam), 부싱(bushing), 스프링-감쇠기, 토션스프링 등의 유연체는 운동에 저항한다. 힘의 크기는 강성과 감쇠값을 이용해서 간단하게 정의할 수 있다.

(c) 지면과 타이어 사이의 힘과 중력

모델이 완성되면 ADAMS는 초기조건을 설정하고 뉴턴 역학에 기초한 운동방정식을 구성하여 작용하는 힘과 부과된 구속조건 하에서 물체의 운동을 예측한다.

ADAMS는 규정된 오차범위 내에서 운동방정식을 풀어 물체의 변위, 속도, 가속도, 외력, 구속력 등을 구한다. ADAMS는 5가지 종류의 시뮬레이션을 수행한다.

(a) 동역학 해석: 동역학 해석은 외력의 작용에 의한 시스템의 변위, 속도, 가속도 그리고 내력을 시간의 함수로 구한다.

(b) 기구학 해석: 기구학 해석은 외력의 작용과 무관하게 기구학적 대수방정식을 풀어서 특정한 위치에서의 변위, 속도, 가속도를 계산한다. 만약 각 물체의 질량과 관성값이 주어지면 기구학 해석을 통해서 원하는 운동을 수행하기 위한 작용력이나 각 조인트에서의 반력을 구할 수 있다.

(c) 정적 해석: 정적 해석은 모든 힘이 균형을 이루는 평형상태를 구한다. 속도와 가속도는 0이 된다.

(d) 조립: 조립과정을 통해서 모델의 초기 조립 상태의 문제점을 해결한다.

(e) 선형 해석: 선형 해석은 고유진동수나 모드형상을 구하기 위해 비선형 운동방정식을 특정한 상태에 대하여 선형화시킨다.

연습문제

5.1. Figure P5.1 shows link 2 rotating about A_0 at $\omega_2 = 12$ rad/sec and $\alpha_2 = 60$ rad/sec^2. If $I_2 =$ 0.04 slug·ft^2, $W_2 = 6$ lbf, $A_0A = 12$ in., and $A_0cg_2 = 6.6$ in.,

(a) Find the magnitude and direction of the inertia force at the center of gravity.

(b) Find the value of the offset vector ε_2 of the inertia force that would yield the correct inertia torque.

(c) Draw a picture of the link with the inertia force in the correct location. [*Hint:* Consider ε_2.]

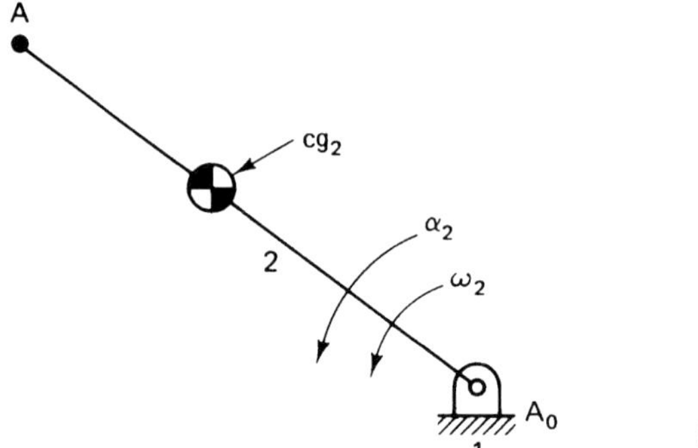

Figure P5.1

5.2. Figure P5.2 shows a four-bar linkage with inertia forces $\mathbf{F}_{02}$, $\mathbf{F}_{03}$, and $\mathbf{F}_{04}$ already computed and located on the figure. Assume link 2 is the input link with a driving torque that causes these inertia forces. (The lengths of the vectors represent the correct magnitudes of these forces. Scale the drawing for lengths and directions.)

(a) Find the resultant of these inertia forces as seen from the ground.

(b) Determine the magnitude and direction of pin forces at A and B.

(c) Do (a) and (b) both analytically and graphically.

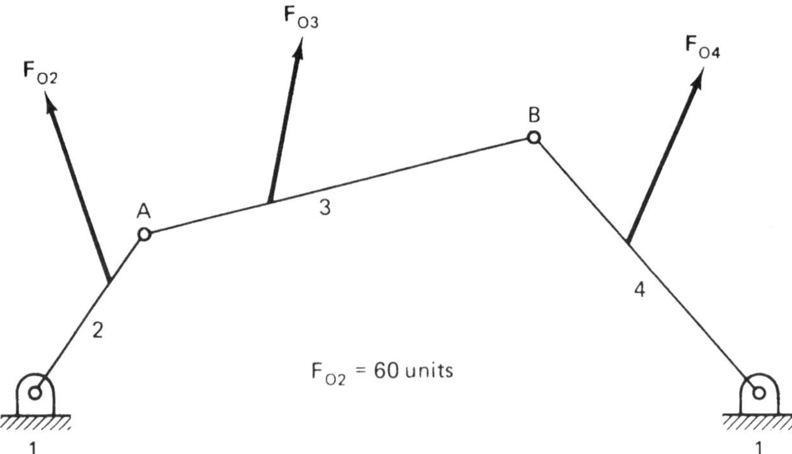

Figure P5.2

5.3. In Fig. P5.3 known external force **S** and inertia force **P** are applied to links 3 and 4, respectively. Links 2 and 3 are assumed to have very small inertia as compared to forces **P** and **S**. What torque must be applied to link 2 for equilibrium? Use free-body diagrams and solve graphically.

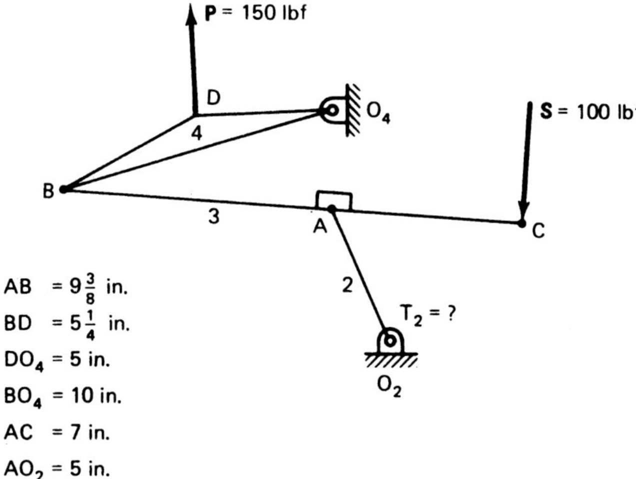

Figure P5.3

5.4. The four-bar linkage in Fig. P5.4 has two forces acting on it: an inertia force **P** = 100 lbf acting at point B and an external torque $T_4 = -600$ in.·lbf acting on link 4. Find the required input torque T_2 and the pin forces at O_2, A, C, and O_4.

(a) Use the graphical method based on free-body diagrams.

(b) Use the complex-number method.

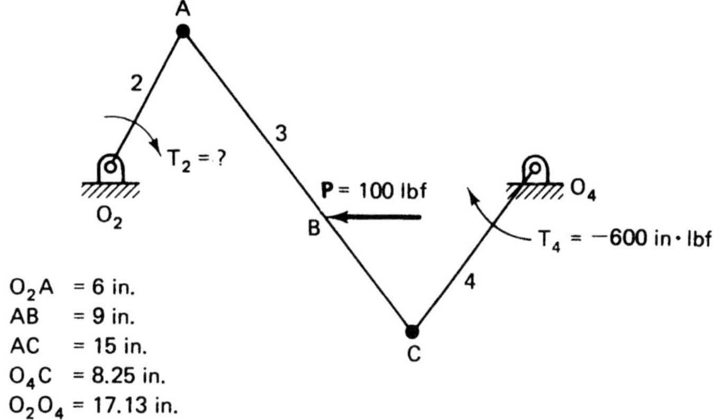

Figure P5.4

5.5. Figure P5.5 shows a double-piston mechanism which is assumed to be in equilibrium under the action of external forces **P** and **S** and an input torque T_2. Find the input torque T_2 and the pin forces at A, C, and O_2 as well as the contact force between the pistons and their guides.

(a) Use the graphical method based on free-body diagrams.

(b) Use the complex-number method.

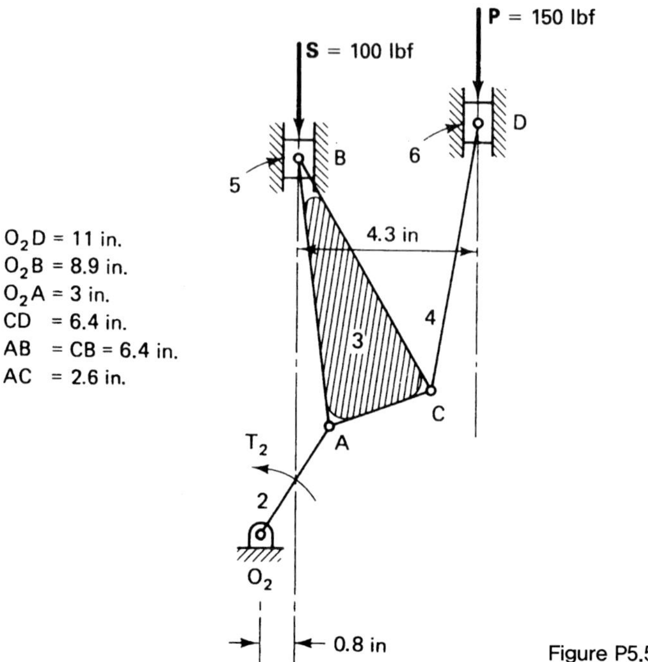

Figure P5.5

5.6. Find the input torque T_2 applied to link 2 to maintain equilibrium of the linkage shown in Fig. P5.6 with external force **P** acting on it.

(a) Use the graphical method based on free-body diagrams.

(b) Use the complex-number method.

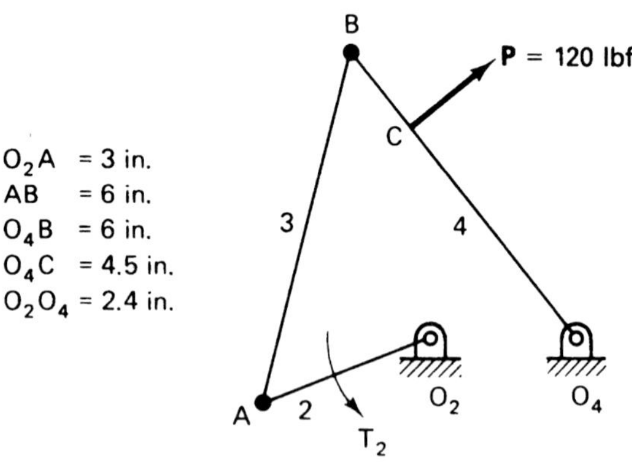

Figure P5.6

5.7. The four-bar mechanism of Fig. P5.7 has one external force **P** = 200 lbf and one inertia force **S** = 150 lbf acting on it. The system is in dynamic equilibrium as a result of torque T_2 applied to link 2. Find T_2 and the pin forces.

(a) Use the graphical method based on free-body diagrams.

(b) Use the complex-number method.

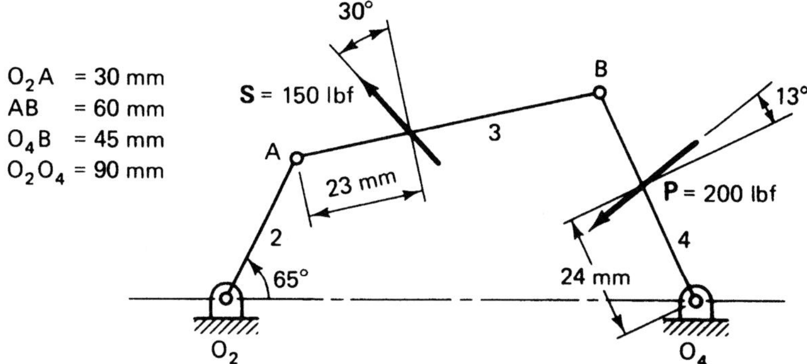

Figure P5.7

5.8. The input crank of the four-bar linkage shown in Fig. P5.8 rotates at a constant speed ω_2 = 300 rpm ccw. Only the coupler link is considered to have significant inertia. The velocity and acceleration diagrams are given in the figure. Calculate the values of velocities and accelerations shown in these diagrams. Then

(a) Determine the linear acceleration of the center of gravity $\mathbf{A}_{g3}$ and the angular acceleration α_3 of link 3.

(b) Find the inertia force $\mathbf{F}_{03}$ of the coupler link.

(c) Find the offset ε_3 of the inertia force $\mathbf{F}_{03}$.

(d) Sketch the inertia force in its correct position on the linkage.

(e) Find the directions and magnitudes of the pin forces at A and B.

(f) Determine the required input torque to drive this mechanism in this position under the conditions described in this problem.

(g) Solve (e) and (f) graphically and analytically.

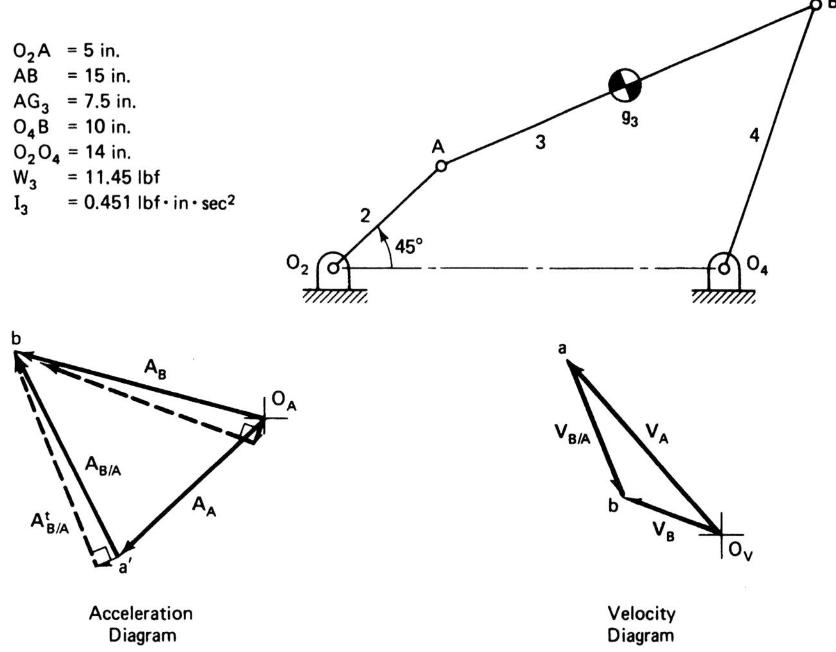

Figure P5.8

5.9. The input crank of the four-bar linkage of Fig. P5.9 rotates at a constant speed of $\omega_2 = 500$ rad/sec cw. Each link has significant inertia. The velocity and acceleration diagrams are provided in the figure. Calculate the values of all velocities and accelerations in these diagrams. Then

(a) Determine the linear accelerations of each center of gravity and angular accelerations α_2, α_3, and α_4.

(b) Find the inertia forces $\mathbf{F}_{02}$, $\mathbf{F}_{03}$, and $\mathbf{F}_{04}$.

(c) Find the offsets ε_2, ε_3, and ε_4 of the inertia forces.

(d) Sketch the inertia forces in their correct positions on the linkage.

(e) Find the directions and magnitudes of the pin forces at A and B.

(f) Determine the required input torque to drive this mechanism in this position under the conditions described in this problem.

(g) Solve (e) and (f) by the matrix method.

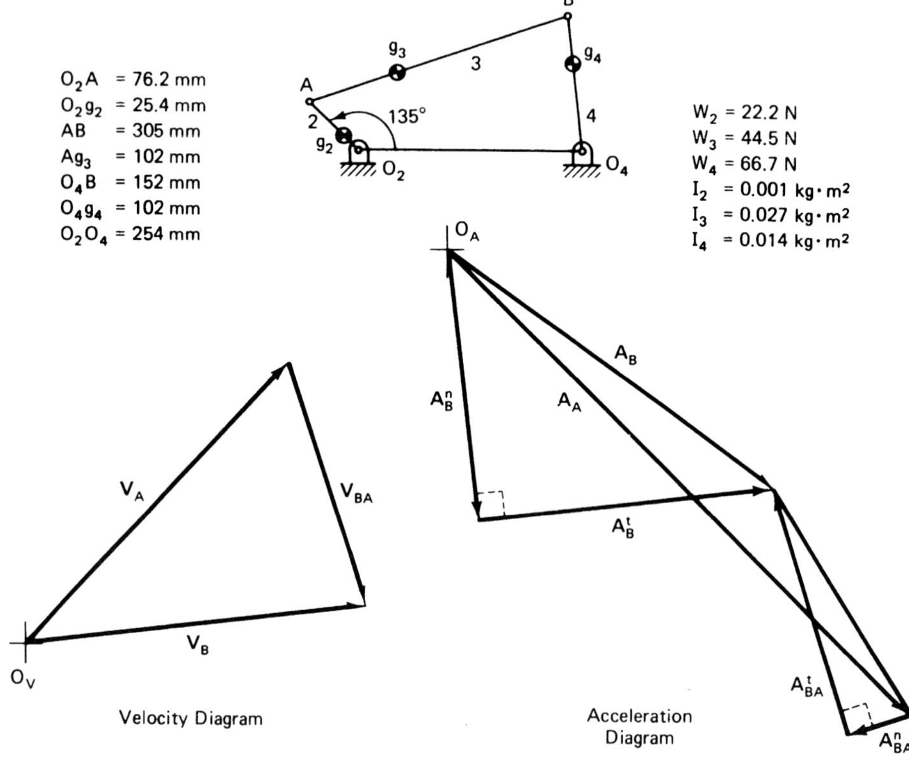

Figure P5.9

5.10. The slider-crank mechanism of Fig. P5.10 is to be analyzed to determine the effect of the inertia of the connecting rod (link 3). The velocity diagram is shown in the figure and the magnitude of $\mathbf{V}_A$ is given. Calculate the crank vector O_2A and the input angular velocity ω_2, and proceed to calculate the values of all vectors in the velocity diagram. Then

(a) Determine the linear acceleration of the center of gravity of link 3 and the angular acceleration α_3.

(b) Find the inertia force $\mathbf{F}_{03}$ of the coupler link.

(c) Find the offset ε_3 of the inertia force $\mathbf{F}_{03}$.

(d) Sketch the inertia force in its correct position on the linkage.

(e) Find the directions and magnitudes of the pin forces at A and B.

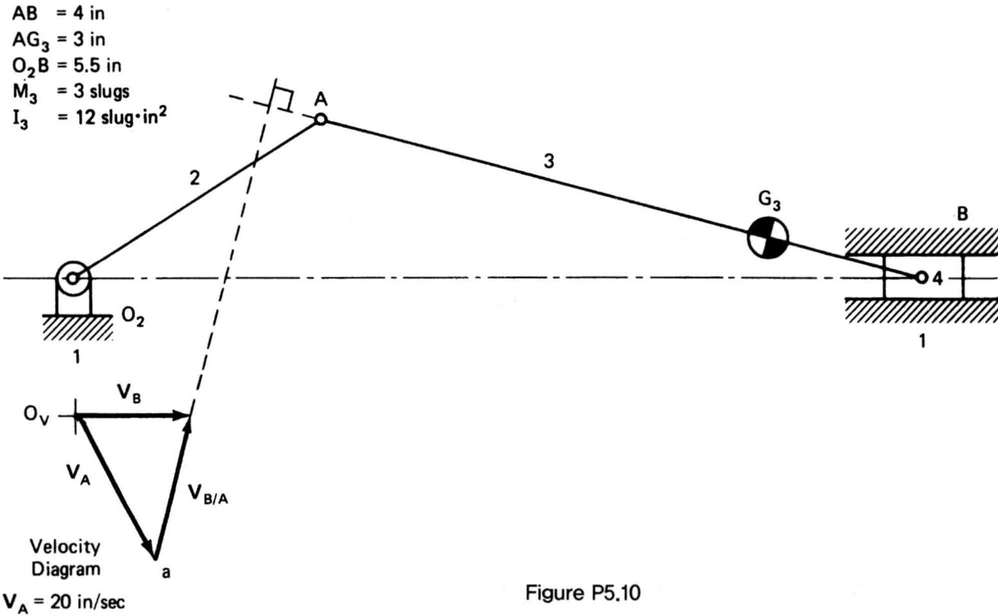

Figure P5.10

(f) Determine the required input torque to drive this mechanism in this position under the conditions described in this problem.
(g) Solve (e) and (f) by graphical and analytical superposition and by the matrix method.

5.11. Determine the effect of the inertia of the coupler link of the four-bar mechanism in Fig. P5.11. The pertinent data and the acceleration diagram are shown in the figure.

(a) Determine the linear acceleration of the center of gravity of link 3 and the angular acceleration α_3.
(b) Find the inertia force $\mathbf{F}_{03}$ of the coupler link.
(c) Find the offset ε_3 of the inertia force $\mathbf{F}_{03}$.
(d) Sketch the inertia force in its correct position on the linkage.
(e) Find the directions and magnitudes of the pin forces at A and B.
(f) Determine the required input torque on line 2 to drive this mechanism in this position under the conditions described in Fig. P5.11.
(g) Solve (e) and (f) by graphical and analytical superposition and by the matrix method.

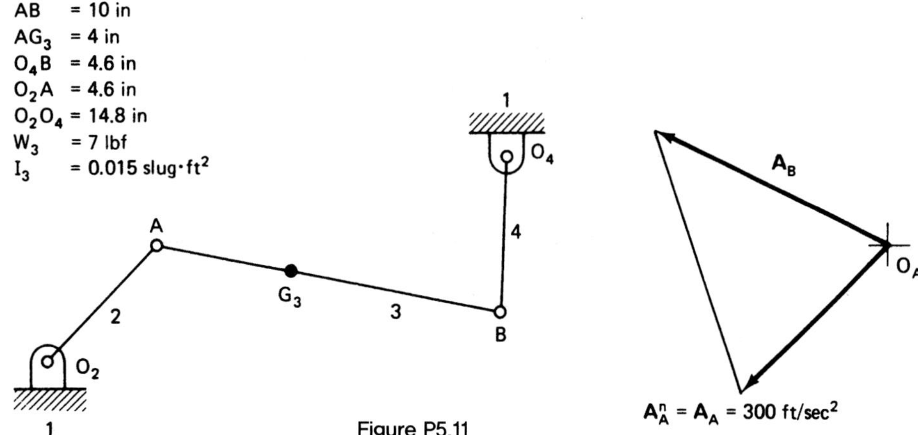

Figure P5.11

5.12. Let us determine the effect of considering the inertia of links 2 and 4 in Prob. 5.11. Refer again to Fig. P5.11, and add the following data:

$$O_2G_2 = O_4G_4 = 2.5 \text{ in.}$$
$$W_2 = W_4 = 5 \text{ lbf}$$
$$I_2 = I_4 = 0.01 \text{ slug}\cdot\text{ft}^2$$

(a) Determine the linear acceleration of G_2 and G_4 and the angular accelerations α_2 and α_4.
(b) Find the inertia force $\mathbf{F}_{02}$ and $\mathbf{F}_{04}$.
(c) Find the offsets ε_2 and ε_4.
(d) Sketch the inertia forces in the correct positions on the linkage.
(e) With all inertias considered, find the required input torque on link 2.
(f) Solve (d) and (e) by graphical and analytical superposition and by the matrix method.

5.13. Figure P5.12 shows a four-bar mechanism with only the mass and inertia of link 3 considered pertinent. For the given data, determine θ_3 and θ_4 and then
(a) Find the inertia force $\mathbf{F}_{03}$ of the coupler link.
(b) Find the offset ε_3 of the inertia force $\mathbf{F}_{03}$.
(c) Sketch the inertia force in its correct position on the linkage.
(d) Find the directions and magnitudes of the pin forces at A and B.
(e) Determine the required input torque on link 2 to drive this mechanism in this position under the conditions described in Fig. P5.12.
(f) Solve (d) and (e) graphically and analytically.

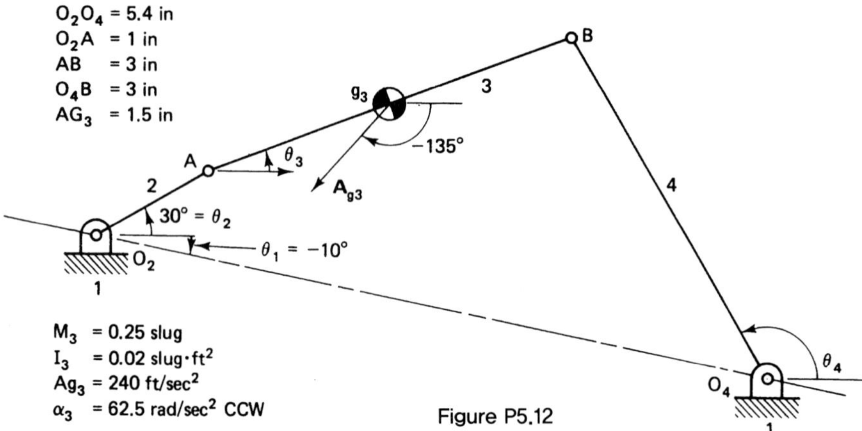

Figure P5.12

5.14. The four-bar mechanism in Fig. P5.13 is to be analyzed instantaneously to determine the effect of the inertia of three moving links. If the input angular velocity and acceleration are $\omega_2 = 2\pi$ rad/sec ccw and $\alpha_2 = 2\pi$ rad/sec^2 ccw and the velocity and acceleration diagrams are given, then
(a) Determine the linear accelerations of each center of gravity and angular accelerations α_3 and α_4.
(b) Find the inertia forces $\mathbf{F}_{02}$, $\mathbf{F}_{03}$, and $\mathbf{F}_{04}$.
(c) Find the offsets ε_2, ε_3, and ε_4 of the inertia forces.
(d) Sketch the inertia forces in their correct positions on the linkage.
(e) Find the directions and magnitudes of the pin forces at A and B.
(f) Determine the required input torque to drive this mechanism in this position under the conditions described in this problem.
(g) Solve (e) and (f) by graphical and analytical superposition and by the matrix method.

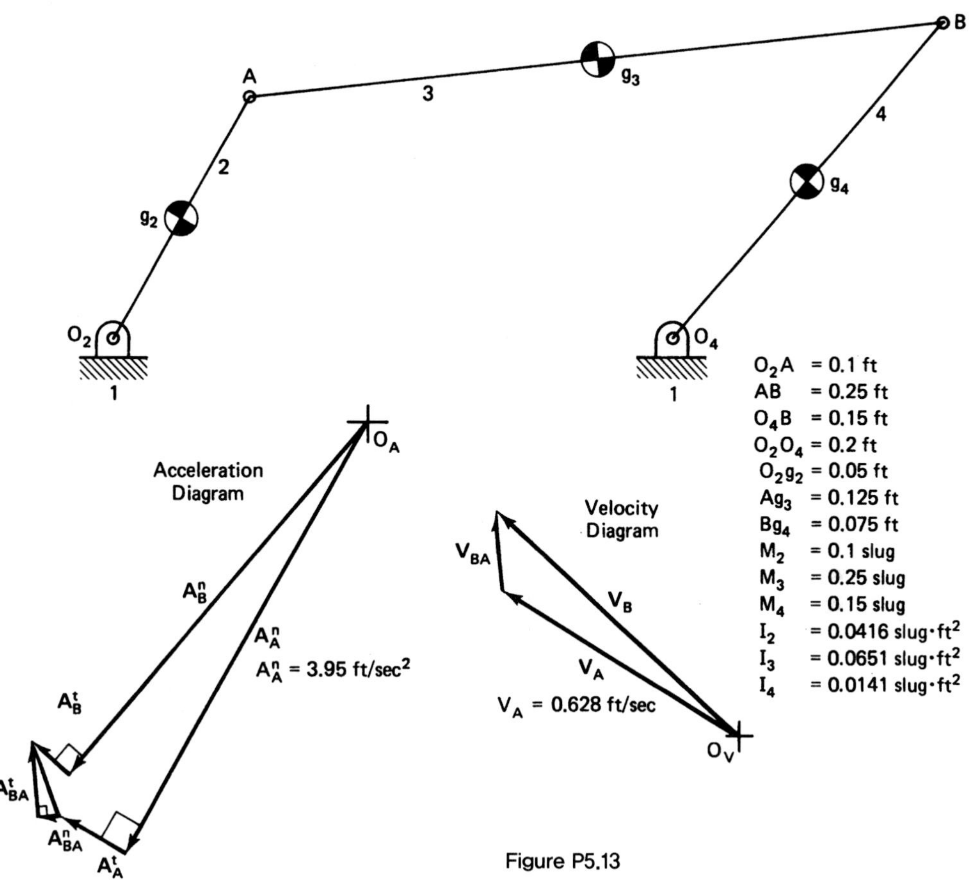

Figure P5.13

5.15. In Fig. P5.14 link 2 rotates about fixed axis O_2. For the data given, determine the inertia force vector $\mathbf{F}_{02}$ and draw it in its proper position on a scale drawing or link 2. Determine the external force vector $\mathbf{F}_A$ to produce the given angular motion. Data: $\omega_2 = -5$ rad/sec cw, $\alpha_2 = 200$ rad/sec² ccw, $W_2 = 44.5$ N, and $I_2 = 0.0212$ kg·m². Solve graphically and analytically.

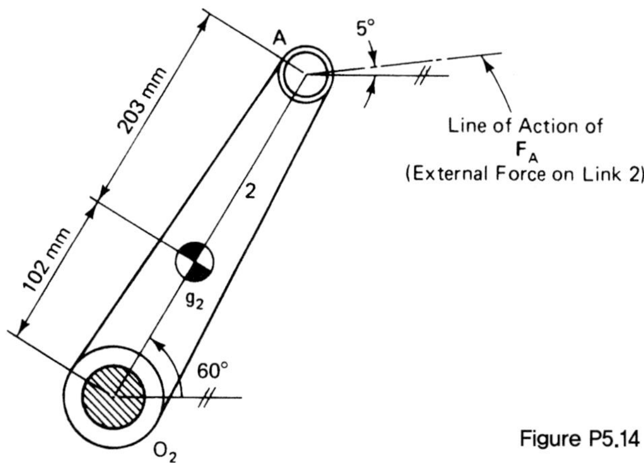

Figure P5.14

5.16. Do the same as for Prob. 5.15, but with different data: $\omega_2 = -10$ rad/sec cw, $\alpha_2 = 2000$ rad/sec^2 ccw, $W_2 = 8$ lbf, $I_2 = 1/64$ slug·ft^2, $O_{2g2} = 3$ in., and $g_2A = 5$ in.

5.17. Figure P5.15 shows a four-bar mechanism that has a counterweight on link 2 so that the center of mass of link 2 is at O_2. The radius of gyration of link 3 about g_3 is 4.5 in., while the radius of gyration of link 4 about O_4 is 3.9 in. If the input angular velocity is constant at $\omega_2 =$ 40 rad/sec ccw, use superposition to

(a) Determine the linear accelerations of each center of gravity and angular accelerations α_2, α_3, and α_4.
(b) Find the inertia forces $\mathbf{F}_{02}$, $\mathbf{F}_{03}$, and $\mathbf{F}_{04}$.
(c) Find the offsets $\boldsymbol{\varepsilon}_2$, $\boldsymbol{\varepsilon}_3$, and $\boldsymbol{\varepsilon}_4$ of the inertia forces.
(d) Sketch the inertia forces in their correct positions on the linkage.
(e) Find the directions and magnitudes of the pin forces at A and B.
(f) Determine the required input torque to drive this mechanism in this position under the conditions described in this problem.
(g) Use both graphical and analytical superposition for (e) and (f).

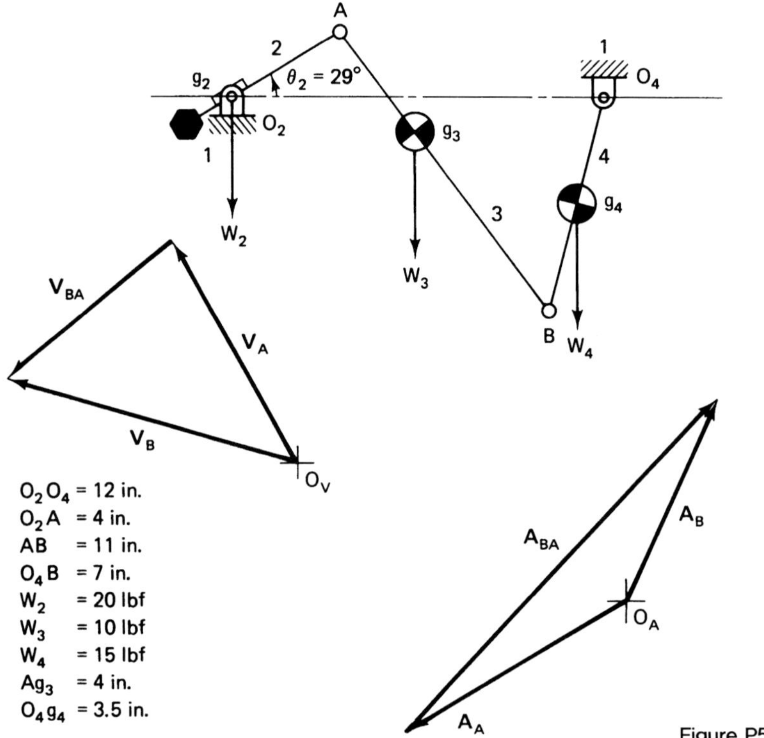

Figure P5.15

5.18. Do the same as for Prob. 5.17, but use the matrix approach wherein the entire mechanism is treated at the same time [disregard parts (c) and (d)].

5.19. A slider-crank mechanism shown in Fig. P5.16 is the main drive of a compressor. The input crank is partially counterbalanced with a weight so that g_2 is .5 in. from O_2 toward the balancing weight. The radius of gyration of link 3 about g_3 is 4.1 in. The only external force is the given gas force $\mathbf{F}_4$ acting on the face of the piston. All inertia forces are also given. (The mechanism is moving in the horizontal plane, so the link weights have no effect.) Check the given values of the inertia forces and inertia torque in view of the given input motion. Are they right? If not, correct them. Then

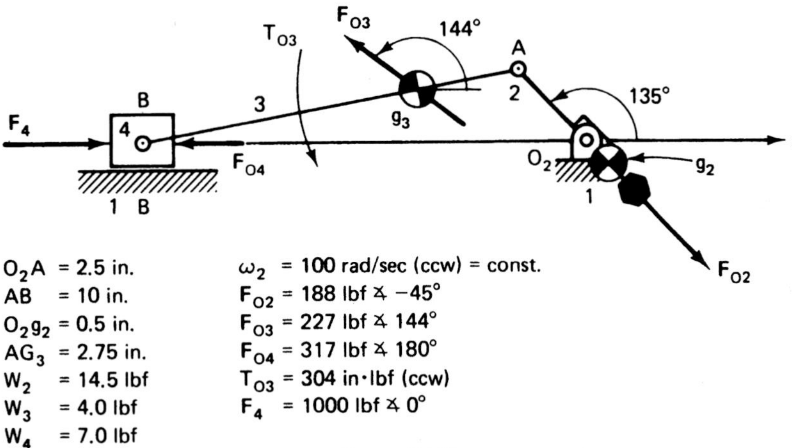

Figure P5.16

(a) Find the directions and magnitudes of the pin forces at A and B.

(b) Determine the required input torque to drive this mechanism in this position under the conditions described in this problem.

(c) Use both analytical and graphical superposition and also the matrix method for (a) and (b).

5.20. Do the same as for Prob. 5.19, but reposition the mechanism in its top dead center (far left) position.

5.21. A scoop mechanism is shown in Fig. P5.17. We assume that the inertia of link 3 has little effect in the force analysis. Link 2 has mass of 5 kg and mass moment of inertia about g_2 of 24 kg·cm^2. Both the direction of the input force $\mathbf{F}_{in}$ and its point of application are known. Verify the values given in the velocity and acceleration diagrams in view of the given input motion. Correct them if necessary. Then

(a) Determine $\mathbf{A}_{g2}$, and α_2.

(b) Find the inertia force $\mathbf{F}_{02}$ of the output link.

(c) Find the offset ε_2 of $\mathbf{F}_{02}$.

(d) Sketch the inertia force in its correct position on the linkage.

(e) Find the directions and magnitudes of the pin forces at O_3 and P and the normal force between slider 4 and the slot in link 2.

(f) Determine the required input torque to drive this mechanism in this position under the conditions described in this problem and find F_{in}. [*Hint:* Ignore friction.]

(g) Solve (e) and (f) by both analytical and graphical methods.

5.22. Do the same as for Prob. 5.21, but in this case a load of dirt is in the scoop with center of mass 6 cm from O_2 on a line 0° to the right of O_2. The mass of the load is 10 kg and the mass moment of inertia of the load about the CG of the load is 20 kg·cm^2. Also include in the analysis the mass and inertia of link 3: O_{3g3} = 4 cm on the centerline O_3P, m_3 = 2 kg, and I_3 = 15 kg·cm^2. How do the resulting pin forces, slider-guide force, and input force compare with Prob. 5.21? Solve analytically and graphically.

5.23. A lift mechanism is shown in Fig. P5.18. For this problem, assume that only link 3 has significant mass and inertia. (Disregard the mass and inertia of links 2 and 4 and of the load W.)

(a) Determine $\mathbf{A}_{g3}$ and α_3.

(b) Find the inertia force $\mathbf{F}_{03}$.

(c) Locate the offset ε_3 of $\mathbf{F}_{03}$.

(d) Sketch the inertia force in its correct position on the linkage.

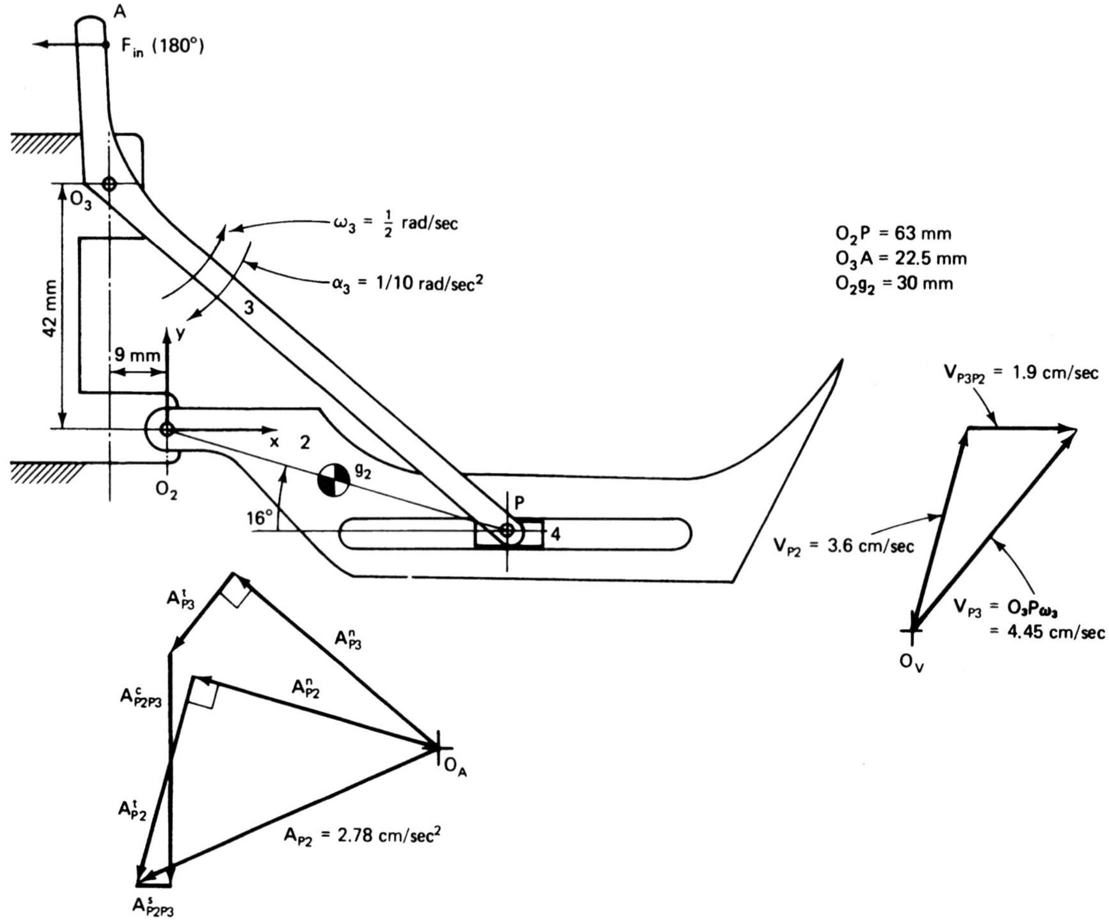

Figure P5.17

(e) Find the directions and magnitudes of the pin forces at *A* and *B*.

(f) Determine the required input torque to drive this mechanism in this position under the conditions described in Fig. P5.18. Solve by analytical and graphical superposition and by the matrix method.

5.24. Referring to Prob. 5.23, include the effects of the mass and inertia of links 2 and 4 as well as of the load *W*.

(a) Determine the linear accelerations of g_2 and g_2, and angular acceleration α_4.

(b) Find the inertia forces $\mathbf{F}_{02}$ and $\mathbf{F}_{04}$.

(c) Locate the offsets $\boldsymbol{\varepsilon}_2$ and $\boldsymbol{\varepsilon}_4$.

(d) Sketch the inertia forces in their correct positions on the linkage.

(e) Find the directions and magnitudes of the pin forces at *A* and *B*.

(f) Determine the required input torque to drive this mechanism in this position under the conditions described in Fig. P5.18. Solve by analytical and graphical superposition and by the matrix method.

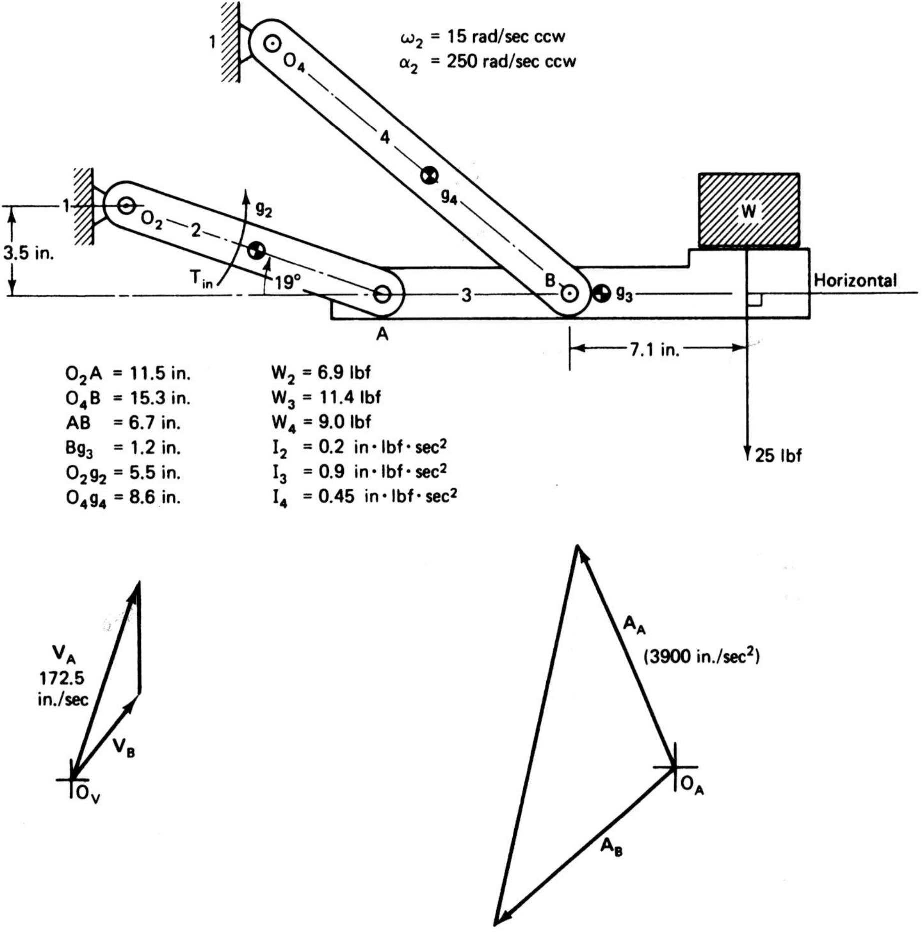

Figure P5.18

5.25. A mechanism is shown in Fig. P5.19.* In the position shown, the spring is compressed. When the mechanism is released from rest, the spring force causes the initial accelerations shown in the diagram to the right of the mechanism. Link 3 has a mass, M_3, of 3.2 kg and mass moment of inertia, I_{g3}, of 3.75 kg·cm^2. The other links are of negligible mass. The mechanism is also subject to a constant load, $\mathbf{P}_{\text{LOAD}}$, of 80 N as shown. The mechanism lies in a horizontal plane. Therefore, *the effects of gravity can be ignored.*

(a) Find the magnitude of the inertial force, $\mathbf{F}_{03}$, for link 3.

(b) Find the magnitude of the offset, ε, of the inertial force, F_{03}.

(c) Sketch $\mathbf{F}_{03}$ in the correct location on the mechanism such that $\mathbf{F}_{03}$ generates the inertial torque.

(d) Using graphical superposition, find the spring force, $\mathbf{F}_s$, and the normal force, $\mathbf{N}$, acting on the slider.

---

* This problem contributed by Jenny Holte, graduate student, University of Minnesota.

Given data:

$$I_{G3} = 3.75 \text{ kg} \cdot \text{cm}^2$$
$$M_3 = 3.2 \text{ kg}$$
$$\mathbf{P}_{\text{LOAD}} = 80 \text{ N to left}$$
All velocities are zero.
$$AB = 3 \text{ cm}$$
$$AG_3 = 1.5 \text{ cm}$$
$$O_4B = 5 \text{ cm}$$
$$\mathbf{A}_A = 730 \text{ cm/sec}^2/90^\circ$$
$$\mathbf{A}_B = 400 \text{ cm/sec}^2/30^\circ$$
$$\mathbf{A}_{B/A} = 640 \text{ cm/sec}^2/-56^\circ$$

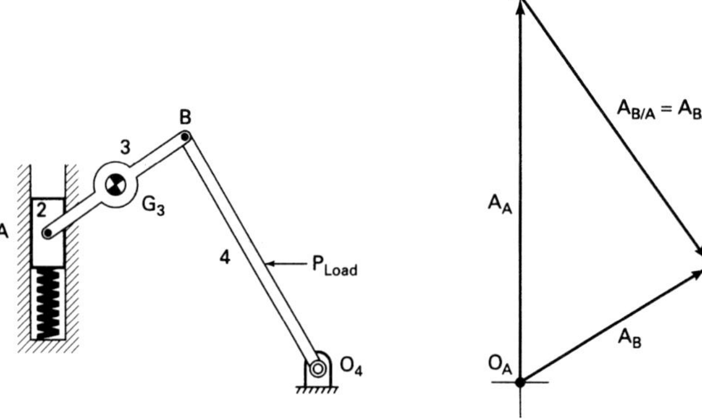

Figure P5.19

5.26. In the four-bar shown in Fig. P5.20, the output link 4 is the only link that has significant mass and inertia (0.6 kg and 500 kg·mm^2, respectively). The instantaneous angular velocity of the input link is ω_2 = 60 rad/sec = constant, ccw. The acceleration polygon is also provided.

(a) Find the magnitude A_{g4}.
(b) Find the angular accelerator α_4.
(c) What is the magnitude of the inertia force F_{04}?
(d) What is the magnitude of the offset ε_4?
(e) Draw the vector $\mathbf{F}_{04}$ in the correct location on the mechanism.
(f) Given that the mechanism is driven by an input torque, $\mathbf{T}_{\text{IN}}$, applied to link 2, determine the following: magnitudes of all pin forces, and magnitude and direction of the input torque.

5.27. Create a forklift mechanism model in ADAMS similar to the one shown in Fig. 5.54a. You may start with the existing ADAMS model of the mechanism in this book's companion Web site.

(a) Define the cylinder input force to match the required driving force as shown in Fig. 5.54b.
(b) Compare the forklift velocity with such a time-varying input force versus constant input force.

5.28. Create a six-bar automobile hood linkage mechanism model in ADAMS as shown in Fig. 5.55a. You may start with the existing ADAMS model of the mechanism in the companion Web site.

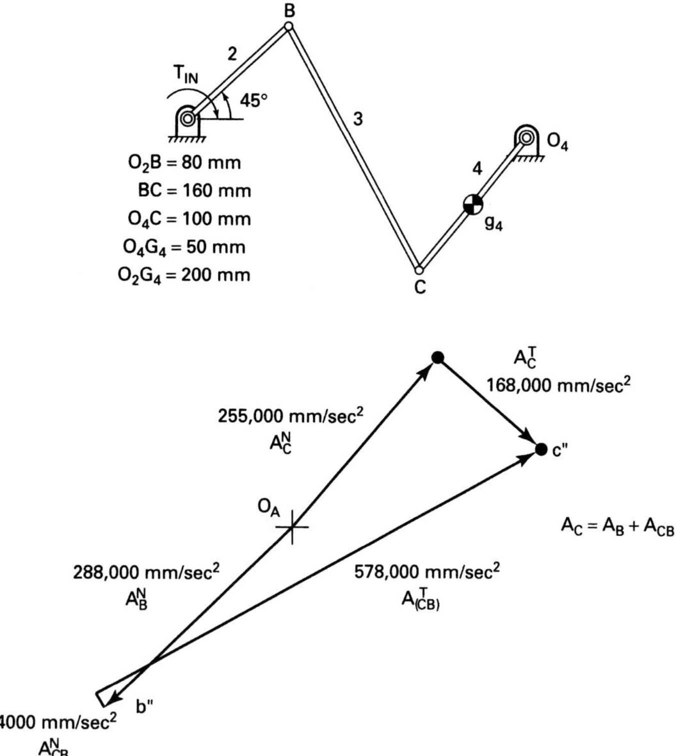

Figure P5.20

(a) Minimize the maximum energy required to close the hood from fully open position. Determine the optimum spring stiffness and the damping (joint friction force) required to meet the objective.

(b) Improve the mechanical advantage of the mechanism by relocating the ground pivots.

5.29. Create a quick return mechanism model in ADAMS as shown in Fig. 5.56a. You may start with the existing ADAMS model of the mechanism in the companion Web site.

(a) Assume an appropriate cutting force (material, depth of cut, etc.) and determine the input torque required to drive the small gear.

(b) Improve the forward to return ratio (i.e., reduce the return time) by varying the ground pivot location.

5.30. Create a stamping press mechanism model in ADAMS as shown in Fig. 5.57a. You may start with the existing ADAMS model of the mechanism in the companion Web site. Based on the required input torque depicted in Fig. 5.57c, assume an appropriate stamping load and determine the parameters of a flywheel that would smooth out the peak power requirements. You may attach the flywheel to the input gear (the smallest gear) shown in Fig. 5.57a.

5.31. Create a swash-plate mechanism model in ADAMS as shown in Fig. 5.58a. You may start with the existing ADAMS model of the mechanism in the companion Web site. Run the model as an engine mechanism where the input force is imparted to the piston (although you may model it as motion input in ADAMS) during the working stroke. You may need to add an initial moment on the disc to get the engine started. Plot the output shaft speed as a function of time.

캠설계

6.1 서론

캠은 어떤 형태의 운동을 다른 형태의 운동으로 변환시키는 데 편리한 도구다. 캠은 곡면이나 홈이 파인 면을 가지고 있으며 이러한 면을 따라서 **종동절**과 맞물리고 운동을 전달한다. 캠의 운동(보통 회전운동)은 종동절의 요동운동이나 병진운동으로 변환된다. 캠은 모양이 다양하고 캠과 종동절은 여러 가지 방식으로 결합될 수 있으므로 캠은 그 응용범위가 매우 넓은 기계요소이다. 캠과 종동절은 운동생성기, 경로생성기 혹은 함수생성기로 사용될 수 있으나 대부분의 경우 함수생성기로 사용되고 있다. 그림 6.1은 캠의 세 가지 응용 형태를 보여주고 있다. 그림 6.1a와 6.1b의 경우는 별도의 설명이 필요 없으며, 그림 6.1c는 자동차 리프트로서 비슷한 모양을 가진 한 쌍의 캠 기구가 플랫폼 p를 회전병진운동으로 구동시키는데, 이때 리드스크류 b와 플랫폼 p의 속도비가 일정하도록 캠의 모양이 설계되었다. 전기모터가 리드스크류 b를 회전시키면 롤러로 지지되는 크로스헤드 c와 d가 움직인다. 크로스헤드에 부착된 암 e와 f는 끝에 달린 롤러 g와 h를 고정된 캠 i와 k, 그리고 프레임에 피봇된 캠 모양의 레버 m과 n 사이에서 구동시킨다. 레버 m과 n의 핀 E와 F가 플랫폼 p를 움직인다. 플랫폼과 리드스크류 사이의 선형적인 속도관계는 캠 m과 i 그리고 캠 n과 h의 형상을 적절히 설계함으로써 달성할 수 있는데, 한쪽의 형상을 우선 가정하고 다른 쪽의 형상을 결정한다.

그림 6.1d는 항공기 편류계(drift meter)를 보여주는데, 시선(sight wire) f가 중심점 0을 지나는 지상의 물체를 가리키도록 정렬함으로써 지상에 대한 항공기의 방향을 정한다. 편류계가 0점을 중심으로 회전하게 되면 0점의 피봇으로 인해서 시야를 가리게 되므로, 0점을 중심으로 하는 원호 모양의 홈을 따라 움직이는 2개의 고정된 핀에 의해서 회전운동을 하도록 한다.

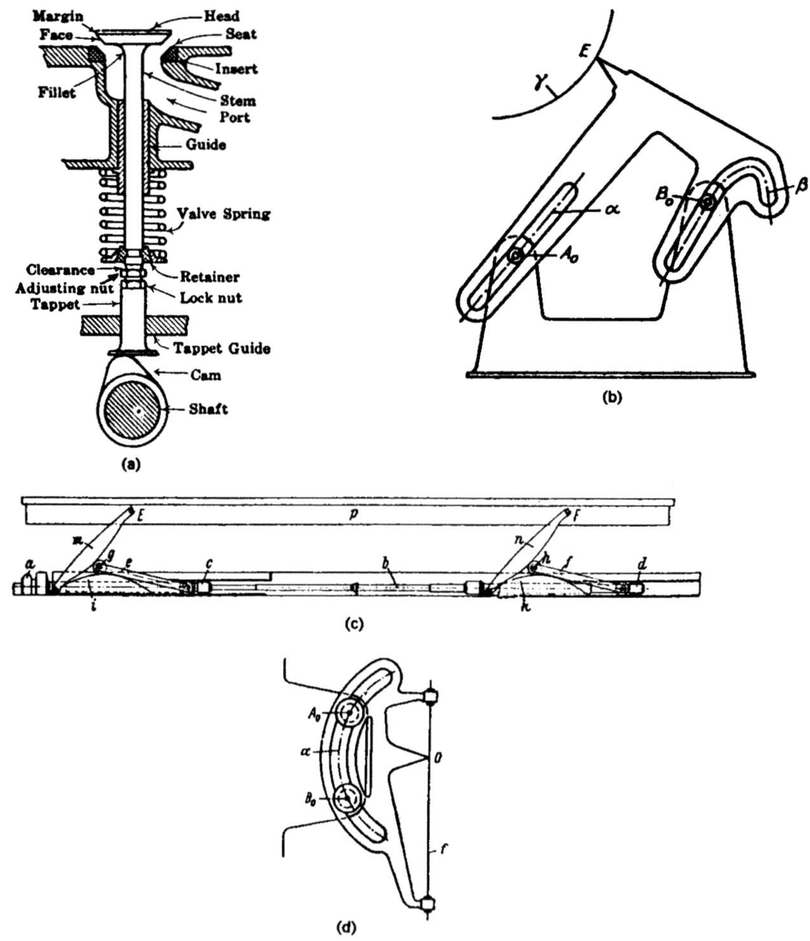

그림 6.1 (a) 함수생성캠: 밸브의 상승량은 캡축의 회전에 의해서 결정된다. (b) 경로생성캠: 움직이는 홈 α와 β에 의해서 점 E가 경로 γ를 따라간다. (c) 운동생성캠: 고정된 캠과 움직이는 캠으로 구성된 자동차 리프트(Schroeder, Munich), (d) 운동생성캠: 캠의 안내 작용에 의한 편류계.

6.2 캠과 종동절의 종류

가장 일반적인 모양의 캠으로는 **평판캠**(혹은 디스크캠), 평면운동을 하는 **병진캠**, 3차원 운동을 하는 **원통캠** 등이 있다. 그림 6.2는 이러한 캠들과 함께 3차원 운동을 하는 **원추캠**과 **구면캠**(globoidal cam) 등을 보여주고 있다.

종동절도 몇 가지로 분류할 수 있다. 종동절이 병진운동 혹은 요동운동을 하느냐에 따라서 구분할 수 있으며, 종동절이 병진운동을 하는 경우에는 캠축과 편심(offset)의 유무에 따라 구별할 수 있고, 종동절과 캠의 접촉방식에 따라서 평면, 롤러, 점(칼끝), 구면, 평면

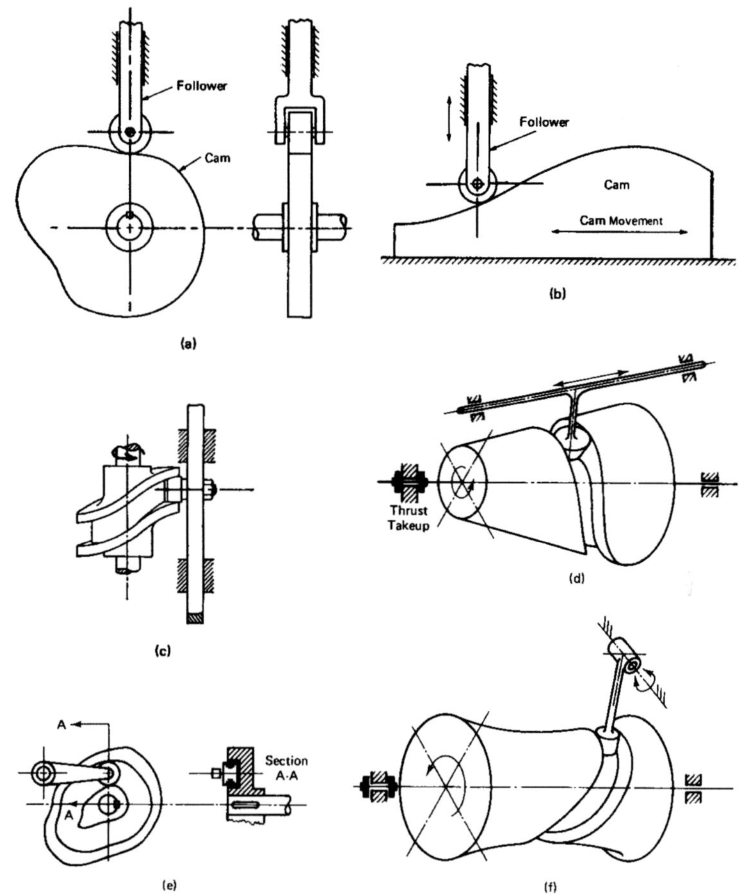

그림 6.2 캠의 종류: (a) 병진롤러종동절을 가진 평판캠(혹은 디스크캠), (b) 병진롤러종동절을 가진 병진 혹은 쐐기캠, (c) 병진롤러종동절을 가진 원통캠, (d) 요동종동절을 가진 원추캠, (e) 요동종동절을 가진 면캠, (f) 요동종동절을 가진 구면캠[37].

곡면, 공간곡면 등으로 구분할 수 있다. 그림 6.3은 종동절의 여러 가지 방식을 보여준다.

반지름방향 롤러종동절을 가진 디스크캠

그림 6.4는 디스크캠과 캠의 반지름방향으로 움직이는 롤러종동절을 각 부분의 명칭과 함께 보여주고 있다. 기초원*은 캠축과 같은 중심점을 가지며 캠의 표면에 접하는 원 중에서 반지름이 가장 작은 원을 말한다. 추적점(tracer point)은 종동절의 중심점으로서 이 점의

* 캠은 기초원에 소재를 덧붙여서 만든다기보다는 큰 소재를 깎아서 만든다고 생각하는 것이 자연스럽다.

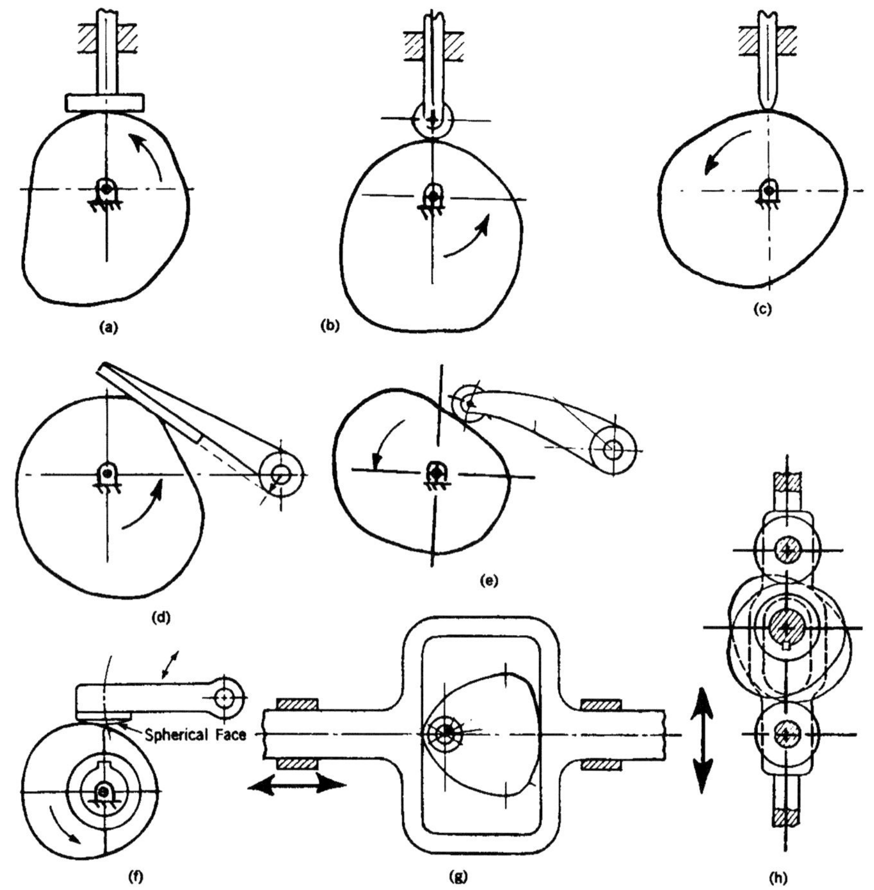

그림 6.3 종동절의 종류: (a) 병진평면종동절, (b) 병진롤러종동절(반경방향으로 운동), (c) 병진점종동절(반경방향으로 운동), (d) 요동평면종동절, (e) 요동롤러종동절, (f) 요동구면종동절, (g) 지름이 일정한 캠을 가진 확실귀환종동절, (h) 이중 윤곽선을 가진 캠에 의해 구동되는 이중 병진롤러종동절.

궤적이 피치곡선이 된다. 압력각은 기구 해석(3.1절 참조)의 편차각과 유사한 개념으로 전달각의 보각이다. 압력각은 종동절의 운동방향과 종동절의 중심선을 통과하는 피치곡선의 법선이 이루는 각이다. 마찰을 무시하면 이 법선은 캠과 종동절 사이의 접촉력과 같은 방향이다. 링크장치와 마찬가지로 압력각은 한 사이클 동안 변화하며, 캠이 종동절에 운동을 전달할 수 있는 능력의 척도이다. 원판캠에 의해서 구동되는 병진롤러종동절의 경우 압력각이 크면 종동절의 몸통에 상당한 크기의 횡하중이 작용하고, 종동절의 몸통과 안내면 사이에 마찰이 있는 경우 종동절의 운동을 방해하게 된다. 피치점은 보통 피치곡선상에서 압력각이 최대가 되는 점이다. 캠축의 중심으로부터 피치점까지가 피치원의 반지름이 된다. 주원(prime circle)은 캠축의 중심으로부터 피치곡선에 접하는 최소원이다.

실제로 캠을 기구장치에 응용하고자 할 때에는 그림 6.5와 같은 종동절의 변위 선도가 필요하다. 이 예에서는 캠이 1회전하는 동안 주원의 원주를 전개한 길이를 x축에 표시하였고 종동절의 변위를 y축에 표시하였다. 종동절의 추적점은 주원으로부터 L만큼 상승한 후 일정 시간 정지(dwell)하였다가 주원으로 하강하며, 다시 일시 정지한 후 새로운 사이클을 반복한다.

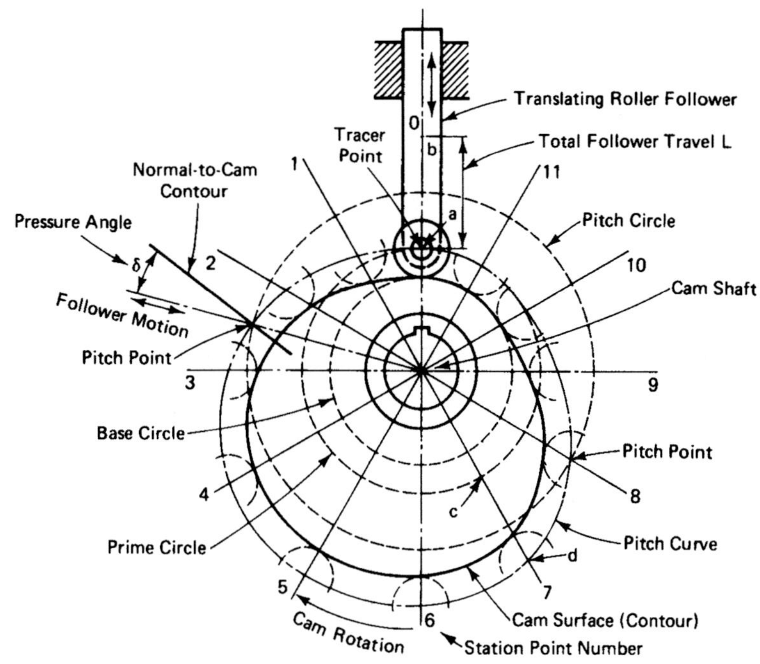

그림 6.4 디스크캠과 캠의 반지름방향으로 운동하는 롤러종동절 각 부분의 명칭 c-d간의 거리가 위치 7에서 종동절의 상승량이다.

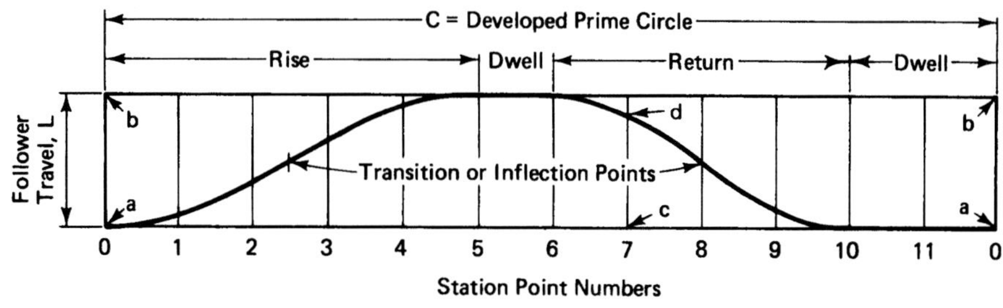

그림 6.5 그림 6.4의 캠 윤곽선에 의한 종동절의 변위 선도 c-d 간의 거리가 위치 7에서 종동절의 상승량이다. 종동절의 전체 이동량 L은 주원상의 점 a로부터 위치 5와 6의 점 b까지의 이동거리를 나타낸다.

6.3 캠의 설계

자동화 기계에서는 그림 6.5와 같은 간헐운동이 필요한 경우가 많다. 일반적으로 캠이 회전함에 따라서 종동절이 상승-정지-복귀(혹은 복귀 후 또 다른 정지가 있는 경우도 있음)하는 운동이 요구된다. 캠의 윤곽은 종동절이 이런 방식으로 움직이도록 설계되어야 한다.

형식합성

우선 캠과 종동절의 형식을 결정해야 하는데, 적용 목적에 따라서 캠과 종동절의 조합이 정해진다. 형식합성(type synthesis)에 있어서 몇 가지 요소를 고려해야 하는데, 우선 기하학적 측면에서 종동절의 운동 형식(회전 혹은 병진), 캠축과 요동운동을 하는 종동절의 피봇점 사이의 거리, 캠과 종동절 사이의 여유 공간 등을 고려해야 한다. 동역학적 측면에서는 캠의 회전 속도, 캠과 종동절에 걸리는 부하, 움직이는 부분의 질량 등을 고려해야 하며, 환경적 측면에서 캠의 작업 조건, 소음과 청결도 등을 고려해야 하고, 경제적 측면에서는 유지 비용과 예비 부품의 개수 등을 고려해야 한다.

그림 6.2와 6.3은 형식합성 단계에 있어서 선택 가능한 몇 가지 예를 보여준다. 어느 정도의 경험이 있으면 적당한 형태의 캠과 종동절을 결정할 수 있겠지만, 가능한 가장 단순한 형태의 캠과 종동절을 선택하도록 해야 한다. 이러한 관점에서 본 장에서는 제일 단순한 형태의 캠인 평면캠(그림 6.2의 면캠과 기하학적으로 동일한 구조)을 위주로 하여 캠의 설계과정을 설명하고자 한다. 6.10절에서는 캠과 링크장치가 결합된 형태의 기구인 캠-링크장치에 대한 형식합성을 다룬다.

종동절 운동

종동절과 캠의 형태가 결정되었으면, 종동절의 운동을 결정해야 한다. 대부분의 경우 종동절은 정해진 크기만큼 상승 혹은 하강하도록 구동된다. 처음에는 그림 6.5의 종동절 변위 선도의 모양이 별로 중요하지 않다고 생각할 수 있으나, 캠과 종동절은 동역학적 시스템이므로 관성과 충격 특성을 충분히 고려해야 한다. 따라서 종동절의 변위, 속도, 가속도, 혹은 변위의 3차 미분값인 저크(jerk) 등이 매우 중요한 의미를 가진다. 6.4절과 6.5절에서는 여러 가지 변위 선도에 대해서 다루고자 한다.

캠 윤곽의 치수합성

캠의 반지름방향으로 병진운동을 하는 점종동절을 제외하고 종동절의 변위 선도를 기초원 위에 단순히 덧붙여서 캠의 윤곽(cam profile)을 만들 수는 없다. 롤러종동절이나 평판종동절의 경우 롤러나 평판이 캠과의 접촉점 부근에서 캠 윤곽과 간섭을 일으킬 수 있으므로 세심하게 캠의 윤곽을 설계해야 한다. 6.7절과 6.8절에서는 몇 가지 종류의 종동절에 대해서 캠의 윤곽을 결정하는 도해적 방법과 해석적 방법을 다룬다.

캠과 링크장치가 결합된 캠-링크장치에서 관성력을 최소화하고자 하는 경우, 관성력을 결정하는 가장 핵심적인 부분은 캠과 종동절이 아니라 이들로부터 몇 개의 링크를 사이에 두고 떨어져 있는 다른 부품인 경우가 많다(그림 8.7 참조). 그러므로 이러한 경우 종동절 변위의 미분값이 아니라 종동절과 링크 몇 개가 떨어진 곳에서의 변위의 미분값을 최소화시켜야 한다. 이때 캠의 형상이 관성력을 최소화시키는 데 핵심이 되는 부분의 운동에 어떤 영향을 미치는가를 분석하여 캠의 윤곽을 결정해야 한다.

캠 해석

일단 캠의 윤곽을 결정하더라도 여러 가지 이유로 인해서 그 결과를 받아들일 수 없는 경우가 있다. 예를 들어 (1) 압력각이 허용 범위를 벗어나거나, (2) 캠 윤곽의 국부적인 곡률로 인해서 종동절이 캠 곡면을 따라갈 수 없거나, (3) 종동절과 캠이 접촉을 유지하기 위해서 너무 큰 스프링이 필요하거나, (4) 평판종동절의 평판 길이 혹은 구면종동절의 크기 등이 지나치게 커지는 경우 등이다.

이러한 문제점을 해결하기 위해서 몇 가지 설계변수를 바꿀 수 있는데, 변경 가능한 설계변수로는 기초원의 지름, 병진운동을 하는 경우 종동절의 편심량, 요동운동을 하는 경우 종동절의 피봇 위치(직교좌표 혹은 극좌표를 나타내는 2개의 독립된 설계변수), 롤러 혹은 구면종동절인 경우 종동절의 팔 길이와 반지름 등이다. 이러한 설계변수를 변경함으로써 캠과 종동절의 형태를 바꾸지 않고도 캠의 윤곽을 결정할 수 있다(경우에 따라서는 형태를 바꾸어야 할 때도 있음).

6.4 변위 선도: 도해적 방법

캠을 설계하려면 그림 6.5와 같이 종동절 변위 선도의 모양을 결정해야 한다. 우선 종동절이 상승하는 동안 변위 선도를 고려해 보기로 하자. 캠이 β만큼 회전하는 동안 종동절은 L만큼 상승한다고 가정한다.

등속도운동

가장 단순한 형태의 변위 선도는 종동절의 변위가 0인 점에서부터 상승이 끝날 때까지 선형적으로 증가하는 경우이다(그림 6.5에서 위치 0과 5의 점 *a*, *b*). 이러한 직선운동 혹은 등속도운동을 하는 경우의 변위, 속도(변위의 기울기), 가속도 선도가 그림 6.6에 나타나 있다. 등속도운동의 단점은 상승의 시작과 끝에서 가속도가 무한대가 된다는 점이다. 결과적으로 시작과 끝점에서 큰 관성력이 작용하므로 중, 고속용 캠에는 적용하기가 곤란하다. 큰 관성력은 진동, 소음, 고응력과 마모를 유발한다.

상승의 시작과 끝에서 발생하는 무한대의 가속도를 없애기 위해서 그림 6.7a와 같은 수정된 등속도운동을 적용해 보기로 하자. 변위곡선을 적당한 반경 R로 완만하게 함으로써 속도가 계단 모양으로 변하는 것을 방지한다. R이 작을수록 등속도운동과 유사하며, R이 클수록 가속도가 완만해지지만 상승구간 중앙부분에서 큰 속도가 요구된다. R의 값은 그림 6.7a에서와 같이 종동절의 상승량 L과 같은 값을 흔히 사용한다.

수정 등속도운동으로 등속도운동의 문제점을 모두 해결할 수 없다. 등속도운동의 경우 가속도의 값이 무한대이지만, 수정 등속도운동의 경우 가속도의 미분값인 저크(jerk or pulse)가 무한대가 된다. 저크는 관성력의 시간변화율이므로 충격력의 척도가 된다. 충격력은 기계 부품에 소음을 발생시키고 표면 마모와 접촉 피로에 의해서 수명을 단축시킨다.

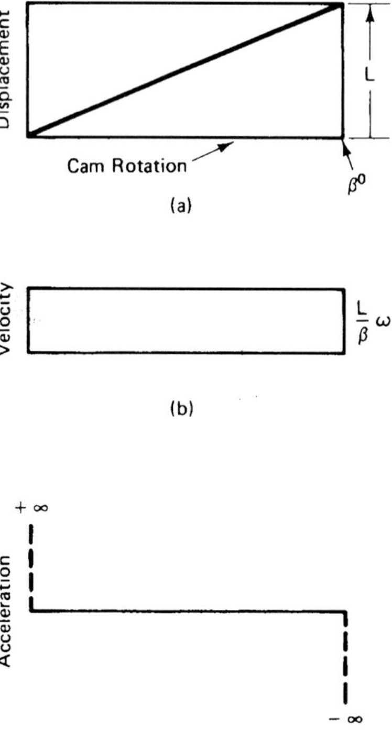

그림 6.6 등속도운동.

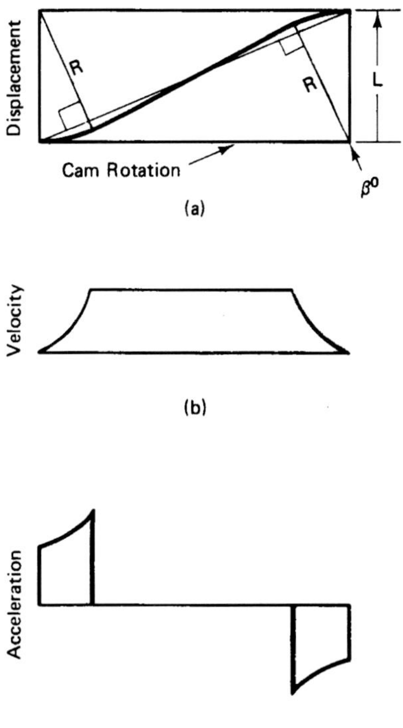

그림 6.7 수정 등속도곡선.

더 나은 변위 선도를 찾기 위해서 포물선, 단수조화함수, 사이클로이드곡선 등을 고려해 보기로 하자. 각각의 함수에 대해 설명하고 동역학적 특성을 비교하고자 한다.

등가속도운동(포물선운동)

등속도 및 수정 등속도운동의 단점을 보완하기 위해서 그림 6.8과 같이 등가속도운동을 고려해 보기로 하자. 그림 6.8에는 등가속도운동의 변위, 속도, 가속도, 저크가 함께 나타나 있다. 가속도는 상승구간의 절반 동안은 양의 상수값을 가지고 나머지 절반에서는 음의 상수값을 가진다. 가속도가 무한대의 값을 가지지는 않지만 계단 모양의 가속도로 인해서 세 부분에서 무한대의 저크가 발생한다. 캠의 설계시 진동이나 소음, 마모를 고려해야 하는 경우 등가속도운동을 사용할 수 없다.

등가속도운동을 위한 도해적 방법이 그림 6.9a에 나타나 있다. 변위곡선의 원점에서 임의의 각도를 가지는 직선을 하나 그린다. 상승시간은 6개 이상으로 짝수개의 등간격으로 나눈다. 여기서는 6개로 나누나 실제로는 더 많은 구간으로 나누어야 한다. x축을 6개의 등간격으로 나눈 경우 직선의 각 구간을 1, 3, 5, 5, 3, 1의 비율로 나누고, 8개의 등간격으로 나눈 경우에는 직선의 각 구간을 1, 3, 5, 7, 7, 5, 3, 1의 비율로 나눈다. 직선의 마지막 구간의 끝점을 상승을 나타내는 y축의 끝점과 연결하고, 직선의 나머지 점들도 이 직선과

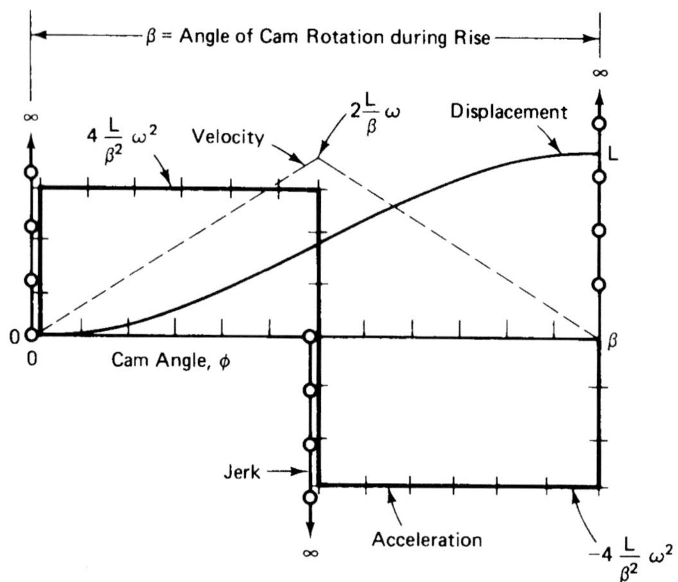

그림 6.8 포물선운동의 변위, 속도, 가속도, 저크.

평행하게 y축과 연결한다. y축과 교차점에서 수평선을 그리고 해당하는 x축의 위치에서 수직선을 그려서 교점을 구한다. 이 교점들을 이으면 포물선운동의 상승곡선이 된다.

또 다른 간단한 도해적 방법이 그림 6.9b에 나타나 있는데, 단순한 방법이므로 설명은 생략하기로 한다. 세 번째 방법은 그림 6.9c와 같이 변위곡선의 접선을 이용하는 방법이다. 그림 6.9b와 그림 6.9c에 대한 증명은 다음 절에 설명되어 있다.

디스크캠이 고속으로 회전하는 경우 상승구간 후반부에서의 음의 가속도를 줄이는 것이 바람직한데, 그 이유는 캠과 종동절이 분리되어 종동절이 점프한 후 캠의 표면에 충돌하는 현상을 방지하기 위함이다. 이러한 현상은 종동절의 관성력으로 인하여 캠과 분리되려는 동역학적 힘과 평형을 이루기 위한, 외부의 스프링 등에 의한 접촉유지력이 충분하지 못한 경우에 발생한다.

가속도와 감속도의 크기가 같지 않고 가속도와 감속도의 비가 2:1인 경우에는 그림 6.9d와 같이 비대칭 변위 선도를 구할 수 있다.

단순조화운동

또 다른 형태의 가속도곡선은 단순조화운동인데, 이름이 암시하는 바와 같이 등가속도운동보다 변위의 미분값이 연속이 될 가능성이 더 많다. 캠이 β만큼 회전하고 종동절이 L만큼 상승할 때 종동절의 변위, 속도, 가속도, 저크가 그림 6.10에 나타나 있다. 가속도곡선의 모양은 본질적으로 조화함수이지만 $\phi = 0$과 $\phi = \beta$에서 가속도의 유한한 변화가 발생하고

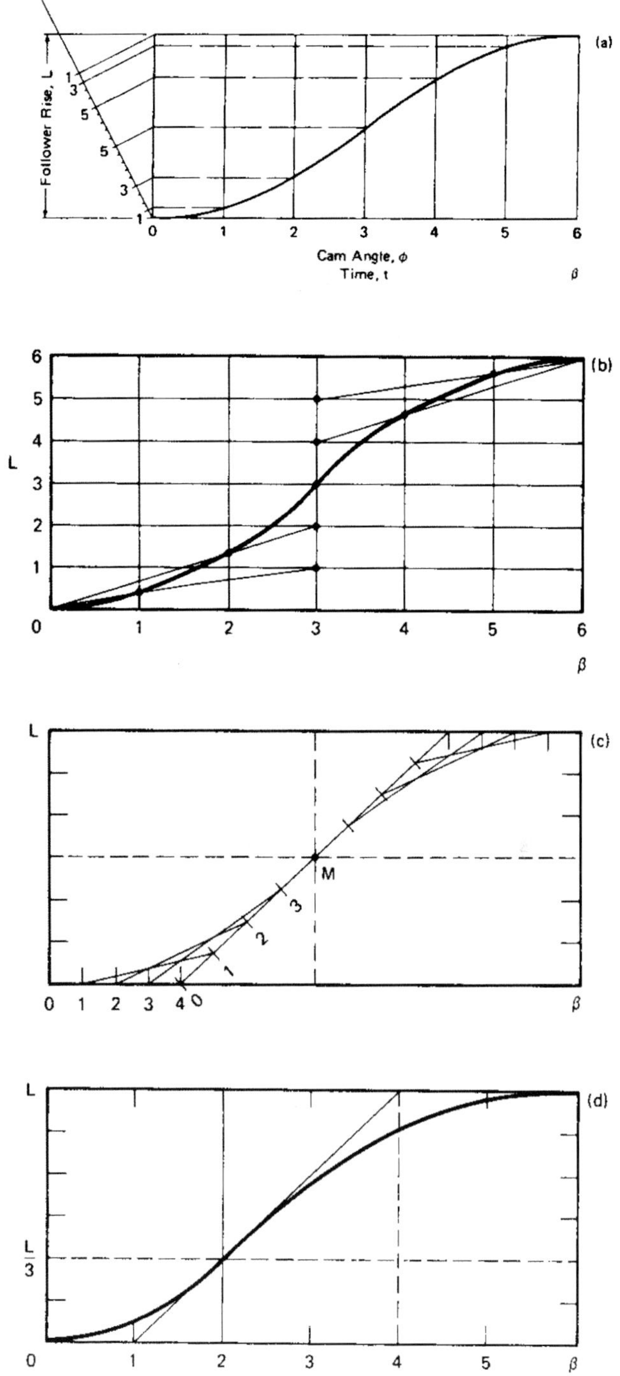

그림 6.9 (a) 포물선운동의 변위 선도, (b) 포물선 상승곡선의 기하학적 작도, (c) 접선을 이용한 상승곡선의 기하학적 작도, (d) 감속도를 줄이기 위한 비대칭 포물선 상승.

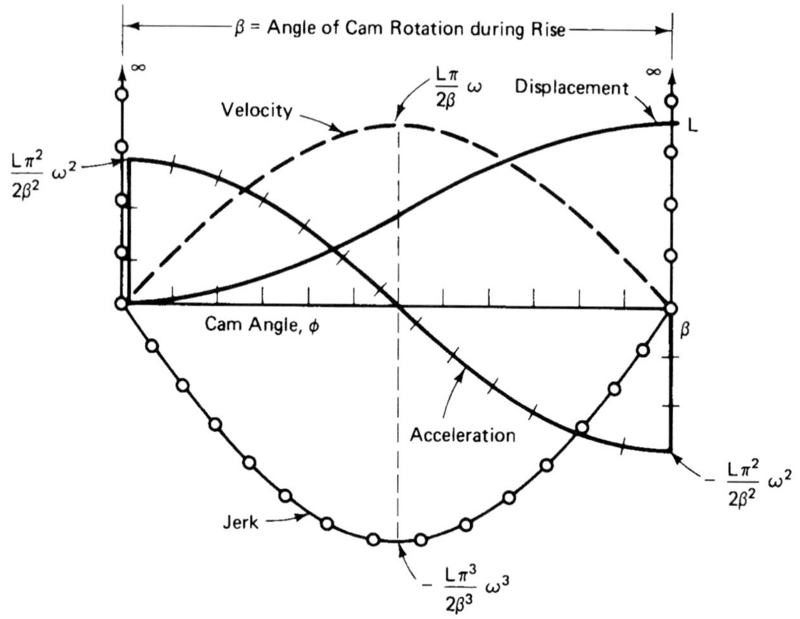

그림 6.10 단순조화운동의 변위, 속도, 가속도, 저크.

이 두 지점에서 저크가 무한대가 된다(등가속도운동의 경우에는 세 점에서 무한대의 저크가 발생하였음). 이러한 문제점에도 불구하고 이러한 캠의 형상은 저속용 캠에서 흔히 사용되고 있는데, 그 이유는 캠의 제작이 용이하기 때문이다.

캠의 반지름방향으로 움직이는 평판종동절의 경우 원형캠의 중심점을 편심시킴으로써 단순조화운동을 하는 캠을 만들 수 있다. 이에 대한 증명은 직접 해보기 바란다.

단순조화운동을 하는 캠에 대한 도해적 방법이 그림 6.11에 나타나 있다. 상승량 L과 같은 크기의 지름을 가지는 반원을 y축에 그리고, x축의 간격 수만큼 반원을 등간격으로 나눈다. 반원의 원주상의 등간격점에서 수평선을 긋고 해당하는 수직선과 만나는 교점을 이으면 단순조화운동곡선이 된다(증명은 6.5절을 참조).

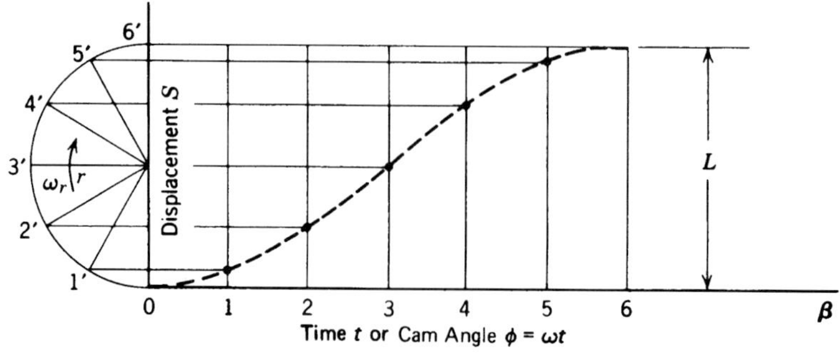

그림 6.11 단순조화운동.

사이클로이드운동

가속도의 미분값이 유한한 캠의 상승곡선을 찾기 위해서 그림 6.12와 같이 사이클로이드(cycloid) 변위곡선과 그 미분값을 검토해 보기로 하자. 처음으로 저크곡선이 전체 사이클에 걸쳐서 유한한 크기를 가진다. 비록 최대 가속도의 크기는 이전의 곡선들에 비해서 크지만 유한한 크기의 저크를 가지므로 고속으로 작동하는 캠에 가장 적당하다. 사이클로이드운동의 변위는 그림 6.13a의 왼쪽에 나타난 바와 같이 y축 위를 굴러가는 반지름 $L/2\pi$인 원주상의 점들을 이용하여 도해적으로 구할 수 있다. 변위선도를 만들기 위해서 우선 y축을 x축의 간격 수만큼 등간격으로 나눈다. 원이 원점에 있을 때 곡선을 생성시키는 점 P는 원점 O와 일치한다. 원이 y축을 굴러가서 위치 2에 도달했을 때 그 점에서 수평선을 긋고 해당되는 x축과의 교점이 사이클로이드 변위가 된다(증명은 6.5절 참조).

또 다른 작도법은 그림 6.13a의 우측 상단의 점 B에 앞의 경우와 같은 크기의 원을 그린다. 이 원을 x축의 간격 수만큼 동일한 각도로 분할하고 이때 구한 원주상의 점들을 점 B를 지나는 수직선에 투사하여 점들을 구한다. 투사된 점들로부터 대각선 O-B에 평행한 선들을 그리고, 이 선들과 x축의 점으로부터의 수직선과 교점을 구하면 사이클로이드곡선이 된다(수학적 증명은 6.5절 참조).

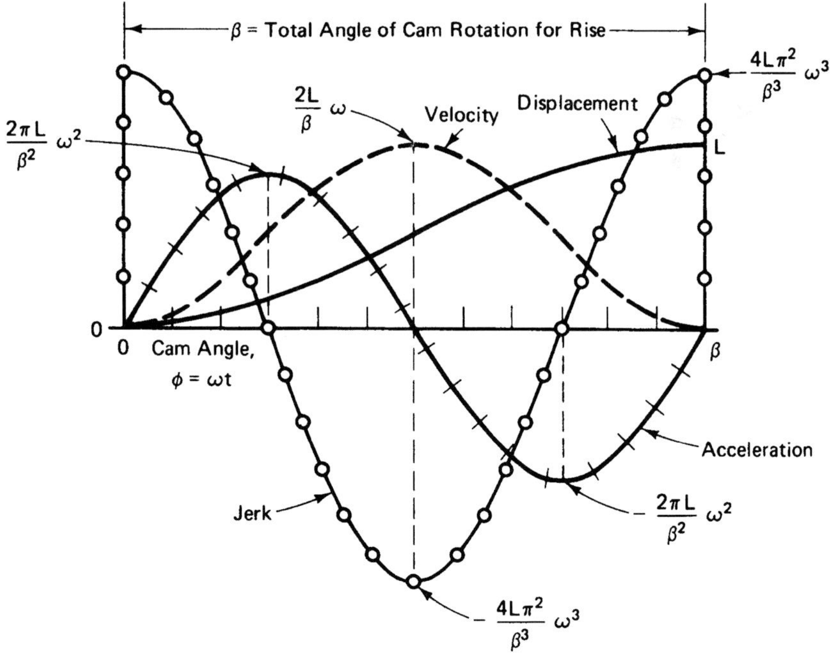

그림 6.12 사이클로이드운동의 변위, 속도, 가속도, 저크.

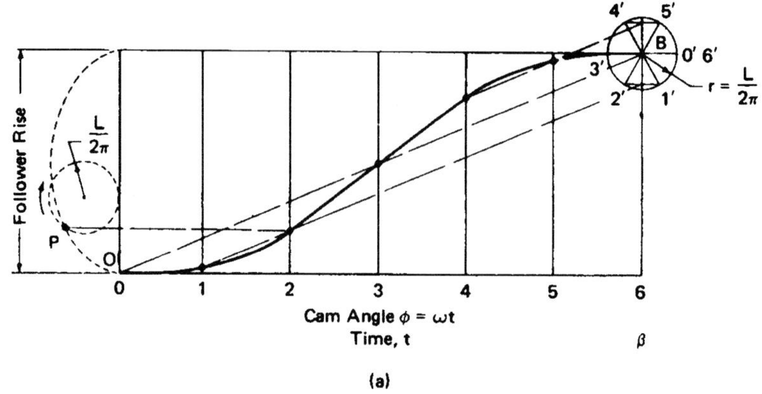

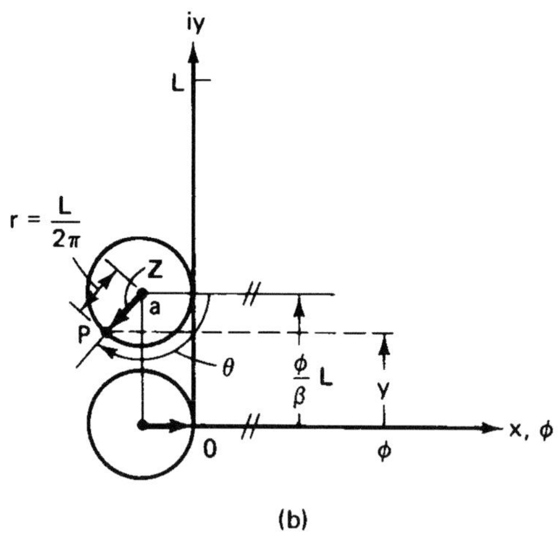

그림 6.13 (a) 사이클로이드운동, (b) 복소수 회전자(phasor)에 의한 사이클로이드 변위곡선의 생성.

기본 윤곽의 비교

등속도, 등가속도, 단순조화운동, 사이클로이드운동의 특성이 그림 6.14*에 요약되어 있다.

동일한 입력 조건에 대해서(자세한 것은 다음 절 참조) 속도, 가속도, 저크의 최댓값이 표시되어 있다. 사이클로이드 윤곽이 속도, 가속도, 저크에 대해서 전반적으로 가장 좋은 특성을 보여준다. 그러나 사이클로이드 윤곽의 최대가속도는 단순조화운동의 최대가속도보다 현저히 큰 값을 가진다.

* 참고문헌 135, 148.

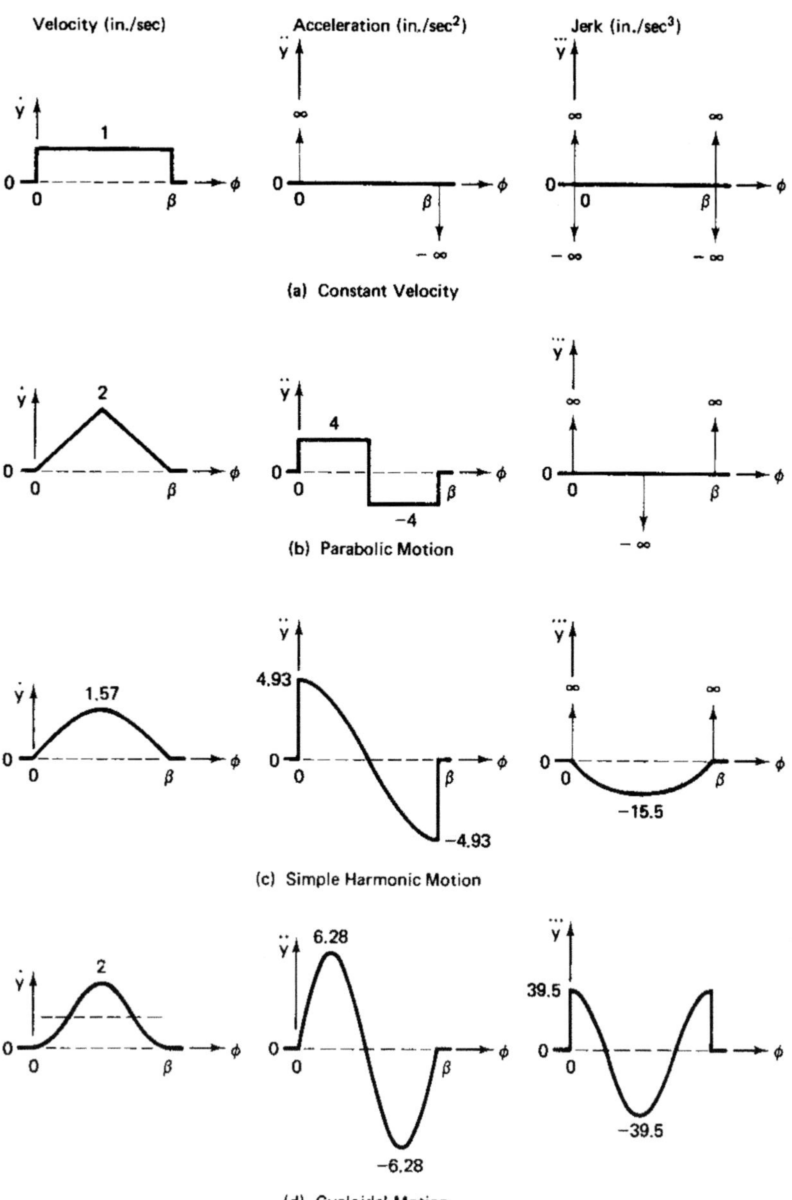

그림 6.14 각속도 ω(deg/sec) = $\beta°$/sec, 상승량 L = 1 in.에 대한 네 가지 기본 운동의 기구학적 특성 비교. 속도의 차원은 in./sec, 가속도의 차원은 in./sec^2, 저크의 차원은 in./sec^3. (a) 등속도 운동, (b) 등가속도운동, (c) 단순조화운동, (d) 사이클로이드운동.

6.5 변위 선도: 해석적 방법

이 절에서는 6.4절에서 도해적으로 결정한 캠 윤곽을 해석적 방법으로 구하고자 한다. 도해적 방법으로 충분하다면 이 절을 생략해도 좋다.

정지구간 동안 종동절은 움직이지 않으므로 수학적으로 $y = k$로 표현할 수 있다. 여기서 y는 종동절의 변위이고 k는 상수이다. 이 식은 캠의 회전각 ϕ에 대한 0차 다항식으로 간주할 수 있다.

$$y = 0(\phi)^3 + 0(\phi)^2 + 0(\phi)^1 + k(\phi)^0 = P^0(\phi) \tag{6.1}$$

캠이 β만큼 회전하는 동안 종동절은 L만큼 상승한다고 가정하자. 가장 간단한 윤곽은 그림 6.6과 같은 등속도운동 혹은 직선변위운동이다. 캠이 일정한 각속도로 회전할 때 종동절이 일정한 속도로 움직인다는 의미는 캠의 회전에 대해서 위치변화율이 일정하다는 뜻이다. 다시 말하면 속도를 변위의 시간변화율로 표시하는 대신에 캠 회전각에 대한 미분으로 나타낼 수 있다.

$$v = \frac{dy}{dt} = \frac{dy}{d\phi}\frac{d\phi}{dt} = \omega\frac{dy}{d\phi}$$

만약 ϕ가 도(degree)로 표시되면

$$v = \frac{180}{\pi}\,\omega\,\frac{dy}{d\phi} \tag{6.2}$$

여기서 ω는 [rad/sec]의 차원을 가지는 캠의 각속도이다. 캠의 형상과 ω는 무관하므로 캠의 윤곽을 결정하는 동안 $(180/\pi)\omega = 1$로 두어도 무방하다.

$$v = \frac{dy}{d\phi} = \frac{L}{\beta^\circ} \tag{6.3}$$

등속도운동의 변위를 다항식의 형태로 표시하면 다음과 같다.

$$y = \frac{L}{\beta^\circ}(\phi^\circ)^1 + k(\phi^\circ)^0 = P^1(\phi^\circ) \tag{6.4}$$

ϕ°에 대한 1차 다항식을 ϕ°에 대해서 미분하면 $\dot{y} = (L/\beta^\circ)\omega(180/\pi)$이므로 식 (6.3)을 만족한다.

포물선운동 혹은 등가속도운동

포물선운동(등가속도운동 혹은 중력운동)에 대한 캠 윤곽을 고려해 보기로 하자. 변위 s

는 다음과 같이 주어진다.

$$s = \tfrac{1}{2}At^2 \tag{6.5}$$

A가 중력가속도인 경우 식 (6.5)는 정지상태에서 자유낙하하는 물체의 운동방정식을 나타낸다. 캠이 일정한 각속도로 움직인다고 가정하면 다음과 같은 다항식 형태로 캠 윤곽을 나타낼 수 있다.

$$\begin{aligned} &\text{변위: } y = k_2(\phi°)^2 + 0(\phi°)^1 + 0(\phi°)^0 \\ &\text{속도: } \dot{y} = 2\,\omega k_2(\phi°) \\ &\text{가속도: } \ddot{y} = 2k_2\omega^2 \ \ (\text{여기에서 } \omega\text{는 deg/sec이다}) \end{aligned} \tag{6.6}$$

(ω는 일정하므로 $\dot{\omega} = 0$이다. 글자 위의 점은 캠 회전각 $\phi°$에 대한 미분을 의미한다) 위 식은 상승의 전반부, 즉 $\phi = \frac{1}{2}\beta, y = \frac{1}{2}L$까지 유효하다. 따라서 $L/2 = k_2(\beta^2/4)$ 혹은 $k_2 = 2L/\beta^2$이 된다. 여기서 L은 inch이고 β는 degree이므로 k_2는 in./(deg)^{2}이다. 상승의 후반부에서 $y = L - k_2(\beta - \phi)^2$이 된다. $\phi = \beta/2$에서 $y = L/2$이므로 $L/2 = L - (2L/\beta^2)(\beta/2)^2$이 되는데, 이 식은 항등적으로 성립하므로 변위 선도가 연속적임을 확인할 수 있다. 상승 후반부의 종동절의 속도는 다음과 같다.

$$\dot{y} = \frac{d}{d\phi}[\,-k_2(\beta^2 - 2\beta\phi + \phi^2)]\omega = (2k_2\beta - 2k_2\phi)\omega = 2k_2(\beta - \phi)\omega \tag{6.7}$$

$\phi = \beta/2$에서 $\dot{y} = (2k_2\beta/2)\omega = k_2\beta\omega$인데, 이 결과는 상승 전반부 속도 $\dot{y}$의 $\beta/2$에서의 값과 일치하므로 속도 역시 연속임을 알 수 있다. 상승 후반부의 가속도는

$$\ddot{y} = -2k_2\omega^2 \tag{6.8}$$

가속도는 일정한 값을 가지며, 상승 전반부 가속도와 크기가 같고 부호가 반대이다. 그림 6.9는 등가속도운동의 변위 선도를 도해적으로 결정하는 세 가지 방법을 보여준다. 여기서는 두 번째 방법을 확인해 보기로 하자.

여기에서 상승 전반부의 변위는

$$y = \frac{\phi}{\beta/2}\left(\frac{\phi}{\beta/2}\right)\frac{L}{2} = \frac{L}{2}\frac{4\phi^2}{\beta^2} = \frac{2L}{\beta^2}\phi^2 = k_2\phi^2 \tag{6.9}$$

위 식은 원하는 대로 포물선을 나타낸다. 대칭성을 이용해서 상승 후반부에 대한 증명을 할 수 있다.

그림 6.9의 세 번째 작도법은 변위 선도의 접선을 이용하고 있다. $\phi = \beta/2$에서

$$\dot{y} = k_2\beta\omega = \frac{2L}{\beta^2}\beta\omega = \frac{2L}{\beta}\,\omega = \frac{L/2}{\beta/4}\,\omega \tag{6.10}$$

여기에서는 $\omega = 1$로 가정함으로써 ω를 무시할 수 있다. 이때 그림 6.9c에서 변위곡선의 중앙점 M에서 그린 접선은 원점을 통과하는 x축과 $\beta/4$에서 만난다는 것을 알 수 있다. 그림에서와 같이 수평축상의 처음 $\beta/4$까지와 $\beta/4$에서 M에 이르는 접선 선분은 모두 같은 수의 등구간으로 분할되고 번호가 주어졌다. 이때 동일한 번호의 점들을 연결하여 변위곡선에 대한 추가적인 접선들을 구한다. 이 방법에 대한 증명은 이러한 접선들과 변위곡선 사이의 접점을 구하는 문제와 함께 여러분이 직접 수행해 보기 바란다(힌트: 각 접선을 M을 통과하여 y축까지 연장해 볼 것).

상승 후반부에 캠이 종동절과 분리되는 것을 방지하기 위해서 음의 가속도를 줄여야 하는데, 이를 위한 2:1의 비대칭 포물선 변위곡선이 그림 6.9d에 나타나 있다. 이 경우 상승의 첫 1/3 구간에서 $0 \le \phi \le \beta/3$, $y = k_{2a}\phi^2$, $y_{\beta/3} = k_{2a}(\beta/3)^2 = L/3$이므로

$$k_{2a} = \frac{L}{3}\frac{9}{(\beta°)^2} = \frac{3L}{(\beta°)^2}\frac{\text{in.}}{(\text{deg})^2} \tag{6.11}$$

속도

$$\dot{y} = 2k_{2a}\phi\omega\left(\frac{in.}{(deg)^2}\,deg\,\frac{deg}{sec} = \frac{in.}{sec}\right) \tag{6.12}$$

가속도

$$\ddot{y} = 2k_{2a}\omega^2\left(\frac{\text{in.}}{(\text{deg})^2}\frac{(\text{deg})^2}{\text{sec}^2} = \frac{\text{in.}}{\text{sec}^2}\right) = 2\frac{3L}{\beta^2}\omega^2$$

$$= \frac{6L}{\beta^2}\omega^2 \tag{6.13}$$

포물선 상승의 후반부에서는 $\beta/3 \le \phi \le \beta$, $y = L - k_{2d}(\beta - \phi)^2$, $y_{\beta/3} = L/3 = L - k_{2d}(\frac{2}{3}\beta)^2$이므로

$$k_{2d} = \frac{2L}{3}\frac{9}{4}\frac{1}{\beta^2} = \frac{3L}{2\beta^2} = \tfrac{1}{2}k_{2a} \tag{6.14}$$

속도

$$\dot{y} = 2k_{2d}(\beta - \phi)\omega = 2\frac{3L}{2\beta^2}(\beta - \phi)\omega = \frac{3L}{\beta^2}(\beta - \phi)\omega \tag{6.15}$$

가속도

$$\ddot{y} = -2k_{2d}\omega^2 = \frac{-3L}{\beta^2}\omega^2 \tag{6.16}$$

가속도의 크기는 전반부 가속도의 반이므로 종동절이 캠으로부터 점프하는 경향을 감소

시킬 수 있다.

그러나 이 경우 후반부 가속도의 크기는 감소했지만 전반부의 가속도는 대칭 포물선 운동과 비교하여 증가한 것을 알 수 있다. 여기에 대한 증명은 스스로 해보기 바란다.

단순조화운동

다음에는 그림 6.10에 나타난 단순조화운동에 대해서 고려해 보자. 그림 6.15와 같이 반원의 중심에서 회전하는 복소수 회전자(phasor)를 이용하여 변위, 속도, 가속도 및 저크곡선을 유도하였다[식 (6.19)~식 (6.22)].

$$\mathbf{Z} = \frac{L}{2} e^{i\pi[(3/2)-(\phi/\beta)]} = \frac{L}{2} e^{i3\pi/2} e^{-i\pi\phi/\beta} \tag{6.17}$$

$$\mathbf{Z}_0 = \frac{L}{2} e^{i3\pi/2} = -i\frac{L}{2} \text{ 으로 두면} \tag{6.18}$$

$$\mathbf{Z} = \mathbf{Z}_0 e^{-i\pi\phi/\beta} = \mathbf{Z}_0\left[\cos\left(-\frac{\pi\phi}{\beta}\right) + i\sin\left(-\frac{\pi\phi}{\beta}\right)\right]$$

변위

$$y = \frac{L}{2} + \mathcal{I}m(\mathbf{Z})$$

$$y = \frac{L}{2} + \mathcal{I}m(\mathbf{Z}_0 e^{-i\pi\phi/\beta}) = \frac{L}{2} + \mathcal{I}m\left\{-i\frac{L}{2}\left[\cos\left(-\frac{\pi\phi}{\beta}\right) + i\sin\left(-\frac{\pi\phi}{\beta}\right)\right]\right\}$$

$$y = \frac{L}{2}\left[1 - \cos\left(-\frac{\pi\phi}{\beta}\right)\right] = \frac{L}{2}\left(1 - \cos\frac{\pi\phi}{\beta}\right) \tag{6.19}$$

여기서 $\mathcal{I}m\,(\,)$은 ( )의 허수부를 나타낸다.

위 식에 $\phi = 0, \beta/2, \beta$를 대입하여

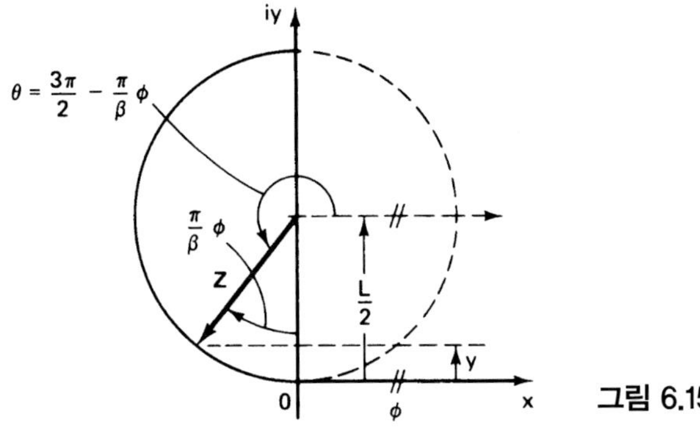

그림 6.15

$$y_0 = \frac{L}{2}(1 - \cos 0) = 0 \qquad y_{\beta/2} = \frac{L}{2}\left(1 - \cos\frac{\pi}{2}\right) = \frac{L}{2}$$

$$y_\beta = \frac{L}{2}(1 - \cos \pi) = L$$

이를 통해 변위함수 y_ϕ를 검증할 수 있다.

속도

$$\dot{y} = \frac{d}{dt}\left(\frac{L}{2} + \mathcal{I}m\mathbf{Z}\right) = \frac{d}{dt}(\mathcal{I}m(\mathbf{Z})) = \mathcal{I}m\left[\frac{d}{dt}\mathbf{Z}\right] \quad \text{또는}$$

$$\dot{y} = \frac{d}{dt}\left(\frac{L}{2} + \mathcal{I}m\mathbf{Z}\right) = \frac{d}{dt}(\mathcal{I}m(\mathbf{Z})) = \mathcal{I}m\left[\frac{d}{dt}\mathbf{Z}\right] \quad \text{or}$$

$$\dot{y} = \mathcal{I}m(\dot{\mathbf{Z}}) = \mathcal{I}m\left[\frac{d}{dt}(\mathbf{Z}_0 e^{-i\pi\phi/\beta})\right] = \mathcal{I}m\left[\mathbf{Z}_0\left(-i\frac{\pi}{\beta}\omega\right)e^{-i\pi\phi/\beta}\right]$$

$$\dot{y} = \mathcal{I}m\left\{-i\frac{L}{2}\left(-i\frac{\pi}{\beta}\omega\right)\left[\cos\left(-\frac{\pi\phi}{\beta}\right) + i\sin\left(-\frac{\pi\phi}{\beta}\right)\right]\right\}$$

$$\dot{y} = -\frac{L\pi}{2\beta}\omega\left(-\sin\frac{\pi\phi}{\beta}\right) = \frac{L\pi}{2\beta}\omega\sin\frac{\pi\phi}{\beta} \tag{6.20}$$

위 식을 확인하기 위해서 $\phi = 0, \beta/2, \beta$를 대입하여

$$\dot{y}_0 = 0, \qquad \dot{y}_{\beta/2} = \frac{L\pi}{2\beta}\omega, \qquad \dot{y}_\beta = 0$$

마찬가지로

$$\ddot{y} = \frac{L}{2}\frac{\pi^2}{\beta^2}\omega^2\cos\frac{\pi\phi}{\beta}; \qquad \ddot{y}_0 = \frac{L}{2}\frac{\pi^2}{(\beta)^2}\omega^2; \qquad \ddot{y}_{\beta/2} = 0; \qquad \ddot{y}_\beta = -\frac{L}{2}\frac{\pi^2}{\beta^2}\omega^2 \tag{6.21}$$

$$\dddot{y} = -\frac{L}{2}\frac{\pi^3}{\beta^3}\omega^2\sin\frac{\pi\phi}{\beta}; \qquad \dddot{y}_{0+} = 0; \qquad \dddot{y}_{(\beta/2)} = -\frac{L}{2}\frac{\pi^3}{\beta^3}\omega^3; \qquad \dddot{y}_{\beta-} = 0 \tag{6.22}$$

식 (6.22)에서 아래첨자 0+는 조화운동으로 상승을 시작한 직후의 상태를 의미하고, 아래첨자 $\beta-$는 상승을 끝내기 직전의 상태를 나타낸다. 그러나 상승의 시작과 끝에서는 가속도가 계단함수로 변하므로 저크는 무한대가 된다(그림 6.10 참조).

사이클로이드운동

변위에 대한 연속적인 미분값을 구하기 위해서 사이클로이드함수에 의한 상승을 고려해 보자.

복소수 회전자를 이용하여 다음과 같이 사이클로이드 상승곡선을 구할 수 있다(그림 6.13b 참조).

$$\mathbf{Z} = re^{-i\theta}$$

여기서

$$r = \frac{L}{2\pi} \quad \text{그리고} \ \theta = \frac{\phi L}{\beta r} = \frac{\phi L}{\beta}\frac{2\pi}{L} = \frac{2\pi}{\beta}\phi$$

$$\mathbf{Z} = re^{-i(2\pi/\beta)\phi} \tag{6.23}$$

그림 6.13b로부터

$$y = \frac{\phi}{\beta}L + \mathcal{I}m(\mathbf{Z})$$

$$y = \frac{\phi}{\beta}L + r\mathcal{I}m(e^{-i(2\pi/\beta)\phi}) \tag{6.24}$$

$$y = \frac{\phi}{\beta}L + r\mathcal{I}m\left[\cos\left(-\frac{2\pi}{\beta}\phi\right) + i\sin\left(-\frac{2\pi}{\beta}\phi\right)\right]$$

$$y = \frac{\phi}{\beta}L - r\sin\left(\frac{2\pi}{\beta}\phi\right)$$

$\phi = 0, \beta/2, \beta$를 대입하면

$$y_0 = 0, \qquad y_{\beta/2} = \frac{L}{2} - r\sin\pi = \frac{L}{2} \qquad y_\beta = L - r\sin 2\pi = L$$

$0 \le \phi \le \beta/2$ 구간에서는 사인 함수의 편각(argument)이 π보다 작거나 같음을 알 수 있다. 예를 들어 $\phi = \beta/3$인 경우 편각은 $(2\pi/\beta)(\beta/3) = \frac{2}{3}\pi < \pi$이므로 y는 대각선 아래에 있게 된다(그림 6.13a 참조). 역으로 $\beta/2 \le \phi \le \beta$ 구간에서 y는 대각선 위에 있다. 사이클로이드의 속도는

$$\dot{y} = \frac{L\omega}{\beta} - r\frac{2\pi}{\beta}\omega\cos\left(\frac{2\pi}{\beta}\phi\right) = \frac{L}{\beta}\omega\left[1 - \cos\left(\frac{2\pi}{\beta}\phi\right)\right] \tag{6.25}$$

확인해 보면

$$\dot{y}_0 = 0, \qquad \dot{y}_{(\beta/4)} = \frac{L}{\beta}\,\omega\left(1 - \cos\frac{\pi}{2}\right) = \frac{L}{\beta}\,\omega$$

$$\dot{y}_{(\beta/2)} = \frac{L}{\beta}\,\omega(1 - \cos\pi) = \frac{2L}{\beta}\,\omega$$

$$\dot{y}_{(3\beta/4)} = \frac{L}{\beta}\,\omega\left[1 - \cos\left(\frac{3}{2}\,\pi\right)\right] = \frac{L}{\beta}\,\omega \quad \text{and} \quad \dot{y}_\beta = \frac{L}{\beta}\,\omega[1 - \cos(2\pi)] = 0$$

가속도는

$$\ddot{y} = \frac{2L\pi}{\beta^2}\,\omega^2 \sin\left(\frac{2\pi}{\beta}\,\phi\right) \tag{6.26}$$

확인하면

$$\ddot{y}_0 = 0, \qquad \ddot{y}_{\beta/4} = \frac{2\pi L}{\beta^2}\,\omega^2, \qquad \ddot{y}_{\beta/2} = 0, \qquad \ddot{y}_{(3\beta/4)} = -\frac{2\pi L}{\beta^2}\,\omega^2, \qquad \ddot{y}_\beta = 0$$

저크는

$$\dddot{y} = \frac{4L\pi^2}{\beta^3}\,\omega^3 \cos\left(\frac{2\pi}{\beta}\,\phi\right) \tag{6.27}$$

확인해 보면

$$\dddot{y}_0 = \frac{4L\pi^2}{\beta^3}\,\omega^3, \qquad \dddot{y}_{\beta/4} = 0, \qquad \dddot{y}_{\beta/2} = -\frac{4L\pi^2}{\beta^3}\,\omega^3,$$

$$\dddot{y}_{3\beta/4} = 0, \qquad \dddot{y}_\beta = \frac{4L\pi^2}{\beta^3}\,\omega^3$$

기본 윤곽의 비교

동일한 상승량 $L = 1$ in.와 각속도 ω(deg/sec) $= \beta°$/sec에 대한 등속도, 등가속도, 단순조화, 사이클로이드운동에 대한 비교가 그림 6.14에 나타나 있다. 그림에 나타난 최고값들은 다음과 같이 검증할 수 있다.

등속도 운동의 경우 속도는 $\dot{y} = (L/\beta)\omega$로 주어진다. $\dot{y} = 1$ in./sec로 두면 $L = \dot{y}\beta/\omega = \beta/\omega$ in.이고 만약 ω (deg/sec) $= \beta°$/sec이면 $L = 1$ in.이다. L과 ω에 대한 이 값들을 다른 운동에도 적용하기로 한다. 등가속도운동의 경우

$$\dot{y}_{max} = 2\,\frac{L}{\beta}\,\omega = 2\,\frac{\text{in.}}{\text{sec}}$$

$$\ddot{y}_{max} = 4\frac{L}{\beta^2}\omega^2 = 4\frac{\beta}{\omega}\frac{\omega^2}{\beta^2} = 4\frac{\omega}{\beta} = 4 \text{ in./sec}^2$$

조화운동의 경우는

$$\dot{y}_{max} = \frac{L\pi}{2\beta}\omega = \frac{\beta\pi}{2\omega\beta}\omega = \frac{\pi}{2} = 1.57 \text{ in./sec}$$

$$\ddot{y}_{max} = \frac{L\pi^2}{2\beta^2}\omega^2 = \frac{\beta}{\omega}\frac{\pi^2}{2\beta^2}\omega^2 = \frac{\pi^2}{2}\frac{\omega}{\beta} = 4.93 \text{ in./sec}^2$$

$$\dddot{y}_{max(\text{extreme in middle of rise})} = \frac{-L\pi^3}{2\beta^3}\omega^3 = \frac{-\beta}{\omega}\frac{\pi^3}{2\beta^3}\omega^3 = \frac{-\pi^3}{2}\frac{\omega^2}{\beta^2} = -15.5 \text{ in. sec}^3$$

사이클로이드운동의 경우는

$$\dot{y}_{max} = \frac{2L}{\beta}\omega = \frac{2\beta}{\omega}\frac{\omega}{\beta} = 2 \text{ in./sec}$$

$$\ddot{y}_{max} = \frac{2\pi L}{\beta^2}\omega^2 = \frac{2\pi}{\beta^2}\frac{\beta}{\omega}\omega^2 = 2\pi\frac{\omega}{\beta} = 6.28 \text{ in./sec}^2$$

$$\dddot{y}_{max} = \frac{4L\pi^2}{\beta^3}\omega^3 = \frac{4\beta\pi^2}{\omega\beta^3}\omega^3 = 4\pi^2\frac{\omega^2}{\beta^2} = 39.5 \text{ in./sec}^3$$

6.6 최신 캠설계기법

지금까지는 통상적인 상승과 하강을 발생시키기 위한 보통의 캠 윤곽을 결정하는 방법을 다루었다. 그러나 고속 정밀캠의 경우와 같이 좀 더 진보된 기법이 요구되는 상황이 발생할 수도 있으며, 때에 따라서는 통상적인 상승-정지-하강과 다른 변위조건을 만족해야 하는 경우도 있을 수 있다. 이러한 경우 앞서 언급한 기본적인 캠 윤곽으로는 만족스러운 동역학적 특성을 가질 수 없다.

고속에의 응용

현재까지 논의된 캠 가운데 사이클로이드 윤곽이 가장 우수했지만 그것의 단점은 가속도가 매우 크다는 것이다. 그림 6.16과 같은 수정 사다리꼴 윤곽은 가속도의 크기를 줄이기 위해서 설계되었다. 사다리꼴 가속도 윤곽(그림에 나타나지는 않았음)은 두 개의 사다리

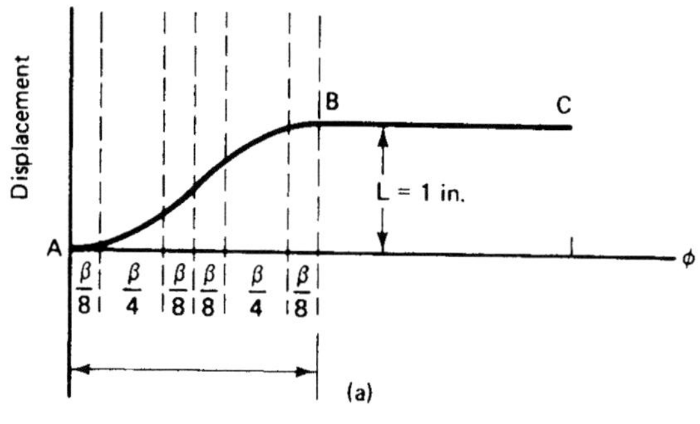

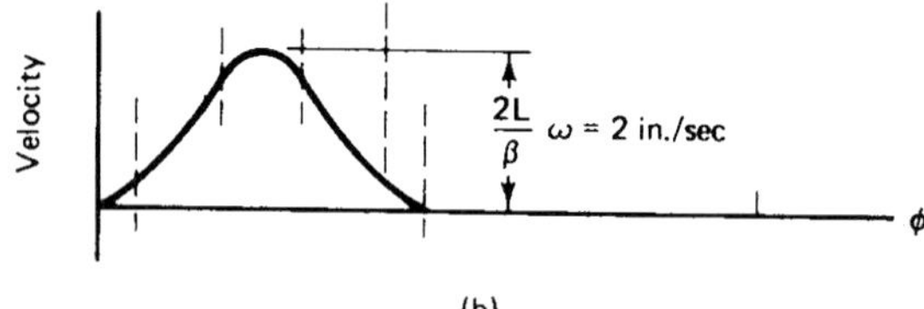

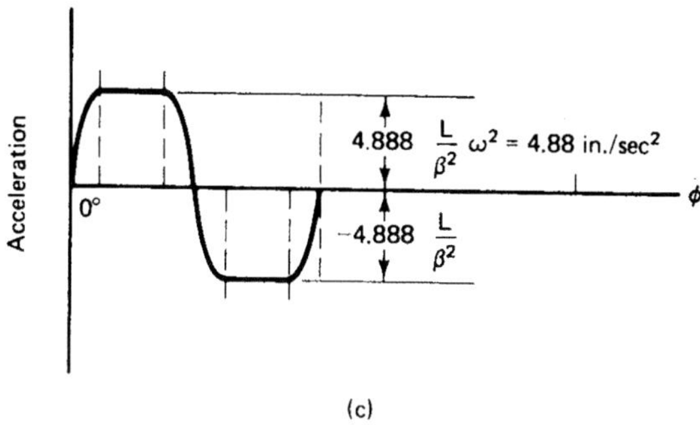

그림 6.16 수정 사다리꼴운동곡선.
ω(deg/sec) = $\beta°$/sec.

로 구성이 되었는데 x축 위쪽의 가속도와 x축 아래쪽의 감속도를 가지고 있다. 수정 사다리꼴 가속도곡선은 불연속이 없으며 상승하는 동안 유한한 크기의 저크가 발생한다. 또한 저크가 불연속이 되는 것을 방지하기 위해서 수정 사다리꼴 윤곽에서는 사다리꼴 가속도 곡선의 모서리를 둥글게 처리하였다.

그림 6.16에 나타난 바와 같이 전형적인 수정 사다리꼴 가속도곡선은 사이클로이드와 등가속도 변위곡선을 결합하여 만들어진다. 따라서 가속도곡선의 각 부분은 다음과 같이 표시할 수 있다.

$0 \le \phi \le \beta/8$	0에서 $\ddot{y}_{max}$까지 1/4 주기 사인 함수로 상승
$\beta/8 \le \phi \le 3\beta/8$	일정한 $\ddot{y}_{max}$
$3\beta/8 \le \phi \le 5\beta/8$	$\ddot{y}_{max}$에서 $\ddot{y}_{min} = -\ddot{y}_{max}$까지 1/2 주기 사인 함수로 하강
$5\beta/8 \le \phi \le 7\beta/8$	일정한 $-\ddot{y}_{max}$
$7\beta/8 \le \phi \le \beta$	$-\ddot{y}_{min}$에서 0까지 1/4 주기 사인 함수로 상승

수정 사다리꼴 윤곽의 각 구간별 가속도, 속도, 변위를 구하는 것은 연습문제 6.25로 주어졌는데, 이 문제를 통해서 그림 6.16에 있는 $L, \dot{y}_{max}, \ddot{y}_{max}$를 확인해 볼 수 있다.

그림 6.16에 주어진 바와 같이 상승량 $L = 1$ in.와 캠의 각속도 ω(deg/sec) $= \beta°$/sec에 대해서 구한 최대 가속도 4.888 in./sec는, 그림 6.14에 주어진 사이클로이드 및 단순조화운동의 가속도보다 더 작은 것을 알 수 있다.

수정 사인 곡선은 미리 제작해서 캠을 판매하는 사람들이 흔히 사용하는 가속도 곡선이다. 이 곡선은 사이클로이드와 단순조화운동의 조합으로 만들어지는데, 수정 사인 곡선은 최대 가속도로부터 최대 감속도로 부드럽게 잘 전환된다. 각 구간별 운동은 다음과 같다.

$0 \le \phi \le \beta/8$	0에서 $\ddot{y}_{max}$까지 1/4 주기 사이클로이드함수로 상승
$\beta/8 \le \phi \le 7\beta/8$	$\ddot{y}_{max}$에서 $\ddot{y}_{min} = -\ddot{y}_{max}$까지 1/2 주기 조화함수로 하강
$7\beta/8 \le \phi \le \beta$	$-\ddot{y}_{max}$에서 0까지 1/4 주기 사이클로이드함수로 상승

그림 6.17에는 2 in. 상승, 60° 캠 회전, 2.375 in. 피치원 직경, 0.625 in. 롤러 반지름을 가지는 병진롤러종동절을 가진 캠 기구가 사이클로이드, 수정 사인, 수정 사다리꼴 운동을 하는 경우에 대해 몇 가지 흥미있는 비교를 보여주고 있다. 최대속도가 가장 작은 것은 수

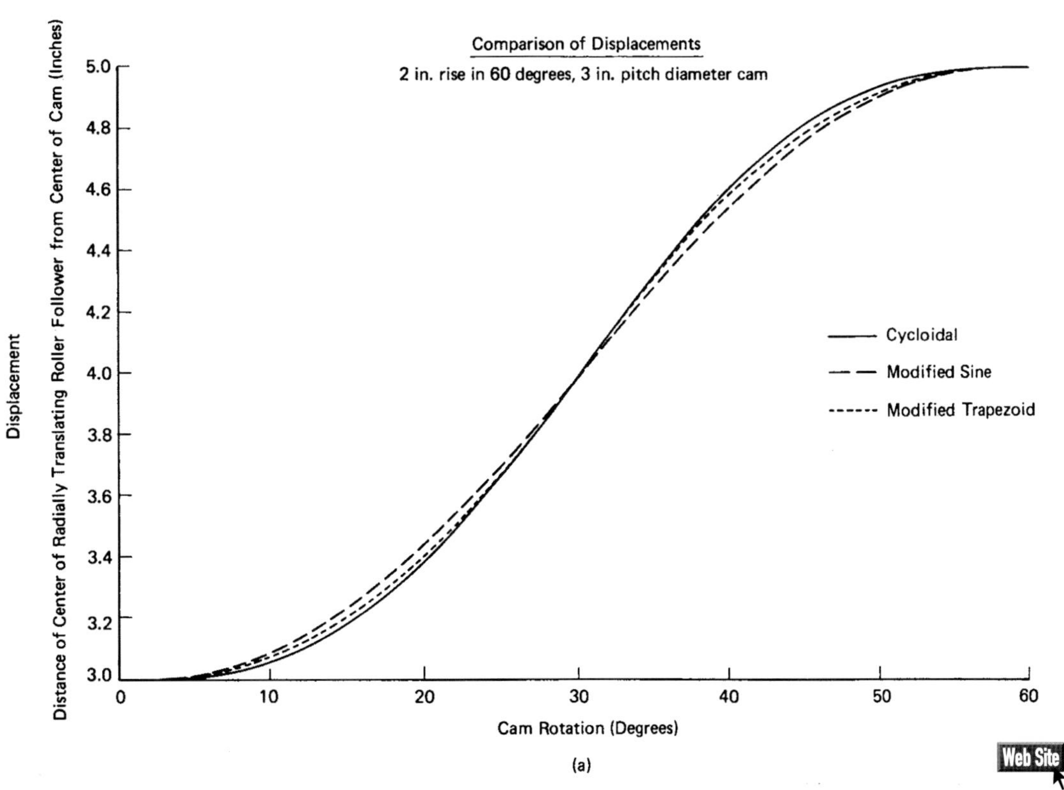

그림 6.17a (미네소타주 St. Paul, 3M Co.의 John Thoreson 제공).

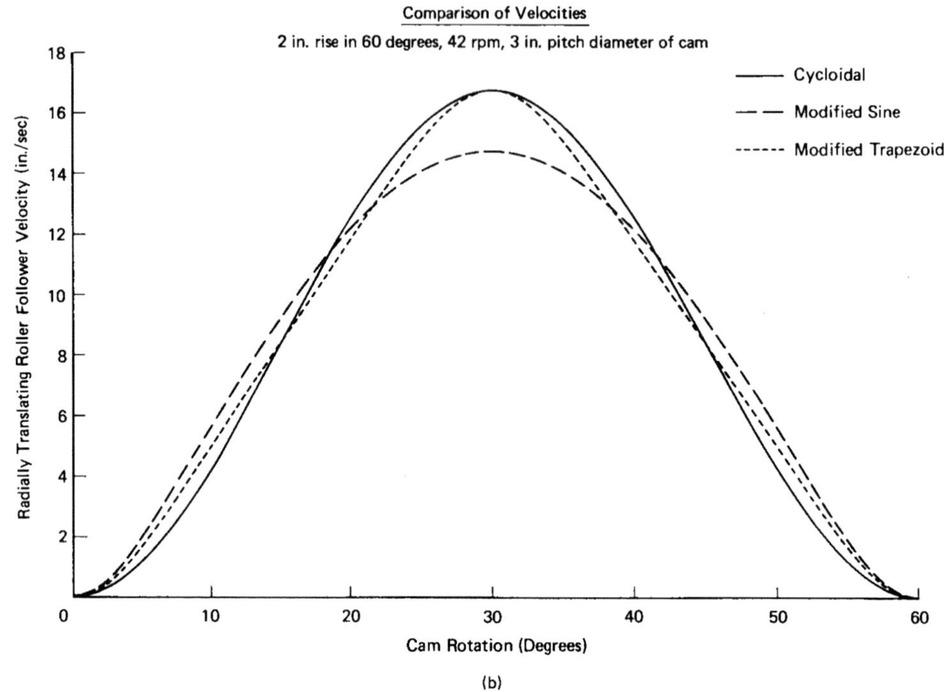

그림 6.17b (미네소타주 St. Paul, 3M Co.의 John Thoreson 제공).

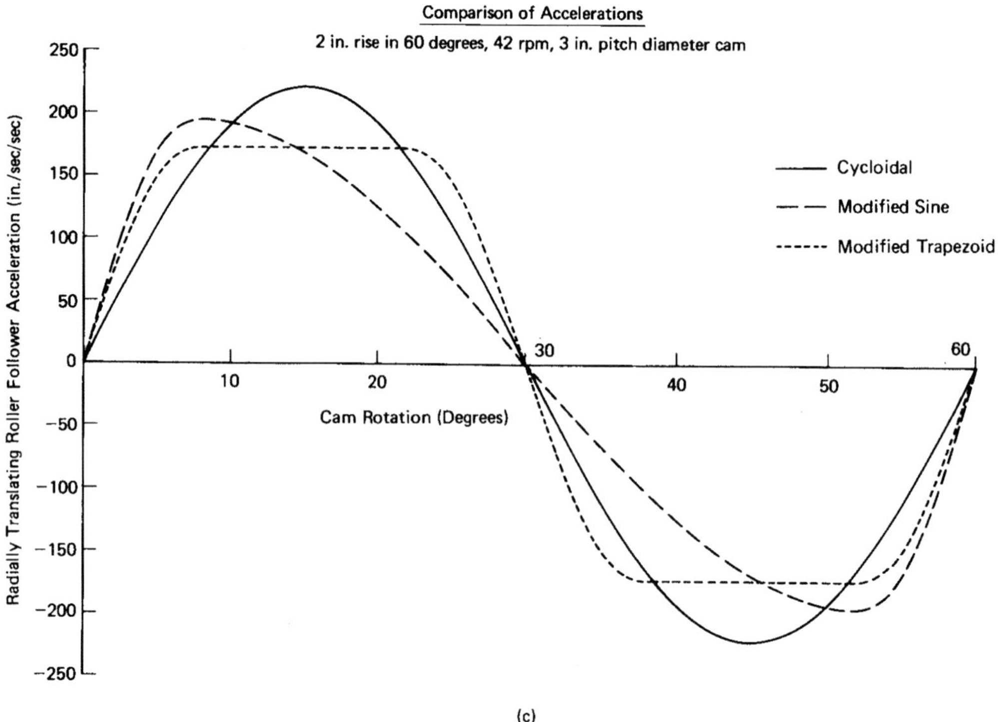

그림 6.17c (미네소타주 St. Paul, 3M Co.의 John Thoreson 제공).

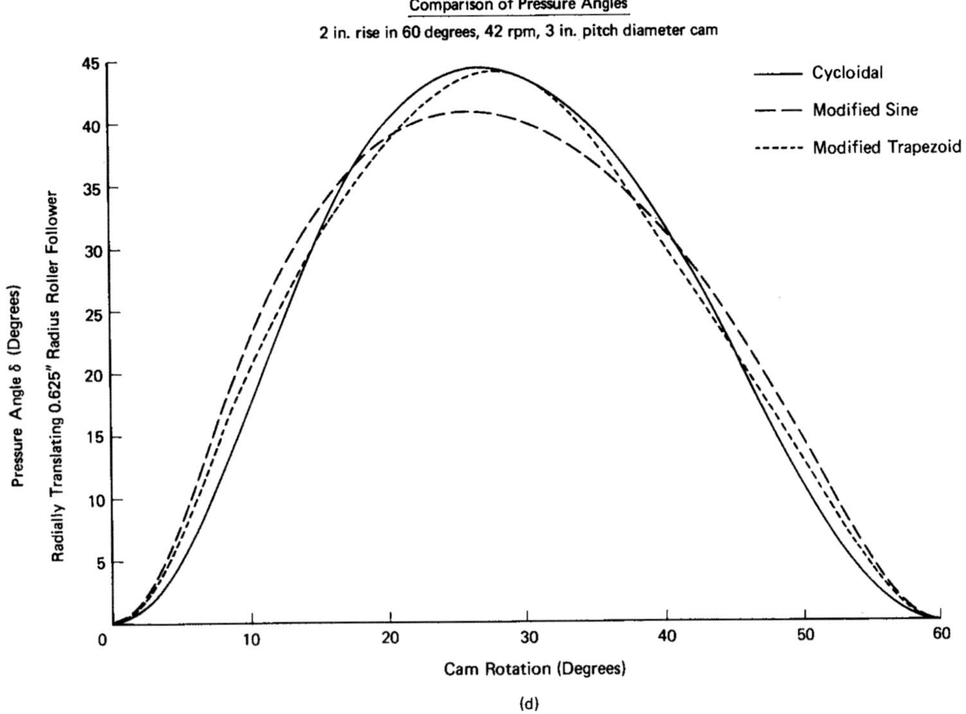

그림 6.17d (미네소타주 St. Paul, 3M Co.의 John Thoreson 제공).

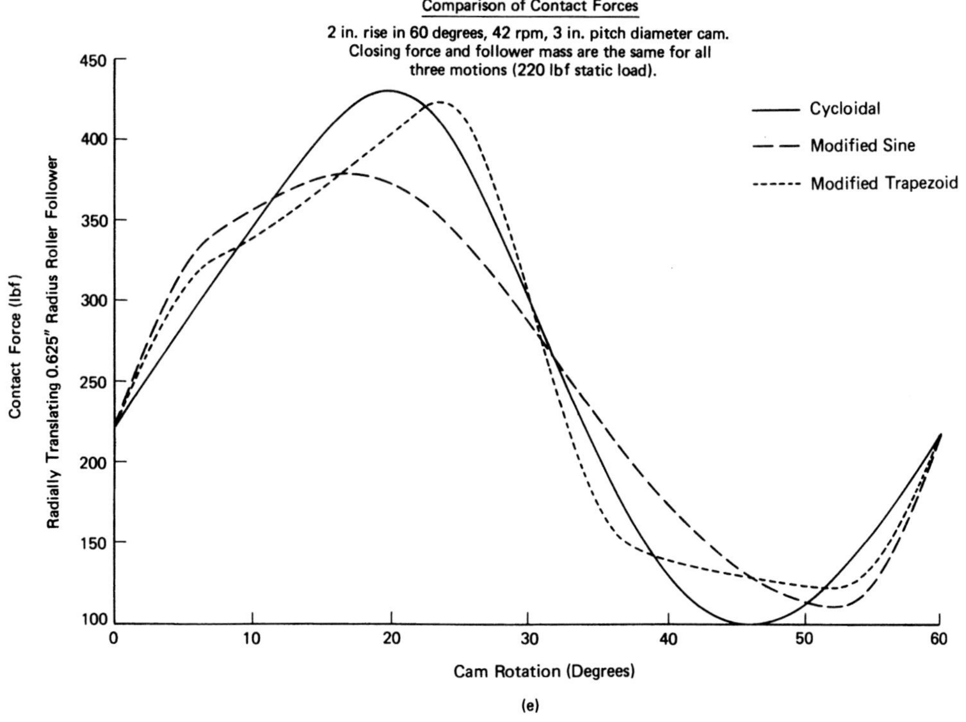

그림 6.17e (미네소타주 St. Paul, 3M Co.의 John Thoreson 제공).

정 사인, 최대 가속도가 가장 작은 것은 수정 사다리꼴, 압력각이 가장 작은 것은 수정 사인 곡선임을 알 수 있다. 캠과 종동절의 접촉력은 수정 사인 곡선의 경우가 가장 작다. 이러한 비교는 특정한 설계조건을 만족시키기 위해서 캠 윤곽의 전부 혹은 일부를 결정하는데 도움을 줄 수 있다. 다른 형태의 윤곽, 예를 들어 중간에 등속도구간을 가지는 수정 사인 함수 등도 가끔 적용된다.

점차 널리 사용되고 있는 또 다른 형태의 윤곽은 다항식곡선이다. 다항식은 어떤 함수도 근사적으로 표현할 수 있으므로 요구되는 어떤 형태의 윤곽도 다항식 곡선을 이용하여 적절히 설계할 수 있다. 그러나 일반적으로 해석적인 계산이 매우 까다롭다. 표준화된 다항식은

$$s = a_n\phi^n + a_{n-1}\phi^{n-1} + \ldots + a_2\phi^2 + a_1\phi + a_0 = 0 \tag{6.28}$$

여기서 s는 상승, ϕ는 캠의 회전각 그리고 a_0, a_1 등은 상수이다. 이러한 상수들은 경계조건에 따라 결정된다. 임의의 위치에서의 변위, 속도 혹은 가속도로 표현되는 하나의 경

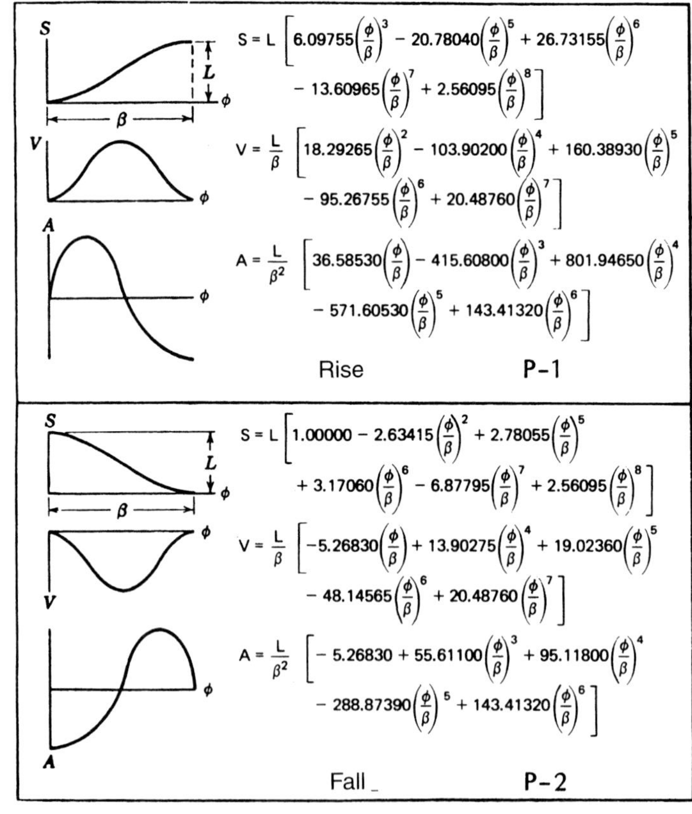

그림 6.18 8차 다항식의 운동 S는 변위[in], V는 속도[in/deg], A는 가속도[in/deg^2], ϕ는 상승 시작점부터 측정한 캠 회전각[deg], β는 상승과 하강하는 동안 캠이 회전한 각. P-1(Polynomial 1)은 상승하고, P-2(Polynomial 2)는 하강한다(그림 6.20의 설명 참조).

계조건이 주어질 때마다 식 (6.28)에 새로운 항이 추가된다. 그림 6.18은 8차 다항식의 변위곡선, 7차 다항식의 속도곡선, 6차 다항식의 가속도곡선을 보여주고 있다. 이 곡선은 최대가속도와 최대 압력각이 조화운동과 사이클로이드곡선 사이의 값을 가지도록 설계되었다(그림 6.14).

예제 6.1

다음과 같은 조건을 만족하는 다항식 윤곽을 설계하라.

$$\phi = 0 \text{일 때:} \quad s = 0, \quad \dot{s} = 0, \quad \ddot{s} = 0$$

$$\phi = \beta \text{일 때:} \quad s = L, \quad \dot{s} = 0, \quad \ddot{s} = 0$$

풀이

주어진 조건은 그림 6.12 및 그림 6.16의 사이클로이드 및 수정 사다리꼴곡선이 만족하는 조건과 동일한 조건이다. 6개의 경계조건을 만족하기 위해서 6개의 상수를 가진 5차 다항식을 사용해야 한다.

$$s = \sum_n a_n \phi^n \qquad n = 0, 1, 2, \ldots, 5$$

또는

$$s = a_0 + a_1\phi + a_2\phi^2 + a_3\phi^3 + a_4\phi^4 + a_5\phi^5 \tag{6.29}$$

ω를 일정하다고 두면 식 (6.29)의 1차 및 2차 미분은 다음과 같다.

$$\dot{s} = \omega a_1 + 2\omega a_2\phi + 3\omega a_3\phi^2 + 4\omega a_4\phi^3 + 5\omega a_5\phi^4 \tag{6.30}$$

$$\ddot{s} = 2\omega^2 a_2 + 6\omega^2 a_3\phi + 12\,\omega^2 a_4\phi^2 + 20\omega^2 a_5\phi^3 \tag{6.31}$$

경계조건을 식 (6.29), (6.30), (6.31)에 대입하면

$$\begin{aligned}
0 &= a_0 \\
L &= a_0 + a_1\beta + a_2\beta^2 + a_3\beta^3 + a_4\beta^4 + a_5\beta^5 \\
0 &= \omega a_1 \\
0 &= \omega a_1 + 2\omega a_2\beta + 3\omega a_3\,\beta^2 + 4\,\omega a_4\beta^3 + 5\omega a_5\omega a_5\beta^4 \\
0 &= 2\omega^2 a_2 \\
0 &= 2\omega^2 a_2 + 6\omega^2 a_3\beta + 12\omega^2 a_4\beta^2 + 20\omega^2 a_5\beta^3
\end{aligned} \tag{6.32}$$

식 (6.32)를 풀면 다음과 같은 상수값이 나온다.

$$a_0 = 0$$
$$a_1 = 0$$
$$a_2 = 0$$

이 값을 대입하면 나머지 방정식을 다음과 같이 정리할 수 있다.

$$\begin{bmatrix} \beta^3 & \beta^4 & \beta^5 \\ 3\omega\beta^2 & 4\omega\beta^3 & 5\omega\beta^4 \\ 6\omega^2\beta & 12\omega^2\beta^2 & 20\omega^2\beta^2 \end{bmatrix} \begin{bmatrix} a_3 \\ a_4 \\ a_5 \end{bmatrix} = \begin{bmatrix} L \\ 0 \\ 0 \end{bmatrix} \tag{6.33}$$

여기서

$$a_3 = \frac{D_3}{D}, \qquad a_4 = \frac{D_4}{D}, \qquad a_5 = \frac{D_5}{D}$$

위 식에서 D의 값들은 다음과 같다.

$$D = \beta^3\beta^2\omega\omega^2 \begin{vmatrix} 1 & \beta & \beta^2 \\ 3 & 4\beta & 5\beta^2 \\ 6 & 12\beta & 20\beta^2 \end{vmatrix} = \beta^9\omega^3 \begin{vmatrix} 1 & 1 & 1 \\ 3 & 4 & 5 \\ 6 & 12 & 20 \end{vmatrix}$$

$$D = \beta^9\omega^3(20 - 30 + 12) = \omega^3\beta^9 2$$

$$D_3 = \begin{vmatrix} L & \beta^4 & \beta^5 \\ 0 & 4\omega\beta^3 & 5\omega\beta^4 \\ 0 & 12\omega^2\beta^2 & 20\omega^2\beta^3 \end{vmatrix} = L\omega^3\beta^2\beta^3 \begin{vmatrix} 4\beta & 5\beta \\ 12 & 20 \end{vmatrix} = \omega^3\beta^6(20)L$$

$$D_4 = \begin{vmatrix} \beta^3 & L & \beta^5 \\ 3\omega\beta^2 & 0 & 5\omega\beta^4 \\ 6\omega^2\beta & 0 & 20\omega^2\beta^3 \end{vmatrix} = L\omega^3\beta^5 \begin{vmatrix} 3 & 5 \\ 6 & 20 \end{vmatrix} = -30\omega^3\beta^5 L$$

$$D_5 = \begin{vmatrix} \beta^3 & \beta^4 & L \\ 3\omega\beta^2 & 4\omega\beta^3 & 0 \\ 6\omega^2\beta & 12\omega^2\beta^2 & 0 \end{vmatrix} = L\omega^3\beta^4 \begin{vmatrix} 3 & 4 \\ 6 & 12 \end{vmatrix} = 12\omega^3\beta^4 L$$

식 (6.33)을 풀면 나머지 상수를 구할 수 있다.

$$a_3 = \frac{10L}{\beta^3}$$

$$a_4 = \frac{-15L}{\beta^4}$$

$$a_5 = \frac{6L}{\beta^5}$$

이 상수들을 식 (6.29)에 대입하면 변위에 대한 방정식을 얻을 수 있다.

$$s = \frac{10L}{\beta^3}\phi^3 - \frac{15L}{\beta^4}\phi^4 + \frac{6L}{\beta^5}\phi^5 \tag{6.34}$$

위 식에서 $\phi/\beta = x$로 두면 $0 \le \phi \le \beta$가 $0 \le x \le 1$로 변환된다. 또한 L로 나누고 $\dot{s}/L = y$로

두면 $0 \leq s \leq L$는 $0 \leq y \leq 1$로 바뀌게 되어 표준화된 방정식을 구할 수 있다.

$$y = 10x^3 - 15x^4 + 6x^5 \tag{6.35}$$

식 (6.35)는 다항식 각 항의 차수를 고려하여 3-4-5 다항식이라 불린다.

구한 식이 주어진 경계조건을 만족하는지를 확인하고 변위, 속도, 가속도의 최댓값을 구해 보자.

$$\dot{y} = (30x^2 - 60x^3 + 30x^4)\dot{x} \qquad \left(\dot{x} = \frac{\dot{\phi}}{\beta} = \frac{\omega}{\beta} = \text{const.}\right)$$
$$\ddot{y} = (60x - 180x^2 + 120x^3)\dot{x}^2$$
$$\dddot{y} = (60 - 360x + 360x^2)\dot{x}^3$$

$\phi = 0$일 때: $x = 0, \quad \dot{y} = 0, \quad \ddot{y} = 0, \quad \dddot{y} = 60\dot{x}^3$

$\phi = \frac{\beta}{2}$ 일 때: $x = \frac{1}{2}, \quad \dot{y} = \frac{30}{4}\dot{x} = 7.5\dot{x}, \quad \ddot{y} = (30 - 45 + 15)\dot{x}^2 \; (\to 0), \quad \dddot{y} = -30\dot{x}^3$

$\phi = \beta$일 때: $x = 1, \quad \dot{y} = 0, \quad \ddot{y} = 0, \quad \dddot{y} = 60\dot{x}^3$

$\dot{y}_{max}$와 $\ddot{y}_{max}$의 값과 발생하는 위치를 구해 보자.

$$\dddot{y} = 0 = (60 - 360x + 360x^2) = x^2 - x + \tfrac{1}{6} = 0$$

위 식은 '2차 방정식'이므로 근을 $a \pm ib$로 가정하면

$$(x - a - ib)\,(x - a + ib) = 0$$

혹은

$$x^2 - 2ax + a^2 + b^2 = 0$$

계수를 비교하면 $-2a = -1$이므로

$$a = \frac{1}{2}; \qquad a^2 + b^2 = \frac{1}{6}, \qquad b^2 = \frac{1}{6} - \frac{1}{4} = \frac{4}{24} - \frac{6}{24} = -\frac{2}{24}$$

따라서

$$b = i\frac{1}{3.46}; \qquad x_1 = a + ib = \frac{1}{2} - \frac{1}{3.46} = 0.21$$

$$x_2 = a - ib = \frac{1}{2} + \frac{1}{3.46} = 0.79 \quad \text{and} \quad \ddot{y}_{max} = 5.77\dot{x}^2$$

$$\dot{y}_{max} = \dot{y}\left(x = \frac{1}{2}\right) = \left(\frac{30}{4} - \frac{60}{8} + \frac{30}{16}\right)\dot{x} = 1.88\dot{x}$$

그리고

$$y = \frac{s}{L}, \quad \dot{y} = \frac{1}{L}\dot{s}, \quad \dot{s} = L\dot{y}$$

$$x = \frac{\phi}{\beta}, \quad \dot{x} = \frac{1}{\beta}\dot{\phi} = \frac{\omega}{\beta} \text{ 이므로 } \dot{s}_{\max} = 1.88\frac{L\omega}{\beta}$$

$$\ddot{y} = \frac{\ddot{s}}{L}, \quad \ddot{s} = L\ddot{y}$$

$$\ddot{s}_{\max} = L\ddot{y}_{\max} = 5.77\frac{L\omega^2}{\beta^2}$$

$$\dddot{s}_{0,\beta} = L\dddot{y}_{0,\beta} = 60\frac{L\omega^3}{\beta^3}$$

$$\dddot{s}_{\beta/2} = L\dddot{y}_{\beta/2} = -30\frac{L\omega^3}{\beta^3}$$

$L = 1$ in., ω(deg/sec) $= \beta°$/sec로 두면 그림 6.19에 주어진 값들을 얻는다.

이 결과는 사이클로이드곡선과 유사하지만 명백히 구분되는 특징이 있다. 일반적으로 이러한 형태의 곡선은 다른 곡선보다 운동의 시작과 끝부분에서 변위곡선이 더 평평하다. 이러한 변위곡선의 요구조건을 만족시키면서 충분히 정확한 캠 형상을 만드는 일은 상당히 어려운 일이다.

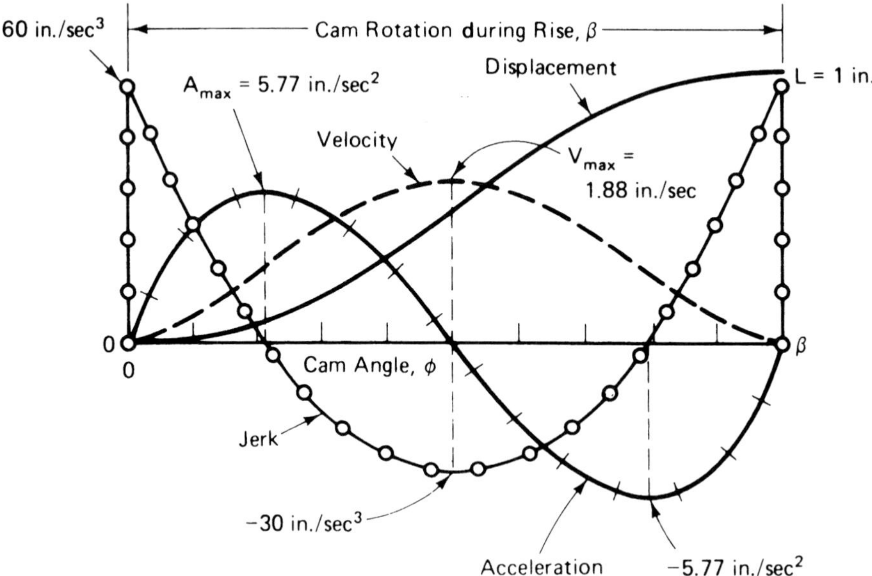

그림 6.19 3-4-5 다항식의 변위, 속도, 가속도, 저크곡선. $L = 1$ in, ω(deg/sec)= $\beta°$/sec에 대한 운동 변수들의 최대 및 최솟값이 나타나 있다.

비표준 형태의 변위

경우에 따라서 요구되는 변위곡선의 모양이 상승-정지-하강의 표준화된 형태와 다를 때가 있다. 이러한 경우에는 Kloomok과 Muffly[95, 110]에 의해 개발된 방법을 사용할 수 있다. 이 방법은 세 가지 종류의 운동을 사용하는데, (1) 사이클로이드와 반(半)사이클로이드 운동, (2) 조화 및 반(半)조화운동 (3) 8차 다항식운동 등이다. 다항식, 사이클로이드, 조화운동의 변위, 속도, 가속도함수의 그래프와 수식이 각각 그림 6.18, 6.20, 6.21에 나타나 있다. 설계절차는 다음과 같다. 그림에 나타난 그래프들을 연결함에 있어서 구간의 시작

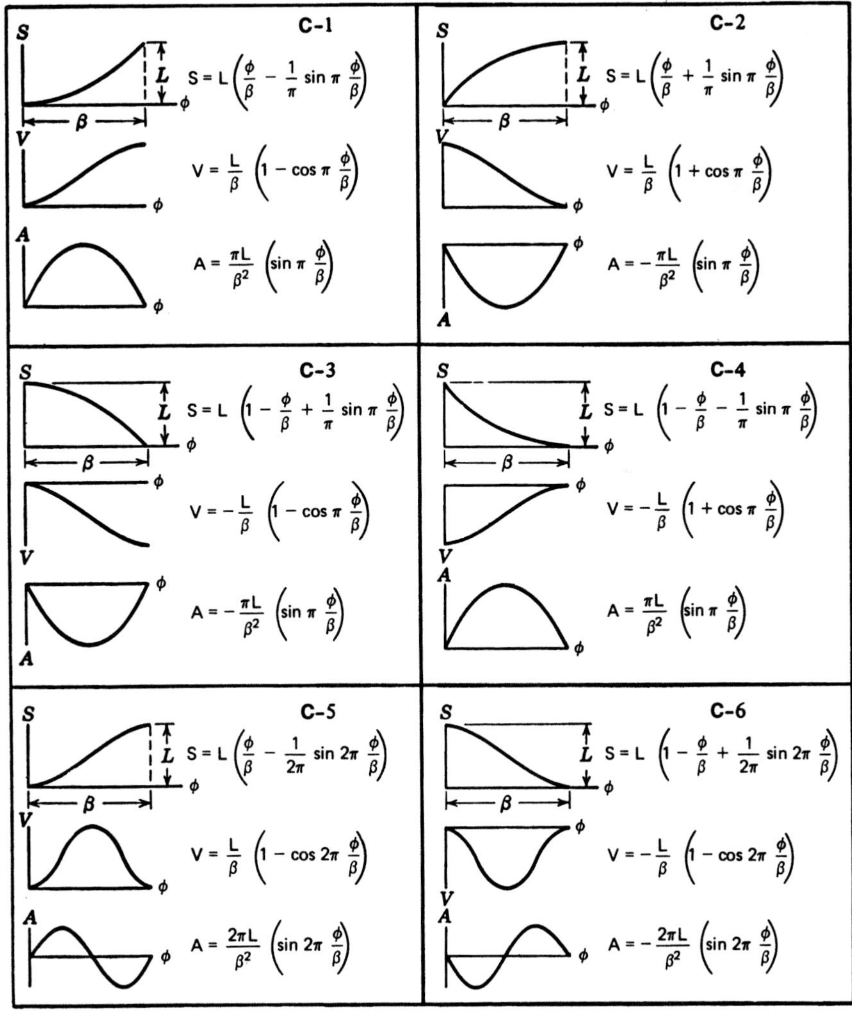

그림 6.20 사이클로이드운동 S는 변위[in], V는 속도[in/deg], A는 가속도[in/deg^2]. ϕ는 상승 시작점부터 측정한 캠 회전각[deg], β는 상승과 하강하는 동안 캠이 회전한 각[95]. 여기서 주어진 방정식은 순수한 기구학적 관계식이며 동역학적 특성과 관계된 ω, ω_2, α의 항들은 포함되어 있지 않다.

과 끝점에서 변위는 당연히 일치해야 하고, 속도와 가속도의 값도 가능한 한 일치해야 한다. 이렇게 함으로써 더 좋은 동역학적 특성을 가질 수 있다. 예를 들어, 그림 6.18, 6.19, 6.20, 6.21에서 *H*-2와 *P*-2를 연결하면 변위, 속도, 가속도 모두가 연결점에서 일치한다. 그러나 *H*-2와 *C*-6은 변위와 속도에서만 서로 일치한다. 물론 충분히 차수가 높은 다항식은 어떠한 형태의 종동절 변위가 요구되더라도 서로 일치시킬 수 있다.

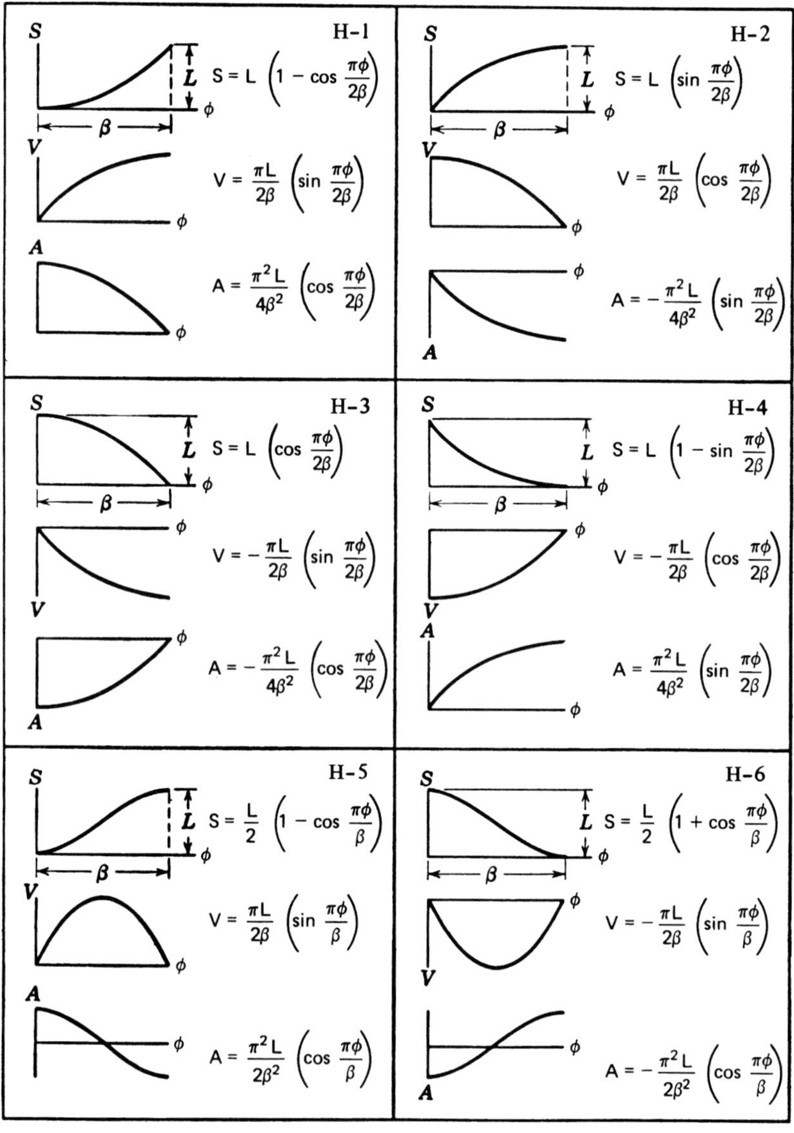

그림 6.21 조화운동. *S*는 변위[in], *V*는 속도[in/deg], *A*는 가속도[in/deg^2] [95].

예제 6.2

원판캠의 롤러종동절이 정지로부터 1 in. 상승한 후 즉시 정지 상태로 하강해야 한다. 그림 6.22는 몇몇 구간에서 주어진 변위 선도를 보여주고 있다. (a) 그림 6.18, 6.20, 6.21을 참조하여 구간 *A*–*B*, *C*–*D*, *E*–*F*에 적절한 캠 윤곽을 결정하라. (b) 표 6.1에는 종동절의 변위, 속도, 가속도가 부분적으로 주어져 있고, 표 6.2에는 각 구간별 캠의 회전변위가 부분적으로 주어져 있다. 표의 나머지 부분을 결정하라.

풀이

(a) 사이클로이드 *C*-1 윤곽이 점 *A*와 *B*에서 변위, 속도, 가속도의 요구조건을 모두 만족시킨다. 점 *A*에서 변위, 속도, 가속도는 모두 0이고 *B*에서 속도는 최댓값으로 증가한다.

점 *C*와 *D* 사이에서는 조화윤곽 *H*-2가 경계조건을 만족한다. 사이클로이드 *C*-4 윤곽이 *E*와 *F*에서의 경계조건을 만족한다. 그림 6.23은 완성된 변위 선도를 보여준다.

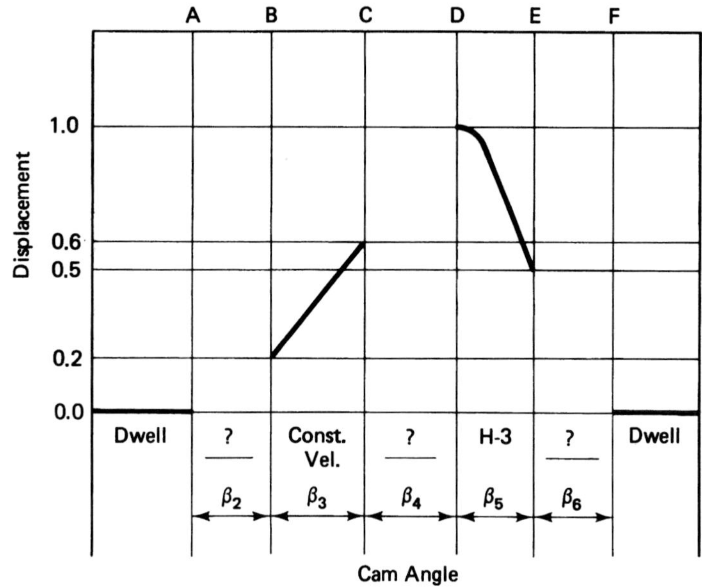

그림 6.22 부분적으로 결정된 변위 선도. 예제 6.2에서는 불연속을 방지하기 위해서 속도와 가속도를 일치시키면서 나머지 구간을 결정한다.

표 6.1 ● 그림 6.22에서 주어진 변위, 속도, 가속도값(예제 6.2 참조).

	A	*B*	*C*	*D*	*E*	*F*
S (in.)	0	0.2	0.6	1.0	0.5	0
V (in./deg)	0	0.02	—	—	—	—
A (in./deg^2)	0	0	—	—	—	—

(b) 구간 A-B: 미지수 β_2는 C-1의 속도함수로부터 구한다.

$$V = \frac{L}{\beta_2}\left[1 - \cos \pi\left(\frac{\phi}{\beta_2}\right)\right] \text{in./deg}$$

B에서 $V = 0.02$ in./deg이고 $L = 0.2$ in., $\phi = \beta_2^\circ$이므로

$$\beta_2^\circ = 20^\circ$$

구간 C-D: 점 C에서 $L_4 = L_D - L_C = 0.4$ in., $V_{BC} = 0.02$ in./deg, $A_C = 0$ in./deg^{2}이다. H-2의 속도함수에서 $\phi_4/\beta_4 = 0$으로 두면 β_4를 결정할 수 있다.

$$V_C = \frac{\pi L_4}{2\beta_4^\circ}\left[\cos\left(\frac{\pi}{2}\frac{\phi_4}{\beta_4}\right)\right] = \frac{\pi(0.4)}{2\beta_4^\circ} \text{ in./deg, 또는 } \beta_4^\circ = \frac{\pi(0.4)}{2(0.02)} \text{ deg}$$

그리고

$$\beta_4^\circ = 10\pi \text{ deg or } 31.4^\circ$$

점 D에서 $L_4 = L_D - L_C = 0.4$, $\phi_4/\beta_4 = 1$, $V = 0$이고 H-2의 가속도 식으로부터

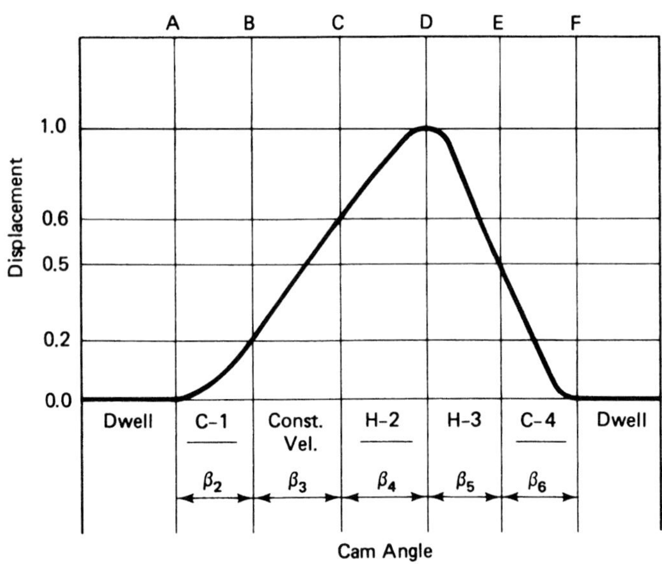

그림 6.23 완성된 변위 선도. 예제 6.2의 문제 (a)를 참조.

표 6.2 ● 그림 6.22의 등속도구간에서 캠의 회전각은 20°로 주어진다.

Section	β_2 A-B	β_3 B-C	β_4 C-D	β_5 D-E	β_6 E-F
β		20°			

표 6.3 ● 점 C, D, E, F에서 계산된 속도와 가속도(표 6.1과 예제 6.2 참조).

	A	B	C	D	E	F
S (in.)	0	0.2	0.6	1.0	0.5	0
V (in./deg)	0	0.02	0.02	0	−0.022	0
A (in./deg^2)	0	0	0	−.001	0	0

표 6.4 ● 캠 회전각 $\beta_2, \beta_4, \beta_5, \beta_6$의 값.

Section	β_2 A-B	β_3 B-C	β_4 C-D	β_5 D-E	β_6 E-F
β	20°	20°	31.4°	35.1°	44.7°

$$A_D = -\frac{\pi^2 L_4}{4(\beta_4)^2}\left[\sin\left(\frac{\pi}{2}\frac{\phi_4}{\beta_4}\right)\right] \text{ in./deg}^2 = -0.001 \text{ in./deg}^2$$

구간 D–E: 점 E에서 $A_E = 0, L_E = 0.5$이므로 점 D에서 H-3의 가속도 식으로 부터

$$\beta_5^2 = \frac{-\pi^2 L}{4(-0.001)}$$

혹은

$$\beta_5 = 35.1°$$

점 E에서 H-3 속도식을 이용하면 $V_E = \frac{-\pi(0.5 \text{ in})}{2(35.1°)}$ 이므로

$$V_E = -0.022 \text{ in./deg}$$

구간 E–F: E와 F 사이에서는 $A_E = A_F = V_F = 0$, $L = 0.5$ in.이다. C-4의 속도함수의 점 E의 값을 이용하여 $\beta_6°$를 구할 수 있다. $\beta_6° = -\frac{2L}{V_E} = -\frac{-1}{-0.022}$ 이므로

$$\beta_6 = 44.7°$$

각 구간에서 구한 값들이 그림 6.23과 표 6.3, 6.4에 나타나 있다. 이 예제는 특정한 요구조건에 부합하는 운동을 구하기 위하여 여러 가지 운동을 구간별로 연결하는 방법을 보여준다.

6.7 도해적 캠 형상 설계기법

종동절의 여러 가지 운동 형태를 알고 있으므로 이제는 캠 윤곽을 결정해야 한다. 앞에서 지적한 바와 같이 캠과 종동절 사이의 곡률의 불일치로 인하여 간섭이나 언더커팅(undercutting)이 발생할 수도 있으므로 이러한 문제점이 발생하지 않도록 캠 윤곽을 설계해야 한다.

평판병진종동절을 가진 원판캠

캠이 지름방향으로 병진운동을 하는 평판종동절을 가진 디스크캠이 그림 6.24에 나타나 있다. 종동절의 수직 중심선을 따라 숫자가 표시된 눈금이 있는데, 이는 캠이 30° 회전하

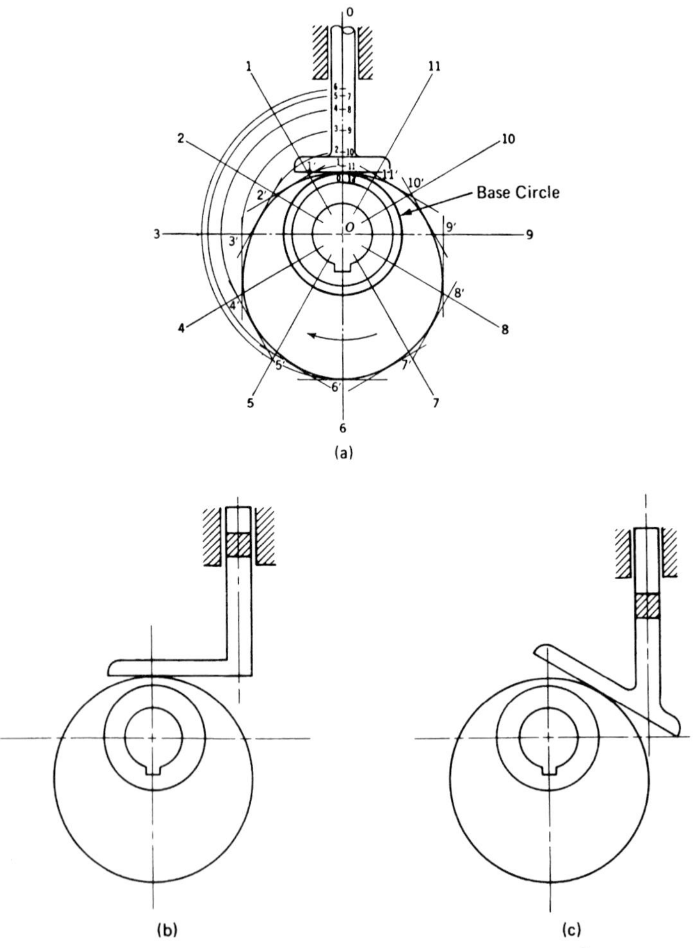

그림 6.24 (a) 평판병진종동절을 가진 원판캠 윤곽의 도해적 결정, (b) 등가의 기구학적 표현, (c) 직각이 아닌 종동절.

는 동안 상승량을 나타낸다. 예를 들어, 그림 6.5에 나타난 (0→12)의 각 위치에 해당하는 종동절의 상하 이동량을 종동절상에 표시할 수 있다.

다음에 설명하는 도해적 방법은 종동절의 운동에 대한 눈금이 어떻게 매겨졌는지와 무관하다.

캠 윤곽을 설계하기 위해서는 기구를 전환시켜서 캠을 고정하고 캠의 회전방향과 반대 방향으로 종동절을 캠 주위에 배치해야 한다. 설계 절차는 다음과 같다.

1. 캠을 고정시키고 종동절을 캠이 회전하는 반대 방향으로 회전시켜 등간격으로 배치한다(이 경우 반시계방향 30° 간격).
2. 0° 위치에서 각 눈금에 표시된 거리만큼 종동절을 기초원으로부터 이동시킨다.
3. 종동절의 평면이 만들어내는 다각형에 접하도록 캠의 윤곽을 그린다.

좀 더 정밀하게 윤곽을 그리려면 더 많은 구간으로 나누거나 더 세밀한 눈금을 사용한다. 혹은 컴퓨터를 이용한 캠 윤곽 설계를 위해서 도해적인 절차를 수학적으로 모델링하여 프로그래밍할 수도 있다(6.8절 참조).

그림 6.24a와 6.24b에서는 종동절의 평면이 종동절 운동방향과 수직이지만 6.24c에서는 수직이 아니다. 설계조건에 따라서 세 가지 형태 중에서 하나를 선택할 수 있다.

병진롤러종동절을 가진 원판캠

지금까지 설명한 방법은 그림 6.25a와 같이 병진운동을 하는 롤러종동절을 가진 원판캠의 설계에도 그대로 적용할 수 있다. 이 경우 유일한 차이점은 캠의 윤곽선이 평판종동절이 아니라 롤러종동절에 접하게 된다는 것이다. 변위 선도의 위치 2에서의 압력각을 살펴보자. 만약 압력각이 너무 커지면 지나친 측면 하중으로 인하여 종동절이 안내면을 따라 원활하게 움직이지 못한다. 이 경우에는 종동절을 그림 6.25b와 같이 편심시킴으로써 압력각을 줄일 수 있다. 그림 6.25b에 나타난 편심된 종동절의 경우에도 동일한 설계절차가 적용된다. 종동절을 편심시킴으로써 상승구간에 있는 위치 2에서의 압력각은 줄었지만 종동절이 하강하는 동안의 압력각은 커지게 된다. 그러나 상승하는 동안 종동절의 스프링은 종동절의 운동과 반대 방향의 힘을 작용하지만 하강하는 동안은 종동절과 같은 방향의 힘을 작용하므로 압력각이 다소 증가해도 무방하다.

요동평판종동절을 가진 원판캠

그림 6.26은 요동운동을 하는 평판종동절을 가진 원판캠을 보여준다. 여기서도 캠이 회전하는 대신 캠 회전과 반대 방향으로 종동절을 캠 중심점의 둘레에 배치한다. 이와 동시에

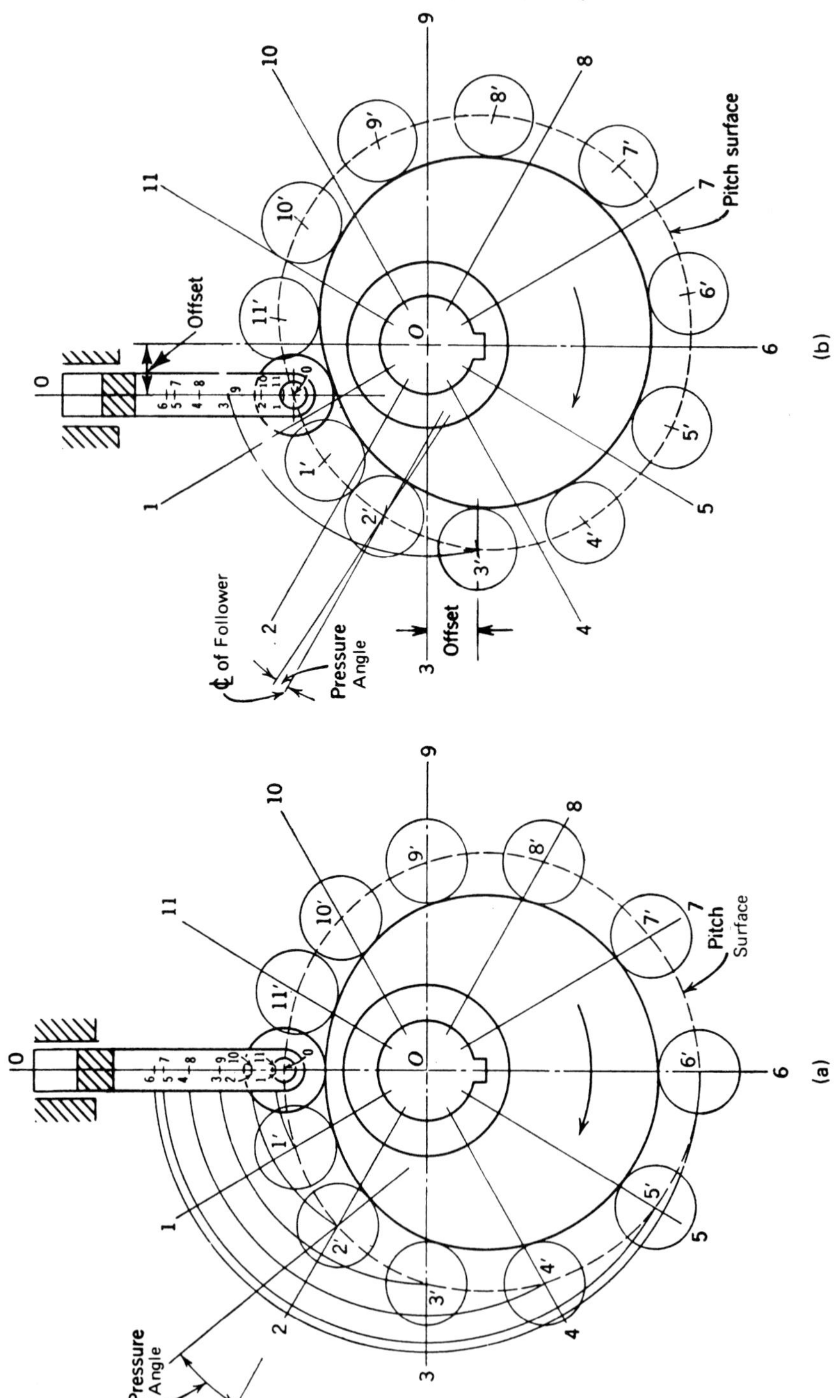

그림 6.25 (a) 반지름방향으로 병진운동을 하는 롤러종동절과 디스크캠, (b) 편심된 병진롤러종동절과 디스크캠.

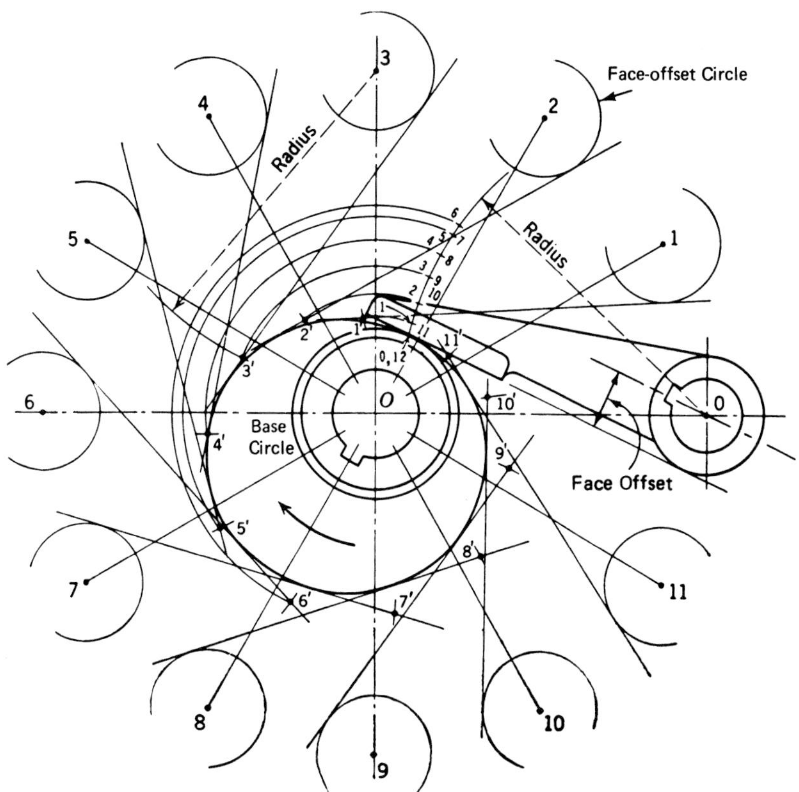

그림 6.26 요동운동하는 평판종동절을 가진 원판캠.

각 위치에서 종동절은 정해진 각 변위만큼 피봇을 중심으로 회전해야 하는데, 이것은 다음과 같은 두 개의 원호를 교차시켜서 구할 수 있다. 우선 캠축을 중심으로 초기 위치에 표시된 각 변위 눈금을 통과하는 원호를 그리고, 또 하나의 원호는 캠 주위에 배치된 종동절의 회전중심으로부터 종동절의 초기 위치에서 회전반지름을 이용하여 그린다. 그런 다음 두 원호의 교점을 통과하고 종동절의 면편심(face offset)원에 접하는 직선을 그리면, 이 직선이 해당 위치에서의 종동절의 평판이 된다. 병진평판종동절과 마찬가지로 캠 윤곽은 결과적으로 구한 다각형에 내접시켜서 구한다. 롤러종동절을 가진 원판캠의 경우도 동일한 절차를 적용해서 구할 수 있는데, 이 경우 두 원호의 교점은 롤러종동절의 중심이 된다. 캠 윤곽은 각각의 위치에서 롤러에 접하게 된다.

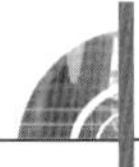

6.8 해석적 캠 형상 설계기법

고도의 정밀한 캠이 요구되는 경우, 캠 표면에 있는 임의의 점의 좌표나 이 점을 가공하기 위한 평삭커터 중심점의 좌표를 구하는 것이 바람직하다.

다음의 세부 절에서는 병진평판 요동평판, 병진롤러 그리고 요동롤러종동절을 가진 원판캠에 대해, 이들의 윤곽과 이를 가공하기 위한 평삭커터의 좌표를 결정하기 위한 방정식을 구하고자 한다. 여기서 각도는 라디안으로 주어져 있다.

직각평판 병진종동절

그림 6.27에서 종동절의 운동방향과 접촉점이 이루는 각 θ는 다음과 같이 구한다.

$$\theta = \arctan\left(\frac{1}{L}\frac{dL}{d\phi}\right) \tag{6.36}$$

여기서

ϕ = 캠 곡면상의 기준점으로부터 종동절 중심선까지 캠 회전과 반대 방향으로 측정한 각도

$L = L(\phi)$ = 캠 중심으로부터 종동절 표면까지의 수직거리. ϕ의 함수임.

$\frac{dL}{d\phi}$ = 캠 회전각에 대한 종동절 변위의 변화율

식 (6.36)의 증명은 그림 6.27b에 주어져 있다. 캠 중심으로부터 접촉점까지의 거리는

$$R = \frac{L}{\cos\theta} \tag{6.37}$$

기준점에 대한 접촉점의 극좌표는

$$[R, (\phi + \theta)]$$

평삭커터(milling cutter)의 중심은 접촉점에서의 법선방향에 위치한다. 종동절 중심선으로부터 커터 중심까지의 각도 γ는

$$\gamma = \arctan\left(\frac{R\sin\theta}{L + r_c}\right) \tag{6.38}$$

여기서 r_c는 평삭커터의 반지름이고 평삭커터의 중심으로부터 캠 중심까지의 거리 c는

$$c = \frac{L + r_c}{\cos\gamma} \tag{6.39}$$

기준점에 대한 커터 중심의 극좌표는 $[c, (\phi + \gamma)]$이다.

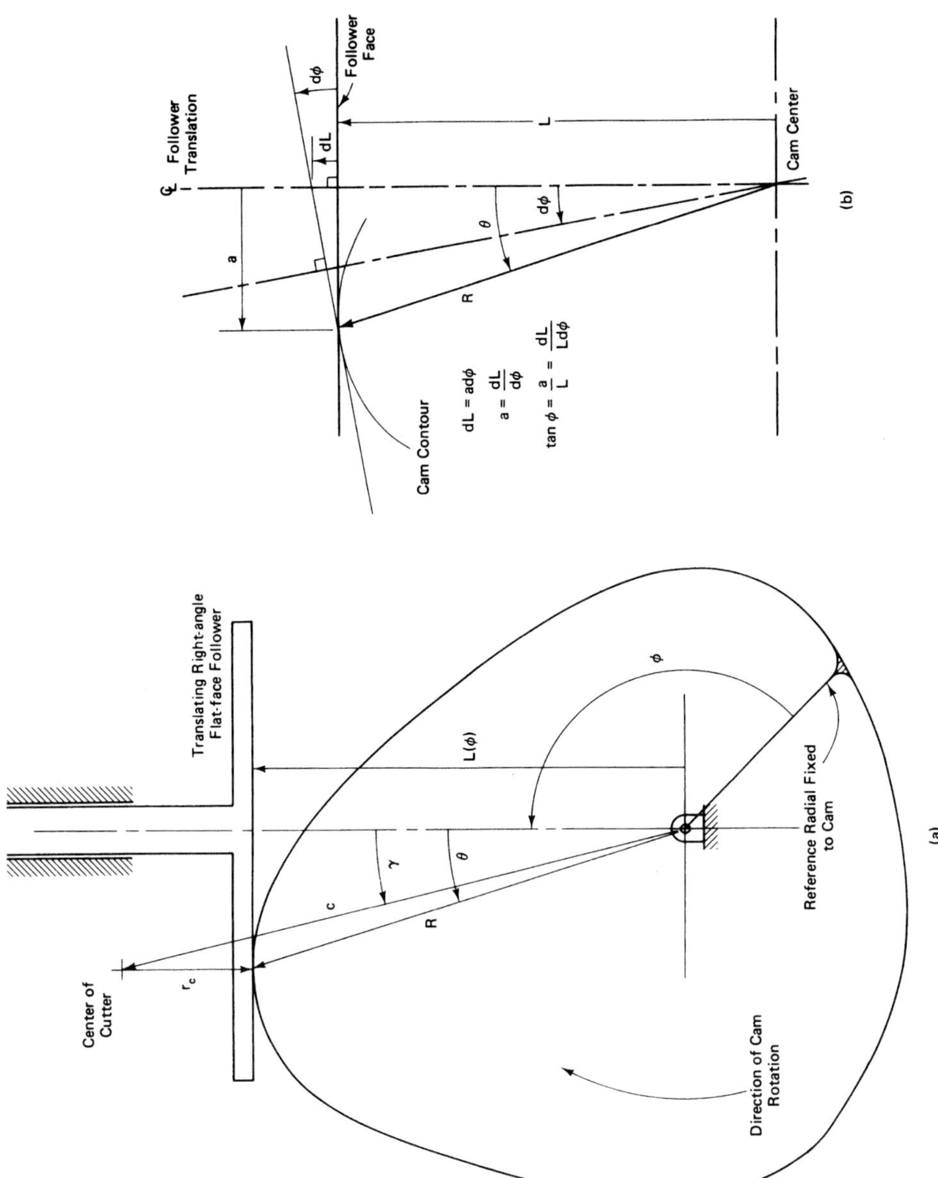

그림 6.27 (a) 직각평판 병진종동절을 가진 캠 윤곽과 평삭커터 중심점의 극좌표, (b) 식 (6.36)의 증명.

요동평판종동절

그림 6.28에서 종동절 평판에 대한 수직선과 접촉점이 이루는 각 θ는 다음과 같이 구한다 [135].

$$\theta = \arctan\left[\left(\frac{+(d\zeta/d\phi)}{1-(d\zeta/d\phi)}\right)\frac{m\cos\zeta}{f+m\sin\zeta}\right] \tag{6.40}$$

여기서

ϕ = 캠 곡면상의 기준점으로부터 캠과 종동절의 중심을 연결하는 선이 이루는 각

$\zeta=\zeta(\phi)$ = 캠과 종동절의 중심을 연결하는 선에 대한 종동절의 각도. ϕ의 함수임.

$\frac{d\zeta}{d\phi}$ = 캠 회전각에 대한 종동절 각 변위의 변화율

f = 종동절 중심으로부터 종동절 평판까지의 편심량(종동절 중심으로부터 캠 중심방향으로 편심된 경우 음의 값을 가진다)

m = 캠과 종동절 중심 사이의 거리

r_b = 캠 기초원의 반지름

$\zeta_0=\sin^{-1}[(r_b-f)/m]$ = 종동절의 초기 각도

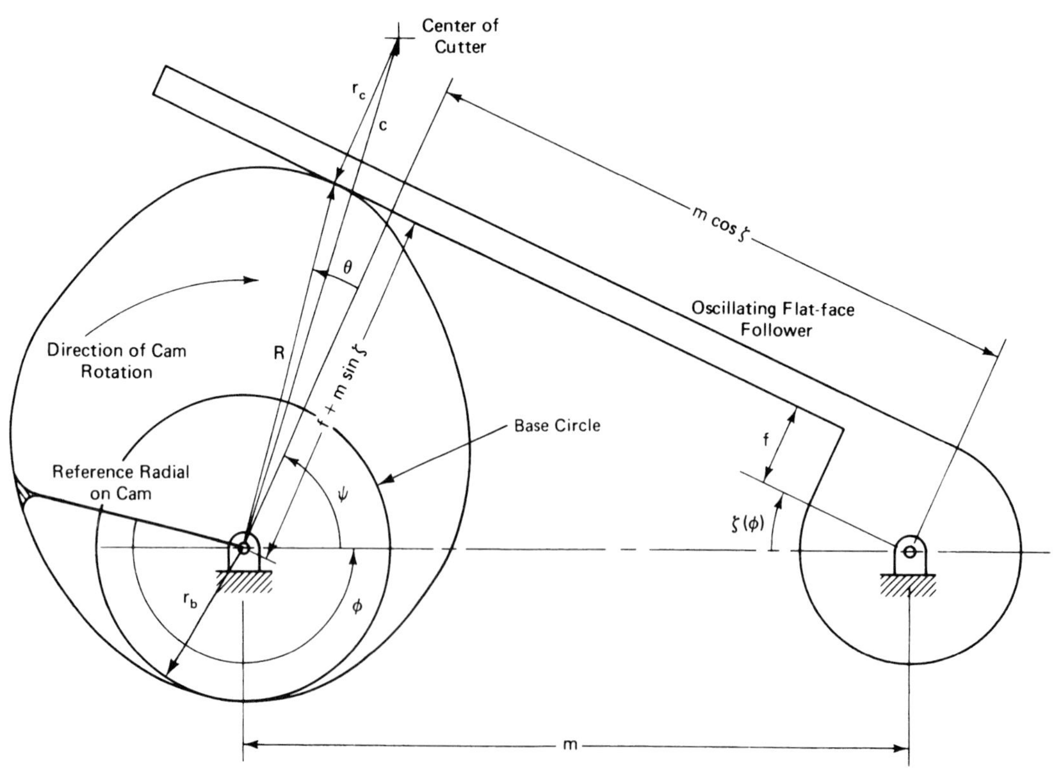

그림 6.28 평판요동종동절을 가진 캠의 윤곽과 평삭커터 중심의 극좌표.

각도 ψ와 ζ는 다음과 같은 관계를 가진다.

$$\psi = \frac{\pi}{2} - \zeta \tag{6.41}$$

캠 중심으로부터 접촉점까지의 거리 R은

$$R = \frac{f + m\sin\zeta}{\cos\theta} \tag{6.42}$$

기준점에 대한 캠 윤곽의 극좌표는 $[R, (\theta+\psi+\phi)]$이다. 커터 중심의 좌표를 구하기 위해서 직교좌표계를 사용하기로 하자. 좌표의 원점은 캠 중심점이고 x축은 접촉점방향, y축은 x축에 직각이며 종동절 중심쪽 방향이다.

커터 중심의 좌표는

$$\begin{aligned} c_y &= r_c \sin\theta \\ c_x &= R + r_c \cos\theta \end{aligned} \tag{6.43}$$

여기서 r_c는 평삭커터의 반지름이다.

캠의 기준점에 대한 커터 중심의 극좌표는 다음과 같다.

$$(c_x^2 + c_y^2)^{1/2}, ([\theta + \psi + \phi - \arctan(c_y/c_x)])$$

편심된 병진롤러종동절

그림 6.29에서와 같이 종동절의 롤러 중심을 중심으로 해서 캠-종동절의 접촉점과 캠의 중심이 이루는 각을 α라 하면 α는 다음과 같다[135].

$$\alpha = \arctan\left[\frac{L(dL/d\phi)}{m^2 + L^2 - m(dL/d\phi)}\right] \tag{6.44}$$

여기서

m = 종동절이 캠 중심으로부터 편심된 거리(편심이 캠 회전방향이면 m은 음의 값. 그림에서 m은 양의 값을 가진다)

ϕ = 캠 곡면상의 기준점으로부터 종동절의 중심선까지의 각도. 캠 회전 방향과 반대 방향임.

$L = L(\phi)$ = 캠 중심으로부터 종동절의 중심선 방향으로 측정한 캠과 롤러의 중심거리.

$\frac{d\zeta}{d\phi}$ = 캠 회전각에 대한 종동절 위치의 변화율

압력각 δ는

$$\delta = \alpha - \psi \tag{6.45}$$

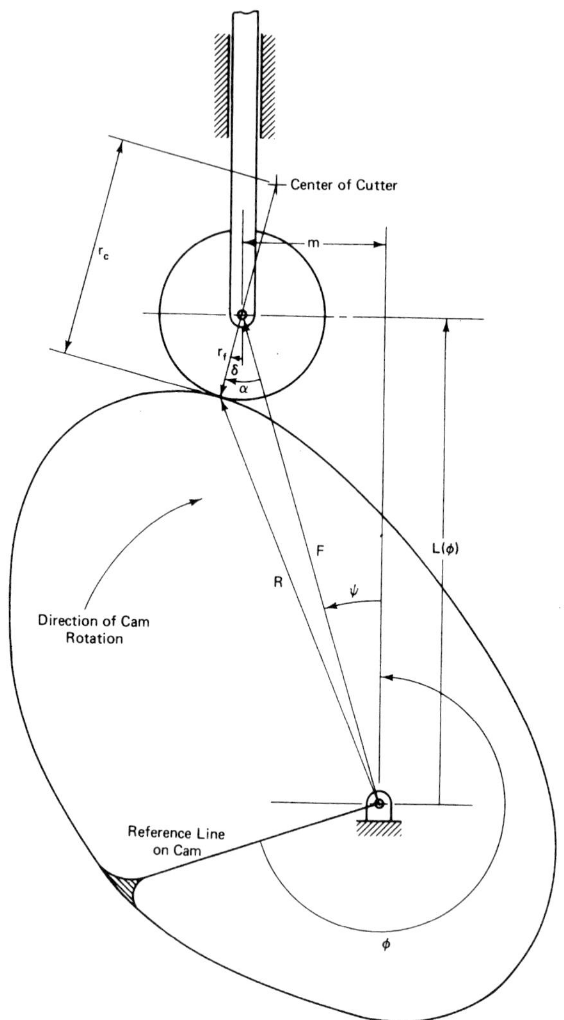

그림 6.29 편심된 롤러종동절을 가진 원판캠의 윤곽과 평삭커터 중심의 좌표.

여기서 ψ는 다음과 같이 주어진다.

$$\psi = \arctan\left(\frac{m}{L}\right) \tag{6.46}$$

또한 캠과 롤러 중심의 거리 F는

$$F = \sqrt{L^2 + m^2} \tag{6.47}$$

원점이 캠 중심에 있으며 x축은 롤러 중심방향이고 y축은 x축을 반시계방향으로 90° 회전한 직교좌표계를 가정하면 캠 윤곽의 좌표는 다음과 같다.

$$R_x = F - r_f \cos\alpha \tag{6.48}$$

$$R_y = r_f \sin\alpha \tag{6.49}$$

여기서 r_f는 롤러의 반지름이다. 이 좌표계는 정지해 있지 않고 회전한다. 캠 기준점에 대한 캠 윤곽의 극좌표는 $(R_x{}^2 + R_y^2)^{1/2}$, $[\phi+\psi+\arctan(R_y/R_x)]$이다.

커터 중심의 직각좌표는 다음과 같다.

$$\begin{aligned} c_x &= F + (r_c - r_f)\cos\alpha \\ c_y &= (r_f - r_c)\sin\alpha \end{aligned} \tag{6.50}$$

여기서 r_c는 커터의 반지름이다.

캠 기준점에 대한 커터 중심의 극좌표는 다음과 같다.

$$(c_x^2 + c_y^2)^{1/2},\ [\phi + \psi + \arctan(c_y/c_x)]$$

요동롤러종동절

$\zeta(\phi)$를 캠의 회전각의 함수로 표시된 종동절의 회전 변위라 하자. 그림 6.30에서 종동절의 롤러 중심점을 중심으로 하여 캠-종동절의 접촉점과 캠의 중심이 이루는 각을 α라 하면 α는 다음과 같이 구한다[135].

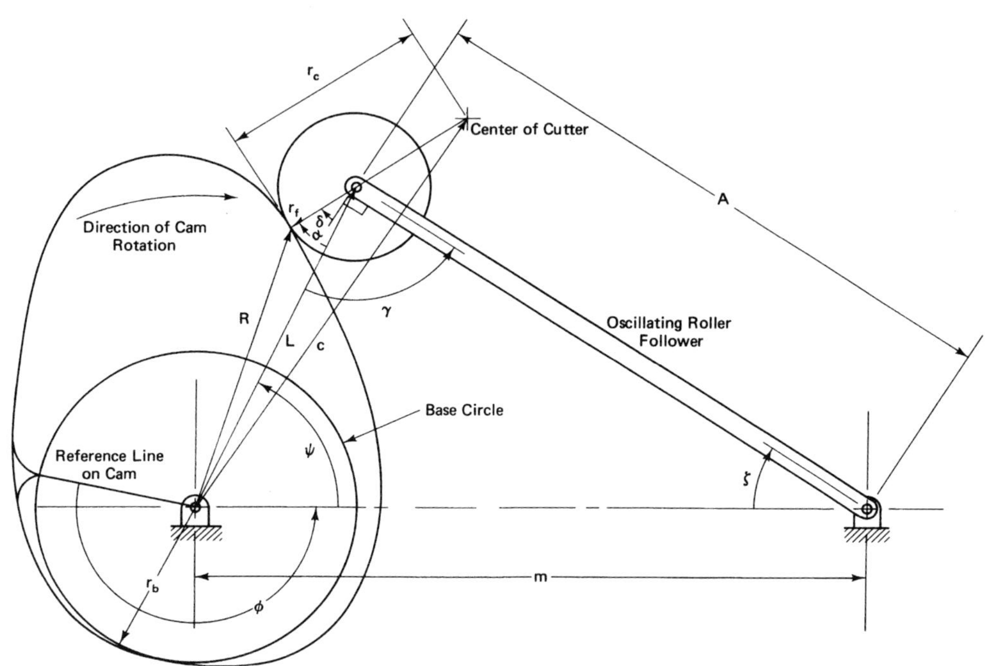

그림 6.30 요동롤러종동절을 가진 원판캠의 윤곽과 평삭커터 중심의 좌표.

$$\alpha = \arctan\left[\frac{(A \sin \gamma)\,(d\zeta/d\phi)}{L - (A \cos \gamma)\,(d\zeta/d\phi)}\right] \tag{6.51}$$

여기서

A = 종동절 회전중심과 롤러 중심까지의 거리

ϕ = 곡면상의 기준점으로부터 캠과 종동절의 회전중심점까지의 각도. 캠 회전방향과 반대 방향임.

$\zeta = \zeta(\phi)$ = 캠과 종동절의 회전중심점을 연결하는 선에 대한 종동절의 각도

$\frac{d\zeta}{d\phi}$ = 캠 회전각에 대한 종동절 각변위의 변화율

L = 캠과 종동절 회전중심간의 거리

γ = 롤러 회전중심을 중심으로 측정한 캠 중심과 종동절 회전중심이 이루는 각도

m = 캠과 종동절 회전중심 사이의 거리

r_b = 캠 기초원의 반지름

$\zeta_0 = \cos^{-1}(A^2 + m^2 - (r_b + r_f)^2)/(2\text{ mA})$ = 종동절의 초기 각도

압력각 δ는

$$\delta = \gamma + \alpha - \frac{\pi}{2} \tag{6.52}$$

원점이 캠 중심점에 있으며 x축은 롤러 중심방향이고 y축은 x축을 반시계방향으로 90° 회전한 직교좌표계를 가정하면 캠 윤곽의 좌표는 다음과 같다.

$$\begin{aligned} R_x &= L - r_f \cos \alpha \\ R_y &= r_f \sin \alpha \end{aligned} \tag{6.53}$$

여기서 r_f는 롤러의 반지름이다.

캠 기준점에 대한 캠 윤곽의 극좌표는

$$(R_x^2 + R_y^2)^{1/2}, \left(\phi + \left[\psi + \arctan\left(\frac{R_y}{R_x}\right)\right]\right)$$

커터 중심의 직각좌표는 다음과 같다.

$$\begin{aligned} c_x &= L + (r_c - r_f) \cos \alpha \\ c_y &= (r_f - r_c) \sin \alpha \end{aligned} \tag{6.54}$$

여기서 r_c는 커터의 반지름이다.

캠 기준점에 대한 커터 중심의 극좌표는 다음과 같다.

$$(c_x^2 + c_y^2)^{1/2}, \left(\phi + \left[\psi + \arctan\left(\frac{c_y}{c_x}\right)\right]\right)$$

지금까지 유도과정에서 종동절의 요동각도를 캠 회전각의 함수로 표시하였으나, 이번에는 롤러 중심과 캠 중심간의 거리 $L(\phi)$을 캠 회전의 함수로 생각해 보자. 그림 6.30을 참고하여 종동절의 롤러 중심점을 중심으로 해서 캠-종동절의 접촉점과 캠의 중심이 이루는 각을 α라 하면 α는 다음과 같이 구한다[135].

$$\alpha = \arctan\left[\frac{+dL/d\phi}{L - (+\cos\gamma)(dL/d\phi)}\right] \tag{6.55}$$

여기서 $A, \phi, \gamma, m,$ +는 요동각도를 정의한 경우와 동일하다. γ는 다음과 같다.

$$\gamma = \arccos\left(\frac{A^2 + L^2 - m^2}{2AL}\right) \tag{6.56}$$

그리고 ϕ는

$$\psi = \arccos\left(\frac{L^2 + m^2 - A^2}{2Lm}\right) \tag{6.57}$$

종동절의 요동각도를 정의하여 전개한 식 (6.54)는 이 경우에도 적용이 가능하다.

CAMSYN 프로그램

지금까지 설명한 캠의 해석적 설계기법은 미시간 대학의 Zhe Li 박사가 MATLAB을 이용하여 평판캠에 적용할 수 있는 범용 프로그램인 CAMSYN*으로 구현하였다. 예제 6.3은 CAMSYN 프로그램의 결과를 보여주고 있다. 프로그램은 캠을 설계함에 있어서 다음의 단계를 거쳐서 캠 윤곽을 결정한다.

- 종동절 변위, 속도, 가속도, 한 바퀴 회전의 소요시간, 공간 제약조건의 결정
- 적절한 종동절 운동의 형태 결정. 사용 가능한 운동의 형태는 사이클로이드, 조화, 수정 사인 그리고 다항식운동이다.
- 가속도함수가 전 구간에 걸쳐서 연속이 되도록 위에 언급한 운동들을 구간별로 결합
- 종동절의 형태와 캠 윤곽의 결정
- 캠 회전각의 함수로서 캠의 곡률반경을 계산. 압력각과 다른 설계조건이 충족되도록 기초원 지름, 롤러 반경, 평판종동절의 넓이, 종동절의 편심량 등을 결정
- 캠 기구의 성능 해석
- 성능이 만족될 때까지 설계를 반복적으로 수정

* 프로그램은 웹사이트에 있음.

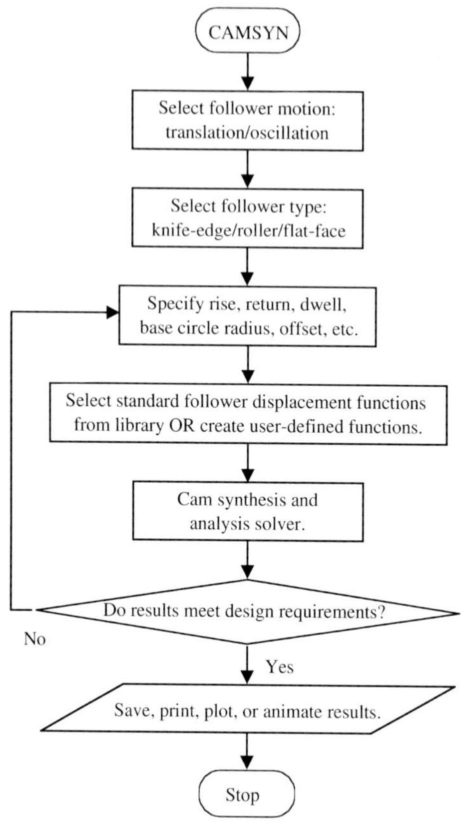

그림 6.31 CAMSYN의 논리 흐름도.

CAMSYN의 논리 흐름도가 그림 6.31에 나타나 있다. 설계시에 표준화된 종동절의 운동 형태를 입력하거나 사용자가 직접 작성한 종동절 운동함수를 입력할 수 있다.

CAMSYN의 주요 기능 중의 하나는 종동절의 운동범위가 상승-정지-하강하는 단순한 형태뿐 아니라 임의의 종동절 운동을 다룰 수 있다는 점이다. 종동절의 임의의 운동은 표준화된 종동절 운동의 함수를 결합하거나 커브피팅(curve fitting)법으로 만들 수 있다.

표준함수를 결합하는 방법. 이 방법은 복잡한 임의의 종동절 운동을 몇 개의 구간으로 나눈 후 사용자가 각 구간별로 표준함수를 선정한다. 사용 가능한 표준함수의 종류는 (1) 사이클로이드와 반(半)사이클로이드운동(C-1에서 C-6), (2) 조화 및 반(半)조화운동(H-1에서 H-6), (3) 8차 다항식운동(P-1과 P-2)이다. 전 구간 영역에 걸쳐서 속도와 가속도가 연속적이어야 한다는 조건을 만족시키기 위해서 표준 함수의 어떤 결합도 사용할 수 있다.*

* 프로그램은 3차 연속조건에 근거하여 표준함수들의 결합을 점검하고 타당하지 않으면 사용자에게 경고한다.

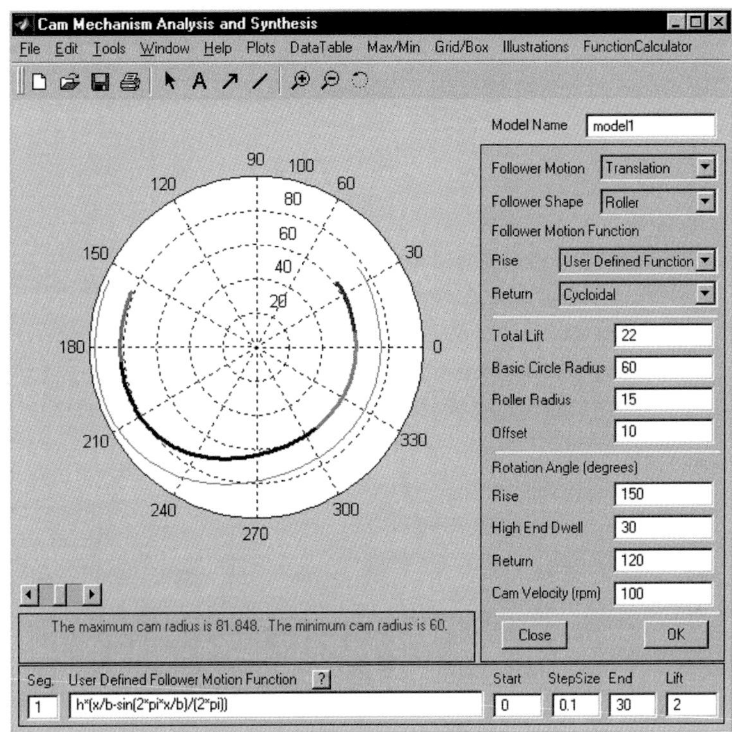

그림 6.32 CAMSYN의 설계절차를 보여주는 화면.

커브피팅법. 임의의 종동절 운동을 정의하는 또 다른 방법은 최소자승법을 이용하여 커브피팅을 하는 것이다. 원활한 커브피팅을 위해서 원하는 운동함수를 몇 개의 구간으로 나눈다. 그림 6.32에서와 같이 캠 회전에 대한 종동절 변위의 수치값을 이용하여 스플라인 함수를 나타내는 다항식을 결정한다. 다항식의 차수는 1차부터 11차까지 선택이 가능한데, 각각은 1차부터 11차에 이르는 회귀분석을 의미한다. 만들어진 다항식은 그림 6.32의 창 아래쪽에 텍스트 형식으로 표시되어 있다. 사용자는 각각의 구간에 해당하는 다항식을 캠 설계창에 복사하여 붙여 넣을 수 있다. 이러한 방법으로 임의의 종동절 운동을 발생시킬 수 있는 캠 윤곽을 쉽게 결정할 수 있다.

예제 6.3

종동절은 한 사이클 동안 2번 상승하고 2번 하강하여야 한다. 원하는 종동절 운동의 개략적인 초기 모양이 그림 6.33에 나타나 있다. 최대 변위는 그림에 명시된 바와 같이 각각 1.1, 1.0, 0.8 in.이다. 설계 목적은 정의된 종동절 운동을 발생시킬 수 있는 병진롤러종동절을 가진 원판캠을 설계하는 것이다. 처음에는 기초원 반지름을 2 in., 롤러 반경을 0.5 in., 그리고 종동절 편심량을 0.5 in.로 가정하자.

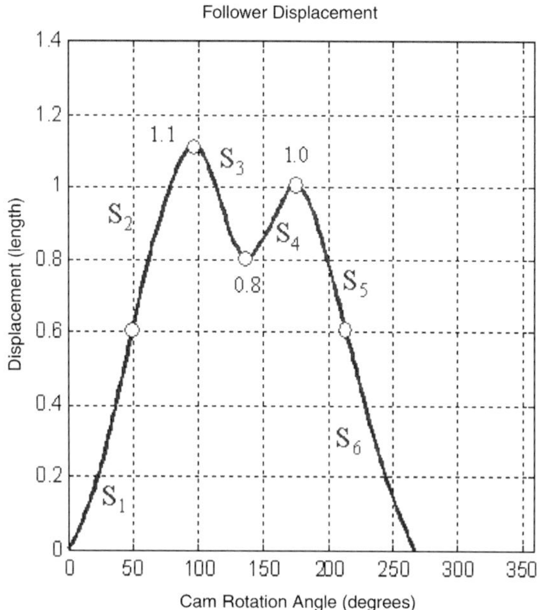

그림 6.33 종동절 변위의 초기값.

표준함수를 결합하는 방법을 이용하여 종동절 운동을 6개 구간으로 구분하였고, 각 구간마다 각각 C-1, H-2, H-6, H-5, H-3, C-4 함수를 적용하기로 하였다. 이 함수들은 종동절 변위 0.6, 1.1, 0.8, 1.0, 0.6, 0에서 연결된다. 속도와 가속도의 연속 조건으로부터 각 구간별로 캠 회전각 β_i의 함수로써 종동절 변위 L_i를 계산할 수 있다. 아래에 그 결과를 정리하였다.

$$
\begin{cases}
S_1 = L_1\left(\dfrac{\phi}{\beta_1} - \dfrac{1}{\pi}\sin\pi\dfrac{\phi}{\beta_1}\right) \\
S_2 = 0.6 + L_2\left(\sin\pi\dfrac{\phi-\beta_1}{2\beta_2}\right) \\
S_3 = 0.8 + \dfrac{L_3}{2}\left(1 + \cos\pi\dfrac{\phi-\beta_1-\beta_2}{\beta_3}\right) \\
S_4 = 0.8 + \dfrac{L_4}{2}\left(1 - \cos\pi\dfrac{\phi-\beta_1-\beta_2-\beta_3}{\beta_4}\right) \\
S_5 = 0.6 + L_5\left(\cos\pi\dfrac{\phi-\beta_1-\beta_2-\beta_3-\beta_4}{2\beta_5}\right) \\
S_6 = L_6\left(1 - \dfrac{\phi-\beta_1-\beta_2-\beta_3-\beta_4-\beta_5}{\beta_6}\right. \\
\qquad \left. - \dfrac{1}{\pi}\cos\pi\dfrac{\phi-\beta_1-\beta_2-\beta_3-\beta_4-\beta_5}{\beta_6}\right)
\end{cases}
\tag{6.58}
$$

위 식에서 ϕ(rad)는 캠 회전각, S_i(in.)는 종동절 변위, $L_i\,(i = 1, 2, 6)$는 각각 0.6, 0.5, 0.3, 0.2, 0.4, 0.6 in.이다. $\beta_i(i = 1, 2, \cdots, 6)$는 각각 1.0053 rad(57.6°), 0.6580 rad(37.7°), 0.7208 rad(41.3°), 0.5885 rad(33.7°) 0.5885 rad(33.7°) , 1.1239 rad(64.4°)이다. 여기에서 계산된 β_i는 그림 6.33의 초기값과 아주 잘 맞으며, 종동절 운동은 초기값과 정확히 일치함을 알 수 있다. 결정된 캠 윤곽은 그림 6.34에 주어져 있으며 최종적인 종동절 운동은 그림 6.35에 주어져 있다.

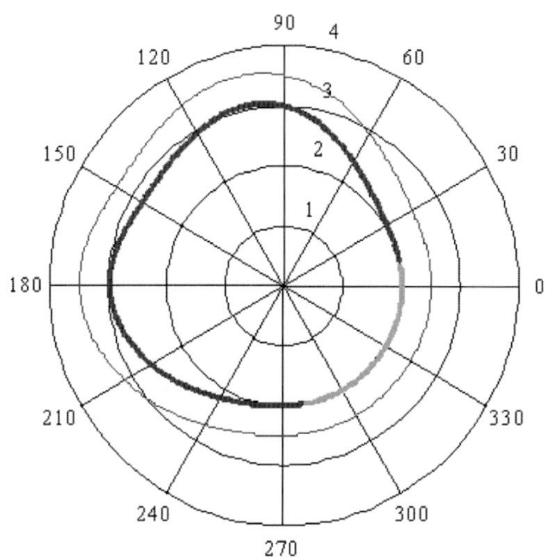

그림 6.34 표준함수를 결합하는 방법으로 설계된 캠 윤곽(CAMSYN의 결과).

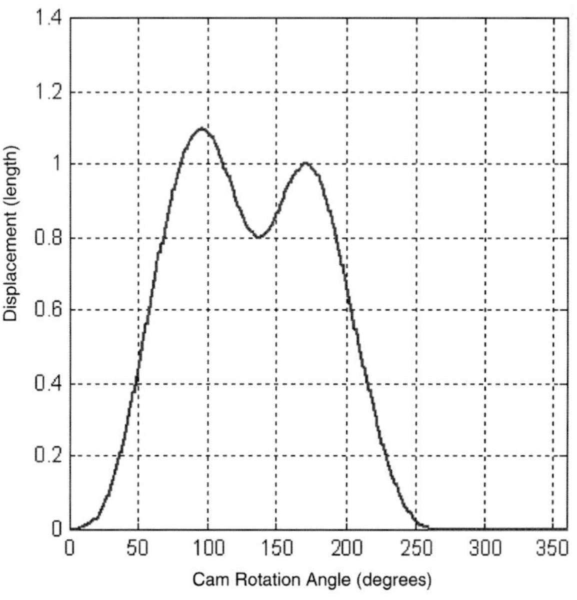

그림 6.35 최종적인 종동절의 변위(예제 6.3 참조).

동일한 문제를 커브피팅법을 이용하여 풀어보자. 그림 6.33에 주어진 종동절 변위의 초기값을 다항식을 이용하여 커브피팅을 한다. CAMSYN에서 사용자는 각 데이터값과 다항식의 차수를 제공해야 한다. CAMSYN에서 5차 다항식을 선택하면 각 구간마다 다음과 같은 식을 얻을 수 있다.

$$\begin{cases} S_1 = (0.00018727)\phi^5 + (-0.66983)\phi^4 + (1.3462)\phi^3 + \\ (-0.090378)\phi^2 + (0.0074836)\phi + (-2.8849e-5) \\ S_2 = (0.21175)\phi^5 + (-0.9447)\phi^4 + (0.47342)\phi^3 + \\ (2.1591)\phi^2 + (-1.8256)\phi + (0.51971) \\ S_3 = (-1.7552)\phi^5 + (17.7563)\phi^4 + (-69.7984)\phi^3 + \\ (132.9065)\phi^2 + (-122.4844)\mathrm{f}\ 1\ (44.7595) \\ S_4 = (3.2059)\phi^5 + (-42.9287)\phi^4 + (227.4172)\phi^3 + \\ -595.5669)\phi^2 + (770.9556)\phi + (-393.8488) \\ S_5 = (-0.24535)\phi^5 + (4.6032)\phi^4 + (-33.0757)\phi^3 \\ (113.9348)\phi^2 + (-188.4185)\phi + (120.648) \\ S_6 = (-0.0032564)\phi^5 + (-0.36059)\phi^4 + (6.5016)\phi^3 + \\ (-40.6184)\phi^2 + (108.6368)\mathrm{f}\ 1\ (2\ 104.9233) \end{cases} \tag{6.59}$$

이 다항식 함수들은 원하는 종동절 상승 및 하강 변위에 대한 각 구간마다 사용자가 정의한 함수가 된다. 이를 이용하여 CAMSYN이 캠 윤곽을 자동적으로 생성한다. 두 가지 방법 모두 동일한 결과를 보여준다. 만약 종동절 변위에 대한 수치적 데이터가 있다면 커브피팅법이 신속하고 효과적이다. 그러나 커브피팅법은 표준함수를 결합하는 방법과는 달리 각 구간의 연결점에서 속도와 가속도 같은 고차 미분함수의 연속성을 보장해 주지 못한다. 그러므로 커브피팅법은 계산과정에서 수치미분 방법이 포함되는 일종의 근사적인 설계방법이라 할 수 있다.

6.9 원격종동절 캠 설계

지금까지 논의한 캠과 종동절은 서로 직접 접촉을 하며 캠은 일정한 속도로 회전한다고 가정하였다. 그러나 대부분의 경우에 있어서 실제로 작업을 수행하는 **끝 작동체**(end effector)는 캠과 종동절로부터 기구학적 연쇄를 통해서 연결된다. 그러므로 끝 작동체의 운동을 결정하려면 기구학 해석을 통해서 중간에 놓여 있는 기구의 운동을 먼저 결정하고, 그 다음에 이러한 운동을 발생시키기 위한 캠 윤곽을 설계해야 한다. 이러한 기구의 예로서 전기 타자기를 들 수 있는데, Watt II 연쇄를 이용하여 끝 작동체(글자를 치는 부분)와 캠에 의해 구동되는 롤러종동절을 연결하고 있다(그림 8.7).

다른 예로서 물건을 잡는 기능을 하는 끝 작동체인 그리퍼(gripper)가 운동생성기의 부동링크(floating link)와 연결되고, 그리퍼는 운동주기의 특정 시간에 열리거나 닫혀야 한다고 가정하자. 여기서 그리퍼를 구동시키는 종동절을 가진 캠은 회전하거나 정지할 수 있다. 이 경우 물건의 운동과 그리퍼의 열고 닫는 동작을 한꺼번에 고려하고 중간 구동 기구의 운동도 기구학적으로 해석하여 필요한 종동절의 운동을 결정하고, 이를 이용해서 캠 윤곽을 설계해야 한다.

링크 해석과 캠 설계기법을 결합시킴으로써 본 절에서 설명한 문제들을 해결할 수 있다. 두 개의 예를 살펴보자.

예제 6.4 스템핑 기구

그림 6.36의 스템핑 기구의 인자판(印字版)(1)은 유연체(2)에 의해서 지지되고 스프링(4)에 의해서 위쪽 정지판(3)과 접촉하고 있다. 정해진 시간-변위곡선(6)에 의해서 인자판은 아래쪽의 모루(5)를 주기적으로 누르고자 한다. 캠 종동절의 링크장치와 캠의 윤곽을 직접 설계해 보기 바란다. 캠축의 위치는 고정되어 있지만 종동절 링크장치에 대한 설계조건은 없다. 그림 6.36은 가능한 한 가지 설계를 보여준다.

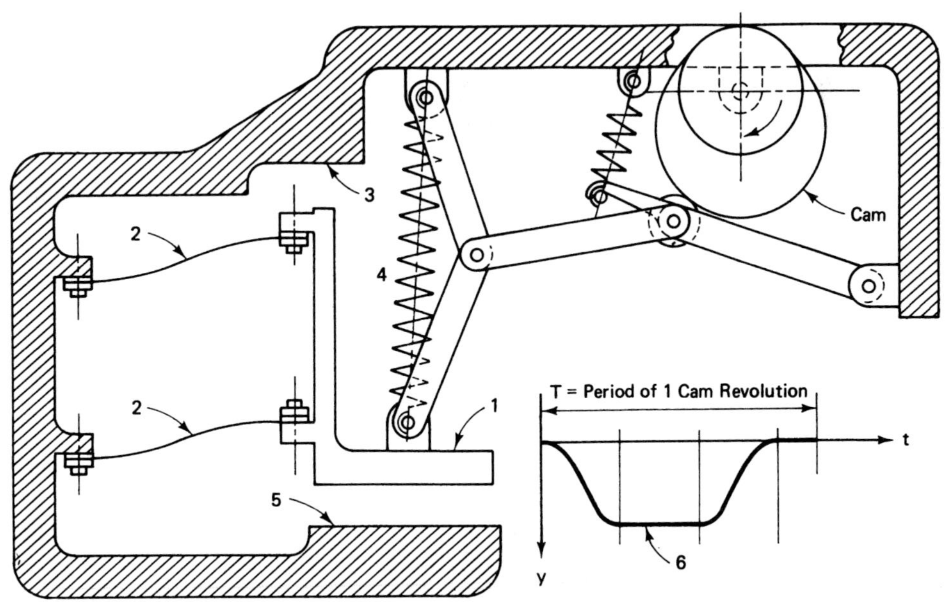

그림 6.36 원격 끝 작동체 운동의 요구조건을 만족시키는 캠 설계(예제 6.4) (뉴욕주 Rochester의 Burroughs Corporation 제공).

예제 6.5

조립 기구(그림 6.37)

균일한 간격으로 배치된 제품(P)들이 일정한 속도 V_1로 움직이는 위쪽의 컨베이어에 의해서 공급된다. 이 제품들을 아래쪽에서 간헐적으로 움직이는 컨베이어의 상자 속에 모으고자 하는데, 아래쪽 컨베이어는 제품의 손상을 막기 위해서 위쪽 컨베이어 속도의 1/8로 움직인다.

이와 같은 설계목표를 달성하는 한 가지 설계 방안은 캠에 의해서 구동되는 사이클로이드-크랭크 9절 링크장치인데, 이 링크장치는 고정된 태양기어(1), 일정한 속도 ω_2로 반시계방향으로 회전하는 구동크랭크(2), 유성기어(3), 아래쪽 그리퍼 이빨(gripper jaw)(4), 커플러(5), 캠 중심에 피봇된 종동크랭크(6), 위쪽 그리퍼 이빨(7), 그리퍼 이빨을 열고 닫는 막대(8), 그리고 캠과 종동절(9)로 구성되어 있다. 종동절은 스프링(10)에 의해서 고정된 캠과 항상 접촉한다.

구동크랭크(2)가 회전함에 따라서 유성기어(3)는 태양기어(1) 주위를 회전한다. 그림에서 두 개의 각기 다른 위치에서의 기구를 보여주고 있는데, 실선으로 표시된 위쪽의 위치에서 제품을 잡아서 점선으로 표시된 아래쪽 위치에서 제품을 상자에 담는다. 순간중심법을 적용하면 중간에서 연결 링크의 기능을 하는 (3)과 (4)는 아래쪽 위치에서 위쪽 위치 속도의 약 1/8로 오른쪽으로 움직이고 있다는 것을 증명할 수 있다. 캠은 그리퍼 이빨을 위쪽 위치 근방에서 닫아서 아래쪽으로 감속하면서 움직이는 동안 계속해서 닫힌 상태를 유지하다가, 가장 낮은 위치 가까이에서 열고, 위쪽으로 가속하면서 움직이는 동안 계속해서 열린 상태를 유지한다.

6.10 캠-링크장치[127]

본 절에서는 캠-링크장치의 수의 합성(number synthesis)에 대해서 다루고자 한다. 수의 합성을 통해서 일정한 각속도로 구동될 때 1자유도의 연속적인 운동을 만들어낼 수 있는 가능한 모든 종류의 캠-링크장치를 열거하고 이들을 목적에 따라서 분류할 수 있다.

캠-링크장치는 한 개 이상의 캠과 종동절이 링크장치로 결합된 기구이다. 원하는 운동을 발생시키고자 할 때 일반적으로는 캠과 종동절 혹은 링크장치를 별도로 고려하게 된다. 캠-링크장치와 캠-종동절의 기본적인 차이점은 캠-종동절은 단지 함수만 발생시킬 수 있지만, 캠-링크장치는 함수, 경로 및 평면운동 모두를 발생시킬 수 있다. 캠과 종동절의 고차대우(higher-pair)로 인해서 캠-링크장치는 단순한 링크창치보다는 더 복잡한 기구이지만, 전체 사이클 동안 출력링크의 위치와 속도를 정확하게 제어할 수 있으며, 임의

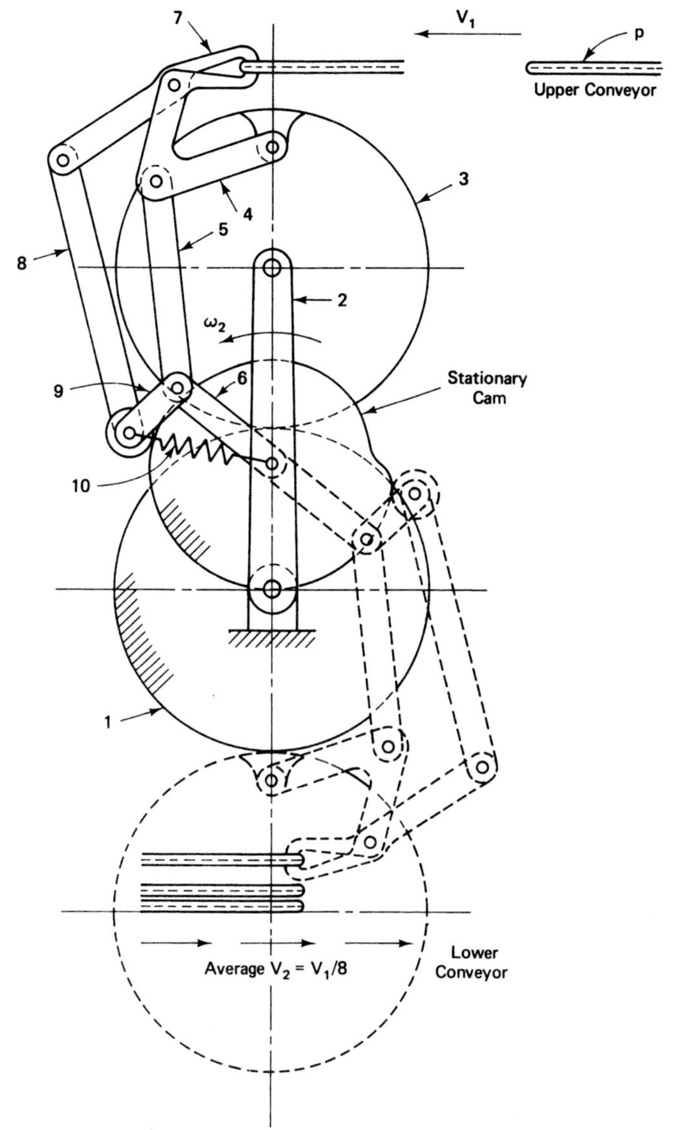

그림 6.37 움직이는 종동절과 끝 작동체를 가진 정지한 캠.

의 위치에서 출력링크가 정지할 수도 있다. 캠-링크장치는 정밀하고 완벽하게 출력링크의 운동을 제어해야 하는 인쇄기, 섬유기계, 포장기계 등에 응용된다.

원하는 운동을 구현하기 위한 캠-링크장치 설계의 첫 단계는 구조적인 형상을 결정하는 것이다(관련 링크장치는 8.3절 참조). 같은 수의 링크와 자유도를 가지는 동일한 구조의 캠-링크장치를 모두 열거하고 분류함으로써 원하는 운동을 위한 기구를 손쉽게 선택할 수 있다. 또한 원하는 출력의 목적이 함수생성인가, 경로생성인가 혹은 평면운동생성인가에 따라서 캠-링크장치를 분류할 수 있다. 이와 같이 캠-링크 장치를 열거하고 분류하는 것을 수의 합성이라 한다.

변환의 필요조건

링크장치를 캠-링크장치로 변환하기 위해서는 우선 몇 개의 이원링크(binary link; 입력링크, 출력링크, 고정링크는 제외)가 필요한가를 결정해야 한다. 이러한 이원링크들은 변환링크라고 한다. 하나의 변환링크는 하나의 캠-종동절로 대체할 수 있으므로 필요한 변환링크의 수는 캠-종동절의 수와 같다.

일정한 각속도로 구동되는 함수생성기에서 주어진 입력에 대해서 출력링크의 위치와 속도를 구하기 위해서는 하나의 관계식이 필요하다. 따라서 링크장치를 함수생성 캠-링크장치로 변화하는 데는 하나의 변환링크가 필요하다.

경로생성기가 일정한 각속도로 구동된다고 가정하면 출력링크가 정해진 경로를 추종하는 운동을 표현하기 위해서는 두 개의 관계식이 필요하다. 따라서 이 경우에는 두 개의 변환링크가 필요하며, 이러한 캠-링크장치는 두 개의 캠-종동절을 가진다.

링크의 평면운동(coplanar motion)은 입력과 출력 사이에 세 개의 관계식이 필요한데, 움직이는 기준평면 내에서 2차원 경로를 나타내는 데 두 개의 관계식이 필요하고, 기준평면의 회전을 표현하는 하나의 관계식이 필요하다. 일정한 속도로 구동된다고 가정하면 움직이는 평면의 위치와 속도를 나타내는 데는 세 개의 관계식이 요구된다. 따라서 링크장치를 운동생성 캠-링크장치로 변환하기 위해서는 세 개의 변환링크가 필요하며 세 개의 캠-종동절을 가지게 된다.

변환의 존재 조건

변환의 존재 조건은 주어진 링크장치를 1자유도를 가진 함수생성기, 경로생성기 혹은 운동생성기로 변환시키는 데 필요한 링크장치의 구조적인 형상에 관한 문제를 다룬다. 좀더 구체적으로 말하면 변환하고자 하는 링크장치에서 어떤 링크를 캠-링크장치의 출력링크로 할 것인가를 결정한다. 입력링크와 고정링크가 정해졌다고 가정하면 변환의 존재 조건은 다음과 같다(그림 6.38).

1. 함수생성기. 입력과 출력링크 사이에 2개 이상의 링크가 있어야 하며, 그 중 하나는 변환링크여야 한다. 그러나 함수생성기로 사용될 수 있는 표준 형태의 캠-종동절의 경우에는 입력과 출력링크 사이에 단지 하나의 가변링크만 있다.
2. 경로생성기. 입력링크 및 고정된 모든 피봇점들로부터 적어도 하나의 링크 이상 떨어져 있는 링크는 출력링크가 될 수 있다.
3. 운동생성기. 입력링크 및 고정된 모든 피봇점들로부터 하나의 이원링크 또는 2개의 링크 이상 떨어져 있는 링크는 출력링크가 될 수 있다. 만일 이원링크가 입력과 출력링크 혹은 입력링크와 고정된 피봇점 사이에 있으면, 이원링크는 캠-종동절로 변

환되어야 한다.

그림 6.38은 변환의 세 가지 존재 조건을 만족하는 링크의 구조적인 형상에 대한 필요 조건을 보여준다.

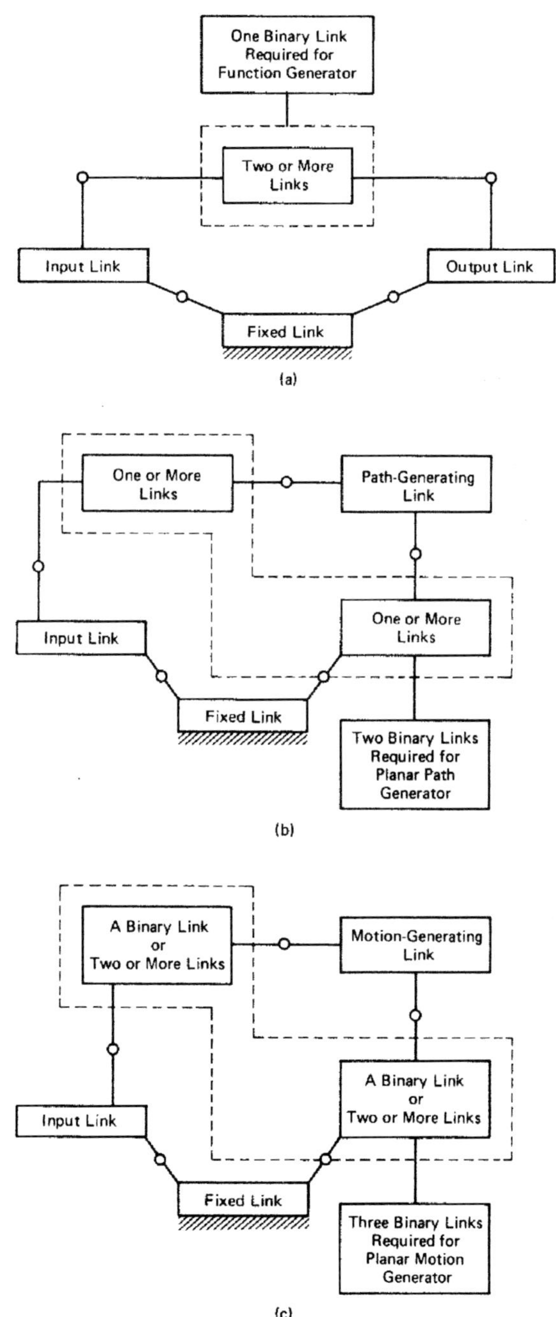

그림 6.38 함수생성기, 경로생성기 혹은 운동생성기를 위한 캠-링크장치의 존재 조건을 만족시키는 링크 형상을 보여주는 다이어그램. (a) 함수생성기, (b) 경로생성기, (c) 평면운동생성기.

캠-링크장치의 개발

주어진 링크장치로부터 캠-링크장치를 유도하기 위해서는 다음의 12단계를 적용한다.

1. 링크장치의 모든 링크에 번호를 부여하고, 고정된 링크를 명시한다.
2. 고정된 피봇점에 대해서 회전하는 링크를 입력링크로 선택한다.
3. 원하는 캠-링크장치에 대해서 변환의 필요조건을 적용한다. 만약 변환링크의 수가 입력링크를 선택한 후 이진링크의 수보다 많으면 마지막 단계로 간다.
4. 원하는 캠-링크장치에 대해서 변환의 존재 조건을 적용하여 어떤 링크들이 출력링크로 가능한지를 결정한다. 어떤 링크도 출력링크가 될 수 없으면 마지막 단계로 간다.
5. 4단계에서 결정된 링크 중에서 하나를 출력링크로 정한다.
6. 출력링크를 결정한 후에 남아 있는 변환링크의 수를 m이라 하고, 변환의 필요조건에서 결정된 변환링크의 수를 n이라고 하자. 만약 $n-m$이 음의 수이면 마지막 단계로 간다. $n-m$이 음의 값이 아니면 아래와 같이 T를 결정한다. 여기서 T의 값은 주어진 링크를 원하는 캠-링크장치로 변환하는 데 사용할 수 있는 변환링크의 가능한 모든 조합의 수를 나타낸다.

$$T = \frac{m!}{(m - n)!\, n!} \tag{6.59}$$

7. 단계 6에서 결정된 T는 캠-종동절로 변환할 수 있는 이원링크의 가능한 조합의 수를 의미한다. 단계 1에서 결정한 링크번호를 이용하여 가능한 조합들을 열거한다.
8. 단계 7의 각각의 경우에 대해서, 이원링크를 생략하고 링크장치를 새로 그린다. 새로 그린 링크 형상은 일종의 시험적인 연쇄인데, 이원링크가 생략된 시험연쇄에서 연결되지 않은 피봇조인트를 열린조인트라 한다.
9. 시험연쇄에서 중복되는 것이 있는지 확인한다. 중복된 시험연쇄는 보통 2개의 가변링크가 동일한 2개의 링크를 연결할 때 발생한다. 이 경우 어느 쪽의 가변링크를 캠-종동절로 변환시켜도 동일한 캠-링크창치가 된다.
10. 원하는 형태의 출력을 가정한다. 출력링크와 입력링크 모두가 시험연쇄의 입력링크로 움직인다고 가정하고, 이 경우 모든 열린조인트의 운동이 결정되는가를 확인한다. 운동은 결정되지만 다이애드(dyad)에 의해서 해석될 수 없으면 시험연쇄는 캠-링크장치로 변환되지 않은 것이다. 또한 압력과 출력 운동에 의해서 열린조인트의 운동이 결정될 수 없다면 마찬가지로 시험연쇄는 캠-링크장치로 변환되지 않은 것이다. 만약 입력과 출력에 의해서 운동이 결정되고 동시에 다이애드(dyad)에 의해서 해석이 가능하면, 열린조인트를 캠-종동절로 대체하여 시험연쇄를 원하는 캠-링크장치로 변환할 수 있다.

11. 단계 4에서 찾아낸 가능한 모든 출력링크에 대해서 단계 6에서 10까지를 반복한다.
12. 다른 입력링크를 선택하고 단계 3으로 간다. 가능한 모든 입력링크를 고려함으로써 가능한 모든 캠-링크장치를 구할 수 있다.

예제 6.6

그림 6.39와 같이 10개의 링크로 이루어진 기구가 주어졌다. 10개의 링크 중 5개가 이원링크, 4개가 삼원링크, 1개가 사원링크이다. 이 링크장치를 변환하여 평면 운동을 하는 캠-

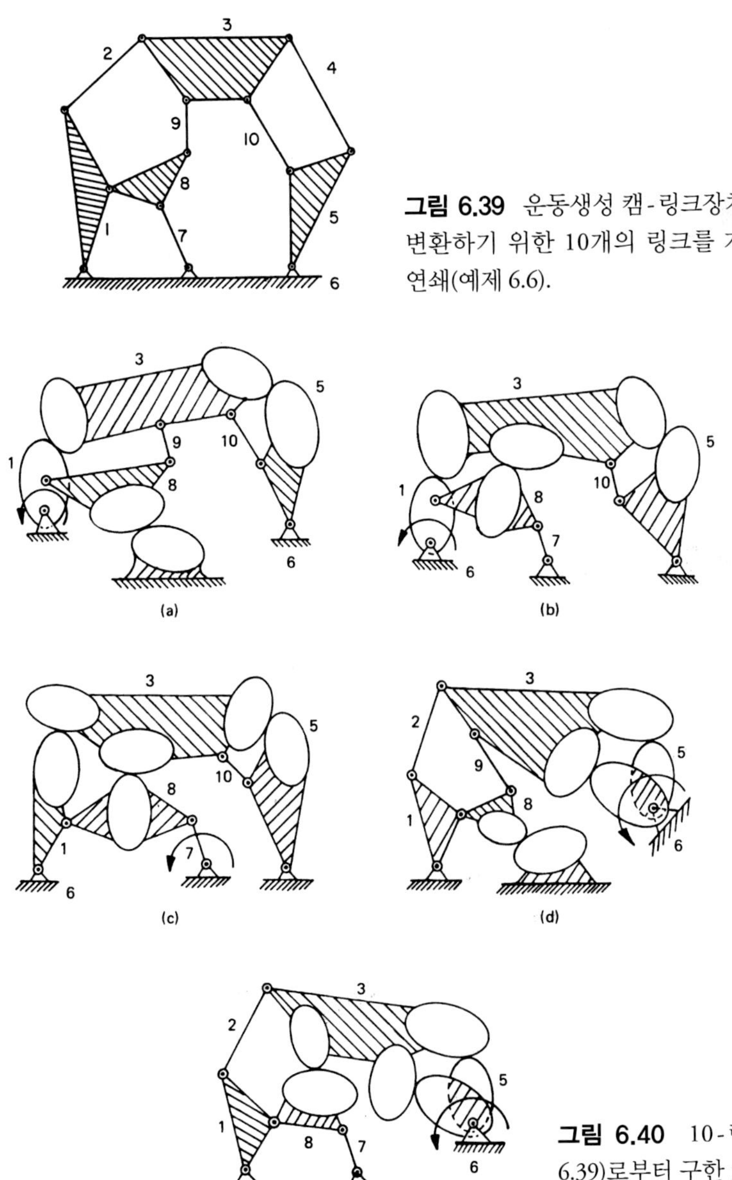

그림 6.39 운동생성 캠-링크장치로 변환하기 위한 10개의 링크를 가진 연쇄(예제 6.6).

그림 6.40 10-링크 연쇄(그림 6.39)로부터 구한 5개의 운동생성 캠-링크장치.

링크장치를 만들고자 한다. 가능한 입력링크 1, 7, 5에 대해서 앞에서 설명한 12단계의 과정을 거치면 13개의 시험연쇄와 5개의 캠-링크장치를 구할 수 있다(그림 6.40).

링크 1을 입력링크로 하면 6개의 시험연쇄를 구할 수 있으며, 6개의 시험연쇄 중에서 2개만이 운동생성 캠-링크장치로 변환될 수 있다. 2개의 캠-링크장치가 그림 6.40a와 6.40b에 나타나 있는데, 첫 번째는 이원링크 2, 4, 7을 고차대우로, 두 번째는 이원링크 2, 4, 9를 고차대우로 변환하여 생성한 것이다.

링크 7을 입력링크로 하면 4개의 시험연쇄를 구할 수 있다. 단계 10에 의해서 그림 6.40c와 같이 하나의 캠-링크장치를 구할 수 있는데, 이 경우 이원링크 2, 4, 9를 고차대우로 변환하였다.

링크 5를 입력링크로 선택하면 3개의 시험연쇄를 구할 수 있다. 3개의 시험연쇄로부터 이원링크 7, 4, 10을 고차대우로 변환하여 하나의 캠-링크장치를 구할 수 있으며, 이원링크 9, 4, 10을 고차대우로 변환하여 또 하나의 캠-링크장치를 얻을 수 있다(그림 6.40d와 9.40e).

경로 및 운동생성을 위한 캠-링크장치

캠-링크장치 전환을 위한 필요조건과 존재 조건 그리고 앞서 설명한 12단계를 사용하면, 2가지 형태의 6절 연쇄에 대해서 6가지의 경로생성 캠-링크장치를 발견할 수 있다. 또한 16가지 형태의 8절 연쇄에 대해서 41가지의 운동생성 캠-링크장치를 구할 수 있다.

경로생성을 위한 2가지 형태의 6절 연쇄 기구는 그림 6.41과 같이 각각 I형과 II형으로 구분하였다. 경로생성을 위한 캠-링크장치가 그림 6.42에 나타나 있는데, 각각은 6절 연쇄 기구의 종류를 나타내는 표시(I 혹은 II형)와 3개의 숫자에 의해서 식별된다. 3개의 숫자 중 첫 번째 숫자는 고정링크, 두 번째 숫자는 입력링크 그리고 세 번째 숫자는 출력링크를 표시한다. 그림 6.42b와 같이 하나의 캠이 입력링크에 부착된 경우에는 종동절의 접촉점은 캠의 타원 모양을 파고 들어간 원으로 표시하였는데, 이때 타원은 캠의 피치원을 나타

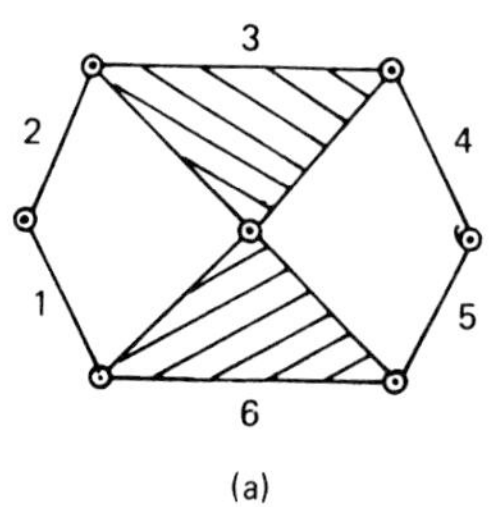

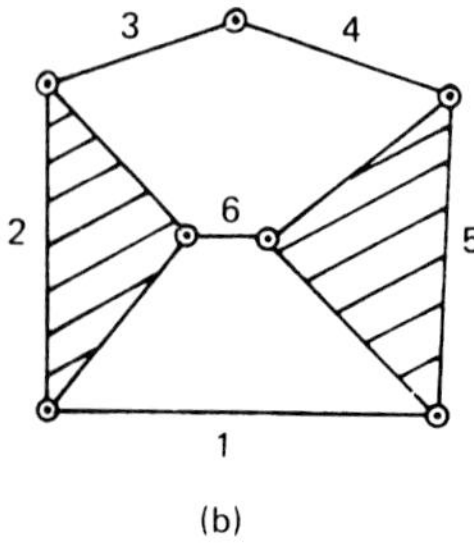

그림 6.41 경로생성 캠-링크장치를 위한 6절 연쇄의 2가지 형태: (a) I형, (b) II형.

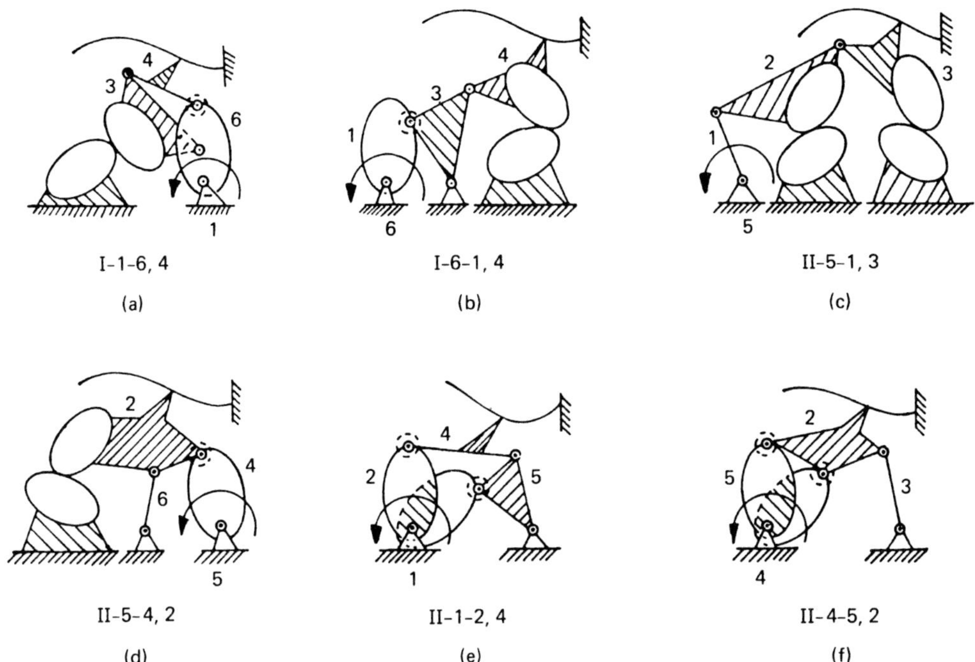

그림 6.42 그림 6.41의 두 가지의 6절 연쇄 기구로부터 구한 6개의 경로생성 캠-링크장치 링크 명칭에서 3개의 숫자는 순서대로 각각 고정, 입력, 출력링크를 나타낸다. (a) I-1-6, 4, (b) I-6-1 , 4, (c) II-5-1 , 3, (d) II-5-4, 2, (e) II-1-2, 4, (f) II-4-5, 2.

낸다. 그림 6.42e와 같이 2개 이상의 캠이 입력링크에 부착된 경우에는 이들을 서로 겹치는 타원으로 표시하고, 겹치는 부분은 빗금으로 나타내어 캠이 서로 붙어 있다는 것을 표시하였다.

앞에서 설명한 수의 합성(number synthesis) 기법을 적용하여 16종류의 8절 연쇄링크에 대해서 41개의 운동생성 캠-링크장치를 구할 수 있다. 그림 6.43은 16종류의 8절 연쇄링크 중 각각 III, IV, V로 표시된 3가지 형태를 보여주고 있다. 그림 6.44는 III형의 8절 연쇄로부터 유도한 2개의 운동생성 캠-링크장치이다. 그림 6.45와 6.46은 각각 IV와 V형의 연쇄로부터 구한 1개와 7개의 캠-링크장치를 보여준다. 각각의 캠-링크장치에서 미리 정

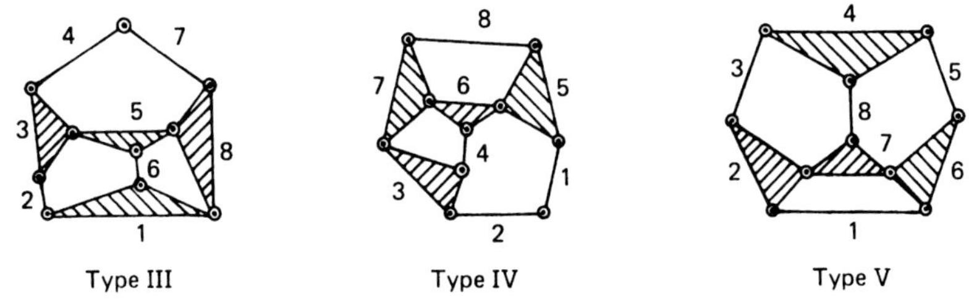

그림 6.43 평면운동생성용 캠-링크장치를 위한 8절 연쇄의 3가지 형태(총 16가지).

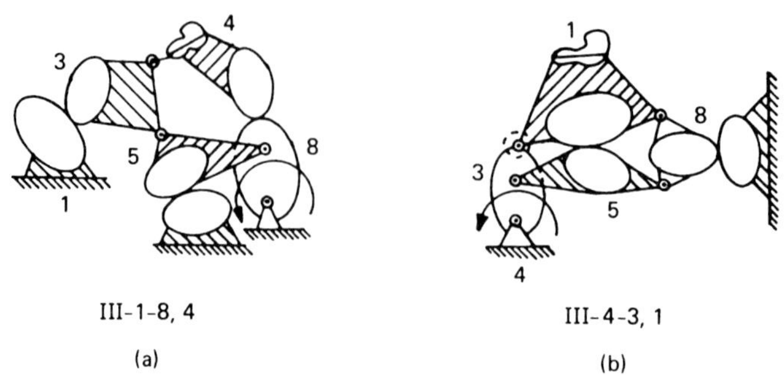

그림 6.44 그림 6.43의 3개의 연쇄로부터 유도한 운동생성 캠-링크장치. 링크의 명칭은 그림 6.42와 유사하다. 예를 들어 그림 6.44b에서 1이 출력링크이다.

해진 운동을 수행하는 부분은 중앙에 직선이 그어진 비대칭형 아령 모양의 기호로 표시하였다. 그림 6.44, 6.45, 6.46의 운동생성 캠-링크장치는 앞서 설명한 경로생성기와 유사하게 명칭을 부여하였다.

캠-링크장치는 캠-종동절 혹은 링크장치를 각각 개별적으로 사용하는 경우와 비교해 볼 때 독특한 장점을 가진다. 우선 캠-링크장치는 유한개의 출력점들에 대해서뿐만 아니라 출력의 전 영역에 걸쳐서 설계가 가능하다. 또한 실질적으로 링크의 모든 치수를 설계 목적에 따라서 임의로 선택할 수 있다. 그 다음 종동절의 형태와 윤곽을 결정할 수 있으며 6.9절과 같이 끝 작동체 종동절을 가진 캠 시스템의 윤곽을 결정할 수 있다.

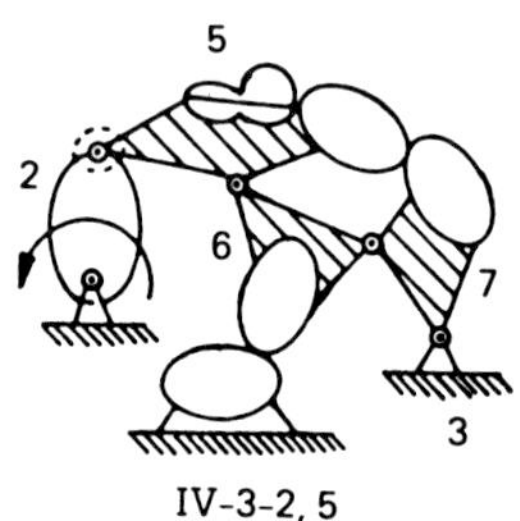

그림 6.45 그림 6.43의 IV형 연쇄로부터 구한 평면운동생성용 캠-링크장치.

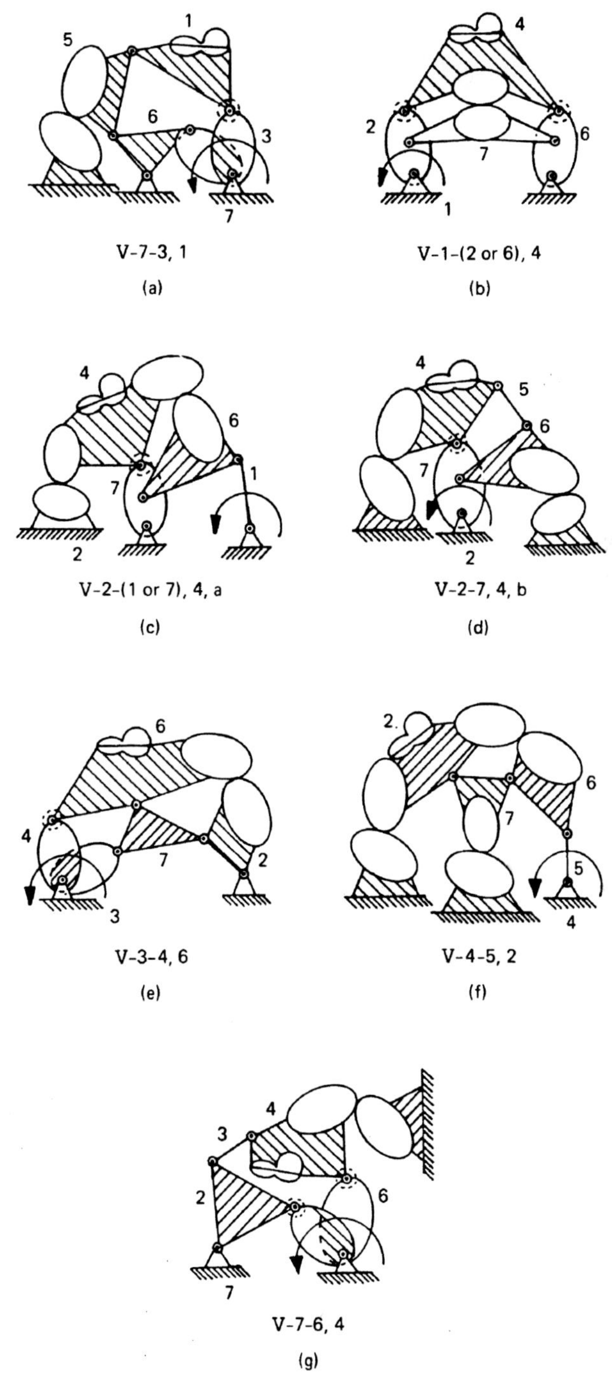

그림 6.46 그림 6.43의 V형 연쇄로부터 구한 평면운동생성용 캠-링크장치 (a) V-7-3, 1, (b) V-1-(2 혹은 6), 4, (c) V-2-(1 혹은 7), 4, a, (d) V-2-7, 4, b, (e) V-3-4, 6, (f) V-4-5, 2, (g) V-7-6, 4.

연습문제

6.1. A follower is to move gradually outward 1 in. with constant acceleration while the cam turns through 90°. During the next 90° of cam rotation, the follower is to continue to move outward 1 in. with constant deceleration and is to have zero velocity at the end of this time. The follower is to return with constant acceleration (for 70°) and deceleration (for 80°) during the next 150° of cam rotation. The follower dwells or is at rest during the remaining 30° of cam rotation.

(a) Construct and dimension the follower acceleration diagram.
(b) Construct and dimension the follower velocity and displacement diagrams.

6.2. A follower is to move outward 2 in. It is to have constant acceleration for 60°, then move with uniform velocity for 30°, then decelerate for 90° of the cam rotation. The return motion is to be constant acceleration for 60° and constant deceleration for 90°. The follower is to dwell for the remaining 30°.

(a) Construct and dimension the follower acceleration diagram.
(b) Construct and dimension the follower velocity and displacement diagrams.

6.3. A follower is to move outward 2 in. with simple harmonic motion while the cam turns through one-half revolution. The follower is to return with simple harmonic motion during the next 150° and then dwell for 30°.

(a) Construct and dimension the follower acceleration diagram.
(b) Construct and dimension the follower velocity and displacement diagrams.

6.4. Do the same as for Prob. 6.1, except use cycloidal motion instead of constant acceleration.

6.5. Do the same as for Prob. 6.2, except use another motion with better jerk characteristics than the constant acceleration motion.

6.6. Do the same as for Prob. 6.3, except use another motion with better jerk characteristics than simple harmonic motion.

6.7. Draw the displacement-time curve of a cam follower that rises 3 in. in the first 180° of cam revolution, dwells for 45°, and then falls in the remaining rotation of the cam. Make the rise a parabolic motion and the fall a simple harmonic motion.

6.8. Figure P6.1 shows a roller follower and cam system. Each of the four quadrants shows one position of the centerline of the follower guide relative to the cam. These are labeled *A, B, C,* and *D.* Utilizing the pressure-angle definition, check to see which position has the pressure angle greater than the others and then measure only the largest pressure angle.

6.9. Determine the maximum pressure angle for the positions of the reciprocating roller follower shown in Fig. P6.2.

6.10. A cam is to be designed using standard cam surfaces for discrete intervals of the cam's rotation. The displacement (S) versus cam rotation angle (ϕ) is shown in Fig. P6.3. The lift, velocities, and accelerations at points A, B, and C are specified as follows:

Point A	Point B	Point C
$S = 0 S = L$	$S = 3L/2$	
$V = 0$	$V = +V_1$	$V = 0$
$A = 0$	$A = 0$	$A = 0$

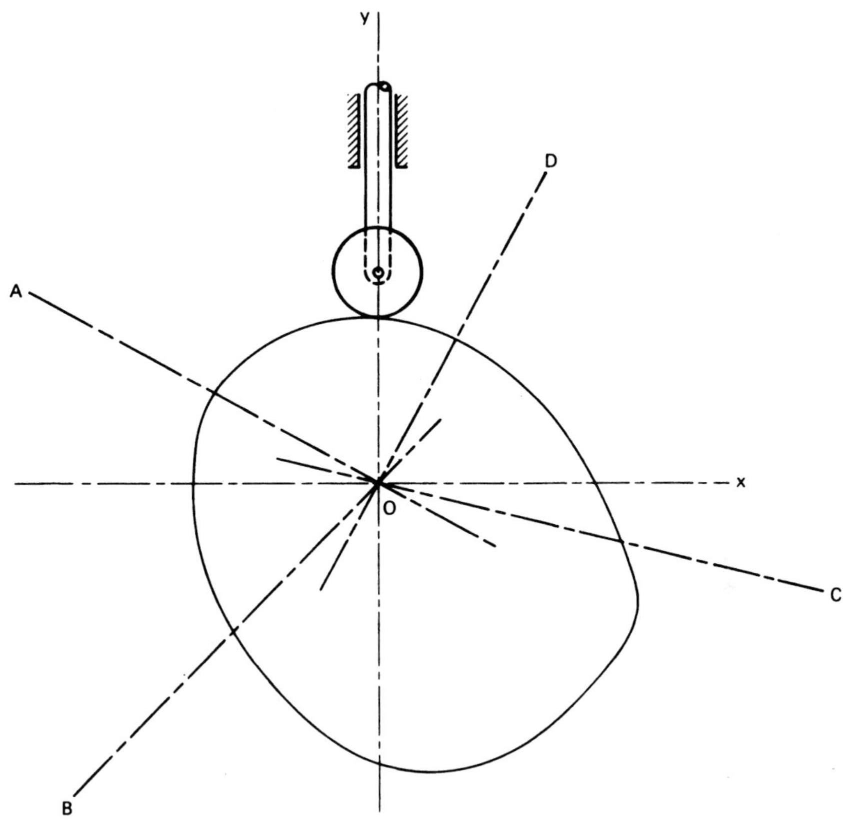

Figure P6.1

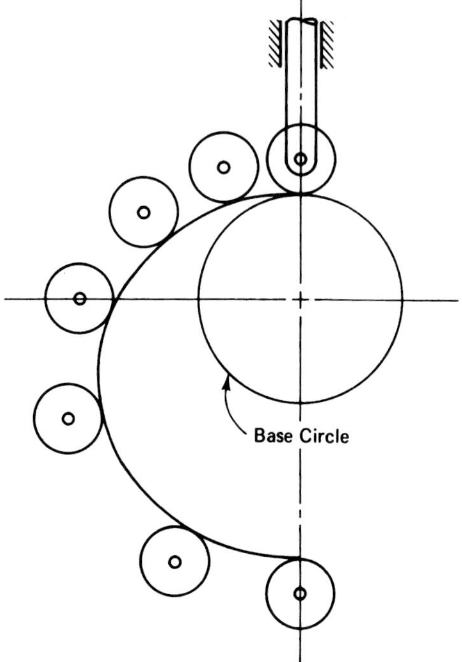

Figure P6.2

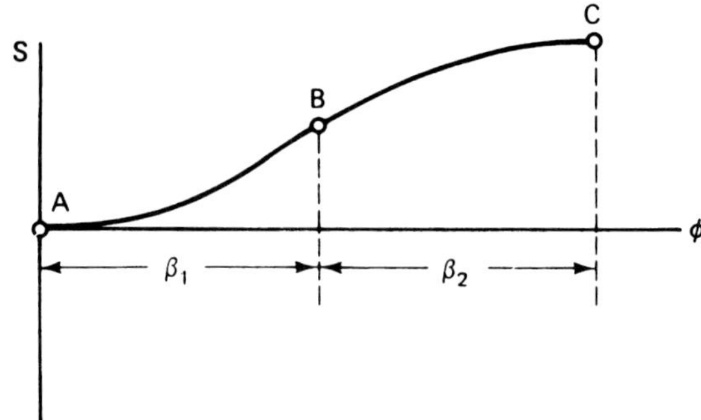

Figure P6.3

Recommend standard curves to be used for the displacement graph and the ratio between β_1 and β_2 to match velocities as point *B*.

6.11. A follower is to have cyclical motion according to the displacement curve shown in Fig. P6.4. The displacement and velocity requirements are as follows:

Point *A*	Point *B*	Point *C*
$S = L$ $V = 0$	$S = 0$ $V = 0$	$S = L$ $V = 0$

Recommend the displacement profile to be used and the ratio between β_1 and β_2 to match accelerations at points *A*, *B*, and *C*.

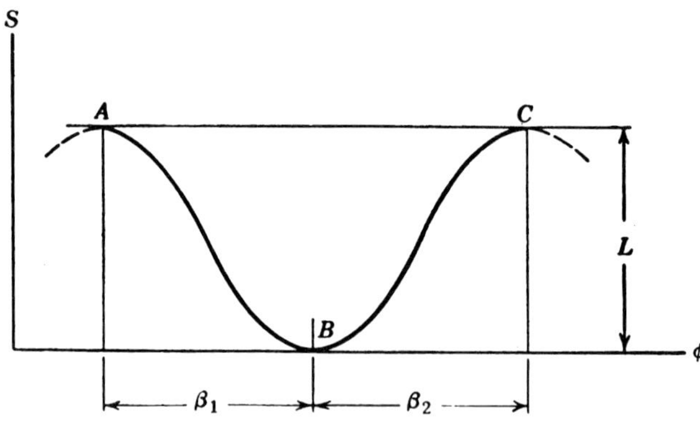

Figure P6.4

6.12. In Fig. P6.5, the displacement–time, velocity–time, and acceleration–time curves are sketched for a follower. The cam rotates at a constant angular velocity ω and the maximum (peak) value of the acceleration is 5 units. The equation for the acceleration–time curve is as follows:

$$A = \left(\frac{2\pi h\omega^2}{\beta^2}\right)\sin\left(\frac{2\pi}{\beta}\phi\right)$$

(a) Write the equations for the velocity–time and displacement–time curves.
(b) Determine the maximum values of displacement and velocity.

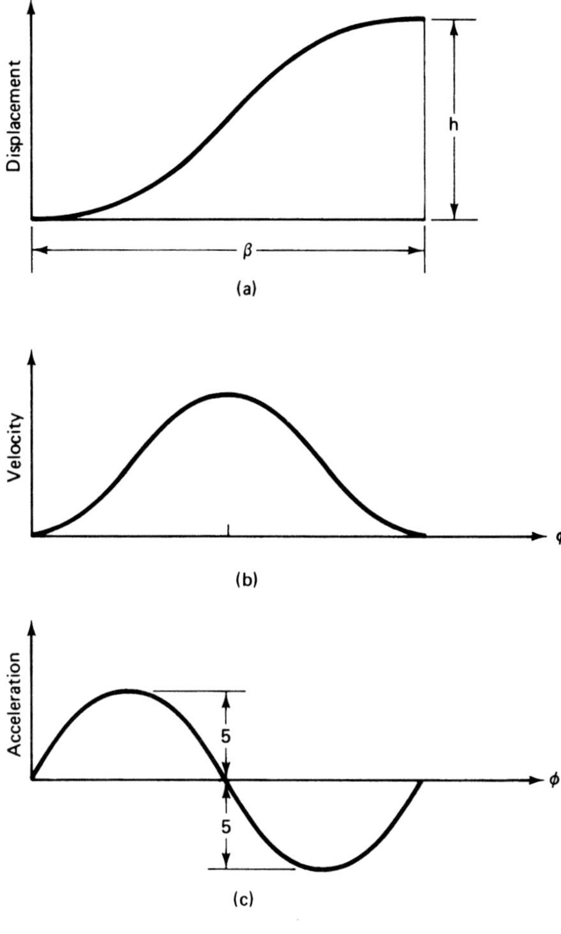

Figure P6.5

6.13. A roller follower is to move through a displacement and return with no dwells in the cycle. It is required, however, that a portion of the rise be covered at constant velocity. Figure P6.6 shows a sketch of the displacement curve with the constant velocity portion between *B* and *C*.

(a) Determine the profiles to be used in the remaining segments (pick from among those presented in the chapter).

(b) Sketch the resulting velocity and acceleration profiles.

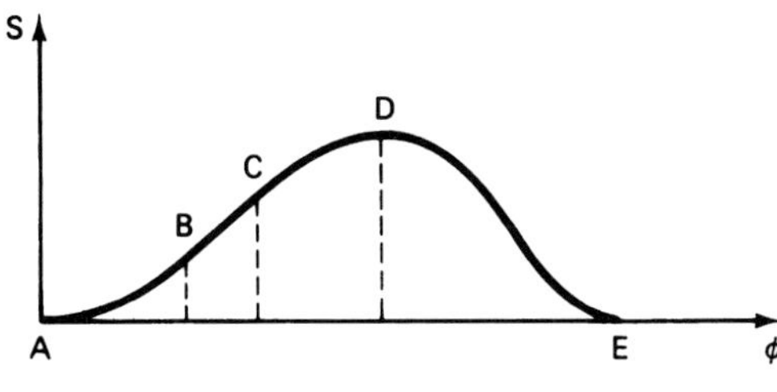

Figure P6.6

6.14. A disc cam rotating clockwise drives an oscillating flat-face follower through a total angle of 20° with the following displacement figures:

Cam angle (deg)	Follower angle (deg)
0	0.0
30	2.0
60	6.0
90	10.0
120	14.5
150	18.5
180	20.0
210	18.5
240	14.5
270	10.0
300	6.0
330	2.0
360	0.0

Lay out the cam using a minimum radius of 3.0 cm. The center of the hub of the follower is to be 9.0 cm to the right of the center and on the horizontal centerline of the cam. The distance from the center of the follower hub to the arc of the displacement scale is to be 8.0 cm. The extension of the follower face goes through the pivot. Determine the length of the follower face.

6.15. The base circle of a disc cam with a reciprocating knife-edge follower is shown in Fig. P6.7 together with a required displacement profile for one revolution of the cam. The cam is to rotate in a clockwise direction. Construct the cam profile to produce the required follower motion profile.

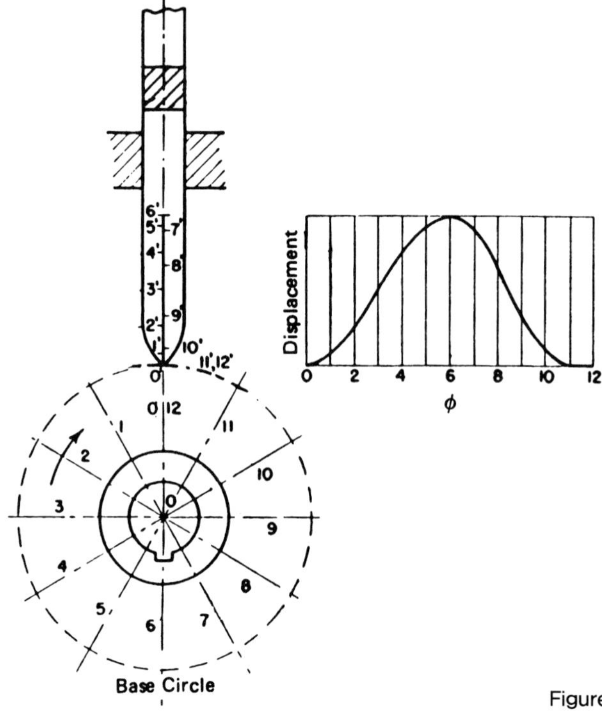

Figure P6.7

6.16. Figure P6.8a shows a disk cam with a reciprocating roller follower. The follower is to move radially according to the scale shown on the centerline. The lowest point on the scale, O', is at the center of the roller, and $O'O$ is the radius of the pitch circle. The cam is to rotate in a clockwise direction.

(a) Construct the cam contour that will produce the desired follower displacement.

(b) Determine the pressure angle at the 90° position (location 3).

(c) Assume that the pressure angle at the 90° position is too large (due to binding at the follower stem). An offset of the follower (see Fig. P6.8b) is suggested as a way to decrease this angle. Construct the new cam profile with the offset. Compare the old and new pressure angles at the 90° position. Also compare the required follower stem lengths between the two cases.

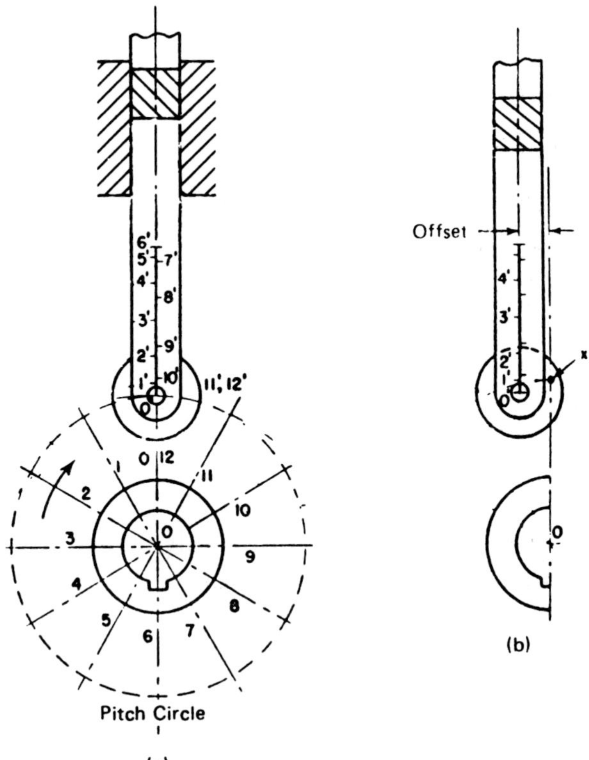

Figure P6.8

6.17. Figure P6.9 shows a disc cam with a radially reciprocating flat-face follower. The cam is to turn clockwise and move the follower according to the scale shown in its centerline. (Each interval of follower displacement represents 30° of cam rotation.) Construct the cam profile to produce the desired follower displacement. Determine the required length of the flat-face follower on each side of the initial contact point (position O').

6.18. A disc cam with oscillating flat-face follower is to be constructed according to Fig. P6.10. This cam is to turn clockwise and the follower is to oscillate according to the scale shown. The flat face extended is tangent to a circle of radius r with center at O'''. Construct the cam profile and determine the required length of the flat-face follower on both sides of the intersection with the arc of radius R.

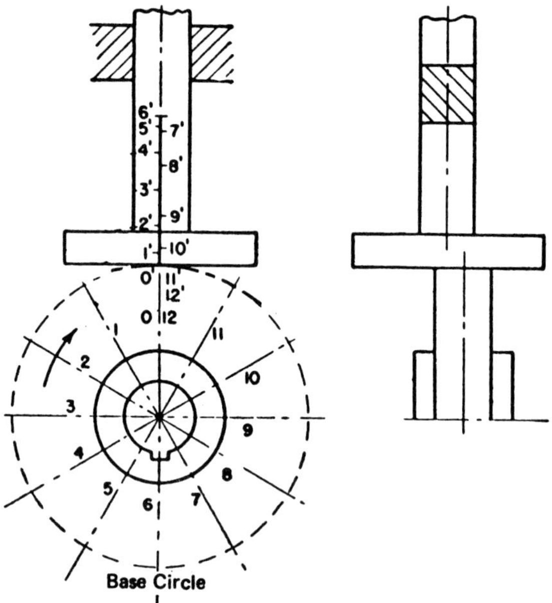

Figure P6.9

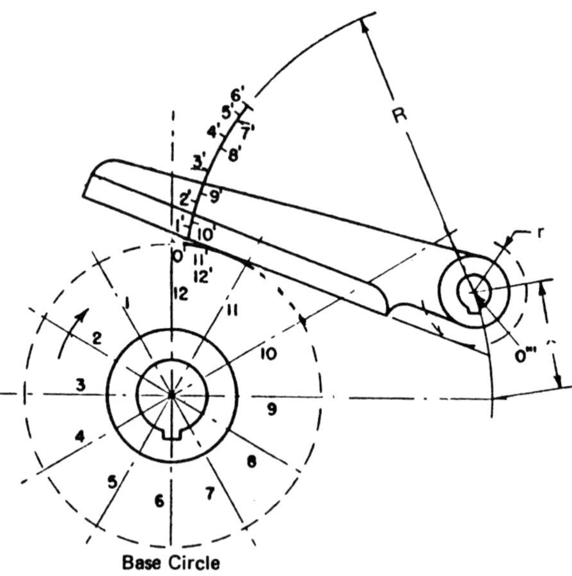

Figure P6.10

6.19. The base circle of a cam with primary and secondary followers is shown in Fig. P6.11. The offset is too large to use a single follower. The scale for the required motion of the secondary follower is shown on its centerline as 0′, 1′, 2′, and so on. This scale is transferred to the primary follower on a convenient arc with *O* as the center. Construct the cam contour for the required follower motions.

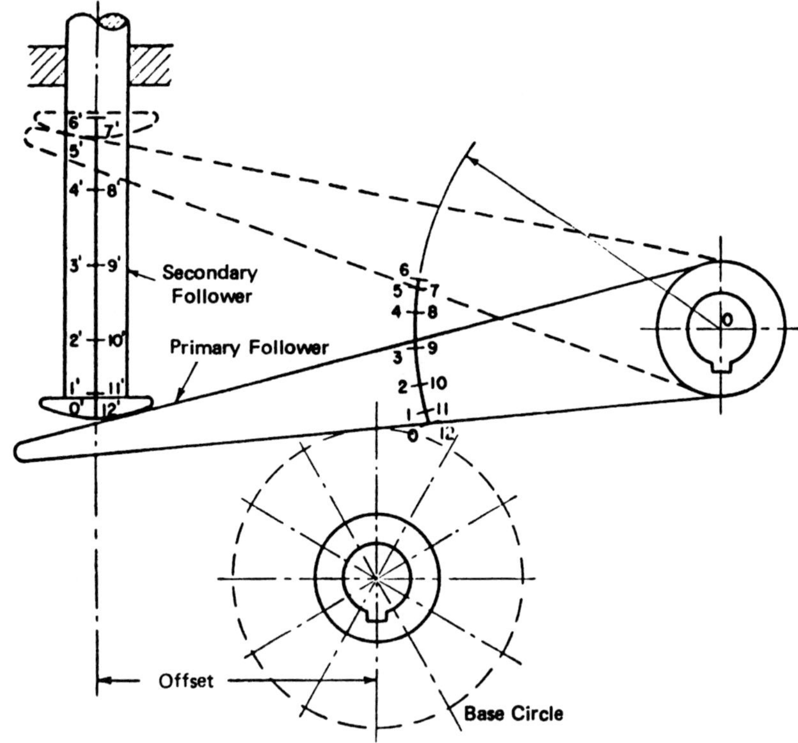

Figure P6.11

6.20. Prove Eq. (6.21). Show all steps.

6.21. Prove Eq. (6.22). Show all steps.

6.22. Prove Eq. (6.25). Show all steps.

6.23. Prove Eq. (6.26). Show all steps.

6.24. Prove Eq. (6.27). Show all steps.

6.25. Derive the piecewise expressions for the acceleration, velocity, and displacement for the modified trapezoidal motion of Fig. 6.16.

6.26. Show that in Example 6.1 $\dot{y}_{max}$ occurs at $x = \frac{1}{2}$.

6.27. Design a polynomial profile to satisfy the following conditions:
At $\phi = 0$: $S = L, \dot{S} = 0, \ddot{S} = 0$
At $\phi = \beta$: $S = 0, \dot{S} = 0, \ddot{S} = 0$

6.28. Design a polynomial profile to satisfy the following conditions:
At $\phi = 0$: $S = 0, \dot{S} = 0, \ddot{S} = 0$
At $\phi = \beta$: $S = L,\ \dot{S} = V, \ddot{S} = 0$

6.29. Design a polynomial profile to satisfy the following conditions:
At $\phi = 0$: $S = L,\ S\ = V, S = 0$
At $\phi = \beta$: $S = 0,\ \dot{S}\ = 0,\ \ddot{S} = -A$

6.30. A partial high-speed cam displacement profile is shown in Fig. P6.12 with $S(A) = .7$ in., $S(B) = 1.2$ in., $S(C) = .9$ in., $S(D) = 1.1$ in., and $S(E) = .9$ in.

(a) What profiles should be used between A and B and between F and G?

(b) Determine the values for β_1, β_2, β_3, β_4, β_5, β_6, β_7, β_8, L_6, and L_7 if $\beta_6 = 25°$ and the follower velocity at point A is .052 in./deg.

(c) What is the maximum follower velocity and acceleration with respect to time if the angular velocity, ω, is constant at 10.472 rad/sec?

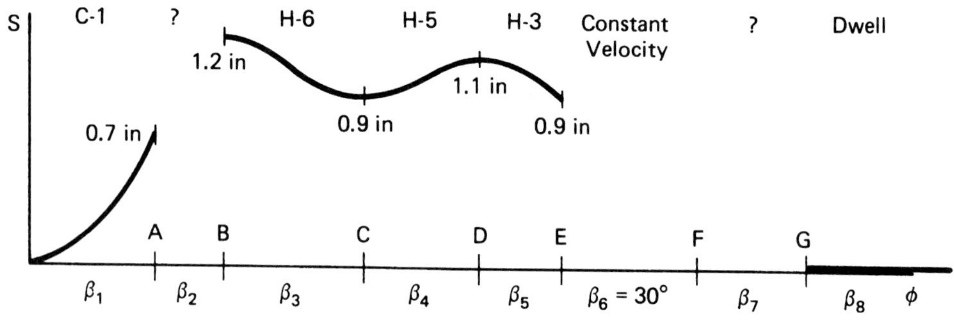

Figure P6.12

6.31. Fig. P6.13 shows a full-fall displacement curve made up of the H-3, constant velocity, and C-4 profiles, Suppose $\beta_1 = \beta_2 = \beta_3 = 30°$ and the absolute value of the maximum acceleration achieved during the fall cycle is $|.00163|$ in./deg^2. What is the total fall distance, L?

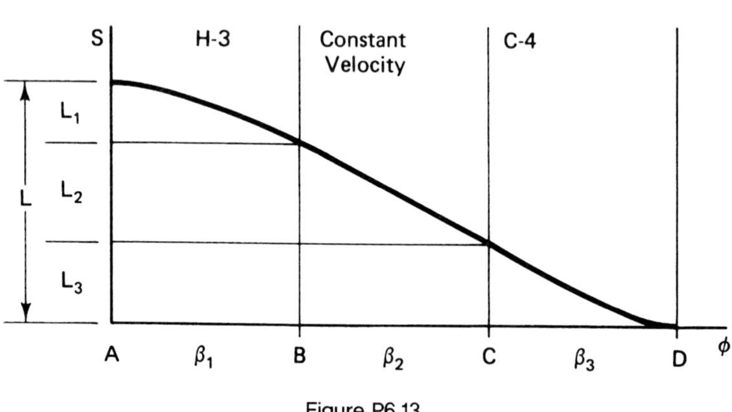

Figure P6.13

6.32. Most of a full rise trapezoidal acceleration profile curve is shown in Fig. P6.14. Unfortunately, β_6 is not known. If the full rise is 1.5 in., determine β_6 and complete and dimension the A, V, and S curves.

6.33. Describe the follower motion and velocity for the cam described in Prob. 6.32 if $\beta_6 = 10°$.

6.34. Both of the following acceleration profiles rise 1.5 in. while $\beta_1 = 165°$ and $\beta_2 = 110°$. Sketch and dimension the acceleration curves and compare your results to those of Prob. 6.32.

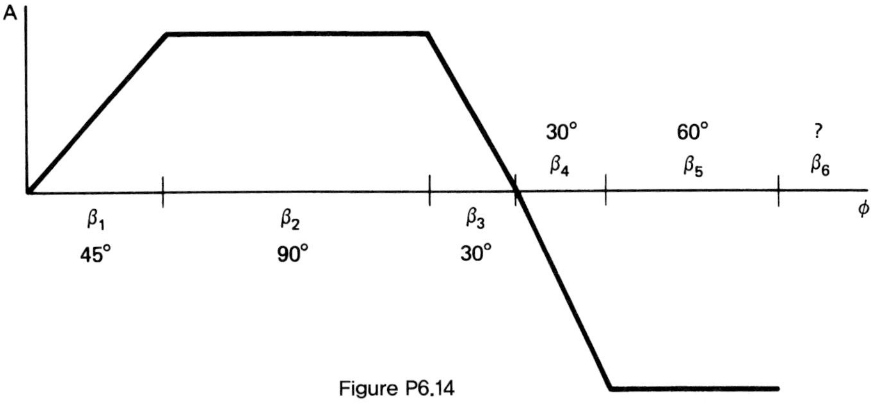

Figure P6.14

(a) Simple harmonic motion cam made up of *H*-1 and *H*-2.
(b) Cycloidal motion cam made up of *C*-1 and *C*-2.

6.35. A rise–dwell–return cam is sketched in Fig. P6.15. The cam profiles listed in order are *H*-1, constant velocity, *C*-2, dwell, *C*-3, and *H*-4. It is known that $L_3 = L_5 = L_6 = 1$ in., $\beta_3 = 120°$, and $\beta_6 = 60°$.

(a) Determine β_1, β_2, β_4, β_5, L_1, and L_2. Sketch and dimension the *S*, *V*, and *A* diagrams.
(b) Calculate $\ddot{y}$, the follower acceleration with respect to time, for the positions $\phi = \frac{\beta_5}{2}$ and $\phi = \frac{\beta_6}{2}$ if $\omega = 120/\pi$ rad/sec and $\alpha = 120/\pi$ rad/sec^2.

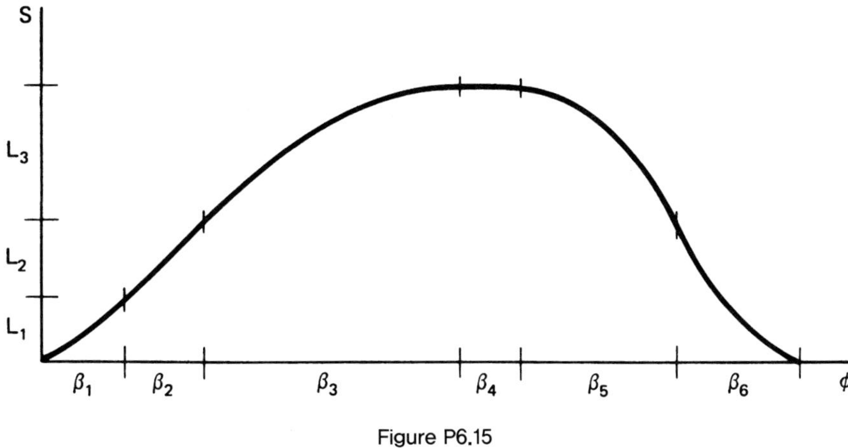

Figure P6.15

6.36. The *S* diagram of a rise–dwell–return–dwell cam using the uniform motion profile is shown in Fig. P6.16. The pressure angle for a nonoffset translating roller follower is given by

$$\delta = \tan^{-1}\{V/(r_0 + S)\}$$

where *V* and *S* are both evaluated at the point of interest and r_0 is the base circle radius.

(a) Sketch the pressure angle curve and determine at what value of ϕ the maximum δ will occur if $r_0 = 1$ in.
(b) What must r_0 be if δ is everywhere to be less than 5°?
(c) Repeat parts (a) and (b) using the full-rise and full-return cycloidal motion profiles and compare to the uniform motion cam.

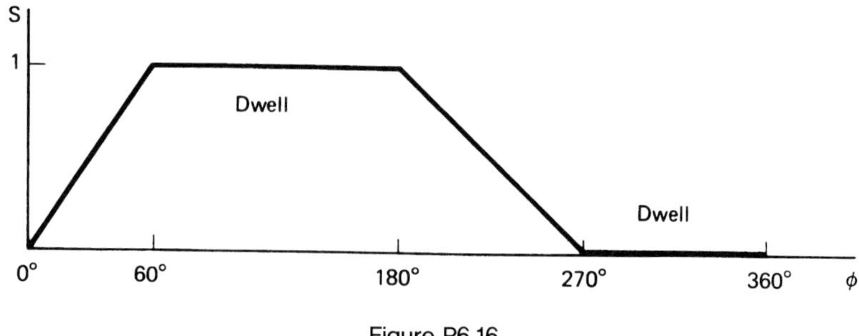

Figure P6.16

6.37. A cam is required such that the follower rises 50 mm in 120° of cam rotation, dwells for 60°, returns in 120°, and dwells for 60°. The cam angular velocity is constant at 60 rpm. The requirements are displayed in Fig. P6.17.

(a) Choose the cycloidal displacement profiles for the rise and return which will result in continuous displacement and velocity profiles. Then sketch the resulting displacement, velocity, and acceleration curves for 360° of cam rotation on the graphs provided in Fig. P6.17.

(b) Determine the maximum follower velocity (in mm/sec.).

(c) Determine the maximum follower acceleration (in mm/sec^2).

(d) What is the magnitude of the displacement at 220° of cam rotation?

(e) Are there infinite spikes in the jerk profile? If so, at what locations?

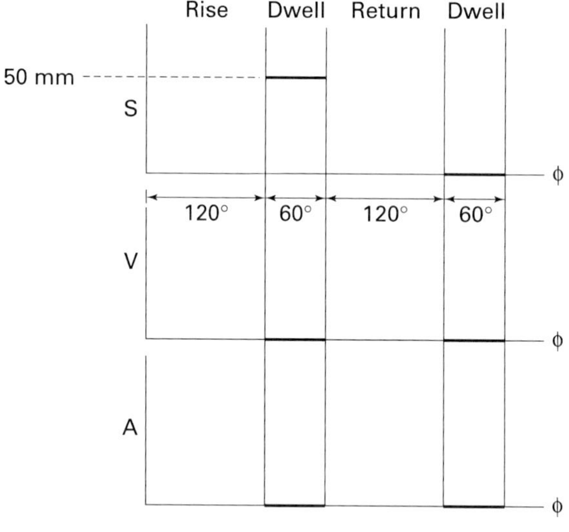

Figure P6.17

6.38. Figure P6.18 shows a partially completed displacement profile for one complete revolution of a disc cam. The total rise of the translating roller follower is 2 in. (The drawing is not necessarily to scale.)

(a) Using the given harmonic and cycloidal profiles, find the missing profile such that the velocity and acceleration curves are continuous [you may wish to do part (b) first]. Clearly identify the profile that you use.

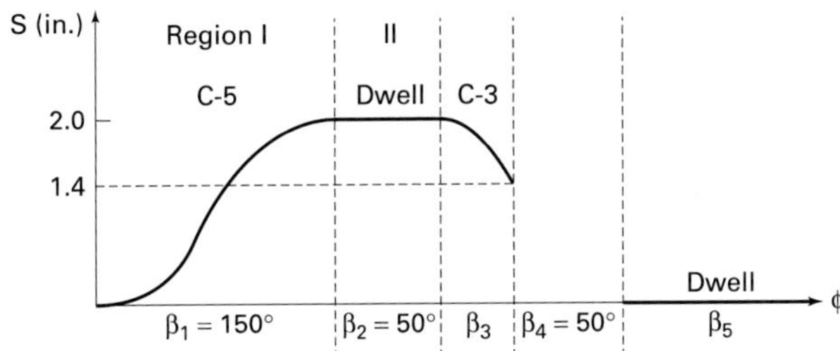

Figure P6.18

(b) Sketch the velocity and acceleration diagrams.

(c) Determine the following: β_3, β_5.

(d) For region I, determine the following:
$V(\phi = 0.5\beta_1) =$
$A\ (\phi = 0.5\beta_1) =$

(e) For region II, determine the following:
$V(\phi = \beta_2) =$
$A(\phi = \beta_2) =$

기어 및 기어트레인

7.1 서론

본 절에서는 기어의 기본 원리와 일반 용어를 소개한다. 본 서에서는 설계작업에 도움을 줄 수 있는 다양한 기구의 사용 능력에 중점을 두고 있기 때문에 본 장의 대부분은 기어트레인을 다루고 있다. 기어의 종류와 치형에 대한 보다 상세한 논의는 다른 서적을 참고하도록 한다[110].

기어는 연속적인 이 물림에 의해 운동을 전달하는 기계요소이다. 기어는 한 회전축으로부터 다른 축 또는 직선운동하는 랙(rack, 그림 7.1 참조)으로 운동을 전달하며 대개의 경우 일정한 각속도비(또는 일정한 토크비)로 축 사이에 운동을 전달해야 한다. 다양한 기어 형태(그림 7.1 참조)를 이용할 수 있으므로 입, 출력축이 동일 선상에 있어야 한다든지, 평행하여야 한다는 등의 제한을 두지 않아도 된다. 또한 비원형 기어를 사용해서 다양한 각속도비를 얻을 수 있다(그림 7.1).

기어는 동력을 효율적으로 전달해야 하는 곳에서 종종 사용된다. 미끄럼을 없애기 위해 기어는 구름면에 이를 가지고 있다. 참고문헌[17, 35, 88, 133, 146]에 의하면 기구장치에 기어를 처음 사용하기 시작한 것은 기원전 1, 2세기경으로 알려져 있다. 이집트인 그리스인 및 중국인들은 물로부터 동력을 전달하기 위해서 기어를 사용하였다. 이의 확실한 물림(이전 장치에 비해 큰 효율을 나타냄)과 동력을 전달하는 동안의 연속적 회전 능력 등 기어 설계상의 특징으로 인하여 기어를 사용하게 되었다. 한왕조(기원전 200년~서기 200년)때에는 남향표시가 목적으로 추측되는 2륜 수레가 개발되었다. 이 운항기기는 고비 사막에서 사용하기 위해서 설계되었다. 바퀴와 기어트레인의 회전만으로 수레 위의 수도승은 수레의 방향이 바뀌어도 항상 같은 방향을 향하도록 되어 있다.

이가 맞물려서 입력과 출력기어 사이에 일정한 각속도를 유지하기 위해서는 각 치형(tooth profile)은 반드시 기어 물림의 기본 법칙(the fundamental law of gearing)을 만족해야 한다: 한 쌍의 기어가 일정한 각속도비를 전달하기 위해서는, 두 기어의 접촉 윤곽 모양은

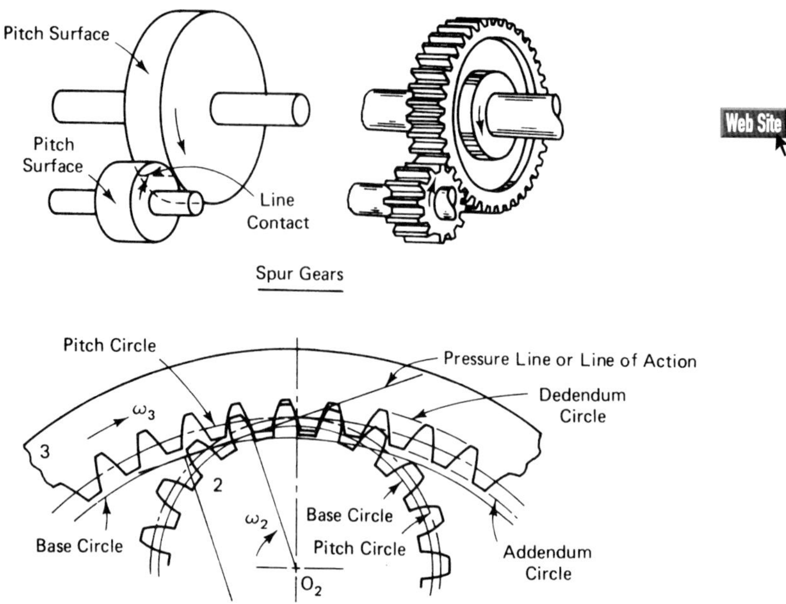

Internal Ring Gear and Pinion: ring, internal, or annular gear all have the same meaning.

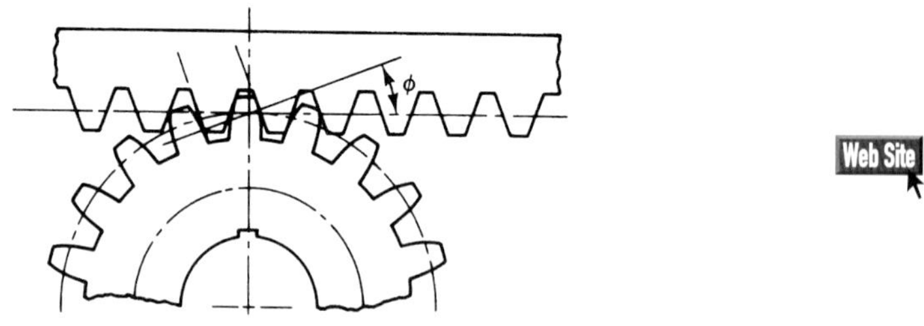

Involute Pinion and Rack: a rack is a spur gear having infinitely large pitch diameter.

그림 7.1 표준 기어 형상.

그 공통 법선이 두 기어의 중심을 이은 선 위의 고정점을 통과하도록 구성되어야 한다. 이 법칙은, 공통 평면에서 상대 운동하는 세 물체는 동일 직선상에 세 개의 순간중심을 가진다는 Kennedy의 정리(3.7절, 그림 3.55)로부터 나온다. 또한 그들의 상대 속도비는 각각의 순간중심(I.C.: instant center) 사이의 거리비와 같다.

공통 평면에서 상대 운동하는 3절 기구인 한 쌍의 평기어(그림 7.2)에 대해서 기어 물림의 기본 법칙을 설명하면 다음과 같다. 프레임은 링크 1, 구동기어는 링크 2, 종동기어는 링크 3이다. 순간중심은 기어 중심에 위치한 (1,2)와 (1,3) 그리고 피치원들의 구름접촉점 또는 피치점에 위치한 (2,3)이다.

그림 7.2는 순구름접촉상태에 있는 두 원판을 보여주고 있다. 이들 사이의 각속도비는

Double Helical Gears: shown here as part of an open gear box. Loads along the shafts are minimal. (Courtesy of Kreiter Gear and Machine, Inc.)

Stepped Gears: consists of two or more gears fastened together. These gears are quieter and smoother in action than conventional spur gears.

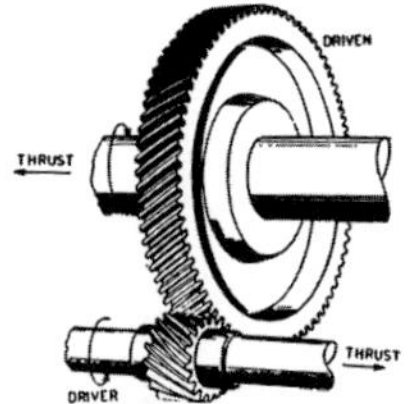

Parallel Helical Gears: can be thought of as stepped gears with an infinite number of parts. They run very quietly. Notice the loading along the shafts.

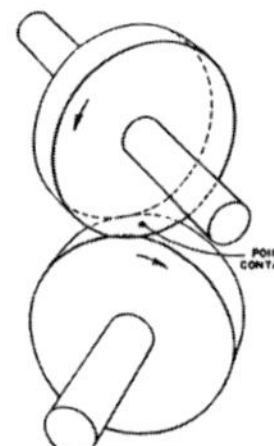

Crossed Helical Involute Gears: are used to transmit power between nonparallel, nonintersecting shafts.

Noncircular Gears: generate a nonconstant angular velocity ratio between input and output. Applications include printing presses, packaging machines, conveyors, and low-speed precision instruments. (Courtesy of Cunningham Industries, Inc.)

그림 7.1 계속.

$\omega_3/\omega_2 = (1{,}2 - 2{,}3)/(1{,}3 - 2{,}3)$ 또는 다음과 같다.

$$\left|\frac{v_2}{v_3}\right| = \frac{O_3P}{O_2P} \tag{7.1}$$

말하자면 첫째 식의 우변은 (1,2)로부터 (2,3)까지의 거리를 (1,3)으로부터 (2,3)까지의 거리로 나눈 비이다. 순간중심 거리들이 서로 반대방향을 향하므로 이들의 대수 부호는 반대가 되어 각속도비는 음이다. 원판은 서로 반대방향으로 회전한다.

Straight Bevel Gears

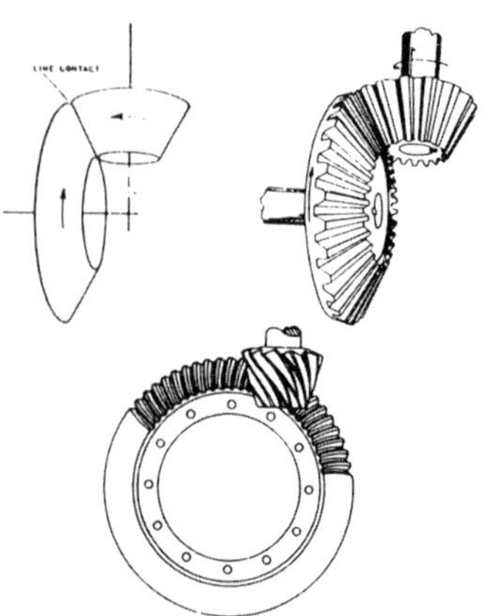

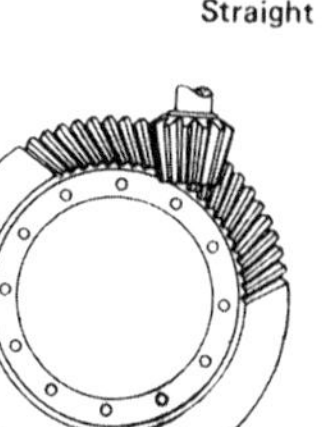

Skew Bevel Gears: are used to connect shafts whose axes do not intersect. The teeth are straight lines and there is sliding action along the tooth element as well as at right angles to the tooth element.

Hypoid Gears: are used to connect shafts whose axes do not intersect, allowing a certain amount of sliding action in the direction of the tooth elements. Although the correct pitch surfaces of these gears are hyperboloids, they are approximated by sections of cones in actual practice. They are used, for example, in rear-axle drive for passenger cars.

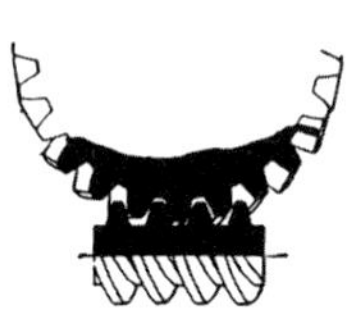

Worm and Worm Gear: the worm has one tooth, sometimes called a thread. This gear set is used for nonparallel, nonintersecting shafts.

Herringbone Gear: shown here being generated on a gear generator. These gears are used to transfer large loads where loading along the shaft must be minimized. (Courtesy of Kreiter Gear and Machine, Inc.)

그림 7.1 계속.

순구름원판은 마찰접촉을 한다. 이러한 두 원판을 이를 갖는 기어로 대치하면 순구름 접촉이 마찰과 관계없이 이루어진다. 치형은 일정한 각속도비를 유지하도록 만들어야 한다. 그러기 위해서는 순간중심 (2,3)이 고정되어 있으면 된다. 이것은 기어가 회전하고 있는 동안에 모든 위치에서 치형접촉점의 법선이 반드시 피치점을 통과해야 함을 의미한다. 이 조건이 만족될 때 두 기어의 이가 공액 치형(conjugate profile)을 가진다고 하고, 이 조건을 공액성(conjugacy)이라고 한다. 그림 7.3은 이것을 그림으로 설명하고 있다. 따라서 기

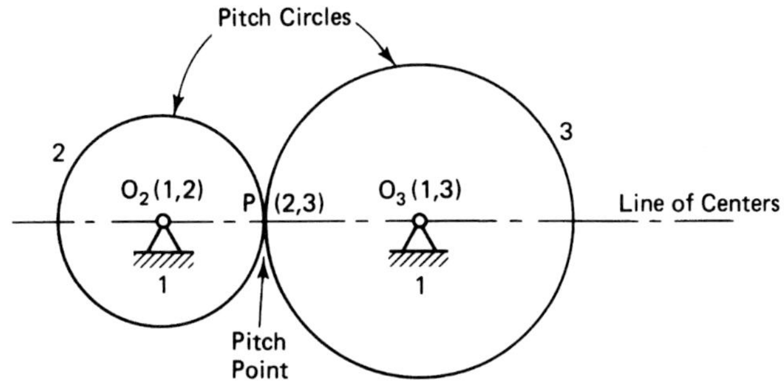

그림 7.2 순구름(true rolling)접촉하고 있는 두 원판. 이것은 3절 기구를 나타낸다.

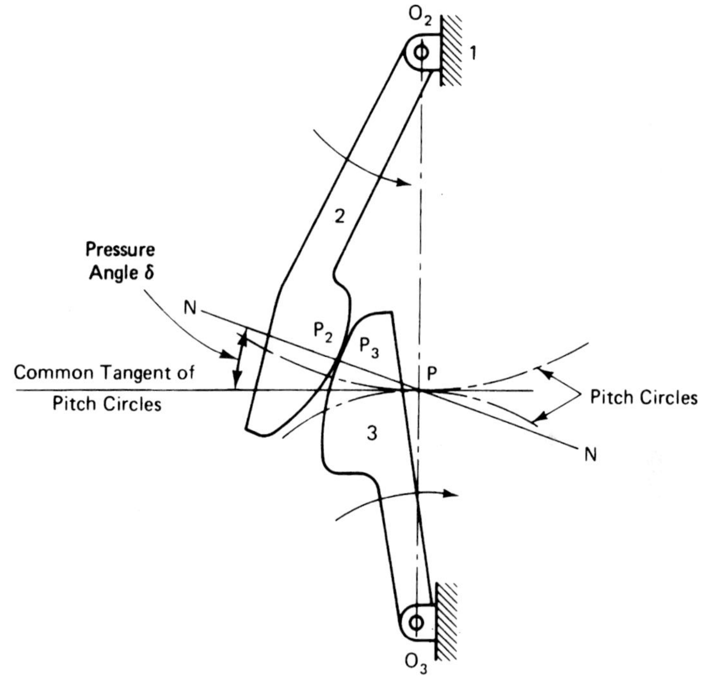

그림 7.3 기어 물림의 기본 법칙: 일정한 각속도비를 위해서 접촉하는 이 측면의 공통 법선은 항상 피치점 P를 통과해야 한다.

어의 기본 법칙을 만족시키는 한 쌍의 치형을 **공액 치형**이라고 부른다. 기어의 기본 법칙을 만족시키는 공액 치형들이 많이 있지만, **사이클로이드 치형**과 **인벌루트 치형** 두 가지가 일반적으로 사용되고 있다. 인벌루트 치형은 제작하기 쉬우며, 속도비에 변화를 주지 않고 기어쌍의 중심 거리를 바꿀 수 있다는 중요한 장점을 가지고 있다. 따라서 인벌루트 치형을 이용하면 축 위치 사이에 정밀한 공차가 요구되지 않는다.

그림 7.4는 인벌루트곡선이 어떻게 만들어지는지를 보여준다. 실을 기초원(원통)에 둘러싼 후 실이 표면으로부터 다시 풀림에 따라 실 위의 한 점 P는 인벌루트곡선을 그리게

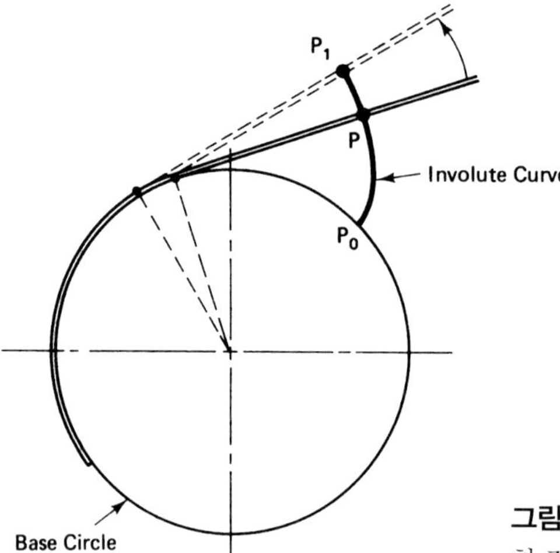

그림 7.4 원판으로부터 풀리는 실의 한 점에 의한 인벌루트곡선의 생성.

된다.

그림 7.1은 여러 가지 형태의 기어를 보여준다. 평행축에는 일반적으로 직치 평기어, 층상, 헬리컬, 이중 헬리컬 또는 헤링본기어가 이용된다. 교차하는 축의 경우에는 직치 베벨, 나선형 베벨 또는 면기어를 사용한다. 비평형, 비교차축에 대해서는 나사, 웜, 면, 스큐 베벨 또는 하이포이드기어가 사용 가능하다.

7.2 기어 명칭

그림 7.5에는 기본 용어와 함께 전형적인 평기어의 일부분이 나타나 있다. 이 절에서는 몇 가지 기본 용어를 설명한다. 평기어는 형태로 보면 원통 모양이고(원통 모양의 피치면을 가짐) 평행축에 사용된다. 이(tooth)는 곧고 축에 평행하다(그림 7.1).

맞물리는 기어의 피치원(pitch circle)은 서로 접한다. 이들은 미끄럼 없이 서로 구름운동을 한다.

원주 피치(circular pitch) CP는 이웃하고 있는 이의 대응점까지를 피치원의 원호를 따라 잰 거리이다.

어덴덤(addendum) a는 피치원 바깥쪽의 이 높이이다(또는 피치원과 어덴덤원 사이의 반지름방향 거리).

이 틈새(clearance) c는 주어진 기어에서 디덴덤(피치원 아래의 이 높이)이 맞물리는 상대 기어의 어덴덤을 초과한 양이다.

유효 이 높이(working depth) h_k는 한 쌍의 기어가 맞물리는 깊이이다(두 기어 이의 어

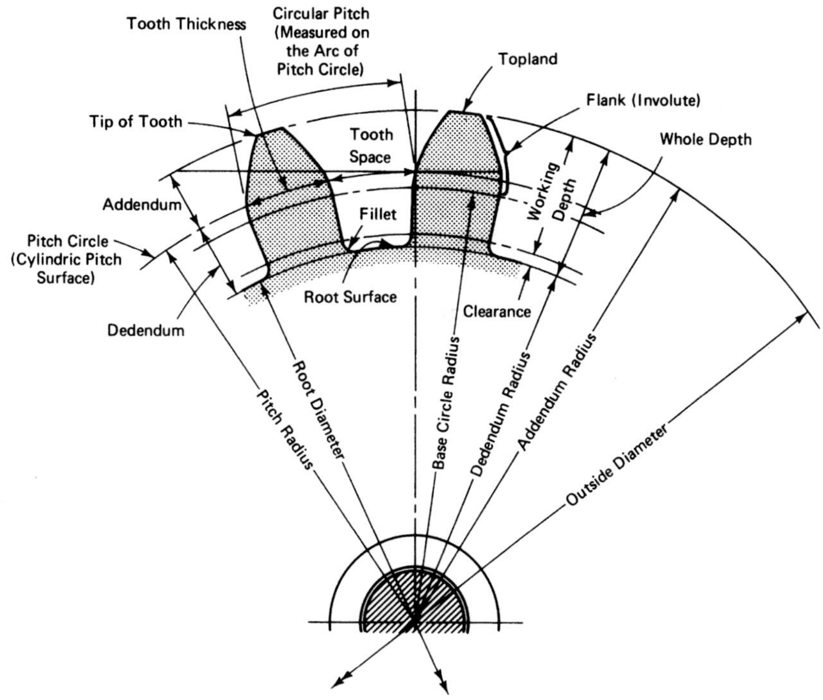

그림 7.5 인벌루트기어 이에 관한 용어.

덴덤 합).

이 높이(whole depth) h_t는 이의 총 깊이이다(어덴덤과 디덴덤의 합).

이 두께(tooth thickness) t는 피치원의 호를 따라 측정한 이의 두께이다.

이 홈(tooth space)은 피치원의 호를 따라 측정한 이웃하는 이 사이의 거리이다.

백래시(backlash)는 피치원상에서 이 홈의 폭이 맞물린 이의 이 두께를 초과한 양이다(그림 7.5에 나타나 있지 않음).

지름 피치(diametral pitch) P는 피치 지름의 단위 인치당 기어 이의 개수이다(그림 7.5에 나타나 있지 않음).

$$P = \frac{N}{D} \tag{7.2}$$

여기서 P = 지름 피치(teeth/in.)

N = 잇수

D = 피치 지름(in.)

원주 피치(circular pitch)는 다음과 같이 표현된다.

$$CP = \frac{\pi D}{N} \tag{7.3}$$

그리고 $(P)(CP) = \pi$.

압력각(pressure angle) δ는 그림 7.3에서 맞물린 기어 이 사이의 힘 작용선이 피치점을 통과하는 기어 중심선의 수직선과 이루는 각이다. 이것은 그림 3.19에 나타나 있는 편향각(deviation angle)과 같다.

이 측면(flank)은 이의 옆면(혹은 윤곽)의 인벌루트 부분이다.

기초피치(base pitch) BP는 이웃하고 있는 이의 대응점까지 기초원의 호를 따라 측정한 거리이다. 원주 피치(CP)와의 관계는 다음과 같다.

$$BP = CP \frac{\text{기초원 지름}(D_b)}{\text{피치원 지름}(D)} \tag{7.4}$$

압력선(pressure line)은 맞물리는 기어쌍의 기초원들에 대한 접선과 압력각으로 정의되는 선이다. 접촉에 의한 운동과 동력 전달은 이 선을 따라서 이루어진다.

작용선(line of action) ℓ은 압력선의 일부분으로 접촉은 이 선을 따라 일어난다. 접촉은 종동기어의 이 끝이 구동기어의 이 측면에 의해 밀릴 때, 즉 종동기어의 어덴덤원이 압력선과 교차할 때 시작된다. 또한 종동기어의 이 측면이 구동기어의 이 끝에 의해서 힘이 가해질 때, 즉 구동기어의 어덴덤원이 압력선과 교차할 때 접촉이 끝난다. 작용선의 길이는 그림 7.6으로부터 식 (7.5)와 같이 구할 수 있다.

$$\ell = |\overline{AC} - \overline{AP}| + |\overline{DB} - \overline{DP}| \tag{7.5}$$

어덴덤과 피치원의 반지름을 대입하면 작용선의 길이는 다음과 같다(연습문제 7.30 참조).

$$\ell = \left|\sqrt{(r_2 + a_2)^2 - (r_2 \cos \delta)^2}\right| - r_2 \sin \delta + \left|\sqrt{(r_3 + a_3)^2 - (r_3 \cos \delta)^2}\right| - r_3 \sin \delta \tag{7.5a}$$

물림률(contact ratio) CR은 작용선의 길이를 기초피치로 나눈 값이다. 이 값은 기어가 맞물려 돌 때 임의의 순간에 접촉상태에 있는 이의 평균수이다. 그 값은 1보다 커야 하며 그렇지 않을 경우 어떤 순간 동안에는 이의 맞물림이 없게 된다.

$$CR = \frac{\ell}{BP} \tag{7.6}$$

위 식에서 BP는 기초피치$(2\pi r_B/N)$이고 N은 기어의 잇수이다.

인벌루트 치형은 기초원에서부터 이 끝 바깥 지름(어덴덤)까지 정의된다. 디덴덤원이 기초원 안에 놓여 있으면, 기초원 밑으로는 비인벌루트 치형이 만들어진다. 그렇기 때문에 기초원 밑에서 두 이의 접촉이 일어나는 경우에는 비공액곡선들이 맞물리게 된다. 이러한 경우 기어 물림 기본 법칙을 만족하지 못하고 간섭(interference)이 발생한다. 압력선과 기초원의 접점으로 정의되는 간섭점을 넘어서는 두 기어의 어덴덤원들이 작용선과 교

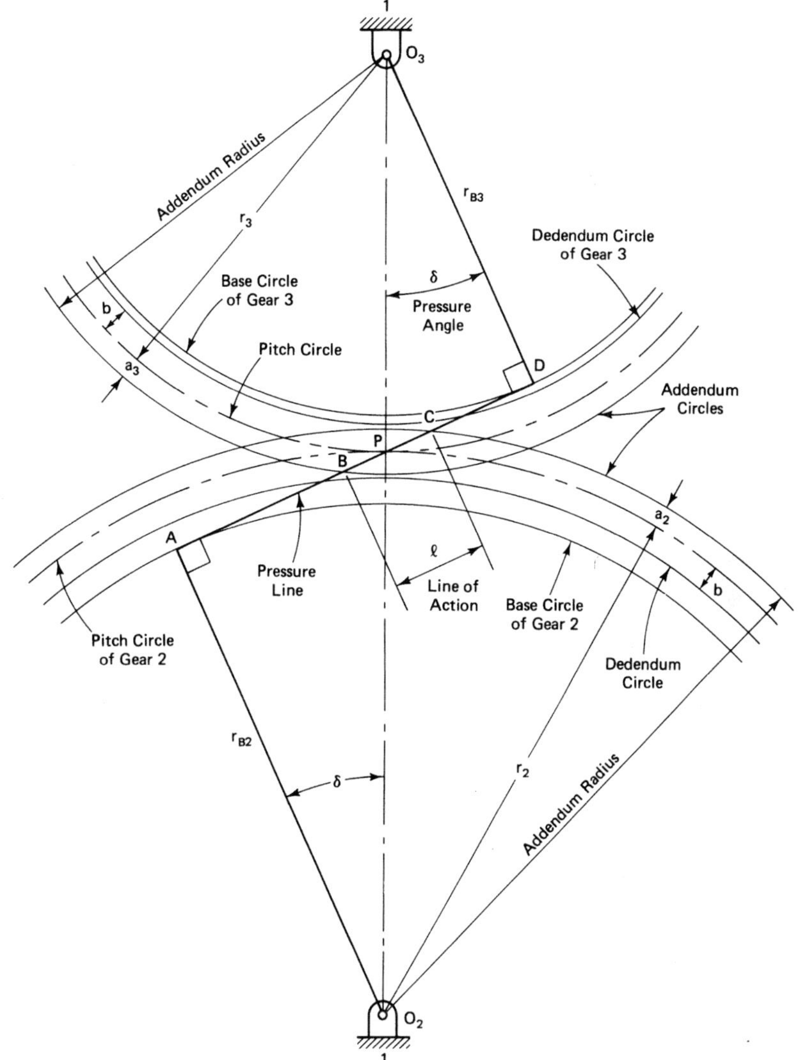

그림 7.6 맞물려 있는 평기어쌍에 관한 용어.

차하지 않도록 하면 이러한 상태를 피할 수 있다. 그림 7.6을 가지고 설명하도록 한다. 기어 2의 어덴덤 반지름은 O_2에서 D까지의 간섭점 거리보다 작아야 하고, 기어 3의 어덴덤 반지름은 O_3에서 A까지의 간섭점 거리보다 작아야 한다. c를 기어 중심 거리라 하면, 압력선 거리는 다음과 같다.

$$\overline{AD} = c \sin \delta = O_2O_3 \sin \delta \tag{7.7}$$

기어 2에 대한 간섭점 거리 $\overline{O_2D}$ 는 다음 식으로 주어진다.

$$\overline{O_2D} = \left|\sqrt{r_{b2}^2 + (c \sin \delta)^2}\right| \tag{7.8}$$

그러므로 기어 2에 대한 비간섭 조건은 다음과 같다.

$$r_2 + a_2 \leq \left|\sqrt{r_{b2}^2 + (c \sin \delta)^2}\right| \tag{7.9}$$

유사한 방법으로 기어 3에 대한 비간섭 조건은 다음과 같이 구한다.

$$r_3 + a_3 \leq \left|\sqrt{r_{b3}^2 + (c \sin \delta)^2}\right| \tag{7.10}$$

표준 기어의 경우 큰 기어를 기준으로 간섭에 대한 제한조건이 주어진다. 큰 기어의 어덴덤이 작은 기어와 간섭하지 않으면 이 기어쌍에서는 간섭이 일어나지 않는다. 간섭이 일어나는 경우에는 간섭하는 기어의 어덴덤을 줄여서, 즉 낮은 이 기어(stub-tooth gear)를 만들거나 압력각을 증가시켜서 간섭을 없앨 수 있다. 이러한 방법들은 모두 물림률을 감소시켜 기어가 작동할 때 소음이 커지게 된다. 표 7.1은 표준 인벌루트 평기어에 대한 American Gear Manufacturer's Association(AGMA) 규격을 나타낸다.

표 7.1 ● AGMA 및 USASI 표준 평기어 치형 규격.

Quantity	Coarse pitch[a] (up to 20P) full depth		Fine pitch (20P and up) full depth
Pressure angle δ (deg)	20°	25°	20°
Addendum a	$\frac{1.000}{P}$	$\frac{1.000}{P}$	$\frac{1.000}{P}$
Dedendum b	$\frac{1.250}{P}$	$\frac{1.250}{P}$	$\frac{1.200}{P} + 0.002\ in.$
Working depth h_k	$\frac{2.000}{P}$	$\frac{2.000}{P}$	$\frac{2.000}{P}$
Whole depth h_t, minimum	$\frac{2.250}{P}$	$\frac{2.250}{P}$	$\frac{2.200}{P} + 0.002\ in.$
Circular tooth thickness t_p	$\frac{\pi}{2P}$	$\frac{\pi}{2P}$	$\frac{1.5708}{2P}$
Fillet radius of basic rack r_f	$\frac{0.300}{P}$	$\frac{0.300}{P}$	Not standardized
Basic clearance c, minimum	$\frac{0.250}{P}$	$\frac{0.250}{P}$	$\frac{0.200}{P} + 0.002\ in.$
Clearance c (shaved or ground teeth)	$\frac{0.350}{P}$	$\frac{0.350}{P}$	$\frac{0.3500}{P} + 0.002\ in.$
Minimum number of pinion teeth	18	12	18
Minimum width of top land t_0	$\frac{0.25}{P}$	$\frac{0.25}{P}$	Not standardized

[a] But not including 20P.

Source: Standardized by the AGMA and the United States of America Standards Institute (USASI). The spur gear standards are the AGMA publications 201.02 and 201.02A, "Tooth Proportions for Coarse-Pitch Involute Spur Gears," and 207.04, "20-Degree Involute Fine-Pitch Systems for Spur and Helical Gears," and are available from the AGMA.

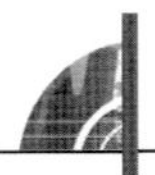

7.3 기어의 성형

기어 이를 성형하는 방법에는 여러 가지가 있으나 주조(casting)와 절삭 가공(machining) 두 가지의 공정이 상업적으로 사용된다. 주조에서 흔히 쓰이는 방법에는 모래 주조(sandcasting), 인베스트멘트 주조(investment casting), 다이캐스팅(die casting), 원심 주조(centrifugal casting) 등이 있다. 아연, 주석, 알루미늄 그리고 구리 합금으로 만들어진 기어는 보통 다이캐스팅 방법을 사용하는데, 정확성과 표면 마무리 상태가 좋다.

고속에서 사용되거나 크기에 비해 큰 부하를 전달해야 하는 기어는 강(steel)으로 만들고 총형커터(form cutter) 또는 창성커터(generating cutter)로 절삭한다. 성형 방법에 있어서, 기어 이는 회전평삭커터(그림 7.7 및 7.8 참조) 또는 요구되는 형상으로 미리 정확히 성형된 왕복형상커터에 의해서 절삭된다. 다른 성형 방법으로는 미리 성형된 형판을 따라가며 원하는 외형을 성형하는 평삭기(planing tool) 그리고 브로칭(broaching) 작업이 있다. 소형의 비금속 플라스틱 기어는 압출(피니언 와이어의 드로잉) 또는 사출성형으로 제작한다.

기어 창성 방법에서 이러한 기계들은 커터와 기어 소재(gear blank)에 주어지는 운동에 의해서 수학적으로 정확한 치형을 만들어낸다. 창성커터는 치형과 다른 모양을 갖는다. 커터의 피치면(작은 기어 형상의 피니언커터는 원통형, 랙커터는 평면형)은 소재에 이 홈을 내면서 커터가 왕복할 동안 기어 소재의 피치원과 구름접촉을 유지하도록 구속된다. 왕복운동하는 랙 대신에 회전하는 이가 달린 웜커터가 사용되기도 한다. 창성 도중 간섭

그림 7.7 손가락 형상의 성형커터로 밀링머신에서 한 번에 이 홈 하나씩이 성형 절삭되고 있는 대형 평기어(Kreiter Gear and Machine, Inc., Houston, TX 소장).

그림 7.8 같은 평기어의 확대 사진. 성형커터의 채터(chatter) 표시가 보인다(Krelter Gear and Machine, Inc., Houston, TX 소장).

은 언더커팅(undercutting)을 유발하여 디덴덤을 따라 발생한 언더커팅은 이 뿌리 부분을 약하게 한다. 표 7.1에 주어진 피니언 최소 잇수 기준을 따르면 언더커팅의 발생을 피할 수 있다.

그림 7.9 Gould and Eberhardt 기어 호버(hobber)로 완성되고 있는 헬리컬기어(Kreiter Gear and Machine, Inc., Houston, TX 소장).

그림 7.10 그림 7.8에서와 같이 기어 호버에서 호브 가공중인 평기어. 가공물 둘레의 부분적으로 가공된 치형들은 창성 방법을 보여준다(Kreiter Gear and Machine, Inc., Houston, TX 소장).

기어 이의 창성 공구에는 세 가지 종류가 있는데, **호빙공구**(hobbing tool)라고 부르는 회전하는 웜 형상 커터(그림 7.9, 7.19, 7.11), 왕복운동하는 피니언 형상 커터(그림 7.12a) 그리고 왕복운동하는 랙 형상 커터(그림 7.12b)이다.

이들 공정에 대한 상세한 설명이 필요하면 기어 및 기어 성형에 관한 다른 책을 참고하도록 한다(참고문헌 110).

그림 7.11 기어 호버에서 막 완성된 이중헬리컬피니언기어(Kreiter Gearand Machine, Inc., Houston, TX 소장).

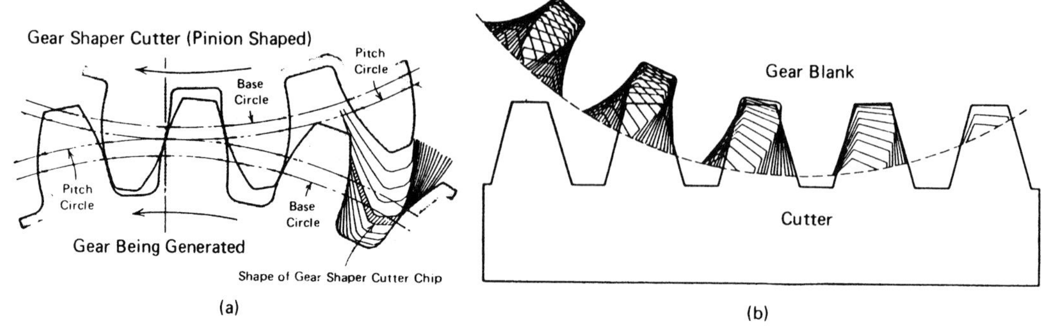

그림 7.12 소재로부터 기어 이의 가공: (a) 왕복피니언커터, (b) 랙커터.

7.4 기어트레인

기구의 중요한 목적 중 하나는 운동을 한 위치에서 다른 위치로 전달하는 것이고 보통 이 과정중에 운동이 바뀌게 된다. 대부분의 경우 한 축의 회전운동을 다른 축의 회전운동으로 전달해야 한다. 이 축들이 평행하고 그 회전운동 사이에 비선형 관계가 있을 때에는 평면 함수생성 링크장치 또는 요동종동절을 가진 캠이 고려될 수 있다(특히 출력축이 완전히 360° 회전하지 않아도 되는 경우). 그러나 일반적으로 입력과 출력축 사이에 일정한 관계, 즉 일정 각속도비가 요구된다. 예를 들어, 어떤 기계에 반시계방향으로 2700 rpm의 회전운동을 입력해야 하는 설계를 생각해 보자. 대부분 표준 모터의 출력이 시계방향으로 1800 rpm이므로 모터와 기계의 평행축(그림 7.13) 사이에 한 조의 평기어(각 축에 기어 하나씩만을 갖는 단순 기어트레인)를 사용해서 이 목적을 달성할 수 있을 것이다.

기어 2와 3의 피치 속도($\mathbf{V}_{p2}$, $\mathbf{V}_{p3}$)가 같아야 하므로

$$\mathbf{V}_{P2} = \dot{\mathbf{z}}_2 = r_2\omega_2 ie^{i0^\circ} = \mathbf{V}_{P3} = \dot{\mathbf{z}}_3 = r_3\omega_3 ie^{i\pi} \tag{7.11}$$

즉,

$$\frac{\omega_3}{\omega_2} = -\frac{r_2}{r_3} = -\frac{30\text{ mm}}{20\text{ mm}} \tag{7.12}$$

그러므로 $\omega_2 = 1800$ rpm cw일 때

$$\omega_3 = -\tfrac{3}{2}\omega_2 = -\tfrac{3}{2}(-1800) = 2700\text{ rpm ccw}$$

각속도비 $\omega_{\text{in}}/\omega_{\text{out}}$는 피치 반지름비, 피치 지름비, 피치 원주비 또는 잇수비에 반비례하는 것을 쉽게 알 수 있다(맞물리는 기어쌍의 원주 피치는 같아야 함).

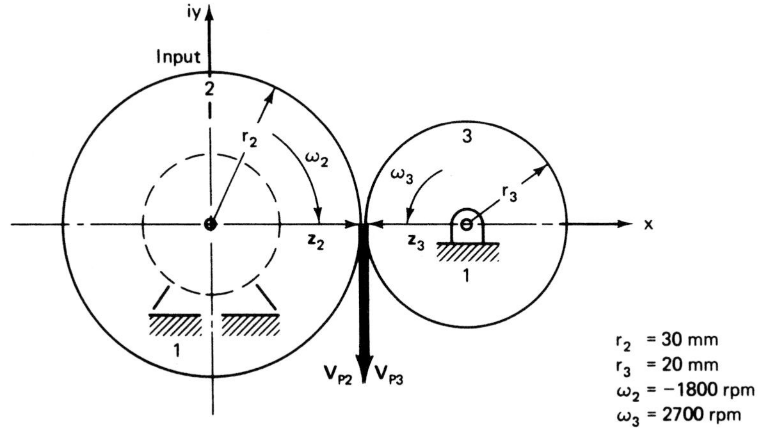

그림 7.13 맞물려 도는 평기어쌍의 각속도는 피치 반지름에 반비례한다.

$$-\frac{\omega_{\mathrm{in}}}{\omega_{\mathrm{out}}} = \frac{r_{\mathrm{out}}}{r_{\mathrm{in}}} = \frac{d_{\mathrm{out}}}{d_{\mathrm{in}}} = \frac{c_{\mathrm{out}}}{c_{\mathrm{in}}} = \frac{N_{\mathrm{out}}}{N_{\mathrm{in}}} \tag{7.13}$$

위의 식에서 c_{out}과 c_{in}은 각각 해당 피치 원주이다. 두 기어의 기어 중심이 피치원의 공통 접선에 대해 서로 반대쪽에 놓여 있고, 서로 반대방향으로 회전하기 때문에 음의 부호가 나타난다.

60 : 1의 각속도비가 요구되는 설계를 생각해 보자. 기어 지름이 각각 60 단위와 1 단위인 기어 한 쌍을 사용한다면 공간 제약(또는 경비) 때문에 매우 비실용적일 것이다. 이런 경우 단순기어트레인(ordinary gear train)*이 바람직한 대안이 된다(그림 7.14 참조). 전체 각속도비 ω_2/ω_7는 다음 식으로 결정할 수 있다.

$$\frac{\omega_2}{\omega_7} = \frac{\omega_2}{\omega_3}\left(\frac{\omega_3}{\omega_4}\right)\frac{\omega_4}{\omega_5}\left(\frac{\omega_5}{\omega_6}\right)\frac{\omega_6}{\omega_7} \tag{7.14}$$

식에서

$$\frac{\omega_2}{\omega_3} = -\frac{N_3}{N_2}, \qquad \frac{\omega_3}{\omega_4} = 1, \qquad \frac{\omega_4}{\omega_5} = -\frac{N_5}{N_4}$$

$$\frac{\omega_5}{\omega_6} = 1, \qquad \frac{\omega_6}{\omega_7} = -\frac{N_7}{N_6}$$

또는

* 각각의 기어의 중심이 베어링으로 지면에 연결되어 있다. 따라서 모든 기어의 중심은 지면에 고정된다.

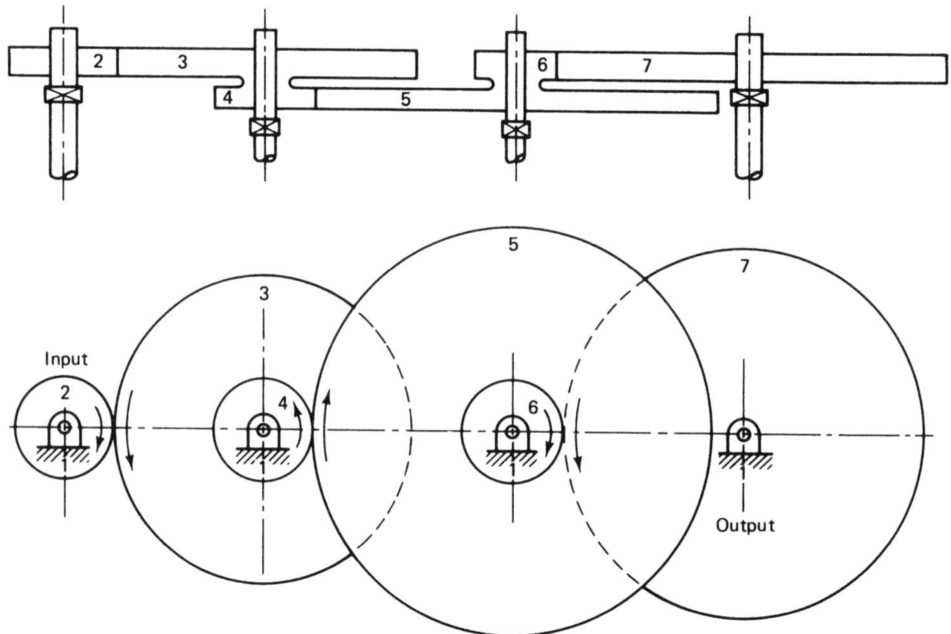

그림 7.14 복합기어트레인(compound gear train)은 몇 개의 평행축을 갖고, 각 축에 하나 이상의 기어를 갖는다. 기어 3과 4가 하나로 이루어져 있고 기어 5, 6도 마찬가지이다.

$$\frac{\omega_2}{\omega_7} = -\left(\frac{N_3}{N_2}\frac{N_5}{N_4}\frac{N_7}{N_6}\right) \tag{7.15}$$

각 기어세트의 접촉점에서 화살표로 회전방향을 나타내면 식 (7.15)에 나타난 음의 부호를 시각적으로 확인할 수 있다. 그림 7.14에서 입력과 출력기어는 서로 반대방향으로 회전한다. 이 기어트레인은 하나 이상의 축 위에 둘 이상의 기어를 갖는 **복합기어트레인**(compound gear train)이다.

N_2부터 N_7까지를 여러 방식으로 조합해서 60 : 1의 각속도비를 얻을 수 있다. 예를 들면 $N_3/N_2 = 3$, $N_5/N_4 = 4$, $N_7/N_6 = 5$의 잇수비로 원하는 각속도비를 얻을 수 있다.

이 예를 통해 복합기어트레인에서 각속도의 일반 법칙을 알 수 있다. 식 (7.15)에서 분자가 피동기어들의 잇수 곱으로 표현되어 있고 분모는 구동기어들의 잇수 곱으로 표현되어 있는 것을 볼 수 있다(기어 2는 기어 3을 구동하고, 기어 4는 기어 5를 구동하는 등). 또한 ω_2는 구동기어의 각속도이고 ω_7은 피동기어의 각속도이다. 따라서 일반적으로 **고정중심**(fixed center)을 가진 기어에서의 각속도비는 다음과 같다.

$$\left|\frac{\omega_{driver}}{\omega_{driven}}\right| = \frac{\text{피동기어들의 잇수 곱}}{\text{구동기어들의 잇수 곱}} \tag{7.16}$$

이 식은 중심이 고정된 다른 형상의 기어(예를 들어 베벨, 웜 등)에 대해서도 성립한다. 식 (7.16)에 관련된 부호는 그림 7.14와 같이 그림으로 그려서 시각적으로 결정할 수 있다.

예제 7.1

그림 7.15는 대표적인 시계 탈진 기구(runaway escapement mechanism) [119]를 보여준다. 굴대(verge)는 진동 질량체이다. 이 굴대는 단순기어트레인에 가해지는 토크 τ에 의해서 돌아가는 탈진휠의 운동을 간섭한다. 탈진휠은 진동하는 굴대에 연속적으로 충돌하기 때문에 자유롭게 돌아갈 수 없다. τ가 일정한 수준으로 유지되면 탈진휠은 일정한 평균 각속도로 회전할 것이고 기어트레인도 그렇게 될 것이다. 그러므로 이러한 기어운동은 기계적 아날로그 시계로 이용될 수 있다.

각 기어의 잇수는 그림과 같다. 참고문헌[119]에 의하면 입력토크 τ가 0.022 Nm일 때 탈진휠 각속도는 1000 rpm이다.

(a) 탈진휠은 어느 방향으로 회전하는가?

(b) 기어 A와 C의 각속도(와 방향)는 얼마인가?

(c) 시계의 초침 구동에 기어 C를 사용할 경우 탈진휠의 회전 속도는 얼마여야 하는가?

풀이

식 (7.16)을 사용하여

$$\left|\frac{\omega_A}{\omega_F}\right| = \frac{N_F N_D N_B}{N_E N_C N_A}$$

잘 살펴보면 탈진휠은 시계방향으로 회전함을 알 수 있다(회전방향을 결정하기 위해서 그림 7.14에서와 같이 화살표 방법을 이용한다). 따라서

$$\begin{aligned}\omega_A &= -\omega_F(.01209)\\ &= 12.09 \text{ rpm ccw}\end{aligned}$$

또한

$$\omega_C = +\omega_F \frac{N_F}{N_E}\frac{N_D}{N_C} = \omega_F(.0635) = 63.48 \text{ rpm cw}$$

ω_C가 1 rpm cw일 때 ω_F는 다음과 같다.

$$\begin{aligned}\omega_F &= 1/(.0635)\\ &= 15.748 \text{ rpm cw}\end{aligned}$$

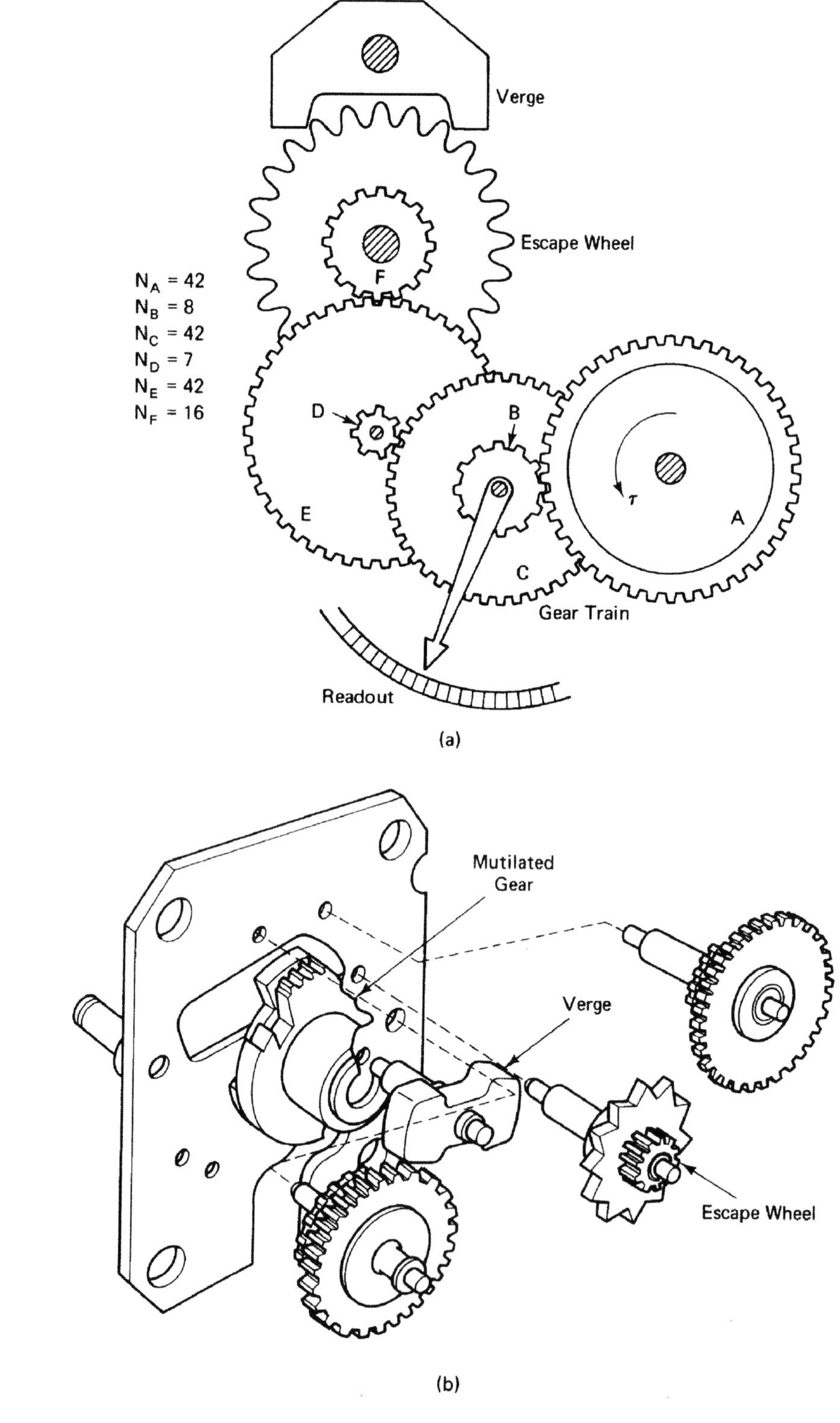

그림 7.15 (a) 전형적인 탈진 장치. (b) 탈진 장치의 분해도.

예제 7.2

대표적인 산업용 석판 인쇄기에는 헬리컬기어와 평기어를 사용한다. 헬리컬기어는 높은 하중과 조용한 작동을 위해서 3개의 인쇄실린더(판실린더, 덮개설린더, 압력실린더)에 사용된다. 평기어는 단순하고 유동적이어야 하는 잉크 롤러열(train)에 사용된다. 그림 7.16은 이 기어트레인을 보여준다. 그림 7.17에는 인쇄실린더의 투시도가 나타나 있으며 실린더 사이로 봉투가 나오는 것을 볼 수 있다.

모터의 속도는 1500 rpm이고 모터축에 설치되어 있는 타이밍 벨트 풀리 2의 잇수는 24개이다. 공전 폴리(idler pully)인 풀리 3의 잇수는 72개이다. 인쇄실린더의 선속도는 106 in/sec이다. 공전 헬리컬기어의 잇수는 몇 개인가?

풀이

먼저, 선속도로부터 각속도(rpm)를 구해야 한다.

$$\text{실린더 각속도} = (106/21)/(1/60) = 302.85 \text{ rpm}$$

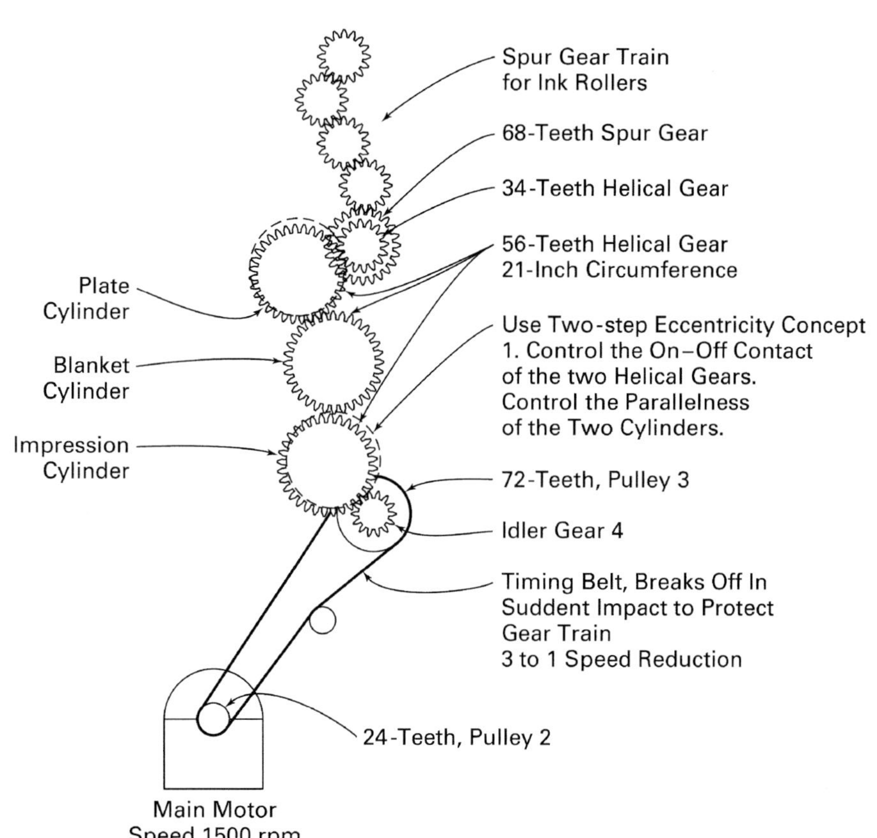

그림 7.16

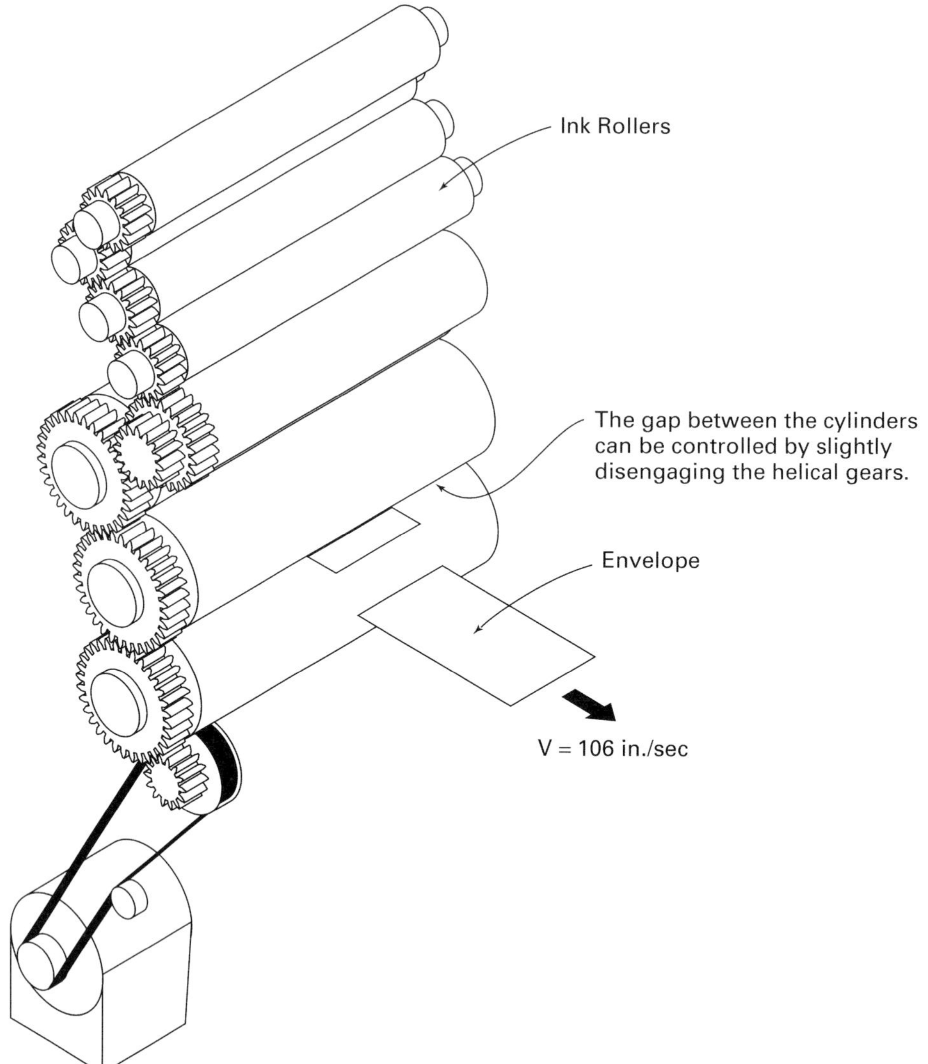

그림 7.17 그림에서 헬리컬기어가 마치 평기어 같이 간략화되었다.

공전 헬리컬기어의 잇수를 y로 놓고, 식 (7.16)을 이용하면 다음과 같다.

$$\left|\frac{\omega_5}{\omega_2}\right| = \frac{302.85}{1500} = \frac{24}{72}\frac{y}{56}$$

$$y = 33.91 \text{ teeth} = 34 \text{ teeth}$$

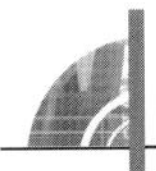

7.5 유성기어트레인

앞 절은 단순기어트레인(지면에 고정되어 있는 중심에 대해 회전하는 기어트레인)에 관한 것이었다. 단순기어트레인은 1자유도를 가지고 있다. 예를 들면, 그림 7.18a에서 기어 2가 회전하면 기어 3이 따라서 회전한다.

단순기어트레인과 대조적으로 유성(또는 주전원)기어트레인은 2자유도를 갖는다. 그림 7.18a에서 두 개의 기어 중심 중 하나를 지면으로부터 분리하면 유성기어트레인이 된다. 단순기어트레인은 점 *A*와 *B*에서 지면에 고정된 링크 4를 가지며, 그 결과 링크 4는 고정되고 지면에 고정된 중심의 주위로 기어 2와 3이 회전한다. 유성기어트레인은 점 *B*가 자유롭게 되어 기어 3이 지면으로부터 분리되고 암 4이 점 *A*를 중심으로 회전하게 된다. 기어 2와 암 4가 자유롭게 회전할 수 있으므로, 이 기어트레인은 2자유도를 갖는다(그림 7.18b).

2자유도를 갖는 기어트레인은 두 가지의 입력을 결합하여 하나의 출력을 얻는 데 이용할 수 있다. 예를 들면, 2개의 기관차 엔진을 결합하여 하나의 출력축을 구동시킬 수 있다. 그러나 입력(구동기어)에서 출력(피동기어)으로의 간단한 동력 이동은 1자유도로 충분하다. 이러한 경우에는 유성기어트레인의 어떤 한 부분을 지면에 고정시키고 1자유도를 제거함으로써 1자유도로 만들 수 있다. 이것은 그림 7.19의 기구학적 역에서 볼 수 있다. 각각의 전환들은 1자유도를 가지고 있어서 하나의 입력에서 하나의 출력으로 동력을 전달하는 데 사용될 수 있다*

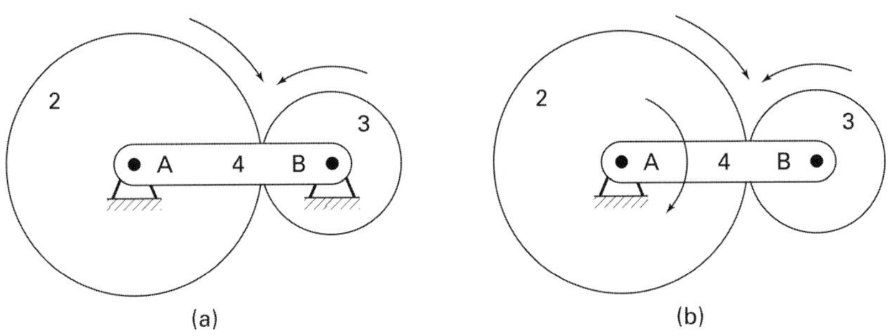

그림 7.18 기어트레인의 형태: (a) 단순기어트레인, (b) 유성기어트레인.

* 기구학적 역에 대해서는 3.1절에 자세히 설명되어 있다. 기구학적 역이란 다른 링크를 고정시킴으로써 새로운 기구를 만들어낼 수 있다는 것이다. 서로 다른 기구학적 역이라도 기구의 링크들 간의 상대 운동은 변하지 않는다.

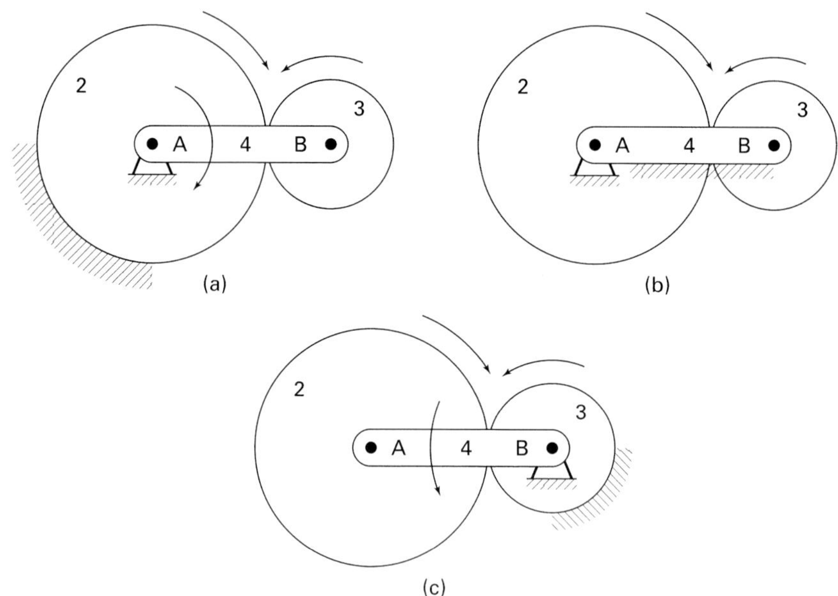

그림 7.19 유성기어트레인의 기구학적 역.

용어

그림 7.18b의 기어 3은 중심이 지면에 고정되어 있지 않고 기어 '궤도'가 마치 태양 주변을 회전하는 지구와 비슷하기 때문에 **유성기어**라고 한다. 기어 2는 중심이 지면에 고정되어 있고 유성이 궤도를 형성하며 주위를 회전하고 있기 때문에 **태양기어**라고 한다. 유성기어 3은 회전하는 **암**(또는 캐리어, 스파이더)에 고정되어 스핀들상에서 회전한다.

유성기어 시스템의 응용

유성기어트레인은 제작과 유지에 있어서 단순기어트레인보다 비용이 들지만 설계자들은 다음의 두 가지 이유 때문에 이것을 선택한다. 첫째, 2자유도가 요구되는 상황일 경우, 둘째, 입력축에서 출력축으로 1자유도를 갖는 동력을 전달할 경우, 단순기어트레인보다 유성기어트레인을 이용함으로써 같은 기어비를 가지면서도 공간을 적게 차지하고, 또한 더 큰 동력을 전달할 수 있다.

세 종류의 유성기어트레인을 설명하고 그것의 유용성을 보이도록 하겠다.

차동 장치. 유성기어트레인이 2자유도를 유지할 수 있을 때 이것을 차동 장치라 한다. 앞에서 논의했듯이 두 가지 입력을 결합하여 하나의 출력을 만들어야 할 때 차동 장치가 유용하다. 예를 들어, 그림 7.20에서 보듯 차동 장치에 의해 곡선 둘레를 가는 차의 뒷바퀴가 서로 다른 속도로 회전할 수 있다. 2자유도가 없으면 비록 두 바퀴는 같은 시간 동안 다른 거리를 갈지라도 같은 속도로 회전해야 한다. 그 결과 모퉁이를 돌 때 한쪽 바퀴는 정면과 측면으로 미끄러질 것이다.

차동 장치는 두 개의 모터의 출력을 결합할 때도 유용하다. 예를 들면, 기중기나 화물승강기(hoist)에서 두 개의 모터가 구동하도록 하면 더 안전하게 작동될 것이다[30]. 하나의 모터가 고장나더라도 다른 모터가 감속된 속도로 물건 옮기는 일을 계속할 것이다. 그림 7.21의 예에서 오른쪽 모터는 태양기어를 구동하고, 왼쪽 모터는 링기어를 구동한다. 캐리어(또는 케이지)는 드럼에 줄을 감는 출력축에 연결되어 있다. 두 모터가 같은 속도,

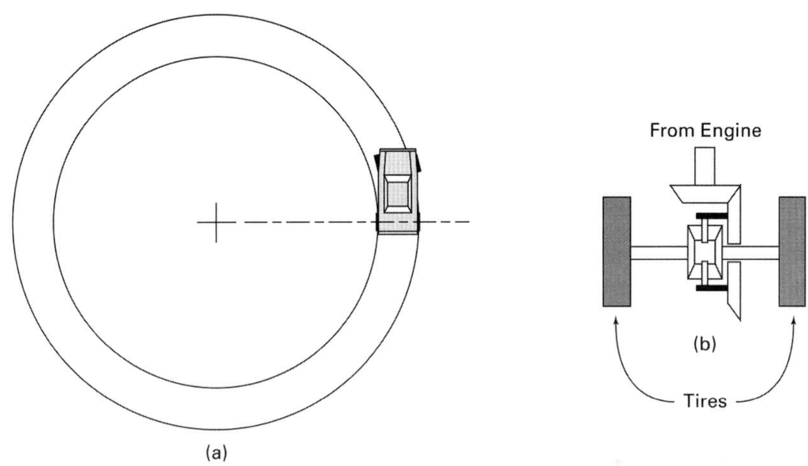

그림 7.20 차의 뒷축에 위치한 차동 장치. (a) 모퉁이를 돌 때 뒷바퀴는 서로 다른 속도이어야 한다. (b) 차의 뒷바퀴를 구동시키는 차동 장치.

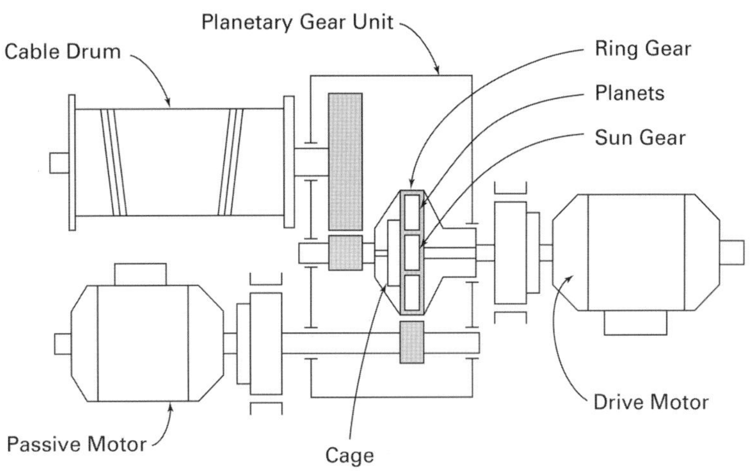

그림 7.21 두 개의 모터로 구동하는 호이스트[30].

같은 방향으로 돌아가면 캐리어도 같은 속도, 같은 방향으로 돌아간다. 만약 두 개 중 하나의 모터가 고장나더라도, 캐리어는 남아 있는 모터에 의해 원래 속도의 절반의 속도로 구동된다.

변속기. 기어트레인이 하나의 입력축에서 하나의 출력축으로 동력을 전달한다면 이 기어트레인은 1자유도를 가져야 할 것이다(앞의 예와 같은 2자유도는 안 됨). 이런 기어트레인을 변속기라 하는데, 입력(구동)에서 출력(피동)으로 동력을 전달하기 때문이다. 유성 기어트레인은 한 부분을 지면에 고정시킴으로써 1자유도가 제거되어 변속기와 같은 기능으로 사용될 수 있다.

그림 7.22에 이러한 기어트레인의 응용으로서 '크리퍼 드라이브' 변속기를 소개한다. 크리퍼 드라이브는 트랙터 제작사들이 제공하는 선택사양으로서 부가적으로 속도를 줄일 수 있게 하는 장치이다. 이것은 트랙터가 보다 천천히 움직이거나 바퀴에 보다 큰 토크가 요구될 때 이용된다. 내부 링기어(5)는 하우징에 압착되어 하우징을 지면에 고정시킴

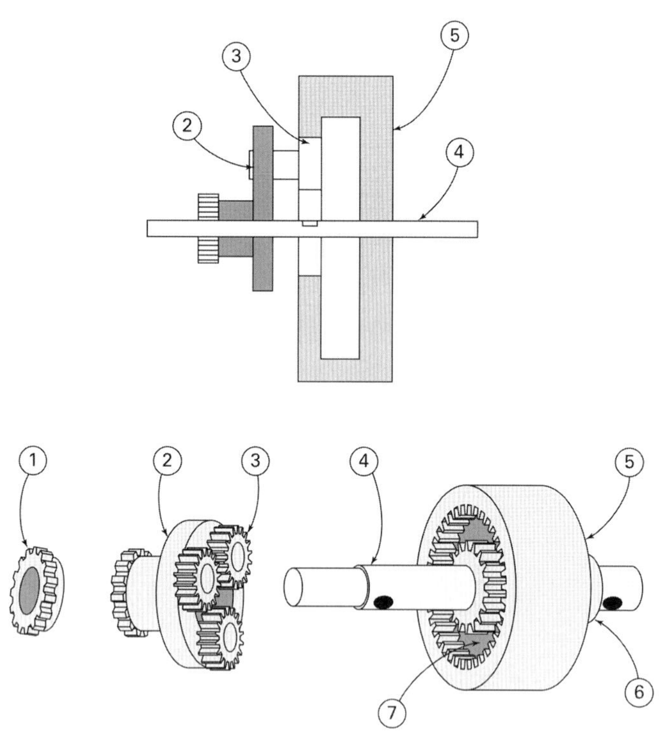

그림 7.22 크리퍼 드라이브(Cub 154 Lo-Boy Tractor).

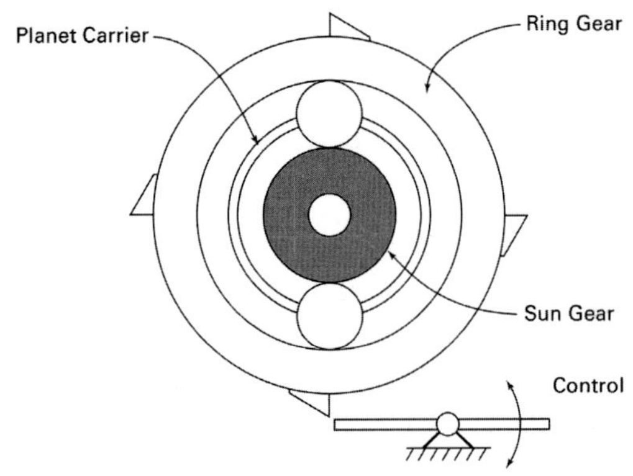

그림 7.23 유성클러치.

으로써 1자유도를 제거한다. 엔진이 태양기어(4)를 돌리면, 유성(3)과 캐리어(2)는 태양기어의 주위를 회전한다. 캐리어가 회전하면 접촉한 저속기어가 태양기어보다 천천히 회전한다. 이 예에서 살펴보면, 태양기어는 구동부이고 암이 피동부이며 유성기어트레인이 감속 장치로 작용한다.

클러치. 앞에서 언급하였듯이 유성기어세트는 본질적으로 2자유도를 가진다. 이 사실을 이용하여 유성기어트레인을 힘을 전달하거나 '프리휠(freewheel)'로 사용할 수 있다(즉, 입력축에서 출력축으로 동력을 전달하지 않고 회전함). 이것은 그림 7.23에 나타나 있다. 이 예에서 태양기어는 구동기어이고 캐리어가 피동부이다. 그림에서와 같이 정지 장치가 내려져 있을 때 링기어와 유성기어는 자유롭게 회전하며, 이 시스템은 2자유도를 가진다. 입력인 태양기어에서 출력인 캐리어로 어떠한 힘도 전달되지 않을 것이며, 태양기어는 두 유성기어를 반대방향으로 똑같이 구동시킬 것이다. 왜냐하면, 링기어의 회전이 자유롭기 때문에 유성기어가 회전하면 링기어는 반시계방향으로 헛돌기 때문이다. 유성기어가 크기는 같고 방향이 반대인 반발력을 받기 때문에 캐리어는 회전하지 않을 것이다. 정지 장치가 올려져 있으면, 링기어는 회전을 할 수 없다. 링기어가 회전할 수 없으므로 이 시스템에서 자유도 하나가 없어지게 된다. 이제 태양기어가 회전하면 유성기어와 캐리어가 회전하여 캐리어를 통해 출력축으로 동력을 전달한다.

유성기어의 각속도 구하기

단순기어트레인의 각속도는 바로 구할 수 있다. 앞에서 논의했듯이, 피동기어의 잇수 대 구동기어의 잇수비로 계산할 수 있다. 기어트레인의 각 기어는 지면에 고정된 중심을 기준으로 회전하기 때문에 각속도는 항상 그 지면에 고정된 중심에 대해 구한다. 그러나 유

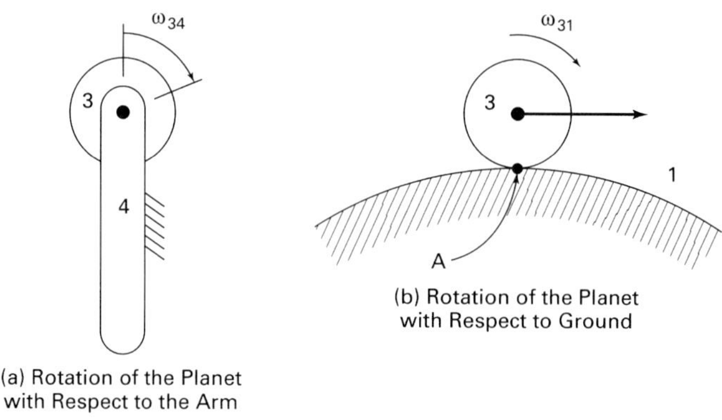

그림 7.24 보는 관점에 따른 유성기어의 두 각속도.

성기어는 자신의 중심을 기준으로 회전하고 동시에 태양기어의 중심을 기준으로 회전하기 때문에 유성기어트레인의 분석은 복잡하다. 그 결과 유성기어트레인은 서로 다르지만 연관되어 있는 두 각속도를 가진다 – 암에 대한 상대적인 각속도(그림 7.24의 ω_{34})와 지면에 대한 상대적인 각속도(ω_{31} – 그림 7.24의 순간중심 A를 중심으로 회전). 유성기어의 운동을 분석하기 위해서는 이러한 두 각속도를 구해야 한다. 각각의 각속도를 다음과 같이 구할 수 있다.

ω_{31}**: 지면에 대한 유성기어의 상대적 회전클러치.** 유성기어(3)가 태양기어(2)의 바깥 원주를 따라 구름으로써, 유성기어의 중심속도(점 B)는 두 가지 다른 식으로 표현된다(그림 7.25). V_B에 대한 각 식의 결과는 같은 값이 되어야 하므로 이로부터 다음 결과를 얻는다.

$$\omega_{41} r_4 = \omega_{31} r_3$$

ω_{31}을 구하면 다음과 같다.

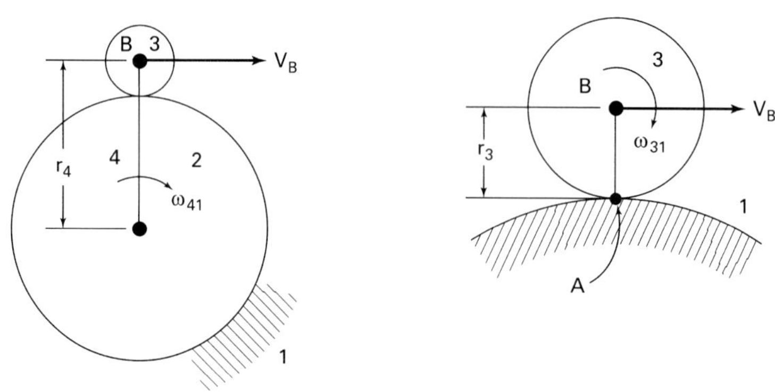

그림 7.25 ω_{31} 계산.

$$\omega_{31} = \frac{r_4}{r_3}\omega_{41} \tag{7.17}$$

ω_{34}: **암에 대한 유성기어의 상대적 회전**. 암이 움직이면 유성기어는 암에 부착된 스핀들 둘레를 회전한다. 기하학적으로 원주의 길이 *A*-*A*′은 $(r_4 - r_3)\theta_{41}$이다(그림 7.26a). 기어 3은 미끄럼이 없이 회전하기 때문에, 점 *A*는 기어 3의 원주를 따라 같은 거리를 이동했을 것이다(그림 7.26b). 두 거리가 같으므로

$$\theta_{34}r_3 = \theta_{41}(r_4 - r_3)$$

시간에 대해 한 번 미분하면

$$\omega_{34}r_3 = \omega_{41}(r_4 - r_3)$$

ω_{34}의 해를 구하면 다음과 같다.

$$\omega_{34} = \frac{r_4 - r_3}{r_3}\omega_{41} \tag{7.18}$$

이 식을 간단히 하면 다음과 같다.

$$\omega_{34} = \left[\frac{r_4}{r_3} - 1\right]\omega_{41}$$

원주 피치가 기어 지름 1인치당 잇수(*N*/*D*)라는 것을 상기하면 다음과 같이 쓸 수 있다.

$$P = \frac{N_2}{2r_2} = \frac{N_3}{2r_3}$$

$$\therefore \frac{N_2}{N_3} = \frac{r_2}{r_3}$$

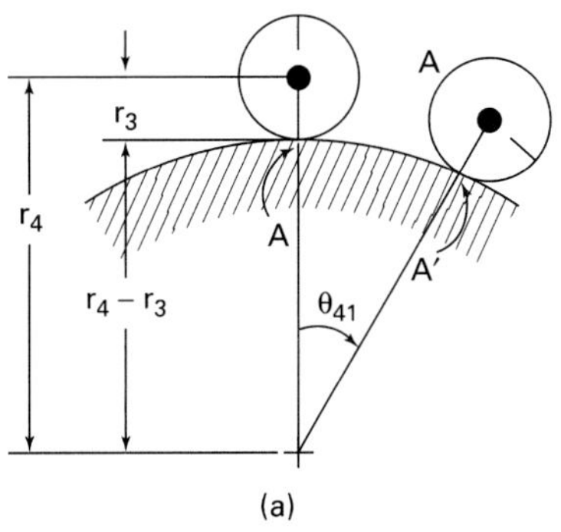

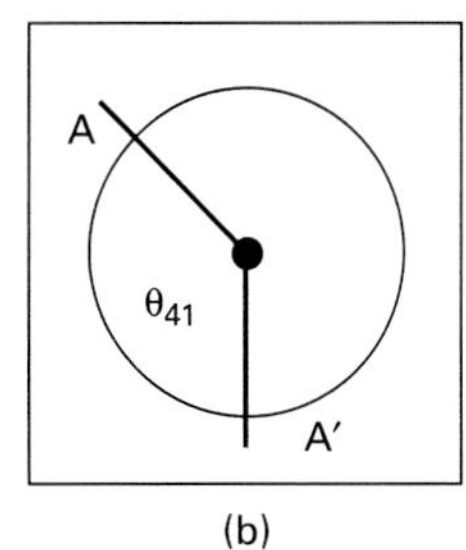

그림 7.26 ω_{34} 계산.

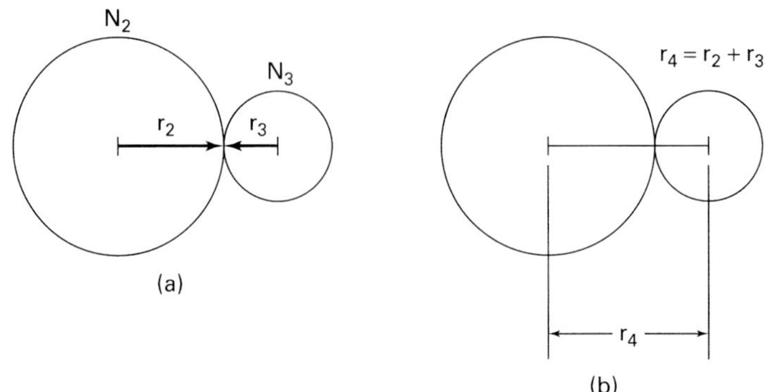

그림 7.27 기어의 잇수비.

식 (7.17)과 (7.18)을 다시 쓰기 위해 r_4는 r_2와 r_3로 표현되어야 한다(그림 7.27). 그러면 기어 잇수비로 대치될 것이다.

$$\frac{r_2}{r_3} = \frac{r_2 + r_3}{r_3} = \frac{N_2 + N_3}{N_3} = \frac{N_2}{N_3} + 1$$

위의 식을 식 (7.17)과 (7.18)에 대입하면

$$\omega_{31} = \left[\frac{N_2}{N_3} + 1\right] \omega_{41} \tag{7.17a}$$

그리고

$$\omega_{34} = \left[\frac{N_2}{N_3} + 1 - 1\right] \omega_{41}$$

$$\omega_{34} = \frac{N_2}{N_3} \omega_{41} \tag{7.18a}$$

두 각속도의 관계

식 (7.17)과 (7.18)은 각각의 지면과 암에 대한 유성기어의 상대 각속도를 계산하는 식이다. 이 두 속도는 서로 관련되어 있다.

식 (7.18)을 전개하여 식 (7.17)에 대입하면

$$\omega_{34} = \frac{r_4}{r_3} \omega_{41} - \omega_{41}$$

$$\omega_{34} = \omega_{31} - \omega_{41}$$

$$\omega_{31} = \omega_{41} + \omega_{34} \tag{7.19}$$

식 (7.19)는 3의 속도는 4의 속도와 4에 대한 3의 상대 속도를 더한 값과 같다는 것을 나타낸다. 이 식은 3장에서 논의한 상대 속도의 관계식과 유사하다는 것을 직관적으로도 알 수 있을 것이다.

$$V_B = V_A + V_{B/A}$$

기어 잇수비의 관계로 회전속도 표현

식 (7.17), (7.18)과 같은 공식을 이용해 계산할 때는 기어 반지름보다는 기어 잇수를 더 일반적으로 사용한다. 두 기어가 같은 원주 피치 P를 가지면, 그들의 반지름비는 잇수비와 같다. 다음 장에서는 유성기어트레인의 속도비를 구함에 있어서 이 기본관계를 이용할 것이다.

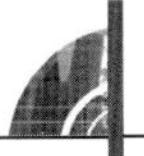

7.6 공식 이용법

그림 7.18b(그림 7.28과 같음)는 가장 간단하게 구성할 수 있는 유성기어트레인을 보여준다−태양기어 1개, 유성기어 1개, 암 1개. 그러나 유용한 기어트레인은 대부분 간단하지가 않다. 일반적으로, 유성기어트레인에는 3개 이상의 기어가 사용되며 분석도 더 복잡하다. 본 절은 가장 간단한 기어트레인에 대한 기어의 속도비 공식을 유도하는 것에서부터 시작하도록 한다. 이 공식은 실제 기어트레인의 형상에 적용할 수 있게 확장할 수 있다.

식 (7.19)를 다시 쓰면

$$\omega_{31} = \omega_{41} + \omega_{34}$$

이 식은 기어 3의 속도가 기어 4의 속도와 기어 4에 대한 기어 3의 상대 속도를 더한 값과 같다는 것을 말한다. 같은 방식으로

$$\omega_{21} = \omega_{41} + \omega_{24}$$

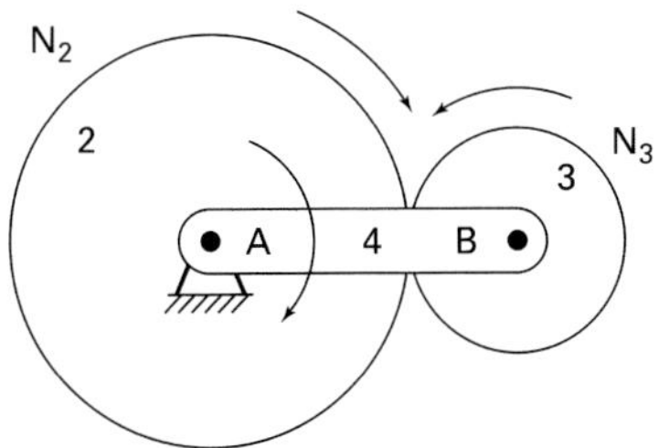

그림 7.28 2자유도 유성기어트레인.

두 식을 다시 정리하면 다음과 같다.

$$\omega_{34} = \omega_{31} - \omega_{41} \tag{7.20}$$

$$\omega_{24} = \omega_{21} - \omega_{41} \tag{7.21}$$

식 (7.20)을 (7.21)로 나누면 ω_{34}/ω_{24}가 계산된다.

$$\frac{\omega_{34}}{\omega_{24}} = \frac{\omega_{31} - \omega_{41}}{\omega_{21} - \omega_{41}} \tag{7.22}$$

이 속도비는 중요하다. 암(4)이 고정되어 있는 기구학적 역에서 ω_{34}대 ω_{24}의 비는 단순기어트레인에서 ω_3대 ω_2의 비와 같다. 식 (7.16)을 이용하면, 다음과 같이 쓸 수 있다.

$$\frac{\omega_{34}}{\omega_{24}} = \frac{\text{구동기어들의 잇수 곱}}{\text{피동기어들의 잇수 곱}} = -\frac{N_2}{N_3} \tag{7.23}$$

위의 식에서 (–)부호에 주의해야 한다. 이 특정한 기어세트에서는 기어 2와 3이 서로 반대 방향으로 회전하기 때문에 (–)부호가 나타난다.

식 (7.22)와 (7.23)에서 속도비가 같다고 놓으면

$$\frac{\omega_{31} - \omega_{41}}{\omega_{21} - \omega_{41}} = \frac{\omega_{34}}{\omega_{24}} = -\frac{N_2}{N_3}$$

이 식을 일반적인 표현으로 나타내면 다음과 같다.

$$\left|\frac{\omega_{LA}}{\omega_{FA}}\right| = \left|\frac{\omega_L - \omega_A}{\omega_F - \omega_A}\right| = \frac{\text{구동기어들의 잇수 곱}}{\text{피동기어들의 잇수 곱}} \tag{7.24}$$

여기서*

ω_{LA} = 마지막 기어의 암에 대한 상대 각속도
ω_{FA} = 첫째 기어의 암에 대한 상대 각속도
ω_L = 마지막 기어의 절대 각속도
ω_F = 첫째 기어의 절대 각속도
ω_A = 암의 절대 각속도

식 (7.24)는 첫째 기어와 마지막 기어가 지면에 고정된 중심을 기준으로 회전할 때만 사용할 수 있다(그러나 유도과정을 보아도 알 수 있듯 항상 이것에 집착할 필요는 없다). 또한 첫째 기어와 마지막 기어는 직접 맞물리거나 중심이 암과 함께 궤도를 도는 중간 기어를 통해서 맞물려야 한다(하나 이상의 유성기어세트가 기어시스템의 일부를 이루는 경

---

* 아래 첨자가 한 개 붙은 각속도는 절대 각속도이다.

우). 이러한 방법을 공식 이용법이라 한다.

식 (7.24)를 가장 기본이 되는 두 가지의 유성기어시스템(그림 7.28의 에피사이클릭(epicyclic) 기어트레인과 그림 7.29의 하이포사이클릭(hypocyclic) 기어트레인)에 적용해 보자. 두 경우 모두에서 기어 2를 첫째 기어, 기어 3을 마지막 기어 그리고 링크 4를 암으로 정하자. 그러면

$$\left|\frac{\omega_{34}}{\omega_{24}}\right| = \left|\frac{\omega_3 - \omega_4}{\omega_2 - \omega_4}\right| = \frac{N_2}{N_3}$$

암 4에 대한 기어 3과 2의 상대 회전방향을 주시하면 절대값 기호를 제거할 수 있다. 그림 7.28 에서

$$\frac{\omega_{34}}{\omega_{24}} = -\frac{N_2}{N_3}$$

그리고

$$\omega_3 = -\frac{N_2}{N_3}\omega_2 + \left(1 + \frac{N_2}{N_3}\right)\omega_4 \tag{7.25}$$

그림 7.29에서

$$\frac{\omega_{34}}{\omega_{24}} = +\frac{N_2}{N_3}$$

그리고

$$\omega_3 = +\frac{N_2}{N_3}\omega_2 + \left(1 - \frac{N_2}{N_3}\right)\omega_4 \tag{7.26}$$

식 (7.25)와 (7.26)은 유성기어의 총 절대 각속도가 기구의 두 자유도를 나타내는 두 성분

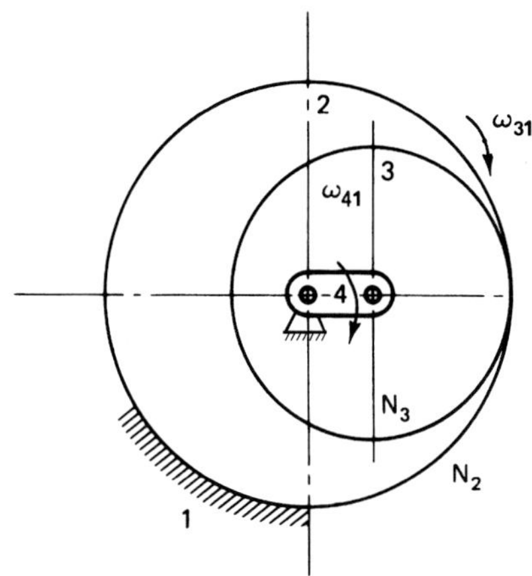

그림 7.29 하이포사이클릭 기어트레인.

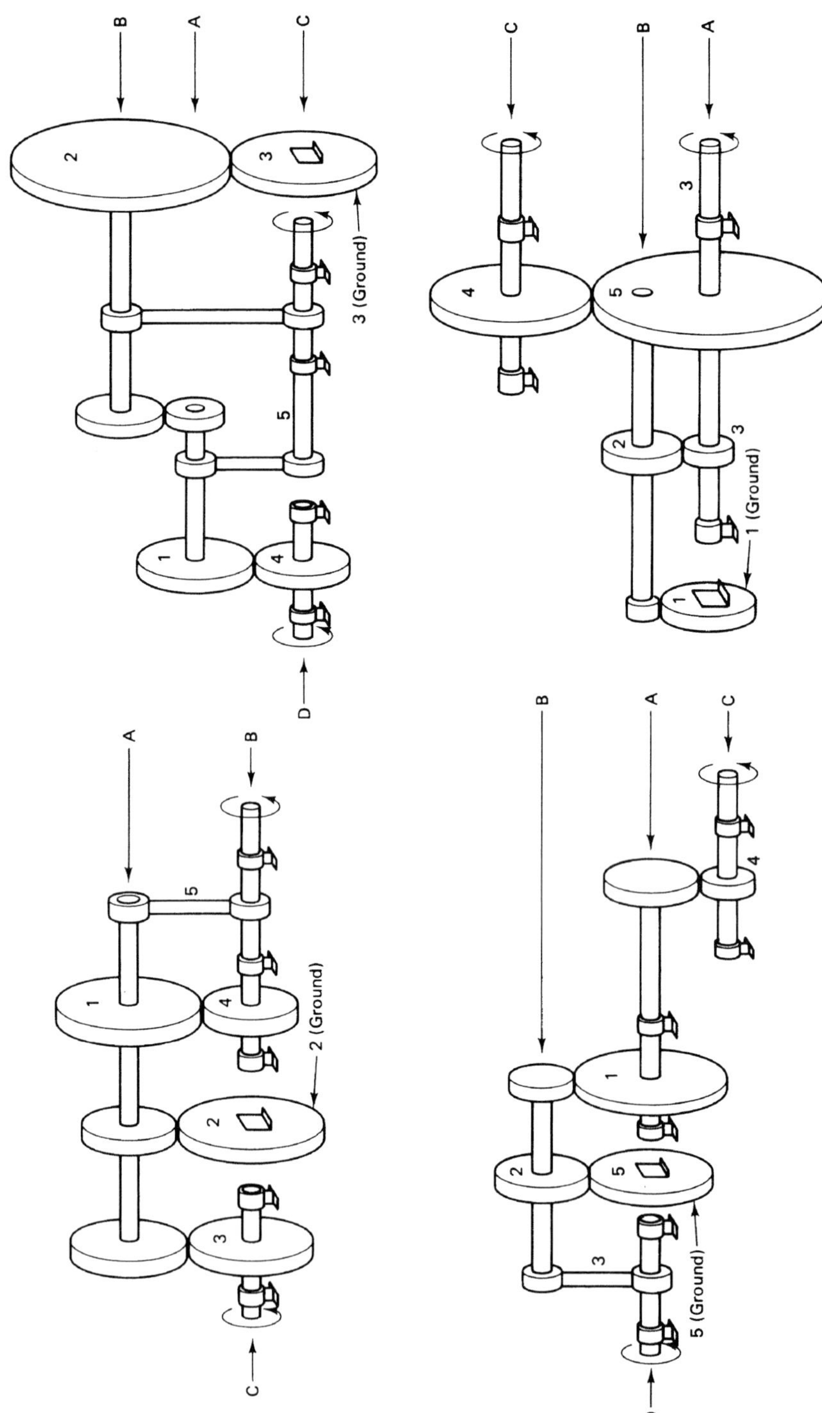

그림 7.30 5개의 링크들로 구성된 서로 다른 4가지 유성기어트레인.

의 합으로 나타나는 것을 보여준다. 태양기어의 회전에 의한 성분(암이 고정되었을 때)은 $(\pm N_2/N_3)\omega_2$이다. 암의 회전만에 의한 성분(태양기어 고정)은 $(1 \pm N_2/N_3)\omega_4$이다. 보다 복잡한 유성기어시스템에 식 (7.24)를 적용하기 전에 기어트레인의 형식합성에 대해 간단한 소개를 하겠다.

유성기어트레인의 형식합성

기구의 개념 설계 단계에서 유성기어트레인이 제안되었을 경우, 여러 형태의 기어트레인 구조(topology)를 고려할 수 있다. 1 또는 2자유도 유성기어트레인을 모두 찾아보는 데는 그래프 이론(graph theory)이 유용한 것으로 입증되있다[116-118]. 예를 들어, 그림 7.30은 5개의 링크로 구성된 서로 다른 유성기어트레인을 모두 보여준다[118]. 이 그림에서 크기는 고려되지 않았고, 단지 유성기어의 형태만 보여주고 있다. 또한 하중 분산과 불평형 방지를 위해서 유성기어를 태양기어 주위에 대칭으로 2중 또는 3중 배치하는 것이 보통이다.

어떤 한 가지 목적에 적합한 형태를 결정할 때도 여러 가지 선택이 가능하다. 형태가 선택되었다고 보고, 본 장에서는 3가지 치수합성(dimensional synthesis) 방법을 소개한다: **공식 이용법, 표 이용법, 순간중심 이용법.** 먼저 공식 이용법을 이용한 예제를 풀어 보자.

예제 7.3

그림 7.31은 두 개의 입력을 받는 유성기어트레인을 보여준다. 태양기어 2는 50 rad/sec, 암 6은 75 rad/sec로 좌측에서 볼 때 시계방향으로 회전한다. 태양기어의 각속도 ω_{51}의 방향과 크기를 결정하라.

풀이

식 (7.24)가 유성기어트레인에 대해 성립한다는 것을 이용하면

$$\frac{\omega_{LA}}{\omega_{FA}} = \frac{\omega_L - \omega_A}{\omega_F - \omega_A}$$

기어 2가 첫째(구동) 기어, 기어 5가 마지막(피동) 기어 그리고 기어 6이 암이라고 하고 기어시스템을 우측에서 볼 때 ω_2와 ω_6이 반시계방향, 즉 양의 값이 되도록 하여 다음 식을 얻을 수 있다.

$$\frac{\omega_{56}}{\omega_{26}} = \frac{\omega_5 - \omega_6}{\omega_2 - \omega_6} = \frac{\omega_5 - 75}{50 - 75}$$

이 식의 좌변을 대치하기 위해 식 (7.24)를 이용할 수 있다(각속도비가 암에 대한 값이므

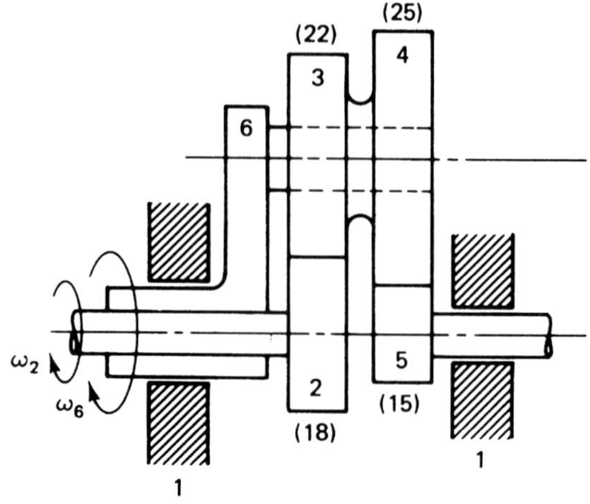

그림 7.31 두 개의 입력과 한 개의 출력을 갖는 복합유성기어트레인(예제 7.3과 7.6 참조). 이 기어트레인의 측면도가 그림 7.36에 있다.

로).

$$\frac{\omega_{\text{driven}}}{\omega_{\text{driver}}} = \frac{\omega_{56}}{\omega_{26}} = +\frac{N_2N_4}{N_3N_5}$$

그러므로

$$\frac{\omega_{56}}{\omega_{26}} = \frac{(18)(25)}{(22)(15)} = \frac{\omega_5 - 75}{-25}$$

그리고

$$\omega_5 = \frac{-(25)(25)(18)}{(22)(15)} + 75 = -34.09 + 75$$

$$\omega_5 = 40.91 \text{ rad/sec}$$

양의 값이므로 입력들과 같은 방향을 갖는다.

예제 7.4

그림 7.32의 기어트레인에서 입력은 태양기어 5와 링기어 2이다. 주어진 각속도 $\omega_{51} = 300$ rpm과 $\omega_{21} = 500$ rpm(둘 모두 우측에서 볼 때 반시계방향)에 대해서 암 6의 각속도를 구하라.

풀이

기어 2가 첫째이면서 구동기어이고 기어 5가 마지막이면서 피동기어라 하면,

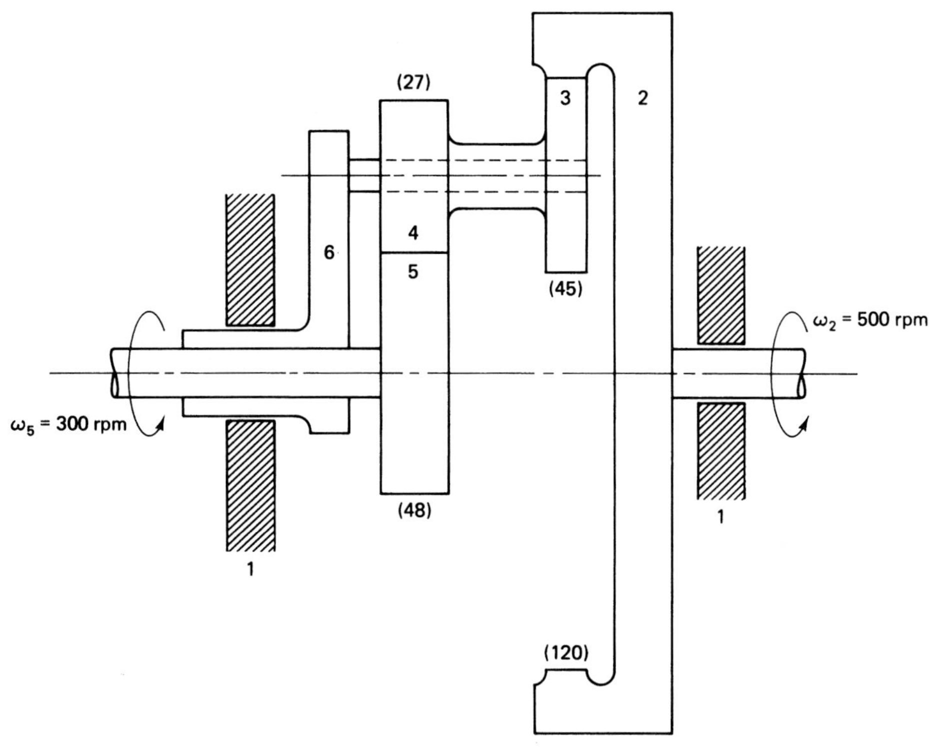

그림 7.32 2자유도 유성기어트레인; 2와 5는 입력, 6은 출력(예제 7.4, 7.7, 7.9 참조). 이 기어 트레인의 측면도가 그림 7.37에 있다.

식 (7.24)로부터

$$\frac{\omega_{26}}{\omega_{56}} = \frac{\omega_2 - \omega_6}{\omega_5 - \omega_6} = -\frac{N_3 N_5}{N_2 N_4}$$

$$\frac{500 - \omega_6}{300 - \omega_6} = -\frac{(45)(48)}{(120)(27)}$$

암 6이 고정되면 기어 2, 3, 4는 같은 방향으로 회전하고 기어 5는 반대방향으로 회전할 것이기 때문에 잇수 곱에 음의 부호를 붙였다. 그러므로

$$\omega_6\left(1 + \frac{N_3 N_5}{N_2 N_4}\right) = \omega_5 \frac{N_3 N_5}{N_2 N_4} + \omega_2$$

$$\omega_6\left(1 + \frac{(45)(48)}{(120)(27)}\right) = 300\left(\frac{(45)(48)}{(120)(27)}\right) + 500$$

따라서, 우측에서 볼 때 $\omega_6 = 420$ rpm ccw이다.

예제 7.5

이 예제는 유성기어 4와 맞물리는 고정 링기어를 추가 설치해서 기어트레인의 자유도수가 하나 감소한 사실 이외에는 예제 7.4와 같다(그림 7.33). 우측에서 보아 $\omega_{21} = 500$ rpm ccw일 때 ω_{51}의 크기와 방향은 얼마인가?

풀이

예제 7.4와 같이 기어 2를 첫째 기어 그리고 기어 5를 마지막 기어로 하여 시작하자.

$$\frac{\omega_{26}}{\omega_{56}} = \frac{\omega_2 - \omega_6}{\omega_5 - \omega_6} = -\frac{N_3 N_5}{N_2 N_4} = -\frac{(45)\,(48)}{(120)\,(27)} = -\frac{2}{3} = -0.67$$

여기서 한 개의 방정식에 미지수는 두 개이므로 어려움이 있는 것처럼 보인다. 그러나 아직까지 기어 7에 대한 정보가 전혀 사용되지 않았다. 그러므로 다른 방정식을 하나 더 구할 수 있다. 기어 7을 마지막 기어로 그리고 기어 2를 첫째 기어로 정하면

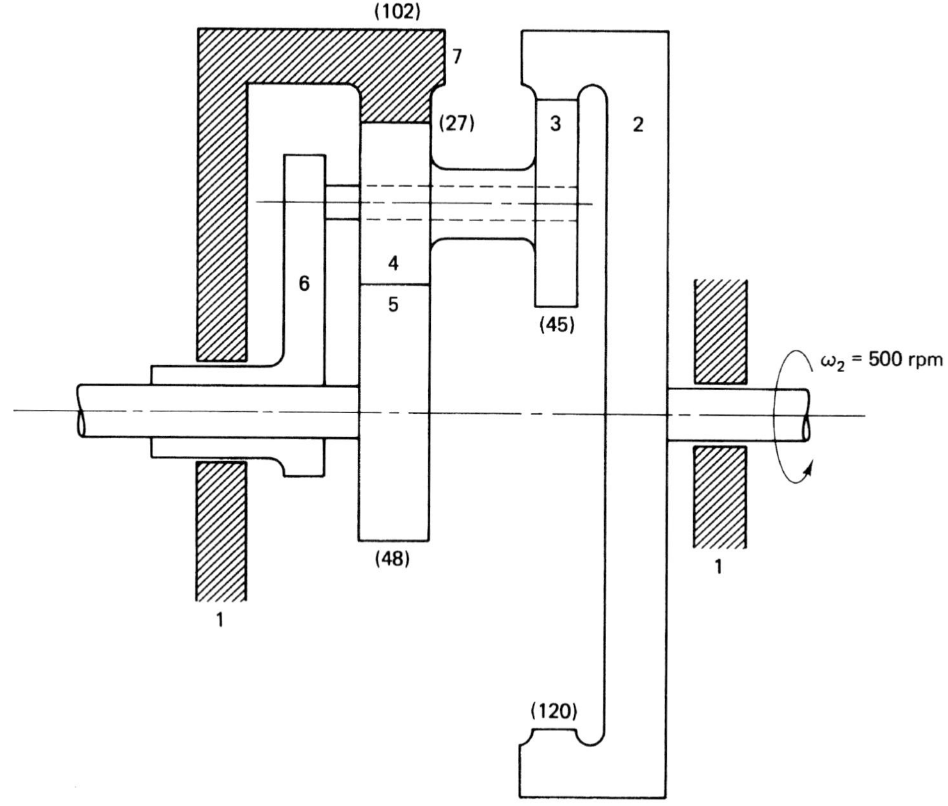

그림 7.33 고정 링기어 7의 추가로 그림 7.32의 유성기어트레인의 자유도가 1로 줄었다 (예제 7.5와 7.8 참조) 이 기어트레인의 측면도는 그림 7.38을 참조한다.

$$\frac{\omega_{26}}{\omega_{76}} = \frac{\omega_2 - \omega_6}{\omega_7 - \omega_6} = \frac{N_3 N_7}{N_2 N_4}, \quad \text{여기서 } N_7 = N_5 + 2N_4 = 48 + 54 = 102\text{이고}$$

$$\frac{500 - \omega_6}{0 - \omega_6} = \frac{(45)(102)}{(120)(27)}, \qquad \omega_6 = \omega_6 \frac{(45)(102)}{(120)(27)} + 500$$

$$\omega_6 = \frac{+500}{1 - [(45)(102)/(120)(27)]}$$

$= -1200.0$ rpm (반시계방향인 ω_2를 500으로 대입했으므로 우측에서 볼 때 시계방향)

그러므로

$$\frac{500 - (-1200)}{\omega_5 - (-1200)} = -0.67, \qquad 1700 = -(0.67)\omega_5 - 800, \qquad \omega_5 = \frac{1700 + 800}{-0.67}$$

그리고 $\omega_5 = -3750$ rpm이고 ω_6와 같은 방향이다.

하나 이상의 복합기어트레인과 하나 이상의 유성기어트레인을 조합한 기어시스템이 흔히 사용된다. 혼동을 피하기 위해 각각의 기어트레인은 그 자체로 해석되어야 한다. 여러 개의 출력 성분을 갖고 있는 기어트레인을 파악하기 위해서는 기어트레인이 어떻게 작동하는지 가시화할 수 있어야 한다. 먼저 중심이 움직이는 축(암에 의해서 고정축 주위를 운동)을 찾는 것으로부터 출발한다. 움직이는 축에 고정된 기어들은 그 기어트레인의 유성기어 단위를 이루게 된다. 기어트레인을 해석할 때 그림 7.34의 순서도를 참조할 수 있다. 이 절차는 유성기어트레인의 해석에 어떤 기법을 사용하든 상관없이 이용될 수 있다. 다음에는 두 번째 방법인 표 이용법을 소개하겠다.

7.7 표 이용법

기어트레인 해석의 두 번째 방법인 **표 이용법**(tabular method)은 기구학적 역에 기본을 두고 있다−전체 운동을 기술하기 쉬운 두 부분으로 나누어 독립적으로 해석하고 각 해석의 결과를 합한다: (1) 회전하는 암에 강체적으로 고정된 모든 부품의 운동, (2) 암에 대한 모든 부품들의 상대 운동. 공식 이용법과 마찬가지로 두 성분의 중첩과정을 다음 단계들로써 공식화한다.

1. 지면으로부터 기어를 분리하고(지면에 고정된 기어가 있을 때) 모든 기어를 회전하는 암에 강체적으로 고정시킨다.

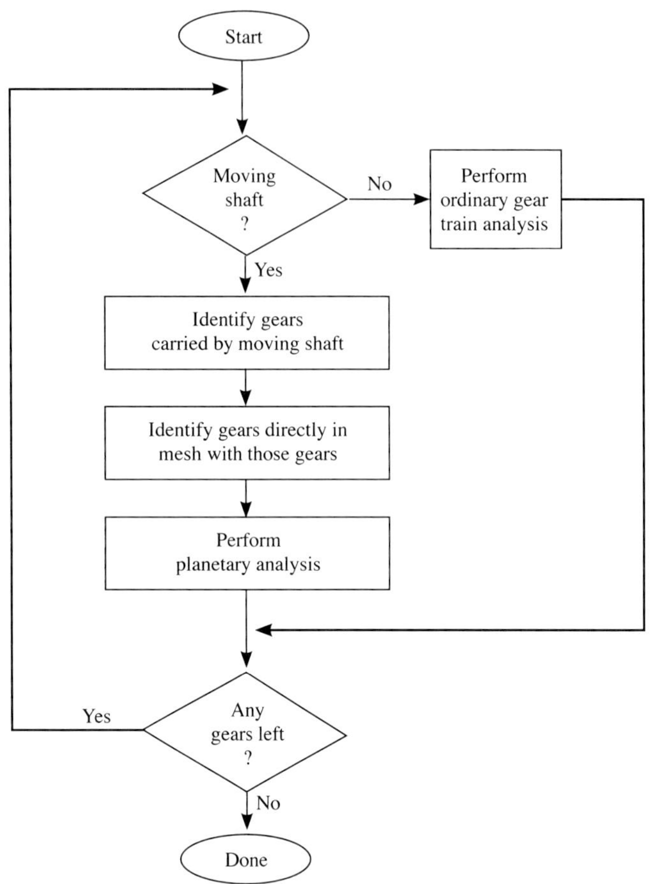

그림 7.34 기어트레인의 기구학적 해석을 위한 일반 컴퓨터 프로그램의 흐름도.

2. 암과 함께 하는 운동. 강체적으로 붙어 있는 기어와 함께 암을 암의 각속도에 비례하는 회전수만큼 회전시킨다*(각속도를 모를 때에는 암을 x바퀴 회전시킨다. x는 뒤에 해석을 통해 결정될 것이다).
3. 암에 대한 상대 운동. 이제 암은 그 '최종' 위치에 도달해 있으나 나머지 구동부의 몇 부품들은 그렇지 않다고 가정한다. 그러므로 암으로부터 기어를 풀고 암을 고정상태로 유지한 채로 나머지 구동부를 뒤로 돌려서 한 개 이상† 기어들의 총 회전(단계 2+단계 3)이 그들의 주어진 회전과 일치하게 한다(여기서도 각속도와 회전수의 비례관계를 이용하라). 각각의 기어의 전체 회전수는 단계 2와 3에서 구한 회전수를 합해서 얻을 수 있다.

---

* 회전각 θ와 각속도 ω 사이의 비례관계, 즉 $\theta = \omega t$(각속도는 일정하다고 가정)

† 암의 운동을 모르는 경우에는 두 개가 된다(단계 2에서는 x가 사용되었다).

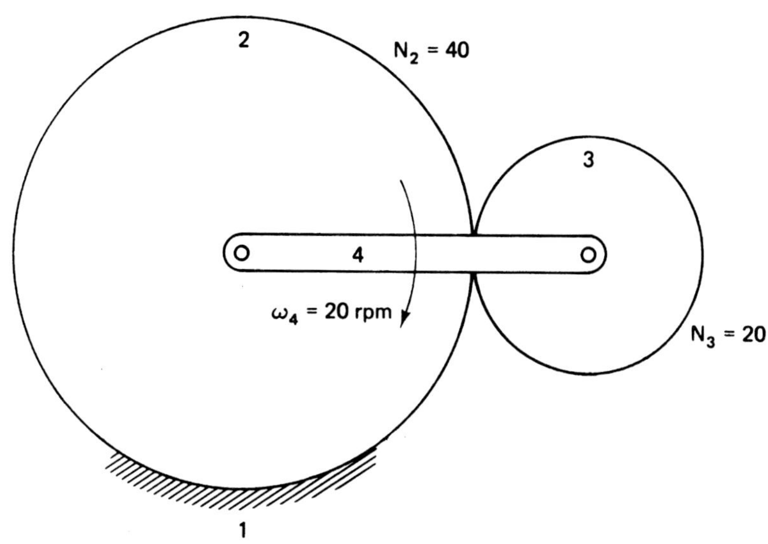

그림 7.35 표 이용법에 의해서 기구학적으로 해석된 유성기어세트(표 7.2 참조).

보다 복잡한 기어트레인의 부분 시스템이 될 수도 있는 그림 7.35의 유성기어트레인을 이용하여 이 방법을 설명한다(표 7.2 참조). 암은 시계방향 20 rpm으로 돌고 기어의 잇수는 $N_2 = 40$, $N_3 = 20$이라고 하자. 이 유성기어시스템 각각의 기어와 암은 표의 열에 해당된다. 행은 운동의 중첩을 나타낸다.

단계 1과 2는 '암과 함께 하는 운동'으로 표 7.2에 들어간다. 그러므로 암은 기어 2, 3과 함께 20바퀴 회전한다. 여기서 시계방향 회전을 양의 부호로 나타내었다. 암은 총 20바퀴의 회전이 요구된다. 따라서 더 이상의 운동이 필요하지 않으므로 암 열의 두 번째 행(암에 대한 상대 운동)에는 0이 들어가고 세 번째 행(총 운동)에는 20이 들어간다. 이제 해석을 더 진행하기 위해서 다른 총 운동 정보를 이용해야 한다. 기어 2의 총 운동은 0이다. 따라서 −20이 기어 2의 암에 대한 상대 운동값으로 들어가야 한다. 암이 고정된 상태에서 기어 2가 −20바퀴 회전한다고 가정하면, 이 중간 단계에서 기어 3은 암에 대해 상대적으로 $+20(N_2/N_3)$, 즉 +40바퀴 회전한다. 따라서 기어 3의 총 운동은 시계방향으로 60° 회전이 된다. 이 결과는 공식 이용법[식 (7.24)]과 일치한다.

다음 예제를 통해 이 기법이 예제 7.3~7.5와 같은 기어트레인에도 적용될 수 있음을 보

표 7.2 ● (그림 7.35 참조).

	Gear 2	Gear 3	Arm 4
1. Motion with arm	20	20	20
2. Motion relation to arm	−20	$+20(N_2/N_3)$	0
3. Total motion	0	$20(1 + N_2/N_3)$	20

일 것이다. 표 이용법과 똑같은 과정이 반복되지만 표 7.2보다 훨씬 많은 성분을 포함한다.

예제 7.6

다시 그림 7.31을 참고해서 입력데이터가 예제 7.3과 같을 때 태양기어 5에 연결된 출력축의 각속도의 크기와 방향을 결정하라.

풀이

표 7.3은 이 예제에 대한 표 이용법 풀이를 보여준다. 암과 함께하는 운동을 가리키는 첫째 행에서 각 기어와 암에 75회전을 기입한다. 태양기어 2의 총 운동이 50이므로 암에 대한 상대 운동 단계를 가리키는 표 7.3의 두 번째 행의 기어 2에 −25를 기입한다. 기어 3에서 기어 5까지의 상대 각속도는 기어 2로부터 순차적으로 결정된다. 따라서 기어 5의 총 운동은 $\omega_5 = 75 - 25(N_2/N_3)(N_4/N_5) = 40.91$ rad/sec cw(좌측에서 볼 때)가 된다.

표 7.3 ● (그림 7.31 참조).

	Gear 2	Gear 3	Gear 4	Gear 5	Arm 6
1. Motion with arm	75	75	75	75	75
2. Motion relative to arm	−25	$-25\left(\frac{-N_2}{N_3}\right)$	$25\left(\frac{N_2}{N_3}\right)$	$25\left(\frac{N_2}{N_3}\right)\left(\frac{-N_4}{N_5}\right)$	0
3. Total motion	50			$75 - 25\left(\frac{N_2}{N_3}\right)\left(\frac{N_4}{N_5}\right)$	75

예제 7.7

태양기어 5의 각속도가 300 rpm 그리고 링기어 2의 각속도가 500 rpm(그림 7.32와 예제 7.4 참조)일 때 암 6의 회전을 구하라.

풀이

표 7.4에서 암의 회전은 아직 미지수이므로 첫째 행에는 모두 x가 들어가 있다. 총 운동을 나타내는 행에서 암 6은 x회전이지만 기어 2와 기어 5의 회전수는 알고 있다(각각 500과 300). 알고 있는 이 두 값을 가지고 기어 2로부터 기어 5로(또는 반대 순서로) 나아가면서 x에 대한 식을 구성함으로써 x를 구할 수 있다. 표에서 기어 2의 총 회전(500)은 기어 5에서 시작하여 얻은 식과 같음을 알 수 있다.

그러므로 $x + (N_5/N_4)(N_3/N_2)(x - 300) = 500$이 되어 $x = \omega_6 = 420$ rpm ccw(우측에서 볼 때)이다.

표 7.4 ● (그림 7.32 참조).

	Gear 2	Gear 3	Gear 4	Gear 5	Arm 6
1. Motion with arm	x	x	x	x	x
2. Motion relative to arm	$\left(\frac{N_5}{N_4}\right)\left(\frac{N_3}{N_2}\right)(x-300)$	$\left(\frac{N_5}{N_4}\right)(x-300)$	$\left(\frac{N_5}{N_4}\right)(x-300)$	$300-x$	0
3. Total motion	$x+\left(\frac{N_5}{N_4}\right)\left(\frac{N_3}{N_2}\right)(x-300)=500$			300	x

예제 7.8

그림 7.33(또는 예제 7.5)을 참고하여 우측에서 본 입력각속도가 $\omega_2 = 500$ rpm ccw일 때 ω_5를 결정하라.

풀이

표 7.5는 암의 회전이 미지수임을 보여준다. 따라서 첫 번째 행이 모두 X로 채워져 있다. 기어 2와 7의 총 운동은 알고 있으며 각각 500과 0회전이다.

여기서 x를 구하기 위해 기어 7로부터 기어 2로 진행한다. 그 결과 다음 식을 얻는다: $x[1-(N_7/N_4)(N_3/N_2)] = 500$. 따라서 우측에서 볼 때 $\omega_6 = x = -1200$ rpm cw이다. 표 7.6은 해석이 완료된 상태이며 우측에서 볼 때 $\omega_5 = -1200 - 1700(N_2N_4/N_3N_5) = -3750$ cw인 결과가 나타나 있다.

표 7.5 ● (그림 7.33 참조).

	Gear 2	Gear 3	Gear 4	Arm 6	Gear 7
1. Motion with arm	x	x	x	x	x
2. Motion relative to arm	$-x\left(\frac{N_7}{N_4}\right)\left(\frac{N_3}{N_2}\right)$	$-x\left(\frac{N_7}{N_4}\right)$	$-x\left(\frac{N_7}{N_4}\right)$	0	$-x$
3. Total motion	$x\left(1-\left(\frac{N_7}{N_4}\right)\left(\frac{N_3}{N_2}\right)\right)=500$			x	0

표 7.6 ● (그림 7.33 참조).

	Gear 2	Gear 3	Gear 4	Gear 5	Arm 6
1. Motion with arm	−1200	−1200	−1200	− 1200	−1200
2. Motion relative to arm	1700	$1700\left(\frac{N_2}{N_3}\right)$	$1700\left(\frac{N_2}{N_3}\right)$	$-1700\left(\frac{N_2}{N_3}\right)\left(\frac{N_4}{N_5}\right)$	
3. Total motion	500			$-1200-1700\left(\frac{N_2}{N_3}\right)\left(\frac{N_4}{N_5}\right)$	−1200

7.8 순간중심 이용법(또는 접선속도 이용법)

그림 7.31의 기어트레인을 해석하는 과정을 통하여 순간중심 이용법을 설명하겠다. 먼저 오른쪽에서 본 측면도는 그림 7.36과 같다. 다음에는 입력들과 지면 사이의 순간중심을 I_{21} 및 I_{61}으로 표시하며, 이들은 모두 주베어링과 일치한다. 입력링크들의 주변속도(peripheral velocity)는 아래와 같다.

$$V_2 = \omega_2 r_2 = (50)(18) = 900, \qquad V_6 = \omega_6 r_6 = (75)(40) = 3000$$

여기서 r_2는 N_2에 비례하는 변수로서, 간단히 하기 위해서 수치적으로 N_2와 같게 잡는다. 이렇게 하면 $r_6 = N_2 + N_3 = 40$이 된다. 그림 7.36에 속도 크기에 비례해서 이들 속도를 그려 놓았다.

I_{26}는 I_{21} 및 I_{61}과 일치한다. I_{36}는 유성축의 중심에 있고 I_{23}는 기어 2와 3이 맞물리는 피치점이다. I_{31}은 절대 속도 벡터 $\mathbf{V}_2$와 $\mathbf{V}_6$의 끝을 지나는 선과 $I_{23}\ I_{36}$선을 교차시켜 찾는다.

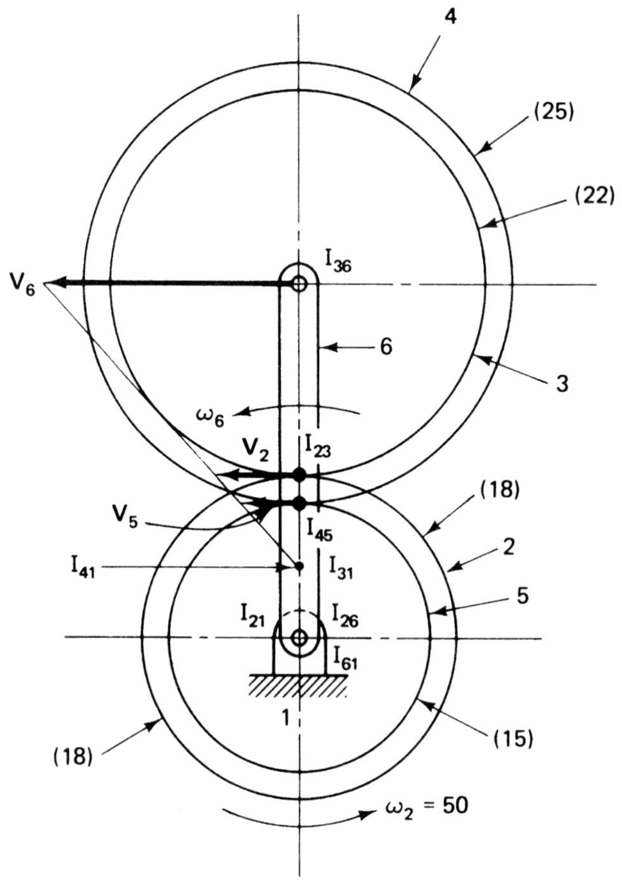

그림 7.36 순간중심(또는 접선속도) 방법에 의한 그림 7.31의 유성기어트레인의 기구학적 해석.

이 점은 기어 2와 3이 강체적으로 연결되어 있기 때문에 I_{41}도 된다.

$\mathbf{V}_6$가 기어 4의 중심속도인 것을 주시하라. 따라서 $V_5 = V_{I45}$는 그림 7.36과 같이 구성할 수 있다. 닮은꼴 삼각형들로부터

$$\frac{V_6 - V_2}{V_6 - V_5} = \frac{r_3}{r_4} \quad \text{or} \quad \frac{3000 - 900}{3000 - V_5} = \frac{22}{25}$$

또한 2100 = – (22/25)V_5+3000(22/25)이므로

$$V_5 = 613.64; \qquad \omega_5 = \frac{V_5}{r_5} = \frac{613.64}{15} = 40.19 \text{ rpm ccw}$$

이 결과는 공식 이용법과 표 이용법으로 얻은 결과와 일치한다.

순간중심 이용법의 이점 중 하나는 유성계의 운동을 가시화하는 데 도움이 되고 부호에 대해서 실수할 위험이 없이 출력회전방향을 제시해 주는 데 있다. 이 방법은 진짜 기구학적 방법이고 본질적으로 도해적인 방법이다. 더욱이 토크 및 접선방향 힘 해석을 함께 수행함으로써 복잡한 다중 루프 유성기어시스템에서의 동력-흐름 해석(기어트레인 각 부에 전달되는 동력의 백분율 결정)에 쉽게 확장해 쓸 수 있다.

예제 7.9

그림 7.32의 기어트레인 해석은 입력으로부터 시작한다(그림 7.37 참조). 비례관계만이 중요하기 때문에 기어 반지름의 축척을 임의로 잡는다. 여기서는 r_2와 r_3를 각각의 잇수와 같은 수치로 선택한다. 그러면 $r_2 = 120$, $r_3 = 45$, $r_6 = r_2 - r_3 = 75$, $r_4 = 27$, $r_5 = 48$이다. 또한 접선속도도 비율에만 관심이 있으므로 속도의 단위와 축척을 임의로 잡는다. 그러므로 각 속도를 rad/sec 단위로 바꿀 필요 없이 rpm을 그대로 사용한다. 따라서,

$$V_2 = r_2\omega_2 = (120)\,(500) = 60{,}000$$
$$V_5 = r_5\omega_5 = (48)\,(300) = 14{,}400$$

이 결과를 이용해서 순간중심 $I_{31} \equiv I_{41}$과 $\mathbf{V}_6$를 작도할 수 있다. 닮은꼴 삼각형들로부터

$$\frac{V_2 - V_6}{45} = \frac{V_6 - V_5}{27}, \qquad 27V_2 - 27V_6 = 45V_6 - 45V_5$$

$$72V_6 = 27V_2 + 45V_5 = (27)\,(60{,}000) + (45)\,(14{,}400)$$

$$V_6 = 31{,}500, \qquad \omega_6 = \frac{V_6}{r_6} = 420 \text{ rpm ccw}$$

이 결과는 다른 두 방법과 일치한다.

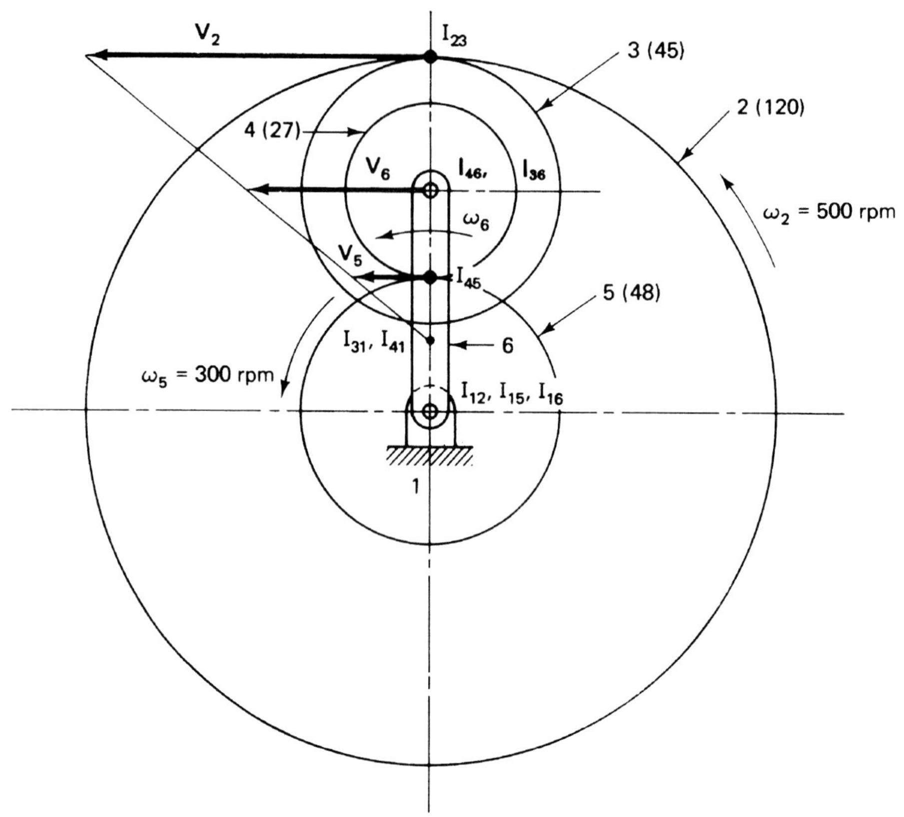

그림 7.37 그림 7.32의 유성기어트레인의 우측면도. 순간중심(또는 접선속도) 방법에 의한 기구학적 해석을 보여준다.

예제 7.10

순간중심 이용법을 그림 7.33의 기어트레인에 적용해 보자. 기어비는 그림 7.37에 나타난 것과 같으므로 본 예제의 그림에서는(그림 7.38) 표시를 많이 생략하였다. 작도를 그림 안에 하기 위해서 속도 벡터의 축척을 줄인다. 닮은꼴 삼각형들로부터

$$V_6 = V_2\left(\frac{r_4}{r_3 - r_4}\right) = 60{,}000\left(\frac{27}{45 - 27}\right) = 90{,}000,$$

$$\omega_6 = \frac{V_6}{r_6} = \frac{90{,}000}{75} = 1{,}200 \text{ rpm cw}$$

$$V_5 = V_2\left(\frac{2r_4}{r_3 - r_4}\right) = 2V_6 = 180{,}000, \qquad \omega_5 = \frac{V_5}{r_5} = \frac{180{,}000}{48} = 3750 \text{ rpm cw}$$

공식 이용법 또는 표 이용법에 비해 이 방법은 계산이 아주 간단한 점이 주목할 만하

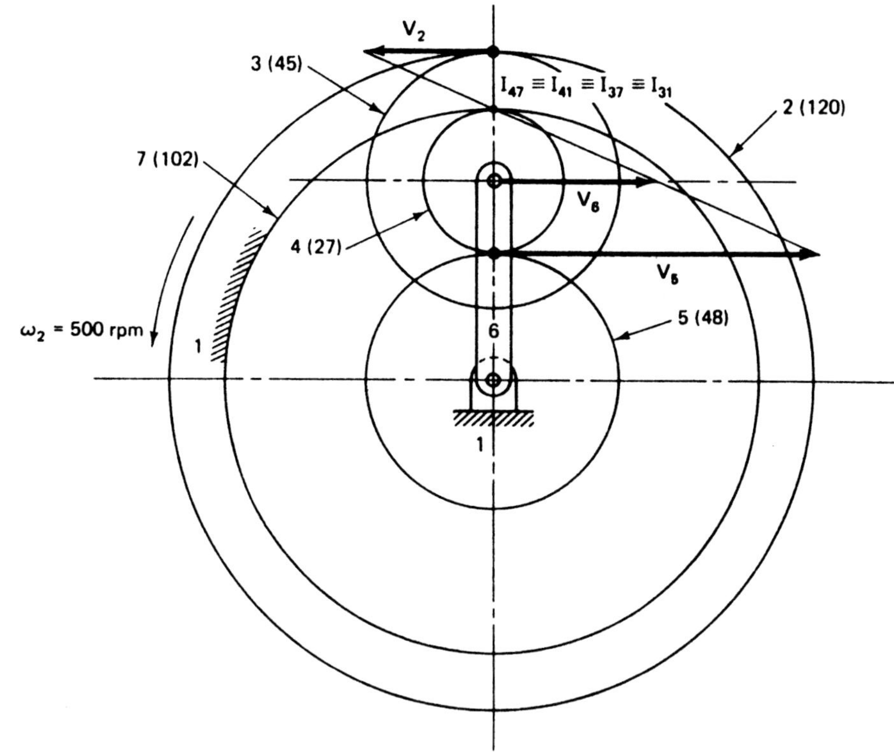

그림 7.38 링크수와 잇수는 그림 7.37에서와 같다. 그림 7.33의 유성기어트레인에 대한 측면도를 가지고 순간중심(또는 접선속도) 방법에 의한 기구학적 해석을 설명한다.

다. 계산할 때 계산 횟수가 작을수록 축적되는 반올림 오차가 작아지기 때문에 이 방법은 보다 경제적이고 정확하다. 또한 기하학적 작도는 기어트레인의 기구운동을 시각화하는 데 도움을 주고, 공식 이용법과 표 이용법에서 자주 발생하는 부호에 대한 실수의 위험 없이 회전방향을 손쉽게 찾게 해준다.

예제 7.11

앞의 예제들에서는 동력이 입력에서 출력방향으로 전달된다. 이제 순간중심 이용법을 내부 동력 순환이 일어나는 좀더 복잡한 유성기어시스템에 적용해 보자. 그림 7.39a는 축 대칭 형상의 위쪽 반을 보여주는 부분 단면이다. 축 대칭 배열을 사용하면 고속 유성기어는 보다 쉽게 평형을 유지할 수 있고 각 기어 이의 부하를 감소시킨다. 하지만 고착(binding)을 방지하고 균일하게 부하를 배분하기 위해서 보다 정밀한 가공이 필요하다.

그림 7.39a를 보면 링크 2는 입력이고 링크 4는 출력이다. 동력 흐름은 두 병렬 경로, 즉

2→3→4와 2→3→5→6→4를 따라 일어난다. 한편 링크 2, 5, 6, 4는 폐회로를 형성한다. 이것이 소위 동력 순환이 일어나는 회로이다.

A-A 단면도(그림 7.39b)는 입력기어쪽을 보여준다. 입력속도 ω_2 rpm으로 회전하는 기어 2는 유성기어 3을 구동하고, 동시에 유성기어 3은 암 5와 같이 궤도운동을 하며 출력링기어 4를 구동한다. 기어 2의 접선속도는 $V_2 = \omega_2 r$이다. r은 기어반지름이고 ω_2는 우측에서 볼 때 반시계방향으로 가정한다. 이것이 알고 있는 유일한 정보다. 그러므로 속도 선도를 그리려면 다른 속도(예를 들어, 암 5의 주변속도)의 임시값을 가정해야 한다. 이제 속도선도(임의의 축척)를 그릴 수 있으며, 기어의 크기가 같으므로

$$V_5 = \frac{V_2 + V_4}{2} \quad or \quad 2V_5 - V_4 = V_2 \tag{7.27}$$

식 (7.27)에는 두 개의 미지수 V_4와 V_5가 있다. *B-B* 단면도(그림 7.39c)로부터 또다른 방정식을 유도한다. 여기서 태양기어는 5이고, 아이들러(idler) 6은 고정된 중심의 주위를 회전

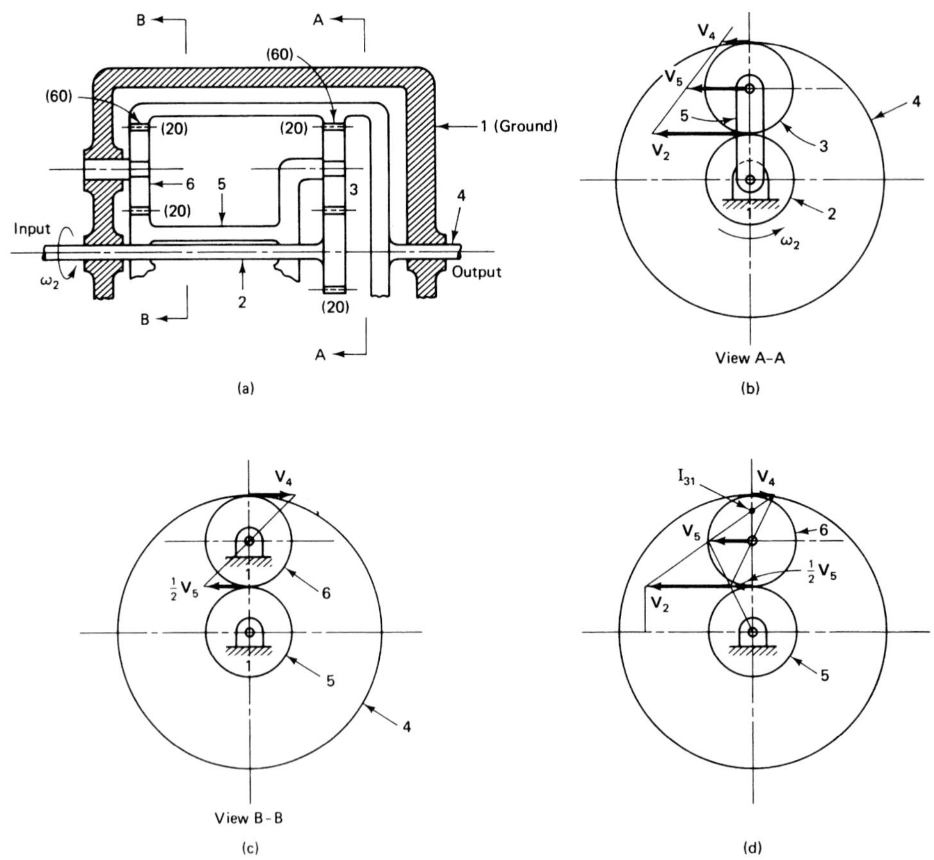

그림 7.39 분기(branching) 동력 흐름을 갖는 복합유성기어트레인의 순간중심(또는 접선속도) 이용법에 의한 기구학적 해석.

하며 기어 5를 A-A 단면도의 기어 4와 같은 크기인 출력기어 4에 연결시켜 준다. 기어 5와 6은 크기가 같다. 링크 5가 강체인 것과 그 크기 비율을 고려하면(그림 7.39a 참조), 기어 5의 접선속도는 $\frac{1}{2}V_5$가 된다. 기어 4와 맞물리는 기어 5의 끝단은 V_4의 속도로 움직여야 한다. 그러나 기어 5의 중심이 고정되어 있으므로(그림 7.39c 참조, 임의의 축척임)

$$V_4 = -\tfrac{1}{2}V_5 \tag{7.28}$$

이것은 분명히 그림 7.39b의 속도 선도와 일치하지 않는다. 그러나 비축척 개략도의 유일한 목적은 식 (7.27)과 (7.28)을 유도하는 것이었다. V_4를 구하기 위해 이 두 식을 연립해서 풀면 다음을 얻는다.

$$-4V_4 - V_4 = V_2, \qquad V_4 = -\frac{V_2}{5}, \qquad V_5 = \frac{2}{5}V_2$$

이상의 결과를 가지고 그림 7.39b 및 7.39c의 속도 선도를 축척하여 결합하면 그림 7.39d와 같이 된다. 이로부터

$$\omega_4 = \frac{V_4}{3r} = -\frac{V_2}{15r} = -\frac{\omega_2 r}{15r} = -\frac{1}{15}\omega_2 \text{ (cw)}$$

따라서 입력과 출력 사이의 전체 속도비는 $-\frac{1}{15}$, 즉 15:1의 감속비로 반대방향의 출력을 낸다.

중간기어들의 각속도는 아래와 같다.

$$\omega_3 = \frac{V_4 - V_2}{2r} = \frac{-\frac{6}{5}V_2}{2r} = \frac{-6V_2}{10r} = -\frac{3}{5}\omega_2 \text{ (cw)}$$

$$\omega_5 = \frac{V_5}{2r} = \frac{2V_2}{10r} = \frac{1}{5}\omega_2 \text{ (ccw)}$$

$$\omega_6 = \frac{V_4}{r} = \frac{-\frac{1}{5}V_2}{r} = -\frac{1}{5}\omega_2 \text{ (cw)}$$

속도 선도를 보면 각 기어의 회전방향이 분명하다. 그러나 각 경우마다 정확한 각속도의 부호를 얻기 위해 기어 끝에서의 접선속도를 그 기어와 지면과의 순간중심까지의 거리(아래쪽으로 향할 때를 양으로 함)로 나누었다. 이렇게 하는 것은 입력 접선속도 V_2를 순간중심 I_{21} 위에 위치한 입력기어 2의 끝부분에 나타내기로 했기 때문이다. 이것은 기어 3을 제외한 모든 경우에서 분명하다. 기어 3에 대해서도 그림 7.39d에서 I_{31}의 위치를 살펴보면, 닮은꼴 삼각형들로부터 다음과 같이 앞에서와 동일한 결과를 얻는다.

$$\omega_3 = \frac{V_4}{\frac{1}{3}r} = \frac{-\frac{1}{5}V_2}{\frac{1}{3}r} = -\frac{3}{5}\omega_2 \text{ (cw)}$$

7.9 유성기어시스템의 동하중과 동력 전달

순간중심 이용법은 유성기어시스템에서의 이 부하, 동력 흐름, 동력 전달, 동력 분기 그리고 동력 순환을 가시화하여 해석을 편리하게 한다. 계의 모든 기어와 기어를 연결하여 움직이는 링크(또는 암)의 각속도와 주변속도가 결정되면 자유물체도에 정적평형 조건을 적용해서 모든 기어 힘에 대한 선형 방정식을 쉽게 구성할 수 있다. 예제를 통하여 이 방법을 소개한다.

예제 7.12

그림 7.39의 기어시스템을 참고한다. 이 도식도는 순수한 기구학적 해석에 아주 적합하다. 그러나 힘, 토크 및 동력 해석을 위해서는 베어링들과 그들의 위치가 포함되는 좀더 완전한 도식도가 필요하다. 그림 7.40은 이것을 염두에 두고 그린 것이다. 또한 이 그림은 OXYZ 좌표계를 보여주는데, 모든 힘, 토크 그리고 위치 벡터는 이 좌표계에 대해 기술된다.

앞에서 지적한 대로, 그림 7.40a에 나타난 하나의 유성기어 이외에도 로터의 평형을 위해서 그 기어에 대해 축 대칭으로 배치된 추가의 유성기어들이 있을 수 있다. 그럼에도 불구하고 종종 부하는 하나의 기어에 의해 전달되는 것으로 가정된다. 이러한 가정은 보수적인 설계를 초래하고 가공 오차로 인한 불균형 부하 배치를 허용하며, 정적해석(statically determinate)이 가능하게 한다. 따라서 여기서는 이 과정을 적용하도록 한다.

베어링들을 X방향에 배치하기 위해서 기어 2, 3, 5, 6의 반지름 r을 길이의 단위로 선정한다. 각각의 치수는 그림 7.40a에 나타나 있다. 입력축 2에 가해지는 입력 토크 T_{in}은 이중 화살촉 모양의 벡터로 표시한다. 모든 기어는 압력각이 δ인 인벌루트 치형의 직치 평기어로 가정한다.

입력축이며 태양기어인 링크 2에 대한 자유물체도가 그림 7.40b, c, d 세 개의 정사영도에 나타나 있다. 또한 이 링크에 작용하는 모든 힘과 토크도 나타나 있다. 예를 들어, 기어 3에 의해서 기어 2에 가해지는 힘은 그림 d에 나타나 있으며 F_{32}로 표시되어 있다. 이 힘의 y와 z방향 성분, 즉 F_{32y}, F_{32z}는 각각 그림 c와 b에 나타나 있다. 방향과 크기를 모르는 베어링 반력 $\mathbf{R}_{42}$, $\mathbf{R}_{52}$, $\mathbf{R}'_{52}$, $\mathbf{R}_{12}$도 마찬가지로 그림에 나타나 있다. 직치 평기어에는 추력 부하가 걸리지 않으므로 축방향, 즉 x방향 힘 성분은 존재하지 않는다.

링크 2의 정적평형에 대한 방정식은

$$\sum \mathbf{M} = 0, \qquad \sum \mathbf{F} = 0 \tag{7.29}$$

원점 O에 관해서 모멘트 방정식을 쓰면

$$\mathbf{T}_{in} + \mathbf{r}_{12} \times \mathbf{R}_{12} + \mathbf{r}'_{52} \times \mathbf{R}'_{52} + \mathbf{r}_{52} \times \mathbf{R}_{52} + \mathbf{r}_{32} \times \mathbf{F}_{32} + \mathbf{r}_{42} \times \mathbf{R}_{42} = 0 \tag{7.30}$$

반지름 벡터 $\mathbf{r}_{ij}$는 각각 원점 O로부터 힘 $\mathbf{R}_{ij}$와 $\mathbf{F}_{ij}$의 작용선 위의 임의의 점까지를 의미한다. 예를 들어, $\mathbf{r}_{32}$는 원점 O로부터 이 부하 힘 $\mathbf{F}_{32}$가 작용하는 피치점 P까지이다.

여기서 각 벡터 곱을 행렬식 형태로 쓴다.

$$r_{12} \times R_{12} = \begin{vmatrix} \mathbf{i} & \mathbf{j} & \mathbf{k} \\ r_{12x} & r_{12y} & r_{12z} \\ R_{12x} & R_{12y} & R_{12z} \end{vmatrix} = (r_{12y}R_{12z} - r_{12z}R_{12y})\mathbf{i} + (r_{12z}R_{12x} - r_{12x}R_{12z})\mathbf{j} + (r_{12x}R_{12y} - r_{12y}R_{12x})\mathbf{k} \tag{7.31}$$

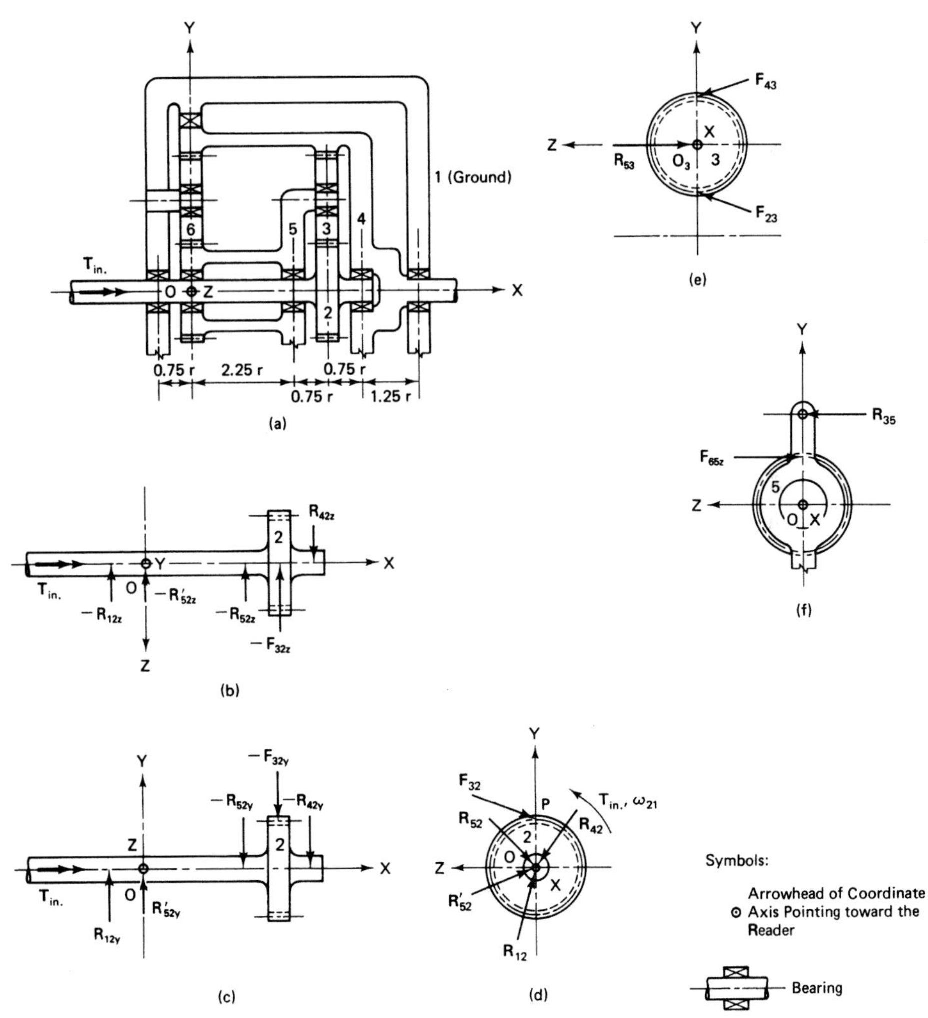

그림 7.40 분기 동력 흐름을 갖는 복합유성기어트레인 : (a) 기어트레인의 단면, (b), (c), (d) 입력축과 기어의 자유물체도(FBD)의 정사영도, (e) 유성기어 3의 FBD, (f) 유성기어를 구동하는 암과 기어 전체의 FBD.

식 (7.31)에서 r_{12x}만 0이 아니므로 이 방정식은 다음과 같이 된다.

$$\mathbf{r}_{12} \times \mathbf{R}_{12} = -r_{12x}R_{12z}\mathbf{j} + r_{12x}R_{12y}\mathbf{k} \tag{7.32}$$

r'_{52}은 0이기 때문에

$$\mathbf{r}'_{52} \times \mathbf{R}'_{52} = 0 \tag{7.33}$$

나머지 항에 대해서는

$$\mathbf{r}_{52} \times \mathbf{R}_{52} = -r_{52x}R_{52z}\mathbf{j} + r_{52x}R_{52y}\mathbf{k} \tag{7.34}$$

$\mathbf{F}_{32}$의 방향을 알고 있으므로

$$F_{32x} = 0, \qquad F_{32y} = -F_{32} \sin \delta\mathbf{j}, \qquad F_{32z} = -F_{32} \cos \delta\mathbf{k} \tag{7.35}$$

더욱이 $r_{32z} = 0$이므로

$$\mathbf{r}_{32} \times \mathbf{F}_{32} = -r_{32y} \cos \delta F_{32}\mathbf{i} - r_{32x} \cos \delta F_{32}\mathbf{j} - r_{32x} \sin \delta F_{32}\mathbf{k} \tag{7.36}$$

끝으로

$$\mathbf{r}_{42} \times \mathbf{R}_{42} = -r_{42x}R_{42z}\mathbf{j} + R_{42x}R_{42y}\mathbf{k} \tag{7.37}$$

힘의 평형 방정식은 다음과 같다.

$$(R_{12y} + R'_{52y} + R_{52y} - \sin \delta F_{32} + R_{42y})\mathbf{j} + (R_{12z} + R'_{52z} + R_{52z} - \cos \delta F_{32} + R_{42z})\mathbf{k} = 0 \tag{7.38}$$

여기서

$$\mathbf{T}_{\text{in}} = T_{\text{in}x}\mathbf{i} \tag{7.39}$$

따라서 식 (7.30)부터 식(7.39)까지를 성분별로 나누고 항들을 모아서 연립하면, 링크 1의 자유물체도로부터 다음 5개의 방정식을 얻는다.

$$T_{\text{inx}} - r_{32y} \cos \delta F_{32} = 0 \tag{7.40}$$

$$-r_{12\text{x}}R_{12z} - r_{52x}R_{52z} - r_{32x} \cos \delta F_{32} - r_{42x}R_{42z} = 0 \tag{7.41}$$

$$r_{12\text{x}}R_{12y} + r_{52x}R_{52y} - r_{32x} \sin \delta F_{32} + r_{42x}R_{42y} = 0 \tag{7.42}$$

$$R_{12y} + R'_{52y} + R_{52y} - \sin \delta F_{32} + R_{42y} = 0 \tag{7.43}$$

$$R_{12z} + R'_{12z} + R_{52z} - \cos \delta F_{32} + R_{42z} = 0 \tag{7.44}$$

식 (7.40)부터 (7.44)까지는 9개의 미지수 F_{32}, $\mathbf{R}_{12}$, $\mathbf{R}'_{52}$, $\mathbf{R}_{52}$ 및 $\mathbf{R}_{42}$에 대한 5개의 선형 연립 방정식을 나타낸다. 여기서 추가로 방정식이 더 필요하다. 이 추가적인 방정식은 마찬가지로 다른 링크들의 자유물체도로부터 유도된다. 표 7.7은 방정식 수와 미지수의 수를 같게 하기 위해 어떻게 방정식들을 구성하는가를 보여준다. 이제 이 방정식들을 풀어서 모

표 7.7

Link number	Equations	Number of equations	Unknowns	Number of new unknowns	Total number of Equations	Total number of Unknowns
2	$\Sigma \mathbf{M} = 0$ $\Sigma F_y = 0$ $\Sigma F_z = 0$	3 1 1	$F_{32}, R_{12y}, R_{12z}, R'_{52y}, R'_{52z}, R_{52y}, R_{52z}, R_{42y}, R_{42x}$	9	5	9
4	$\Sigma \mathbf{M} = 0$ $\Sigma F_y = 0$ $\Sigma F_z = 0$	3 1 1	$R_{14y}, R_{14z}, R_{24y}, R_{24z}, F_{34}, F_{64}, R'_{14y}, R'_{14z}$	8	10	17
5	$\Sigma \mathbf{M} = 0$ $\Sigma F_y = 0$ $\Sigma F_z = 0$	3 1 1	$R_{35y}, R_{35z}, (R_{25y}, R_{25z})^a$ $(R'_{52y}, R'_{52z}), F_{65}$	3	15	20
1 (ground)						
3	$\Sigma M_x = 0$ $\Sigma F_y = 0$ $\Sigma F_z = 0$	1 1 1	$(F_{23}), (F_{43}), (F_{53y}), R_{52z})$	0	18	20
6	$\Sigma M_x = 0$ $\Sigma F_y = 0$ $\Sigma F_z = 0$	1 1 1	$(F_{56}), (F_{46}), R_{16}$ Direction of R_{16} is known to be in the Z direction due to symmetry	1	21	21

[a]"Unknowns" in parentheses are not new because, for example, $R_{52y} = -R_{25y}$.

든 이 부하와 베어링 반력을 구할 수 있다.

이 절에서는 동력 흐름만을 다루기로 한다. 그러므로 앞 절들을 통해 이미 알고 있는 각속도에 추가로 접선방향의 이 부하만 구하면 된다. 따라서 이들 미지수를 포함하는 방정식들에만 주목하도록 한다.

링크 2의 자유물체도로부터 식 (7.30)을 얻는다.

$$\mathbf{T}_{\text{in}} = T_{\text{inx}} = r \cos \delta F_{32} \quad or \quad F_{32} = \frac{T_{\text{inx}}}{r \cos \delta} \tag{7.45}$$

링크 3의 자유물체도로부터(그림 7.40e)

$$F_{43} = F_{23} \quad \text{and} \quad \mathbf{R}_{53} = R_{53z} = -2 \cos \delta F_{23} = \frac{-2T_{\text{inx}}}{r} \tag{7.46}$$

링크 5의 자유물체도로부터(그림 7.40f)

$$F_{65z} = 2R_{53z} = \frac{-4T_{\text{inx}}}{r} \tag{7.47}$$

링크 6의 자유물체도로부터(그림에 나타나 있지 않음)

$$F_{46z} = F_{26z} = \frac{4T_{\text{inx}}}{r} \tag{7.48}$$

이제 알고 있는 각 링크의 각속도를 이용해 기어의 절대 주변속도를 구할 수 있다. 이 속도들은 모두 z축에 평행하기 때문에 이에 가해지는 힘의 z성분만 필요하다.

다음과 같은 표기법을 사용하도록 한다. 즉, 링크 i에서 링크 j로의 동력 흐름은 다음과 같이 나타낸다.

$$P_{ij} = \mathbf{F}_{ij} \cdot \mathbf{V}_{ij} = F_{ijz} V_{ijz} \tag{7.49}$$

여기서 $\mathbf{V}_{ij}$는 기어 i와 j 사이의 피치점의 선속도이다. 링크 2에 작용하는 입력동력으로부터 시작하자.

$$P_{02} = \mathbf{T}_{\text{in}} \cdot \omega_{\text{in}} = T_{\text{in}x} \omega_2 \tag{7.50}$$

알기 쉽게 하기 위해 수치값을 사용하도록 한다. $\mathbf{T}_{\text{in}} = (10 \text{ in.} \cdot \text{lbf})\mathbf{i}$, 즉 $T_{\text{inx}} = 10 \text{ in.} \cdot \text{lbf}$, $r = 10$ in. 그리고 $\omega_2 = 15$ rad/sec로 하자. 그림 7.39와 7.40을 참고해서 이 값들을 사용하면 다음 결과들을 얻는다.

$$\begin{aligned}
P_{02} &= (10)(15) = 150 \text{ in.}\cdot\text{lbf/sec} \\
V_{2z} &= (10)(15) = 150 \text{ in./sec} \\
V_{5z} &= 2r\omega_5 = \frac{2r\omega_2}{5} = (20)(3) = 60 \text{ in./sec} \\
V_{4z} &= 3r\omega_4 = \frac{-3r\omega_2}{15} = -(30)(1) = -30 \text{ in./sec} \\
V_{6z} &= r\omega_5 = 30 \text{ in./sec} \\
V_{4z} &= -30 \text{ in./sec}
\end{aligned}$$

이제 접선방향의 기어 힘에 대해서는

$$\begin{aligned}
F_{23z} &= \frac{T_{\text{inx}}}{r} = 1 \text{ lbf} \\
R_{35z} &= 2 \text{ lbf} \\
F_{34z} &= -1 \text{ lbf} \\
F_{56z} &= 4 \text{ lbf} \\
F_{64z} &= -4 \text{ lbf}
\end{aligned}$$

이 값들을 가지고 동력 흐름을 계산한다.

$$\begin{aligned}
P_{23} &= F_{23z} V_{2z} = (1)(150) = 150 \text{ in.}\cdot\text{lbf/sec} \\
P_{35} &= R_{35z} V_{5z} = (2)(60) = 120 \text{ in.}\cdot\text{lbf/sec} \\
P_{34} &= F_{34z} V_{4z} = (-1)(-30) = 30 \text{ in.}\cdot\text{lbf/sec} \\
P_{35} &= F_{35z} V_{5z} = (4)(30) = 120 \text{ in.}\cdot\text{lbf/sec} \\
P_{64} &= F_{64z} V_{4z} = (-4)(-30) = 120 \text{ in.}\cdot\text{lbf/sec}
\end{aligned}$$

그림 7.41에 손실이 없는 경우의 동력 흐름 선도가 나타나 있다. 손실을 고려하는 경우, 예

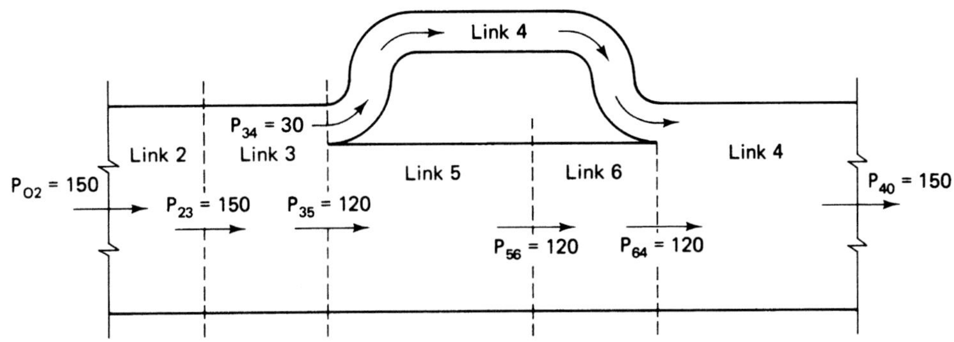

그림 7.41 그림 7.39와 7.40의 유성기어트레인에 대한 분기 동력 흐름의 흐름 선도. 링크 i에서 j까지의 동력 흐름, P_{ij}를 in. · lbf/sec로 보여준다.

를 들어 각 기어의 접촉효율이 $\eta = 0.9$인 것으로 하면 흐름 선도에서 기어가 맞물린 지점을 통과할 때마다 10%의 동력 손실이 있을 것이다. 그 경우 출력은

$$P_{24} = (0.9)(0.9)(0.9)(0.9)(120) + (0.9)(0.9)\,30 = 103 \text{ in.}\cdot\text{lbf/sec}$$

전체효율은

$$\eta = \frac{103}{150} = 0.69$$

예제 7.13

그림 7.42는 두 유성시스템의 스파이더(spider)들이 함께 회전하도록 강체 연결되어 있는 이중 유성기어 구동 장치(coupled planetary gear drive)를 보여준다. 각속도비를 구하기 위해 순간중심 이용법을 적용한다.

태양기어 2가 입력일 경우에는 미지의 속도를 가진 링크 3, 4, 5, 6을 거치면서 속도 해석을 진행하여 속도를 아는 점(링크 1과 5의 정지된 맞물림점, 즉 피치점)에 도달하게 된다. 한편 링크 6을 입력으로 간주하면 같은 속도 0인 점에 도달할 때까지 링크 5만 사이에 있게 된다. 이렇게 하여 얻은 결과들을 다시 전환하면 입력링크 2에서 출력링크 6까지의 전체 시스템에 대한 각속도비, 접선속도와 힘, 나아가서 동력 흐름까지 쉽게 구할 수 있다.

이러한 관찰에 근거해서 링크 6을 입력으로 보고 시작하도록 한다. 앞에서와 마찬가지로 모든 힘과 동력 흐름이 각 부분별로 하나의 유성기어에만 작용하는 것으로 간주한다. 실제로는 기어가 축 대칭 배치되어 있으므로 힘과 동력 흐름은 가공 정밀도에 따라 다르지만 각 부분별로 모든(둘, 셋 또는 그 이상) 유성들 사이에 공통으로 분배된다.

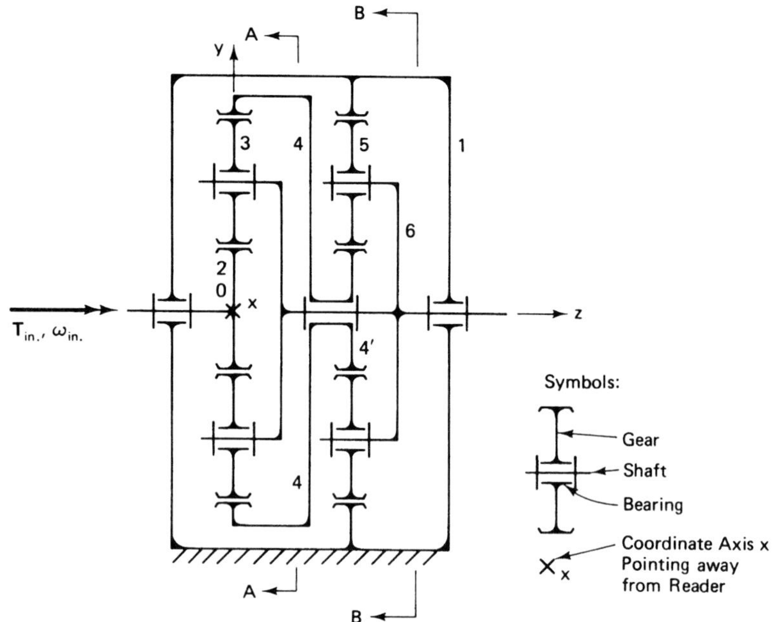

그림 7.42 이중 유성기어트레인.

그림 7.43은 링크 6을 보여주는 그림 7.42의 *B-B* 단면도이다. 단지 속도비와 동력 흐름비만을 구하려 하므로 입력토크, 입력각속도 및 모든 유성기어와 태양기어의 반지름을 1로 놓는다. 그러면 다음과 같다.

$$\mathbf{T}_{in} = l\mathbf{k}\ \text{in.} \cdot \text{lbf}, \qquad \omega_6 = l\mathbf{k}\ \text{rad/sec}, \qquad \mathbf{V}_6 = -2\mathbf{i}\ \text{in./sec}$$

다음에는 기어 4′과 5 및 기어 5와 맞물리는 고정내부기어 1을 보여주는 그림 7.44를 그린

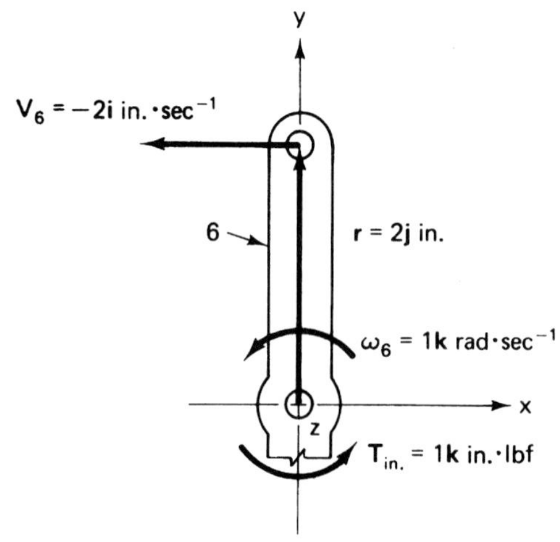

그림 7.43 그림 7.42의 링크 6의 *B-B* 단면도.

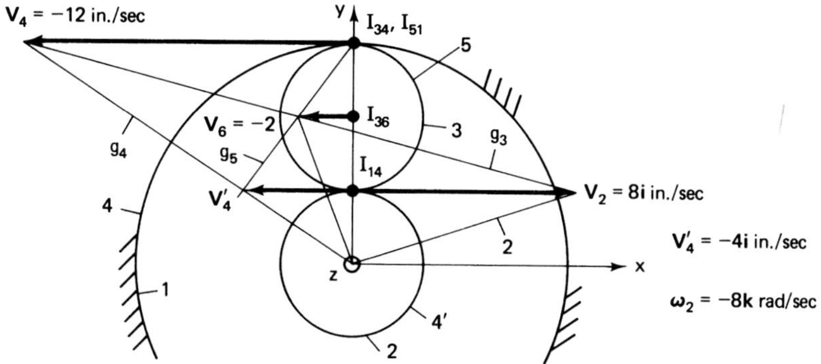

그림 7.44 순간중심과 주변속도들을 보여주는 그림 7.42의 *A*-*A* 단면도와 *B*-*B* 단면도가 중첩된 모습.

다. 알고 있는 속도 $\mathbf{V}_6$, 그리고 I_{51}과 $\mathbf{V}_6$의 끝을 통과하는 기어 5의 보조선 g_5를 그려 넣음으로써

$$\mathbf{V}_4' = -4\mathbf{i} \text{ in./sec}$$

이제 그림 7.44 또한 그림 7.42의 *A*–*A* 단면도를 나타내고 태양기어 2, 유성기어 3 및 내부 링기어 4를 표시하고 있는 것을 볼 수 있다. 여기서 이것들은 이전에 표시된 기어들 뒤층에 있음을 주의해야 한다. 기어 4와 4′은 모두 링크 4 위에 있다는 것과 이 링크에 대한 보조선 g_4를 그려 넣음으로써 다음 사실을 알게 된다.

$$\mathbf{V}_4 = -12\mathbf{i} \text{ in./sec}$$

이제 $\mathbf{V}_4$와 $\mathbf{V}_6$의 끝을 통과하는 링크 3의 보조선 g_3를 그려서 다음을 얻는다.

$$\mathbf{V}_2 = 8\mathbf{i} \text{ in./sec}$$

이로부터 출력각속도(링크 2의 각속도)를 얻는다.

$$\omega_2 = -8\mathbf{k} \text{ rad/sec}$$

이제 이 시스템의 동력 흐름을 구하도록 하자. 입력은 링크 6에 의해 받아들여진다.

$$P_{\text{in}} = \mathbf{T}_{\text{in}} \cdot \omega_6 = 1\mathbf{k} \cdot 1\mathbf{k} = 1 \text{ in.·lbf/sec}$$

그림 7.42를 보면 동력이 둘로 나뉘어 링크 6으로부터 링크 3과 5의 두 경로로 전달되는 것을 알 수 있다. 그러므로

$$P_{\text{in}} = P_{63} + P_{65} \tag{a}$$

마찬가지로 링크 i부터 j까지의 동력 흐름 P_{ij}를 따라가며 다음을 구한다.

$$P_{54} = P_{65} \tag{b}$$

$$P_{43} = P_{54'} = P_{54} \tag{c}$$

$$P_{43} + P_{63} = P_{32} = P_{out} = P_{in} \tag{d}$$

여기서 마찰 손실은 모두 무시했다.

링크 i에 의해 링크 j에 가해지는 접선 피치선(tangential pitch-line) 힘과 베어링 반력(F_{ij} 또는 R_{ij})에 대한 평형 방정식을 자유물체도로부터 얻을 수 있다. 따라서 링크 6의 자유물체도(FBD 6, 그림에 나타나 있지 않음)로부터 다음을 얻는다.

방정식:		실제 방정식과 미지수의 총 수:	
	$(\mathbf{R}_{65}+\mathbf{R}_{63}) \cdot \mathbf{V}_6 = P_{in} = 1$	(식 1, 미지수 2)	(1)
FBD 5에서	$\mathbf{F}_{54} = \frac{1}{2}\mathbf{R}_{65}$	(식 2, 미지수 3)	(2)
FBD 4에서	$\mathbf{F}_{43} = \frac{1}{3}\mathbf{F}_{54}$	(식 3, 미지수 4)	(3)
FBD 2에서	$\mathbf{F}_{32} = \frac{1}{2}\mathbf{R}_{63} - \mathbf{F}_{43}$	(식 4, 미지수 5)	(4)
FBD 1에서	$\mathbf{F}_{32} \cdot \mathbf{V}_2 = P_{out} = 1$	(식 5, 미지수 5)	(5)

모든 벡터가 x축에 평행한 것을 이용하여 식 (1)부터 (5)까지를 연립해서 풀면 다음과 같은 결과를 얻는다.

$$R_{63x} = \frac{1}{16}\,lbf, \qquad F_{43x} = -\frac{3}{32}\,lbf, \qquad F_{54x} = -\frac{9}{32}\,lbf, \qquad R_{65x} = -\frac{9}{16}\,lbf,$$
$$F_{32x} = \frac{1}{8}\,lbf$$

관련되는 힘과 속도를 내적해서 동력 흐름을 계산한다(모두 1bf · in/sec 단위).

$$P_{65} = R_{65x}V_{6x} = \left(-\frac{9}{16}\right)(-2) = \frac{9}{8}$$
$$P_{63} = R_{63x}V_{6x} = \left(\frac{1}{16}\right)(-2) = -\frac{1}{8}$$
$$P_{54} = F_{54x}V_{4x} = \left(-\frac{9}{32}\right)(-4) = \frac{9}{8}$$
$$P_{43} = F_{43x}V_{4x} = \left(-\frac{3}{32}\right)(-12) = \frac{9}{8}$$
$$P_{32} = F_{32x}V_{2x} = \left(\frac{1}{8}\right)8 = 1$$

이 값들을 동력 평형 방정식 (a), (b), (c), (d)에 대입해 보면 결과를 확인할 수 있다. 그림 7.45에 이 동력 흐름을 선도로 나타내었다. 링크 3에서 6으로 일어나는 동력의 음의 피드백(feedback) 혹은 순환을 볼 수 있다.

동력 흐름 계산에는 필요 없지만 중간링크들의 각속도와 입력링크에 대한 각속도비는 그림 7.44로부터 쉽게 구할 수 있다. 관련 보조선과 속도로부터 다음 결과를 얻는다.

$$\omega_2 = 10\mathbf{k}, \qquad \omega_5 = -2\mathbf{k}, \qquad \omega_4 = 4\mathbf{k}$$

모든 각속도 벡터가 z축에 평행하고, 입력속도가 $\omega_6 = 1\ \mathbf{k}$이므로 속도비는

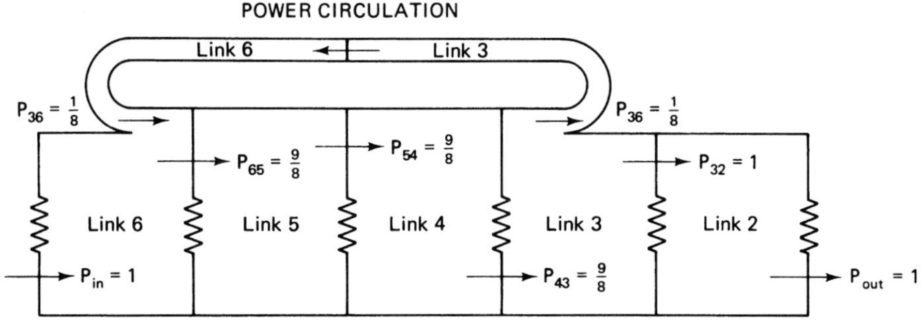

그림 7.45 그림 7.42의 복합유성기어세트를 통과하는 전환된 동력 흐름 선도. 링크 3으로부터 링 크 6으로 피드백되는 동력 순환 분기를 볼 수 있다.

$$\frac{\omega_5}{\omega_6} = -2, \qquad \frac{\omega_4}{\omega_6} = 4, \qquad \frac{\omega_3}{\omega_6} = 10, \qquad \frac{\omega_2}{\omega_6} = -8$$

그러므로 링크 6을 입력으로 하고 링크 2를 출력으로 했을 때 그림 7.42의 유성시스템은 '속력 증폭기'가 된다. 링크 2를 다시 입력으로 전환하면 그림 7.45의 동력 흐름은 반대로 된다. 동력 피드백, 즉 순환은 이제 링크 6에서 링크 3으로 일어날 것이다. 각속도비는 다음과 같다(그림 7.42 참조).

$$\frac{\omega_3}{\omega_2} = \frac{10}{-8} = \frac{-5}{4}$$

$$\frac{\omega_4}{\omega_2} = \frac{4}{-8} = \frac{-1}{2}$$

$$\frac{\omega_5}{\omega_2} = \frac{-2}{-8} = \frac{1}{4}$$

$$\frac{\omega_6}{\omega_2} = \frac{1}{-8} = \frac{-1}{8}$$

7.10 결론

지금까지 유도과정과 예제들을 통해서 비교적 복잡한 유성기어트레인의 속도비, 정적 힘 및 동력 흐름을 직접적이고 가시화된 방법으로 쉽게 해석할 수 있음을 살펴보았다. 이러한 방법들은 실제 설계자들에게 훌륭한 도구가 될 것이다. 이들 방법의 적용 연습을 더 해볼 수 있도록 문제 7.25, 7.26 및 7.27을 준비하였다.

연습문제

7.1. Figure P7.1 shows a simple gear train. If the input is provided by gear *A* and the output is taken off the shaft of gear *E*, what is the ratio and the sign of ω_{out}/ω_{in} in terms of the number of teeth on the gears?

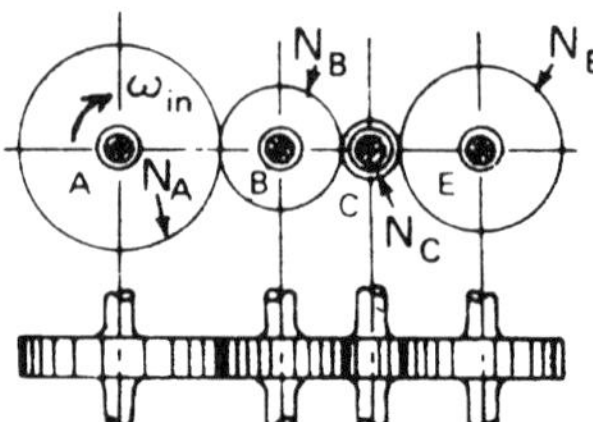

Figure P7.1

7.2. The compound gear train shown in Fig. P7.2 is attached to a motor that drives gear *A* at ω_{in} clockwise as viewed from below. What is the expression for the angular velocity of gear *H* in terms of the number of teeth on the gears? What is the direction of rotation of gear *H* as viewed from below?

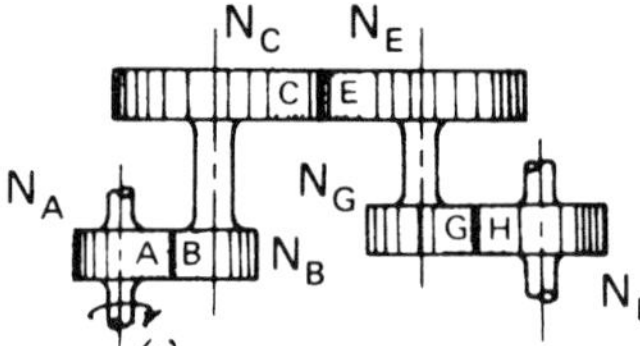

Figure P7.2

7.3. Gear *A* of the gear train in Fig. P7.3 is driven at 200 rpm clockwise as viewed from below. The shafts of all gears are located in grounded bearings. Determine ω_G, and ω_K, and ω_I given the number of teeth on each gear as indicated in the figure. Determine the direction of rotation of these three gears as viewed from the right.

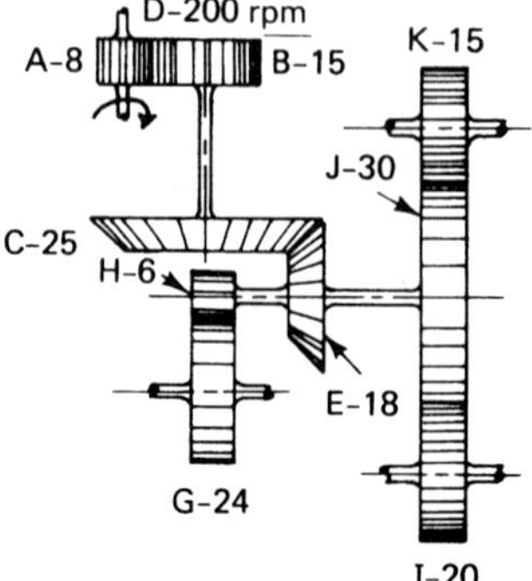

Figure P7.3

7.4. The gear train shown in Fig. P7.4 is arranged to feed lumber between the two 6-in.-diameter rollers *(R)* into a cutting blade for the purpose of ripping the lumber. The blade is being directly driven at 500 rpm. A power take-off, which consists of the belt system shown, drives the rollers for the purpose of feeding the stock. Determine the speed of the stock in ft/min and the direction of stock movement.

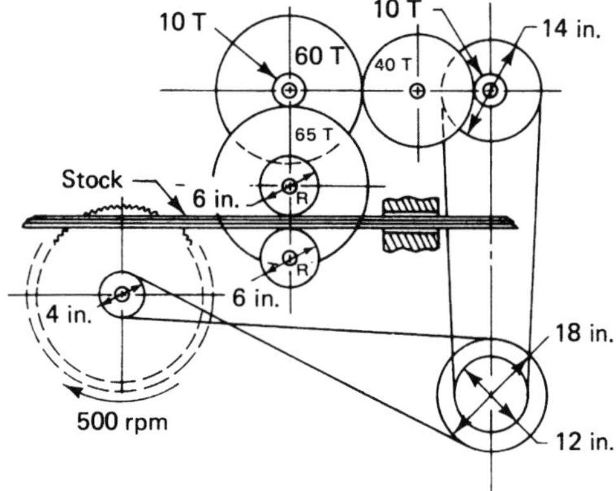

Figure P7.4

7.5. Design a ordinary gear train to couple the two shafts in Fig. P7.5 so that the driver will rotate at 30 rpm and the follower at 21,000 rpm in the directions indicated. Design must be based on catalog gears of from 12 to 25 teeth listed every integer, and from 26 to 60 teeth listed every other integer. Prepare a drawing of the train arrangement and label each gear.

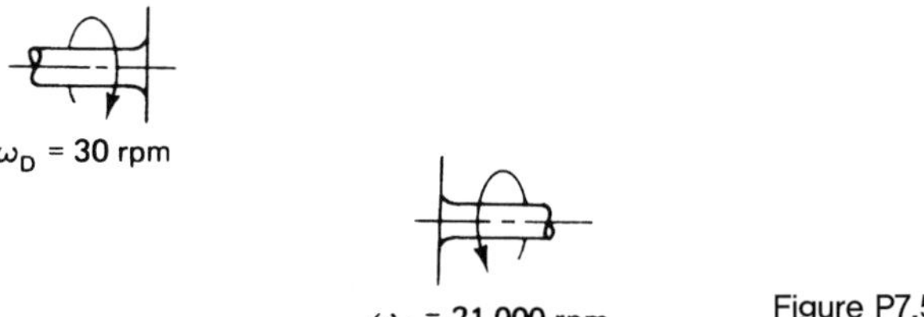

Figure P7.5

7.6. Figure P7.6 shows a three-speed transmission with the drive shaft rotating in place at 450 rpm carrying the cluster of gears *A, B,* and *C.* The follower shaft is splined and may be shifted along its axis by means of the shift link to bring gears *E, G,* and *H* into contact with the gears on the drive shaft. Design the transmission to produce speeds of 150, 350, and 550 rpm, and describe how motion is transmitted in these three speeds. Gear teeth are to be kept within the limits of from 10 to 80 teeth.

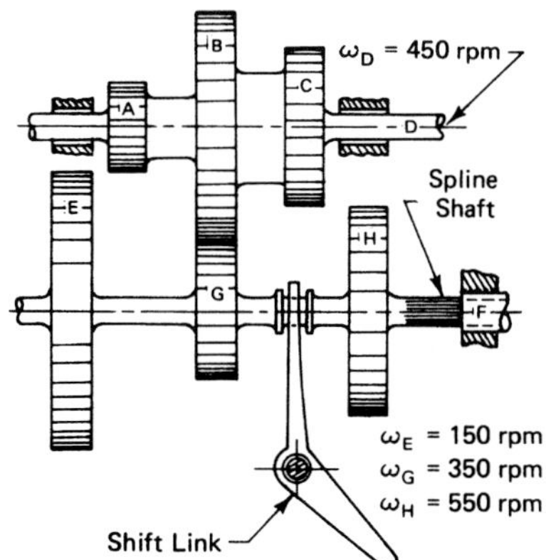

Figure P7.6

7.7. A gear train is required to have a train value of $(1/\sqrt{3}) \pm 0.00001$. One constraint on feasible designs is that the least number of teeth any gear can have is 15. Competing designs will be judged on the basis of cost of parts. The following unit costs can be used to estimate the total cost for your design.

Gear blanks	\$ 5.00 per gear
Cutting teeth	\$ 0.25 per tooth
Shafts (with bearings)	\$20.000 per shaft

The following information is requested:

(a) A sketch showing the train arrangement for your design
(b) Tooth numbers for each gear
(c) A cost estimate

7.8. For each planetary gear train in Fig. P7.7, determine the ratio indicated in the following list, (a) by the formula method, (b) by the tabular method, and (c) by the instant-center method:

Fig. P7.7a: ω_2/ω_3	Fig. P7.7d: ω_2/ω_4
Fig. P7.7b: ω_3/ω_4	Fig. P7.7e: ω_3/ω_4
Fig. P7.7c: ω_2/ω_3	Fig. P7.7f: ω_4/ω_5

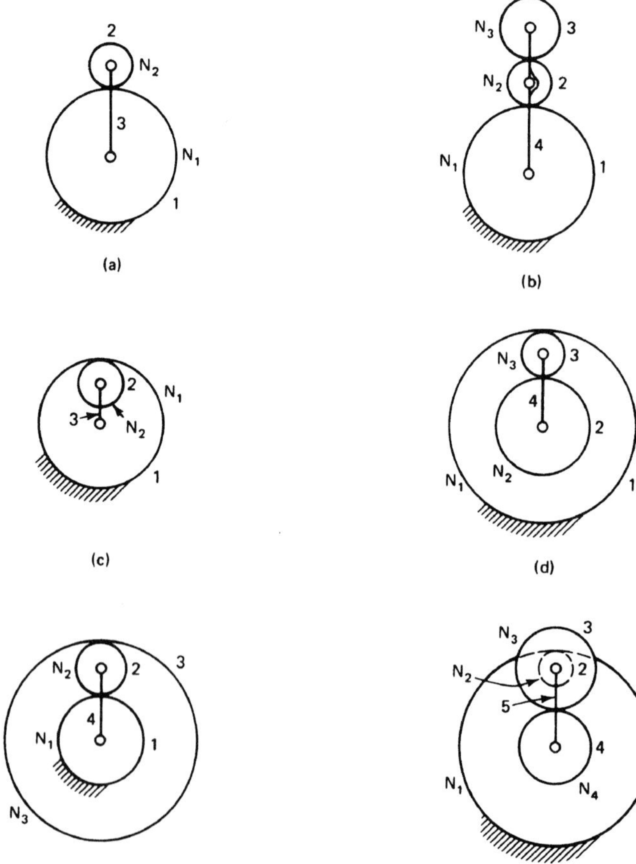

Figure P7.7

7.9. **(a)** Determine the number of teeth on gear E of the gear train hoist in Fig. P7.8 which yields a gear reduction between B and A of $\omega_B/\omega_A = 25$, given $N_B = 20$, $N_C = 80$, and $N_D = 30$.

(b) Determine the numerical value of the mechanical advantage of this gear train hoist, W/F_{in}, assuming no losses.

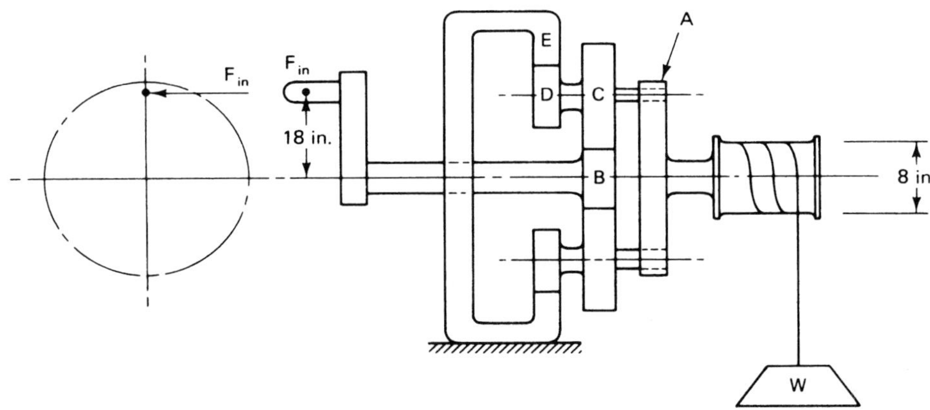

Figure P7.8

7.10. The sun gear B of Fig. P7.9 rotates at 100 rpm cw as viewed from the right. Determine the angular velocity and direction of ω_G as viewed from the bottom.

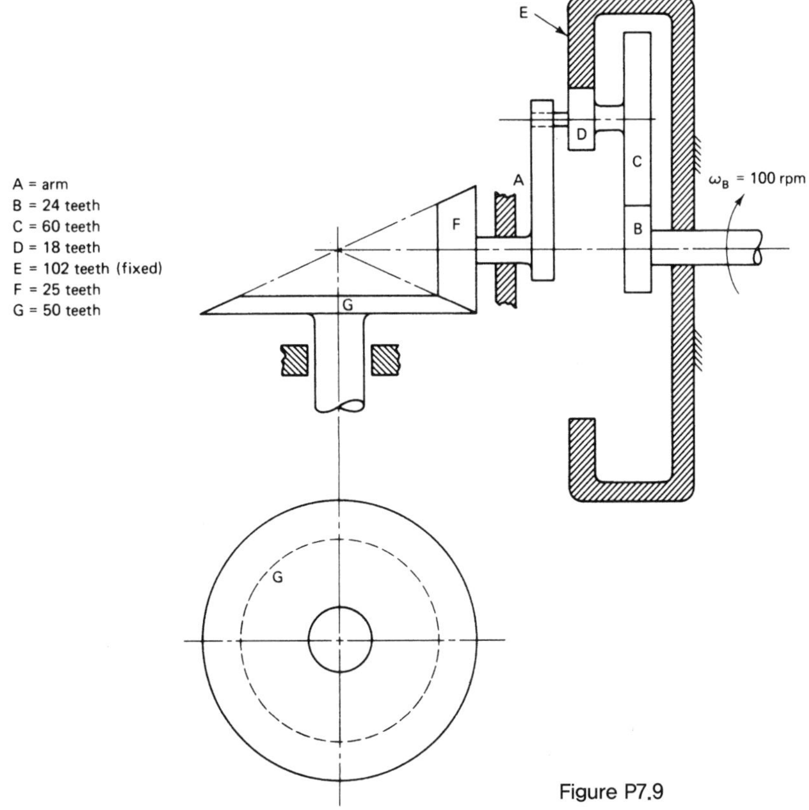

Figure P7.9

(a) Use the formula method.
(b) Use the tabular method.
(c) Use the instant-center/tangential-velocity method.

7.11. For the gear train shown in Fig. P7.10, you must choose suitable gears (*F* and *G*) to connect the shaft of gear *E* to the output shaft. Notice that $\omega_A = 1000$ rpm, $\omega_G = 20$ rpm in the same sense as specified.
(a) Find ω_F.
(b) What are suitable tooth numbers of gear *F* and *G*? Be careful.
(c) Should *F* and *G* be a pair of external gears or an external-internal pair?
(d) For 10 pitch gears, what would the distance between the two shafts have to be?

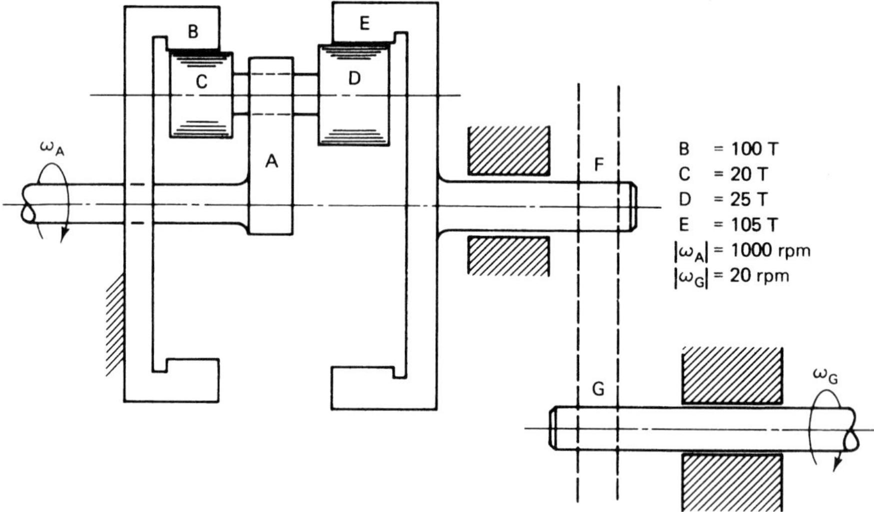

Figure P7.10

7.12. If the input shaft of the planetary gear train in Fig. P7.11 is rotating at 150 rpm clockwise as viewed from the right, determine ω_E by
(a) The formula method.
(b) The tabular method.
(c) The instant-center/tangential-velocity method.

7.13. Figure P7.12 shows a gear train with two degrees of freedom. If gear 3 rotates at 100 rpm clockwise and gear 1 rotates by 200 rpm counterclockwise (both viewed from the right), find ω_6 by
(a) The formula method.
(b) The tabular method.
(c) The instant-center/tangential-velocity method.

7.14. For the gear train in Fig. P7.13, if $\omega_1 = 1$ rpm cw and $\omega_5 = 1$ rpm ccw as viewed from the left, find the angular velocity of the arm by
(a) The formula method.
(b) The tabular method.
(c) The instant-center/tangential-velocity method.

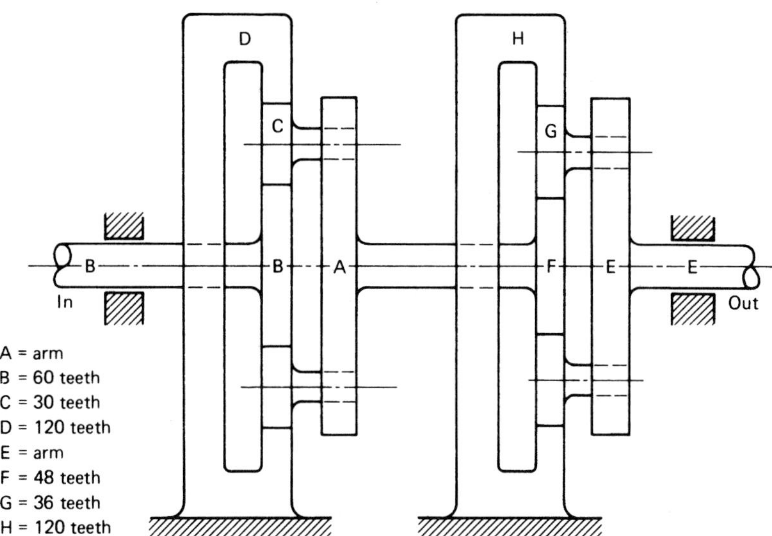

Figure P7.11

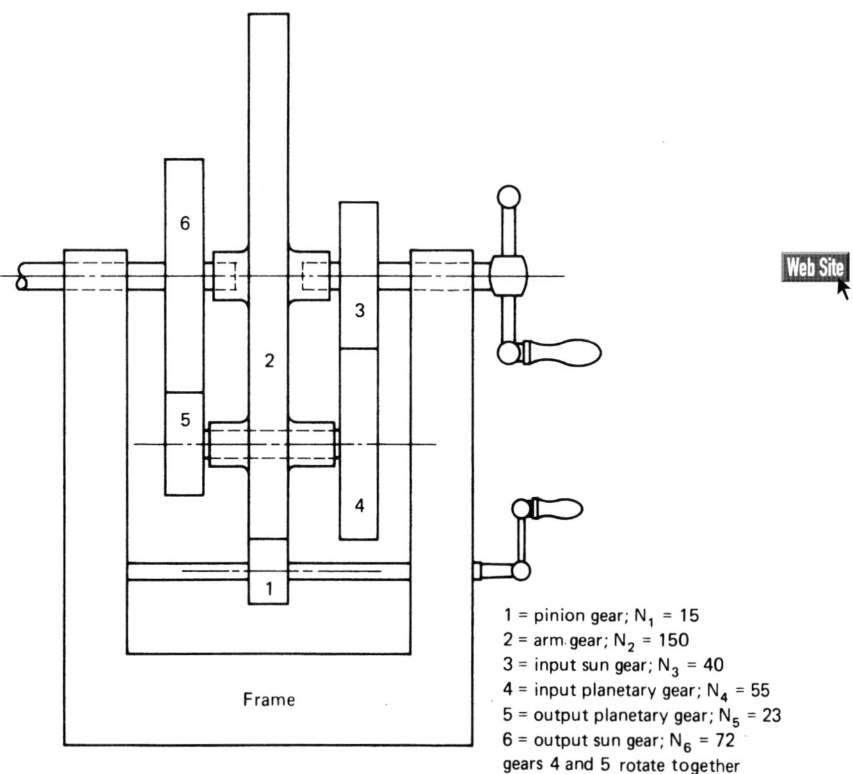

Figure P7.12

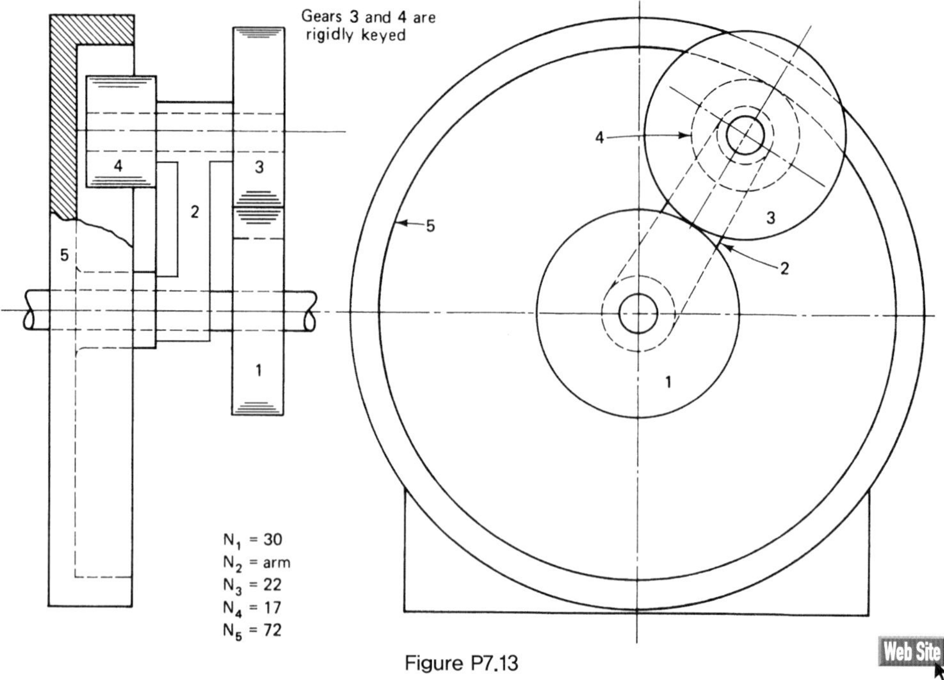

Figure P7.13

Web Site

7.15. If gear A in Fig. P7.14 rotates by 72 rpm clockwise as viewed from the right, find the angular velocity of gear E by

(a) The formula method.

(b) The tabular method.

(c) The instant-center/tangential-velocity method.

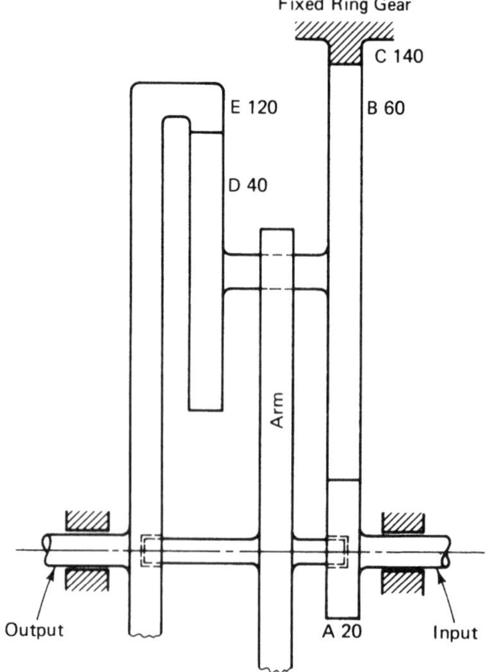

Figure P7.14

7.16. The differential gear system in Fig. P7.15 requires angular velocities of $\omega_A = 10$ rpm cw and $\omega_B = 24$ rpm ccw as seen from the right. Determine the input angular velocity ω_D.

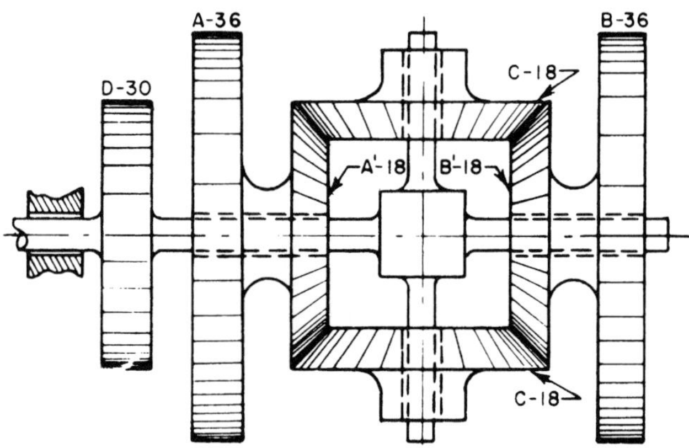

Figure P7.15

7.17. Figure P7.16 shows a variation of a planetary gear system known as Humpage's gear reduction. Gear D is stationary and acts as a bearing for the arm shaft. The arm shaft is directly connected to gear 3, while the arm itself acts as a bearing for the gear cluster B, C, E. Gears 1 and 2 are directly connected to gears F and A, respectively. A single input can be applied at either gear 1, 2, or 3 with an output occurring at each of the two remaining gears. Consider that an input of 800 rpm clockwise (as seen from the right) is applied at gear 2 and determine the resulting outputs at gears 1 and 3.

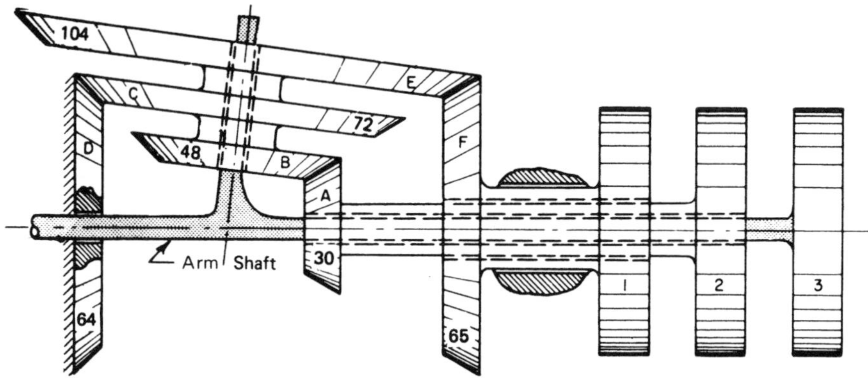

Figure P7.16

7.18. Figure P7.17 shows a planetary bevel gear train. If the driver rotates at 10 rpm cw as viewed from the right, what is ω_E?

7.19. By determinant expansion of the vector products and reference to Fig. 7.40, verify Eqs. (7.34), (7.36), and (7.37). Show all steps.

7.20. Using FBDs (free-body diagrams), verify the entries in Table 7.7 (see Fig. 7.40) for

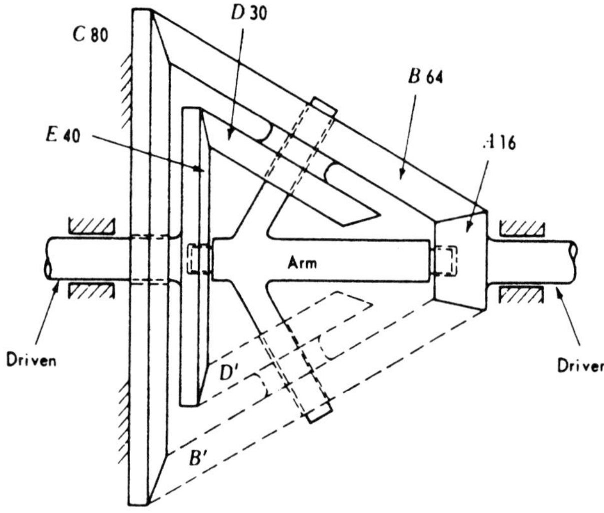

Figure P7.17

(a) Link 4.
(b) Link 5.
(c) Link 3.
(d) Link 6.

7.21. With the help of the applicable FBDs, verify Eqs. (7.45) to (7.48) (see Fig. 7.40).

7.22. Using the data given following Eq. (7.50), and by reference to Figs. 7.39 and 7.40, verify the values of the absolute velocities V_{2z}, V_{5z}, V_{4z}, V_{6z}, and V_{4z}.

7.23. Do the same as for Prob. 7.22, but verify the forces R_{35z}, F_{34z}, F_{56z}, F_{64z}.

7.24. Using the techniques of Sec. 7.9, for the system of Fig. P7.18, determine
(a) The absolute velocities of all pitch points.
(b) All gear forces and bearing reactions.
(c) The power flow; draw the power-flow stream diagram with the following data:

Number of teeth	(A)	(B)	(C)	(D)
N_3	40	48	26	30
N_4	50	60	36	40
N'_4	30	20	16	18
N_5	55	40	32	36
$\mathbf{T}_{in}$	10 in.·lbf **i**	12 in.·lbf **i**	−22 in.·lbf **i**	30 in.·lbf **i**
ω_{in} (rad/sec)	10	6	15	4

In each case, link 1 is ground.

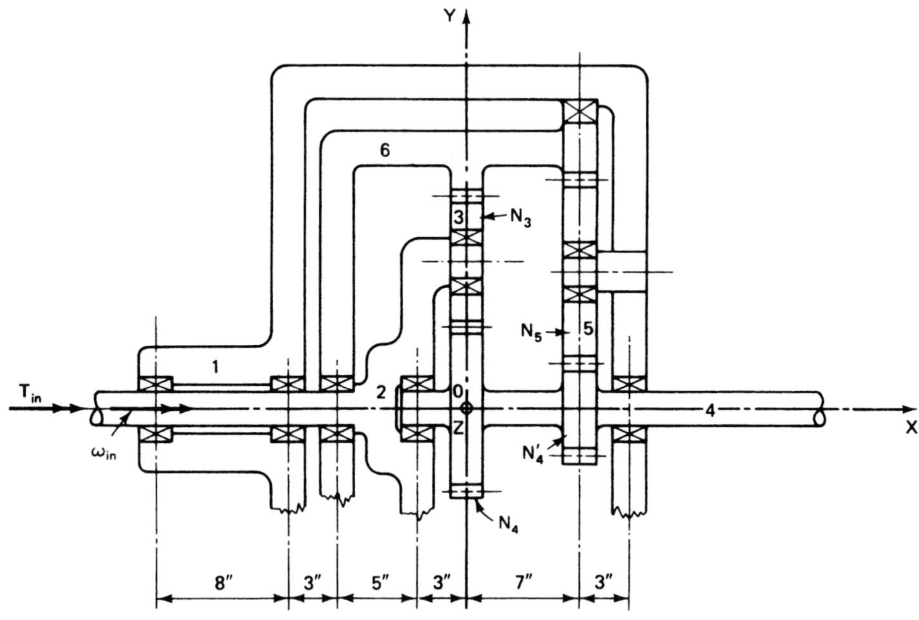

Figure P7.18

7.25. Using the method in Fig. 7.42, determine the velocity ratios and power flow for the coupled planetary gear of Fig. P7.19 with gears 1 and 3 at 5 in. pitch diameter and 5 and 6 at 6 in. pitch diameter.

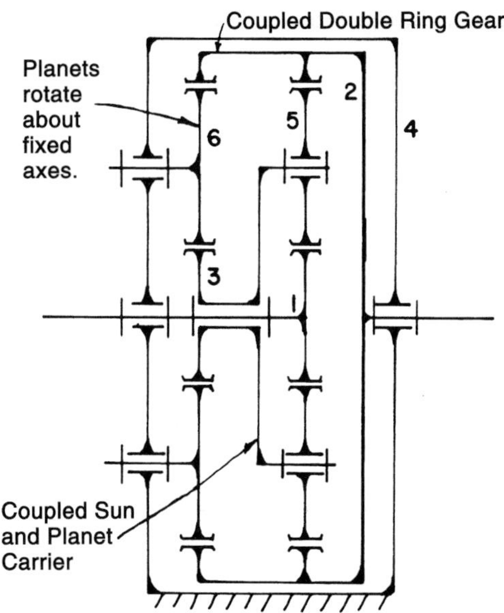

Figure P7.19

7.26. Do the same as for Prob. 7.25, but use Fig. P7.20, with the following dimensions:

Gears	Pitch Diameter (in.)
1	$8\frac{1}{2}$
2, 3′	13
4	11

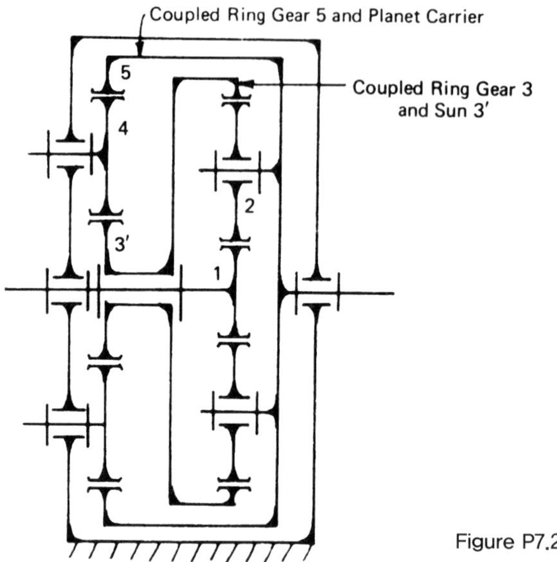

Figure P7.20

7.27. Do the same as for Prob. 7.25, but use Fig. P7.21, with the following dimensions:

Gears	Pitch Diameter (in.)
1, 3	9
5,6	$11\frac{1}{2}$

7.28. Starting with Eq. (7.22), prove Eq. (7.25).

7.29. Scoliosis (lateral curvature of the spine) and kyphosis (round back) are common spinal deformities. A standard method of surgically correcting these spinal curvatures is by inserting compression instrumentation on the convex side of the curve (similar to jacking up a car). The Harrington compression system consists of a threaded rod and various metal hooks which slide over this rod. Each hook is embedded in the body spine from the back, and each hook slides on the rod by tightening a threaded nut, creating compression (Fig. P7.22). The conventional method of nut tightening is with an open-end wrench, a time-consuming process when 6 to 24 hooks are used. A specialized wrench was needed to reduce the time involved in nut tightening.

The design objectives in order of their importance are as follows:

1. The wrench must fit onto the Harrington rod from the side of the rod—not "over the top."

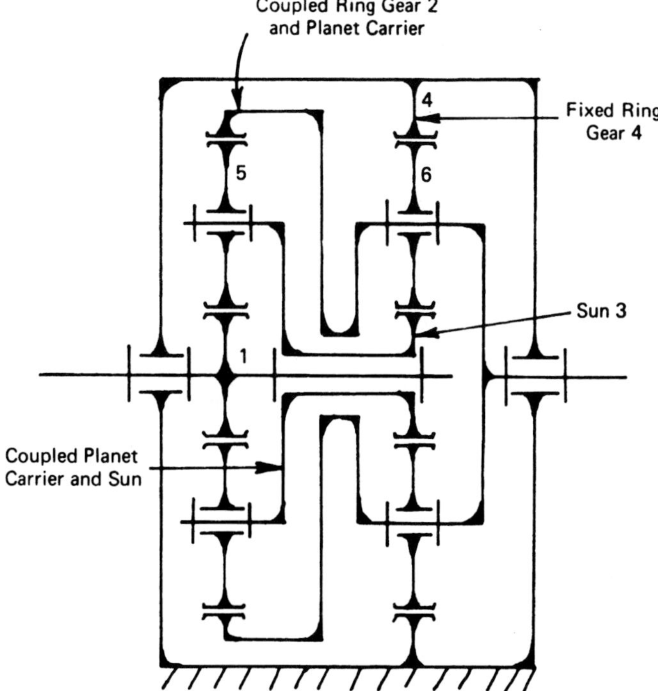

Figure P7.21

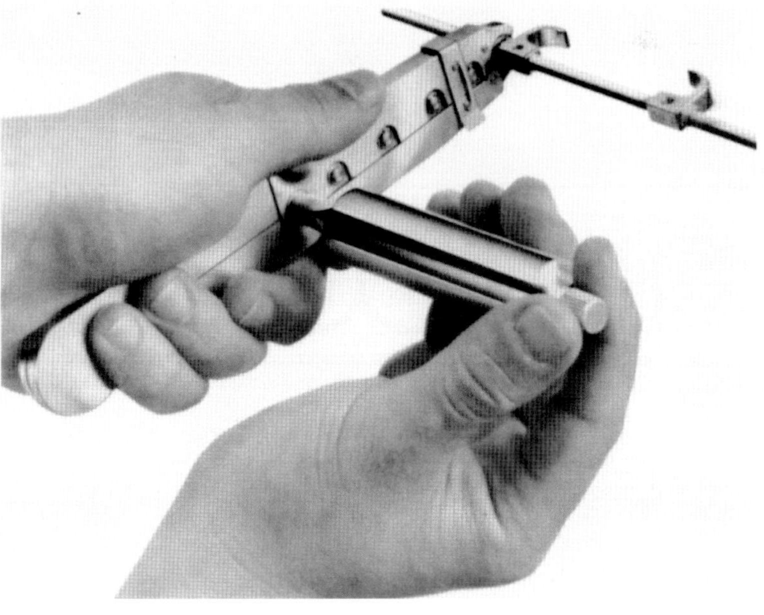

Figure P7.22

2. The wrench must be mechanically strong and not be subject to damage during use.
3. The wrench must be readily sterilizable.
4. The wrench must be "human engineered" to allow the surgeon a sensitive feel.
5. The surgeon's hand input to the wrench must be at least 8.8 cm from the center line of the Harrington rod.
6. The "opened" wrench (during sterilization) must have a minimum number of "loose" parts which would require reassembly.
7. Wrench thickness at the driving tip must not exceed 6 mm to allow access between hooks. Wrench width at the driving tip must not exceed 2 cm.

The final design—The Twin Cities Spinal Wrench [40]—is shown in Figs. P7.22 through P7.24.

(a) Does the nut turn in the same direction as the input?
(b) What is ω_{out}/ω_{in}?

Figure P7.23

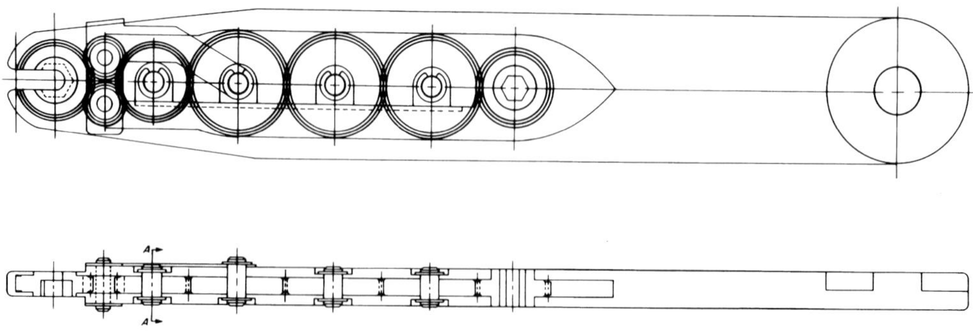

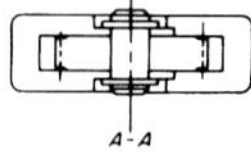

Figure P7.24

(c) What is $\mathbf{T}_{out}/\mathbf{T}_{in}$?
(d) What is the relationship between the diameter of the Harrington rod (d) and the radius of the smallest gears?
(e) Can you design your own spinal wrench?

7.30. Prove Eq. (7.5a) by referring to Fig. 7.6.

7.31. The mechanism shown in Fig. P7.25 is a gear train used in an aircraft transmission to convert the engine speed (ω_4 = 2500 rpm cw, as viewed from the right) into a propeller angular velocity. The number of teeth on each gear is shown in parentheses. Notice that sun gear (1) is fixed to the ground. Find the rotational speed and direction of the propeller (ω_5). You may use either the formula method or the tabular method.

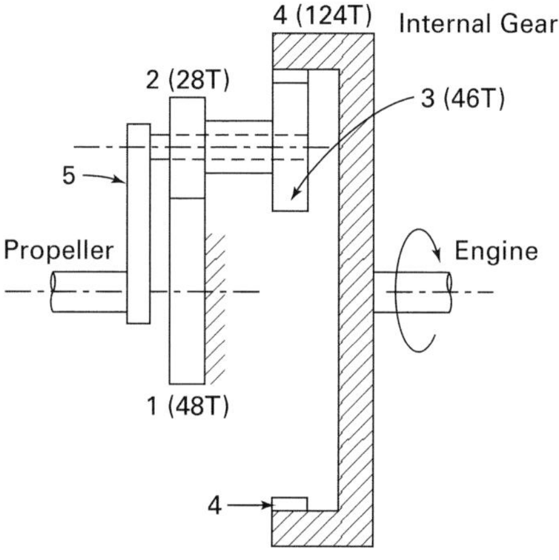

Figure P7.25

7.32. A planetary gear system* shown in Fig. P7.26 is used to move the envelopes from the vertical hopper to the horizontal conveyor. The outside gear ring is fixed, and the planetary gear mount (the cross arm) is driven by a motor and rotates cw. Each of the four planetary gears has 48 teeth, and its diametral pitch is 18. A vacuum sucker arm is rigidly attached to each planetary gear, so it rotates with the planetary gear ccw.

(a) If we want to guarantee placing the envelopes in horizontal position when the gear mount rotates a quarter of the circle, what is the number of teeth required in the outside gear ring? What is the pitch diameter?
(b) Assuming that the conveyor has a linear speed of 120 ft/min and the center distance of the two adjacent envelopes is 12 in., what is the angular velocity of the driving motor? What is the angular velocity of the planetary gear?

* Courtesy of Boyong Hong, DeLux Corporation, Shoreview, MN.

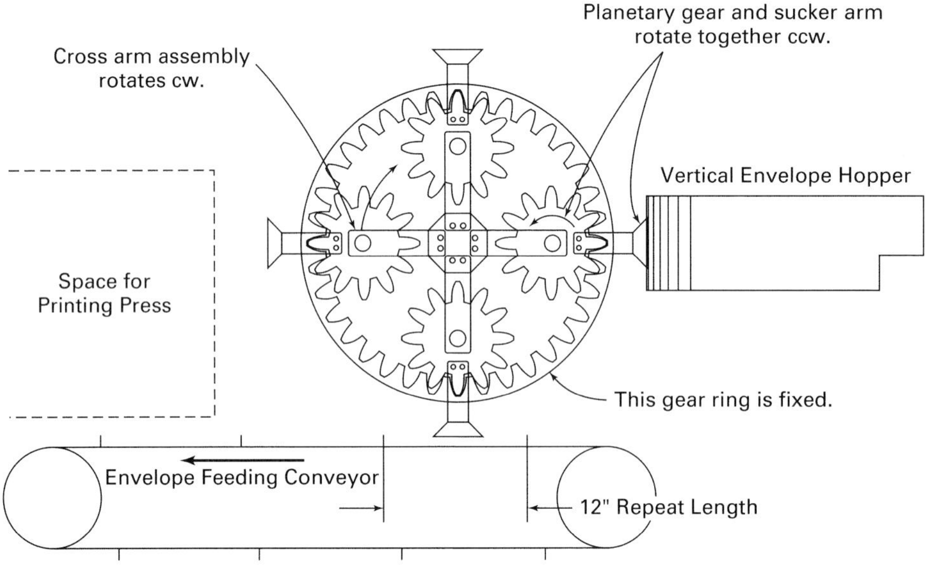
Planetary gear and sucker arm
rotate together ccw.
Cross arm assembly
rotates cw.
Vertical Envelope Hopper
Space for
Printing Press
This gear ring is fixed.
Envelope Feeding Conveyor
12" Repeat Length

Figure P7.26

기구학적 설계 –도해법 및 선형 해석법

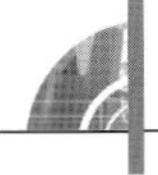

8.1 서론

Ampère는 기구학을 '기구의 운동과 이 운동을 만들어내는 방법에 관한 학문'이라 정의하였다. 이 정의의 첫 번째 부분은 기구학적 해석(kinematic analysis)에 대한 것이다. 주어진 어떤 기구에서 각 구성요소들의 운동 특성은 기구학적 해석을 통하여 구할 수 있다(3장에서 설명되었음). 해석 작업에는 기구의 모든 기본적인 수치, 각 링크간의 연결 그리고 입력 운동이나 구동 방법 등이 포함된다. 그리고 이 기구학적 해석의 목적은 기구의 여러 부재에서의 변위, 속도, 가속도, 충격이나 저크(2차 가속도) 또는 고차 가속도를 구하거나, 특정 요소의 경로와 운동을 찾는 것이다. 간단히 말해서 기구학적 해석이란 주어진 기구의 성능을 결정하는 것이다. Ampère 정의의 두 번째 부분은 다음과 같이 부연 설명할 수 있다.

1. 기구를 사용하여 원하는 운동을 만들어내는 방법을 연구하는 학문
2. 원하는 운동을 할 수 있는 기구를 만들어내는 방법을 연구하는 학문

위의 두 정의 모두 운동이 주어지고 이에 합당한 기구를 찾을 수 있다. 이것이 바로 기구학적 설계의 본질이다. 따라서 기구학적 설계란 일정한 기능을 하는 기구에 대한 체계적인 설계를 다루는 것이다.

설계는 다음과 같은 두 분야로 나뉠 수 있다.

1. 형식합성(type synthesis). 요구되는 성능이 결정되었을 경우 어떤 종류의 기구가 적절할까(기어트레인? 링크장치? 캠 기구?)? 또한 이 기구는 몇 개의 링크로 구성되어야 하는가? 몇 개의 자유도가 요구될까? 어떤 구성이 좋을까? 등등의 의문이 생길 것이다. 링크의 수 그리고 자유도의 문제를 고려하는 일은 Gruebler가 처음으로 제안한 수합성(number synthesis)이라 불리는 형식합성의 소분야에 해당된다(1장 참조). '대응 링크장치(associated linkage)'의 개념을 활용한 형식합성 기법이 8.3절에

언급될 것이다.

2. 치수합성(dimensional synthesis). 기구학적 설계의 두 번째 주요 분야로서 그 목적으로부터 다음과 같이 정의할 수 있다.

   치수합성이란 지정된 작업과 규정된 성능을 위해 임시선정 형식의 기구에 대하여 중요 치수와 시작위치를 결정하는 것이다.

기본치수 또는 중요 치수는 링크의 길이 또는 2원 링크, 3원 링크 등에서의 피봇간의 거리, 벨-크랭크 레버 간의 각도, 캠 형상치수와 캠-종동절의 직경, 편심도, 기어비 등을 의

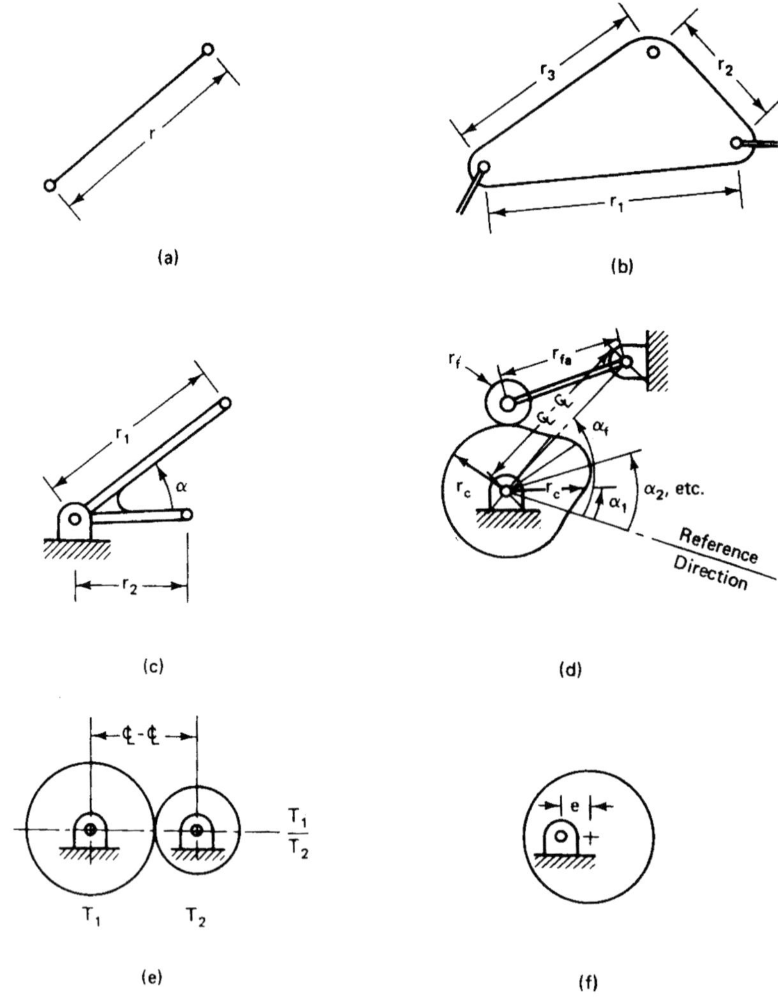

그림 8.1 중요 치수: (a) 2원 링크; 하나의 길이만을 가진다, (b) 3원 링크; 3개의 길이, 2개의 길이와 1개의 각도 또는 1개의 길이와 2개의 각도, (c) 벨크랭크; 3원 링크와 같음, (d) 캠과 롤러의 종동절; 중심선의 거리, 종동절의 팔 길이 r_{fa}, 종동절의 반경 r_f, 그리고 기준방향으로부터 지정된 각도 α_1, α_2 등에서의 캠 표면까지 반지름방향의 거리 r_c, (e) 기어쌍; 중심선 간의 거리와 기어 잇수비, (f) 편심; 편심도(이것은 2원 링크에 해당한다).

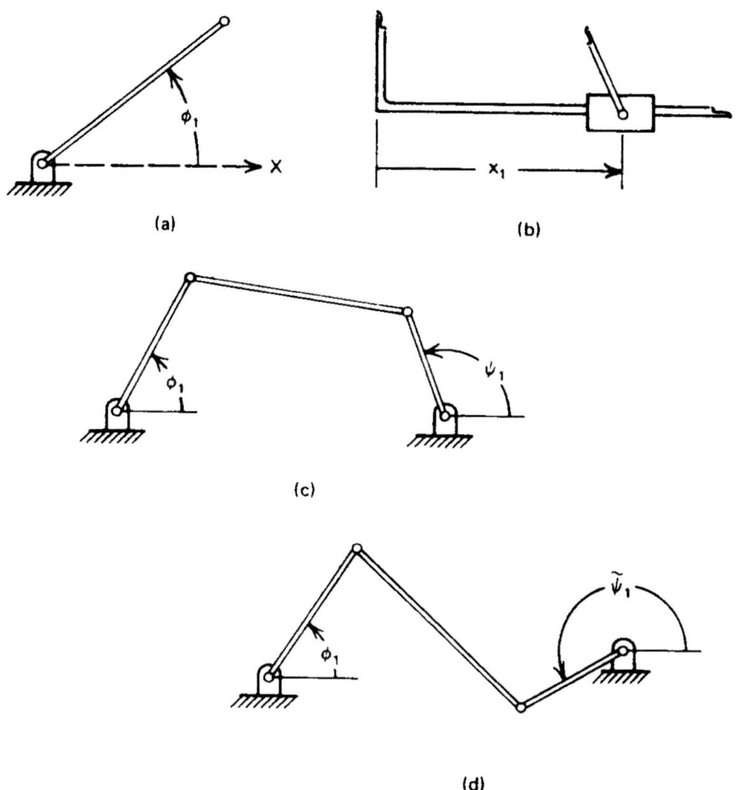

그림 8.2 배치도 혹은 시작 위치: (a) 크랭크의 시작 위치, (b) 슬라이더의 시작 위치, (c) 4절 링크 장치의 시작 위치는 두 개의 크랭크 각도를 필요로 한다. 그 이유는 그림 8.2(d)에 나타난 바와 같이 하나의 크랭크 각도가 정해지면 다른 크랭크에 대하여 두 가지의 각도가 가능하기 때문이다.

미한다(그림 8.1). 배열(configuration) 또는 시작위치(starting position)는 통상 고정링크 또는 기준 프레임에 대한 입력링크(이를테면 구동크랭크)의 각도나 안내링크의 한점에서 슬라이더 블록 까지의 직선거리로써 나타낸다(그림 8.1).

임시선정 형식의 기구(a mechanism of preconceived type)는 치수는 정하지 않고 형상적으로만 정의된 기구를 말한다. 그림 8.3에서와 같이 슬라이더-크랭크, 4절 링크장치, 평면 종동절을 갖는 캠 혹은 좀 더 복잡한 배열의 어떤 링크장치(기어로 연결된 5절 링크장치 Stephenson 또는 Watt 6절 링크장치 등)처럼 형식만을 임시적으로 선정한 기구를 말한다.

8.2 기구학적 설계의 내용

1장에 의하면 기구학적 설계에는 일반적으로 세 가지 분야가 있다. 즉 함수, 경로 및 운동의 생성이다.

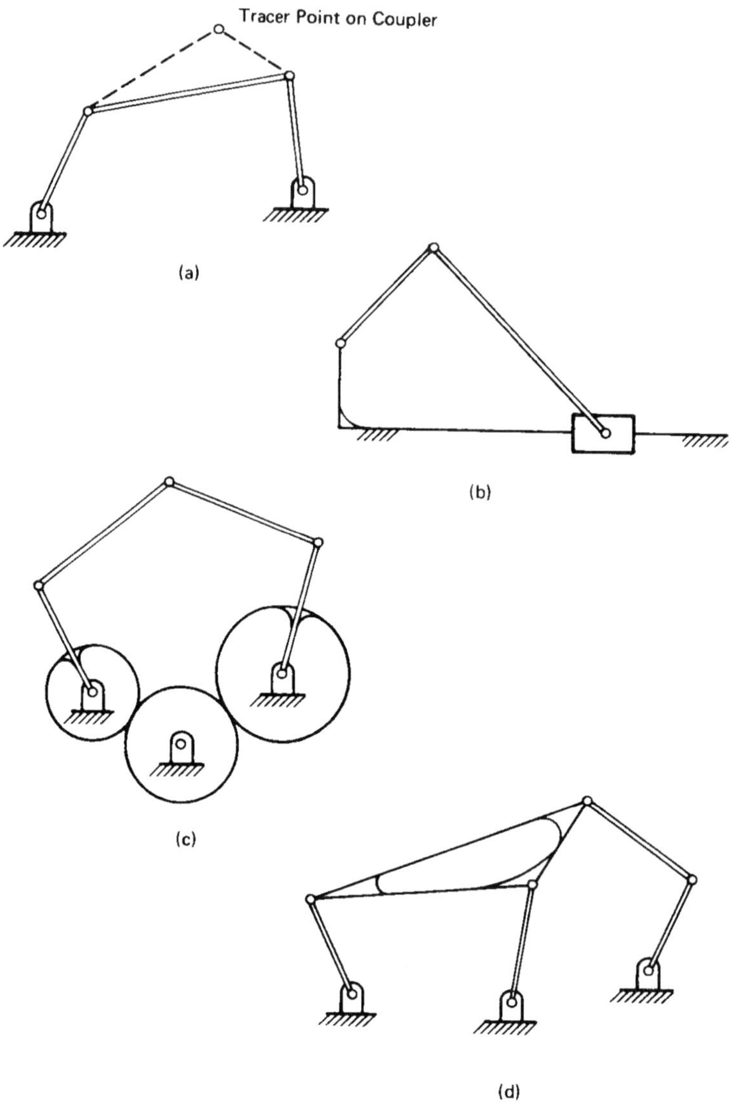

그림 8.3 예상되는 몇 가지 기구들: (a) 4절 링크장치, (b) 슬라이더-크랭크, (c) 기어로 연결된 5절 링크장치, (d) Stephenson III 6절 링크장치.

함수생성의 경우 입력링크와 출력링크의 회전 또는 미끄럼운동 사이에는 반드시 연관이 있다. 그림 8.4a는 임의의 함수 $y=f(x)$를 나타낸다. 기구학적 설계란 입력과 출력을 연관시켜서 입력이 x만큼 움직일 때 출력이 $x_0 \le x \le x_{n+1}$ 구간에서 $y=f(x)$만큼 움직이는 링크장치를 설계하는 것일 수 있다. 독립된 변수 $x_1, x_2, \cdots, x_n$의 값들은 x_0부터 x_{n+1} 사이의 x의 범위에서 함수 $y=f(x)$ 위에 있는 **무오차점**(precision point) $P_1, P_2, \cdots, P_n$을 규정하기 위한 값들이다. 입력과 출력의 회전인 경우는 회전각 ϕ와 ψ(그림 8.5a)가 각각 x와 y의 선형 상사(linear analogue)가 된다. 입력이 독립변수 x의 값만큼 회전하는 경우, '블랙박스'

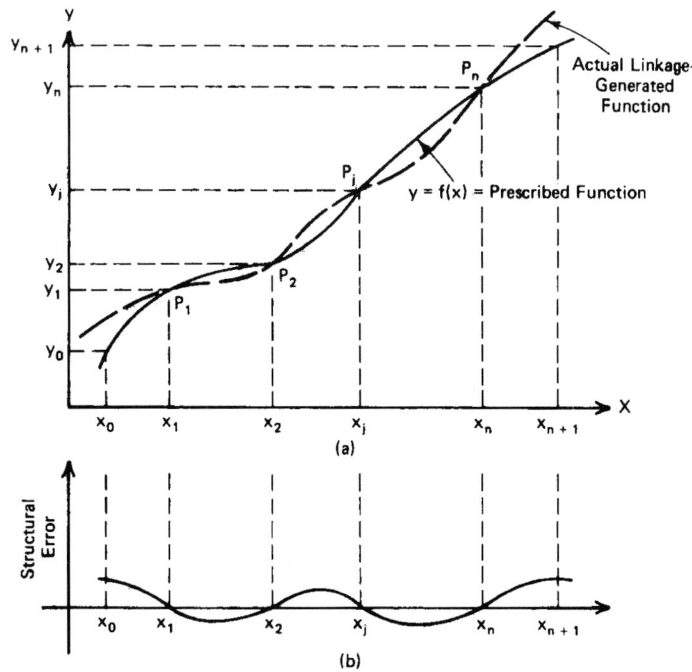

그림 8.4 함수생성 설계: (a) 이상적인 함수와 생성된 함수, (b) 구조적 오차.

속의 기구는 종속변수 $y=f(x)$에 해당되는 값만큼 출력링크의 회전을 생성시킬 것이다. 이와 같은 예는 간단한 형상의 기계적 아날로그 컴퓨터에 해당된다.

아래첨자 j는 기구의 j번째 규정된 위치를 나타낸다. 아래첨자 1은 기구의 첫 번째 또는 시작점으로 규정된 위치에 해당된다. 그리고 $\Delta\phi$, Δx, $\Delta\psi$, Δy는 각각의 변수 ϕ, x, ψ, y의 요구되는 구간을 의미한다(예를 들면, $\Delta x \equiv |x_{n+1}-x_0|$, $\Delta\phi \equiv |\phi_{n+1}-\phi_0|$ 등). 각도와 길이 변화 사이에는 선형적인 관계가 있기 때문에 다음과 같은 관계식을 얻는다.

$$\frac{\phi_j - \phi_1^{0}}{x_j - x_1} = \frac{\Delta\phi}{\Delta x} \tag{8.1}$$

여기서 ϕ_1이란 ϕ_j의 기준을 의미한다. 따라서 $\phi_1 = 0$이 되므로 위 식은 다음과 같이 된다.

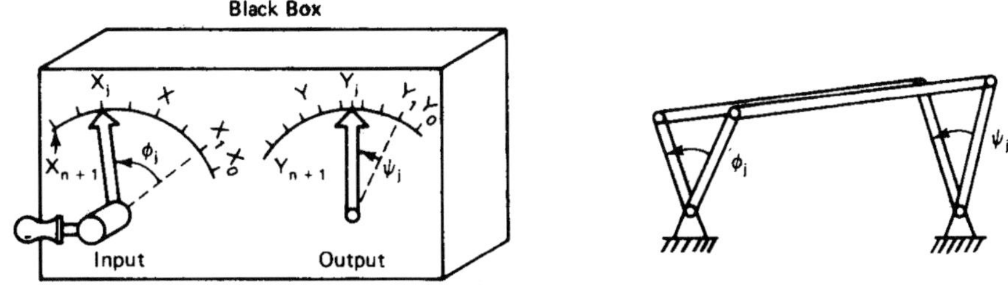

그림 8.5 함수생성기 기구: (a) 외부 형상, (b) 내부 기구의 도식도.

$$\phi_j = \frac{\Delta\phi}{\Delta x}(x_j - x_1)$$

$$\psi_j = \frac{\Delta\psi}{\Delta y}(y_j - y_1) \quad (8.2)$$

이 관계식은 다음과 같이 쓸 수 있다.

$$\phi_j = R_\phi(x_j - x_1) \quad (8.3)$$

$$\psi_j = R_\psi(y_j - y_1) \quad (8.4)$$

여기서 R_ϕ와 R_ψ는 단위 변수 변화에 대한 각도 변화인 **비례계수(scale factor)**로서 다음과 같이 정의된다.

$$R_\phi = \frac{\Delta\phi}{\Delta x} \quad (8.5)$$

$$R_\psi = \frac{\Delta\psi}{\Delta y} \quad (8.6)$$

4절 링크장치는 임의의 함수에 대하여 오차가 생기지 않는 장치로서는 적합하지 않으며, 단지 몇 개의 점에서만 임의의 함수와 정확히 일치시킬 수 있다(그림 8.4a 참조). 그러나 이 4절 링크장치는 쉽게 제작, 보수할 수 있어, 산업현장에서 여러 위치에서 정확히 일치하지 않아도 되는 경우에 널리 쓰이고 있다. 4절 링크장치의 **치수합성(dimensional synthesis)**에 사용되는 무오차점의 수는 일반적으로 둘에서 다섯이다.* 그리고, 링크장치의 **구조적 오차(structural error)**를 최소화시키기 위하여 함수의 정의구간 밖에서도 무오차점들을 부과시켜야 할 때가 종종 있다. 구조적 오차란 생성되는 함수값(링크장치가 실제로 만들어 내는 값)과 입력변수에 의하여 규정되는 함수값 사이의 차이를 의미한다(그림 8.4b 참조).

첫 번째 무오차점($j = 1$)은 구간이 시작되는 점이 아니라는 것을 주의하라(그림 8.4 참조). 이렇게 하는 이유는 구조적 오차의 최댓값을 줄이기 위해서이다. 처음의 위치에서부터(즉, $\phi_1 = 0$) 회전각이 측정된다는 것은 식 (8.1)에 나타나 있다. 8.10절은 구조적 오차를 최소화시키기 위하여 무오차점들을 어떻게 최적화시켜 배치하는가에 대해 설명하고 있다.

그림 8.6은 4절 함수생성 기구의 입력과 출력링크들의 4개의 무오차점 위치에서 y_j와 ϕ_j 그리고 x_j와 ψ_j 사이의 관계를 보여준다. 8장의 후반부와 제2권의 3장에서 언급하는 치수합성의 방법은 무오차점의 값이 함수생성을 위한 4절 링크장치 및 기타 기구들의 설계

* 함수생성합성에는 7개까지, 경로생성합성에는 9개까지 무오차점을 사용할 수 있다. 이 경우 공식을 사용해서 할 수 없고 수치해석적으로 해야 한다.

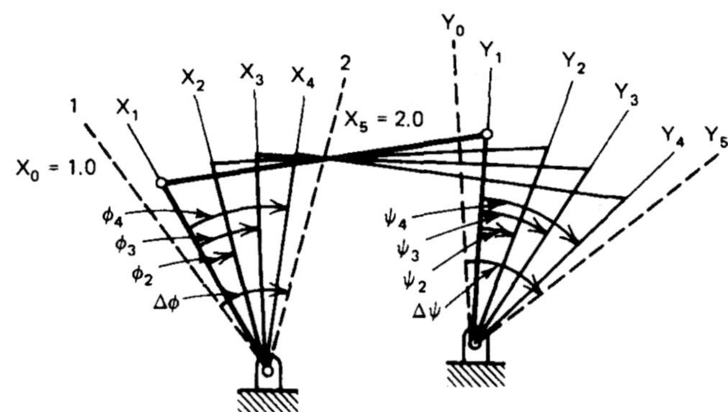

그림 8.6 $\Delta x = x_5 - x_0, \Delta y = y_5 - y_0$ 구간 내에서 입력과 출력링크 $x_i, y_i (i = 1, 2, 3, 4)$가 네 개의 무오차점을 갖는 4절 함수생성기 기구의 비축척 개략도. 입력회전각 ϕ와 출력회전각 ψ는 각기 독립변수 x와 종속변수 y의 상사가 된다.

에 어떻게 사용되는지를 보여줄 것이다.

여러 다양한 기구들이 그림 8.5a의 '블랙박스' 안에 포함될 수 있으며, 그림 8.5b는 4절 링크장치의 함수생성을 보여준다. 대표적인 함수생성의 예를 그림 8.7에서 도식적으로 보여주고 있다. 캠에 의하여 움직이는 종동절은 4절 링크장치에 의하여 타자기 인쇄 기구의 활자막대(type bar)에 연결된다. 여기서 활자는 압반롤러(platen roller)에 충격을 가할 수 있도록 압력각의 증가에 따라 처음에는 작은 각으로, 그 다음에는 큰 각으로 움직여야 한다. 함수생성의 다른 예로 공기에 대한 연료의 혼합비가 함수 $y = y(x)$에 따라 변화하는 엔진을 들 수 있다. 여기서 ϕ는 연료밸브의 조절을 의미하고, ψ는 공기밸브의 조절을 의미한다. 밸브들의 유동 특성과 여러 연료등급에 따라 요구되는 혼합비는 생성되어야 할 함수상의 관계를 결정한다. 또 다른 예로서 모든 지형에서 사용할 수 있는 자동차 앞바퀴의

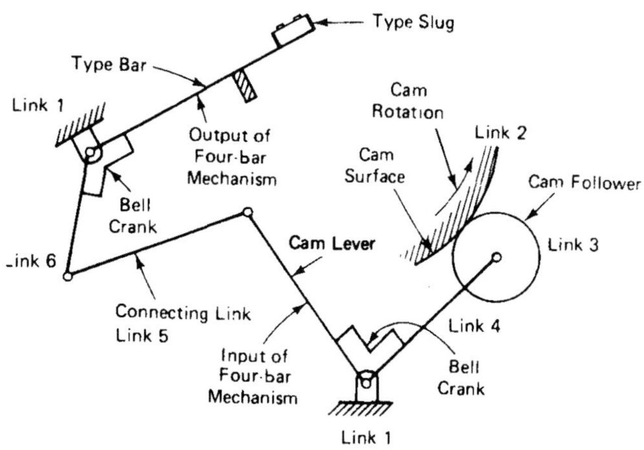

그림 8.7 전기 타자기에서 충격 인쇄 기구로 사용된 4절 기구.

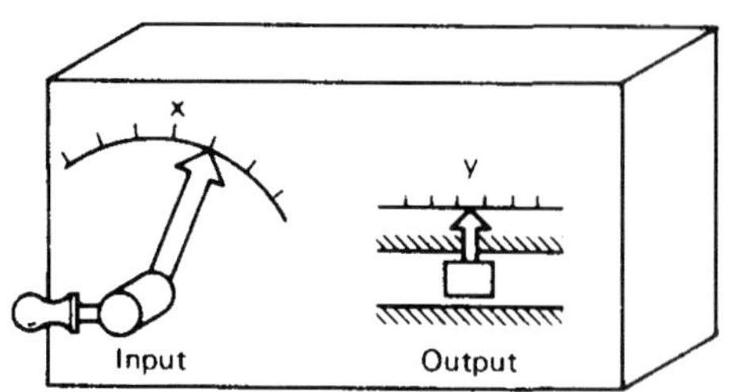

그림 8.8 독립변수와 함수 $y = f(x)$의 종속변수의 상사(analog)가 되는 회전 입력과 전이출력을 갖는 함수생성기.

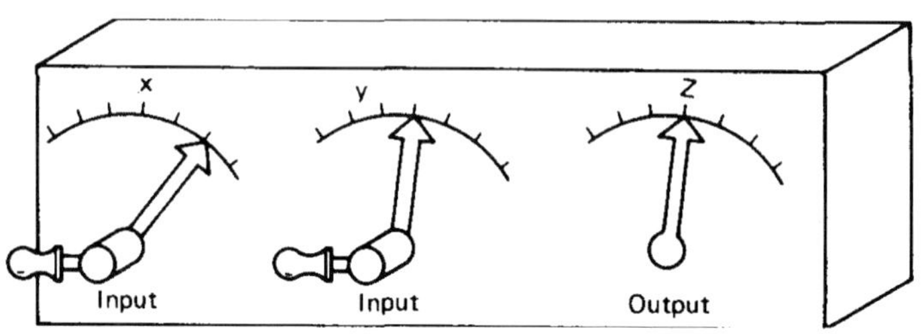

그림 8.9 $z = f(x, y)$를 생성시키는 2자유도의 함수생성기.

조향 위치를 조절하는 링크장치를 들 수 있다. 이 경우 각기 구동되는 바퀴가 질질 끌리는 현상을 방지하기 위하여 바퀴가 회전하는 상대 속도에 따라 조향 장치가 조절되어야 한다. 여기서 입력크랭크는 조향 장치 암에 연결되어 있는 반면 출력은 두 구동바퀴의 상대 속도를 제어하기 위한 전위차계(potentiometer)를 조절한다.

기계적 함수생성 기구는 그림 8.8의 형상과 같은데 여기서 직선 변위는 한 변수의 선형 상사에 해당될 수 있으며, 크랭크 회전은 다른 변수, 즉 함수적으로 연관된 변수의 선형 상사에 해당된다. 그림 8.9에서 보여주는 바와 같이 함수생성 기구는 1 이상의 자유도를 갖는다. 출력변수는 둘 이상의 입력변수의 함수가 된다. 이와 같은 링크장치는 여러 변수의 덧셈, 곱셈 혹은 다른 대수함수나 초월함수의 상관관계를 모사하는 데 이용한다. 그림 8.10은 6절, 1자유도 함수생성 기구를 보여주는데, 이것은 2개의 4절 기구가 직렬로 연결되어 있는 형상이다. 이와 같은 링크장치는 입력이 수위(water level)의 수직이동 x가 되는 웨어(weir)를 통과하는 유량을 측정하는 데 사용된다.

경로생성(path generation)은 '부유링크(floating link, 고정링크에 직접 연결되어 있지 않음)' 상의 한 점이 기준좌표계의 고정프레임을 기준으로 정의된 경로를 따라가도록 하는 것을 말한다. 만약 경로점들이 시간 또는 입력링크의 위치와 서로 연관될 경우, 이 경로생성은 **규정된 타이밍을 갖는 경로생성**이라고 한다. 경로생성의 한 예로 야구공이나 테니스공을 던져 보내는 목적으로 설계된 4절 기구를 보자. 이 경우 P의 궤적은 규정된 위치에서 공을 집도록 되어 있으며, 던질 때 적절한 속도와 방향을 얻기 위해서는 규정된 시간에 따른 규정된 경로로 공을 보내 주어야 한다.

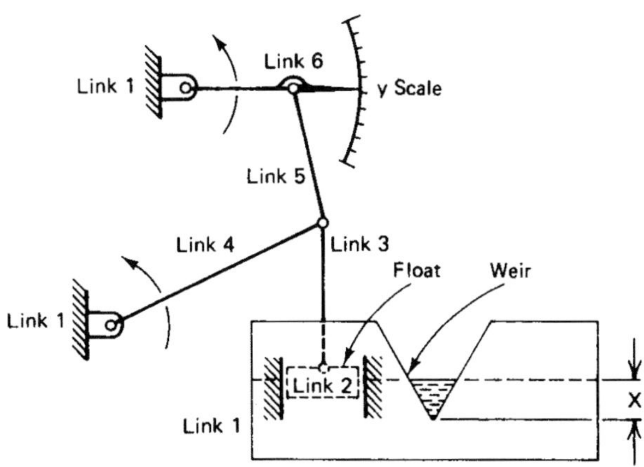

그림 8.10 유동율 지시계(flow rate indicator), $y = K_1 + xK_2$, 여기서 K_1, K_2는 상수이다.

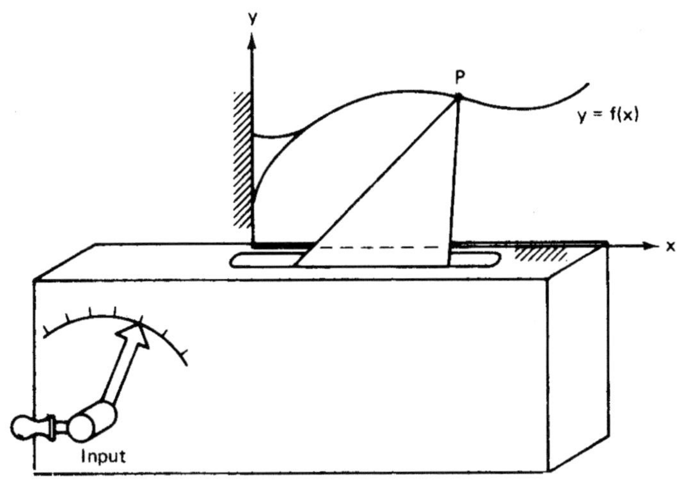

그림 8.11 경로생성기 링크장치.

그림 8.11에서 입력크랭크가 회전함에 따라 $y = f(x)$의 선을 따라 가는 점 P를 포함하는 부유링크가 설계되었다. 이와 같은 것의 대표적인 예로는 재봉틀에서 $y = f(x)$가 실 안내구멍(thread-guiding eye)의 경로가 되는 경우(그림 8.12)나, 무비카메라에서 필름을 감는 경로가 되는 경우(그림 8.13)가 있다. Watt나 Robert 링크장치(그림 8.14) 같은 직선운동 기구들은 그 기하학적인 관계가 링크장치의 운동사이클 내에서 반드시 직선운동 부분을 생성하게 하는 특별한 형상의 경로생성기의 예들이다.

운동생성(motion generation) 또는 강체유도(rigid-body guidance)에서는 모든 물체가 규정된 운동순서를 따라서 움직여야 한다. 일반적으로 유도되는 물체는 부유링크의 한 부분이 된다. 그림 8.15에서는 점 P의 경로뿐만 아니라 움직이는 물체 위의 벡터 Z의 회전 α_j도

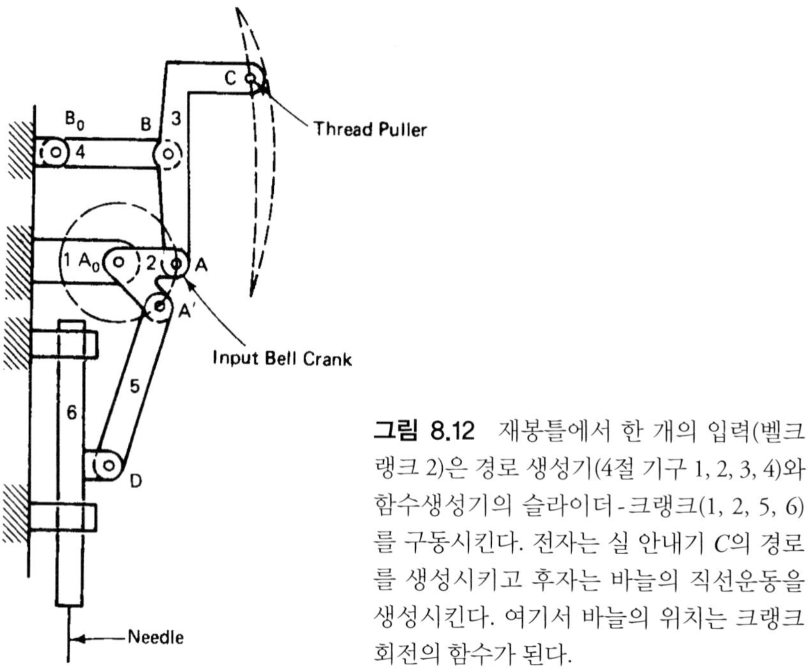

그림 8.12 재봉틀에서 한 개의 입력(벨크랭크 2)은 경로 생성기(4절 기구 1, 2, 3, 4)와 함수생성기의 슬라이더-크랭크(1, 2, 5, 6)를 구동시킨다. 전자는 실 안내기 C의 경로를 생성시키고 후자는 바늘의 직선운동을 생성시킨다. 여기서 바늘의 위치는 크랭크 회전의 함수가 된다.

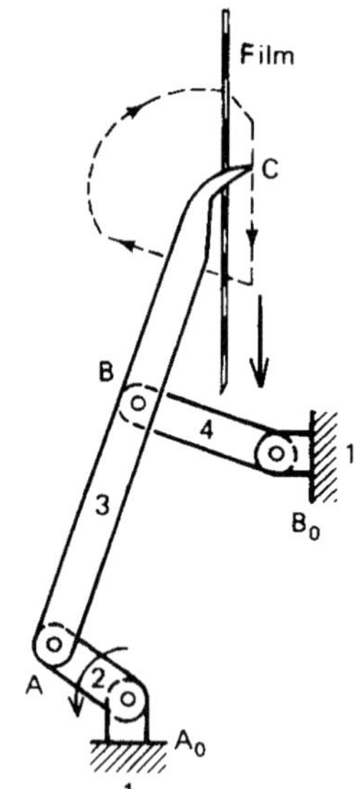

그림 8.13 무비 카메라 또는 프로젝터의 필름을 감는 기구로서 크랭크 2의 회전각의 함수로 점 C의 경로를 생성시킨다.

규정되어 있다. 이에 대응하는 회전입력은 규정될 수도 있고 규정되지 않을 수도 있다. 한 예로 캐리어링크 위의 한 점(Z의 끝)이 규정된 경로를 갖고 캐리어는 규정된 각도를 갖는 자동기계의 캐리어링크(carrier rink)가 그림 8.16에 나타나 있다. 버킷로더에서 버킷의 운동을 규정짓는 것도 운동생성의 또 다른 예가 될 것이다. 이때 버킷로더가 한 삽을 떠서 이

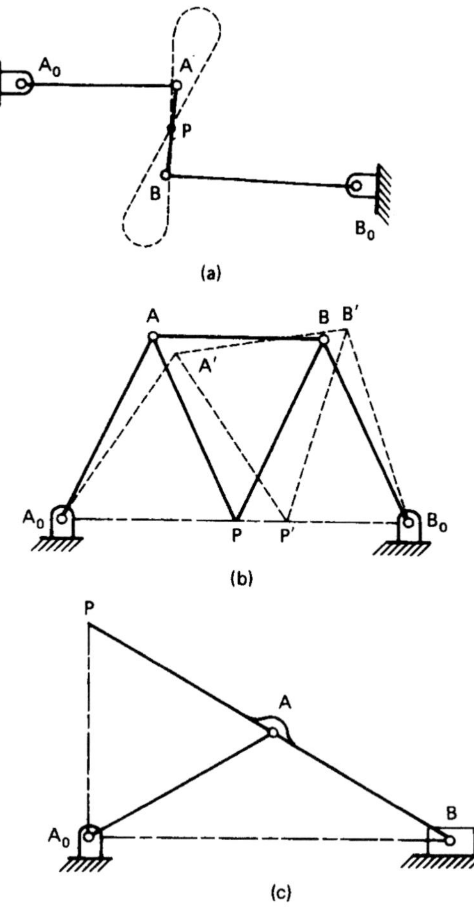

그림 8.14 직선 기구들: (a) Watt 기구점 P는 거의 직선운동을 한다 ($AP/PB = BB_0/AA_0$), (b)Robert 기구-점 P는 거의 직선운동을 한다 ($A_0A = AP = PB = BB_0$, $A_0B_0 = 2AB$), (c) Scott-Russele 기구는 점 P가 완벽한 직선운동을 하도록 한다. Cardan 운동과 대등함에 주의하라(제2권 3장 참조) ($A_0A = AB = AP$).

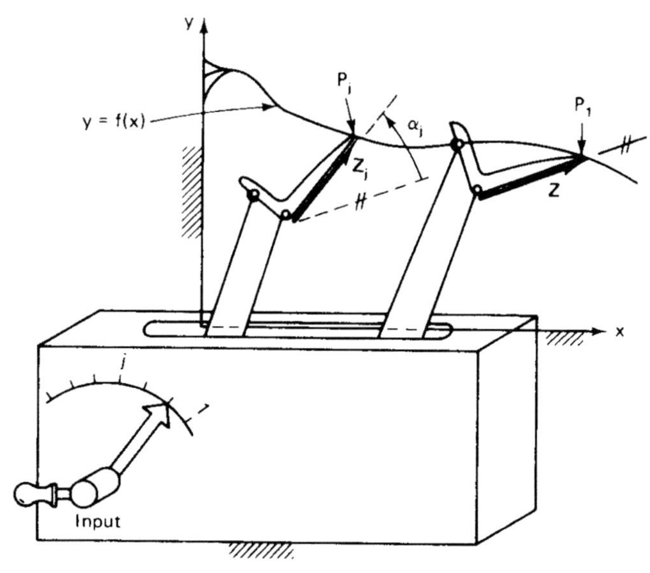

그림 8.15 운동생성 기구.

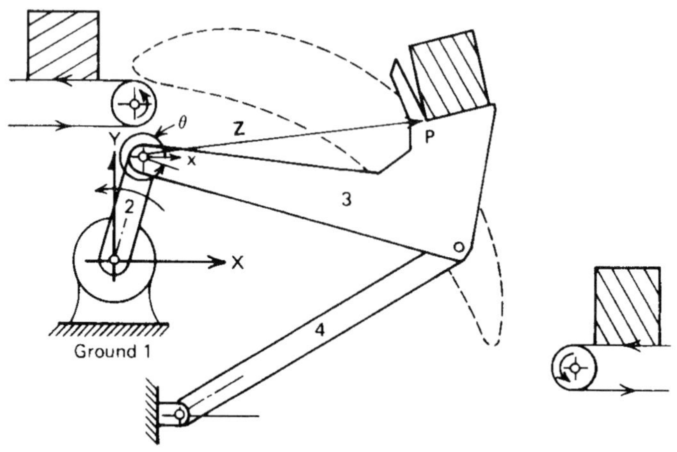

그림 8.16 조립기계 내의 운반 기구.

를 들어올리고 쏟아 붓는 궤도가 정해지기 때문에 버킷 끝의 경로는 매우 중요하다. 정확한 위치에 쏟아 붓기 위해서는 버킷의 회전 역시 중요한 사항이 된다.

링크장치는 몇 개의 중요 치수만 정하기 때문에 설계자는 **정밀조건**(precision condition)을 몇 가지만 규정할 수 있다. 즉, 설계자는 몇 개의 **무오차점**에서만 링크 장치를 규정지을 수 있다. 기구의 **규정 성능**(prescribed performance)을 지정하는 방법에는 3가지가 있다, 즉 **1차 근사법** 또는 **점 근사법**, **고차 근사법** 그리고 **연합 점-차수 근사법**이 있다.*

함수 및 경로생성의 **1차 근사법**에서는 규정된(혹은 이상적인) 함수나 경로 위에 각각의 점들이 지정되어야 한다. 그림 8.4a는 이상적인 함수의 P_1에서 P_n까지의 무오차점을 보여준다. 설계된 기구에서 생성된 함수는 이 무오차점에서 이상적인 함수값과 일치하며 이들 점 사이에서는 일반적으로 일치하지 않을 것이다(그림 8.4b).

경로생성의 **구조적 오차**는 이상적인 경로로부터 생성경로까지의 이상적인 경로에 수직되는 벡터로서 정의되거나, 동일한 입력 독립변수값에 대한 이상적인 경로와 생성경로의 점들 사이의 벡터로서 정의된다. 이와 같은 정의 중에서 후자는 규정된 타이밍을 갖는 경우에 적용된다. 운동생성의 경우에는 경로와 각도-구조-오차곡선(angular-structural-error curve)을 해석한다.

때때로 위치뿐만 아니라 속도, 가속도, 충격 등을 한 위치 혹은 여러 위치에서 생성시켜야 할 경우도 있다(그림 8.17 참조). 그러한 예로 큰 두루마리 종이가 움직이는 동안 이

* 많은 수의 규정조건을 만족하는 근사화는 최소자승법(least-square method)이나 비선형 프로그래밍 방법을 사용해서 구할 수 있다. 그러나 이 방법들은 공식을 이용한 것이 아니라 수치해석 기법이다.

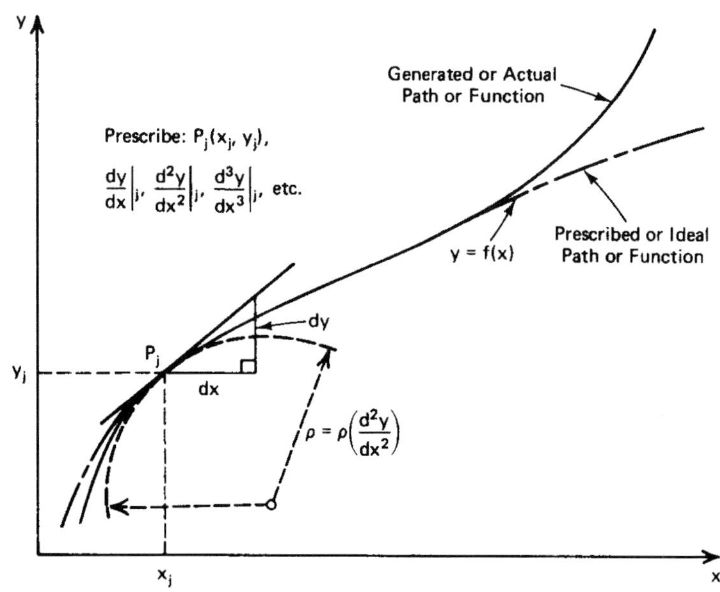

그림 8.17 함수 또는 경로의 고차 근사.

를 잘라서 작은 종이로 만드는 경우, 커터의 날은 자르는 순간 정확한 위치에 와야 할 뿐만 아니라 종이가 직선으로 잘리고 또한 칼날이 상하지 않도록 하기 위해 이 위치에서 여러 미분값들이 필요하다. **고차 근사법**의 경우, 1차 미분 dy/dx는 그 점에서 함수(또는 경로)의 기울기를 나타내며, 2차 미분 d^2y/d^2x는 곡률 반경을 의미하고, 3차 미분 d^3y/dx^3는 이 곡률의 변화율을 나타낸다(8.24절 참조).

점과 차수 근사법의 결합을 **점-차수 근사법**이라 한다. 한 예로 한 무오차점에서는 위치와 속도를, 두 번째 무오차점에서는 위치만을 그리고 세 번째 점에서는 위치를 규정하고 싶다고 하자. 그림 8.18은 이와 같은 경우에 해당하는 예를 보여 준다. 속도 V_1으로 움직이고 있는 컨베어벨트에서 한 부품을 집어들어서 V_2의 속도로 움직이고 있는 벨트 2 위로 올려놓으며, 이때 몇 가지 기계부품들을 피할 수 있도록 조정공간을 가로지르게 되어 있다. 이와 같은 장치의 대표적인 예로 책을 장정하는 경우를 들 수 있는데, 책을 완성하기 위해 책의 견양 접장(32페이지나 64페이지의 묶음)을 1번 컨베어로부터 2번 컨베어 위에 올려놓아야 한다(그림 6.34 참조).

여기에서는 기구학적 설계를 형식합성과 치수합성의 결합이라 정의한다. 이 장의 나머지 대부분과 제2권의 3장에서는 치수합성에 대해 설명한다. 치수합성으로 넘어가기 전에 규정된 작업에 대한 적절한 형상의 링크장치를 찾기 위한 창조적인 방법을 소개하기로 하자. 이 방법은 구조적 모델 또는 이에 대응되는 링크장치에 근거를 두고 있다. 이외에 다른 방법을 이용한 형식합성의 사례는 이 장의 부록에 소개되어 었다.

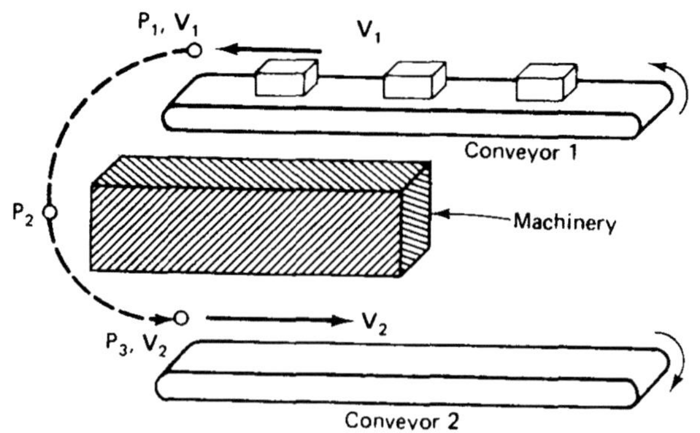

그림 8.18 경로생성에 대한 점-차수 근사. 5가지의 규정된 조건이 있다: 3개의 경로점과 이들 중의 2곳에서의 속도(아주 근접한 규정된 두 위치 P_1과 P_3에서의 속도).

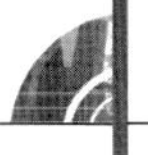

8.3 형식합성[160]*

형식합성이란 어떤 작업을 하는 데 가장 적합한 링크장치의 형상과 조인트의 형식을 찾는 일이다. 흔히 경험이 부족한 설계자는 '최선'의 해결책을 찾을 방법이 없는 듯 싶어 단지 요구조건만을 충족시키는 해에 만족하곤 한다. 경험이 풍부한 설계자들은 자기도 모르게 형식합성의 기본적인 형상을 만들어낸다. 이러한 전문가들은 어떤 형상의 링크장치들이 제대로 작동할지 또는 못할지를 '느낌'으로 안다. 이와 같은 능력은 여러 해 동안 링크장치를 설계함으로써 얻을 수 있으며, 이와 같은 능력을 젊은 엔지니어에게 전수하기란 쉽지 않다. 설계자들은 종종 몰라서 또는 링크장치의 형상과 기능간의 관계를 깨닫지 못해서 형식합성을 생략하곤 한다. 이와 같은 일이 생기면 선택된 링크장치는 문제의 요구조건을 만족시킬 수 없다. 이에 해당되는 예로서 2자유도 작업을 해야 하는데 1자유도의 링크장치를 선택한 경우를 들 수 있다. 이것은 심각한 실수인데, 어떠한 조인트 종류나 치수의 선택으로도 활용할 수 있는 해를 얻을 수 없기 때문이다. 형식합성은 잘 알려지지 않은 탓도 있지만 치수합성처럼 원리가 잘 정의되어 있지 않아 응용하기가 어려우며 따라서 이 기법의 유용성이 충분히 이용되지 못하고 있다.

형식합성은 많은 확인단계로 구성되어 있다. 한 예로 아래에 나열된 질문들이 다음과 같은 순서로 고찰되어야 할 것이다. 요구되는 자유도는 문제에 제시되어 있다고 본다.

1. 원하는 자유도를 얻기 위해서는 몇 개의 링크와 조인트가 필요한가?

---

* 이 장의 부록을 참조하라.

2. 링크들은 어떤 형식이며, 이런 형식의 링크들이 몇 개씩이나 필요한가?
3. 요구되는 자유도에 적합한 다른 형상의 링크들이 얼마나 있는가?
4. 이 링크들로부터 얼마나 많은 링크장치 형상을 만들 수 있는가?
5. 선택 가능한 독특한 형상들이 얼마나 있는가?
6. 각 형상에 대해 몇 가지 방법으로 고정링크를 선택할 수 있는가?
7. 그 작업에 어떤 형상(topologic inversion)이 다른 것보다 근본적으로 더 낫다는 것을 어떻게 알 수 있을까?
8. 특정한 조인트들을 배치하는 데에는 몇 가지 방법이 있을 수 있을까?
9. 몇 개의 링크를 입력구동링크로 할 것인가?

형식합성은 위상합성(topological synthesis), 위상해석(topological analysis) 그리고 수합성(number synthesis)[117]으로 나눌 수 있다. 1번부터 3번까지의 질문은 수합성에 관한 것이고 4번부터 6번까지는 위상합성 그리고 7번부터 9번까지의 질문들은 위상해석에 대한 것이다. 그림 8.19는 형식합성 내의 각 분야를 나열하고 있으며 또한 기구학 내에서 각 분야의 위치를 보여주고 있다.

형식합성의 첫 단계는 정확한 자유도를 갖는 링크장치를 형성하는 데 필요한 링크의 형태나 수를 결정짓는 일이다. 이것은 식 (8.7)과 같은 Gruebler 방정식의 수정된 형태를 이용함으로써 해결할 수 있다(1장 참조). 이 방정식의 해로부터 요구되는 자유도를 만족시키는 고차 링크들의 모든 집합을 얻을 수 있다.

$$n - (F + 3) = T + 2Q + 3P + \dots \tag{8.7}$$

여기서 n = 기구 내의 모든 링크들의 수

B = 2원 링크의 수*

T = 3원 링크의 수

Q = 4원 링크의 수

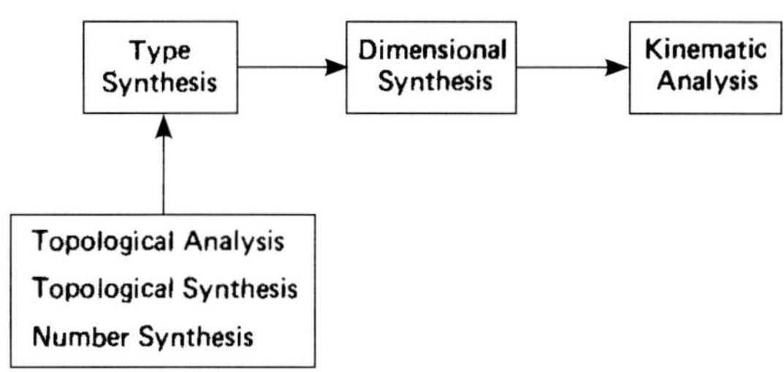

그림 8.19 기구학에서 형식합성의 분야.

---

* 2원 링크는 고차 링크가 아니므로 식 (8.7)에 포함되지 않는다.

P = 5원 링크의 수

F = 요구되는 임무를 수행하는 데 필요한 자유도

각 고차 링크의 집합은 필요한 2원 링크의 수와 함께 Gruebler 방정식에 의하여 요구되는 기구의 총 링크수가 된다. n개 링크들의 집합을 **기구학적 링크집합**의 해(kinematic link set solution: KLSS)라고 부른다. 이와 같은 해를 모두 찾는 방법 그리고 자유도와 링크들의 수의 배합에 대한 최종계산을 결정하는 방법이 있다[160].

각 KLSS를 구성하는 링크들은 모든 링크의 연결점에서 핀조인트에 의하여 서로 연결되어 기구의 한 형상을 구성한다. 이와 같은 형상들로 이루어진 링크장치의 형상 구조물을 **이성체**(isomer)라 부른다. 이성체들은 요구되는 전체 자유도를 갖도록 보장되어 있다. 요구되는 자유도와 링크들의 수에 대한 모든 기구학적 링크집합의 이성체는 **기본 기구학적 연쇄**(basic kineimatic chain: BKC)라 불린다. BKC의 완전한 집합을 찾는 것은 매우 중요하다. 수 년 동안 이와 같은 일을 수행하는 일은 매우 주목을 받았었다[32, 162~164]. 이 형상 구조물의 형성시 **자유도 배치 기준**(degree of freedor distribution criteria)에 맞지 않는 부적절한 BKC를 배제시키는 일에 많은 주의가 요구된다. 이 기준은 기구학적 연쇄가 자유도 0인 부연쇄(subchain)를 갖지 않도록 하는 조건을 필요로 한다. 이와 같은 연쇄는 간단한 연쇄를 불필요하게 복잡한 형태로 만들게 되며, 이와 같은 것은 사전에 제거되어야 한다. 2원 연쇄 기구를 나타내는 것을 제외한 모든 KLSS는 부적절한 이성체를 얼마만큼은 갖고 있다. 어떤 KLSS가 좋지 않은 이성체만을 나타낼지는 예측할 수 있지만 그 외의 KLSS에서 유용한 이성체를 골라내는 일은 지루한 일이다. 한 예로 1자유도의 6절 연쇄는 2가지의 기구학적 링크접합의 해를 가진다. 한 집합 내의 모든 이성체는 자유도 배치 기준을 만족시키지 못하고 또한 다른 링크장치로 변질된다. 반면에 2번째 KLSS의 이성체 중에는 2/3만이 이 기준을 만족하지 못한다. 이와 같은 이성체들은 개별적으로 점검되어야만 한다.

다음 단계는 주어진 BKC에 대한 모든 **위상 전환**(topologic inversion)을 생성시키는 일이다. 이와 같은 일은 BKC 각각의 링크를 한 번에 하나씩 고정시킴으로써 형성할 수 있다. 그리고 이와 같이 얻어지는 기구 중 어느 것이 형상적으로 훌륭한지를 결정하면 된다. 한 예로 Watt I 기구는 Watt II 기구에 대해 형상적으로 다를 뿐만 아니라 1장에서 지적하였듯이 서로 다른 작업을 수행할 수 있다.

어떠한 위상 전환이 작업에 가장 적합한지를 찾아내는 방법이 있기는 하다. 이 중 매우 성공적인 기법의 하나로 **대응 링크장치 개념**(associated linkage concept)이란 것이 있다. 이에 대해 다음 절에 설명하기로 한다.

마지막 세 단계는 어떤 구동링크를 선택하고 어떤 종류의 조인트를 선택하여 기구 내에 배치할 것인가를 결정한다. 그림 8.20은 위에서 언급된 내용을 6절 1자유도 링크장치의

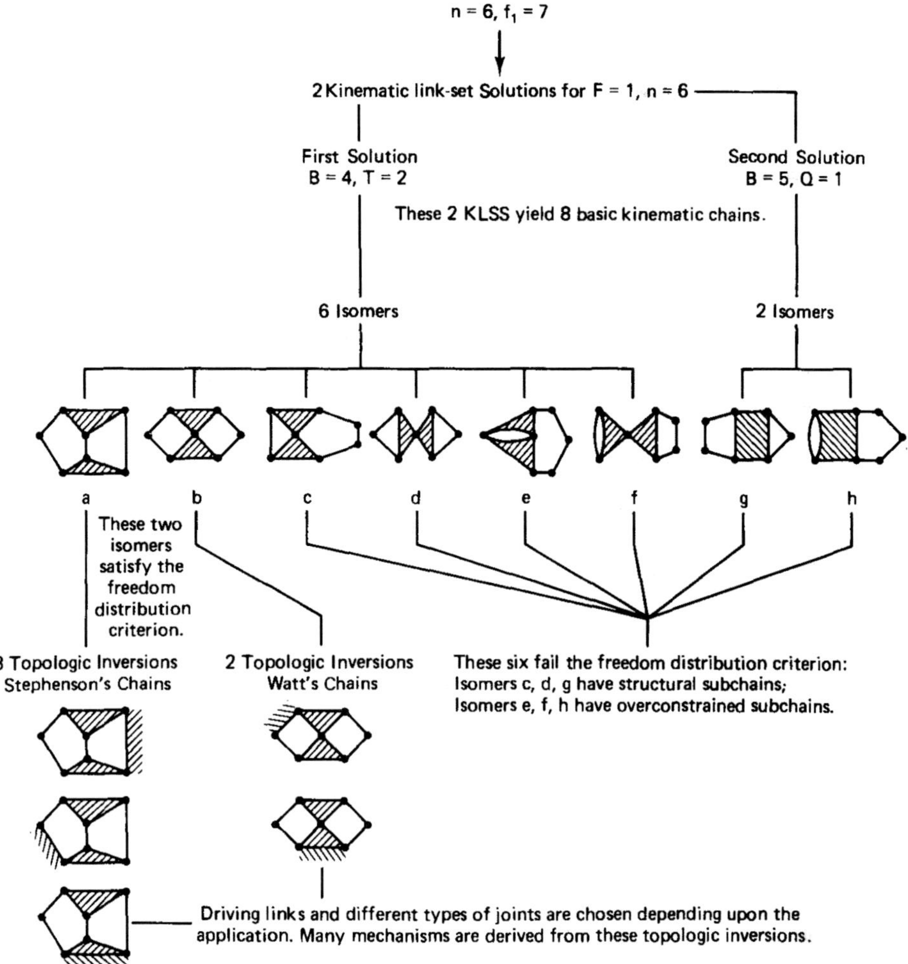

그림 8.20 6절 1자유도 연쇄의 형식합성에 대한 예.

경우에 대해 보여주고 있다. 여기에서는 기구의 형상과 조인트들이 결정되었고, 남은 다른 것들은 치수합성에서 해결할 수 있다.

대응 링크장치 개념

대응 링크장치 개념은 R. C. Johnson과 K. Towligh[91, 92]에 의하여 좀 더 창조적인 설계가 가능하도록 개발되었다. 이 기법을 잘 이해하는 엔지니어는 주어진 작업에 필요한 여러 가지 기구들을 만들어낼 수 있다. 설계규칙들은 그 위상 상응(topologic equivalent)(위로부터 6, 8, 9단계)으로 변환되었으며, 적절한 BKC(위에서 5번째 단계)가 선택되었다. 이 방법은 다음과 같은 절차로 이루어져 있다.

1. 적절한 '대응 링크장치'를 선택하기 위해 필요한 규칙들을 정한다. 이와 같은 규칙들은 설계적용예를 관찰함으로써 구할 수 있다.
2. 다른 형상의 기구 설계에 적절한 대응 링크장치를 적용시킨다(속도일치형 고차대우 조인트와 동등한 저차대우 조인트를 표 1.2에서 보라).

실제적인 기구의 창조적인 설계에 수합성을 적용하는 방법을 여러 예를 통해 살펴볼 것이다.

슬라이더 기구의 설계. 어떤 기계에서 고정된 경로를 따라서 직선 병진 이동하도록 슬라이더를 구동시키는 기구 형상이 필요하다고 하자. 구동축은 병진 운동을 할 수 없게 고정되어 있으며 양방향으로 회전이 가능하다고 가정하자. 또한 슬라이더는 왕복운동을 한다고 가정하자.

이와 같은 예에서 기본적인 규칙은 적절한 대응 링크장치가 한 개의 링크에 고정된 경우는 1자유도($F = +1$)를 가져야 한다는 것이다. 기구의 형상이 단순해야 한다는 것은 분명히 설계의 목적이 될 수 있기 때문에 가장 덜 복잡한 링크 연쇄(4절 기구)를 가지고 시작해 보기로 하자(그림 8.21a). 대응 4절 링크장치는 4개의 회전조인트를 가지고 있다. 이중 한 개의 회전조인트(조인트 c–d)를 슬라이더로 치환해 보면 그림 8.21b와 같은 슬라이더-크랭크 기구가 만들어질 것이다.

복잡한 정도를 더 높인다면 Stephenson 6절 연쇄(여기서 3원 링크들은 직접 연결되어 있지 않다)가 그 다음으로 적절한 대응 링크장치라 생각할 수 있다(그림 8.22a). 슬라이더 위치를 변환시킴으로써 그림 8.21의 슬라이더-크랭크 기구와는 다른 그림 8.22b에서 f까지의 기구를 만들어낼 수 있다. 마지막으로 그림 8.23의 Watt 6절 연쇄(이 경우는 3원 링크들이 직접 연결되어 있다)로부터 그림 8.22와 동일한 정도로 복잡한 하나뿐인 새로운 기구(그림 8.23b)를 만들어낼 수 있다. 그림 8.23c, d 및 e는 수동다이애드(passive dyad)를 덧

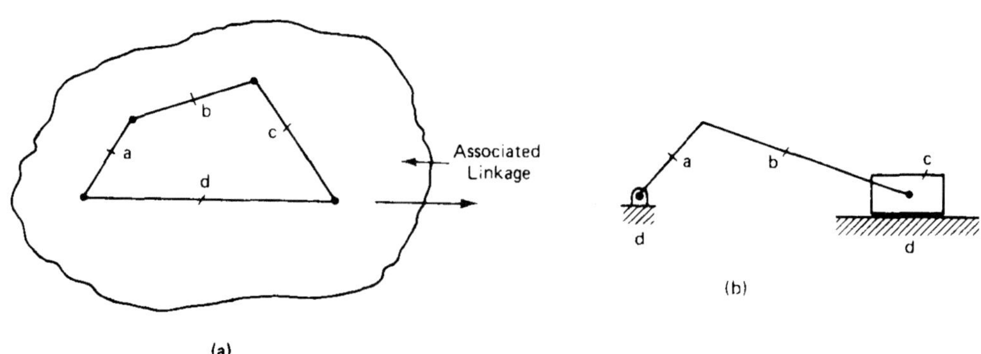

그림 8.21 슬라이더-크랭크 기구와 대응 링크장치: (a) 4절 연쇄. (b) 슬라이더-크랭크 기구.

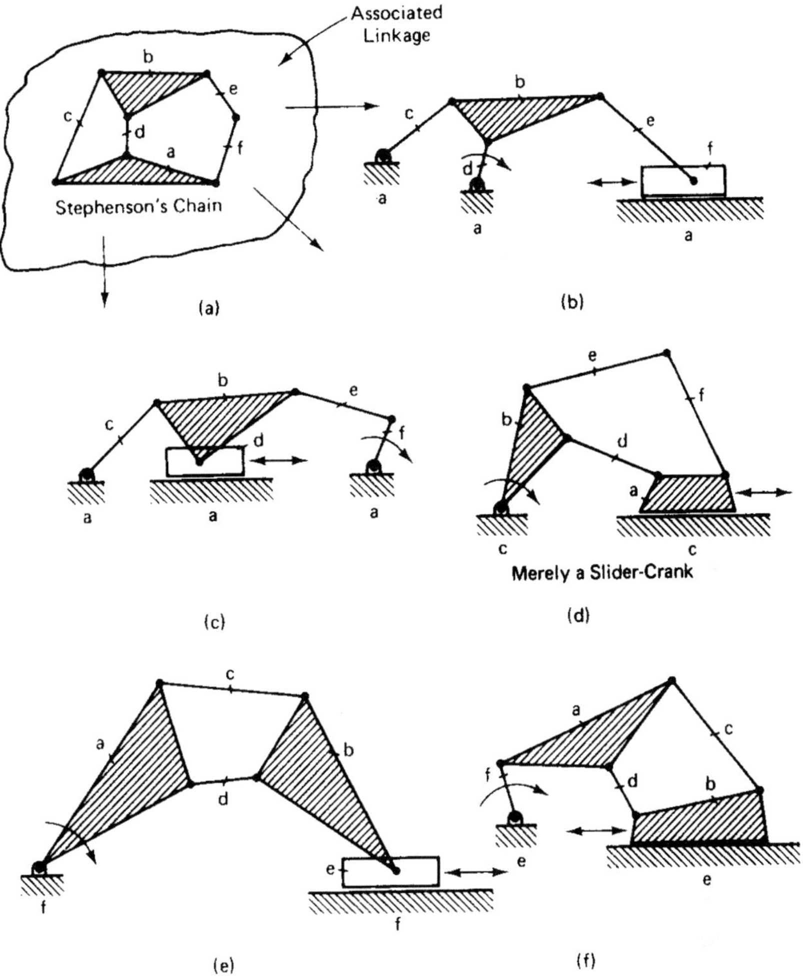

그림 8.22 Stephenson 6절 연쇄의 대응 링크장치로부터 구한 슬라이더 기구들. (d)는 과다한 링크들(링크 e와 f로 구성된 수동다이애드)을 갖는 슬라이더-크랭크.

붙인 단순한 슬라이더-크랭크 기구들이다. 따라서 각각 오직 하나의 슬라이더 조인트를 갖는 다섯 가지 서로 다른 형상의 6절 기구를 만들 수 있다.

이와 같은 일반적인 방법은 **고차대우**를 포함하고 있는 더 복잡한 다른 링크장치로 확장시킬 수 있다.* 따라서 그림 8.24에서 보듯이 4절 연쇄의 대응 링크장치로서 캠과 슬라이딩피봇을 이용하여 다른 형상의 기구를 설계할 수 있다.

몇 가지 기어-캠 기구의 설계. 그림 8.25는 대표적인 톱니기어 장치(meshing gear set)

* 6.10절에서 캠으로 작동되는 링크장치에 이 기법이 적용되었다.

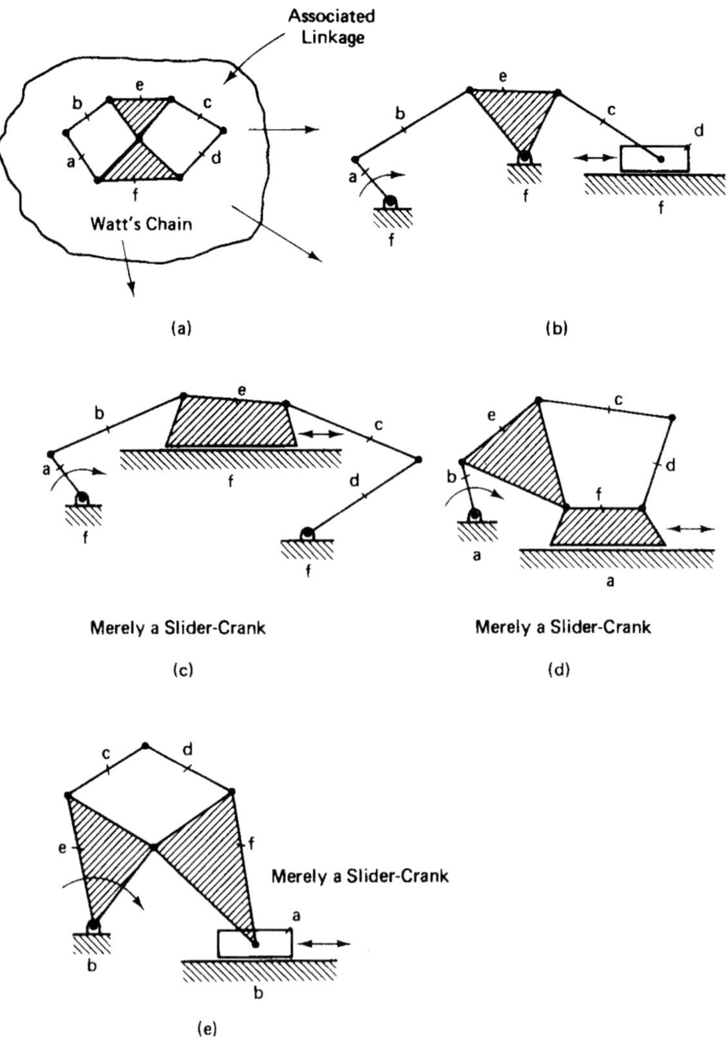

그림 8.23 Watt 연쇄의 대응 링크장치로부터 구한 슬라이더 기구들(6절).

에서 두 개의 대표적인 이빨들이 접촉된 상태를 보여준다. 톱니기어 장치는 가상의 4원 연쇄(hypothetical quardic chain)(표 1.2 참조)와 상응된다는 것을 쉽게 관찰할 수 있다. 따라서 그림 8.25에서 보듯이 톱니기어 장치는 대응 링크장치로서 4절 연쇄를 가지고 있다. 톱니기어 장치를 포함한 기구의 설계에서 적절한 대응 링크장치에 대한 기본적인 규칙들은 다음과 같다.

1. 한 링크가 고정된 경우 자유도는 $F = +1$이다.
2. 링크장치는 4면을 갖는 폐루프를 하나 이상 가지고 있어야 한다. 톱니기어 장치의 경우가 이 조건을 만족시키는데, 두 개의 회전중심점 $R_{p/f}$와 $R_{g/f}$ 그리고 두 개의 기

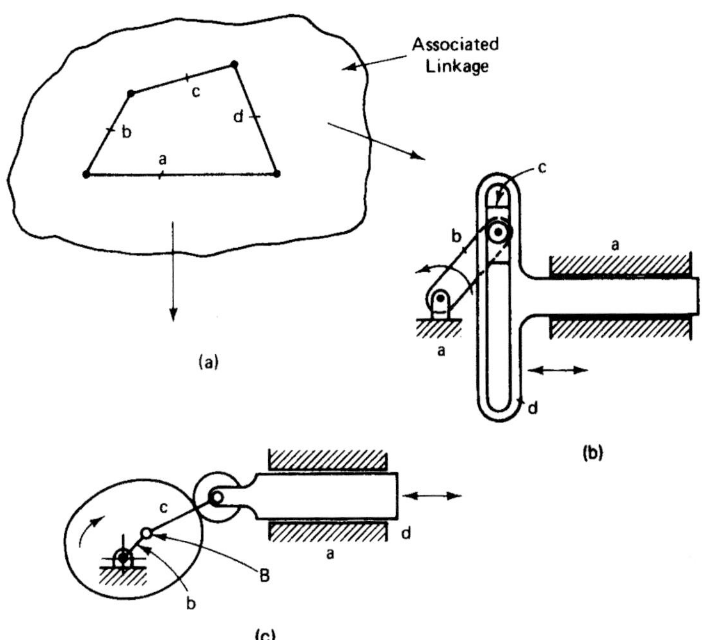

그림 8.24 4절 연쇄의 대응 링크장치로부터 구한 캠과 슬라이딩피봇을 포함하고 있는 슬라이더 기구들. 점 B가 캠의 접촉점에서 캠 형상의 곡률중심점이 됨에 주의하라: (a) 4절 연쇄, (b) Scotch yoke, (c) 전달종동절을 갖는 디스크캠.

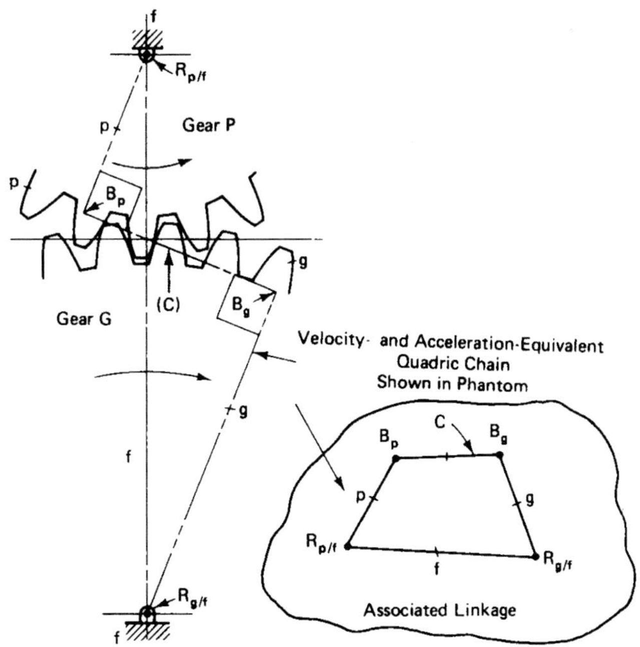

그림 8.25 톱니기어 장치와 대응 링크장치. B_g와 B_p는 기어 G와 기어 P 각각의 접촉점에 해당된다: (a) 기어쌍, (b) 대응 링크장치.

준점 B_p와 B_g를 연결한 4면의 폐루프를 가지고 있다. 여기서 두 기준점은 각기 기어 p와 가상의 커플러 C 사이, 그리고 기어 g와 커플러 C 사이의 순간중심점에 해당된다. 기어장치에 있어서 커플러 C는 이빨 형상 사이의 고차대우 접촉으로 대치할 수 있다. 따라서 B_p와 B_g는 이빨들의 접촉점에서, 대응되는 인벌루트치형의 곡률중심과 일치한다. 이 4면의 폐루프를 가로질러 갈 경우 2개의 회전중심은 *RBRB*가 아니라 *RRBB*와 연속적으로 만나야 한다.

3. 4면의 폐루프는 적어도 하나의 2원 링크를 포함해야 한다. 4면 폐루프에서 2개의 기준점에 연결된 링크는 2원 링크여야 하기 때문이다. 톱니기어에서 기준점은 순간적이고 또한 이것들은 상응 4원 연쇄에서 가상의 커넥팅 로드에 의하여 연결되기 때문에 위의 사실은 명백하다.

어떤 기계에서 고정된 안내면 방향을 따라서 임의의 운동을 하는 슬라이더를 구동시키는 기구를 설계하는 경우를 생각해 보자. 구동축은 두 방향으로 회전이 가능해야 하며 슬라이더는 왕복운동을 할 수 있어야 한다. 하나의 가능한 설계를 그림 8.26에서 보여주고 있는데, 여기서 구동캠은 임의의 운동을 가능하게 해주고 기어와 랙은 슬라이더를 구동시켜 준다. 그림 8.27은 이 기구의 링크장치와 그 대응 링크장치를 함께 보여준다. 예를 들면, 기어와 랙은 하나의 기준점을 갖고, 하나의 무한대의 회전중심을 갖는 특별한 기어 형상이다.

단순화는 설계에 있어서 추구해야 할 실제적인 목표이다. 앞에서 언급한 문제에 대해서 다른 형태의 보다 간단한 기구 형상을 찾고자 한다(캠, 종동절, 기어 및 랙을 슬라이더를 구동시키는 데 사용한다고 가정해 보자). 이와 같은 조건에 대한 가장 간단한 대응 링크장치는 Watt 연쇄나 Stephenson 연쇄가 될 것이다. 이와 같은 연쇄를 가지고 3종류의 다른 형상의 기구(그림 8.28과 그림 8.29)를 만들 수 있는데, 여기서 그림 8.29c는 캠을 구동시키기 위해 유연한 축(flexible shaft)이 요구되는 경우이다.

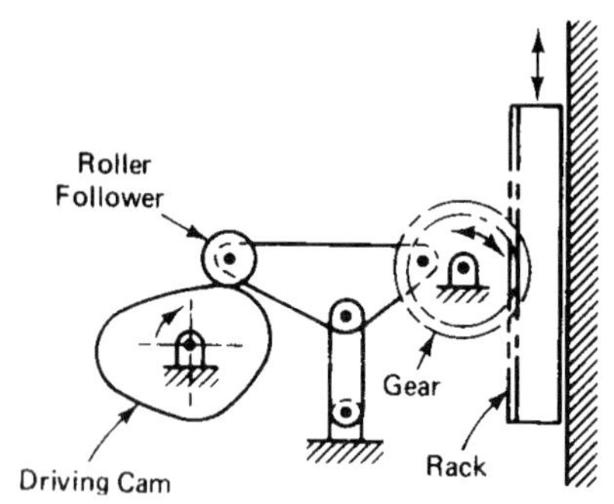

그림 8.26 캠과 기어를 갖는 슬라이더 기구.

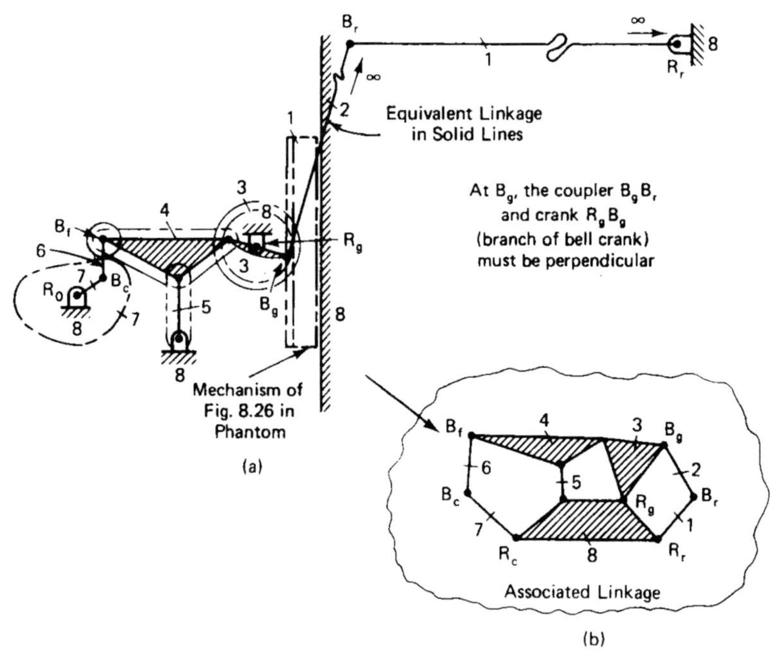

그림 8.27 그림 8.26과 같은 링크장치를 가지고 있는 슬라이더 기구 (a)와 그 대응 링크장치 (b).

몇 가지 내부 힘이 작용하는 기구의 설계. Kurt Hain[83]은 전하중(preload)을 받는 구조물을 가지고 이것들의 유사성을 이용하여 차동 브레이크(differential brake)와 차동 클램핑(differential clamping) 기구의 설계에 대해 수합성을 적용시켰다. 이 유사성은 일반적으로 내부 힘이 작용하는 기구 설계의 경우 대응 링크장치는 1개의 링크가 고정되어 있을 때 자유도가 $F=-1$이 된다는 것을 보여준다. 기구에 의하여 공작물에 작용되는 힘은 대응 링크장치 중의 2원 링크에 해당된다. 여기서 2원 링크는 2-힘 부재에 해당된다. 이 기법을 두 가지 실제적인 기구의 설계에 대하여 적용시켜 보기로 하자. 먼저 여러 종류의 복합레버 가위(compoundlever snip)에 대하여 살펴보고, 이어서 여러 종류의 요크 리베터(yoke riveter)에 대해 살펴보자.

복합레버 가위의 설계. 간단한 형상의 복합레버 가위는 잘 잘라지지 않는 물체를 비교적 작은 힘을 들여 자를 수 있도록 설계되었다. 가위에 가하는 힘을 P 그리고 가위에 생성되는 반력을 F_r이라고 하자. 이 복합레버 가위는 손으로 작동시키고 또한 이동할 수 있다고 하자. 따라서 고정링크는 없다. 이 기구에서는 큰 힘의 증폭이 필요하므로 대응 링크장치에서 2원 링크 P와 F_r은 하나의 링크에 의하여 연결되서는 안 된다. 그렇지 않으면 단순레버 형상의 구조로는 상대적으로 작은 힘의 증폭만을 생성시킨다.

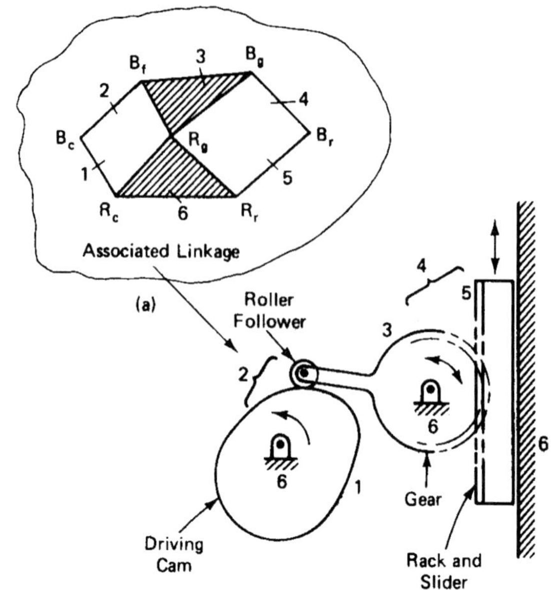

그림 8.28 Watt 연쇄로부터 구한 캠-기어-슬라이더 기구.

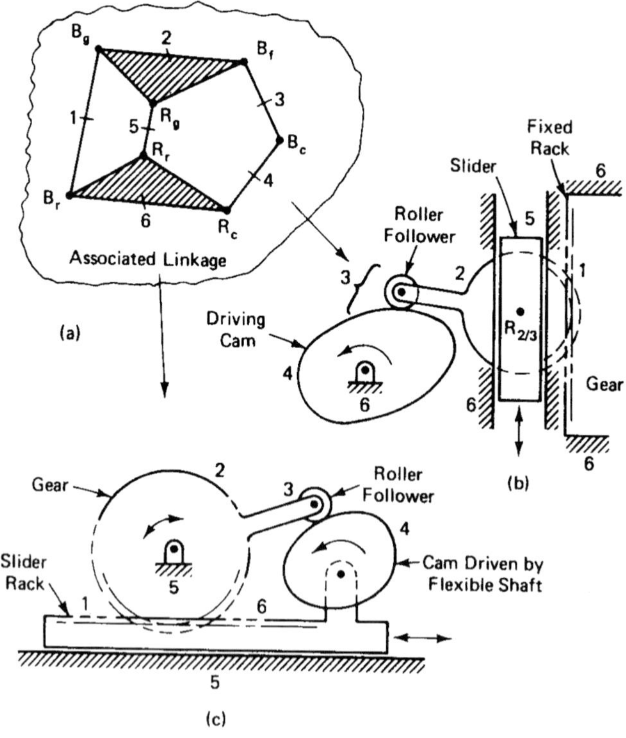

그림 8.29 Stephenson 연쇄로부터 구한 캠-기어-슬라이더 기구.

복합레버 가위의 설계를 정리하면 적절한 대응 링크장치에 대한 공식 또는 요구되는 조건을 구할 수 있다.

1. $F = -1$.
2. 두 힘 P와 F_r 때문에 적어도 두 개의 2원 링크가 있어야 한다.
3. 두 개의 2원 링크 P와 F_r은 같은 링크로 연결되면 안 된다. 왜냐하면 그럴 경우 가위는 복합형상이 아니라 단순형상이 되기 때문이다.

그림 8.30, 8.31, 8.32의 대응 링크장치는 이와 같은 요구조건을 만족시킨다. 복합레버 가위에 대한 이러한 대응 링크장치는 각각 다른 형상의 기구를 형성한다.

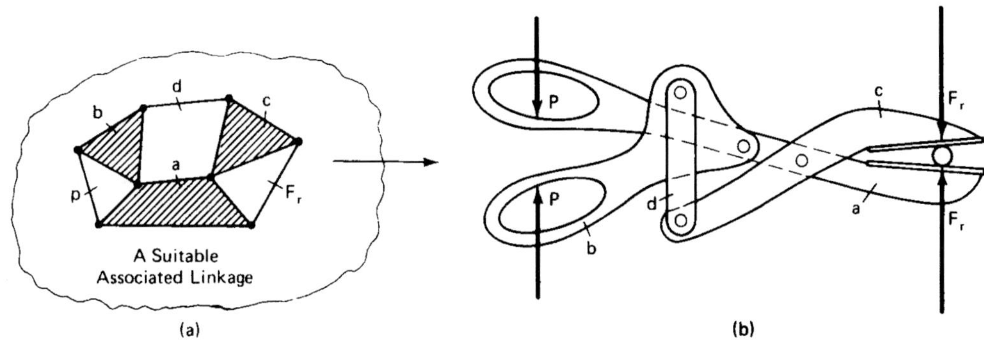

그림 8.30 적절한 대응 링크장치로부터 구한 복합레버 가위의 설계.

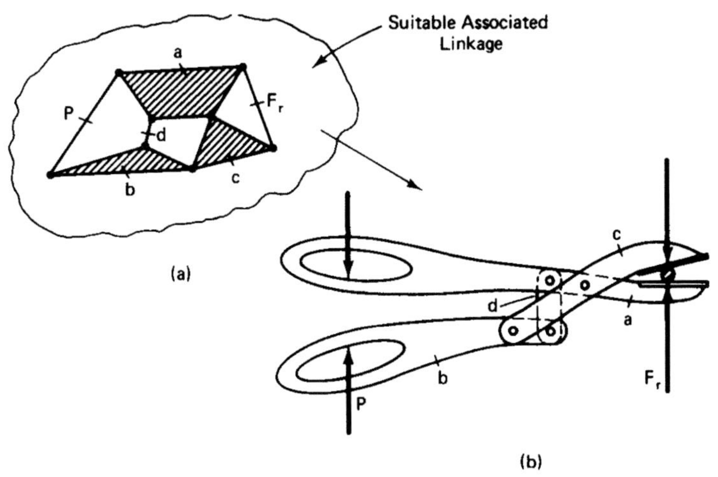

그림 8.31 적절한 대응 링크장치로부터 구한 복합레버 가위의 설계.

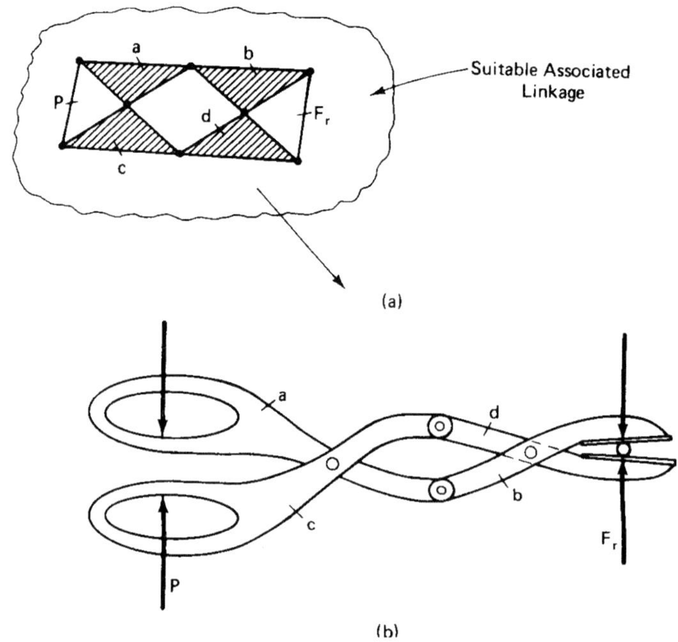

그림 8.32 복합레버 가위에 대한 다른 형상의 대응 링크장치로부터 구한 다른 형상의 설계.

요크 리베터의 설계 기존의 요크 리베터의 형상[91]은 그림 8.33과 같다. 다른 형상의 요크 리베터 설계를 위하여 수합성(number synthesis)을 적용시켜 보자.

적절한 요크 리베터에는 다음과 같은 특성들이 요구된다.

1. 간단한 형상의 구조를 가져야 한다.
2. 일체식이고 휴대할 수 있어야 한다.
3. 파워 피스톤(power piston)과 리벳 다이(rivet die) 사이에서 힘의 큰 증폭이 요구된다.
4. 두 부분으로 구성된 리벳 다이의 한 부분과 상대적으로 큰 공기압실린더 두 부분 중 한부분은 프레임링크에 고정되어야 한다.
5. 리벳 다이의 다른 부분과 파워 피스톤은 프레임링크에 대하여 상대적으로 미끄럼 운동을 할 수 있어야 한다.

그림 8.33의 요크 리베터에 대하여 1개의 핀조인트를 갖는 대응 평면 링크장치가 그림 8.34에 나타나 있다. Gruebler의 식(1장)을 그림 8.34의 링크장치에 적용시키면 예상한대로 $F = -1$을 얻는다. 왜냐하면 이 F값은 내부-힘-발휘 장치에 대한 대응 링크장치의 특성이기 때문이다: $F = 3(n-1) - 2f_1$. a와 b 그리고 a와 h를 각각 연결하는 P와 F_r로 표기되는 2원 링크를 포함하여 $n = 10$이 됨에 주의하라. 또한 핀조인트의 수 f_1이 14가 됨에 주의하

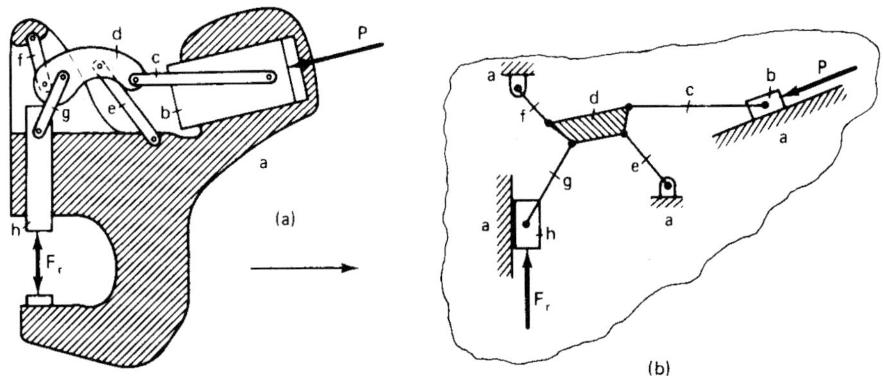

그림 8.33 기존의 요크 리베터 (a)와 이 장치 내의 토글 링크장치 (b).

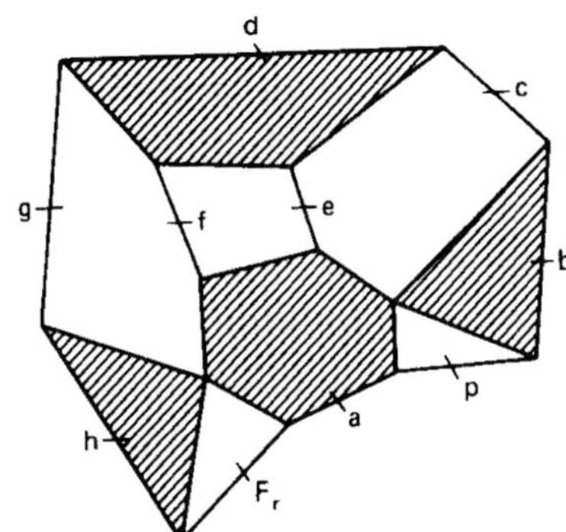

그림 8.34 그림 8.33의 요크 리베터의 대응 링크장치.

라. 따라서

$$F = 3(10 - 1) - 2(14) = -1$$

요크 리베터의 새로운 형상을 설계하려면, 그림 8.33부터 그림 8.34까지에서 보여준 순서의 역순이 필요하다. 따라서 먼저 새로운 요크 리베터 설계를 위한 적절한 대응 링크장치를 선정해야 한다. 그림 8.33과 그림 8.34를 주의 깊게 관찰하고, 앞서 나열된 요크 리베터에 요구되는 특성들을 고려하면 다음과 같이 적절한 요크 리베터 링크장치에 대한 요구조건 혹은 규칙들을 얻을 수 있다.

1. $F = -1$
2. 적어도 2개의 2원 링크가 있어야 한다(P와 F_r에 대하여).
3. P와 F_r에 해당하는 2원 링크들은 한 끝에서 동일한 링크에 연결되어야 하며 (프레임 링크가 된다), 또한 이것들은 다른 한 끝에서 다른 3원 링크에 연결되어야 한다. 이것은 리벳 다이 세트와 파워 피스톤 사이에서 힘의 큰 증폭을 갖는 간단한 링크장치

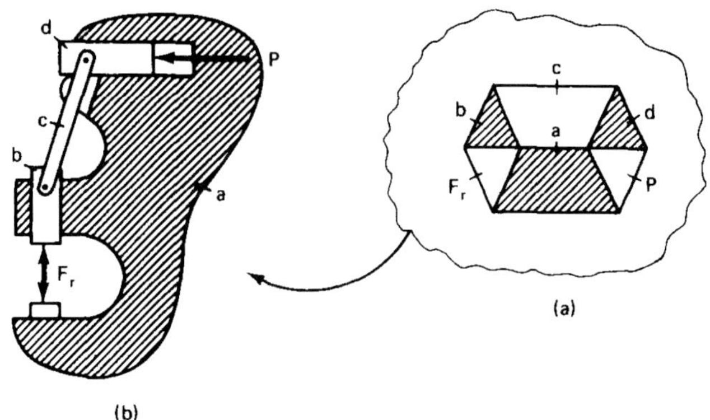

그림 8.35 간단한 토글 형상의 리베터 : (a) 대응 링크장치, (b) (a)로부터 구한 기구.

를 구성한다.

4. 프레임링크는 P와 F_r에 대해 적어도 4원 링크이어야 하며 리벳 다이와 파워 피스톤에 대한 2개의 저차대우 슬라이딩조인트여야 한다.
5. 조건 3에서 언급된 3원 링크들은 프레임링크에 연결되어야 한다. 왜냐하면 파워 피스톤과 리벳 다이가 프레임링크와 저차대우 슬라이딩 연결되어야 하기 때문이다.

간단한 구조가 실제적으로 중요하기 때문에 그림 8.35a의 간단한 형상의 대응 링크장치는 적절한 선택이다. 이 대응 링크장치로부터 간단한 토글 형상의 리베터가 설계되었다.

형식합성에서의 대응 링크장치 방법은 기구의 형상을 설계하는 데 사용되는 매우 유용한 기법이다. 특허(patent)를 결정할 때, 장치들이 서로 같은 형상인지 아닌지를 결정짓는 일에 이와 비슷한 해석적 방법이 이용되기도 한다. 형식합성에 대한 다른 방법이 이 장의 뒷부분에 사례연구로서 수록되어 있다.

이와 같이 형식합성된 기구의 실제적인 치수에 관해서는 아직 아무것도 논의되지 않았다. 구체적인 치수는 위에 주어진 예들의 상대적인 운동과 힘의 전달 특성을 조절한다.

8.4 치수합성

치수합성 에 대한 기본적인 2가지 방법으로는 기하학적인 구성(geometric construction)과 해석적 인(수학적인) 계산(analytical or mathematical calculation)이 있다.

기하학적인 또는 도해적인 설계방법으로 설계자들은 매우 빠르고 올바른 설계를 수행할 수 있다. 도해법은 작도시의 오차로 인해 정확도에 한계를 갖는다. 이와 같은 오차는 매우 치명적이며, 적절한 결과를 얻기 위해서는 해가 복잡하기 때문에 기하학적인 구성을 여러 번 반복해야 한다.

설계에 대한 해석적인 방법은 자동적으로 계산이 수행되는 경우에 적절하며 이와 같은 계산방법은 정확도와 반복계산에 있어서 많은 이점이 있다. 먼저 기구가 수학적인 모델로 만들어져 컴퓨터 프로그램화되면 새로운 해를 구하기 위한 경우 프로그램을 추가할 필요 없이 기구의 변수들을 쉽게 바꿀 수 있다. 여기에서는 해석적인 설계가 강조되었지만 기구학적인 설계의 초기단계에서는 도해법을 사용하여 얻는 경험이 중요하다. 해석적인 설계에 들어가기 전에 다음의 여러 절에서 도해적인 방법을 검토하도록 하자.

8.5 도해적 운동생성: 2점 통과[139]

임의로 규정된 여러 개의 (적당히 떨어진) 위치들을 하나의 링크가 지나가도록 한다고 가정하여 보자. 두 위치에 대한 운동생성의 경우 두 위치는 적절한 회전중심점에 대한 단순한 회전으로 해결할 수 있다(그림 8.36). 이러한 극점(pole, 제2권 4.2절 참조) P_{12}는 점 A와 B를 연결한 선분, 즉 A_1과 A_2 그리고 B_1과 B_2 각각의 연결선 위의 중심점에서 수직되는 직선 a_{12}, b_{12}의 교점을 도해적으로 구함으로써 얻을 수 있다.

만약 극점 P_{12}가 이 기계의 프레임 밖에 위치한다면 위치 1로부터 위치 2로 링크 AB를

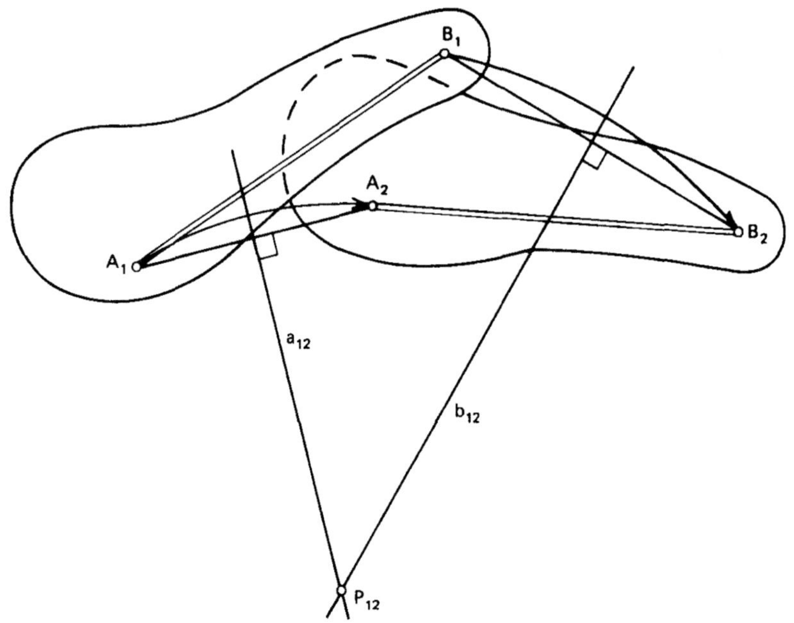

그림 8.36 강체 평면상의 두 개의 위치점은 극점 P_{12}를 중심으로 회전하여 도달할 수 있다.

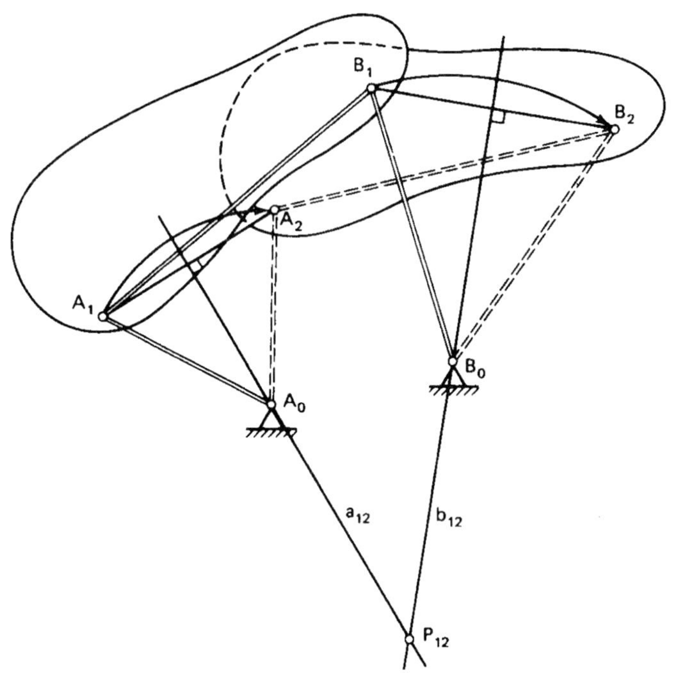

그림 8.37 4절 운동생성 기구장치의 2위치 도해적 합성.

안내하기 위해서는 4절 링크장치를 사용하여야 한다(그림 8.37). 두 점 A_1과 A_2 그리고 B_1과 B_2를 연결한 선들의 중심에서 수직된 선 위의 임의의 위치에 있는 2개의 고정된 피봇들로 이 작업을 수행할 수 있다. 이와 같은 구성은 다음과 같이 수행된다.

원주점(circle point) A의 첫 번째 위치(A_1)와 두 번째 위치(A_2)를 잇는 선분을 수직으로 이등분하라–이 원주점이란 말은 점 A의 첫 번째와 두 번째 위치, A_1과 A_2를 지나는 원호를 그릴 수 있기 때문에 이렇게 이름지어졌다. 이 수직이등분선 위의 임의의 한 점 A_0는 원주점 A에 해당되는 고정피봇 혹은 **중심점**이 된다. 중심점과 원주점 사이의 링크는 A를 A_1에서 A_2로 안내할 것이다. 이와 같은 구성을 또 다른 원주점 B가 B_0를 나타낼 수 있도록 반복한다.

그림 8.37은 두 위치에 대한 운동생성기로 작용할 수 있는 4절 링크장치의 하나를 보여주고 있다. 각 원주점-중심점의 쌍을 구성하는 데 있어서 3가지의 **자유로운 선택**이 있음에 주의하라. 두 개의 규정된 위치에 대하여 원주점 A는 이것의 평면 내 혹은 바깥쪽에서 선택될 수 있다. 이 점들은 움직이는 물체에 고정되어 있는 직교좌표계의 x와 y축을 따른 두 개의 독립된 좌표로 표시되며, 이에 대응되는 중심점들은 각 해당되는 위치에서의 수직이등분선 위의 임의의 위치에서 선택될 수 있다. 따라서 4절 링크장치를 구성하기 위한 3가지 무한대의 해가 가능하다(각 중심점과 원주점의 쌍에 대해). 한 예로 수직이등분선 a_{12} 위의 모든 점이 고정피봇점으로는 적당치 않다면, 움직이는 링크(또는 부유링크) 평면 위

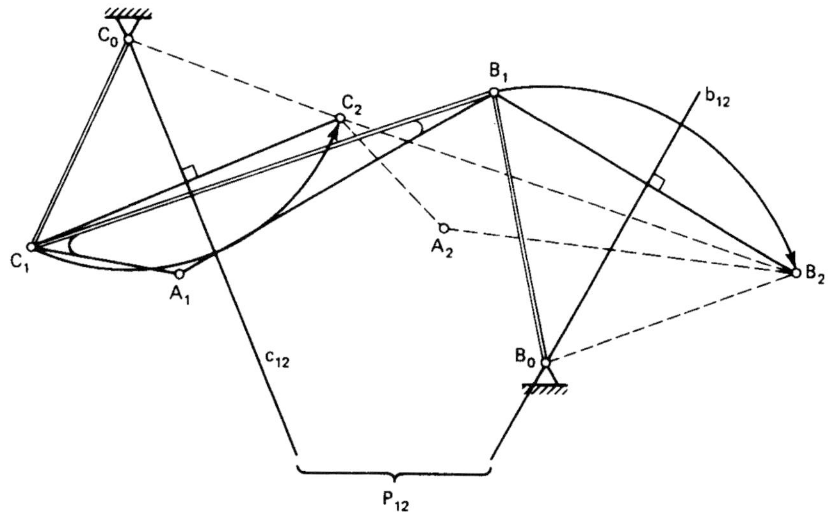

그림 8.38 고정피봇 A_0의 적절한 위치가 A_1A_2의 수직이등분선 위에 없을 경우에는 움직이는 물체 위에 또 다른 점 C를 위치시킬 수 있다. 이 경우 C_1C_2의 수직이등분선 위에 적절한 고정피봇 C_0를 찾을 수 있다.

에 점 C를 A, B와 함께 삼각형 형상으로 결합시킬 수 있으며, C를 크랭크핀으로써 사용하게 된다. 그림 8.38은 그림 8.37의 링크 A_1A_0를 C_1C_0로 치환시킨 다른 형상의 링크장치를 보여준다.

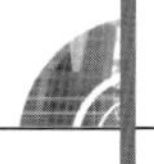

8.6 도해적 운동생성: 3점 통과

평면상의 임의의 위치 A_1B_1, A_2B_2, A_3B_3를 생각해 보자(그림 8.39). 이 위치들에 대해 3개의 극점 P_{12}, P_{23}, P_{31}($P_{ij} \equiv P_{ji}$에 주의하자)이 있다. 여기서 각 극점들은 3개의 규정된 위치 중 오직 2개만을 통하여 AB를 인도할 수 있기 때문에 극점을 고정된 피봇으로 더 이상 사용할 수 없다.

두 원주점 A와 B가 선택되었으며 이에 해당하는 3개의 위치가 선정되었다. 앞 절에서의 수직이등분선에 의한 방법이 점 A에 대해 두 번 반복된다(a_{12}와 a_{23}). 두 위치에 대한 중심점들은 각기 두 위치에 대한 수직이등분선 위에 있을 뿐만 아니라 두 수직이등분선의 교차점은 3 위치 모두에 대한 공통중심점 A_0에 위치한다. 그림 8.39는 원주점 A와 B의 선택에 의해서 합성된 유일한 4절 기구를 보여준다. 각 원주점(A에 대하여 x_a와 y_a)의 위치에 대하여 2가지 무한대의 가능성이 있음에 주의하자(즉, 각 중심점-원주점의 쌍에 대하여).

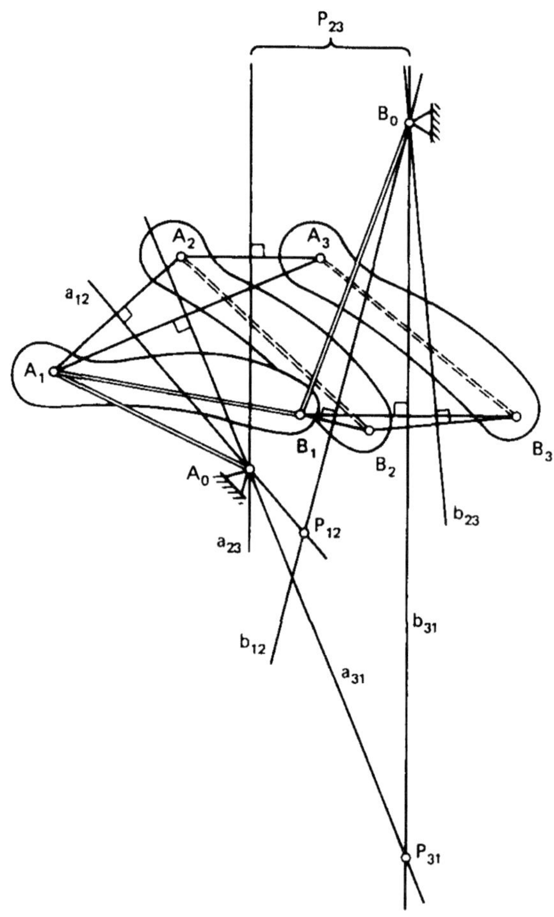

그림 8.39 기하학적(도해적)으로 합성된 4절 기구는 물체 AB가 3개의 규정된 위치 A_1A_1, A_2A_2, A_3A_3를 통과하도록 한다.

다음의 절들은 4절 경로 및 함수생성기들이 이 세 위치에 대하여 어떻게 구성되는지를 보여준다. 기구학적 역(kinematic inversion)이 이루어진 후에야 매우 유사한 수직이등분선의 교점을 이용한 방법이 사용된다. 다음의 절들은 이와 같은 방법에 대해 설명하고 있다.

8.7 도해적 운동경로 생성: 3점 통과[105]

매우 유사한 방법으로 4절 링크장치의 규정된 세 위치에 관한 경로생성의 도해적 합성을 할 수 있다. 커플러링크 위의 경로점 P가 선정된 3개의 위치 P_1, P_2, P_3를 지나는 4절 기구

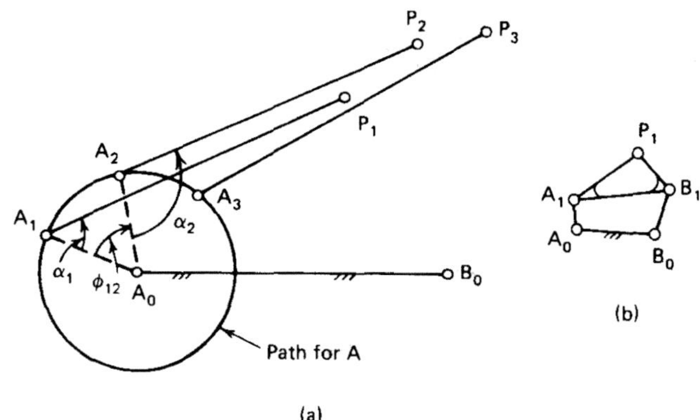

그림 8.40 경로생성 기구의 3-위치 설계: (a) 설계인자들을 표시한 초기 위치. (b) 요구되는 기구의 도식도.

를 설계하려 한다(그림 8.40).

3개의 규정된 위치에 대한 설계시 A_0와 B_0의 위치(고정링크의 크기와 기울기로서 정의됨)는 임의로 선정할 수 있다. 또한 입력크랭크의 길이 A와 P 사이의 거리는 임의로 정할 수 있다(설계 위치의 수가 증가할수록 이 자유선택 중 일부에 대해 규제가 부가된다). 이에 대한 구성은 다음과 같다(그림 8.40).

1. 규정된 경로점 P_1, P_2, P_3를 선정한 다음 고정피봇점 그리고 고정링크를 형성하는 중심피봇 A_0와 B_0의 위치를 선정한다.
2. 크랭크 길이를 정하고 A의 경로(원)를 그린다. A_1에 해당하는 점을 선택한다(P_1에 대한 A의 위치).
3. 선정된 길이 AP를 가지고 A_2와 A_3를 정한다. A, P, B는 커플러 위에 있는 점들이며, 따라서 모든 위치에서 같은 길이만큼 떨어져 있어야 한다.
4. B의 위치는 기구학적 역으로 찾을 수 있다(3.1절 참조). 이것은 커플러를 위치 1에 고정시킴으로써 구할 수 있다. 프레임을 포함한 나머지 기구들은 원래의 구성과 마찬가지로 이 기구학적 역에서도 모든 링크들 사이에 똑같은 상대 운동이 존재하도록 움직여야 한다. 커플러의 위치 1에 대한 B_0의 상대적인 위치는 그림 8.41에서와 같은 구성으로 얻을 수 있다(그림 8.40, 8.41 참조). A_0를 A_1에 대하여 $(\alpha_2 - \alpha_1)$만큼 회전시켜 A'_0이 되게 한다(여기서 $a_2 = \measuredangle A_0A_2P_2$이며 $a_1 = \measuredangle A_0A_1P_1$, 그림 8.40 참조). 반지름 $\overline{A_0B_0}$를 가지고 A'_0에 대하여 원호를 그린다. 그림 8.40에서 측정된 반지름 $\overline{P_2B_0}$를 가지고 P_1에 대하여 원호를 그린다. 두 개의 원호는 점 B'_0에서 만난다. 점 B''_0(그림에 나타나 있지 않음)은 점 A''_0[점 A_0로부터 A_1에 대하여 $(\alpha_3 - \alpha_1)$만큼 회전시킨다]에 대하여 같은 방법으로 구할 수 있다. 즉 A''_0을 $\overline{A_0B_0}$를 반경으로 하는 호

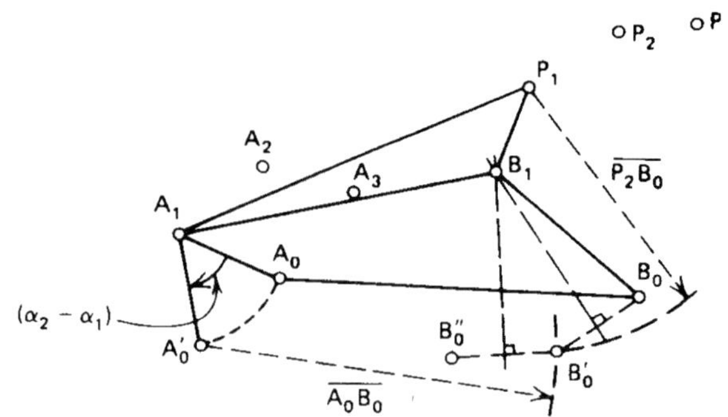

그림 8.41 3-위치 경로생성기의 설계-B_1을 구하기 위한 전환.

의 중심으로 하고 P_1을 $\overline{P_3B_0}$를 반경으로 하는 호의 중심으로 한다.

5. 선분 $B_0B'_0$과 선분 $B'_0B''_0$이 수직이등분선을 긋는다. 이 선들의 교점은 B_0의 3개의 상대적 위치 B_0, B'_0, B''_0을 지나는 원의 중심인 B_1의 위치가 된다.
6. 이 설계를 검토하기 위해 3개의 모든 위치에서 기구들을 각기 그려본다(그림 8.24). 만약 이 설계가 만족스럽지 못하면 A_0, B_0, A_1을 달리 선택하여 위 단계들을 반복해 본다.

고정된 기준면에서 점 A_0의 위치(x, y 좌표)와 벡터 $\overrightarrow{A_0B_0}$, $\overrightarrow{A_0A_1}$가 임의로 선정되었기 때문에 이 경로생성 작업을 수행할 수 있는 4절 링크장치에는 이상적으로 6개의 무한대의 해가 존재한다. 링크장치의 각 변에 대해 운동생성의 경우에는 2개의 무한대의 해가 있는 반면, 경로생성의 경우는 3개의 무한대의 해가 있다. 만약 규정된 타이밍을 갖는 경로생성(즉, 경로점들에 맞도록 미리 지정된 구동링크의 회전 ϕ_{12}, ϕ_{13})이 목적이라면, 각 변에 대해서 2개의 무한대의 해가 있거나, 다음 절에서 볼 수 있듯이 4절 링크장치에 대해 총 4개의 무한대의 해가 있게 된다.

여기서 모든 도해적인 기법에 대한 중요한 점 한 가지를 언급하겠다. 이 절에서 언급된 방법의 다섯 번째 단계에서 수직이등분선의 교점이 B_1이 된다고 하였다. B_0, B'_0 혹은 B''_0의

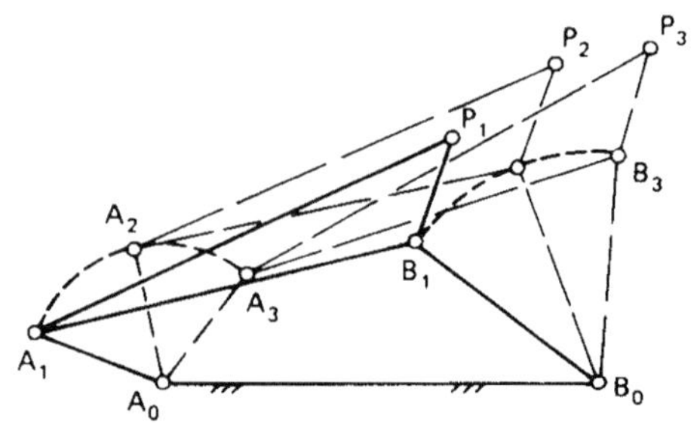

그림 8.42 3-위치 경로생성기의 설계.

위치에 조그마한 오차가 생성한다면 점 B_1의 위치에서는 매우 큰 오차가 생성할 것이다. 선분 $B_0B'_0$과 $B'_0B''_0$이 평행에 가까워질수록 오차는 매우 커질 것이다. 설계자들은 도해적인 구성을 할 때 이와 같은 단점이 있음에 주의해야 한다.

8.8 규정된 타이밍을 갖는 경로 생성: 3점 통과

미리 규정된 경로 위치에 해당하는 입력크랭크 회전을 규정하기 위해서는 앞의 구성 방법이 수정되어야 한다. 그림 8.40에서와 같은 예제를 살펴보기로 하자. 단, 입력 크랭크 회전각이 규정된 것만 다르다. 점 P는 P_1에서 P_2로 시계방향으로 58° 움직이고 P_1에서 P_3로는 시계방향으로 108° 움직인다(그림 8.43 참조). 그림 8.44에 나타나 있는 구성은 다음과 같다.

1. 규정된 경로의 무오차점 P_1, P_2, P_3에 대하여 입력 링크의 고정피봇(A_0)을 선정한다(두 가지 무한대의 선택이 존재한다. 즉, 하나는 A_0의 x에 대한 것이며 또 다른 하나는 A_0의 y에 대한 것이다).
2. 선 $\overline{P_2A_0}$와 $\overline{P_3A_0}$를 그린다.
3. 아직 알 수 없는 입력링크 A_0A를 고정시킴으로써 운동을 전위한다. $\overline{P_2A_0}$를 A_0에 대하여 반시계방향으로 58° 회전시키고, $\overline{P_3A_0}$를 A_0에 대하여 반시계방향으로 108° 회전시킴으로써 P'_2과 P'_3을 결정한다.
4. 선 $\overline{P'_2P_1}$과 $\overline{P'_3P_1}$를 그린다.
5. 이러한 선들의 수직이등분선 P'_{12}, P'_{13}의 교차점에 A_1을 놓는다. 이것이 A의 첫 번째 위치가 된다.
6. 이 구성의 나머지 부분은 앞 절에서 보여준 방법을 따른다. 따라서 규정된 타이밍을 갖는 경로생성은 4절 기구의 왼쪽 부분에 대해서는 두 가지 자유로운 선택을 할 수 있고(P_1에 대한 A_0의 x와 y의 위치) 이에 따라 이상적으로는 2개의 무한대 해를 갖는다.

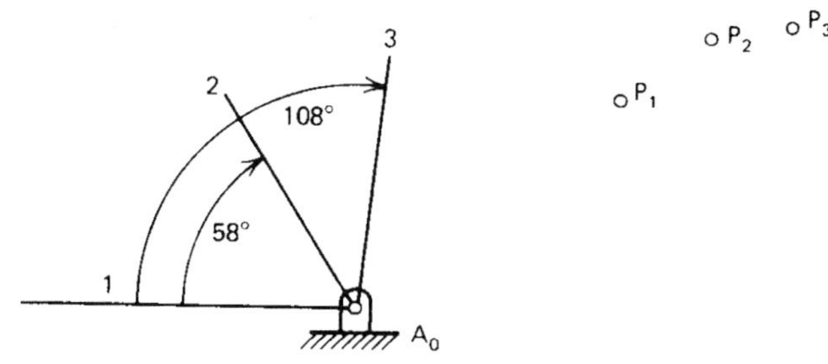

그림 8.43 유한하게 떨어져 있는 3개의 무오차점을 지나며 규정된 타이밍을 갖는 경로생성에 있어서의 규정된 경로점들과 크랭크 회전각.

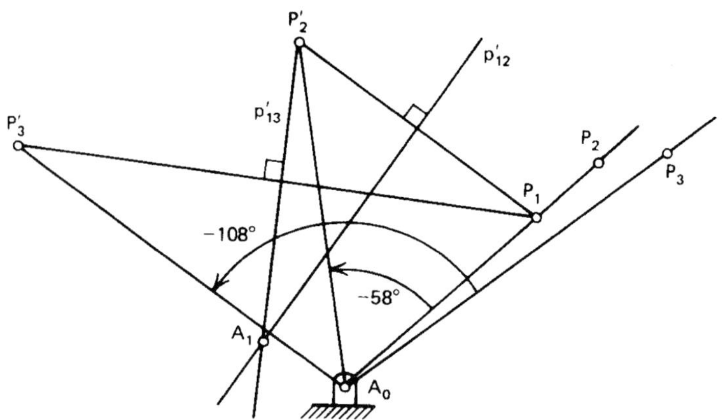

그림 8.44 그림 8.43의 데이터를 갖는 경로생성기에 대한 크랭크 A_0A_1의 시작 위치의 도해적 구성. 4절 기구의 도해적 합성은 그림 8.40, 8.41과 같이 수행된다. P_0A_0가 반드시 P_1을 지날 필요는 없다.

8.9 규정된 타이밍이 없는 경로 생성: 4점 통과

그림 8.41과 유사한 설계순서는 **점-위치 감소법**(point-position reduction method)[83, 105]을 사용하여 4개의 무오차점에 대한 경로생성의 경우에 대해 적용시킬 수 있다.

점-위치 감소법은 원은 3개의 점을 가지고 그릴 수 있다는 사실에 기초하고 있다. 링크 상의 한 점에 대한 3개 점의 상대적 위치를 정한 다음 이 점들을 통과하는 원을 그린다. 원의 반경을 중심으로 기구의 나머지 링크들의 위치와 길이를 정할 수 있다. 이 방법으로 6개까지의 무오차점[105]을 만족시킬 수 있다. 보통 핀조인트가 되는 설계점들 가운데 일부를 서로 일치시켜서 서로 다른 위치가 3개로 줄어들도록 설계변수들을 정한다. 이와 같이 서로 다른 위치가 4개에서 3개로 줄어든 예들을 설계 1과 설계 2에서 보여주고 있다. 다음 설계들은 먼저 B_0를 극점에 일치시킨 다음 B를 극점에 일치시킨 예이다.

▶설계 1

과제. 커플러점 P가 임의로 선정된 위치를 P_1, P_2, P_3, P_4의 순서로 지나도록 하는 4절 기구를 설계한다(그림 8.45). 고정피봇 B_0를 커플러운동의 극점들 중 하나에 위치시킨다. 설계순서는 다음과 같다.

1. 두 위치를 기구학적 역에서도 일치하도록 선택한다. B_0가 극점 P_{14}에 위치하도록 위치 1과 4를 선정한다. 극점은 선분 P_1P_4의 수직이등분선 위에 위치한다(이 선 위의

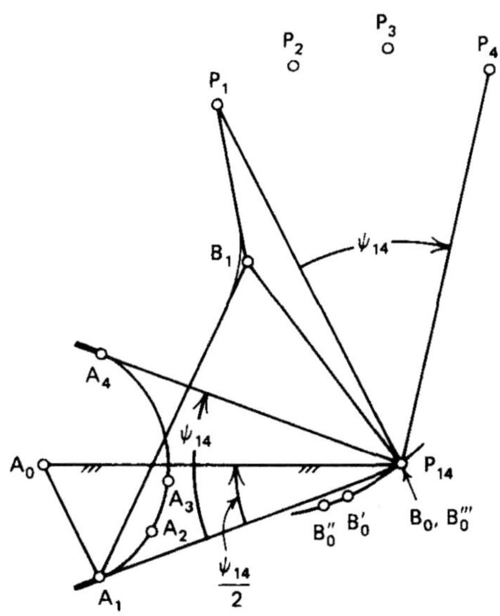

그림 8.45 4-위치 설계. 배치도가 각 변수들과 설계순서를 보여준다. 극점에 피봇이 있다.

임의의 한 점). 이것은 종동절이 위치 1에서 4로 회전된 각도 ψ_{14}를 결정한다.

2. B_0가 극점 P_{14}에 있기 때문에 커플러는 위치 1에서 4까지 점 B_0에 대하여 회전할 수 있다. 이것은 커플러 위에 있는 점 A, B가 위치 1에서 4로 점 B_0에 대하여 각도 ψ_{14}만큼 회전한다는 것을 의미한다.
3. A_0B_0에 대한 방향을 설정하고 점 B_0를 통과하고 B_0A_0로부터 $\pm\psi_{14/2}$의 각도를 갖는 두 선을 그린다(그림 8.45). A_1과 A_4는 B_0로부터 같은 거리만큼 떨어져 있으며, 앞에서 구한 선들의 위에 위치하여야 한다.
4. A_1과 A_0의 위치를 선택한다. 이것으로 A_0와 고정링크 및 입력링크의 길이 그리고 거리 A_P를 구한다.
5. 반지름 $A_0A_1 = A_0A_4$를 갖는 A_0의 원호상에 A_2와 A_3를 위치시킨다. 따라서 $P_2A_2 = P_3A_3 = P_1A_1$이 된다.
6. B_0와 B_0'''을 P_{14}에 위치시킨다. 커플러를 고정시키고(기구학적 역), $\Delta A_1P_1B'_0 = \Delta A_2P_2B_0$ 그리고 $\Delta A_1P_1B''_0 = \Delta A_3P_3B_0$가 되도록 하여 위치 2와 3($B'_0$, B''_0)에 대한 상대적인 위치 B_0를 결정한다. 이것으로써 커플러와 출력 링크의 길이를 구하여 설계를 완성한다.
7. 그림 8.46은 이 설계를 점검하기 위해 설계된 기구를 네 위치 모두에서 보여 주고 있다.

위치 3과 4 사이에서 입력크랭크는 경로점 P가 규정된 위치 P_4와 최종적으로 일치할 때까지 B_4 뒤로 더 돌아갔다가 다시 B_4로 돌아온다. 입력크랭크가 이와 같이 앞뒤로 회전

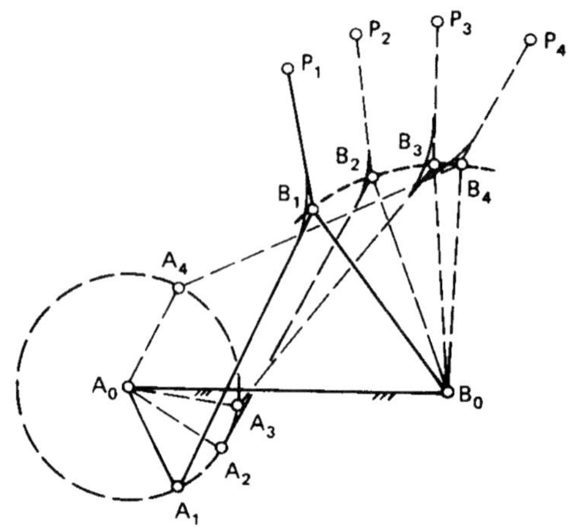

그림 8.46 4-위치 설계.

하는 동안 점 P는 규정된 경로 위로 움직인다. 이와 같은 현상은 점-위치 감소법에 의한 설계의 특정이며 경로생성기에 적용시 좋지 않은 현상이 된다.

▶설계 2

과제. 커플러점 P가 규정된 위치를 P_1, P_2, P_3, P_4의 순서로 지나는 4절 기구를 설계한다(그림 8.47). 커플러점 B를 커플러의 한 극점에 위치시킨다. 이에 대한 설계순서는 다음과 같다.

1. 선 P_1P_4의 수직이등분선 위의 임의의 점에 극점 P_{14}을 위치시킨다. B_1과 B_4를 P_{14}에 배치한다. 각 $P_1P_{14}P_4$는 ψ_{14}이다.

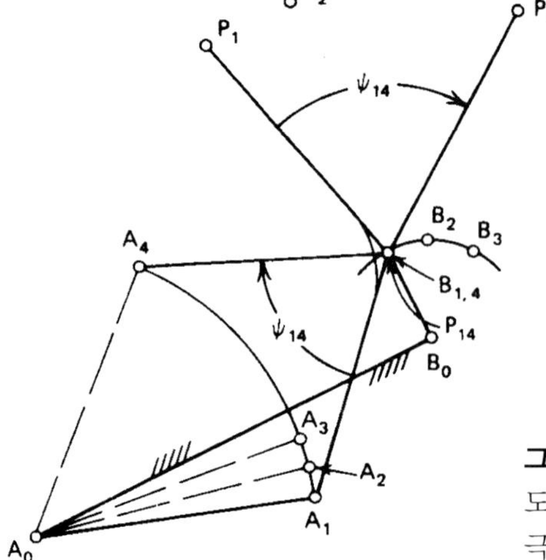

그림 8.47 4-위치 4절 경로생성 기구의 도해적 합성. 커플러점 B_1의 초기 위치를 극점 P_{14}으로 선택한다. 점-위치 감소법.

2. 삼각형 커플러 ABP는 강체이기 때문에 각 $A_1B_1P_1$은 각 $A_4B_4P_4$와 같다. B_1과 P_1을 가지고 A_1의 궤적을 얻기 위하여 B_1으로부터 임의의 방향으로 선을 그린다. 거리 B_1A_1은 임의의 값이다.
3. A_4를 위치시켜서 각 $A_1B_1A_4$이 ψ_{14}이 되고 $\overline{A_4B_1} = \overline{A_1B_1}$이 되게 한다.
4. 각 $A_1B_1A_4$를 이등분시키는 선 위에 입력링크에 대한 피봇점 A_0를 선정한다. 따라서 $\overline{A_0A_1} = \overline{A_0A_4}$가 된다. A의 원호상에 A_1에서부터 A_4까지 궤적을 그린다.
5. A_2를 $\overline{A_2P_2} = \overline{A_1P_1}$, A_3를 $\overline{A_3P_3} = \overline{A_1P_1}$가 되도록 위치시킨다.
6. $\Delta A_1B_1P_1 = \Delta A_2B_2P_2 = \Delta A_3B_3P_3 = \Delta A_4B_4P_4$. 이와 같은 정보를 가지고 B_2와 B_3를 정한다.
7. B_1과 B_4가 선정되었으므로 B_1, B_4, B_2, B_3를 지나는 원을 그릴 수 있다. 이 원의 중심은 고정피봇 B_0가 된다. 그리고 이 원의 반경은 출력링크 $\overline{B_0B}$에 해당한다. 이렇게 함으로써 기구가 완성되었다.

이 두 가지 설계는 4점 위치를 3점으로 줄이는 데 극점이 어떻게 사용되었는가를 보여준다. 때때로 이 도해적인 과정은 피봇 B_0가 극점에 있을 때보다 커플러점 B가 극점에 있을 경우 더 간단해진다.

이 설계는 각기 네 가지 변수를 선정하는 것임에 주의하라(예를 들면, 설계 1에서 P_1P_4의 수직이등분선을 따라서 임의로 선정된 B_0의 위치, A_0의 x, y좌표 그리고 반경 $\overline{A_0A}$). 따라서 4개의 규정된 위치에 대한 경로생성의 경우 한 변당 해는 2개의 무한대를 갖는다. 만약 규정된 타이밍(즉 $\overline{A_0A_1}, \overline{A_0A_2}, \overline{A_0A_3}, \overline{A_0A_4}$의 회전)을 갖는 경로생성이 목적이라면 한 변당 해는 1개의 무한대를 갖는다. Lindholm[104, 105]은 5개와 6개의 규정된 위치를 갖는 경우에 대해 점-위치 감소법을 이용한 도해적인 방법을 제시하였다.

8.10 함수생성기: 3개의 무오차점의 경우

함수생성의 합성에 대한 기하학적 구성 방법을 설명하기 전에, 규정된 무오차점의 최적 배치(optimal spacing)에 대해 살펴보기로 하자.

Chebyshev는 무오차점들 사이에서의 최대 구조적 오차의 절대값과 구간의 양 끝에서의 최대 구조적 오차의 절대값이 서로 같아질 경우 함수값에 가장 근사한 링크장치를 얻을 수 있다고 하였다. 무오차점의 Chebyshev 배치[86]는 이 구조적 오차를 최소화함으로써 얻을 수 있다. Chebyshev 다항식[28, 86]에 근거한 이 기법은 특별한 경우에만 적용이 가능하지만(대칭함수의 경우) 초기 추정단계에서 가끔 사용된다. 합성이 완결된 다음에는 기구의 구조적 오차를 찾아내야 한다. 아울러 기구의 정밀도를 높이기 위하여 무오차점의 배치에 대한 평가 및 재배치가 뒤따라야 한다. 구조적 오차를 최소화시키는 무오차점의 배치 기법에는 Freudenstein의 재배치 공식[72]과 Rose-Sandor의 직접 최적 배치 기법[134] 두 가지가 있다. 두 방법 모두 인접한 무오차점 사이의 간격을 줄임으로써 이들 사이의 최대오차를 줄일 수 있다는 사실에 근거하고 있다.

Chebyshev 배치를 구하기 위한 초기 단계의 추정은 간단히 구성할 수 있다(그림 8.48 참조). 무오차점들을 도해적으로 위치시킨다. 지름이 독립변수 Δx의 범위에 비례하는 원을 그린다. $2n$개의 변을 가지고 있는(여기서 n은 규정된 무오차점의 수를 의미한다) 등변다각형의 꼭짓점으로부터 수평선에 수직이 되도록 그려 넣은 선들이 지름과 교차하는 교차점들은 무오차점들의 Chebyshev 배치에 비례하는 거리만큼 떨어져 있게 된다. 이와 같은 방법을 다음 예제를 통해 살펴보기로 하자.

예제 8.1

4개의 무오차점들이 규정된 경우($n = 4$) 구간 $1 \le x \le 2$에서 함수 $y = 2x^2 - 1$을 생성시키는 4절 링크장치에 대하여 Chebyshev 배치를 구하라.

풀이

첫 단계로 지름이 $\Delta x = x_{n+1} - x_0 = 2.0 - 1.0 = 1.0$인 원을 그린다. 다음으로 $2n = 8$개의 변을 갖고 그림 8.48과 같이 두 변이 수직인 다각형을 그린다. 수평축 위로 수직되게 투영시킨 다각형의 꼭짓점들이 규정된 무오차점들이다. 이러한 기하학적 구성으로부터 측정된 값들은 다음과 같다.

$$x_0 = 1.00, \quad x_3 = 1.69$$
$$x_1 = 1.04, \quad x_4 = 1.96$$
$$x_2 = 1.31, \quad x_5 = 2.00$$

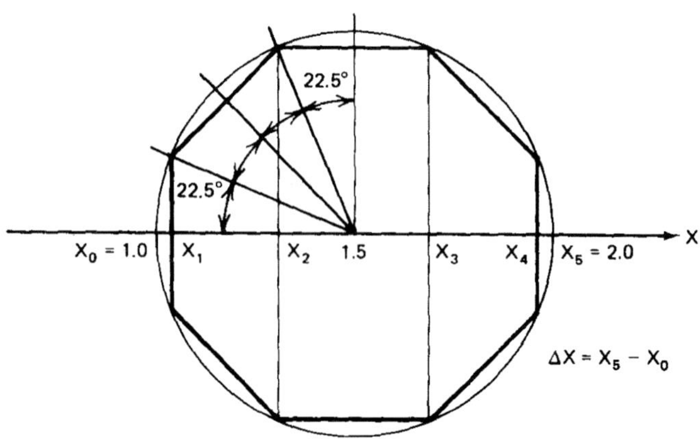

그림 8.48 네 무오차점의 Chebyshev 배치.

이와 같은 Chebyshev 배치의 구성은 다음 공식과 일치한다.

$$\Delta x_j = x_j - x_0 = \frac{1}{2}\Delta x\left[1 - cos\left(\frac{\pi(2j-1)}{2n}\right)\right], \qquad j = 1, 2, \ldots, n$$

그리고

$$x_j = x_0 + \Delta x_j, \qquad j = 1, 2, \ldots, n$$

여기서 Δx_j는 x 구간의 시작점에서부터 j번째 무오차점까지의 거리를 의미한다.

$\Delta x = x_{n+1} - x_0 = x$의 구간
$j =$ 무오차점의 번호($j =$ 1, 2, 3, ... , n)
$n =$ 전체 무오차점의 수

따라서 이 예제에서

$$\Delta x_1 = \frac{1}{2}(1)\left[1 - cos\left(\frac{\pi}{8}\right)\right] = 0.038$$

$$x_1 = 1.04$$

그리고

$$\Delta x_2 = 0.309, \qquad \Delta x_3 = 0.691, \qquad \Delta x_4 = 0.962$$

따라서

$$x_2 = 1.31$$
$$x_3 = 1.69$$
$$x_4 = 1.96$$

예제 8.2

예제 8.1에서 구한 Chebyshev 무오차점들과 입·출력링크의 회전각도가 각각 $\Delta\phi = 60°$, $\Delta\psi = 90°$인 범위 내에서 $\phi_2, \phi_3, \phi_4, \psi_2, \psi_3, \psi_4$를 구하라.

풀이

y_j 값들은 x_j의 값들을 함수 $y = 2x^2 - 1$에 대입함으로써 구할 수 있다.

$$y_0 = 1.00, \qquad y_3 = 4.71$$
$$y_1 = 1.16, \qquad y_4 = 6.68$$
$$y_2 = 2.43, \qquad y_5 = 7.00$$

식 (8.1)과 (8.2)를 이용하여 다음과 같은 값들을 구한다. 이 경우 $\Delta x = 1$, $\Delta y = 6$, $\Delta\phi = 60^\circ$, $\Delta\psi = 60^\circ$이 된다. 여기서 구한 값들은 다음과 같다.

$$\phi_2 = 16.2^\circ \qquad \psi_2 = 19.1^\circ$$
$$\phi_3 = 39.0^\circ, \qquad \psi_3 = 53.3^\circ$$
$$\phi_4 = 55.2^\circ, \qquad \psi_4 = 82.8^\circ$$

3개의 무오차점의 함수생성에 대한 도해적인 절차는 같은 수의 무오차점을 갖는 운동생성 및 경로생성의 경우와 매우 흡사하며 기구학적 역과 수직이등분선의 교차가 이용된다. 다음 예제[39]를 가지고 이 방법에 대해 살펴보기로 하자.

구간 $0^\circ \le x \le 90^\circ$에서 함수 $y = \sin(x)$을 생성시키도록 하는 기구를 합성하여 보자. 입력구간은 임의로 $\Delta\phi = 120^\circ$라 하고 출력구간은 $\Delta\psi = 60^\circ$라 하자. 이 경우 비례계수 R_ϕ와 R_ψ는 다음과 같다.

$$R_\phi = \frac{\Delta\phi}{\Delta x} = \frac{120^\circ}{90^\circ} = \frac{4}{3}$$
$$R_\psi = \frac{\Delta\psi}{\Delta y} = \frac{60^\circ}{1} = 60^\circ \tag{8.8}$$

다음 단계로는 3개의 무오차점 x_1, x_2, x_3를 선택하여야 한다. Chebyshev 배치가 이 무오차점들을 구하는 데 이용된다[28]. 그림 8.49에 의하여 다음의 값들을 구할 수 있다.

$$x_0 = 0^\circ, \qquad x_3 = 84^\circ$$
$$x_1 = 6^\circ, \qquad x_4 = 90^\circ$$
$$x_2 = 45^\circ$$

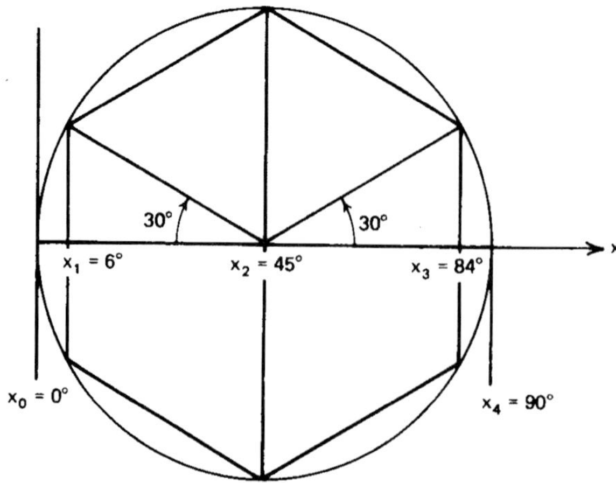

그림 8.49 Chebyshev 배치로 3개의 무오차점을 찾는 도해적 방법.

식 (8.3)과 (8.4)가 다음과 같으므로

$$\phi_j = R_\phi(x_j - x_1)$$
$$\psi_j = R_\psi(y_j - y_1)$$

따라서

$$\phi_2 = (4/3)\,(45 - 6) = 52°, \qquad \psi_2 = 60(0.7071 - 0.1045) = 36.16°$$
$$\phi_3 = (4/3)\,(84 - 6) = 104°, \qquad \psi_3 = 60(0.9945 - 0.1045) = 53.40°$$

함수생성의 합성 작업을 도해적으로 설명한 그림 8.50을 보라. 도해적 방법은 다음과 같다(그림 8.50, 8.51 참조).

1. 고정피봇(A_0B_0)과 출력링크(B_0B)의 위치를 선정한다. 여기서 고정피봇은 x축을 따라 있으며, 고정링크의 길이는 $\overline{A_0B_0} = 1$이 되며 출력링크의 길이는 $\overline{B_0B} = 0{,}75$이고, $\psi_0 = 60°$가 된다. 출력링크의 초기 위치는 $\psi_0 + (60°)(0.1045 - 0) = 66.27°$가 됨에 주의하라(그림 8.50 참조).
2. 역을 이용하여 입력링크를 고정시킨다(비록 입력링크의 위치는 아직 알 수 없지만). 이 기구는 이제 링크들 사이에서 같은 상대 운동을 유지하면서, 규정된 무오차점들을 통과하여 움직인다. 따라서 두 번째 무오차점에서 고정된 링크는 A_0에 대하

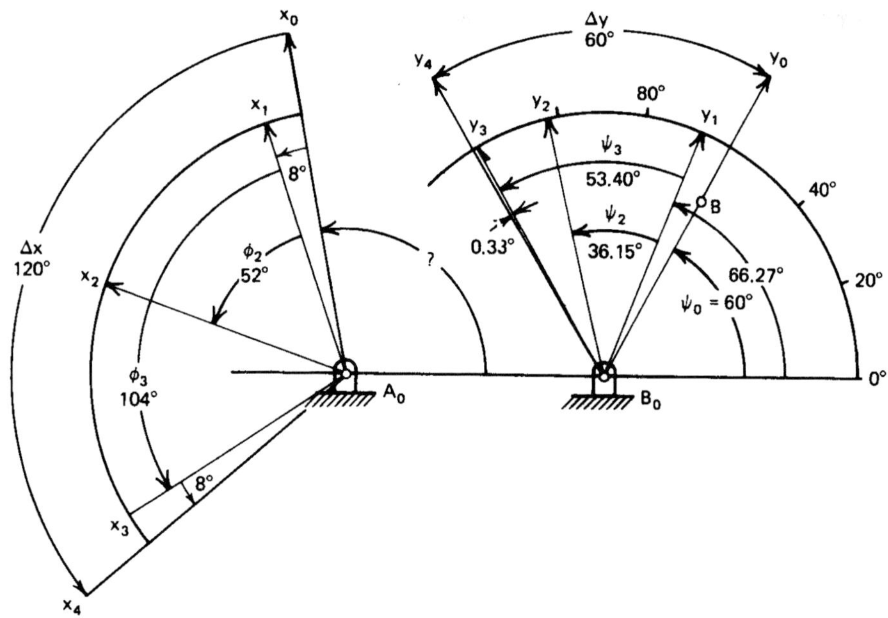

그림 8.50 유한하게 분리된 3개의 무오차점을 갖는 4절 함수생성기의 합성에 대한 규정된 입력 및 출력회전각도들.

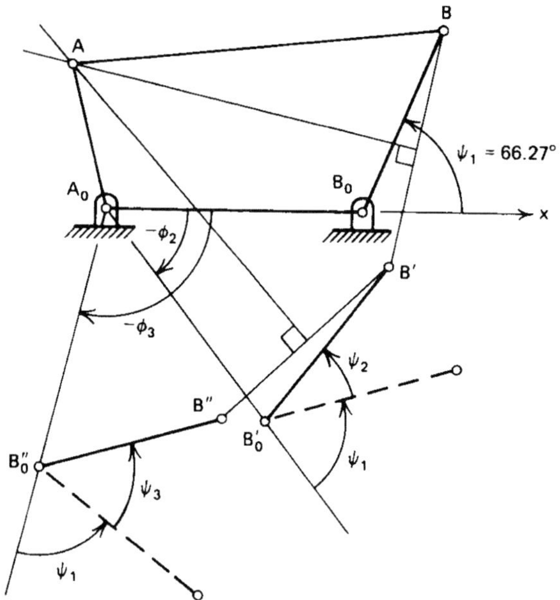

그림 8.51 4절 기구의 3점 함수생성 합성에 적용시킨 기구학적 전환.

여 $-\phi_2=-52°$만큼 회전하여 점 B_0'의 위치를 결정한다. 반면에 출력링크는 B'을 구하기 위하여 B_0'에 대하여 $\psi_2=36.15°$만큼 회전한다. 세 번째 무오차점은 A_0에 대하여 고정링크를 $-104°$(처음 위치로부터) 회전시켜 B_0''을 구하고 출력링크를 B_0''에 대하여 53.40°만큼 회전시켜 B''을 구한다.

3. 선분 B_0B, $B_0'B'$, $B_0''B_0''$은 입력링크에 대한 출력링크의 실제적인 무오차점들의 위치를 나타낸다. 원호 B-B'-B''의 중심은 A에 위치하며 선 BB'과 $B_0''B'$의 수직이등분선의 교점이 된다(그림 8.51 참조).

이 구성에서 B_0에 대한 상대적인 위치 A_0와 B(4개의 요소), 그리고 고정링크, 출력링크를 임의로 정하였기 때문에 유한하게 떨어져 있는 3개의 규정된 위치에 대한 4절 함수생성 기구의 각 변에 대해서는 2개의 무한대의 해가 존재한다.

해석적인 방법에 들어가기 앞서 또 다른 일반적인 함수생성 기법인 중첩법(overlay method)에 대하여 살펴보기로 하자.

8.11 중첩법

기구학적 합성(기본적으로 함수생성의 경우)에 자주 사용되는 또 다른 도해적인 방법으로 중첩법이 있다. 이 방법은 해의 일부분을 트레이싱 종이 위에 그리고 해의 다른 부분은 다른 종이에 구성한다. 이 투명한 종이 위의 그림을 다른 종이 위에 올려놓고 다른 종이 위의 그림과 이 트레이싱 종이 위의 그림의 무오차점이 서로 겹칠 때까지 이 트레이싱 종이를 움직이는 방법이다.

요구되는 무오차점의 수가 증가함에 따라 해를 찾는 방법이 더 어려워지긴 하지만 2개에서 5개까지의 무오차점을 갖는 기구의 합성에 이 방법을 이용할 수 있다. 5개의 무오차점을 갖는 경우에 대해 적용한 예를 살펴보자[39, 104]. 4절 함수 생성기가 다음의 무오차점들을 갖는 경우에 대하여 설계되었다.

Precision point number	Crank rotation from starting positions (deg)	
	Input (cw)	Output (cw)
1	0	0
2	ch = 15°	$1/J_2$ = 20°
3	<P3 = 30	$1/J_3$ = 35
4	<P4 = 45	$1/J_4$ = 50
5	<Ps = 60	$1/J_S$ = 60

▶방법

1. 트레이싱 종이 위에 입력크랭크의 위치를 그려 넣은 다음 입력과 커플러링크들의 길이를 선택한다(그림 8.52 참조). 크랭크핀을 중심으로 하고 임의로 선택한 커플러 길이를 반지름으로 하는 원호의 군(family of circular arcs)을 그린다.
2. 두 번째 종이(그림 8.53) 위에 출력링크의 위치를 그리고, 링크 4의 가능한 길이를 나타내는 원호들을 그린다.
3. 첫 번째 그림을 두 번째 그림 위에 올려 놓고 그림 8.52의 원호의 군이 그림 8.54에서와

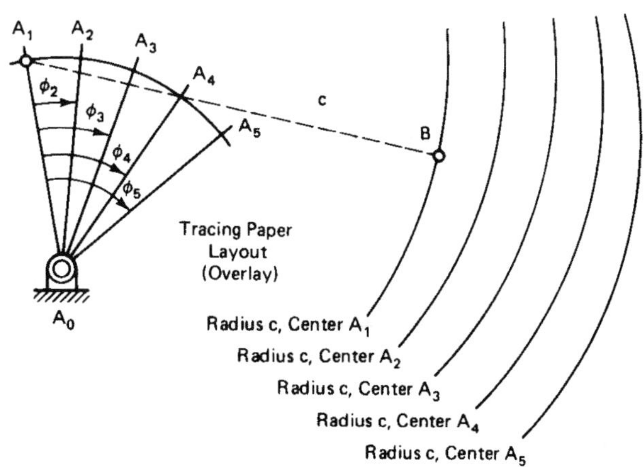

그림 8.52 중첩법. 5-위치 설계. 입력크랭크와 커넥팅 로드 부분만을 보여주고 있다.

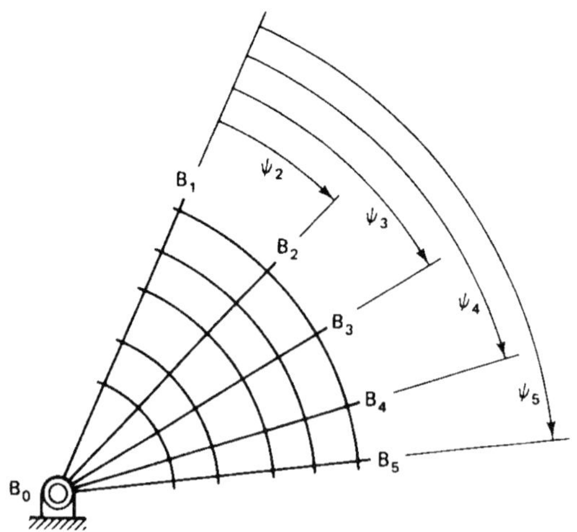

그림 8.53 4-위치 설계.

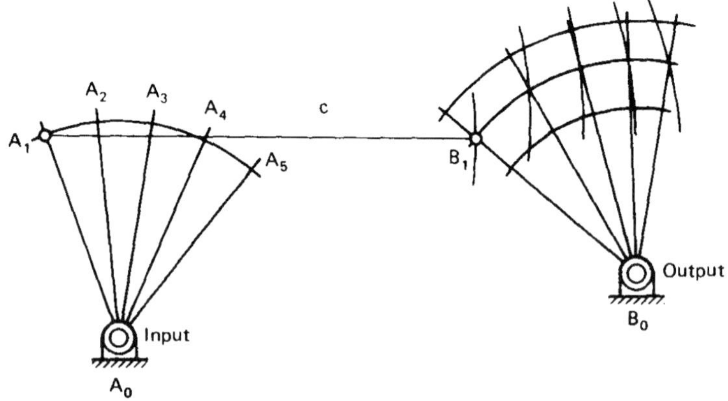

그림 8.54 중첩법에 의한 5-위치 설계. 중첩법을 적용하여 구한 기구.

같이 출력링크의 해당되는 위치에 놓일 때까지 첫 번째 그림을 움직인다. 이것으로 고정링크와 출력링크의 길이를 정할 수 있다.

그림 8.52와 그림 8.53을 일치시키기 위해서는 커플러링크의 길이를 달리해 보는 것도 필요하다. 실제로 이와 같은 방법의 정확도는 1° 이내이다.

여기서 비례계수($\Delta\phi, \Delta\psi$)들과 커플러의 길이는 자유롭게 택할 수 있음에 주의하라. 그러나 해를 보장할 수는 없을 뿐더러 완벽한 형태의 해가 아니다. 이 방법은 시행착오법이라 할 수 있다.

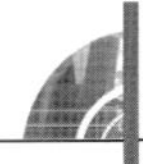

8.12 해석적인 설계기법

8.37에서 8.39까지의 그림들은 2개와 3개의 규정된 무오차점에 대한 4절 운동 생성기의 도해적 구성이 매우 간단한 일임을 보여주고 있다. 특정 응용에 사용할 '최적'의 4절 운동 생성기를 얻고자 한다고 가정하자. 이 경우는 아마도 고정피봇과 움직이는 피봇의 위치, 전달각, 링크 길이의 비 그리고 기계적 유용성에 대하여 제한을 받는 경우가 될 것이다. 그림 8.39의 구성은 간단하지만 적당한 해를 구할 때까지 반복해야 하므로 매우 시간이 걸린다. 이 경우 어떤 대안이 가능한가? 그림 8.39의 원주점 A_1의 위치를 선택함으로써 임의의 2가지 자유선택(즉, A_1의 x, y 좌표계)을 할 수 있다.－중심점 A_0는 도해적 구성으로부터 얻는다. 그러므로 A_1에 대한 두 가지의 자유선택을 할 수 있도록 A_0가 반드시 있어야 할 곳을 결정한다. 4절 링크장치 한 변의 3개의 무오차점 운동생성의 합성에 대한 이 두 가지 자유선택은 여러 종류의 설계목적을 고려하여 그에 따라 선정한다.

설계변수들과 자유선택을 이해하기 위한 방편으로 링크장치의 해석적인 모델을 만들어야 한다. 링크장치 모델링에 대한 여러 수학적인 기법들이 평면합성에 대한 경우에 사용되고 있다. 이 방법들로는 대수적인 기법, 행렬법 그리고 복소수 기법 등이 있다. 평면링크장치의 경우 복소수 기법이 가장 간단하고 용도가 많은 방법이다. 따라서 여기서는 이 방법을 중점적으로 살펴볼 것이다.

8.13 해석적 설계

산업적인 용도의 4절 기구를 가지고 기구학적 합성의 해석적인 방법을 소개하도록 한다. 3M사는 저장실로부터 자동으로 디스켓을 공급받아 이것들을 조립 컨베어 벨트로 이송하는 링크장치를 필요로 했다. 그림 8.55는 저장실에 쌓인 디스켓을 보여준다. 각각의 디스켓은 3개의 설계위치를 통과해야 한다. x, y 좌표계에서 디스켓의 첫 번째 위치와 세 번째 위치 그리고 이 위치에서의 디스켓 각도의 방향은 알려져 있다. 그러므로 수행되는 작업은 운동생성이며 이러한 해결 링크장치는 상업적으로 들어올려서 어떤 위치에 놓는 기구(pick and place mechanism)－저장고에서 물건을 들어올려서 규정된 위치에 놓으므로－라 불리운다. 첫 번째와 마지막 위치가 가장 중요하지만 중간 위치는 올바른 방향으로 디스켓을 인도하는 데 도움을 준다.

이 작업에 기구장치가 요구된다. 왜냐하면 운영자는 수동으로는 디스켓을 빠른 속도로 공급할 수 없기 때문이다. 종종 로봇이 집어 올려서 어떤 위치에 놓는 일에 사용되지만, 여기서는 간단한 4절 기구로도 충분하다. 부가적인 목표는 가능한 한 저장실에 디스켓을

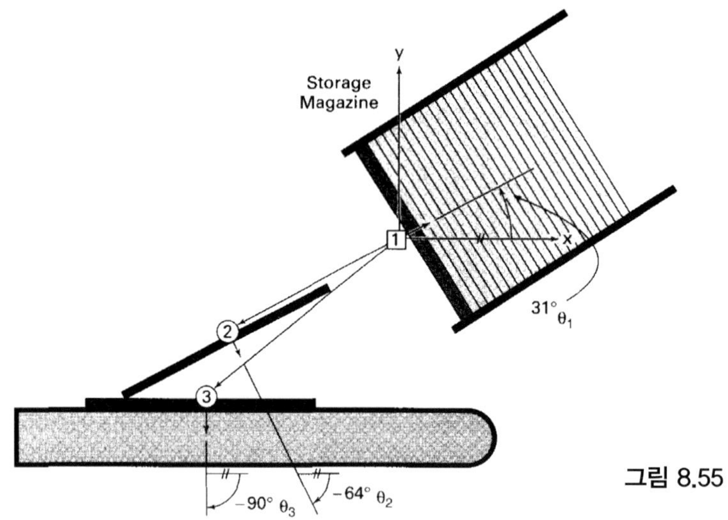

그림 8.55

공급하는 것이다. 더 나아가서 4절 링크장치는 다음의 기준을 만족시켜야 한다. (1) 4절 기구는 비교적 간단해야 한다. (2) 고정피봇은 적당한 위치에 있어야 한다. (3) 회전링크는 4절 기구가 임무를 수행하는 동안 컨베어 벨트와 저장실을 간섭해서는 안 된다. 그림 8.56에 하나의 가능한 장치가 처음 3개의 설계위치에 대해 나타나 있다. 디스켓은 커플러링크나 커플러링크에 용접된 부착물에 의해 운송될 수 있다. 이 기구의 벡터 표기법은 그림 8.57과 그림 8.58에 나타나 있으며 앞으로도 쓰이게 될 것이다.

다이애드를 포함한 링크장치의 모델링

일반적으로 평면링크장치는 링크로 표현되는 벡터를 사용하여 형상화할 수 있다. 합성 문제에 따라서, 이 벡터들을 다른 방법으로 조합할 수도 있다. 기구합성의 문제는 거의 대부분 다이애드라 불리는 벡터조합으로 풀 수 있다. 예를 들면 그림 8.59a의 4절 링크장치는 두 개의 다이애드로 인식될 수 있다. 링크장치의 왼쪽은 벡터조합 W_A와 Z_A, 그리고 오른쪽은 W_B와 Z_B로 표기될 수 있다. 벡터 Z_A와 Z_B는 커플러링크에 강체적으로 부착되었다고 가정한다는 점에 유의하라. 이들 다이애드는 4절 기구의 형상을 완전히 정의한다. 커플러링크 위의 벡터를 나타내는 **AB**와 고정링크의 벡터 A_0B_0는 다이애드 벡터를 알면 벡터 첨가로 쉽게 구할 수 있다. 또한 그림 8.59a는 4절 기구가 위치 1에서 위치 j까지 움직일 때(P_1과 P_j는 무오차점 P_1과 P_j를 나타낸다) 임의의 위치 점 P를 보여준다. P_1과 P_j의 절대좌표는 임의의 직교좌표계의 벡터 $\mathbf{R}_1$와 $\mathbf{R}_j$로 나타낸다. 벡터 $\boldsymbol{\delta}_j$는 P_1에서 P_j까지의 벡터 ($\boldsymbol{\delta}_j = \mathbf{R}_j - \mathbf{R}_1$)를 나타낸다. 각도 α_j는 Z_A의 첫 번째 위치에서 j번째 위치까지의 회전을 나타낸다. 각도 β_j는 W_A의 첫 번째 위치에서 j번째 위치까지의 회전을 나타낸다.

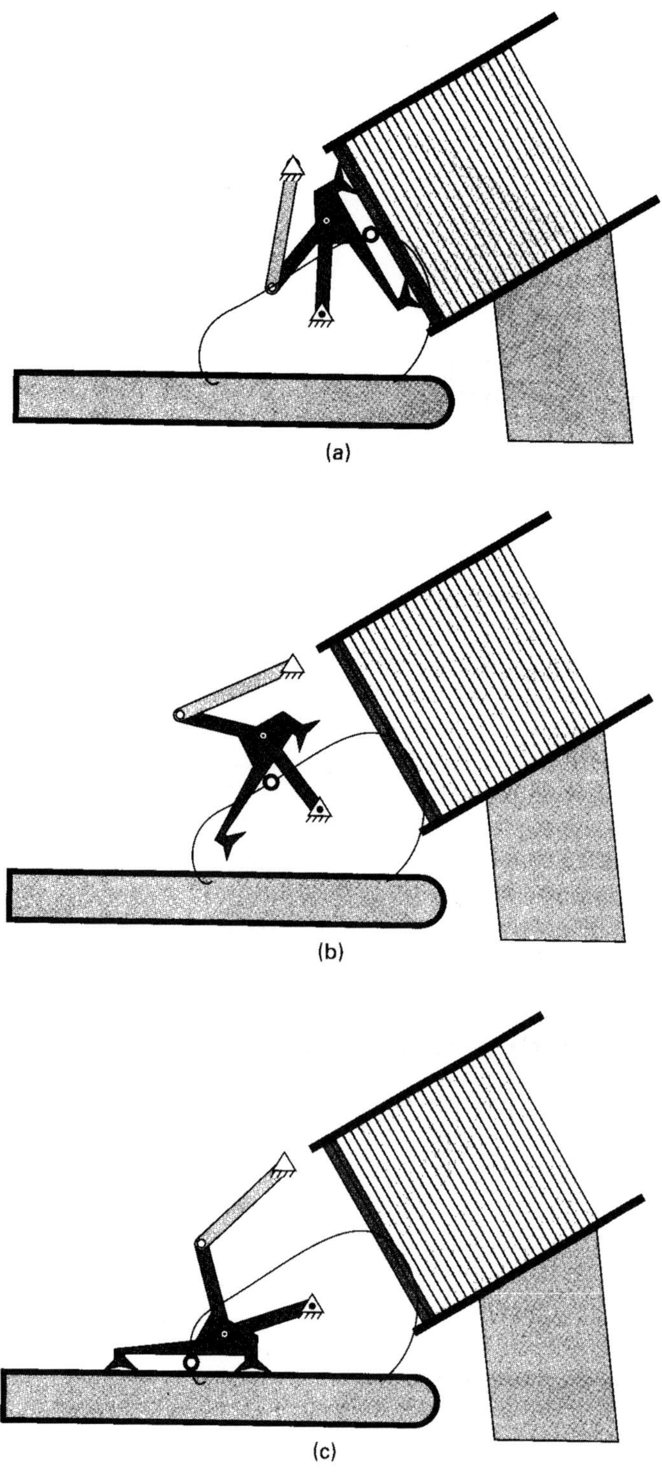

그림 8.56

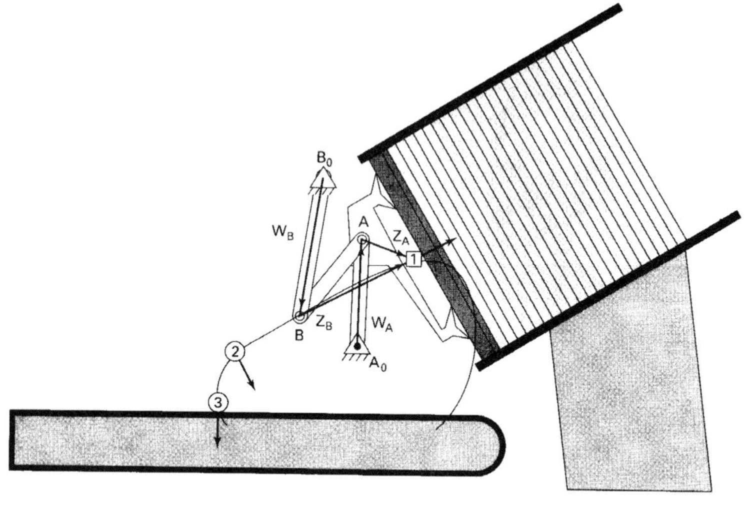

그림 8.57

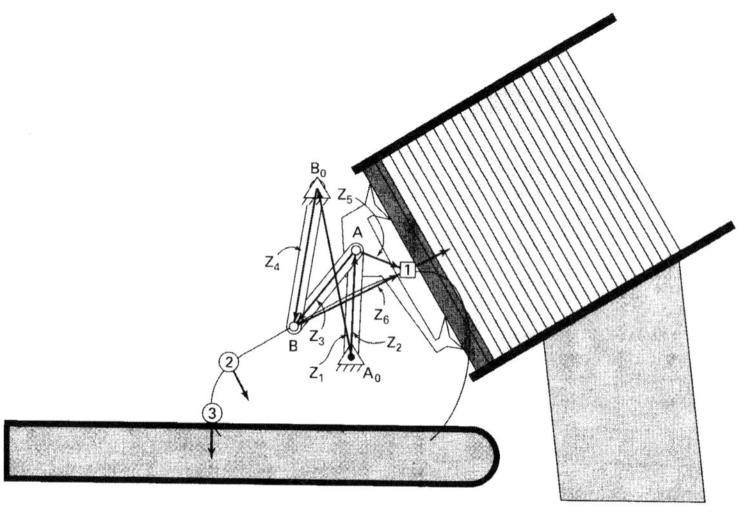

그림 8.58

왜 우리는 4절 기구를 두 다이애드로 형상화하는가? 첫째, 다른 기구에서도 계속 쓰일 수 있는 방정식을 찾아내기 위함이다.—링크장치의 형상이 바뀔 때마다 문제를 공식화할 필요를 피하기 위해서다. 둘째, 다이애드는 여러 가지 다양한 링크 장치의 일반적인 구조이다. 4절 기구는 2개의 다이애드로 형상화될 수 있고, 6절 기구는 3개의 다이애드 그리고 8절 기구는 4개의 다이애드로 형상화될 수 있다.

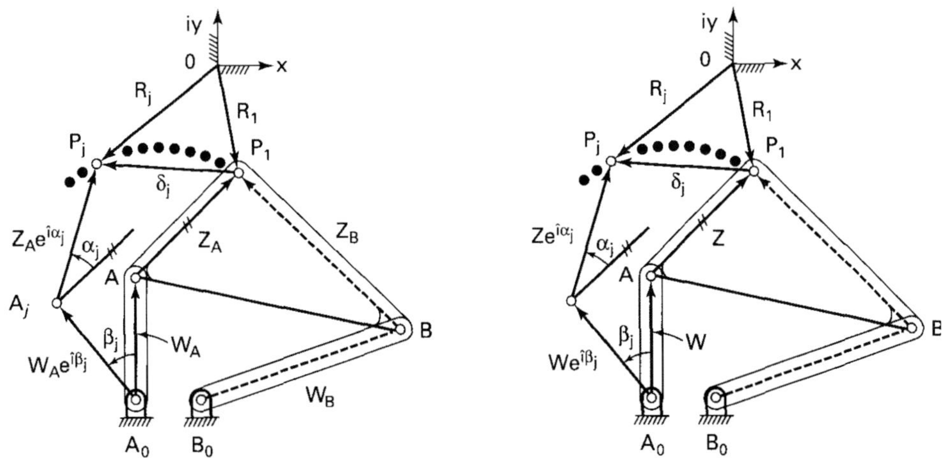

그림 8.59 (a) 4절 링크장치를 구성하는 다이애드 A($\mathbf{W}_A$와 $\mathbf{Z}_A$)와 다이애드 B($\mathbf{W}_B$와 $\mathbf{Z}_B$)에 관한 표기법, (b) 첫 번째 위치와 j번째 위치를 보여주는 4절 링크장치의 일반적인 다이애드 ($\mathbf{W}$와 $\mathbf{Z}$)(j=2, 3, 4, ⋯).

다이애드, 벡터 및 복소수

그림 8.59b와 8.60에는 다이애드의 일반적인 표기법이 나타나 있다. 벡터 $\mathbf{W}$는 고정피봇으로부터 이동피봇까지이고, 벡터 $\mathbf{Z}$는 이동피봇에서부터 경로 추적점까지이다. 그림 8.59a에서 보듯이 일반적인 다이애드 $\mathbf{W}$, $\mathbf{Z}$는 4절 기구의 한쪽 편을 나타낸다는 것에 유의하라. 이 다이애드의 세 번째, 네 번째 위치는 그림 8.60에 나타나 있다.

예를 들어 그림 8.60에서 벡터 $\mathbf{W}$는 두 성분 W_x, W_y를 가지고 있는 입력링크를 나타낸다. 그림 8.61의 각도 θ_w, θ_w^*, θ_w^{**}은 입력링크의 첫 번째 위치(W), 두 번째 위치(W^*), 그리고 세 번째 위치(W^{**})의 절대 회전을 나타낸다. 첫 번째 위치에서 두 번째 위치, 그리고 세 번째 위치까지는 β_2, β_3로 표기한다. 모든 벡터의 회전은 반시계방향을 양(+)으로 측정한다. 벡터들의 길이는 각각 W, W^*, W^{**}로 표기한다.

입력링크 W가 회전하더라도, 길이는 변하지 않는다(즉, $W = W^* = W^{**}$)는 것에 유의하자. 4절 링크장치가 어떤 위치에서 다음으로 이동하더라도 고정피봇간의 벡터 $\mathbf{A}_0\mathbf{B}_0$는 크기나 방향이 변하지 않는다. 이에 반해 무오차점 j에 의해서 벡터 $\mathbf{R}_j$는 크기와 방향이 모두 바뀐다.

입력링크 $\mathbf{W}$의 첫 번째 위치는 직교좌표 형식의 복소수로서 다음과 같이 표시된다.

$$\mathbf{W} = W_x + \mathbf{i}W_y$$

여기서

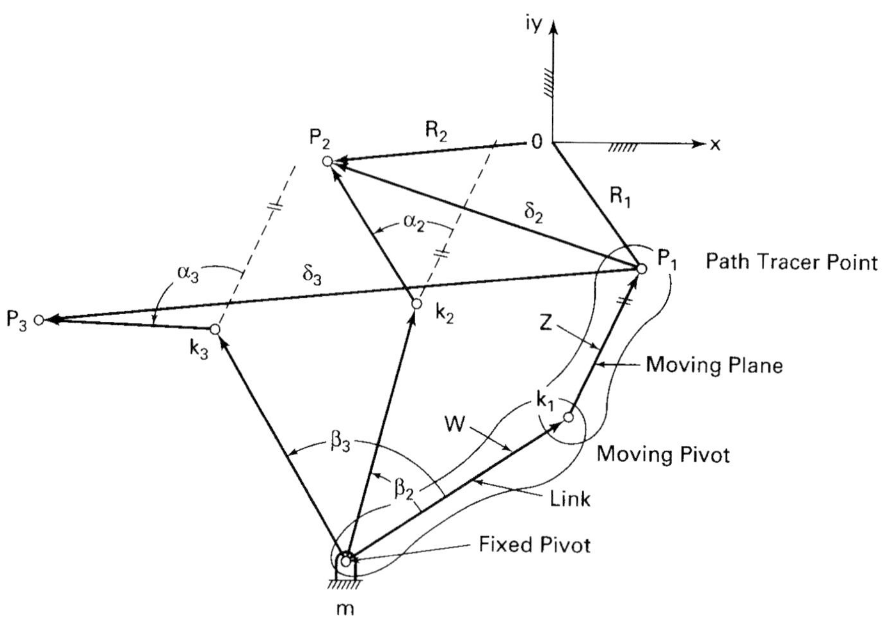

그림 8.60 3 위치에서의 다이애드 **W**와 **Z**의 개략도. 무오차점 P_1, P_2, P_3는 $\mathbf{R}_1$, $\mathbf{R}_2$, $\mathbf{R}_3$에 의하여 위치하게 된다. 반면에 모든 회전각들은 첫 번째 다이애드 위치로부터 표기된다.

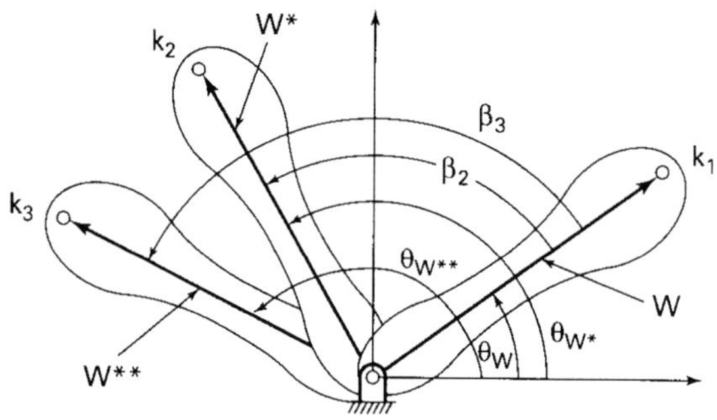

그림 8.61 3 위치에서의 벡터 **W**.

$$\mathbf{i} \equiv \sqrt{-1} \tag{8.9}$$

W는 크기와 방향의 극좌표 형식으로도 표현될 수 있다.

$$\mathbf{W} = We^{\mathbf{i}\theta_W} \tag{8.10a}$$

여기서 W는 벡터의 길이에 해당한다. 즉

$$W = \sqrt{W_x^2 + W_y^2} \tag{8.10b}$$

각 θ_w는 첫 번째 위치에서 벡터의 방향에 해당한다.

$$\theta_W = \tan^{-1}(W_y/W_x) \tag{8.10c}$$

식 (8.10a)에 오일러 등식을 사용하면

$$e^{\mathbf{i}\theta} \equiv (\cos\theta + \mathbf{i}\sin\theta) \tag{8.11}$$

첫 번째 위치에 대해서는

$$\mathbf{W} = W(\cos\theta_W + \mathbf{i}\sin\theta_W) \tag{8.12}$$

그림 8.61에 보이는 두 번째 위치의 벡터에 대해서는

$$\mathbf{W^*} = We^{\mathbf{i}\theta_{W^*}} \tag{8.13a}$$

또는

$$\mathbf{W^*} = W(\cos\theta_{W^*} + \mathbf{i}\sin\theta_{W^*}) \tag{8.13b}$$

$\theta_w^* = \theta_w + \beta_2$임에 유의하라. 그러므로 식 (8.13a)는 다음과 같이 쓸 수 있다.

$$\mathbf{W^*} = We^{\mathbf{i}(\theta_W + \beta_2)} = We^{\mathbf{i}\theta_W}e^{\mathbf{i}\beta_2} \tag{8.13c}$$

식 (8.10a)와 식 (8.13c)를 조합하면, 두 번째 위치의 벡터는 첫 번째 위치의 항으로 나타낼 수 있다.

$$\boxed{\mathbf{W^*} = \mathbf{W}e^{\mathbf{i}\beta_2}} \tag{8.13d}$$

세 번째 위치의 벡터는 아래와 같이

$$\mathbf{W^{**}} = We^{\mathbf{i}\theta_{W^{**}}} \tag{8.14a}$$

또는

$$\mathbf{W^{**}} = W(\cos\theta_{W^{**}} + \mathbf{i}\sin\theta_{W^{**}}) \tag{8.14b}$$

$\theta_w^{**} = \theta_w + \beta_3$의 관계를 이용하면, **W****는 다음과 같이 첫 번째 위치의 항으로 나타낼 수 있다.

$$\mathbf{W^{**}} = We^{\mathbf{i}(\theta_W + \beta_3)} = We^{\mathbf{i}\theta_W}e^{\mathbf{i}\beta_3} = \mathbf{W}e^{\mathbf{i}\beta_3} \tag{8.14c}$$

오일러 등식[식 (8.11)]을 사용하면, $e^{\mathbf{i}\beta_2}$와 $e^{\mathbf{i}\beta_3}$의 크기가 단위 길이가 됨을 알 수 있다.

$$|e^{\mathbf{i}\beta_2}| = |(\cos\beta_2 + \mathbf{i}\sin\beta_2)| = [(\cos\beta_2)^2 + (\sin\beta_2)^2]^{1/2} = 1$$
$$|e^{\mathbf{i}\beta_3}| = |(\cos\beta_3 + \mathbf{i}\sin\beta_3)| = [(\cos\beta_3)^2 + (\sin\beta_3)^2]^{1/2} = 1$$

그림 8.61과 식 (8.13d)에서 보듯이 벡터 **W**와 벡터 $e^{\mathbf{i}\beta 2}$를 곱하면 벡터 **W**가 β_2만큼 회전하여 **W***가 된다. 비슷한 방법으로 벡터 **W**와 벡터 $e^{\mathbf{i}\beta 3}$를 곱하면 β_3만큼 회전하여 **W****가 된다. 그러므로 벡터 $e^{\mathbf{i}\beta 2}$와 $e^{\mathbf{i}\beta 3}$ 또는 보다 일반적으로 $e^{\mathbf{i}\beta j}$는 순수 **회전 연산자**로 불린다(다른 벡터를 곱할 때)*. 이는 기구학적 합성에 있어서 간단하지만 중요한 사실이다. 회전 연산자는 두 번째, 세 번째 또는 j번째의 링크를 초기 위치의 항으로 나타낼 수 있게 하며, 따라서 설계식을 간단하게 한다.

8.14 표준 다이애드 형식

그림 8.59b에 나타난 바와 같이 4절 기구 왼쪽 다이애드의 첫 번째와 j번째 위치를 생각해 보자. 벡터 **W**와 **Z**를 무오차점 P_1과 P_j, 회전각 α_j와 β_j에 연관시켜 방정식을 구한다. 알려지지 않은 벡터 **W**와 **Z**를 구하기 위해 $\mathbf{W}e^{\mathbf{i}\beta j}$, $\mathbf{Z}e^{\mathbf{i}\alpha j}$, $\mathbf{R}_j$, $\mathbf{R}_1$, **Z**, **W**를 포함하는 루프를 시계방향으로 벡터들을 더함으로써 폐루프 방정식을 구할 수 있다.

$$\mathbf{W}e^{\mathbf{i}\beta_j} + \mathbf{Z}e^{\mathbf{i}\alpha_j} - \mathbf{R}_j + \mathbf{R}_1 - \mathbf{Z} - \mathbf{W} = 0 \tag{8.15}$$

또는

$$\boxed{\mathbf{W}(e^{\mathbf{i}\beta_j} - 1) + \mathbf{Z}(e^{\mathbf{i}\alpha_j} - 1) = \boldsymbol{\delta}_j} \tag{8.16}$$

여기서 P_1으로부터 P_j까지의 규정된 궤적을 따르는 벡터의 변위는 다음과 같다.

$$\boldsymbol{\delta}_j \equiv \mathbf{R}_j - \mathbf{R}_1 \tag{8.17}$$

식 (8.16)은 4절 링크장치의 왼쪽 부분을 형성하는 다이애드의 첫 번째와 j번째 위치들을 포함하는 루프를 따라서 단지 벡터의 합을 구하는 것이다. 비슷한 방정식을 4절 링크장치의 오른쪽 부분에서도 구할 수 있다(그림 8.59a 참조). 위에서 본 바와 같이 만약 $\boldsymbol{\delta}_j$와 $\boldsymbol{\alpha}_j$ 또는 β_j가 규정되거나 알려진다면 식 (8.16)은 **표준형**이라 불린다. 이와 같은 요구조건은 기구학적 합성의 일반적 작업에 대한 정의와 일치한다: 즉 운동생성, 규정된 타이밍을 갖는 경로생성 그리고 함수생성. 만약 α_j와 β_j 모두가 알려져 있거나 둘 다 알려져 있지 않다면 식 (8.16)은 표준 다이애드 형태가 아니라는 점에 유의하라.

* 식 (3.74) 및 3장 부록의 맨 마지막 절을 참조하라.

운동생성을 위한 매개변수 입력

이제 다이애드 설계 방정식이 유도되었다. 그림 8.55의 운동생성 설계작업으로 되돌아 가보자. 디스켓을 저장소에서부터 컨베어 벨트까지 인도하는 2개의 독립적인 다이애드로 구성된 4절 링크장치의 합성을 위해 이전에 규정된 수학적 변수를 사용하려 했던 것을 상기하자. 규정된 변수는 문제의 정의에 의해 결정되는 것들이다. 그림 8.55에서 이 작업에 대한 매개변수를 규정하고 있다. 이 경우, 매개 변수는 규정된 세 위치에서 디스켓상의 어느 점의 x, y좌표와 이 세 위치에서의 디스켓(커플러링크)의 회전각이다. 간단히 하기 위해서 전체적인 좌표계는 경로 추적점의 첫 번째 위치로 하였음을 유의하라. 따라서 규정된 정보는 다음과 같이 주어진다.

$$\begin{aligned} \mathbf{R}_1 &= 0 + 0\mathbf{i} & \theta_1 &= 31.0° \\ \mathbf{R}_2 &= -1.21 - 0.65\mathbf{i} & \theta_2 &= 296.0° \\ \mathbf{R}_3 &= -1.37 - 1.09\mathbf{i} & \theta_3 &= 270.0° \end{aligned}$$

또는 $\delta_j = \mathbf{R}_j - \mathbf{R}_1$의 정의를 사용하여 간단히 하면

$$\begin{aligned} \boldsymbol{\delta}_2 &= -1.21 - 0.65\mathbf{i} & \boldsymbol{\delta}_3 &= -1.37 - 1.09\mathbf{i} \\ \alpha_2 &= \theta_2 - \theta_1 = -95.0° & \alpha_3 &= \theta_3 - \theta_1 = -121.0° \end{aligned}$$

이들 입력은 두 다이애드, 즉 4절 링크장치 전부를 합성할 수 있게 한다.

세 위치에 대한 방정식 시스템은 다음과 같다.

$$\begin{aligned} \mathbf{W}(e^{i\beta_2} - 1) + \mathbf{Z}(e^{i\alpha_2} - 1) &= \boldsymbol{\delta}_2 \\ \mathbf{W}(e^{i\beta_3} - 1) + \mathbf{Z}(e^{i\alpha_3} - 1) &= \boldsymbol{\delta}_3 \end{aligned} \tag{8.18}$$

문제의 정의에서 변수 $\boldsymbol{\delta}_2$, $\boldsymbol{\delta}_3$, α_2, α_3가 규정되었으므로, 식 (8.18)은 이미 표준 다이애드 형태이다. 잠시 후 알게 되겠지만 식 (8.18)에서 β_2와 β_3는 임의로 선택될 수 있다. 따라서 계수를 알고 복소수의 미지수 **W**와 **Z**(첫 번째 위치에서 다이애드를 나타내는 벡터들)를 갖는 선형 방정식이 된다. 이 시스템은 Cramer의 법칙으로 풀 수 있다.

$$\mathbf{W} = \frac{\begin{vmatrix} \boldsymbol{\delta}_2 & e^{i\alpha_2} - 1 \\ \boldsymbol{\delta}_3 & e^{i\alpha_3} - 1 \end{vmatrix}}{\begin{vmatrix} e^{i\beta_2} - 1 & e^{i\alpha_2} - 1 \\ e^{i\beta_3} - 1 & e^{i\alpha_3} - 1 \end{vmatrix}} \tag{8.19}$$

$$\mathbf{Z} = \frac{\begin{vmatrix} e^{i\beta_2} - 1 & \boldsymbol{\delta}_2 \\ e^{i\beta_3} - 1 & \boldsymbol{\delta}_3 \end{vmatrix}}{\begin{vmatrix} e^{i\beta_2} - 1 & e^{i\alpha_2} - 1 \\ e^{i\beta_3} - 1 & e^{i\alpha_3} - 1 \end{vmatrix}} \tag{8.20}$$

식 (8.19)와 식 (8.20)에 $\boldsymbol{\delta}_2, \boldsymbol{\delta}_3, \alpha_2, \alpha_3$의 값과 β_2와 β_3에 대한 자유선택값을 대입하면 다이애드 A의 벡터 $\mathbf{W}_A$와 $\mathbf{Z}_A$를 구할 수 있다. 비슷한 방법으로 식 (8.19)와 식 (8.20)에 동일한 $\boldsymbol{\delta}_2, \boldsymbol{\delta}_3, \alpha_2, \alpha_3$의 값과 β_2와 β_3의 다른 자유선택값을 대입하면 다이애드 B의 벡터 $\mathbf{W}_B$와 $\mathbf{Z}_B$를 구할 수 있다. 복소수가 익숙하지 않거나 서투른 독자들은 3장 부록 복소수 부분을 읽어보기 바란다. β_2와 β_3에 다음의 값들을 선택하고, 몇 번의 시행착오를 거치면 앞에서 기술된 설계조건을 만족하는 4절 링크 장치를 구성하는 두 개의 다이애드를 다음과 같이 구할 수 있다.

Dyad A: $\beta_2 = 68.0°$ Dyad B: $\beta_2 = -61.0°$

$\beta_3 = 114.0°$ $\beta_3 = -34.0°$

따라서 Cramer의 법칙을 이용하면 다이애드 A에서

$$\mathbf{W}_A = \frac{(0.8725 - 0.5278\mathbf{i})}{(-0.6972 - 1.2769\mathbf{i})} = \frac{1.0197e^{-i31.17°}}{1.4548e^{+i241.37°}}$$

$$\mathbf{W}_A = 0.7009e^{i87.46°} = (0.03 + 0.70\mathbf{i})$$

$$\mathbf{Z}_A = \frac{(-0.4285 - 0.3976\mathbf{i})}{(-0.6972 - 1.2769\mathbf{i})} = \frac{0.5845e^{i222.86°}}{1.4548e^{i241.37°}}$$

$$\mathbf{Z}_A = 0.4018e^{-i18.51°} = (0.38 - 0.13\mathbf{i})$$

이동피봇($\mathbf{A}$)의 위치는

$$\mathbf{A} = \mathbf{R}_1 - \mathbf{Z}_A = (0 + 0\mathbf{i}) - (0.38 - 0.13\mathbf{i})$$

$$\mathbf{A} = (-0.38 + 0.13\mathbf{i})$$

고정피봇($\mathbf{A}_0$)의 위치는 다음과 같다.

$$\mathbf{A}_0 = \mathbf{A} - \mathbf{W}_A = (-0.38 + 0.13\mathbf{i}) - (0.03 + 0.70\mathbf{i})$$

$$\mathbf{A}_0 = (-0.41 - 0.57\mathbf{i})$$

다이애드 B에서는

$$\mathbf{W}_B = \frac{(0.8725 - 0.5278\mathbf{i})}{(0.4020 + 0.9884\mathbf{i})} = \frac{1.0197e^{-i31.17°}}{1.0670e^{i67.87°}}$$

$$\mathbf{W}_B = 0.9557e^{-i99.04°} = (-0.15 - 0.94\mathbf{i})$$

$$\mathbf{Z}_B = \frac{(-0.0909 + 0.9720\mathbf{i})}{(0.4020 + 0.9884\mathbf{i})} = \frac{0.9762e^{i95.34°}}{1.0670e^{i67.87°}}$$

$$\mathbf{Z}_B = 0.9149e^{i27.47°} = (0.81 + 0.42\mathbf{i})$$

이동피봇($\mathbf{B}$)의 위치는

$$\mathbf{B} = \mathbf{R}_1 - \mathbf{Z}_B = (0 + 0\mathbf{i}) - (0.81 + 0.42\mathbf{i})$$

$$\mathbf{B} = (-0.81 - 0.42\mathbf{i})$$

고정피봇($\mathbf{B}_0$)의 위치는

$$\mathbf{B}_0 = \mathbf{B} - \mathbf{W}_B = (-0.81 - 0.42\mathbf{i}) - (-0.15 - 0.94\mathbf{i})$$

$$\mathbf{B}_0 = (-0.66 + 0.52\mathbf{i})$$

커플러링크(**AB**)의 기초를 나타내는 벡터는 다음과 같다.

$$\mathbf{AB} = \mathbf{B} - \mathbf{A} = (-0.43 - 0.55\mathbf{i})$$

고정피봇($\mathbf{A}_0$와 $\mathbf{B}_0$) 사이의 벡터는 다음과 같다.

$$\mathbf{A}_0\mathbf{B}_0 = \mathbf{B}_0 - \mathbf{A}_0 = (-0.25 + 1.09\mathbf{i})$$

그림 8.57은 첫 번째 위치의 두 다이애드에 의한 4절 링크장치의 해를 보여준다. 이 4절 링크장치는 그림 8.58에서처럼 벡터를 이용하여 일반적인 항으로 정의될 수 있다. 그림 8.62는 일반적인 4절 링크장치에 대한 벡터를 보여준다. 두 가지 표기법은 간단히 변환될 수 있으며 디스켓의 예제에 대한 이들의 값은 다음과 같다.

(General)	(Fig. 8.58)	
$\mathbf{Z}_1$ =	$\mathbf{A}_0\mathbf{B}_0$	$= (-0.25 + 1.07\mathbf{i})$
$\mathbf{Z}_2$ =	$\mathbf{W}_A$	$= (0.03 + 0.70\mathbf{i})$
$\mathbf{Z}_3$ =	$\mathbf{AB}$	$= (-0.43 - 0.55\mathbf{i})$
$\mathbf{Z}_4$ =	$\mathbf{W}_B$	$= (-0.15 - 0.94\mathbf{i})$
$\mathbf{Z}_5$ =	$\mathbf{Z}_A$	$= (0.38 - 0.13\mathbf{i})$
$\mathbf{Z}_6$ =	$\mathbf{Z}_B$	$= (0.81 + 0.42\mathbf{i})$

그림 8.63에 최종 설계의 3차원 그림이 나타나 있다. 각 위치 +31°→ – 90°사이에서 4절 기구의 입력링크(W_A)를 구동하기 위해 구동다이애드가 첨가된 사실에 유의하라. 기구는 마지막 위치를 보여주고 있다.

이 예제에서 디스켓의 위치와 방향은 세 위치에서 규정되었다는 점에 유의하라.

예를 들어, 기계의 작업공간에서 부가적인 장애물(즉, 저장실 홀더와 컨베어 벨트 이외의 물체들)을 피하기 위한 설계자의 선택은 무엇인가? 분명한 답은 디스켓의 부가적인 무오차점(그리고 방향)을 규제하는 것이다. 이것은 기구학적 설계에서 중요한 문제를 야기한다. 다이애드, 즉 4절 기구를 설계하기 위해 얼마나 많은 위치를 규정지을 수 있는가? 답은 표준형 방정식[식 (8.16)]을 통해 얻을 수 있다.

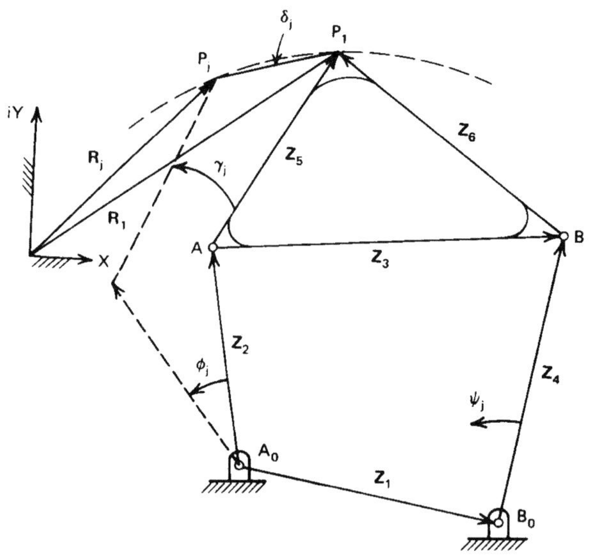

그림 8.62 4절 운동 및 경로 생성 기구.

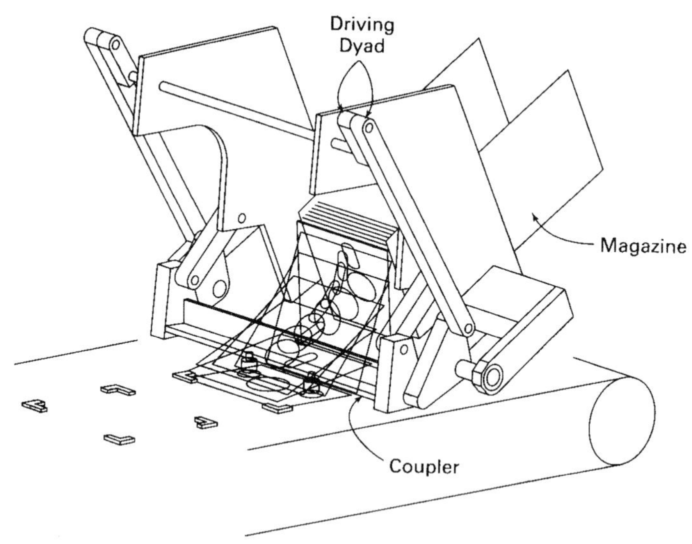

그림 8.63 최종 결정된 기구에서 진공컵이 부착된 커플러링크는 저장실 앞으로 돌출되어 있다. 커플러를 제외한 링크는 저장실 반대편에 하나 더 있다. 설계자는 커플러가 보의 형태로 고정되게 하여 저장실의 한쪽 면만으로 설계할 수 있다. 그러나 저장실이 너무 커서 이는 불가능하다. 기구의 링크들은 알루미늄 보와 판재로 만들어졌고, 연결부에는 니들베어링이 쓰였다.

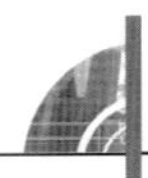

8.15 규정된 위치의 수 VS 자유선택의 수

유한한 수의 매개변수(각 벡터에 대해 두 개의 요소)로 시작 위치의 4절 링크장치를 완벽하게 표현할 수 있다(그림 8.59a). 그러므로 합성을 하기 위한 규정된 매개 변수의 수는 유한하다. 얼마나 많은 위치들이 실제적으로 규정될 수 있는지 알아 내기 위해 4절 운동생성기의 한 부분인 다이애드가 사용될 것이다. 그림 8.59a에서 경로 변위 벡터 δ_j와 커플러 회전 α_j는 운동생성 기능의 차원에서 규정될 것이다(여기서 $j = 2, 3, 4 \cdots$는 두 번째, 세 번째, 네 번째 … 위치를 나타낸다).

표 8.1은 4절 운동생성기의 합성에 있어서 최대 규정 가능한 위치의 수를 어떻게 결정하는지를 보여준다. 비록 표 8.1이 그림 8.59a의 링크장치의 왼쪽 부분으로 국한되어 있지만 이 링크장치의 오른쪽 부분도 같은 결과를 보일 것이다[식 (8.24) 참조]. 이 표는 두 위치의 경우에 있어서 벡터식[식 (8.16)]에는 두 개의 독립된 스칼라식이 있다는 것을 보여준다. 벡터의 x요소와 y요소의 합. 이것들은 스칼라식으로서 방정식의 실수부와 허수부라 불린다. 두 개의 스칼라식을 갖는 이 시스템은 5개의 스칼라 미지수를 포함하고 있다: 즉, 각각의 벡터 W와 $Z(W_x, W_y, Z_x, Z_y)$에 대한 두 요소와 입력회전 β_2. 만약 5개의 미지수 중 3개가 임의로 지정된다면 이 방정식들을 나머지 두 개의 미지수에 대하여 풀 수 있다. 일반적으로 이 3개의 자유선택에 대해서는 무한대의 선택이 가능하기 때문에 두 위치합성의 문제에 대한 가능한 해의 수는 $O(\infty^3)$로 표기되며 무한대의 3승의 차수를 갖는다.

3개의 무오차점 P_1, P_2, P_3와 두 회전각 α_2와 α_3가 규정되는 경우에는 (움직이는 평면상의) 2개의 실수 방정식이 더 있게 되나 스칼라 미지수는 오직 1개(β_3)가 더 있게 된다. 따라서 2가지의 자유선택을 할 수 있으며 $O(\infty^2)$개의 해가 가능하다. 표 8.1에서와 같이 각 규정된 위치를 더함에 따라 2개의 스칼라식과 1개의 스칼라 미지수가 늘어나게 된다. 따라서 4위치의 경우, 하나의 자유선택과 하나의 무한대 해가 존재한다. 5위치가 규정된 경우에는 가능한 자유선택은 없으며, 기껏해야 유한한 수의 해가 존재할 것이다(제2권 3장 참조). 그러므로 그림 8.59b 운동생성 다이애드의 경우 표준형의 해에 대한 무오차점의 개수는 최대 5개가 될 것이다.

표 8.1 ● 식에서 δ_j와 α_j가 규정된 경우 다이애드 **W**, **Z**에 대한 해의 최대 수.

$$\mathbf{W}(e^{i\beta_j} - 1) + \mathbf{Z}(e^{i\alpha_j} - 1) = \boldsymbol{\delta}_j \qquad (8.16)$$

Number of positions (n): $j = 2, 3, \ldots, n$	Number of scalar equations	Number of scalar unknowns	Number of free choices (scalars)	Number of solutions
2	2	5(**W**, **Z**, β_2)	3	$O(\infty^3)$
3	4	6(above + β_3)	2	$O(\infty^2)$
4	6	7(above + β_4)	1	$O(\infty^1)$
5	8	8(above + β_5)	0	Finite

표 8.1은 표준형으로 여겨지는 해의 수와 규정된 위치의 수 그리고 자유선택의 수를 서로 연관시키고 있다. 그러나 표 8.1은 표준형 방정식의 해를 완전한 형태로 구하는 데 있어서의 어려움을 직접적으로 나타내고 있지 않다. "2개, 3개, 4개, 5개의 규정된 위치들에 대하여 선형 방정식의 해법을 적용시킬 수 있는가?"라는 중요한 의문이 생기게 된다.

이 의문의 해답은 합성으로 얻는 각 방정식의 형태에 달려 있다: 미지 실수는 선형인가 비선형인가? 표 8.1의 각 행에 대하여 비선형 테스트가 식 (8.16)에 적용될 것이다.

두 위치의 경우. 식 (8.16)에 있어서 3가지 임의의 선택이 가능하다. 한 예로 만약 $\boldsymbol{\delta}_2$와 α_2가 규정된다면 **Z**와 β_2는 임의로 선택되어서 남은 1개의 미지수 **W**에 대한 간단한 선형 해를 얻게 된다.

$$\mathbf{W} = \frac{\delta_2 - \mathbf{Z}(e^{i\alpha_2} - 1)}{e^{i\beta_2} - 1} \tag{8.21}$$

이러한 다이애드에 의한 두 위치 운동생성의 경우는 8.5절에서 설명한 도해법과 흡사하다. 두 경우 모두 3개의 무한대의 해가 존재한다. 두 규정된 위치에 대하여 전달각과 같은 성능의 지표들을 최적화시킬 수 있는 설계방법이 개발될 수 있다(3장 참조).

세 위치의 경우. 디스켓 공급의 예를 다시 고려해 보면 하나의 다이애드의 세 위치에 대한 방정식은 다음과 같이 주어진다.

$$\begin{aligned} \mathbf{W}(e^{\mathbf{i}\beta_2} - 1) + \mathbf{Z}(e^{\mathbf{i}\alpha_2} - 1) &= \boldsymbol{\delta}_2 \\ \mathbf{W}(e^{\mathbf{i}\beta_3} - 1) + \mathbf{Z}(e^{\mathbf{i}\alpha_3} - 1) &= \boldsymbol{\delta}_3 \end{aligned} \tag{8.22}$$

표 8.1에 나타나 있듯이 $\boldsymbol{\delta}_2, \boldsymbol{\delta}_3, \alpha_2, \alpha_3$가 규정되어 있으므로 4개의 스칼라식과 6개의 스칼라 미지수 그리고 2개의 자유선택이 주어진다. 그러므로 도해적인 방법 (8.6절)에서처럼 두 개의 무한대의 해가 기대된다. 디스켓의 예제에서, 두 개의 스칼라량(β_2와 β_3)이 각각의 다이애드에서 자유선택되었다. 다른 값의 β_2와 β_3가 선택되었다면 다른 다이애드 **W**와 **Z**가 생겨난다.

예를 들어, β_2값의 선택과 고정된 β_3값에 따라 **W**와 **Z**의 해의 분포를 얻을 수 있다(8.18절 참조). 다이애드 방정식에서 두 개의 자유선택을 하는 다른 방법들이 있다(8.19절과 [43, 44, 58, 61, 64, 108, 124, 125] 참조). 식 (8.19)와 (8.20)은 탁상용 계산기와 스프레드시트를 이용하여 쉽게 프로그래밍할 수 있다.

네 위치의 경우. 움직이는 평면상에 네 개의 규정된 위치를 갖는 방정식은 다음과 같다.

$$\begin{aligned} \mathbf{W}(e^{\mathbf{i}\beta_2} - 1) + \mathbf{Z}(e^{\mathbf{i}\alpha_2} - 1) &= \boldsymbol{\delta}_2 \\ \mathbf{W}(e^{\mathbf{i}\beta_3} - 1) + \mathbf{Z}(e^{\mathbf{i}\alpha_3} - 1) &= \boldsymbol{\delta}_3 \\ \mathbf{W}(e^{\mathbf{i}\beta_4} - 1) + \mathbf{Z}(e^{\mathbf{i}\alpha_4} - 1) &= \boldsymbol{\delta}_4 \end{aligned} \tag{8.23}$$

표 8.1은 7개의 미지 실수(**W**, **Z**의 좌표와 각 $\beta_2, \beta_3, \beta_4$) 중에서 오직 1개의 자유선택을 허용한다. $j = 2, 3, 4$에 대하여 $\boldsymbol{\delta}_2$와 α_j가 규정되었음을 상기하라. 따라서 오직 1개의 회전이나, 링크 벡터의 한 좌표만을 임의로 선택할 수 있다. 시스템 (8.23)은 3개의 미지각 β_j를 포함하고 있는데, 만약 한 β_j를 선택했다 하여도 식 (8.23)에 대한 비선형 해법이 필요하다. 따라서 선형 해를 구할 수 있는 위치의 최대수는 3개의 무오차점을 갖는 경우가 된다. 4-위치 문제의 경우에는 제2권 3장에서 식 (8.23)에 대한 완전 해 형태의 비선형 해를 보여주는데, 여기서 1개의 무한대의 해가 존재한다. 응용패키지 LINCAGES와 KINSYN이 3개와 4개의 무오차점의 경우에 대하여 개발되어 있다[6, 50, 51, 57, 60, 62, 93, 114, 124, 125, 136, 171]. 본 서와 관련된 웹사이트에서 LINCAGES 예제의 출력을 참고하라.

다섯 위치의 경우. 식 (8.23)에 $j = 5$일 때의 식을 더함으로써 얻는 다섯 위치에 대한 방정식들도 역시 미지수 β_j에 대하여 비선형이며, 더 이상의 자유선택을 할 수 없다. 이 경우 역시 제 2권의 3장에서와 같이 완전 해의 형태로 풀린다.

8.16 운동, 경로, 함수생성을 위한 3점의 위치

이 장은 탁상용 계산기 또는 간단한 프로그램을 이용하여 선형 해를 얻을 수 있는 (도해적으로 쉽게 구할 수 있는 경우의) 기구학적 합성에 중점을 두어 설명한다. 앞 절에서 우리는 다이애드의 운동생성의 경우, 3개의 위치가 주어진 경우가 선형 해를 얻을 수 있는 한계임을 알았다. 표 8.1에서 변수 **W**, **Z**, β_2, β_3 중에 β_2, β_3 2개를 임의로 선택하는 것도 논리적으로 괜찮지만 다른 목적을 만족시키기 위해서는 다른 선택도 가능하다. 이 절과 다음 절에서는 표준형의 해의 절차만을 다루기로 하고 3개의 규정된 위치에 대한 다른 설계전략 (design strategy)은 그 다음 절에서 논의하기로 하자.

표 8.1에서 방정식과 미지수의 수적 균형은 운동합성에 기초를 두고 있음에 주의하자. 식 (8.16)은 $\boldsymbol{\delta}_j$와 α_j 또는 β_j가 규정된 **표준형**이라 한다. 만약 α_j 대신에 β_j가 규정된다 하여도 표 8.1의 수들은 같을 것이다. 이것은 8.2절에서 알아보았던 규정 타이밍이 있는 경로생성의 경우와 같다.

8.2절의 6절 링크장치와 함께 그림 8.62의 4절 기구를 살펴보자. 그리고 이 링크장치들의 합성을 운동, 경로 및 함수생성에 대한 표준형으로 표기하여 보자. 만약 이것이 가능하다면 이와 같은 목적을 위해 이 링크장치들을 합성하는 데는 오직 하나의 컴퓨터 프로그램만이 필요할 것이다(표준형의 일반성은 제2권 3장의 비선형 해에까지 확장시킬 수 있다).

표 8.2는 규정된 변수들을 요약한 것이다. 이것들은 규정된 타이밍을 갖는 운동 생성과

표 8.2 ● 3 위치에 대한 운동, 규정된 타이밍을 가진 경로 및 함수생성을 위한 1개의 다이애드의 규정된 변수와 자유선택에 대한 요약.

Dyad Task	Prescribed Variables		Free Choices	
Motion generation	α_2 $\boldsymbol{\delta}_2$	α_3 $\boldsymbol{\delta}_3$	β_2	β_3
Path generation with prescribed timing	β_2 $\boldsymbol{\delta}_2$	β_3 $\boldsymbol{\delta}_3$	α_2	α_3
Function generation (see Fig. 8.65)	ϕ_2 ψ_2	ϕ_3 ψ_3	γ_2 $\mathbf{Z}_4$	γ_3

경로생성의 표준형 방정식[식 (8.16)]에서 자유선택되었다. 함수생성에서 사용되는 표기법은 그림 8.65에 나타나 있으며 다음 절에서 살펴볼 것이다.

3개의 무오차점에 대한 4절 운동생성기의 합성

그림 8.62의 4절 링크장치를 운동생성에 대해 합성하여 보자. 8.14절에서 제시된 바와 같이 이 4절 링크장치에는 왼쪽 그리고 오른쪽 부분 다이애드라 불리는 2개의 독립된 다이애드가 있다. 각 다이애드는 고정피봇(중심점)을 커플러의 조인트 A 또는 B(원주점)를 통하여 커플러상의 경로점에 연결시켜 준다. 링크장치 왼쪽 부분의 변위를 표현하는 방정식은 이미 구했으나 그림 8.26의 표기법에 의한 표준형은 다음과 같다.

$$\mathbf{Z}_2(e^{i\phi_j}-1)+\mathbf{Z}_5(e^{i\gamma_j}-1)=\boldsymbol{\delta}_j,\qquad j=2,3 \tag{8.24}$$

여기서 $\boldsymbol{\delta}_j$와 γ_j는 규정되어 있다.

링크장치의 오른쪽 부분에 대한 변위 방정식은 다음과 같다.

$$\mathbf{Z}_4(e^{i\psi_j}-1)+\mathbf{Z}_6(e^{i\gamma_j}-1)=\boldsymbol{\delta}_j,\qquad j=2,3 \tag{8.25}$$

여기서 $\boldsymbol{\delta}_j$와 γ_j는 규정되어 었다.

만약 ϕ_j와 ψ_j를 임의로 정한다면 식 (8.24)와 (8.25)는 $\mathbf{Z}_2$, $\mathbf{Z}_3$, $\mathbf{Z}_4$, $\mathbf{Z}_6$에 대하여 Cramer의 법칙을 사용하여 풀 수 있다[식 (8.19)와 (8.20)의 해의 형태 참조]. 다른 두 링크장치 벡터들은 간단히(8.16절에서 구함)

$$\mathbf{Z}_3=\mathbf{Z}_5-\mathbf{Z}_6 \tag{8.26}$$

그리고

$$\mathbf{Z}_1=\mathbf{Z}_2+\mathbf{Z}_3-\mathbf{Z}_4 \tag{8.27}$$

예제 8.3

이 예제는 3개의 무오차점을 갖는 표준형의 운동생성에 대한 도해법과 복소수 방법 사이의 연관관계를 보여주는 데 도움이 될 것이다. 도해법을 먼저 살펴보자. 그림 8.64a는 요구되는 세 위치에서의 강체를 보여준다. 이 강체의 3개의 무오차점과 각도는 알려져 있다. 제안된 원주점 위치들로서 점 A와 B를 선택하였다고 가정하자.* 위치 선택시 4가지 자유선택(즉, 두 점의 X, Y좌표)을 할 수 있다. 이와 같은 선택은 8.6절에서 설명한 방법(그림 8.39 참조), 즉 수직이등분선들의 교점으로 구한, 그림 8.64b에 나타난 고정피봇 A_0와 B_0의 위치에 해당한다. 입력 및 출력 다이애드 $\mathbf{W}_A\mathbf{Z}_A$, $\mathbf{W}_B\mathbf{Z}_B$의 시작 위치들과 3개의 무오차점에서 입력과 출력링크들의 각도는 다음과 같다.

$$
\begin{aligned}
\mathbf{W}_A &= .72 - 1.06i & \mathbf{W}_B &= -.66 - 1.55i \\
\theta_1 &= 304.2°, & \sigma_1 &= 247.1° \\
\theta_2 &= 2.6°, & \sigma_2 &= 136.7° \\
\theta_3 &= 88.4°, & \sigma_3 &= 116.6° \\
\mathbf{Z}_A &= .656 - .265i & \mathbf{Z}_B &= .265 + .656i
\end{aligned}
$$

($\mathbf{Z}_A$와 $\mathbf{Z}_B$는 점 A와 B를 선택하여 구할 수 있다.)

이제 도해적으로 구한 해를 표준형의 방법에 맞추어 보기로 하자. 경로 추적점 P를 이용하여 입력 부분을 먼저 해결하면, 그림 8.64a로부터 다음 값들을 얻을 수 있다.

$$
\begin{aligned}
\boldsymbol{\delta}_2 &= \mathbf{R}_2 - \mathbf{R}_1 = (1.2 + .25i) - (2.0 - 1.1i) = -.8 + 1.35i \\
\boldsymbol{\delta}_3 &= \mathbf{R}_3 - \mathbf{R}_1 = (1.25 + 1.9i) - (2.0) - 1.1i) = -.75 + 3.0i \\
\alpha_2 &= 138° - 293° = -155° = 205° \\
\alpha_3 &= 348° - 293° = 55°
\end{aligned}
$$

운동생성의 해에서 입력링크의 회전각은 임의로 선택할 수 있다. 두 해들간의 연관관계를 살펴보기 위하여 도해법으로 구한 값과 동일한 값의 회전각을 선택하자.

$$
\begin{aligned}
\beta_2 &= \theta_2 - \theta_1 = 2.6° - 304.2° = -301.6° = 58.4° \\
\beta_3 &= \theta_3 - \theta_1 = 88.4° - 304.2° = -215.8° = 144.2°
\end{aligned}
$$

입력링크의 해는 식 (8.19)에서와 같다.

$$
\mathbf{W}_A = \frac{\Delta_2(e^{i\alpha_3} - 1) - \Delta_3(e^{i\alpha_2} - 1)}{(e^{i\beta_2} - 1)(e^{i\alpha_3} - 1) - (e^{i\beta_3} - 1)(e^{i\alpha_2} - 1)}
$$

---

* 움직이는 평면의 연속적인 위치 1, 2, 3, …이 A_0를 중심으로 그린 원호상의 궤적 A_1, A_2, A_3의 위치를 말한다.

$$\mathbf{W}_A = \frac{\Delta_2 e^{i\alpha_3} - \Delta_3 e^{i\alpha_2} + \Delta_3 - \Delta_2}{e^{i(\beta_2+\alpha_3)} - e^{i(\beta_3+\alpha_2)} - e^{i\beta_2} - e^{i\alpha_3} + e^{i\beta_3} + e^{i\alpha_2}}$$

오일러 등식($e^{i\theta} = \cos\theta + i\sin\theta$)을 이용하고 변수들의 값을 대입하면 다음을 얻을 수 있다.

$$\mathbf{W}_A = \frac{-3.462 + 4.171i}{-4.194 - .403i}$$
$$\mathbf{W}_A = .723 - 1.064i = 1.287 \measuredangle 304.21°$$

여기서 도해법으로 구한 해와 비교한다면 1% 이내의 차이를 보인다. 이 값은 도해법으로 구한 해의 정확도 이내에 있다. 식 (8.20)으로부터 벡터 $\mathbf{Z}_A$를 계산하면

$$\mathbf{Z}_A = \frac{\Delta_3(e^{i\beta_2} - 1) - \Delta_2(e^{i\beta_3} - 1)}{(e^{i\beta_2} - 1)(e^{i\alpha_3} - 1) - (e^{i\beta_3} - 1)(e^{i\alpha_2} - 1)}$$
$$\mathbf{Z}_A = \frac{\Delta_3 e^{i\beta_2} - \Delta_2 e^{i\beta_3} - \Delta_3 + \Delta_2}{e^{i(\beta_2+\alpha_3)} - e^{i(\beta_3+\alpha_2)} - e^{i\beta_2} - e^{i\alpha_3} + e^{i\beta_3} + e^{i\alpha_2}}$$
$$\mathbf{Z}_A = \frac{-2.856 + .847i}{-4.1941 - .4025i}$$
$$\mathbf{Z}_A = .656 - .265i = .707 \measuredangle 338°$$

이는 도해법에서 선택된 $\mathbf{Z}_A$값과 완전히 같다. 출력쪽 다이애드를 같은 $\boldsymbol{\delta}_2$, $\boldsymbol{\delta}_3$, α_2, α_3의 값을 이용하여 합성시킨다. 그러나 이 경우 출력링크의 회전각에 대해서는 두 가지 자유선택을 하여야 한다. 다시 한 번 도해적인 합성에서 구한 값들을 선택해 보기로 하자.

$$\beta_2 = \sigma_2 - \sigma_1 = 136.7° - 247.1° = -110.4° = 249.6°$$
$$\beta_3 = \sigma_3 - \sigma_1 = 116.6° - 247.1° = -130.5° = 229.5°$$

입력과 마찬가지로 출력에서도 같은 절차를 따르면 다음 값들을 구할 수 있다.

$$\mathbf{W}_B = \frac{-3.462 + 4.171i}{-1.481 - 2.852i}$$
$$\mathbf{W}_B = -.655 - 1.554i = 1.686 \measuredangle 247.15°$$

이 값들은 이 링크에 대해 도해법으로 구한 해와 일치한다. 마지막으로 출력커플러 부분은 다음과 같다.

$$\mathbf{Z}_B = \frac{-1.477 - 1.727i}{-1.481 - 2.852i}$$
$$\mathbf{Z}_B = .265 + .656i = .707 \measuredangle 68°$$

다시 한 번 이 값들이 도해법에 의한 해와 같음을 알 수 있다.

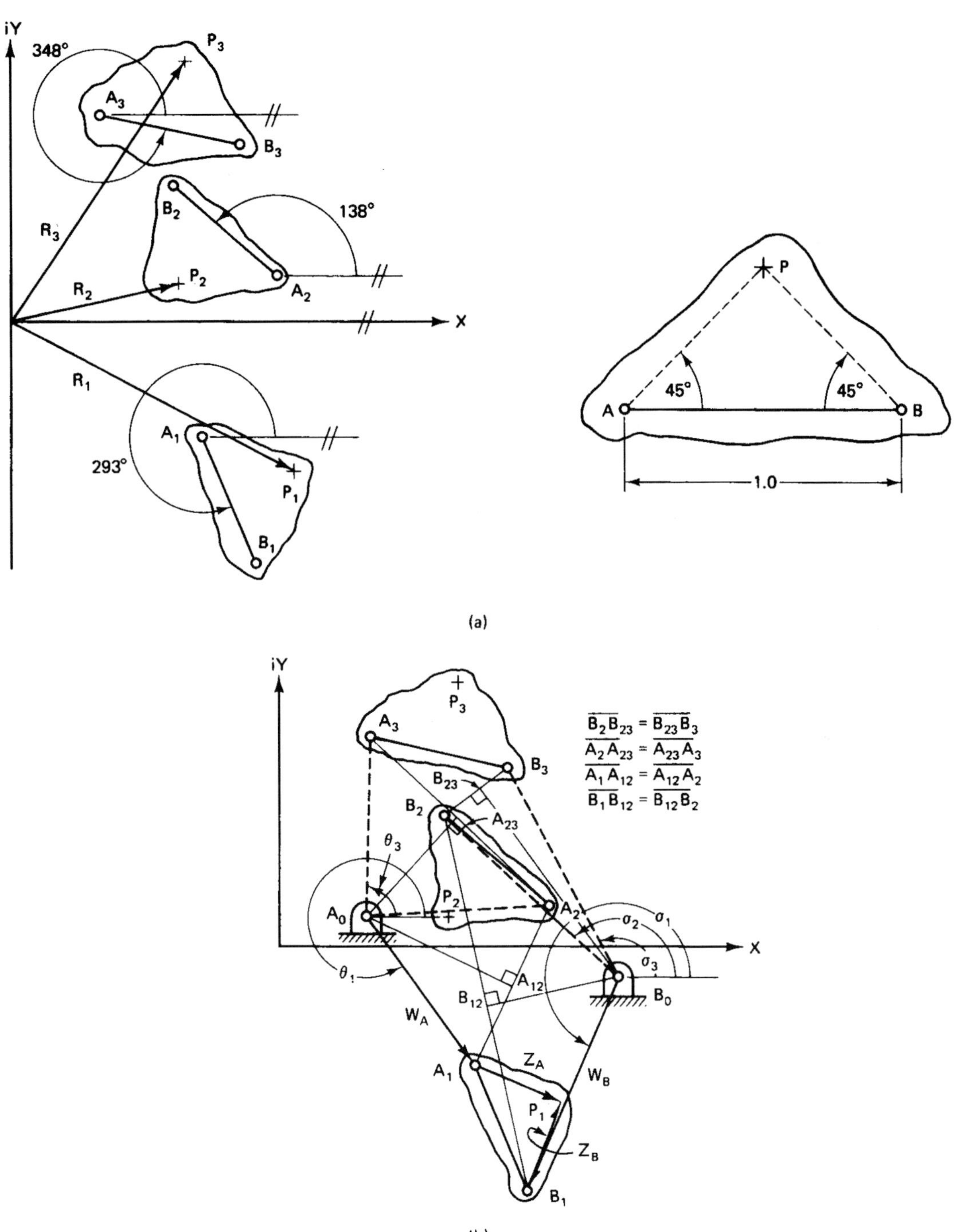

그림 8.64 4절 링크장치의 3위치 운동합성: (a) 커플러링크 AB는 규정된 세 평면 위치에서 강체 형태로 나타난다. (b) A_0와 B_0의 위치에 대한 도해적 구성.

규정 타이밍을 갖는 4절 경로생성기의 합성

그림 8.62의 4절 링크장치를 규정된 타이밍을 갖는 경로생성기로 합성시키고자 하는 경우를 생각해 보자. 운동생성에 대하여 구한 식 (8.24)에서 (8.27)까지의 식들을 적용할 것이나 규정된 각도는 달라질 것이다. 식 (8.24)에서 γ_j 대신에 ϕ_j가 규정될 것이며, $\gamma_j (j = 2, 3)$가 자유선택될 것이다(일반적인 경우는 표 8.2를 보라). 따라서 식 (8.24)는 여전히 표준형이다. 식 (8.25)에서와 같이 오른쪽 부분을 왼쪽 부분에 연결시키기 위해서는 벡터 $\mathbf{Z}_6$는 $\mathbf{Z}_5$와 같은 각도(γ_j)만큼 회전하여야 한다. 따라서 식 (8.24)에 대하여 자유선택된 $\gamma_j (j = 2, 3)$의 값이 식 (8.25)에서 규정된다. 따라서, 규정된 타이밍에 대한 4절 경로생성기는 4절 운동생성기와 같은 절차로 해를 구한다.

4절 함수생성기의 합성

4절 함수생성기에 대한 표준형은 그림 8.27로부터 다음과 같이 구할 수 있다. 함수생성에서는 입력링크의 규정된 회전(θ_j)과 출력링크의 규정된 회전(ψ_j)이 서로 연관되어야 함을 상기하여 보자. 따라서 커플러링크(Z_5와 Z_6)의 윗부분은 이 작업에 더 이상 필요치 않다. 그림 8.65는 그림 8.62의 기본적인 4절 기구의 첫 번째와 j번째 위치를 보여준다. $\mathbf{Z}_2$, $\mathbf{Z}_3$, $\mathbf{Z}_4$를 포함하는 벡터 루프는 다음과 같다.

$$\mathbf{Z}_2(e^{i\phi_j} - 1) + \mathbf{Z}_3(e^{i\gamma_j} - 1) - \mathbf{Z}_4(e^{i\psi_j} - 1) = 0 \tag{8.28}$$

이 벡터식은 표준형이 아니기 때문에 표 8.3에서 자유선택의 수와 규정된 위치의 수를 서로 연관시켰다. 표 8.1을 이용하여 풀이한 것과 같은 과정이 여기서 되풀이될 것이다. 함수생성의 경우 3원 링크(3개의 링크)가 사용되고, 3개의 회전 중 2개가 규정된 경우에는

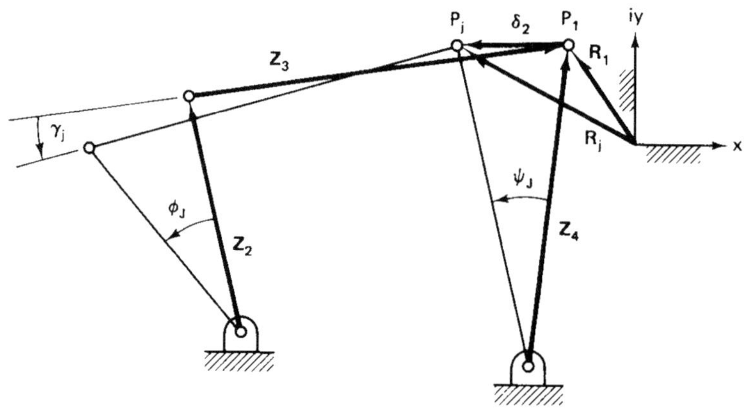

그림 8.65 4절 함수생성 기구.

표 8.3 ● 식에 의한 4절 함수생성 기구의 합성(그림 8.65)에 대한 유용한 해의 수.

$$\mathbf{Z}_2(e^{i\phi_j} - 1) + \mathbf{Z}_3(e^{i\gamma_j} - 1) - \mathbf{Z}_4(e^{i\psi_j} - 1) = 0 \tag{8.28}$$

Number of positions (n): $j = 2, 3, \ldots, n$	Number of scalar equations	Number of scalar unknowns	Number of free choices (scalars)	Number of solutions
2	2	7($\mathbf{Z}_2$, $\mathbf{Z}_3$, $\mathbf{Z}_4$, γ_2)	5	$O(\infty)^5$
3	4	8(above + γ_3)	4	$O(\infty)^4$
4	6	9(above + γ_4)	3	$O(\infty)^3$
5	8	10(above + γ_5)	2	$O(\infty)^2$
6	10	11(above + γ_6)	1	$O(\infty)^1$
7	12	12(above + γ_7)	0	Finite

최대 규정된 변수들을 비교하여 열거하였다.

$\mathbf{Z}_4$를 임의로 선택하면($\mathbf{Z}_2$가 대신 선택될 수도 있다) 식 (8.28)을 다음과 같이 표준형으로 바꿀 수 있다.

$$\mathbf{Z}_2(e^{i\phi_j} - 1) + \mathbf{Z}_3(e^{i\gamma_j} - 1) = \boldsymbol{\delta}_j = \mathbf{Z}_4(e^{i\psi_j} - 1) \tag{8.29}$$

$\mathbf{Z}_3$는 자유선택이 아니라는 점에 유의하라. 왜냐하면 결과식이 표준형이 아니기 때문이다.

$\mathbf{Z}_4$를 선택하는 데에는 다음과 같은 두 가지의 이유가 있다. 첫 번째로 표 8.1과 표 8.3을 비교하여 보면, 표 8.3에서 7개의 미지수 중 2개가 임의로 정해진다면 표 8.3은 표 8.1과 같아질 것이다. 두 번째로 $\mathbf{Z}_4$를 선택함으로써 함수생성기의 크기나 모양이 실제적으로 지정될 수 있다. 사실 4절 기구가 함수생성기로 합성된다면 링크장치 전체는 입력과 출력링크 회전 사이의 함수적인 관계[$\psi_j = f(\phi_j)$]에 변화를 주지 않으면서 크기를 줄이거나 늘릴 수 있고, 어느 방향으로든 위치를 바꿀 수도 있다. 따라서 $\mathbf{Z}_4$를 미지수로 놓음으로 인해 새로운 함수생성기의 해가 되지는 않는다(경로와 운동생성기는 크기가 변화되면 규정된 경로도 변화한다. 따라서 4절 링크장치의 합성 중 오직 함수합성에서만 링크 벡터 중의 하나를 임의로 선택할 수 있다).

식 (8.29)는 이제 표준형이 되었다. 사실 함수생성은 $\mathbf{Z}_4$의 경로가 원호 위에 있으며, 규정된 타이밍을 갖는 경로생성의 특별한 경우라고 볼 수 있다. 함수생성을 위한 합성에 필요한 유일한 다이애드는 식 (8.29)에서 $j = 2, 3$인 경우이다.

8.21절과 8.22절은 함수생성에 대한 설계방정식을 유도하는 다른 기법, 즉 Freudenstein의 방정식과 루프-폐쇄 방정식(loop-closure equation)을 소개하고 있다. 여기서 자유선택의 수는 후자의 방법과 일치한다. 이러한 기법들은 표준형으로 공식화시킬 수는 있지만 반드시 표준형으로 만들 필요는 없다(제2권 3장 참조).

8.17 3개의 무오차점 합성 예제

유한하게 떨어져 있는 3개의 무오차점에 대한 4절 기구의 운동, 경로 또는 함수생성 기구를 합성시키는 프로그램이나 스프레드시트를 그림 8.62의 표기법을 이용하여 만들 수 있다(그림 8.66은 이 프로그램의 순서도를 나타낸다). 4절 기구의 왼쪽 부분에 대하여 $j = 2$, 3인 경우의 식 (8.24)와 오른쪽 부분에 대하여 $j = 2$, 3인 경우의 식 (8.25)는 식 (8.19)와 (8.20)에서 제시된 Cramer의 법칙을 이용하여 풀 수 있다. 요구되는 입력데이터는 입력, 출력 및 커플러링크의 회전각: PHI2, PHI3, GAM2, GAM3, PSI2, PSI3($\phi_2, \phi_3, \gamma_2, \gamma_3, \psi_2, \psi_3$), 경로의 변위: XDEL2, YDEL2, XDEL3, YDEL3($\boldsymbol{\delta}_2$와 $\boldsymbol{\delta}_3$의 x, y좌표)이다. 다음 예제에서 볼 수 있듯이 프로그램의 결과는 입력데이터, 직교좌표 및 극좌표 형식으로 나타낸 합성된 링크장치의 시작위치에서의 링크 벡터 그리고 A_0에 대한 커플러점 A, B, P의 좌표를 포함하고 있다. 그림 8.67, 8.68, 8.69는 각각 운동, 경로, 함수생성을 위해 합성된 링크장치들

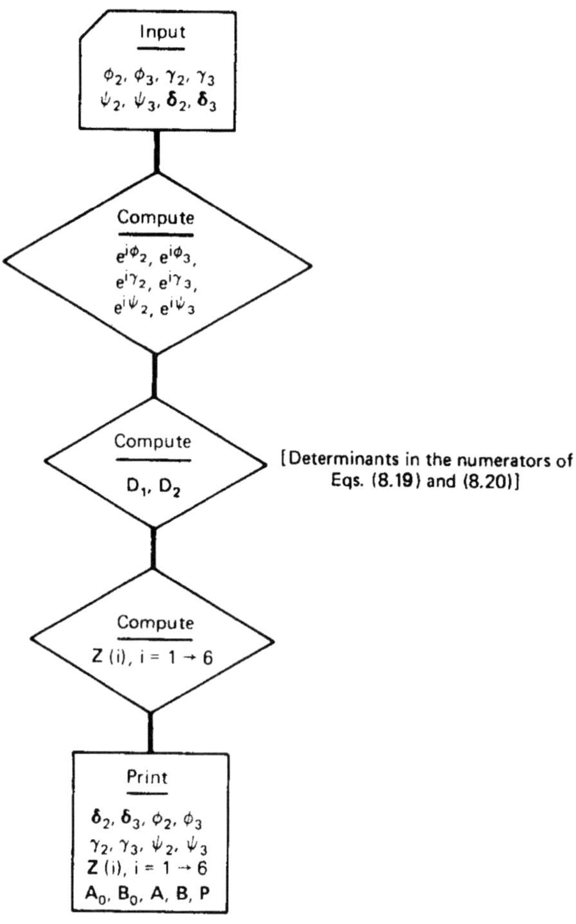

그림 8.66 3-무오차점 4절 기구의 합성 프로그램의 순서도(그림 8.62 참조).

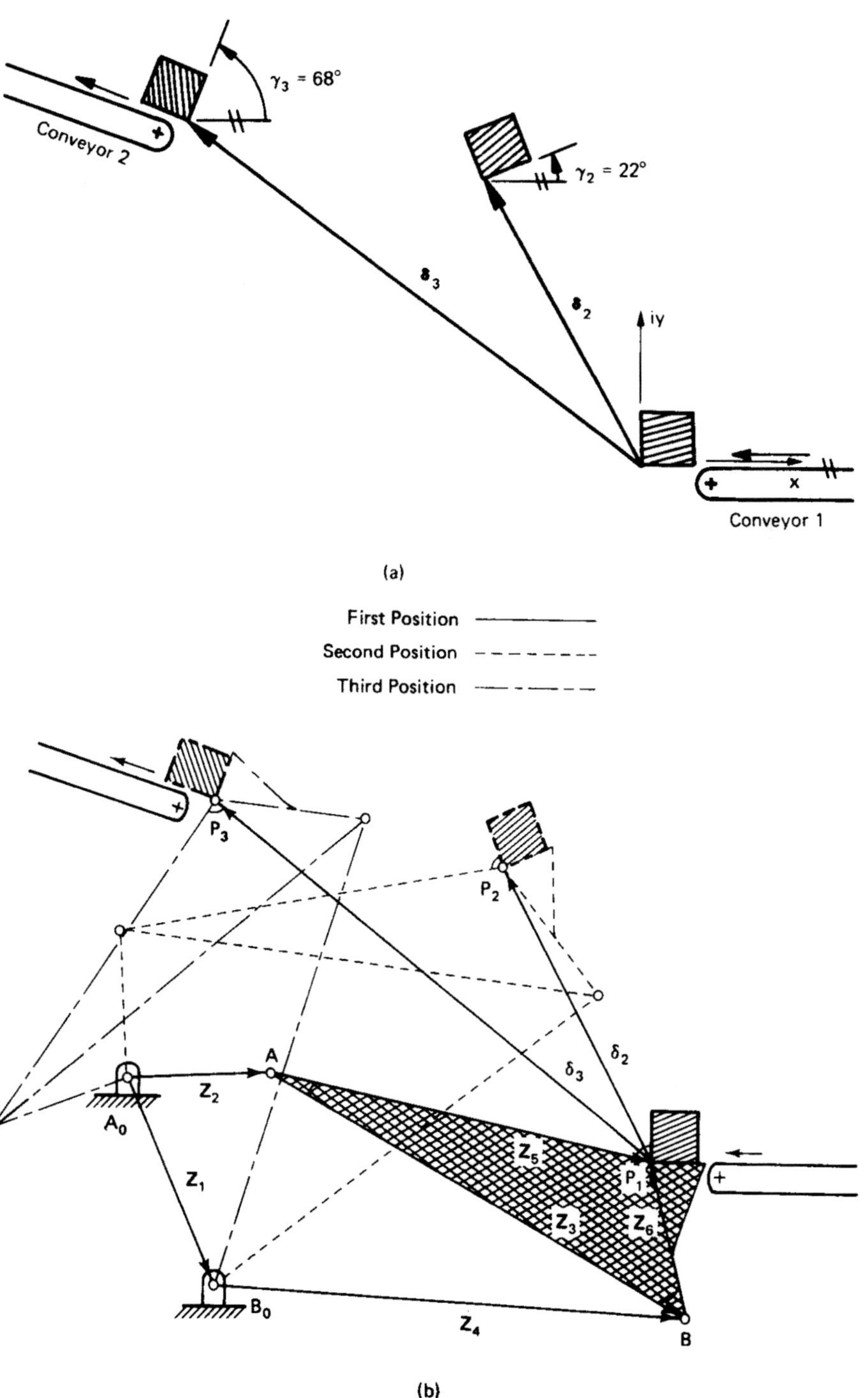

그림 8.67 (a) 4절 운동합성에 대한 규정된 세 위치, (b) 그림 8.66의 프로그램을 이용하여 합성한 예제 8.4의 컨베어 링크장치.

을 보여준다.

이 세 가지 예제 모두 표 8.1과 표 8.2에 따라 임의의 선택이 이루어져야 함에 주의하라. 운동생성의 경우는 $\phi_2, \phi_3, \psi_2, \psi_3$가 자유선택되었다. 규정된 타이밍을 갖는 경로생성의 경우는 $\gamma_2, \gamma_3, \psi_2, \psi_3$가 자유선택되었다. 8.16절의 과정은 함수 생성의 경우에 대해서는 적용되지 않는다. 그림 8.66의 프로그램을 확장시키기보다는 $\phi_2, \phi_3, \psi_2, \psi_3$를 규정지음으로써 함수생성기를 합성할 수 있다. 이 방법에서는 $\boldsymbol{\delta}_2$, $\boldsymbol{\delta}_3$ 그리고 γ_2, γ_3가 자유선택된다. 결과값 중 유일하게 흥미로운 부분은 $\mathbf{Z}_1, \mathbf{Z}_2, \mathbf{Z}_3, \mathbf{Z}_4$가 될 것이다(그림 8.69의 예제와 그림 8.62 참조).

예제 8.4

운동생성

조립 라인을 만들기 위해서 그림 8.67a와 같이 한 컨베어 벨트에서 다른 컨베어 벨트로 상자를 이동시키는 운동생성 링크장치의 합성이 요구된다. 상자를 집고, 놓는 위치와 더불어 중간 위치가 규정되어야 한다. 간단히 4절 링크장치(그림 8.62)가 선택되었다. 그림 8.67a에서 운동생성에 대하여 규정된 값들은 다음과 같다.

$$\boldsymbol{\delta}_2 = -6 + 11i, \qquad \gamma_2 = 22^\circ$$
$$\boldsymbol{\delta}_3 = -17 + 13i, \qquad \gamma_3 = 68^\circ$$

임의로 선택된 값*들은

표 8.4 ● 4절 링크장치의 3–위치 운동생성기 합성의 컴퓨터 출력 결과.

INPUT DATA				
	X COMPONENT	Y COMPONENT		
DELTA 2 =	− 6.0000	11.000		
DELTA 3 =	−17.0000	13.0000		
PHI 2 = 90.000	GAMMA 2 = 22.000		PSI 2 = 40.000	
PHI 3 = 198.000	GAMMA 3 = 68.000		PSI 3 = 73.000	
COMPUTED VECTORS				
	X COMPONENT	Y COMPONENT	LENGTH	DIRECTION (DEG)
Z(2) =	5.7550	.4809	5.7751	4.777
Z(5) =	14.6106	−3.4698	15.0169	−13.359
Z(4) =	18.3746	−.6611	18.3864	−2.061
Z(6) =	−1.4207	5.9518	6.1190	103.426
Z(3) =	16.0313	−9.4215	18.5948	−30.443
Z(1) =	3.4118	−8.2796	8.9550	−67.605
LINKAGE PIVOT AND COUPLER LOCATIONS				
	X COMPONENT	Y COMPONENT		
A_0 =	0	0		
B_0 =	3.4118	−8.2796		
A =	5.7550	.4809		
B =	21.7863	−8.9407		
P =	20.3656	−2.9889		

* 입력회전을 출력회전의 약 2배 정도로 해줌으로써 4절 기구의 크랭크-로커 유형의 운동을 만들어낸다. 이런 능력이 3위치 표준형 기법의 장점이다.

$$\phi_2 = 90°, \qquad \psi_2 = 40°$$
$$\phi_3 = 198°, \qquad \psi_3 = 73°$$

표 8.4는 이 예제에 대한 컴퓨터 출력 결과이며, 그림 8.67b는 3 위치에서 그린 해를 보여주고 있다.

예제 8.5 규정된 타이밍을 갖는 경로생성(그림 8.68)

젓는 작업을 위하여 타원형의 경로생성이 요구된다. 4절 링크장치가 이 작업을 위하여 선택되었다. 크랭크-로커가 필요하기 때문에 입력회전 역시 규정되었다. 규정된 값들은 다음과 같다.

$$\boldsymbol{\delta}_2 = -1.4 - 0.76i \qquad \phi_2 = 126°$$
$$\boldsymbol{\delta}_3 = -1.0 - 2.3i, \qquad \phi_3 = 252°$$

임의로 선택된 변수값들은 다음과 같다.

$$\gamma_2 = -6°, \qquad \psi_2 = 33°$$
$$\gamma_3 = 37°, \qquad \psi_3 = 37°$$

표 8.5는 이 예제에 대한 컴퓨터 출력값들을 보여준다. 그림 8.68은 3개의 규정된 위치에서의 컴퓨터 계산값들을 보여준다.

표 8.5 ● 경로생성 예제의 컴퓨터 출력 결과.

INPUT DATA		
	X COMPONENT	Y COMPONENT
DELTA 2 =	−1.4000	−.7600
DELTA 3 =	−1.0000	−2.3000
PHI 2 = 126.000	GAMMA 2 = −6.000	PSI 2 = 33.000
PHI 3 = 252.000	GAMMA 3 = 37.000	PSI 3 = 37.000

COMPUTED VECTORS				
	X COMPONENT	Y COMPONENT	LENGTH	DIRECTION (DEG)
Z(2) =	.5919	.8081	1.0017	53.777
Z(5) =	−.5182	1.8246	1.8967	105.856
Z(4) =	−.9412	2.8331	2.9854	108.376
Z(6) =	−1.9958	−.1888	2.0047	−174.596
Z(3) =	1.4776	2.0134	2.4974	53.725
Z(1) =	3.0107	−.0117	3.0107	−.223

LINKAGE PIVOT AND COUPLER LOCATIONS		
	X COMPONENT	Y COMPONENT
A_0 =	0	0
B_0 =	3.0107	−.0117
A =	.5919	.8081
B =	2.0695	2.8214
P =	.0737	2.6326

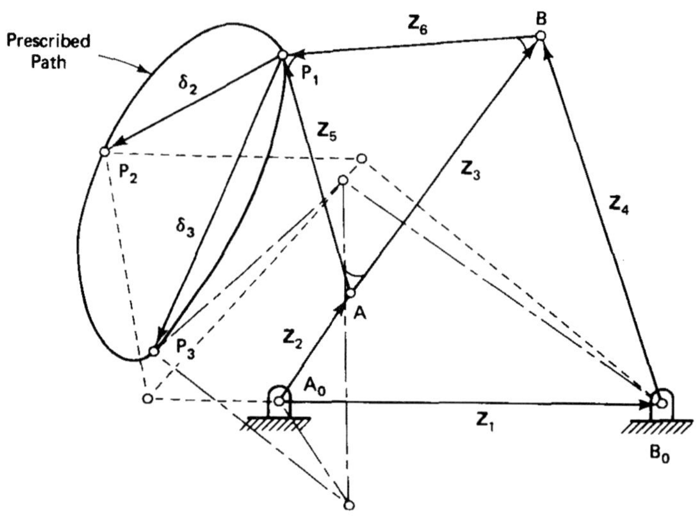

그림 8.68 3개의 규정된 경로점을 갖는 4절 경로생성기.

예제 8.6 함수생성

그림 8.69a는 한 개의 조절막대로 머리받침대와 발받침대를 움직이는 이발소 의자를 보여준다. 규정된 세 위치에서 세 구성요소의 회전각 사이에는 비선형 관계가 있음에 주의하라. 4절 기구를 직렬로 연결한(일반적으로 벨크랭크를 통하여 연결시킨다) Watt II 6절 기구가 이 작업을 위해 선정되었다. 첫 번째 4절 함수생성기(머리받침대와 조절막대 사이)에 대해 규정된 값들은 다음과 같다.

$$\phi_2 = 50°, \qquad \psi_2 = 22.5°$$
$$\phi_3 = 75°, \qquad \psi_3 = 45°$$

임의로 선택한 변수값들은 다음과 같다.

$$\boldsymbol{\delta}_2 = -0.07 + 0.4i, \qquad \gamma_2 = 7°$$
$$\boldsymbol{\delta}_3 = -0.3 + 0.7i, \qquad \gamma_3 = 12°$$

두 번째 4절 함수생성기(조절막대와 발받침대 사이)의 규정된 변수값들은 다음과 같다.

$$\phi_2 = 22.5°, \qquad \psi_2 = 40°$$
$$\phi_3 = 45°, \qquad \psi_3 = 70°$$

임의로 선택한 변수값들은 다음과 같다.

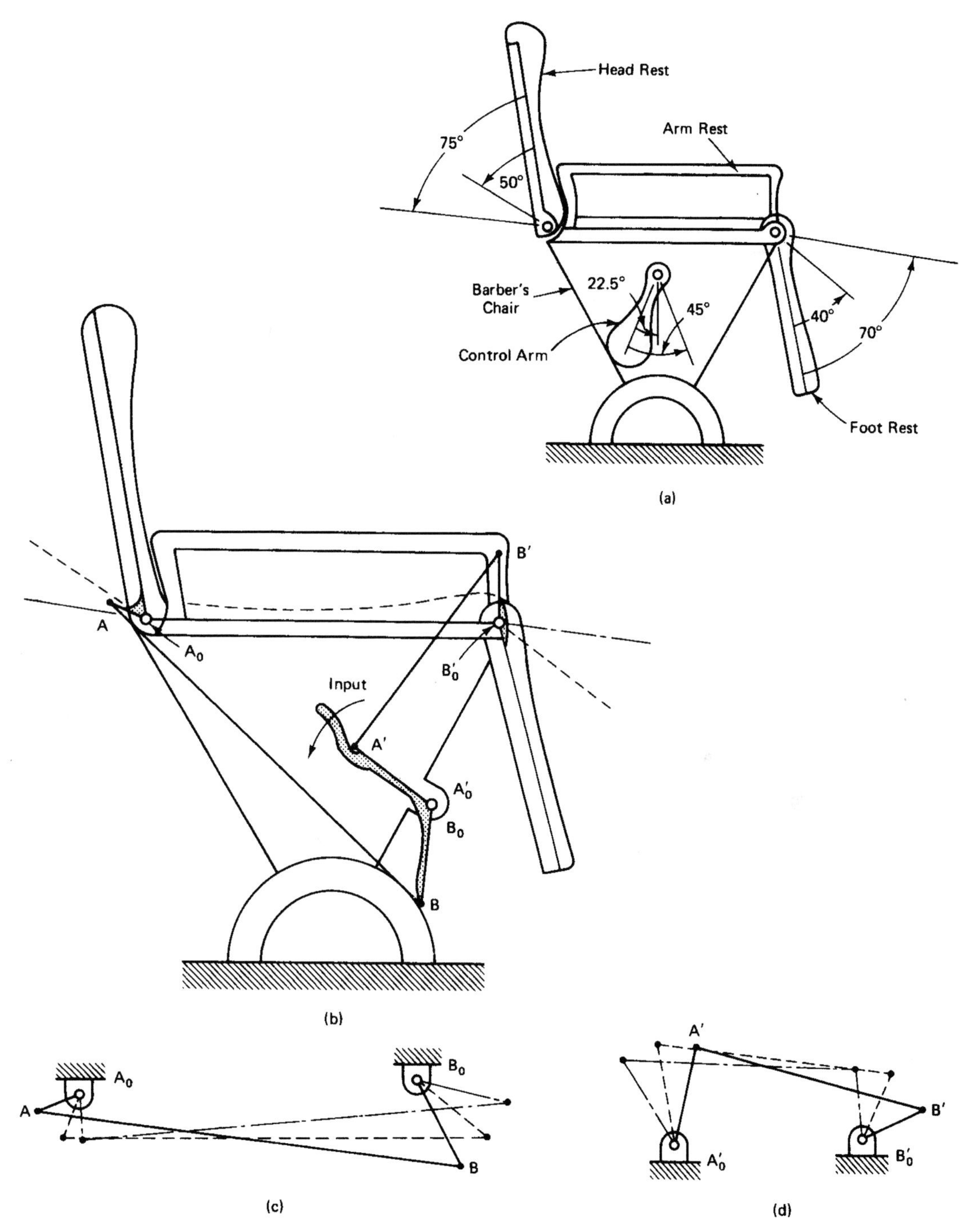

그림 8.69 기울어지는 의자 기구의 4절 함수생성기 링크장치: (a) 머리받침대, 발받침대, 조절 막대의 규정된 각 위치, (b) 완성된 기구의 개략도, (c) 머리받침 링크장치, (d) 발받침 링크장치. 2개의 4절 링크장치가 직렬로 연결되어 Watt 6절 링크장치를 구성한다.

표 8.6 ● 기울어지는 의자 기구의 4절 합성에 대한 컴퓨터 출력 결과.

HEAD REST LINKAGE

INPUT DATA

	X COMPONENT	Y COMPONENT
DELTA 2 =	–.0700	.4000
DELTA 3 =	–.3000	.7000
PHI 2 = 50.000	GAMMA 2 = 7.000	PSI 2 = 22.500
PHI 3 = 75.000	GAMMA 3 = 12.000	PSI 3 = 45.000

COMPUTED VECTORS

	X COMPONENT	Y COMPONENT	LENGTH	DIRECTION (DEG)
Z(2) =	.0404	–.4640	.4657	–85.022
Z(5) =	1.8676	3.2580	3.7554	60.178
Z(4) =	1.0009	.2777	1.0388	15.506
Z(6)=	.2552	–.9384	.9725	–74.788
Z(3) =	1.6124	4.1965	4.4956	68.982
Z(1) =	.6518	3.4548	3.5158	79.315

LINKAGE PIVOT AND COUPLER LOCATIONS

	X COMPONENT	Y COMPONENT
A_0 =	0	0
B_0 =	.6518	3.4548
A =	.0404	–.4640
B =	1.6528	3.7325
P =	1.9080	2.7941

FOOT REST LINKAGE

INPUT DATA

	X COMPONENT	Y COMPONENT
DELTA 2 =	–.0700	.4000
DELTA 3 =	–.3000	.7000
PHI 2 = 22.500	GAMMA 2 = 8.000	PSI 2 = 40.000
PHI 3 = 45.000	GAMMA 3 = 13.000	PSI 3 = 70.000

COMPUTED VECTORS

	X COMPONENT	Y COMPONENT	LENGTH	DIRECTION (DEG)
Z(2) =	.9642	.2270	.9906	13.247
Z(5) =	.3001	–.6696	.7338	–65.859
Z(4) =	.5189	–.4332	.6759	–39.875
Z(6) =	–.1359	1.6410	1.6466	94.733
Z(3) =	.4360	–2.3105	2.3513	–79.315
Z(1) =	.8813	–1.6503	1.8709	–61.897

LINKAGE PIVOT AND COUPLER LOCATIONS

	X COMPONENT	Y COMPONENT
A_0 =	0	0
B_0 =	.8813	–1.6503
A =	.9642	.2270
B =	1.4002	–2.0835
P =	1.2643	–.4426

$$\boldsymbol{\delta}_2 = -0.07 + 0.4i, \qquad \gamma_2 = 8^\circ$$

$$\boldsymbol{\delta}_3 = -0.3 + 0.7i, \qquad \gamma_3 = 13^\circ$$

표 8.6에는 6절 링크장치의 두 부분에 대한 출력 결과가 나타나 있다. 그림 8.69b는 구한 2개의 해가 어떻게 크기조정과 위치조정을 하여 이 문제에 대한 수많은 Watt II 6절 기구의 해 중 하나가 되는지를 보여준다. 한편 그림 8.69c와 그림 8.69d는 세 설계위치에서의 두 4절 기구(6절 기구 중의 반)들을 보여준다.

8.18 원주점과 중심점의 원

이 절에서는 3개의 무오차점 다이애드의 합성문제에서 두 가지 자유선택에 대한 고정된 값을 선정하는 다른 방법에 대해서 살펴보자(표 8.2 참조). 이 절에서는 주로 운동생성의 경우에 대해 초점을 맞출 것이다. 규정된 타이밍을 갖는 경로생성에 대한 경우는 제2권 2장에서 자세히 기술된다. 미지각들은 다이애드 해의 고정 및 이동피봇의 위치를 좌우하는 매개변수로 고려될 것이다. Loerch[108]는 규정되지 않은 각도 매개변수에 대해서 임의의 값을 지정하고, 다른 한 각도 매개변수를 모든 범위에서 변화시키면 이에 상응되는 고정피봇 m과 이동피봇 k_1의 궤적은 원의 쌍이 된다는 사실을 밝혀내었다(이동피봇은 첫 번째 위치에서 고려되므로 아래첨자 1로 표시한다). 한 예로, 그림 8.70에 나타난 3개의 무오차점 P_1, P_2, P_3를 생각해 보자. 만약 $\boldsymbol{\delta}_2, \boldsymbol{\delta}_3, \alpha_2, \alpha_3$가 규정되었다면, 임무는 운동생성이며 2개의 자유선택이 존재한다(표 8.2 참조). 만약 임의로 β_2를 지정하고 β_3를 $0 \leq \beta_3 \leq 2\pi$에서 변화시키면 점 m과 k_1은 원형의 궤적을 그리게 된다. 고정피봇의 궤적은 중심점 원 혹은 M원으로 불리고 이동피봇의 궤적은 원주점 원 또는 K_1원으로 불린다.

β_2와 β_3의 값을 임의로 정하면, 하나의 다이애드(W와 Z)를 얻을 수 있다. 이것은 8.14절에서 설명된 다이애드의 표준 해이다[비록 이 절에서 사용된 방정식이 식 (8.19), (8.20)과는 약간 다르지만]. 각각 그림에 나타난 것처럼 다이애드의 고정피봇과 이동피봇은 M원과 K_1원 위에 있다.

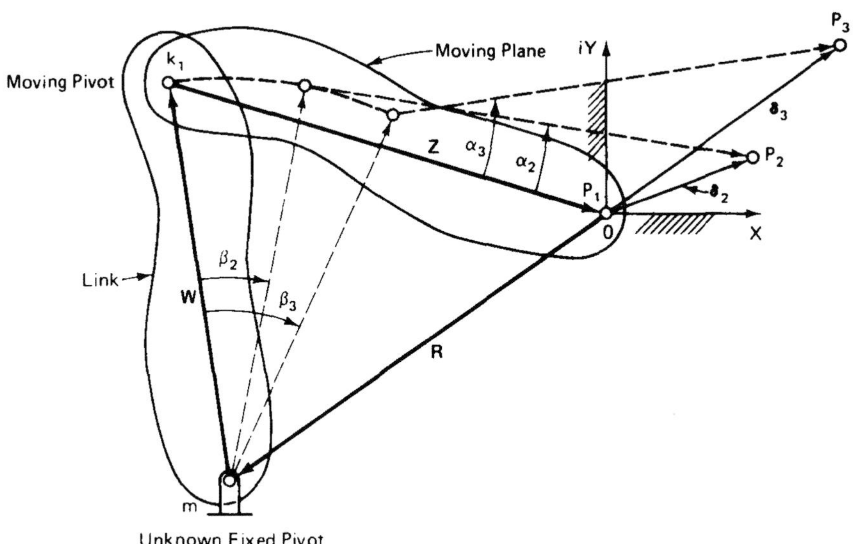

그림 8.70 R, W, Z는 미지수이며 $\boldsymbol{\delta}_2, \boldsymbol{\delta}_3$가 규정되었고, 4개의 회전각 $\alpha_2, \alpha_3, \beta_2, \beta_3$ 중 3개의 각도를 임의로 선택한 경우, 나머지 1개의 각도를 0°에서 360°까지 변화시키면 m과 k_1에 대한 원 궤적, 즉 중심점 원고 원주점 원이 생성된다. 첫 번째 무오차점 P_1은 (0, 0)에 위치한다.

자유선택 중 하나의 값을 선택하는 것이 아니라(예를 들면 β_3) 고정피봇과 이동피봇의 가능 위치를 관찰하는 것이 주목적일 때는 다이애드합성에서 M과 K_1원을 이용하는 것이 유용하다. 예를 들면, 설계 작업공간의 영역 내에 있는 고정피봇과 이동피봇을 가진 다이애드를 찾고자 할 때 유용하다.

M과 K_1원은 해석적으로 혹은 도해적으로 구할 수 있다. 두 가지 방법을 여기서 설명하기로 한다. 첫 번째, 해석적으로 M원과 K_1원을 생성시키기 위한 방정식을 유도하는 데 복소수 형식이 이용된다.

다이애드 방정식

다이애드 m, k_1, P_1의 벡터들은 그림 8.70에서와 같이 정의된다. 유한하게 떨어져 있는 세 위치의 다이애드에 대한 루프-폐쇄 방정식은 다음과 같다.

첫 번째 위치:

$$\mathbf{R} + \mathbf{W} + \mathbf{Z} = 0 \tag{8.30}$$

두 번째 위치:

$$\mathbf{R} + \mathbf{W}e^{i\beta_2} + \mathbf{Z}e^{i\alpha_2} = \boldsymbol{\delta}_2 \tag{8.31}$$

세 번째 위치:

$$\mathbf{R} + \mathbf{W}e^{i\beta_3} + \mathbf{Z}e^{i\alpha_3} = \boldsymbol{\delta}_3 \tag{8.32}$$

이동피봇 k_1의 위치는 고정좌표계의 원점 P_1에 대한 벡터 $-\mathbf{Z}$로서 정의된다(그림 8.70 참조). 이때 이 고정좌표계의 원점은 이동평면의 궤적점의 주어진 초기 위치 P_1과 일치한다. 아직 구하지 않은 고정피봇 m의 위치는 벡터 $\mathbf{R}$에 의해 결정된다. 합성의 문제는 $\boldsymbol{\delta}_2$와 $\boldsymbol{\delta}_3$ 그리고 적절한 각도 매개변수에 의해 공식화될 수 있다. 벡터 $\mathbf{R}$과 $-\mathbf{Z}$는 식 (8.30)에서 식 (8.32)까지의 식들을 이용하여 구할 수 있다(Cramer의 법칙 이용). $e^{i\alpha_j} = \alpha_j$ 그리고 $e^{i\beta_j} = \beta_j$이므로 이 식들은 다음과 같이 된다.

$$\mathbf{R} = \frac{\begin{vmatrix} 0 & 1 & 1 \\ \boldsymbol{\delta}_2 & \boldsymbol{\beta}_2 & \boldsymbol{\alpha}_2 \\ \boldsymbol{\delta}_3 & \boldsymbol{\beta}_3 & \boldsymbol{\alpha}_3 \end{vmatrix}}{\begin{vmatrix} 1 & 1 & 1 \\ 1 & \boldsymbol{\beta}_2 & \boldsymbol{\alpha}_2 \\ 1 & \boldsymbol{\beta}_3 & \boldsymbol{\alpha}_3 \end{vmatrix}} \tag{8.33}$$

또는

$$\mathbf{R} = \frac{\boldsymbol{\delta}_2(\boldsymbol{\beta}_3 - \boldsymbol{\alpha}_3) - \boldsymbol{\delta}_3(\boldsymbol{\beta}_2 - \boldsymbol{\alpha}_2)}{\boldsymbol{\alpha}_2 - \boldsymbol{\alpha}_3 + \boldsymbol{\beta}_3 - \boldsymbol{\beta}_2 + \boldsymbol{\beta}_2\boldsymbol{\alpha}_3 - \boldsymbol{\alpha}_2\boldsymbol{\beta}_3} \tag{8.34}$$

그리고

$$-\mathbf{Z} = \frac{\begin{vmatrix} 1 & 1 & 0 \\ 1 & \boldsymbol{\beta}_2 & \boldsymbol{\delta}_2 \\ 1 & \boldsymbol{\beta}_3 & \boldsymbol{\delta}_3 \end{vmatrix}}{\begin{vmatrix} 1 & 1 & -1 \\ 1 & \boldsymbol{\beta}_2 & -\boldsymbol{\alpha}_2 \\ 1 & \boldsymbol{\beta}_3 & -\boldsymbol{\alpha}_3 \end{vmatrix}} \tag{8.35}$$

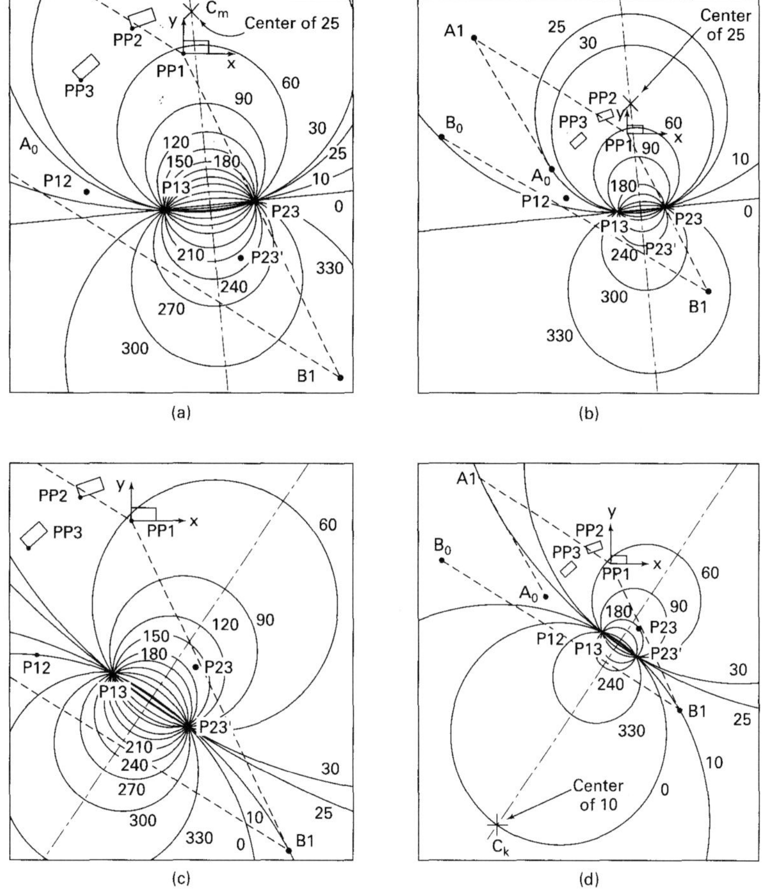

그림 8.71 (a) 세 무오차점 운동생성의 경우, 여러 가지 β_2의 값($0^\circ \leq \beta_3 \leq 360^\circ$)에 대한 M원이 예제 8.7에서 기술되었다. 4절 링크장치 A_0ABB_0를 포함하는 두 다이애드의 첫 번째 위치가 그림에 나타난다 숫자는 각각의 M원에 대응하는 β_2의 값(각도)을 나타낸다. 극점 또한 함께 나타나 있다. (b) 4절 링크장치 전체가 포함되도록 확장된 점 외에는 (a)와 유사하다. (c) 예제 8.7에서 설명된 세 무오차점 운동생성에 해당하는 경우이며, 여러 개의 β_2값($0^\circ \leq \beta_3 \leq 360^\circ$)에 대한 K_1원을 보여준다. (d) 4절 링크장치 전체가 포함되도록 확장된 점 외에는 (c)와 유사하다.

또는

$$-\mathbf{Z} = \frac{-\boldsymbol{\delta}_2(\boldsymbol{\beta}_3 - 1) + \boldsymbol{\delta}_3(\boldsymbol{\beta}_2 - 1)}{\boldsymbol{\beta}_2 - \boldsymbol{\beta}_3 + \boldsymbol{\alpha}_3 - \boldsymbol{\alpha}_2 - \boldsymbol{\beta}_2\boldsymbol{\alpha}_3 + \boldsymbol{\alpha}_2\boldsymbol{\beta}_3} \tag{8.36}$$

만약 식 (8.34)와 식 (8.36)의 오른쪽 부분에서 각도 매개변수 θ(θ는 구간 내의 모든 값을 갖을 수 있음)를 제외한 모든 매개변수가 고정되면, **R**과 –**Z**에 대한 식은 θ의 함수로 표현된다. 즉, **R**(θ)와 –**Z**(θ)이다. θ는 문제에 따라 $\delta_2, \delta_3, \beta_2, \beta_3$ 중 하나이다. '이선형 계획'[108](제2권에서 자세히 설명됨)을 이용하여 **R**(θ)와 –**Z**(θ)의 궤적이 실제로 원(M원과 K_1원)임을 증명할 수 있다. 그러므로 식 (8.34)와 (8.36)은 매개변수 θ만으로 서술된 하나의 다이애드나, M과 K_1원을 해석적으로 구하는 데 이용될 수 있다[이들 방정식과 운동생성 경우의 식 (8.19), (8.20)에는 차이가 있음에 주의하라].

이제 M과 K_1원을 생성하는 도해적인 방법에 대해 살펴보자. 이 방법은 식 (8.34)와 식 (8.36)을 이용해 얻은 해석적인 해를 확인해 보는 데 유용하다. M과 K_1원과 시스템의 극점의 위치 사이에 기하학적인 관계가 존재함을 알 수 있다. 여기서는 운동생성에 대한 관계에 초점을 맞춘다. 임의로 선택된 β_2의 경우 β_3는 변할 수 있다고 하면, 다음과 같은 사실을 알 수 있다. (1) β_2를 어떤 값으로 선택하든지 M원이 반드시 극점(pole) P_{13}과 극점 P_{23}를 통과해야 한다(그림 8.71a, 8.71b 참조). (2) β_2를 어떤 값으로 선택하든지 K_1원이 반드시 극점* P_{13}과 영상극점 P'_{23}을 통과해야 한다(그림 8.71c, 8.71d 참조). (3) 모든 M원의 중심에서 대각은 $\angle P_{13}C_MP_{23} = \beta_2$에 해당한다(그림 8.72c 참조). (4) 모든 K_1원의 중심에서 대각은 $\angle P'_{23}C_KP_{13} = \alpha_2 - \beta_2$에 해당한다(그림 8.72c 참조). 이 관계들은 β_3가 고정되고 β_2가 0°에서 360°까지 변할 경우에 얻는 형태와 비슷하다는 점에 유의하라. 일단 M원과 K_1원을 만들면, β_2와 β_3의 자유선택을 이용해 하나의 다이애드를 만드는 데 도해적인 절차가 역시 사용될 수 있다. 이 절차는 제2권 2장에서 나타나는데 여기서는 논의하지 않기로 한다.

α_2, α_3와 β_2의 값이 고정되고 β_3가 변하는 경우에 M원과 K_1원을 구하는 도해적인 방법의 6단계는 다음과 같이 정리할 수 있다.

1. 규정된 값 $\boldsymbol{\delta}_2, \boldsymbol{\delta}_3, \beta_2, \beta_3$와 주어진 값 β_2를 결정한다.
2. 극점 P_{12}, P_{13}, P_{23}와 영상극점 P'_{23}을 찾는다.
3. 원 교차극점들을 찾는다: M원의 P_{13}과 P_{23}, K_1원의 P_{13}과 P'_{23}.
4. M원과 K_1원의 중심선을 구하기 위해 교차극점 쌍 사이의 선분을 이등분한다.
5. 각각의 β_2의 값에 대해, $\angle P_{12}C_MP_{23} = \beta_2$와 $\angle P'_{23}C_KP_{13} = \alpha_2 - \beta_2$가 되도록 원 중심을 위치시킨다. M원에 대해서는 각도의 회전방향은 P_{13}으로부터 P_{23}이고 K_1원에 대해서는 P'_{23}으로부터 P_{13}임을 주의하라.

* P_{23}의 영상극점(image pole)은 P_{23}를 선 $P_{12}P_{13}$에 대칭시켜서 얻을 수 있다.

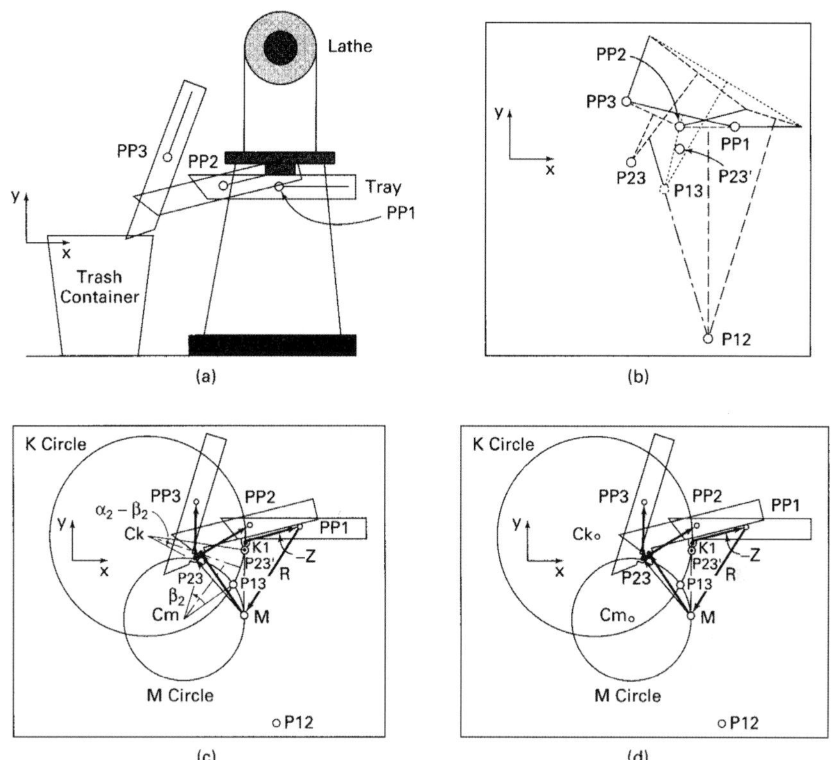

그림 8.72 (a) 예제 8.8에서 기술된 선반 받침대의 세 위치, (b) 극점 P_{12}, P_{13}, P_{23} 그리고 영상 극점 P'_{23}의 위치를 결정하는 데 수직이등분선이 이용되었다. (c, d) $\beta_2 = 38°$ $(0° \le \beta_3 \le 360°)$에 대응하는 M 원과 K_1 원 그리고 $\beta_2 = 38°$, $\beta_3 = 44°$에 대응하는 다이애드. 그림 (c)에서 각 $\angle P_{12}C_MP_{23} = \beta_2 = 25°$ 그리고 $\angle P'_{23}C_KP_{13} = \alpha_2 - \beta_2 = -23°$이다.

6. 교차극점을 지나고 중심 C_M과 C_K를 갖는 2개의 원을 그린다.

움직이는 평면(A, B, P)이 한 위치에서 다른 위치로 순수하게 회전할 수 있는 중심은 극점뿐이라는 것을 상기한다(그림 3.53과 8.36 참조). 예를 들면, 극점 P_{13}은 점 1과 3 사이의 '주축의' 회전점이다. 그림에 나타난 바와 같이 극점들은 수직이등분선을 이용하여 도해적으로 구할 수 있고, 해석적인 방법은 다음에 살펴볼 것이다.

극점들에 대한 복소수 표현은 다음과 같다[108].

$$\mathbf{P}_{12} = \frac{\boldsymbol{\delta}_2}{1 - \boldsymbol{\alpha}_2} \tag{8.37}$$

$$\mathbf{P}_{13} = \frac{\boldsymbol{\delta}_3}{1 - \boldsymbol{\alpha}_3} \tag{8.38}$$

$$\mathbf{P}_{23} = \frac{\boldsymbol{\delta}_3\boldsymbol{\alpha}_2 - \boldsymbol{\delta}_2\boldsymbol{\alpha}_3}{\boldsymbol{\alpha}_2 - \boldsymbol{\alpha}_3} \tag{8.39}$$

$$\mathbf{P}'_{23} = \mathbf{P}_{12} + (\mathbf{P}_{23} - \mathbf{P}_{12})e^{-\mathbf{i}\alpha_2} \tag{8.40}$$

여기서 P_{ij}는 첫 번째 무오차점 P_1에서 극점 P_{ij}까지의 벡터이며 $\alpha_j = e^{i\alpha_j}$이다.

예제 8.7 운동생성

그림 8.71a는 운동생성의 예를 설명한다. 사각형 상자가 세 위치에서 보여진다. (a) 도해적 방법이나 식 (8.34)와 (8.36)을 이용해 임의로 선택된 β_2값에 대해 M원과 K_1원을 구하라. (b) 규정된 운동생성 임무를 만족하는 두 다이애드를 합성하라.

$\boldsymbol{\delta}_2 = -2 + 1\mathbf{i}$, $\boldsymbol{\delta}_3 = -4 - 1\mathbf{i}$, $\alpha_2 = 20°$, $\alpha_3 = 40°$로 주어져 있다.

(a) 그림 8.71a와 8.71b는 몇 가지 다른 β_2값(예를 들면 $\beta_2 = 0°$, $10°$, $25°$ 등등)에 대한 M원을 보여준다. 모든 M원은 극점 P_{13}과 P_{23}를 교차한다는 점에 유의하라. 또한 $\beta_2 = 25°$에 해당하는 이 원에서 각 $\angle P_{13}C_MP_{23}$는 $\beta_2 = 25°$와 같다는 점에 유의하라. 그림 8.71c와 8.71d는 몇 가지 다른 β_2값에 대한 K_1원을 보여준다. 모든 K_1원은 극점 P_{13}과 P'_{23}을 교차한다. $\beta_2 = 10°$에 해당하는 원에서 각 $\angle P'_{23}C_KP_{13} = \alpha_2 - \beta_2 = -10°$와 같다.

(b) 첫 번째 다이애드(다이애드 A)에 대해 임의로 $\beta_2 = 25°$와 $\beta_3 = 60°$를 선택하고, 다이애드 B에 대해 임의로 $\beta_2 = 10°$와 $\beta_3 = 15°$를 선택한다. 규정된 변수와 함께 이것을 식 (8.34)와 식 (8.36)에 대입하면 다음과 같은 다이애드 벡터가 주어진다.

다이애드 A

$$\mathbf{W}_A = -5.92 + 10.31\mathbf{i} \tag{8.41a}$$

$$\mathbf{Z}_A = 11.77 - 7.35\mathbf{i} \tag{8.41b}$$

다이애드 B

$$\mathbf{W}_B = 21.24 - 12.94\mathbf{i} \tag{8.42a}$$

$$\mathbf{Z}_B = -6.22 + 12.57\mathbf{i} \tag{8.42b}$$

두 다이애드는 그림 8.71b와 8.71d에 나타나 있다. 사실 고정피봇 A_0는 $\beta_2 = 25°$에 상응하는 M원 위에 있고 이동피봇 A는 $\beta_2 = 25°$에 상응하는 K_1원 위에 있음에 유의하라. 비슷한 방식으로 $\beta_2 = 10°$에 상응하는 M원과 K_1원에 B_0와 B가 있음을 알 수 있다.

예제 8.8 선반–운동생성

그림 8.72a는 부스러기 금속을 모으고 버리는 데 쓰이는 받침대가 하단에 달린 선반을 보여준다. 당신은 M원과 K_1원 방법을 이용해 운동생성 다이애드를 합성하도록 요청받았다.

무오차점의 위치와 받침대의 회전각은 다음과 같이 규정되었다.

$$PP1 = (7.00, 1.06) \qquad \theta_1 = 0.0°$$
$$PP2 = (5.39, 1.03) \qquad \theta_2 = 15.0°$$
$$PP3 = (3.86, 1.72) \qquad \theta_3 = 72.0°$$

첫 번째 무오차점에 대한 상대적인 극점의 위치는

$$\mathbf{P}_{12} = \frac{-1.61 - 0.03\mathbf{i}}{0.034 - 0.25\mathbf{i}} = -0.69 - 6.13i \tag{8.43a}$$

$$\mathbf{P}_{13} = \frac{-3.14 + 0.66\mathbf{i}}{0.69 - 0.95\mathbf{i}} = -2.02 - 1.83i \tag{8.43b}$$

$$\mathbf{P}_{23} = \frac{-2.73 + 1.36\mathbf{i}}{0.66 - 0.69\mathbf{i}} = -3.01 - 1.09i \tag{8.43c}$$

$$\mathbf{P}'_{23} = -1.63 - 0.66i \tag{8.43d}$$

8.6절에서 설명되었고 그림 8.72b에서 보여지듯이 극점의 위치는 적당한 수직이등분선을 이용해 도해적으로 구할 수 있다.

그림 8.72c와 8.72d에서 보여지듯이 M원과 K_1원은 규정된 값에 대해 생성된다. 규정된 값 $\boldsymbol{\delta}_2$, $\boldsymbol{\delta}_3$, α_2, α_3와 임의로 선택된 $\beta_2 = 38°$ 그리고 $0° \leq \beta_3 \leq 360°$에 대해 이 원들은 식 (8.34)와 식 (8.36)을 이용하거나 6단계 도해적 방법으로 구할 수 있다.

임의로 선택된 $\beta_2 = 38°$와 $\beta_3 = 44°$로부터 하나의 다이애드에 대한 이동 및 고정피봇의 위치는 식 (8.34)와 (8.36)을 이용하여 구한다.

$$\mathbf{R} = -1.70 - 2.73\mathbf{i} \tag{8.44}$$

$$\mathbf{Z} = 1.61 + 0.41\mathbf{i} \tag{8.45}$$

그림 8.72d는 이 다이애드의 고정피봇과 이동피봇이 $\beta_2 = 38°$에 상응하는 M원과 K_1원 위에 있다는 것을 보여준다. 이 그림은 세 위치에서의 다이애드를 보여준다.−규정된 정보와 자유선택이 만족되었고, 따라서 올바른 해석적인 해를 구했다는 것을 몇 가지 간단한 측정으로 알 수 있다.

규정된 타이밍을 갖는 경로생성의 경우 세 무오차점에서 M원과 K_1원이 존재한다. 제2권 2장에서 자세히 논의된다. 어떤 평면영역 내에서는 이동피봇이 존재할 수 없음을 알 수 있다. 이들 영역은 원 모양이기 때문에 존재하지 않는 원이라 부른다(그림 8.73 참조). 이 존재하지 않는 원들 중 하나는 첫 번째 경로점 위치 x_1의 주위를 둘러싼다. 모든 k_1원은 존재하지 않는 원에 접하며, 이렇게 배열됨으로써 두 개의 k_1 피봇 해가 존재하지 않는 원의 바깥쪽에서 나오게 된다. 그림 8.73은 존재하지 않는 원들을 보여주며(F로 표시된 '금지

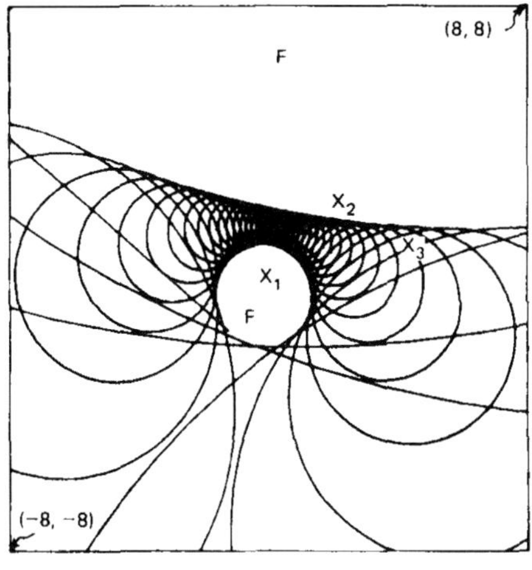

그림 8.73 규정된 타이밍을 갖는 경로생성에 있어서 K_1원이 존재하지 않는 원 모양의 영역 F. 존재하는 모든 K_1원들은 '금지된' F 영역에 접하고 있다.

영역'), 다음의 규정된 데이터에 대하여 그린 결과이다.

$$\boldsymbol{\delta}_2 = 2 + 2i, \qquad \beta_2 = 0.5 \text{ rad}$$
$$\boldsymbol{\delta}_3 = 4 + i, \qquad \beta_3 = 1 \text{ rad}$$

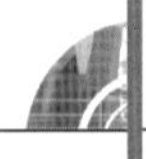

8.19 고정피봇의 사양[109]

유한하게 떨어져 있는 세 무오차점 위치에 대한 다이애드 방정식에서 2개의 자유선택을 하는 또 다른 유용한 방법이 있다(표 8.1). 8.16절에서는 2개의 회전각을 임의로 선택하여 간단한 선형 방정식을 유도하였다. 그리고 앞 절에서는, 자유선택된 각도 중의 하나를 변수로 변화시킴으로써 중심점의 원형 궤적과 원주점들을 얻을 수 있었다. 이것 대신에 가능한 두 가지 자유선택으로 링크 벡터들(**W** 또는 **Z**) 중의 하나를 임의로 택할 수 있다. 요컨대 다이애드 방정식을 다른 형태로 바꿈으로써 고정 또는 이동피봇의 위치들을 직접 지정할 수 있다.

그림 8.74는 유한하게 떨어져 있는 세 위치에서의 다이애드를 보여주고 있다. 합성 방정식은 다음과 같이 쓸 수 있다.*

$$\begin{aligned}\mathbf{W} + \mathbf{Z} &= \mathbf{R}_1 \\ \mathbf{W}e^{i\beta_2} + \mathbf{Z}e^{i\alpha_2} &= \mathbf{R}_2 \\ \mathbf{W}e^{i\beta_3} + \mathbf{Z}e^{i\alpha_3} &= \mathbf{R}_3\end{aligned} \tag{8.46}$$

* 그림 8.70에서 정의되었듯이 그림 8.74에서 $\mathbf{R}_1 = -\mathbf{R}$임에 유의하라.

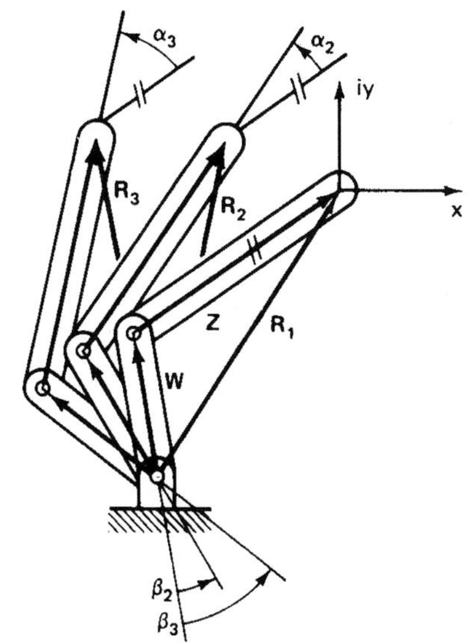

그림 8.74 미지 다이애드 **W**, **Z**의 3위치. 지정된 고정피봇 갖는 운동생성에 대한 합성을 위해서는 $\mathbf{R}_j(j=1, 2, 3)$ α_2, α_3가 규정되어야 하며, $\beta_j(j=2, 3)$는 **W**, **Z**에 대한 식 (8.46)을 풀기 전에 구해야 한다.

운동생성에 대하여 그림 8.74의 다이애드를 합성하는 경우를 생각해 보자. 8.14절에 따르면 $\boldsymbol{\delta}_2=(\mathbf{R}_2-\mathbf{R}_1)$, $\boldsymbol{\delta}_3=(\mathbf{R}_3-\mathbf{R}_1)$, α_2, α_3가 선정되어야 한다. 식 (8.46)의 두 번째, 세 번째 식에서 첫 번째 식을 빼면 표준형의 식 (8.16)이 유도된다. 표 8.1에 의하면 방정식들에 대해서 2개의 부가적인 자유선택이 요구된다. $\mathbf{R}_1$(지면고정 피봇의 위치를 알 수 있다)을 임의로 선택하면 **Z**와 $\mathbf{R}_j$의 계수를 알 수 있다.

식 (8.46)을 일단 3개의 선형, 비제차 방정식으로 본다면 두 개의 미지 복소수 **W**와 **Z**는 행렬식의 값이 0일 경우에만 해가 존재한다.

$$\begin{vmatrix} 1 & 1 & \mathbf{R}_1 \\ e^{i\beta_2} & e^{i\alpha_2} & \mathbf{R}_2 \\ e^{i\beta_3} & e^{i\alpha_3} & \mathbf{R}_3 \end{vmatrix} = 0 \tag{8.47}$$

식 (8.47)은 두 개의 미지수 β_2와 β_3를 갖는 복소수 방정식을 나타낸다. 미지수가 첫째 열에 있기 때문에 행렬식을 이 첫째 열에 대해서 전개하면

$$(\mathbf{R}_3e^{i\alpha 2}-\mathbf{R}_2e^{i\alpha 3})+e^{i\beta 2}(-\mathbf{R}_3+\mathbf{R}_1e^{i\alpha 3})+e^{i\beta 3}(\mathbf{R}_2-\mathbf{R}_1e^{i\alpha 2})=0 \tag{8.48}$$

또는

$$\mathbf{D}_1+\mathbf{D}_2e^{i\beta 2}+\mathbf{D}_3e^{i\beta 3}=0 \tag{8.49}$$

이 식은 미지수 β_2와 β_3의 초월함수 형태이며 여기서 다음 값들은 규정된 데이터로부터 구

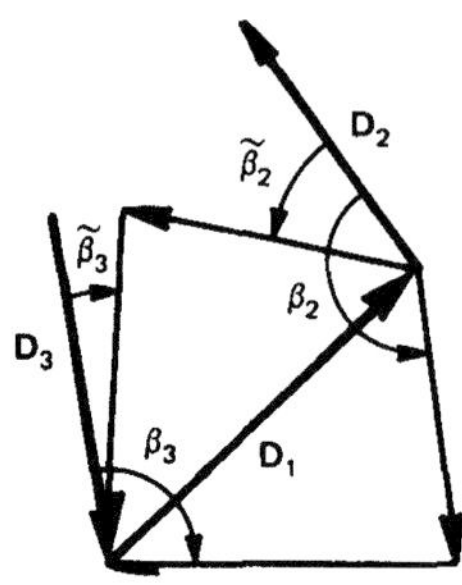

그림 8.75 β_2와 β_3에 대한 식 (8.49)의 도해적 해 $\tilde{\beta}_2=\alpha_2$와 $\tilde{\beta}_3=\alpha_3$.

한다.

$$\begin{aligned}\mathbf{D}_1 &= \mathbf{R}_3 e^{i\alpha 2} - \mathbf{R}_2 e^{i\alpha 3} \\ \mathbf{D}_2 &= \mathbf{R}_1 e^{i\alpha 3} - \mathbf{R}_3 \\ \mathbf{D}_3 &= \mathbf{R}_2 - \mathbf{R}_1 e^{i\alpha 2}\end{aligned} \tag{8.50}$$

식 (8.49)의 β_2와 β_3를 구하기 위해서 간단한 도해적 구성을 하여 보자. 그림 8.75는 $\mathbf{D}_1$, $\mathbf{D}_2$, $\mathbf{D}_3$가 벡터로 주어졌을 때의 기하학적 해법을 보여준다. $\mathbf{D}_3$와 $\mathbf{D}_2$는 $\mathbf{D}_1$에 회전 가능하게 연결되어 있지만, 벡터 $\mathbf{D}_1$은 고정되어 있음에 주의하자. 식 (8.49)에서 벡터 $\mathbf{D}_2$, $\mathbf{D}_3$는 각각 $e^{i\beta_2}$, $e^{i\beta_3}$를 곱하였다. 이것들은 **회전 연산자**로 취급된다.

그림 8.75에서 벡터가 폐다각형 형태를 이루면 식 (8.49)는 만족될 것이다. 따라서 $\mathbf{D}_2$, $\mathbf{D}_3$는 서로 만날 때까지 $\mathbf{D}_1$에 핀 연결되어 회전할 것이다. 그리고 폐루프 형태가 될 때까지의 회전각은 β_2와 β_3가 된다. 주의할 것은 삼각형 형태에 대해서 2개의 해 β_2, β_3와 $\tilde{\beta}_2, \tilde{\beta}_3$가 존재한다는 사실이다. 그러나 β의 해 중 한 쌍은 '무용' 해가 될 것이다. 이에 해당되는 해는 $\tilde{\beta}_2=\alpha_2$ 그리고 $\tilde{\beta}_3=\alpha_3$이다(이것들은 방향 전환 블록의 해이다–제2권 3장 참조). 이것은 식 (8.49)에 평범한 해를 대입함으로써 증명될 수 있다. 이 같은 결과로부터 다음의 관계를 얻는다.

$$\beta_2 = 2\arg(-\mathbf{D}_1) - \arg(\mathbf{D}_2) - \arg(\mathbf{D}_2 e^{i\alpha 2}) \tag{8.51}$$

$$\beta_3 = 2\arg(-\mathbf{D}_1) - \arg(\mathbf{D}_3) - \arg(\mathbf{D}_3 e^{i\alpha 3}) \tag{8.52}$$

β_2와 β_3의 값을 구한 다음, 이 값들과 규정된 α_2, α_3, $\boldsymbol{\delta}_2$, $\boldsymbol{\delta}_3$의 값들을 식 (8.46) 중 임의의 2개의 식에 대입한다. Cramer의 법칙을 이용하면 **W**와 **Z**의 값을 구할 수 있다. 따라서 규정된 고정피봇 위치에 대한 다이애드가 결정된다.

예제 8.9

최근에 스포츠카 CD 플레이어를 구입한 한 공학도는 이것을 도난당할까봐 걱정하였다. 그래서 그 학생은 플레이어를 사용하지 않을 때는 글로브 박스 안에 숨길 수 있도록 하는

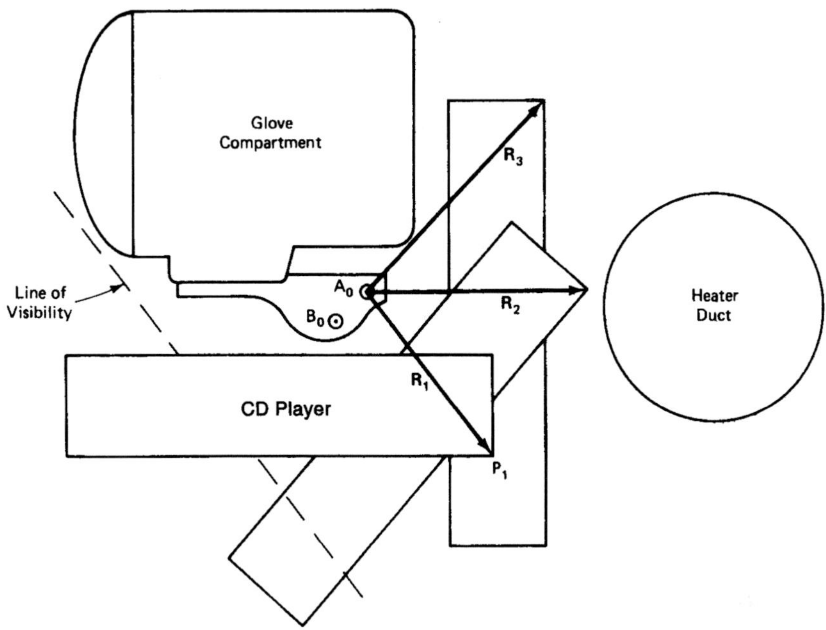

그림 8.76 규정된 고정피봇을 갖고 있는 4절 운동생성 기구의 합성.

4절 링크의 형상을 구상하였다. 그림 8.76은 CD 플레이어의 규정된 세 위치, 글로브 박스와 히팅 덕트 등 관련 영역의 단면을 나타낸 것이다. 고정피봇이 위치할 수 있는 영역이 작기 때문에 8.19절의 방법을 사용하여 합성해 보자.

그림 8.76($B_0 = -0.72 - 0.48i$)과 같이 두 고정피봇 위치 A_0, B_0가 선택되었다. 4절 링크 장치의 첫 번째 다이애드에 대한 세 위치 벡터는 다음과 같다.

$$\mathbf{R}_1 = 2.14 - 3.68i$$
$$\mathbf{R}_2 = 4.46 - 0.63i$$
$$\mathbf{R}_3 = 4.10 + 3.22i$$

한편 커플러(CD 플레이어)의 회전은 다음과 같다.

$$\alpha_2 = 50.7°$$
$$\alpha_3 = 91.9°$$

식 (8.50)을 사용하면

$$\mathbf{D}_1 = -0.377 + 0.734i$$
$$\mathbf{D}_2 = -0.493 - 0.959i$$
$$\mathbf{D}_3 = 0.257 + 0.0448i$$

이와 함께 식 (8.51)과 (8.52)를 이용하면 다음의 값이 나온다.

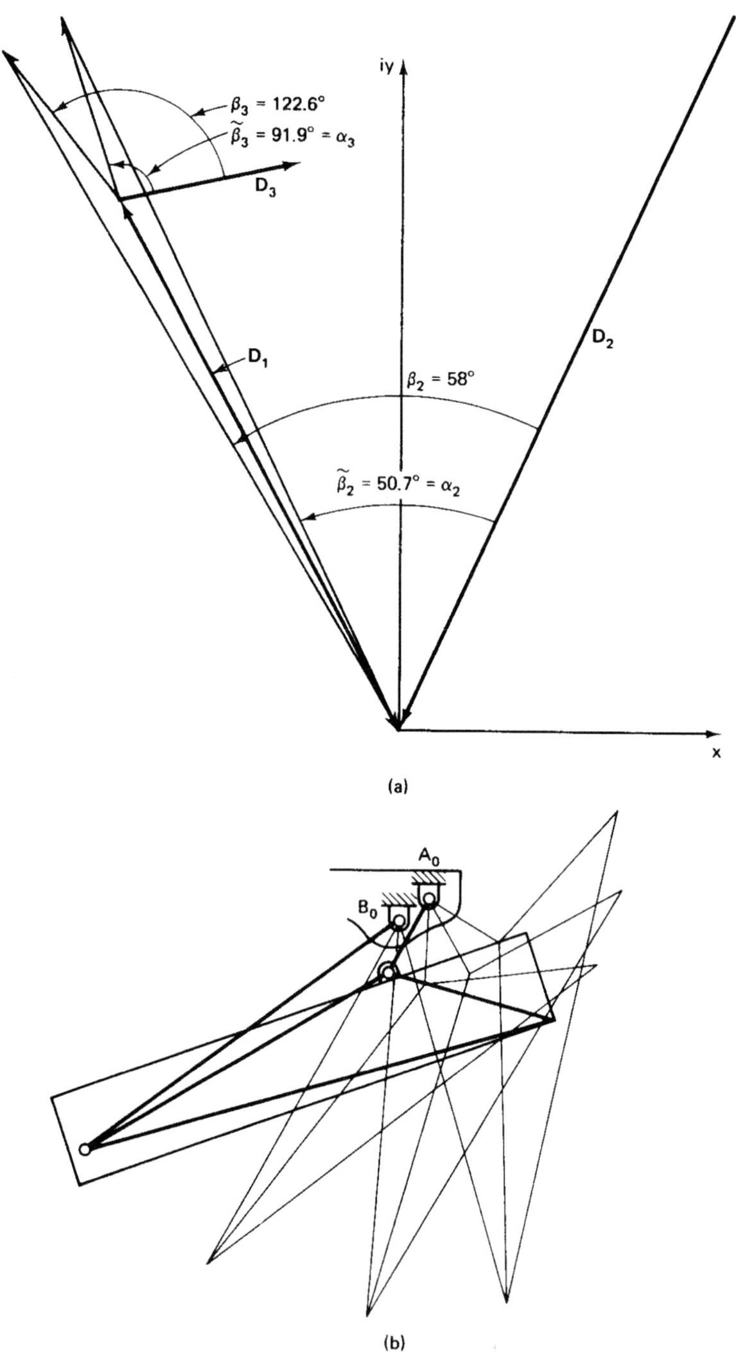

그림 8.77 그림 8.76의 요구조건에 따라 합성된 4절 운동생성 기구. 규정된 고정피봇의 위치들에 주의하라: (a) A_0에 피봇되어 있는 첫 번째 다이애드에 대하여 계산된 β_2와 β_3값의 도해적 점검[식 (8.49)와 그림 8.75], (b) 합성된 4절 네 기구의 중간 위치에서의 형태.

$$\beta_2 = 58.09°$$
$$\beta_3 = 122.70° \qquad \text{(see Fig. 8.77a)}$$

이 값들을 식 (8.46)의 임의의 두 식에 대입하면

$$\mathbf{W} = -1.42 - 1.45i$$
$$\mathbf{Z} = 3.56 - 2.23i$$

그림 8.77b는 처음과 최종 위치 그리고 두 중간 위치에서 합성된 링크장치를 보여 준다. 링크장치의 다른 부분도 같은 방법으로 설계된다.

8.20 세 무오차점의 다중 루프 기구장치로의 확장

식 (8.16)과 같은 형태의 식을 만들 수 있는 다이애드들을 구함으로써 다중 루프 평면 기구를 합성할 수 있다.

예제 8.6과 그림 8.69의 Watt 6절 링크장치와 함께 그림 8.78a의 Stephenson III 링크장치를 이용하여 다이애드 방법을 4절 기구 외에도 확장하여 적용해 볼 것이다.

그림 8.78a를 관찰하면 세 개의 독립된 루프가 있음을 알 수 있다. 즉 하나는 다이애드 루프이고 두 개는 트라이애드 루프들이다(그림 8.78b 참조).

루프 1 :

$$\mathbf{Z}_2(e^{i\phi_j} - 1) + \mathbf{Z}_3(e^{i\gamma_j} - 1) = \boldsymbol{\delta}_j \tag{8.53}$$

루프 2:

$$\mathbf{Z}_5(e^{i\psi_j} - 1) + \mathbf{Z}_4(e^{i\beta_j} - 1) - \mathbf{Z}_9(e^{i\gamma_j} - 1) = \boldsymbol{\delta}_j \tag{8.54}$$

루프 3:

$$\mathbf{Z}_6(e^{i\theta_j} - 1) + \mathbf{Z}_7(e^{i\beta_j} - 1) - \mathbf{Z}_9(e^{i\gamma_j} - 1) = \boldsymbol{\delta}_j \tag{8.55}$$

루프 1은 표준형이다. 즉 $\boldsymbol{\delta}_j$와 γ_j 또는 ϕ_j가 규정되어 있다. 루프 2와 3은 표준형이 아니다. 그러나 이것은 오른쪽 항이 '0' 대신에 알려진 경로 변위 벡터 $\boldsymbol{\delta}_j$로 쓰인 것을 제외하고는 표 8.3에서 분석된 식 (8.27)과 같은 형태를 갖는다. 가능한 두 가지의 자유선택을 가지고 벡터 $\mathbf{Z}_9$을 임의로 정할 수 있다. 만약 γ_j가 규정되었거나 루프 1로부터 알 수 있다면 식 (8.54)와 식 (8.55)는 식 (8.56)을 이용하여 다시 쓸 수 있으며, 표준형 방정식으로 풀 수 있다. 만약 다음과 같다면

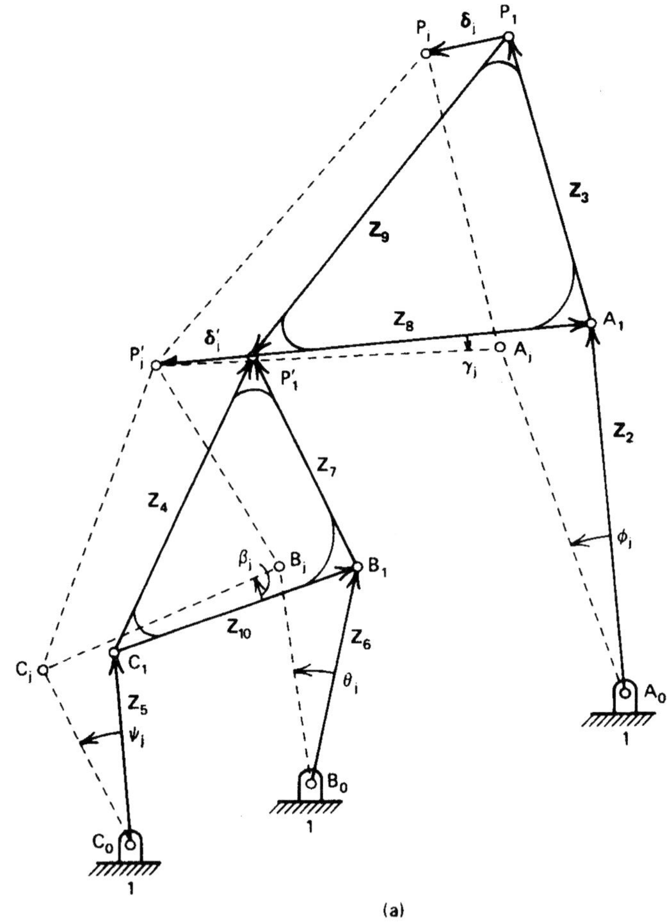

그림 8.78 운동생성, 규정된 타이밍을 갖는 경로생성, 그리고 함수생성에 대한 Stephenson III 6절 기구의 다이애드를 이용한 합성. $\overrightarrow{P_1P_j}$는 경로 변위 벡터 $\boldsymbol{\delta}_j$이다. 운동생성에 대해서는 $\boldsymbol{\delta}_j$가 규정되었으며 규정된 타이밍을 갖는 경로생성에 대해서는 ϕ_j가 규정되었다. 추가적인 운동생성을 위해서는 ϕ_j뿐만 아니라 ψ_j 또는 θ_j도 규정되어야 한다. $A_0A_jP_jP_1A_1A_0$, $B_0B_jP'_jP_jP'_1B_1B_0$, $C_0C_jP'_jP_jP_1P'_1C_1C_0$에 대하여 루프-폐쇄 방정식이 만들어진다.

$$\boldsymbol{\delta}'_j = \boldsymbol{\delta}_j + \mathbf{Z}_9(e^{i\gamma_j} - 1) \tag{8.56}$$

루프 2에 대해서는

$$\mathbf{Z}_5(e^{i\psi_j} - 1) + \mathbf{Z}_4(e^{i\beta_j} - 1) = \boldsymbol{\delta}'_j \tag{8.57}$$

루프 3에 대해서는

$$\mathbf{Z}_6(e^{i\theta_j} - 1) + \mathbf{Z}_7(e^{i\beta_j} - 1) = \boldsymbol{\delta}'_j \tag{8.58}$$

여기서 $\boldsymbol{\delta}'_j$은 P'의 변위를 뜻한다. $\mathbf{Z}_9$에 대한 자유선택은 설계자들로 하여금 커플러링크

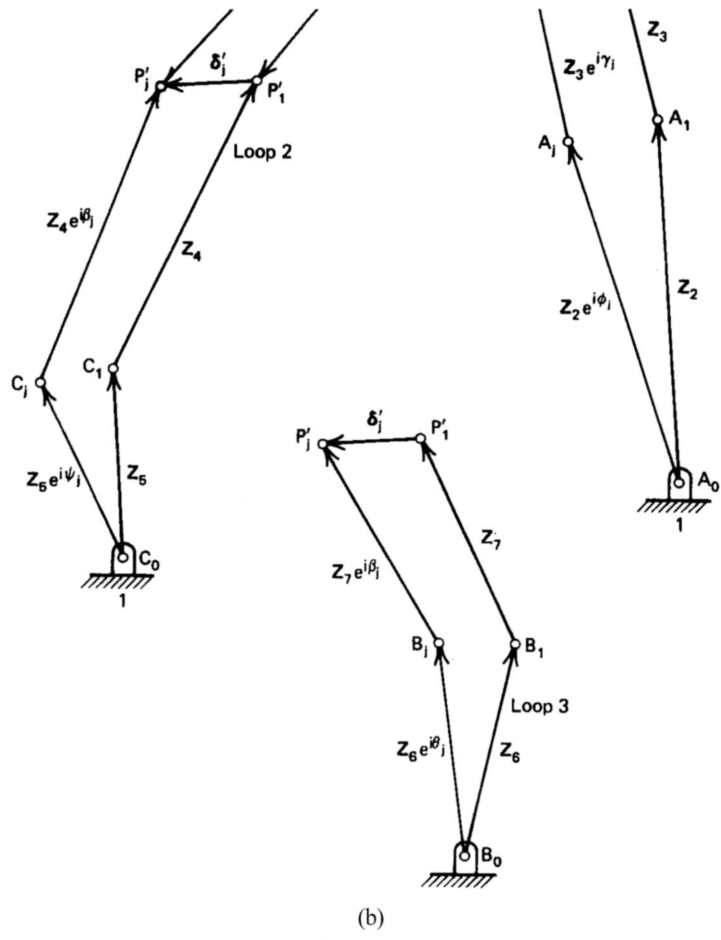

(b)

그림 8.78 계속.

의 형태를 임의로 선정할 수 있게 하여 주며, $\mathbf{Z}_9$을 변화시킴으로써 다른 해를 얻을 수 있게 하여 준다. 다른 다중 루프 링크장치들도 이 절에서 설명한 것과 유사한 절차를 따라 같은 표준형의 해법을 사용하여 합성시킬 수 있다(Stephenson III 및 다른 다중 루프에 대한 예는 제2권의 3절을 참조하라)[48, 49].

8.21 3점 함수생성에 대한 Freudenstein의 방정식

잘 알려진 또 다른 해석적 합성방법은 Freudenstein의 방정식을 기초로 한다[71, 148]. 이 대수학적 방법은 3개의 무오차점 함수생성에 대해서 Freudenstein의 변위 방정식을 이용한다. 이 기법은 4개 또는 5개의 무오차점을 경우로 확장시킬 수 있으며, 또한 입, 출력회

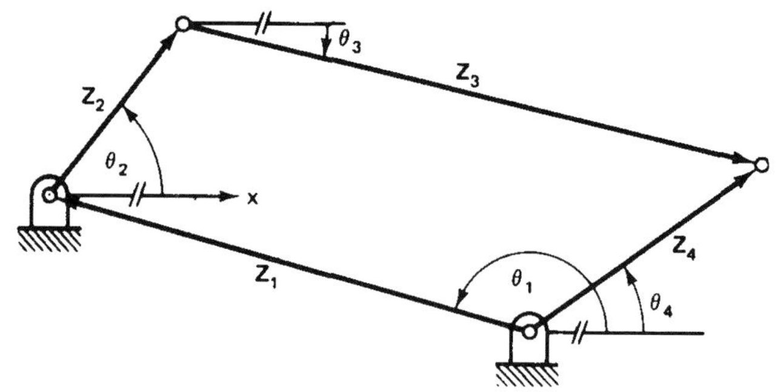

그림 8.79 Freudenstein의 방정식은 4절 루프-폐쇄에 기초를 두고 있다.

전의 비례계수 $\mathbf{R}_\phi$, $\mathbf{R}_\psi$를 미지수로 간주함으로써 6개 또는 7개의 무오차점의 경우로 확장시킬 수 있다. 이 방법은 다른 링크장치에 대하여 확장시킬 수 있지만 여기서는 다루지 않기로 하자.

그림 8.79에 대한 루프-폐쇄 방정식으로부터 다음의 방정식이 유도된다(이 절에서는 모든 각도들이 모든 위치에서 링크 벡터의 편각임에 주의하라).

$$\mathbf{Z}_1 + \mathbf{Z}_2 + \mathbf{Z}_3 - \mathbf{Z}_4 = 0 \tag{8.59}$$

만약 이 복소수 방정식을 실수와 허수 성분으로 분리시킨다면 두 개의 대수 방정식이 산출된다.

$$Z_1 \cos\theta_1 + Z_2 \cos\theta_2 + Z_3 \cos\theta_3 - Z_4 \cos\theta_4 = 0 \tag{8.60}$$

$$Z_1 \sin\theta_1 + Z_2 \sin\theta_2 + Z_3 \sin\theta_3 - Z_4 \sin\theta_4 = 0 \tag{8.61}$$

그림 8.80과 같이 고정링크가 x축상에 있다고 가정하면, $\theta_1 = 180°$이고

$$-Z_1 + Z_2 \cos\theta_2 + Z_3 \cos\theta_3 - Z_4 \cos\theta_4 = 0 \tag{8.62}$$

$$Z_2 \sin\theta_2 + Z_3 \sin\theta_3 - Z_4 \sin\theta_4 = 0 \tag{8.63}$$

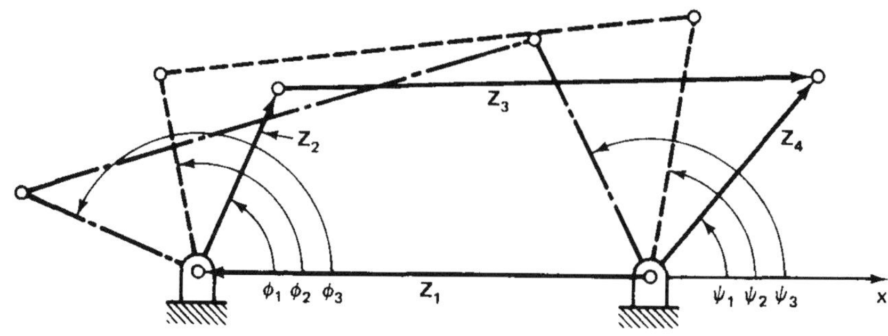

그림 8.80 식 (8.70)의 Freudenstein의 방정식을 표기하기 위한 4절 기구 예.

여기서는 함수생성기의 합성이 요구되므로 θ_3는 관심의 대상이 되지 못하며, 이것은 식 (8.62), (8.63)에서 $\mathbf{Z}_3$항을 우변으로 이항시킴으로써 소거시킬 수 있다.

$$-Z_1 + Z_2 \cos\theta_2 - Z_4 \cos\theta_4 = -Z_3 \cos\theta_3 \tag{8.64}$$

$$Z_2 \sin\theta_2 - Z_4 \sin\theta_4 = -Z_3 \sin\theta_3 \tag{8.65}$$

다음으로 θ_3를 소거시키기 위해서 식 (8.64), (8.65)를 제곱하여 서로 더한다. 결과식은 다음과 같다.

$$\begin{aligned} Z_3^2 = Z_1^2 + Z_2^2 + Z_4^2 - 2Z_1Z_2\cos\theta_2 + 2Z_1Z_4\cos\theta_4 \\ - 2Z_2Z_4(\cos\theta_2\cos\theta_4 + \sin\theta_2\sin\theta_4) \end{aligned} \tag{8.66}$$

그런데 $\cos\theta_2\cos\theta_4 + \sin\theta_2\sin\theta_4 = \cos(\theta_2 - \theta_4)$이므로, 식 (8.66)은 다음과 같이 된다.

$$\frac{Z_3^2 - Z_1^2 - Z_2^2 - Z_4^2}{2Z_2Z_4} + \frac{Z_1}{Z_4}\cos\theta_2 - \frac{Z_1}{Z_2}\cos\theta_4 = -\cos(\theta_2 - \theta_4) \tag{8.67}$$

더 간단히 하면 Freudenstein의 방정식은

$$K_1\cos\theta_2 + K_2\cos\theta_4 + K_3 = -\cos(\theta_2 - \theta_4) \tag{8.68}$$

여기서

$$\begin{aligned} K_1 &= \frac{Z_1}{Z_4} \\ K_2 &= \frac{-Z_1}{Z_2} \\ K_3 &= \frac{Z_3^2 - Z_1^2 - Z_2^2 - Z_4^2}{2Z_2Z_4} \end{aligned} \tag{8.69}$$

K는 미지수인 3개의 링크 길이를 포함하는 3개의 독립 대수 형태가 된다. Freudenstein의 방정식은 4절 링크장치의 각 위치에 적용되는 변위 방정식이다. 그러므로 3개의 위치가 규정된 경우, 각 위치에 대한 방정식을 쓸 수 있다. 여기서 이중 아래첨자를 피하기 위해 표기법을 바꾸기로 하자. 즉 고정된 x축에 대한 $\mathbf{Z}_3$의 3개의 규정 위치에 대한 세 각도는 그림 8.80에서와 같이 각기 ϕ_1, ϕ_2, ϕ_3로 나타내고 $\mathbf{Z}_4$에 대해서는 ψ_1, ψ_2, ψ_3로 표시한다. 규정된 세 위치에 대한 Freudenstein의 방정식은 다음과 같다.

$$\begin{aligned} K_1\cos\phi_1 + K_2\cos\psi_1 + K_3 = -\cos(\phi_1 - \psi_1) \\ K_1\cos\phi_2 + K_2\cos\psi_2 + K_3 = -\cos(\phi_2 - \psi_2) \\ K_1\cos\phi_3 + K_2\cos\psi_3 + K_3 = -\cos(\phi_3 - \psi_3) \end{aligned} \tag{8.70}$$

Cramer의 법칙을 이용하여 식 (8.70)을 풀기로 한다. Z값들을 찾기 위해 함수생성기의 크기를 조정할 수 있도록 Z_1의 길이를 임의로 정한다(앞의 함수생성 기법에서와 같은 방법으로).

첫 번째 식에서 두 번째, 세 번째 식을 빼어 K_3를 소거함으로써 3차 행렬식을 계산할 필요가 없게 된다.

$$K_1(\cos\phi_1 - \cos\phi_2) + K_2(\cos\psi_1 - \cos\psi_2) = -\cos(\phi_1 - \psi_1) + \cos(\phi_2 - \psi_2) \quad (8.71)$$

$$K_1(\cos\phi_1 - \cos\phi_3) + K_2(\cos\psi_1 - \cos\psi_3) = -\cos(\phi_1 - \psi_1) + \cos(\phi_3 - \psi_3) \quad (8.72)$$

K_1, K_2에 대해 두 식을 풀면 다음과 같이 된다.

$$K_1 = \frac{\omega_3\omega_5 - \omega_2\omega_6}{\omega_1\omega_5 - \omega_2\omega_4} \qquad K_2 = \frac{\omega_1\omega_6 - \omega_3\omega_4}{\omega_1\omega_5 - \omega_2\omega_4} \quad (8.73)$$

여기서

$$\begin{aligned} \omega_1 &= \cos\phi_1 - \cos\phi_2, & \omega_4 &= \cos\phi_1 - \cos\phi_3 \\ \omega_2 &= \cos\psi_1 - \cos\psi_2, & \omega_5 &= \cos\psi_1 - \cos\psi_3 \\ \omega_3 &= -\cos(\phi_1 - \psi_1) + \cos(\phi_2 - \psi_2), & \omega_6 &= -\cos(\phi_1 - \psi_1) + \cos(\phi_3 - \psi_3) \end{aligned} \quad (8.74)$$

식 (8.70) 중 어느 식에든 K_1, K_2를 대입하면 다음과 같은 결과를 얻는다.

$$K_3 = -\cos(\phi_i - \psi_i) - K_1\cos\phi_i - K_2\cos\psi_i,\ i = 1, 2, \text{ or } 3 \quad (8.75)$$

링크의 길이는 식 (8.69)(Z_1의 길이를 선택)를 이용하여 구한 K의 값들로써 표현할 수 있다.

$$Z_4 = \frac{Z_1}{K_1} \quad (8.76)$$

$$Z_2 = -\frac{Z_1}{K_2}$$

$$Z_3 = \sqrt{2K_3Z_2Z_4 + Z_1^2 + Z_2^2 + Z_4^2}$$

다른 합성 방법에서와 마찬가지로 Freudenstein의 방정식을 이용하는 경우도 무오차점들에 대하여 두 무한대의 해가 나온다. 단지 무오차점들의 위치를 바꿈으로써 시작 위치의 입력 및 출력각 ϕ_1과 ψ_1이 0°에서부터 360° 사이에서 변화하게 된다. 각각의 새로운 ϕ_1 또는 ψ_1값들도 새로운 해를 내놓는다.

예제 8.10 [39]

Freudenstein의 방정식을 사용하여 8.10절에서와 같은 함수생성기를 합성하여 보자. 합성되는 함수는 $0^\circ \leq x \leq 90^\circ$에 대하여 $y = \sin(x)$이다. 그림 8.50에서 보듯이 ϕ의 구간은 120°이며 ψ의 구간은 60°이다. Chebyshev 배치에 대해 다음의 무오차점들이 산출된다.

$$\phi_2 - \phi_1 = 52°, \qquad \psi_2 - \psi_1 = 36.15°$$
$$\phi_3 - \phi_1 = 104°, \qquad \psi_3 - \psi_1 = 53.40°$$

그림 8.51에서와 같은 동일한 4절 해를 얻기 위하여, $\phi_1 = 105°$, $\psi_1 = 66.27°$로 놓자. 따라서 절대 무오차점들은 다음과 같다.

$$\phi_1 = 105°, \qquad \psi_1 = 66.27°$$
$$\phi_2 = 157°, \qquad \psi_2 = 102.42°$$
$$\phi_2 = 209°, \qquad \psi_3 = 119.68°$$

따라서

$$\omega 1 = \cos(105.0) - \cos(157.0) = 0.662$$
$$\omega_2 = \cos(66.27) - \cos(102.42) = 0.618$$
$$\omega_3 = -\cos(105.0 - 66.27) + \cos(157.0 - 102.42) = -0.201$$
$$\omega_4 = \cos(105.0) - \cos(209.0) = 0.616$$
$$\omega_5 = \cos(66.27) - \cos(119.67) = 0.897$$
$$\omega_6 = -\cos(105.0 - 66.27) + \cos(209.0 - 119.67) = -0.768$$

식 (8.73), (8.75)로부터 K_1, K_2, K_3를 구하면 다음의 값들을 얻는다.

$$K_1 = \frac{-0.180 + 0.475}{0.594 - 0.381} = 1.385$$

$$K_2 = \frac{-0.508 + 0.124}{0.594 - 0.381} = -1.803$$

$$K_3 = 0.304$$

만약 $Z_1 = 52.5$ mm이면, 식 (8.76)으로부터 다음 값들을 구할 수 있다.

$$Z_2 = 29.0 \text{ mm}$$
$$Z_4 = 38.0 \text{ mm}$$
$$Z_3 = 75.6 \text{ mm}$$

이 값들은 그림 8.51의 도해법에 의한 해와 일치한다.

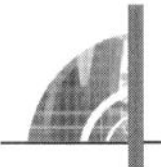

8.22 루프-폐쇄 방정식 기법

함수생성기 합성의 또 다른 방법으로 루프-폐쇄 방정식 기법이 있다. 함수생성기의 경우에 그림 3.89의 일반 연쇄의 바-슬라이더 요소들은 하나 이상의 폐다각형을 형성한다. 따라서 그림 8.81 의 표기법과 기구의 루프를 구성하는 링크 벡터 $\mathbf{Z}_k$를 가지고 4절 연쇄의 j번째 위치에 대한 **폐쇄 방정식**(혹은 루프-폐쇄 방정식)을 다음과 같이 쓸 수 있다.

$$\sum_{k=1}^{4} \mathbf{Z}_k = 0 \tag{8.77}$$

특별히 첫 번째 위치에서 4절 링크장치(그림 8.81)에 대한 폐쇄 방정식을 세우면 다음과 같다.

$$\mathbf{Z}_2 + \mathbf{Z}_3 + \mathbf{Z}_4 - \mathbf{Z}_1 = 0 \tag{8.78}$$

함수생성의 경우 단지 4절 링크장치의 각도 관계만이 관심의 대상이 된다. 기구의 크기를 두 배로 하거나 신장회전을 하여도 링크들 사이의 회전은 변화하지 않는다. 그러므로 $Z_1 = 1$로 하면

$$\mathbf{Z}_2 + \mathbf{Z}_3 + \mathbf{Z}_4 - 1.0 = 0 \tag{8.79}$$

그림 8.81의 4절 링크장치의 j번째 위치는 다음과 같이 표기할 수 있다.

$$\mathbf{Z}'_2 + \mathbf{Z}'_3 + \mathbf{Z}'_4 - 1.0 = 0 \tag{8.80}$$

또는 식 (8.12)를 사용하여 다음과 같이 표기한다.

$$\mathbf{Z}_2 e^{i\phi_j} + \mathbf{Z}_3 e^{i\gamma_j} + \mathbf{Z}_4 e^{i\psi_j} - 1.0 = 0 \tag{8.81}$$

식 (8.81)은 $e^{i\theta_j}$, $e^{i\psi_j}$, $e^{i\gamma_j}$의 복소수 계수를 갖고, 미지 복소수 $Z_k(k = 2, 3, 4)$에 대한 비제차 선형 방정식 형태의 **변위 방정식**의 하나이다.

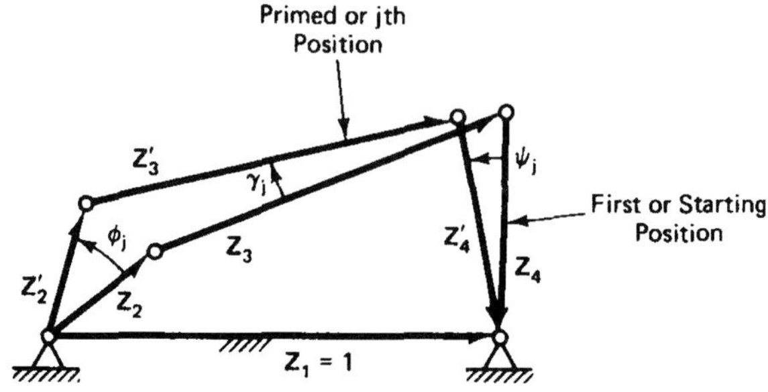

그림 8.81 루프-폐쇄 방정식[식 (8.81)]에 사용되는 4절 기구 내의 기호들.

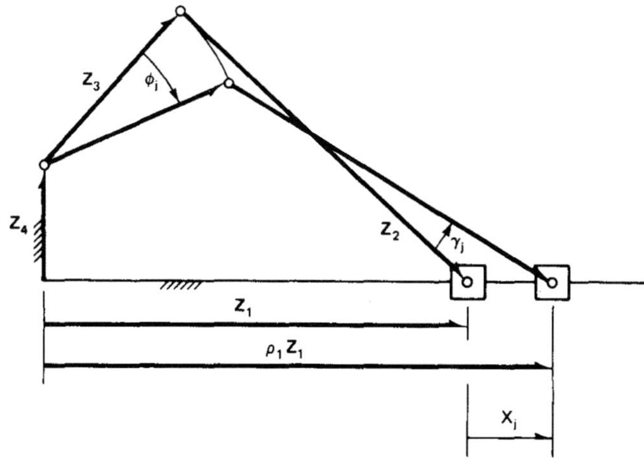

그림 8.82 식 (8.83)의 루프-폐쇄 방정식을 쓰기 위한 옵셋 슬라이더 크랭크 기호들.

어떤 경우에서는 신장회전 연산자(stretch rotation operator)가 변위 방정식을 표기하는 데 유용하게 사용된다. 그림 8.82의 옵셋 슬라이더-크랭크(offset slidercrank)에 대한 첫 번째, j번째의 변위 방정식은 다음과 같다.

$$\mathbf{Z}_4 + \mathbf{Z}_3 + \mathbf{Z}_2 - \mathbf{Z}_1 = 0 \tag{8.82}$$

그리고

$$\mathbf{Z}_4 + \mathbf{Z}_3 e^{i\phi_j} + \mathbf{Z}_2 e^{i\gamma_j} - \rho_j \mathbf{Z}_1 = 0 \tag{8.83}$$

여기서 신장률은 다음과 같다.

$$\rho_j \equiv \frac{Z_1 + x_j}{Z_1}$$

함수생성에 대한 루프 폐쇄 기법의 응용(3 무오차점의 경우)

3개의 무오차점이 규정된 (3점 근사치) 함수생성의 4절 링크를 합성하고자 한다. 식 (8.81)로부터 그림 8.81의 초기 위치와 두 변위에 대한 루프 방정식을 표현하는 세 개의 방정식은 다음과 같다.

$$\begin{aligned} \mathbf{Z}_2 + \mathbf{Z}_3 + \mathbf{Z}_4 &= 1.0 \\ \mathbf{Z}_2 e^{i\phi_2} + \mathbf{Z}_3 e^{i\gamma_2} + \mathbf{Z}_4 e^{i\psi_2} &= 1.0 \\ \mathbf{Z}_2 e^{i\phi_3} + \mathbf{Z}_3 e^{i\gamma_3} + \mathbf{Z}_4 e^{i\psi_3} &= 1.0 \end{aligned} \tag{8.84}$$

함수 관계에 따라 Z_2와 Z_4의 회전이 규정되는, 함수생성에 대한 링크장치를 합성하고 있으므로 $\psi_2, \psi_3, \phi_2, \phi_3$ 값들은 규정되어 었다. 식 (8.84)에서 미지수는 벡터 $\mathbf{Z}_2, \mathbf{Z}_3, \mathbf{Z}_4$(이것은 첫 번째 위치의 4절 링크장치를 나타낸다)와 커플러링크의 두 회전각 γ_2, γ_3이다. 6개의 독립방정식(각 복소수 방정식의 실수 및 허수부)과 8개의 미지 실수가 존재한다. 만약 Z_2, Z_3에 대해 임의의 값을 택하면, 식 (8.84)는 미지 링크 벡터 $\mathbf{Z}_2, \mathbf{Z}_3, \mathbf{Z}_4$에 대한 비제차 선형 방정식이 된다. 링크 벡터의 복소수 계수를 이제 구했으며, 미지수의 수와 방정식의 수가 같아졌다. Cramer의 법칙을 이용하여 이 방정식을 푼다.

$$\mathbf{Z}_2 = \frac{\begin{vmatrix} 1 & 1 & 1 \\ 1 & e^{i\gamma_2} & e^{i\psi_2} \\ 1 & e^{i\gamma_3} & e^{i\psi_3} \end{vmatrix}}{\mathbf{D}} \tag{8.85}$$

$$\mathbf{Z}_3 = \frac{\begin{vmatrix} 1 & 1 & 1 \\ e^{i\phi_2} & 1 & e^{i\psi_2} \\ e^{i\phi_3} & 1 & e^{i\psi_3} \end{vmatrix}}{\mathbf{D}} \tag{8.86}$$

여기서

$$\mathbf{Z}_4 = \frac{\begin{vmatrix} 1 & 1 & 1 \\ e^{i\phi_2} & e^{i\gamma_2} & 1 \\ e^{i\phi_3} & e^{i\gamma_3} & 1 \end{vmatrix}}{\mathbf{D}} \tag{8.87}$$

$$\mathbf{D} = \begin{vmatrix} 1 & 1 & 1 \\ e^{i\phi_2} & e^{i\gamma_2} & e^{i\psi_2} \\ e^{i\phi_3} & e^{i\gamma_3} & e^{i\psi_3} \end{vmatrix} \tag{8.88}$$

8.15절에서 표준형을 3×3의 행렬식이 아니라 2×2의 행렬식으로 나타내었음에 유의하자. 합성된 링크의 크기와 첫 위치가 다른 것을 빼고는 동일한 4절 링크 해를 각 방법에서 얻을 수 있다. 표준형의 방정식은 식 (8.81)에서 식 (8.79)를 빼고 하나의 링크 벡터를 임의로 선택함으로써 루프-폐쇄 기법으로부터 쉽게 유도된다.

8.23 차수합성: 4절 기구장치의 함수생성

기구학적 합성의 대상은 유한하게 분리된 위치뿐만 아니라 속도, 가속도 또는 고차 미분을 규정하는 것과 관련된 경우가 많다. 이것은 **차수합성**(order synthesis)이라 불리며 위치 방정식의 도함수를 구하여 복소수 루프-폐쇄 기법을 사용하여 구할 수 있다. 그림 8.79는 입력링크의 상대 각속도, 각가속도 등에 대하여 출력링크의 값들을 지정할 경우의 4절 함수생성기를 보여준다. 앞 절에 의하면 루프-폐쇄(혹은 위치) 방정식이 시작 위치에 대하여 다음과 같이 표기된다.

$$\mathbf{Z}_2 + \mathbf{Z}_3 - \mathbf{Z}_4 = -\mathbf{Z}_1 \tag{8.89}$$

극좌표 형식의 벡터의 도함수를 취하는 것이 좀더 간편하므로 식 (8.89)를 다음과 같이 표기한다.

$$\text{위치 방정식:}\ Z_2 e^{i\theta_2} + Z_3 e^{i\theta_3} - Z_4 e^{i\theta_4} = -Z_1 e^{i\theta_1} \tag{8.90}$$

속도 방정식은 식 (8.90)을 시간($\omega_1 = d\theta_i/dt$)에 대하여 미분함으로써 얻는다.

$$\text{속도 방정식:}\ Z_2\omega_2 ie^{i\theta_2} + Z_3\omega_3 ie^{i\theta_3} - Z_4\omega_4 ie^{i\theta_4} = 0 \tag{8.91}$$

또는

$$\mathbf{Z}_2\omega_2 + \mathbf{Z}_3\omega_3 - \mathbf{Z}_4\omega_4 = 0 \tag{8.92}$$

여기서 $\omega_1 = 0$이므로 Z_1은 없어진다.

식 (8.91)은 모든 위치 벡터가 90°까지 회전한다는 3장의 속도다각형 기법과 동일하다. 가속도 방정식은 식 (8.91)을 시간에 대하여 미분함으로써 얻을 수 있다($\alpha_i \equiv d\omega_i/dt$).

$$\text{가속도 방정식 :}\ Z_2(i\alpha_2 - \omega_2^2)e^{i\theta_2} + Z_3(i\alpha_3 - \omega_3^2)e^{i\theta_3} - Z_4(i\alpha_4 - \omega_4^2)e^{i\theta_4} = 0 \tag{8.93}$$

또는

$$\mathbf{Z}_2(i\alpha_2 - \omega_2^2) + \mathbf{Z}_3(i\alpha_3 - \omega_3^2) - \mathbf{Z}_4(i\alpha_4 - \omega_4^2) = 0 \tag{8.94}$$

그 이상의 도함수들도 동일한 방법으로 구할 수 있다. 여기서 '몇 차까지의 도함수에 대하여 4절 함수생성기가 합성될 수 있는가?'라는 의문이 생긴다. 8.15절의 논리적 개략도에 따르면 단지 한정된 차수의 도함수에 대해서만 합성이 이루어질 수 있다. 표 8.7은 4절 함수생성기에 대한 당연한 결과를 보여주고 있다. Z_1을 $(-1.0 + 0.0i)$로 정하고(이것은

표 8.7 ● 식 (8.90) $\mathbf{Z}_2e^{i\theta_2}+\mathbf{Z}_3e^{i\theta_3}+\mathbf{Z}_4e^{i\theta_4}=-\mathbf{Z}_1$에서의 가능한 해의 수와 4절 기구의 고차 근사 합성에 있어서 이 해의 미분값.

Number of positions plus derivatives	Number of scalar equations	Number of scalar unknowns	Number of free choices (scalars)	Number of solutions
1	2	$6 = (\mathbf{Z}_2, \mathbf{Z}_3, \mathbf{Z}_4)$	4	$O(\infty)^4$
2	4	$7 = (\text{above}) + \omega_3$	3	$O(\infty)^3$
3	6	$8 = (\text{above}) + \alpha_3$	2	$O(\infty)^2$
4	8	$9 = (\text{above}) + \dot{\alpha}_3$	1	$O(\infty)^1$
5	10	$10 = (\text{above}) + \ddot{\alpha}_3$	0	Finite

링크의 척도와 방향을 정해준다) θ_2와 θ_4의 도함수를 규정함으로써 위치와 도함수의 합의 최대수는 5가 된다. 그러나 비례상수 $\mathbf{R}_{\theta 2}$와 $\mathbf{R}_{\theta 4}$를 미지수로 하고 방정식을 독립 및 종속변수 x와 y[여기서 $y = f(x)$는 생성된 함수]로 표기하면 극소의 분리된 규정된 위치의 수는 7로 증가할 것이다. 다른 말로 표현하면 4절 링크장치의 경우 7차 근사의 함수생성이 가능하다. 이것은 유한하게 떨어져 있는 무오차점들에 대한 4절 함수 생성기의 합성 결과와 같다. 실제로 무오차점의 합성 방정식과 무오차차수의 합성 방정식(예를 들면, 분리된 무오차점의 경우)의 혼합형을 구하면 표 8.1과 유사한 형태의 표를 얻을 것이다. 또한 선형 방정식을 유발시키는 유한하게 혹은 극소로 분리된 위치들의 최대수는 각 경우에 동일하다. 경로 및 운동생성기의 차수합성에 대한 규정된 위치의 최대수는 유한하게 분리된 위치의 경우에 대한 표 8.1에서의 수와 같음을 알 수 있다.

4절 함수생성기에 대한 위치, 속도, 가속도의 규정

8.16절 유한이론(finite theory)의 경우와 같이, 분리된 세 위치는 움직일 수 있는 링크의 시작 위치 벡터 $\mathbf{Z}_j (j = 2, 3, 4)$에서 선형 방정식을 세울 수 있는 위치의 최대수가 된다. 4절 함수생성기(그림 8.79)에 대한 위치, 속도, 가속도 방정식은 식 (8.89), 식 (8.92), 식 (8.94)로부터 구한다.

$$\begin{aligned} \mathbf{Z}_2 + \mathbf{Z}_3 - \mathbf{Z}_4 &= 1.0 \\ \mathbf{Z}_2\omega_2 + \mathbf{Z}_3\omega_3 - \mathbf{Z}_4\omega_4 &= 0.0 \\ \mathbf{Z}_2(i\alpha_2 - \omega_2^2) + \mathbf{Z}_3(i\alpha_3 - \omega_3^2) - \mathbf{Z}_4(i\alpha_3 - \omega_4^2) &= 0.0 \end{aligned} \tag{8.95}$$

여기서 Z_1은 $(-1.0 + 0.0i)$로 규정되었다. Cramer의 법칙으로부터 다음의 값들을 구한다.

$$\begin{aligned} \mathbf{Z}_2 &= \frac{-\omega_3(i\alpha_4 - \omega_4^2) + \omega_4(i\alpha_3 - \omega_3^2)}{\mathbf{D}} \\ \mathbf{Z}_3 &= \frac{\omega_2(i\alpha_4 - \omega_4^2) - \omega_4(i\alpha_2 - \omega_2^2)}{\mathbf{D}} \\ \mathbf{Z}_4 &= \frac{\omega_2(i\alpha_3 - \omega_3^2) - \omega_3(i\alpha_2 - \omega_2^2)}{\mathbf{D}} \end{aligned} \tag{8.96}$$

여기서

$$\begin{aligned} \mathbf{D} = {} & \omega_2[-\omega_4^2 + \omega_3^2 + i(-\alpha_3 + \alpha_4)] + \omega_3[-\omega_2^2 + \omega_4^2 + i(-\alpha_4 + \alpha_2)] \\ & - \omega_4[\omega_3^2 - \omega_2^2 + i(\alpha_2 - \alpha_3)] \end{aligned} \tag{8.97}$$

예제 8.11

움직이는 링크의 각속도와 각가속도가 다음과 같이 규정된 함수생성 4절 링크를 합성하자.

$$\omega_2 = 2 \text{ rad/sec}, \qquad \alpha_2 = 0 \text{ rad/sec}^2$$
$$\omega_3 = 3.5 \text{ rad/sec}, \qquad \alpha_3 = 2 \text{ rad/sec}^2$$
$$\omega_4 = 5 \text{ rad/sec}, \qquad \alpha_4 = 4 \text{ rad/sec}^2$$

식 (8.96)과 식 (8.97)로부터 다음의 값들을 얻을 수 있다.

$$\mathbf{D} = +6.75 + 0.0i$$
$$\mathbf{Z}_2 = 3.89 - 0.59i, \qquad \mathbf{Z}_3 = -4.44 + 1.19i, \qquad \mathbf{Z}_4 = -1.56 + 0.59i$$

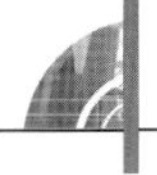

8.24 3개의 무오차점 합성: 해석법 및 도해법

지금까지 유한하게 분리된 세 위치의 경우 4절 링크장치의 운동, 경로, 함수생성에 대한 도해적인 방법과 해석적인 방법에 대해 설명하였다. 두 방법은 모두 간단하다. "그러면 어느 방법이 더 좋은가?"라고 묻는다면 두 기법 모두 똑같이 중요하다고 말할 수 있다. 도해적 방법은 합성의 초기상태에서 대단히 유용하다. 만약 도해적인 구성이 합당한 시간 내에 '최적'의 해를 산출하지 못하거나, 오차가 매우 큰 경우(예를 들어, 예각을 형성하는 선들의 교차점을 위치시킬 때)에는 해석적 표준형 방법이 매우 유용하다. 합성의 초기에는, 도해법에 의한 일차적 예비 해는 합당한 임의로 가정된(자유로이 선택된) 값을 내놓는다. 이와 같은 값들은 실제적인 컴퓨터 해를 구하는 데 도움을 준다. 위에서 기술한 Cramer의 법칙을 이용한 해법은 쉽게 프로그램될 수 있으며(3개의 무오차점의 경우에 대한 프로그램의 순서도를 그림 8.66에서 보여주고 있다) 또한 도해적 구성을 위한 정확한 해를 즉시 얻을 수 있다(8.18절에서 도해적 및 해석적 방법을 합한 3 무오차점에 대한 컴퓨터 그래픽 방법을 살펴보았다).

도해적인 방법과 해석적인 방법 사이의 뚜렷한 상관관계가 이 점에서 강조되어야 한다. 두 기법에서 각 다이애드를 세 위치에 대하여 합성을 할 경우, 운동생성과 규정된 타이밍을 갖는 경로생성에 대해서 두 개의 무한대 해가 존재한다. 앞에서 지적하였듯이 함수생성 4절 링크장치는 임의로 선택하여야 할 두 개의 스칼라량(한 링크의 시작 위치 벡터의 두 요소)이 더 필요하다. 링크를 선택하는 일은 단지 링크의 크기와 방향을 구체화시키는 작업이다. 입, 출력회전에 관한 함수적 관계는 이러한 선택으로 영향을 받지 않기 때문에,

링크의 크기를 변화시킴으로써 새로운 함수생성기를 얻을 수 없다.

부록: 사례 연구-창문 기구의 형식 설계[54]

이 장에서 소개된 대응 링크장치 방법의 대안으로써 형식 설계 방법을 산업적으로 적용시켜 보자.

형식 설계의 구조적 단계

Freudenstein과 Maki[76]는 기구합성의 개념적 단계에 있어서 구조와 기능의 분리를 제안하였다. 그들은 기구의 자유도가 기구 구조상의 제한을 부과한다고 지적하였으며 기구의 자유도에 관하여 Gruebler의 방정식(1장 참조)과 식 (8.7)을 대신하여 다음 형태의 식을 제안하였다.

$$F = \lambda(l - j - 1) + \sum_{i=1}^{j} f_i \tag{8.98}$$

그리고

$$L_{\mathrm{IND}} = j - l + 1 \tag{8.99}$$

여기서 F = 기구의 자유도수

l = 기구의 링크수(고정링크 포함, 모든 링크는 적어도 두 개의 조인트를 갖는 강체로 간주한다)

j = 기구의 조인트 수. 각 조인트는 2원 링크(즉 두 링크의 연결)로 취급한다. 만약 한 조인트에서 두 링크 이상이 연결되었다면 조인트의 수는 $J = N - 1$이 된다. 여기서 N = 공통조인트에서의 링크 수

f_i = i번째 조인트의 자유도. 연결된 링크 사이에서의 상대 운동의 자유도를 의미한다.

λ = 기구가 작동하는 공간의 자유도. 평면운동과 표면 위의 운동은 $\lambda = 3$이고 공간운동의 경우는 $\lambda = 6$이다.

L_{IND} = 기구의 독립회로 또는 폐루프의 수

식 (8.98)과 식 (8.99)를 합하면 다음 식을 얻는다.

$$\sum f_i = F + \lambda L_{\mathrm{IND}} \tag{8.100}$$

평면운동과 1자유도 문제를 다루고 있으므로

$$F = 1, \qquad \lambda = 3$$

한 개의 폐루프의 경우

$$L_{\text{IND}} = 1$$

식 (8.100)으로부터

$$\sum f_i = 4$$

한 예로 식 (8.99)에 의한 4절 연쇄를 조사하여 보면

$$j = L_{\text{IND}} + l - 1 = 4 \tag{8.101}$$

그러므로 조인트의 수는 예상대로 4이다. 식 (8.98)은 5개의 조인트(핀과 슬라이더 조인트)를 갖는 5절 연쇄는 2자유도의 기구임을 보여준다.

$$F = 3(5 - 5 - 1) + 5 = +2$$

만약 4개의 조인트가 연결링크 사이에서 1자유도만을 허용하고, 나머지 1개의 조인트에서는 2자유도의 상대 운동(예를 들면 기어 연결)이 허용되면 5절 연쇄는 1자유도를 갖는다. 두 개의 루프(L_{IND}) = 2)를 갖는 6절 연쇄의 경우는 식 (8.101)로부터

$$j = 2 + 6 - 1 = 7$$

그리고 식 (8.98)로부터 다음의 값을 얻는다(핀과 슬라이더조인트로 간주한다).

$$F = 3(6 - 7 - 1) + 7 = 1$$

설계 목표

여닫이창(그림 1.8 참조)은 일반적으로 수직으로 회전하게 되어 있으며, 바깥방향으로 열어 환기시킨다. 방충망은 방 내부에 있다. 초기의 여닫이창은 방충망 없이 밀어서 여닫곤 하였다. 이런 창문에 대한 링크장치 작동기의 개발은 다음과 같은 여러 가지 개선점을 가져다 주었다.

1. 개폐시 여러 위치에서 창문을 고정시킬 수 있다.
2. 방충망을 통하여 개폐 장치를 작동시킬 수 있다.
3. 힌지가 보이지 않는다.
4. 틈이 밀봉된다.
5. 기어로 이루어진 작동기로써 창문 위치를 제어한다.

이러한 개발은 1906년경까지 이루어졌다. 1906년 이래로 지금까지 여닫이창 기구를 좀더 개선시키는 내용의 미국특허가 44건이나 발표되었다. 연간 5,000,000개 이상의 여닫이창이 미국과 캐나다에서 판매되는 실정이므로 이는 당연하다.

소비자들의 요구에 따라 2중, 3중 유리 새시와 다중 틈마개 등의 개발로 단열이 향상되었다. 이런 변화들은 여닫이창 작동기와 이에 연결된 링크장치에 상당히 증가된 하중을 부과하게 되었고, 바람직하지 않은 운동 특성을 야기시켰다. 약 50 lbf 무게까지의 창문은 만족스럽게 작동시키지만 보다 큰 창에 대해서는 과도한 동작토크가 요구된다.

닫히는 특성은 매우 좋지만 창문이 열려서 90° 부근이 되면 기계적 유용성이 떨어지는 작동기들도 있다. 전달각(기구 설계의 결정적인 요소) 역시 90° 부근에서는 좋지 않다. 오늘날 사용되는 다른 작동기들은 창문을 밖으로 열 때에는 좋은(낮은) 토크 특성을 보이지만 안으로 당기는(닫히는) 특성은 좋지 않다. 따라서 완전히 열린 상태부터 완전히 닫힌 상태까지 낮고, 일정한 토크가 요구된다. 낮은 토크량은 사용자에서 만족을 주고 사용 기간이 길어진다. 기존의 기술에 대한 연구로 많은 창문 기구의 개념이 발견되었으나 여러 설계들을 비교 평가해 본 결과 만족스러운 유용한 설계는 없었다.

결과적으로 과거의 기구 개념과 함께 보다 개선된 여닫이창 기구를 만들 수 있는 새로운 설계들을 분류, 분석하려는 계획이 세워졌다.

설계 제약조건

여닫이창 작동기 링크장치의 설계는 여러 어려운 제약을 내포하고 있으며, 가장 중요하게 고려되어야 할 사항들은 다음과 같다.

1. 새시(창문)는 창문턱으로부터 90° 각도로 열려야 한다.
2. 새시의 끝은 내부에서 창문의 양쪽을 모두 닦을 수 있도록 적어도 10.16 cm(4 in)는 미끄러져 들어갈 수 있어야 한다.
3. 열린 새시 부분은 출구법규(비상시 출구) 때문에 50.8 cm(20 in)를 넘어야 한다. 일부 지방의 법은 창문이 보다 크게 열리길 요구하기도 한다.
4. 작동기 링크장치는 새시를 최소한 처지게 하고, 창문 무게를 지지하여야 한다.
5. 작동기 링크장치는 한 개의 작동기 암을 가져야 한다(기구는 1자유도를 가져야 한다).
6. 새로운 작동기 링크장치는 보다 개선된 전달각을 갖고 있어야 하며, 현재의 기구보다 더 좋은 기계적 유용성을 가져야 한다.
7. 새시가 닫힌 상태일 때 기구의 모든 부분은 창문턱 커버 밑에 놓여야 하고, 바깥을 향한 새시의 면 뒤로 돌출되지 않아야 하며, 창문턱 안으로는 최소한 돌출하도록 한다.

8. 창문이 열리는 동안, 작동기 링크장치의 모든 부분은 창문턱과 새시 사이에 있어야 하며(틈마개를 방해하지 않도록), 창문턱 안으로 더 돌출될 수 없도록 한다.
9. 여닫이 작동기는 경제성 때문에 가능한 간단한 형태로 하여야 한다(예를 들면, 초기 제작비와 보수 측면에서 핀과 슬라이더조인트가 기어와 캠 연결보다 선호된다.)
10. 왼손 및 오른손잡이를 위해서 최대한의 부품들을 교환할 수 있어야 한다(새시는 왼쪽 또는 오른쪽에 걸 수 있다).

자체 잠김 기능에 대해서는 언급하지 않았음에 주목하라. 앞으로 살펴보겠지만 이는 나중에 문제를 일으킨다.

현재 사용되는 작동기에 대한 분석

새로운 여닫이창 링크장치를 생각하기 전에 현재 사용되는 작동기의 성능을 조사하기로 한다.

기계적 유용성 분석. 순간중심 기법(3장)은 현재 작동기에서 정적 힘의 분석(또는 기계적 성능 분석)에 유용하다. 그림 8.83은 현재 사용되는 여닫이 링크장치가 반쯤 열려 있는 상태를 작동기의 암과 함께 보여주고 있다.

그림 1.8b에 있는 기구의 (비축적) 기구 선도는 그림 1.9에 나타나 있다. 이 기구는 6절 연쇄임에 주의하라. 적절한 순간중심점들을 그림 8.83(닫힌 위치로부터 60° 열린 상태)과 그림 8.84(완전히 열린 상태)에 나타내었다.

작동기 암(링크 2)을 입력으로, 창문(링크 4)을 출력으로 생각하기로 하자. 만약 링크

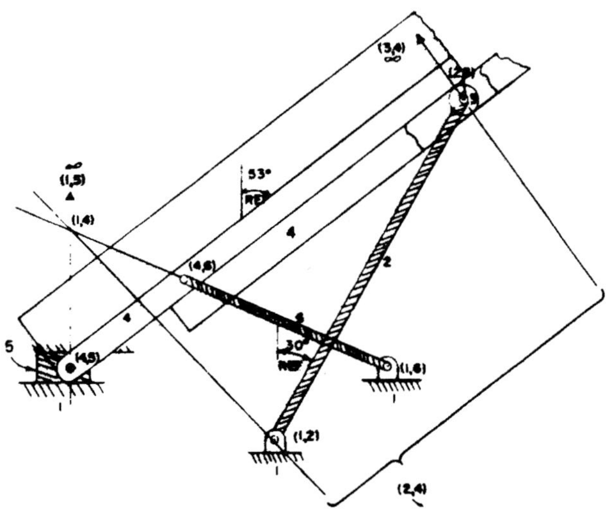

그림 8.83 순간중심점을 표시한 여닫이창(60° 열린 상태).

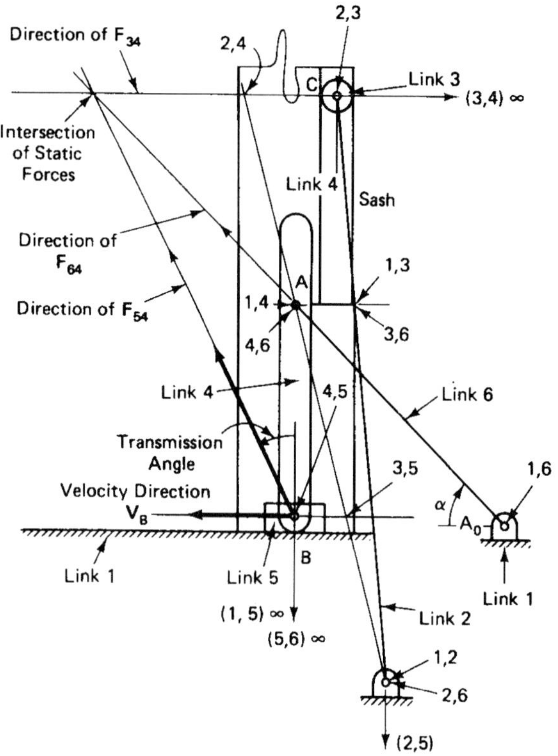

그림 8.84 순간중심점을 표시한 여닫이창(완전히 열린 상태).

장치의 움직임에서 에너지의 손실이 작다면(3장에 기술된 것처럼) 그때의 입력에너지는 출력에너지와 같을 것이다.

$$P_{in} = P_{out}$$

또는

$$\omega_{in} T_{in} = \omega_{out} T_{out}$$

여기서 ω = 각속도(rad/sec) 그리고 T = 토크(in · lbf)이다. 이 경우

$$|\omega_2 T_2| = |\omega_4 T_4|$$

또는

$$|\omega_2| F_2 R_2 = |\omega_4| F_4 R_4$$

여기서 F = 힘(lbf)

R = 링크의 순간중심으로부터 힘의 작용선에 수직되는 반경(in)

순간중심을 이용하면, 각속도비는 링크장치의 기하학적 항들로 표현할 수 있다(3장 참조).

$$\left|\frac{\omega_2}{\omega_4}\right| = \frac{(2,4 - 1,4)}{(2,4 - 1,2)}$$

여기서 (2,4), (1,4), (1,2)는 각기 링크 2와 4, 1과 4, 1과 2의 순간중심점의 위치들이다. 만약 중심점 (1,4)와 (1,2) 사이에 (2,4)가 놓이면 앞 식에서 오른쪽 항은 음수가 된다. 그림 8.83으로부터

$$\frac{\omega_2}{\omega_4} \simeq +1.1$$

기계적 유용성(M.A.)은 (출력힘)/(입력힘)으로 정의되며, 이 경우

$$M.A. = \frac{F_4}{F_2}$$

또는

$$\frac{F_4}{F_2} = \frac{\omega_2}{\omega_4}\frac{R_2}{R_4} \simeq 1.1\frac{R_2}{R_4}$$

작동기 손잡이에 단위 반경의 입력힘이 주어지고, 웜기어의 감속비는 28:1, 웜기어의 효율은 30%, 슈(shoe)(4, 5)(창문의 부하가 가해지는 위치)와 순간중심점 (1,4) 사이의 길이가 3.5 in일 때, 시스템의 기계적 유용성은 다음과 같다(작동기 암이 60°일 때).

$$\begin{aligned} \text{M.A.} &= \frac{F_{\text{out}}}{F_{\text{in}}} = \frac{(1,4 - 2,4)}{(1,2 - 2,4)}(\text{efficiency}) \times (\text{gear ratio}) \times \frac{\text{input radius}}{(1,4 - 4,5)} \\ &= (1.1)\,(0.30)\,(28)\,\frac{1}{3.5} \end{aligned} \tag{8.102}$$

기계적 유용성 분석을 완전히 열린 위치(그림 1.8a 참조)에 대하여 실행하면 다음과 같다. 여기서 각속도비는 다음과 같이 감소된다.

$$\frac{\omega_2}{\omega_4} = \frac{3.5}{10} = 0.35$$

열린 위치에서 (1,4 – 4,5)는 전과 거의 같은 길이이고 식 (8.102)로부터 기계적 유용성은 다음과 같다.

$$\begin{aligned} M.A. &= (0.35)\,(0.30)\,(28)\,\frac{1}{3.5} \\ &= 0.84 \end{aligned}$$

현재 사용되는 작동기의 기계적 유용성을 증가시키는 방법. 식 (8.102)에 따르면 현재 사용되는 작동기 링크장치의 기계적 유용성을 증가시킬 수 있는 방법이 몇 가지 있다.

1. 작동기 효율의 증대.
2. 기어 변속비의 증대.
3. 열린 위치에서 (1,4 – 4,5)와 같은 길이를 갖는 거리(4,6 – 4,5)의 감소
4. (1,4 – 2,4)/(1,2 – 2,4)비의 증대. 이 순간중심점들은 링크장치의 기하학적 형태 변화에 따라 관계가 변화한다.
5. 만약 슈(링크 5)와 문턱(링크 1) 사이의 마찰계수를 감소시키는 방법으로 슈에서의 마찰력을 감소시키면 작동기의 효율성은 증대될 것이다(즉 F_{out}은 더 큰 운동량을 유발시킨다).

1, 2, 5를 조절하려면 큰 비용이 요구되며 2를 조절하면 새시를 열기 위해서 작동기의 손잡이를 더 많이 돌려야 한다.

전달각 분석. 작동기 링크장치의 가동성에 대한 또 다른 척도로 전달각이 있다. 최적의 기동성을 위해 기구의 출력링크(이 분석에서는 링크 5)에 작용되는 순수힘은 저항력 작용점에서의 출력링크의 속도와 같은 방향이어야 한다. 전달각은 슈의 속도(V_B)에 직각되는 방향과 새시(링크 4)에 작용하는 정적 힘, F_{45}의 방향($|F_{45}| = |F_{54}|$이므로) 사이의 가장 작은 각으로 3장에서 정의되었다. 링크 5의 자유물체도를 그림 8.84에 나타내었다. 힘 F_{34}, F_{64}, F_{54}는 반드시 한 점에서 교차하여야 한다. 그림에 나타나지는 않았지만 A와 C에서의 작은 마찰효과뿐만 아니라 슈에서의 마찰력도 고려할 수 있다. 그림은 열린 상태에서 전달각이 약 27°임을 보여주는데, 이것은 한계값에 해당된다. 링크장치가 새시를 닫음에 따라 전달각은 증대된다.

그림 8.84는 현재 설계에서 전달각을 어떻게 개선할 수 있는가를 보여준다. 개선사항은 다음과 같다.

1. 크랭크의 피봇(중심 1, 6)을 창문턱으로부터 밖으로 그리고(또는) 오른쪽으로 이동시킨다(그러나 중심 1, 6을 문턱 뒤로 이동시킬 수는 없다). 피봇 A_0를 오른쪽으로 이동시키면 전달각에 아주 작은 효과를 줄 것이며, 링크 6의 길이가 증가되어 제작비용이 증가될 것이다.
2. 크랭크(링크 6)와 창문(링크 4) 사이의 연결을 낮춘다. 이것은 (4,6 – 4,5)의 거리를 감소시킴으로써 기계적 유용성을 감소시킨다.
3. 작동기 암(링크 2)의 길이를 감소시킨다. 그러나 이것은 보다 낮은 기계적 유용성을 제공한다.

따라서 열린 위치에서 기계적 유용성과 전달각을 모두 개선시킬 수 있는 가장 좋은 방법은 두 번째 사항을 따르는 것이다. 그러나 (4,6 – 4,5)의 거리를 감소시키면 창문이 완전히 열린 상태에서의 청소의 용이성(창문의 기저가 닫힌 위치에서 밖으로 미끄러진 거리)이 감소된다.

$$\text{청소의 용이성} = (4.6 - 1.6)\cos\alpha \tag{8.103}$$

여기서 $\alpha = \measuredangle AA_0B$

기계적 유용성과 전달각에 대한 분석 결과 앞에서 제안된 어떤 변경은 가격을 증가시키거나, 다른 바람직한 성능 특성을 희생시킴을 알 수 있다. 이런 형태의 링크장치는 제한된 실행 가능성을 가지므로 다른 형태의 여닫이창 작동기들을 분석해야 한다.

형식 설계

기구들의 기구학적 합성은 형식합성과 치수합성의 두 단계로 분리될 수 있다. 전자는 가장 좋은 링크장치 형태를 얻을 수 있도록 하며, 후자는 요구되는 작업을 가장 잘 실행할 수 있는 기구의 중요한 치수들을 결정한다. 가장 간단한 링크장치 연쇄인 4절 연쇄는 여닫이창 작동기로 제안되는 기구 형태로서 일차적인 선택대상이 된다. 한 예로, 새시는 그림 8.85와 같이 4절 링크장치의 커플러링크에 연결시킬 수 있다. 이 설계의 결점은 (1) 열린 위치에서 틈마개와 링크의 간섭이 일어나며, (2) 만약 바닥에 핀 연결된 링크 중 하나를 입력링크로 선정한다면, 토글 위치를 통한 이동 없이는 90° 위치로 새시를 열 수 없다는 점이다. 닫힌 위치로 복귀시키기 위해서는 새시에 토크가 작용되어야 한다(링크 부재의 첨가 없이는 불가능하다). 만약 90°까지 열지 않아도 된다면(차일 창문의 응용에서처럼) 4절 링크 설계가 보다 권장할 만하다. 그러나 두 경우 모두 새시가 운동하는 데에 대한 4절 링크장치의 능력은 의문시된다. 사실 청소의 용이성을 더 좋게 하기 위해서는 더 긴 입력링

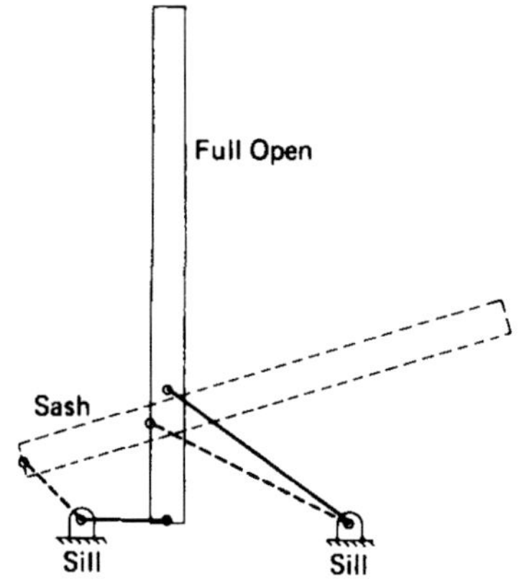

그림 8.85 4절 작동기.

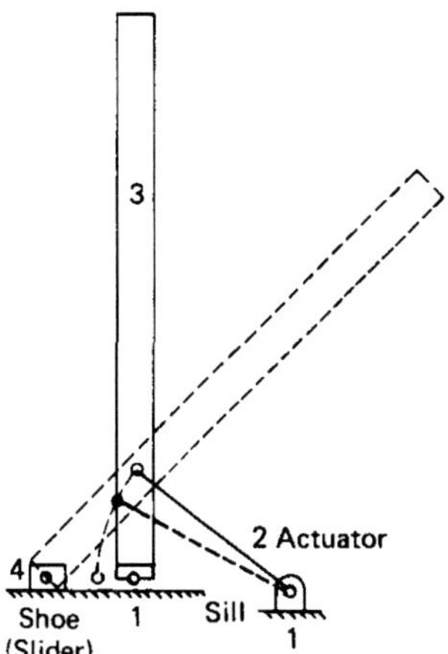

그림 8.86 슬라이더-크랭크 작동기.

크가 요구되고, 이에 따라 새시의 처짐은 더욱 커질 것이다.

슬라이더는 창문턱을 따라 이동할 수 있고, 이에 따라 창문의 무게를 지지해 주기 때문에 슬라이더-크랭크 링크장치는 여닫이창 작동기(링크장치)에 대한 그 다음 선택대상이 된다(그림 8.86). 그러나 창문을 90°의 위치로부터 닫을 경우는 새시에서 토크를 가해야 한다. 링크 2는 열린 위치에서 전달각이 0°이기 때문에 입력링크로서 효과적으로 사용할 수 없다. 링크 4는 전달각이 닫힌 위치에서 0°이므로 역시 입력링크로 적당하지 않다.

4절 링크 연쇄는 여닫이창에 응용하기에는 적용성에 제한이 있기 때문에 더 많은 링크를 갖는 기구를 고려해야 한다. 여닫이 기구의 자유도는 1이 되어야 하므로 형식 설계는 간단하게 이루어질 수 있다. 예를 들어, 링크들 사이에 기어나 캠 형태의 연결(이들은 연결부재 사이에 2자유도를 가진다)이 사용되지 않으면 5절과 7절 연쇄들은 이에 적절하지 않을 것이다. 이는 오직 핀이나 슬라이더조인트만이 사용된다면 이 연쇄는 2자유도를 갖게 되기 때문이다. 따라서 6절 연쇄가 다음으로 고려된다. 1장에서 소개된 것처럼(그림 1.13a에서 1.13e) 6절 링크장치 중 오직 5개 형태만이 1자유도를 갖는다.–Stephenson과 Watt 연쇄의 변형 형태. Stephenson 6절 링크는 비연속 3원 링크를 가지고 있고, Watt 연쇄의 3원 링크는 서로 핀 연결되어 있다. 창문은 부유링크에 연결되어 있으므로 오직 한 개의 회전조인트만을 갖는 6절 조합은 단지 11개뿐이다. 그러나 만약 한 개 이상의 링크들이 슬라이더로 대치된다면 더 많은 조합이 가능하다. 그림 8.87은 여닫이창 작동기에 사용될 수 있는 Stephenson III 링크장치의 가능한 몇 가지 예를 나타낸 것이다. 이제 여러분은 체계적인 형식 설계의 필요성을 인식하였을 것이다.

다른 창문 작동기의 설계

일반적인 여닫이 및 차일 창문 작동기들은 6절 연쇄로 이루어져 있다. 현재 널리 쓰이는 작동기(그림 1.8)는 Stephenson III이다(그림 8.87, 링크 d), 금속 차일용 링크장치는 새시가 회전하기 전에 프레임으로부터 창문 밖으로 움직여야 한다. 대부분의 장치는 90°의 회전을 허용하지 않는다. 가장 일반적인 차일 링크장치는 그림 8.88과 그림 8.89에 나타나

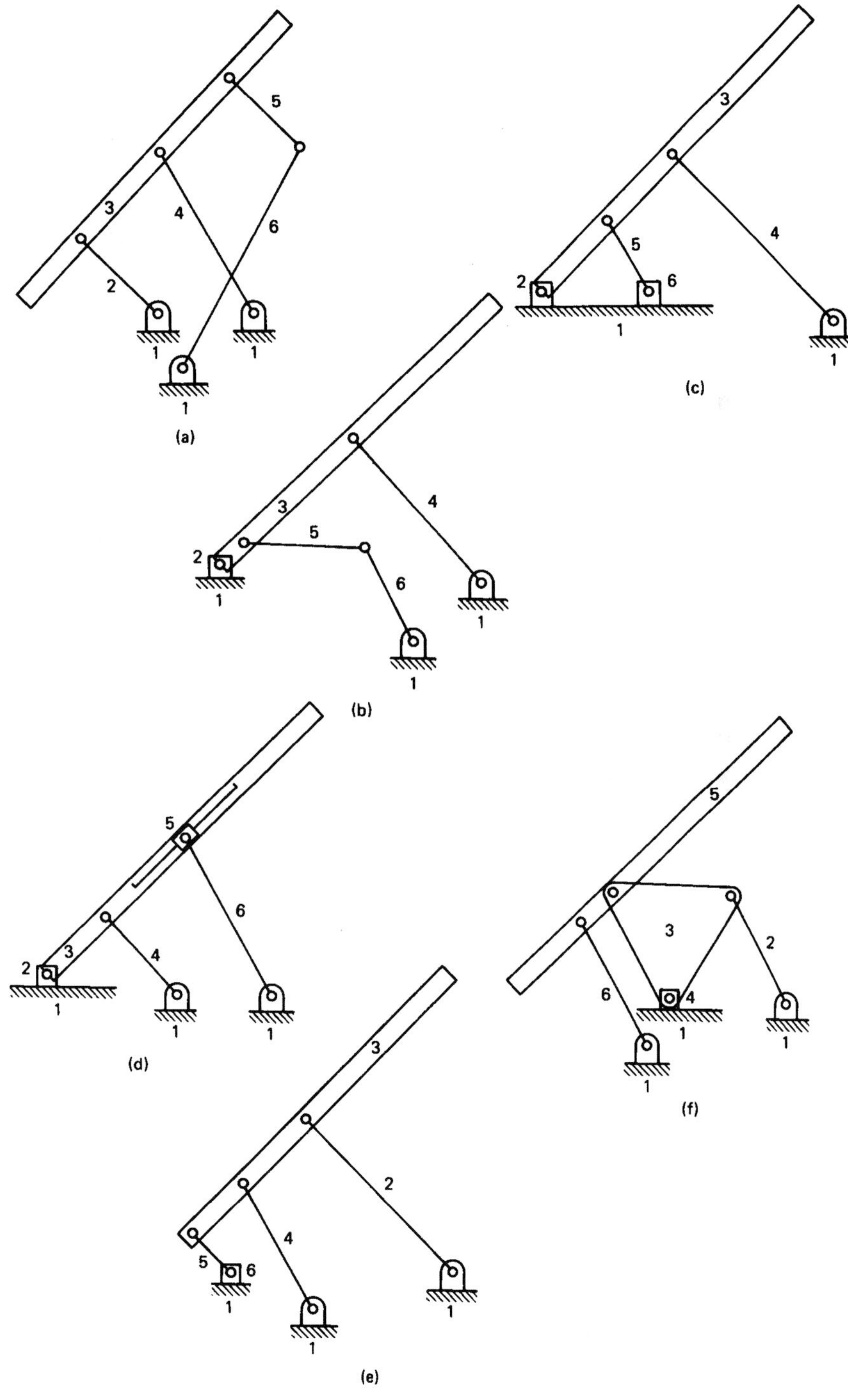

그림 8.87 Stephenson III 여닫이창 작동기의 예.

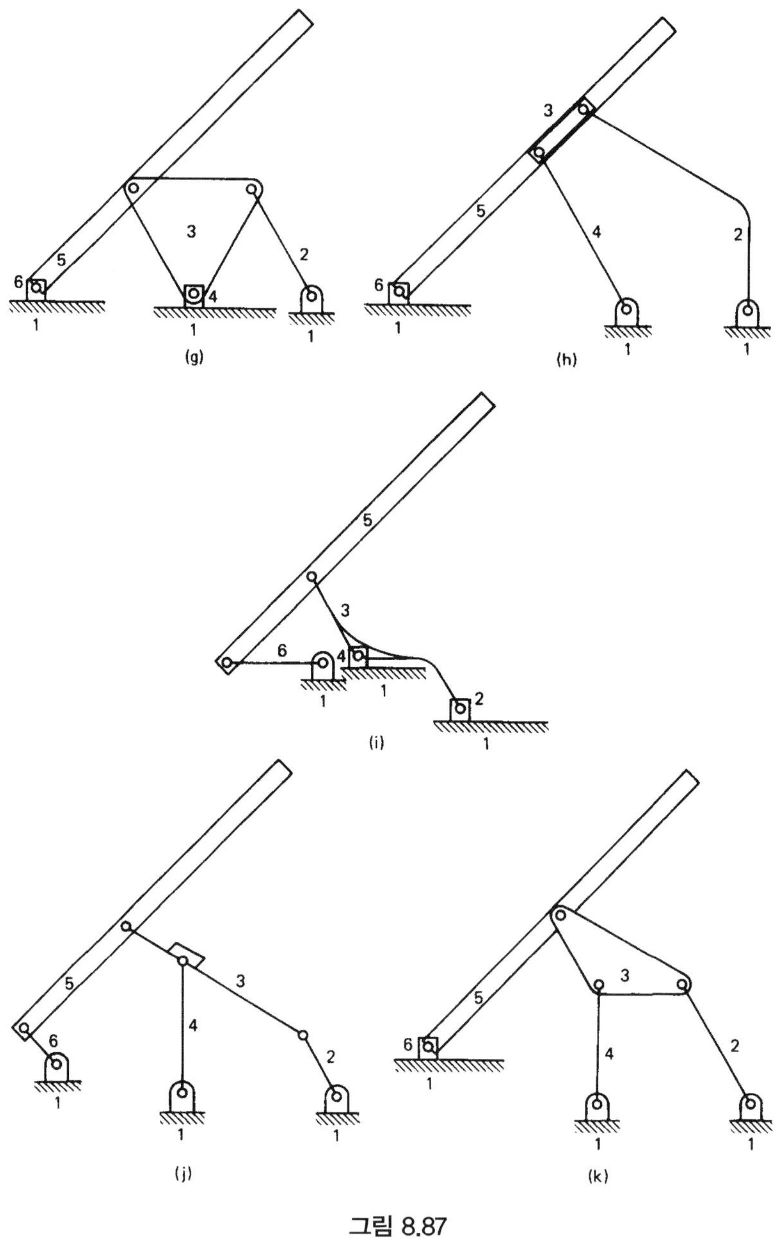

그림 8.87

있는 Anderberg(미국 특허 2, 784, 459)로 Stephenson I 6절 연쇄(그림 1.13c)를 사용한다. Anderberg 설계를 기본으로 한 여러 변형들이 사용되고 있다. 그림 8.90은 이들 중의 하나(미국 특허 3,345,777)로서 슬라이더에서 2개의 핀조인트들이 특허를 목적으로 결합되어 있음을 보여준다(기구학적으로, 이들 두 링크장치는 동일한 구조적 형태이지만). 그림 8.91은 새시의 처짐을 감소시킬 목적으로 또다른 링크(점선으로 표시됨)가 부가된 형태이다. 식 (8.98)로부터 이 설계는 0자유도를 갖는다는 것을 알 수 있다. 그러나 이 링크장치는

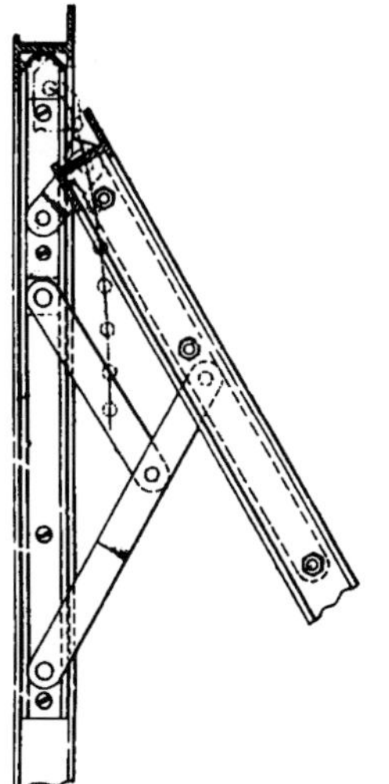

그림 8.88 차일 링크장치.

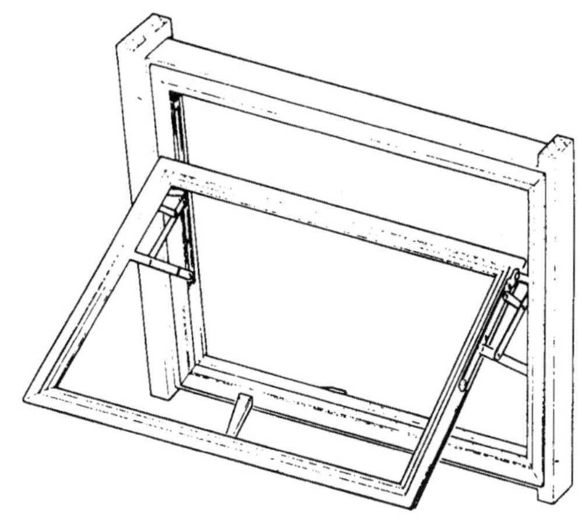

그림 8.89 열린 위치에서의 차일 링크장치.

새로운 링크의 특별한 기하학적인 형태와 링크장치 조인트들에서의 틈새 때문에 움직이게 된다(제작 정밀도에 극단적으로 의존할지라도).

그림 8.92는 차일 창문을 완전히 '닫는' 것을 돕기 위해 기어를 이용하여 변형시킨 형태이다(미국 특허 3,838,537). 이러한 '과영구속된' 링크장치도 역시 기하학적 형태 때문에 가동성(mobility)을 유지하고 있다. 링크장치는 링크 3과 5 사이에서 거의 일정한 각속도를 갖도록 설계되므로 이 두 링크들을 연결시키는 기어들은 한데 묶여지지 않는다.

그림 8.93은 '무기어 토크 잠김' 차일 창문 기구를 보여준다(미국 특허 2,761,674). 이 기구는 Watt II 6절 연쇄이다. Pella 여닫이창 작동기(미국 특허 3,438,151)는 그림 8.94에 나타나며, 핀과 슬롯(후에 논의됨)이 맞물리기 전에는 이 링크장치는 Stephenson III 6절 연쇄이다. 식 (8.98)에서 식 (8.100)까지의 식들이 곧 다시 사용되겠지만 이보다 먼저 여닫이창의 기능적인 면을 열거하여 보자.

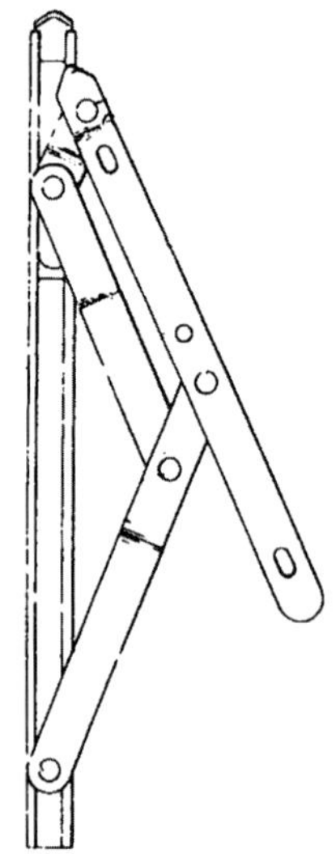

그림 8.90 차일 링크장치.

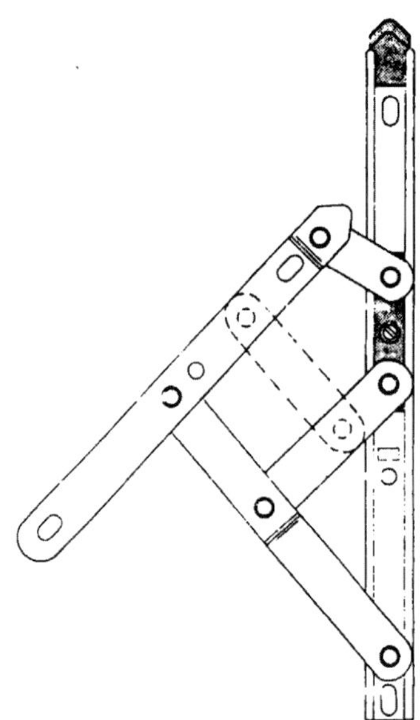

그림 8.91 그림 8.88의 차일 링크장치에 링크가 부가된 모습(점선으로 표시됨).

형식 설계의 기능적 단계

앞에서 살펴본 바와 같이 4절 연쇄는 여닫이창 작동기의 모든 목적들을 만족시킬 수 없음이 명확하다. 이에 따라 5개에서 8개의 링크를 가진 가능한 기구들에 대한 선택의 폭을 좁히기 위해서 최적화된 기구의 기능을 검토하여야 한다. 4절 연쇄와 현재 사용되는 작동기에 대한 관찰 결과를 기초로 하여 다음의 사실을 알 수 있다.

1. 한 루프가 구동기 또는 작동기로서 작동되는 동안 다른 루프는 창문을 90°까지 안

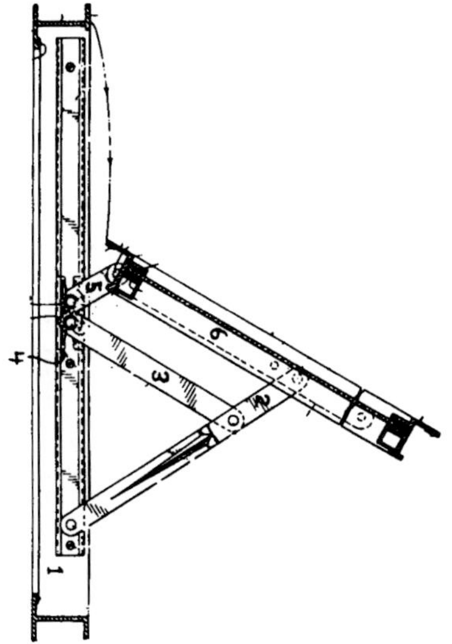

그림 8.92 그림 8.88의 차일 링크장치에 링크가 부가된 모습(점선으로 표시됨).

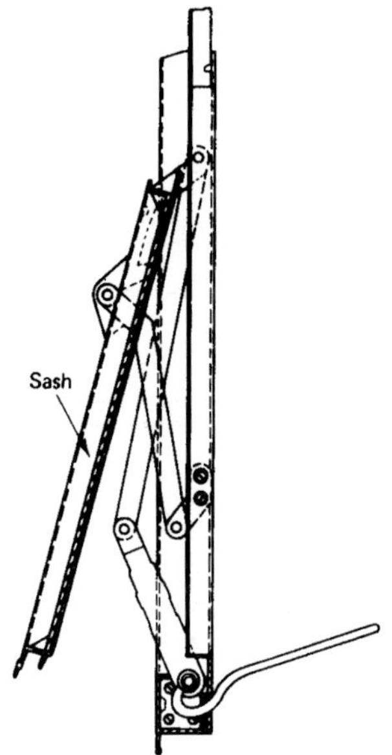

그림 8.93 차일 링크장치.

내할 수 있으므로 다중 루프 링크장치가 선호된다. 여기서 만약 한 요소가 입력으로 사용된다면 안내 루프는 아마도 전달각이나 기계적 성능에 문제를 일으킬 것이다.

2. 새시는 창문이 열릴 때 슬라이더(창문턱에서 미끄러지는) 위에 놓이도록 함으로써 새시의 무게를 간단한 방법으로 지지할 수 있다.
3. 슬라이더-크랭크 링크장치(새시가 커플러에 연결된)는 단순성 때문에 가장 좋은 안내 링크장치가 된다. 창문의 상부 역시 안내되어야 하기 때문에, 새시의 상부를

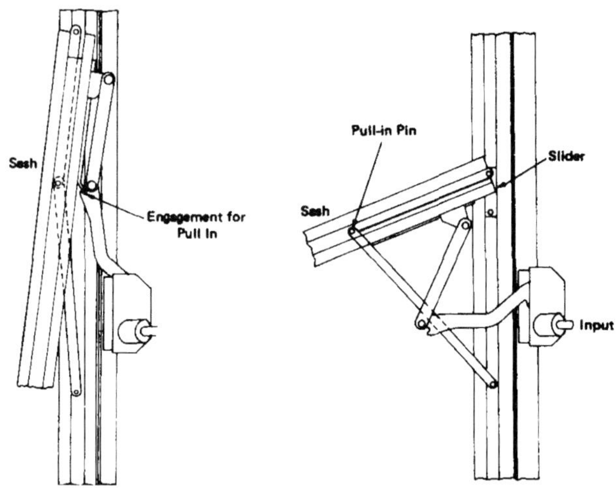

그림 8.94 Pella 링크장치.

바닥과 일정하게 유지하기 위해 상부에 이중 슬라이더-크랭크 장치(구동루프가 없는)가 필요하다.

이런 세 가지의 간략화 방법을 기초로 하여 가능한 해의 수를 크게 감소시켰다. 예를 들어, 6절 연쇄가 선호되는 반면에 5절 연쇄(하나의 2자유도 조인트를 가진)는 선택에서 제외된다(단지 한 개의 루프만 가능하기 때문). 또한, 6절 연쇄 중의 많은 연쇄들이 커플러 링크에 부착된 창문을 가진 슬라이더-크랭크 루프를 갖지 않기 때문에 제외된다(예를 들면, 그림 8.87에서 a, c, e~k가 Stephenson III 6절 연쇄에서 제외된다).

새로운 두 가지 사항이 도출된다.

1. 식 (8.100)에서 유도되듯이 슬라이더-크랭크 연쇄에 부가될 기구 루프의 총 조인트 자유도는 3(1개의 루프 부가), 6(2개의 루프), 또는 9(3개의 루프)여야 한다. 예를 들어 $F = 1, \lambda = 3$, 그리고 $L_{\text{IND}} = 2$일 때

$$\Sigma f_i = 1 + 6 = 7$$

그리고 슬라이더-크랭크는 조인트 자유도가 4이기 때문에 부가되는 기구 루프는 총 조인트 자유도가 3이어야 한다.

2. 창문을 90°로 여는 효율적인 방법 세 가지가 있다.
   a. 새시의 바깥쪽 끝이나 그 근처를 민다(높은 기계적 유용성을 위해서).
   b. 슈에서 새시의 움직임에 대한 저항이 있으므로 슈나 그 근처를 당긴다.
   c. a와 b를 조합한 방법으로 새시에 토크를 유발시킨다.

다음 절에서는 세 가지 형태의 구동 기구가 논의될 것이다.

새로운 여닫이창 링크장치 작동기

미는 형태의 작동기. 현재 사용되는 여닫이창 기구(그림 1.4와 8.87d)는 미는 형태의 작동기를 가지고 있다. 슬라이더-크랭크는 이 경우 $\Sigma F_i = 3$을 가진 슬라이더에 핀으로 연결된 다이애드(두 링크)에 의해 구동된다. 현재 사용되는 이 기구의 장점은 '안으로 당기는' 특성이 좋다는 점이다. 그림 8.87의 기구 b, c는 두 가지 다른 형태의 단일 루프의 다이애드 구동기 루프이다($\Sigma F_i = 3$). 어느 형태도 큰 개선을 이루지는 못하였다. 링크 b는 열린 위치에서는 나은 특성을 가지나 '당기는' 특성은 나쁘다. 링크 c는 모든 위치에서 기계적 성능이 좋지 않다.

작동기 암을 확장할 수 있는 $\Sigma F_i = 6$의 여러 가지 2루프 구동기들이 검토되었다. 비록 이들 확장-작동기-암 링크장치(extending-actuator-arm linkage)의 일부는 기계적 유용성에서 이점을 보이지만 복잡성(8개 링크)과 다른 문제들(비싼 가격, 큰 전달각 등) 때문에 채택될 수 없었다.

보다 덜 복잡한 확장-암 작동기에 대한 요구 때문에 고차대우 접촉 기구(기어)가 검토되었다. 이것의 기본 개념은 사이클로이드곡선이 창문 끝의 동작과 일치한다는 것이다. 그림 8.95의 창문 끝에서 점 P의 방정식을 이끌어내면

$$\mathbf{Z}_p = Z(e^{i\phi_j} + \rho e^{i\alpha_j}), \text{ where } \alpha_j' = 180° - |\alpha_j| \tag{8.104}$$

$$\alpha_j = \sin^{-1}\frac{Z\sin\phi_j}{Z'} \leqslant \frac{\pi}{2} \tag{8.105}$$

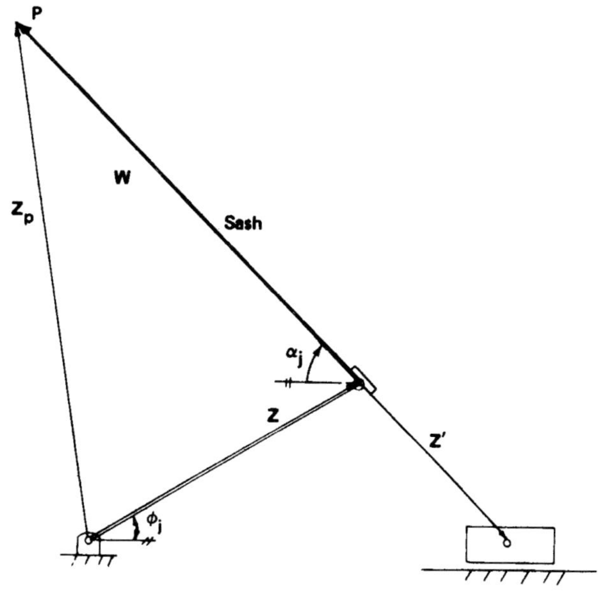

그림 8.95 슬라이더-크랭크 유도 링크장치의 기호 표시.

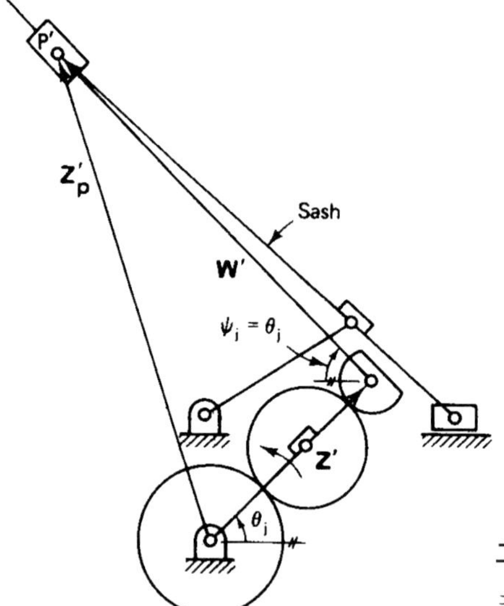

그림 8.96 하이포사이클로이드 크랭크 구동 링크장치의 기호 표시.

그리고

$$\rho = \frac{|\mathbf{W}|}{|\mathbf{Z}|} \tag{8.106}$$

$\Sigma F_i = 6$ 또는 9(2 또는 3루프)를 갖는 사이클로이드 구동 기구에 대한 연구는 그림 8.96과 그림 8.97(미국 특허 4,266,371)과 같은 새로운 하이포사이클로이드 기구(hypocycloidal mechanism)를 탄생시켰다. 이 작동기 끝에서 점 P' 의 위치 벡터식은 다음과 같다.

$$\mathbf{Z}_p' = \mathbf{Z}'(e^{i\theta_j} + \rho e^{i\psi_j}) \tag{8.107}$$

여기서

$$\rho = \frac{|\mathbf{W}'|}{|\mathbf{Z}'|} \tag{8.108}$$

그리고 외부유성(outer planet)기어의 반경은 태양(sun)기어의 1/2이므로 다음의 관계를 얻

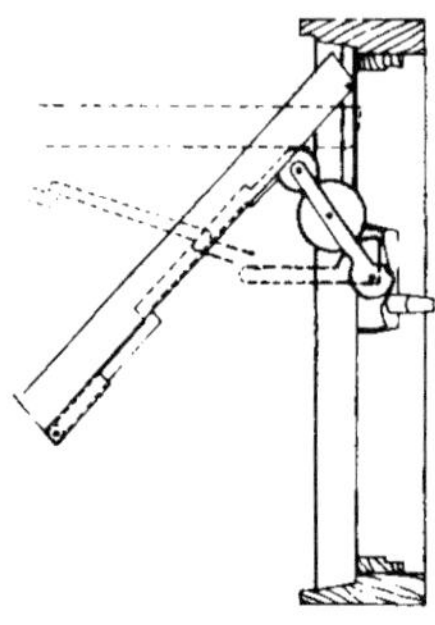

그림 8.97 하이포사이클로이드 기구(슬라이더-크랭크는 나타나 있지 않음).

을 수 있다.

$$|\psi_j| = |\theta_j| \tag{8.109}$$

식 (8.107)은 위치의 수에 대해서는 식 (8.104)와 동일하며 테스트 목적의 최적의 해이다. $|Z_p|$와 $|Z'_p|$ 사이의 최대차는 24 in 창문에 대하여 단지 1/2 in이기 때문에 구동링크장치를 통해 최대의 기계적 유용성을 얻을 수 있다. 그림 8.98은 일반적 작동기와 비교한 이 작동기의 입력토크(실험적으로 구한)의 수준이다. 이 기구를 이용하면 완전히 열린 위치 부근에서 특히 성능이 개선될 수 있다. 구동링크장치에 대한 힘 해석에 의하면 기어 이 사이와 베어링에서 높은 힘이 산출되었다. 이와 같은 큰 힘 때문에 복잡한 하이포사이클로이드 설계가 요구될 뿐만 아니라 그림 8.98에 나타난 고무적 결과가 상쇄된다.

당기는 형태의 작동기. 창문을 여는 가장 효과적인 방법 중의 하나는 마찰하중점(슈) 근처에서 작동시키는 것이다. 슈를 당기는 가장 간단한 방법은 다이애드(그림 8.87의 링크장치 b 참조)이다. 그러나 이와 같은 설계의 '당기는(pull-in)' 특성은 좋지 않다.

닫힌 위치 근처에서 창문을 쉽게 조정하기 위해서 2가지 형태로 작동되는 기구가 제안되었다. 창문의 처음 30°까지의 운동(그림 8.99의 점선 위치) 조절과 더 좋은 당김 특성을 위하여 크랭크상의 한 점이 새시 위의 트랙을 따르는 과잉 구속된 ($F = 0$) 시스템을 합성하여 보자. 30°를 넘어서면 기구는 1자유도를 갖는다.

이 새로운 기구의 치수합성(미국 특허 4,253,276)은 기구학과 운동학에 바탕을 두고 있다. 크랭크와 연결링크의 상대적 크기는 작동시 더 좋은 전달각들을 얻고, 닫혀서는 토글(toggle)을 얻기 위해서 조절되었다. 캠의 슬롯이 기구의 나머지 부분의 기구학적 구속과 어울리도록 계획되었다. 당기는 형태의 작동기에 대하여 요구되는 입력토크의 실험결과가 그림 8.98에 나타난다.

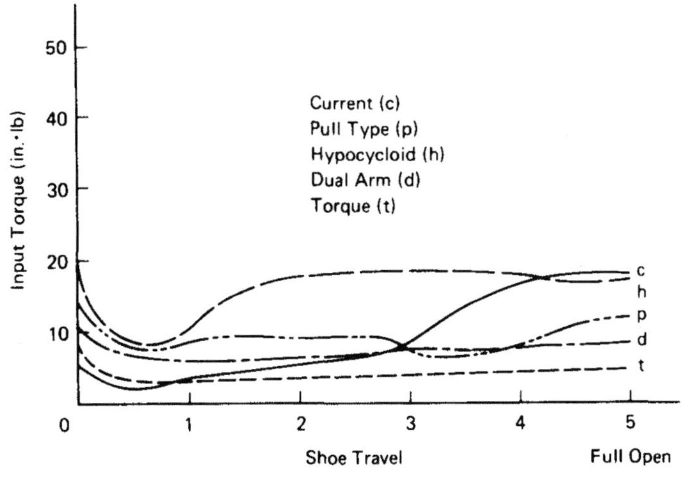

그림 8.98 현재 사용되는 작동기(그림 8.84, 8.85)와 기타 작동키들의 입력토크 비교.

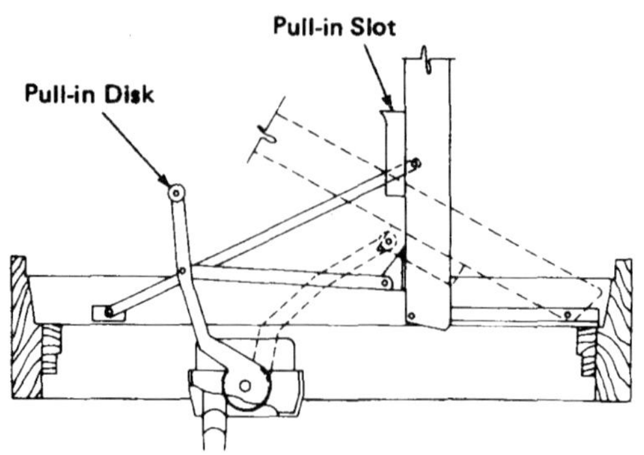

그림 8.99 당기는 형태의 작동기. 쉽게 당길 수 있도록 디스크가 점선 위치에 있는 슬롯으로 들어간다.

밀고 당기는 형태의 작동기. 밀고 당기는 형태의 작동기의 개념은 창문을 미는 동시에 슬라이더 근처로 당긴다는 것이다. 이런 경우에 생성되는 문제는 슬라이더크랭크 링크장치가 슬라이더 속도와 새시 각속도 사이의 관계를 구속하는 것이다. 1자유도의 구동 기구와 이 기구학적 관계들을 조화시키는 것은 매우 어렵다.

그러므로 그런 구속조건들을 과잉구속시키든지(즉, $F=0$) 힌지 타이밍을 이용하기 위한 링크장치의 형태($F=1$)를 고려하든지 해서 구동링크장치를 합성시켜야 한다. 앞의 제안은 원하는 슈 위치와 창문의 각 위치의 좌표를 얻기 위하여 비원형 기어를 사용함으로써 이룰 수 있다. 그러나 그런 기어의 값은 너무 비싸고, 또한 이런 기구는 부정확도, 부적절한 설치, 마모 등에 너무 민감하다. 이런 개념을 반경은 일정하고, 식 (8.98)에서부터 식 (8.100)까지의 식에서 $F=1$을 갖고 $l=9$, $L_{\text{IND}}=4$, $j=12$, $\Sigma F_i=13$을 갖는 기구로 변경시켜 보자. '이중 암' 작동기(미국 특허 4,241,541)라 불리는 그림 8.100과 같은 새로운 여닫이창 작동기 링크장치는 이러한 구속조건들을 만족시킨다. 이 기구의 최적 치수들은 기구학 및 운동학적 구속 조건으로부터 유도된다. 한 예로 작동기의 두 암에 의해 창문에 가해

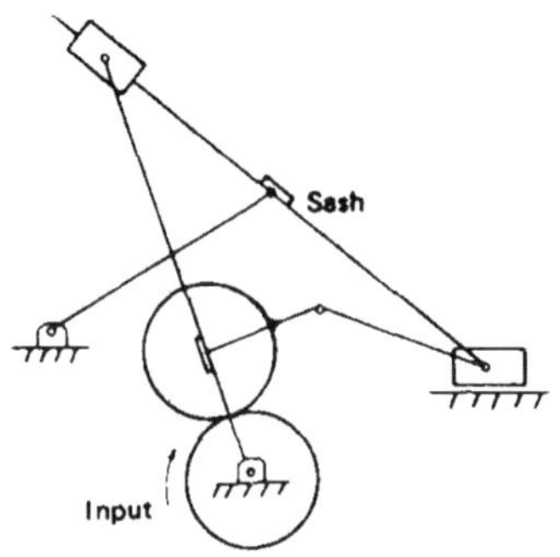

그림 8.100 이중 암 작동기.

지는 힘의 균형을 잡는 시도가 이루어졌다. 그림 8.98은 최적화된 시작품으로부터 측정된, 작동기에 요구되는 토크를 보여준다.

밀고 당기는 개념은 직관적으로 볼 경우 가장 매력적이다. 이러한 작동기를 설계하고자 하는 또다른 시도가 있었다. 즉 창문으로 뻗은 분리된 암들 대신에 새시의 기어를 고정시킴으로써 창문에 직접 토크를 가하는 개념이다. 기구학적 연쇄의 일부로서 기어를 가진 링크들의 최소수는 $\Sigma F_i = 7$을 가진 $l = 5$이다. 그 결과 개념을 그림 8.101에서 보여주고 있다. 기어의 직경들의 합은 요구된 개방 길이와 근사적으로 같음에 주목하라. 보이는 것처럼 이 설계는 창문 무게를 지지하기 위해 필요한 요구조건을 만족시키지 못한다. 새시의 안쪽 가장자리가 직선을 따르게 하기 위해서 기어가 달린 5절 링크장치 부분을 신중하게 설계함으로써 슬라이더크랭크 안내 연쇄(그림에 나타나 있지 않음)를 첨가할 수 있다. 치수합성은 링크 3, 4, 5와 1이 4절 연쇄(그림 8.86a와 유사)를 구성한다는 사실을 인식함으로써 이룰 수 있다. 이때 목적은 창문의 바닥에 있는 한 점의 경로가 거의 일직선을 통과하는 4절 링크장치를 합성하는 것이다. 이것이 거의 근사적으로 이루어짐으로써 슬라이더의 틈새는 전체 기구가 원활한 작동을 하도록 허용한다. 이 새로운 토크 작동기(특허 미정)를 그림 8.101에서 보여주고 있다. $l = 7$, $\Sigma F_i = 10$이므로 식 (8.98)에서 $F = 1$임을 주목하라.

그림 8.98은 토크 작동기에 대하여 요구되는 입력토크를 실험적으로 구한 것을 보여준

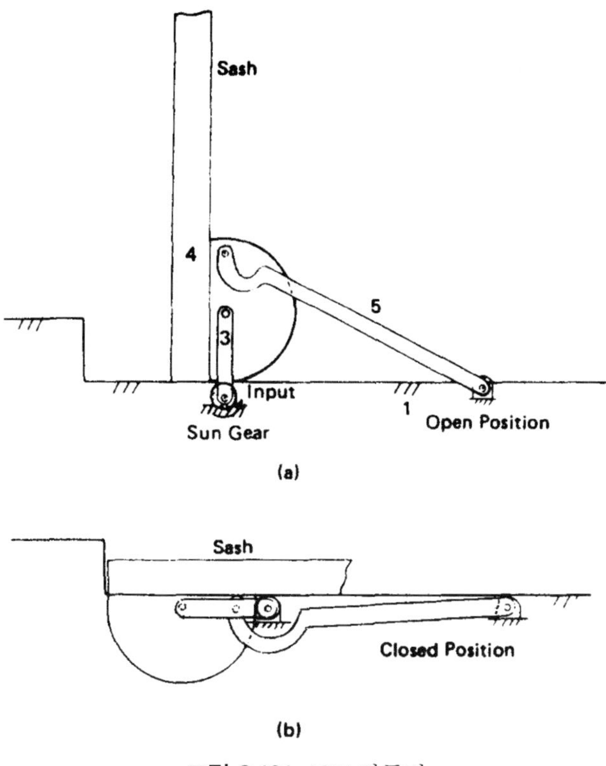

그림 8.101 토크 작동기.

다. 이 값들은 시험된 기구들 중에서 가장 낮다. 그러나 토크값은 너무 낮다. 예견되지 않았던 설계 구속조건이 이 기구의 시험 후에 나타났다. 여닫이 창 기구가 자동으로 잠겨야 한다는 조건이다. 창문을 어느 정도 열어놓았을 경우 바람에 의해 더 열리거나, 닫히지 않아야 한다(보조 요소의 추가 없이). 이 설계의 또 다른 결점은(비록 치명적인 것은 아니나) 유성기어의 크기 때문에 창문턱 덮개의 크기도 커졌다는 점이다.

결론

체계적 형식 설계 방법이 분명한 설계조건들을 갖는 여닫이창의 응용에 적용되었다. 기구들의 기능과 구조를 분리함으로써 최적의 해를 찾기 위한 노력을 돕는 길잡이 법칙(guiding rule)간의 생산적인 교환을 허용하고 있다. 형식 설계는 여러 가지 여닫이창 기구 개념을 산출하였고 보다 현실적인 설계들이 치수합성 단계에서 고찰되었다. 구속조건들을 만족시키는 장치들이 설계되었으며 평가를 위한 시작품(prototype)이 만들어졌다. 적어도 4가지의 새로운 작동기 개념에 따라 시작품이 만들어졌으며, 현재 팔리고 있는 작동기보다 우월한 작동 특성을 보여주었다. 또한 마케팅, 생산, 경영 등의 정보들이 가장 좋은 새로운 기구를 선택하는 데 이용되었다. '이중 암' 개념(1980년 중반에 시판)이 최선의 방안으로 선택되었는데 그 이유는 다음과 같다.

1. 최고의 종합적 성능을 제공하였다(완전히 열린 위치에서 완전히 닫힌 위치까지 훨씬 작은 토크로 작동할 수 있었다).
2. 적절한 가격에서 양산할 수 있었다.
3. 창문 제조업체에 최소한의 생산라인의 변화만을 요구한다.
4. 현존하는 4절 링크 슬라이더-크랭크 힌지와 호환된다.
5. 각 부품들이 현재의 제조능력에 합당하다.

연습문제

8.1. **(a)** Determine the Chebyshev spacing for a function $y = 2x^2 - x$ for the range $0 \le x \le 2$ where four precision points are required.

(b) Based on these precision points, find ϕ_2, ϕ_3, ϕ_4, and ψ_2, ψ_3, ψ_4 if $\Delta\phi = 45°$ and $\Delta\psi = 90°$.

8.2. It is desired to generate $y = e^x$, $0 \le x \le 4$, and specify three precision points. Using Chebyshev spacing, find

(a) x_1, x_2, x_3.

(b) ϕ_j, ψ_j $(j = 2, 3)$ if $\Delta\phi = 80°$ and $\Delta\psi = 110°$.

8.3. Find the Chebyshev spacing for three prescribed positions for the function $y = x^2 + 3x + 5, 0 \le x \le 2$. Also find ϕ_j, ψ_j ($j = 2, 3$) if $\Delta\phi = \Delta\psi = 45°$.

8.4. **(a)** Determine the three-point Chebyshev spacing for the function $y = x^2$, $0 \le x \le 10$, and $\Delta\phi = \Delta\psi = 60°$.
(b) Find ϕ_j, ψ_j for $j = 2, 3$.
(c) If a four-bar linkage is to be designed to generate this function, determine the starting position of the linkage (if $\gamma_2 = l°$ and $\gamma_3 = 30°$) by the complex-number method.
(d) Draw the linkage in its three precision positions and determine if this is an acceptable linkage.

8.5. **(a)** Find the three-precision-point Chebyshev spacing for the function $y = x^{3/2}$, $0 \le x \le 100$ where $\Delta\phi = \Delta\psi = 60°$.
(b) Find ϕ_j, ψ_j, ($j = 2, 3$).
(c) If a four-bar linkage is required for this task, solve for the resulting linkage using complex numbers if $\gamma_2 = 0.01°$ and $\gamma_3 = 12°$.
(d) Draw the resulting four-bar in its three precision positions and determine if it is an acceptable linkage.

8.6. Design another pair of compound-lever snips from th suitable associated linkage of Fig. 8.31, which satisfies the objective set forth in the chapter and which is different from the design shown in Fig. 8.31.

8.7. Determine the associated linkage of the yoke-riveter configuration of Fig. P8.1.

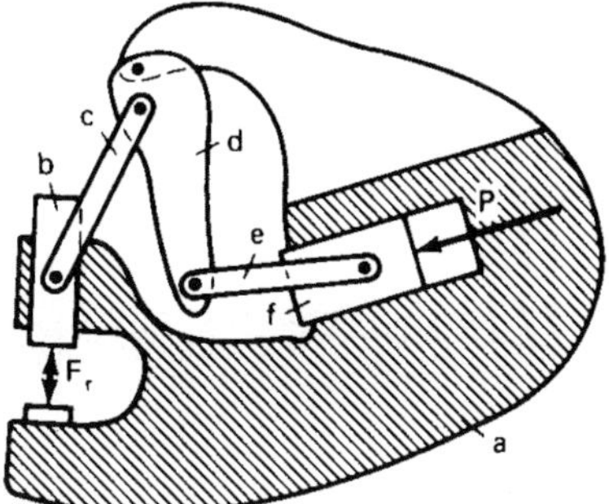

Figure P8.1

8.8. Determine the associated linkage of the yoke-riveter configuration of Fig. P8.2a.

8.9. Determine the associated linkage of the yoke-riveter configuration of Fig. P8.2b.

8.10. Create other designs for the compound-lever snips that are different from those in the text or in Prob. 8.6.

8.11. Create other designs for the yoke-riveter that are different from those in the text.

8.12. Figure P8.3 shows one side of a container with a removable top in two required positions. Find the locations of acceptable ground pivots (A_0, B_0) of a four-bar linkage that will guide the top through these two positions without interfering with the side of the container.

* Many of the examples in this chapter were generated from projects submitted by former students at the University of Minnesota. The creative ideas of these students are acknowledged.

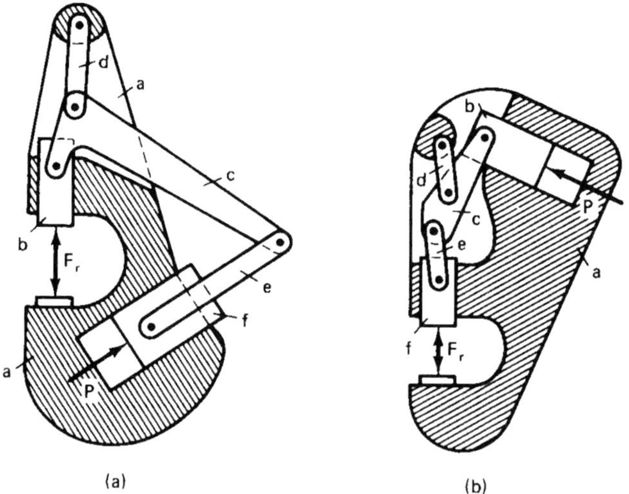

Figure P8.2

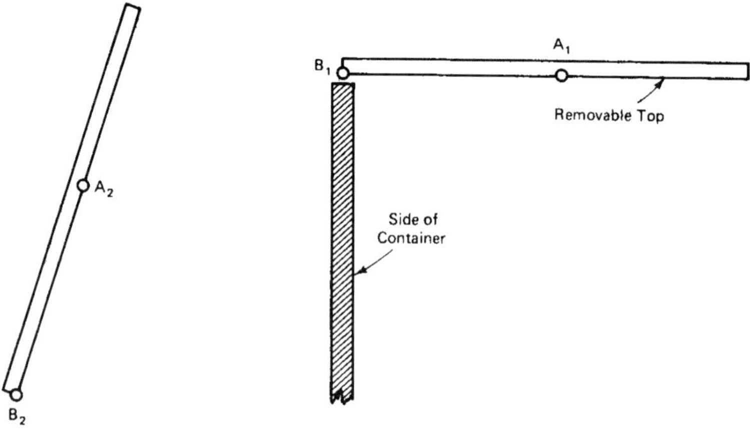

Figure P8.3

8.13. A student wishes to design a four-bar linkage that will store a bicycle above his bed. Two positions of the storage rack are shown in Fig. P8.4. Find acceptable ground and moving pivots for this design objective.

8.14. During maintenance, a dust cup must be removed from a filter for dumping collected particles. Rather than bolting the dust cup to the filter, the dust cup is hinged at A_0 and acts as the output link of a four-bar function generator. Figure P8.5 shows the dust cup and the proposed coupler link in two positions. Determine an acceptable location of the fixed and moving pivots (B_0, B) such that B is located along the coupler AP, the ground pivot B_0 is within the filter dimensions, and the rotation of B_0B from position 1 to position 2 is 28° ccw.

8.15. Part of the design of an assembly line requires removing a box from one conveyor belt, rotating it by 90°, and placing it on another conveyor belt. Find an acceptable four-bar linkage to guide the box carrier through the two positions shown in Fig. P8.6.

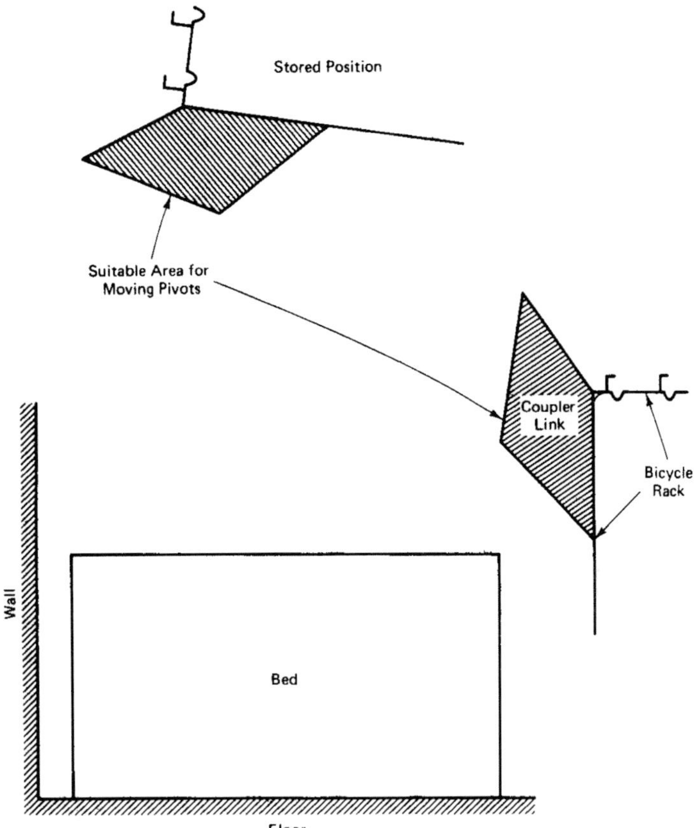

Figure P8.4

8.16. As part of an automation process, a four-bar linkage must be designed to remove boxes from one conveyor belt and deposit them on an upper conveyor belt, as shown in Fig. P8.7 (three prescribed positions). Both ground and moving pivots must be located between the upper and lower conveyor belts.

(a) Design an acceptable four-bar by the graphical method.

(b) Design an acceptable four-bar by the complex-number method.

(c) Design an acceptable four-bar by the ground-pivot specification method.

8.17. It is desired to synthesize a linkage to guide the movable shelf through the three positions shown in Fig. P8.8. The first position is level with the top of the cabinet for writing purposes, and the third position is a stored position for the shelf. Ground pivots should fall within the cabinet while the linkage size should be minimized so as to take up the least amount of cabinet space. Find acceptable locations of ground and moving pivots by (a) the graphical method; (b) the complex-number method; (c) the ground-pivot specification method.

8.18. Design a compact linkage to be added to the farm vehicle of Fig. P8.9 so that the operator may maintain a vertical position as the tractor traverses the sloping terrain shown in Fig. P8.9. For best results, translate the left and right positions outboard by $\frac{1}{4}$ the length of the seat.

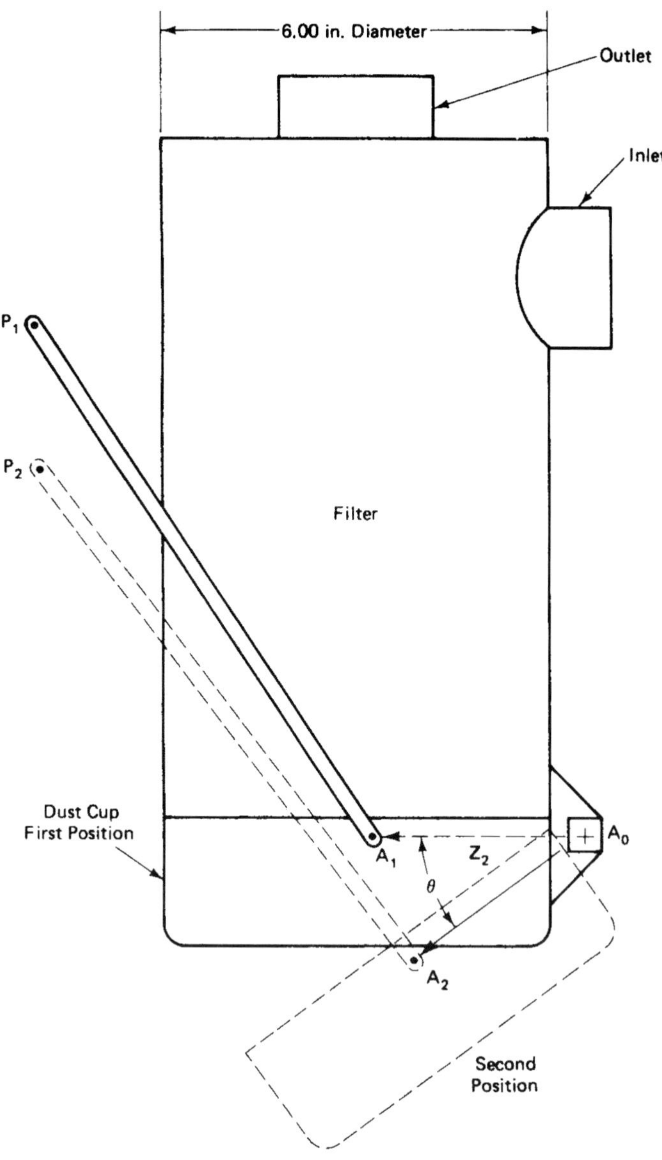

Figure P8.5

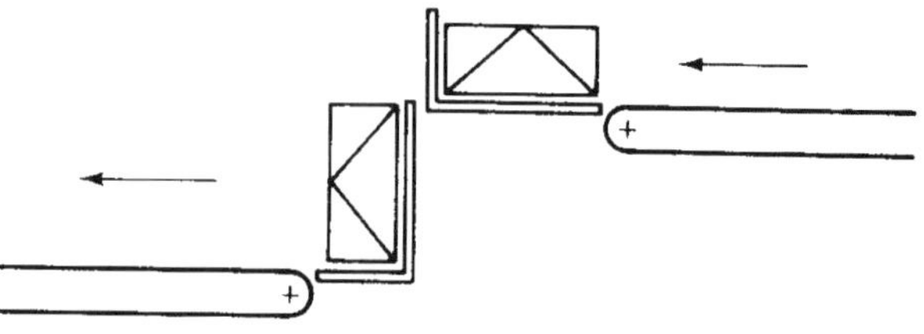

Figure P8.6

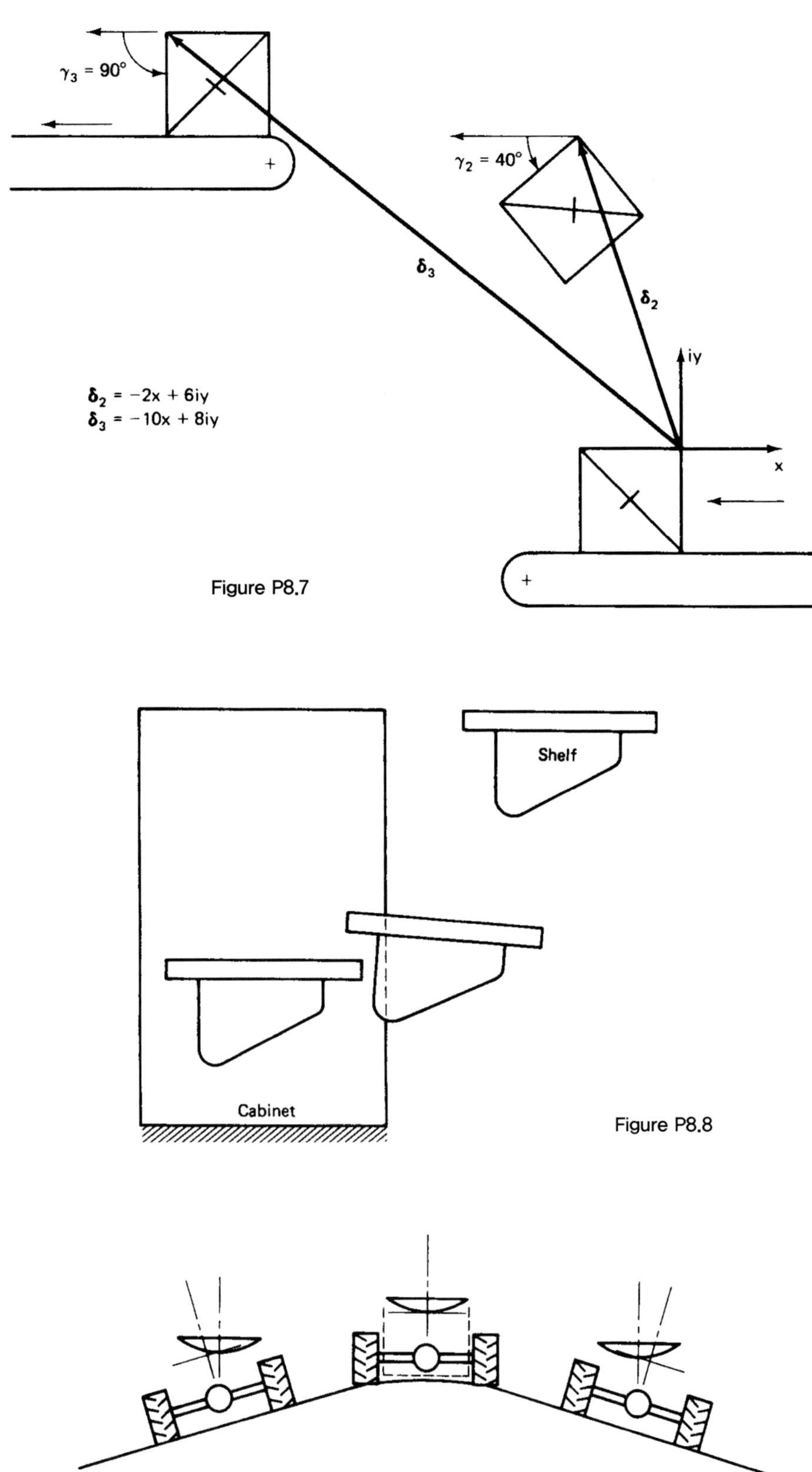

Figure P8.7

Figure P8.8

Figure P8.9

(a) Use the graphical technique.
(b) Use the complex-number method.
(c) Use the ground-pivot specification method.

8.19. An avid foosball player wishes to design a ball-return linkage to be attached to the foosball table. Figure P8.10 shows three required positions for the coupler so that the ball may be guided from the slot on the side of the table to the holder on the top edge. Ground pivots should fall within the table and the linkage should be compact.
(a) Use the graphical method.
(b) Use the complex-number method.
(c) Use the ground-pivot specification method.

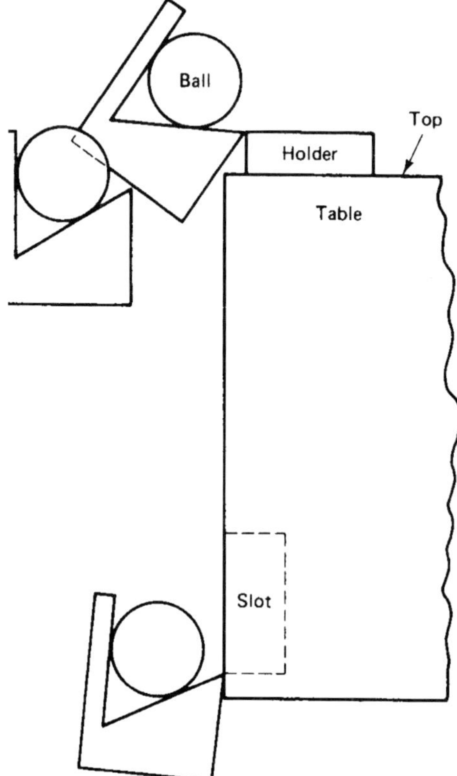

Figure P8.10

8.20. Figure P8.11 shows three prescribed positions for the wing landing gear of a remote-controlled model aircraft. Design a four-bar motion generator for this task such that the moving pivots are within the wheel supporting member and the ground pivots are within the airframe.
(a) Use the graphical method.
(b) Use the complex-number method.
(c) Use the ground-pivot specification method.

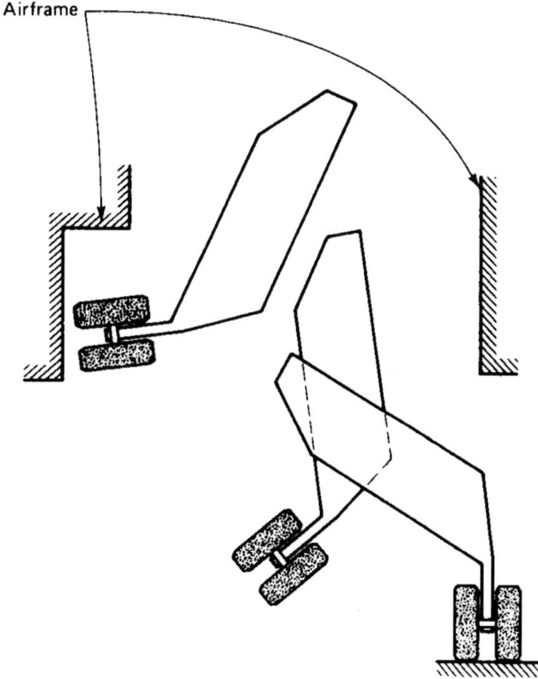

Figure P8.11

8.21. Rather than having to back a boat trailer into the water to unload a boat, a four-bar mechanism is sought to transfer the boat from the trailer to the water (see Fig. P8.12). Moving pivots should be connected to the cradle, and the fixed pivots should be close to the trailer platform. Design a four-bar motion generator for three positions.

(a) Use the graphical method.

(b) Use the complex-number method.

(c) Use the ground-pivot specification method.

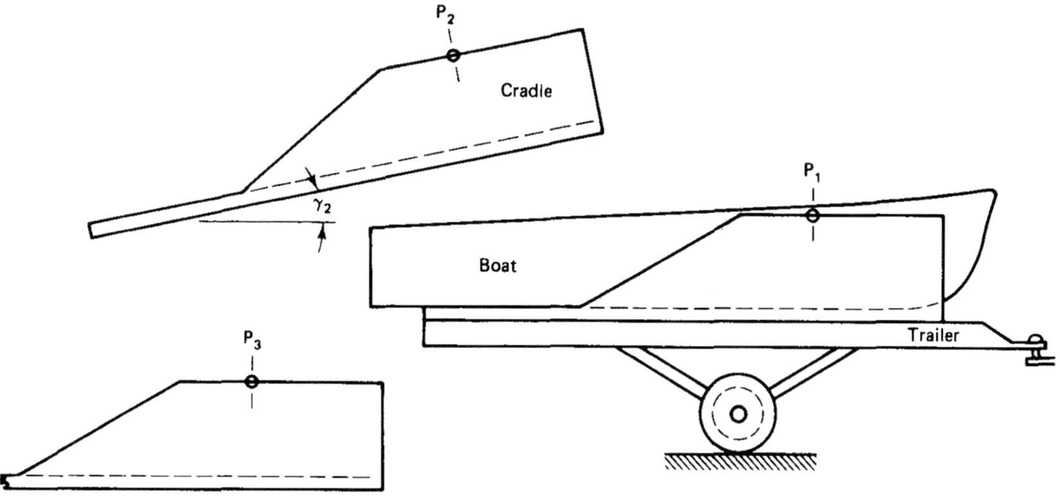

Figure P8.12

8.22. A four-bar path generator (with prescribed timing) is required as part of an arm-actuated propulsion system for the wheelchair in Fig. P8.13. The three prescribed path points shown have been determined to be the most efficient arm motion by a number of individuals. This movement of the coupler path point (C_1, C_2, C_3) provides the input, while the output is a rotation of the large wheel with a ground pivot at A_0. (A clutch located at A_0 will slip when the grip is returned from C_3 to C_1 along the same path.) The other ground pivot B_0 is specified as well as the rotations of the wheel driving link A_0A (ϕ_2 = 38° cw, ϕ_3 = 80° cw). By the graphical method, find the initial position of an acceptable four-bar linkage for this task.

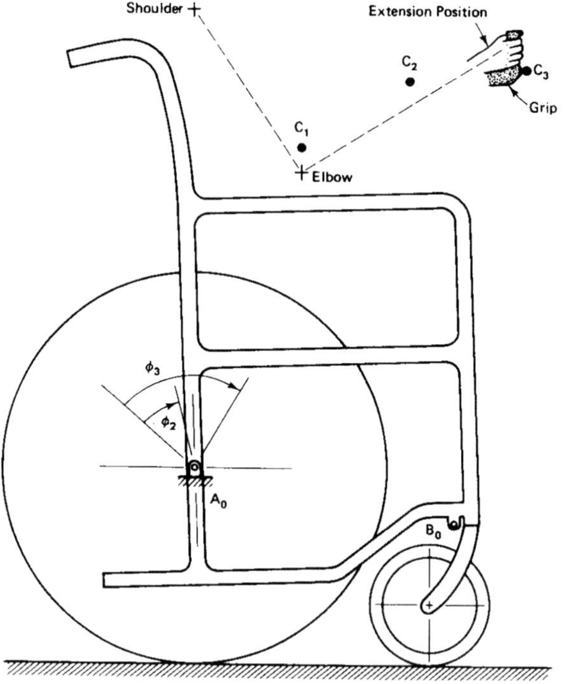

Figure P8.13

8.23. A four-bar linkage must be designed to accomplish one task in an automatic sewing machine (see Fig. P8.14). As input link (A_0A) rotates through $\phi_2 = 25°$ ccw, ϕ_3 = 135° ccw, the coupler point C must travel C_1, C_2, and C_3 to catch the thread loop.

(a) If the positions of A_0, B_0, and A are prescribed (see the figure), find the location of B by the graphical method and draw the linkage in its three design positions.

(b) Use the complex-number method to synthesize a new path generator (the same C_1, C_2, C_3, ϕ_2, and ϕ_3 are prescribed) with better transmission angles.

8.24. A disabled individual is unable to turn the pages of a book but is able to depress a foot pedal. A four-bar linkage path generator (with prescribed timing) is the main component of a mechanism that will turn a page when actuated by the foot pedal. As the coupler point C of the four-bar moves from C_1 to C_3, one page flips over (see Fig. P8.15) and then C returns along the same path for the next cycle.

(a) With C_1, C_2, C_3, A_0, B_0, A_1, A_2, and A_3 prescribed, find the rest of the linkage by the graphical method.

(b) With only ϕ_2, ϕ_3, and C_1, C_2, C_3 prescribed, find acceptable alternative four-bars for this task by the complex-number method.

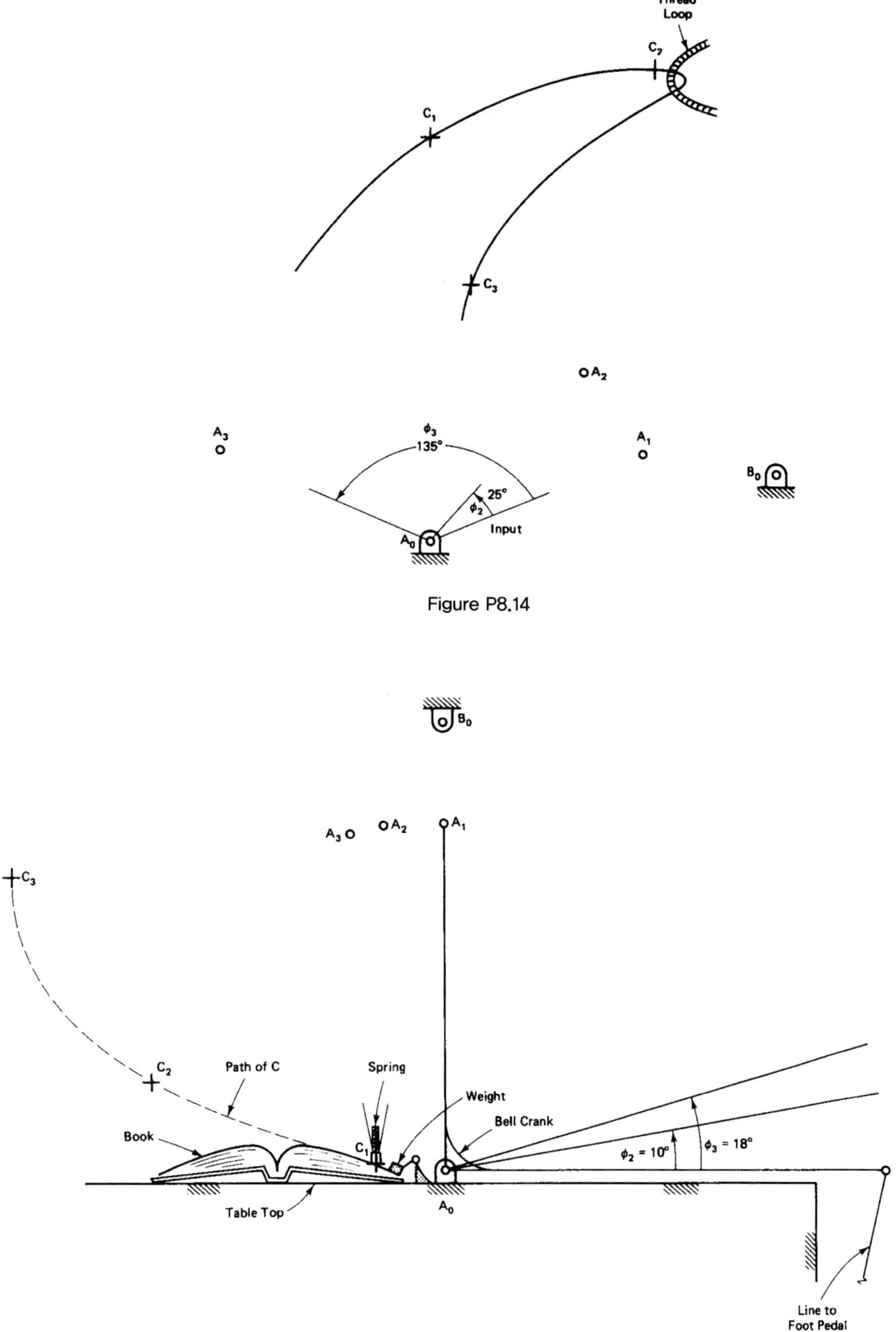

Figure P8.14

Figure P8.15

8.25. A crank-rocker path-generating four-bar is required to advance film in a camera, as shown in Fig. P8.16.

(a) Using the graphical method, find the four-bar linkage if A_0, A, B_0, C_1, C_2, C_3, ϕ_2, and ϕ_3 are given.

(b) Using the complex-number method, find other acceptable four-bar linkages given C_1, C_2, C_3, ϕ_2, and ϕ_3.

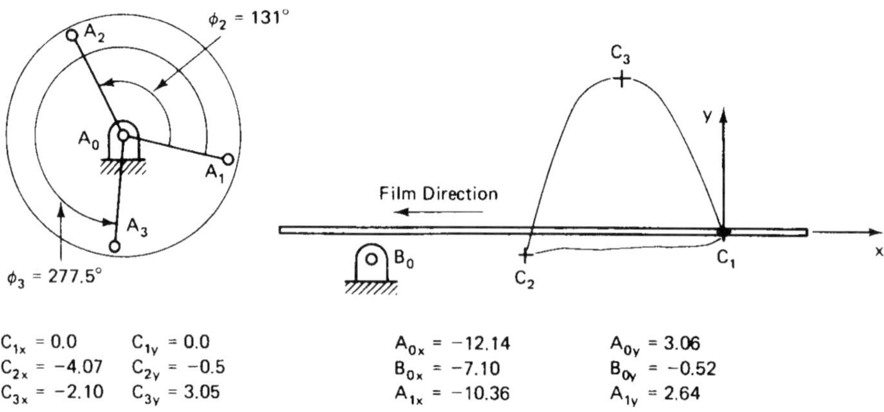

Figure P8.16

8.26. Figure P8.17a shows a butterfly valve in a tube that has a liquid flowing through it. A four-bar function generator is to be designed so that movement of the input link (A_0A) in equal increments will produce equal incremental changes of the flow through the butterfly valve (the output). Figure P8.17b shows the angles required for this objective (ϕ_2, ϕ_3, ψ_2, and ψ_3) as well as the location of B_0, B, and A_0.

(a) Using the graphical method of Fig. 8.51, find the location of point A.

(b) Use the overlay technique to find point A.

(c) Use the loop-closure method to find point A.

(d) Use Freudenstein's equation to solve for this linkage ($\phi_1 = 128.5°$).

8.27. A four-bar function generator is to be designed to guide an attic stairway from its stored position down to its deployed position where half of the ladder can slide down to meet the floor below. Figure P8.18 shows the proposed location of A_0, B_0, B, and angles ϕ_2, ϕ_3, ψ_2, and ψ_3 as well as the space constraints (roof joists). Find an acceptable four-bar linkage by

(a) The graphical method of Fig. 8.51.

(b) The overlay method.

(c) The loop-closure method (only A_0, B_0, and the angles are prescribed in this case).

(d) Freudenstein's equation (with $\phi_1 = 119°$).

8.28. Figure P8.19 shows a conceptual drawing of a leg-driven recreational vehicle. Series of four-bar linkages transmit the leg movements of two occupants to the rear wheels. Offsetting the function generators in phase should ensure smooth operation. If the input link (A_0A) rotates by $\phi_2 = 15°$ cw, $\phi_3 = 30°$ cw while the output (B_0B) rotates by $\psi_2 = 90°$ ccw, $\psi_3 = 180°$ ccw, find an acceptable four-bar function generator by

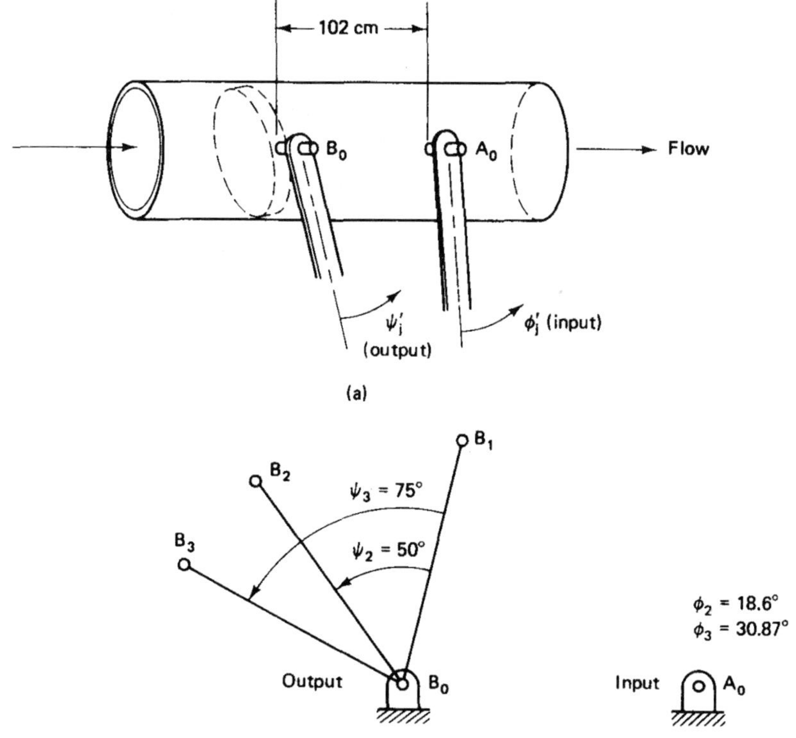

Figure P8.17

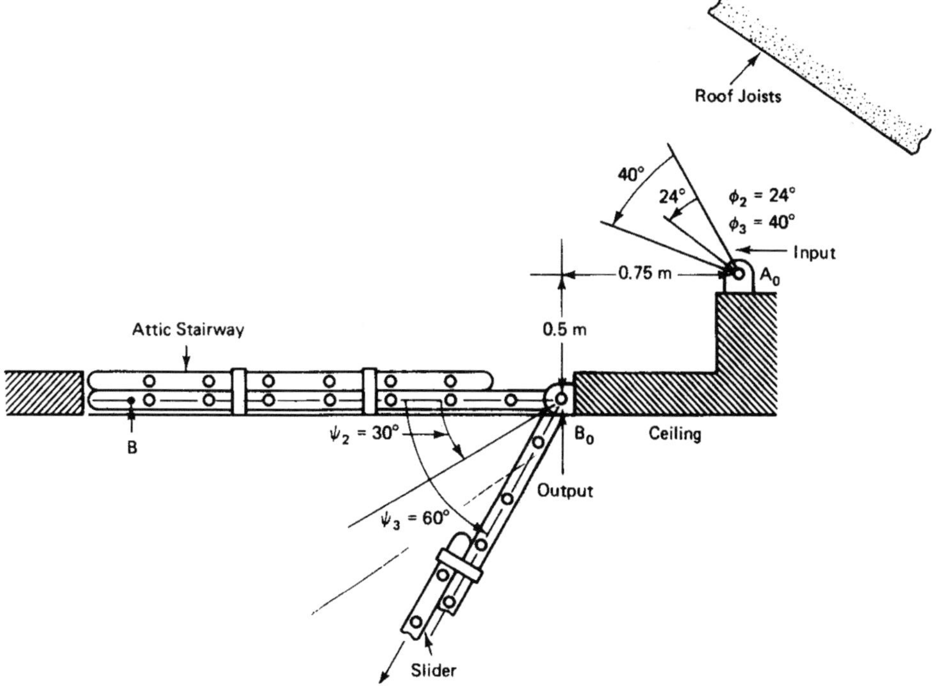

Figure P8.18

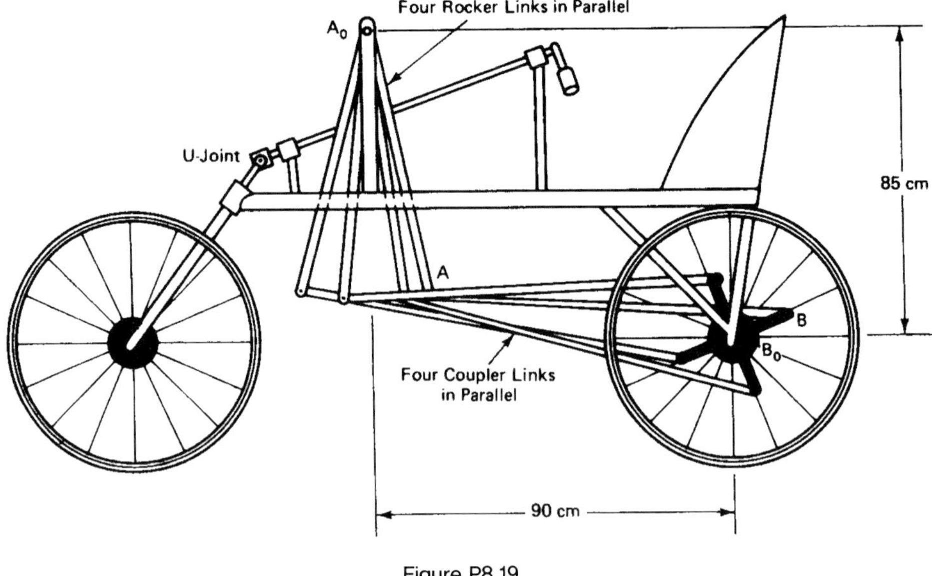

Figure P8.19

(a) The graphical method of Fig. 8.51.
(b) The overlay method.
(c) The loop-closure method.
(d) Freudenstein's equation.

8.29. A four-bar linkage is to be designed to operate an artificial hand in the gripping operation. Figure P8.20 shows the angles that have been derived based on mechanical advantage principles. Design an acceptable four-bar linkage for this task by

(a) The graphical method of Fig. 8.51.
(b) The overlay method.
(c) The loop-closure method.
(d) Freudenstein's equation.

8.30. The problem of a binding accelerator cable led to a proposed direct linkage between the accelerator pedal and the carburetor using a six-bar linkage—two four-bars in series. Figure P8.21 shows the required link rotations as well as the location of the three ground pivots. Synthesize the six-bar function generator by

(a) The graphical method of Fig. 8.51.
(b) The overlay method.
(c) The loop-closure method.
(d) Freudenstein's equation.

8.31. A proposed tachometer (Fig. P8.22), which uses a rotating governor principle as an engine speed indicator, requires a function-generator linkage to convert the movement of the rack into a linear movement around a tachometer dial. The geared five-bar linkage is chosen to be synthesized for this task. Known quantities are ψ_j, ϕ_j, T_2/T_1, and $\mathbf{Z}_5$.

(a) Write the loop-closure equation for this linkage in its first and jth position.
(b) Determine the maximum number of positions that this linkage can be synthesized for.
(c) What is the maximum number of positions for which a linear solution is obtainable?

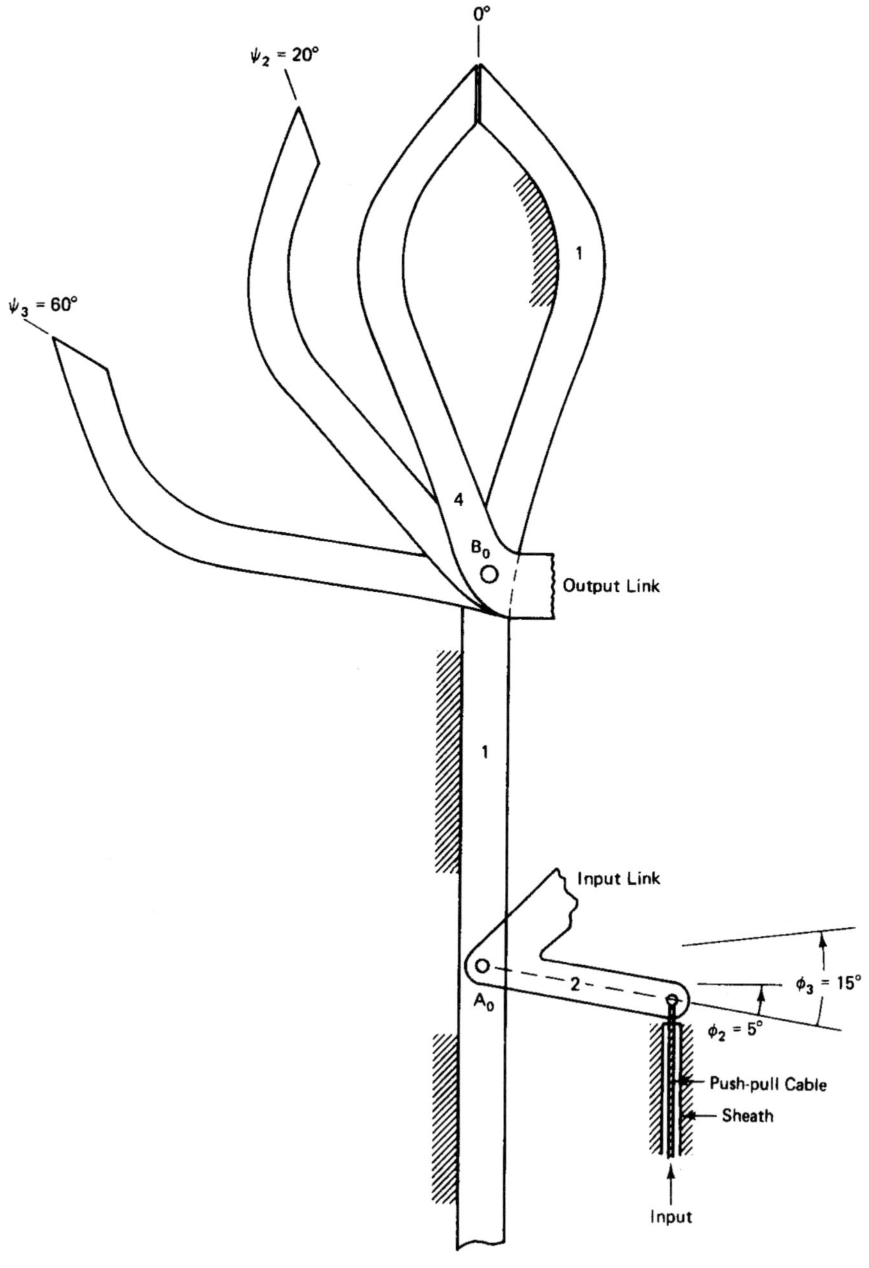

Figure P8.20

8.32. A geared six-bar function generator (Fig. P8.23) is synthesized for the maximum number of positions allowable by linear solution techniques. Vector $\mathbf{Z}_6$ as well as T_2/T_1, T_4/T_5, and $\phi_j = f(\psi_j)$ are known quantities.

(a) Write the loop-closure equation for this linkage in its first and jth positions.

(b) Determine the maximum number of positions that this linkage can be synthesized for.

(c) What is the maximum number of positions for which a linear solution is obtainable?

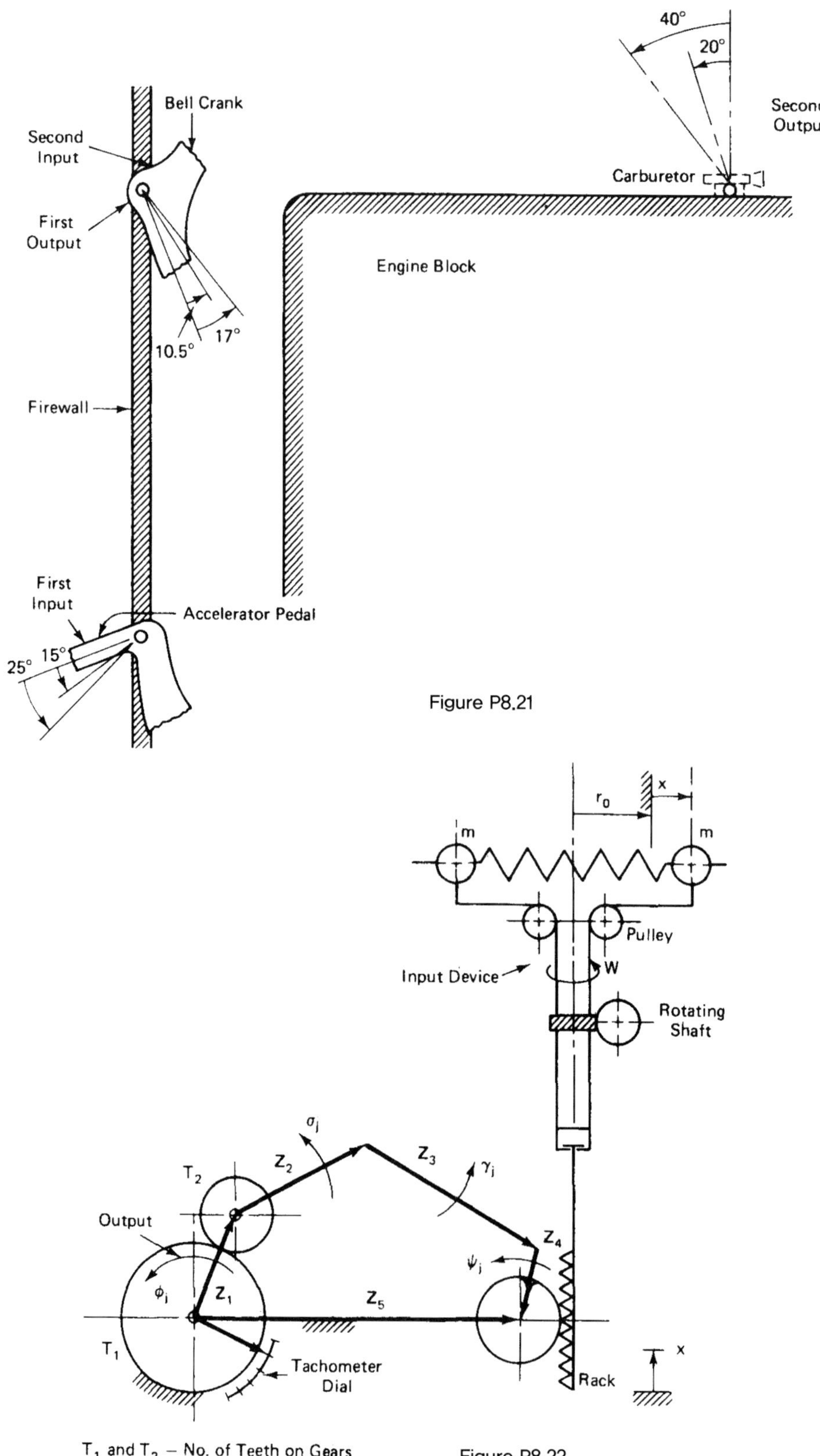

Figure P8.21

Figure P8.22

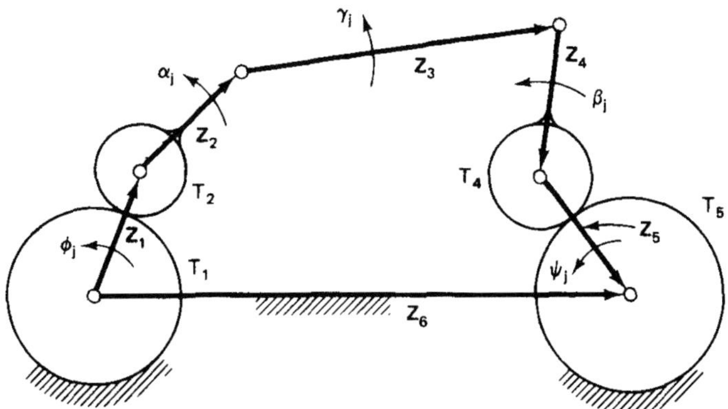

Figure P8.23

8.33. We wish to synthesize the linkage in Fig. P8.24 ($\mathbf{Z}_1$ and $\mathbf{Z}_2$) to guide a disk (A) in a slot defined by $\mathbf{R}_j$ ($j = 1, 2, \ldots, n$) such that the input angle (ϕ_j) and positions $\mathbf{R}_j$ are given.

(a) Write the standard-form equations for this linkage in its first and jth positions.

(b) Determine the maximum number of positions that this linkage can be synthesized for.

(c) What is the maximum number of positions for which a linear solution is obtainable?

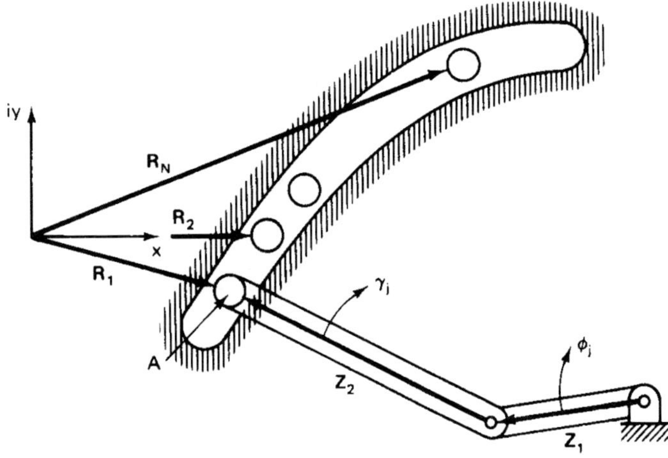

Figure P8.24

8.34. The geared linkage shown in Fig. P8.25 is to be used as a function generator where ϕ_j is the independent (input) variable (a rotation of arm $\mathbf{Z}_1$) and S_j is the dependent (output) variable (a linear displacement of the slider); ϕ_j and S_j are prescribed as well as T_2/T_1 and $\mathbf{Z}_5$.

(a) Write the loop-closure equation for this linkage in its first and jth positions.

(b) Determine the maximum number of positions that this linkage can be synthesized for.

(c) What is the maximum number of positions for which a linear solution is obtainable?

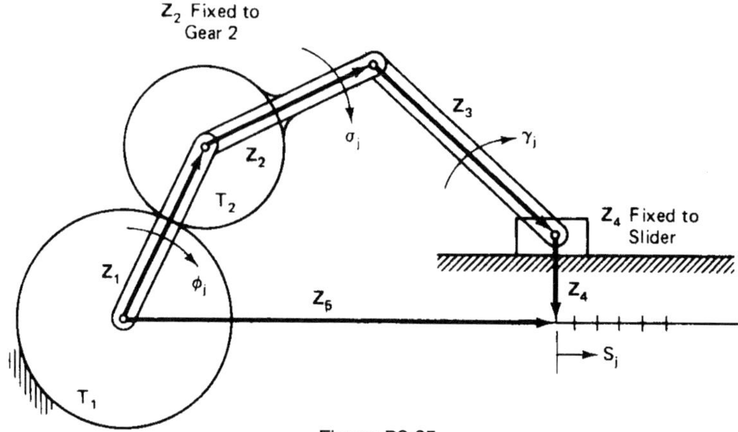

Figure P8.25

8.35. We wish to synthesize a function generator of Fig. P8.26 such that the rotations ϕ_j of the input crank and the displacement S_j of the output slider are prescribed (i.e., ϕ_j and S_j are known for $j = 1, 2, \ldots, n$). *Notice* that $\mathbf{Z}_4$ is fixed to the slider at an unknown constant angle α. (Also, the *initial* position of the slider $\mathbf{Z}_1$ is given as $1.0 + 0.0i$.)

(a) Write the loop-closure equations (by two methods) for this linkage.

(b) Determine the maximum number of positions that this linkage can by synthesized for (both methods).

(c) What is the maximum number of positions (both methods) for which a linear solution is obtainable?

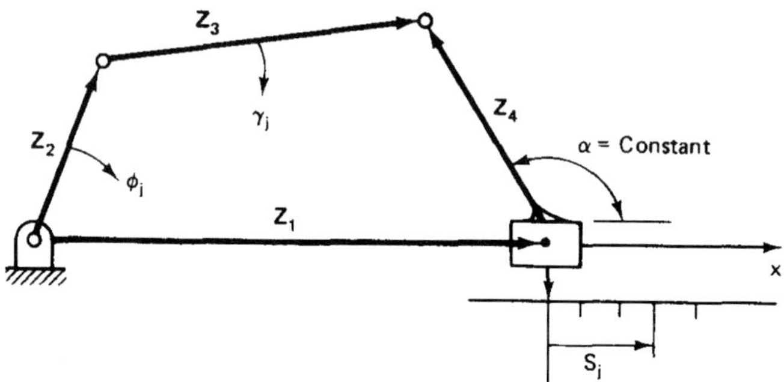

Figure P8.26

8.36. The six-bar linkage of Fig. P8.27 is to be synthesized for both path generation of point *P* and function generation $[\theta_j = f(\phi_j)]$. Write the standard-form equations for this so that the entire linkage may be synthesized by the standard form.

8.37. To comply with safety standards, the seven-bar motion generator linkage of Fig. P8.28 is being designed with two degrees of freedom so that the operator must use both hands to actuate the device. One hand-crank input is on link 3 (which rotates by specified angles β_j) and the other hand input is on link 7 (which rotates by specified angles ψ_j). These two simultaneous rotations will cause point *P* to move along its path (specified by δ_j) while link 2 rotates by specified angles γ_j. Thus $\boldsymbol{\delta}_j$, β_j, ψ_j, and γ_j are prescribed.

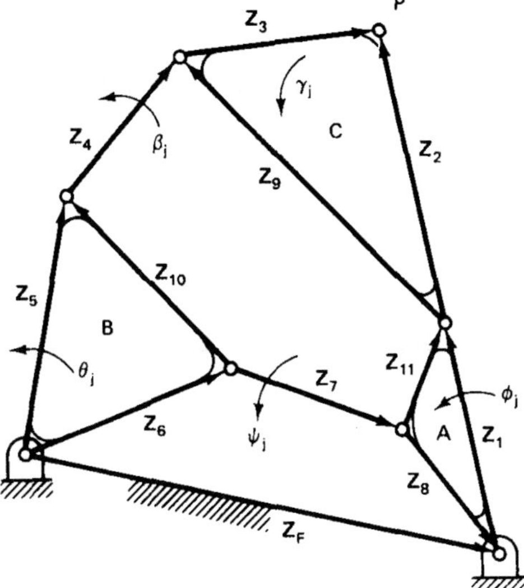

Figure P8.27

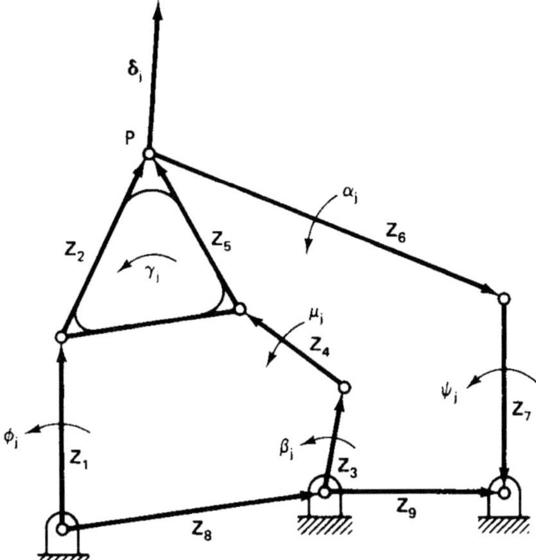

Figure P8.28

Write the equations that describe this synthesis task in the standard form. Be sure to cover all independent loops. (One or more vectors may have to be chosen arbitrarily to utilize the standard form for all loops.)

8.38. The eight-bar linkage of Fig. P8.29 is to be synthesized such that $\boldsymbol{\delta}_j$, α_{2j}, α_{4j}, and α_{7j} are prescribed.

(a) Write all the standard-form equations for this mechanism (making appropriate assumptions to assure the standard form).

(b) Can we prescribe $\boldsymbol{\delta}_j$, α_{3j}, α_{4j}, and α_{7j} instead? Why or why not?

(c) Can we prescribe $\boldsymbol{\delta}_j$, α_{2j}, α_{3j}, and α_{9j} instead? Why or why not?

(d) Can we prescribe $\boldsymbol{\delta}_j$, α_{3j}, α_{4j}, and α_{9j} instead? Why or why not?

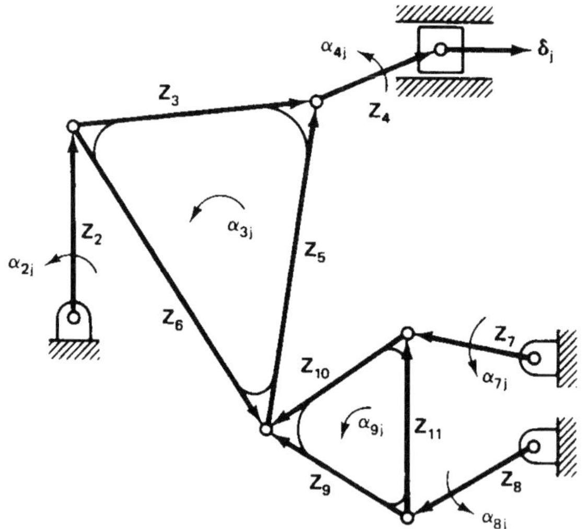

Figure P8.29

8.39. Write the displacement, velocity, and acceleration equations describing the linkage in Fig. P8.30.

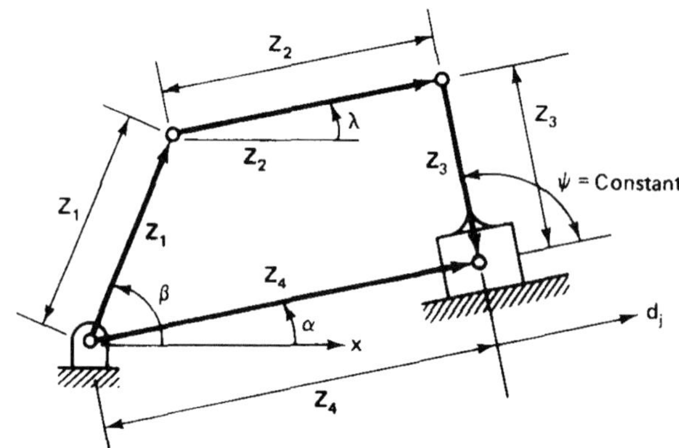

Figure P8.30

8.40. Synthesize a four-bar (see notation of Fig. 8.79) linkage such that the following are specified:

$$\mathbf{Z}_1 = -1.0 + 0.0i$$

$$\omega_2 = 1 \text{ rad/sec}, \quad \omega_3 = -2 \text{ rad/sec}, \quad \omega_4 = 3 \text{ rad/sec}$$

$$\alpha_2 = 3 \text{ rad/sec}^2, \quad \alpha_3 = 1 \text{ rad/sec}^2, \quad \alpha_4 = 2 \text{ rad/sec}^2$$

8.41. Design a four-bar linkage that will satisfy the following precision conditions:

$$\omega_2 = 8 \text{ rad/sec}, \quad \alpha_2 = 0$$

$$\omega_3 = 1 \text{ rad/sec}, \quad \alpha_3 = 20 \text{ rad/sec}^2$$

$$\omega_4 = 6 \text{ rad/sec}, \quad \alpha_4 = 0$$

8.42. A rack and gear mechanism [31] is to be designed for path generation with prescribed timing. Figure P8.31 shows the mechanism plus the suggested vector diagram. Prescribed are ϕ_j and $\mathbf{R}_j$. This mechanism has industrial applications in packaging as well as toys and leisure equipment.

(a) Write the synthesis equations for this mechanism in its first and *j*th position.
(b) For how many positions can this mechanism be designed?
(c) What are the maximum number of positions of synthesis yielding a linear solution method?
(d) If the task were motion generation of the rack, answer (a), (b), and (c).

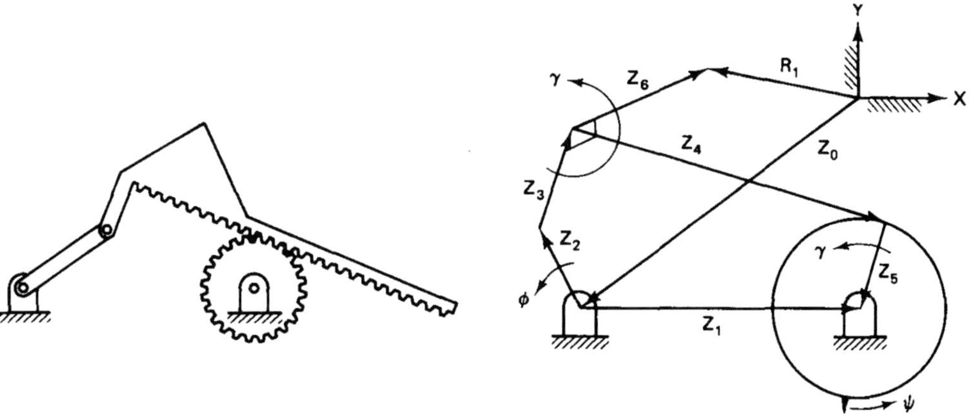

Figure P8.31

8.43. A well-known company suggested trying LINCAGES-4 on an assembly problem that was yet unsolved (see Figs. P8.32 and P8.33). Metal L-shaped pieces were to travel on the underside of a magnetic conveyor belt. These pieces are to be flipped 180° and placed in a stationary hopper. Thus the final mechanism must closely match the conveyor velocity along the conveyor direction, rotate approximately 180°, and place the metal piece in nearly straight-line motion into the stationary hopper. One would question whether a four-bar linkage could accomplish this task. Design a four-bar mechanism that will accomplish this task and have all pivots fall between the conveyor and the hopper. Note that the driving speed of the four-bar may be adjusted to match the conveyor speed.

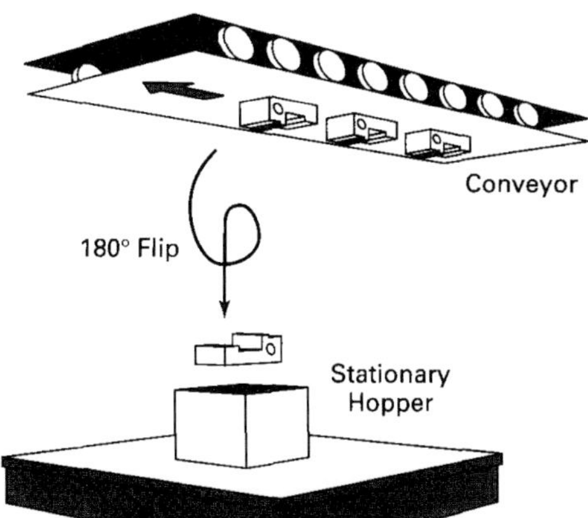

Figure P8.32 Design problem schematic with moving conveyor, 180° flip, and stationary hopper, Components are suspended from the bottom of the belt during this phase of the process.

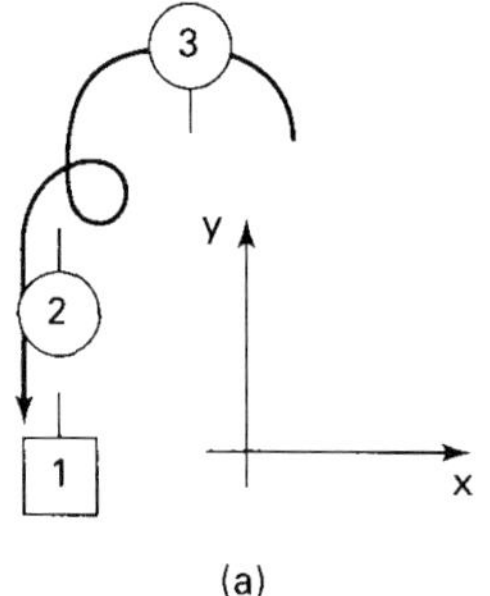

(a)

Precision Points		
Motion Generation Synthesis		
X Coord.	Y Coord.	Angle
−19.2100	−1.6200	89.01
−19.3711	12.1761	75.15
−13.3333	54.6020	−90.00

(b)

Figure P8.33 Design Positions chosen for the synthesis of a motion generator "pick and place" mechanism.

8.44. A spoiler system was introduced in Fig. P1.74 and Prob. 1.45. Given the design positions shown in Fig. P8.34, design a linkage solution.

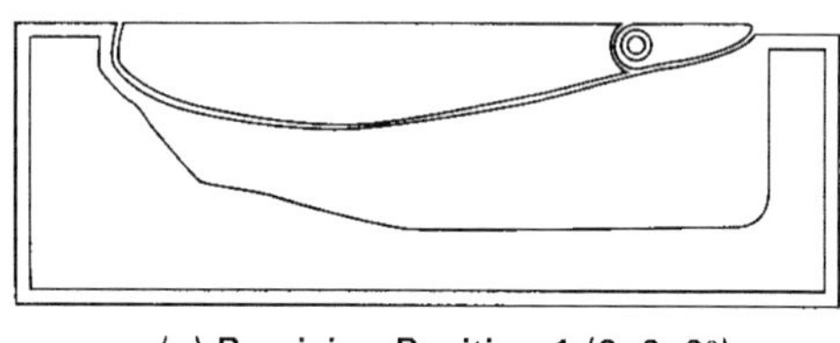

(a) Precision Position 1 (0, 0, 0°)
(Fully Retracted)

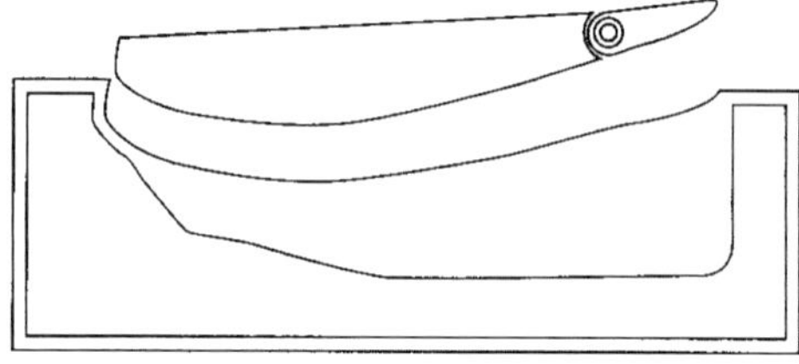

(b) Precision Position 2 (0.15, 0.75, 2.0°)

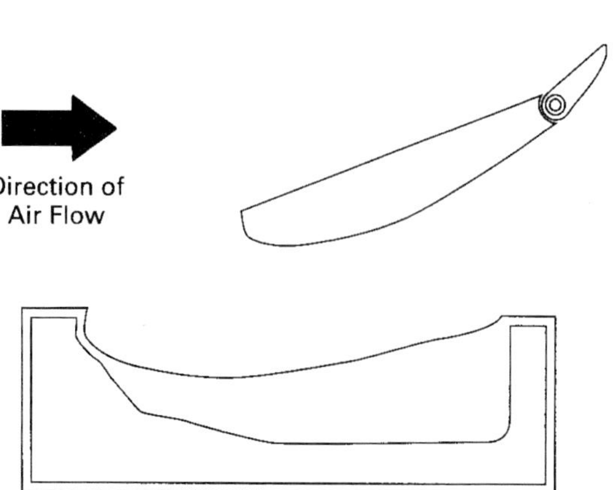

(c) Precision Position 3 (4.50, 3.0, 20.0°)
(Fully Elevated)

Figure P8.34

8.45. Problem 1.52 showed three types of motorcycle suspension systems. Keep in mind the following design requirements:

1. There must be a fixed link.
2. There must be a shock absorber that is to be modeled as two binary links.
3. There must be a swing arm that has the rear wheel connected to it and is adjacent to the fixed link.
4. The fixed link, the shock absorber, and the swing arm must be distinct members.
   - **(a)** Using single-degree-of-freedom six-bar chains, create as many as possible other suspension designs in addition to the three that are shown.
   - **(b)** Discuss the relative merits of each of the designs (based on geometric and perceived dynamic constraints).

8.46. Problem 1.46 showed four different motion generation tasks. Choose one, and synthesize a four-bar solution by measuring the three prescribed positions from the figure chosen. How does your solution compare with the one shown?

8.47. **(a)** Generate the ground- and moving-point circles for the following problem:*

PP1 = (1,2)
PP2 = (3,4)
PP3 = (5,6)

alpha 2 = 60
alpha 3 = 220

beta 2 from 0 to 330, increment = 30
beta 3 from 0 to 360, increment = 1\

Each circle should be generated by keeping beta 2 constant and varying beta 3.

(b) Show the location of the poles.

(c) Place a dark circle at the location of beta 3 = 0 on each circle.

8.48. We wish to synthesize the seven-bar, two-degree-of-freedom mechanism shown in Fig. P8.35 for motion generation with prescribed timing for three prescribed positions.

(a) Can we independently drive both θ_2 and θ_5 in the mechanism to represent the two independent degrees of freedom?

(b) Write the equations for all the independent loops. For example,

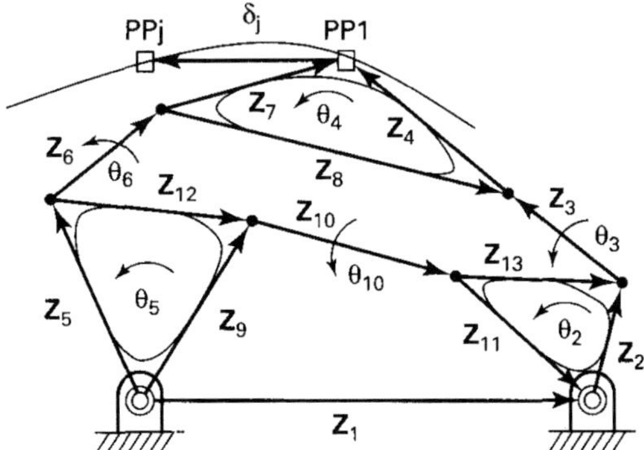

Figure P8.35

* Generated by Core Lam, graduate student, University of Minnesota.

$$\mathbf{Z}_A\,(\mathbf{e}^{\mathbf{i}\alpha_j}-1)+\mathbf{Z}_B\,(\mathbf{e}^{\mathbf{i}\beta_j}-1)+\ldots=0 \text{ or } \boldsymbol{\delta}_j$$

(c) If we prescribe θ_2, θ_4, θ_6, and $\boldsymbol{\delta}_j$, can all the independent loops be put in the standard form? If so, then write these equations. If not, why not?

(d) In part (c), can the equations be solved in any order? Why or why not?

(e) If we prescribe θ_3, θ_4, θ_5, and $\boldsymbol{\delta}_j$, can all the independent loops be put in standard form? If so, then write these equations. If not, why not?

(f) If we prescribe θ_2, θ_4, θ_{10}, and $\boldsymbol{\delta}_j$, can all the independent loops be put in standard form? If so, then write these equations. If not, why not?

8.49. The type of linkage shown in Fig. P8.36 is to be synthesized to transfer a contaminated box through four prescribed motion positions. To generate the complex motion of the coupler link, this two-degree-of-freedom linkage has been chosen. The prescribed synchronized input rotations are θ_{1j} and θ_{7j}. It would be advantageous to be able to prescribe the shape of the coupler-link if possible. Also, we wish to use the available four-precision-point synthesis program. (The tooth ratio between the sun and planetary gear is known.)

(a) Write down all of the independent loops in the standard form. Be sure to identify what variables are known and unknown.

(b) Could we have specified θ_{4j} and θ_{1j} instead of θ_{7j} and θ_{1j} and still obtain standard form expressions? Explain.

(c) Could this entire mechanism be synthesized for more than five precision points? Why?

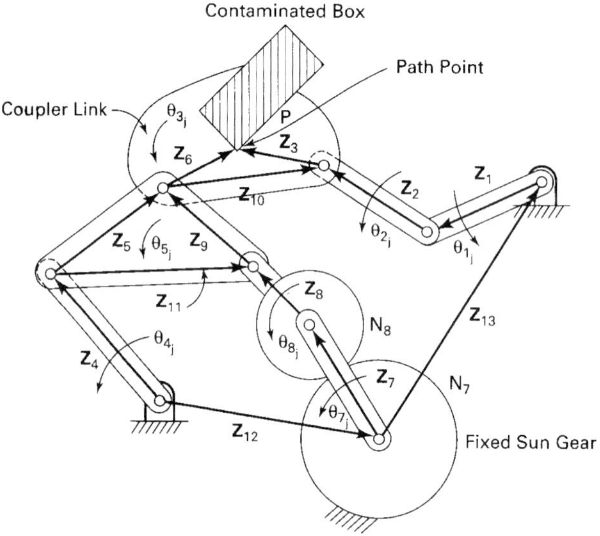

Figure P8.36

연습문제 해답

Chapter 1

1.28. **(b)** $F = 1$

1.36. Fig. P1.48; $F = 2$
Fig. P1.53; $F = 3$
Fig. P1.57; $F = 1$

Chapter 3

3.5. **(a)** Fig. P3.7
$\gamma_B = 40°$; $\delta_B = 50°$
$\gamma_C = 35°$; $\delta_C = 55°$

3.15. $\frac{\omega_4}{\omega_2} = 0.109$

3.32. $\mathbf{V}_F = 1.4$ cm/sec $\measuredangle\ 270°$
$\omega_7 = 0.103$ rad/sec *cw*

3.25. $\mathbf{V}_{DB} = 14.83$ in/sec $\measuredangle\ 180°$

3.30. $\omega_4 = 10.7$ rad/sec *cw*

3.45. **(a)** $V_C/\omega_{in} = 0.83$ in
(b) $F_{out}/F_{in} = 0.82$

3.47. **(b)** $\omega_4/\omega_2 = 0.36$
(c) $\omega_5/\omega_2 = -0.53$
(d) $V_{C6} = i\omega_2\,(1{,}2 - 2{,}6) = 1.93 + Oi$

3.55. **(a)** $\omega_4/\omega_6 = 1.72$
(b) M.A. = 1.05

3.61. $F_{out}/T_{in} = 8.8\ \text{in}^{-1}$

3.75. **(a)** Four-bar function generator
(b) open position M.A. = 10.3
closed position M.A. = 11.0

Chapter 4

4.6. $\mathbf{A}_C = 2250$ in/sec^2 $\measuredangle -117°$

4.12. $\mathbf{A}_D = 0.74$ in/$\measuredangle -120°$

4.23. $\alpha_2 = 8.7$ rad/sec^2 *cw*
$\mathbf{A}_B = 93.5$ cm/sec^2 $\measuredangle\ 338°$

4.29. $\mathbf{A}_{P4} = 44{,}000$ in/sec^2 $\measuredangle\ 270°$

4.32. $\mathbf{A}_{P4} = 145$ cm/sec^2 $\measuredangle\ 90°$

4.43. $\mathbf{A}_P = 341.5$ in/sec^2 $\measuredangle -110°$

Chapter 5

5.3. $T_2 = -2345$ lbf·in

5.7. $\mathbf{F}_{12} = 190$ lbf $\measuredangle -11.9°$
$\mathbf{F}_{23} = \mathbf{F}_{12}$
$\mathbf{F}_{34} = 110$ lbf $\measuredangle 40.6°$
$\mathbf{F}_{14} = 90$ lbf $\measuredangle 34.5°$
$T_{12} = 5544$ lbf·mm cw

5.14. **(a)** $\alpha_3 = 2.48$ rad/sec^2 ccw
$\alpha_4 = 2.6$ rad/sec^2 ccw
(b) $F_{02} = 0.232$ lbf
$F_{03} = 0.97$ lbf
$F_{04} = 0.28$ lbf
(c) $\varepsilon_2 = 1.126$ ft
$\varepsilon_3 = .166$ ft
$\varepsilon_4 = .131$ ft
(e) $F_{23} = 0.79$ lbf
$F_{34} = 0.81$ lbf
(f) $T_2 = 0.32$ lbf·ft ccw

5.15. $\mathbf{F}_{02} = 93.3$ N $\measuredangle -22.9°$
$\mathbf{F}_A = 54.8$ N $\measuredangle -175°$

5.19. **(a)** $\mathbf{F}_A = 549$ lbf $\measuredangle -154.1°$
$\mathbf{F}_B = 686$ lbf $\measuredangle --171°$
(b) $T_S = 1{,}297$ lbf·in ccw

Chapter 6

6.2. $0° < \phi < 60°, \ddot{y} = 317\ (10^{-6})$ in/deg^2
$60° < \phi < 90°, \ddot{y} = 0$
$90° < \phi < 180°, \ddot{y} = -212\ (10^{-6})$
$180° < \phi < 240°, \ddot{y} = -444\ (10^{-6})$
$240° < \phi < 330°, \ddot{y} = 296\ (10^{-6})$

6.11. Let $\beta_1 = \beta_2$
Use simple harmonic motion.

6.27. $S = L - 10Lx^3 + 15Lx^4 - 6Lx^5$
$\dot{S} = -30Lx^2 + 40Lx^3 - 30Lx^4$
$\ddot{S} = -60Lx + 120Lx^2 - 120Lx^3$

Chapter 7

7.3. $\omega_E = 148.15$ rpm ccw
$\omega_g = -37.04$ rpm cw
$\omega_k = -296.03$ rpm cw
$\omega_l = -222.25$ rpm cw
(all viewed from right)

7.8. **(a)** $\omega_2/\omega_3 = 1 + N_1/N_2$
(c) $\omega_2/\omega_3 = 1 - N_1/N_2$
(f) $\omega_4/\omega_5 = 1 + (N_1/N_3)/(N_2/N_4)$

7.13. $\omega_6 = 38.56$ rpm cw

7.14. $\omega_2 = 0.52$ rpm ccw

7.18. $\omega_E = 0.104$ rpm cw
(viewed from right)

Chapter 8

8.1. **(a)** $x_1 = 0.08$; $x_2 = 0.62$; $x_3 = 1.38$; $x_4 = 1.92$
(b) $\phi_2 = 12.2°$ $\psi_2 = 1.3°$
$\phi_3 = 29.3°$ $\psi_3 = 35.5°$
$\phi_4 = 41.4°$ $\psi_4 = 80.8°$

8.16. Right side $\mathbf{Z} = 10.44 - 1.4i$
$\mathbf{W} = -7.44 + 3.9i$
Left side $\mathbf{Z} = 11.1 + 2.5i$
$\mathbf{W} = -3.06 - 8i$

8.20. With $\boldsymbol{\delta}_2 = -0.2 + 3.3i$, $\boldsymbol{\delta}_3 = -1.02 + 7.4i$, left side $\mathbf{W} = 7.4 - 4.8i$
$\mathbf{Z} = 0.77 - 1.5i$
Right side $\mathbf{W} = 0.14 - 8.8i$
$\mathbf{Z} = -4.4 + 4i$

8.25. Choose $\gamma_2 = 3.12°$, $\gamma_3 = 45.23°$
$\psi_2 = 58.09°$, $\psi_3 - 52.82°$ then
Right side $\mathbf{Z} = 8.27 - 0.75i$; $\mathbf{W} = 1.83 + 1.41i$
Left side $\mathbf{Z} = 3.27 - 3.97i$; $\mathbf{W} = 1.52 + 4.2i$

8.32. **(b)** Nine
(c) Five

참고문헌

1. Alt, H., *Werkstattstech.*, 26 (1932), pp. 61–64.
2. ———, "Getriebetechnik," *VDI Tagungsheft,* Vol. 1 (1953).
3. Anton, C., C. Lentsch, A. Guggisberg, and A. G. Erdman, "Synthesis of a Letter Folding Mechanism," in "Mechanism Case Studies VII, Part 1" (compiled by R. Berkof), ASME Paper no. 84-DET-144, 1984.
4. Azimov, Morris, *Introduction to Design.* Englewood Cliffs, New Jersey: Prentice-Hall, Inc., 1962.
5. Bagci, C., "Force and Torque Analyses of Plane Mechanisms by Matrix Displacement-Direct Element Method," *International Symposium on Linkages and Computer Design Methods (Bucharest, Romania, June 1973)*, pp. 77–97.
6. Barris, W. C., S. Kota, D. Riley, and A. G. Erdman, "Mechanism Synthesis Using the Workstation Environment," *Computer Graphics and Applications* (March 1988), pp. 39–50.
7. Beggs, J. S., *Mechanism.* New York: McGraw-Hill Book Company, 1955.
8. Benedict, C. E., and D. Tesar, "Analysis of a Mechanical System Using Kinematic Influence Coefficients," *Proceedings of the First Applied Mechanisms Conference (Stillwater, Oklahoma, July 1969),* Paper No. 37. Stillwater, Oklahoma: Oklahoma State University, 1969.
9. Berkof, R. S., and D. Tesar, "Optimal Torque Balancing for a Complex Stamping and Indexing Machine," ASME Paper No. 70-Mech-82, 1970.
10. ———, A. G. Erdman, D. Hewitt, T. Bjorklund, D. Harvey, et al, "Mechanism Case Studies IV," ASME Paper No. 78-DET-19, 1978.
11. Bessler, W., D. Kohli, and G. N. Sandor, "Design of a Four-Link $P_1V_1A_1J_1$ Path Generator," NSF-ASME Technology Transfer Monograph, October 1975.
12. Bickford, J. J., *Mechanisms for Intermittent Motion.* New York: Industrial Press, Inc., 1972.
13. Bjorklund, T., and A. G. Erdman, "Case Study: The Thing," *Proceedings of the Fifth Applied Mechanisms Conference (Oklahoma City, Oklahoma, November 1977).* Stillwater, Oklahoma: Oklahoma State University, 1977.
14. Block, A., *VDI Bericht,* Vol. 29 (1958), p. 158.
15. Bonhom, W. E., "Calculating the Response of a Four-Bar Linkage," ASME Paper No. 70-Mech-69, 1970.
16. Buhl, Harold R., *Creative Engineering Design.* Ames, Iowa: The Iowa State University Press, 1960.
17. Burstall, A. F., *A History of Mechanical Engineering.* Cambridge, Mass.: M.I.T. Press, 1965.
18. Carson, W, A. G. Erdman, and P. Starr, "An Overview of the Complete Mechanism Design Process," in *Monograph on Mechanism Design.* New York: McGraw-Hill Book Company, 1977; NSF Report No. GK-36624, Paper No. 1.
19. ———, and J. M. Trummel, "Time Response of Lower Pair Spatial Mechanisms Subjected to General Forces," ASME Paper No. 68-Mech-57, 1968.

*References addressing contemporary design theory and methodology are found in the appendix of Chapter 2.

20. Chace, M. A., "Using DRAM and ADAMS Programs to Simulate Machinery, Vehicles," *Agricultural Engineering*, (November 1978), pp. 16–18.
21. ———, and J. C. Angell, "Interactive Simulation of Machinery with Friction and Impact Using DRAM," SAE Paper No. 770050, 1977.
22. ———, and J. C. Angell, "User's Guide to DRAM (Dynamic Response of Articulated Machinery), Design Engineering Computer Aids Lab," University of Michigan, 1972.
23. Chase, T., A. G. Erdman, and D. Riley, "Synthesis of Six Bar Linkages Using an Interactive Package," *Proceedings of the 1981 OSU Applied Mechanisms Conference* (Kansas City, Missouri, December 1981), Paper No. LI, 5 pgs. Stillwater, Oklahoma: Oklahoma State University, 1981.
24. ———, "Burmester Theory for Four Precision Positions: An Extended Discourse with Application to the Dimensional Synthesis of Arbitrary Planar Linkages." Ph.D. diss., University of Minnesota, (1984).
25. ———, A. G. Erdman, and D. Riley, "Improved Centerpoint Curve Generation Techniques for Four-Precision Position Synthesis Using the Complex Number Approach," *Journal of Mechanisms, Transmissions, and Automation in Design, ASME Transactions*, 107 (September 1985), pp. 370–76.
26. ———, ———, ———, "Triad Synthesis for Up to Five Design Positions with Application to the Design of Arbitrary Planar Mechanisms," *ASME Journal of Mechanisms, Transmissions, and Automation in Design*, 109, No. 4 (December 1987), pp. 426–34.
27. ———, ———, and G. Marier, "Computer Aided Design of an Improved Variable-Sheave V-Belt Drive," *Proceedings of the 10th OSU Applied Mechanisms Conference* (December 1987).
28. Chebyshev, P. L., "Theorie des mechanismes connus sous le nome de parallelograms (1953)," in *Oeuvres de P. L. Tchebychef*, Vol. 1. St. Petersberg: Markoff et Sonin, 1899; *Modern Mathematical Classics: Analysis*, S730. Ed. Richard Bellom. New York: Dover Publications, Inc., 1961.
29. Chen, F.Y., "Gripping Mechanisms for Industrial Robots — An Overview," *Mechanism and Machine Theory*, 17, No. 5, (1982), pp. 299–311.
30. Chironis, N. P., *Mechanisms, Linkages, and Mechanical Controls*. New York: McGraw-Hill Book Company, 1965.
31. Claudio, M., and S. Karmer, "Kinematic Synthesis and Analysis of the Rack-and-Gear Mechanism for Four-Point Path Generation with Prescribed Input Timing," ASME Paper No. 85-DET-94, 1985.
32. Crossley, F. R. E., "The Permutations of Kinematic Chains of 8 Members or Less from the Graph-Theoretic Viewpoint," in *Developments in Theoretical and Applied Mechanics*, Vol. 2, pp. 467–86. New York: Pergamon Press, 1965.
33. ———, "A Systematic Approach to Creativity," *Machine Design*, (March 1980), pp. 150–153.
34. ———, "Defining the Job: First Step in a Successful Design," *Machine Design*, (May 1980), pp. 128–31.
35. Coy, J. J., "Geared Power Transmission Technology," in *Advanced Power Transmission Technology*, pp. 45–78. NASA CP 2210 (June 9–12), 1981.
36. Dahlquist, G., and A. Bjorck, *Numerical Methods*. Englewood Cliffs, New Jersey: Prentice-Hall, Inc., 1974.
37. Dhande, S. G., and G. N. Sandor, "Analytical Design of Cam-Type Angular-Motion Compensators," ASME Paper No. 76-DET-22, 1976.
38. ———, and G. N. Sandor, "A Unified Approach to the Study of the Conjugate Gear Tooth Action," *Sixth Symposium on Mechanisms and Gear Abstracts*, Miskolc, Hungary (September 1978), p. 26.
38a Dimargonas, A. D. and G. N. Sandor, "A General Method for Analysis of Mechanical Systems," *Proceedings*, Third World Congress for the Theory of Machines and Mechanisms,

Dubrovnik, Yugoslavia, Sept. 13–19, 1971, pp. 121–32.

39. Dixon, M. W., and C. O. Huey, Jr., "Fundamentals of Kinematic Synthesis," *1973 Textile Engineering Conference* (Charlotte, North Carolina, April 1973), pp. 1–31.

40 Erdman, A. G., J. K. Mayfield, F. K. Dorman, J. Dowen, and W. J. Dahlof, "Design of a Wrench for Use in Spinal Surgery," *ASME 1979 Advances in Biomedical Engineering* (December 1979).

41. ———, "Dynamic Synthesis of a Variable Speed Drive," *Proceedings of the Third Applied Mechanisms Conference (November 1973),* Paper No. 38. Stillwater, Oklahoma: Oklahoma State University, 1973.

42. ———, "A Guide to Mechanism Dynamics," *Proceedings of the Third Applied Mechanisms Conference (November 1973),* Paper No. 6. Stillwater, Oklahoma: Oklahoma State University, 1973.

43. ———, "Three and Four Precision Point Kinematic Synthesis of Planar Linkages," *Mechanism and Machine Theory,* 16, pp. 227–45.

44. ———, "Three Position Synthesis by Complex Numbers," in *Monograph on Mechanical Design*. New York: McGraw-Hill Book Company, 1977; NSF Report No. GK36624, Paper No. 49.

45. ———, and W. L. Carson, "Teaching Unit on Complex Numbers as Applied to Linkage Modeling," in *Monograph on Mechanical Design.* New York: McGraw-Hill Book Company, 1977; NSF Report No. GK36624, Paper No. 12.

46. ———, and J. E. Gustafson, "LINCAGES: *L*inkage *IN*teractive *C*omputer *A*nalysis and *G*raphically *E*nhanced *S*ynthesis Package," ASME Paper No. 77-DTC-5, 1977.

47. ———, and Dana Lonn, "Synthesis of Planar Six-Bar Linkages for Five Precision Conditions by Complex Numbers," in *Monograph on Mechanism Design*. New York: McGraw-Hill Book Company, 1977; NSF Report No. GK36624, Paper No. 59.

48. ———, and Dana Lonn, "A Unified Synthesis of Planar Six-Bar Mechanisms Using Burmester Theory," *Proceedings of the Fourth World Congress on the Theory of Machines and Mechanisms* (Newcastle-upon-Tyne, England, September 1975).

49. ———, and A. Midha, "Man-Made Mechanism Models Multiply Mental Motivation," *Proceedings of the 3rd Applied Mechanisms Conference* (Oklahoma State University, November 1973), Paper No. 3. Stillwater, Oklahoma: Oklahoma State University, 1973.

50. ———, and D. Riley, "Computer-Aided Linkage Design Using the LINCAGES Package," ASME Paper No. 81-DET-121, 1981.

51. ———, and D. Riley, "Computer Graphics and Computer-Aided Design in Mechanical Engineering at the University of Minnesota," *Computers in Education*, 5 (Summer 1981) pp. 229–43.

52 ———, and G. N. Sandor, "Kinematic Synthesis of a Geared Five-Bar Function Generator," *Journal of Engineering for Industry,* 93, B, no. 1, pp. 157–64, Feb. 1971.

52a. ———, ———, "Teaching Unit on Complex Numbers as Applied to Linkage Modeling," NSF-ASME Technology Transfer Monograph, *Linkage Design Handbook*, July, 1975.

53. ——, and P. Starr, "Towards Technology Transfer: Kinematic and Dynamic Analysis of Linkages for the Design Engineer," *Proceedings of the First ASME Design Technology Conference in Machine Design (October 1974),* pp. 335–46. New York: American Society of Mechanical Engineers, 1974.

54. E. Nelson, J. Peterson, and J. Bowen, "Type and Dimensional Synthesis of Casement Window Mechanisms," ASME Paper No. 80-DET-78 (1980) Mechanical Engineering, (December 1981), pp. 46–55.

55. ———, G. N. Sandor, and R. G. Oakberg, "A General Method for Kineto-Elastodynamic Analysis and Synthesis of Mechanisms," *Journal of Engineering for Industry*, 94, no. 4 (February 1971), pp. 11–16.

56. ———, R. K. Westby, G. R. Fichtinger, and F. R. Tepper, "Mechanisms Case Studies II: A New Derailleur Mechanism," ASME Paper No. 74-DET-56, 1974; *Mechanical Engineering*, 97 (July 1975), pp. 36–37.

57. ———, and D. R. Riley, *Linkage Design Using the LINCAGES© Package*. SAE Paper No. 830801, (1983).
58. ———, M. Harber, and D. Riley, "Enhanced Computer Graphic Kinematic Synthesis for Three Prescribed Positions," *Proceedings of CAD/CAM, Robotics and Automation International Conference* (Tucson, Arizona, February 13–15, 1985).
59. ———, "Computer Aided Design of Mechanisms: 1984 and Beyond," *Mechanism and Machine Theory Journal,* 20, No. 4, (Spring 1985), pp. 245–250.
60. ———, and D. Riley, "Computer Aided Design and Manufacturing," *Mechanical Design and Systems Handbook,* 2nd ed., ed. H. Rothbart, pp. 16.1–16.44. New York: McGraw-Hill, 1985.
61. ———, ———, "New Directions for Mechanism Kinematics and Dynamics," *Computers in Mechanical Engineering,* 3, No. 6 (May 1985), pp. 10–20.
62. ———, T. Chase, "New Software Synthesizes Complex Mechanisms," *Machine Design Magazine,* (August 22, 1985), pp. 107–113.
63. Esterline, A., D. Riley, and A. G. Erdman, "Design Theory and AI Implementations of Design Methodology," *Proceedings of 1989 NSF Engineering Design Research Conference,* (June 11–14, 1989), pp. 205–220. Amherst: University of Massachusetts.
64. Faik, S., and A. G. Erdman, "Sensitivity Distributions in the Three Position Synthesis Design Plane," *ASME Journal of Mechanical Design*, Vol. 113, No. 1, March, 1991, pp 3–9.
65. Fiacco, A. V., and G. P. McCormick, *Nonlinear Programming—Sequential Unconstrained Minimization Technique*. New York: John Wiley & Sons, Inc., 1968.
66. Fichtinger, G., R. Westby, and A. Erdman, "Combination of Design Disciplines Offers Series of Novel Mechanisms," in *Product Engineering*, 45, no. 12 (December 1974), pp. 35–36.
67. Fletcher, R., and M. J. D. Powell, "A Rapidly Convergent Descent Method for Minimization," *Computer Journal*, 6, no. 2 (1963), pp. 163–68.
68. Fox, R. L., *Optimization Methods for Engineering Design*, 2nd ed. New York: Addison-Wesley Publishing Company, 1973.
69. ———, and K. C. Gupta, "Optimization Technology as Applied to Mechanism Design," *Journal of Engineering for Industry*, 95 (1973), pp. 657–63.
70. ———, and K. D. Willmert, "Optimum Design of Curve-Generating Linkage with Inequality Constraints," *Journal of Engineering for Industry*, 89, no. 1 (February 1967), pp. 144–52.
71. Freudenstein, F., "An Analytical Approach to the Design of Four-Link Mechanisms," *Transactions of the ASME*, 76 (1954), pp. 483–92.
72. ———, "Structural Error Analysis in Plane Kinematic Synthesis," *Journal of Engineering for Industry,* 81, no. 1 (January 1959), pp. 15–22.
73. ———, "Harmonic Analysis of Crank-and-Rocker Mechanisms with Applications," *Journal of Applied Mechanics,* 81E (1959), pp. 673–75.
74. ———, "On the Maximum and Minimum Velocities and Accelerations in Four-Link Mechanisms," *Transactions of the ASME,* 78 (1956), pp. 779–87.
75. ———, *Proceedings: International Conference on Mechanisms,* Yale, 1961 (F. R. Erskine Crossley, Ed.), pp. 44–54, The Shoestring Press.
76. ———, and E. R. Maki, "The Creation of Mechanisms According to Kinematic Structure and Function," General Motors Research Publications, GMR-3073, September 1979; *International Journal for the Science of Architecture and Design,* (1980).
77. ———, and G. N. Sandor, "Kinematics of Mechanisms," in *Mechanical Design and System Handbook*, 2nd ed., New York: McGraw-Hill, 1985, pp. 4.1–4.80.
78. ———, and G. N. Sandor, "Synthesis of Path-Generating Mechanisms by Means of a Programmed Digital Computer," *Journal of Engineering for Industry,* 81B, no. 2 (May 1959), pp. 159–68.
79. Fuller, D., "Motivation is More than Gimmicks," *Machine Design* (November 1976), pp. 116–20.
80. Garrett, R. E., and A. S. Hall, Jr., "Effect of Tolerance and Clearance in Linkage Design," *Journal of Engineering for Industry,* 91B (1969), pp. 198–202.

81. Gupta, K. C., "A General Theory for Synthesizing Crank-Type Four Bar Function Generators with Transmission Angle Control," *Journal of Applied Mechanics,* 45, no. 2 (June 1968).
82. Hagen, D., A. G. Erdman, D. Harvey, and J. Tacheny, "Rapid Algorithms for Kinematic and Dynamic Analysis of Planar Rigid Linkages with Revolute Joints," ASME Paper No. 78-DET-64, 1978.
83. Hain, K., *Applied Kinematics,* 2nd ed. New York: McGraw-Hill, 1967.
84. Hall, A. S., *Kinematics and Linkage Design*. West Lafayette, Indiana: Balt Publishers, 1961.
85. Halter, J. M., "Force Synthesis to Produce a Desired Time Response of Mechanisms," Ph.D. Dissertation, University of Missouri-Columbia, May 1975.
86. Hartenberg, R. S., and J. Denavit, *Kinematic Synthesis of Linkages*. New York: McGraw-Hill Book Company, 1964.
87. Hinkle, R. T., *Design of Machines*. Englewood Cliffs, New Jersey: Prentice-Hall, Inc., 1957.
88. Hinkle, Rolland T., *Kinematics of Machines*, 2nd ed. Englewood Cliffs, New Jersey: Prentice-Hall, Inc., 1960.
89. Hrones, J. A., and G. L. Nelson, *Analysis of the Four-Bar Linkage*. New York: the Technology Press of MIT and John Wiley and Sons, Inc., 1951.
90. Johnson, R. C., "Impact Forces in Mechanisms," *Machine Design*, 30 (1958), pp. 138–46.
91. ———, and K. Towfigh, "Application of Number Synthesis to Practical Problems in Creative Design," ASME Paper No. 65-WA/MD-9, 1965.
92. ———, and K. Towfigh, "Application of Number Synthesis to Practical Problems in Creative Design," in *Mechanical Design Synthesis With Optimization Applications*. Ed. R. C. Johnson. New York: Van Nostrand Reinhold Company, 1971.
93. Kaufman, R. E., "Mechanism Design by Computer," *Machine Design,* (October 1978), pp. 94–100.
94. Kemler, E. N., and R. J. Howe, *Machine Design*, 23 (1951).
95. Kloomok, M., and R. V. Muffley, "Plate Cam Design — with Emphasis on Dynamic Effects," *Product Engineering*, (February 1955).
96. Kohli, D., A. E. Thompson, and G. N. Sandor, "Design of Four-Bar Linkages with Specified Motion Characteristics of All Moving Links," in *Monograph on Mechanical Design*. New York: McGraw-Hill Book Company, 1977, NSF Report no. GK36624, Paper No. 50.
97. Kota, S., D. Riley, and A. G. Erdman, "Development of Knowledge Base for Designing Linkage-Type Dwell Mechanisms; Part 1: Theory," *ASME Journal of Mechanisms, Transmissions, and Automation in Design*, 109, No. 3 (September 1987), pp. 308–15.
98. ———, ———, ———, "Development of Knowledge Base for Designing Linkage-Type Dwell Mechanisms; Part 2: Applications," *ASME Journal of Mechanisms, Transmissions, and Automation in Design*, 109, No. 3 (September 1987), pp. 316–21.
99. ———, and R. B. Gudapati, "Automatic Selection of Four-Bar Linkage Designs for Path Generation Task." *Proceedings of the ASME Design Automation Conference*, Montreal, Sept. 1989, pp. 395–402.

99a. Kounas, P. S., A. G. Erdman, and G. N. Sandor, "Kinematic Synthesis of Smoothly Stopping Mechanisms with Fast Moving Output Members," *Proceedings*, Third Applied Mechanisms Conference, Oklahoma State University, Stillwater, Oklahoma, Nov. 5–7, 1983.

100. Kramer, S. N., and G. N. Sandor, "Finite Kinematic Synthesis of a Cycloidal-Crank Mechanism for Function Generation," *Journal of Engineering for Industry*, 92, no. 3 (August 1970), pp. 531–36.
101. ———, and G. N. Sandor, "Kinematic Synthesis of Watt's Mechanism," ASME Paper No. 70-Mech-50, 1970.
102. ———, and G. N. Sandor, "Selective Precision Synthesis — A General Method of Optimization for Planar Mechanisms," *Journal of Engineering for Industry*, 97, no. 2 (May 1975), pp. 689–701.

103. Lee, T. W., "On the Kinematics and Dynamic Synthesis of a Variable-Speed Drive," ASME Paper No. 77-DET-124, 1977.
104. Lindholm, J. D., "A Survey of the Graphical Techniques in Designing for Specific Input-Output Relationships of a Four-Bar Mechanism," *Proceedings of the First Applied Mechanisms Conference (Tulsa, Oklahoma, July 1969)*. Stillwater, Oklahoma: Oklahoma State University, 1969.
105. ———, "Design for Path Generation — Point Position Reduction," Linkage Design Monographs, Paper No. 38; NSF Final Report GK-36624.
106. Liou, F. W., and A. G. Erdman, "Analysis of a High-Speed Flexible Four-Bar Linkage, Part I: Formulation and Solution," *Advanced Topics in Vibrations,* ASME Pub. DE-Vol. 8, September 1987, pp. 128–138. And in *Journal of Vibration, Acoustics, Stress, and Reliability in Design*, 111, No. 1 (January 1989), pp. 35–41.
107. ———, ———, "Analysis of a High-Speed Flexible Four-Bar Linkage, Part II: Analytical and Experimental Results on the Apollo," *Advanced Topics in Vibrations,* ASME Pub. DE-Vol. 8, September 1987, pp. 139–146. And in *Journal of Vibration, Acoustics, Stress, and Reliability in Design*, 111, No. 1 (January 1989), pp. 42–47.
108. Loerch, R. J., A. G. Erdman, and G. N. Sandor, "On the Existence of Circle-Point and Center-Point Circles for Three-Precision-Point Dyad Synthesis," *Journal of Mechanical Design* (October 1979), pp. 554–62.
109. ———, A. G. Erdman, G. N. Sandor, and A. Midha, "Synthesis of Four-Bar Linkages With Specified Ground Pivots," *Proceedings of the 4th Applied Mechanisms Conference (Chicago, November 1975)*, pp. 10.1–10.6. Stillwater, Oklahoma: Oklahoma State University, 1975.
110. Mabie, H. H., and C. F. Reinholtz, *Kinematics and Dynamics of Machinery*. New York: John Wiley and Sons, Inc., 1978, 4th ed.
111. Matthew, G., and D. Tesar, "Synthesis of Spring Parameters to Satisfy Specified Energy Levels in Planar Mechanisms," *Journal of Engineering for Industry* (May 1977), pp. 341–46.
112. McGovern, J. F., and G. N. Sandor, "Kinematic Systems of Adjustable Mechanisms, Part I: Function Generation; Part II: Path Generation," *Journal of Engineering for Industry*, 95, no. 2 (May 1973), pp. 417–29.
113. Meyer zur Capellen, W., "Kinematics — A Survey in Retrospect and Prospect," *Journal of Mechanisms*, 1 (1966), pp. 211–28.
114. Mittelstadt, W., D. Riley, and A. G. Erdman, "Integrated CAD of Mechanisms," *Mechanism and Machine Theory Journal*, 20, No. 4 (Spring 1985), pp. 303–12.
115. Modrey, J., "Analysis of Complex Kinematic Chains with Influence Coefficients," *Journal of Applied Mechanics*, 81E (1959), pp. 184–88.
116. Olson, D., A. G. Erdman, and D. Riley, "A New Graph Theory Representation for the Topological Analysis of Planetary Gear Trains," *Proceedings of the Seventh World Congress on the Theory of Machines and Mechanisms*, Vol. 3, (Sevilla, Spain, September 1987), pp. 1421–1426.
117. ———, ———, ———, "Formulation of Dimensional Synthesis Procedures for Complex Planar Linkages," *ASME Journal of Mechanisms, Transmissions, and Automation in Design*, 109, No. 3 (September 1987), pp. 322–28.
118. ———, ———, ———, "Topological Analysis of Single-Degree-of-Freedom Planetary Gear Trains," *Trends and Developments in Mechanisms, Machines, and Robotics — 1988*, DE-Vol, 15–1, pp. 125–131.
119. Orrell, M. G., "Runaway (Verge) Escapement Study," ASME Paper 84-DET-48, 1984.
120. Osman, M. O. M., and R. V. Dukkipati, "Kinematic Analysis of Planar Four-Link Mechanisms Using Complex Number Algebra," *Linkage Design Monographs*; NSF Final Report GK-36624, Paper No. 16.

121. Paul, B., "Analytical Dynamics of Mechanisms — A Computer Oriented Overview," *Mechanisms and Machine Theory*, 10, no. 6 (1975), pp. 481–507.
122. Paynter, Henry M., *Analysis and Design of Engineering Systems*. Cambridge, Massachusetts: The M.I.T. Press, 1960–61.
123. Peterson, J. A., and E. W. Nelson, "Operator for a Casement-Type Window," U.S. Patent No. 4,253,276, March 3, 1981.
124. Peterson, R., L. Logan, A. G. Erdman, and D. Riley, "LINCAGES-4: Computer-Aided Mechanism Synthesis and Analysis — Three Precision Point Program," *Proceedings of the 1988 Spring Design Engineering Conference* (Chicago, Illinois, March 7, 1988).
125. ———, ———, ———, ———, "Three Precision Point Synthesis of a Four-Bar Linkage: An Example Using the LINCAGES-4 Program," *Proceedings of ASME, Computers in Engineering 1988*, ASME, Vol. 2, pp. 91–96.
126. Pouliot, H. N., W. R. Delameter, and C. W. Robinson, "A Variable-Displacement Spark Engine," SAE Paper No. 770114, 1977.
127. Pryor, R. F., and G. N. Sandor, "On the Classification and Enumeration of Six-Link and Eight-Link Cam-Modulated Linkages," *Proceedings of the Fifth World Congress of IFToMM* (Montreal, July 1979), Paper No. USA-66.
128. Radcliffe, C. W., "Kinematics in Biomechanics Research," *Proceedings of the National Science Foundation Workshop on New Directions for Kinematics Research* (Stanford University, August 1976), pp. 174–98.
129. Rao, A. V. M., and G. N. Sandor, "Extension of Freudenstein's Equation to Geared Linkages," *Journal of Engineering for Industry*, 93, no. 1 (February 1971), pp. 201–10.
130. ———, A. G. Erdman, G. N. Sandor, et al, "Synthesis of Multi-Loop, Dual Purpose Planar Mechanisms Utilizing Burmester Theory," *Proceedings of the 2nd OSU Applied Mechanisms Conference (Stillwater, Oklahoma, October 1971)*, pp. 7.1–7.23. Stillwater, Oklahoma: Oklahoma State University, 1971.
130a. ———, and G. N. Sandor, "Closed-Form Synthesis of Four-Bar Function of Generators by Linear Superposition," *Proceedings*, Third World Congress for the Theory of Machines and Mechanisms, Dubrovnik, Yugoslavia, Sept. 13–19, 1971, pp. 383–94.
130b. ———, and G. N. Sandor, "Closed-Form Synthesis of Four-Bar Function Generators by Linear Superposition," *Proceedings,* Third World Congress for the Theory of Machines and Mechanisms, Dubrovnik, Yugoslavia, Sept. 13–19, 1971, pp. 395–405.
131. Raudsepp, E., "The Nitty-Gritty of Creativity," *Machine Design*, (April 1979), pp. 886–89.
132. Reinholtz, C. F., S. G. Dhande, and G. N. Sandor, "Kinematic Analysis of Planar Higher-Pair Mechanisms," *Mechanism and Machine Theory*, 13, no. 6, pp. 619–29.
133. Reuleaux, F., *Kinematics of Machinery: Outline of a Theory of Machines*. New York: Dover, 1963.
134. Rose, P. S., and G. N. Sandor, "Direct Analytical Synthesis of Four-Bar Function Generators With Optimal Structural Error," *Journal of Engineering for Industry*, 95, no. 2 (May 1973), pp. 563–71.
135. Rothbart, H. A., *Cams — Design, Dynamics, and Accuracy*. New York: John Wiley and Sons, 1956.
136. Rubel, A. J., and R. E. Kaufman, "KINSYN III: A New Human-Engineered System for Interactive Computer-Aided Design of Planar Linkages," *Journal of Engineering for Industry*, 99, no. 2 (May 1977).
137. Sandor, G. N., "Engineering and Humanistic Creativity — Is There a Difference?," *Mechanical Engineering Education Update*, Annual Conference of the ASEE, LSU, June 1979.
138. ———, "A General Complex-Number Method for Plane Kinematic Synthesis with Applications," Doctoral Dissertation, Columbia University in the City of New York, *University Microfilms*, Ann Arbor, Michigan, 305 pp., Library of Congress Card No. Mic 59–2596, 1959.
139. ———, "On Computer-Aided Graphical Kinematic Synthesis," Technical Seminar Series, Princeton University, 1962.

140. ———, "On the Loop Equations in Kinematics," *Transactions of the Seventh Conference on Mechanisms*, pp. 49–56. West Lafayette, Ind.: Purdue University, 1962.
141. ———, "The Seven Dangers of Designer Overspecialization and How to Avoid It by Design Education," *Mechanical Engineering* (October 1974), pp. 23–28.
142. ———, "The Seven Stages of Engineering Design," *Mechanical Engineering*, 86, no. 4 (April 1964), pp. 21–5.
143. ———, and Dan Perju, "Contributions to the Kinematic Synthesis of Adjustable Mechanisms," *Transactions of the International Symposium on Linkages and Computer Design Methods* (Bucharest, Romania, June 1973), vol A-46, pp. 636–50.
144. ———, A. G. Erdman, and E. Raghavacharyulu, "Coriolis-Acceleration Analysis in Planar Mechanisms — A Complex-Number Approach," *Mechanism and Machine Theory*, 17, no. 6, pp. 405–14, 1982.
145. ———, A. V. Mohan Rao, and A. G. Erdman, "A General Complex-Number Method of Synthesis and Analysis of Mechanisms Containing Prismatic and Revolute Pairs," *Proceedings of the Third World Congress on the Theory of Machines and Mechanisms* (Dubrovnik, Yugoslavia, September 1971), Vol. D, pp. 237–49. Beograd: Yugoslavian Committee on the Theory of Machines and Mechanisms, 1972.
145a. ———, A. V. M. Rao, and S. N. Kramer, "Geared Six-Bar Design," *Proceedings*, 2nd OSU Applied Mechanisms Conference, Stillwater, Oklahoma, Oct. 7–9, 1971, pp. 25–1 to 25–13.
145b. ———, A. V. M. Rao, and J. C. Kopanias, "Closed-Form Synthesis of Planar Single-Loop Mechanism for Coordination of Diagonally Opposite Angles," *Proceedings*, "Mechanisms 1972" Conference, Institution of Mechanical Engineers, London, Sept. 5–7, 1972.
145c. ———, A. V. M. Rao, "Synthesis of Function-Generator Mechanisms with Scale Factors as Unknown Design Parameters," *Transactions*, International Symposium on Linkages and Computer Design Methods, Bucharest, Romania, June 7–13, 1973, Vol. A-44, pp. 602–23.
145d. ———, J. F. McGovern, and C. Z. Smith, "The Design of Four-Bar Path-Generating Linkages by Fifth-Order Path Approximation in the Vicinity of a Single Point," *Proceedings*, Mechanisms 73 Conference, University of Newcastle upon Tyne, Sept. 11, 1973, Institution of Mechanical Engineers, London, England, pp. 65–77.
145e. ———, R. Alizade and I. G. Novruzbekov, "Optimization of Four-Bar Function-Generating Mechanisms Using Penalty Functions with Inequality and Equality Constraints," *Mechanism and Machine Theory*, Vol. 10, No. 4, August 1975, pp. 327–36.
145f. ———, D. R. Hassel, and P. F. Marino, "Modern Mechanisms Make Manless Martian Mission Mobile — 'Spin Off' Spells Stair-Climbing Self Sufficiency for Earthbound Handicapped," *Proceedings*, The Ninth Aerospace Mechanisms Symposium, Kennedy Space Center, Florida, Oct. 17–18, 1974, pp. 18–11 to 18–17; NASA TM X-3274, pp. 263–74.
145g. ———, A. G. Erdman, E. Raghavacharyulu, and C. F. Reinholtz, "On the Equivalence of Higher- and Lower-Pair Planar Mechanisms," *Proceedings*, Sixth World Congress of IFToMM on the Theory of Machines and Mechanisms, Delhi, India, Dec. 15–20, 1983.
146. Savage, M., "A Tooth for Tooth — the Designing of Gears," *Perspectives in Computing*, IBM Vol. 4, no. 1, Spring 1984.
147. Seth, P. N., and J. J. Uicker, "IMP (Integrated Mechanisms Program), A Computer-Aided Design Analysis System for Mechanisms and Linkages," *Journal of Engineering for Industry*, 94, no. 2 (May 1972), pp. 454–64.
148. Shigley, J. E., *Kinematic Analysis of Mechanisms*. New York: McGraw-Hill Book Company, 1969.
149. Shoup, T. E., and J. M. Herrera, "Design of Double Boom Cranes for Optimum Load Capacity," *Proceedings of the Fifth Applied Mechanisms Conference*, Paper No. 30. Stillwater, Oklahoma: Oklahoma State University, 1977.
150. ———, and R. S. Sodhi, "Designing Polycentric Mechanisms By Curve Matching," *Proceedings of the Sixth Applied Mechanisms Conference*, Paper No. 30. Stillwater, Oklahoma: Oklahoma State University, 1979.

151. Showlater, G., R. Giese, and A. G. Erdman, "Synthesis of Skylight Mechanisms," *Proceedings of the 1981 OSU Applied Mechanisms Conference*, Paper No. XXXVII, 8 pgs. Stillwater, Oklahoma: Oklahoma State University, 1981.
152. Struble, K. R., J. E. Gustafson, and A. G. Erdman, "Case Study: Synthesis of a Four-Bar Linkage to Pick and Place Filters Using the LINCAGES Computer Package," *Proceedings of the Fifth Applied Mechanisms Conference*. Stillwater, Oklahoma: Oklahoma State University, 1977.
153. Tacheny, J., G. Vetter, and A. G. Erdman, "Computer-Aided Design of Awning Window Deployment Linkages," *Proceedings of the Seventh OSU Applied Mechanisms Conference*, Paper No XXIV, 5 pgs. Stillwater, Oklahoma: Oklahoma State University, 1977.
154. ———, A. G. Erdman, and D. L. Hagen, "Experimental Determination of Mechanism Time Response," *Proceedings of the Fifth World Congress on the Theory of Machines and Mechanisms* (Montreal, July 1979), pp. 130–38.
155. Tao, D. C., *Applied Linkage Synthesis*. Reading, Mass.: Addison-Wesley Publishing Company, Inc. 1964.
156. ———, *Fundamentals of Applied Kinematics*. Reading, Mass.: Addison-Wesley Publishing Company, Inc. 1967.
157. Tesar, D., and J. W. Sparks, "Multiply Separated Position Synthesis, Part 1: Point Synthesis," ASME Paper No. 68-Mech-66, 1968.
158. Thompson, T., A. G. Erdman, and D. Riley, "Type Selection of Robot and Gripper Kinematic Topology Using Expert Systems," *International Journal of Robotics Research*, 5, No. 2 (Summer 1986), pp. 183–89. And *Kinematics of Robot Manipulators*, ed. J. M. McCarthy, Cambridge, Mass.: M.I.T. Press, 1987, pp. 202–8. Also in *Expert Systems in Engineering*, ed. D. T. Pham, IFS Publication Ltd., 1988.
159. Thoreson, J., and A. G. Erdman, "Designing Mechanisms for Production Equipment," *Machine Design Magazine* (October 6, 1988), pp. 113–17.
160. Titus, J., A. G. Erdman, and D. Riley, "The Role of Type Synthesis in the Design of Machines," *Proceedings of the 1989 NSF Engineering Design Research Conference* (June 11–14, 1989), Amherst, Mass.: University of Massachusetts, pp. 451–74.
161. Turner, J., and A. G. Erdman, "Design of a Mechanism Clock," *Proceedings of the Fourth Applied Mechanisms Conference* (November 1975). Stillwater, Oklahoma: Oklahoma State University, 1975.
162. Tuttle, E. R., S. W. Peterson, and J. E. Titus, "Enumeration of Basic Kinematic Chains Using the Theory of Finite Groups," *Trends and Developments in Mechanisms, Machines, and Robotics — 1988*, Vol. 1, 1988 ASME Design Technology Conference, Kissimmee, FLA., pp. 165–172.
163. ———, ———, ———, "Further Applications of Group Theory to the Enumeration and Structural Analysis of Basic Kinematic Chains," *Trends and Developments in Mechanisms, Machines, and Robotics — 1988*, Vol. 1, 1988 ASME Design Technology Conference, Kissimmee, FLA., pp. 173–177.
164. Uicker, J. J., and A. Raicu, "A Method for the Identification and Recognition of Equivalence of Kinematic Chains," *Mechanism and Machine Theory*, Vol. 10, New York: Pergamon Press, 1975, pp. 375–83.
165. von Fange, Eugene, *Professional Creativity*. Englewood Cliffs, New Jersey: Prentice-Hall, Inc., 1959.
166. Waldron, K. J., "Improved Solutions of the Branch and Order Problems of Burmester Linkage Synthesis," *Journal of Mechanism and Machine Theory*, 13 (1978), pp. 199–207.
167. White, R. J., *Solution Rectifications for a Stephenson III Motor Generator*, Master's thesis, University of Minnesota, 1987.
168. Wilde, D. J., "Jacobians in Constrained Nonlinear Optimization," *Operations Research*, 13, no. 5 (September 1965), pp. 848–56.
169. Wiley, J. C., B. E. Romiz, N. Orlandea, T. A. Berenyi, and D. W. Smith, "Automated Simula-

tion and Display of Mechanisms and Vehicle Behavior," *Proceedings of the Fifth World Congress on the Theory of Machines and Mechanisms (1979)*, pp. 680–83.

170. Williams, R. J., and S. Rupprecht, "Dynamic Force Analysis of Planar Mechanisms," *Proceedings of the Sixth OSU Applied Mechanism Congress*, Paper No. XLIII, 9 pgs. Stillwater, Oklahoma: Oklahoma State University, 1979.

171. ———, "Mechanism Design and Analysis with Micros," *Microcad News* (Sept./Oct. 1988), pp. 68–71.

찾아보기

앞표지

표지 그림은 어떤 모양의 물체도 잡을 수 있도록 만들어진, 손가락이 3개인 만능 로봇 그리퍼(Universal Robotic Gripper)의 컴퓨터 모델이다. 한 개의 입력으로 세 개의 출력을 갖는 차동 기구(differential mechanism)로서, 세 개의 손가락이 어느 위치에서든 균등한 힘을 받을 수 있도록 설계되었다. 이와 같은 단입력 다출력 차동 기구 장치(single-input, plural-output differential mechanism)는 S. Kota와 Bidare(미국특허 5,423,726 및 5,435,790)에 의해 발명되었다. 표지 그림은 Penn State University의 Dr. Mary Frecker가 1994년 미시간 대학교 대학원생 시절 개발한 것이다. 컴퓨터 모델은 미시간 대학교의 Zhe Li 박사가 ADAMS 소프트웨어를 이용하여 만들었다.

뒷표지

맨 위 그림: Dr. Zhe Li와 S. Kota가 MATLAB으로 개발한 CAMSYN이라는 캠 설계 프로그램의 한 장면

가운데 그림: 박판 이송 기구의 ADAMS 시뮬레이션과 기구 선도, 자유도 계산 등을 보여주는 본 서 웹사이트 Module 1의 한 장면

맨 아래 그림: 서로 다른 4 종류의 기계식 그리퍼의 컴퓨터 시뮬레이션을 보여주는 본 서 웹사이트 Module 10의 한 장면